CHEMISCHES ZENTRALBLATT

1830 gegründet
1897—1945 von der Deutschen Chemischen Gesellschaft fortgeführt

Herausgegeben im Auftrage
der Deutschen Akademie der Wissenschaften zu Berlin,
der Chemischen Gesellschaft in der DDR,
der Akademie der Wissenschaften zu Göttingen
und der Gesellschaft Deutscher Chemiker
von Prof. Dr. HEINRICH BERTSCH und Prof. Dr. Dr. h. c. WILHELM KLEMM

Chefredakteure
Dr. HELGA VÖLZ und Dr.-Ing. CHRISTIAN WEISKE

REFERAT 0001—2097
SEITE 1—216
140. JAHRGANG

9/1969

26. FEBRUAR 1969

AKADEMIE-VERLAG GMBH · BERLIN · VERLAG CHEMIE GMBH · WEINHEIM · BERGSTRASSE

Inhalt

Namenregister Nr. 9

Patentregister

Australische Patente — Aust.P.

Nr.	Ref.-Nr.	Bezugspatent
260 474	1371	
267 588	1904	
632	1900	
268 870	2059	
269 715	1811	
270 497	1472	(Brit.P. 981 827)
271 059	1969	

Belgische Auslegeschriften — Belg.A.S.

Nr.	Ref.-Nr.	Bezugspatent
622 220	1831	(D.A.S. 1 187 591)
627 393	1447	(U.S.P. 3 228 947)
639 341	1444	(Brit.P. 999 084)
641 473	1384	
651 967	1460	(Brit.P. 1 017 862)
657 781	2038	(D.A.S. 1 229 095)
674 568	1817	

Britische Patente — Brit.P.

Nr.	Ref.-Nr.	Bezugspatent
1 001 346	1371	
1 008 456	1944	
1 016 042	1871	
1 017 700	1956	
1 018 892	1799	
1 021 426	1970	
1 023 381	1410	
590	1808	
1 031 536	2054	
1 033 569	1798	
1 034 603	1816	
775	1809	
1 036 693	1967	
957	1868	
1 043 342	1861	
1 044 850	1873	
1 045 633	2053	
818	1942	
1 046 569	1792	
722	1810	
1 047 932	1818	
1 048 906	1879	
1 049 023	1890	
031	1877	
437	1945	
1 050 578	1858	
994	1913	
1 051 563	1869	
1 052 047	1924	
072	1872	
179	1938	
1 061 425	1327	
1 062 449	1354	
1 063 521	1307	
523	1308	
921	1387	
1 065 466	1392	
1 066 658	1395	
705	1382	
729	1381	
917	1347	
919	1347	
1 068 678	1306	
679	1306	
937	1300	
1 069 663	1383	
749	2060	
842	1946	
1 070 044	1393	
120	1345	
308	1346	
486	1390	
751	1386	
761	1388	
1 072 828	1399	
1 073 309	1397	
1 074 885	1376	
991	1409	
992	1409	
1 076 049	2071	(D.A.S. 1 231 364)
		(Oe.P. 247 993)
829	1320	
963	1385	
988	2065	
1 077 194	2097	
1 078 319	2066	
426	1396	
1 079 868	1352	
1 080 157	2058	
1 081 141	1398	
248	1377	
635	1299	
1 082 213	1314	
1 082 573	1391	
574	1391	
583	1319	
1 084 192	1364	
1 086 191	1303	
192	1304	
636	1310	
1 087 242	1315	
582	1316	
694	1293	
728	1296	
1 101 640	2001	(D.A.S. 1 219 912)
1 102 743	1829	(F.P. 1 405 294)
1 106 011	1828	(D.A.S. 1 238 450)
1 114 407	1820	(D.A.S. 1 230 407)

Auslegeschriften der Patentanmeldungen des Deutschen Patentamtes München — D.A.S.

Nr.	Ref.-Nr.	Bezugspatent
1 215 841	2056	
1 230 023	2035	(Brit.P. 1 022 875)
1 242 603	1309	
1 247 303	1437	(Brit.P. 1 047 227)
1 249 880	2017	(Brit.P. 1 027 752)
1 259 324	1984	(Brit.P. 884 664)
1 261 506	2036	(Brit.P. 1 049 870)
1 262 279	1996	(Brit.P. 960 742)
991	1998	(Brit.P. 1 026 311)
1 263 000	1486	(U.S.P. 3 258 471)
008	2047	(U.S.P. 3 021 326)
741	1990	(Brit.P. 1 010 068)
763	1493	(U.S.P. 3 278 564)
773	1462	(Can.P. 687 534)
947	2082	(Brit.P. 981 050)
1 265 156	1994	(Brit.P. 1 008 622)
728	1974	(Brit.P. 816 591)
1 266 294	2010	(Brit.P. 899 379)
422	2069	(F.P. 1 364 547)
765	2025	(F.P. 1 344 803)
899	2084	(F.P. 83 469)
1 267 222	2042	(Brit.P. 777 503)
359	2088	(F.P. 1 383 355)
1 268 130	1991	(Brit.P. 949 393)
756	2089	(Oe.P. 249 221)
1 269 106	1825	(F.P. 1 359 668)
107	1823	(F.P. 85 022)
		(F.P. 1 356 982)

Nr.	Ref.-Nr.	Bezugspatent
1 269 122	1983	(Brit.P. 989 496)
614	1438	(Brit.P. 938 201)
618	1976	(Israel.A.S. 16 079)
1 270 017	2011	(Brit.P. 916 597) (U.S.P. 2 951 886)
204	2083	(F.P. 1 347 310)
540	1426	(F.P.[Méd.] 159)
560	2018	(U.S.P. 3 230 216)
568	2041	(Brit.P. 1 017 865)
1 271 085	1826	(Can.P. 688 274)
086	1822	(Belg.A.S. 633 298)
095	1836	(Brit.P. 858 185)
103	1417	(Brit.P. 997 824) (Port.P. 40 715)
110	2029	(U.S.P. 3 182 078)
699	2034	(Brit.P. 1 077 234)
704	2006	(Brit.P. 1 046 180)
718	1420	(Schwz.P. 402 878)
856	2095	(Brit.P. 1 017 280)
1 272 289	1495	(Brit.P. 1 000 890)
296	1446	(Brit.P. 1 012 008)
475	2096	(Belg.P. 566 122) (Brit.P. 872 416) (F.P. 73 266)
927	2004	(Brit.P. 980 128)
1 273 090	2080	(Brit.P. 978 287) (F.P. 1 340 397)
511	1973	(U.S.P. 3 201 356)
520	2000	(F.P. 1 377 853)
1 274 131	1507	(Brit.P. 961 261)
586	1433	(Brit.P. 1 011 650)
1 276 040	1459	(Brit.P. 927 699) (U.S.P. 3 091 610)

Deutsche Patente — D.P.[DDR]

Nr.	Ref.-Nr.	Bezugspatent
50 614	1964	
837	1889	
838	1937	
51 856	1966	
52 369	1955	
53 265	2057	

Französische Patente — F.P.

Nr.	Ref.-Nr.	Bezugspatent
4 060	1494	(Brit.P. 1 028 154) [Méd.]
86 130	1968	
87 227	1958	
378	1910	
1 352 289	1447	(U.S.P. 3 228 947)
1 413 959	1814	
1 420 212	1803	
1 421 239	1384	
1 422 842	1801	
1 423 412	1883	
984	1908	
1 426 090	1444	(Brit.P. 999 084)
1 427 235	2038	(D.A.S. 1 229 095)
1 428 988	2044	(D.A.S. 1 208 306)
1 429 129	1963	
888	1795	
955	1864	
1 430 719	1864	
809	1907	
903	1922	
1 431 178	1855	
717	1857	
816	1927	
1 434 419	1802	
1 441 147	2058	
1 442 033	2055	
1 448 362	1800	
1 449 449	1514	(D.A.S. 1 230 030)
508	1807	
1 456 068	1805	
1 457 154	1856	
1 459 140	2066	

Japanische Auslegeschriften — Jap.A.S.

Nr.	Ref.-Nr.	Bezugspatent
12 346/1966	1878	

Niederländische Patente — Niederl.P.

Nr.	Ref.-Nr.	Bezugspatent
122 492	2064	
123 476	1821	(D.A.S. 1 177 118)
479	1833	(D.A.S. 1 214 656)
589	1506	(D.A.S. 1 124 963)
591	2009	(Oe.P. 223 754)
594	2024	(U.S.P. 3 121 732)
595	2037	(Brit.P. 950 900)
599	1465	(D.A.S. 1 199 776)
600	1468	(Brit.P. 1 048 869)
604	1480	(D.A.S. 1 226 099)
607	1492	(Brit.P. 888 974)
631	1418	(Brit.P. 997 824)
649	2092	(Brit.P. 981 191)
672	1834	(D.A.S. 1 149 175)
731	1513	(D.P.[DDR] 39 732)
735	2008	(Brit.P. 942 196)
737	2027	(D.A.S. 1 201 340)
740	1469	(Brit.P. 950 717)
123 743	1452	(Brit.P. 1 014 918)
749	1503	(Brit.P. 1 008 850)
750	1481	(Brit.P. 1 043 047)
752	1432	(D.A.S. 1 103 918)
776	1837	(Can.P. 679 093)
808	2094	(D.A.S. 1 150 478)
817	1500	(Ung.P. 152 235)
818	1415	(Can.P. 694 129)

Österreichische Patente — Oe.P.

Nr.	Ref.-Nr.	Bezugspatent
246 132	2038	(D.A.S. 1 229 095)
247 357	1367	
248 450	1367	
250 334	1888	
980	2044	(D.A.S. 1 208 306)
252 932	1414	
254 397	1499	(D.A.S. 1 215 699) (D.A.S. 1 232 137)
255 426	1460	(Brit.P. 1 017 862)
257 622	1460	(Brit.P. 1 017 862)

Schweizer Patente — Schwz.P.

Nr.	Ref.-Nr.	Bezugspatent
407 963	1791	
412 920	1965	
415 610	1309	
618	1389	
627	1341	
628	1342	
645	1350	
659	1371	
662	1312	
681	1294	
682	1295	
416 599	1302	
600	1302	
659	1353	
660	1370	
943	1406	
417 567	1288	
606	1333	
612	1365	
620	1368	
626	1328	
418 343	1355	
352	1292	
419 157	1369	
160	1358	
161	1359	
162	1360	
420 141	1384	
173	1410	
421 087	1324	
088	1322	
089	1323	
090	1324	
091	1323	
092	1325	
107	1332	
387	1405	
948	1325	
422 004	1289	
005	1339	
804	1335	
810	1356	
423 748	1290	
760	1375	
761	1374	
780	1361	
424 766	1321	
767	1326	
425 806	1411	
426 803	1338	
804	1343	
821	1348	
427 793	1305	
845	1344	
428 745	1334	
429 697	1313	
709	1311	
761	1297	
430 700	1291	
716	1363	
721	1403	
748	1327	
431 535	1400	
538	1407	
432 510	1380	
539	1362	
433 261	1372	
300	1340	
301	1318	
307	1378	
323	1401	
326	1357	
367	1412	
369	1373	
377	1301	
434 249	1394	
255	1379	
261	1404	
263	1402	
268	1351	
434 271	1336	
272	1337	
287	1298	
292	1349	
435 284	1329	
285	1330	
286	1331	
436 254	1287	
337	1366	
437 346	1317	
438 539	2089	(Oe.P. 249 221)
441 249	1830	(D.A.S. 1 196 169)
251	1835	(F.P. 1 391 596)
257	2015	(Oe.P. 233 839)
265	1987	(D.A.S. 1 219 484)
298	1485	(F.P. 1 384 626)
304	1497	(D.A.S. 1 223 379)
359	1511	(Brit.P. 1 047 608)
361	1477	(D.A.S. 1 201 006)
564	2071	(D.A.S. 1 231 364) (Oe.P. 247 993)
581	2087	(Brit.P. 987 559)
584	2091	(D.A.S. 1 232 296)
969	2049	(Brit.P. 1 008 432)
442 255	1831	(D.A.S. 1 187 591)
260	1975	(Brit.P. 1 012 797)
266	1989	(D.A.S. 1 230 026)
271	2021	(D.A.S. 1 153 355)
275	1419	(D.A.S. 1 199 254)
289	1498	(F.P. 1 361 469)
292	1488	(F.P.[Méd.] 2 643)
297	1454	(D.A.S. 1 227 459)
300	1455	(Brit.P. 1 038 734)
341	2007	(Brit.P. 1 021 329)
351	1512	(Brit.P. 1 020 494)
570	2078	(D.A.S. 1 235 468)
572	2093	(D.A.S. 1 215 842)
443 261	2033	(Port.P. 42 412)
285	1494	(Brit.P. 1 018 780)
287	1489	(U.S.P. 3 245 987)
315	1447	(U.S.P. 3 228 947)
322	2043	(D.A.S. 1 200 314)
326	1461	(U.S.P. 3 277 082)
519	2073	(F.P. 1 347 645)
444 138	2017	(Brit.P. 1 027 752)
154	1496	(Brit.P. 1 047 541)
156	1998	(F.P. 1 260 833)
161	2039	(Brit.P. 1 036 075)
178	1476	(D.A.S. 1 235 933)
184	1512	(Brit.P. 1 020 494)
341	2068	(D.A.S. 1 126 544)
568	1508	(D.A.S. 1 215 304)
850	1437	(Brit.P. 1 047 227)
856	1499	(D.A.S. 1 215 699) (D.A.S. 1 232 137)
881	1451	(U.S.P. 3 079 402)
445 470	1977	(F.P. 1 330 582)
494	1448	(U.S.P. 3 162 644)
503	2044	(D.A.S. 1 208 306)
684	2072	(F.P. 1 345 926)
446 285	1979	(Brit.P. 1 036 206)
292	2023	(D.A.S. 1 198 343)
312	2035	(Brit.P. 1 022 875)
315	1483	(D.A.S. 1 236 501)
319	1484	(U.S.P. 3 172 894)
330	1430	(Brit.P. 1 025 044)
332	1421	(Brit.P. 1 017 263)
356	1463	(Brit.P. 1 027 025)
357	1467	(D.A.S. 1 229 098)
360	1466	(Brit.P. 1 043 049)
363	2045	(D.A.S. 1 209 570)
367	1472	(Brit.P. 981 827)
368	1474	(Brit.P. 980 898)
369	1470	(Brit.P. 980 016)
376	1431	(Brit.P. 1 017 439)
385	1445	(D.A.S. 1 217 394)
387	1512	(Brit.P. 1 020 494)
447 137	1992	(D.A.S. 1 205 076)
143	1982	(D.A.S. 1 200 808)
145	2028	(D.A.S. 1 223 369)
150	1478	(D.A.S. 1 249 798)
151	1442	(Brit.P. 1 023 214)
158	1490	(F.P. 1 367 526)
161	2051	(D.A.S. 1 164 407)
166	1453	(Brit.P. 880 139) (Brit.P. 880 140)
173	1501	(Brit.P. 1 004 670)
193	1439	(D.A.S. 1 181 232)
194	1439	(D.A.S. 1 181 232)
211	2090	(D.A.S. 1 180 760)
426	2077	(Oe.P. 251 726)
432	2085	(F.P. 1 417 225)
448 016	2067	(U.S.P. 3 249 453)
047	1993	(Port.P. 44 341)
060	1978	(D.A.S. 1 232 132)
061	1997	(Oe.P. 242 678)
063	2002	(D.A.S. 1 243 177)
067	1436	(Brit.P. 1 044 344)
070	1504	(D.A.S. 1 245 942)
072	1442	(Brit.P. 1 023 214)
073	1442	(Brit.P. 1 023 214)
095	1449	(U.S.P. 3 187 001)
105	2038	(D.A.S. 1 229 095)
114	1460	(Brit.P. 1 017 862)
119	1440	(Brit.P. 1 029 221)
318	2070	(F.P. 1 364 547)

Nr.	Ref.-Nr.	Bezugspatent
448 333	2081	(F.P. 1 379 229)
338	2086	(D.A.S. 1 207 528)
986	2013	(Brit.P. 995 927)
987	2014	(U.S.P. 3 221 062)
993	1980	(Brit.P. 1 042 198)
449 003	1429	(Brit.P. 934 207)
		(F.P. 1 313 097)
007	1479	(F.P. 1 378 844)
008	2030	(D.A.S. 1 194 414)
026	1458	(Brit.P. 941 638)
028	1428	(Brit.P. 1 029 740)
035	1450	(D.A.S. 1 139 846)
036	1473	(U.S.P. 3 202 662)
049	2016	(Brit.P. 1 040 945)
608	2003	(D.A.S. 1 232 574)
611	2052	(U.S.P. 3 083 217)
632	1457	(Brit.P. 1 041 086)
637	1444	(Brit.P. 999 084)
644	1510	(D.A.S. 1 250 831)
815	2076	(D.A.S. 1 219 155)
450 368	1832	(D.A.S. 1 163 784)
370	1819	(F.P. 1 310 236)
382	1423	(Brit.P. 1 012 480)
383	2022	(Brit.P. 993 205)
392	1424	(D.P.[DDR] 45 073)
403	1443	(Brit.P. 1 005 026)
438	1464	(Brit.P. 948 888)
444	2005	(U.S.P. 3 235 600)
450	1456	(Brit.P. 1 038 332)
584	2079	(D.A.S. 1 149 839)
585	2074	(F.P. 81 742)
590	2075	(F.P. 1 420 692)
451 103	2012	(Brit.P. 1 027 372)
106	2020	(F.P. 1 326 869)
123	2048	(D.A.S. 1 206 891)
135	2031	(F.P. 1 294 590)
154	2040	(Brit.P. 1 026 368)
157	1505	(Brit.P. 1 017 543)
175	2046	(D.A.S. 1 204 236)
176	1514	(D.A.S. 1 230 030)
180	1471	(D.A.S. 1 233 876)
		(D.A.S. 1 239 312)
181	1475	(D.A.S. 1 173 488)
187	1434	(D.A.S. 1 236 524)
199	1441	(Brit.P. 1 005 740)
411	1509	(D.A.S. 1 221 765)
901	1985	(D.A.S. 1 253 259)
902	1999	(D.A.S. 1 198 363)
915	1422	(D.A.S. 1 242 596)
916	1995	(D.A.S. 1 198 349)
920	2026	(D.A.S. 1 181 204)
927	1487	(D.A.S. 1 246 725)
452 514	1482	(Brit.P. 1 016 959)
542	1435	(Brit.P. 997 176)
543	1427	(D.A.S. 1 186 076)
453 323	1986	(Brit.P. 974 074)
		(D.A.S. 1 189 540)
327	2019	(D.A.S. 1 211 616)
335	1425	(D.P.[DDR] 45 074)
453 335	1425	(D.P.[DDR] 45 075)
336	1425	(D.P.[DDR] 45 074)
		(D.P.[DDR] 45 075)
357	1416	(Brit.P. 1 006 385)
385	2032	(Brit.P. 1 019 573)
454 110	1981	(D.A.S. 1 226 560)
136	1491	(Brit.P. 1 028 154)
138	2050	(D.A.S. 1 227 905)
148	1502	(Brit.P. 1 008 850)

USA-Patente — U.S.P.

Nr.	Ref.-Nr.	Bezugspatent
3 192 108	1407	
3 193 546	2054	
3 238 229	1928	
3 239 518	1886	
3 242 188	1944	
3 247 169	1925	
237	1876	
3 250 722	1806	
781	1941	
3 253 019	1882	
3 254 090	1953	
3 256 056	1796	
3 257 454	1874	
3 260 716	1410	
3 262 956	1905	
3 264 335	1919	
3 265 684	1932	
3 275 650	1940	
679	1917	
3 278 523	1931	
580	1926	
3 284 453	1413	
3 285 938	1930	
3 287 394	1875	
3 288 794	1906	
814	1929	
858	1859	
891	1914	
3 290 288	1911	
3 291 786	1936	
787	1936	
3 361 532	1827	(D.A.S. 1 212 945)
792	1408	
793	1408	
794	1408	
3 363 977	1824	(F.P. 1 397 699)

Sowjetische Patente — UdSSR.P.

Nr.	Ref.-Nr.	Bezugspatent
176 257	1813	
258	1862	
177 423	1884	
631	1797	
769	2062	
177 854	1804	
866	1902	
870	1863	
875	1909	
876	1920	
877	1885	
878	1916	
879	1867	
880	1860	
882	1853	
885	1894	
892	1959	
893	1943	
898	1887	
178 378	1951	
379	1950	
383	1960	
390	1923	
805	1954	
825	1918	
922	2063	
179 322	1961	
323	1962	
777	1921	
180 347	1812	
599	2061	
181 073	1903	
074	1854	
079	1957	
082	1915	
096	1948	
097	1865	
105	1892	
107	1895	
114	1897	
116	1934	
128	1933	
129	1949	
130	1947	
301	1815	
648	1891	
649	1971	
651	1952	
652	1935	
654	1939	
182 125	1901	
135	1881	
140	1852	
141	1880	
142	1870	
143	1866	
147	1893	
148	1912	
151	1899	
155	1896	
157	1898	
185 856	1793	
857	1794	
920	1972	

CHEMISCHES ZENTRALBLATT

Nr. 9 · 26. Februar 1969
Referat 0001–2097
Seite 1–216

A. Allgemeine, physikalisch-anorganische und anorganische Chemie

A–2. Physik der Atome und Moleküle

0001 **Welleninterferenzeffekte eines erzwungenen harmonischen Oszillators.** Wilbert Lick. (J. chem. Physics **47** (1967) 7, 2438–40; Case Inst. of Technol., Cleveland, O.; engl.) — Die Welleninterferenzeffekte für Übergänge zwischen ungestörten Zuständen eines erzwungenen harmon. Oszillators werden explizit nachgewiesen. H. Liepack 22

0002 **Störungstheorie mit Hartree-Fock-Zuständen.** H. P. Kelly. (Physics Letters [Amsterdam] **25 A** (1967) 1, 6–7; Dep. of Phys., Univ. of Va., Charlottesville, Va. engl.) — Diskussion der Anwendung von Hartree-Fock-Zuständen für Störungsrechnungen (*H*-Atom) sowie eine Näherungsmeth. zur Summation von Loch-Teilchen-Wechselwirkungen. R. Blank 22

0003 **Eine allgemeine Formulierung zur Auswertung von Zweizentren-Moment-Integralen — eine Erweiterung.** Walter A. Yeranos. (Z. Naturforsch. **22a** (1967) 11, 1700–04; Dep. of Chem., Michael Faraday Labor., Northern Ill. Univ., DeKalb, Ill.; engl.) — Ergänzung einer allg. Formulierung (vgl. C. **1967, 38**-0094) zur Auswertung von Zweizentren-Moment-Integralen sowie der Rotations-Eig. von s-, p- u. d-Atomorbitalen, die für quantenmechan. Berechnungen von Einelektroneig. benötigt werden. D. Hoene 22

0004 **Korrespondierende Orbitale und das Nichtorthogonalitätsproblem in der Quantenmechanik von Molekülen.** Harry F. King, Richard E. Stanton, Hojing Kim, Robert E. Wyatt und Robert G. Parr. (J. chem. Physics **47** (1967) 6, 1936–41; Dep. of Chem., State Univ. of N.Y. at Buffalo, Buffalo, N.Y.; engl.) H. Liepack 22

0005 **Anwendung der Gruppentheorie in der Quantenchemie. 4. Mitt. Methode diedrischer Umformungen äquivalenter Orbitale.** O. K. Davtjan und F. V. Makordej. (Ž. fiz. Chim. **41** (1967) 11, 2717–22; Odesskij gos. univ. im. Mečnikova; russ.) — 3. vgl. C. **1968**, 46-0040. — Molekularstrukturtheoret. Untersuchung. H. Roschkowski 22

0006 **Anwendung der Gruppentheorie in der Quantenchemie. 5. Mitt. Methode zur Bestimmung der irreduziblen Darstellungen der direkten Produkte cyclischer Gruppen.** O. V. Makordej. (Ž. fiz. Chim. **41** (1967) 11, 2723–30; russ.) — 4. vgl. vorst. Referat. — Erweiterung früherer Mitt. zu den Grundlagen gruppentheoret. Mol.-Strukturberechnungen. H. Roschkowski 22

0007 **Berechnung kartesischer Koordinaten und ihrer Ableitungen aus inneren Molekülkoordinaten.** H. Bradford Thompson. (J. chem. Physics **47** (1967) 9, 3407 bis 3410; Inst. for Atomic Res., Ia. State Univ., Ames, Ia.; genl.) H. Liepack 22

0008 **Computerprogramm für Determinantenentwicklungen.** Lonny Wilson und Boris Musulin. (Trans. Ill. State Acad. Sci. **60** (1967) 3, 231–35; Dep. of Chem., Southern Ill. Univ., Carbondale, Ill.; engl.) — Beschreibung eines Fortran-II-Programms zur Entw. einer Determinante sechsten Grades u. Anwendung auf die quantenchem. Behandlung von Li_2. R. Blank 22

0009 **Analytische Untersuchung der Impulsverteilung in Atomen und Molekülen vom Typ AH_m.** Bernard Tsapline, Marguerite Cornille und Monique Roux. (C. R. hebd. Séances Acad. Sci., Sér. A et B **264** (1967) 15, B-1049–52; Paris, Centre de Mécan. ond. appl.; franz.) — Mathemat. Aufstellung einer Impulsraum-Funktion für Atome u. Wasserstoffverb. vom Typ AH_m bis zu Orbitaltypen vom Typ 3d. Hans Bürger 22

0010 **Anwendung der Lieschen Gruppentheorie auf gemischte Konfigurationen.** S. Feneuille. (J. Physique Radium **28** (1967) 1, 61–66; Labor. A. Cotton, C. N. R. S., Bellevue, Hauts-de-Seine; franz.) — Durch Verallgemeinerung der Ergebnisse bei Anwendung der Lieschen Gruppentheorie auf äquivalente Elektronen des Typs l^N wird gezeigt, daß diese Theorie der kontinuierlichen Gruppen eine Klassifizierung der verschiedenen Zustände S u. L gemischter Konfig. $(l + l')^N$ ermöglicht. A. Meixner 22

0011 **Untersuchung der Elektronenstruktur von Molekülen. 1. Mitt. Molekulare Wellenfunktionen und ihre Analyse.** Enrico Clementi. (J. chem. Physics **46** (1967) 10, 3842–50; Internat. Business Machine Corp., San Jose, Calif.; engl.) — Darst. der vollständigen Vielkonfig.-self-consistent-field-Theorie (SCF-LCAO-MO). A. Jaeschke 22

0012 **Untersuchung der Elektronenstruktur von Molekülen. 2. Mitt. Wellenfunktionen für die Reaktion NH_3 + HCl → NH_4Cl.** Enrico Clementi. (J. chem. Physics **46** (1967) 10, 3851–80; engl.) — Vgl. vorst. Referat. — Unter Berücksichtigung sämtlicher Elektronen des Syst. werden für die Titelrk. die SCF-LCAO-MO-Wellenfunktionen u. die entsprechenden Gesamtenergien berechnet (Energieflächendiagramm). Bei der Rk. erfolgt zunächst H-Bindung u. teilweise Ladungsübertragung. Bez. der Komponenten NH_3 u. HCl beträgt die Stabilität von NH_4Cl ca. 19 Kcal/Mol. Keine Aktivierungsenergie wurde gefunden. Die ber. Geometrie der Gleichgew.-Konfig. des NH_4Cl wird diskutiert. A. Jaeschke 22

0013 **Elektronenstruktur von AlH_4^-.** A. Sutton und K. E. Banyard. (Molecular Physics **12** (1967) 4, 377–80; Dep. of Phys., Univ. of Leicester, Leicester, England; engl.) — Die Elektronenstruktur von AlH_4^- wurde mit Hilfe einer Wellenfunktion auf Grund von Einzentren-Atomorbitalen ber. (Mol.-Energie, Bindungslänge, Kraftkonst., Kohärenzröntgenstreufaktoren u. diamagnet. Anteil der molaren magnet. Suszeptibilität). A. Jaeschke 22

0014 **Neue Auswertung für zweiatomige Hydride nach dem Plattschen Modell.** W. G. McDugle jun. und Theodore L. Brown. (J. Amer. chem. Soc. **89** (1967) 13, 3111–14; W. A. Noyes Chem. Labor., Univ. of Ill., Urbana, Ill.; engl.) — Mit Hilfe von Clementi-Roothaan-Hartree-Fock-Atomwellenfunktionen wurde das Plattsche Modell für zweiatomige Hydride (*H_2, HeH, LiH, BeH, BH, CH, NH, OH, FH, NeH, NaH, MgH, AlH, SiH, PH, SH, ClH, KH, TiH, VH, CrH, MnH, FeH, CoH, NiH, CuH, ZnH, GaH, GeH* u. *BrH*) neu behandelt. Die ber. Gleichgew.-Kernabstände stimmen sehr gut mit experimentellen Literaturdaten für das „Vereinigte-Atom-Modell" $(Z + 1)^0 \rightarrow (ZH)^0$ überein, sie sind zu groß für das Ionenmodell $(Z)^-$, $H^+ \rightarrow (ZH)^0$. Die ber. Kraftkonst. entsprechen ebenfalls besser dem Atommodell. A. Jaeschke 22

0015 **Anwendung des Plattschen Modells für zweiatomige Hydride auf Metallcarbonylhydride.** W. G. McDugle jun., A. F. Schreiner und Theodore L. Brown. (J. Amer. chem. Soc. **89** (1967) 13, 3114–17; engl.) — Vgl. vorst. Referat. — Das Plattsche „Vereinigte-Atom-Modell" für zweiatomige Hydride wird auf Metallcarbonylhydride durch eine klass. Näherung bez. der Nettoladung der CO-Gruppe erweitert. Folgende Gleichgew.-M–H-Abstände (M = Metall) werden abgeschätzt: $Mn(CO)_5H$ 1,60, $Co(CO)_4H$ 1,40, $Fe(CO)_4H^-$ 1,40 u. $Cr(CO)_5H^-$ 1,50 Å. A. Jaeschke 22

0016 **Schema für die Bestimmung der geometrischen Form für einfache anorganische Verbindungen.** Åke Olin. (Svensk kem. Tidskr. **79** (1967) 11, 602–04; Berzeliusskolan, Linköping; schwed.) — Es werden sowohl die Symbole der VB- als auch die der MO-Theorie verwendet. Die zur Bindung zur Verfügung stehenden Elektronen werden zuerst auf σ-Orbitale, dann auf π-

Orbitale u. schließlich auf nichtbindende Orbitale aufgeteilt. Aus dem so erhaltenen Bindungsschema wird die geometr. Form abgeleitet. W. Gauster 22

0017 **Interatomare Abstände in durch n-Donator-Moleküle und Jod oder Jodmonohalogenide gebildeten Komplexen.** O. Hassel und Chr. Rømming. (Acta chem. scand. **21** (1967) 10, 2659–62; Univ. Kjem. Inst., Blindern, Oslo; engl.) – Die interatomaren Abstände in Trihalogen-Ionen u. in n-Donator-JX-(X = Halogen) Komplexen (tabellar. angegeben) wurden untersucht u. die „effektiven Radien" des *J* entlang seinen beiden Bindungsrichtungen diskutiert. Es besteht eine einfache Beziehung zwischen diesen Radien, welche als Grundlage für die Charakterisierung der in Frage kommenden Ladungsübertragungs-Bindungsstärken dienen kann. E. Schulte 22△

0018 **Ligandenfeldtheorie fünffach koordinierter Moleküle. 1. Mitt. Elektronenspektren der Spezies mit D_{3h}- und C_{3v}-Symmetrie.** J. S. Wood. (Inorg. Chem. [Washington] 7 (1968) 5, 852–59; Dep. of Chem., Univ. of Southampton, Hampshire, England; engl.) – Anwendung des Punktladungsmodells auf die Berechnung der Energieterme von Übergangsmetallionen der ersten Periode in Ligandenfeldern mit D_{3h}-Symmetrie. Mit den Ergebnissen werden die Banden der Elektronenspektren von Mol. des Typs $MX_3 \cdot 2L$ u. $M(TD)X^+$ (L = einzähniger Ligand, TD = vierzähniger Ligand, X = Halogen) zugeordnet. Die Berechnung der LF-Stärken bei verschiedenen Ligandenkombinationen führt dann zu vernünftigen Übereinstimmungen mit den Experimenten, wenn Red. in den zwischenelektron. Abstoßungsparametern von deren freien Ionenwerten angenommen wird. Der Trend in den Werten ist der gleiche wie bei kub. Symmetrie. Untersuchte Verb.: $MX_3 \cdot 2L$ ($M = Ti, V, Cr$, $X = Cl, Br$, $L = N(CH_3)_3$, $S(CH_3)_2$, C_4H_8S (*Tetrahydrothiophen*) u. $M(TD)X^+$ ($M = Co, Ni$, TD = *Tris-[2-dimethylaminoäthyl]-amin*, $X = Cl, Br, J, ClO_4$). R. Blank 22

0019 **Ligandenfeldtheorie für $p^{2,4}$-Konfigurationen und ihre Anwendung auf das Spektrum von Bi^+ in Salzschmelzen.** Harold L. Davis, Niels J. Bjerrum und G. Pedro Smith. (Inorg. Chem. [Washington] **6** (1967) 6, 1172–78; Metals and Ceramics Div., ORNL, Oak Ridge, Tenn.; engl.) – Vgl. C. **1969**, 9-0751; Inorg. nuclear Chem. Letters **3** (1967) **5**, 165. – Die Theorie der Ligandenfeldaufspaltungen von $p^{2,4}$-Konfig. u. der relativen Intensitäten von elektr. Dipolübergängen der Art $p^2 \leftrightarrow p^2$ wird entwickelt. Lagen u. relativen Intensitäten der experimentell bestimmten Spektralbanden von Bi^+ (l.c.) stimmen mit den theoret. Erwartungen gut überein. A. Blaschette 22

0020 **Schwingungs- und Elektronenspektren von Übergangsmetall-Carbonyl-Komplexen. 2. Mitt. Überprüfung der Bedeutung von angenäherten CO-Valenzkraftkonstanten.** L. M. Bower und M. H. B. Stiddard. (Inorg. chim. Acta [Padova] 1 (1967) 2, 231–35; London, Univ. Coll., William Ramsay and Ralph Forster Labor.; engl.) – 3. vgl. C. **1969**, 1-0044. – Vf. überprüfen an Literaturdaten von mono-, di- u. trisubstituierten Metallhexacarbonylen sowie an $M(CO)_6$-Verb. die Vor- u. Nachteile der Cotton-Kraihanzel-Näherung zur Berechnung der Kraftkonstanten. Sie warnen vor Schlüssen auf die Elektronenverteilung in der CO-Bindung aus Kraft- bzw. Wechselwrkg.-Konst. u. halten direkte Vgl. von Valenzschwingungen für mindestens ebenso geeignet. Hans Bürger 22

0021 **Autoionisation in Atomspektren.** F. J. Comes, H. G. Sälzer und G. Schumpe. (Z. Naturforsch. **23a** (1968) 1, 137–51; Inst. für Physik. Chem. der Univ. Bonn; engl.) – Allg. Diskussion der Autoionisation u. deren Einfl. auf die Absorptionsspektren atomarer Gase sowie Wrkg.-Querschnittberechnungen. Anwendung auf die autoionisierenden Rydberg-Terme oberhalb der $^2P_{3/2}$-Grenze von *Kr* u. *Xe*. Berechnung der Parameter: ungestörtes Kontinuum, Lebensdauer u. Oszillatorstärken der autoionisierenden Zustände, Linienschärfe u. Quantendefekt sowie Übergangswahrscheinlichkeiten in die ion. Zustände $^2P_{3/2}$ u. $^2P_{1/2}$ an der $^2P_{1/2}$-Grenze. R. Blank 22

0022 **Berechnung der Linienbreite mit Hilfe der Momentenmethode.** Robert Guermeur, Jacques Joffrin, Alain Levelut und Jean Penné. (C. R. hebd. Séances Acad. Sci., Sér. A et B **265** (1967) 21, B 1185–88; Labor. d'Ultrasons, Fac. des Sci. de Paris; franz.) – Der Hamilton-Operator H_c für die Kopplung mehrerer Spins mit einem äußeren Syst. läßt sich in irreduzierbare Tensor-Operatoren zerlegen. Vf. zeigen, daß gewisse Terme im Ausdruck für die Momente 2. u. 4. Ordnung unabhängig von H_c sind. Daher kann die 4/9-Regel nur auf Operatoren vom Rang 1 u. 2 angewendet werden. F. Langenbucher 22

0023 **Automatische Analyse von Elektronen-Schwingungs-Rotationsspektren zweiatomiger Moleküle an Elektronenrechnern. 2. Mitt. Zweite Etappe: Trennung der Schwingungszweige.** D. I. Kataev und A. A. Mal'cev. (Ž. prikl. Spektroskopii 8 (1968) 1, 113–17; russ.) – 1. vgl. C. **1968**, 24-0072. H. Roschkowski 22

0024 **Automatische Analyse von Elektronen-Schwingungs-Rotationsspektren zweiatomiger Moleküle an Elektronenrechnern. 3. Mitt. Bestimmung des Typs der Zweige und der Rotationsquantenzahlen der Linien.** D. I. Kataev und A. A. Mal'cev. (Ž. prikl. Spektroskopii 8 (1968) 2, 263–71; russ.) – 2. vgl. vorst. Referat. H. Roschkowski 22

0025 **Automatische Analyse von Elektronen-Schwingungs-Reaktionsspektren zweiatomiger Moleküle an Elektronenrechnern. 4. Mitt. Vierte Etappe: Berechnung von Rotations- und anderen Konstanten.** D. I. Kataev und A. A. Mal'cev. (Ž. prikl. Spektroskopii 8 (1968) 3, 401 bis 405; russ.) – 3. vgl. vorst. Referat. H. Roschkowski 22

0026 **Spektrallinienform in Gegenwart schwacher Stöße und starker Felder.** P. Lambropoulos. (Physic. Rev. [2] **164** (1967) 1, 84–93; Bendix Corporat., Res. Labor. Div., Southfield, Mich.; engl.) – Ableitung eines allg. Formalismus mit Anwendung auf die Unters. der Linienform atomarer Übergänge in Ggw. sowohl von schwachen Stößen als auch eines intensiven Strahlungsfeldes. Die Abhängigkeit der Linienform von der Intensität u. spektralen Zus. des Feldes wird diskutiert, Ausdrücke für Verschiebungen u. Breiten werden abgeleitet. H. Liepack 22

0027 **PR-Aufspaltungen bei Bandenkonturen von spindelförmigen und abgeplatteten Kreiselmolekülen.** W. A. Seth Paul und G. Dijkstra. (Spectrochim. Acta [Oxford], Part **A 23** (1967) 12, 2861–70; Jonssen Pharmaceutica n.v. Res. Labor., Beerse, Belgium; engl.) – Für asymm. Kreismol. mit $A > B \approx C$ (spindelförmig; Banden des A-Typs zeigen typ. Parallelstruktur) u. $A \approx B > C$ (abgeplattet; C-Banden mit Parallelstruktur) werden Näherungsformeln für die PR-Aufspaltung der A-, B- u. C-Banden abgeleitet u. an den experimentell gemessenen Werten für 87 organ. Mol. geprüft, wobei sich befriedigende Übereinstimmung ergibt. W. Sawodny 22

0028 **Zur „direkten" Methode der Berechnung von NMR-Spektren.** V. Špirko und J. Morávek. (Collect. czechoslov. chem. Commun. **33** (1968) 6, 1921–25; Inst. of Chem. Technol. and Math. Inst., Czechoslovak Acad. of Sci., Prague, Czechoslovakia; engl.) – Die von Banwell u. Primas (Mol. Phys. **6** (1963) 225) nur für AB u. A_n-Spinsyst. entwickelte „direkte" Meth. zur Berechnung von NMR-Spektren wird auf ein allg. Spinsyst. erweitert. R. Blank 22

0029 **Spektrale Strahlungs-Übergangs-Näherungen für gasförmige Mehrkomponenten-Mischungen.** John T. Howe und Yvonne S. Sheaffer. (J. quantitative Spectroscopy radiative Transfer 7 (1967) **4**, 695–701; Ames Res. Center, NASA, Moffett Field, Calif.; engl.) – Für Strahlungsfluß u. Flußdivergenz eines heißen Gases werden math. Ausdrücke in Form mehrfacher Integrale über die spektrale Frequenz u. das Gasvol. abgeleitet. Die Integrale lassen sich meist durch Näherungen mit Planckschen bzw. Rosselandschen Absorptionskoeff. ersetzen. G. Buttgereit 22

0030 **Effektive Absorptionskoeffizienten für den Strahlungsenergietransport in nichtgrauen, nicht-streuenden**

Gasen. R. W. Patch. (J. quantitative Spectroscopy radiative Transfer **7** (1967) 4, 611—37; Lewis Res. Center, Nat. Aeronautics and Space Administration, Cleveland, O.; engl.) — Für die integrale Intensität in nicht-grauen, nicht-streuenden Gasen wird eine Näherung gezeigt, für die ein neuer mittlerer Absorptionskoeff. in der Transportgleichung für graue Gase benutzt wird. Es werden für 40 Fälle (Einzelgas, bin. u. tern. Gasmischung, verschiedene Profiltypen wie Lorentz-Form u. Balmer-H_α-Linie bei $p = 1$ atm) die integrierten Intensitäten nach obiger Näherung ber. u. mit den Ergebnissen exakter Berechnungen verglichen. G. Buttgereit 22

0031 **Untersuchung der chemischen Bindung mit Hilfe der Röntgenspektren.** R. L. Barinskij. (Ž. strukturnoj Chim. **8** (1967) 5, 897—912; Inst. miner. geochim. i kristallochim. redkich ėlementov AN SSSR; russ.) — In dem Übersichtsartikel wird die Anwendung der hochauflösenden Röntgenemissions- u. -absorptionsspektroskopie zur Klärung folgender Fragen der chem. Bindung (bes. der anorgan. Chemie) betrachtet: 1. Ermittlung der effektiven Ladung von Atomen in mol. Gasen u. von einfachen u. komplexen Ionen in Lsg. u. in Krist., 2. Best. der Symmetrie u. Energie der Elektronenzustände (Elektronenniveauschemata von Mol., Bandstruktur von Festkörpern), 3. Lsg. bestimmter strukturchem. Probleme. — 43 Literaturangaben. A. Meisel 24

0032 **Frequenz-Korrelationseffekte bei Kaskadenübergängen unter Beteiligung von stimulierter Emission.** Helen K. Holt. (Physic. Rev. Letters **19** (1967) 22, 1275—77; Atomic Phys. Div., NBS, Washington, D.C.; engl.) — Das von Cordover et al. (vgl. ibid. **18**, (1967) 18, 730) beschriebene Frequenzprofil für die Emission der 2. Stufe der Kaskadenrk. $2s_2 \to 2p_4 \to 1s_4$ von *Ne* wird bez. einer Korrelation zwischen den Frequenzen der beiden in der Rk.-Folge emittierten Photonen diskutiert. Die Berücksichtigung dieser Korrelation führt zu widersprüchlichen Resultaten. F. Langenbucher 26

0033 **Untersuchung von Strahlenprofilen bei bekannten Phasen.** J. Terrien. (J. Physique, Suppl. **1967,** Colloque Nr. 2, 3—10; Suppl. zu Journal de Phys. Bur. Internat. des Poids et Mesures, Sèvres; franz.) — Das spektrale Profil mehrerer sichtbarer Strahlen von ^{86}Kr aus einer Kr-Lampe, die den prakt. Spezifikationen der Meter-Definition von 1960 entspricht, wird durch Fourier-Transformation der sichtbaren Komplexheit von Zwei-Wellen-Interferenzen berechnet. Die sichtbare Phase wurde durch Vgl. mit derjenigen der $2p_{10}$–$5d_5$-Strahlung, die zuvor nach einer abs. Meth. bestimmt wurde, gemessen. Die Ergebnisse zeigen, daß die Strahlen ein leicht unsymm. Profil haben. Die Ursache der Unsymmetrie ist ungeklärt. A. Meixner 26

0034 **Verbreiterung der Quecksilberlinie 2537 Å in Gegenwart der Dämpfe einiger Metalle.** G. I. Zav'jalov, A. Ju. Zav'jalova, N. A. Priležaeva, M. P. Beljaev, M. V. Gileva und V. S. Grudanov. (Izvest. vysšich učebnych Zavedenij [Tomsk], Fiz. **11** (1968) 3, 156—58; Armavirskoe vysšee aviacionnoe učilišče; russ.) — In Ggw. von Cd-, Zn- u. Mg-Dampf zeigt die Resonanzlinie von Hg bei 2537 Å eine gewisse Verbreiterung. Die Ergebnisse deuten darauf hin, daß im absorbierenden Medium bei Hg-Konz. von $9 \cdot 10^{16}$ cm^{-3} neben im Moment des Stoßes existierenden Hg + Cd- u. Hg + Zn-Teilchen auch Quasimol. von Hg + Cd(Zn) existieren. H. Roschkowski 26

0035 **Die Rolle der Hg 6^3P_0-Atome in der Quecksilber-Photosensibilisierung.** 4. Mitt. **Herkunft der 4850 und 3350 Å-Banden.** J. E. McAlduff, D. D. Drysdale und D. J. Le Roy. (Canad. J. Chem. **46** (1968) 2, 199—206; Lash Miller Chem. Labor., Univ. of Toronto, Toronto, Ontario; engl.) — In einem Durchfluß-Syst., in dem Hg 6^3P_1-Atome in Ggw. von N_2 erzeugt werden, werden die Emissionsbanden bei 4850 u. 3350 Å untersucht. Diese Banden werden dem Zerfall elektron. angeregter Hg-Mol. zugeordnet. Es wird ein Mechanismus aufgezeigt, der ihre Bldg. u. ihren Zerfall beschreibt, wobei die Annahme gemacht wird, daß die Banden durch spontane Emission aus den $A^30_u^-$ u. A^31_u-Zuständen des Hg-Mol. entstehen. Wahrscheinlich stellt dabei der A^31_u-Zustand den Vorläufer des A^30_u-Zustands dar. G. Buttgereit 26

0036 **Verhalten der Beimengungslinien im Zusammenhang mit dem Feststoff-Flüssigkeit-Diagramm für einige Oxid- und Salzsysteme. Systeme ZrO_2–SiO_2, ZrO_2–$CaCO_3$, TiO_2–Al_2O_3 und TiO_2–MgO.** 3. Mitt. Ju. A. Proleskovskij und V. M. Akulovič. (Izvest. Akad. Nauk Beloruss. SSR, Ser. chim. Nauk **1967,** 1, 51—55; Inst. obščej i neorg. chim.; russ.) — Vf. untersuchen den Zusammenhang zwischen der Intensität der Linien im Funkenspektrum von Beimengungen (Cu, Ag, Ni u. Mn) u. dem Zustandsdiagramm der verschiedensten schwer schmelzbaren bin. Matrizen (ZrO_2–SiO_2, ZrO_2–$CaCO_3$, TiO_2–Al_2O_3 u. TiO_2–MgO). Im Zustandsdiagramm des Syst. ZrO_2–SiO_2 treten bei 50 Mol.-% SiO_2 die bin. Verb. $ZrO_2 \cdot SiO_2$ u. bei 40 u. 95 Mol.-% SiO_2 eutekt. Punkte auf, wobei die Schwärzungsintensität der Beimengungslinien im ersten Fall ein Minimum u. in den eutekt. Punkten ein Max. zeigt. Im Syst. CaO–ZrO_2 treten ebenfalls bei 50 Mol.-% eine chem. Verb. u. bei 30 u. 60 Mol.-% ZrO_2 eutekt. Gemische auf, u. die Schwärzungslinien von Ag, Cu u. Ni zeigen bei der Zus. der chem. Verb. Minima, während in den eutekt. Punkten schwache Max. beobachtet werden. Dieselbe Regel, die schon für viele leicht schmelzbare Syst. bekannt ist, nämlich daß Max. der Schwärzung der Beimengungslinien in eutekt. Punkten u. Minima im Gebiet chem. Verb. auftreten, wurde auch für die Spektren von Cu, Ag u. Mn in der bin. Matrix TiO_2–Al_2O_3 gefunden. Die Abhängigkeit der Linienschwärzung von Ag- u. Cu-Beimengungen im Syst. TiO_2–MgO zeigt jedoch Abweichungen von der genannten Regel, die auf Fluktuationen beim Übertritt der Matrixelemente in die Gaswolke der Entladung zurückgeführt werden. A. Hermann 26

0037 **Photoelektronenspektren und ionisierte Zustände der Halogenwasserstoffsäuren.** H. J. Lempka, T. R. Passmore und W. C. Price. (Proc. Roy. Soc. [London], Ser. A **304** (1968) 1476, 53—64; Phys. Dep., King's Coll., London; engl.) — Aus den Photoelektronenspektren (10—20 eV) von gasf. *HF, HCl, HBr* u. *HJ* wurden folgende Werte (in eV) für die Ionisation zu den $^2\Pi$ u. $^2\Sigma^+$-Zuständen gewonnen: HF (**I**): 16,05; 18,06; 20,0; HCl (**II**): 12,74; 12,82; 16,23; 16,6; HBr (**III**): 11,67; 12,00; 15,29; 15,6; HJ (**IV**): 10,38, 11,05; 13,85; 14,25. Die ionisierten Zustände von **I** sind durch Wechselwrkg. zwischen Zuständen der gleichen Spezies beeinflußt. In den $^2\Sigma^+$-Zuständen wurde in **II** u. **III** aber nicht in **I** u. **IV** eine Schwingungsstruktur gefunden. Dies wird aus den Potentialenergiediagrammen gedeutet. R. Blank 26

0038 **Sichtbares Absorptionsspektrum von Bromchlorid.** M. A. A. Clyne und J. A. Coxon. (Nature [London] **217** (1968) 5127, 448—49; Dep. of Chem., Queen Mary Coll., Univ. of London; engl.) — Zwischen 294° u. 690°K wird das Bandensyst. $^3\Pi_{0^+} \rightleftharpoons {}^1\Sigma^+$ von BrCl (**I**) im Absorptionsbereich 5000—7200 Å der ganz auf der rechten Seite liegenden Gleichgew.-Rk. $Br_2(g) + Cl_2(g) \rightleftharpoons 2Br \cdot Cl(g)$ untersucht. Die Analyse der Bandenköpfe führt zu folgenden Ausdrücken der Schwingungskonst.: G'' (cm^{-1}) $= \mathbf{443{,}5}\,(v'' + {}^1/_2) - 1{,}8\,(v'' + {}^1/_2)^2$ für $0 \leq v'' \leq 14$ u. G' (cm^{-1}) $= \mathbf{16{,}705} + \mathbf{239}\,(v' + {}^1/_2) - 5{,}5\,(v' + {}^1/_2)^2 - 0{,}08\,(v' + {}^1/_2)^3$ für $2 \leq v' \leq 9$. R. Blank 26

0039 **Sichtbares Spektrum des AuGa-Moleküls.** Jean-Louis Bocquet und René Houdart. (C. R. hebd. Séances Acad. Sci., Sér. A et B **265** (1967) 18, B 979—82; Fac. des Sci., Lille; franz.) — Aus dem sichtbaren Spektrum des Dampfes aus einer 2100° heißen AuGa-Leg. schließen Vf. auf die Existenz von AuGa-Molekülen. Sie beobachten Isotopeneffekte der Mol. Au^{69}Ga u. Au^{71}Ga. A. Meixner 26

0040 **Spektroskopische Untersuchungen an Vanadyl(IV)-β-Ketoenolat-Komplexen.** J. Selbin, G. Maus und D. L. Johnson. (J. inorg. nuclear Chem. **29** (1967) 7, 1735 bis 1744; Baton Rouge, Coates Chem. Labor., La. State Univ., La.; engl.) — Die Elektronenspektren der Komplexe VOL_2 [*HL* = *Acetylaceton, Trifluoracetylaceton, Hexafluoracetylaceton* (hfa), *Benzoylaceton, Dibenzoyl-*

methan u. *Dipivaloylmethan* (dpm) wurden zwischen 8000 u. 30000 cm⁻¹ unter verschiedenen Bedingungen (Reflexion, in KBr u. Nujol bei 298 u. 77°K, in koordinierenden u. nichtkoordinierenden Lsgm.) aufgenommen. Von den Komplexen $VO(hfa)_2$ u. $VO(dpm)_2$ wurden außerdem die Spektren in der Dampfphase gemessen. Aus der Bandenanalyse leiten Vf. die relative energet. Lage der d-Orbitale des Vanadins im 5- u. 6fach koordinierten Zustand ab. Das Vanadinatom liegt bei allen Komplexen VOL_2 nicht in derselben Ebene wie die beiden Liganden, so daß im Gegensatz zu früheren theoret. Ansätzen der O = V–L-Winkel immer > 90° ist.
E. Daltrozzo 26

0041 **Metall-Ammoniak-Lösungen.** 2. Mitt. **Innere Reflexionsspektren von Alkalimetall-Ammoniak-Lösungen.** D. F. Burow und J. J. Lagowski. (J. physic. Chem. **72** (1968) 1, 169–75; Dep. of Chem., Univ. of Texas, Austin, Tex.; engl.) — Vgl. C. **1967**, **2**-0102. — Vf. untersuchen die inneren Reflexionsspektren der Lsg. von *Li*, *Na* u. *K* in NH_3 u. ND_3 im Vgl. zu den Spektren der reinen Lsgm. im Bereich 1,3–7,0 μm. Die den solvatisierten Elektronen bei ~ 1,5 μm zugeschriebene Bande wird danach bei allen Konz. in der blauen Phase beobachtet, verschwindet aber in den bronzefarbenen Lösungen. Das Schwingungsspektrum des Lsgm. ändert sich in der Lsg. gegenüber dem des reinen Lsgm. nicht erheblich.
R. Blank 26

0042 **Sterische Effekte bei den Lösungsgleichgewichten einiger Nickel-Chelate.** A. Chakravorty, T. S. Kannan und S. Gupta. (Inorg. nuclear Chem. Letters **4**, (1968) 3, 139–42; Dep. of Chem., Indian Inst. of Technol., Kanpur; engl.) — Es wird über absorptionsspektrometr. Messungen an Py.-Lsg. von Komplexen des Typs $[Ni(Sal\text{–}N\text{–}R)_2]$ (**A**) u. $[Ni(Hac\text{–}N\text{–}R)_2]$ (**B**) berichtet (SalH–N–R = N-substituiertes Salicylaldimin; HacH–N–R = N-substituiertes 2-Hydroxyacetophenimin). Die temperaturabhängigen (28–50°) Ligandenfeldspektren von **A** mit $R = CH_3$ u. $n\text{-}C_4H_9$ sind typ. für idealisierte O_h-Symmetrie, entsprechend einer prakt. vollständigen Rk. nach (a) **A** + 2 py → **A**$(py)_2$. Das gleiche gilt für **B** mit $R = CH_3$, während bei **B** mit $R = n\text{-}C_4H_9$ eine merkliche Temp.-Abhängigkeit der Intensitäten von $\nu_1[^3A_{2g} \rightarrow {}^3T_{2g}(F)]$ u. $\nu_2[\rightarrow {}^3T_{1g}(F)]$ auftritt. Hier liegt ein Gleichgew. (b) **B** + x py ⇌ **B**$(py)_x$ (x wahrscheinlich 2) vor, das bei Temp.-Erhöhung nach links verschoben wird. Dieser Effekt wird auf eine ster. Rotationshinderung durch die Azomethin-CH_3-Gruppe in **B** zurückgeführt. Das in der Literatur beschriebene spektrale Verh. von **A** u. **B** mit verzweigten R-Gruppen (z. B. $R = sek.\text{-}C_4H_9$) wird auf der gleichen Grundlage diskutiert.
A. Blaschette 26

0043 **Emission von zirkularpolarisierter Strahlung durch optisch aktive Verbindungen.** C. A. Emeis und L. J. Oosterhoff. (Chem. Physics Letters [Amsterdam] **1** (1967) 4, 129–32; Dep. of Theoret. Org. Chem., Univ., Leiden, Netherlands; engl.) — Die Zirkularpolarisation in der Fluoreszenz von *trans-β-Hydrindanon* u. in der Phosphoreszenz von $[Cr(en)_3(ClO_4)_3]$ wird diskutiert. Die Asymmetriefaktoren können sich beträchtlich von den in den Absorptionsspektren gemessenen unterscheiden. Die theoret. Grundlagen dieser Erscheinung werden dargelegt, die Möglichkeit ihrer Anwendung zur Unters. angeregter Zustände wird angedeutet.
J. J. Pohl 26

0044 **Berechnung der optischen Polarisierbarkeit des H-Atoms mittels neuer Variationsmethoden.** M. N. Adamov, B. I. Orlov und T. K. Rebane. (Optika i Spektroskopija **24** (1968) 5, 657–59; russ.) — Obere u. untere Grenze der Polarisierbarkeit wurden ermittelt. Mit steigender Zahl der Variationsparameter für alle Frequenzen ergab sich eine monotone Konvergenz.
M. Wiedemann 28

0045 **Mittlere Lebensdauern der Anregungszustände des Wasserstoffs und ihr Einfluß auf die Grundverteilung der Intensitäten des Wasserstoff-Stark-Effekts. Der Wiensche Abklingversuch an den Stark-Effekt-Komponenten.** R. Gebauer und H. Jäger. (Acta physica austriaca **26** (1967) 2/3, 123–51; Inst. für Experimentalphys., T.H., Graz; dt.) — Es wurden die Aufspaltungen der Balmer-Linien H_α, H_β u. H_γ bei breiter Variation der experimentellen Bedingungen im elektr. Querfeld vermessen. Durch Beobachtung des Abklingens der Stark-Effekt-Komponenten nach Art des Wienschen Abklingvers. u. Vgl. der so erhaltenen Abklingkonst. mit den theoret. Werten wird der für die Intensitätsverteilung ausschlaggebende Mechanismus gefunden. Durch gleichzeitige Berücksichtigung der mittleren Lebensdauern der Stark-Effekt-Anregungszustände sowie der mittleren Stoßzeiten in Entladungen, wie sie zur Beobachtung des Stark-Effekts verwendet werden, kann die Verschiedenheit der in der Literatur vorliegenden Intensitätsverteilungen erklärt werden.
B. Stender 28

0046 **Messung der Stark-Verbreiterungsparameter mehrerer ArII-Linien.** D. E. Roberts. (J. Physics, B (Proc. physic. Soc.) [2] **1** (1968) 1, 53–61; Dep. of Phys., Imp. Coll. of Sci. and Technol., London; engl.) — Best. der Profile mehrerer, durch Elektronenstoß verbreiterter ArII-Linien eines hochverdichteten Z-Pinchplasmas mit einem Fabry-Perot-Interferometer. Mit diesem Interferometer wurde in Verb. mit einer Laserquelle die Plasmaelektronendichte u. aus der relativen Intensität einer ArIII- (3344,7 Å) u. einer ArII-Linie (3350,9 Å) die Plasmatemp. bestimmt.
R. Blank 28

0047 **Infrarotspektren von Cäsiumhydrogenhalogeniden.** Joseph W. Nibler und George C. Pimentel. (J. chem. Physics **47** (1967) 2, 710–17; Chem. Dep., Univ. of California, Berkeley, Calif.; engl.) — Die Analyse der IR-Spektren zwischen 225 u. 4000 cm⁻¹ der Cs-Salze von $ClHCl^-$, $ClDCl^-$, $ClHBr^-$, $ClHJ^-$ u. $ClDJ^-$ bei 20°K ergibt, daß die bisher von $NR_4{}^+XHY^-$-Verb. bei Raumtemp. bestimmten ν_3-Frequenzen nur halb so groß sind, d. h. die früheren Ergebnisse müssen der $2\nu_3$-Schwingung zugeordnet werden, deren Intensität allerdings größer als die von ν_3 ist. Eine allg. Analyse der Symmetrie-Verhältnisse der Schwingungen in XHX^--Ionen zeigt, das für $X = Cl$, Br u. J das Proton nicht zentrosymm. ist u. die Ionen $C_{\infty v}$- oder C_s-Symmetrie haben. FHF^- hat $D_{\infty h}$-Symmetrie, u. von $ClHCl^-$ gibt es noch eine C_{2v}-Spezies. Die anomalen Intensitäten werden durch die großen Ladungsbeweglichkeiten gedeutet.
R. Blank 30

0048 **Infrarotspektren von Borazin und seinen Isotopderivaten. Zuordnung der a_2''-Grundschwingungen.** V. B. Kartha, S. L. N. G. Krishnamachari und C. R. Subramaniam. (J. molecular Spectroscopy **23** (1967) 2, 149–57; Bhabha Atomic Res. Centre; Trombay, Bombay, India; engl.) — Die IR-Spektren von $B_3H_3N_3H_3$ (**I**), $B_3D_3N_3H_3$ u. $B_3H_3N_3D_3$ wurden aufgenommen. Auf Grund der Bandenkontur u. der Isotopenverschiebung können die a_2''-Schwingungen eindeutig zugeordnet werden. Für **I** werden sie bei 918, 718,5 u. 393 cm⁻¹ beobachtet. Die bisher einer a_2''-Schwingung zugeschriebene Frequenz bei 649 cm⁻¹ ist eine Kombinationsschwingung.
W. Sawodny 30

0049 **Darstellung und Charakterisierung der Fluorosulfate des Zn(II), Cu(II) und Fe(III).** J. Goubeau und J. B. Milne. (Canad. J. Chem. **45** (1967) 20, 2321–26; Labor für anorgan. Chem. der TH Stuttgart; engl.) — $Zn(SO_3F)_2$ (**I**), $Cu(SO_3F)_2$ (**II**) u. $Fe(SO_3F)_3$ (**III**) wurden aus den wasserfreien Chloriden der Metalle u. Fluoroschwefelsäure dargestellt. Die IR-Spektren wurden zusammen mit denen von $Ca(SO_3F)_2$ (**IV**) u. KSO_3F (**V**) (von letzterem wurde auch das Raman-Spektrum registriert) in Nujol- bzw. Kel–F-Verreibung im Bereich 33–4000 cm⁻¹ aufgenommen. Bei **IV** u. **V** treten die sechs Grundschwingungen des SO_3F^--Ions (**VI**) (Symmetrie C_{3v}) ungestört auf. Dies ist auch bei **I** der Fall, jedoch wurden hier zusätzliche Banden im fernen IR beobachtet, aus deren Auftreten auf eine stärkere Anion–Kation-Wechselwrkg. geschlossen wurde. In den Spektren von **II** u. **III** spalten auch die Grundschwingungen von **VI** auf, was durch die Ausbldg. von kovalenten Metall–O-Bindungen erklärt wird, wodurch sich die Symmetrie von **VI** auf C_s erniedrigt. Von **II** u. **III** wurden die magnet. Momente (2,05 bzw. 5,33 BM) gemessen u. von **I**–**IV** die Röntgenpulverdiagramme aufgenommen. Die therm. Zers. bei möglichst niedrigen Temp. liefert als flüchtige Prod. in allen Fällen SO_3 u. $S_2O_5F_2$, aber kein SO_2F_2.

Versuche: Die wasserfreien Metallchloride wurden zusammen mit einer äquimol. Menge KCl oder KSO_3F 48 Std. lang in frisch unter N_2 dest. HSO_3F im Vakuum gerührt, die ausgefallenen Prod. dann in trockener Atmosphäre abfiltriert, mit HSO_3F gewaschen u. im Vakuum getrocknet. W. Sawodny 30

0050 **Infrarotspektren und Struktur von Silicium-Kobalt-Tetracarbonylen.** Arnulf P. Hagen und Alan G. MacDiarmid. (Inorg. Chem. [Washington] 6 (1967) 4, 686–89; John Harrison Labor. of Chem., Univ. of Pa., Philadelphia, Pa.; engl.) — Die hochaufgelösten IR-Spektren von $Cl_3SiCo(CO)_4$ u. der neuen Verb. $F_3SiCo\cdot(CO)_4$, $(CH_3)_3SiCo(CO)_4$ u. $H_3CSiH_2Co(CO)_4$ wurden in der Gasphase im Gebiet der CO-Streckschwingung ($\approx$ 2000 cm^{-1}) untersucht. Die Silyl-Deriv. wurden nach Chalk u. Harrod aus dem entsprechenden Silan u. $Co_2(CO)_8$ dargestellt. Die Spektren zeigen die C_{3v}-Symmetrie der $Co(CO)_4$-Gruppe, d. h. alle CO-Gruppen in cis-Stellung zueinander u. den Si-Substituenten in axialer Lage der trigonalen Bipyramide. Vf. schließen auf einen bedeutenden (d → d)-π-Doppelbindungscharakter in der Si–Co-Bindung der Si–Co-Tetracarbonyle. A. Günther 30

0051 **Infrarotspektrum von Aluminiumtriphenyl.** H. F. Shurvell. (Spectrochim. Acta [Oxford], Part A **28** (1967) 12, 2925–30; Dep. of Chem., Queen's Univ.; Kingston, Canada; engl.) — Das IR-Spektrum von $Al_2(C_6H_5)_6$ wurde im Bereich 300–4000 cm^{-1} aufgenommen. Obwohl zwei verschiedene Arten von Phenylgruppen (brücken- u. endständige) im Mol. enthalten sind, zeigen die inneren Schwingungen dieser Gruppen mit zwei Ausnahmen keine Aufspaltung u. können ohne Schwierigkeit durch Vgl. mit den Spektren anderer monosubstituierter Phenylderiv. zugeordnet werden. Die AlC-Schwingungen werden bei 332, 420, 446 u. 680 cm^{-1} gefunden. W. Sawodny 30

0052 **Normalschwingungen des Kupfer(II)-formiates in einer planaren Netzwerkstruktur.** Yoko Kuroda und Masaji Kubo. (Spectrochim. Acta [Oxford], Part A **28** (1967) 11, 2779–89; Dep. of Chem. Nagoya Univ., Chikusa, Nagoya, Japan; engl.) — Die IR-Spektren der blaßblauen Modifikation des wasserfreien *Cu(II)-Formiats*, seines *Tetrahydrats*, seines *Tetradeuteriumoxids* u. seines *Diharnstoff-dihydrats* wurden im Bereich 200–4000 cm^{-1} untersucht. In allen Verb. liegt das gleiche Schichtengitter von $Cu(HCOO)_2$ vor, während die Kristallwasser- bzw. Harnstoff-Mol. dazwischen eingelagert sind. Vernachlässigt man die Wechselwrkg. mit diesen Mol. u. die geringfügige Herausdrehung der HCOO-Gruppe aus der Ebene, so kann man für die $Cu(HCOO)_2$-Schicht näherungsweise die Raumgruppe D_{4h}^5 annehmen. Dafür wurde eine Faktorgruppenanalyse durchgeführt u. danach die IR-akt. Schwingungen zugeordnet. Für die Rasse E_u wurden Kraftkonst. nach einem Urey-Bradley-Feld berechnet, wobei sich die Werte K_{CH} 3,46; K_{CO} 7,05 u. K_{CuO} 0,8–1,0 mdyn/Å ergaben. W. Sawodny 30

0053 **IR-Untersuchungen von Thallium(III)-Komplexen aliphatischer Dicarbonsäuren.** R. C. Aggarwal und A. K. Srivastava. (Indian J. Chem. **5** (1967) 12, 627–30; Chem. Dep., Univ., Lucknow; engl.) — Die IR-Spektren der Verb. $H_2[Tl(C_2O_4)_2OH\cdot H_2O]$, $Tl\cdot(C_3H_2O_4)_2OH$, $H_2[Tl(C_4H_4O_4)_2OH\cdot H_2O]$, $Tl(C_5H_6O_4)_2\cdot OH$, $Tl(C_6H_8O_4)_2OH$, $Tl(C_7H_{10}O_4)_2OH$, $Tl(C_8H_{12}O_4)_2OH$, $Tl(C_9H_{14}O_4)_2OH$ u. $Tl(C_{10}H_{16}O_4)_2OH$ werden mitgeteilt (Tabellen) u. diskutiert. In den Oxal- u. Bernsteinsäurekomplexen existiert eine kovalente O–Tl-Bindung; in den Verb. höherer Dicarbonsäuren wird die Anwesenheit von COO^--Gruppen durch die Spektren angezeigt. K.-Z. Zwietasch 30

0054 **Infrarotspektren und einige Eigenschaften von Tris-[acetylacetonato]-seltenerdmetall(III)-Komplexen.** Seizo Misumi und Noriko Iwasaki. (Bull. chem. Soc. Japan **40** (1967) 3, 550–54; Fac. of Sci., Kyushu Univ., Hakozaki Fukuoka; engl.) — Die IR-Spektren von Nujolanreibungen u. KBr-Preßlingen von *Tris-[acetylacetonato]-Pr, -Nd, -Eu, -Gd, -Dy* u. *-Er* wurden im Bereich 4000 bis 100 cm^{-1} gemessen. Mit Hilfe von Frequenzberechnungen, denen das vereinfachte C_{2v}-Modell des 1:1-Komplexes zugrunde lag, konnten Zuordnungen vorgenommen werden. Die Metall-Sauerstoffvalenzschwingungen ν_5, a_1 u. ν_{14}, b_1 liegen bei 420 bis 432 bzw. 304 bis 322 cm^{-1}. Die Metall-Sauerstoff-Valenzkraftkonst. wird mit zunehmender Ordnungszahl größer, u. die Frequenz von $\nu_1(\nu C{=}O)a_1$ wird dabei kleiner. Infolge der Lanthanidenkontraktion nimmt k_{M-O} bei abnehmender M-O-Bindungslänge zu. A. Meixner 30

0055 **Metall–Metall-Valenzschwingungen.** N. A. D. Carey und H. C. Clark. (Chem. Commun. **1967**, 6, 292–93; Dep. of Chem., Univ. of Western Ontario, London, Canada; engl.) — In den IR-Spektren einiger zweikerniger Metallkomplexe werden Absorptionen zwischen 169 u. 235 cm^{-1} Metall–Metall-Valenzschwingungen zugeordnet. Folgende Verb. wurden untersucht: $Ph_3Sn{-}SnEt_3$, $Et_3Sn{-}SnBu_3$, $Ph_3Sn{-}SnMe_3$ (ν_{Sn-Sn} = 194–208 cm^{-1}); $Me_3Sn{-}GePh_3$, $Et_3Sn{-}GePh_3$, $Ph_3Sn{-}GeBu_3$ (ν_{Sn-Ge} = 225 bis 235 cm^{-1}); $Me_3Sn{-}Mn(CO)_5$, $Ph_3Sn{-}Mn(CO)_5$, $Me_2XSn{-}Mn(CO)_5$, $MeCl_2Sn{-}Mn(CO)_5$, $Cl_3Sn{-}Mn(CO)_5$ (ν_{Sn-Mn} = 174–201 cm^{-1}); $Me_3Sn{-}Mo(CO)_3(\pi{-}C_5H_5)$, $Ph_3Sn{-}Mo\cdot(CO)_3(\pi{-}C_5H_5)$, ($\nu_{Sn-Mo}$ = 169–172 cm^{-1}) $Me_3Sn{-}Fe(CO)_2\cdot(\pi{-}C_5H_5)$, $Ph_3Sn{-}Fe(CO)_2(\pi{-}C_5H_5)$ (ν_{Sn-Fe} = 174 bis 185 cm^{-1}); $Me_3Sn{-}Co(CO)_4$ (ν_{Sn-Co} = 176 cm^{-1}); (Me = CH_3, Et = C_2H_5, Bu = $n{-}C_4H_9$, Ph = C_6H_5, X = *Cl, Br, J*). E. Beßler 30

0056 **Metall-Ligand-Frequenzen in den Spektren von Zinnkomplexen mit Triphenylphosphinoxid und Triphenylarsinoxid.** J. P. Clark, V. M. Langford und C. J. Wilkins. (J. chem. Soc. [London] Sect. A **1967** 5, 792–94; Dep. of Chem., Univ. of Canterbury, Christchurch, New Zealand; engl.) — Die IR-Spektren (Tabellen) von folgenden Komplexen im festen Zustand werden im Bereich 1500–200 cm^{-1} untersucht: $SnF_4\cdot 2L$, $SnCl_4\cdot 2L$, $Sn\cdot Br_4\cdot 2L$, $SnJ_4\cdot 2L$, $CH_3SnJ_3\cdot 2L$, $(CH_3)_2SnCl_2\cdot 2L$, $(CH_3)_2SnBr_2\cdot 2L$, $(CH_3)_2SnJ_2\cdot 2L$, u. $[SnJ_2\cdot 4L]J_2$ [L = $(C_6H_5)_3AsO$ (I) oder $(C_6H_5)_3PO$ (II)]. Die Sn-O-Valenzfrequenzen wurden bei Komplexen mit I bei 373 bis 425 cm^{-1} u. mit II bei 302–346 cm^{-1} gefunden. E. Beßler 30

0057 **Synthese von Bis-[triäthylstannyl]-sulfid und verwandten Verbindungen.** 4. Mitt. **IR-Spektren einiger, die $(C_2H_5)_3Si$-Gruppe enthaltender elementorganischer Verbindungen mit zwei oder drei Elementen.** A. N. Egoročkin, S. Ja. Choršev, N. S. Vjazankin, M. N. Bočkarev, O. A. Kruglaja und G. S. Semčikova. (Ž. obšč. Chim. **37(99)** (1967) 10, 2308–11; Labor. stabilizacii polymerov AN Gor'kij; russ.) — 3. vgl. C. **1969**, 7-0063. — Aus den IR-Spektren der nachst. aufgeführten Verb. einer M–X–M- bzw. M–X–M'-Gruppierung (M u. M' = Si, Ge, Sn; X = Element der II., III. oder VI. Gruppe des Periodensyst.) folgt eine Abhängigkeit der Si–C-Valenzschwingung von der Elektronegativität der Zentralatome X. Untersuchte Verb.: $(C_2H_5)_3SiSH$, $[(C_2H_5)_3Si]_2S_3$, $[(C_2H_5)_3Si]_2Se$, $[(C_2H_5)_3Si]_2Te$, $[(C_2H_5)_3Si]_3Sb$, $[(C_2H_5)_3Si]_3Bi$, $(C_2H_5)_3SiSe\cdot C_2H_5$, $(C_2H_5)_3SiTeSn(C_2H_5)_3$ u. $(C_2H_5)_3SiTeC_2H_5$. Zu Vgl.-Zwecken wurden die IR-Spektren von $(C_2H_5)_3GeTe\cdot C_2H_5$, $[(C_2H_5)_3Ge]_2Te$ u. $[(C_2H_5)_3Sn]_3Sb$ aufgenommen. K. Jasche 30△

0058 **Zuordnung der Infrarotbanden von Bis-[benzol]-chrom(I)- und Bis-[toluol]-chrom(I)-jodid und die Kraftkonstanten für die nichtebenen CH-Schwingungen ihrer Liganden-Moleküle.** Hiroshi Saito, Yuzo Kakiuti und Minoru Tsutsui. (Spectrochim. Acta [Oxford], Part A **23** (1967) 12, 3013–23; Dep. of Chem.; St. Paul's Univ., Nishi-Ikebukuro Tokyo, Japan; engl.) — Die IR-Spektren von $[Cr(C_6H_6)_2]J$ u. $[Cr(C_6H_5CH_3)_2]J$ wurden im Bereich 300–4000 cm^{-1} aufgenommen u. zugeordnet. Für die γ_{CH}-Schwingungen wurden Kraftkonst. nach einem stark vereinfachten Potentialmodell berechnet. Obwohl bei den untersuchten Mol. gegenüber den freien Liganden Bzl. u. Toluol erhebliche Frequenzverschiebungen dieser Banden auftreten, bleibt die zugehörige Deformationskonst. gleich. Nur die Kopplungskonst. ändern sich u. verursachen den beobachteten Effekt. W. Sawodny 30

0059 **Infrarotspektren der Clathrate des Nickelcyanid-Ammoniak-Komplexes.** Vijay Mohan Bhatnagar. (Chim. analytique **49** (1967) 11, 563–86; Univ. d'Australia occidentale, Nedlands, Perth; franz.) — Vf. un-

tersucht die IR-Spektren der Komplexe $[Ni(CN)_2 \cdot NH_3 \cdot L]$ (L = Bzl., Anilin, Py., Pyrrol u. Thiophen) zwischen 100 u. 4000 cm^{-1}. Der Einbau des organ. Mol. verändert die Struktur des Ausgangskomplexes nicht.
B. Seifert 30

0060 **Infrarotspektren von 2-Hydroxy-1-naphthaldehyd-Komplexen.** J. Gómez Lara und A. A. Sánchez. (Spectrochim. Acta [Oxford], Part A, **23 A**, (1967) 5, 1299–1306; Inst. di Quim., Univ. Nac. Autónoma de México, Ciudad Univ. México; engl.) — Die IR-Spektren (4000–250 cm^{-1}) der *2-Hydroxy-1-naphthaldehyd*-Komplexe von *Be, Mg, Ca, Sr, Ba, Ni, Cu, Zn* u. *Cd* im festen Zustand werden untersucht. Die Spektren unterscheiden sich im Bereich 650–250 cm^{-1} z. T. erheblich. Eine vollständige Zuordnung der beobachteten Frequenzen konnte nicht getroffen werden. Den Metall-Sauerstoff-Valenzschwingungen werden Frequenzen zwischen 440 u. 582 cm^{-1} zugeordnet. — Abb. u. Tabellen.
E. Beßler 30

0061 **Spektren von Komplexen des Rhodiums und Iridiums mit π-bindenden Liganden im fernen Infrarot.** M. A. Bennett, R. J. H. Clark und D. L. Milner. (Inorg. Chem. [Washington] 6 (1967) 9, 1647–52; Univ. Coll., London, England; engl.) — Die IR-Spektren der nachst. quadrat.-planaren Rh(I)- u. Ir(I)-Halogenokomplexe werden im Bereich 460–200 cm^{-1} aufgenommen: $[RhCl(CO)_2]_2$, $[RhCl(C_2H_4)_2]_2$, $[RhBr(C_2H_4)_2]_2$, $[RhCl(C_8H_{14})_2]_2$, (C_8H_{14} = Cycloocten,) $[RhCl(C_8H_{12})]_2$ (C_8H_{12} = Cyclooctadien-(1.5)), $[RhBr(C_8H_{12})]_2$, $[RhCl(C_7H_8]_2$ (C_7H_8 = Norbornadien), *trans*-$RhCl(CO)\{P(C_2H_5)_3\}_2$ *trans*-$RhBr(CO)\{P \cdot (C_2H_5)_3\}_2$, *trans*-$RhCl(CO)\{P(C_2H_5)_2C_6H_5\}_2$, *trans*-$RhCl \cdot (CO)\{P(C_2H_5)(C_6H_5)_2\}_2$ *trans*-$RhCl(CO)\{P(C_6H_5)_3\}_2$, *trans*-$RhBr(CO)\{P(C_6H_5)_3\}_2$, *trans*-$RhCl(CO)\{P(p\text{-}CH_3C_6H_4)_3\}_2$, *trans*–$RhCl(CO)\{As(C_2H_5)_3\}_2$, *trans*–$RhCl(CO)\{As(C_6 \cdot H_5)_3\}_2$, $RhCl\{P(C_6H_5)_3\}_3$, $[RhCl\{P(C_6H_5)_3\}]_2$, $RhBr\{P(C_6 \cdot H_5)_3\}_3$, $RhCl(C_7H_8)$ (*p-Toluidin*), $RhCl(C_7H_8)P(C_6H_5)_3$, $RhCl(C_7H_8)As(C_6H_5)_3$, $RhCl(C_7H_8)Sb(C_6H_5)_3$, $IrCl(CO) \cdot \{P(C_6H_5)_3\}_2$, $IrBr(CO)\{P(C_6H_5)_3\}_2$, $[IrCl(C_8H_{12})]_2$. Die beobachteten starken Banden zwischen 310–250 cm^{-1} sind den Metall-Cl-Valenzschwingungen zuzuordnen. Dabei liegen die Frequenzen der Brücken-Metall-Cl-Schwingungen um ca. 20–40 cm^{-1} niedriger als die der endständigen M-Cl-Valenzschwingungen. Im gleichen Frequenzbereich von 460–200 cm^{-1} werden die IR-Spektren der folgenden oktaedr. Rh(III)- u. Ir(III)-Komplexe untersucht: *trans*-$RhCl_3\{P(C_2H_5)_3\}_3$, *trans*-$RhBr_3\{P(C_2 \cdot H_5)_3\}_3$, *cis*-$RhCl_3\{P(C_2H_5)_3\}_3$, *cis*-$RhBr_3\{P(C_2H_5)_2\}_2$, *trans*-$Rh \cdot Cl_3\{As(C_2H_5)_3\}_3$, *trans*-$RhBr_3\{As(C_2H_5)_3\}_3$, *cis*-$RhCl_3\{As(C_2 \cdot H_5)_3\}_3$, $[RhCl_3\{P(C_2H_5)_3\}_2]_2$, $[RhCl_3\{P(n\text{-}C_4H_9)_3\}_2]_2$, $[Rh \cdot Cl_3\{As(C_2H_5)_3\}_2]_2$, $RhCl_3(CO)\{P(C_2H_5)_3\}_2$, $RhClBr_2(CO) \cdot \{P(C_2H_5)_3\}_2$, $RhClJ_2(CO)\{P(C_2H_5)_3\}_2$, $RhCl_3(CO)\{P(C_6 \cdot H_5)_3\}_2$, $RhClJ_2(CO)\{P(C_6H_5)_3\}_2$, $RhCl_3(CO)\{As(C_2H_5)_3\}_2$, $RhClBr_2(CO)\{As(C_2H_5)_3\}_2$, $RhClJ_2(CO)\{As(C_2H_5)_3\}_2$, $IrCl_3 \cdot (CO)\{P(C_6H_5)_3\}_2$, $IrClBr_2(CO)\{P(C_6H_5)_3\}_2$, $IrClJ_2(CO)\{P \cdot (C_6H_5)_3\}_2$, $IrBrCl_2(CO)\{P(C_6H_5)_3\}_2$, $IrHCl_2(CO)\{P(C_6H_5)_3\}_2$, $IrH_2Cl(CO)\{P(C_6H_5)_3\}_2$, $IrClJCH_3(CO)\{P(C_6H_5)_3\}_2$. Die den M-Cl-Valenzschwingungen zuzuordnenden Banden liegen im Bereich 350–250 cm^{-1}; die Frequenzen hängen hauptsächlich von zum Cl-Atom trans-ständigen Liganden im Komplex ab. Bez. ihres Einfl. auf ($M\text{–}Cl_{trans}$) können die Liganden in folgende Reihe eingeordnet werden: $Cl > Br > J \sim CO > CH_3 \approx PR_3 \approx AsR_3 > H$, wobei entsprechend dieser Reihenfolge ein Abfall der M–Cl-Valenzschwingungsfrequenz beobachtet wird. Aus der Lage der M–Cl-Absorptionsbanden wird geschlossen, daß die oktaedr. Addukte des $IrCl(CO)\{P \cdot (C_6H_5)_3\}_2$ mit Halogenen, H_2, HCl u. CH_3J die addierten Atome in cis-Stellung enthalten.

Versuche: $[RhBr(C_2H_4)_2]_2$, durch Umsetzung von äthanol. $RhCl_3$ u. eines großen LiBr-Überschusses mit Äthylen als braunes unlösl. Pulver. — $RhBr\text{–}(CO)\{P(C_2 \cdot H_5)_3\}_2$, durch 3std. Rückflußkochen von $RhCl(CO)\{P \cdot (C_2H_5)_3\}_2$ mit LiBr in Aceton unter N_2, Abdest. des Lsgm. bei 15 Torr, Extrahieren des Rückstands mit Pentan u. Abkühlen auf –78° 53% (Ausb.). — $RhBr(CO)\{P(C_6H_5)_3\}_2$, 4std. Rückflußkochen von $RhBr_3 \cdot 3H_2O$ u. $P(C_6H_5)_3$ in 2-Äthoxyäthanol, 52%. — *cis*- u. *trans*-$RhBr_3\{P(C_2H_5)_3\}_3$, a) 5min. Erhitzen von trans-$RhCl_3\{P(C_2H_5)_3\}_3$ u. LiBr in sd. Aceton unter N_2 rote Nadeln; 60%. b) 1std. Rk. von $P(C_2H_5)_3$ mit methanol. $RhBr_3 \cdot 3H_2O$ unter N_2 bei –78°, danach Erwärmen bis Raumtemp., Abfiltrieren geringer Mengen Nd. ($[RhBr_3\{P(C_2H_5)_3\}_2]_2$ (?)), nach einigem Stehen Abfiltrieren des gelben *cis-Bromokomplexes*; 19%, beim Umkrist. Isomerisierung zum *trans-Bromokomplex*, orangerote Blättchen. — *cis*- u. *trans*-$RhCl_3\{As(C_2H_5)_3\}_3$, 10 Min. Erhitzen von $RhCl_3 \cdot 3H_2O$ u. $As(C_2H_5)_3$ in sd. A., nach Abkühlen Abfiltrieren des rotbraunen Nd., Einengen des Filtrats bei 15 Torr u. Ausäthern des festen Rückstands, Abdest. des Ae. vom Extrakt, nach Umkrist. des Rückstands aus Methanol orangerote Prismen der trans-Verbindung; 88%. Daneben $[RhCl_3\{As(C_2H_5)_3\}_2]_2$, Umkrist. des Rückstands der Ae.-Extraktion aus CH_2Cl_2/A., rotbraune Prismen; 6,5%. — *trans*-$RhBr_3\{As(C_2H_5)_3\}_3$, durch Rk. von trans-$RhCl_3 \cdot \{As(C_2H_5)_3\}_3$ mit überschüssigem LiBr, rote Nadeln. — $RhClBr_2(CO)\{P(C_2H_5)_3\}_2$, Erhitzen von $RhCl(CO)\{P \cdot (C_2H_5)_3\}_2$ mit Br_2 in CH_2Cl_2 unter N_2, nach 1std. Rk. Abdest. des Lsgm. bei 15 Torr u. Extrahieren des Rückstands mit Ae./Pentan, Filtrieren, Einengen u. Abkühlen auf –78°, 61% (Methanol). — $RhClJ_2(CO)\{P(C_2H_5)_3\}_2$, analog vorst. Verb. mit J_2 an Stelle des Br_2, rote Kristalle. — $RhCl_3(CO)_2\{As(C_2H_5)_3\}_2$, aus $RhCl(CO)\{As(C_2H_5)_3\}_2$ u. CCl_4, gelbe Krist.; 60%. — $RhClBr_2(CO)\{As(C_2H_5)_3\}_2$, aus $RhCl(CO)\{As(C_2H_5)_3\}_2$ u. Br_2, orange Kristalle. — $RhClJ_2(CO)\{As(C_2H_5)_3\}_2$, analog dem entsprechenden Triäthylphosphinkomplex, rote Kristalle. — $IrClBr_2 \cdot (CO)\{P(C_6H_5)_3\}_2$, durch Rk. von $IrCl(CO)\{P(C_6H_5)_3\}_2$ mit Br_2 in $CHCl_3$ unter N_2, nach 30 Min. Einengen der Lsg. bei 15 Torr, Abfiltrieren des gelben Nd. u. Umkrist. aus $CHCl_3$; 64%. — $IrClJ_2(CO)\{P(C_6H_5)_3\}_2$, analog dem Dibromkomplex durch Rk. mit J_2 an Stelle von Br_2, hellorange Krist.; 55%. — $IrBrCl_2(CO)\{P(C_6H_5)_3\}_2$ durch 15min. Umsetzung von $IrBr(CO)\{P(C_6H_5)_3\}_2$ mit Cl_2 in $CHCl_3$ bei 0° unter N_2, Einengen der Lsg. bei 15 Torr bis zur Hälfte des ursprünglichen Vol., nach Zugabe von PAe. (80–100°) Abscheidung hellgelber Krist.; 80%. — $IrBr_3(CO)\{P(C_6H_5)_3\}_2$, durch Bromierung von $IrBr(CO) \cdot \{P(C_6H_5)_3\}_2$, hellgelbes Prod.; 84%. K. Jasche 30△

0062 **Frequenzverschiebung und Überschneidung der Emissions- und Raman-Streustrahlung im Resonanzfall.** Georges Lochak und Mumm Thiounn. (C. R. hebd. Séances Acad. Sci., Sér. A et B **265** (1967) 6, B 333–36 Inst. Henri Poincaré, Paris; franz.) — Vf. untersuchen die Änderungen im Emissionspektrum für den Fall, daß das emittierende Atom durch eine monochromat. Welle gestört wird, deren Frequenz innerhalb eines größeren Bereichs eine Resonanzlinie überstreicht. Im Resonanzfall selbst wird es unmöglich, zwischen Emissions- u. Raman-Streufrequenzen zu unterscheiden.
F. Langenbucher 30

0063 **Stimulierte Raman-Emission bei 8,84 μm.** M. D. Martin und E. L. Thomas. (Brit. J. appl. Physics **18** (1967) 12, 1739–42; Ministry of Technol., Signals Res. and Dev. Establ., Christchurch, Hampshire; engl.) — Durch Fokussierung der Strahlung eines Q-geschalteten Nd^{3+}-Glaslasers (9441 cm^{-1}) in eine Hochdruckküvette mit H_2 (Grundschwingung 4155 cm^{-1}) wird stimulierte Raman-Emission bei $9441 - (2 \cdot 4155) = 1131\ cm^{-1}$ (8,84 μm) erzeugt. Die Abhängigkeit der Emissionsstärke vom Gasdruck wird untersucht. Bei Laserleistungen oberhalb 30 MW wird die Bldg. eines Plasmas beobachtet; hierdurch wird die Emissionsleistung auf 180 W begrenzt. F. Langenbucher 30

0064 **Absorptionssättigungseinflüsse in einem Gas-Laser.** V. N. Lisicyn und V. P. Čebotaev. (Ž. ėksper. teoret. Fiz. **54** (1968) 2, 419–23; Inst. fiz. poluprov. SO AN SSSR; russ., Auszug: engl.) — Best. der Strahlungsparameter eines He–Ne-Lasers für die Wellenlänge λ = 0,63 μ.
I. Zoll 34

0065 **Elektronenresonanz gasförmiger freier Radikale.** A. Carrington. (Proc. Roy. Soc. [London], Ser. **A 302** (1968) 1470, 291–304; Dep. of Theoret. Chem., Univ., Cambridge; engl.) — Es wird ein Überblick über Theorie u. experimentelle Meth. der Elektronenresonanz gasf. Radikale einschließlich Stark-Modulation u. Messungen von Dipolmomenten gegeben. Die teilweise schon veröffentlichten Ergebnisse an *NO, SO, ClO, BrO, NS, SF, SeO* u. *SeH* werden diskutiert. B. Stender 36

0066 **ESR-Übergänge mit bis zu 3 gleichzeitigen ^{1}H-NMR-Übergängen.** Wolfgang Köhnlein und John H. Venable jun. (Nature [London] **215** (1967) 5101, 618 bis 620; Inst. für Strahlenchem. Kernforsch. Zentrale, Karlsruhe; engl.) — Atomarer Wasserstoff (durch γ-Bestrahlung von H_2SO_4 bei 77 °K hergestellt) wird ESR-spektroskop. untersucht. Die Spektren, die bei 85—90 °K bei steigender Mikrowellenleistung aufgenommen werden, zeigen eine Feinstruktur, die vom gleichzeitigen NMR-Übergang eines bis dreier Protonen herrührt. Ein Rechenprogramm, das als willkürliche Parameter die Amplitude, Aufspaltungsparameter u. Linienbreite, der als Gauß-Kurven angenommenen Resonanzen zu variieren gestattet, gleicht die Modelle gut an die experimentelle Kurvenform an. E. Hechler 36

0067 **ESR-Untersuchung der Ionenpaare aus Acenaphthylen-Radikalanion und Alkalimetallkationen.** Masamoto Iwaizumi, Masayasu Suzuki, Taro Isobe und Hiroshi Azumi. (Bull. chem. Soc. Japan **40** (1967) 6, 1325—32; Kitahira-cho, Sendai, Tohuku Univ., Chem. Res. Inst. of Non-Aqueous Solut.; engl.) — Die ESR-Spektren der Ionenpaare aus dem Acenaphthylen-Radikalanion u. Li^+, Na^+, K^+, Cs^+ wurden untersucht. Die H-Hyperfeinkopplungskonst. des Acenaphthylenanions zeigen zwei verschiedene Temp.-Abhängigkeiten. Eine beschreibt den schnellen Austausch des Radikalanions zwischen Ionenpaarform u. freiem Radikalanion, die andere die Radikalanionen, die als stabile Ionenpaare mit relativ langer Lebensdauer existieren. Die Lage des Alkalimetallions ist bevorzugt über dem Fünfring. Die Temp.-Abhängigkeit der Alkalimetall-Hyperfeinaufspaltung wird diskutiert. B. I. 36△

0068 **Instabile Zwischenprodukte. 49. Mitt. Solvatisierte Elektronen: ESR- und optische Absorptionsspektren von Lösungen der Alkalimetalle in Hexamethylphosphorsäureamid.** R. Catterall, L. P. Stodulski und M. C. R. Symons. (J. chem. Soc. [London], Sect. A **1968**, 2, 437—39; Leicester, Univ., Dep. of Chem,; engl.) — 44. vgl. C. **1969**, 5-0076. — Verd. blaue Lsg. ($< 10^{-3}$ m) von *Na* u. *K* in Hexamethylphosphorsäureamid (I) sind durch eine intensive asymm. Absorptionsbande im 4000-cm^{-1}-Bereich u. eine einzelne ESR-Absorption bei $g = 2{,}0021$ ($\Delta H_{ms} = 0{,}035$ Gauß) charakterisiert. Konzentriertere Lsg. (ca. 10^{-1} m) zeigen zusätzlich eine intensive breite Absorptionsbande bei 13800 cm^{-1}, die auch dann noch vorhanden ist, wenn sich die Lsg. schon weitgehend zersetzt haben. Vers. zur Darst. des Radikalanions (I) scheiterten. Die blauen Lsg. ähneln den entsprechenden Metall/NH_3-Lsg.; die opt. u. ESR-Absorptionsbanden sind solvatisierten Elektrone zuzuordnen. D. Ertel 36

0069 **ESR der Alkalimetallsalze von Nitrobenzol, o-Dinitrobenzol und m-Dinitrobenzol.** Chi-yuan Ling und Julien Gendell. (J. chem. Physics **47** (1967) 9, 3475—84; Dep. of Chem., Univ. of Mich., Ann Arbor, Mich.; engl.) — Die *H*-, *N*- u. Kationenaufspaltung der *Li*-, *Na*-, *K*- u. *Cs*-Salze von Nitrobenzol (I) u. der Na-, K- u. Cs-Salze von o-Dinitrobenzol (II) in *Dimethoxyäthan* (DMÄ), die H- u. N-Aufspaltung der durch Elektrolyse erzeugten Anionen von I in DMÄ u. *DMSO* u. von II in DMÄ, sowie die ESR des Na-Salzes von I in DMÄ/DMSO wurden zwischen —60° u. +23° untersucht u. mit früheren Messungen an m-Dinitrobenzol verglichen. Die Störung des Anions durch die Ionenpaarbldg. nimmt von Cs^+ zum Li^+ zu; dem entsprechenden Linienverbreiterungseffekte durch die Kationenbewegung von einer NO_2-Gruppe zur andern in II u. III. Die Kationenaufspaltung u. ihre Temp.-Abhängigkeit sind für die drei Anionen etwa gleich. Es tritt keine von der magnet. Quantenzahl des Kations abhängige Linienverbreiterung auf. Im Syst. DMÄ/DMSO wurde neben dem unveränderten Spektrum des Ionenpaares Na^+-I^- ein dem freien I^- zugeordnetes Spektrum mit kleinerer N-Aufspaltung beobachtet. Für die Ionenpaare in DMÄ wird ein Modell vorgeschlagen, in dem das Kation durch die DMÄ-Solvathülle fest an eine NO_2-Gruppe gebunden ist. Eine MO-Rechnung, in der die elektrostat. Wechselwrkg. des Kations mit der NO_2-Gruppe durch eine Zunahme der Parameter sowohl des *O*- wie auch des N-Coulomb-Integrals simuliert wird, erklärt die Änderung der Anionenhyperfeinaufspaltung beim Übergang vom freien I^- zum Na^+-I^- in DMÄ gut. B. Stender 36

0070 **Molekular- und Elektronenstruktur von Pentacyanocobaltat.** John J. Alexander und Harry B. Gray. (J. Amer. chem. Soc. **89** (1967) 13, 3356—57; New York, N.Y., Columbia Univ., Dep. of Chem.; engl.) — Zur Feststellung der Geometrie (D_{3h} oder C_{4v}) des Komplexes $[Co(CN)_5]^{3-}$ in Lsg. untersuchten Vf. das Elektronen- und ESR-Spektrum von $K_6[Co_2(CN)_{10}] \cdot 4\,H_2O$ in 2:1 Lsg. von Äthylenglykol u. W. sowie in reinem Äthylenglykol bei 300 u. 77 °K. Die Absorptionsspektren sind charakterist. für paramagnet. ($S = 1/2$) monomeres $[Co(CN)_5]^{3-}$. Das ESR-Spektrum des Komplexes bei 300 °K zeigte eine breite Resonanzstruktur mit dem Zentrum bei $g = 2{,}11 \pm 0{,}01$. Bei 77 °K wurde ein 16-Linien-Spektrum erhalten, das von axialsymm. ^{59}Co ($I = 7/2$) zu erwarten war. Die axiale Symmetrie des g-Tensors läßt auf eine quadrat.-pyramidale Struktur (C_{4v}) mit dem unpaarigen Elektron in einem d_{z^2}-Orbital ($^2A_1$-Grundzustand) schließen. C. Gottfried 36△

0071 **Paramagnetische Elektronenresonanz von Seltenerdmetallchelaten.** S. N. Kisel'nikova, E. L. Sorin, V. B. Caregradskij und G. A. Domračev. (Ž. obšč. Chim. **37(99)** (1967) 12, 2608—10; Gor'kovskij gos. univ.; russ.) — Die EPR-Spektren von pulverförmigem oder in Toluol, Bzl. oder Aceton gelöstem LaD_3, $LaD_3 \cdot 2$ *Piperidin*, LaB_3, LaT_3, EuD_3, TbD_3, $[(C_2H_5)_2NH_2]LaB_4$, $[(C_2H_5)_4N][EuD_4]$ u. $RH[GdB_4]$ (HD = *Dibenzoylmethan*, HB = *Benzoylaceton*, HT = *Thenoyltrifluoraceton*, R = *Piperidin*) nach UV-Bestrahlung werden aufgenommen. Bei den stabileren Tetrakis-Chelaten bilden sich bei der UV-Bestrahlung keine paramagnet. Teilchen. H. Roschkowski 36

0072 **ESR-Untersuchungen an Übergangsmetallkomplexen.** 2. Mitt. **ESR-Untersuchungen an stickstoffbindenden Titan—Alkalimetall-Systemen.** G. Henrici-Olivé und S. Olivé. (Angew. Chem. **80** (1968) 10, 398—99, dt.; int. Edit. **7** (1968) 5, 386—87; engl.; Monsanto Res. S.A., Zürich) — 1. vgl. C. **1968**, 24-0130. — Das Syst. Cp_2TiCl_2/Alkalimetallnaphthalid (Cp = Cyclopentadienyl, Alkalimetall = Li, Na) fixiert N_2 bei Normaldruck in einer zeitabhängigen Rk. mit maximalem Molverhältnis NH_3/Ti = 1, nach 16 Stunden. In Abwesenheit von N_2 (unter Ar) weist das Syst. ein ESR-Spektrum auf, welches außer einer Ti—H- auch eine bemerkenswert starke Ti—Li- (bzw. Ti—Na)-Wechselwrkg. zeigt, ($a_H = 9{,}5$; $a_{Li} = 2{,}5$; $a_{Na} = 6{,}3$ Gauss). In Anwesenheit von N_2 entsteht das Spektrum nicht. Für die N_2-fixierende Species wird daraus die Konfig. $xLi^+[Cp_2TiH_2TiCp_2]^{x-}$ abgeleitet, wobei die Zahl der negativen Ladungen, x, vom Verhältnis Alkalimetallnaphthalid/Ti abhängt. Nur der Komplex mit x = 1 ist EPR-aktiv. In Anwesenheit von N_2 werden die negativen Ladungen zur Red. der Stickstoff-Mol. verbraucht Autorreferat 36△

0073 **Stickstoff-Hyperfeinaufspaltungen im Elektronenspin-Resonanzspektrum des $[Cr(NH_3)_5NO]^{2+}$-Ions.** P. T. Manoharan, H. A. Kuska und Max T. Rogers. (J. Amer. chem. Soc. **89** (1967) 17, 4564—65; East Lansing, Mich., Mich. State Univ., Dep. of Chem.; engl). — Das ESR Spektrum von $[Cr(NH_3)_5NO]^{2+}$ in DMF wird untersucht u. analysiert. Eine ^{14}N-Hyperfeinaufspaltung des Liganden-NH_3 wird beobachtet. Aus MO-Rechnungen u. den ESR-Daten werden Aussagen über die elektron. Struktur des Ions erhalten. B. I. 36△

0074 **Magnetische und Spektraleigenschaften von Kupfer(II)-cyanacetat.** John R. Wasson, Chin-I Shyr und Charles Trapp. (Inorg. Chem. [Washington] **7** (1968) 3, 469—73; Dep. of Chem., Ill. Inst. of Technol. Chicago, Ill.; engl.) — ESR-, IR- (4000—230 cm^{-1}) u. Absorptionsspektren (250—950 nm) sowie magnet. Eig. werden von $Cu(CNCH_2COO)_2$ (I) u. dimerem $Cu_2(CH_3COO)_4 \cdot 2\,H_2O$ sowie $CNCH_2COOH$ (II), CH_3COONa u. CH_3COOH verglichen u. bez. deren Struktur diskutiert. Danach liegt I dimer über den Stickstoff der Cyanogruppe gebunden vor. Aus dem ESR-Spektrum des festen Pulvers von I ergibt sich der Spin zu S = 1, der Austauschwechselwrkg.-Parameter $J = 310$ cm^{-1}, die feldfreien Aufspaltungsparameter zu D = 0,39 cm^{-1} u. E ≅ 0,002 cm^{-1}, die g-Werte zu g_z = 2,40 ± 0,02 u. $g_\perp$ = 2,08 ± 0,02. — Darst. von I: $Cu(NO_3)_2 \cdot 3 H_2O$ wird mit Na_2CO_3 zu $Cu \cdot CO_3$ u. dieses mit II zu I umgesetzt. R. Blank 36

0075 **UV-, sichtbare, Zirkulardichroismus- und elektronenparamagnetische Resonanz-Spektren der Kupfer(II)-Komplexe von Thyroxin und Thyroxin-Analoga.** Robert Zand und Graham Palmer. (Biochemistry [Washington] **6** (1967) 4, 999—1007; Biophysics Res. Div., Inst. of Sci. and Technol., Univ. of Mich., Ann Arbor.; engl.) — Die Spektren (UV, sichtbares Gebiet, Zirkulardichroismus u. elektronenparamagnet. Resonanz) von *Bis-[L-thyroxinato]-Cu(II)* u. den analogen Komplexen mit nachst. Liganden wurden in DMSO aufgenommen: Glycin, L-Alanin, L-Phenylalanin, Cyclopentan, L-Thyronin, 3.5.3'-Trijod-D-thyronin, 3.5-Dibrom-3'.5'-dijod-L-thyronin, 3'-Isopropyl-3.5-dijod-L-thyronin, 3'-Äthyl-3.5-dijod-L-thyronin, 3.5-Dijodthyropropionsäure, 3.5.3'-Trijodthyroproprionsäure, 3.5-Dijodthyroessigsäure, 3.5.3'-Trijodthyroessigsäure, ferner $Cu(ClO_4)_2$. Die Strukturen stimmten nicht mit den für W. angegebenen überein. Zwei Carboxyl- u. zwei Aminofunktionen stellen die komplexbildenden Liganden dar. Die Änderungen durch die Jodierung sprechen für tetragonale Verzerrung. Zwischen cis- u. trans-Liganden-Geometrie konnte unterschieden werden. M. Wiedemann 36

0076 **EPR-Beobachtung der ^{19}F-Hyperfeinaufspaltungen in Cu(II)-Komplexen.** T. C. Chiang und M. Bersohn. (Chem. Physics Letters [Amsterdam] **1** (1968) 11, 521—22; Dep. of Chem., Univ. of Toronto, Toronto, Canada; engl.) — Es wurden EPR-Lsg.-Spektren der Komplexe von Cu^{2+} mit Mono-, Di- u. Tri-n-propylaminen mit den Anionen Cl^-, Br^-, NO_3^-, BF_4^- u. F^- untersucht. Die Hyperfeinaufspaltung von $Cu(BF_4)_2 \cdot 4 CH_3CH_2CH_2NH_2$ u. $CuF_2 \cdot 4 CH_3CH_2CH_2NH_2$ wird durch vibron. Kopplung erklärt. H. Liepack 36

0077 **Paramagnetische Relaxation ungeordneter Triplett-Moleküle in einer starren Glasmatrix.** I. M. Brown und D. J. Sloop. (J. chem. Physics **47** (1967) 8, 2659—66; McDonnell Co., St. Louis, Mo.; engl.) — Die ESR-Relaxation des Zn^{2+}-Chelats mit 2 Radikalanionen von 2.2'-Dichinolin im Triplett-Grundzustand in 2-Methyltetrahydrofuran wurde bei Temp. des fl. He untersucht. Sättigungs- u. Relaxationsverh. entsprechen der inhomogenen Linienform des $\Delta M = 1$ Übergangs. Alle beim Anlegen verschiedener Sättigungsimpulse beobachteten Linienformen können durch die Verteilung der Spin-Temp. erklärt werden. Die Temp.-Abhängigkeit der Spin-Gitter-Relaxationszeit T_1 wird durch $T_1^{-1} = 1,37 \cdot 10^5 \exp[-22/T] + 2,94\, T^2$ beschrieben. Der Exponentialterm wird durch einen Orbach-Prozeß zwischen dem Grundzustand u. dem 1. angeregten Singulett-Zustand erklärt. Der Abstand zwischen beiden Termen beträgt 15,5 ± 1 cm^{-1}. Die einzigen Wechselwrkg., die den hohen Wert von T_1 = 1,3 ms bei 4,2°K erklären können, sind vibron. Effekte 2. Ordnung infolge einer Singulett-Triplett-Mischung durch stat. Spin-Bahn-Kopplung. Die bei Temp. 2°K vorherrschende Abhängigkeit von T^2 kann nicht erklärt werden. B. Stender 36

0078 **Interpretation der Isomerenverschiebung von ^{57}Fe.** 2. Mitt. L. M. Dautov und D. K. Kaipov. (Izvest. Akad. Nauk Kaz.SSR, Ser. fiz.-mat. Nauk **6** (1968) 2, 1—6; russ.) — 1. vgl. ibid. **5** (1967) 12. — Mit Hilfe von Berechnungen nach Wolfsberg u. Helmholz, bzw. Clementy ber. Vf. den Beitrag von 3 d- u. 4 s-Elektronen zur summar. D. von Bahnelektronen am Kern für Mn^{2+}, Mn^+, Fe^{3+}, Fe^{2+}, Fe^+, Co^{4+}, Co^{3+}, Co^{2+}, Ni^{5+}, Ni^{4+}, Ni^{3+}, Fe u. Fe^-. Auf der Grundlage dieser Analyse wird das Vorzeichen der Änderung des Ladungsradius des ^{57}Fe-Kerns bei seiner Anregung auf das 14,4 keV-Niveau ermittelt. H. Roschkowski 37

0079 **Dichte der Bahnelektronen der Atome C, Si und Ge im Bereich der Kernposition. Interpretation der Isomerenverschiebung von ^{119}Sn.** L. M. Dautov und D. K. Kaipov. (Izvest. Akad. Nauk Kaz.SSR, Ser. fiz. -mat. Nauk **6** (1968) 2. 7—13; russ.) — Vgl. vorst. Referat. — Theoret. Unters. mit Hilfe von Hartree-Fock-Methoden. H. Roschkowski 37

0080 **Spektren der Kern-γ-Resonanz einiger Eisensalze in Abhängigkeit von der Temperatur.** A. K. Žetbaev und D. K. Kaipov. (Izvest. Akad. Nauk Kaz.SSR, Ser. fiz.-mat. Nauk **6** (1968) 2, 24—35; russ.) — Vgl. vorst. Referate. — Die Mössbauer-Spektren von $FeSO_4 \cdot 7 H_2O$, $FeCO_3$, $(NH_4)_2Fe(SO_4)_2 \cdot 6 H_2O$, $(NH_4)_2Fe_2(SO_4)_4 \cdot 24 H_2O$, $Fe_2(SO_4)_3 \cdot 9 H_2O$, $Fe(H_2PO_4)_3$, $Fe_2(C_2O_4)_3 \cdot 5 H_2O$, $Fe_2(WO_4)_3$ u. $Fe(COOH)_2$ werden in Abhängigkeit von der Temp. (ca. 100—700°K) aufgenommen. Die Veränderungen der Isomerenverschiebungen u. Quadrupolaufspaltungen mit der Temp. werden besprochen. H. Roschkowski 37

0081 **Untersuchung von Cyanoferratkomplexen in Abhängigkeit von der Temperatur mit Hilfe der Mössbauer-Effekts.** D. K. Kaipov, A. K. Žetbaev und M. F. Vereščak. (Izvest. Akad. Nauk Kaz.SSR, Ser. fiz.-mat. Nauk **6** (1968) 2, 62—68; russ.) — Die Mössbauer-Spektren von $K_4[Fe(CN)_6] \cdot 3 H_2O$ u. $K_3[Fe(CN)_6]$ werden in Abhängigkeit von der Temp. bei 80—700°K aufgenommen. Analoge Unters. werden für $NaNH_4[Fe \cdot (CN)_5NH_3]$, $H_4[Fe(CN)_6]$ u. $Na_2[Fe(CN)_5NO] \cdot 2 H_2O$ vorgenommen. Die Ergebnisse zeigen, daß in allen untersuchten Komplexen ein ziemlich großer Teil der 4s-Vakanzen in der Hülle der Fe-Ionen durch Elektronen der Liganden aufgefüllt ist. H. Roschkowski 37

0082 **Möglichkeit der Anwendung der Kern-γ-Resonanzstreuung zur Untersuchung intramolekularer Prozesse.** D. K. Kaipov. (Izvest. Akad. Nauk Kaz.SSR, Ser. fiz.-mat. Nauk **6** (1968) 2, 84—89; russ.) — Ein Verf. zur Auswertung von Mössbauer-Spektren zur Unters. intramol. Atomstoßprozesse wird an Hand von Daten für $MnCl_2$, $NiCl_2$, $CoCl_2$, $InCl_3$ u. $VOCl_3$ beschrieben H. Roschkowski 37

0083 **Mössbauer-Parameter von Bariumstannat.** H. Sano und R. H. Herber. (J. inorg. nuclear Chem. **30** (1968) 2, 409—13; School of Chem., Rutgers — The State Univ., New Brunswick, N.J.; engl.) — Die Mössbauer-Unters. (Quelle ^{119}Sn in Pd) des 23,8 keV-γ-Übergangs von ^{119}Sn in $BaSnO_3$ ergibt eine Linienbreite von 0,33 mm/s (295°K, verschwindende Absorberdicke) u. für den Bruchteil f_a der rückstoßfreien Resonanzabsorption bei 295°K die Werte 0,58 ± 0,02 (aus Linienbreitemessungen in Abhängigkeit von der Absorberdicke) u. 0,53 ± 0,02 (aus Temp.-Abhängigkeitsmessungen der integralen Linienintensitäten). Die Temp.-Abhängigkeit von f/ zwischen 80 u. 300°K (Diagramm) ist gering. Die Isomerieverschiebung von $BaSnO_3$ bei 297°K entspricht innerhalb der experimentellen Fehlergrenze (± 0,03 mm/s) der von SnO_2. Die auf einen SnO_2-Standard bezogenen Daten in der Literatur sind deshalb im Bereich ≈ 300°K direkt den auf $BaSnO_3$ bezogenen Werten der Isomerieverschiebungen vergleichbar. Eine $Ba^{119}SnO_3$-Quelle kann wegen der geringen Linienbreite, der fehlenden Linienaufspaltung u. dem hohen Anteil rückstoßfreier Übergänge als Quelle für die ^{119}Sn-Mössbauer-Spektroskopie dienen. Die Herst. von $Ba^{119}SnO_3$-Strahlungsquellen wird beschrieben. H.-U. Chun 37

0084 **Abhängigkeit der Isomerieverschiebung von ^{119}Sn-Kernen in SnX_4-Verbindungen (X = Cl, Br, I, H, Li, Na) vom Atomradius des Elementes X.** V. V. Čekin, A. P. Vinnikov und I. A. Burachovič. (Fiz. tverdogo Tela **10** (1968) 1, 288—90; Fiz.-techn. inst. nizkich temp. AN USSR, Charkov; russ.) — Mit zunehmendem Radius nimmt die Verschiebung linear ab; $SnCl_4$, $SnBr_4$, SnI_4 u. $SnLi_4$ sowie $SnLi_4$, $SnNa_4$ u. SnH_4 liegen auf 2 Geraden verschiedener Steigung, die sich im Punkt $SnLi_4$ schneiden. Die Steigungen der Geraden sind durch die Konfig. der Valenzelektronen bestimmt. K. Jaeger 37

0085 **Mössbauer-Effekt in Zinn(II)-Verbindungen.** 4. Mitt. **Spektren einiger Zinn(II)-carboxylate und Tricarboxylatostannate(II).** J. D. Donaldson und A. Jelen. (J. chem. Soc. [London], Sect. A **1968**, 6, 1448—50; Dep. of Chem., Chelsea Coll. of Sci. and Techn., London; engl.) — 3. vgl. C. **1969**, 1-0078. — Messung der Isomerieverschiebungen (relativ zu α-Sn) u. Quadrupolaufspaltungen (Tabellen) in den ^{119}Sn-Mössbauer-Spektren von

$(HCOO)_2Sn$, $(CH_3COO)_2Sn$, $(CH_3CH_2COO)_2Sn$, $(CH_3CH_2 \cdot CH_2COO)_2Sn$, $[(SCH_3)_2CHCOO]_2Sn$, $[(CH_3)_3CCOO]_2Sn$, $[(C_2H_5)_2 \cdot CHCOO]_2Sn$, $(CH_2ClCOO)_2Sn$, $(CHCl_2COO)_2 \cdot Sn$, $(CCl_3COO)_2Sn$, $(CH_2FCOO)_2Sn$, $(CHF_2COO)_2Sn$, $(CF_3COO)_2Sn$, $(CH_3CHClCOO)_2Sn$, $(CH_2ClCH_2COO)_2Sn$, $MSn(HCOO)_3$, $MSn(CH_3COO)_3$, $MSn(CH_2ClCOO)_3$ (M = K, Rb, Cs, NH_4), $M[Sn(CH_3COO)_3]_2$ (M = Mg, Ca, Sr, Ba), $M[Sn(CH_2ClCOO)_3]_2$ (M = Ca, Sr, Ba), $MSn \cdot (TH_2FCOO)_3$ (M = K, NH_4) (Unters. der Proben teils in fester Form, teils als eingefrorene Lsg., Meßtemp. 80°K, Übereinstimmung der Daten in den Fällen, in denen die Proben nach beiden Meth. untersucht wurdn). Vf. diskutieren an Hand der Mössbauer-Daten die chem. Umgebung (Natur der Bindung, Koordination) der Sn-Atome in diesen Verb. u. nehmen eine pyramidale Anordnung von drei, weitgehend kovalent gebundenen O-Atomen um die Sn-Atome an. H.-U. Chun 37

0086 **Einfluß von Wasser und Protein auf die Mössbauer-spektren von Komplexen des Fe mit Xanthogenat.** S. S. Mardanjan, Ju. Š. Moškovskij und L. M. Rajchman. (Biofizika **13** (1968) 2, 331–33; Inst. chim. fiz. AN SSSR, Moskva; russ.) – Untersucht wurden Fe(III)-Komplexe mit Methylxanthogenat. Die Spektren wurden bei 77 u. 300°K aufgenommen. W. u. Mischungen von Alkohol + W. stabilisierten den höheren Ox.-Zustand des Fe im Komplex, *Albumin* veränderte vor allem die Temp.-Abhängigkeit der Mössbauer-Spektren.
M. Wiedemann 37

0087 **Abtrennung der molekularen Streuungskomponente in der Gas-Elektronographie durch Differenzieren.** L. V. Vilkov, V. P. Spiridonov und N. I. Sadova. (Ž. strukturnoj Chim. **9** (1968) 2, 187–92; Mosk. gos. univ. im. Lomonosova; russ.) – Beschreibung des Verf. u. Anwendung auf experimentelle Elektronenbeugungs-unters. an $C_6H_5POCl_2$-Molekülen.
H. Roschkowski 40

0088 **Untersuchung des Einflusses der Temperaturänderung auf Schwingungsamplituden und Schrumpfungseffekte in C_3O_2 durch Elektronenbeugung in der Gasphase.** A. Almenningen, S. P. Arnesen, O. Bastiansen, H. M. Seip und R. Seip. (Chem. Physics Letters [Amsterdam] **1** (1968) 12, 569–74; Dep. of Chem., Univ. of Oslo, Blindern, Oslo, Norway; engl.) – Die Messungen erfolgten bei Temp. an der Düse von 273 u. 508°K. Die Schrumpfeffekte für den O···C-, den längsten C···O- u. den C···C-Abstand sind sehr groß u. zeigen eine beträchtliche Temp.-Abhängigkeit. Die quadrat. Mittelwerte der Schwingungsamplituden für die gleichen Abstände sind ebenfalls für beide Temp. verschieden. Das Potential der C=C=C-Knickschwingung u. die Möglichkeit der Best. der „Temp." entsprechend der tatsächlichen Besetzung der Schwingungsniveaus für diese Schwingung werden diskutiert. H. Liepack 40

0089 **Elektronenbeugungsuntersuchung von gasförmigem Dichlormonooxid. r_g-Abstände und ihre Schwingungsamplituden.** B. Beagley, A. H. Clark und T. G. Hewitt. (J. chem. Soc. [London], Sect A 1968, 3, 658–62; Dep. of Chem., Univ., Glasgow; engl.) – Aus den Intensitäten der Elektronenbeugung von Dichlormonoxid-Dampf bei 22° über einen Bereich von s = 1,06–39,60 Å wurden die Strukturparameter r_g(l) für Cl–O = 1,693 Å, r_g(l) für Cl···Cl = 2,795 Å, u_{ClO} = 0,053 Å u. u_{ClCl} = 0,067 Å erhalten. Die Reproduzierbarkeiten betrugen 0,003; 0,004; 0,003 u. 0,003 Å. Die Schwingungsamplituden stimmen mit den Werten aus spektroskop. Messungen gut überein. G. Malow 40

0090 **Bestimmung der Barriere der inneren Rotation in Ferrocen und Ruthenocen mit Hilfe von Elektronenbeugung.** Arne Haaland und Jan-Erik Nilsson. (Chem. Commun. **1968**, 2, 88–89; Dep. of Chem., Univ. of Oslo, Blindern, Norway; engl.) – Aus Messungen der Elektronenbeugung wird durch quantenmechan. u. statist. Rechnung mittels Computer die Barriere der inneren Rotation des Ferrocen zu 0,9 ± 0,3 kcal ber.; für Ruthenocen ergibt sich als Folge ungenauer Streudaten 26 ± 49 kcal. Für den Gleichgew.-Zustand beider Mol. ist eine eklipt. Konform. wahrscheinlich.
L. Leonhardt 40

0091 **Molekülstruktur von Siliciumtetraisocyanat.** K. E. Hjortaas. (Acta chem. scand. **21** (1967) 5, 1381–82; Trondheim, Norway, Kjemisk inst., Norges Laererhøgskole; engl.) – Eine Unters. des $Si(NCO)_4$ mit Hilfe der Elektronenbeugung zeigt, daß keine T_d-Symmetrie vorliegt, sondern mit ∢ SiNC = 146,4° ein abgeknicktes Skelett gegeben ist, in dem freie Drehbarkeit um die SiN-Achse wahrscheinlich ist. Folgende Abstände wurden bestimmt: SiN 1,688 ± 0,003, NC 1,209 ± 0,002, CO 1,165 ± 0,002 Å. Mittlere Schwingungsamplituden sind tabelliert. Hans Bürger 40

0092 **Molekülstruktur von gasförmigem Disilylselenid, $(SiH_3)_2Se$.** A. Almenningen, L. Fernholt und H. M. Seip. (Acta chem. scand. **22** (1968) 1, 51–58; Dep. of Chem., Univ., Oslo; engl.) – Die Struktur von gasf. $(SiH_3)_2Se$ wurde durch Elektronenbeugung untersucht. Der Winkel SiSeSi beträgt 96,6° mit einer geschätzten Standardabweichung von 0,7°. Dieser Wert entspricht dem SiSSi-Winkel in $(SiH_3)_2S$ von 97,4°, während der SiOSi-Winkel im Disiloxan-Mol. 144° beträgt. Die Bindungslängen wurden zu r(Si–Se) = $2,273_8$ (0,0035) u. r(Si–H) = $1,516_3$ (0,0050) Å bestimmt (in Klammern die Standardabweichungen). Für ein Modell mit C_{2v}-Symmetrie ist die Übereinstimmung zwischen experimentellen u. theoret. Intensitäten nicht sehr gut, obwohl diese Symmetrie nicht ausgeschlossen werden kann. Eine etwas bessere Übereinstimmung wird erzielt, wenn die Silylgruppen um die Hälfte des Winkels rotiert werden, der notwendig ist, um das Mol. von der einen C_{2v}-Konform. in die andere zu überführen. A. Blaschette 40

0093 **Molekülstruktur von Aluminiumhydridoborat, $Al(BH_4)_3$.** A. Almenningen, Grete Gundersen und A. Haaland. (Acta chem. scand. **22** (1968) 1, 328–34; engl.) – Vgl. vorst. Referat. – Das Elektronenstreuspektrum von gasf. $Al(BH_4)_3$ wurde im Bereich von 1,50 bis 39,50 Å^{-1} registriert. Die Mol.-Symmetrie ist entweder D_{3h} oder schwach nach D_3 verzerrt. Die von anderer Seite vorgeschlagene antiprismat. Geometrie ist auszuschließen. Nachst. Bindungslängen u. -winkel wurden bestimmt: Al–B = 2,143 ± 0,003, Al–H^b = 1,801 ± 0,006, B–H^b = 1,283 ± 0,012, B–H^t = 1,196 ± 0,012 Å; H^bAlH^b = 73,4 ± 0,8°, H^bBH^b = 114,0 ± 0,2°, H^tBH^t = 116,2 ± 2,2° (H^b bedeutet ein brückenbildendes, H^t ein terminales H-Atom). A. Blaschette 40

0094 **UV-spektrophotometrische Untersuchung der Selbstassoziation von Schwefeldioxid in nichtpolaren Lösungsmitteln.** Denise Devèze und Paul Rumpf. (C. R. hebd. Séances Acad. Sci., Sér. C **266** (1968) 14, 1001–04; CERCOA, Thiais, Val-de-Marne; franz.) – Die Selbstassoziation von SO_2 wurde in nachst. Lsgm. untersucht (Temp. in Klammern): *Cyclohexan* (14°; 25°; 39°), *Isooctan* (25°), *n-Heptan* (25°), *n-Hexan* (25°). Ein oberer Grenzwert des mol. Extinktionskoeff. von freiem SO_2 (ε_L = 100) wird durch Extrapolation auf unendliche Verdünnung, ein unterer Grenzwert des Extinktionskoeff. des Komplexes (ε_c = 1000) durch Extrapolation auf unendliche Konz. erhalten. Unter der Annahme, daß sich ein Dimeres bildet, wurde die Assoziationskonst. zu ca. 250 berechnet. A. Blaschette 40

0095 **Elektronographische Untersuchung des $NaAlF_4$-Moleküls.** V. P. Spiridonov und E. V. Erochin. (Doklady Akad. Nauk SSSR **180** (1968) 1, 161–63; Mosk. gos. univ. im. Lomonosova; russ.) – Der Dampf über einem NaF–AlF_3-Gemisch mit 37 Mol-% AlF_3 wird bei 1150° durch Elektronenbeugung untersucht. Die Radialverteilungsfunktion führt auf ein Mol.-Modell für $NaAlF_4$, in dem das Al-Atom im Zentrum eines Tetraeders aus 4 F-Atomen liegt u. das Na-Atom sich auf einer Senkrechten zu den Seiten des Tetraeders befindet, die durch Al verläuft. Angabe der Atomabstände. Das Dimere, $(NaAlF_4)_2$, scheint analoge Strukturfragmente zu besitzen. H. Roschkowski 40

0096 **Massen- und Häufigkeitsdaten polyisotoper Elemente.** A. Carrick und F. Glockling. (J. chem. Soc. [London], Sect. A **1967**, 1, 40–42; Chem. Dep., Univ., Durham; engl.) – Massenspektren von Substanzen mit mehreren polyisotop. Elementen sind wegen Überlappung schwer auswertbar. Daher wird ein Programm entwickelt, das die Massen u. relativen Häufigkeiten von Ionen mit bis zu 5 Atomen dreier verschiedener polyisotop. Elemente liefert, wobei ein Element bis zu 10 Isotope haben kann, so daß für stabile Isotope keine Beschränkung vorliegt. Das Programm ist im „Elliott 8-Channel dialect" des Algol 60 geschrieben u. kann von der „University Computer Unit" bezogen werden. Als Beispiele werden π-$C_6H_5(CO)_3MoGe(C_2H_5)_3$, $[(CH_3)_3Ge]_2Hg$, $(C_2H_5)_2SnBr_2$, $[(C_2H_5)_3P]_2Pt(Cl)Ge(CH_3)_3$, Fe_2SnCl_4, $[(C_6H_5)_2PCH_2]_2Pt(H)Ge(C_6H_5)_3$, Mo_2Ge_2, Fe_2Mo_2Sn, Si_5S_5, $RuBr_3$ u. $PtSnCl_6$ diskutiert.

L. Leonhardt 42

0097 **Messung der Translationsenergie von Ionen mit einem Flugzeit-Massenspektrometer.** J. L. Franklin, Peter M. Hierl und David A. Whan. (J. chem. Physics **47** (1967) 9, 3148–53; Dep. of Chem., Rice Univ., Houston, Tex.; engl.) — Die mathemat. Unters. der Peak-Formen für ein Bendix-Flugzeit-Massenspektrometer zeigt, daß mit einem Überschuß an Translationsenergie gebildete Ionen eine beachtliche Verbreiterung aufweisen. Es wird eine Meth. zur Best. der Translationsenergie beschrieben. Es wurde die Translationsenergie des Fragmentions CH_3^+ aus C_3H_8 ermittelt.

H. Liepack 42

0098 **Auftrittspotentiale und kinetische Energien der Ionen aus N_2, CO und NO.** Peter M. Hierl und J. L. Franklin. (J. chem. Physics **47** (1967) 9, 3154–61; engl.) — Vgl. vorst. Referat. — Die l.c. beschriebene Meth. wird auf die Unters. von Elektronenstoßprozessen in N_2, CO u. NO angewendet. Es wurden 31 verschiedene Ionisationsprozesse beobachtet u. identifiziert.

H. Liepack 42

0099 **Massenspektrum von $N_2O(^{15}N)$.** Maria Alzira, B. Almoster und M. Ferreira. (Rev. Portuguesa Quím. **9** (1967) 1, 22–25; Fac. de Ciências, Univ. de Lisboa; port.) — Die Massenspektren von N_2O, ^{15}NNO u. ihren Gemischen werden analysiert. ^{15}NNO dürfte unter Aufnahme eines Elektrons zu $^{15}NN^+ + O + 2e$ oder $^{15}NN + O^+ + 2e$ zerfallen. Beim Zusammenstoß von $^{15}NN + O^+$ entsteht $^{15}NO^+ + N$ oder $NO^+ + {}^{15}N$. Im Falle von N_2O verläuft die Bldg. von NO^+-Ionen analog nach $N_2O + e \rightarrow N_2^+ + O + 2e$ bzw. $N_2 + O^+ + 2e$ u. $N_2 + O^+ \rightarrow NO^+ + N$.

J. J. Pohl 42

0100 **Massenspektrometrische Untersuchungen der Synthese, Energetik und Kryostabilität der niederen Borhydride.** J. H. Wilson und H. A. McGee jun. (J. chem. Physics **46** (1967) 4, 1444–53; School of Chem. Engng., Ga. Inst. of Technol., Atlanta, Ga.; engl.) — Durch Ionenausb.-Messungen an den Pyrolyseprod. von B_2H_6 werden die Auftrittspotentiale von $^{10}B^+$ (15,83, 18,39), $^{10}BH^+$ (13,66, 16,39), $^{10}BH_2^+$ (12,95, 15,5), $^{11}BH_3^+$ (12,32, 14,88), $^{11}B_2H_5$ (11,84) aus BH_3 bzw. B_2H_6 (1. bzw. 2. Zahl in der Klammer) gemessen. Daraus werden Dissoziationsenergien u. Ionisationsenergien von BH_3 u. B_2H_6 u. ihren Bruchstückionen berechnet. Bes. ergibt sich die Dissoziationsenergie von BH_3–BH_3 zu 2,56 eV. Die Existenz von BH_3 u. BH_2F als Chem. Verb. bei 55 °K ließ sich bei Benutzung eines gekühlten Massenspektrometers nicht nachweisen.

L. Leonhardt 42

0101 **Massenspektrometrischer Nachweis von Dimeren des Stickstoffmonoxids und anderen mehratomigen Molekülen.** Thomas A. Milne und Frank T. Greene. (J. chem. Physics **47** (1967) 9, 3668–69; Midwest Res. Inst., Kansas City, Miss.; engl.) — Massenspektroskop. Messungen der Dimeren von NO, N_2, O_2 u. CO_2 sowie *Ar* werden mit Ergebnissen von Leckenby u. Robbins (C. **1967**, 14-0580) verglichen u. bez. der Bindungszustände u. Konz. diskutiert.

R. Blank 42

0102 **Massenspektrum der Isocyansäure.** S. R. Smith und H. B. Jonassen. (J. inorg. nuclear Chem. **29** (1967) 3, 860–62; Chem. Dep., Univ. of Connecticut and Tulane Univ.; engl.) — HNCO, dargestellt durch Depolymerisation von Cyanursäure bei 450° oder durch Rk. von KNCO mit $KHSO_4$, wird massenspektrometr. untersucht. Aus dem Intensitätsabfall der Ionen der Masse 43 ergibt sich, daß sich HNCO in einer Rk. erster Ordnung mit einer Halbwertszeit von 18 Std. bei 30° zu Cyanursäure polymerisiert. Aus der Bldg. der Ionen CH^+, OH^+ u. NO^+ wird auf eine Dreieckstruktur im Übergangszustand vor dem Zerfall geschlossen.

L. Leonhardt 42

0103 **Massenspektren von negativen Ionen von elementorganischen Verbindungen der IVB-Gruppe.** R. G. Kostjanovskij. (Izvest. Akad. Nauk SSSR, Ser. chim. **1967**, 12, 2784; Inst. chim. fiz. AN SSSR; russ.) — Negative Ionen von $(CH_3)_4E$, E = Si, Sn, werden infolge der $p\pi$–$d\pi$-Wechselwrkg. mit leeren Orbitalen des Zentralatoms wirksam stabilisiert. Massenspektroskop. Daten der Intensität von M-1^--Ionen können zur Strukturunters. von elementorgan. Verb. mit leeren Orbitalen verwendet werden.

J. J. Pohl 42

0104 **Ionisierung und Fragmentierung von Dimethylzink, Trimethylaluminium und Trimethylantimon.** Robert E. Winters und Robert W. Kiser. (J. organometallic Chem. [Amsterdam] **10** (1967) 1, 7–14; Kan. State Univ., Dep. of Chem., Manhattan, Kan.; engl.) — Die Massenspektren wurden mit einem Flugzeitmassenspektrometer bei Elektronenenergien bis 70 eV gemessen. Die Ionisierungspotentiale der 3 Verb. ergeben sich zu 8,86, 9,09 bzw. 8,04 eV. Die Ionisierungspotentiale der Radikale $ZnCH_3$, $Al(CH_3)_2$, $Al(CH_3)$, $Sb(CH_3)_2$ u. $SbCH_3$ werden zu 9,2, 6,6, 7,8, 7,7 bzw. 9,4 eV geschätzt. Außerdem werden die Auftrittspotentiale u. Bldg.-Enthalpien aller Bruchstückionen der 3 Verb. angegeben.

L. Leonhardt 42

0105 **Massenspektren und Ionisationspotentiale von $C_6H_6CrC_6H_6$ und $C_6H_6Cr(CO)_3$.** S. Pignataro und F. P. Lossing. (J. organometallic Chem. [Amsterdam] **10** (1967) 3, 531–34; Div. of Pure Chem., Nat. Res. Council, Ottawa, Canada; engl.) — Vf. zeigen die Massenspektren der organometall. Verb. *Dibenzolchrom* **(I)** u. *Benzolchromtricarbonyl* **(II)** u. diskutieren charakterist. Peaks. Die Ionisationspotentiale der beiden Verb. werden bestimmt u. für **I** 9,2 ± 0,2 eV u. für **II** 10,8 ± 0,2 eV gemessen.

J. Büttner 42

0106 **Massenspektren von Tetramethyl- und Tetraäthylverbindungen des Kohlenstoffs, Siliciums, Germaniums, Zinns und Bleis.** J. J. de Ridder und G. Dijkstra. (Recueil Trav. chim. Pays-Bas **86** (1967) 8, 737–45; Utrecht, Univ., Labor. for Analyt. Chem.; engl.) — Die Massenspektren der 10 Verb. wurden bei einer Elektronenenergie von 50 eV, einem Gasdruck von $1{,}3 \cdot 10^{-6}$ Torr u. einer Temp. von 230° aufgenommen u. unter Benutzung der bekannten Isotopenhäufigkeiten oder durch Messung bei hoher Auflösung die monisotop. Spektren berechnet. Aus der geringen Intensität der KW-Stoff-Ionen folgt, daß die positive Ladung beim metallatomhaltigen Bruchstück bleibt, was auch aus den Elektronegativitäten der Elemente zu erwarten ist. Die Ionenauftrittspotentiale nehmen mit steigender Masse des Metallatoms ab. Bei der Ionisation der Metalltetraalkyle bleibt das Zentralatom mit der Elektronenkonfig. eines Elements der 3. Gruppe des Periodensyst. zurück; deshalb spaltet das Molekülion anschließend eine Alkylgruppe ab u. geht in den 3bindigen Zustand über. Der weitere Verlauf der Zerfallskette u. zahlreiche Zerfallsrk. metastabiler Ionen werden diskutiert.

L. Leonhardt 42

0107 **Massenspektroskopische Untersuchung von einigen Manganpentacarbonyl-Derivaten.** M. J. Mays und R. N. F. Simpson. (J. chem. Soc. [London], Sect. A **1967**, 12, 1936–39; Univ. Chem. Labor., Cambridge; engl.) — Die Massenspektren einiger einfacher monomerer Mn-Carbonyl-Komplexe der Formel $LMn(CO)_5$ wurden untersucht, um die Hauptmerkmale ihres Zerfallverh. zu erkennen. Die beobachteten metallhaltigen Ionen entstehen aus dem Mol.-Ion durch vier Fragmentierungsprozesse: 1. der allg. beobachtete stufenweise Verlust von Carbonylgruppen; 2. Verlust des Liganden L; 3. Verlust von Ligandenbruchstücken, die an das Metallatom angelagert sind; 4. Umlagerung infolge Übergang von Bruchstücken zum Metallatom mit Eliminierung des Ligandenrestes. Einige Unters. über den Mechanismus dieser Umlagerung wurden durchgeführt. Im einzelnen

wurden nachst. Verb. untersucht: $LMn(CO)_5$ mit $L = CH_3, CF_3, C_6H_5, CH_3SO_2, CD_3, CH_2CN, SCN, (C_6H_5)_3Sn, (C_6H_5)Br_2Sn$, *o-, m-* u. $p\text{-}FC_6H_4$; $(CH_3CO)Mn(CO)_4NH_3$, $(CD_3CO)Mn(CO)_4NH_3$, $Mn(CO)_4NO$, $HMn(CO)_5$.
J. Büttner 42

0108 **Massenspektren anorganischer Moleküle.** 3. Mitt. **Einige Übergangsmetallcarbonylhalogenid- und thiolatoverbindungen.** K. Edgar, B. F. G. Johnson, J. Lewis, I. G. Williams und J. M. Wilson. (J. chem. Soc. [London], Sect. A **1967, 3,** 379—82; Dep. of Chem., Univ., Manchester; engl.) — Die Massenspektren von $Mn(CO)_5X$ (**I**), $Re(CO)_5X$ (**II**) ($X = Cl, J$), $Fe(CO)_4J_2$ (**III**), $Mn_2(CO)_8 \cdot J_2$ (**IV**), $Re_2(CO)_8Cl_2$ (**V**), $Re_2(CO)_8J_2$ (**VI**), $Rh_2(CO)_4Cl_2$ (**VII**), $Fe_2(CO)_6(SR)_2$ ($R = CH_3, C_2H_5, n\text{-}C_4H_9, C_6H_5$), $Mn_2(CO)_8(SR)_2$ ($R = C_2H_5, n\text{-}C_4H_9$), $Re_2(CO)_8(SC_6H_5)_2$, $Re_3(CO)_9(SC_6H_5)_3$, $Mn_4(CO)_{12}(SC_2H_5)_4$ (**VIII**), $Mn_4(CO)_{12} \cdot (S\text{-}n\text{-}C_4H_9)_4$ (**IX**) u. $Re_4(CO)_{12}(SC_6H_5)_4$ (**X**) werden angegeben. Die monomeren Verb. (**I, II, III**) spalten prim. CO u. Halogen ab. Die Dimeren mit Halogenbrücken (**IV, V, VI, VII**) u. die verwandten Verb. mit Thiolatobrücke verlieren CO-Gruppen unter Erhaltung des M_2X_2- bzw. M_2S_2-Kernes. Die Bldg. tetramerer Thiolatoverb. (**VIII, IX**) u. einer trimeren Rheniumverb. (**X**) wird nachgewiesen. — 2. vgl. C. **1968,** 9-0176.
L. Leonhardt 42

0109 **Massenspektren anorganischer Moleküle.** 4. Mitt. **Verbindungen von Chrom, Molybdän, Wolfram, Mangan und Eisen mit Phosphorbrücken.** B. F. G. Johnson, J. Lewis, J. M. Wilson und D. T. Thompson. (J. chem. Soc. [London], Sect. A **1967, 9,** 1445—48; Dep. of Chem., Univ., Manchester; engl.) — 3. vgl. vorst. Referat; 5. vgl. C. **1968,** 22-0145. — Die Massenspektren von $(OC)_nM\text{–}P(CH_3)_2P(CH_3)_2\text{–}M(CO)_n$ mit $M = Cr, Mo, W$, $n = 5$ oder $M = Fe$, $n = 4$, von $(OC)_mMP_2(CH_3)_4 \cdot M(CO)_m$ mit $M = Cr, Mo, W, Mn$, $m = 4$ oder $M = Fe$, $m = 3$, von $(CO)_nMP_2(C_6H_5)_4M(CO)_n$ mit $M = Mn$, $n = 4$ oder $M = Fe$, $n = 3$, von $(C_2H_5)_3P(OC)_3M\text{–}P_2(CH_3)_4M(CO)_3P(C_2H_5)_3$ mit $M = Cr$ oder Mo, von $(OC)_3FeP_2(CH_3)_4Fe(CO)_2PR_3$ mit $R = C_6H_5$ oder C_6H_{11} u. von $X(CO)_3FeP_2(CH_3)_4Fe(CO)_3X$ mit $X = Cl, Br$ oder J werden angegeben. Dabei wird auch eine große Zahl doppelt geladener Ionen beobachtet. Zerfallsmechanismen werden diskutiert. L. Leonhardt 42

0110 **Massenspektrometrische Untersuchungen an Dicyclopentadienylkomplexen von Übergangsmetallen.** Jörn Müller und Louis D'Or. (J. organometallic Chem. [Amsterdam] **10** (1967) 2, 313—22; Anorgan.-chem. Labor der TH München; dt.) — Die Massenspektren von $V(cp)_2$ (**I**), $Cr(cp)_2$ (**II**), $Mn(cp)_2$ (**III**), $Fe(cp)_2$ (**IV**); $Co(cp)_2$ (**V**), $Ni(cp)_2$ (**VI**), $Ru(cp)_2$ (**VII**), $Os(cp)_2$ (**VIII**), $TcH(cp)_2$ (**IX**), $ReH(cp)_2$ (**X**) u. $WH_2(cp)_2$ (**XI**) (cp = Cyclopentadienyl) werden für eine Elektronenenergie von 50 eV angegeben. Bei **I—VI** sind das Molekülion Cp_2M^+ sowie CpM^+ u. M^+ die häufigsten Bruchstückionen. Daneben treten die Ionen MC_2H^+, $MC_3H_3^+$, $MC_6H_6^+$, $MC_8H_8^+$ u. $MC_9H_7^+$ auf. Beim Übergang vom Ferrocen über das Ruthenocen zum Osmocen tritt die Abspaltung von Cp-Einheiten zurück zugunsten der Abspaltung von C_2 oder C_3-Gruppen. Die isoelektron. Verb. **VIII, X, XI** zeigen ähnliche Spektren. Ionisations- bzw. Auftrittspotentiale der Bruchstückionen werden angegeben u. Dissoziationsenergien berechnet. Die Bldg.-Enthalpie für den Prozeß M(Gas) + 2Cp·(Gas) → Cp_2M(Gas) errechnet sich für die Verb. **I** bis **VI** zu 179, 179, 143, 150, 156 bzw. 138.
L. Leonhardt 42

0111 **Massenspektren zweier Benzylkomplexe.** M. I. Bruce. (Inorg. nuclear Chem. Letters **3** (1967) 5, 157 bis 158; Suppl. zu: J. inorg. nuclear Chem. Dep. of Inorg. Chem., Univ., Bristol; engl.) — $\pi\text{-}C_5H_5Fe(CO)_2 \cdot CH_2C_6H_5$ zeigt im Massenspektrum einen schwachen Molekülionpeak. (P+) sowie $(P\text{–}CO)^+$, $(P\text{–}2CO)^+$, $C_7H_9Fe^+$ (11%), $C_5H_5Fe^+$ (70%), $C_3H_3Fe^+$ (8%), $C_7H_7^+$ (30%), $C_5H_5^+$ (12,5%), Fe^+ (29%) u. $C_3H_3^+$ (7,5%). Das Ion $(P\text{–}2CO)^+$ dürfte die Struktur $C_5H_5\text{–}Fe\text{–}CH_2C_6H_5^+$ haben. Das Massenspektrum des entsprechenden Pentafluorbenzylkomplexes ($\pi\text{-}C_5H_5\text{-}Fe(CO)_2CH_2C_6F_5$) enthält weniger Ionen. Intensiv tritt $C_7H_2F_5^+$, das Mol.-Ion u. $C_5H_5Fe^+$ auf. $C_7H_2F_5^+$ hat vermutlich wieder die Struktur eines Tropyliumions. L. Leonhardt 42

0112 **Massenspektrometrische Untersuchungen einiger Derivate von Perhalogenaromaten.** J. M. Miller. (J. chem. Soc. [London], Sect. A **1967,** 5, 828—34; Univ. Chem. Labor., Cambridge; engl.) — Die Massenspektren von *Tris-[pentafluorphenyl]-phosphin, -phosphinsulfid* u. *-phosphinoxid,* von *Pentafluorphenyldifluorphosphin, Tetrakis-[pentafluorphenyl]-diphosphin, Bis-[bis-(pentafluorphenyl)-phosphido-eisentricarbonyl], Tetrakis-[pentafluorphenyl]-german, Pentafluorphenyltrimethylsilan* u. *Pentachlorphenyltrimethylsilan* werden angegeben. Umlagerungen u. Bldg. neuer Bindungen, z. B. PF_2 u. $(C_6F_4)_2^+$ aus $(C_6H_5)_2P^+$ u. FeF_2 aus $[(C_6F_5)_2PFe]_2^+$ werden gefunden. L. Leonhardt 42

0113 **Massenspektrometrische Untersuchung von Tetrakis-[trifluorphosphin]-nickel(0).** Robert W. Kiser, Maria A. Krassoi und Ronald J. Clark. (J. Amer. chem. Soc. **89** (1967) 14, 3653—54; Dep. of Chemistry, Kan. State Univ., Manhattan, Kan.; engl.) — Von $[Ni(PF_3)_4]$ wurde ein 70-eV-Massenspektrum aufgenommen u. mit dem des $Ni(CO)_4$ verglichen. Beide Spektren zeigen beträchtliche Ähnlichkeiten. Aus diesen Daten u. dem Clastogramm für die fünf $Ni(PF_3)_n^+$-Ionen ($n = 0,1 \cdots 4$) wird für die konsekutive, unimol. Zers. der Mechanismus $Ni(PF_3)_4 \rightarrow Ni(PF_3)_3^+ \rightarrow Ni(PF_3)_2^+ \rightarrow NiPF_3^+ \rightarrow Ni$ abgeleitet. Daneben laufen auch andere Prozesse ab. Aus den Energiedaten für $Ni(PF_3)_4 \rightarrow Ni + 4PF_3$ wurde $\Delta H_f[Ni(PF_3)_4]$ zu -948 kcal/mol berechnet.
G. Malow 42

0114 **Energetik der Ionisation und Dissoziation von $Mn_2(CO)_{10}$, $Re_2(CO)_{10}$ und $ReMn(CO)_{10}$.** Harry J. Svec und Gregor A. Junk. (J. Amer. chem. Soc. **89** (1967) 12, 2836—40; Inst. for Atomic Res. and Dep. of Chem., Ia. State Univ., Ames, Ia.; engl.) — Die Massenspektren von $Re_2(CO)_{10}$, $Mn_2(CO)_{10}$ u. $ReMn(CO)_{10}$ wurden mit denen der einkernigen Metallcarbonyle verglichen. Die Elektronenstoßionisationspotentiale u. die Auftrittspotentiale der hauptsächlichen Fragmentionen wurden gemessen. Aus diesen Daten wurden die spezif. u. mittleren Dissoziationsenergien für die Ionen berechnet. Die Metall-CO-Bindungsenergien für $Re_2(CO)_{10}^+$ sind größer als für $Mn_2(CO)_{10}^+$. Die ber. Metall-Metall-Dissoziationsenergien (eV) der neutralen Dekacarbonyle u. ihrer Ionen zur Bldg. von $\cdot M(CO)_5$ u. $Mn(CO)_5^+$ betragen für Mn–Mn 0,96, $Mn\text{–}Mn^+$ 0,82, Re–Re 2,22, $Te\text{–}Re^+$ 2,08, Re–Mn 2,67 u. $Re\text{–}Mn^+$ 2,65 eV. Die Ionisations- u. Dissoziationsmechanismen werden über die „isolierte Ionisation" eines Metallatoms im Dimetallcarbonyl diskutiert.
G. Malow 42

0115 **Massenspektren von [Chlorhexafluor-cyclopentenyl]-mangan- und -rheniumpentacarbonyl.** M. I. Bruce. (J. organometallic Chem. [Amsterdam] **10** (1967) 1, 95—99; Dep. of Inorg. Chem., Univ., Bristol; engl.) — Die Massenspektren von $CF_2\text{–}CF_2\text{–}CF_2\text{–}C(Cl){=}CCl$ (Ring) u. von $CF_2\text{–}CF_2\text{–}CF_2\text{–}C[M(CO)_5]{=}CCl$ (Ring) mit M = Mn bzw. Re werden für eine Elektronenenergie von 70 eV angegeben u. Zerfallsmechanismen diskutiert. Zahlreiche Zerfallsrk. metastabiler Ionen werden beobachtet. Wichtigster Zerfallsweg des Molekülions von $C_5F_6Cl_2$ ist die Abspaltung von CF_3 u. CFCl zu $C_3F_2Cl^+$. Bei den Carbonylkomplexen des Mn u. Rh. erfolgt zunächst schrittweise Abspaltung der CO-Gruppen oder eines F-Atoms.
L. Leonhardt 42

0116 **Elektronenanlagerungs-Massenspektrometrie von Metallphthalocyaninen und deren Chlorderivaten.** Manfred Starke und Rudolf Tümmler. (Z. Chem. **7** (1967) 11, 433—34; Inst. für Metallphys. u. Reinstmetalle, Dresden; dt.) — Die Phthalocyanine des Ni, Fe, VO, Al u. Zn werden massenspektrometr. auf Reinheit untersucht, wobei die durch Elektronenanlagerung entstandenen negativen Ionen benutzt werden. Die wasserfreien Chloride des Co, Fe, Zn, Ni, Pt u. Cu lassen sich unter gleichzeitiger Chlorierung mit Phthalodinitril oder o-Cyanbenzamid zu Phthalocyaninen umsetzen. Die Anlagerungsmassenspektren zeigen aber, daß keine einheitlichen Prod. vorliegen. L. Leonhardt 42

0117 **Methode zur digitalen Aufzeichnung von Massenspektren.** D. H. Weichert, R. D. Russell und J. Blenkinsop. (Canad. J. Physics **45** (1967) 8, 2609—19; Dep.

of Geophys., Univ. of British Columbia, Vancouver; engl.) — Meth. u. Syst. zur digitalen Aufzeichnung u. vollständigen automat. Red. der Daten mit Hilfe einer IBM 7040 werden beschrieben (FORTRAN IV mit MAP-Unterprogrammen; *Pb-Trimethyl*-Spektrum, *Pb*-Isotopenhäufigkeiten). M. Frenzel 42

0118 **Relativistische Effekte bei der Streuung langsamer Elektronen durch Atome.** John F. Dawson. (Physic. Rev. [2] **168** (1967) 1, 71—74; Lowell Technol. Inst., Lowell, Mass.; engl.) H. Liepack 44

0119 **Generalisierte Oszillatorenstärken und absolute Wirkungsquerschnitte für Winkel Null für unelastische Elektronen-Helium-Stöße.** H. G. M. Heideman und L. Vriens. (J. chem. Physics **46** (1967) 8, 2911—18; Phys. Labor. of the Univ. of Utrecht, Holland; engl.) — Generalisierte Oszillatorenstärken für die Übergänge $1^1S \rightarrow 3^1P$, 4^1P, 5^1P, 6^1P, 2^1S u. 3^1S u. abs. Nullwinkel-wrkg.-Querschnitte bei 25—1000 eV werden angegeben u. diskutiert. H.-J. Höhle 44

0120 **40-keV-Elektronenstreuung an Ne, Ar, Kr und Xe, gemessen nach der Methode der Sektormikrophotometer-Elektronenbeugung.** R. A. Bonham und H. L. Cox jun. (J. chem. Physics **47** (1967) 9, 3508—17; Chem. Dep., Ind. Univ., Bloomington, Ind.; engl.) — Mit der erwähnten Meth. wurden die Intensitäten der durch Ne, Ar, Kr u. Xe gestreuten Elektronen äußerst genau u. gut reproduzierbar gemessen u. die experimentellen Intensitätskurven mit den durch Verw. von Streuamplituden verschiedener Autoren theoret. ber. Kurven verglichen. Außerdem wurden die Gesamtelektronenenergien der untersuchten Atome bestimmt. R. Blank 44

0121 **Erratum: Theoretische Untersuchungen der Translations-Rotations-Energieübertragung: Systeme (He_2, He) und (D_2, He).** L. M. Raff. (J. chem. Physics **47** (1967) 5, 1884; Dep. of Chem., Okla. State Univ., Stillwater, Okla.; engl.) — Vgl. ibid. **46** (1967) 2, 520. — Korrektur der l.c. durchgeführten numer. Berechnungen. Es werden verbesserte 0→2-Rotations-Relaxationszeiten für das (H_2, He)-Syst. bei 150°K mitgeteilt. H. Liepack 44

0122 **Anregung vom 1^1S-Zustand zum 2^1S-Zustand des He-Atoms durch Elektronenstoß in der Ochkur-Näherung.** S. N. Banerjee. (Indian J. Physics Proc. Indian Assoc. Cultivat. Sci. **41/50** (1967) 4, 266—69; Dep. of Theoret. Phys., Indian Associat. for The Cultivat. of Sci., Jadavpur, Calcutta; engl.) — Berechnung der Wrkg.-Querschnitte für den 1^1S-2^1S-Übergang im Energiebereich 20,6—24 eV. H. Liepack 44

0123 **Berechnungen für enge Kopplung der Elektronenstoßanregung des 2s-Zustandes und der Autoionisation unterhalb des n = 3-Niveaus in He^+.** Stephan Ormonde, William Whitaker und Lester Lipsky. (Physic. Rev. Letters **19** (1967) 20, 1161—65; Lockheed Palo Alto Res. Labor., Palo Alto, Calif.; engl.) — Es wurde die Streuung von Elektronen an He^+ bei Elektronenenergien von 42—52 eV berechnet. Die wesentlichen Ergebnisse dieser Rechnungen sind: 1. Berechnung u. Klassifikation der Autoionisationsniveaus zwischen den n = 2- u. n = 3-Schwellen von He^+, welche mit den experimentellen Beobachtungen übereinstimmen; 2. Mögliche Erklärung des Peaks in der Anregungsfunktion von Q(1s — 2s); 3. Voraussagen der Form des Verlaufs von Q(1s — 2s) zwischen den n = 2- u. n = 3-Schwellen. G. Richard 44

0124 **Elektronenstoßanregung des 2s-Zustandes und Autoionisation unterhalb des n = 3-Niveaus von He^+. (Experimentelles).** N. R. Daly und R. E. Powell. (Physic. Rev. Letters **19** (1967) 20, 1165—67; Atomic Weapons Res. Establ., Aldermost, England; engl.) — Vgl. vorst. Referat. — Es wird die Form der Anregungsfunktion von $He^+ + e \rightarrow He^+(2s)$ in der Nähe der Schwelle untersucht u. nach möglichen Resonanzeffekten in diese Anregung gesucht. Die Meth. beruht auf dem Einfang der Ionen durch die Raumladung eines magnet. zusammengehaltenen Elektronenstrahls. Es wurden keine abs. Wrkg.-Querschnitte für die He^+2S-Anregung erhalten; jedoch konnte der starke Einfl. von Resonanzeffekten auf den Wrkg.-Querschnitt beobachtet werden. Das Schwellenverhältnis der Anregungsfunktion stimmt mit den theoret. Voraussagen überein. G. Richard 44

0125 **Anregung von atomarem Sauerstoff und Kohlenstoff durch Stöße mit Wasserstoffatomen.** Joseph Callaway und Anthony F. Dugan. (Physic. Rev. [2] **168** (1967) 1, 26—33; Dep. of Phys., Univ. of Calif., Riverside, Calif.; engl.) — Berechnung von Wrkg.-Querschnitten für die Anregung von Feinstrukturniveaus in neutralem O u. in neutralem u. einfach ionisiertem C durch Stöße mit neutralem H. Die Rk.-Geschw. werden über eine Maxwell-Verteilung der relativen Geschw. gemittelt. Anwendung der Ergebnisse auf eine Diskussion der atomaren Abkühlprozesse in der interstellaren Materie. H. Liepack 44

0126 **Wirkungsquerschnitt der Elektronenstoßanregung für die zwei tiefsten Triplettzustände von molekularem Wasserstoff.** David C. Cartwright und Aron Kuppermann. (Physic. Rev. [2] **168** (1967) 1, 86—102; Gates and Crellin Labor. of Chem., Calif. Inst. of Technol., Pasadena, Calif.; engl.) — Berechnung für die Anregung vom Grundzustand $X^1\Sigma_g^+$ zu den Triplettzuständen $b^3\Sigma_u^+$ u. $a^3\Sigma_g^+$ nach den Näherungen von Ochkur u. Ochkur-Rudge. H. Liepack 44

0127 **Durch Kollision mit einem metastabilen Ar-Atom angeregtes zweites positives System von N_2.** E. S. Fishburne, S. S. Lazdinis und G. L. Seibert. (J. molecular Spectroscopy **23** (1967) 1, 100—03; O. State Univ., Columbus, O.; engl.) — Ein 15-kV-Elektronenstrahl wird auf ein N_2-Ar-Gemisch gerichtet. Dadurch läßt sich das 2. positive Syst. ($C^3\Pi \rightarrow B^3\Pi$) von N_2 anregen. Das geschieht durch Kollision mit einem Ar-Atom in seinem metastabilen $^3P_2$-Zustand. Die produzierte Strahlung wird in einen Jarrel-Ash-3-Meter-Ebert-Spektrographen geleitet u. photographiert. Die relativen Intensitäten der Linien werden mitgeteilt. A. Meixner 44

0128 **Experimenteller Beweis für das Ausbleiben der Löschung der Na-Resonanzstrahlung durch Edelgase.** G. Copley, B. P. Kibble und L. Krause. (Physic. Rev. [2] **168** (1967) 1, 34—35; Dep. of Phys., Univ. of Windsor, Windsor, Canada; engl.) — Für den Wrkg.-Querschnitt der Löschung der Na-Fluoreszenz durch Stoß mit He-, Ne-, Ar-, Kr- u. Xe-Atomen im Grundzustand wurde eine obere Grenze von 10^{-2} Å^2 ermittelt. Die Abklingzeit der Fluoreszenz war bei Drücken bis zu 800 Torr u. Temp. von 130—210° unabhängig von der Ggw. der Edelgase. H. Liepack 44

0129 **Elektronenaffinität des Heliums gegenüber der Laserphotoabspaltung seines negativen Ions.** B. Brehm, M. A. Gusinow und J. L. Hall. (Physic. Rev. Letters **19** (1967) 13, 737—41; N.B.S., Boulder, Colo; engl.) — Das Energiespektrum der Elektronen, die durch Photoabspaltung in einem Strahl negativer He-Ionen durch Wechselwrkg. mit einem kontinuierlichen Ar-Laser-Strahl entstehen, wird analysiert u. die Analyse zur direkten Best. der Elektronenaffinität des He(2^3S) benutzt. Die App. trennt vor der Messung positive He-Ionen sowie *D* u. *H* aus dem Gasstrahl ab. H. U. Borgstedt 44

0130 **Revision der Temperaturabhängigkeit der Ionisationsraten von Neonionen.** Einar Hinnov. (J. opt. Soc. America **57** (1967) 11, 1392; Plasma Phys. Labor., Princeton Univ., N.J.; engl.) — Korrektur der Daten für die Ionisation durch Ne-Ionen in einem Plasma (vgl. ibid. **56** (1966) 1179) auf Grund einer Neuberechnung der Elektronentemperatur. H.-D. Schwartz 44

0131 **Elektroneneinfang durch auf atomaren H auftreffende α-Teilchen.** D. Basu, D. M. Bhattacharya und G. Chatterjee. (Physic. Rev. [2] **168** (1967) 1, 8—12; Dep. of Theoret. Phys., Indian Associat. for the Cultivat. of Sci., Jadavpur, Calcutta, India; engl.) — Berechnung von Einfangswahrscheinlichkeit u. totalem Einfangsquerschnitt im Syst. $He^{2+} + H \rightarrow He^+ + H^+$ unter Berücksichtigung der Kopplung des Anfangszustandes mit den 1s-, 2s-, $2p_0$- u. $2p_{\pm 1}$-Zuständen von He^+. H. Liepack 44

0132 **Berechnung der dissoziativen Anlagerung in „heißem" O_2.** T. F. O'Malley. (Physic. Rev. [2] **155** (1967) 1, 59—63; DRC, Incorp., Santa Barbara, Calif.; engl.) — Die experimentell gefundene, auffallend starke Temp.-Abhängigkeit des Wrkg.-Querschnittes der dissoziativen Anlagerung von Elektronen an O_2 wird durch eine semiklass. Berechnung reproduziert, in dem eine Maxwell-Verteilung für die Schwingungs- (v) u. Rotationszustände (r) angenommen wird. Dabei wird ein kürzlich abgeleiteter Ausdruck für den Wrkg.-Querschnitt $\sigma_{v,r}$ verwandt u. die Potentialkurve des Endzustandes von O_2^- in Parameterform den experimentellen Ergebnissen angepaßt. Der Temp.-Gang wird durch den Einfl. der stark variierenden „Überlebenswahrscheinlichkeit" auf die angeregten Schwingungszustände verursacht. Die Überlebenswahrscheinlichkeit ist dabei ein Maß für die Konkurrenz zwischen Auto-Ionisation u. Dissoziation. Nebenergebnisse der Berechnung sind die Potentialkurve für den Endzustand der Dissoziation von O_2^{-*}, zusammen mit einer Abschätzung seiner Auto-Ionisationsbreite Γ_a(R) u. dem Beitrag dieses Zustandes zum gesamten Wrkg.-Querschnitt für die Elektronenenergieabgabe zur Schwingungsanregung u. Dissoziation.
W. Pusch 44△

0133 **Dissoziationsenergie der N_2O-Bindung aus Photonenstoß.** Vernon H. Dibeler. (J. chem. Physics **47** (1967) 6, 2191—92; Inst. for Basic Standards, NBS, Washington, D.C.; engl.) — Es wurden die Ionisationsausb.-Kurven für N_2^+ für N_2O u. für $^{14}N^{15}N^+$ für $^{14}N^{15}NO$ aufgenommen. Unter der Annahme, daß der Einsatz bei 17,3 eV die Schwelle von $N_2O + h\nu \rightarrow N_2^+ + e$ darstellt, wurde $D(N_2 - O) = 1{,}7$ eV bestimmt. Ferner wurde $\Delta H = 39{,}0 \pm 0{,}5$ kcal/Mol für $N_2O \rightarrow N_2 + O$ ermittelt.
H. Liepack 44

0134 **Kondensation und elektrische Leitung in Metalldämpfen.** Albert Solbes und Jack L. Kerrebrock. (Physics of Fluids **10** (1967) 10, 2179—98; MIT, Cambridge, Mass.; engl.) — Eine Theorie 1. Ordnung für die Vol.-Eig. kondensierender Metalldampf-Plasmen wird entwickelt. Die Einfl. der Ionisation auf den Kondens.-Vorgang u. der fl. Phase auf die elektr. Eig. des Plasmas werden berücksichtigt. Bei hoher Elektronendichte n_e sollte danach die effektive Übersättigung infolge von Stößen zwischen Ionen u. Tropfen ansteigen. Ist die Elektronentemp. T_e des Plasmas größer als eine krit. Elektronentemp. T_{ec}, so kann ein Nichtgleichgew.-Zustand hoher Elektronendichte aufrechterhalten werden, während bei $T_e < T_{ec}$ n_e dem Wert im Gleichgew. mit der Tropfenoberfläche zustrebt. Experimente mit feuchtem *K-Dampf* bestätigen qual. das Bestehen einer krit. Temperatur. Die elektr. Leitfähigkeit eines trockenen K-Dampf-Plasmas stimmt quant. mit der nach der Zweitemp.-Theorie ber. überein (Stoßquerschnitt der Elektronen 250 Å²).
W. Pusch 46△

0135 **Einfluß des negativen Glimmleuchtens auf die im Kathodenbereich einer Glimmentladung verlaufenden Elementarprozesse.** N. V. Volkov. (Izvest. vysšich učebnych Zavedenij [Tomsk], Fiz. **11** (1968) 2, 63—70; Kujbyševskij inženernostroit. inst.; russ.) — Die Größe des Stroms der positiven Ionen die auf die Kathode aus dem negativen Glimmleuchten für *Ni-*, *Cu-*, *Fe-* u. *Al*-Kathoden in H_2 u. für Fe-Kathoden in *Ar*, *Ne* u. *He* bei 1 Torr einfallen, wird bestimmt. Die Feld- u. Potentialverteilung zwischen den planparallelen Elektroden wird ermittelt.
H. Roschkowski 46

0136 **Einfluß des Feldes und der Diffusion auf die Atomverteilung im Mantel eines Wechselstrombogens.** G. E. Zolotuchin und I. L. Zimina. (Izvest. sibirskogo Otd. Akad. Nauk SSSR, Ser. chim. Nauk **1967**, 9, 105—10; Inst. fiz. SO AN SSSR, Krasnojarsk; russ.) — Berechnung der axialen u. radialen Konz.-Verteilung von *Fe-*, *Cr-* u. *V-Atomen* im Wechselstrombogen an Hand der Kontinuitätsgleichung für eine Punktquelle.
H. Roschkowski 46

0137 **Reemissionskoeffizienten von durch Hochfrequenz- und Gleichstrom-Zerstäubung aufgedampften Si- und SiO_2-Schichten.** R. E. Jones, C. L. Standley und L. I. Maissel. (J. appl. Physics **38** (1967) 12, 4656—62; IBM Components Div., Hopewell Junction, N.Y.; engl.) — Die Koeff. wurden in Abhängigkeit von Druck u. Eingangsleistung gemessen. Sie liegen für SiO_2 zwischen 0,86 u. 0,30 u. für Si zwischen 0,45 u. 0,07. Hohe Werte hängen mit negativen Potentialen auf der Oberfläche des Nd. zusammen, wodurch eine Wiederzerstäubung des Nd. durch aus der Glimmentladung gezogene positive Ionen bewirkt wird. Für HF-zerstäubtes, bei der Vorspannung null der Unterlage niedergeschlagenes Si werden zusätzliche Mechanismen für die Reemission angenommen. Der Koeff. von bei Gleichstrom zerstäubtem Si ist vergleichbar mit dem der HF-Zerstäubung.
H. Liepack 46

A-3. Physik der Festkörper und Flüssigkeiten

0138 **Beschreibung nicht stöchiometrischer Übergangsmetalloxide. Sinngemäße Erweiterung der anorganischen Kristallographie.** Sten Andersson. (Bull. Soc. franç. Minéralog. Cristallogr. **90** (1967) 4, 522—27; Res. Inst. of Nat. Defence, Stockholm; engl.) — Es liegen Strukturunters. einer großen Anzahl von Oxiden u. Oxidähnlichen Verb., die sich um die Verb. Nb_2O_5 gruppieren, vor. Aus nicht stöchiometr. Strukturmechanismen u. entsprechenden Diffusionsvorgängen wird versucht, die Umwandlungsaffinität einer Substanz in die andere zu erklären. Theoret. Diskussion sowie Unters. an Nb_2O_5, $MgNb_{14}O_{35}F_2$, $Ti_2Nb_{10}O_{29}$, $TiNb_2O_7$, Nb_3O_7F, $W_8Nb_{18}O_{69}$, PNb_9O_{25}, $Nb_{31}O_{77}F$, $Nb_{17}O_{42}F$, $MoNb_{12}O_{33}$, $TiNb_{24}O_{62}$, $Ti_6Mo_{19}Nb_{144}O_{429}$. — 18 Literaturangaben.
I. Zoll 50

Struktur

0139 **Elektronen- und Röntgen-Beugung und -Streuung in einem kristallinen Medium.** J. Laval. (Bull. Soc. franç. Minéralog. Cristallogr. **90** (1967) 4, 494—97; Labor. de Phys. théorique, Coll. de France; franz.)
I. Zoll 51

0140 **Unelastische Neutronenstreuung.** D. Cribier. (Bull. Soc. franç. Minéralog. Cristallogr. **90** (1967) 4, 507; Centre d'Études nucléaires de Saclay; franz.)
I. Zoll 51

0141 **Kleinwinkelstreuung von Neutronen.** T. Springer und W. Schmatz. (Bull. Soc. franç. Minéralog. Cristallogr. **90** (1967) 4, 428—35; Inst. für Festkörper- u. Neutronenphys., Jülich, Germany; engl.) — Die Anwendung sehr langsamer Neutronen für die Kleinwinkelstreuung an Gitterverzerrungen über große Bereiche zeigt im Vgl. zur Röntgenbeugung Vorteile: 1. Die Elimination der Braggschen Doppelstreuung, 2. Die Existenz magnet. Wechselwrkg., 3. Die Möglichkeit, sehr kleine K-Werte zu erhalten (K = Streuvektor). Eine der Anwendungen der Kleinwinkelstreuung von Neutronen dient der Unters. von Gitterverzerrungen in kalt verarbeiteten Metallen. Ergebnisse für kalt bearbeitete *Cu-* u. *Ni*-Kristalle.
I. Zoll 51

0142 **Unelastische Streuung durch kondensierte Systeme.** A. Herpin. (Bull. Soc. franç. Minéralog. Cristallogr. **90** (1967) 4, 488—93; Serv. de Phys. du solide et de résonance magnét., Centre d'Études nucléaires de Saclay; franz.) — Es wird gezeigt, daß die 3dimensionale Patterson-Funktion zur Erklärung zeitunabhängiger Phänomene, wie die der Fluktuationen, auf 4 Dimensionen erweitert werden kann. Anwendung auf die kohärente Licht- u. Neutronenstreuung.
I. Zoll 51

0143 **Compton-Effekt der Röntgenstrahlen in Kristallen. (Bibliographie einiger neuer Arbeiten).** H. Curien. (Bull. Soc. franç. Minéralog. Cristallogr. **90** (1967) 4, 504—06; Labor. de Minér.-Cristallographie, Fac. des Sci., CNRS, Paris; franz.)
I. Zoll 51

0144 **Röntgenkleinwinkelstreuung durch homogene Substanzen.** A. M. Levelut und A. Guinier. (Bull. Soc. franç. Minéralog. Cristallogr. **90** (1967) 4, 445—51; Serv. de Phys. des Solides, CNRS, Fac. des Sci. Orsay; franz.) — Die Grenze der Intensität für den Null-Winkel der Röntgenstreuung durch homogene Substanzen (Fl. oder Gase) hängt von der mittleren Dichtefluktuation ab, die man aus der isothermen Kompressibilität ber. kann. Dies gilt z. B. nicht für *Glycerin*, wahrscheinlich weil die Meßtemp. sehr nahe am F. liegt. Weiterhin wurde gefunden, daß die Dichtefluktuationen in glasigem SiO_2 zweimal schwächer sind als in durch Neutronenbestrahlung erhaltenem amorphem *Quarz*. I. Zoll 51

0145 **Kleinwinkelstreuung durch Zweiphasensysteme.** J. Méring, D. Tchoubar und C. Schiller. (Bull. Soc. franç. Minéralog. Cristallogr. **90** (1967) 4, 436–44; ESPCJ, Équipe de Rech. CNRS; franz.) — Diskussion über ein Zweiphasensystem. Wenn eine der Phasen durch die andere verd. wird, läßt sich aus dem Profil der Kleinwinkelstreuung die Verteilung der verd. Phase berechnen. I. Zoll 51

0146 **Granulations- und Porositätsmessungen von Festkörpern durch Röntgenkleinwinkelstreuung. Vergleich mit elektronenmikroskopischen und durch Stickstoff-Adsorption erhaltenen Ergebnissen.** J.-R. Donati, B. Pascal und A.-J. Renouprez. (Bull. Soc. franc. Minéralog. Cristallogr. **90** (1967) 4, 452–63; Électricité de France, Direct. des Études et Rech.; franz.) — Eine Kombination der 3 genannten Unters.-Meth. führt zu einer vollständigen Charakteristik der Proben. Experimentelle Unters. an Al-Silicat-Gelen, Aerosilen u. Ni-Oxiden. I. Zoll 51

0147 **Einkristall-Röntgenbeugung unter Ausnutzung von Photonen zweier radioaktiver Isotope.** Luther E. Preuss, William S. Toothacker und Claudius K. Bugenis. (J. appl. Physics **38** (1967) 8, 3404–05; Dep. of Phys., Edsel B. Ford Inst. for Medical Res., Detroit, Mich.; engl.) — Mit aus einer ^{55}Fe-Quelle stammenden MnK_α-Strahlung wurde die Beugungslinie (200) eines *LiF*-Einkrist. angeregt. Der K_α-Peak sowie die K_{β_1}-Max. 1. u. 2. Ordnung konnten direkt u. eindeutig aufgelöst u. registriert werden. Die Maximalintensität des intensivsten Strahls auf dem Diffraktometerkreis liegt größenordnungsmäßig bei $2 \cdot 10^3$ MnK_α-Strahlen pro Min. u. die Beugungsintensität im (200)-Hauptstrahl ist ca. $2{,}5 \cdot 10^2$ mal größer als bei früher veröffentlichten entsprechenden Vers. mit LiF-Pulverpräparaten (vgl. Appl. phys. Letters **9** (1966) 159). Der LiF-Reflex (200) erwies sich ebenfalls als registrierbar bei Verw. von ^{147}Pm–Cu als K_α- Quelle. P. Zäske 51

0148 **Einige neue Gesichtspunkte zur Lösung von Fehlordnungsproblemen.** H. Jagodzinski. (Bull. Soc. franç. Minéralog. Cristallogr. **90** (1967) 4, 575–84; Univ.-Inst. für Kristallogr. u. Miner., München; franz.) — Theoret. Behandlung der Röntgenbeugung in Krist. mit Fehlstellen u. mit nahezu perfekter Elementarzelle durch Einführung einer Korrelationsfunktion für Punktlagen u. Atomart. Interpretation der diffusen Streuintensitäten von mit Al_2O_3 übersättigtem *Spinell*. I. Zoll 51

0149 **Einfluß einer unebenen Oberfläche auf das Beugungsbild eines perfekten Kristalls.** R. Bubáková, J. Drahokoupil und A. Fingerland (Czechoslov. J. Physics, Sect. B **17** (1967) 8, 657–65; Inst. of Solid State Phys., Czechosl. Acad. Sci., Prague; engl.) — Für die Beugung monochromat. Röntgenstrahlen an einem perfekten Krist. mit unebener Oberfläche wird ein einfaches theoret. Modell derart angenommen, daß die Krist.-Oberfläche durch ein Syst. kleiner, zur Beugungsebene unterschiedlich geneigter Oberflächenelemente angenähert werden kann. Die Berechnung der Beugung ist dann als Überlagerung unabhängiger Beugungen von den unterschiedlichen kleinen Oberflächen durchzuführen. Ein entsprechender Formalismus wird hergeleitet u. auf die Berechnung des Linienprofils des (111)-Reflexes von *Ge* auf der Basis der dynam. Theorie angewandt. Die experimentelle Überprüfung wird mittels eines perfekten Ge-Krist. durchgeführt, dessen Oberfläche nach Kontrollvers. mit einem groben Schleifmittel mattiert u. anschließend durch ein Gemisch (HF + $2HNO_3$) chem. poliert wurde. Die Unebenheiten der Oberfläche wurden opt. ermittelt, u. die experimentellen Werte zeigten eine gute Übereinstimmung mit der Theorie. P. Zäske 51

0150 **Vorhersage einiger Versetzungsbilder durch Transmission von Röntgenstrahlen (Symmetrischer Lauefall).** Daniel Taupin. (Acta crystallogr. [Copenhagen] **23** (1967) 1, 25–35; Orsay, Fac. des Sci., Labor. de Phys. Théor. et Hautes Energies, Centre de Calcue Numei.; franz.) — Vf. berichtet über die Anwendung der dynam. Theorie der Beugung der Röntgenstrahlen durch verzerrte Krist. zur Berechnung der Bilder, die man für den symm. Laue-Fall erhält, wenn in einem sonst vollkommenen Fall eine einzelne Versetzung enthalten ist. Ein Anwendungsbeispiel wird ausführlich besprochen. C. Gottfried 51△

0151 **Statistische Varianz von Linienprofil-Parametern. Messungen von Intensität, Lage und Dispersion.** A. J. C. Wilson. (Acta crystallogr. [Copenhagen] **23** (1967) 6, 888–98; Phys. Dep., Univ. of Birmingham, Birmingham; engl.) — Vf. leitet die Varianzen des größten Teils der sich aus der Zählrate von Diffraktometern ableitenden Parameter explizit her, damit ihre Zuverlässigkeit bez. der statist. Schwankungen der Zählrate abschätzbar wird. P. Zäske 51

0152 **Absoluter Atomformfaktor von Magnesium.** R. J. Weiss. (Philos. Mag. [8] **16** (1967) 139, 141–46; Materials Res. Labor., U.S. Army Mater. Res. Agency, Watertown, Mass.; engl.) — Die Reflexe (100) u. (002) eines dünnen *Mg*-Einkrist., dessen a_0-Achse innerhalb $^1/_2$° senkrecht zur Oberfläche stand, wurden mit an LiF (200) monochromatisierter MoK_α-Strahlung durch je ein Zählrohr in Transmissions- u. 2θ-Stellung registriert u. zur Berechnung des abs. Atomformfaktors benutzt. Diese Zählrohrmeth. erlaubt die Korrektur auf sek. Extinktion. Eine Fehlerbetrachtung der Korrekturen betreffs Dispersion u. thermodiffuser Streuung zeigt, daß die Fehler der Korrekturbeträge keinen wesentlichen Einfl. ausüben. Der Debye-Waller-Faktor wird empir. festgelegt u. die Richtigkeit des benutzten Wertes über die charakterist. Temp. kontrolliert. Umweganregungen konnten mit Sicherheit ausgeschlossen werden. Die für unterschiedliche Krist.-Gebiete resultierenden Atomformfaktoren schwankten um einige Prozent u. zeigten damit Abweichungen, die außerhalb der experimentellen Fehlergrenze lagen. Dadurch wird das Vorhandensein prim. Extinktion eindeutig bestätigt. Die erhaltenen Maximalwerte stimmen jedoch mit den nach Hartree-Fock ber. Werten überein. Damit weicht in der Abfolge der Elemente Ne, Mg, Al, Si lediglich Al von der Hartree-Fock-Theorie ab. P. Zäske 51

0153 **Neue Methode zur Berechnung von Phasenwinkeln der Strukturfaktoren nicht-zentralsymmetrischer Strukturen auf Grund der anomalen Dispersion.** Dietrich Unangst, Eberhard Müller, Jürgen Müller und Bernd Keinert. (Acta crystallogr. [Copenhagen] **23** (1967) 6, 898–901; Phys. Inst., Friedrich-Schiller-Univ., Jena; engl.) — Berechnungsmeth. (Anwendungsbeispiele; *CdS* u. $NaBrO_3$). P. Zäske 51

0154 **Lineare Programmierung und Verfeinerung von Strukturen.** R. C. G. Killean. (Acta crystallogr. [Copenhagen] **23** (1967) 6, 905–07; Dep. of Phys., Univ., St. Andrews, Scotland; engl.) — Vf. schlägt die Verw. einer linearen Programmierungstechnik vor bez. einer Funktion $\sum w_i \cdot \Delta_i^2$, die von ihm im Gegensatz zu den üblichen least-squares-Verf. in einer linearisierten Form angegeben wird. P. Zäske 51

0155 **Strukturänderungen des Oxids U_4O_9.** B. Belbeoch und J. C. Boivineau. (Bull. Soc. franç. Minéralog. Cristallogr. **90** (1967) 4, 558–63; Serv. de Chim. des solides, Centre d'Études nucléaires, Saclay; franz.) — Vf. weisen darauf hin, daß mit Röntgenbeugungsaufnahmen Phasenumwandlungen, die auf geringen Änderungen der Elementarzelle beruhen, nicht nachzuweisen sind. Nur mit einer großen Auflsg. konnte bei U_4O_9 der kub. → rhomboedr. Übergang bei 65°, der durch eine Anomalie der spezif. Wärme gekennzeichnet war, nachgewiesen werden. Bei 1125° tritt ein Ordnung–Unordnungsübergang auf. In der Elementarzelle wird eine plötzliche Veränderung der Gitterparameter beobachtet u. die Überstruktur verschwindet. I. Zoll 52

0156 **Kristallographische Phasenumwandlung von Eisen(III)-fluorid.** W. J. Croft und M. Kestigian.

(J. electrochem. Soc. **115** (1968) 6, 674; Sperry Rand Res. Center, Sudbury, Mass.; engl.) — Kub. FeF_3-Krist. wurden durch Subl. gebildet. Unters. im polarisierten Licht zeigen Anisotropie der Krist. u. Auslöschung bei annähernd 45° zur Achse. Bei 410° $\pm$ 5° machen diese Krist. eine Phasenumwandlung durch, die die Bldg. großer Einkrist. nach den üblichen Meth. verhindert. Die Krist. werden isotrop., es entstehen rhomboedr. Zellen. R. Zimmer 52

0157 **Wachstum von Eis in wäßrigen Lösungen in Kapillaren.** H. R. Pruppacher. (Z. Naturforsch. **22a** (1967) 6, 895—901; Los Angeles, Calif., Univ. of Calif., Dep. of Meteorol.; engl.) — Vf. untersuchte die Wachstumsgeschw. von Eis in unterkühltem W. u. wss. Lsg. von *HF, NaF, KF, CsF,* NH_4F*, LiCl, NaCl, KCl, CsCl,* NH_4Cl*, LiBr, NaBr, KBr, CsBr,* NH_4Br u. *KJ* bei Konz. von 10^{-6}—10^{-1} Mol/l u. Unterkühlungen zwischen 1 u. 15° in Polyäthylenkapillaren. Die Wachstumsgeschw. des Eises in reinem W. ändert sich angenähert mit dem Grad der Unterkühlung; sie wurde jedoch in einer systemat. Art durch den Typ u. die Konz. der Salzlsg. beeinflußt. C. Gottfried 54△

0158 **Elektrische Effekte, die das spontane Wachstum von Eis in unterkühlten wäßrigen Lösungen begleiten.** H. R. Pruppacher, E. H. Steinberger und T. L. Wang. (J. geophys. Res. **73** (1968) 2, 571—84; engl.) — Vgl. vorst. Referat. — Polyäthylenröhrchen mit als Elektrode dienenden Metallstopfen wurden mit 10^{-6} bis 10^{-1} m Lsg. von HF, NaF, KF, CsF, NH_4F, HCl, LiCl, NH_4Cl, KCl, CsCl, NaCl, HBr, LiBr, NaBr, KBr, CsBr, NH_4Br, LiJ, NaJ, KJ, CsJ, $(NH_4)_2SO_4$, $(NH_4)_2CO_3$, NH_4OH u. NH_4NO_3 gefüllt u. die Lsg. um 2—11° unterkühlt. Durch Abkühlung der einen Elektrode mit Trockeneis auf ca. —20° wurde das spontane Wachstum von Eiskrist. eingeleitet. Dieses spontane Wachsen des Eisschwammes wird von Potentialdifferenzen (Gefrierpotential) bis zu 15 V u. Strömen von $\approx$ 0,1 μA begleitet. Das Gefrierpotential ist abhängig von der Konz. u. Art des gelösten Salzes u. von der Zeit. Zu Beginn des Wachstums der Eiskrist. steigt das Potential stark an u. fällt nach Erreichen eines Maximalwertes in Abhängigkeit vom gelösten Salz zunächst exponentiell mehr oder weniger langsam ab. Bei Konz. von $< 10^{-6}$ u. $> 10^{-1}$ m sind die Gefrierpotentiale mit Ausnahme von CsF vernachlässigbar klein. Ihr Max. liegt zwischen 10^{-5} u. 10^{-3} m Lösungen. Während die Art des Kations nur gering das Gefrierpotential beeinflußt, wurden für die verschiedenen Anionen erhebliche Unterschiede beobachtet, wobei für F^- die höchsten u. für J^- die niedrigsten Werte gefunden wurden. Die Lsg. ist, bezogen auf das Eis, in Alkalimetallhalogenid- u. NH_4F-Lsg. positiv geladen. Die Lsg. der übrigen NH_4-Salze ist negativ geladen. Der unterschiedliche Einfl. von Kationen u. Anionen auf das Gefrierpotential wird durch die verschiedenen Elektronegativitäten der einzelnen Elemente in der Lsg. bedingt. Dabei sind die Ionenradien von untergeordneter Bedeutung. E. Bomke 54

0159 **Grobkristallines Borphosphid aus der Schmelzlösung mit Cu_3P.** B. V. Baranov, V. D. Pročuchan und N. A. Gorjunova. (Izvest. Akad. Nauk SSSR, Neorg. Mater. **3** (1967) 9, 1691—92; Fiz.-techn. inst. im. Ioffe AN SSSR; russ.) — Im Temp.-Gefälle von 1100 → 400° entsteht aus den Elementen Cu_3P. In Quarzampullen befestigt man am Boden gesintertes *BP*. Dies löst sich bei 1200° im geschmolzenen Cu_3P u. bildet an den oberen kälteren Partien innerhalb einiger Monate 4×3×2 mm große Krist. des n-leitenden BP mit einer Mikrohärte von 380—4000 kg/mm. Heinz Vogel 54

0160 **Durch Vakuumsublimation hergestellte epitaktische Siliciumschichten.** V. V. Postnikov, M. I. Ovsjannikov, R. G. Loginova, R. A. Rubcova, T. N. Sergievskaja und V. A. Tolomasov. (Doklady Akad. Nauk SSSR **175** (1967) 4, 817—18; Gor'kovskij issl. fiz. techn. inst.; russ.) — Bei einem Restgasdruck von 10^{-7} Torr u. 1390° werden zwei im Abstand von 1 mm angeordnete *Si*-Scheiben oberflächlich entgast. Nach Temp.-Erniedrigung werden mit Wachstumsraten von 10—20 μ/h einkrist. p- bzw. n-Schichten u. pn-Übergänge von der auf 1350° befindlichen Scheibe auf die auf 600 bzw. 800° abgekühlte Scheibe aufsublimiert. Hall-Beweglichkeit, Ladungsträgerdichte u. Versetzungsdichte der ohne eine Zwischenschicht mit großer Konz. an Strukturdefekten aufgewachsenen Schichten werden untersucht. Heinz Vogel 54

0161 **Wachstum von Kaliumchlorid-Kristallen aus wäßrigen Lösungen.** 2. Mitt. **Wachstum in einem γ-Strahlenfeld.** G. D. Botsaris, E. A. Mason und R. C. Reid. (J. chem. Physics **46** (1967) 1, 192—98; Dep. of Chem. Engng., MIT, Cambridge, Mass.; engl.) — 1. vgl. C. **1968,** 45-0189; weitere 1. vgl. C. **1967,** 34-0249. — Der Einfl. eines von ^{60}Co stammenden γ-Strahlenfeldes von 2400 rad/min auf das Krist.-Wachstum von KCl an einem vorgegebenen Mutterkrist. bei konst. Temp.- u. Übersättigungsbedingungen in Abhängigkeit von $PbCl_2$-Beimengungen wurde untersucht. Die Versetzungsdichte in den Proben wurde mkr. über Ätzgruben bestimmt, wozu Spaltflächen derart hergestellt wurden, daß gleichzeitig Mutter- u. aus der Lsg. aufgewachsener Krist. der Unters. zugänglich werden. Die besten Ergebnisse wurden bei Einw. von mit NH_4Cl gesätt. Methanol für 30 Sek. zwischen 26 u. 30° u. anschließender Spülung mit wasserfreiem n-Butylalkohol für 10—15 Sek. erhalten. Unters., die ohne Bestrahlung u. ohne $PbCl_2$-Zusätze durchgeführt wurden, ergaben für Mutter- u. aufgewachsenen Krist.-Bereich ungefähr die gleiche Versetzungsdichte. Bei Bestrahlung des Pb-freien Ansatzes ergab sich ein leichter Abfall, bei Pb-Geh. von 10^{-7} Mol/Mol KCl dagegen mit u. ohne Bestrahlung ein leichtes Anwachsen der Versetzungsdichte. Die Ergebnisse werden durch einen Kletterprozeß der Versetzungen gedeutet. Die Bestrahlung erzeugt in jedem Falle eine gleiche Anzahl von Versetzungen, die im Pb-freien Fall dem Kletterprozeß unterliegen, während dieser durch Pb u. zufällige andere Verunreinigungen verhindert werden kann. Die Versetzungsdichte Pb-freier, bestrahlter Proben liegt bei $(0,5—1,1) \cdot 10^7$ cm^{-2}, während sie bei obigem $PbCl_2$-Geh. in keinem Fall $1,4 \cdot 10^7$ cm^{-2} unterschreitet. Der Einfl. der γ-Strahlung auf die Wachstumsgeschw. der (100)-Fläche ist bei $PbCl_2$-Geh. von 10^{-6}, 10^{-8} Mol/Mol KCl u. kleineren Werten unbedeutend. Dagegen wird die Wachstumsgeschw. durch die Strahlung bei einem Geh. von 10^{-7} Mol/Mol KCl deutlich vermindert. Als Erklärung wird eine mögliche Erhöhung der Diffusion von Pb in Richtung auf die Oberfläche durch die Strahlung vorgeschlagen. Dadurch wäre eine erhöhte Adsorption von Pb auf der Krist.-Oberfläche möglich, was sich, wie aus anderen Arbeiten folgt, eindeutig wachstumshemmend auswirken würde. P. Zäske 54

0162 **Züchtung von Magnesiumeinkristallen.** V. F. Zelenskij und I. A. Petel'guzov. (Kristallografija **12** (1967) 3, 533—34; Char'kovskij fiziko-techniö. inst.; russ.) — Auf einem mit Elektrolyt-Mg beschickten Tiegel wurde eine heizbare Kolonne dicht aufgesetzt u. das Syst. auf $3 \cdot 10^{-6}$—$7 \cdot 10^{-7}$ Torr evakuiert. Ringförmige Einsätze innerhalb der Kolonne dienen prim. zur Raffinierung u. zur optimalen Richtungssteuerung des Mg-Dampfstrahles. Bei einer Verdampfungstemp. von 630 bis 640° kondensiert an der Kolonnenwandung bei 400 bis 420° Mg, während an den mittleren Einsätzen bei $\approx$ 400° sich Krist. mit einer hexagonalen Grundfläche bis zu 25 mm ausbilden, die regulär kristallograph. mit ebenen Flächen begrenzt sind u. deren Einkrist.-Charakter durch Laue-Aufnahmen bestätigt wird. Der Restwiderstand ist $\leqq 1,2 \cdot 10^{-3}$. Verunreinigungen durch Fe, Si, Mn, Ni, Cu, Al, N, K liegen im einzelnen unter 0,001, während der C-Geh. ca. 0,01 Gew.-% beträgt. P. Zäske 54

0163 **Wachstum band- und fadenförmiger Cadmiumsulfid-Kristalle.** L. S. Palatnik, M. N. Naboka und N. T. Gladkich. (Kristallografija **12** (1967) 4, 684—87; Char'kovskij politechn. inst.; russ.) — Die Struktur von 2—80 μm dicken *CdS*-Vakuumkondensaten, die auf Mo- u. Graphitunterlagen mit Geschw. von 100—80 Å/s bei $5 \cdot 10^{-5}$ Torr u. zwischen 25 u. 600° niedergeschlagen wurden, wurde röntgenograph., opt. u. elektronenmkr. sowie mittels Elektronenmikrobeugung untersucht. Bei Unterlagentemp. von 100° hat das Kondensat eine feinkörnige Struktur, u. bei 220° erscheinen auf dem Untergrund der feinkörnigen Oberfläche einige gröbere (≈ 5 μm) Kristallite sowie einige band- u. fadenförmige Kristalle. Bei 300° sind ganze Familien der beiden letzten Erscheinungsformen zu beobachten, die strahlenförmig aus einem Punkt entspringen. Beide Whiskerformen sind einkrist. u. bestehen aus α-CdS. Als Erklärung für das Whiskerwachstum nehmen Vf. eine Dampfphase an, deren Zus. wegen des unterschiedlichen Dampfdruckes der Komponenten von der Stöchiometrie abweicht. Der Stofftransport erfolgt durch Oberflächendiffusion u. direkt durch die erwähnte Dampfphase, die gleichzeitig eine Abschirmung gegen den Einfl. der Richtung des Mol.-Strahles auf die Struktur des Kondensates darstellt. Diese Theorie steht im Einklang mit den Beobachtungen, daß die Zahl der Whisker mit der Temp. steigt, daß sie keine Einregelung gegenüber dem Mol.-Strahl zeigen u. daß die kugelförmigen Abschlüsse der Faden-Abzweigungen stark mit Cd angereichert sind. P. Zäske 54

0164 **Struktur von durch gleichzeitige Verdampfung erhaltenen dünnen Schichten von CdTe.** Ramanathan Suryanarayanan und Constantin Paparoditis. (C. R. hebd. Séances Acad. Sci., Sér. A et B **265** (1967) 8, B498—501; Meudon-Bellevue, CNRS, Labor. de Magnét. et de Phys. du Solide; franz.) — Auf ein Borosilicat-Substrat wurden Cd u. Te gleichzeitig aufgedampft, wobei die Aufdampftemp. u. Substrattemp. variiert wurden. Je nach der Temp. des Substrates u. der Aufdampftemp. wurden dünne Schichten von CdTe mit kub. oder hexagonaler Symmetrie erhalten, wobei die Bldg. der hexagonalen Phase durch einen Überschuß von Cd begünstigt wird. C. Gottfried 54△

0165 **Segregation von Selen in Thalliumtellurid.** S. Karimov und Š. Mavlonov. (Doklady Akad. Nauk Tadž. SSR **10** (1967) 6, 29—33; Fiz. techn. inst. im. Umarova AN Tadž.SSR; russ.) — Peritekt. aus den Elementen hergestelltes *Tl_2Te_3* wird nach Czochralski gezogen u. mittels des Isotops ^{75}Se der Gleichgew.- u. effektive Verteilungskoeff. K_0 bzw. K_{eff} des Se bestimmt. Für Tl_2Te_3 mit $1{,}3 \cdot 10^{-5}$ % Se erhält man $K_0 = 0{,}0109$, $K_{eff} = 0{,}01$. Beim Zonenziehen bzw. bei Legieren durch Impfkrist. erhält man $K_0 = 0{,}0407$ u. $K_{eff} = 0{,}04$ bzw. $K_0 = 0{,}025$ u. $K_{eff} = 0{,}027$. Heinz Vogel 54

0166 **Seltenerdmetallaluminate.** G. Garton und B. M. Wanklyn. (J. Crystal Growth [Amsterdam] **1** (1967) 3, 164—66; Dep. of Phys., Univ. of Oxford, Oxford; engl.) — Opt. reine Einkrist. der Seltenerdmetallaluminate *$NdAlO_3$*, *$PrAlO_3$*, *$SmAlO_3$*, *$GdAlO_3$*, *$TbAlO_3$*, *$DyAlO_3$*, *$TmAlO_3$*, *$YbAlO_3$*, *$LuAlO_3$* u. *$YAlO_3$* werden aus 1:1-Mischungen der entsprechenden Oxide (SE_2O_3 + Al_2O_3) unter Zusatz von PbO oder PbO + PbF_2 als Flußmittel hergestellt. Röntgenbeugungsaufnahmen ergaben für $TbAlO_3$ u. $YbAlO_3$ rhomb. Struktur mit a = 5,22 (1) Å, b = 5,28(2) Å, c = 7,41(7) Å für $TbAlO_3$ u. a = 5,12(8) Å, b = 5,33(2) Å u. c = 7,31(7) Å für $YbAlO_3$. Einer Oxidfluoridbldg. u. Granatbldg. kann durch Zusatz von überschüssigem SE_2O_3 zur Schmelze entgegengewirkt werden. Auf diesem Wege wurden *$HoAlO_3$*- u. *$ErAlO_3$*-Krist. gezüchtet. I. Zoll 54

0167 **Hydrothermale Synthese von Kaliumniobaten und -tantalaten.** A. A. Šternberg, Ja. Ė. Lapsker und V'. A. Kuznecov. (Kristallografija **12** (1967) 5, 957—58; Inst. kristallogr. AN SSSR; russ.) — *$KNbO_3$* u. *$KTaO_3$* wurden ausgehend von Nb_2O_5 u. Ta_2O_5 in bis zu 52%ig. wss. KOH-Lsg. im Stahlautoklaven bei 400—600° krist. erhalten. Unter den gleichen Bedingungen konnte $KNbO_3$ umkrist. werden. H. Roschkowski 54

0168 **Hydrothermale Synthese von Kristallen und kristallographische Besonderheiten einiger binärer Seltenerdmetallwolframate.** P. V. Klevcov und L. Ju. Charčenko. (Akad. Nauk SSSR, Inst. Kristallografii, Rost. Kristallov **7** (1967) 333—37; Inst. neorg. chim. SO AN SSSR, Novosibirsk; russ.) — Die Bedingungen zur Kristallisation von *$MLn(WO_4)_2$* (M = Li, Na, K; Ln = Nd, Pr, Ce) unter hydrothermalen Bedingungen in den Syst. $Ln_2(WO_4)_3$ (+WO_3)–MCl–H_2O werden untersucht. Die erhaltenen Li- bzw. K-Seltenerdmetallwolframate krist. triklin bzw. monoklin u. damit in bisher unbekannten Modifikationen, die Na-Seltenerdmetallwolframate mit der bekannten Scheelitstruktur. Die hydrothermal erhaltenen K-Seltenerdmetallwolframate haben eine veränderliche Zus. u. sind als Mischkrist. der Art $M_xLn_{1/3(4-x)}(WO_4)_2$ mit x = 0,23—0,38 aufzufassen. Beim Erhitzen geht triklines $LiLn(WO_4)_2$ irreversibel in die Scheelitstruktur u. monoklines $K_{0,3}Nd_{1,23}(WO_4)_2$ in eine verzerrte Scheelitstruktur über. H. Roschkowski 54

0169 **Verhalten verschiedener Seltenerdmetalloxiddispersionen in UO_2 bei höheren Temperaturen.** Tadashi Kubota und Shûichirō Takahashi. (J. nuclear Sci. Technol. [Tokyo] **4** (1967) 4, 171—76; Mitsubishi Atomic Power Ind., Inc., Omiyashi, Saitama-ken; engl.) — Zur Unters. der Verträglichkeit von Seltenerdmetalloxiden u. UO_2 wurden UO_2–Eu_2O_3-, UO_2–Dy_2O_3- u. UO_2–Sm_2O_3-Mischungen in der Nähe des UO_2-Fp. einem starken Temp.-Gradienten ausgesetzt. Im Zentrum der Probekörper entstanden dabei massive Körner mit gerichtetem Kornwachstum. Ein Säulenwuchs wie in reinem UO_2 wurde nicht beobachtet. Bei der Entstehung der massiven Körner verlieren die Lanthanidenoxidpartikeln ihre Originalform. Die Mikrostruktur der verschiedenen Lanthanidenoxid/UO_2-Mischungen ist unterschiedlich. D. Ertel 54

0170 **Orientiertes Aufwachsen (Heteroepitaxie) von Molybdän auf Wolfram aus der flüssigen Phase.** Ju. D. Čistjakov, A. I. Pekarev und M. V. Gartman. (Kristallografija **12** (1967) 4, 688—93; Mosk. inst. stali i splavov; russ.) — Nach der Meth. des tiegellosen Zonenschmelzverf. im Elektronenstrahl dargestellte *Mo*- u. *W*-Einkrist. wurden geschnitten, die Schnittflächen geschliffen u. elektrolyt. poliert. Mit dem W-Krist. als Unterlage wurde der Mo-Krist. in Kontakt gebracht u. in der gleichen App. die Untergrenze des Mo 30 Sek. lang aufgeschmolzen. Danach wurde die Schmelzzone mit 15 cm/Std. ca. 1,5—2 cm in den Mo-Teil gezogen. Röntgenspektralanalyt. Mikrosondenunters. zeigen, daß sich während des Schmelzprozesses W in Mo solange löst, bis der dem Phasendiagramm entsprechende Wert erreicht ist, wobei W in das Mo diffundiert. Das epitakt. aufwachsende Prod. entspricht einer lückenlosen Mischkrist.-Reihe. Aus Mikrohärteunters. resultieren analoge Schlußfolgerungen. Durch Röntgenmikrobeugungsaufnahmen ergibt sich für die Desorientierung an den Korngrenzen des Unterlagekrist. 3—5′. Dieser Wert steigt bei Vorhandensein einer aufgewachsenen Phase geringfügig auf 5—6′, was nur durch lückenlosen Übergang vom Krist.-Gitter des reinen W in das der festen Lsg. unter Ausbldg. einer kohärenten Grenze interpretierbar ist. Der Grad der Strukturvollkommenheit ändert sich in Wachstumsrichtung nicht, verschlechtert sich jedoch in Richtung senkrecht dazu. Zu beobachten ist die Ausbldg. einer Streifenstruktur. P. Zäske 54

0171 **Untersuchung der heterogenen Keimbildung nach der Methode der „Körnchen".** M. Drouzy, A. Périn und C. Mascré. (Rev. int. hautes Températ. Réfractaires **4** (1967) 2, 143—53; Centre techn. des Ind. de la Fonderie, Paris; franz.) — Die Keimbldg. in Metallen werden nach der „Körnchen"-Meth. untersucht, die Herst. der Metallkörnchen u. das Verf. (therm. Analyse) beschrieben, der Einfl. der Unterkühlung (Al, Sn), der Vorgang der Keimbldg., die Abhängigkeit der Zahl der Keime vom Querschnitt, von der Temp. u. die Wrkg. von Zusätzen ($TiAl_3$ in Al; AlP in Si; $PtSn_4$ in Sn; Al in Sn; Sn in Sb) ermittelt, die Ergebnisse in Tabellen u. Diagrammen zusammengestellt u. diskutiert. Auf die Bedeutung der Anwesenheit fremder Keime (Sterilisation bzw. Regeneration) auf die Unterkühlung wird hingewiesen (Ti–Al; Si–Al) u. die Beziehung zwischen der Natur der Keime u. dem Gleichgew.-Diagramm sowie dem Gefüge dargelegt. Für die homogene sowie heterogene Keimbldg. werden für die Keimzahl mathemat. Formeln abgeleitet. O. Rösner 54

0172 **Röntgenuntersuchungen über Vorzugsorientierung in Kohlenstoffasern.** W. Ruland. (J. appl. Physics **38** (1967) 9, 3585—89; Union Carbide Europ. Res. Assoc., Brüssel; engl.) — Vf. leitet 2 Parameter her, die als Best.-

Größen für die Vorzugsorientierung in *Kohlenstoff*fasern verwendet werden. Die Fasern werden durch Carbonisierung verschiedener Cellulosen dargestellt u. ihre Vorzugsorientierung mittels Röntgenbeugung als Funktion der Temp. ermittelt. Es zeigt sich, daß mit dem Zusammenbruch der Cellulose-Struktur auch die Vorzugsorientierung im Ausgangsmaterial verschwindet (240—280°). Lediglich ein geringer, wenn auch eindeutiger Orientierungseffekt verbleibt als konst. Wert im Intervall 280—900°. Erst bei Temp. um 1000° erfolgt eine Reorientierung, die den Grad der Vorzugsorientierung im Ausgangsmaterial sogar übersteigen kann. Keine Beziehung zwischen Vorzugsorientierung im Ausgangsmaterial u. carbonisiertem Prod. wurde gefunden.
P. Zäske 56

0173 **Bildungsenergie und Konzentrationsgleichgewicht der Fehlstellen in Magnesium.** C. Mairy, J. Hillairet und D. Schumacher. (Acta metallurg. [New York] **15** (1967) 7, 1258—61; CEN, Grenoble, France; engl.) — Unters. des therm. Gleichgew. netzartiger Defekte in Metallen durch Best. des elektr. Widerstandes in Abhängigkeit von der Temperatur. Anwendung auf Mg (Verunreinigungen: Mn (304 ppm), Fe (96 ppm), Zink (33 ppm); Temp. bis zu 600°). Die Bldg.-Energie ergibt sich aus der Temp.-Abhängigkeit von ΔR.
I. Zoll 56

0174 **Beweglichkeit von Kantenversetzungen im Basis-Gleitsystem von Zink.** D. P. Pope, T. Vreeland jun. und D. S. Wood. (J. appl. Physics **38** (1967) 10, 4011 bis 4018; Keck Labor., Calif. Inst. of Technol., Pasadena, Calif.; engl.) — Durch maschinelle Ritzung der Basisebenen eines *Zn*-Einkrist. mit 99,999%ig. Reinheit parallel zu den ⟨10$\bar{1}$0⟩-Richtungen mittels eines Al_2O_3-Whiskers wurden ⟨1$\bar{2}$10⟩(0001)-Kantenversetzungen erzeugt. Die röntgenograph. untersuchte Abhängigkeit der Bewegungsgeschw. der Versetzungen von der Scherspannung (0—17,2 · 10^6 dyn/cm², Impulsdauer **47** bis **94** μs) entspricht der linearen Funktion $v = 3{,}4 \cdot 10^{-5}\,\tau$ {τ = Scherspannung in [dyn/cm²]}. Der Wert der Proportionalitätskonst. stimmt gut mit dem theoret. Wert $9 \cdot 10^5$ dyn · s/cm³ überein, der sich aus der Modellvorstellung der Wechselwrkg. zwischen Versetzungen u. den therm. Schwingungen des Krist.-Gitters ergibt. Die ermittelten Beweglichkeiten liegen bei 40—700 cm/s.
P. Zäske 56

0175 **Der Orowan-Mechanismus in gesintertem rekristallisierten Aluminium.** P. Schiller. (Mém. sci. Rev. Métallurgie **64** (1967) 9, 791—94; Euratom CCR. Phys.-Chim., Ispra, Varèse, Italie; franz.) — Für Proben von rekrist. gesinterten Al mit einem Al_2O_3-Geh. von 2,5 (Puroxal R 58) u. 4,7—14% (SAP) werden der Einfl. u. die Wechselwrkg. der Versetzungen im Zuge ihrer Bewegung in der Matrix auf die Oxidpartikel u. auf die mechan. Eig. (Kontraktion, Dehnung) untersucht, deren Änderung in Abhängigkeit von der Temp. u. vom Al_2O_3-Geh. ermittelt, die Herst. der Proben sowie die Meßmeth. beschrieben, die Ergebnisse in 3 Diagrammen zusammengestellt u. diskutiert. Die Meßwerte stimmen bei gut rekrist. Proben mit den nach dem Orowan-Modell errechneten sowohl hinsichtlich des abs. Wertes, als auch bez. ihrer Änderung mit der Temp. u. dem Oxidgeh. gut überein.
O. Rösner 56

0176 **Aus multiplen allotropen Umwandlungen resultierende Schäden in Eisen.** Frank W. Clinard jun. und Oleg D. Sherby. (Trans. Amer. Soc. Metals **60** (1967) 1, 727—30; Dep. of Mater. Sci., Stanford Univ., Stanford, Calif.; engl.) — Die Schäden, die beim wiederholten Durchlaufen der α–γ-Umwandlungstemp. in *Fe* auftreten, werden beschrieben. Dabei wurde eine Art von Schäden beobachtet, die an Korn- u. Unterkorngrenzen einsetzt u. bisher nicht beschrieben wurde. Die Schäden liegen in Form von Oberflächen-Unregelmäßigkeiten vor, zuerst eindimensionaler Natur; sie können zu makroskop. Größe auswachsen u. zu grober Probendeformation führen.
E. Schulte 56△

0177 **Anwendung der Aktivierungsanalyse zur Bestimmung von Chrom-haltigen Einschlüssen.** Nobuya Iwamoto und Akira Adachi. (Technol. Rep. Osaka Univ. **17** (1967) 769—800, 329—33; Dep. of Metallurg.; engl.) — Best. des Cr-Geh. in Einschlüssen von Fe–Cr-Leg. mit Hilfe der Aktivierungsanalyse. Maximale Werte für einen Cr_2O_3-Geh. für Einlagerungen in Fe–Cr-Leg. mit 8%Cr entsprechen minimalen Werten für die O-Löslichkeit in Fe-Cr-Leg. mit etwa 8% Cr. Es ist anzunehmen, daß diese Einlagerungen feste Lsg. von Fe-Chromit u. $(Cr \cdot Fe)_2O_3$ sind.
I. Zoll 56

0178 **Struktur reiner Au(100)- und Ag(100)-Oberflächen.** P. W. Palmberg und T. N. Rhodin. (Physic. Rev. [2] **161** (1967) 3, 586—88; Dep. of Engng. Phys., Cornell Univ., Ithaca, N.Y.; engl.) — LEED-Untersuchungen an dünnen, im UHV aufgedampften Filmen von Au u. Ag mit [100]-Oberflächenorientierung zeigten das Auftreten einer 1 × 5-Überstruktur bei Au, während für Ag die normale 1 × 1-Struktur auftritt. Die Au-Überstruktur wird auf die Bldg. einer dünnen hexagonalen Au-Schicht auf der (100)-Unterlage zurückgeführt. Eine geringfügige Kompression erlaubt Koinzidenz zwischen 6 Reihen der hexagonalen u. 5 Reihen der (100)-Fläche. Es wird angenommen, daß die Grenzflächenenergie der entscheidende Faktor für die Ausbldg. derartiger Oberflächenschichten ist.
G. Ertl 56

0179 **Zweidimensionale Verfeinerung der Kristallstruktur von Tellur.** Paul Cherin und Phyllis Unger. (Acta crystallogr. [Copenhagen] **23** (1967) 4, 670—71; Webster, N.Y., Xerox Res. Labor.; engl.) — Te krist. in $P3_121$ oder $P3_221$ mit den hexagonalen Zelldimensionen a = **4,4572** (Å) u. c = 5,9290; D_{exp} 6,25; D_R 6,2259; Z = **3**. Da in dem Gitter 3 Atome Teil einer unendlichen Kette parallel der c-Achse sind u. nur 1 Te-Atom per asymm. Einheit vorhanden ist, das auf der zweizähligen Achse liegt, ist nur ein Parameter zu bestimmen. Die mit Hilfe zweidimensionaler Verfeinerungsmeth. neu festgestellten Parameter, Bindungslänge u. Valenzwinkel sind tabellar. angegeben u. werden den von Bradley (1924) gefundenen Werten gegenübergestellt.
C. Gottfried 58△

0180 **Struktur des Carborans $B_8H_6C_2(CH_3)_2$.** H. V. Hart und W. N. Lipscomb. (J. Amer. chem. Soc. **89** (1967) 16, 4220—21; Cambridge, Mass., Harvard Univ., Dep. of Chem.; engl.) — Einkrist. der obigen Verb. ergaben röntgenograph. bei etwa —50° monokline Symmetrie u. die Zelldimensionen a = 15,24 (Å); b = 5,89; c = 12,74; β = 131,4°; Raumgruppe ist C2/c; Z = 4. Aus der Strukturbest. ergab sich, daß das Mol. die Symmetrie C_2 hat, die mit einer kristallograph. C_2-Achse zusammenfällt. Das B_8C_2-Polyeder basiert auf demselben idealisierten Polyeder, das von Lipscomb (Science **153** (1966), 373) in B_8Cl_8 gefunden wurde. Die C-Atome sind voneinander getrennt u. liegen in den erwarteten Lagen für größte Stabilität in ihren MO-Wechselwirkungen. Die B–B-Abstände liegen zwischen 1,50 u. 1,90 Å, der Abstand der beiden C-Atome beträgt 2,60 Å.
C. Gottfried 58△

0181 **Verfeinerung der Kristallstruktur von 6H–SiC.** A. H. Gomes de Mesquita. (Acta crystallogr. [Copenhagen] **23** (1967) 4, 610—17; Eindhoven, N.V. Philips' Gloeilampenfabrieken, Philips Res. Labor.; engl.) — Zur Unters. gelangten chem. u. strukturell reine SiC–6H-Kristalle. Zweck der Unters. war, die Valenzwinkel u. interatomaren Abstände in dieser Struktur zu bestimmen, wo hexagonale u. kub. Doppelschichten in der Reihenfolge hcchcc… gepackt sind u. ferner zu untersuchen, ob eine Wechselwrkg. besteht zwischen der Verzerrung der Tetraeder u. den Lagen der Atome in der Packungsfolge. Die Gitterkonst. sind a = 3,08065 (Å) u. c = 15,11738; als Raumgruppe konnte einwandfrei $P6_3mc$ festgestellt werden. Die Verfeinerung der Struktur erfolgte mit Hilfe der Meth. der kleinsten Quadrate u. Fourier-Methoden. Eingeschlossen wurde in die Verfeinerung eine Korrektur für Sekundärextinktion, für die eine neue Formel hergeleitet wurde. Die erhaltenen experimentellen Ergebnisse lieferten keinerlei neue Kenntnis über die genaue Lage der hexagonal umgebenen Doppelschicht. Der Abstand zwischen 2 kub. (c) Doppelschichten mit 2,5163 ± 0,0008 Å ist beträchtlich kürzer als der mittlere Abstand h–c mit 2,5112 ± 0,0004 Å. Die Si–C-Bindungen parallel der c-Achse sind länger als die Bindungen, die gegen die c-Achse geneigt sind.
C. Gottfried 58△

0182 **Fünffach koordiniertes Silicium. Kristallstruktur des Dimethylsilylamin-Pentameren.** Reuben Rudman, Walter C. Hamilton, Stewart Novick und Theodore D. Goldfarb. (J. Amer. chem. Soc. **89** (1967) 20, 5157—60; Dep. of Chem., BNL, Upton, N.Y.; engl.) — $H_3SiN(CH_3)_2$ wurde bei —120° durch Röntgenbeugung untersucht. Es krist. monoklin in $P2_1/m$ mit a = 6,37, b = 19,53, c = 9,52 Å, β = 91,06°, Z = 10 (zwei pentamere Einheiten), $D_{\cdot R}$ $1{,}05_4$ g/cm³. Die in der Literatur beschriebenen ungewöhnlichen physikal. Eig. dieser Verb. (hoher Schmelzpunkt von +3°; hohe Subl.-Enthalpie) beruhen auf der Ausbldg. eines zehngliedrigen, nahezu planaren Ringes aus abwechselnden Si- u. N-Atomen im Kristall. Jedes Si-Atom ist fünffach koordiniert in einer trigonal-bipyramidalen Anordnung mit zwei langen Si–N-Bindungen (ca. 1,95 Å) in Scheitelrichtung u. drei H-Atomen an den Ecken des Basisdreiecks. A. Blaschette 58

0183 **Strukturbestimmung von N-Äthyl-2.2.4.4.6.6-hexaphenyl-3-azacyclotrisiloxan durch Röntgenbeugung.** W. Fink und P. J. Wheatley. (J. chem. Soc. [London], Sect. A **1967**, 10, 1517—19; Monsanto Res. S.A., Zürich; engl.) — Die Verb. krist. monoklin in $P2_1/a$ mit a = 17,412, b = 16,287, c = 13,725 Å, β = 116°31′, Z = 4, $D_{\cdot exp}$ 1,195, $D_{\cdot R}$ 1,186 g/cm³. Die Atomparameter u. individuellen anisotropen Temp.-Faktoren wurden bis R = 12,5% für 2337 unabhängige Reflexe verfeinert. Für die Äthylgruppe wurden anomale Bindungsabstände gefunden (C–C 1,274, C–N 1,872 Å); alle anderen Mol.-Parameter entsprechen den Erwartungswerten. Der zentrale sechsgliedrige Ring besitzt eine verzerrte Bootskonfiguration. A. Blaschette 58

0184 **Röntgenographische Untersuchung von Komplexen von Alkalimetallchloriden und organischen Molekülen.** 9. Mitt. **Strukturen von $LiBr\cdot 2NH_2CH_2CH_2NH_2$ und von $LiCl\cdot 2NH_2CH_2CH_2NH_2$.** François Durant, Paul Piret und Maurice Van Meerssche. (Acta crystallogr. [Copenhagen] **23** (1967) 5, 780—88; Louvain, Univ., Labor. de Chim. phys. et de Cristallogr.; franz.) — 7. vgl. C. **1968**, 8-0207. — Die beiden Komplexverb. LiBr·2Äthylendiamin (I) u. LiCl·2Äthylendiamin (II) wurden durch Auflösen von wasserfreiem LiBr bzw. LiCl in Äthylendiamin in der Kälte erhalten. Beim Abkühlen bilden sich farblose u. hygroskop. Nadeln, die sich nahe 88° für I u. nahe 68° für II zersetzen. Drehkrist.- u. Weissenberg-Aufnahmen ergaben für beide Verb. monokline Symmetrie mit den Zelldimensionen für I a = 8,99 ± 0,03 (Å); b = 12,69 ± 0,03; c = 8,32 ± 0,04; β = 93°49′ ± 20′; $D_{\cdot exp}$ 1,41; $D_{\cdot R}$ 1,46 u. für II a = 8,88 ± 0,04; b = 12,64 ± 0,03; c = 8,10 ± 0,04; β = 93°04′ ± 20′; $D_{\cdot exp}$ 1,14; $D_{\cdot R}$ 1,19; Raumgruppe für I u. II C2/c u. Z = 4. Die Koordinaten aller Atome von I, mit Ausnahme der von H, wurden mit Hilfe der Schweratommeth., einer Patterson-Projektion u. von dreidimensionalen Fourier-Synth. bestimmt. Für beide Verb. sind die Atomkoordinaten tabellar. angegeben. In I traten die Äthylendiaminmol. in 2 Formen auf, einer gauche-Form u. einer ebenen u. zentrosymm. Form. Jedes Li-Ion ist tetraedr. von 4 N-Atomen (NH_2) von 3 Äthylendiaminmol. umgeben. Die Struktur selbst besteht aus unendlichen molekularen Ketten parallel [001], die durch N–H···Br(Cl) zusammengehalten werden. Der Unterschied zwischen den Konfig. von I u. II entsteht durch den Unterschied der Radien der Halogenionen. C. Gottfried 58△

0185 **Die Kristallstruktur von Trinatriumnitrilotriacetatmonohydrat.** J. J. Daly. (J. chem. Soc. [London], Sect. A **1967**, 1708—12; Zürich, Monsanto Res. S.A.; engl.) — Präzessionsaufnahmen der obigen Verb., $N(CH_2COONa)_3\cdot H_2O$, ergaben monokline Symmetrie mit a = 8,547 ± 0,006 (Å); b = 12,235 ± 0,008; c = 10,446 ± 0,007; β = 110°10′ ± 15′; $P2_1/c$; Z = 4; $D_{\cdot exp}$ 1,782; $D_{\cdot R}$ 1,781. Die Struktur wurde durch direkte Meth. (vgl. Zachariasen, Acta crystallogr. [Copenhagen] **5** (1952), 68) gelöst. Ein Vers., die Lage der H-Atome mit Hilfe einer dreidimensionalen Differenzsynth. zu bestimmen, führte zu keinem Erfolg. Die Struktur enthält sich schneidende Schichten von Na-Ionen unter Bldg. von Kanälen parallel der b-Achse; in diesen Kanälen liegen die organ. Anionen, die entlang der b-Achse durch H-Bindungen zu dem Solvatwasser verknüpft sind. Durch Ringbldg. sind die Koordinationspolyeder mit der Koordinationszahl 6 um die Na-Ionen stark von der oktaedr. Symmetrie verzerrt. Der kleinste dieser Ringe enthält nur 4 Atome: Na, O, C u. O, wodurch der Winkel O–Na–O auf 53,1° verzerrt wird u. wobei die Entfernung C–Na nur 2,78 Å beträgt. Ein anderes Na-Atom ist an der Bldg. von 3 getrennten fünfgliedrigen Ringen beteiligt, während das dritte Na-Atom Teil eines achtgliedrigen Ringes ist. Die Abstände Na–O betragen im Mittel 2,43 Å. C. Gottfried 58△

0186 **Raumgruppe und Elementarzelle von Strontiumchloridtrihydrat-2 Glycin und Calciumchloridtetrahydrat-2 Glycin.** K. Jayalakshmi und M. Vijayan. (Acta crystallogr. [Copenhagen] **23** (1967) 4, 669; Bangalore, Ind. Inst. of Sci., Dep. of Phys.; engl.) — Beide Verb. wurden durch langsames Eindampfen einer wss. Lsg. der Komponenten in stöchiometr. Proportionen erhalten. Die Zelldimensionen u. Raumgruppen wurden durch Schwenk- u. Weissenberg-Aufnahmen bestimmt. Die Sr-Verb. krist. rhomb. mit a = **16,00** ± 0,02 (Å); b = 9,26 ± 0,02; c = 8,25 ± 0,01 in Pbcn; Z = 4; $D_{\cdot exp}$1,982; $D_{\cdot R}$ 1,971. — Die Ca-Verb. krist. monoklin mit a = 13,01 ± 0,01 (Å); b = 6,794 ± 0,01; c = 15,375 ± 0,01; β = 91°24′ ± 30′ in $P2_1/c$; Z = 4; $D_{\cdot exp}$ 1,630; $D_{\cdot R}$ 1,629. C. Gottfried 58△

0187 **Kristallstruktur von $Ca_2Sr(C_2H_5CO_2)_6$ in paraelektrischer Phase.** Hideo Maruyama, Yujiro Tomiie, Isao Mizutani, Yuji Yamazaki, Yoshiaki Uesu, Noboru Yamada und Jinzo Kobayashi. (J. physic. Soc. Japan **23** (1967) 4, 899; Dep. of Phys. Fac. of Sci., Kwansei Gakuin Univ., Nishinomiya; engl.) — Weissenberg-Aufnahmen bilden die experimentelle Grundlage für eine Krist.-Strukturaufklärung von $Ca_2Sr(C_2H_5CO_2)_6$ im paraelektr. Zustand bei 20°. Die Verfeinerung führt auf einen R-Wert von 11%. Atomkoordinaten werden tabellar. angegeben. Die β-C-Atome besetzen keine geordneten Lagen. Sr ist von 6 Propionatgruppen umgeben, jedoch infolge des kleinen Ionenradius nur von 10 O mit 8 Sr–O in 2,63—2,77 u. 2 Sr–O nach c gestreckt in 3,11 Å Entfernung koordiniert. Ca ist von 8 O oktaedr. mit einem mittleren Abstand von 2,34 Å umgeben. P. Zäske 58

0188 **Kristallstruktur von $Ca_2Sr(C_2H_5CO_2)_6$ in ferroelektrischer Phase.** Isao Mizutani, Yuji Yamazaki, Yoshiaki Uesu, Noboru Yamada, Jinzo Kobayashi, Hideo Maruyama und Yujiro Tomiie. (J. physic. Soc. Japan **23** (1967) 4, 900; Dep. of Appl. Phys., Waseda Univ., Tokyo; engl.) — Vgl. vorst. Referat. — Eine Krist.-Strukturaufklärung von $Ca_2Sr\cdot(C_2H_5CO_2)_6$ im ferroelektr. Zustand bei —50° führt auf eine Elementarzelle mit a = 12,48, c = 17,13 Å, die Raumgruppen C_4^2 u. C_4^4 u. auf einen R-Wert von 16%. Atomkoordinaten u. individuelle isotrope Temp.-Faktoren werden tabellar. angegeben. In der ferroelektr. Phase ist das O-Oktaeder beträchtlich deformiert. In Hinblick auf das Sr-Ion sind alle Ca-Ionen aufwärts entlang c (ferroelektr. Achse) verschoben, während der Schwerpunkt der O-Atome in die entgegengesetzte Richtung verlagert ist. In guter Übereinstimmung mit experimentellen Werten wird aus der Struktur die Eigenpolarisation bei —50° zu 0,55 μC/cm² abgeschätzt. Aus einem Vgl. der C-Lagen mit denen der paraelektr. Phase folgt zweifelsfrei, daß die β-C der Propionatgruppen eine gravierende Rolle für die ferroelektr. Eig. spielen. P. Zäske 58

0189 **Zinktellurit: Kristallstruktur und Beziehungen zu einigen Seleniten.** K. Hanke. (Naturwissenschaften **54** (1967) 8, 199; Göttingen, Univ., Mineral.-Kristallogr. Inst.; dt.) — $ZnTeO_3$ hat rhomb. Symmetrie u. die Gitterkonst. a = 7,36 (Å); b = 6,38; c = 12,32; Raumgruppe ist Pbca; Z = 8. Die Struktur wurde mit Hilfe von zweidimensionalen Patterson-Synth. bestimmt u. mit Fourier-Meth. u. der Meth. der kleinsten Quadrate weiter verfeinert. Die Parameter sind tabellar. angegeben. Das Gitter enthält pyramidale TeO_3-Gruppen, das Zn^{2+} ist von 5 Sauerstoffatomen in Form einer verzerrten trigonalen Bipyramide umgeben; diese ZnO_5-Koordinations-

polyeder sind paarweise über eine gemeinsame Kante verbunden. In diesem neuen Strukturtyp kristallisieren neben $ZnTeO_3$ auch *β-$ZnSeO_3$* u. *β-$CuSeO_3$*.
C. Gottfried 58△

0190 **Kristallstrukturanalyse von AlB_{10} mit Hilfe der Faltmolekülmethode.** Georg Will. (Acta crystallogr. [Copenhagen] **23** (1967) 6, 1071–79; Darmstadt, TH, Eduard-Zintl.-Inst., Lehrst. für Strukturforsch.; engl.) — Bestimmt wurde die Krist.-Struktur von AlB_{10} durch Analyse der Patterson-Projektionen auf (100) u. (001) mit Hilfe der Faltmol.-Meth. (vgl. Hoppe, Z. Elektrochem. **61** (1957), 1076). Die weitere Verfeinerung erfolgte mit Hilfe von dreidimensionalen Fourier-Synth. u. der Meth. der kleinsten Quadrate. Die Zelldimensionen des Borids sind a = 8,881 (Å); b = 9,100; c = 5,690. Mit $D._{exp}$ erhält man Z = 5,2. Aus den beobachteten Auslöschungen ergab sich als Raumgruppe $B2/b2_1/m2/m$, aus der Z = 4 oder 8 zu erwarten wäre. Die mit Hilfe dieser Meth. gefundene Struktur des AlB_{10} besteht aus 4 nahezu regulären Ikosaedern mit ihren Zentren in ± (x 1/40) u. ($^1/_2$ + x, $^1/_4$, $^1/_2$) mit x = 0,152 der Raumgruppe Bbmm. Die mittlere Länge der Kante eines Ikosaeders beträgt 1,805 ± 0,015 Å; die Winkel der Dreiecke der Ikosaeder liegen nahe dem Wert 60° u. einem mittleren Wert von 59,84 ± 0,16°. Diese regulären B-Ikosaeder sind durch direkte ikosaedr. Kontakte u. durch interikosaedr. B- u. Al-Brücken verknüpft. Von den 5,2 Al-Atomen sind 4,8 Atome statist. über 5 kristallograph. Plätze verteilt. C. Gottfried 58△

0191 **Komplexe Schwefelverbindungen.** 1. Mitt. **Kristallstruktur von $MgGaS_4$.** C. Romers, Beatrijs A. Blaisse und D. J. W. Ijdo. (Acta crystallogr. [Copenhagen] **23** (1967) 4, 634–40; Leiden, Univ. of Leiden, Labor. of Inorg. Chem.; engl.) — Die Verb. wurde dargestellt durch Erhitzen der Elemente in den gewünschten Mengenverhältnissen im evakuierten Quarzrohr auf 1200°. Nach sehr langsamem Abkühlen auf Zimmertemp. bildeten sich cremefarbige nadelige Einkrist. mit Metallglanz u. [001] als Nadelachse. Weissenberg-Aufnahmen ergaben monokline Symmetrie, a = 12,74 ± 0,02 (Å); b = 22,54 ± 0,05; c = 6,43 ± 0,02; β = 108,8° ± 0,2°; C2/c; Z = 12; $D._{exp}$ 3,29; $D._R$ 3,32. Die Atomkoordinaten sind tabellar. angegeben. Die Projektion der Struktur nach [001] zeigt deutlich, daß die Packung von dem postulierten idealen Modell abweicht. Die Anionen befinden sich in dicht gepackten Schichten parallel (100) bei x = $^1/_8$, $^3/_8$, $^5/_8$ u. $^7/_8$, die einzelnen Atome haben jedoch x-Werte, die beträchtlich von diesen Werten abweichen. Die Ursache dieser Deformation wird in der Verteilung der Kationen über die verfügbaren Tetraeder- u. Oktaederplätze gesehen. In dem Gitter folgen 2 Doppelschichten von Anionen mit Ga in tetraedr. Lücken in der ersten u. dritten Doppelschicht u. mit Mg in oktaedrischen Lücken eine leere Doppelschicht. Der Netzebenenabstand der leeren Schichten ist größer als der der gefüllten Schichten u. verursacht dadurch eine Verzerrung der Anordnung der S-Ionen. C. Gottfried 58△

0192 **Strukturen von zwei polymorphen Formen von YAl_3.** D. M. Bailey. (Acta crystallogr. [Copenhagen] **23** (1967) 5, 729–33; Ames, Ia., Ia. State Univ., Inst. for Atomic Res. and Dep. of Metallurg.; engl.) — Snyder (Ph. D. Dissertation, Ames, Ia., Ia. State Univ., 1960) hatte bei seinen Unters. des Syst. Y–Al an ofengekühlten Leg. der Zus. YAl_3 2 Kristallarten mit verschiedenem Habitus beobachtet, u. zwar nadelförmige Krist. u. hexagonale Bipyramiden. Bei zunehmendem Al-Geh. nahm die Anzahl der nadelförmigen Krist. zu; es war ihm aber nicht möglich, nur nadelförmige Krist. in Legierungen zu erhalten, die an Y reicher waren als die eutekt. Zusammensetzung. Er schloß hieraus, daß die Nadelform die Tieftemp. war (I) u. daß die Umwandlung zu der anderen Form (II) nahe der eutekt. Temp. von 640° liegen müßte. Beide Formen wurden vom Vf. röntgenograph. untersucht. I hat hexagonale Symmetrie u. die Zelldimensionen a = 6,276 ± 0,002 (Å) u. c = 4,582 ± 0,001; Raumgruppe ist $P6_3/mmc$; Z = 2. Die Struktur wird angegeben. II hat trigonale Symmetrie u. die hexagonalen Achsen a = 6,204 ± 0,002 (Å) u. c = 21,184 ± 0,007; Raumgruppe ist R$\bar{3}$m; Z = 9. I krist. im Ni_3Sn-Typ, II im $BaPb_3$-Typ. Genau besprochen werden die Faktoren, die die Stabilität der beiden Formen beeinflussen. C. Gottfried 58△

0193 **Kristallstruktur von Ammoniumyttriumoxalat, $NH_4Y(C_2O_4)_2 \cdot 2H_2O$.** T. R. R. McDonald und Jennifer M. Spink. (Acta crystallogr. [Copenhagen] **23** (1967) 6, 944–49; Teddington, Nat. Phys. Labor.; engl.) — Die Verb. fällt als feines Pulver aus stark sauren Y-Oxalatlsg., die einen Überschuß von Oxalation haben, durch Zugabe von Ammoniak aus. Zu den Vers. wurden hydrothermal erhaltene, häufig verzwillingte Krist. verwendet, die sich als monoklin erwiesen. Die Zelldimensionen sind a = 9,18 ± 0,01 (Å); b = 6,09 ± 0,01; c = 7,89 ± 0,01; β = 90,2 ± 0,1°; P2/n; Z = 2; $D._{exp}$ 2,26; $D._R$ 2,27. Die Struktur wurde mit Hilfe einer dreidimensionalen Patterson-Projektion u. mehreren dreidimensionalen Elektronendichtefunktionen bestimmt. Die Atomkoordinaten sind tabellar. angegeben. Interessant an der gefundenen Struktur ist die Koordination 9 um das Y-Atom. Jedes Y-Atom ist von 8 O-Atomen in einem Abstand von 2,412 Å u. einem H_2O-Mol. in einem Abstand von 2,343 Å unter Bldg. eines etwas verzerrten trigonalen Prismas umgeben. Die Oxalationen sind eben u. haben ein Symmetriezentrum. Das NH_4-Ion liegt im Zentrum eines verzerrten Tetraeders, das durch Paare von O-Atomen gebildet wird. C. Gottfried 58△

0194 **Einige Kalium-Seltenerdmetall-Doppeloxide mi der Formel $KLnO_2$ und der Struktur von α-$NaFeO_2$.** Robert Clos, Michel Devalette, Paul Hagenmuller, Rudolf Hoppe und Elisabeth Paletta. (C. R. hebd. Séances Acad. Sci., Sér. C **265** (1967) 15, 801–04; Talence, Fac. des Sci. de Bordeaux, service de Chim. minér. stuctur; franz.) — Dargestellt u. röntgenograph. untersucht wurden *$KLaO_2$* **(I)**, *$KNdO_2$* **(II)**, *$KSmO_2$* **(III)**, *$KEuO_2$* **(IV)**, *$KGdO_2$* **(V)**, *$KTbO_2$* **(VI)**, *$KDyO_2$* **(VII)**, *$KHoO_2$* **(VIII)**, *$KErO_2$* **(IX)** u. *$KYbO_2$* **(X)**. Zur Darst. wurde ein Gemisch von K_2O u. Ln_2O_3 unter Luftabschluß 24 Std. lang auf 550° erhitzt. Nach Pulverisieren des Rk.-Prod. wurde das Doppeloxid 48 Std. lang bei 550° angelassen. Pulveraufnahmen ergaben Isotypie mit dem rhomboedr. krist. α-$NaFeO_2$ (Raumgruppe D_{3d}^5-R$\bar{3}$m). Die hexagonalen Gitterdaten sind für **I**: (a =) 3,70 (Å); (c =) 18,71; ($D._{exp}$) 4,68; ($D._R$) 4,72; für **II**; 3,59; 18,65; 5,15; 5,16; für **III**: 3,55; 18,55; 5,43; 5,45; für **IV**: 3,53; 18,58; 5,47; 5,45; für **V**: 3,51; 18,62; 5,65; 5,73; für **VI**: 3,49; 18,61; 5,79; 5,84; für **VII**: 3,47; 18,57; 5,95; 6,01; für **VIII**: 3,45; 18,57; 6,11; 6,15; für **IX**: 3,43; 18,58; 5,94; 6,25 u. für **X**: 3,39; 18,49; 6,54; 6,61. Für **I** u. **IX** sind die Daten der Pulverdiagramme angegeben. Während sich der Parameter a linear mit dem Ionenradius des Lanthaniden ändert, bleibt der Parameter c fast konstant, bzw. ändert sich nur ganz wenig. C. Gottfried 58△

0195 **Strukturbestimmung und Kristallherstellung monokliner Seltenerdmetallsesquisulfide.** J. G. White, P. N. Yocom und S. Lerner. (Inorg. Chem. [Washington] **6** (1967) 10, 1872–75; Princeton, N.J., Radio Corp. of America, RCA-Labor.; engl.) — Zur Darst. der Sulfide wurden die Seltenerdmetallchloride bei 1100° geschmolzen u. durch die Schmelze H_2S 3 Std. lang durchgeleitet. Beim Abkühlen bildete sich eine kontinuierliche Schicht von Sulfid, das den Tiegel bedeckte. Unterhalb dieser Schicht bildeten sich gut ausgebildete Nadeln. Auf diese Weise wurden *Y_2S_3*, *Ho_2S_3*, *Er_2S_3* u. *Tm_2S_3* dargestellt. Bestimmt wurde die Struktur von Ho_2S_3; in dem gleichen Strukturtyp krist. die 3 anderen Sesquisulfide. Ho_2S_3 krist. monoklin, a = 17,50 ± 0,03 (Å); b = 4,002 ± 0,005; c = 10,15 ± 0,02; β = 99,4° ± 0,2°; $P2_1/m$; Z = 6; $D._R$ 6,06. Die Struktur wurde mit Hilfe einer dreidimensionalen Patterson-Funktion u. mehrerer dreidimensionaler Elektronendichteprojektionen bestimmt. Die Atomparameter sind tabellar. angegeben. 3 der Ho-Atome sind an 6 S-Atome gebunden, während die anderen 3 Ho-Atome die Koordination 7 haben. Von den S-Atomen haben 3 die Koordination 5, während die anderen vierfach durch Ho-Atome koordiniert sind. Eine Folge dieser eigentümlichen Koordination ist das Auftreten von großen leeren Kanälen, die durch den Kristall in der y-Richtung verlaufen. C. Gottfried 58△

0196 **Kristallstrukturen der Verbindungen DyAl und CeAl und anderer äquiatomarer Verbindungen des Aluminiums mit Seltenerdmetallen.** Christian Bècle und Remy Lemaire. (Acta crystallogr. [Copenhagen] **23** (1967) 5, 840—45; Grenoble, C.N.R.S., Labor. d'Électrostat. et de Phys. du Métal; franz.) — Einkrist. von DyAl wurden dargestellt durch Erhitzen der Komponenten im Hochfrequenzofen unter He u. Rekristallisation bei 1400° nach Abschalten des Ofens. Alle übrigen polykrist. Verb. wurden durch Schmelzen der Komponenten im Hochfrequenzofen, Abschrecken in W. u. Anlassen bei 900° im Vakuum während einer Woche erhalten. Drehkristallaufnahmen an DyAl ergaben rhomb. Symmetrie a = 5,80 ± (0,01 Å); b = 11,40; c = 5,62; Pbcm, Z = 4. Die Struktur wurde mit Hilfe von Patterson-Funktionen u. Elektronendichteprojektionen bestimmt. Die Atomlagen, Parameter u. interatomaren Abstände werden tabellar. zusammengestellt. Die gefundene Verb. erwies sich als isotyp mit ErAl. Pulveraufnahmen an *CeAl* lieferten a = 9,27 (± 0,01 Å); b = 7,68, c = 5,76; Cmcm, Z = 8. Atomkoordinaten u. interatomare Abstände werden tabellar. zusammengestellt. Die 2 Typen von Strukturen können durch Al-Ketten u. trigonale Prismen beschrieben werden, die aus 6 Seltenerdmetallatomen u. 3 Atomen Al bestehen. Beide Strukturen unterscheiden sich nur wenig. Die abgeschreckte Leg. *PrAl* hat die Struktur von DyAl, die angelassene Verb. die des CeAl. Im DyAl-Typ krist. auch *NdAl* (I), *GdAl* (II), *TbAl* (III), *ErAl* (IV), *SmAl* (V), *HoAl* (VI) u. *TmAl* (VII). Die von den letzten 3 Leg. bestimmten Zelldimensionen stimmten nicht mit Literaturdaten überein. Die Zelldimensionen sind für I: (a =) 5,964 (Å); (b =) 11,777; (c =) 5,745; II: 5,940; 11,728; 5,729; III: 5,899; 11,622; 5,778; IV: 5,801; 11,272; 5,570; V: 5,97; 11,77; 5,73; VI: 5,801; 11,339; 5,621 u. VII: 5,77; 11,24; 5,56. Im CeAl-Typ krist. *LaAl* (VIII) u. *PrAl* (IX) mit den Zelldimensionen für VIII: 9,531; 7,734; 5,809 u. IX: 9,22; 7,63; 5,71. C. Gottfried 58△

0197 **Äquiatomare Verbindungen von Y und den Seltenerdmetallen mit Ga.** A. E. Dwight, J. W. Downey und R. A. Conner jun. (Acta crystallogr. [Copenhagen] **23** (1967) 5, 860—62; Argonne, Ill., ANL; engl.) — Dargestellt u. mittels Pulveraufnahmen untersucht wurden die folgenden Verb.: *YGa* (I), *LaGa* (II), *CeGa* (III), *PrGa* (IV), *NdGa* (V), *SmGa* (VI), *GdGa* (VII), *TbGa* (VIII), *DyGa* (IX), *HoGa* (X), *ErGa* (XI), *TmGa* (XII) u. *LuGa* (XIII). Die Darst. erfolgte durch Bogenschmelzen in einer Ar–He-Atmosphäre. Alle Leg. krist. in dem rhomb. CrB-Typ. Einige andere in dem gleichen Strukturtyp u. von anderer Seite dargestellte Verb. sind zu Vgl.-Zwecken mit in einer Tabelle aufgenommen worden. *EuGa* u. *YbGa* ließen sich wegen des Verlustes von Eu u. Yb nur schwer darstellen. Pulveraufnahmen ergaben, daß sie nicht in dem obigen Typ kristallisieren. Tabellar. Angabe der Gitterkonst. aller untersuchten Verbindungen. C. Gottfried 58△

0198 **Darstellung und Kristalldaten eines neuen Neodymoxidbromids.** Neithart Schultz und G. Reiter. (Naturwissenschaften **54** (1967) 17, 469—70; Freiburg i. Br., Univ., Lehrst. Anorg. Chem.; dt.) — Nd_3O_4Br (I) wird entweder durch Glühen eines äquimol. Gemisches von NdOBr u. Nd_2O_3 unter N_2 bei 1100° oder durch therm. Abbau von NdOBr in trockner Luft bei 850° erhalten. Pulveraufnahmen ergaben, daß die Verb. isotyp mit den von Barnighausen et al. 1965 untersuchten Sn-, Eu- u. Yb-Verb. ist. I krist. rhomb. mit a = 12,223 ± 0,003 (Å), b = 12,079 ± 0,003; c = 4,179 ± 0,002; mögliche Raumgruppen sind Bbmm oder $Bb2_1m$; Z = 4; D_{R} 6,21. La_3O_4Br ließ sich nach den obigen Meth. nicht darstellen. C. Gottfried 58△

0199 **Kristallstruktur von Neodymgallat, [$NdGaO_3$].** Henry Brusset, Hélène Gillier-Pandraud und Jean-Louis Berdot. (Bull. Soc. chim. France **1967**, 8, 2886—90; Paris, ENS, Labor. de rech. de Chim. Systémat.; franz.) — $NdGaO_3$ hat rhomb. Symmetrie u. die Gitterkonst. a = 5,44 ± 0,02 (Å); b = 5,50 ± 0,02; c = 7,71 ± 0,02; Raumgruppe $Pbn2_1$; Z = 4. Die Struktur wurde mit Hilfe einer Patterson-Projektion bestimmt u. durch mehrmalige Anwendung der Meth. der kleinsten Quadrate weiter verfeinert. Die Atomkoordinaten sind tabellar. angegeben. Im Gitter ist das Ga verzerrt oktaedr. von 6 O-Atomen umgeben; der mittlere Abstand Ga–O ist 2,00 Å, während er in einem idealen Perowskitgitter 1,96 Å betragen müßte. Der mittlere O–O-Abstand in demselben Oktaeder beträgt 2,75 Å, gegenüber einem Wert von 2,73 Å in einem idealen Perowskitgitter. Ebenso liegen die Nd–O-Abstände nahe dem Abstand in einem idealen Perowskitgitter. C. Gottfried 58△

0200 **Kristallographische Struktur von Yb_3S_4.** R. Chevalier, P. Laruelle und J. Flahaut. (Bull. Soc. franç. Minéralog. Cristallogr. **90** (1967) 4, 564—74; Labor. de Phys. et de Chim. minérale, Fac. de pharmacie, Paris; franz.) — Röntgenbeugungsunters. an Yb_3S_4-Einkrist. ergaben, daß in Yb_3S_4 2- u. 3wertige Yb-Ionen vorliegen u. daß Yb_3S_4 rhomb. krist. mit der Raumgruppe Pnma; a = 12,71 Å; b = 3,60 Å; c = 12,88 Å; Z = 4. I. Zoll 58

0201 **Kristallstruktur von $NaTi_2Al_5O_{12}$.** W. G. Mumme und A. D. Wadsley. (Acta crystallogr. [Copenhagen] **23** (1967) 5, 754—58; Melbourne, CSIRO, Div. of Miner. Chem.; engl.) — Die obige Verb. wurde dargestellt durch Erhitzen eines innigen Gemisches von Na_2CO_3, Al_2O_3 u. TiO_2 im Molverhältnis 1:5:4, zuerst an der Luft auf 800° u. hierauf 48 Std. im geschlossenen Rohr auf 1300°. Weissenberg-Aufnahmen ergaben rhomb. Symmetrie, a = 9,080 ± 0,005 (Å); b = 15,519 ± 0,005; c = 2,919 ± 0,002; Pbam; Z = 2; D_{R} 3,60. Die Struktur wurde mit Hilfe einer Patterson-Funktion u. mehrerer zwei- u. dreidimensionaler Elektronendichteprojektionen bestimmt. Die Atomkoordinaten sind tabellar. angegeben. Das Gitter enthält 4 kristallograph. nicht ident. Oktaeder, u. zwar 2 Al-Oktaeder, 1Ti-Tetraeder u. ein Na-Oktaeder u. außerdem noch ein Al-Oktaeder. Die 6 Ti–O-Abstände liegen zwischen 1,84 u. 2,17 Å, die oktaedrischen Al–O-Abstände zwischen 1,83 u. 1,97 Å. Diese 2 Atome mit ihren Liganden bilden das Strukturgerüst unter Bldg. eines Doppelbandes durch gemeinsame Gitter. C. Gottfried 58△

0202 **Darstellung und kristallographische Daten von Phosphaten mit der allgemeinen Formel $M^{I}M_2^{IV}(PO_4)_3$ (M^{I} = Li, Na, K, Rb, Cs; M^{IV} = Zr, Hf).** M. Šljukić, B. Matković, B. Prodić und S. Šćavničar. (Croat. chem. Acta **39** (1967) 2, 145—47; Sarajevo, Univ., Fac. of Sci., Dep. of Anal. Chem.; engl.) — Dargestellt u. röntgenograph. untersucht wurden die Verb.: *$LiZr_2(PO_4)_3$* (I), *$LiHf_2(PO_4)_3$* (II), *$NaZr_2(PO_4)_3$* (III), *$NaHf_2(PO_4)_3$* (IV), *$KZr_2(PO_4)_3$* (V), *$KHf_2(PO_4)_3$* (VI) *$RbZr_2(PO_4)_3$* (VII), *$RbHf_2(PO_4)_3$* (VIII), *$CsZr_2(PO_4)_3$* (IX) u. *$CsHf_2(PO_4)_3$* (X). Die Darst. erfolgte durch 18std. Erhitzen homogener Gemische von Alkalimetallphosphat u. $M^{IV}O_2$ unter Zusatz von reichlich B_2O_3 als Flußmittel auf 1200° u. langsames Abkühlen. Die Krist. wurden von der festen Masse durch Auflösen der lösl. Substanzen in sd. W. u. Waschen mit 1:1-HCl getrennt. Die erhaltenen Verb. waren alle unlösl. in Säuren mit Ausnahme von HF. Alle Verb. sind isomorph u. haben rhomboedr. Symmetrie; mögliche Raumgruppen sind R3c oder R$\bar{3}$c. Es wurden die folgenden rhomboedrischen bzw. hexagonalen Gitterkonst. gemessen: I (a) 9,10 (Å); (α) 57°18′; (a) 8,72; (c) 22,72; (D_{exp}) 3,14; (D_{R}) 3,16; II: 8,94; 59°08′; 8,82; 22,03; 4,34; 4,36; III: 9,11; 57°36′; 8,78; 22,71; 3,21; 3,22; IV: 9,09; 57°36′; 8,76; 22,68; 4,42; 4,40; V: 9,41; 55°08′; 8,71; 23,89; 3,23; 3,22; VI: 9,36; 55°14′; 8,68; 23,71; 4,40; 4,39; VII: 9,53; 54°02′; 8,66; 24,38; 3,51; 3,48; VIII: 9,52; 53°54′; 8,63; 24,34; 4,59; 4,62; IX: 9,66; 52°58′; 8,62; 24,86; 3,72; 3,75 u. X: 9,63; 52°40′; 8,54; 24,81; 4,87; 4,93. C. Gottfried 58△

0203 **Kristallstruktur von $Ho_{11}Ge_{10}$.** Gordon S. Smith, Quintin Johnson und A. G. Tharp. (Acta cristallogr. [Copenhagen] **23** (1967) 4, 640—44; Livermore, Calif., Univ. of Calif., Lawrence Radiat. Labor.; engl.) — Präzessions- u. Weissenberg-Aufnahmen an $Ho_{11}Ge_{10}$ ergaben tetragonale Symmetrie, a = 10,79 (Å) u. c = 16,23; I 4/mmm; Z = 4; D_{R} 8,93. Die mit Hilfe der

näher beschriebenen Strukturanalyse erhaltenen Parameter sind tabellar. angegeben. Von den 84 Atomen in der Zelle liegen **44** Ho-Atome auf **4** kristallograph. verschiedenen Lagen, die 40 Ge-Atome an 5 verschiedenen kristallograph. Plätzen. Die Ge-Atome kann man in 3 Typen unterteilen, u. zwar in isolierte Ge-Atome, Paare von Ge-Atomen mit Abständen von 2,96 u. 2,54 Å u. eine quadrat. Ansammlung von 4 Ge-Atomen mit Abständen von 2,58 Å. Diese Anordnung wurde bisher in keinem anderen Germanid oder Silicid gefunden.
C. Gottfried 58△

0204 **Kristall- und Molekularstruktur von Dimethyl-bis-[8-hydroxychinolinato]-zinn.** Elmer O. Schlemper. (Inorg. Chem. [Washington] **6** (1967) 11, 2012–17; Columbia, Mo., Univ. of Mo., Dep. of Chem.; engl.) — $(CH_3)_2Sn(C_9H_6NO)_2$ krist. monoklin mit a = **9,44** ± 0,02 (Å); b = **13,28** ± 0,02; c = 15,62 ± 0,03; β = 110,9° ± 0,2°; in $P2_1/c$; Z = 4; $D_{\cdot exp}$ 1,57; $D_{\cdot R}$ 1,586. Die Struktur wurde mit Hilfe einer dreidimensionalen Patterson-Funktion u. Fourier-Meth. bestimmt; die weitere Verfeinerung wurde mit der Meth. der kleinsten Quadrate durchgeführt. Im Gitter ist die Umgebung des Sn-Atoms leicht verzerrt oktaedr. mit den Abständen Sn–C = 2,15 u. 2,17 Å, Sn–O = 2,10 u. 2,11 Å u. Sn–N = 2,31 u. 2,38; die Winkel in diesem verzerrten Oktaeder betragen 73,4–110,7°. — Diskussion des Bindungscharakters. C. Gottfried 58△

0205 **Kristallographische Untersuchung der Phase $VO_{2,33}(V_3O_7)$.** Daniel Thomas, Joseph Tudo und Gabriel Tridot. (C. R. hebd. Séances Acad. Sci., Sér. C **265** (1967) 3, 183–84; Lille, Fac. des Sci., Labor. de Chim. min. appl.; franz.) — Einige Zehntel mm lange $VO_{2,33}$-Einkristalle wurden durch sehr langsame Abkühlung eines Gemisches von V_2O_5 u. VO_2 erhalten, das 8 Tage in einer evakuierten SiO_2-Röhre auf 600° gehalten wurde. Drehkristall- u. Weissenberg-Aufnahmen ergaben monokline Symmetrie u. die Gitterkonst. a = 21,93 (Å); b = 3,68; c = 18,51; β = 96,4°; mögliche Raumgruppen Cc u. C2/c. Aus der makroskop. Dichte von 3,46 folgt, daß die Zelle 12 V_3O_7-Einheiten enthält. Da die minimale Multiplizität der Punktlagen in den Symmetriegruppen nur 4 beträgt, ist die asymm. Einheit in Wirklichkeit die Gruppe V_9O_{21}. Die Strukturunters. wird fortgesetzt. C. Gottfried 58△

0206 **Trigonal-prismatische Koordination. Kristall- und Molekularstruktur von Tris-[cis-diphenyläthylen-dithiolato-(1.2)]-vanadin.** Richard Eisenberg und Harry B. Gray. (Inorg. Chem. [Washington] **6** (1967) 10, 1844–49; New York, N.Y., Columbia Univ., Dep. of Chem.; engl.) — Der obige Komplex krist. aus Methylenchlorid in tief dunkelpurpurfarbenen Kristallen. Präzessions- u. Weissenberg-Aufnahmen ergaben monokline Symmetrie, a = 12,95 ± 0,03 (Å); b = 11,31 ± 0,02; c = 18,01 ± 0,03; β = 106,3° ± 0,2°; C2/c; Z = 4; $D_{\cdot exp}$ 1,36 ± 0,04; $D_{\cdot R}$ 1,37. Die Struktur wurde mit Hilfe einer dreidimensionalen Patterson-Funktion u. der Meth. der kleinsten Quadrate bestimmt u. mit einer Differenz-Fourier-Synth. weiter verfeinert. Die Atomkoordinaten sind tabellar. angegeben. Die Struktur besteht aus der Packung diskreter Mol. des neutralen Komplexes $V(S_2C_2(C_6H_5)_2)_3$. Die nächsten Nachbaratome des V haben einen Abstand von mehr als 10 Å. Die 6 S-Donoratome haben gleichen Abstand von dem V u. umgeben das zentrale Metallatom in einer trigonal-prismat. Koordination; der mittlere Abstand V–S beträgt 2,338 Å u. der mittlere Valenzwinkel S–V–S ist 81,7°. Das trigonale S_6-Prisma ist gering, aber deutlich um die dreizählige Achse verzerrt, u. zwar mit unabhängigen interliganden S–S-Werten 2,927; 3,088 u. 3,178 Å. Kurz besprochen wird noch die elektron. Struktur des Komplexes.
C. Gottfried 58△

0207 **Oktaedrische und trigonal-prismatische Koordination. Die Struktur von $[(CH_3)_4N]_2[V(mnt)_3]$.** Edward I. Stiefel, Zwi Dori und Harry B. Gray. (J. Amer. chem. Soc. **89** (1967) 13, 3353–54; engl.) — Vgl. vorst. Referat. — Vf. untersuchten röntgenograph. die Struktur des Anions $V(mnt)_3^{2-}$ (H_2 mnt = Maleinsäuredinitrildithiol). Schwarze monokline Krist. der Verb. $[(CH_3)_4N]_2 \cdot [V(mnt)_3]$ wurden aus Aceton–Propanol-(2)-Lsg. erhalten. Sie krist. mit a = 20,53 (Å); b = 10,19; c = 16,98; β = 124°15′; in der Raumgruppe C2/c oder Cc. $D_{\cdot exp}$ **1,37** ± 0,05; $D_{\cdot R}$ 1,40. Tabellar. Angabe der Bindungsabstände. Vgl. zeigen, daß die Komplexionen $[M(mnt)_3]^{2-}$ mit M = Ti, V, Cr u. Mn verzerrte oktaedr. Strukturen aufweisen. C. Gottfried 58△

0208 **Neue Molybdän-Clusterverbindung. Röntgenographische Untersuchung.** M. Herceg und S. Šćavničar. (Croat. chem. Acta **39** (1967) 2, 137–38; Zagreb, Fac. of Sci., Inst. „Ruđer Bošković"; engl.) — Vf. berichten über eine neue Verb., die ein dreieckiges Cluster von Mo-Atomen enthält. Für die von anderer Seite dargestellte Verb. schlagen Vf. auf Grund der chem. Analyse die Formel $MoO_2(Hacac)(C_2H_5OH)$ vor. Die dunkelbraunen Krist. sind trimer, d. h. daß im Gitter die Mo-Atome ein gleichseitiges Dreieck bilden. Schwenkaufnahmen ergaben rhomb. Symmetrie mit a = 19,26 (Å); b = 7,95; c = **18,24**; mögliche Raumgruppen sind Pnam oder $Pna2_1$; Z = 12; $D_{\cdot exp}$1,87; $D_{\cdot R}$ 1.95. Durch Patterson-Projektionen u. Fourier-Synth. wurden die Atomkoordinaten der tabellar. angegebenen Mo-Atome bestimmt. Der Abstand der Mo-Atome in dem Dreieck beträgt 2,47 Å, ist demnach kleiner als der Abstand der Mo-Atome im Metall mit 2,725 Å.
C. Gottfried 58△

0209 **Synthese von Einkristallen, Verzwillingung und Raumgruppe der Verbindungen UTa_3O_{10}, UNb_3O_{10} und UV_3O_{10}.** Raymond Chevalier und Madeleine Gasperin. (C. R. hebd. Séances Acad. Sci., Sér. C **265** (1967) 20, 1101–03; Paris, C.N.R.S., Labor. de Minér. Cristallogr.; franz.) — UNb_3O_{10}-Einkrist. werden durch Erhitzen von Nb_2O_5 u. U_3O_8 in dem Verhältnis 1:3 an der Luft in Ggw. von Borsäure u. langsames Abkühlen erhalten. Drehkristall- u. Weissenberg-Aufnahmen lieferten rhomb. Symmetrie mit a = **3,69** · 2 = 7,38 (Å); b = **6,39** · 2 = 12,79; c = 3,99 · 4 = 15,96. Das Verhältnis a:b ist genau $1/\sqrt{3}$, was besagt, daß sich die Metallatome auf den Gitterplätzen eines hexagonalen Gitters befinden. Raumgruppe ist Fddd. Die Krist. von UTa_3O_{10} sind stets mit (110) als Zwillingsebene verzwillingt u. die Symmetrie senkrecht zu den Ebenen [001] ist immer hexagonal. Die Zelldimensionen sind a = **3,70** · 2 = 7,40 (Å); b = 6,41 · 2 = 12,82; c = **3,94** · 4 = 15,76; Raumgruppe ist wieder Fddd. UV_3O_{10} wurde analog aus den Oxiden durch Erhitzen auf 600–800° in einem evakuierten Quarzrohr erhalten. Drehkristallaufnahmen lieferten a = 3,47 · 2 = 6,94 (Å); b = 6,01 · 2 = 12,02; c = **4,05** · 4 = 16,20. Raumgruppe ist auch Fddd; in allen Fällen ist Z = 8. Strukturbest. an nicht verzwillingten Einkrist. von UNb_3O_{10} ergaben mit Sicherheit, daß die Schweratome die Gitterplätze eines hexagonalen Gitters besetzen; die Lagen der O-Atome konnten noch nicht lokalisiert werden.
C. Gottfried 58△

0210 **Kristallstruktur von Tetramethylammoniumtrichloromanganat(II).** Bruno Morosin und Edward J. Graeber. (Acta crystallogr. [Copenhagen] **23** (1967) 5, 766–70; Albuquerque, N.Mex., Sandia Labor.; engl.) — Beim Einengen wss. Lsg. von Tetramethylammoniumchlorid u. $MnCl_2$ bilden sich hellgrüne prismenförmige Krist. der Zus. $[(CH_3)_4N]_2[MnCl_4]$, die mit den von anderer Seite untersuchten Zn- u. Co-Verb. isomorph sind, sowie hellrosa gefärbte stäbchenförmige Krist. der Zus. $(CH_3)_4N[MnCl_3]$, deren Struktur untersucht wurde. Präzessions- u. Weissenberg-Aufnahmen ergaben hexagonale Symmetrie mit a = 9,1510(9) (Å) u. c = 6,4940(9). Die Krist. sind einachsig positiv mit (bei 25°) ω = 1,588(5) u. ε = 1,616(5); stark pleochroit. u. nicht piezoelektrisch. Die Raumgruppe ist $P6_3/m$; Z = 2. Die Struktur wurde mit Hilfe einer dreidimensionalen Patterson-Synthese bestimmt u. mit der Meth. der kleinsten Quadrate verfeinert. Die Parameter sind tabellar. zusammengestellt. Die Struktur besteht aus unendlichen $MnCl_3^-$-Ketten u. diskreten, aber ungeordneten $[N(CH_3)_4]^+$-Ionen, die auf den dreizähligen Achsen liegen. C. Gottfried 58△

0211 **Verteilung der Kationen und Verzerrung des Jahn-Teller-Typs in den Mischspinellen $MgGa_{2-x}Mn_xO_4$, $MgCr_{2-x}$·**

Mn_xO_4 und $MgIn_{2-x}Mn_xO_4$. M. Grenot. (Bull. Soc. chim. France **1967**, 6, 2043–50; Paris, ENSC, Labor. de Chim. Appl.; franz.) — Vf. untersuchte den Einfl. der Temp. auf die Verteilung der Metallatome der Mischspinelle $MgGa_{2-x}Mn_xO_4$, $MgCr_{2-x}Mn_xO_4$ u. $MgIn_{2-x}Mn_xO_4$ für verschiedene Zus.. u. zwar röntgenograph. u. mittels Neutronenbeugung. Das Prinzip der Meth. zur Best. der Verteilungen beruht auf der Möglichkeit, alle Verteilungen eines Mischspinells auf einer Meth. mit den Koordinaten Mc u. β unterzubringen, wo Mc den Metallbeitrag bedeutet, der sich aus den Faktoren der atomaren Diffusion oder aus den Amplituden der Diffusion der Atome berechnet; β bedeutet anderseits den Prozentsatz der dreiwertigen Ionen auf den Tetraederplätzen. Die Proben wurden bei hoher Temp. in fester Phase aus den entsprechenden Oxiden, durch Abschrecken u. erneutes Erhitzen auf Temp. von 300–1250° dargestellt. Für die beiden ersten Phasen lassen sich **3** große Gruppen für die verschiedenen Zus. unterscheiden. Die erste Gruppe hat $0 \leqq x \leqq 1{,}25$ für beide Phasen. Die Verb. sind bei allen Temp. kub., u. die Zelle nimmt kontinuierlich mit der Zus. zu; für einen gegebenen Wert von x bleibt der Kristallparameter ohne Rücksicht auf die Temp. konstant. Die Werte der zweiten Gruppe sind $1{,}25 \leqq x \leqq 1{,}80$ für $MgGa_{2-x}Mn_xO_4$ u. $1{,}25 \leqq x \leqq 1{,}62$ für $MgCr_{2-x}Mn_xO_4$. Die nach der Darst. bei 1150° erhaltenen Proben sind kub., nach Anlassen bei sinkenden Temp. kann man jedoch 2 Phasen beobachten, von denen die eine Phase ein kub. Spinell, die zweite jedoch isomorph mit dem tetragonalen Hausmannit Mn_3O_4 ist; für die tetragonale Phase ist $c/a \cong 1{,}13$. Für die 3. Gruppe sind die Werte $1{,}80 \leqq x \leqq 2$ für $MgGa_{2-x}Mn_xO_4$ u. $1{,}62 \leqq x \leqq 2$ für $MgCr_{2-x}Mn_xO_4$. Die Hochtemp.-Proben sind tetragonal u. lassen sich nicht durch Abschrecken in die kub. Phase überführen; das Achsenverhältnis ist größenordnungsmäßig $c/a = 1{,}02$. Der Einfl. der therm. Behandlung wurde mittels DTA verfolgt, die die Röntgenunters. in der Hochtemp.-Kamera bestätigte. Die Verb. der beiden Reihen sind effektiv kub., wenn die Temp. 850° nicht überschreitet. Für beide Syst. sind die relativen Proportionen des Mn auf den Oktaederplätzen im Augenblick der Verzerrung (oktaedr. Mn/Gesamt-Mn) identisch. Bei Unters. der Phase $MgIn_{2-x}Mn_xO_4$ führte das Anlassen zwischen 800 u. 1450° in normaler, inerter Atmosphäre oder im Vakuum zu einer Entmischung unter Bldg. von *MgO* u. einer festen Lsg. der Form $Mg_{1-y}In_yO$ mit sehr schwachem In-Gehalt. Beim Anlassen zwischen 800 u. 1450° unter O_2 wurden einerseits In_2O_3 u. 2 Strukturen vom Spinelltyp erhalten. Unterhalb 800° ist ohne Rücksicht auf die Atmosphäre eine Mischbarkeit der Oxide prakt. gleich Null. C. Gottfried 58△

0212 **Kristall- und Molekularstruktur von trans-Bis-[triäthylphosphin]-bis-[phenyläthinyl]-nickel.** Gwyneth R. Davies, R. H. B. Mais und P. G. Owston. (J. chem. Soc. [London], Sect. A **1967**, 1750-55; Runcorn, Imp. Chem. Ind. Ltd., Petrochem. and Polymer. Labor.; engl.) — $\{Ni(C{\equiv}CC_6H_5)_2[P(C_2H_5)_3]_2\}$ krist. mit $a = 9{,}09 \pm 0{,}03$ (Å); $b = 10{,}89 \pm 0{,}03$; $c = 14{,}74 \pm 0{,}05$; $\beta = 105{,}2°$ in $P2_1/c$; $Z = 2$; $D_{\cdot exp}$ 1,16; $D_{\cdot R}$ 1,17. Die Struktur wurde mit Hilfe üblicher Meth. bestimmt u. mit der Meth. der kleinsten Quadrate weiter verfeinert. Die Atomkoordinaten sind tabellar. angegeben. Abgesehen von den C_6H_5-Gruppen, die um die $Ni{-}C{\equiv}C$-Achse gedreht sind, hat das Mol. fast genau die Symmetrie 2/m, wobei die Spiegelebene die Koordinationsebene des Ni ist; die Koordination ist demnach quadrat.-eben. Die Acetylidgruppe ist σ-gebunden an das Ni-Atom über ein C-Atom, wobei die Ni–C-Bindung normaler Einfachbindung entspricht. Die Stabilität der Organmetallkomplexe dieses Typs wird hauptsächlich der hohen Ligandenfeldstärke aller 4 Liganden u. der Bindung vom π-Typ zwischen den Metall- u. Phosphoratomen zugeschrieben, die von einem induktiven Effekt herrührt, der durch die relativ elektropositiven C-Atome ausgeübt wird u. der die Elektronenübertragung von dem negativen Liganden zu den Phosphinliganden fördert. C. Gottfried 58△

0213 **Neutronenbeugungsuntersuchung von $K_2Pb[Cu\cdot(NO_2)_6]$, ein Beispiel eines regulären oktaedrischen Kupfer(II)-Komplexes.** N. W. Isaacs, C. H. L. Kennard und D. A. Wheeler. (Chem. Commun. **1967**, 12, 587–88; Brisbane, Australia, Univ. of Queensland, Dep. of Chem.; engl.) — Unter Bezugnahme auf röntgenograph. Unters. der obigen Verb. von anderer Seite berichten Vf. über eine Strukturbest. mit Hilfe von Neutronenbeugung. Die grünschwarzen Krist. haben kub. Symmetrie mit $a = 10{,}66 \pm 0{,}02$ Å; mögliche Raumgruppen sind Fm3 oder F23. Ausgegangen wurde bei der Strukturbest. von den von Bertrand u. Carpenter (Inorg. Chem. 5 (1966) 514) erhaltenen Parametern der Verb. $K_2Ba[Co(NO_2)_6]$, in der das Co(II)-Ion regulär oktaedr. von 6 NO_2-Gruppen umgeben ist. In der Struktur ist das Cu(II)-Ion regulär oktaedr. von 6 NO_2-Gruppen umgeben. Ein verzerrtes Oktaeder wäre möglich, wenn die Struktur regellos wäre, was auf Grund von Neutronenpulveraufnahmen auszuschließen ist. C. Gottfried 58△

0214 **Kristallstruktur von Calciumkupferacetathexahydrat und der isomorphen Verbindung Calciumcadmiumacetathexahydrat.** David A. Langs und Curtis R. Hare. (Chem. Commun. **1967**, 17, 890–91; Buffalo, N.Y., State Univ. of N.Y., Dep. of Chem.; engl.) — Die beiden isomorphen Verb. Calciumkupferacetathexahydrat (I) u. Calciumcadmiumacetathexahydrat (II) haben tetragonale Symmetrie mit den Gitterkonst. für **I**: $a = 11{,}183$ (Å); $c = 16{,}277$; Raumgruppe I4/m; $Z = 4$; $D_{\cdot exp}$ 1,465; $D_{\cdot R}$ 1,461; für **II**: $a = 11{,}374$; $c = 16{,}084$; Raumgruppe u. Z wie bei **I**; $D_{\cdot exp}$ 1,629; $D_{\cdot R}$ 1,585. Die Strukturen wurden mit Hilfe der Schwermetallmeth. bestimmt u. durch Elektronendichteprojektionen u. die Meth. der kleinsten Quadrate weiter verfeinert. Atomkoordinaten sind nicht angegeben, dagegen in einer Tabelle die interatomaren Abstände u. Valenzwinkel beider Verbindungen. In dem Gitter wirkt das Acetatanion als brückenbildender Ligand zwischen 2 Metallionen, u. zwar derart, daß polymere Ketten abwechselnder Metallionen parallel zur C-Achse des Krist. gebildet werden. Die H_2O-Mol. sind nur an die Ca-Ionen koordiniert u. ihre Rolle in der Struktur besteht darin, die Lücken des Gitters zu füllen u. die polymeren Ketten zu verknüpfen. Jedes H_2O-Mol. ist an das Ca derart koordiniert, daß durch H-Bindungen mit den übrigen H_2O-Mol. ein Cluster von 12 H_2O-Mol. mit der Symmetrie C_{4h} gebildet wird. C. Gottfried 58△

0215 **Kristallstruktur von Tripyridinkupfer(II)-acetat.** K. Anzenhofer und L. N. A. ten Rouwelaar. (Recueil Trav. chim. Pays-Bas **86** (1967) 8, 801–06; Amsterdam, Koninklijke/Shell-Labor.; engl.) — Präzession- u. Weissenberg-Aufnahmen an den plattenförmigen Krist. der Titelverb. ergaben monokline Symmetrie u. die Gitterkonst. $a = 17{,}22 \pm 0{,}02$ (Å); $b = 5{,}92 \pm 0{,}02$; $c = 22{,}14 \pm 0{,}02$; $\beta = 116°34' \pm 0{,}5°$; Raumgruppe Cc; $Z = 4$. Im Gitter ist das Cu-Atom durch 2 Acetat- u. 2 Pyridingruppen umgeben. Die Anordnung der 2 O- u. 2 N-Atome um das Cu-Atom ist nicht ganz eben, sondern leicht tetraedr. verzerrt; das dritte Pyridinmol. ist nicht an das Cu gebunden. Die Abstände zwischen O-Atomen der Acetatgruppen, die in der y-Richtung übereinander liegen, beträgt etwa 3,75 Å, nahe der Summe der van der Waalsschen Radien. Die Pyridinringe sind eben. Die Atomkoordinaten sind tabellar. angegeben. C. Gottfried 58△

0216 **Struktur von $IrJ(O_2)(CO)[P(C_6H_5)_3]_2CH_2Cl_2$, dem Sauerstoffaddukt eines synthetischen irreversiblen molekularen Sauerstoffträgers.** J. A. McGinnety, Robert J. Doedens und James A. Ibers. (Inorg. Chem. [Washington] **6** (1967) 12, 2243–50; Evanston, Ill., Northwestern Univ., Dep. of Chem.; engl.) — Ausgehend von $IrCl(CO)\cdot[P(C_6H_5)_3]_2$ (**I**) stellten Vf. zuerst $IrJ(CO)[P(C_6H_5)_3]_2$ (**II**) dar durch Zugabe einer Lsg. von LiJ in heißem Methylalkohol zu einer am Rückfluß kochenden Lsg. von **I** in Bzl. in N_2-Atmosphäre. Mit Hilfe derselben Meth. können Verb. der Zus. $IrX(CO)[P(C_6H_5)_3]_2$ hergestellt werden, wobei X = Br, SCN oder N_3. **II** reagiert quant. mit dem Sauerstoff der Luft während 1 Std. unter Bldg. der reversiblen Sauerstoffadduktverb. $IrJ(O_2)(CO)[P(C_6H_5)_3]_2$ (**III**). Das **III**-Addukt mit Dichlormethan krist. mit $a = 10{,}963 \pm 0{,}008$; $b = 22{,}864 \pm 0{,}015$; $c = 14{,}997 \pm 0{,}011$; $\beta = 93{,}05 \pm 0{,}02°$ in C_{2h}^5–$P2_1/n$;

Z = 4; $D._{exp}$ 1,80; $D._R$ 1,80. Die Struktur wurde mit Hilfe einer dreidimensionalen Patterson-Funktion, mehreren Fourier- u. Fourier-Differenzsynth. bestimmt u. mit der Meth. der kleinsten Quadrate weiter verfeinert. Die Atomkoordinaten sind tabellar. zusammengestellt. Die Struktur besteht aus einer Packung von monomeren mol. Einheiten **III** u. CH_2Cl_2. In der Ir-Hälfte besteht Fehlordnung zwischen Jod u. der Carbonylgruppe. Das Ir-Atom, die 2 O-Atome, die CO-Gruppe u. das J-Atom liegen in der äquatorialen Ebene einer trigonalen Bipyramide, wobei die P-Atome oberhalb u. unterhalb dieser Ebene liegen. Die beiden O-Atome haben zum Ir-Atom einen mittleren Abstand von 2,06 Å, während der O-O-Abstand 1,509 ± 0,026 Å beträgt gegenüber einem Abstand von 1,30 ± 0,03 Å in der entsprechenden reversiblen Cl-Adduktverbindung.
C. Gottfried 58△

0217 **Koordination in den Gläsern.** 1. Mitt. J. Zarzycki. (Silicates ind. **32** (1967) 5, 173—80; Paris, Cie. de Saint-Gobain, Labor. Sci.; franz.) — Theoret. Übersichtsarbeit. — Die Radialverteilungskurven der Atome durch integrale Fourier-Analyse liefern für Krist.-Strukturen eindeutige Koordinationszahlen (KZ), während bei ungeordneten Fl.-Strukturen (Unordnung im Fernbereich) nur von einer mittleren KZ gesprochen werden kann. Die Fehler in den Unters.-Meth. für den fl. bzw. glasigen Zustand, bes. die Strahlungsbeugung (Röntgen-, Neutronen- u. Elektronen-) sind bedingt durch die notwendigen Fourier-Transformationen, die Schwierigkeit, kleine Intensitäten zu messen u. kleine Max. in den Radialverteilungskurven der Atome aufzulösen. Vf. verwendet ein mechan. Modell, um den Mechanismus des Schmelzvorgangs eines Ionenkrist. zu simulieren, aus dem er ableitet, daß die Nahbereichsordnung auch in der Schmelze erhalten bleibt, während sich die mittlere KZ streng genommen nicht bestimmen läßt. Die KZ der netzwerkbildenden Kationen einfacher Oxidgläser sind im Durchschnitt 10% größer als in den entsprechenden krist. Verbindungen. In Ggw. von mittelgroßen Kationen wie z. B. Ca^{2+} oder Na^+, die als Netzwerkwandler wirken u. oktaedr. Koordination in bezug auf die O^{2-}-Ionen besitzen, treten neben SiO_4-Tetraedern auch Si_2O_7-Gruppen als Strukturelement auf. Auf Grund des Verhältnisses der Ionenradien von Kation zu Anion werden für die wichtigsten KZ Strukturmodelle unter Berücksichtigung der Paulingschen Regel entworfen, die für komplexe Gläser von Bedeutung sind. Die Anwendung des Begriffs der kristallograph. Symmetrieelemente auf die Glasstruktur ist nur bedingt möglich.
A. Kumm 60

0218 **Modell statistisch dicht gepackter starrer Kugeln.** 1. Mitt. **Einfluß von eingeführten Löchern.** 2. Mitt. **Geometrie der statistischen Packung starrer Kugeln.** J. D. Bernal, S. V. King und J. L. Finney. (Discuss. Faraday Soc. **1967, 43,** 60—62; Birkbeck Coll., Univ. of London, London; engl.) — An einem starren Kugelmodell mit statist. dichter Packung kann die Vergrößerung des Vol. V von Fl. mit der Temp. auf 2 Arten erklärt werden: 1. Durch eine Veränderung der Abmessungen der Grundpolyeder, wodurch ein maximales Anwachsen des Vol. um 17% resultiert. 2. Durch Einführung von Löchern in statist. Verteilung in das starre Kugelmodell, was einer wahllosen Entfernung von Atomen aus dem Modell entspräche. Vf. führen letzteren Prozeß durch u. berechnen die maximal mögliche Anzahl von Löchern für die Bedingungen, daß Löcher benachbart oder nur z. T. benachbart sein dürfen, wobei auch für die als „benachbart" definierten Abstände unterschiedliche Werte betrachtet werden. Für die resultierenden unterschiedlichen Modelle werden die radialen Atomverteilungskurven zurückgerechnet, u. es zeigt sich, daß die Einführung von Löchern auf die Atomverteilungskurve eine ähnliche Wrkg. hat wie der Temp.-Effekt, d. h., die Max. der Kurve erniedrigen u. verbreitern sich u. die durch die Flächen unter den Max. bestimmte KZ verschiebt sich zu geringeren Werten. Es wird die Geometrie statist. Packungen starrer Kugeln auf der Grundlage einer vorläufigen Voronoi-Polyederanalyse untersucht, aus der eine exakte Best. der D. der statist. dichten Packung resultiert. Es werden große Abweichungen in der lokalen D. (≈ 15% der D. von regulären dichtesten Packungen) in bezug auf die verschiedenen topolog. Polyedertypen gefunden. Das vermutete Vorherrschen fünfseitiger Flächen ist verifiziert, während die durchschnittliche Anzahl von Flächen pro Polyeder u. die durchschnittliche Anzahl von Seiten pro Fläche um einige Prozent größer ist als es der theoret. Voraussage von Coxeter entspricht.
P. Zäske 60

Mechanische und thermische Eigenschaften

0219 **Madelung-Konstanten und Charakter der chemischen Bindung in anorganischen Kristallen.** V. S. Urusov. (Ž. strukturnoj Chim. **9** (1968) 3, 556—58; Inst. geochim. i anal. chim. im. Vernadskogo AN SSSR; russ.) — Vgl. der numer. Werte der Madelung-Konst. A u. α ($E_e = A \cdot Z^2_{eff}$ mit E_e = elektrostat. Beitrag zur Bindungsenergie der Atome im Krist., Z = effektive Atomladung; $\alpha = 2\,A/Z_M Z_X \cdot n$ mit Z_M u. Z_X formale Ladung des Kations u. Anions in M_kX_e; n = k + l) mit der Art der chem. Bindung in CsCl, NaCl, CaF_2, TiO_2, $SrBr_2$, Cu_2O, SiO_2, CdJ_2, ZrJ_4, XeF_2, XeF_4, NiX (X = S, Se, Te, As, Sb); Sr_2MeReO_6 mit Me = Sr, Mg, Fe, Co, Ni, Zn, in SnO_2, TiO_2, GeO_2, MgF_2, MnF_2, FeF_2, CoF_2, NiF_2 u. ZnF_2.
H. Roschkowski 72

0220 **Systematische Näherungen für die Zustandssummen kristalliner Festkörper.** Adolph Beyerlein und Zevi W. Salsburg. (J. chem. Physics **47** (1967) 10, 3763—71; Dep. of Chem., Rice Univ., Houston, Tex.; engl.) — Für ein zweidimensionales Dreiecksgitter mit harmon. Wechselwrkg. der nächsten Nachbarn werden verschiedene mathemat. Näherungen der Zustandssummen getestet. Eine Zell-Cluster-Expansion 6. Ordnung ergab die besten Werte für die Freie Energie. Bei m × m-Syst. mit period. Randbedingungen mußte bis zum 11 × 11-Syst. gegangen werden, um eine ebenso gute Abschätzung der Freien Energie zu erhalten.
A. Becker 72

0221 **Bestimmung thermodynamischer Charakteristiken aus Nahbereichsparametern fester Lösungen.** S. V. Semenovskaja. (Fiz. tverdogo Tela **9** (1967) 12, 3408—14; Mosk. inst. stali i splavov; russ.) — Für die geordnete Lsg. Cu_3Au werden die Konz.-Koeff. der chem. Aktivitäten für die Komponenten mit Hilfe diffuser Röntgenstreuung an Einkrist. einer ungeordneten festen Lsg. bestimmt. Es ist möglich, die Übergangstemp. von der geordneten zur ungeordneten Struktur zu bestimmen, ohne eine Wechselwrkg. der Atome in einer beschränkten Anzahl von Koordinationssphären vorauszusetzen.
I. Zoll 72

0222 **Elektronische spezifische Wärme von Übergangsmetallen.** V. S. Nešpor und G. V. Samsonov. (Fiz. Metallov Metallovedenie **25** (1968) 6, 1132—34; Inst. problem materialovedenija AN USSR; russ.) — Die Änderungen der elektron. spezif. Wärme von Übergangsmetallen werden im Zusammenhang mit den möglichen d-Elektronenkonfig. theoret. analysiert.
H. Roschkowski 74

0223 **Wärmekapazitäten und thermodynamische Eigenschaften von Ammoniumnitratkristallen: Phasenumwandlungen zwischen stabilen und metastabilen Phasen.** Masanori Nagatani, Tetsuro Seiyama, Minoru Sakiyama, Hiroshi Suga und Syûzô Seki. (Bull. chem. Soc. Japan **40** (1967) 8, 1833—44; Dep. of Appl. Chem., Kyushu Univ., Hakozaki, Fukuoka; engl.) — Die Wärmekapazitäten wurden zwischen 15 u. 410°K mit Hilfe eines automat. adiabat. Tieftemp.-Kalorimeters sowie eines Wärmeleitfähigkeits-Kalorimeters bestimmt. Es wurde aus A. umkrist. NH_4NO_3 verwendet, in einem Fall erfolgte Zugabe einer oberflächenakt. Substanz (Oktadecylamin). Es werden vier stabile Umwandlungen 1. Ordnung festgestellt: tetragonal (C_4^3–$P4_2$) — orthorhomb. (V_h^{13}–Pmmn) — orthorhomb. (V_h^{16}–Pbnm) — tetragonal (C_{4v}^2–P4bm) — kub. (CsCl-Typ). Es wurden auch metastabile Umwandlungen 1. Ordnung gefunden. Umwandlungspunkte, -wärmen u. -entropien werden tabellar. angegeben.
E. Zimdahl 74

0224 **Thermodynamische Untersuchung der Unordnung in den Hydraten von Dinatriumhydrogenphosphat.** C. G. Waterfield und L. A. K. Staveley. (Trans. Faraday

Soc. **63** (1967) 538, 2349—56; Inorg. Chem. Labor., Oxford; engl.) — Die thermodynam. Daten (mol. Wärmekapazität von ca. 10—300°K, integrale Lösungswärme in W. bei 25°, Wasserdampfdissoziationsdruck, Entropiewerte) von $Na_2HPO_4 \cdot 2\,H_2O$, $Na_2HPO_4 \cdot 7\,H_2O$ u. $Na_2HPO_4 \cdot 12\,H_2O$ werden angegeben. Die Entropiewerte deuten darauf hin, daß bei 0°K $Na_2HPO_4 \cdot 2\,H_2O$ u. $Na_2HPO_4 \cdot 7\,H_2O$ keine Unordnung aufweisen, in $Na_2HPO_4 \cdot 12\,H_2O$ dagegen eine Restunordnung verbleibt. W. Feldmann 74

0225 **Singularitäten der spezifischen Wärme der Ising-Antiferromagnetika $CoCs_3Cl_5$ und $CoCs_3Br_5$.** R. F. Wielinga, H. W. J. Blöte, J. A. Roest und W. J. Huiskamp. (Physica [Utrecht] **34** (1967) 2, 223—40; Kamerlingh Onnes Labor., Leiden, Niederlande; engl.) — Messungen der spezif. Wärme an $CoCs_3Cl_5$ **(I)** u. $CoCs_3Br_5$ **(II)** bei $T_N = 0{,}523$°K bzw. $T_N = 0{,}282$°K zeigen Anomalien vom Lambda-Typ. Aus Krist.-Struktur- u. EPR-Daten ergibt sich, daß diese Salze bei tiefen Temp. drei- u. zweidimensionale Ising-Syst. bilden. Das krit. Verh. der spezif. Wärme von **I** bei Temp. $> T_N$ kann durch $(1 - T/T_N)^{-0{,}75}$ wiedergegeben werden, unterhalb T_N entspricht es theoret. Voraussagen. Das krit. Verh. der spezif. Wärme von **II** ist oberhalb u. unterhalb von T_N logarithm., u. die spezif. Wärme entspricht Onsagers theoret. Kurve für einen einfachen quadrat. zweidimensionalen Ising-(Anti)-Ferromagneten. I. Zoll 74

0226 **Emission elektromagnetischer und akustischer Wellen durch eine sich gleichförmig bewegende Versetzung in einem Ionenkristall.** A. M. Kosevyc und I. H. Marhvelašvili. (Ukraïns'kyj fiz. Ž. **12** (1967) 12, 2007—18; Inst. fiz. Gruz. RSR, Tblisi; ukrain., Auszug: engl.) — Die elektromagnet. u. akust. Strahlung, hervorgerufen durch gleichförmige Bewegung einer Versetzung im Ionenkrist., wird für den Fall ermittelt, für den die Versetzungsgeschw. beträchtlich kleiner ist als die Schallgeschwindigkeit. Bestimmt wird die Abhängigkeit der Strahlungsintensität von der Versetzungsgeschwindigkeit. I. Zoll 76

0227 **Temperaturminima der Ultraschallgeschwindigkeiten in Ferriten, die Co-Ionen enthalten.** Zbigniew Kaczkowski. (Przegląd Elektroniki 8 (1967) 3, 142 bis 147; Pol. Zakład Piezotroniki ITE PAN.; pol.) — Untersucht wurden *Ni-Ferrite* mit geringen Beimengungen von *Mn*, *Cu* u. *Co*, entsprechend der Formel $Ni_{0{,}98-x-y}Mn_{0{,}02}Co_xCu_yFe_2O_4$. Die experimentellen Unters. der Schallgeschw. in Abhängigkeit von der Temp. wurden im Bereich von —70 bis —100° bei einer Polarisation von 5 bzw. 7 Oe., einer Amplitude des Wechselfeldes von 20 mOe. u. einer Frequenz von ca. 100 kHz durchgeführt. Bei Ggw. von *Co-Ionen* traten Geschw.-Minima u. eine Kompensation der Konst. der magnetokrist. Anisotropie auf. In Abhängigkeit von der Polarisation trat eine Änderung der Schallgeschw. von 10%, dagegen in Materialien ohne Kompensation der Konst. der magnetokrist. Anisotropie nur bis 1% auf. Bei Zimmertemp. wurde die Abhängigkeit zwischen der Schallgeschw. c u. der magnet. Polarisation im Bereich bis 50 Oe. ermittelt. Beobachtet wurden c-Minima, die mit dem negativen E-Effekt (bei verschiedenen Polarisationen) verbunden sind. G. Niechoj 76

0228 **Mechanisches Gleichgewicht und Formgleichgewicht von kleinen Kristallen.** R. Ghez. (Helv. physica Acta **41** (1968) 3, 287—309; Labor. de Phys. Techn., Ecole Polytechn. de l'Univ. de Lausanne, Lausanne, Suisse; franz.) — Das Gibbs-Modell für Oberflächen wird neu formuliert, um Spannungen innerhalb quasiidealer Krist. u. an ihren Oberflächen zu berücksichtigen. Herbert Weber 78

0229 **Phänomenologie des Mechanismus der Superplastizität.** Ja. M. Ochrimenko und O. M. Smirnov. (Fiz. Chim. Obrabotki Mater. **1968**, 1, 76—82; Moskva; russ.) — Auf der Grundlage theoret. Kenntnisse über die Mechanismen einer plast. Verformung u. über die Kinetik von Phasenumwandlungen wird unter Heranziehung experimenteller Werte versucht, den Verformungsmechanismus metall. Materialien im superplast. Zustand zu analysieren. An der Ti-Leg. Ti-6 Al-4 V u. an den Stählen 1018; 1045; 1095 u. 52 sowie am Sintermaterial ZrO_2 wird festgestellt, daß der Verformungsmechanismus unter Bedingungen einer Phasenumwandlung prinzipiell von den Mechanismen einer Warm- u. Kaltverformung verschieden ist; dieser Unterschied besteht vor allem darin, daß bei der Verformung unter Überplastizitätsbedingungen prakt. keine Verfestigung u. Verzerrung des Krist.-Gitters auftritt. H. Hochstein 78

0230 **Elastizität von starren Scheiben- und sphärischen Kristallen.** Frank H. Stillinger jun. und Zevi W. Salsburg. (J. chem. Physics **46** (1967) 10, 3962—75; Bell Telephone Labor., Inc., Murray Hill, N.J.; engl.) I. Zoll 78

0231 **Innere Dehnungsenergie und Festigkeit spröder Materialien.** R. W. Davidge und G. Tappin. (J. Mater. Sci. **3** (1968) 3, 297—301; Ceram. Div., UKAEA Res. Group, Harwell, Berks.; engl.) — Die Theorie von Clarke (Acta metallurg. [New York] **12** (1964), 139) für die Bldg. von Korngrenzenrissen in anisotropen polykrist. Stoffen wird an Hand neuerer Vers.-Daten an *BeO* überprüft. Die Theorie sagt die Bedingungen für die Bldg. von Korngrenzen rissen einer Länge ähnlich der der Kornabmessungen richtig voraus, erklärt aber nicht die an BeO beobachteten Festigkeits-Korngrenzen- u. Festigkeits-Neutronenbestrahlungsdosis-Beziehungen H. Roschkowski 78

0232 **Natur des Bruches in Beziehung zur totalen potentiellen Energie.** M. Wnuk. (J. Physics, D (Brit. J. appl. Physics) [2] **1** (1968) 2, 217—36; Dep. of Phys., TU of Krakow, Poland; engl.) — Verschiedene Typen des Brechens werden auf der Basis von Energiebetrachtungen diskutiert. Ein Modell eines Risses mit assoziierten plast. Zonen, die vom Ende des Risses ausgehen u. in einer engen Schicht lokalisiert sind, werden entwickelt. Bei diesem Modell ersetzt die Arbeit beim Prozeß der plast. Deformation infolge Rißausdehnung die Arbeit gegen die Kohäsionskräfte. Herbert Weber 78

0233 **Mechanismus des Scherbruchs in einer Fe-21% Cr-0,05%C-Legierung.** B. J. Brindley. (Acta metallurg. [Long Island City, N.Y.] **16** (1968) 4, 587—95; Central Electr. Res. Labor., Mater. Div., Leatherhead, Surrey; engl.) — Die Leg. enthält eine Dispersion kleiner (0,1 bis 3 μ) Carbidteilchen u. größere Mn-Sulfideinschlüsse u. zeigt dynam. Reckalterungseig., die zu einer inhomogenen Verzerrungsverteilung führen. Unters. bei 20 bis 600° ergeben, daß Hohlräume bei allen Temp. entstehen. Bei 400—500° bewirkt die inhomogene Dehnungsverteilung, auf Grund lokaler Fremdstoffentmischung, ein schnelles Anwachsen der Hohlräume entlang dieser Ebenen, was zu Abgleiten u. einem niedrigen Scherbruch führt. M. Frenzel 78

0234 **Fließen, Kaltverfestigung und Spaltbarkeit von Einkristallen aus Tantal-Rhenium-Legierungen.** P. L. Raffo und T. E. Mitchell. (Trans. metallurg. Soc. AIME **242** (1968) 5, 907—17; Cleveland, O., NASA, Lewis Res. Center; engl.) — An Einkrist. von Ta-Re-Leg. wurde als Funktion der Konz. an Gelöstem u. der Temp. die Zug- u. Druckverformung untersucht. Die Temp.-Abhängigkeit der Fließspannung wird durch steigende Re-Geh. (bis ca. 10 Atom-%) vermindert. Bei tiefer Temp. tritt ein Minimum (bei ca. 2 Atom-%) als Funktion der Konz. auf. In den Leg. wurde drei Stufen-Härtung nicht beobachtet. Elektronenmkr. Aufnahmen zur Unters. der Versetzungen werden beschrieben. Die Leg. weisen mit zunehmendem Re-Geh. mehr Neigung zu Spaltbarkeit auf. Dabei ist ein Ansteigen der Fließspannung von größerem Einfl. als eine Änderung der Spalt-Kraft. Leg.-Bldg. vermindert augenscheinlich bei tiefen Temp. die Peierls-Spannung von kub.-raumzentrierten Metallen durch Erleichterung der Keimbldg. von Kinks an Atomen des gelösten Stoffs auf Schraubenversetzungen. Höhere Konz. an Gelöstem lassen die Fließspannung weiter ansteigen. Quant. Berechnungen u. Vgl. mit anderen kub. raumzentrierten Leg.-Syst. zeigen, daß der vorherrschende Härtungsmechanismus durch die Wechselwrkg. von Versetzungen mit den Atomen des gelösten Stoffs in der Nähe ihrer Gleitebenen zustande kommt. Die Wechselwrkg. ist so lokalisiert, daß die Kern-Dilatation der Versetzungen von Wichtigkeit sein kann. E. Schulte 78△

0235 **Entwicklung der Erosionszerstörung in Metallen durch wiederholten Aufschlag kleiner Flüssigkeitstropfen.** K. H. Jolliffe. (Proc. Roy. Soc. [London], Ser. A **308** (1968) 1473, 193–205; Central Electricity Res. Labor., Leatherhead, Surrey; engl.) — Die Erosion von *Pb, Cu* u. rostfreiem *Stahl* durch wiederholten Aufprall von W.-Tropfen mit einer Geschw. bis zu 300 m/s wurde untersucht. Die Oberflächenveränderung wird lichtopt. u. elektronenopt. ausgewertet. Es treten Grübchen u. bei $> 10^3$ Impakten kleine Krater auf. An den Aufschlagstellen wurde ein Anstieg der Mikrohärte um mehr als 40 kg/mm² beobachtet. Die gestörte Oberflächenschicht ist etwa 200 μm dick. H. Harenz 78

0236 **Ordnung–Unordnungs-Phänomene. 4. Mitt. Anomale Volumenänderungen von Ammoniumchlorid.** Carl W. Garland und Robert A. Young. (J. chem. Physics **48** (1968) 1, 146–48; Dep. of Chem., MIT, Cambridge, Mass.; engl.) — **3.** vgl. C. **1967**, 22-0257. — Das früher (**1. Mitt**) entwickelte Ising-Modell mit kompressiblem Charakter vermag zu zeigen, daß die auf Ordnungsvorgängen beruhenden anomalen Änderungen des Molvol. wesensgleich mit den anomalen Änderungen der Elastizitätskonst. c_{44} sind. Demnach sind die Änderungen von V u. von c_{44} durch das Verh. der Konfig.-Energie bestimmt. An Hand von experimentellen Daten für NH_4Cl wird diese Äquivalenz im Bereich des λ-Punktes bei 1 atm u. bei höheren Drücken demonstriert. A. Blaschette 80

0237 **Dilatometer für Messungen im Temperaturbereich 100–1000° bei verschiedenen Drücken des Gasmediums.** V. Ja. Čechovskoj und V. A. Petuchov. (Teplofiz. vysokich Temperatur **6** (1968) 2, 293–97; Inst. vysokich temp. AN SSSR; russ.) — Beschreibung einer App. zur Messung des Wärmeausdehnungskoeff. von Festkörpern in Gasmedien bei Drücken von 10^{-5} Torr bis 3 at. Als Beispiel werden Messungen an *Mo* beschrieben. H. Roschkowski 80

0238 **Äquipräsenz und konstitutive Gleichungen für starre Wärmeleiter.** Bernard D. Coleman und Morton E. Gurtin. (Z. angew. Math. Physik [Basel] **18** (1967) 2, 199–208; Mellon Inst., Pittsburgh, Pa.; engl.) — Übersicht über Anwendungen des Äquipräsenzprinzips von Truesdell (1949) in der Theorie der Wärmeleitung u. eine neue Formulierung u. Verallgemeinerung in dieser Hinsicht. A. Jaeschke 82

0239 **Wärmeleitfähigkeit von Metallen bei hohen Temperaturen nach der Methode von Jain und Krishnan.** 1. Mitt. **Nickel.** S. C. Jain und T. C. Goel. (J. Physics, D (Brit. J. appl. Physics) [2] **1** (1968) 5, 573–80; Phys. Dep., Indian Inst. of Technol., New Delhi; engl.) — Mit Hilfe der verbesserten Meth. von Jain u. Krishnan werden die Wärme- u. elektr. Leitfähigkeit sowie das integrale u. das spektrale Emissionsvermögen von Ni bei Temp. zwischen 1150 u. 1400°K gemessen. H.-D. Schenke 82

0240 **Temperaturleitfähigkeit des Eisens und eines austenitischen Stahles im Bereich hoher Temperaturen.** Horst Gonska, Werner Kierspe und Rudolf Kohlhaas. (Z. Naturforsch. **23a** (1968) 5, 783–85; Inst. für Theoret. Phys., Univ. Köln; dt.) — Eine modifizierte Meth. zur Best. der Temp.-Leitfähigkeit wird beschrieben. u. auf reines Fe sowie austenit. Stahl *X8CrNiMoNb1618* (0,05 C, 0,67 Si, 1,3 Mn, 15,8 Cr, 1,39 Mo, 15,8 Ni, 0,84 Nb u. 0,001 N_2) angewendet (Zimmertemp. bis 1000°). Die Meth. ist auch zur Messung an schlecht temperaturleitenden hochlegierten Fe-Werkstoffen einzusetzen. M. Frenzel 82

0241 **Wärmewiderstand des Kontaktes zwischen Isolatoren.** Y. Baer. (Physik kondens. Materie **8** (1968) 1, 1–30; Labor. für Festkörperphys. der ETH, Zürich; franz.) — Der Wärmewiderstand des Kontaktes zwischen 2 polierten *Saphir*-Flächen wurde im Ultrahochvakuum von 15–300°K gemessen. Der Kontaktwiderstand läßt sich in 2 Anteile zerlegen, nämlich den Konstriktionswiderstand u. den Oberflächenwiderstand. Zur Beschreibung des letzteren wird ein Modell vorgeschlagen, das mit Hilfe von 2 Parametern die Phononenstreuung an den Grenzflächen berücksichtigt. Die Temp.- u. Kraftabhängigkeit sowie der Einfl. der verschiedenen Oberflächenbehandlungen lassen sich mit diesem Modell interpretieren. Ferner wird der Wärmekontakt zwischen rauhen Flächen untersucht. Die Theorie läßt sich für diesen Fall verallgemeinern. D. Hoene 82

0242 **Diffusionsuntersuchung unter Bedingungen eines Übergangsdruckes.** Ju. Ja. Hrec'kyj, L. N. Larikov, A. T. Nazarčuk, Ju. A. Sterenbohen und V. M. Fal'čenko. (Ukrains'kij fiz. Ž. **13** (1968) 5, 751–55; Inst. metalofiz. AN URSR, Kyïv; ukrain., Auszug: engl.) — Unters. über Diffusionsvorgänge in Festkörpern bei Übergangsdrücken. Mittels der radioakt. Isotopen ^{60}Co u. ^{59}Fe wird an *Ti* u. *Armco-Eisen* gezeigt, daß der Übergangsdruck bei Schmelzbedingungen keinen wesentlichen Einfl. auf die Diffusionsbeweglichkeit der Atome ausübt. Wahrscheinlich ist die Zeit (bis zu 1 s) zu kurz, bei der die Oberflächenschicht unter starken Deformationsbedingungen steht, im Vgl. zum gesamten Schmelzvorgang (10 Min.). I. Zoll 84

0243 **Analyse der Gleichung der heterogenen Beimengungsdiffusion während der Wechselwirkung von festen und flüssigen Metallphasen.** V. S. Novosadov, A. A. Nuždin und M. Ch. Šoršorov. (Fiz. Chim. Obrabotki Mater. **1968,** 1, 42–48; Moskva; russ.) — Die Gleichung von Jost (1948) für die heterogenen Beimengungsdiffusion in der Berührungszone einer festen u. einer fl. Phase erlaubt eine Best. der Entw.-Intensität von Prozessen chem. Inhomogenität ohne Berücksichtigung der Ggw. eines Zweiphasengebietes u. einer laminaren Fl.-Schicht an der festen Hand. Durchführung einer Beurteilung des Einfl. der veränderlichen Parameter: Verteilungskoeff., Diffusionskoeff. u. Berührungsdauer auf die Genauigkeit der mit der Jost-Gleichung erreichbaren Resultate. Es zeigt sich, daß bei einem Beimengungs-Diffusionskoeff. in der festen Phase unterhalb von 10^{-8} cm²/s die Notwendigkeit der Berücksichtigung des wirksamen Verteilungskoeff. entfällt, wodurch die allg. Form der Gleichung wesentlich vereinfacht wird. H. Hochstein 84

0244 **Diffusion von Verunreinigungen an Oberflächen.** P. G. Shewmon. (Surface Sci. [Amsterdam] **6** (1967) 2, 293–96; Dep. of Metallurg. Mater. Sci., Carnegie Inst. of Technol., Pittsburgh, Pa.; engl.) — Vf. untersucht theoret. die Fremd- u. arteigene Oberflächendiffusion u. stellt fest, daß offenbar kein Einfl. der Oberflächenspannung, die bei Fremdadsorption erniedrigt wird, auf den Oberflächendiffusionskoeff. D_s vorhanden ist. Die Änderung der Adsorptionsenthalpie mit dem Bedeckungsgrad erhöht jedoch D_s. Bei Tracerunters. von Fremdmol. ergibt sich gegenüber der Eigendiffusion bei gleicher Beweglichkeit der Mol. ein höherer D_s-Wert. A. Jaeschke 84

0245 **Berechnung des Einflusses starker elektrischer Felder auf die Aktivierungsenergie der Oberflächendiffusion.** I. L. Gufel'd. (Fiz. tverdogo Tela **10** (1968) 3, 940–41; russ.) — Die Analyse experimenteller Literaturdaten für *W* u. *Mo* zeigt, daß die Erniedrigung der Oberflächendiffusions-Aktivierungsenergie in elektr. Feldern ($\sim 10^7$–10^8 V/cm) durch eine Polarisationstheorie zu erklären ist. K. Jaeger 84

0246 **Aktivierungsenergien für die Spaltgasabgabe aus UO_2.** Kiyoshi Inoue und Kaoru Taniguchi. (J. nuclear Technol. [Tokyo] 4 (1967) 5, 260–61; Hitachi Central Res. Labor., Koiga kubo, Kokubunji, Tokyo; engl.) — Theoret. Betrachtungen auf der Grundlage der Defektplatztheorie (defect-trap theory) mit folgenden Schlußfolgerungen: 1. Die Aktivierungsenergie für die Spaltgaswanderung durch UO_2-Matrix beträgt ca. 30 kcal/Mol. 2. Die Aktivierungsenergie für die Ausheilung von Leerstellen im UO_2-Gitter (erzeugt durch Spaltungsrk.) beträgt ca. 20 kcal/Mol. 3. Die zur Ausheilung von mit Spaltgasatomen besetzten Defektstellen erforderliche Aktivierungsenergie beträgt ca. 40 kcal/Mol. Daraus ergibt sich für die Aktivierungsenergie der Spaltgas-

abgabe bei der Ausheilung nach der Bestrahlung ein Wert von ca. 70 kcal/Mol (oder mehr).
D. Ertel 84

0247 **Xenonabgabe aus gesintertem UO_2 bei niedrigen Temperaturen.** Kiyoaki Taketani und Katsuichi Ikawa. (J. nuclear Sci. Technol. [Tokyo] 4 (1967) 12, 589–94; J. A. E. R. I., Tokaimura, Ibaraki-ken; engl.) – Unters. der Xe-Abgabe aus leicht gesintertem UO_2 durch Erhitzen im Vakuum auf 400–800°. Nach dem anfänglichen Schwall folgt die Xe-Abgabe dem Diffusionsmodell. Aus einer Arrhenius-Darst. der Diffusionskoeff. ergibt sich eine Unstetigkeit bei 600°; unterhalb dieser Diskontinuität beträgt die Aktivierungsenergie 3,4 kcal/Mol, oberhalb 36 kcal/Mol. Vf. erklären die Unstetigkeit durch Überlagerung eines Prozesses. Der anfängliche Schwall läßt sich nicht durch die Annahme einer Oberflächenox. erklären. Aus Unters. über die Temp.-Abhängigkeit der „bursts", über die spezif. Oberfläche u. über den Prozentanteil des „bursts" an der gesamten Xe-Abgabe schließen Vf. auf eine aktivierte Xe-Entw. aus einer ca. 5 Å dicken Oberflächenschicht als Ursache für das „burst"-Phänomen. D. Ertel 84

0248 **Untersuchung keramischer Kernbrennstoffe mit Hilfe einer Spaltgasabgabekreislaufapparatur.** 1. Mitt. **Spaltgasabgabe aus einer UO_2/Graphit-Mischung während der Bestrahlung.** Seishi Yajima, Yūichirō Kamemoto, Koreyuki Shiba, Muneo Handa, Shigeru Yamagishi, Takeshi Fukuda, Yoshihisa Takahashi, Takaaki Tanifuji und Shunzo Omori. (J. nuclear Sci. Technol. (Tokyo) 4 (1967) 4, 164–70; Res. Inst. for Iron. Steel and other Metals, Tohoku Univ., Sendai; engl.) – 2. vgl. ibid. 4 (1967) 5, 231–38. – Die Abgabegeschw. von Kr u. Xe steigt proportional zum Neutronenfluß ($6 \cdot 10^{10}$–$6 \cdot 10^{12}$ n/cm² s) u. exponentiell mit der Temp. (400–1000°). Beim raschen Erhitzen der UO_2/Graphit-Mischung beobachten Vf. einen „burst" bei der Spaltgasabgabe. Diese Ergebnisse erklären Vf. durch einen Mechanismus, bei dem Spaltgasatome zunächst in Graphit-Defektstellen fixiert u. beim Ausheilen dieser Defekte verdrängt werden.
D. Ertel 84

0249 **Untersuchung der Abgabe von Rückstoß-Xenon aus Graphit.** 1. Mitt. **Temperung.** Kazumi Iwamoto und Jun Oishi. (J. nuclear Technol. [Tokyo] 4 (1967) 5, 223–30; Tokai-mura, J. A. E. R. I.; engl.;) – Zur Erklärung der komplizierten Erscheinungen bei der Abgabe von Rückstoß-Xenon aus natürlichem Graphit diskutieren Vf. einem auf dem Fallenmodell (trap model) basierenden Mechanismus. Während der Ausheilung wird Xe freigesetzt, das in den Fehlstellen des Graphitgitters fixiert war. Es diffundiert zwischen den Gitterebenen zur Oberfläche u. wird dort desorbiert. Die mathemat. Behandlung ergibt, daß während der Ausheilung (Temp.-Steigerung $< 5°$/Min.) die Diffusion des freigesetzten Xe ohne nennenswerten Einfl. auf die Xe-Abgabe aus Graphit ist. D. Ertel 84

0250 **Korrelation zwischen Aktivierungsenergien für stationäres Kriechen und Selbstdiffusion in BeO.** M. S. Seltzer. (J. nuclear Mater. [Amsterdam] 26 (1968) 2, 232–34; Metal Sci. Group, Battelle Mem. Inst., Columbus, O.; engl.) Herbert Weber 84

0251 **Messung des Selbstdiffusionskoeffizienten von Cadmium.** Władysław Chomka. (Zeszyty naukowe Politechn. Gdańskiej, Fizyka **1967**, 1, 39–44; II. Kat. Fiz.; pol., Auszug: engl.) – Die Messung des Koeff. in Cd-Einkrist. erfolgte mit Hilfe der integralen Restmeth. u. von ^{115}Cd. Die Temp.-Abhängigkeit des Koeff. D folgt der Beziehung $D = 0{,}14 \exp(-19300/RT)$.
Rolf Heyer 84

0252 **Messung des Korngrenzen-Selbstdiffusionskoeffizienten in Silber.** Andrzej Sobaszek. (Nukleonika [Warszawa] 13 (1968) 3, 279–88; Chair of Radiolog., Warsaw Techn. Univ., Warszawa; engl.) – Auf der Basis der Theorie von Levine u. Mac Callum wird eine neue Absorptions-Meth. entwickelt, mit der der Korngrenzen-Selbstdiffusions-Koeff. von ^{110}Ag in Ag gemessen wird. Unter Annahme eines Gitter-Selbstdiffusions-Koeff. von $D_L = 0{,}4 \exp(-44000/RT)$ cm²/sec ergibt sich für den Korngrenzen-Selbstdiffusions-Koeff. bei Temp. bis 743 °K u. einem mittleren Kornradius von 40 µm $D_B = (0{,}063 \pm 0{,}023) \exp(-18900 \pm 470)/RT)$ cm²/sec. Obwohl die Diffusionszeiten maximal nur 4 Std. betrugen, gestattet die neue Meth. eine sehr genaue Best. von D_B.
W. Laqua 84

0253 **Mechanisches Spektrometer zur Analyse der Energieverteilung von zerstäubten Atomen von Kupfer oder Gold.** M. W. Thompson, B. W. Farmery und P. A. Newson. (Philos. Mag. [8] 18 (1968) 152, 361–76; School of Math. and Phys. Sci., Univ. of Sussex, Brighton; engl.) – Benutzung eines Laufzeitverf. zur Best. des Energiespektrums von Atomen, die durch Ionenbeschuß eines Metalltargets emittiert werden. Die Nd. wurden durch Autoradiographie nachgewiesen, wobei die Cu- oder Au-Targets vorher durch Bestrahlung mit therm. Neutronen aktiviert worden waren.
Herbert Weber 86

0254 **Energiespektrum von ejektierten Atomen während der Zerstäubung von Gold mit hoher Energie.** M. W. Thompson. (Philos. Mag. [8] 18 (1968) 152, 377–14; engl.) – Vgl. vorst. Referat. – Unter Benutzung des l.c. beschriebenen Verf. wird das Energiespektrum der zerstäubten Atome für verschiedene Au-Proben (Einkrist. u. polykrist. Proben) bestimmt. Die Richtungen ⟨110⟩, ⟨100⟩ u. ⟨121⟩ der Ejektion wurden gewählt. Zum Beschuß wurden 43-keV-Ar^+, 43-keV-Xe^+ oder 66-keV-Xe^+ benutzt. Die Energien der ejektierten Atome erstreckten sich von einigen 10^{-2} eV bis zu ca. 10^4 eV. Im allg. wurde ein Peak im Energiespektrum zwischen 1 u. 10 eV beobachtet. Auf der Seite hoher Energie dieses Peaks verhält sich das Spektrum ungefähr wie E^{-2}, jedoch mit wesentlichen Abweichungen bes. für ⟨100⟩-Ejektion. Es wird ein theoret. Modell entwickelt, in dem die Ejektionen hauptsächlich aus der Erzeugung einer Atomstoßkaskade durch das Beschuß-Ion resultieren. Aus einem Vgl. der theoret. u. beobachteten Spektren kann gefolgert werden, daß für einfache fokussierte Stoßfolgen entlang der ⟨110⟩-Reihen die max. Energie der Fortpflanzung 167 ± 25 eV ist u. die max. Reichweite mindestens 21 Stöße beträgt. Für ⟨100⟩-assistierte Folgen ist die Energiegrenze 500 ± 100 eV u. die max. Reichweite ca. 23 Stöße. die effektive Bindungsenergie zur Au-Oberfläche variiert von 2,5–4,1 eV. Ein zwischenatomares Potential für Au wird abgeleitet. Herbert Weber 86

0255 **Energiespektren für Kupfer.** B. W. Farmery und M. W. Thompson. (Philos. Mag. [8] 18 (1968) 152, 415–24; engl.) – Vgl. vorst. Referate. – Im Cu werden im allg. ähnliche Ergebnisse wie für Au gefunden, doch mit einer Reduzierung aller Fokussierungsenergien. Nahe der ⟨110⟩-Richtung können die Spektren wieder in Termen von Zufallskaskaden plus fokussierten Stoßfolgen verstanden werden. Die ⟨110⟩-Fokussierungsenergie wird zu 50 ± 10 eV bestimmt. Beim Wechsel von Ar^+ zu Xe^+ bei 43 keV bleibt die apparente Fokussierungsenergie ungeändert. In der ⟨100⟩-Richtung zeigt das Spektrum wieder den Effekt der Zufallskaskaden plus fokussierter Stoßfolgen mit einer Fortpflanzungsgrenze von 320 ± 50 eV.
Herbert Weber 86

0256 **Struktur des aus kristallinem Germanium durch Beschuß mit Argonionen entstandenen amorphen Germaniums.** P. V. Pavlov und D. I. Tetel'baum. (Doklady Akad. Nauk SSSR **175** (1967) 4, 823–25; Gor'kovskij issl. fiz.-techn. inst.; russ.) – Bei $2 \cdot 10^{-5}$ Torr werden auf NaCl aufgedampfte, 500 Å dicke *Ge*-Schichten mit 1000 µCoul/cm² 50 keV-Ar-Ionen bei Ionenstromdichten von ca. 4 µA/cm² beschossen. Durch Elektronenbeugung werden die amorphe Struktur der bestrahlten Schicht nachgewiesen u. die Atomverteilung ermittelt.
Heinz Vogel 86

0257 **Bildung dünner In_2O_3-Schichten bei reaktiver Kathodenzerstäubung.** V. M. Vajnštejn, L. G. Gerasimova und I. N. Nikolaeva. (Izvest. Akad. Nauk SSSR, Neorg. Mater. 4 (1968) 3, 357–61; russ.) – Durch Kathodenzerstäubung in einer Entladungskammer mit planparallelen Elektroden wurden legierte u. unlegierte 0,75 µ starke In_2O_3-Schichten erzeugt (In-Kathoden mit Sn- u. Cd-Geh. bis 5 bzw. 2%, Spannung zwischen den Elektroden 3,6 kV, Stromdichte 0,6–0,8 mA/cm², Gasgemisch 55% Ar + 45% O_2, Abstand zwischen den Elektroden 4 cm, Temp. der Unterlage zum Auftragen der dünnen Schicht 300°, Wachstumsgeschw. der dünnen Schicht 120 Å/Min.) u. ihre Struktur untersucht. Zunehmende Schichtdicke führt zur Verdichtung der Struktur u. zum Anwachsen der Korngröße (Elektronenmikrophotographie), das Wachstum der Krist. erfolgt hauptsächlich in der Richtung [111]. Die In_2O_3-Schichten sind polykrist. u. haben ein kub. Gitter, die Größe der Mikrokrist. beträgt 0,03—0,2 μ. Die Größe der Mikrokrist. in den dünnen Schichten wird hauptsächlich durch die Temp. der Unterlage bestimmt. Die Eig. der dünnen Schichten hängen von der Zus. des Gasgemisches ab, in dem die Zerstäubung erfolgt. B. Karos 86

0258 **Ähnlichkeit der Erholung von kubisch flächenzentrierten und hexagonalen Metallen nach Bestrahlung bei niedriger Temperatur.** D. Schumacher, J. C. Nicoud, J. Delaplace und J. Hillairet. (Physics Letters [Amsterdam] **25 A** (1967) 8, 610—11; Dép. de Métallurgie, Centre d'Etudes Nucléaires de Grenoble; franz.) — Die Erholung des elektr. Widerstandes u. die Freisetzung der gespeicherten Energie von *Be* nach Neutronen- u. Elektronenbestrahlung zeigt gegenüber *Al* auffallende Ähnlichkeit. W. Menz 86

0259 **Messung der beim Beschuß von dicken Targets mit 0,5-, 1- und 2-MeV-Elektronen entstehenden Ionisationsverteilungen.** H. Aiginger und E. Gonauser. (Atomkernenergie **13** (1968) 1, 33—37; Beschleunigerabteilung, Atominst. der Österreich. Hochschulen, Wien; dt.) — Die von 0,5-, 1- u. 2-MeV-Elektronen erzeugten Tiefenionisationsverteilungen in *Be, Al, Cu, Ag* u. *Au* wurden mit einer luftgefüllten Parallelplatten-Ionisationskammer gemessen. Die Kenndaten der Verteilung sind als Funktion der Ordnungszahl dargestellt. Das Verhältnis der Oberflächenionisation zur maximalen Ionisation ist für alle Elemente u. Energien 0,62 ± 0,03. Heinrich J. Schroeder 86

0260 **Winkelverteilung der Vernichtungsstrahlung von plastisch deformiertem Aluminium.** S. Berko und J. C. Erskine. (Physic. Rev. Letters **19** (1967) 6, 307—09; Brandeis Univ., Waltham, Mass.; engl.) — Es wurden die 2γ-Winkelkorelationskurven von plast. deformiertem u. ausgeheiltem Al aufgenommen. Die Kurven nach Kaltbearbeitung zeigen eine Verengerung der Impulsverteilung für $\Theta < \Theta_F$ sowie eine Verschmierung in der Nähe von Θ_F. Es wird angenommen, daß die Positronen in Bereichen kleiner Elektronendichte vernichtet werden. H. Liepack 86

Optische Eigenschaften

0261 **Nichtlineares elektromagnetisches Verhalten von Bloch-Elektronen in einem Magnetfeld. 1. Mitt. Effektive Masse-Näherung für ein Band.** S. S. Jha und C. S. Warke. (Nuovo Cimento, B [10] **53** (1968) 1, 120—35; Tata Inst. of Fundamental Res., Bombay; engl.) — Berechnung der opt. Nichtlinearitäten mit den bekannten Ausdrücken für die lineare Stromdichte für Faraday-Effekt u. Zyklotronresonanz, wenn die einfallende Welle in anderer Richtung als die des magnet. Gleichfeldes polarisiert ist. Sind jedoch zwei der Fundamentalwellen (ω_1, ω_2) in Richtung des magnet. Gleichfeldes polarisiert, so hat die induzierte bilineare Stromdichte Zyklotronresonanzen bei $2\omega_1$, $2\omega_2$ u. $\omega_1 \pm \omega_2$, bei Polarisation in beliebigen Richtungen auch bei ω_1 u. ω_2. H. Liepack 91

0262 **Anwendung der Dispersionsbeziehungen nach Kramers-Kronig zur Bestimmung der bei der Reflexion von Licht an dünnen dielektrischen Schichten hervorgerufenen Phasenverschiebung.** E. A. Lupaško, V. K. Miloslavskij und I. N. Škljarevskij. (Optika i Spektroskopija **24** (1968) 2, 257—62; russ.) — Mittels der Dispersionsbeziehungen kann die Phasenverschiebung ermittelt werden. Die Messungen wurden an *ZnS*-Schichten von 650 u. 3260 Å Dicke durchgeführt. M. Wiedemann 92

0263 **Optische Eigenschaften von Germaniumfilmen im Bereich 1—5 μ.** J. Wales, G. J. Lovitt und R. A. Hill. (Thin solid Films [Amsterdam] **1** (1967) 2, 137—50; Stand. Telecommun. Labor., Harlow, Essex; engl.) — Ge-Filme wurden durch Aufdampfen auf Saphir, Glas u. Quarz hergestellt u. ihr Brechungsindex u. Absorptionskoeff. bei 1—5 μ bestimmt. Der Brechungsindex ist stets höher als der kompakten Materials, der Absorptionskoeff. nimmt weniger stark mit steigender Wellenlänge ab als bei massiven Proben. H. Roschkowski 92

0264 **Optische Absorption und Struktur dünner Metallfolien.** L. E. Murr und W. R. Bitler. (Mater. Res. Bull. **2** (1967) 8, 787—98; Dep. of Metallurgy, Pa. State Univ., Univ. Park, Pa.; engl.) — Eine elektronenmikr. Unters. der Struktur von im Vakuum aufgebrachten *Au*- u. *Ag*-Schichten (150—1200 Å dick) mit beträchtlichen Korngrößenunterschieden zeigte in Verb. mit Messungen der opt. Absorption im Bereich 0,30—0,75 μ, daß die Absorption durch die Fehlstruktur der Metalle nicht beeinflußt wird. Es wird gefolgert, daß frühere Unters. der Absorption durch starke Oberflächenverunreinigungen u. Oberflächenrauheit verfälscht waren. Schwankungen der Absorption können dabei nicht auf eine Variation der inneren Struktur zurückgeführt werden. Diese Schlußfolgerungen gelten nicht für Proben mit einer Dicke < 100 Å oder bei Korngrößen < 100 Å sowie für die Abhängigkeit der opt. Absorption von der Zus. in Leg.-Systemen. H. D. Schwartz 92

0265 **Absorptionsmessungen an Kupfer, Silber, Zinn, Gold und Wismut im fernen Ultraviolett.** R. Haensel, C. Kunz, T. Sasaki und B. Sonntag. (Appl. Optics **7** (1968) 2, 301—06; DESY, Hamburg-Gr.-Flottbek; engl.) — An bis 6000 Å dicken Aufdampfschichten von Cu, Ag, Sn, Au bzw. Bi auf Zaponlackträgern wird mit Hilfe der Synchrotonstrahlung des mit 6 GeV-Elektronen arbeitenden DESY die opt. Absorption für Strahlung mit Wellenlängen λ zwischen 50 u. 340 Å untersucht; die Abhängigkeit von Absorptionskoeff. u. effektiver Elektronenzahl von λ ist graph. angegeben. Die Ergebnisse werden mit theoret. abgeleiteten Werten verglichen. Herbert Müller 92

0266 **Herstellung und Eigenschaften von im Vakuum aufgedampften Thoriumfluoridschichten.** W. Heitmann und E. Ritter. (Appl. Optics **7** (1968) 2, 307—09; Forsch.-Inst. Fernmeldetechn. Zentralamt DB, Darmstadt; engl.) — Unter Verw. von ThF_4 bzw. $ThOF_2$ verschiedener Herst. als Quellenmaterialien werden auf Quarzglasträger bei Restgasdrücken von $3 \cdot 10^{-6}$ Torr mit Geschw. von 12 nm/s ca. 0,6 μ dicke Schichten von ThF_4 aufgedampft. Bei Quellentemp. von ca. 1000° erfolgt bei $ThOF_2$ Zers. unter Bldg. von ThF_4 u. ThO_2. Von den Schichten wird die Transmission im Wellenlängenbereich 0,2—15 μ untersucht. Da die Schichten in diesem Bereich prakt. absorptionsfrei sind, liefern die Meßwerte nach dem Verf. von Koppelmann et al. (1956) die Brechungsindices; die Werte sind graph. angegeben. Die Schichten sind röntgenamorph u. besitzen eine relativ glatte Oberflächenstruktur. Ihre DK beträgt bei 10^3 Hz $\varepsilon = 13$. Herbert Weber 92

0267 **Untersuchung der Ätzgeschwindigkeit und des Brechungsindexes von Siliciumnitridfilmen mit einem Ellipsometer.** A. N. Saxena und O. Tkal. (J. electrochem. Soc. **115** (1968) 2 Part 1, 227—28; Res. and Develop. Labor., Sprague Electr. Comp., North Adams, Mass.; engl.) — Siliciumnitridfilme wurden nach zwei Meth., 5300 Å u. 4000 Å dick, auf (111)-10Ωcm-p-Typ-Si niedergeschlagen u. mit einem Ellipsometer mit Licht von 5461 Å Wellenlänge untersucht. Die Differenz im senkrechten u. parallelen Anteil Δ des reflektierten Lichtes u. der Faktor tg Ψ, mit dem sich die Amplitude beider Komponenten ändert, wurden nach stufenweiser Ätzung in HF gemessen. Die Änderung von Δ u. Ψ mit der Filmdicke, die nach der Ellipsometergleichung gegeben ist, wird graph. dargestellt. Die Ätzgeschw. in konz. HF u. der Brechungsindex werden berechnet. R. Zimmer 92

0268 **Einfache Immersionsmethode zur Bestimmung des Brechungsindex dünner Siliciumdioxidfilme.** A. M. Kauffman. (Thin solid Films [Amsterdam] **1** (1967) 2, 131—36; Central Res. Labor., Assoc. Electr. Ind. Ltd., Rugby, Warwickshire; engl.) — Der Brechungsindex n von SiO_2-

Filmen wird durch Einbetten in Bzl. bestimmt, dem zum Angleichen an n von SiO_2 Aceton zugemischt wird, bis die Interferenz des Films verschwindet.
H. Roschkowski 92

0269 **Dickenmessungen von Siliciumdioxid-Schichten auf Silicium durch Infrarot-Techniken.** J. E. Dial, R. E. Gong und J. N. Fordemwalt. (J. electrochem. Soc. **115** (1968) 3, 326—27; Microelectronics Div., Philco-Ford Corp., Santa Clara, Calif.; engl.) — Vf. bestimmten die Schichtdicken von SiO_2-Schichten (teilweise aus Dampf gewachsen) auf Si mit Hilfe von IR-Messungen der SiO_2-Absorptionsmax. bei 12,1; 21,9 u. 9,2 μ u. der opt. D. der Schichten unter Benutzung des Gesetzes von Lambert-Bouguer. E. Otto 92

0270 **Optische Konstanten in Li–Ammoniak-Lösungen im metallischen Bereich.** J. C. Thompson und W. T. Cronenwett. (Advances in Physics **16** (1967) **63**, 439 bis **447**; Univ. of Tex.; engl.) — Die opt. Konst. ε_1 u. ε_2 (komplexe relative DK $\varepsilon = \varepsilon_1 - i\varepsilon_2$) von Li–Ammoniak-Lsg. im metall. Konz.-Bereich u. am metall. Ende des Mott-Übergangsbereichs wurden unter Benutzung der Ellipsometrie gemessen. Die Photonenenergien variierten von 0,6 eV bis 2,5 eV (Fermi-Energien der Lsg. im Bereich 0,4—0,9 eV). Die Ergebnisse im metall. Bereich sind in qual. Übereinstimmung mit der einfachen Drude-Theorie, zeigen jedoch wellenlängenabhängige Relaxationszeiten, wahrscheinlich infolge der relativ hohen Photonenenergien. Die Ergebnisse sprechen für den Standpunkt, daß diese Lsg. einfache Metalle sind, obwohl die Elektronendichte im Vgl. zu gewöhnlichen Metallen niedrig ist. Herbert Weber 92

0271 **Wärmeeffekt bei der Reaktion eines Rubinlaserbündels mit „durchsichtigen" Kristallen.** V. M. Vatul'ov und A. M. Kamuz. (Ukraïns'kyj fiz. Ž. **12** (1967) 7, 1200—02; Kyïv, AN URSR, Inst. fiz.; ukrain.) — Vgl. C. **1967**, 14-0397. — Unter der Einw. eines Laserimpulses auf Krist. von *CdS, ZnS, CdS–CdSe* u. *GaSe* erfolgt eine Verschiebung der Absorptionskante nach längeren Wellen. Der Temp.-Effekt beträgt bei CdS u. ZnS ca. 10°, bei GaSe u. CdS–CdSe ist er größer. R. K. Müller 92

0272 **Phasenmethode zur Messung der Temperatur einiger anisotroper Kristalle.** G. V. Krivoščekov, S. I. Marennikov und Ju. N. Polivanov. (Fiz. tverdogo Tela **10** (1968) 3, 953—55; Inst. fiz. poluprovodnikov SO AN SSSR, Novosibirsk; russ.) — Beschreibung eines Verf. zur Temp.-Messung von Krist. mit Hilfe der Temp.-Veränderung ihrer Doppelbrechung. Anwendung auf KH_2PO_4. H. Roschkowski 92

0273 **Modulation von infrarotem Licht unter Verwendung eines $LiNbO_3$-Kristalls.** E. R. Mustel', V. N. Parygin und V. S. Solomatin. (Vestnik Moskovskogo Univ., Ser. III **23** (1968) 1, 109—12; Kaf. fiz. kolebanij; russ.) — Die Frequenzcharakteristik der IR-Modulation von $LiNbO_3$-Krist. mit Hilfe des elektroopt. Effekts bei 0—300 MHz wird untersucht.
H. Roschkowski 92

0274 **Schwingungselektrooptische Koeffizienten von KDP und Quarz.** R. D. Rosner, E. H. Turner und I. P. Kaminov. (Appl. Optics **6** (1967) 4, 778; Bell Telephone Labor., Inc., Crawford Hill Labor., Holmdel, N.J.; engl.) — Mit einem opt. Schwebungsmeßplatz wurden bei 0,633 μm mit zwei He–Ne-Lasern die elektroopt. Koeff. einer synthet. *Quarz*-Probe zu $r_{11} = (0{,}29 \pm 0{,}03) \cdot 10^{-12}$ m/V u. von drei *KDP*-Proben (KH_2PO_4) zu $r_{63} = (8{,}77 \pm 0{,}08) \cdot 10^{-12}$ m/V gemessen. Die Ergebnisse wurden mit Werten anderer Autoren verglichen.
K.-H. Bielicki 92

0275 **Kristallfeld in Seltenerdmetalltrichloriden.** 2. Mitt. **Austauschladungseffekte in $PrCl_3$.** S. S. Bishton, M. M. Ellis, D. J. Newman und J. Smith. (J. chem. Physics **47** (1967) 10, 4133—36; Dep. of Phys., Queen Mary Coll., London; engl.) — Die Neuverteilung der Ladung infolge Überlappung zwischen der $5s^2p^6$-Schale des Seltenerdmetallions u. den umgebenden Liganden u. der Überlappung benachbarter Liganden bewirkt eine starke Neuverteilung in den elektrostat. Beiträgen zum Krist.-Feld. Die Korrekturen ergeben Annäherung des ber. Wertes von $A_2^0\langle r^2\rangle$ an den experimentellen Wert für $PrCl_3$.
H. Liepack 94

0276 **Ligandenfeldeffekte und Struktur oxidischer Feststoffe.** 1. Mitt. **Ge^{4+}-haltige Spinellphasen.** D. Reinen. (Z. anorg. allg. Chem. **356** (1968) 3/4, 172—81; Bonn, Univ., Anorg.-Chem. Inst.; dt.) — Mit röntgenograph. u. absorptionsspektroskop. (Remissionsspektren) Meth. wurde der Einbau der $3d^n$-Kationen Zn^{2+}, Ni^{2+} u. Co^{2+} in verschiedene oxid. Spinellphasen (SP) bez. der Besetzung von oktaedr. bzw. tetraedr. Lücken in den SP ermittelt. Untersucht wurden die Mischkrist.-Reihen $Ni_{2-x}Mg_xGeO$ u. $Co_{2-x}Mg_xGeO_4$, $Ni_{2-x}Zn_{-x}GeO$ u. $Co_{2-x} \cdot Zn_xGeO_4$, $Ni_{1+x}Ge_xGa_{2-x}O_4$ u. $Co_{1+x}Ge_xGa_{2-x}O_4$; die Spektren u. Gitterkonst. sind graph. wiedergegeben. Die teilweise Substitution des Ni^{2+} u. Co^{2+} in den Normalspinellen Ni_2GeO_4 u. Co_2GeO_4 durch Zn^{2+} bewirkt eine Inversion der Kationenverteilung, wobei die inversen durch eine Mischungslücke von den normalen Mischkrist.-Phasen getrennt sind. G. Gattow 94

0277 **Ligandenfeldeffekte und Struktur oxidischer Feststoffe.** 2. Mitt. **Ge^{4+}- und Si^{4+}-haltige Olivinphasen.** D. Reinen. (Z. anorg. allg. Chem. **356** (1968) 3/4, 182—88; dt.) — 1. vgl. vorst. Referat. — Zu l.c. analoge röntgenograph. u. absorptionsspektroskop. Unters. an den Mischkrist.-Reihen $Me_{1-x}Mg_xCaGeO_4$ u. $Me_{1-x}Mg_xCaSiO_4$ mit Me = *Ni, Co* sowie $Ni_{2-x}Mg_xSiO_4$ u. $Ni_{2-x}Mg_xGeO_4$. Bei großen x-Werten werden von Ni^{2+} die Oktaederplätze der Symmetrie C_i gegenüber denen von C_s deutlich bevorzugt, was als Ligandenfeldeffekt gedeutet wird. An Hand von Verb. des Typs $A^{IV}B_2^{II}O_4$ wird die gegenseitige Stabilität der Spinell- u. Olivinstruktur diskutiert.
G. Gattow 94

0278 **Einfluß optischer Phononen auf das Profil der Absorptionsbande von Wannier-Mott-Exzitonen.** S. A. Moskalenko, M. I. Šmigljuk und B. I. Činik. (Fiz. tverdogo Tela **10** (1968) 2, 351—58; Inst. prikl. fiz. AN MSSR, Kišinev; russ.) — Theorie der Exzitonenabsorption bei tiefen Temp. für den Fall schwacher Bindung.
K. Jaeger 94

0279 **Absorptionsspektren von Exzitonen-Störstellenkomplexen in Siliciumcarbid.** I. S. Gorban', A. P. Krochmal' und S. N. Rud'ko. (Fiz. tverdogo Tela **10** (1968) 2, 396—98; Kievskij gos. univ. im. Ševčenko; russ.) — Absorptions- u. Lumineszenzanregungsspektren (2,95—3,20 eV) von p- u. n-SiC-(6H) bei 77°K. Max. bei 3,000 ± 0,003 u. 3,016 ± 0,003 eV werden Exzitonen-Störstellenkomplexen zugeordnet. K. Jaeger 94

0280 **Änderung der Bindungsenergie der Exzitonenzustände in Cu_2O bei einachsiger Verformung.** V. T. Agekjan. (Vestnik Leningradskogo Univ., Ser. fiz. Chim. **23** (1968) 4, Ser. Nr. 1, 146—47; russ., Auszug: engl.) — Die Aufspaltung der kurzwelligen Exzitonenserien in Cu_2O bei einachsiger Verformung (0—30 kg/mm²) wird untersucht. Aus den Ergebnissen wird auf die Änderung der Exzitonenbindungsenergien geschlossen. Die Veränderung des Photoleitungsspektrums des verformten Krist. im blauen Bereich entspricht der des opt. Spektrums. H. Roschkowski 94

0281 **Schrittweise optische Dreiphotonenabsorption in Silicium.** J. E. Geusic, S. Singh, D. W. Tipping und T. C. Rich. (Physics. Rev. Letters **19** (1967) 19, 1126 bis 1128; Bell Telephone Labor., Murray Hill, N.J.; engl.) — Beobachtung u. Unters. einer intensitätsabhängigen Dämpfung der 1,06 μ-Laser-Strahlung in Si bei Raumtemp., die Vf. einer schrittweisen Absortion von drei Photonen zuschreiben. R. Blank 94

0282 **Anisotropie des Zeeman-Effekts in kubischem, antiferromagnetischem Rb[MnF₃].** V. V. Eremenko, V. P. Novikov und Ju. A. Popkov. (Ž. èksper. teoret. Fiz. **54** (1968) 4, 1037—43; Fiz.-techn. inst. nizkich temp. AN Ukr. SSR; russ., Auszug: engl.) — Dublettaufspaltung in der Nähe der 25143,5-cm^{-1}-Linie für den ${}^6A_1({}^6S_{5/2}) \rightarrow {}^4A_1$, ${}^4E({}^4G)$-Übergang wird bei niedrigen Temp. beobachtet. Polarisationsunters. deuten auf magnet. Dipolstruktur des beobachteten Überganges. Die Linienaufspaltung wird eindeutig auf Änderungen der magnet. Struktur des antiferromagnet. Rb[MnF_3]-

Krist. im äußeren magnet. Feld $H > H_{kr.} = \sqrt{2H_AH_E} \approx$ 3 kOe bezogen u. findet Ausdruck in der Anisotropie des g-Faktors im angeregten Zustand des Mn^{2+}-Ions. Messungen des Zeeman-Effekts in einem starken magnet. Feld ($H_{kr.} \ll H < H_E$; $H \leq 2 \cdot 10^5$ Oe) gestatten, das effektive Feld der Austauschwechselwrkg. zwischen angeregtem Mn^{2+} u. nichtangeregten Ionen mit $H_{eff} \approx$ 140 kOe abzuschätzen. Dieser Wert ist viel kleiner als der (H_E = 890 kOe) für die Austauschwechselwrkg. im Grundzustand. E. Otto 94

0283 **Spektroskopische Untersuchungen an kondensierten Phosphaten und Phosphorsäuren.** 10. Mitt. **Die Infrarotspektren einiger Alkali- und Erdalkalimetalldiphosphate.** E. Steger und B. Kässner. (Z. anorg. allg. Chem. **355** (1967) 3/4, 131—44; Dresden, Inst. für Spez. analyt. Chem., TU; dt.) — 9. vgl. C. **1968, 44**-0291. — Die IR-Spektren (400—1300 cm^{-1}) von $Na_4P_2O_7$ (**I**), $Na_4P_2O_7 \cdot 10H_2O$, $K_4P_2O_7$ (**II**), $Li_4P_2O_7$, α-$Mg_2P_2O_7$ (**III**), α-$Ca_2P_2O_7$ (**IV**), β-$Ca_2P_2O_7$ (**V**), γ-$Ca_2P_2O_7$ (**VI**); α-$Sr_2P_2O_7$ (**VII**), β-$Sr_2P_2O_7$ (**VIII**), α-$Ba_2P_2O_7$ (**IX**) u. δ-$Ba_2P_2O_7$ werden aufgenommen u. die Banden zugeordnet. Bei den Erdalkalimetalldiphosphaten wurden folgende Phasenumwandlungen auf spektroskop. Wege beobachtet: $Ca_2P_2O_7 \cdot aq \xrightarrow{500°} \alpha \xrightarrow{500-600°} \beta \xrightarrow{1150°} \alpha$; $Sr_2P_2O_7 \cdot aq \xrightarrow{700°} \alpha$; $Ba_2P_2O_7 \cdot aq \xrightarrow{500°} \alpha \xrightarrow{790°} \delta$. — In **I** u. **II** kann als Eigensymmetrie des $P_2O_7^{4-}$-Anions C_2 oder C_s, möglicherweise auch C_{2v} angenommen werden, für **V** u. **VIII** wurde C_1 bereits röntgenograph. gefunden. Der P–O–P-Winkel ergibt sich in **I, II, V, VI** u. **VIII** zu $\sim 130°$, in **III**, δ-$Ba_2P_2O_7$, **IV, VII** u. **IX** ist er sehr wahrscheinlich größer. Bez. der zahlreichen Bandenzuordnungen s. Original.

W. Feldmann 94

0284 **Infrarotspektren der Erdalkalimetallchromate(V).** E. J. Baran und P. J. Aymonino. (Z. Naturforsch. **23b** (1968) 1, 107; Fac. de Química y Farmacia, Univ. Nacional de la Plata, Catédra de Química Inorgánica, La Plata, Argentinien; dt.) — Vf. untersuchten infrarotspektroskop. zwischen 4000 u. 600 cm^{-1} die in der Literatur bereits beschriebenen Erdalkalimetallverb. des fünfwertigen Chromats $Ca_3(CrO_4)_2$ (**I**), $Sr_3(CrO_4)_2$ (**II**) u. $Ba_3(CrO_4)_2$ (**III**) im Vgl. zu den entsprechenden Strukturdaten aus Pulverdiagrammen u. der damit ermöglichten Auslegung der Spektren mittels „Site-Symmetrie"-Regeln. Danach sind **II** u. **III** mit den entsprechenden Phosphaten isotyp (Raumgruppe D_{3d}^5 mit Z = 1) wodurch die Symmetrie von CrO_4^{3-} (**IV**) im Krist. auf C_{3v} erniedrigt wird. Eine dadurch bedingte Aufspaltung der ν_3-Schwingung tritt bei $\simeq$ 840 u. $\simeq$ 780 cm^{-1} auf, wogegen die an sich aktivierte ν_1-Schwingung wegen vermutlich zu geringer Intensität nicht gefunden werden konnte. Das Pulverdiagramm von **I** sowie das IR-Spektrum ähneln sehr dem vermutlich isotypen $Ca_3(VO_4)_2$ (Raumgruppe C_{2h}^6 mit Z = 4). Danach wird **IV** im Krist. auf C_2-Symmetrie erniedrigt. Die dadurch bedingte vollständige Aufspaltung der dreifach entarteten ν_3-Schwingung u. Aktivierung von ν_1 werden durch vier gleichstarke Banden zwischen 863 u. 713 cm^{-1} bestätigt, wobei in Anlehnung an die Beobachtungen an Orthovanadaten u. Manganaten (V) die höhere Bande (863 cm^{-1}) der ν_1-Schwingung zugeordnet wird, also $\nu_1 > \nu_3$.

R. Blank 94

0285 **Interpretation der Schwingungsspektren von Tartraten.** D. I. Alešin, L. S. Solov'ev und A. L. Judin. (Izvest. sibirskogo Otd. Akad. Nauk SSSR, Ser. chim. Nauk **1967,** 9, 11—14; Inst. fiz. SO AN SSSR, Krasnojarsk; russ.) — Die Schwingungsspektren dünner krist. Proben der seignetteelektr. u. nichtseignetteelektr. Tartrate $KNaC_4H_4O_6 \cdot 4H_2O$, $KNaC_4H_xD_{4-x}O_6 \cdot 4H_2O$, $x < 4$, $NaNH_4C_4H_4O_6 \cdot 4H_2O$, $NaNH_4$-*Tartrat*, $K_2C_4H_4O_6 \cdot 0{,}5H_2O$, $Na_2C_4H_4O_6 \cdot 2H_2O$, *rac.*-$C_4H_4O_6H_2$ u. von Seignettesalzlsg. in CS_2 bei 700—800 u. 3000—3600 cm^{-1} ändern sich bei den Phasenübergängen der seignetteelektr. Salze recht stark infolge der Kombination der innermol. u. Gitterschwingungen der OH-Bindung. Die Bromierung u. Deuterierung des Seignettesalzes wurde spektrophotometr. verfolgt. J. J. Pohl 94

0286 **Eigenschwingungen des Metall–Hydratkomplexes in $BeSO_4 \cdot 4H_2O$ und $BeSO_4 \cdot 4D_2O$.** P. Diem, K. H. Hellwege, J. Jäger, G. Schaack und F. J. Schedewie. (Physik. kondens. Materie **7** (1968) 1, 52—75; Inst. für Techn. Phys., TH, Darmstadt; dt.) — Die Reflexionsspektren (4000—300 cm^{-1}) der Verb. wurden in polarisiertem Licht bei 300 u. 14°K gemessen. Über eine Kronig-Kramers-Analyse wurden die Frequenzen der IR-akt. Übergänge bestimmt. Diese Übergänge werden inneren Schwingungen des W.-Mol. u. der SO_4^{2-}-Ionen zugeordnet, im Bereich 1000—300 cm^{-1} außerdem noch inneren u. äußeren Schwingungen der tetraedr. $Be^{2+} \cdot 4H_2O$-Komplexe. Die Schwingungsformen dieser Komplexe bestehen aus einer Überlagerung von Translations- u. Librationsschwingungen der W.-Mol. u. Translationsbewegungen des Be^{2+}-Zentralions. Die Eigenfrequenzen u. die Normalschwingungen eines derartigen Komplexes wurden in einem Zentralkraftmodell ber., die Federkonst. wurden durch Anpassung der ber. an die gemessenen Frequenzen bestimmt. Danach sind Eigenschwingungen, die hauptsächlich Translationsbewegungen der W.-Mol. beschreiben, auch in starkem Maße mit Librationsbewegungen der Mol. gekoppelt, während reine Librationsformen prakt. ohne Beimischung von Translationsanteilen existieren. Die optimalen Sätze der Federkonst. für $BeSO_4 \cdot 4H_2O$ u. $BeSO_4 \cdot 4D_2O$-Krist. sind verschieden. Sie werden durch eine Aufweitung des D_2O-Komplexes erklärt. D. Hoene 94

0287 **Schwingungsspektrum von Magnesiumsulfat–Heptahydrat (Epsomit) und Cäsiumsulfat.** P. Diem, K. H. Hellwege, J. Jäger, G. Schaack und F. J. Schedewie. (Physik. kondens. Materie **7** (1968) 1, 76—96; dt.) — Vgl. vorst. Referat. — Die Reflexionsspektren (4000—400 cm^{-1}) von einkrist. orthorhomb. $MgSO_4 \cdot 7H_2O$ u. $MgSO_4 \cdot 4D_2O$ wurden in polarisiertem Licht bei 300, 80 u. 14°K bestimmt. Die Frequenzen der IR-akt. Übergänge wurden ermittelt. Die Spektren u. ihre Temp.-Abhängigkeit werden mit denen von Cs_2SO_4 verglichen, die keine Temp.-Abhängigkeit aufweisen. Unterhalb 700 cm^{-1} treten zahlreiche verschiedene Schwingungsformen auf, die hauptsächlich aus gekoppelten Translations- u. Librationsbewegungen der W.-Mol. bestehen. Die inneren Schwingungen der SO_4^{2-}-Ionen bei ca. 1100 cm^{-1} zeigen eine Kombination zweier Festkörpereffekte im Schwingungsspektrum eines Mol.-Krist.: die 3fache Entartung der Schwingung des freien Mol. wird infolge der Deformation des Mol. im niedersymm. Krist.-Feld aufgehoben. Die Kopplung von 4 Mol. in der Elementarzelle (Resonanz- oder Korrelationsaufspaltung) bewirkt eine weitere Aufspaltung in 4 völlig getrennte Zustände, von denen 3 IR-akt. sind. Die Größe dieser Aufspaltung wird nach der Davydow-Theorie ber. (Coulomb-Wechselwrkg. der Übergangsdipole). D. Hoene 94

0288 **Ortsveränderung der Protonen bei anorganischen Feststoffen.** J. J. Fripiat, P. G. Rouxhet, H. Jacobs und A. Jelli. (C. R. Sympos. Surface Verre Traitements mod., Luxembourg **1967,** 331—41; Labor. de Phys.-chim. minér., Inst. des Sci. de la Terre, Heverlee-Louvain (Belgique); franz.) — Bei zahlreichen anorgan. Substanzen nimmt die Intensität der IR-Absorptionsbande durch die Schwingung der OH-Ionen mit steigender Temp. ab. Diese reversible Erscheinung konnte bei *Glimmer, Zeolith, Böhmit, Silicagel, Kaolinit* u. *Montmorillonit* beobachtet werden; sie ist hier auf eine Ortsveränderung der Protonen im Mineral zurückzuführen. Eine genauere Unters. des Böhmits ergibt, daß diese Erklärung die beobachteten Ergebnisse halb quant. wiedergibt. Umgekehrt erlaubt die IR-Spektroskopie die Best. der Beweglichkeit der Protonen u. damit die Unters. der Reaktivität von Feststoffen.

M. Frenzel 94

0289 **Infrarot-Spektren von Glas-Netzwerkbildnern und ihre Interpretationen.** N. F. Borrelli und G. J. Su. (Mater. Res. Bull. **3** (1968) 2, 181—92; Corning Glass Works, Corning, N.Y.; engl.) — Zwei Approximationsmeth. (lokalisiertes bzw. Gittermodell) zur Interpretation von IR-Spektren werden auf Grund experimenteller Ergebnisse u. theoret. Entw. diskutiert.

H. Korn 94

0290 **Laser-angeregte Raman-Spektren bei hohem Druck.** C. Postmus, V. A. Maroni, J. R. Ferraro und S. S. Mitra. (Inorg. nuclear Chem. Letters **4** (1968) 5, 269–74; ANL, Argonne, Ill.; engl.) — Beschreibung der App. (Diamant-Hochdruckzelle; Spectra-Physics-He–Ne-Laser Modell 125 von 90 mW Leistung; Spex-Doppelmonochromator mit einer Spaltbreite von 2 cm^{-1} Auflsg.; 0- u. 180°-Anregung) u. einiger mit *ZnSe* bzw. *HgJ_2* erhaltener Testspektren. Bei HgJ_2 liegt bei Normaldruck die rote Phase (Peak bei 119 cm^{-1}), bei mittlerem Druck ein Gemisch der roten u. der gelben Phase (Peaks bei 126 u. 143 cm^{-1}; schwache Schulter bei 138 cm^{-1}), bei hohem Druck nur die gelbe Phase vor (Peak bei 143 cm^{-1}; schwache Schulter bei 138 cm^{-1}). A. Blaschette 94

0291 **Experimentelle Beobachtung eines antisymmetrischen Raman-Streutensors.** J. A. Koningstein und O. S. Mortensen. (Nature [London] **217** (1968) 5127, 445–46; E. W. R. Steacie Building of Chem., Carleton Univ., Ottawa, Ontario, Canada; engl.) — Im Raman-Spektrum von *Eu^{3+}* (5% in *Yttrium–Aluminiumgranat*) bei 100°K ordnen Vf. zwei schwache Linien bei 286 u. 307 cm^{-1} den elektron. Raman-Übergängen zwischen dem $^7F_0$-Grundzustand u. den $^7F_1$-Termen des Eu^{3+}-Ions zu. Die Lagen der elektron. Terme stimmen ausgezeichnet mit den entsprechenden, aus opt. Fluoreszenz- u. Absorptionsspektren abgeleiteten Werten überein. Krist.-Schwingungen können wegen der Temp.-Abhängigkeit u. der Intensitäten ausgeschlossen werden. Die vom konventionellen Raman-Effekt abweichenden Auswahlregeln der elektron. Raman-Übergänge werden durch ihre gruppentheoret. Transformationseig. interpretiert. R. Blank 94

0292 **Experimentelle Untersuchung des Raman-Spektrums zweiter Ordnung des Natriumchlorids im polarisierten Licht.** Michel Krauzman. (C. R. hebd. Séances Acad. Sci., Sér. A et B **266** (1968) 3, B 186–88; Paris, Labor. des Rech. phys.; franz.) — Vf. gibt das Raman-Spektrum 2. Ordnung des *NaCl* im polarisierten Licht wieder u. ordnet analog zu Unters. an *KJ* u. *KBr* (ibid., Sér. A et B **265** (1967) 689 u. 1029) die beobachteten Werte verschiedenen Kombinationen der Krist.-Schwingungen LA, LO, TA u. TO zu. Hans Bürger 94

0293 **Niederfrequentes Raman-Spektrum ferroelektrischer Triglycinsulfatkristalle.** I. Savatinova und P. Simova. (Optika i Spektroskopija **24** (1968) 2, 218–21; russ.) — Das Raman-Spektrum von Triglycinsulfat wurde mittels Doppelmonochromator mit Diffraktionsgitter bei +49 bis −140° untersucht. Die Schwingung $\omega_2 = 79\ cm^{-1}$ ist beim seignetteelektr. Übergang akt., die $\omega_1 = 60\ cm^{-1}$ ist mit dem Phasenübergang bei 49° verbunden. Bei 0° trat die Linie 110 cm^{-1} u. bei −50° die 92 cm^{-1} neu auf, die diskutiert werden. M. Wiedemann 94

0294 **Lumineszenz von Ionenkristallen.** F. D. Klement und Č. B. Luščik. (Ž. prikl. Spektroskopii **8** (1968) 4, 545–52; russ.) — Übersicht. — 67 Literaturangaben. H. Roschkowski 96

0295 **Tieftemperatur-Lumineszenzspektren von Schwefel in Alkalimetallhalogenidkristallen.** L. Rebane. (Izvest. Akad. Nauk Est., Fiz., Mat. **17** (1968) 1, 72–77; Inst. fiz. i astron. AN Est. SSR; russ., Auszug: engl.) — Die Lumineszenzspektren von *KCl*-, *KBr*- u. *RbBr*-Krist. mit S_2^--Zentren bei 4,2°K wurden gemessen u. die auftretende Feinstruktur wird erklärt. H. Roschkowski 96

0296 **Schwingungsstruktur der Lumineszenz- und Absorptionsspektren von NO_2^--Beimengungen in Kaliumhalogenidkristallen.** R. Avarmaa. (Izvest. Akad. Nauk Est., Fiz., Mat. **17** (1968) 1, 78–82; russ., Auszug: engl.) — Vgl. vorst. Referat. — Die Lumineszenzspektren von NO_2^- in *KCl* u. *KBr* u. die Absorptionsspektren von NO_2^- in KCl-, KBr- u. KJ-Einkrist. bei 4,2°K werden aufgenommen u. die Schwingungsstruktur der Spektren diskutiert. H. Roschkowski 96

0297 **Abhängigkeit der Quantenausbeute der Lumineszenz von NO_2^--Zentren in Kaliumhalogenidkristallen von der Frequenz des anregenden Lichts.** L. Rebane und R. Avarmaa. (Izvest. Akad. Nauk Est., Fiz., Mat. **17** (1968) 1, 120–23; russ.) — Vgl. vorst. Referate. — In mit NO_2^- aktivierten *KCl*-, *KBr*- u. *KJ*-Krist. wird eine Verminderung der Lumineszenzausb. beim Übergang zu kurzwelligerem Anregungslicht (340–400 nm, Messungen bei 90°K) im Bereich einer Elektronenschwingungsbande der Beimengungsabsorption beobachtet. Die Ausb. verringert sich stufenweise bei der Anregung eines oder mehrerer lokaler Schwingungsquanten des Moleküls. H. Roschkowski 96

0298 **Wirkungsgrad der Rekombinationslumineszenz bei der photothermischen Zerstörung von F-Farbzentren in NaCl:Tl- und NaCl:Ag-Phosphoren.** E. S. Dudarev, F. N. Zaitov und Ju. L. Lukancever. (Optika i Spektroskopija **24** (1968) 1, 113–20; russ.) — An beiden Phosphoren werden die therm. u. phototherm. Lumineszenzanstiegs- u. -abklingprozesse untersucht u. der Emissionswrkg.-Grad in verschiedenen Relaxationsstadien bestimmt. Beziehungen für den Wrkg.-Grad der Rekombinationslumineszenz bei der phototherm. Zerstörung der F-Zentren u. für die Aktivierungsenergie der entsprechenden Relaxationsprozesse werden erhalten. H. Roschkowski 96

0299 **Tetragonales Lumineszenzzentrum des Eu^{3+}-Ions in CaF_2.** G. B. Bokij, L. S. Gajgerova, M. I. Gajduk, O. F. Dudnik und E. N. Murav'ev. (Doklady Akad. Nauk SSSR **178** (1968) 5, 1039–42; Inst. radiotechn. i ėlektron. AN SSSR; russ.) — Vf. untersuchen die Lumineszenz des tetragonalen Zentrums des Eu^{3+} in CaF_2 mit Hilfe spektroskop. Methoden. Impulsanregung von CaF_2–Eu^{3+} ruft einen Aufleuchteffekt der Lumineszenz für einige Linien, die zu einem Zentrum gehören müssen, hervor. Nach gruppentheoret. Betrachtungen u. Berechnungen nach der Krist.-Feldtheorie handelt es sich dabei um ein tetragonales Zentrum der Symmetrie C_{4v}. Aus den experimentell erhaltenen u. theoret. ber. Werten für die Aufspaltung der Stark-Komponenten der Niveaus ^7F_j (j = 0, 1, 2) u. ^5D_j (j = 0, 1, 2, 3) folgt, daß das opt. Spektrum des untersuchten Zentrums ausreicht, die Parameter eines tetragonalen Zentrums zu beschreiben. W. Müller-Litz 96

0300 **Einfluß ultravioletter Bestrahlung auf die Thermolumineszenz von CaF_2:Mn.** K. J. Puite. (Int. J. appl. Radiat. Isotopes **19** (1968) 4, 397–402; Assoc. Euratom Ital, Wageningen, Netherlands; engl.) — Wird bei tiefen Temp. CaF_2:Mn mit γ-Strahlen bestrahlt, so zeigt es eine Thermolumineszenz. Die Glow-Kurve hat ein einzelnes Max. bei 260°. Wird die Probe ein zweites Mal aufgewärmt, ergibt sich keine Thermolumineszenz mehr. Bestrahlt man jedoch die Probe nach dem ersten Aufwärmen mit UV, so ergibt sich noch eine Thermolumineszenz, die Max. bei 285 u. 450° zeigt, deren relative u. abs. Intensität von der Dauer der UV-Bestrahlung abhängen. Die UV-Bestrahlung eröffnet die Möglichkeit wiederholter Thermolumineszenz-Messungen. Die Lumineszenzintensität ist verschieden für γ-Strahlen u. schwerere Teilchen. J. M. Spaeth 96

0301 **Lumineszenzeigenschaften von Bariumjodidkristallen.** V. I. Vajdanyč, O. B. Lyskovyč, Ch. K. Maksymovyč und Z. P. Čornij. (Ukrains'kyj fiz., Z. **13** (1968) 4, 538–42; L'vivs'kyj deržuniv. im. Franka; ukrain., Auszug: engl.) — Die Lumineszenz von BaJ_2-Einkrist. bei Photo- u. Röntgenanregung bei 95–300°K wird gemessen. Nicht aktivierte BaJ_2-Krist. zeigen zwei Emissionsbanden mit Max. bei **345** u. 520 nm. Die Lumineszenz bei 345 nm geht auf Rekombination von Elektronen mit V_k-Zentren, die bei 520 nm auf Störstellen zurück. H. Roschkowski 96

0302 **Sichtbares Licht aus Halbleitern.** Max R. Lorenz. (Science [Washington] **159** (1968) 3822, 1419–23; IBM Watson Res. Center, Yorktown Heights, N.Y.; engl.) — Zusammenfassender Bericht über die p–n-Elektrolumineszenz von Halbleiterdioden. In den letzten Jahren wurden Halbleitermaterialien entwickelt, deren Ausb. bei der Umwandlung von elektr. Energie in sichtbares Licht relativ hoch ist: *GaP* 2%, *$Al_xGa_{1-x}As$* 3%. Da derartige Lumineszenzdioden sich gut in elektron. Schaltkreise einbauen lassen, haben sie viele wichtige Anwendungen. K. H. Härdtl 96

0303 **Einfluß von Kupferbeimengungen auf die Emissionsleistung von Galliumarsenid-p-n-Übergängen.** G. P. Martynenko und V. V. Naumov. (Izvest. Akad. Nauk SSSR, Neorg. Mater. 4 (1968) 2, 295–96; russ.). – Die Elektrolumineszenz von p–n-Übergängen in GaAs: Te, das mit Cu durch Diffusion dotiert wird, wird in Abhängigkeit von der Cu-Konz bestimmt. Schon geringe Cu-Konz. führen zu einer Abnahme der Emissionsleistung um Größenordnungen.
H. Roschkowski 96

0304 **Einfluß des Elektrodenmaterials auf die Helligkeitswellen der Elektrolumineszenz von Aluminiumoxid.** V. V. Micho. (Izvest. vysšich učebnych Zavedenij [Tomsk], Fiz. **11** (1968) 4 (71), 139–40; Odesskij gosuniv. im. Mečnikova; russ.) – Unters. an elektrolyt. in 4%ig. wss. Oxalsäurelsg. erhaltenen Al-Oxidschichten mit Elektroden aus *SnO₂, Cd, Bi* oder *Ag*.
H. Roschkowski 96

0305 **Elektrolumineszenz von Tantaloxidfilmen.** V. V. Micho und L. A. Borejmogorskaja. (Izvest. vysšich učebnych Zavedenij [Tomsk], Fiz. **11** (1968) 4 (71), 124–26; Odesskij gosuniv. im. Mečnikova; russ.) – Unters. der Elektrolumineszenz elektrolyt. in Oxal-, d-Weinsäure u. H_3PO_4 erhaltener Ta-Oxidfilme in Feldern von 10^5–10^6 V/cm. H. Roschkowski 96

0306 **Verbindungsbildung und Mn^{2+}-aktivierte Lumineszenz in binären Systemen der Art R_2O- und RO–Ga_2O_3 (R = Li, Na, K, Mg, Ca, Sr, Ba, Zn, Cd und Pb).** C. W. W. Hoffman und Jesse J. Brown. (J. inorg. nuclear Chem. **30** (1968) 1, 63–79; Sylvania Electric Prod. Inc. Chem. and Metallurgical Div., Towanda, Pa.; engl.) – Die durch Kombination von Ga_2O_3 mit den gewöhnlichen Oxiden von Li, Ma, K, Mg, Ca, Sr, Ba, Zn, Cd u. Pb entstehenden bin. Syst. wurden mit Festkörpermeth. untersucht. 20 Verb. wurden isoliert u. deren Mn^{2+}-aktivierte Lumineszenz untersucht. Die Li_2O-, Na_2O- u. K_2O-Syst. enthalten jeweils zwei Verb. ($X_2O \cdot Ga_2O_3$ u. $X_2O \cdot 5\,Ga_2O_3$); die MgO-, ZnO- u. CdO-Syst. eine ($XO \cdot Ga_2O_3$); die SrO- u. BaO-Syst. drei ($4XO \cdot Ga_2O_3$, $3XO \cdot Ga_2O_3$ u. $XO \cdot Ga_2O_3$); u. die PbO-Verb. zwei ($2PbO \cdot Ga_2O_3$ u. $PbO \cdot Ga_2O_3$). Die drei kürzlich angegebenen Calciumgallate ($3\,CaO \cdot Ga_2O_3$, $CaO \cdot Ga_2O_3$ u. $CaO \cdot 2\,Ga_2O_3$) konnten bestätigt werden. 4 Verb. gaben eine merkliche Mn^{2+}-aktivierte Lumineszenz: $MgO \cdot Ga_2O_3$, $ZnO \cdot Ga_2O_3$, $K_2O \cdot 5\,Ga_2O_3$ u. $CaO \cdot 2\,Ga_2O_3$ mit charakterist Emissionsmax bei 512; 513,5; 507 bzw. 587 nm. K. Krüger 96

0307 **Wirkung von Halogenid-Zusätzen bei der Präparation von ZnS-Luminophoren.** A. Schleede, J. Eckert und A. Kampf. (Naturwissenschaften **55** (1968) 1, 34 bis 35; Osram-Studienges., Augsburg; dt.) – Nach der Präparation von blau lumineszierendem, sog. selbstaktiviertem ZnS in abgeschmolzenen Quarzröhren unter Vakuum, Reinstickstoff- oder Luftfüllung u. Glühung bei 1100° wurden die durch Kathodenstrahlen erregten Emissionsspektren bei **293**, 77 u. 4°K aufgenommen. Als Schmelzmittel wurden NaCl, $BaCl_2$ u. $ZnCl_2$ gleicher mol. Konz. angewendet. Nach der Darst. mit NaCl im Vakuum oder Reinstickstoff bei Raumtemp. wurde keine nennenswerte Lumineszenz erhalten. Bei tiefer Temp. treten nur die im UV gelegene Kantenemission u. die ebenfalls im UV gelegene Na-Emission in Erscheinung. Die bekannte blaue, sog. Selbstaktivierungsbande (SA-Bande) erscheint dagegen nur, wenn die Glühpräparation mit Luftfüllung durchgeführt wird (2,5 · 10^{-3} Mol O_2 pro Mol ZnS). Gleichzeitig nimmt die Kantenemission ab, die Na-Emission zu. Das beobachtete Max. bei ca. **375** nm ist sicher auf den Einbau von Na^+ zurückzuführen, da $BaCl_2$ u. $ZnCl_2$ diese Emission nicht hervorrufen. Dagegen bewirken $BaCl_2$ u. $ZnCl_2$ die blaue SA-Emission auch ohne die Mitwrkg. von O_2. Die Wrkg. des O_2 im Falle des NaCl als Schmelzmittel ist offenbar als chlorierende Röstung mit Bldg. von $ZnCl_2$ aufzufassen. Die blaue Emission bei ca. 455 nm wird mit stärkster Intensität erhalten, wenn nur $ZnCl_2$ zugefügt wird. G. Malow 96

0308 **Lumineszenz gemischter ZnS_x–CdS_{1-x}-Einkristalle.** M. S. Brodyn, M. I. Vytrychovs'kyj und O. V. Kryc'kyj. (Ukraïns'kyj fiz. Ž. **13** (1968) 4, 639–42; Inst. fiz. AN URSR, Kyïv; ukrain., Auszug: engl.) – Unters. von Mischkrist. mit ZnS-Geh. < 10% bei 77, 20 u. 4,2°K zeigen die Ggw. von Exzitonenlumineszenz, Kantenemission u. langwelliger Strahlung. Bei Änderung der Krist.-Zus. werden alle Lumineszenzbanden in Übereinstimmung mit der Änderung der Breite der verbotenen Zone verschoben. H. Roschkowski 96

0309 **Chemie und Lumineszenz von Antimon enthaltendem Calciumchlorapatit.** A. H. Hoekstra. (Philips Res. Rep., Suppl. 1968, **2**, 1–78; Philips Gloeilampenfabrieken Eindhoven, Netherlands; engl.) – Die Bldg. von $Ca_{10}(PO_4)_6Cl_2$ (**I**) aus Mischungen von $CaHPO_4$, $CaCO_3$ u. NH_4Cl unterschiedlicher Mol-Verhältnisse wurde bei Temp. bis 900° thermoanalyt. verfolgt. Die Rk.-Prod. wurden röntgenograph. identifiziert. **I** wandelt sich durch Hydrolyse bei 1180° leicht in $Ca_{10}(PO_4)_6(OH)_2$ (**II**) um. In Ggw. von $Ca_2P_2O_7$ folgt auf die Pyrohydrolyse eine Zers. des Apatits in Ca-Orthophosphat. Wird **I** mit einem Überschuß von $CaHPO_4$ dargestellt, so enthält das Rk.-Prod. neben dem Cl-Apatit noch $Ca_2P_2O_7$ u. $Ca_3 \cdot (PO_4)_2$. Beschriebene Pyrohydrolyse u. Zers. des Cl-Apatits sind reversible Rk.; die Rk. von **II** mit gasf. HCl läßt sich gut zur Darst. von **I** bei 1180° heranziehen. **I** u. **II** bilden eine lückenlose Mischkrist.-Reihe; dabei werden O-Leerstellenpaare durch Cl^-- oder $(OH)^-$-Ionen ersetzt. Sb-aktivierter Ca–Cl-Apatit läßt sich aus **I** u. gasf. Sb_2O_3 bei 1150° darstellen; er enthält O-Leerstellenpaare. Die Lumineszenzeig. werden nach Anregung mit 254-nm-Strahlung untersucht. Peaklage u. -Intensität der bekannten Sb-Emission bei **490** u. **395** nm werden durch den Sb- u. Cl-Geh. beeinflußt. Die O-Leerstellenpaare red. die Stabilität des Sb-aktivierten Apatits; in Ggw. von $Ca_2P_2O_7$ zersetzt er sich bei 1100° zu $Ca_3(PO_4)_2$. Umgekehrt bildet sich aus $Ca_3(PO_4)_2$ u. gasf. $SbCl_3$ bei 1100° Sb-aktivierter Cl-Apatit u. $Ca_2P_2O_7$. Das Lumineszenz-Verh. von Sb-aktiviertem $Ca_2P_2O_7$ bzw. $Ca_3 \cdot (PO_4)_2$ wird ebenfalls untersucht. Den größten Sb-Geh. besitzt die sich leicht bildende Phase $Ca_{3-3x}Sb_{2x}(PO_4)_2$ mit $x \simeq 0{,}05$; sie weist geringe Lumineszenz, aber starke UV-Absorption auf. W. Laqua 96

0310 **Lumeneszenzuntersuchungen an Europiumchelaten mit achtfacher Koordination.** 3. Mitt. **Eu-Komplexe mit o-Phenanthrolin und α,α'-Bipyridyl. Symmetrie und Struktur.** E. Butter. (Z. anorg. allg. Chem. **356** (1968) 5/6, 294–306; Leipzig, Inst. für Anorg. Chem., Karl-Marx-Univ.; dt.) – 2. vgl. C. **1968**, 21-0116. – Die Lumineszenzspektren der festen Komplexe $Eu(phen)_2 \cdot (NO_3)_3$ (I), $Eu(bipy)_2(NO_3)_3$ (II), $Eu(phen)_3(SCN)_3$ (III), $Eu(phen)_2(H_2O)_2Cl_3$ (IV) u. $Eu(bipy)_2(H_2O)_2Cl_3$ (V) wurden bei 77°K aufgenommen. Die Spektren werden analysiert u. gruppentheoret. interpretiert. Für die Komplexe **I** u. **II** ergibt sich eine Punktsymmetrie D_2, wobei die Art der Aufspaltung auf eine noch höhere tetraedr. Symmetrie hinweist. Die Komplexe **IV** u. **V** besitzen die Punktsymmetrie C_{2v}, **III** die Punktsymmetrie C_2 oder eine geringere Symmetrie. Die ermittelten Symmetrien u. die chem. Zus. der untersuchten Komplexe deuten auf eine dodekaedr. Struktur der Verbindungen.
M. Steidinger 96

0311 **Lumineszenz von an Stickstoff- oder Argon-Matrixfestkörpern kondensiertem Dicyan.** Fernand Valadier, Émile Faure, René Bergeon und Joseph Janin. (C. R. hebd. Séances Acad. Sci., Sér. A et B **265** (1967) 25, B 1432–34; Labor. de Spectrosc. et de Luminesc. de l'Univ. de Lyon, 18, quai Claude-Bernard, Lyon, 7ᵉ, Rhône; franz.) – Anregung von Dicyan bei sehr tiefen Temp. durch akt. N_2 ruft eine Emission hervor, die sich aus einem Syst. von Banden sehr starker Intensität im Wellenlängenbereich von 3000–5000 Å zusammensetzt. Eine Zuordnung dieses Syst. führt auf den Übergang $^3\Sigma_u^+ \to {}^1\Sigma_g^+$ des Dicyans. K. Krüger 96

0312 **Chlor-Kernquadrupolresonanz in einigen anorganischen Chloridkomplexen von Nichtübergangsmetallen.** James V. DiLorenzo und Robert F. Schneider. (Inorg. Chem. [Washington] **6** (1967) 4, 766–70; Story Brook, N.Y., State Univ. of N.Y., Dep. of Chem.; engl.) – Die ^{35}Cl- u. ^{37}Cl-NQR-Spektren von polykrist. PCl_5,

PCl_4PF_6, PCl_4SbCl_6, $(C_2H_5)_4NPCl_6$, $NOSbCl_6$, $(C_2H_5)_4 \cdot NSbCl_6$, $AsCl_4AlCl_4$ u. *$PbCl_4$* werden untersucht. Die NQR-Frequenzen werden diskutiert u. mit den Ionen PCl_4^+, $AsCl_4^+$, PCl_6^- u. $SbCl_6^-$ korreliert. Der Einfl. der therm. Abschreckung sowie der Modulationsstärke auf die Resonanzen werden diskutiert. B. I. 98△

0313 **NMR-Untersuchungen der Ionensolvatisierung. Hydratisierung des Kobalt(II)-Ions.** A. M. Chmelnick und D. Fiat. (J. chem. Physics **47** (1967) 10, 3986–90; Isotope Dep., Weizmann Inst. of Sci., Rehovoth, Israel; engl.) — Die ^{17}O-NMR-Linienbreite u. chem. Verschiebung des freien W. wurde in mit ^{17}O angereicherten wss. Lsg. von *$Co(ClO_4)_2$* in Abhängigkeit von der Temp. zwischen −20 u. +183° gemessen. Die Aufenthaltsdauer von W. in der Hydratsphäre beträgt bei 27° $4{,}2 \cdot 10^{-7}$ s, die Aktivierungsenthalpie bzw. -entropie für die Austauschrk. ist $\Delta H = 10{,}4$ kcal/Mol u. $\Delta S = 5{,}3$ e.u., die Hyperfeinkopplungskonst. zwischen ^{17}O u. den ungepaarten Elektronen von Co^{2+} wurde zu $A/h = -(1{,}70 \pm 0{,}02) \cdot 10^7$ Hz bestimmt. Die Relaxationszeit von Co^{2+} wurde zu $T_{1e}(183°) = 4{,}6 \cdot 10^{-13}$ s bestimmt, wenn $T_{1e} = T_{2e}$ gilt. Alle Ergebnisse deuten darauf hin, daß Co^{2+} in wss. Lsg. im ganzen Temp.-Bereich von −10° bis +183° die Koordinationszahl 6 hat.
B. Stender 98

0314 **Kernspinabhängige Relaxationsprozesse in Metall-Amin-Lösungen.** James L. Dye und Larry R. Dalton. (J. physic. Chem. **71** (1967) 1, 184–91; East Lansing, Mich., Mich. State Univ., Dep. of Chem.; engl.) — Die ESR-Linienbreiten der Lsg. von Metallen in Aminen hängt von den Hyperfeinkomponenten ab. Dieser Effekt wird für *K* in *Äthyl-* u. *Propylamin*, *Rb* u. *Cs* in *Methyl-*, *Äthyl-* u. *Propylamin* untersucht. Die ESR-Linienbreiten zeigen Abhängigkeit von Temp. (−120 bis +80°) u. Kernspinquantenzahl m_I. Eine Analyse der Linienbreite mit Hilfe von Relaxationsprozessen wird versucht, wobei bes. die paramagnet. Relaxation genauer untersucht wird. Die Viskosität von Methylamin im Temp.-Bereich 273,2 °K bis 193,2 °K (0,236–0,829 cp) u. von Äthylamin (296,4 °K bis 217,5 °K; 0,250–0,800 cp) wird gemessen. B. I. 98△

0315 **EPR-Untersuchung der Radiolyse von H_2O im festen Zustand.** Thomas E. Gunter. (J. chem. Physics **46** (1967) 10, 3818–29; Berkeley, Calif., Univ. of Calif., Donner Labor.; engl.) — EPR-Unters. freier Radikale, welche durch Elektronenbestrahlung (6 MeV) von Eis oder Salzhydraten bei 77 °K erzeugt wurden. Bes. wurde das Spektrum des OH-Radikals in bestrahltem $CaSO_4 \cdot 2\,H_2O$ u. $LiSO_4 \cdot H_2O$ u. in bestrahltem hexagonalem Eis identifiziert. Der effektive Spin-Hamilton-Operator für OH in diesen Krist. wird bestimmt. Für Eis stimmt der experimentelle bestimmte g-Tensor mit einer einfachen Theorie auf der Basis der Kristallfeldtheorie überein. Die experimentell bestimmte Hyperfein-Aufspaltung des OH-Radikals stimmt mit der überein, welche durch eine LCAO-MO-Berechnung vorausgesagt wird u. derjenigen, welche aus ESR-Unters. von OH-Radikalen bekannt ist, welche in Mikrowellen-Gasentladungen erzeugt wurden. In den bestrahlten Sulfaten wurde ESR-Signale von OH, H-Atomen u. einer Art von eingefangenem Elektron beobachtet. Es werden die Ergebnisse von Strahlungs-Ausb.-Messungen für OH bei 77 °K für den Dosisbereich 10^4–10^9 rad angegeben.
J. M. Spaeth 98

0316 **Paramagnetische Resonanz von dreiwertigem Eisen in $KAlF_4$-Einkristallen.** H. M. Gladney. (J. appl. Physics **38** (1967) 13, 4980–83; IBM San Jose Res. Labor., San Jose, Calif.; engl.) — Das bei Zimmertemp. aufgenommene Spektrum läßt sich durch einen Spin-Hamilton-Operator mit den Parametern $g_{\parallel} = 2{,}005$, $g_{\perp} = 1{,}999$, $D = 0{,}1471\ cm^{-1}$, $a = 0{,}0020\ cm^{-1}$ u. $F = 0{,}007\ cm^{-1}$ darstellen. Aus den Linienbreiten wird eine obere Grenze für die F-Hyperfeinstruktur abgeschätzt. H. Liepack 98

0317 **Elektronenresonanz der Kupfersalze $CuMF_x \cdot 4\,H_2O$ mit M = Zr, Si, NbO und x = 5 oder 6.** Raymond Clad. (C. R. hebd. Séances Acad. Sci., Sér. B **264** (1967) 8, B 577–80; Labor. Pierre-Weiss, Inst. de Phys., Strasbourg; franz.) — Die ESR-Spektren der monoklinen Salze $CuZrF_6 \cdot 4\,H_2O$, $CuSiF_6 \cdot 4\,H_2O$ u. $CuNbOF_5 \cdot 4\,H_2O$ wurden zwischen 4,2 u. 300 °K aufgenommen. Die Cu^{2+}-Ionen befinden sich in einer pseudooktaedr. Umgebung. Die tetragonalen Achsen der zwei Ionen in der Elementarzelle sind verschieden orientiert. Im Falle von $CuSiF_6 \cdot 4\,H_2O$ u. $CuNbOF_5 \cdot 4\,H_2O$ bleibt der g-Faktor mit der Änderung der Temp. konst. gleich 2,13, während bei $CuZrF_6 \cdot 4\,H_2O$ eine starke Änderung der Form des Max. in Abhängigkeit von der Temp. festgestellt wurde. Der g-Faktor ändert sich hier zwischen 2,11 u. 2,15.
J. J. Pohl 98

0318 **Superhyperfeinstruktur der EPR-Spektren von Mn^{2+}-Ionen in KCl und NaCl.** V. B. Lajzan. (Izvest. Akad. Nauk Latv. SSR, Ser. fiz. techn. Nauk **1967**, 6, 33–38; Inst. fiz. AN Latv. SSR; russ., Auszug: engl.) — Unters. der EPR-Spektren von mit $MnCl_2$ dotierten KCl- u. NaCl-Krist., die zusätzlich $CaCl_2$- oder $CdCl_2$-Verunreinigungen enthalten. Bei kleiner Feldmodulation ($H_m < 0{,}3$ G) wurde die aufgelöste Superhyperfeinstruktur im Bereich des Elektronenübergangs $M_s = \pm 1/2$ in verschiedenen KCl- u. NaCl-Krist. bei Zimmertemp. u. einer Feldorientierung von $H_0 \parallel [100]$ beobachtet. Die Superhyperfeinstruktur von den Mn^{2+}-Zentren scheint von der Ggw. u. Art der zusätzlichen Verunreinigungen abzuhängen. I. Zoll 98

0319 **Kovalenz und anisotroper g-Faktor von V^{2+} in NaCl.** M. Jaroš. (Czechoslov. J. Physics, Sect. B **17** (1967) 2, 167–70; Inst. of Radioengng. and Electron., Czechosl. Acad. Sci., Prague; engl.) — Theoret. Unters. des g-Faktors von $V^{2+}(d^3)$ in NaCl, wobei die Rolle der Konfig.-Mischung u. der Deformation der kovalenten Bahnfunktionen im tetragonalen Krist.-Feld berücksichtigt wurde. J. M. Spaeth 98

0320 **Paramagnetische Resonanz austauschgekoppelter Cu^{2+}-Paare in $CdCl_2$.** S. M. Rjabčenko. (Ukraïns'kyj fiz. Ž. **12** (1967) 12, 1983–85; Inst. fiz. AN URSR, Kyïv; ukrain., Auszug: engl.) — Unters. des EPR-Spektrums von Cu^{2+} in $CdCl_2$-Schichtkristallen. Diskussion über die Beziehung der Intensität des Paarspektrums zur Intensität des Einzelionenspektrums in Abhängigkeit von der Konz. der Cu^{2+}-Ionen. Die Winkelabhängigkeit des Paarspektrums zeigt, daß die Austauschwechselwrkg in der Schicht isotrop ist.
I. Zoll 98

0321 **Temperaturabhängigkeit der Gd^{3+}-ESR-Spektren in $LaCl_3$- und $LaBr_3$-Einkristallen.** L. A. Boatner und M. M. Abraham. (Physic. Rev. [2] **163** (1967) 2, 213–19; Solid State Div., ORNL, Oak Ridge, Tenn.; engl.) — Die ESR-Spektren wurden aufgenommen u. die Temp.-Abhängigkeit der Aufspaltung untersucht. Aus der relativen Intensität der Resonanzlinien bei tiefen Temp. wurden die abs. Vorzeichen der Parameter des Spin-Hamilton-Operators bestimmt. Für $LaBr_3$ ist die Temp.-Abhängigkeit des Terms 2. Ordnung im axialen Spin-Hamilton-Operator in Ggw. eines merklichen Terms 4. Ordnung hinreichend, um die relativen Lagen der Resonanzlinien zwischen 77 °K u. Zimmertemp. für H parallel zur Krist.-Achse zu beeinflussen.
H. Liepack 98

0322 **EPR von Gd^{3+} in YVO_4.** Jack Rosenthal. (Physic. Rev. [2] **164** (1967) 2, 363–65; Gen. Telephone and Electron. Labor., Bayside, N.Y.; engl.) — Die Messungen erfolgten bei Zimmertemp. mit einem K-Band-Spektrometer. Die Parameter des tetragonalen Spin-Hamilton-Operators sind $g_{\parallel} = g_{\perp} = 1{,}9916 \pm 0{,}0002$, $b_2^0 = -441{,}6 \pm 0{,}2$, $b_4^0 = -1{,}5 \pm 0{,}1$, $b_6^0 = 0{,}8 \pm 0{,}6$, $b_4^4 = 8{,}3 \pm 0{,}1$ u. $b_6^4 = 0{,}0 \pm 0{,}2$ in Einheiten von $10^{-4}\ cm^{-1}$; die Vorzeichen sind relativ.
H. Liepack 98

0323 **EPR-Linienform und akustisch-magnetische Resonanz von Cr^{3+} in Al_2O_3 im elektrischen Feld.** U. Ch. Kopvillem und B. P. Smoljakov. (Fiz. tverdogo Tela **9** (1967) 12, 3375–78; Kazanskij fiz.-techn. inst.; russ.) — Bei Einw. eines stat. elektr. Feldes tritt eine Änderung in der Kinetik des Spinsyst. auf: Die Linienform ändert sich, u. die Spin–Phononen-Wechselwrkg. nimmt zu. Dadurch steigt die Intensität der paramagnet.-akust. Resonanz an, u. die Spin-Gitter-Relaxationszeit nimmt ab. Aus den experimentellen Daten wird die Spin-Phononen-Wechselwrkg.-Konst. für Cr^{3+}-Ionen bei Einw. eines elektr. Feldes bestimmt. I. Zoll 98

0324 **Elektrische Effekte bei der EPR von Cu^{2+} in $CdWO_4$.** A. A. Bugaj, M. F. Dejgen, V. O. Oganesjan und M. V. Paškovskij. (Fiz. tverdogo Tela **9** (1967) 8, 2450—51; Inst. poluprov. AN USSR, Kiev; russ.) — Der Einfl. eines äußeren elektr. Gleichfeldes auf die EPR-Linie von Cu^{2+} in $CdWO_4$ wird untersucht. Es wird eine zur Feldstärke proportionale Linienaufspaltung beobachtet u. erklärt. H. Roschkowski 98

0325 **Einfluß des äußeren elektrischen Feldes auf das Spektrum der Elektronenresonanz im magnetisch geordneten piezoelektrischen Kristall.** M. P. Petrov, S. A. Kižaev und G. A. Smolenskij. (Ž. èksper. teoret. Fiz.-Pis'ma v Redakciju **6** (1967) 9, 870—73; Inst. poluprov. AN SSSR; russ.) — Die Linienform der Elektronenresonanz (H‖[100]; E‖[001] sowie H‖E‖[001]) eines $Ga_{0,85}Fe_{1,15}O_3$-Einkrist. ist bei 298°K im Feld von 10—16 kOe ohne äußeres elektr. Feld kompliziert u. vereinfacht sich nach Anlegen eines Feldes von 2,2 bis 2,8 kV/cm. Die Leitfähigkeit des Krist. ist gering (10^{-5} bis 10^{-4} Ω^{-1} cm^{-1}). Der Effekt wird durch Superposition der Linie des magnet. Feldes mit der der elektr. Polarisation erklärt; bei genügendem äußerem Feld wird die Polarisationslinie unterdrückt u. die Resonanzform vereinfacht. J. Tůmová 98△

0326 **EPR von Mn^{2+} in $CdS_{1-x}Se_x$-Einkristallen.** V. M. Maevskij, I. N. Gejfman und N. I. Vitrichovskij. (Fiz. tverdogo Tela **9** (1967) 8, 2437—39; Inst. poluprovod. AN USSR, Kiev; russ.) — Die EPR-Spektren der Mischkrist. mit $0 \leqq x \leqq 1$ u. $[Mn^{2+}] < 0,02$ Atom-% bei 77°K werden aufgenommen. Der Austausch von Se gegen S beeinflußt das Spektrum von Mn^{2+} stark. H. Roschkowski 98

0327 **Deutung der Proton-Hyperfeinaufspaltung im ESR-Spektrum von Vanadyl-dotierten Zink-Tuttonsalzen.** W. Burton Lewis. (Inorg. Chem. [Washington] **6** (1967) 9, 1737—39; Univ. of Calif., LASL, N.Mex. 87544; engl.) — Die bekannte Superhyperfeinstruktur von VO^{2+} in Zink-Tuttonsalzen bei Anlegen des äußeren stat. Magnetfeldes in bestimmten Krist.-Richtungen wird durch Annahme eines Modells, das vier W.-Mol. in der ersten Koordinationssphäre um das VO^{2+}-Ion annimmt, erklärt. Es steht in Übereinstimmung mit dem Ergebnis der röntgenograph. Strukturbest. von $VOSO_4 \cdot 5H_2O$, bei dem auch vier H_2O-Mol. in der ersten Koordinationssphäre um das Vanadylion gefunden wurden. E. Hechler 98

0328 **Optische und magnetische Messungen an Einkristallen von mit Kupfer(II) dotierten Tris-[phenanthrolin]-zink(II)-nitratdihydrat.** Gerald F. Kokoszka, Curt W. Reimann, Harry C. Allen jun. und Gilbert Gordon. (Inorg. Chem. [Washington] **6** (1967) 9, 1657—61; NBS Inst. for Mater. Res., Washington, D.C. u. Dep. of Chem., Univ. of Maryland, College Park, Md.; engl.) — Unters. der EPR-Spektren an Einkrist. von Cu^{2+}-dotiertem $(C_{12}H_8N_2)_3Zn(Cu)(NO_3)_2 \cdot 2H_2O$ zwischen 4 u. 350°K u. der opt. Spektren (20000—5000 cm^{-1}) bei 77°K u. Raumtemp. ergeben folgendes: 1. Die gestörten Konfig. werden durch relativ hohe Energieschwellen voneinander getrennt. 2. Die Zuordnung des Grundzustands ist prim. $d_{x^2-y^2}$ u. die Symmetrie ist nahezu tetragonal. 3. In Übereinstimmung mit anderen Cu^{2+}-Komplexen werden bei 7000 u. 15000 cm^{-1} Elektronenübergänge beobachtet. Die opt. Achsen stimmen nicht mit den Hauptachsen überein. 4. Prakt. alle opt. u. magnet. Daten stimmen mit einem Modell auf der Basis des dynam. Jahn-Teller-Effektes überein. R. Blank 98

0329 **Magnetische und optische Spektren von Kupfermonochloracetat-2,5 Hydrat.** Gerald F. Kokoszka, H. C. Allen jun. und Gilbert Gordon. (J. chem. Physics **47** (1967) 1, 10—13; Inst. for Mater. Res., NBS, Washington, D.C.; engl.) — Die EPR-Spektren von reinem (**I**) u. mit Zink dotiertem (**II**) $Cu(O_2CCH_2Cl)_2 \cdot 2,5H_2O$-Einkrist. wurden im K- u. X-Band untersucht. Für **I** wird der Spin = 1, für **II** zusätzlich der Spin = 1/2 gefunden. Die g-Werte sind in **I** u. **II** gleich ($g_z = 2,38$, $g_x = g_y = 2,07$). Die Hyperfeinkopplungskonst. für *Cu–Cu*-Paare ist 84×10^{-4} cm^{-1} u. im Cu–Zn-Spektrum 158×10^{-4} cm^{-1}, was der Annahme einer schwach gekoppelten Wechselwrkg. entspricht. Die Änderung der doppelt integrierten Intensität mit der Temp. (120 bis 300°K im X-Band) zeigt, daß der Triplettzustand 230 cm^{-1} über dem Singulett-Grundzustand liegt. Im opt. Absorptionsspektrum von **I** wurden eine sehr intensive Bande bei 14000 cm^{-1} u. zwei schwächere bei 11000 u. 26000 cm^{-1} gefunden. R. Blank 98

0330 **Experimentelle Untersuchung des Einflusses eines äußeren elektrischen Feldes auf das EPR-Spektrum von Cr^{3+}-Ionen in Korund.** V. I. Nepša, Ju. A. Šerstkov, A. D. Gorlov und A. A. Ščetkov. (Fiz. tverdogo Tela **9** (1967) 8, 2433—34; Ural'skij gos. univ. im. Gor'kogo; russ.) — In Feldern von < 1000 kV/cm wird eine Aufspaltung des EPR-Signals von Cr^{3+} auf den nicht äquivalenten Plätzen a, b, c u. f in Korund in 4 Komponenten beobachtet. H. Roschkowski 98

0331 **ESR-Untersuchungen kationischer Oxydationsplätze in Faujasiten.** James T. Richardson. (J. Catalysis **9** (1967) 2, 172—77; Esso Res. and Engng.Co., Baytown Res. and Dev. Div., Baytown, Tex.; engl.) — Aus den ESR-Spektren wurde der Grad der Ionisation von *Anthracen, Perylen, Pyren* u. *Naphthalin* an synthet. Na-*Faujasiten* ermittelt, die mit *K, Li, Ba, Sr, Ca, Mg, Ag, Cd, Mn, Co, Ni* u. *Cu* ausgetauscht waren. Die Elektronenübertragung findet am Kation statt. Die Zahl der Radikal-Kationen hängt exponentiell ab von der Differenz zwischen der Ionisations-Energie des KW-Stoffes u. der Elektronenaffinität des Kations. Die Elektronenaffinität wird stark beeinflußt durch die polarisierende Wrkg. anderer Kationen, bes. solcher mit niedrigerer Affinität aber höheren Ionenpotentialen. Dies wurde an K-, Li-, Ba-, Sr-, Ca- u. Mg-Faujasiten gezeigt, die mit 2% Cu ausgetauscht waren. Hier bewirkte eine höhere Ionisationskraft e/r des Hauptkations eine höhere Ionisation der KW-Stoffe durch das Cu. A. Becker 98

0332 **Kristallfeldeffekte an Faujasiten mit ausgetauschten Ionen.** James T. Richardson. (J. Catalysis **9** (1967) 2, 178—81; engl.) — Vgl. vorst. Referat — Mit EPR-Spektroskopie wurden *Faujasite* untersucht, die neben *K, Na, Li, Ba, Ca* u. *Mg* kleine Mengen von *Cu* enthielten. Dehydratisierung des Faujasits bewirkte eine Veränderung des Spektrums, die einem Übergang von verzerrter Oktaeder-[zu quadrat. Symmetrie für das Cu^{2+}-Ion entsprach. Bei Änderung der Kationen von K^+ bis Mg^{2+} ergibt sich durch die zunehmende Polarisationskraft e/r eine Verschiebung der Elektronenladungsverteilung zu diesen Ionen mit erhöhter Energie des $d_{x^2-y^2}$-Niveaus von Cu. A. Becker 98

0333 **Wirkung von Faujasit-Kationen auf saure Gitterplätze.** James T. Richardson. (J. Catalysis **9** (1967) 2, 182 bis 194; Esso Res. and Engng. Co., Baytown Res. and Development Div., Baytown, Tex.; engl.) — Vgl. vorst. Referat. — Die Kinetik der *Cumol*-Crackung wurde untersucht an einer Reihe von mit *K, Li, Ba, Sr, Ca, Mg, Ag, Cd, Mn, Co, Ni* u. *Cu* ausgetauschten *Na-Faujasiten* (l.c.). Unterhalb 525° verläuft die Rk. nach der nullten Ordnung, u. es findet nur Dealkylierung statt. Über 525° treten auch die Radikalrk. der Dehydrierung u. Demethylierung auf. Die Aktivitäten für den Carbonium- u. den Radikalmechanismus nehmen zu mit zunehmender Polarisationskraft e/r des Kations. Die Carboniumrk. herrscht bei höheren e/r-Werten vor. *Chinolin* vergiftet die Carbonium-, jedoch nicht die Radikalreaktion. Es wird ein Modell der sauren Plätze eingeführt, bei dem die Bindungskräfte der sauren Hydroxylgruppe gestört werden durch die polarisierende Wrkg. benachbarter Kationen. Zusatz von 2% Cu bewirkt eine Erhöhung der Zahl der aktiven Plätze um den Faktor 1000. A. Becker 98

0334 **Ferromagnetische Resonanz in einem einaxialen anisotropen Ferrit: $BaFe_{12}O_{19}$.** L. M. Silber, E. Tsantes und P. Angelo. (J. appl. Physics **38** (1967) 13, 5315—18; Polytechn. Inst. of Brooklyn, Brooklyn, N.Y.; engl.) — Unters. von Einkrist. unter Eindomänen- u. Vieldomänenbedingungen für Orientierungen des stat. Feldes von 0—90° gegenüber der Achse leichter Magnetisierung. Die Ergebnisse entsprechen der Theorie von Smit u. Beljers für Eindomänenbedingungen u. zeigen qual. Übereinstimmung mit der Vieldomänen-Theorie. H. Liepack 98

Elektrische Eigenschaften

0335 **Untersuchung der Oxydation von Alkalimetallverunreinigungen auf Platin- oder Wolframoberflächen durch Sekundärionenemission.** L. P. Rekova, A. D. Abramenkov und Ja. M. Fogel'. (Ž. techn. Fiz. 38 (1968) 2, 331—33; Char'kovskij gos. univ.; russ.) — Durch Ionenemissionsunters. bei Beschuß mit Ar^+- oder He^+-Primärionen wird die Ox. von Na u. K auf Pt u. W bei O_2-Drücken von ca. 10^{-4} Torr u. 20—1100° studiert. Auf den Oberflächen tritt NaO, Na_2O_2, KO u. K_2O_2 auf. H. Roschkowski 114

0336 **Potentielle und kinetische Emission von Elektronen von (110)- und (111)-Mo-Einkristalloberflächen.** U. A. Arifov, R. R. Rachimov und Ch. Džurakulov. (Fiz. tverdogo Tela 10 (1968) 4, 1166—72; Inst. ėlektron. AN UzSSR, Taškent; russ.) — Best. der Austrittsarbeiten unter *He*- u. *Ar*-Beschuß (0,2—5,0 keV): φ_{110} 4,90 ± 0,05 u. φ_{111} 4,14 ± 0,05 eV. Die Elektronenemissionsspektren werden gemessen, die Anisotropieverhältnisse diskutiert. K. Jaeger 114

0337 **Besonderheiten der Exoelektronenemission bei der Reibung von Metallen.** V. D. Evdokimov. (Izvest. vysšich učebnych Zavedenij [Tomsk], Fiz. 11 (1968) 4 (71), 23—26; Odesskij ėlektrotechn. inst.; russ.) — Messung der Exoelektronenemission von *Stahl*- u. *Al*-Proben nach trockener Reibung gegen Stahl. H. Roschkowski 114

0338 **Charakteristik der Exoelektronenemission von Siliciumoberflächen.** Ju. I. Kozlov und V. I. Sokolov. (Fiz. tverdogo Tela 10 (1968) 5, 1561—63; Inst. poluprov. AN SSSR, Leningrad; russ.) — Photograph. Registrierung der Topographie der Exoelektronenemission von geätzten u. beschädigten Si-Oberflächen. Durch Ox. (angefeuchtete Oberflächen) oder Ritzen beschädigte Oberflächen zeigten eine höhere Exoemission als glatte, geätzte Flächen. K. Jaeger 114

0339 **Darstellung von Sinterkathoden aus reinem Lanthanhexaborid und Untersuchung ihrer Emissionseigenschaften.** G. A. Kudinceva, G. M. Kuznecova, F. G. Mamedov, G. A. Meerson und B. M. Carev. (Izvest. Akad. Nauk SSSR, Neorg. Mater. 4 (1968) 1, 49—53; russ.) — Messung der Emissionseig. von LaB_6-Sinterkathoden als Funktion der Zus. (31,1—33,1% B) u. des Sinterungsgrades (Porenvol. 0—20%). Die Austrittsarbeiten lagen bei 2,92—2,56 eV. K. Jaeger 114

0340 **Ionisationsenergie eines abgeschirmten wasserstoffähnlichen Störstellenzentrums in einem Halbleiter.** Ja. A. Roznerica und Ja. S. Matronickij. (Izvest. vysšich učebnych Zavedenij [Tomsk], Fiz. 10 (1967) 9 (64), 134—36; Tiraspol'skij gospedinst.; russ.) — Ableitung von Gleichungen zur Berechnung der Ionisationsenergie ausgehend von der Bohrschen Theorie. H. Roschkowski 116

0341 **Bindung von Elektronen, Löchern und Exzitonen an Versetzungen in Isolatoren.** P. R. Emtage. (Physic. Rev. [2] 163 (1967) 3, 865—72; Westinghouse Res. Labor., Pittsburgh, Pa.; engl.) — Die Energien der Bindung von Elektronen, Löchern u. Exzitonen an Versetzungen in Isolatoren mit kub. u. Wurtzit-Struktur werden aus der Deformationspotentialtheorie abgeschätzt. In allen prakt. Fällen existieren Bindungszustände für wenigstens eine Art u. oft für beide Arten der Ladungsträger. Schraubenversetzungen haben im allg. dieselbe Wrkg. in bezug auf die Bindung wie Stufenversetzungen. Aus einer Abschätzung der Haftgeschw. wird gefolgert, daß während der Fluoreszenz die charakterist. Emission von Versetzungszuständen für einzelne Versetzungen stark genug sein kann, um durch ein opt. Mikroskop sichtbar zu werden. H. Liepack 116

0342 **Elektronische Oberflächenzustände von Ionenkristallen.** Peter Mark. (Nat. Acad. Sci.-Nat. Res. Council, Publ. 1484 (1967) 60—62; Princeton Univ., Princeton, N.J.; engl.) — Diskussion des physikal. Ursprungs von Eigen- u. Störstellen-Oberflächenzuständen sowie ihrer Wechselwirkungen. H. Liepack 116

0343 **Dichte von Fluktuationsniveaus in amorphen Halbleitern.** A. I. Gubanov. (Fiz. Techn. Poluprovodnikov 1 (1967) 3, 317—22; Fiz.-techn. inst. im. Joffe AN SSSR, Leningrad; russ.) — Die D. der in amorphen Halbleitern infolge lokaler Schwankungen der Atomlagen entstehenden Energieniveaus wird rechner. bestimmt. Der Einfl. der Überlappung der Wellenfunktionen dieser Niveaus wird erörtert. Numer. Werte werden für *Ge* u. *Si* angegeben. H. Roschkowski 116

0344 **Verwendung dämpfender Elektronenwellen in Kristallen zur Berechnung des Stroms durch den p–n-Kontakt.** A. I. Gubanov und S. N. Dobrynin. (Fiz. Techn. Poluprovodnikov 1 (1967) 3, 323—28; Leningradskij ėlektrotechn. inst. im. Ul'janova-Lenina; russ.) — Betrachtet werden Elektronenwellen in Krist., die im Raum gedämpft werden u. Energiewerten entsprechen, die innerhalb der verbotenen Zone liegen. Mit Hilfe des LCAO-Verf. werden diese Wellen für *Ge* ber. u. zur Ermittlung des durch den n–p-Kontakt fließenden Stroms verwendet. H. Roschkowski 116

0345 **Anomale Photoleitung in mit Quecksilber aktivierten Selenschichten.** V. A. Bazakuca und G. D. Mochov. (Izvest. vysšich učebnych Zavedenij [Tomsk], Fiz. 10 (1967) 7, 139—40; Charkovskij politechn. inst. im. Lenina; russ.) — Unter Beachtung der makroskop. Inhomogenität von mit Hg aktivierten Se-Schichten müssen zur Klärung der anomalen Photoleitung dieser Proben das Ionisations-Rekombinations-Gleichgew. u. das Diffusions-Drift-Gleichgew. berücksichtigt werden. Heinz Vogel 116

0346 **Symmetrie der Grenzflächen-Ladungsverteilung in thermisch oxydiertem Silicium.** G. Abowitz, E. Arnold und J. Ladell. (Physic. Rev. Letters 18 (1967) 14, 543—46; Philips Labor., Briarcliff Manor, N.Y.; engl.) — Die Abhängigkeit der Grenzflächenladung im Syst. S-Oxid/Si von der kristallograph. Orientierung des Si wurde für verschiedene kristallograph. Orientierungen ([111], [100]) an einem Einkrist. bestimmt. Ein Einkrist. von 6 Ω cm-p-Si wurde zu einer Halbkugel von ≈ 23 mm ⌀ geschliffen u. poliert. Die Halbkugel wurde in trockenem O_2 bei 1200° ox., um eine 1500 Å dicke Oxidschicht zu bilden. Der Feldelektrodenkontakt konnte mittels eines Hg-Tropfens an jede Stelle der ox. Halbkugeloberfläche gelegt werden. Die erhaltenen Werte der Grenzflächenladungsdichte werden an Hand einer stereograph. Projektion der Halbkugel angegeben u. es werden Linien konst. Ladungsdichte konstruiert. G. Köhn 116

0347 **Nichtlineare Effekte in mit Zink kompensiertem n-Silicium.** B. V. Kornilov und A. V. Anfimov. (Fiz. Techn. Poluprovodnikov 1 (1967) 3, 340—44; russ.) — Die stationäre Strom–Spannungs-Charakteristik von n-Si-Krist. mit teilweise durch Zn kompensiertem oberen Niveau bei IR-Bestrahlung u. Feldern von 1—5 · 10^3 V/cm wird untersucht. Bei Feldern > 200 V/cm² wird die Charakteristik nichtlinear. Die Nichtlinearität hängt mit Änderungen des Elektroneneinfangkoeff. im starken Feld zusammen. H. Roschkowski 116

0348 **Optische Löschung der Photoleitfähigkeit in Silicium mit Strahlungsschäden.** P. F. Lugakov u. V. D. Tkačev. (Fiz. Techn. Poluprovodnikov 1 (1967) 3, 359—63; Beloruss. gos. univ. im. Lenina, Minsk; russ.) — Die Einfangprozesse von Minoritätsträgern in mit schnellen Elektronen bzw. schnellen Neutronen beschossenen Si-Proben werden untersucht. Eine langwellige Löschung der Photoleitfähigkeit wird beobachtet, die auf den Einfang von Minoritätsträgern an Haftniveaus zurückgeht, die sich bei der Bestrahlung bilden. Die Energieparameter der Haftniveaus werden bestimmt. H. Roschkowski 116

0349 **Beobachtung von Leitfähigkeitsquantenoszillationen in dünnen Filmen von Antimon.** Ju. F. Komnik und

E. I. Buchštab. (Ž. èksper. teoret. Fiz.-Pis'ma v Redakciju **6** (1967) 3, 536–40; Fiz.-techn. inst. nizkich temp. Akad. Nauk Ukr. SSR; russ.) – Bei 4,2 °K u. 78 °K wurde die Abhängigkeit der Widerstandsänderung von der Filmdicke (50–400 Å) gemessen. Oszillationen der Leitfähigkeit wurden beobachtet. V. Burjan 116△

0350 **Verschiebung von Landau-Niveaus im Valenzband von Germanium in gekreuzten elektrischen und magnetischen Feldern.** W. H. F. Vrehen, W. Zawadzki und M. Reine. (Physic. Rev. [2] **158** (1967) 3, 702–08; Nat. Magnet Labor., MIT, Cambridge, Mass.; engl.) – Die opt. Absorption u. der Voigt-Effekt in Ge wurden bei gekreuzten elektr. u. magnet. Feldern für Photonenenergien direkt unter der direkten Lücke gemessen. Die elektr. Felder lagen zwischen $2{,}8 \cdot 10^4$ u. $4{,}7 \cdot 10^4$ V/cm, die Magnetfelder zwischen 62,5 u. 96,5 kOe. Es wurden drei Übergänge beobachtet, von denen zwei für $E = 0$ ($\Delta n = 0$) erlaubt sind, während der dritte für $E = 0$ verboten ist, aber durch das elektr. Feld induziert wird ($\Delta n = -1$). Es werden die Energien der drei Niveaus leichter Löcher $|0a+>$, $|1a+>$, u. $|0b+>$ abgeleitet. Für die Energieniveaus leichter Löcher in gekreuzten Feldern für den Bereich hoher (E/H)-Werte, wo eine Störungsbehandlung nicht hinreichend ist, wird eine Rechenmeth. entwickelt. Die Theorie zeigt, daß für höhere (E/H)-Werte die durch das elektr. Feld induzierten Verschiebungen mit denen in einfachen Bändern vergleichbar sind u. daß das elektr. Feld die Quanteneffekte in den Energieniveaus leichter Löcher beseitigt. Die Theorie ist in befriedigender Übereinstimmung mit den experimentellen Ergebnissen. H. Liepack 116

0351 **Corrigendum: Streuung an Verunreinigungen in Germanium unter dem Einfluß eines starken Magnetfeldes.** Mitsuru Suzuki. (J. physic. Soc. Japan **23** (1967) 6, 1423; Sony Corp. Res Labor., Fujitsuka-cho, Hodogaya, Yokohama; engl.) – Die von Vf. (vgl. ibid. **21** (1966) 1603) beobachtete Nichtlinearität der Strom–Spannungs-Charakteristik von n-Ge unter dem Einfl. eines starken, pulsierenden Magnetfeldes wird nur durch ein transversales Magnetfeld hervorgerufen. Dieser Befund folgt aus Messungen der Charakteristik Stromdichte–elektr. Feld u. des Hall-Effektes als Funktion des elektr. Feldes bei 20,4 °K. W. Laqua 116

0352 **Elektronen- und Lochbeweglichkeit bei 77 °K in mit Lithium kompensiertem Germanium.** J. M. Kuchly, L. Stab, R. Henck, P. Siffert und A. Coche. (Nuclear Instruments Methods [Amsterdam] **47** (1967) 1, 148–50; Centre de Rech. Nucl., Strassbourg-Cronenbourg; franz.) – Nach der Messung der Ladungskollektionszeiten der an verschiedenen Punkten bestrahlten n-i-p-Proben (legiert mit Ga) als eine Funktion des Verhältnisses $\beta = x/D$ (x ist der Abstand des bestrahlten Punktes von der negativen Elektrode, D ist die Dicke der kompensierten Zone) wurden die Beweglichkeiten gemessen. Die Differenzen in den gemessenen Beweglichkeiten werden verschiedenem O-Geh. zugeschrieben. V. Burjan 116△

0353 **Thermischer Durchschlag von Germanium unter Berücksichtigung der Temperaturabhängigkeit der Breite der verbotenen Zone.** I. M. Senderichin. (Izvest. vysšich učebnych Zavedenij [Tomsk], Fiz. **10** (1967) 9 (64), 144–46; Novosibirskij èlektrotechn. inst.; russ.) – Entw. einer Theorie des therm. elektr. Durchschlags für dotiertes Ge u. Vgl. mit Vers.-Daten. H. Roschkowski 116

0354 **Negative Widerstandscharakteristika in der Vorwärtsrichtung von Ge-Dioden.** Masahiro Okuda und Koji Yoshida. (Bull. Univ. Osaka Prefect., Ser. A **16** (1967) 1, 75–82; Dep. of Electrical Engng., Coll. of Engng.; engl.) – Vf. stellen durch *Au*-Dotierung von Ge-Proben Dioden her. In Dioden mit diffundiertem Au-Gradient wird eine negative Widerstandscharakteristik bei Belastung in Vorwärtsrichtung beobachtet. Der negative Widerstand tritt bei Raumtemp. auf, so daß die Dioden als Verstärker oder Oszillatoren prakt. Verw. finden können. Bei einer Unters. des zeitlichen Verh. dieser Dioden mit Spannungsimpulsen ergibt sich ein zeitlich gegenüber dem Spannungsimpuls versetzter Stromimpuls, wobei die Verzögerungszeit im μs-Bereich liegt u. die obere Oszillatorfrequenzgrenze bestimmt. K. H. Härdtl 116

0355 **Wirkung von Reaktorbestrahlung und Ausheilung auf die Schalteigenschaften von Punktkontakt-Ge-Dioden.** Sylwester Ligenza, Jerzy Piekoszewski und Wincenty Przyborski. (Nukleonika [Warszawa] **12** (1967) 10, 887–90; Inst. of Nucl. Res., Świerk, Polen; engl.) – Verkürzung der Schaltzeit von Punktkontakt-Ge-Dioden durch Verkürzung der Lebensdauer der Minoritätsträger infolge Reaktorneutronenbestrahlung u. anschließendes Ausheilen. Aus 2000 Messungen folgende optimale Bedingungen: Bestrahlungsdosis: $1{,}6 \cdot 10^{14}$ n/cm²; Ausheilungstemp. T = 145°; Ausheildauer t = 3h. Manfred Schenk 116

0356 **Abschirmung einer fixierten Ladung in Bi-Metall.** D. H. Brownell jun. und E. H. Hygh. (Physic. Rev. [2] **164** (1967) 3, 909–15; Dep. of Phys., Univ. of Ut., Salt Lake City, Ut.; engl.) – Berechnung der Abschirmungsladungsdichte u. der Potentialmatrixelemente. Die numer. Werte der Ladungsdichte in den drei Krist.-Hauptrichtungen werden angegeben. Die resultierenden Ladungsdichteschwankungen werden auf Grund der Bandstruktur von Bi gedeutet. H. Liepack 116

0357 **Theorie der Dämpfung von Alfvén-Wellen in Bi-Metall.** D. H. Brownell jun. und E. H. Hygh. (Physic. Rev. [2] **164** (1967) 3, 916–22; engl.) – Vgl. vorst. Referat. – Ableitung einer Theorie des Relaxationsfrequenz-Tensors für ein ellipsoidförmiges Leitungsband mit Berechnungen für Elektronen- u. Löcherbänder in Bi unter Annahme von Streuung durch ionisierte Störstellen. Mögliche Dämpfungsmechanismen einschließlich Frenkel-Defekte werden diskutiert. H. Liepack 116

0358 **Leitung in Kristallen mit Wasserstoffbindungen. 1. Mitt. KHF_2 und KDF_2.** J. M. Pollock und M. Sharan. (J. chem. Physics **47** (1967) 10, 4064–68; Dep. of Chem., Coll. of Technol., Leicester, England; engl.) – Es wurden Wechselstromleitfähigkeit u. Gleichstrom-Elektrolyse untersucht. Die Protonen sind in der festen Phase beweglich u. werden an der Kathode als Wasserstoffgas freigesetzt. Der gesamte Strom wird von den Protonen getragen. Im Bereich der α-Phase (unterhalb 196°) folgt die Leitung einer Arrhenius-Gleichung mit einer Aktivierungsenergie von 21,7 bzw. 23,5 kcal/Mol für KHF_2 bzw. KDF_2. Am α-β-Übergang wird eine scharfe Diskontinuität in der Darst. der Leitfähigkeit beobachtet, oberhalb der wieder eine Arrhenius-Beziehung mit 19,8 bzw. 20,9 kcal/Mol gilt. Als Leitungsmechanismus wird eine Wanderung von Zwischengitterprotonen oder „Protonendefekten" angenommen. Die Aktivierungsenergien beziehen sich auf die Bldg. dieser Defekte. H. Liepack 116

0359 **Driftbeweglichkeit von Elektronen in TlCl.** Koichi Kobayashi, Takao Kawai und Mihoko Kanada. (J. physic. Soc. Japan **23** (1967) 2, 305–11; Inst. for Solid State Phys., Univ. of Tokyo, Tokyo; engl.) – Die Driftbeweglichkeit der Photoelektronen in TlCl wurde zwischen 90 u. 330 °K nach einer Laufzeitmeth. gemessen, um das Verh. der Polaronen endlicher Temp. zu untersuchen. Die Übereinstimmung mit Theorien für Polaronen endlicher Temp. sowie niedriger Temp. ist unbefriedigend. Die Driftbeweglichkeit nimmt bei tiefen Temp. als Folge mehrfachen Einfangs wegen der Ggw. flacher Haftstellen von 0,05 eV Tiefe ab. H. Liepack 116

0360 **Defektelektroneneinfang im Innern und an der Oberfläche von AgBr-Einkristallen.** E. Eisenmann und W. Jaenicke. (Photogr. Sci. Engng. **11** (1967) 3, 173–77; Erlangen, Univ. Erlangen, Inst. für phys. Chem.; engl.) – An einer galvan. Kette mit einem AgBr-Einkrist. als Diaphragma zwischen einer Br_2- u. einer Br'-Lsg. wurde die Wanderungsgeschw. der bei Polarisation im Diaphragma gebildeten Grenzfläche gemessen u. daraus die Defektelektronenbeweglichkeit berechnet. Die erhaltenen Werte stimmen mit Ergebnissen von Diffusionsmessungen überein. Bei Zimmertemp. sind sie klein gegen die Hall-Beweglichkeit, durchlaufen bei 170° ein Max. u. nähern sich dann der Hall-Beweglichkeit an. Dieses Verh. wird mit dem Einfang der Defektelektronen erklärt. Die Tiefe der Fallen wird ber. u. die Kinetik der Defektelektronenrekombination an der Krist.-Oberfläche aus der Abhängigkeit der stationären Stromstärke von der Feldstärke abgeleitet. C. Herold 116

0361 **Feste Elektrolyte mit hoher Leitfähigkeit: MAg_4J_5.** Boone B. Owens und Gary R. Argue. (Science [Washington] **157** (1967) 3786, 308–10; Atomics Internat., Canoga Park, Calif.; engl.) – Die festen Verb. MAg_4J_5 ($M = K, Rb, NH_4$) besitzen bei 20° eine Ionen-Leitfähigkeit (A) von rund 0,2 (ohm · cm)$^{-1}$. Man erhält die Verb. durch Zusammenschmelzen von AgJ u. Alkalimetalljodid, Abschrecken u. 16std. Erhitzen bei 165°. Von nachst. Prod. wurde A im Temp.-Bereich 150–165° bestimmt: KAg_4J_5, $RbAg_4J_5$, $(K_3Rb)_{1/4}Ag_4J_5$. A ändert sich bei –136°, –155° u. –139° sprunghaft, durch Übergang von der α- in die β-Phase. Das Cs-Ion kann nur z. T. die Plätze von M besetzen, z. B. in $K_{0,5}Cs_{0,5}Ag_4J_5$. Die Gitterkonst. a u. $D._R$ der angeführten Prod. u. von $NH_4Ag_4J_5$ werden angeführt. G. Schatz 116

0362 **Feldeffektmessungen an GaAs.** D. N. Bose. (Indian J. Physics Proc. Indian Assoc. Cultivat. Sci. **41/50** (1967) 9, 695–700; Dep. of Phys., Jadavpur Univ., Calcutta, India; engl.) – An 1,5Ωcm-n-GaAs werden zwischen 150 u. 298 °K Feldeffektmessungen durchgeführt. Bei 298 °K beträgt die Feldeffektbeweglichkeit μ_{fe} 250 cm²/Vs u. ist proportional zur reziproken Temperatur. Bei tiefen Temp. werden Hystereseeffekte gefunden. Gleichfeldeffektrelaxationen konnten nur bei tiefen Temp. beobachtet werden u. zeigten eine deutliche Asymmetrie. Das Leitfähigkeitsminimum konnte nicht gefunden werden, doch gab es Anzeichen für das Auftreten einer Ladungsträgerverarmung. Es konnte keine Abhängigkeit des Feldeffekts von der Umgebungsatmosphäre festgestellt werden, woraus auf die Ggw. von Haftstellenzuständen innerhalb der Raumladungszone geschlossen wird. Mit Elektronen bestrahlte Proben besitzen ein μ_{fe} = 3500 cm²/Vs, was der Vol.-Beweglichkeit sehr nahe kommt. K. H. Härdtl 116

0363 **Quantenschwingungen des photomagnetischen Effekts in n-InAs.** M. S. Bresler, A. V. Matveenko und I. I. Farbštejn. (Fiz. tverdogo Tela **9** (1967) 8, 2448–50; Inst. poluprovod AN SSSR, Leningrad; russ.) – Untersucht wird ein- u. polykrist. p- u. n-InAs bei konst. u. modulierter (400 Hz) Belichtung mit weißem Licht. Nur in n-InAs werden in Magnetfeldern bis ca. 35 kOe Quantenschwingungen des photomagnet. Effekts u. der magnet. Widerstandsänderung nachgewiesen. H. Roschkowski 116

0364 **Erzeugung optischer zweiter Harmonischer durch Wechselwirkung von Laserstrahlen mit driftenden Ladungsträgern in InAs.** J. H. McFee. (Appl. Physics Letters **11** (1967) 7, 228–30; Bell Telephone Labor., Murray Hill, N.J.; engl.) – Vf. beobachten die Erzeugung zweiter Harmon. (λ = 5,3 μ), wenn elektr. Gleichfelder u. CO_2-Laser-Strahlen gleichzeitig auf Halbleiter mit geringem Bandabstand angewendet werden. Vf. zeigen, daß der dafür verantwortliche nichtlineare Effekt durch die bewegten Ladungsträger herrührt u. dem nichtparabol. Verlauf des Leitungsbandes zugeschrieben werden kann. Die mögliche Verwendbarkeit dieses Effektes zur Modulation opt. Strahlung wird aufgezeigt. K. H. Härdtl 116

0365 **Einfluß eines Magnetfeldes auf den Schwellenstrom in InAs- und InSb-Laserdioden.** A. N. Chakravarti. (Int. J. Electronics [1] **23** (1967) 2, 187–95; Inst. of Radio Phys. and Electronics, Univ. College of Technology, Calcutta, India; engl.) – Die Absenkung des quasi-Fermi-Niveaus der Elektronen bez. der Unterkante des Leitungsbandes in einem Magnetfeld in einem stark entarteten Halbleiter trägt zu zwei Effekten bei, die den Schwellenstrom in InAs- u. InSb-Laserdioden beeinflussen. Der eine Effekt besteht in einer Verengung der Linienbreite der spontanen Emission, der andere in einer Verringerung der akt. Zone für strahlende Rekombination. Beide Effekte sind unabhängig von der Orientierung im Magnetfeld. K. H. Härdtl 116

0366 **Rausch- und Multiplikationsmessungen in InSb-Lawinen-Photodioden.** R. D. Baertsch. (J. appl. Physics **38** (1967) 11, 4267–74; Gen. Electr. Res. and Developm. Center, Schenectady, N.Y.; engl.) – Messungen im Bereich 77–125 °K. Bei den untersuchten Dioden war die Elektronen-Ionisationsrate sehr viel größer als die Löcher-Ionisationsrate u. hing nur schwach vom Feld für Felder zwischen 5 · 10³ u. 10⁴ V/cm ab. Mit zunehmender Temp. nahm die Elektronen-Ionisationsrate zu u. die Durchschlagspannung ab. Die Abhängigkeit der Ionisationsrate von Feld u. Temp. wird durch die schwache Abhängigkeit der Verteilungsfunktion vom Feld für hohe Feldstärken erklärt. Die Rauschmessungen entsprechen der McIntyre-Theorie. Beim Durchschlag wurde ein stromabhängiger negativer Widerstand beobachtet. H. Liepack 116

0367 **Bibliographie der ternären Verbindungen $A^{II}B^{IV}C_2^V$.** B. Ray. (J. Mater. Sci. **2** (1967) 3, 284–92; Electr. Engng. Dep., Univ. of St. Andrews, Queens Coll., Dundee, Scotland; engl.) – An Hand von 60 Literaturzitaten wird ein Überblick bes. über folgende physikal. Eig. von $A^{II}B^{IV}C_2^V$-Verb. ($A = Zn, Cd, Mg$; $B = Ge, Si, Sn$; $C = P, As$) gegeben: Gitterkonst., Breite des verbotenen Bandes, effektive Elektronenmasse, Leitungstyp, Ladungsträgerbeweglichkeit, F., Phasenumwandlungs-Temp., Mikrohärte u. therm. Leitfähigkeit. W. Laqua 116

0368 **Energiebänder in kubischem Bornitrid.** D. R. Wiff und R. Keown. (J. chem. Physics **47** (1967) 9, 3113–19; Texas A & M Univ., Coll. Stat. Texas; engl.) – Ergebnisse zur numer. Berechnung der Elektronenbänderstruktur von kub. BN. H. Liepack 116

0369 **Bandbreiten von Seltenerdmetalloxiden.** S. S. Derbeneva und S. S. Bacanov. (Doklady Akad. Nauk SSSR **175** (1967) 5, 1062–63; Inst. teplofiz. SO AN SSSR; russ.) – Mittels diffuser Reflexion werden die zwischen 4,4 u. 5,6 eV liegenden u. etwa mit der Ordnungszahl zunehmenden Bandbreiten von Me_2O_3 (Me = *La, Ce, Pr, Nd, Sm, Eu, Gd, Tb, Dy, Ho, Er, Tu, Yb, Lu, Y*) bestimmt. Heinz Vogel 116

0370 **Elektrische Leitfähigkeit von Urandioxid.** J. L. Bates, C. A. Hinman und T. Kawada. (J. Amer. ceram. Soc. **50** (1967) 12, 652–56; Pacific Northwest Labor., Batelle Mem. Inst., Richland, Wash.; engl.) – Die elektr. Leitfähigkeit eines nahezu stöchiometr. Einkrist., u. von polykrist. UO_2 wurde von Zimmertemp. bis 3000 °K gemessen. Unterhalb ca. 550 °K verläuft die Kurve log σ gegen T^{-1} linear mit einer ber. Aktivierungsenergie von ca. 0,17 eV. Zwischen 550 °K u. 1250 °K ändert sich die Kurvenform für jede gemessene Probe in anderer Weise. Die elektr. Leitfähigkeit nimmt mit der Temp. rasch zu, oberhalb von 1250 °K unter Änderung von p- zum n-Leitungstyp. Die beste lineare Darst. von log σ gegen T^{-1} oberhalb von 1400 °K wird durch σ = 3,57 · 10³ exp –(1,15 eV/kT) erreicht. Oberhalb von 1900° weicht die Kurve leicht von der Linearität ab u. wird am besten durch σ = 2,10 · 10^{-2} $T^{1,4}$ exp –(0,916 eV/kT) beschrieben. G. Malow 116

0371 **Elektrische Eigenschaften von mit Seltenerdmetallen modifiziertem Bariumtitanat.** Ju. I. Gol'cov, A. S. Bogatin und O. I. Prokopalo. (Izvest. Akad. Nauk SSSR, Ser. fiz. **31** (1967) 11, 1821–23; Rostovskij-na-Donu gos. univ.; russ.) – $BaTiO_3$-Krist. mit 0,01–3 Atom-% La, Ce, Pr, Sm, Gd, Er oder Yb wurden aus Ba-Titanyloxalat u. den Seltenerdmetallcarbonaten hergestellt. Die Temp.-Abhängigkeit ihres elektr. Widerstands wurde bestimmt. Der Einfl. der Seltenerdmetalle wird mit dem von Nb(V) verglichen. H. Roschkowski 116

0372 **Natur des Auftretens von Halbleitereigenschaften in dotiertem Bariumtitanat.** B. A. Rotenberg und Ju. L. Daniljuk. (Izvest. Akad. Nauk SSSR, Ser. fiz. **31** (1967) 11, 1824–27; russ.) – Nb_2O_5-, Ta_2O_5-, WO_3- u. ReO_3-Zusätze zu $BaTiO_3$ führen zu einem Anstieg der elektr. Leitfähigkeit. Der Mechanismus der Ladungskompensation in den Mischkrist. mit hoher Leitfähigkeit wird durch EPR-Unters. u. Best. der magnet. Suszeptibilität

an $BaTiO_3$-Proben mit La_2O_3- u. Lu_2O_3-Zusätzen untersucht. Analog wird die Veränderung des EPR-Spektrums von Mn^{2+} in $BaTiO_3$ durch Zusätze von HfO_2, Sc_2O_3 u. Ga_2O_3 bestimmt. Aus den Ergebnissen wird auf die Bldg. der Halbleitereig. der Proben geschlossen.
H. Roschkowski 116

0373 **Halbleitermischkristalle des Systems $BaTiO_3$–$Sr\cdot TiO_3$–$BaSnO_3$.** I. T. Šeftel', A. I. Zaslavskij, B. B. Lejkina und G. N. Tekster-Proskurjakova. (Izvest. Akad. Nauk SSSR, Ser. fiz. **31** (1967) 11, 1828–31; russ.) — Die Halbleitereig. von Mischkrist. der Zus. $(Ba_{1-x}Sn_x)_{0,999}Ce_{0,001}TiO_3$; $Ba_{0,999}Ce_{0,001}(Ti_{1-y}Sn_y)O_3$ u. $(Ba_{1-x}Sr_x)_{0,99}Ce_{0,001}(Ti_{1-y}Sn_y)O_3$ werden für verschiedene x- u. y-Werte durch Widerstandsbest. untersucht. Anomalien des Widerstandsverh. werden durch den Einfl. von Sauerstoff verursacht.
H. Roschkowski 116

0374 **Beweglichkeit der Ladungsträger in halbleitenden Schichtstrukturen.** R. Fivaz und E. Mooser. (Physic. Rev. [2] **163** (1967) 3, 743–55; Cyanamid European Res. Inst., Cologny, Geneva, Switzerland; engl.) — Elektr. Widerstände u. Hall-Konst. der in Schichtstrukturen kristallisierenden *GaSe*, *MoS₂*, *MoSe₂* u. *WSe₂* wurden zwischen 100 u. 700 °K gemessen. Die Hall-Beweglichkeiten lagen bei Zimmertemp. in der Größenordnung von 100 cm^2/Vs, die Temp.-Abhängigkeit entspricht $\mu \sim (T/T_0)^{-n}$, n = 2,1 für GaSe, 2,6 für MoS_2, 2,4 für $MoSe_2$ u. WSe_2. Es wird eine Wechselwrkg. kurzer Reichweite diskutiert, die die Ladungsträger in hoch anisotropen Schichtstrukturen an nichtpolare opt. Gitterschwingungen koppelt. H. Liepack 116

0375 **Elektrische und photoelektrische Eigenschaften von p–n-Übergängen in Zinksulfid.** A. N. Georgobiani und V. I. Steblin. (Fiz. Techn. Poluprovodnikov **1** (1967) 3, 329–32; Fiz. inst. im. Lebedeva AN SSSR, Moskva; russ.) — Die Charakteristik von durch Thermodiffusion von Cu in n-ZnSiCl-Einkrist. erhaltenen p–n-Übergängen wird untersucht. Bestimmt werden die Strom–Spannungs-Charakteristik, die Photo-EMK u. die Rekombinationsstrahlung in Durchlaßrichtung. Die Übergangsbarriere beträgt ca. 2,2 eV. In einem bestimmten Bereich der Strom–Spannungs-Charakteristik wird Durchschlag-Elektrolumineszenz festgestellt.
H. Roschkowski 116

0376 **Paramagnetische Elektronenresonanz, Lumineszenz und Photoleitfähigkeit von Zinksulfidkristallen.** V. S. Gavrilov, B. V. Novikov und R. I. Šechmamet'ev. (Fiz. Techn. Poluprovodnikov **1** (1967) 3, 371 bis 376; Leningradskij gos. univ. im. Ždanova; russ.) — An aus der Schmelze erhaltenen ZnS-Krist. verschiedener Reinheit wird eine Zunahme der Intensität des EPR-Signals bei Belichtung der Proben im Bereich 430 bis 335 nm festgestellt. Das Abklingen des Signals nach der Belichtung u. seine Dämpfung bei Bestrahlung mit langwelligem Licht werden untersucht. Im gleichen Spektralbereich werden die Anregungsspektren der grünen u. blauen Lumineszenz u. die Spektralverteilung des Photostroms ermittelt. Der Zusammenhang von EPR-Signal u. grüner Lumineszenz wird besprochen.
H. Roschkowski 116

0377 **Feldeffekt in photoempfindlichen CdS-Schichten.** I. A. Karpovič und M. A. Giraev. (Izvest. vysšich učebnych Zavedenij [Tomsk], Fiz. **10** (1967) 9 (64), 104 bis 109; Gor'kovskij univ. im. Lobačevskogo; russ.) — Auf Glas aufgedampfte, 1–3 μ dicke *CdS*-Schichten werden bei 500° an Luft oder in N_2 mit $CdS/CuCl_2$ aktiviert. Bei verschiedenen Niveaus der Photoanregung, charakterisiert durch den Schichtwiderstand, werden Frequenz- u. Temp.-Abhängigkeit des Feldeffektes bei ca. 40–10^5 Hz bzw. ca. 160–400 °K untersucht. Im Dunkeln wird der Feldeffekt bestimmt durch Einfang induzierter Majoritätsträger durch Haftstellen. Bei Belichtung haben die Löcher als Minoritätsträger große Bedeutung für die Abschirmung des Feldes bei tiefen Frequenzen. Heinz Vogel 116

0378 **Optische Löschung der Photoleitung in CdS- und ZnS-Kristallen.** Simo O. Hemila und Richard H. Bube. (J. appl. Physics **38** (1967) 13, 5258–64; Dep. of Materials Sci., Stanford Univ., Stanford, Calif.; engl.) — Das opt. Löschspektrum von CdS- u. ZnS-Einkrist. wurde in Abhängigkeit von der Temp. mit einem Monochromator hoher Auflsg. u. polarisiertem Licht untersucht. Das Spektrum besteht in beiden Fällen aus einer schmalen Bande mit einem Max. bei ca. 0,9 eV u. einer breiteren Bande mit Einsatz bei ca. 1,1 eV. Eine schwach aufgelöste Feinstruktur in der 0,9-eV-Bande wurde in CdS zwischen 0,83 u. 0,92 eV nachgewiesen; die Bande höherer Energie wies keine Feinstruktur auf. Bei den weniger genauen Messungen an ZnS wurde keine Feinstruktur gefunden. Polarisationseffekte wurden nicht nachgewiesen. H. Liepack 116

0379 **Schwellenempfindlichkeit von CdS-Photowiderständen.** N. B. Luk'jančikova und M. K. Šejnkman. (Fiz. Techn. Poluprovodnikov **1** (1967) 3, 345–52; Inst. poluprovod. AN USSR, Kiev; russ.) — Theoret. u. experimentelle Unters. der Schwellenempfindlichkeit des Photowiderstands von CdS-Einkrist. in Abhängigkeit von der Ggw. langsamer oder schneller Haft- u. Rekombinationsniveaus. Die entwickelte Theorie beschreibt die erhaltenen Vers.-Ergebnisse quantitativ.
H. Roschkowski 116

0380 **Zwei Arten der Stromsättigung bei nichtohmschem Verhalten in CdS.** Ichizo Uchida und Tatsuo Ishiguro. (J. physic. Soc. Japan **23** (1967) 6, 1257–65; Central Res. Labor., Nippon Electr. Co., Ltd., Kawasaki; engl.) — An CdS wurde bei zwei verschiedenen Schwellenwerten der Feldstärke Stromsättigung beobachtet. Die erste Sättigung wird durch die theoret. Abschätzung beschrieben, die auf dem klass. Schallverstärkungsmechanismus nach White beruht. Die zweite Sättigung kann qual. interpretiert werden durch den Mechanismus einer quantenmechan. Phononenverstärkung, der von Čerenkov-ähnlicher Strahlung herrührt (nach Yamashita u. Nakamura). Die Oszillationen der ersten Sättigung können auf natürlichen Krist.-Schwingungen beruhen, während die der zweiten Sättigung gedämpft sind u. auf die nichtlinearen Eig. quantenmechan. Kopplung zurückführbar sind.
E. Butzke 116

0381 **Rückläufige Löslichkeit von Blei in PbS vom n-Typ.** A. J. Strauss. (Trans. metallurg. Soc. AIME **239** (1967) 6, 794–98; Lincoln Labor., MIT, Lexington, Mass.; engl.) — Mit Hilfe von Messungen des Hall-Koeff. (R_H) an erhitzten (350–912°, 20 Min. bis 5½ Tage) u. abgeschreckten Einkrist. nach Bridgman wurde die Löslichkeit des Pb in n-PbS als Funktion der Temp. untersucht. Entsprechend der rückläufigen Löslichkeit des Pb nimmt die gemessene freie Trägerkonz. ($n = 1/eR_{77}$) mit abnehmender Erhitzungstemp. (T) von $2{,}4 \cdot 10^{19}$ cm^{-3} für 1185 °K auf $1{,}3 \cdot 10^{18}$ cm^{-3} für 623 °K ab. Die Werte lassen sich durch die Gleichung $n = (1{,}08 \cdot 10^{21}) \exp[-(0{,}37)ev/kT]$ cm^{-3} beschreiben.
G. Malow 116

0382 **Temperaturabhängigkeit der elektrischen Eigenschaften von im Kernreaktor bestrahltem Wolframdisulfid.** Vikt. I. Spicyn, V. I. Pikaeva und I. E. Michajlenko. (Doklady Akad. Nauk SSSR **177** (1967) 6, 1390 bis 1393; Inst. fiz. chim. AN SSSR; russ.) — Der Einfl. der radioakt. Bestrahlung auf die elektr. Eig. von Halbleitern wurde am Beispiel von $WS_{2,3}$ untersucht. Der Widerstand u. die Thermo-EMK wurden bei 20–550° u. 10^{-5} Torr gemessen. Die Thermo-EMK von bestrahlten Proben ist höher, ihr Widerstand ist kleiner als der von nichtbestrahltem Wolframsulfid. J. J. Pohl 116

0383 **Thermistoreigenschaften von WS_2-Einkristallen.** S. R. Guha Thakurta. (Indian J. Physics Proc. Indian Assoc. Cultivat. Sci. **41/50** (1967) 8, 618–21; Magnetism Dep., Indian Assoc. for the Cultivation of Sci., Calcutta; engl.) — Graph. Darst. der Strom–Spannungs-Kurve im Dauerzustand von natürlichen WS_2-Einkrist. (I) bei verschiedenen Temp. (300–500 °K) u. Drücken (10^{-2} bis 756 Torr). Außerdem wurde das Temp.–Zeit-Verh. gemessen, wenn I plötzlich eine hohe Umgebungs-Temp. hat. Aus den Kurven kann der vom Druck abhängende Wärmeaustausch mit der Umgebung bestimmt werden.
R. Blank 116

0384 **Photoleitung von CdSe: Mn-Kristallen und das tiefe Donatorniveau der Mn-Störstelle.** L. H. Tang. (J. appl.

Physics **38** (1967) 12, 4929–30; Phys. Dep., Univ. of Detroit, Detroit, Mich.; engl.) — Unters. von CdSe-Einkrist. mit 0,15% MnSe. Es wurden bei Zimmertemp. ein Max. bei 7000 Å entsprechend der Eigenanregung von 1,77 eV (Bandabstand des CdSe) u. ein hohes Max. bei 9400 Å entsprechend einem Anregungsübergang von 1,32 eV von einem Mn-Zentrum zum Leitungsband beobachtet. Mn, das hier Cd substituiert, kann als Donator wirken. Das Donatorniveau befindet sich (0,45 ± 0,05) eV über dem Valenzband. Es wurde nur im Donatorniveau beobachtet. Bei der Temp. des fl. N_2 wurde therm. Löschung des Eigenübergangs beobachtet.

H. Liepack 116

0385 **Oberflächentransporterscheinungen in epitaxialen PbSe-Filmen.** M. H. Brodsky und J. N. Zemel. (Physic. Rev. [2] **155** (1967) 3, 780–85; U. S. Naval Ordnance Labor., White Oak, Silver Spring, Md.; engl.) — Es wird der Einfl. einiger Gase (N_2, *He*, O_2, H_2O) auf die elektr. Eig. von epitaxialen PbSe-Filmen (n- u. p-Typ) untersucht u. mit den Berechnungen aus theoret. Modellen verglichen. Die vorhandenen Berechnungen der Oberflächenbeweglichkeit für degenerierte Halbleiter sind unzulänglich. Die Streuung der Träger auf der Oberfläche scheint vollständig spiegelartigen Charakter zu besitzen. An Filmen, die gewöhnlicher Luft ausgesetzt waren, wurden extrem hohe Oberflächenladungsdichten beobachtet. G. Malow 116

0386 **Halbleitereigenschaften des ferromagnetischen Cd · Cr_2Se_4.** H. W. Lehmann. (Physic. Rev. [2] **163** (1967) 2, 488–96; RCA Labor., Princeton, N.J.; engl.) — An heiß gepreßtem $CdCr_2Se_4$ wurden zwischen 77 u. 300°K elektr. Leitfähigkeit, Seebeck-Koeff. u. Hall-Effekt gemessen. Die Leitfähigkeit von n-$CdCr_2Se_4$ (In-dotiert) hat bei 150°K ein scharfes Minimum. Die Zunahme der Leitfähigkeit bei tieferen Temp. ist auf eine Zunahme von Beweglichkeit u. Trägerkonz. zurückzuführen. Der zunehmenden Trägerkonz. entspricht eine starke Rotverschiebung der Absorptionskante infolge magnet. Ordnung. Die Leitfähigkeit von p-$CdCr_2Se_4$ (Ag-dotiert) weist eine Änderung des Anstiegs der log σ — 1/T-Kurve auf, der normale Hall-Koeff. hat ein Max. bei 150°K. Dieses Verh. wird durch Einsetzen von Störleitung gedeutet. H. Liepack 116

0387 **Nichtlokale Effekte bei der Ausbreitung von Helikonen bei kleinen Feldern in PbTe.** J. N. Walpole und A. L. McWhorter. (Physic. Rev. [2] **158** (1967) 3, 708–18; Lincoln Labor. and Electr. Engng. Dep., MIT, Cambridge, Mass.; engl.) — Die Unters. erfolgten im Bereich kleiner Magnetfelder, wo Bandstruktur u. nichtlokale Landau-Dämpfungseffekte sichtbare Korrekturen zur Dispersionsbeziehung für große Felder bewirken. Es ergibt sich gute Übereinstimmung mit Phase u. Amplitude von 9-GHz-Helikonen in n-PbTe bei 4,2°K nach einer halbklass. Behandlung eines entarteten, ellipsoidförmigen Viel-Tal-Modells. Wegen der anisotropen Energieflächen in PbTe erfolgt Landau-Dämpfung für Ausbreitung in Feldrichtung sowie unter einem Winkel. Die Korrekturen zur Phase hängen von der transversalen effektiven Masse ab; die transversale Bandkantenmasse für PbTe wird zu 0,020 m_0 ermittelt.

H. Liepack 116

0388 **Ladungsdichte von Diamant.** Iza Goroff und Leonard Kleinman. (Physic. Rev. [2] **164** (1967) 3, 1100–05; Phys. Dep., Case Western Reserve Univ., Cleveland, O.; engl.) — Berechnung der Fourier-Transformierten der Ladungsdichte von Diamant nach der OPW-Methode. Die Ergebnisse sind in ausgezeichneter Übereinstimmung mit dem Experiment.

H. Liepack 116

0389 **Ladungsträgerbeweglichkeit in Diamanten.** E. A. Konorova und S. A. Ševčenko. (Fiz. Techn. Poluprovodnikov **1** (1967) 3, 364–70; Fiz. inst. im Lebedeva AN SSSR, Moskva; russ.) — Die Elektronenbeweglichkeit in Diamant beträgt bei Raumtemp. 2000 ± 100 cm^2/Vs u. wird durch Wechselwrkg. mit akust. Gitterschwingungen bestimmt. Bei 120°K fällt die Beweglichkeit mit steigendem äußeren Feld E ca. nach $E^{-1/2}$.

H. Roschkowski 116

0390 **Widerstandsänderungen von halbleitendem Glas auf der Basis von Vanadinpentoxid.** P. Baltă und Eugenia Baltă. (Rev. roum. Chim. **12** (1967) 12, 1435–42; Res. Centre of Inorganic Chem. of the Academy of the Socialist Republic of Romania and Polytechnic Inst. „Gh. Gheorghiu-Dej", Bucharest; engl.) — Es werden neue Möglichkeiten zur Messung des Widerstandes von halbleitendem Glas (V_2O_5:As_2O_3 = 4:1) untersucht. Die Verw. von TiO_2 u. Sc_2O_3 (0–10%) an Stelle von V_2O_5 ergibt eine Erniedrigung des Widerstandes der Gläser, was mit der Existenz von 3d-Niveaus in den entsprechenden Metallen in Zusammenhang gebracht wird. Die Kristallisation einiger halbleitender Gläser (90% V_2O_5 · 10% P_2O_5; 80% V_2O_5 · 15% As_2O_3 · 5% TiO_2) wurde mit Hilfe der DTA u. der Differential-Isothermo-Analyse untersucht, die Aufschlüsse über die Kinetik des Prozesses liefert. Es wird der erniedrigende Einfl. der therm. Behandlung im Temp.-Bereich der entsprechenden endothermen Effekte (240–360°) auf den Widerstand der Proben gezeigt. An einer Reihe von Thermistoren wird gezeigt, daß die Werte für Widerstand, Temp.-Koeff. u. Strom–Spannung-Charakteristik durch die therm. Behandlung beeinflußt werden. G. Malow 116

0391 **Elektronenmodell für amorphen Kohlenstoff.** H. Harker. (Philos. Mag. [8] **16** (1967) 144, 1193–1206; Northern Coke Res. Labor., School of Chem., Univ., Newcastle upon Tyne; engl.) — Auf der Basis eines von Jackson et al. (vgl. Carbon [Oxford] **2** (1964) 227) entwickelten Modells, wonach amorpher C als Mol.-Krist., der unterschiedliche Sorten freier Radikale enthält, behandelt wird, stellt Vf. unter Verw. von Literaturdaten ein verbessertes Elektronenmodell auf. Zur Deutung der elektr. Leitfähigkeit von amorphem C wird ein Sprungmodell herangezogen, das dem für halbleitende aromat. Verb. ähnlich ist. Die Leitfähigkeit hängt von der therm. angeregten Bldg. von Paaren ionisierter Schichten ab, worauf eine Wanderung von Ladungsträgern in einem Potentialgradienten von Schicht zu Schicht stattfindet. Unter der Annahme, daß Ionen am leichtesten aus Paaren von Schichten freier Radikale gebildet werden können, lassen sich bisher unverständliche Eigenheiten des elektr. Widerstandes u. der ESR-Eig. verstehen; eine mögliche Beziehung zwischen beiden wird in Betracht gezogen. Im Gegensatz zu dem von Mrozowski für amorphen C entwickelten Bändermodell ist nach dem vom Vf. aufgestellten Modell amorpher C über den gesamten Bereich der Carbonisierungs-Temp. als Eigenhalbleiter anzusehen. W. Laqua 116

0392 **Elektronische Eigenschaften eines mit Bor dotierten, pyrolytisch erhaltenen Kohlenstoffs: Verlauf in Abhängigkeit vom Borgehalt.** A. Marchand und E. Dupart. (Carbon [Oxford] **5** (1967) 5, 453–69; Bordeaux, Fac. des Sci., Dép. de Chim.-Phys.; franz.) — Gemessen wurden an bei 2100° erhaltenen Kohlenstoffen mit B-Geh. von 0,04–0,16% der elektr. Widerstand, der Hall-Effekt, die magnet. Widerstandsänderung mit Stromrichtung parallel zur Abscheidungsebene des Kohlenstoffs zwischen 77° u. 298°K, die diamagnet. Anisotropie zwischen 77° u. 1400°K sowie die paramagnet. Suszeptibilität bei Zimmertemperatur. Hall-Koeff., elektr. Widerstand u. Widerstandsänderung sind nahezu temperaturunabhängig; mit zunehmendem B-Geh. nehmen sie ab. Die Kurven, die die Änderung der diamagnet. Anisotropie als Funktion der Temp. wiedergeben, haben eine charakterist. Form mit einem scharfen Max., wobei die Temp. dieses Max. mit steigendem B-Geh. höher liegt. Mit Hilfe eines einfachen zweidimensionalen elektron. Modells war es möglich, quantitativ dieses Verh. der magnet. Anisotropie zu erklären, die Lage des Fermi-Niveaus zu bestimmen u. die effektiven Massen der Ladungsträger festzulegen. C. Gottfried 116△

0393 **Hall-Effekt an pyrolytischer Kohle.** Kazuhiko Yazawa. (J. Chim. physique Physico-Chim. biol. **64** (1967) 6, 961–70; Univ. of Electro-Commun., Chofu-Shi, Tokio, Japon.; franz.) — Der Hall-Effekt wurde an pyrolyt. Graphit (PG, mit unterschiedlicher Vorgeschichte bez. Herst.-Temp. u. nachfolgender Hitzebehandlung) bei 4,2, 20, 77 u. 300°K bestimmt. Bei niedrigen Temp.

ist der Hall-Koeff. (R_H) der schwach graphitisierten Proben der angelegten magnet. Feldstärke (H) umgekehrt proportional, vorausgesetzt, daß H einen bestimmten krit. Wert überschreitet; dieser wächst gewöhnlich mit steigender Temperatur. Dieses Verh. von R_H ist eine Folge der zweidimensionalen Bandstruktur. Die Veränderung von R_H als Funktion des Feldes könnte dazu verwendet werden, den Ordnungsgrad der Graphitschichten zu bestimmen. Die Orientierung der Schichten scheint sich von einer bestimmten Stufe der therm. Behandlung an plötzlich zu vollziehen, während sich das Fermi-Niveau allmählich verschiebt. G. Schatz 116

0394 **Druckeinfluß auf die Fermi-Fläche von Graphit.** J. R. Anderson, W. J. O'Sullivan, J. E. Schirber und D. E. Soule. (Physic. Rev. [2] **164** (1967) 3, 1038 bis 1042; Sandia Labor., Albuquerque, N.Mex.; engl.) — Es wurde der de-Haas-van-Alphen-Effekt in natürlichen Graphiteinkrist. bei Drücken bis zu 4 kbar gemessen. Die Ergebnisse für die Majoritätsträger werden nach dem Slonczewski-Weiss-Bändermodell gedeutet. Die Ergebnisse für die Minoritätsträger entsprechen der Deutung nach Dresselhaus u. Dresselhaus, bei der Spin–Bahn-Aufspaltung an den hexagonalen Zonenflächen berücksichtigt wird. H. Liepack 116

0395 **Untersuchung der Dehydratation von Festkörpern durch Bestimmung der elektrischen Leitfähigkeit. Dehydratation von Gips.** Ch. Eyraud, M. Murat und P. Barriac. (Bull. Soc. chim. France **1967**, 10, 3730—32; Faculté des Sci. de Lyon, Lyon; franz.) — Vf. bestimmten die Abhängigkeit der elektr. Leitfähigkeit (σ) von verschiedenen natürlichen u. synthet. $CaSO_4 \cdot 2\,HO_2$- u. von α- u. β-$CaSO_4 \cdot {}^1/_2\,H_2O$(I)-Proben von der abs. Temperatur. Das Diagramm log σ — 1/T zeigt 2 Max., die der Bldg. von I u. wasserfreiem $CaSO_4$ (**II**) entsprechen. **II** ist ein Halbleiter. Die Aktivierungsenergie für 515° wird ermittelt. G. Schatz 116

0396 **Bestimmung der Dimensionen der Fermi-Fläche von Aluminium-Einkristallen durch direkte Messung des Größeneffektes des elektrischen Stromes.** I. Holwech und R. Risnes. (Philos. Mag. [8] **17** (1968) 148, 757—67; Inst. of Phys., Univ. of Oslo, Blindern; engl.) — Bestimmt wurde die Abhängigkeit des Gleichstrom-Größeneffektes (MacDonald-Effekt) einkrist. Al-Filme (Dicke 30—80 μm) von der Stärke des senkrecht zur Stromrichtung bzw. in der Filmebene verlaufenden Magnetfeldes. Aus den Ergebnissen lassen sich die Dimensionen der Fermi-Fläche mit der gleichen Genauigkeit wie aus magnetoakust. Messungen erhalten. W. Laqua 118

0397 **Fermi-Oberfläche in Molybdän.** O. O. Halkin, S. Ja. Ževaho, T. F. Butenko und Je. P. Dehtjar. (Ukraïns'kyj fiz. Ž. **13** (1968) 7, 1104—06; Donec'kyj fiz.-techn. inst. AN URSR; ukrain., Auszug: engl.) — Die Anisotropie von $\alpha(\vec{H})$ in einem Mo-Krist. wird für den Fall $\vec{q} \perp \vec{H}$ u. $\vec{g} \parallel [100]$ untersucht; die US-Frequenz beträgt 200 MHz. I. Zoll 118

0398 **Elektrische Eigenschaften bei tiefen Temperaturen von einigen Übergangsmetallen und Übergangsmetallcarbiden.** F. W. Clinard jun. und C. P. Kempter. (J. less-common Metals [Lausanne] **15** (1968) 1, 59—73; Univ. of Calif., LASL, Los Alamos, N.Mex.; engl.) — Der spezif. elektr. Widerstand folgender Elemente u. Carbide wird zwischen 2 u. 300 °K gemessen: *Sc, Y, Ti, Zr, Hf, Nb, Ta, Cr, Mo, W, ZrC, HfC, NbC, TaC, WC,* W_2C, Mo_2C. Die Abhängigkeit des Widerstands von der Temp. läßt sich durch die Bloch-Grüneisen-Funktion beschreiben. Der Einfl. der verschiedenen Parameter auf das elektr. Verh. wird diskutiert. H. Tulhoff 118

0399 **Restwiderstandsuntersuchungen an Wolfram mit unterschiedlicher Kohlenstoffdotierung.** Erich Krautz, Hans-Heinz Kuhlmann und Hermann Schultz. (Z. Metallkunde **59** (1968) 2, 133; OSRAM-Studienges., Augsburg; dt.) — Aus nach dem Zonenschmelzverf. gewonnenen W-Einkrist. mit einem Restwiderstandsverhältnis $z \leq 2 \cdot 10^{-5}$ werden dünne Drähte hergestellt u. durch Glühung in CH_4 bei hoher Temp. (1200—2000°) mit C dotiert. Der durch Abschrecken von hoher Temp. bei Zimmertemp. eingefrorene Überschußgeh. an C wird durch geeignete Temperung (T $\geq$ 300°) ausgeschieden. Dadurch entsteht ein stufenförmiger Abfall von z zwischen 300 u. 450° bei isochroner Temperung. Bei noch höheren Temp. kann die Ausscheidung kleiner W_2C-Kristallite (< 0,1 μm) elektronenmkr. beobachtet werden. Bei der Auswertung der auf Eigenfehlordnung zurückgeführten Stufe III muß daher die im gleichen Temp.-Bereich auftretende, durch den Geh. an gelöstem C bedingte Erholungsstufe beachtet werden. M. Frenzel 118

0400 **Auf Spin-Unordnung zurückzuführender anisotroper Widerstand von AuMn.** W. Bindloss. (Physic. Rev. [2] **165** (1968) 2, 725—32; Dep. of Phys., Univ. of Calif., Berkeley, Calif.; engl.) — Vf. berichtet über Meßergebnisse des spezif. Widerstandes in Richtung der a- u. c-Achsen eines Einkrist. aus planarem, antiferromagnet. AuMn im Temp.-Bereich 4,2—560 °K. Der Widerstand des Materials steigt schnell mit zunehmender Temp. im antiferromagnet. Bereich u. erreicht bei der Néel-Temp. (500 °K) einen Wert von 61 $\mu\Omega \cdot$ cm. Oberhalb dieser Temp. wächst der Widerstand linear mit der Temp., aber mit kleinerer Neigung, was durch den Gitterwiderstand bestimmt ist. Es ergibt sich deutliche Anisotropiedes Widerstandes, die vom Zustand des Spin-Syst. abhängig ist. Temp.-Abhängigkeit u. Anisotropie des Widerstandes werden untersucht. E. Otto 118

0401 **Galvanomagnetische Eigenschaften von Osmium.** N. E. Alekseevskij, A. V. Dubrovin, G. E. Karestens und N. N. Michajlov. (Ž. èksper. teoret. Fiz. **54** (1968) 2, 350—53; Inst. fiz. problem AN SSSR; russ., Auszug: engl.) — Die Unters. einkrist. Os-Proben ergibt, daß die Fermi-Fläche von Os offen ist u. ein Netz geriffelter Zylinder mit hexagonaler Symmetrie bildet. I. Zoll 118

0402 **Besonderheiten der Änderung der Hall-Konstante bei der plastischen Verformung von Legierungen mit niedriger Stapelfehlerenergie.** V. E. Panin, V. P. Fadin, M. A. Bol'šanina, V. V. Prušinskij und G. A. Rjabyškina. (Izvest. vysšich učebnych Zavedenij [Tomsk], Fiz. **11** (1968) 4 (71), 13—18; Sibir. fiz.-techn. inst. im. Kuznecova; russ.) — Der Einfl. der Nahordnung u. von Stapelfehlern auf die Hall-Konst. von *Cu*-Leg. mit 16,8 (Atom-%) *Al* oder 16 *Ga* bzw. 8 *Ge* sowie einer tern. Cu-Leg. mit 15 Al u. 0,07 P wird untersucht. Der Verlauf der Hall-Konst. bei plast. Verformung der Leg. wird graph. angegeben. H. Roschkowski 118

0403 **Direkte Ohmsche Hochtemperaturbeheizung von Metallen in Form flüssiger Rohre.** A. V. Grosse, J. A. Cahill, W. L. Liddell, W. J. Murphy und C. S. Stokes. (Science [Washington] **160** (1968) 3827, 528—30; Res. Inst., Univ., Philadelphia, Pa.; engl.) — Fließt durch ein fl. Metall ein genügend hoher elektr. Strom, so kommt es infolge des vorhandenen elektromagnet. Druckes zu einer Abschnürung des fl. Metalles u. dadurch zu einer Stromunterbrechung. Dieser Pinch-Effekt wurde früher durch Anwendung eines hydrostat. Druckes auf das fl. Metall kompensiert u. so ein Stromfluß ermöglicht. Vf. zeigen, daß dieser Pinchdruck ebenfalls sehr leicht überwunden werden kann durch eine Zentrifugalbeschleunigung, die durch Rotation des fl. Metalls hervorgerufen wird. Es wird eine Beziehung für die zur Überwindung der Abschnürung u. damit Aufrechterhaltung des Stromflusses notwendige Umdrehungsgeschw. angegeben. Es wird ein entsprechender Drehofen beschrieben u. für Metalle mit niedrigem F. (*Sn* u. *Bi*) für verschiedene Stromdichten die Umdrehungsgeschw. berechnet. Die Schmelze selbst befindet sich in Graphit- oder Quarzrohren. Aus den Ergebnissen wird gefolgert, daß eine Widerstandsbeheizung fl. metall. Werkstoffe bis auf 5000 °K möglich sein müßte. D. Scherbaum 118

0404 **Nicht-magnetisch lokalisierter Zustand im Aluminium. 1. Mitt. Supraleitende Übergangstemperatur.** Ryozo Aoki und Taiichiro Ohtsuka. (J. physic. Soc. Japan **23** (1967) 5, 955—64; The Inst. for Solid State Phys., Univ. of Tokyo, Azabu, Minato-ku, Tokyo; engl.) — Der Einfl. von Verunreinigungen (*Ti, V, Cr,*

Mn, Fe u. *Ni*) auf die Übergangstemp. in Al wurde als Funktion des Restwiderstandsverhältnisses gemessen. Die Konz. der Verunreinigungen lagen zwischen 0,001 u. 0,04 Atom-%. ΔT_c (anisotrop) ist in erster Linie von der mittleren freien Weglänge abhängig, sehr wenig dagegen von der Art der Verunreinigung. Es wurden Vgl. mit der Theorie des Anderson-Modells für lokalisierte Zustände herangezogen. F. Wendler 120

0405 **Isotopieeffekt in supraleitenden γ-Uranlegierungen.** H. H. Hill, R. W. White, J. D. G. Lindsay, R. D. Fowler und B. T. Matthias. (Physic. Rev. [2] **163** (1967) 2, 356–61; Los Alamos Sci. Labor., Univ. of Calif., Los Alamos, N.Mex.; engl.) — Unters. des Isotopieeffektes an stabilisierten γ-U-Mo- u. γ-U-Nb-Legierungen. Es ist $T_c \sim M^{\alpha}$ mit $\alpha = -0{,}53 \pm 0{,}02$. Als extrapolierte Sprungtemp. von hypothet. reinem γ-U wird $T_c \approx 2{,}1\,°K$ angegeben. H. Liepack 120

0406 **Josephson-Generation am Tunnelübergang Pb–Isolator–Pb.** A. A. Galkin und V. M. Svistunov. (Ž. ėksper. teoret. Fiz.-Pis'ma v redakciju **5** (1967) 11, 396–99, 1 Tafel; Doneckij fiz.-techn. inst. AN Ukr. SSR; russ.) — Unters. der Josephson-Photonenemission an Pb-Glas-Pb-Aufdampfschichten sowie der Strom-Spannungs-Kennlinien. H. Roschkowski 120

Dielektrische und magnetische Eigenschaften

0407 **Photoelektretenladung in additiv verfärbten KCl-Monokristallen bei einer blockierenden Elektrode.** M. Četkarov und V. Russeva. (Doklady bolgarskoj Akad. Nauk **20** (1967) 7, 665–68; Univ. Sofia; dt.) — In nach Czochralski gezogenen *KCl*-Einkrist. werden nach der Rögener-Meth. 10^{16}–10^{18} F-Zentren cm^{-3} erzeugt. Ein zwischen Kathode u. nach (100) gespaltenem Krist.-Plättchen befindliches Glimmerplättchen blockiert die Elektrode. Belichtet wird durch die halbduchlässige Kathode längs des angelegten Feldes. Bei hohen Feldstärken E wächst in dieser Anordnung die Oberflächenladung γ_m des Photoelektrets mit $E^{1/2}$. Bei gleichem E nimmt γ_m mit zunehmender eingestrahlter Lichtintensität zu. Der Koeff. η beträgt 10^{-3}–10^{-4}. Heinz Vogel 132

0408 **Messung der Polarisationsrelaxationszeit in einer Stoßwelle.** V. V. Jakušev, O. K. Rozanov und A. N. Dremin. (Ž. ėksper. teoret. Fiz. **54** (1968) 2, 396–400; Filial inst. chim. fiz. AN SSSR; russ., Auszug: engl.) — Mit Hilfe der Allison-Theorie über die Polarisation von Dielektrika in einer Stoßwelle wird die Änderung des Polarisationsstroms mit der Zeit nach Durchgang der Stoßwelle durch die Probe untersucht. Die Relaxationszeit in Plexiglas wurde für ein Druckintervall von 100–170 kbar zu 1,1 $\mu s \pm 40\%$ ermittelt, unabhängig vom Druck. I. Zoll 132

0409 **Langsame Polarisationseffekte in Filmen mit anomaler Photospannung.** N. Šakirov. (Izvest. Akad. Nauk Uzb. SSR, Ser. fiz.-mat. Nauk **11** (1967) 6, 57–60; Fiz.-techn. inst. AN Uzbek. SSR; russ.) — Für Filme von *Si, Ge, GaAs, CdTe* u. *Se* wurde die Abhängigkeit der Depolarisationsspannungen von der Zeit der Selbstentladung untersucht. Der Filmwiderstand war 10^{11} bis $10^{14}\,\Omega$, geometr. Kapazität 10^{-4}–10^{-3} nF, Polarisationsspannung 10–100 V. Hohe Relaxationszeiten wurden bes. in den letzten Stufen des Depolarisationsprozesses (bei Spannungen an den Kontakten der Filme etwa von Brüchen eines V) gezeigt. V. Burjan 132△

0410 **Polarisationseffekte in dünnen SiO_2- und Al_2O_3-Schichten.** V. F. Korzo, P. S. Kireev und G. A. Ljaščenko. (Izvest. vysšich učebnych Zavedenij [Tomsk], Fiz. **11** (1968) 5 (72), 100–03; Mosk. inst. stali i splavov; russ.) — Für die Filmsyst. Cr–SiO_2–Al u. Ni–Al_2O_3–Au sowie Hybridsyst. auf der Basis von SiO_2 u. Al_2O_3 mit eingelagerten Si-, Ge- u. GaAs-Einkrist. wird die Abhängigkeit des Restpolarisationskoeff. von der Feldstärke in den Filmen u. der Kurzschlußzeit bestimmt. Der Charakter der mit den Restpolarisationseffekten zusammenhängenden Relaxationsprozesse wird besprochen. H. Roschkowski 132

0411 **Temperaturabhängigkeit der elektrischen Festigkeit von SiO_2-Schichten.** V. F. Korzo. (Fiz. tverdogo Tela **10** (1968) 5, 1582–83; Mosk. inst. stali i splavov; russ.) — Durchschlagmessungen an amorphen SiO_2-Schichten (400–5000 Å; −196 bis +50° mit ± 0,2°; $5 \cdot 10^{-5}$ Torr). Die Temp.-Abhängigkeit der Durchschlagspannung ist nicht linear u. oberhalb Zimmertemp., bes. für Proben $\lesssim 2\,\mu m$, stark von der Probenbeschaffenheit abhängig. K. Jaeger 132

0412 **Nullschall in ^3He in einem Magnetfeld.** G. T. Schappert. (Physic. Rev. [2] **163** (1967) 1, 195–200; Phys. Dep., Brandeis Univ., Waltham, Mass.; engl.) — Die Geschw. des Nullschalls in fl. ^3He mit niedriger Temp. ändert sich schwach in Ggw. eines äußeren Magnetfeldes. Die Verschiebung ist auf eine Änderung der Fermi-Fläche der Quasiteilchen u. eine Kopplung der Nullschallwellen an longitudinale Spinwellen zurückzuführen. Die totale Verschiebung $\delta S/S_0$ ist proportional $(\gamma H/p_F v_F)^2$; der Proportionalitätsfaktor wurde zu ca. 4 abgeschätzt. H. Liepack 136

0413 **Theorie der Spin–Phonon-Kopplung in konzentrierten paramagnetischen Salzen und ihr Einfluß auf die thermische Leitfähigkeit.** R. J. Elliott und J. B. Parkinson. (Proc. physic. Soc. **92** (1967) 578, 1024–39; Dep. of Theoret. Phys., Oxford Univ.; engl.) — In einem konzentrierten paramagnet. Salz bei tiefen Temp. können Spinanregungen mit einem gut definierten Wellenvektor k ähnlich den Spinwellen angenommen werden. Diese sind an Phononen gekoppelt u. führen zu gemischten Eigenschwingungen, die durch die Jacobsen-Stevens-Beziehung gegeben sind. Diese gemischten Eigenschwingungen werden untersucht; ihre Lebensdauer nimmt mit zunehmendem T u. mit der Spinunordnung zu. Die paramagnet. Relaxation u. die therm. Leitfähigkeit in diesem Syst. werden untersucht. Die Spin–Phonon-Kopplung bei tiefen Temp. beeinflußt hauptsächlich die Eigenschwingungen; Lebensdauereinfl. erfolgen in höherer Ordnung. H. Liepack 136

0414 **Elektron–Magnon-Wechselwirkung in ferromagnetischen Übergangsmetallen.** L. C. Davis und S. H. Liu. (Physic. Rev. [2] **163** (1967) 2, 503–05; Inst. for Atomic Res. and Dep. of Phys., Ia. State Univ., Ames, Ia.; engl.) — Berechnung der Selbstenergie eines Elektrons in einem ferromagnet. Übergangsmetall bei virtueller Emission u. Absorption von Magnonen. Die Massenkorrektur infolge der Elektron–Magnon-Wechselwrkg. kann so groß sein wie infolge der Elektron–Phonon-Wechselwirkung. Singularitäten in den Zustandsdichten können auftreten bei $\varepsilon_F = \hbar\omega_0$, ω_0 Frequenz des emittierten oder absorbierten Magnons, wenn Elektronen oder Löcher von einem Spinband zum anderen Spinband vorwärtsgestreut werden. H. Liepack 136

0415 **Lokalisierte und kollektive d-Elektronen und Néel-Temperaturen in Perowskit und perowskit-ähnlichen Strukturen.** John B. Goodenough. (Physic. Rev. [2] **164** (1967) 2, 785–89; Lexington, Mass. Inst. of Technol., Lincoln Labor.; engl.) — Es wird theoret. ein Kriterium abgeleitet, welches zwischen einem Antiferromagneten auf Grund lokalisierter Elektronen (ein Elektron pro lokaliertes Orbital, das mit einem Überlappungsintegral Δ durch 180° Superaustausch mit ähnlichen Orbitalen an z Nachbarkationen in Wechselwrkg. steht) u. einem Antiferromagneten auf Grund kollektiver Elektronen (halbgefülltes Band, welches durch die magnet. Ordnung aufgespalten ist) unterscheidet: $dT_N/dp > 0$ für Antiferromagnetismus lokalisierter Elektronen, $dT_N/dp < 0$ für Antiferromagnetismus kollektiver Elektronen (T_N = Néel-Temp., p = hydrostat. Druck). Danach ist überraschend, daß $dT_N/da_0 > 0$ (a_0 = Kation-Anion-Kation-Abstand) in den Syst. $Ca_{1-x}Sr_xMnO_3$, $A^{3+}FeO_3$ u. $A^{3+}CrO_3$ ($A = La$ oder Y), da unabhängige Ergebnisse darauf deuten, daß die d-Elektronen lokalisiert sind. Diese Tatsache wird Änderungen in der kovalenten A-O-Bindung zugeschrieben. Es wird gezeigt, daß die relativ kleinen Änderungen von T_N mit z in der Reihe $CaMnO_3$, $Ca_4Mn_3O_{10}$, $Ca_3Mn_2O_7$ u. Ca_2MnO_4 konsistent mit $dT_N/da_0 < 0$ sind. Es wird jedoch gezeigt, daß eine

Änderung von lokalisierten d-Elektronen in $CaMnO_3$ zu kollektiven d-Elektronen in Ca_2MnO_4 vorhanden sein kann. Die Tatsache, daß die paramagnet. Suszeptibilität in $CaMnO_3$ einem Curie-Weiss-Gesetz gehorcht, in Ca_2MnO_4 jedoch temperaturunabhängig ist, unterstützt diese Ansicht. J. M. Spaeth 136

0416 **Magnetisches Verhalten von Bis-[1.10-phenanthrolin]-eisen(II)-thiocyanat zwischen −190 und 30 °C.** I. Dézsi, B. Molnár, T. Tarnóczi und K. Tompa. (J. inorg. nuclear Chem. **29** (1967) 9, 2486—90; Central Res. Inst. for Phys., Budapest; engl.) — Messungen von ^{57}Fe-Mössbauer-Spektren, magnet. Suszeptibilitäten u. Breiten der NMR-Signale von $[Fe(phen)_2](SCN)_2$ für mehrere Temp. zwischen −190 u. 30° (in Diagrammen angegeben) bestätigen die von König u. Madeja (1966) gefundene, bei etwa −100° in dieser Verb. auftretende „low spin-high spin"-Umwandlung des Fe(II)-Ions. H.-U. Chun 136

0417 **Beiträge der Leitfähigkeitselektronen zu den Hyperfeinfeldern in metallischem Europium und Gadolinium.** S. Hüfner. (Physic. Rev. Letters **19** (1967) 18, 1034—37; Bell Telephone Labor., Murray Hill, N.J.; engl.) — Vf. untersucht mit Hilfe des Mössbauer-Effektes an der 21,7 keV-Linie von ^{151}Eu die Isomerieverschiebungen (IV) u. Hyperfeinfelder (HF) in den Leg. $Eu_{1-x}Yb_x$ ($x = 0$; 0,24; 0,37; 0,56; 0,81 u. 0,92; diamagnet. Verdünnung). Die Mössbauer-Spektren dieser Verb. u. die Abhängigkeit von HF u. IV vom Yb-Geh. sind in Diagrammen wiedergegeben. Aus den Messungen wird für Eu-Metall der Beitrag der eigenen 4f-Elektronen zum Hyperfeinfeld (durch Polarisation der Leitfähigkeitselektronen) eines Eu-Atoms u. der der 4f-Elektronen benachbarter Eu-Atome abgeschätzt (Summe der Beiträge positiv). Für Gd-Metall ergibt sich dagegen eine weitgehende Kompensation der entsprechenden Beiträge u. damit kein Anteil der Polarisation der Leitfähigkeitselektronen am Hyperfeinfeld. H.-U. Chun 136

0418 **Spinrelaxation von Eisen in den ferromagnetischen Verbindungen MnSb und CrTe unterhalb des Curie-Punkts.** S. S. Jakimov, V. Ja. Gamlickij, V. I. Nikolaev und S. R. Rodin. (Doklady Akad. Nauk SSSR **177** (1967) 6, 1313—15; russ.) — Der Mössbauer-Effekt von ^{57}Fe in MnSb ($T_c = 587$°K) u. CrTe ($T_c = 333$°K) im Temp.-Bereich 7—770°K wird mit Hilfe einer ^{57}Co-Quelle in Stahl bei Raumtemp. gemessen. Fe wurde in die Proben durch Diffusion in fester Phase eingeführt. In MnSb besteht das Spektrum bei allen Temp. aus einem gut ausgeprägten Dublett. Die Quadrupolaufspaltung ist temperaturunabhängig u. gleich 1,19 ± 0,01 mm/s. Das Fehlen einer magnet. Aufspaltung auch bei $T \ll T_c$ hängt damit zusammen, daß die Relaxationsfrequenz des Elektronenspins der Fe-Atome viel größer ist als die Frequenz der Hyperfeinstruktur. Bei CrTe flacht das Mössbauer-Spektrum von ^{57}Fe merklich mit fallender Temp. ab. H. Roschkowski 136

0419 **Strukturuntersuchungen einiger Tellurverbindungen mit dem Mössbauereffekt in den ^{125}Te- und ^{129}J-Kernen.** M. Pasternak und S. Bukshpan. (Physic. Rev. [2] **163** (1967) 2, 297—303; Nuclear Phys. Dep., Soreq Res. Center, Yavne, Israel; engl.) — Durch Mössbauer-Daten an ^{129}Te-Quellen u. ^{125}Te-Absorbern wurden die Verb. TeO_2 (**I**), $Te(NO_3)_4$ u. metall. *Te* (**III**) untersucht. Danach ist das Verhältnis der Quadrupolkopplungskonst. der ^{129}Te-Quellen zu dem der ^{125}Te-Absorber in **I** u. **II** konst., trotz Unterschiede in Liganden u. Struktureig. auf Grund der isomeren Verschiebungen u. Asymmetrie-Parameter. Die Struktur der orthorhomb. Phase von **I** scheint der von SeO_2 zu gleichen (Kettenstruktur mit drei koordinierten O u. einem O–Te–O-Winkel von 90°). Nach dem Asymmetrie-Parameter ist eine Te–O-Bindung länger als die anderen beiden. Die Struktur von **II** ist eine Tri- oder Tetrapyramide mit Te-Atomen an der Spitze u. einem NO_3–Te–NO_3-Winkel nahe 90°. Das Quadrupolmoment vom ersten angeregten Zustand von ^{125}Te wurde zu −0,19 ± 0,02 berechnet. R. Blank 136

0420 **Magnetische Ordnung in verdünnten festen Lösungen von Eisen in Gold.** 2. Mitt. **Elektrische Hyperfeinwechselwirkungen.** C. E. Violet und R. J. Borg. (Physic. Rev. [2] **162** (1967) 3, 608—15; Lawrence Radiation Labor., Univ. of Calif., Livermoore, Calif.; engl.) — 1. vgl. C. **1967**, 21-0451. — Messung der ^{57}Fe-Mössbauer-Spektren von Au–Fe-Leg. mit Fe-Konz. zwischen 1,7 u. 10,5 Atom-% bei Temp. zwischen der Übergangs-Temp. u. Zimmer-Temperatur. Das Spektrum besteht aus einem einer Zentrallinie überlagerten Dublett, wobei erstere ein unaufgelöstes Dublett ist. Die Mitten der beiden Dubletts sind um (0,06 ± 0,02) mm/s voneinander getrennt (unabhängig von der Fe-Konz. u. der Temp.). Das äußere Dublett stammt von Fe-Ionen mit einem oder mehreren Fe als nächsten Nachbarn, während das innere Dublett von Fe-Ionen herrührt, die keine nächsten Fe-Nachbarn haben. Diese Dubletts werden als quadrupolaufgespaltene Resonanzlinien interpretiert. Eine Analyse der Temp.-Verschiebungen ergibt eine effektive Debye-Temp. von (290 ± 40) °K für Fe-Verunreinigungen in Au. Die beobachteten Linienbreiten sind Temperatur- u. Fe-Konz. unabhängig. Einige Grade oberhalb der Übergangs-Temp. wachsen die Linienbreiten leicht an, vielleicht wegen des Einsetzens magnet. Relaxationseffekte. J. M. Spaeth 136

0421 **Mössbauer-Effekt an Fe-Seleniden mit NiAs-Struktur.** Georges A. Fatseas. (C. R. hebd. Séances Acad. Sci., Sér. A et B **265** (1967) 20, B 1073—76; Labor. de Magnét. et de Phys. du Solide, CNRS, Bellevue, France; franz.) — Messung der Isomerieverschiebungen (IS) u. magnet. Hyperfeinfelder in den ^{57}Fe-Mössbauer-Spektren der Verb. $Fe_{1-x}Se$ [$x = 0$; 0,1 (Erstarrungstemp. 610°); 0,1 (860°) (I); 0,125; 0,165] bei 20° sowie der IS-Werte u. Linienbreiten bei 190° (tabellar. Angaben der Daten, Spektren in Diagrammen). Die Spektren bei 20° lassen die magnet. Hyperfeinfeldspektren sowohl der Fe^{2+}-Ionen in den A-Lagen als auch die der Fe^{3+}-Ionen in den B-Lagen der Gitterstruktur erkennen. Bei **I** wird nur ein der A-Position entsprechendes Hyperfeinfeldspektrum beobachtet. Vf. diskutieren an Hand der Mössbauer-Daten Elektronenkonfig. u. Bindung der Fe-Ionen in diesen Verbindungen. H.-U. Chun 136

0422 **Mössbauer-Untersuchung der bei der Bildung von Mangan- und Zinkferriten auftretenden Zwischenphasen.** G. Chol, Y. Gros, J. C. Pebay-Peyroula und J. P. Barbe. (Mater. Res. Bull. **2** (1967) 8, 753—64; Labor. Central de Télécommunicat., Paris; engl.) — Die Bldg. von Mn-, Zn- u. (Mn, Zn)-Ferriten aus MnO_x bzw. ZnO u. Fe_2O_3 nach jeweils halbstd. Erhitzen auf Temp. zwischen 700 u. 1200° wurde durch Aufnahme der Mössbauer-Spektren verfolgt. Die für Zn-Ferrit beobachtete Abhängigkeit der Kernquadrupolwechselwrkg. von der Temp. wird auf die Diffusion von Fe^{2+}- u. Zn^{2+}-Ionen zurückgeführt. Das Auftreten eines superparamagnet. Effektes im Falle der gemischten Ferrite u. die Änderung der Kernquadrupolwechselwrkg. während ihrer Bldg. ist mit der Annahme einer Diffusion von Mn^{2+}-Ionen in die freien Tetraederplätze des Zn-Ferrits, der sich bei niedrigeren Temp. bildet, vereinbar. Die genannten Bldg.-Mechanismen werden durch Röntgenbeugungs- u. thermogravimetr. Unters. gestützt. W. Laqua 136

0423 **Mössbauer-Spektren kubischer Ferrite mit Spinellstruktur.** H. B. Mathur, A. P. B. Sinha und C. M. Yagnik. (Indian J. pure appl. Physics **5** (1967) 5, 155 bis 159; National Chem. Labor., Poona; engl.) — Bei 25 u. −194° wurden die Mössbauer-Spektren der folgenden Verb. untersucht: $Fe[Cr_2]O_4$ (**I**), $Ge[Fe_2]O_4$ (**II**), $Cd[Fe_2]O_4$ (**III**), $Zn[Fe_2]O_4$ (**IV**), $Fe[MnCu]O_4$ (**V**), $Fe[CrNi]O_4$ (**VI**). **I** weist bei Raumtemp. einen breiten Resonanzpeak mit einer Isomerenverschiebung von 0,96 ± 0,04 mm/s auf; die Quadrupolaufspaltung von 2,68 ± 0,04 mm/s bei −194° ist auf die tetragonale Gitterdeformation zurückzuführen. Die Quadrupolaufspaltung von **II** bei Raumtemp. ist 2,80 ± 0,04 mm/s; sie ist auf die Existenz eines trigonalen Feldes an den Oktaederplätzen des Spinellgitters zurückzuführen. Bei −194° besitzt **II** die gleiche Quadrupolaufspaltung wie bei Raumtemperatur. Die Quadrupolaufspaltungen von **III** u. **IV** besitzen den gleichen Ursprung wie die von **II** u. betragen 0,80 bzw.

0,38 ± 0,04 mm/s. In den Mössbauer-Spektren von **V** u. **VI** treten gut aufgelöste Dubletts auf, was auf das Vorhandensein eines elektr. Feldgradienten zurückzuführen ist. Unterhalb der Curie-Temp. von **V** u. **VI** besteht das Resonanzspektrum aus sechs Peaks; eine Quadrupolaufspaltung existiert nicht. Dieser Befund ist mit der Annahme einer Neigung des Magnetfeldes von $\Theta = \cos^{-1}(1/\sqrt{3})$ zur Symmetrieachse des elektr. Feldgradienten vereinbar. W. Laqua 136

0424 **^{125}Te-Mössbauer-Untersuchung der magnetischen Hyperfeinstruktur des ferromagnetischen Spinells $CuCr_2 \cdot Te_4$.** J. F. Ullrich und D. H. Vincent. (Physics Letters [Amsterdam] **25A** (1967) 10, 731—32; Dep. of Nuclear Engng., The Univ. of Mich., Ann Arbor, Mich.; engl.) — Das Resonanz-Absorptionsspektrum von $CuCr_2Te_4$ wurde bei fl. N_2-Temp. durch Messung der 35,6-keV-γ-Strahlenresonanz des ^{125}Te untersucht. Das beobachtete Spektrum ist auf magnet. Hyperfeinwechselwrkg. zurückzuführen. Das Hyperfeinfeld beträgt 148 ± 5 kOe. Das kernmagnet. Moment des 35,6-keV-angeregten Zustands des ^{125}Te wurde zu 0,74 ± 0,07 nm bestimmt. W. Laqua 136

0425 **Ultraschalldämpfung im Heisenberg-Paramagnetikum.** 2. Mitt. **Antiferromagnetika.** Erling Pytte und Herbert S. Bennett. (Physic. Rev. [2] **164** (1967) 2, 712—15; IBM Zürich Res. Labor., Rüschlikon, Switzerland; engl.) — 1. vgl. ibid. **155** (1967) 553. — Unters. der Fortpflanzung von Schallwellen in antiferromagnet. Isolatoren. Der Ultraschalldämpfungskoeff. in der Nähe des Néel-Punktes wird in Abhängigkeit von den zeitabhängigen Korrelationsfunktionen abgeleitet. Der Dämpfungskoeff. ist proportional dem Quadrat der Phononenfrequenz u. nimmt stark in der Nähe des Néel-Punktes zu. H. Liepack 136

0426 **Domänenwandbewegung in doppelten Nickel-Eisen-Schichten.** Carl E. Patton und Floyd B. Humphrey. (Nature [London] **213** (1967) 5080, 1010—11; Calif. Inst. of Technol., Pasadena, Calif.; engl.) — Vf. diskutieren die Werte für die Domänenwandbewegung in doppelten, 400 Å dicken Ni–Fe-Schichten mit 80% Ni, die durch 100 Å dicke SiO_2-Schichten getrennt sind, unter Berücksichtigung der von Patton et al. (C. **1967**, 39-0490) bzw. von S. Middelhoek et al. (C. **1967**, 40-0451) benutzten Meßverfahren. Herbert Müller 136

0427 **Einfache Theorie der Remanenz in harter Richtung in magnetischen Schichten.** D. J. Craik und M. J. Wood. (Brit. J. appl. Physics **18** (1967) 5, 689—90; Dep. of Chem., Univ. of Nottingham; engl.) — Ableitung einer Theorie zur Beschreibung der magnet. Eig. von *Permalloy*-Schichten, die in harter Magnetisierungsrichtung eine höhere Remanenz aufweisen als das Modell von Middelhoek (Thesis, Univ. of Amsterdam, 1961) zuläßt. In der neuen Theorie wird eine sinusförmige Magnetisierungsverteilung angenommen. Herbert Müller 136

0428 **Durch schräges Aufdampfen bedingte magnetische Anisotropie in gemeinsam aufgedampften Legierungsschichten.** Mitchell S. Cohen. (J. appl. Physics **38** (1967) 2, 860—69; M.I.T. Lincoln Labor., Lexington, Mass.; engl.) — Auf Glasträger, die Temp. T_t von 180 bis 460° haben u. sich in einem externen Magnetfeld von 30 Oe befinden, werden bei Restgasdrücken von $3 \cdot 10^{-5}$ Torr aus getrennten Quellen eine Fe-Leg. mit 83% Ni sowie gleichzeitig Cu in bis 1000 Å dicken Schichten aufgedampft. Die Winkel φ zwischen Quelle u. der Trägernormalen betragen 0,5—11,1°, u. in den Leg.-Schichten sind 0—46,8% Cu enthalten. Von den Schichten werden die magnet. Eig. mit Hilfe eines Torsionsmagnetometers nach Beam u. Siegle [1965] untersucht sowie die Domänenstruktur mit der Lorentz-Mikroskopie aufgenommen. Für großes φ des NiFe-Dampfstrahls gegenüber dem Cu-Dampfstrahl wird eine Erhöhung der magnet. Anisotropie der Leg.-Schichten im Vgl. zu Cu-freien Schichten beobachtet, während bei der umgekehrten φ-Verteilung die Anisotropie der Schichten kontrolliert werden kann. Die Werte von Magnetisierungsdispersion u. Koerzitivkraft der Domänenwände steigen mit der Cu-Konz. c an. Bei genügend hohem c verschwindet die magnet. Anisotropie, u. in einigen Fällen werden die Erscheinungen der magnet. Viskosität beobachtet. Aus elektronenmkr. Unters. folgt, daß das Wachstum von Krist.-Ketten durch Cu nicht gefördert wird. Cu ist offenbar an den Krist.-Grenzflächen in so dünnen Schichten verteilt, daß es nicht nachgewiesen werden kann, jedoch die interkrist. Austauschwechselwrkg. stört bzw. unterdrückt. Bei schrägem Aufdampfen sind die Cu-Schichten in Dampfrichtung dicker u. rufen so die Anisotropie hervor. Hohes c bewirkt neben genügend hohem T_t eine isotrope Cu-Verteilung u. Bldg. magnet. unabhängiger Ni–Fe-Kristallite, u. damit werden Dispersionen u. magnet. Viskosität verursacht. Herbert Müller 136

0429 **Einfluß der Trägerplastizität auf die magnetischen Eigenschaften dünner, chemisch niedergeschlagener Kobaltschichten.** C. Ruscior, G. Calugaru und M. Suciu. (Bul. Inst. politehn. Iasi **13** (17) (1967) 1/2, 167—70; Forschungszentrum für Phys., Akad. der Rumän. Sozialist. Republ., Jassy; dt.) — Die aus Kobaltsulfat bei 95° niedergeschlagenen Co-Schichten hatten Dicken zwischen 0,2 u. 1 μm. Der Niederschlag erfolgte a) auf harten Pt-Drähten, 1 mm ⌀ u. b) auf den gleichen Drähten nach Weichglühen bei 1000°. Allg. wurde die bekannte Koerzitivfeldstärkeerhöhung mit abnehmender Schichtdicke gefunden. Darüber hinaus waren die Hystereseschleifen der Co-Schichten aber deutlich von dem mechan. Zustand der Träger abhängig. Bei den Schichten auf den weichen, plast. Trägern waren die Hystereseschleifen rechteckiger u. hatten höhere Remanenz- u. kleinere Korzitivfeldstärkewerte. H. Fahlenbrach 136

0430 **Statistische Mechanik und Ursprung des magnetoelektrischen Effekts in Cr_2O_3.** R. Hornreich und S. Shtrikman. (Physic. Rev. [2] **161** (1967) 2, 506—12; The Weizmann Inst. of Sci., Rehovoth, Israel; engl.) — Gleichungen für die Temp.-Abhängigkeit der magnetoelektr. Suszeptibilität parallel u. senkrecht zur trigonalen Achse in Cr_2O_3 werden mit Hilfe eines 2-Untergittermodells aufgestellt. Die Beziehung zwischen Untergittermagnetisierung u. Temp. leitet sich von experimentellen Daten der parallelen magnet. Suszeptibilität her. Für den parallelen Fall herrscht bei niedriger Temp. durch das elektr. Feld induzierte g-Verschiebung vor, bei höheren Temp. Verschiebung in der Inner-Untergitteraustauschenergie. Im senkrechten Fall herrscht die durch das elektr. Feld induzierte Verschiebung in der Einzelionen-Anisotropieenergie vor. Krist.-Feld-Gesichtspunkte für den senkrechten Fall werden diskutiert, u. es wird gezeigt, daß die feldinduzierte g-Verschiebung 1—2 Größenordnungen kleiner ist, als aus der Krist.-Feldabschätzung folgt. H.-J. Höhle 136

0431 **Magnetische, Elektronenspinresonanz-, optische und Struktur-Untersuchungen der isomorphen Reihe $Na(Sc, Fe)TiO_4$.** A. F. Reid, H. K. Perkins und M. J. Sienko. (Inorg. Chem. [Washington] 7 (1968) 1, 119—26; Baker Labor. of Chem., Cornell Univ., Ithaca, N.Y.; engl.) — Unters. der isomorphen Reihe $NaSc_{1-x}Fe_xTiO_4$ in Pulverform mit x = 0,0; 0,1; 0,25; 0,5; 0,75; 0,875 u. 1,0. Danach nehmen die Zelldimensionen mit steigendem x zu. Die magnet. Suszeptibilitäten folgen dem Curie-Weiss-Gesetz $\chi = C(T + \Theta)^{-1}$ von T = 380 °K bis T = Θ, wobei die Weiss-Konst. Θ von 15—280° mit x = 0—1 steigt, u. das effektive magnet. Moment 2,828 $C^{1/2}$ von 5,93 μ_B bei x = 0,01 zu 5,62 bei x = 0,5 abfällt. Die opt. Reflektionsspektren (0,3—1,2 μ) weisen bei niedriger *Fe*-Konz. eine starke Bande bei 28600 cm^{-1} auf, die mit höheren Konz. verschwindet u. durch eine bei 24000 cm^{-1} ersetzt wird. Das Gleiche wird im ESR-Spektrum mit einer scharfen Linie bei g' = 4,27 bei niedriger Konz. u. Ersatz durch eine breite Linie bei g' = 2 bei höherer Konz. beobachtet. Die Befunde werden durch ein isoliertes Fe^{3+}-Ion im rhomb. Krist.-Feld bei niedriger Fe-Konz. u. durch gekoppelte Fe^{3+}–O–Fe^{3+}-Paare im gestörten oktaedr. Feld bei höheren Fe^{3+}-Konz. gedeutet. R. Blank 136

0432 **Scandiumhaltige Magnesiumferrite, -chromite und -aluminate.** A. N. Gorjaga, N. V. Volkova, B. I. Pokrovskij, V. I. Čečernikov, A. V. Pečennikov und L. N. Komissarova. (Izvest. Akad. Nauk SSSR, Neorg. Mater. 3 (1967) 11, 2052—55; Mosk. gos. univ. im. Lomonosova, Chim. Fak.; russ.) — $MgM_{2-x}Sc_xO_4$ [M = Al (I), Cr (II), Fe (III); x = 0—1,2] wurden röntgenograph. untersucht. Im Mischkrist.-Gebiet [x = 0,7 bei II, x = 0,86 bei III, x = 0 bei I] vergrößern sich die Gitterparameter mit steigendem Sc-Gehalt. Im heterogenen Gebiet sind die Parameter unverändert. Sc verändert die magnet. Eig. (Sättigungsmomente, Curie-Temp., Sättigungsmagnetisierung) nicht prinzipiell. Es tritt nur eine lineare Veränderung proportional dem Sc-Geh. auf. U. Strobel 136

0433 **Magnetische Struktur und Kationenverteilung im Ferrit $Li_{1-x}Fe_x[Li_{x-0,5}Fe_{1,25-x}Cr_{1,25}]O_4$.** 1. Mitt. Lidia Dargel, Edward Jarocki, Andrzej Murasik, Stanisław Nizioł und Edward Wasiliew. (Zeszyty naukowe Akad. górniczo-hutniczej [Kraków], Ceramika 1967, 7, 37—47; Zakład Badań Magnetycznych, Katedra Fiz. I, AGH, Kraków; pol.) — Die Struktur des Li–Fe–Cr-Spinells wurde an Pulveraufnahmen durch Neutronenbeugung untersucht. Aus Messungen oberhalb der Curie-Temp. wurde der Inversionsgrad x u. der O-Parameter zu 0,88 ± 0,02 bzw. 0,3833 ± 0,0015 bestimmt. Eine mögliche Ordnung im Untergitter A wird diskutiert. W. Laqua 136

0434 **Magnetische Eigenschaften von $PbTiO_3$–$LaFeO_3$-Mischkristallen.** A. I. Kašlinskij und V. I. Čečernikov. (Izvest. Akad. Nauk SSSR, Ser. fiz. 31 (1967) 11, 1839—41; Fiz. fak. Mosk. gos. univ. im. Lomonosova; russ.) — Magnet. Suszeptibilität u. Magnetisierung sowie magnet. Resonanzabsorption werden an Mischkrist. des Syst. mit 10—90 Mol.-% $LaFeO_3$ bei 77—900°K gemessen. Die magnet. Eig. hängen stark von der Struktur ab. Proben mit tetragonal-pseudomonokliner A-Struktur (bei Raumtemp. Proben mit 0—23 Mol.-% $LaFeO_3$) sind ferrimagnet.; Proben mit pseudomonokliner B-Struktur (bei Raumtemp. Proben mit > 75 Mol.-% $LaFeO_3$) sind antiferromagnet. mit schwachem Ferromagnetismus. H. Roschkowski 136

0435 **Änderung der Reorientierungstemperatur und der magnetischen Kristallanisotropie von Orthoferriten der Seltenerdmetalle.** R. C. Sherwood, L. G. Van Uitert, R. Wolfe und R. C. LeCraw. (Physics Letters [Amsterdam] 25 A (1967) 4, 297—98; Bell Telephone Labor., Murray Hill, N.J.; engl.) — In $Er_xSm_{1-x}FeO_3$- u. Gd_x-$Sm_{1-x}FeO_3$-Einkrist. ist der Temp.-Bereich, in dem die Richtung leichter Magnetisierung von der c- zur a-Achse übergeht, von der Zus. abhängig. Die Abnahme der Stärke des Anisotropiefeldes beträgt bei verschiedenen Temp. mehr als eine Größenordnung. W. Laqua 136

0436 **Anomale Magnetostriktion der Ferrit-Granate von Samarium und Thulium bei niedrigen Temperaturen.** K. P. Belov und V. I. Sokolov. (Ž. èksper. teoret. Fiz.-Pis'ma v Redakciju 6 (1967) 4, 586—89; Inst. radiotechn. i elektron. AN SSSR; russ.) — An Einkristallproben von $Sm_xY_{3-x}Fe_5O_{12}$ (x = 0; 0,5; 1; 2; 3) wurde die Temp.-Abhängigkeit der Magnetostriktion (λ) u. die Wärmeausdehnung bei 4,2°K—100°K u. bei Magnetfeldern bis 25 kOe nach der Kapazitätsmeth. gemessen. Es wurden auch die Isothermen der Magnetostriktion gemessen. Das komplexe Verh. wird der nicht kolinearen Struktur der magnet. Momente in Tm^{3+} zugesprochen. V. Burjan 136△

0437 **Neuer Typ der Spinordnungseinstellung im hexagonalen Ferrit $(Sr, Ba)_2Zn_2Fe_{12}O_{22}$(Y).** V. A. Sizov, R. A. Sizov und I. I. Jamzin. (Ž. èksper. teoret. Fiz.-Pis'ma v. Redakciju 6 (1967) 6, 690—92; Inst. kristallogr. AN SSSR; russ.) — Die Spinordnung in einem Ferrit der Zus. $Sr_{1,6}Ba_{0,4}Zn_2Fe_{12}O_{22}$ wird durch Neutronenbeugung untersucht. Die Überstrukturreflexe lassen sich auf der Grundlage einer „quasispiralförmigen“ magnet. Struktur deuten. Entsprechend diesem Modell ist die Elementarzelle des Ferrits entlang c period. in drei Strukturblöcke aufgespalten, innerhalb deren die Spins kollinear geordnet sind. Die Spinrichtungen der Blöcke schließen jedoch einen Winkel untereinander ein. H. Roschkowski 136

0438 **Untersuchung der dynamischen Magnetisierungskurve eines Mangan-Zink-Mischferrits mit hoher Permeabilität (μ_i = 2000 G/Oe ± 25%; 29 Mol.-% MnO, 21 Mol.-% ZnO, 50 Mol.-% Fe_2O_3).** Dan Iordache. (Bul. Inst. politehn. „Gheorge Gheorghiu-Dej“ București 29 (1967) 2, 25—41; La chaire de phys.; franz.) — Die Messungen bei 10 kHz erfolgten 1. im Rayleigh-Gebiet (bis ca. 90 mOe), 2. bei mittleren Feldstärken (1/3 H_c—5 H_c) u. 3. im Bereich der magnet. Sättigung. Im Rayleigh-Bereich wurden Einfl. der Vol.-Resonanz, des magnet. Erdfeldes, der Desakkumodation u. der Temp. (zwischen —37 u. 96,5°) untersucht. Das Rayleigh-Gebiet des hochpermeablen Ferrits ist gekennzeichnet durch eine dynam. Anfangspermeabilität μ_i zwischen 1700 u. 2000 G/Oe u. durch eine Rayleigh-Konst. R = 0,8—1,1 · 10^4 G/Oe. H. Fahlenbrach 136

0439 **Zusammenhang zwischen magnetischen und Halbleitereigenschaften von polykristallinem $Co_xFe_{3-x}O_4$.** Yukinobu Kumashiro. (J. electrochem. Soc. Japan 35 (1967) 4, 210—19; Tokyo Inst. of Techn., Dep. of Appl. Electrochem., Oookayama, Meguro-ku, Tokyo; engl.) — Als Funktion der Zus. x wurden zwischen 100 u. 1000°K an gesintertem, polykrist. $Co_xFe_{3-x}O_4$ elektr. Leitfähigkeit σ, thermoelektr. Kraft Q, Sättigungsmagnetisierung I_S u. Koerzitivkraft H_c gemessen. Bei konst. O_2-Druck nimmt mit zunehmendem x H_c zu u. I_S ab; in gleicher Richtung ändern sich H_c u. I_S mit zunehmendem PO_2 für 0,8 ≦ x ≦ 1,0. log σ verläuft linear mit 1/T u. nimmt für konst. PO_2 mit steigendem x ab. Für 0,8 ≦ x ≦ 1,0 nimmt log σ mit zunehmendem $P(O_2)$ ab. Alle Proben sind n-leitend. Für gegebenes $P(O_2)$ nimmt —QT mit x u. für gegebenes x mit $P(O_2)$ zu. An Hand eines Modells mit lokalisierten Elektronen wurde die Beweglichkeit bei Raumtemp. zu 10^{-3} cm^2/Vs ber.; sie nimmt exponentiell mit der Temp. zu. Der Vol.-Bruch der Kationenleerstellen auf 16d-Plätzen wächst mit zunehmendem $P(O_2)$ zwischen 10^{-5} u. 10^{-4}. W. Laqua 136

0440 **Magnetische Struktur der Seltenerdmetalle.** M. Grenot. (Ann. Chimie [14] 2 (1967) 1, 45—56; Paris, École Nat. Supérieure de Chim., Labor. de Chim. Appliquée; franz.) — Überblick. — 61 Literaturzitate. C. Gottfried 136△

0441 **Magnetische Eigenschaften bei tiefer Temperatur von Dysprosium-Einkristallen.** R. G. Jordan und E. W. Lee. (Proc. physic. Soc. 92 (1967) 578, 1074—82; Phys. Dep., Univ. of Sheffield; engl.) — Die magnet. Eig. von drei Dy-Einkrist. wurden entlang den Hauptachsen der hexagonal-dichtgepackten Struktur im Temp.-Bereich 4—300°K bei Feldern bis zu 18 kOe untersucht. Die Messungen entlang den a- u. b-Richtungen stimmen im allg. mit den bekannten Ergebnissen überein. Entlang der c-Richtung wurde ein kleines spontanes Moment beobachtet, das für die drei Krist. bei 125 ± 2, 89 ± 3 u. 88 ± 4°K erschien. Die entsprechenden Werte des spontanen Moments bei 0°K sind 1,9 ± 0,4, 2,7 ± 0,3 u. 2,6 ± 0,3 emE g^{-1}. Es wird angenommen, daß der Übergang vom Antiferromagnetismus zum Ferromagnetismus durch die starke Abhängigkeit der indirekten Austauschwechselwrkg. von den Gitterdimensionen bestimmt wird. H. Liepack 136

0442 **Superparamagnetismus von Eisendispersionen in einer Silicat-Matrix.** L. N. Mulay, D. W. Collins und W. Fisher jun. (Jap. J. appl. Physics 6 (1967) 11, 1342; Mat. Res. Labor., Pa. State Univ., University Park, Pa.; engl.) — Es wird über die Messung der magnet. Suszeptibilität als Funktion der Temp. u. des Magnetfeldes an einer Fe-Dispersion (Fe^0, Fe^{2+}, Fe^{3+}) in einer Silicat-Matrix (0,70 SiO_2–0,16 CaO–0,14 Na_2O + 0,025 Fe_2O_3) berichtet. Aus den Messungen wird ein Cluster-Radius von ≃ 12 Å ermittelt. G. Richard 136

0443 **Magnetische Untersuchungen an α-Siliciumcarbidkristallen (α-SiC).** D. Das. (Indian J. Physics Proc. Indian Assoc. Cultivat. Sci. 41/50 (1967) 7, 525—32; Dep. of Magnetism, Indian Assoc. for the Cult. of Sci., Calcutta, India; engl.) — Messung der magnet. Suszeptibilität u. Anisotropie verschiedener Typen des Hochtemp.-Halbleiters *α-SiC* bei Zimmertemperatur.

Die Meßergebnisse der durch Röntgenanalyse u. Farbe charakterisierten Proben werden bez. der Krist.-Struktur diskutiert. Manche der Proben sind diamagnet., andere ferromagnetisch. Nach temperaturabhängigen Suszeptibilitäts- u. Anisotropiemessungen der diamagnet. Proben zwischen 90 u. 1000°K steigt die Suszeptibilität stark mit der Temp., wogegen die Anisotropie unverändert bleibt. R. Blank 136

0444 **Wärmekapazität und Entropie von $(NH_4)_2Mn \cdot (SO_4)_2 \cdot 6H_2O$ von 1—4°K in Feldern bis zu 24000 Oe senkrecht zur b-Achse. Direkte Beobachtung einer magnetischen Unregelmäßigkeit.** J. J. Fritz, R. Ll. Davies, H. W. Bernard und J. G. Aston. (J. chem. Physics **47** (1967) 10, 3693—97; Cryogen. Labor., Pa. State Univ., University Park, Pa.; engl.) — Unters. des Magnetisierungsverh. eines sphär. Einkrist. von $(NH_4)_2Mn(SO_4)_2 \cdot 6H_2O$ zwischen 1 u. 4°K in Feldern bis zu 24000 Oe senkrecht zur 201-Krist.-Ebene in isentrop. Richtung für Entropien zwischen 1,6—3,5 cal · Mol^{-1} · $Grad^{-1}$. Die Wärmekapazität wurde bei 0, **4360, 6450,** 12900 u. 17760 Oe gemessen. Aus den beiden Messungen ergab sich die Entropie als Funktion des Feldes u. der Temperatur. Im Vgl. zur Brillouin-Funktion zeigt die H/T-Kurve deutliche Abweichungen vom idealen paramagnet. Verh. in Übereinst. mit Angaben anderer Autoren. R. Blank 136

0445 **Berechnung der spezifischen Wärme und der magnetischen Suszeptibilität von Ammoniumeisen(III)-alaun bei sehr tiefen Temperaturen.** Izuru Kimura und Norikiyo Uryû. (J. physic. Soc. Japan **23** (1967) 6, 1204—08; Dep. of Appl. Sci., Fac. of Engng., Kyushu Univ., Fukuoka; engl.) — Aus der Berechnung der spezif. Wärme von $NH_4Fe(SO_4)_2 \cdot 12H_2O$ für Temp. < 0,20°K auf der Basis der allg. Theorie von Van Vleck unter Berücksichtigung magnet. Wechselwrkg. bis zur 2. Ordnung folgt nach Vgl. mit experimentellen Daten, daß das auf die Fe^{3+}-Ionen wirkende Krist.-Feld vorwiegend kub. ist u. keine trigonale Komponente besitzt. Auch die für die magnet. Suszeptibilität erhaltenen Werte stimmen mit experimentellen Ergebnissen gut überein; die Austauschwechselwrkg. ist antiferromagnetisch. W. Laqua 136

0446 **Antiferromagnetischer Übergang in $CoCl_2 \cdot 6H_2O$ und die Fisher-Beziehung.** J. Skalyo jun., A. F. Cohen, S. A. Friedberg und Robert B. Griffiths. (Physic. Rev. [2] **164** (1967) 2, 705—09; Carnegie Inst. of Technol., Pittsburgh, Pa.; engl.) — Die Wärmekapazität C_p beim Feld null u. die parallele Suszeptibilität $X_\parallel$ des antiferromagnet. $CoCl_2 \cdot 6H_2O$ genügen der Fisher-Beziehung $C = A\partial(XT)/\partial T$ durch den Néel-Punkt $T_N(O)$. A ergibt die Krümmung der Phasengrenze antiferromagnet.-paramagnet. in der H–T-Ebene für H = 0. Die beobachtete Phasengrenze läßt sich am besten durch eine auf diese Art abgeleitete Parabel anpassen. H. Liepack 136

0447 **Übergangsmetall-Legierungen des Mangans mit im äquiatomaren Bereich liegenden Zusammensetzungen.** 6. Mitt. **Strukturelle und magnetische Eigenschaften von Pd–Mn-Phasen.** A. Kjekshus, R. Møllerud, A. F. Andresen und W. B. Pearson. (Philos. Mag. [8] **16** (1967) 143, 1063—83; Kjemisk Inst. A, Univ. i Oslo, Blindern, Norway; engl.) — 3. vgl. C. **1966, 40-0396.**— Pd–Mn-Leg. mit Zus. zwischen 40 u. 66 Atom-% Pd wurden untersucht. Die kub. PdMn-Phase (CsCl-Struktur) ist nur bei hohen Temp. stabil; der Homogenitätsbereich bei 685° liegt etwa zwischen 40 u. 50 Atom-% Pd. Die Phase ist paramagnet. mit $2S_{Mn} = 5,0 \pm 0,5$ („spin-only"-Näherung). Der Homogenitätsbereich der tetragonalen PdMn-Phase (CuAuJ-Struktur) liegt je nach Temp. zwischen 45 ± 1 u. ca. 65,5 Atom-% Pd; die Phase ist zwischen 825 ± 10°K (ca. 50 Atom-% Pd) u. 290 ± 10°K (ca. 66 Atom-% Pd) paramagnet. mit $2S_{Mn} = 4,1 \pm 0,2$ u. unterhalb 290°K (45 ± 1 bis ca. 65,5 Atom-% Pd) antiferromagnet. mit $2S_{Mn} = 4,0 \pm 0,2$ u. $2S_{Pd} < 0,2$. Die magnet. Elementarzelle enthält 4 Atome; die Momente nächstbenachbarter Mn-Atome sind in (001)-Ebenen antiparallel ausgerichtet. Die magnet. Eig. der tetragonalen Phase werden durch Austauschwechselwrkg. nächster u. nächstnächster Mn-Nachbaratome bestimmt, wobei die letzteren indirekte Mn–Pd–Mn-Wechselwrkg. über d-Orbitale einschließen. Die $Pd_{21} \cdot Mn_{11}$-Phase tritt unterhalb 480°K bei Zus. zwischen 56,25 u. 65,63 Atom-% Pd auf. Die tetragonale Elementarzelle enthält wie die magnet. Elementarzelle 32 Atome. Die Phase ist geordnet u. ferrimagnet., wobei die Momente nächster Mn-Atome in den (001)-Ebenen antiparallel ausgerichtet sind. Die Atom-Momente stimmen mit denen der tetragonalen Pd–Mn-Phase überein. W. Laqua 136

0448 **Physikalische Eigenschaften von festen Substitutionslösungen.** I. Ja. Dechtjar. (Kovové Mater. **5** (1967) 4, 277—300; Inst. metallofiz. AN USSR, Kiev; russ.) — Einige physikal. Eig. (paramagnet. Suszeptibilität von *NiPt*, effektives magnet. Moment von Ni_3Pt, Positronenannihilation, Elektronenpolarisation u. a.) von festen Substitutionslsg. wurden untersucht u. die Vers.-Ergebnisse graph. dargestellt. Die Änderung der physikal. Eig. von festen Substitutionslsg. hängt nicht nur von ihrer Atomstruktur, sondern auch von der Elektronenanordnung ab. Die Krist.-Gitterfehler haben großen Einfl. auf die Verteilung der Elektronen. Das Spektrum der Positronenannihilation bei deformierten Metallen weist auf den Einfl. der Versetzungen auf die Polarisation der Elektronenschalen des verformten Metalles hin. Die magnet. Suszeptibilität u. das Positronenannihilationsspektrum verd. Pd–Fe-Mischkrist. beweisen den Einfl. von Beimengungen auf die Polarisation von Elektronenschalen u. deren Veränderung bei wiederholtem Abschrecken infolge einer Bindung von Atomen der Beimengungen an die Leerstellen. Gitterfehler stören die magnet. Anordnung in Metallen. Die Ermittlung des Zusammenhanges zwischen Elektronen- u. Krist.-Struktur ist somit von außerordentlicher Wichtigkeit für das Studium der Eig. fester Substitutionslösungen. B. Karos 136

0449 **Spin-Konfigurationen des magnetischen Grundzustands für kubisch-flächenzentrierte und Kristalle vom Cu_3Au-Typ.** M. Pósch und E. Krén. (Acta physica Acad. Sci. hung. **23** (1967) 1, 29—35; Central Res. Inst. for Phys., Budapest; engl.) — Die Spinkonfig. oben genannter Krist. werden nach der verallgemeinerten Luttinger-Tisza-Meth. bestimmt. Für prakt. jede beobachtete magnet. Struktur dieser Gitter können die vorherrschenden Wechselwrkg., ihr Vorzeichen u. ihre relative Größe abgeschätzt werden. B. Stender 136

0450 **Magnetische Massen-Suszeptibilitäten von einigen trioktaedrischen Glimmern.** William C. Hood und Richard L. P. Custer. (Amer. Mineralogist **52** (1967) 11/12, 1643—48; Dep. of Geology, Univ. of South Fla., Tampa, Fla.; engl.) — Messung der magnet. Massen-Suszeptibilitäten von 38 trioktaedr. Glimmern. Die Suszeptibilitäten liegen zwischen $0,74 \cdot 10^{-6}$ u. $74,84 \cdot 10^{-6}$ cgs-Einh. u. sind eine Funktion des gesamten Fe-Geh. nach der Beziehung: $\log K_m = 0,0827 + 1,1435 \log [Fe_2O_3]$. Der Ox.-Zustand des Fe beeinflußt die Suszeptibilität weniger als der gesamte Fe-Geh., jedoch hat Fe^{2+} eine etwas höhere Suszeptibilität zur Folge als Fe^{3+}. J. M. Spaeth 136

0451 **Magnetische Eigenschaften von Specularit.** A. K. Mukerjee. (Indian J. Physics Proc. Indian Assoc. Cultivat. Sci. **41/50** (1967) 10, 781—82; Dep. of Magnetism, Indian Assoc. for the Cultivation of Sci., Calcutta; engl.) — Magnetisierung u. Suszeptibilität von Specularit (99,1% α-Fe_2O_3; Fundort: Mt. Popa, Burma) wurden an frischen u. bei 1000°K vorbehandelten Proben im Temp.-Bereich 100—1000°K gemessen. Vgl. mit synthet. *Haematit* (Abb.). A. Blaschette 136

0452 **Modifikation der magnetischen Eigenschaften von Graphit durch Schaffung rhomboedrischer Sequenzen.** H. Gasparoux. (Carbon [Oxford] **5** (1967) 5, 441—51; Pessac, Inst. de Magnéto-Chim.; franz.) — Vf. berichtet über eine genaue Analyse der Veränderung der magnet. u. kristallograph. Eig. von Graphiten verschiedener Teilchengröße nach dem Mahlen. Aus den experimentellen Werten wurden die magnet. Eig. eines hypothet. rhomboedr. Graphits bestimmt. Es wird eine Gleichung für die Temp.-Abhängigkeit der Suszeptibilität angegeben.

Ohne Rücksicht auf die Menge der rhomboedr. Sequenzen erhält man durch Erhitzen auf 2400° eine Probe, deren magnet. u. kristallograph. Eig. denen eines Einkrist. sehr nahe liegen. C. Gottfried 136△

A-4. Thermodynamik, Mechanik der Gase und Flüssigkeiten, Gleichgewichte

0453 **Thermodiffusion und intermolekulare Kräfte in binären Inertgasmischungen.** S. K. Deb und A. K. Barua. (Indian J. Physics Proc. Indian Assoc. Cultivat. Sci. **41/50** (1967) 9, 646–54; Indian Assoc. for the Cultivat. of Sci., Calcutta; engl.) — Mit der Zweikolbenmeth. wurden die Thermodiffusionskoeff. von *He–Ne, Ne–Kr* u. *He–Kr* bestimmt. Mit 3 Potentialansätzen wurde der Koeff. theoret. berechnet. Die Resultate werden zur Berechnung der Wechselwrkg.-Kräfte verwendet. K. Bohmhammel 146

0454 **Thermodiffusion in vielkomponentigen Gasmischungen.** A. K. Ghosh, A. K. Batabyal und A. K. Barua. (J. chem. Physics **47** (1967) 10, 3704–07; engl.) — Vgl. vorst. Referat. — Mit einer vierstufigen Trennschaukel wurde der Thermodiffusionskoeff. von tern. (*H_2–CO_2–He*; Zusatzkomponente He; 357,8°K) u. quatern. (*H_2–CO_2–Ne–He*; Zusatzkomponenten He–Ne; 355,9°K) Syst. bestimmt. Es wird versucht, die Ergebnisse mit einer Theorie für die Thermodiffusion von polynären Gasmischungen zu interpretieren. K. Bohmhammel 146

0455 **Hygrophotographische Untersuchung der Diffusion von Wasser in flüssigen Kohlenwasserstoffen.** Joseph Sivadjian. (Bull. Soc. chim. France **1697,** 6, 1918 bis 1919; Paris, Inst. Pasteur; franz.) — Mit Hilfe einer näher beschriebenen Meth. unter Verw. hygrophotograph. Platten untersuchte Vf. die Diffusion von W. in *Pentan, Hexan* u. *Cyclohexan.* Es wurde festgestellt, daß das W. weniger leicht in Hexan als in Pentan diffundiert u. daß ferner das Cyclohexan weniger durchlässig gegenüber W. ist als das Hexan. Ferner ergab sich aus der Schwärzung bzw. Entfärbung der Platten, daß die Diffusion des W. durch eine mehrere cm dicke Schicht eines KW-Stoffs nicht regelmäßig vor sich geht, da sich auf den Platten charakterist. kurvenähnliche Bilder erkennen lassen, deren Deutung jedoch noch nicht möglich ist. C. Gottfried 146△

0456 **Bestimmung der Neutralisationswärme von Monopyrogallolatoborsäure.** T. Goina, I. Ristea und Maria Munteanu. (Rev. roum. Chim. **12** (1967) 9, 1095–98; Labor. of Inorg. Chem., Fac. of Pharm., Med. and Pharm. Inst., Tirgu-Mures; engl.) — Wss. Na-Borat-Pyrogallol- u. Borsäure-Pyrogallol + NaOH-Lsg. wurden mit der Meth. der isomol. Reihen bei 25,00° kalorimetr. untersucht. Es findet in den Syst. die Bldg. von komplexer Monopyrogallolatoborsäure statt, die erste Neutralisationsstufe ist mit 13,5 kcal/Äqu. exotherm. Die Neutralisationswärme von Pyrogallol wurde gemessen, die Titration zeigt therm. eine Stufe entsprechend 2 Äquivalenten NaOH, der kalorimetr. Effekt beträgt 5,9 kcal/Äquivalent. J. J. Pohl 150

0457 **Hydrolyseenthalpien von Borazol und einigen Derivaten.** B. C. Smith, Lambodar Thakur und Marguerite A. Wassef. (J. chem. Soc. [London], Sect. A **1967,** 10, 1616–18; Dep. of Chem., Birbeck Coll., London; engl.) — Die Hydrolyseenthalpien von *N-Trimethylborazol, Borazol, B-Trichlor-N-trimethylborazol* u. *B-Trichlorborazol* in W. bei 25° wurden gemessen. Mit diesen Werten u. anderen bekannten thermodynam. Daten wurden die Standard-Bldg.-Enthalpien der obigen Verb. ber. (−231,9; −204,9; −263,5; −256,3 kcal/Mol). Die B–N-Bindungsenergien ergaben sich zu: 124,1; 117,9; 108,5; 104,8 kcal/Mol. Manfred Schulze/Braunschweig 150

0458 **Bindungsverhältnisse in Organometallverbindungen des Bors und der Elemente der 4. Gruppe.** 1. Mitt. **Hydrolysewärmen und Bindungsenergien einiger Trimethylsilylderivate.** J. C. Baldwin, M. F. Lappert, J. B. Pedley und J. A. Treverton. (J. chem. Soc. [London], Sect. A **1967, 12,** 1980–84; Chem. Labor., Univ. of Sussex, Brighton; engl.) — Die Wärmetönung bei der Hydrolyse von neun Verb. des Typs $(me_3Si)_nX$ (me = CH_3) zu $(me_3Si)_2O$ u. XH_n wurde in 1 m HCl bestimmt. Unter Verw. bekannter oder neu bestimmter Werte der Bldg.-Enthalpien von $(me_3Si)_2O$ u. XH_n in 1 m HCl werden daraus nachst. Standard-Bldg.-Wärmen ber.: $\Delta H_f°$(*me_3SiCl*, fl.) = −91,8 ± 0,8; $\Delta H_f°$(*me_3SiBr*, fl.) = −77,9 ± 0,8; $\Delta H_f°$(*me_3SiOH*, fl.) = −130,3 ± 0,8; $\Delta H_f°$(*meSiS-tert.-C_4H_9*, fl.) = −91,0 ± 0,8; $\Delta H_f°$(*$me_3Si \cdot NHme$*, fl.) = −62,5 ± 0,8; $\Delta H_f°$(*me_3SiNme_2*, fl.) = −66,6 ± 0,8; $\Delta H_f°$[*$(me_3Si)_2NH$*, fl.] = −123,9 ± 1,6; $\Delta H_f°$[*$(me_3Si)_2Nme$*, fl.] = −116,1 ± 1,6; $\Delta H_f°$[*$(me_3Si)_3N$*, fest] = −173,2 ± 2,2 kcal/Mol. Es werden hieraus die relativen Bindungsenergien E(Si–X), bezogen auf E(Si–Cl) = 96,6 kcal/Mol, abgeleitet; dabei zeigt sich, daß E(Si–N) nur wenig von der Umgebung der Si–N-Bindung abhängt (für vorst. Si–N-Verb. liegt es im Bereich 73,1 bis 79,1 kcal/Mol). A. Blaschette 150

0459 **Thermochemie von Cyclopentadienylthallium.** H. Hull und A. G. Turnbull. (Inorg. Chem. [Washington] **6** (1967) 11, 2020–22; Div. of Min. Chem., CSIRO, Melbourne, Australia; engl.) — Durch Messung der Rk.-Wärme von wss. TlOH mit gasf. C_5H_6 bei 25° wurde die Standard-Bldg.-Wärme von TlC_5H_5(c) zu 23,85 ± 0,6 kcal/Mol erhalten. Über Messungen von p_{aH}-Werten der obigen Rk. im Gleichgew. bei 25° wurde die Freie Standardenergie der Bldg. von TlC_5H_5(c) zu **42,3** ± 0,5 kcal/Mol berechnet. Die Standardentropie des TlC_5H_5(c) ergab sich zu **38,3** ± 3 cal/Grad Mol. Es konnte gezeigt werden, daß das unterschiedliche Verh. von TlC_5H_5, $Fe(C_5H_5)_2$ u. $Mg(C_5H_5)_2$ gegenüber H_2O hauptsächlich von den Freien Bldg.-Energien der Metallhydroxide abhängt. Manfred Schulze/Braunschweig 150

0460 **Standardbildungswärme von Tris-[acetylacetonato]-chrom(III) bei 25° und die Metall–Sauerstoff-Bindungsenergie.** J. O. Hill und R. J. Irving. (J. chem. Soc. [London], Sect. A **1967,** 9, 1413–16; Dep. of Chem., Univ. of Surrey, London; engl.) — Die Standardbldg.-Enthalpie von Tris-[acetylacetonato]-chrom(III) bei 25° wurde über einen empir. thermodynam. Kreisprozeß zu −366,48 ± 0,67 kcal/Mol errechnet. Außerdem wurden die Enthalpieänderungen bei 25° der folgenden Prozesse erhalten: $Cr(g) + 3C_5H_8O_2(g) \rightarrow Cr(C_5H_7O_2)_3(g) + {}^3/_2H_2(g)$, ΔH = −169,1 ± 1,1 kcal/Mol; $Cr(g) + 3C_5H_7O_2(g) \rightarrow Cr(C_5H_7O_2)_3(g)$, ΔH = −327,8 ± 8,7 kcal/Mol; $Cr^{3+}(g) + 3C_5H_7O_2^-(g) \rightarrow Cr(C_5H_7O_2)_3(g)$, ΔH = 1480 kcal/Mol. Die heterolyt. u. homolyt. Metall–Sauerstoff-Bindungsenergieparameter werden mit E_{Cr-O} = 247 u. E''_{Cr-O} = 55 ± 1,5 kcal/Mol angegeben. Manfred Schulze/Braunschweig 150

0461 **Kristallchemische Energetik einiger tetraedrischer Anionenradikale.** R. G. Grebenščikov. (Izvest. Akad. Nauk SSSR, Neorg. Mater. **3** (1967) 1, 127–32; Inst. chim. silikatov im. Grebenščikova AN SSSR; russ.) — Die Standardbldg.-Wärme von tetraedr. Anionenradikalen wurde mit Hilfe von Kreisprozeßberechnungen bestimmt: $[BeF_4]^{2-}$ −370 ± 6 kcal/Mol, $[PO_4]^{3-}$ 73 ± 9, $[AsO_4]^{3-}$ 70 ± 7, $[GeO_4]^{4-}$ 385 ± 10. Die Näherungswerte der Bldg.-Wärme einiger weiterer tetraedr. Radikale sind: $[AlO_4]^{5-}$ 360, $[FeO_4]^{5-}$ 340, $[MnO_4]^{5-}$ 430, $[GaO_4]^{5-}$ 450, $[BeO_4]^{6-}$ 900, $[BO_4]^{5-}$ 950. Das Auftreten einer isomorphen Löslichkeit im Anionenuntergitter der Silicate u. ihrer Analogen, die aus tetraedr. Radikalen aufgebaut sind, wird in erster Linie durch die Ähnlichkeit der kristallchem. Parameter u. nicht durch die der energet. bedingt. Die zulässige Abweichung der thermochem. Radien der in ihrer Elektronenstruktur ähnlichen mehratomigen Radikale bewegt sich in der Größenordnung von 5%. Wenn dieser Wert überschritten wird, wird der Konz.-Bereich der Mischkristallbldg. stark herabgesetzt. J. J. Pohl 150

0462 **Kinetik der spontanen quasistationären Kondensation übersättigter Dämpfe in der Wilson-Kammer. Mathematische Beschreibung. Fall einer quasiisothermen Keimbildung.** V. P. Bachanov und M. V. Bujkov. (Kolloidnyj Ž. **29** (1967) 6, 779–85; Ukr. hydrometeorol. inst., Kiev; russ., Auszug: engl.) — Ein Syst. von Differentialgleichungen zur Beschreibung der Kinetik eines beliebigen nichtisothermen Nebelbldg.-Prozesses in der

Wilsonschen Kammer wird vorgeschlagen. Die zeitliche Änderung der Charakteristiken: Dampfdichte, Temp., Größenverteilungsfunktionen der Tropfen, können theoret. vorausgesagt werden. Bei der Betrachtung der quasiisothermen Keimbldg. wurden weitgehend allg. gültige Zusammenhänge gefunden. Die Charakteristiken von W.-Dampf in Luft wurden numer. ausgewertet. Drei Kriterien der Verwendbarkeit der quasiisotherm. Näherung wurden aufgestellt. Der Sättigungsbereich, für den die Theorie gültig ist, wird wesentlich breiter, wenn die Ausdehnungsperiode bis auf $10^{-3}-10^{-4}$ s abnimmt.
J. J. Pohl 152

0463 **Elektronische Theorie von Phasenübergängen unter Druck in Ca, Sr und Ba.** A. O. E. Animalu. (Physic. Rev. [2] **161** (1967) 2, 445—55; Div. of Appl. Phys., Stanford Univ., Stanford, Calif.; engl.) — Die durch Temp. u. Druck induzierten Übergänge zwischen kub.-flächenzentrierten (k.f.z.) u. kub.-raumzentrierten (k.r.z.) Phasen in Ca, Sr, Ba, werden durch Berechnung der Differenzen der Gibbsschen Freien Energie zwischen 2 Phasen analysiert (Nahezu-Freie-Elektronen u. harmon. Näherung). Beim abs. Nullpunkt von Temp. u. Druck haben die k.f.z. Phase von Sr u. die k.r.z. Phase von Ba die kleinere innere Energie übereinstimmend mit der Messung. Bei Ca gibt es keine Übereinstimmung zwischen experimentellen u. ber. Wert. Qual. Übereinstimmung ergibt sich beim k.f.z.–k.r.z.-Übergang für Sr (0°K). Ca u. Ba zeigen keinen Phasenübergang bei 0°K.
H.-J. Höhle 152

0464 **Einfluß von Ga-Verunreinigungen auf die Phasenumwandlung des HgTe bei hohem hydrostatischem Druck.** A. Ivanov und S. Porowski. (Doklady bolgarskoj Akad. Nauk **20** (1967) 6, 525—27; Inst. of Phys., Bulgarian Acad. of Sci.; engl.) — Die durch Änderung des elektr. Widerstands identifizierte Phasenumwandlung kub.→hexagonal erfolgt bei undotiertem *HgTe* (Ladungsträgerkonz. n = 4,6 · 10^{16} cm^{-3}) bei 15800—15850 at. Mit Ga dotierte Proben (n = 1,6 · 10^{18} cm^{-3}) zeigen die Umwandlungen bei 14500—14700 at; höher dotiertes Material (n = 4,3 · 10^{18} cm^{-3}) wandelt sich bei 17260 bis 17500 at um.
Heinz Vogel 152

0465 **Bestimmung des Dissoziationsdrucks von festem Zinndiselenid.** M. I. Karachanova, A. S. Pašinkin und A. V. Novoselova. (Izvest. Akad. Nauk SSSR, Neorg. Mater. **3** (1967) 9, 1550—54; Mosk. gos. univ. im. Lomonosova; russ.) — Der Dampfdruck über $SnSe_2$ wird zwischen 360 u. 600° mittels einer Taupunktsmeth. bestimmt. Für $SnSe_{2fest} \rightleftharpoons Sn_{fest} + 2Se_{fest}$ werden aus entsprechenden Gleichungssyst. ber. $\Delta H^0_{298} = +36{,}64 \pm 2{,}05$ kcal/Mol, $\Delta S^0_{298} = 7{,}15$ cal/Mol · grad u. $S^0_{298} = 28{,}45 \pm 1{,}00$ cal/Mol · grad.
Heinz Vogel 152

0466 **Massenspektrometrische Bestimmung von Dampfdruck und -zusammensetzung von Bleitellurid.** A. P. Ljubimov und I. I. Bespal'ceva. (Ž. fiz. Chim. **41** (1967) 6, 1500—02; Mosk. inst. stali i splavov; russ.) — Massenspektrometr. wurde die Verdampfung von festem PbTe untersucht u. die Zus. u. der Dampfdruck des PbTe bestimmt. Bei der Analyse der erhaltenen Massenspektrogramme wurden drei deutliche Peaks, die den Massen von $PbTe^+$, Pb^+ u. Te^+ entsprachen, nachgewiesen. Die aus den erhaltenen Daten ber. Sublimationswärme ΔH_{973} = 53,28 kcal/Mol steht in guter Übereinstimmung mit den Literaturdaten. Für den Druck des gesätt. PbTe-Dampfes in Abhängigkeit von der Temp. ergab sich die Beziehung $\log p = -11445/T \pm 11{,}1922$.
E. Klever 152

0467 **Entropie und Schmelzwärme anorganischer Verbindungen, die nach dem Typ Halbleiter–Metall schmelzen.** B. T. Melech und S. A. Semenkovič. (Izvest. Akad. Nauk SSSR, Neorg. Mater. **3** (1967) 7, 1265—66; Inst. poluprovodnikov AN SSSR; russ.) — Für Mg_2Ge u. *ZnSb* werden Schmelzwärmen ΔH zu 21,9 bzw. 8,6 kcal/Mol u. Schmelzentropien ΔS_F zu 15,8 bzw. 10,5 cal/Mol · grad berechnet. Zusammen mit F. u. $-\Delta H^0_{298}$ werden diese Werte mit denen von Mg_2Si, Mg_2Sn, *AlSb*, *GaSb*, *InSb*, Mg_2Pb, *GaAs*, *InAs*, *CdSb* u. Bi_2Te_3 tabelliert.
Heinz Vogel 152

0468 **Einfluß der Wärmeentwicklung bei Phasenumwandlungen im festen Zustand auf die Erstarrungsgeschwindigkeit einer quasi-unendlichen Platte.** R. H. Tien. (Trans. metallurg. Soc. AIME **239** (1967) 12, 1927—31; U.S. Steel Corp., Res. Center, Monroeville, Pa.; engl.) — In einer mathemat. Analyse wird der Einfl. von Wärmetönungen auf die Erstarrung von Fe- u. Mn-Schichten untersucht, die bei Fe durch die Phasenumwandlungen $\delta \to \gamma \to \alpha$-unmagnet. → α-magnet. entstehen u. bei Mn durch die Umwandlungen $\delta \to \gamma \to \beta \to \alpha$. Obwohl die Summe der Wärmeeffekte bei Fe 20% u. bei Mn 43% der Schmelzwärmen beträgt, zeigt es sich, daß diese Wärmemengen die Erstarrungsgeschw. nicht wesentlich beeinflussen.
H. Tulhoff 152

0469 **Dampf-Flüssigkeitsgleichgewicht, begleitet von chemischer Reaktion.** Mitsuho Hirata und Hiromasa Komatsu. (Kagaku Kōgaku [Chem. Engng., Japan] **5** (1967) 1, 143—47; Tokyo Metropolitan Univ., Tokyo; engl.) — Es wurden Messungen des Dampf-Fl.-Gleichgew. des Syst. Essigsäure–Ä.–W.–Essigsäureäthylester vorgenommen u. eine Meth. zur Abschätzung der Meßwerte entwickelt. Das Verhältnis des Dampf-Fl.-Gleichgew., Ki, läßt sich durch $\lg K_i = -A_i/T + B$ mit $A_i = 2{,}3 \cdot 10^3$ ausdrücken. B: Schnittpunkt der Geraden aus Auftragungen von $\log K_i$ gegen $1/T$ mit der Ordinate u. Funktion der Fl.-Zus. bei den hypothet. Umwandlungen 0 oder 1,0.
K. J. Lucas 154

0470 **Dampf-Flüssigkeitsgleichgewicht des Systems CO_2–Propylen.** Masahiro Yorizane, Shooshin Yoshimura und Hirokatsu Masuoka. (Kagaku Kōgaku [Chem. Engng., Japan] **5** (1967) 1, 175—79; Dep. of Chem. Engng., Hiroshima Univ., Hiroshima; engl.) — Die Dampf-Fl.-Gleichgew.-Beziehungen des Syst. CO_2/Propylen wurden bei Drücken von 5,74—34,58 atm bei 0° u. von 1,29—8,28 atm. bei −43,5° bestimmt. Berechnungen der Eig. des Syst. mittels der Benedict-Welb-Rubin-Gleichung zeigen keine gute Übereinstimmung mit den Messungen, jedoch kann diese durch ein modifiziertes A_0 verbessert werden, wobei die Abweichung von den experimentellen K-Werten dann nur noch 2% beträgt. Berechnungen nach dem Prinzip der übereinstimmenden Zustände führen nur bei 30° zu befriedigenden Ergebnissen, nicht aber bei 0 u. −43,5°.
K. J. Lucas 154

0471 **Absorptionsgeschwindigkeit von CO_2 in Natriumcarbonatlösungen mit dem Zusatz von Aminosäuren oder arseniger Säure.** Kakusaburo Onda, Takeshi Kobayashi und Toichiro Nagase. (J. chem. Soc. Japan, and Chem. Sect. [Kōgyō Kagaku Zasshi] **70** (1967) 8, 1271—76; Fac. of Technol. Nagoya Univ., Nagoya; jap., Auszug: engl.) — Die Absorptionsgeschw. (AG) steigt mit zunehmendem Geh. an Aminosäure bis zu einem Grenzwert an, dieser ist der Na_2CO_3-Konz. direkt proportional. Vf. erklären das Verh. mit dem Mechanismus: die Dissoziation von Na_2CO_3 u. der Aminosäure bewirken eine Abnahme von $[H^+]$ u. vergrößern damit die AG; K_2CO_3 verhält sich analog. Das gleiche Resultat ergab sich für die AG. von CO_2 in K_2CO_3-Lsg., die H_3AsO_3 enthielt.
G. Schatz 154

0472 **Einfluß von Metallsalzen auf das Flüssigkeits–Dampf-Gleichgewicht wäßriger Salpetersäure.** Friedrich Wolf und Karl-Heinz Schier. (Chem. Techn. **19** (1967) 6, 339—43; Inst. für Techn. Chem., Martin-Luther-Univ., Halle-Wittenberg; dt.) — Der Einfl. definierter Mengen KNO_3, $NaNO_3$, $Ca(NO_3)_2$, $Mg(NO_3)_2$, $Al(NO_3)_3$ oder $Fe(NO_3)_3$ auf das Fl.–Dampf-Gleichgew. wss. HNO_3 wird untersucht. Während KNO_3 den Azeotroppunkt des wss. HNO_3 von 68,2 Masse-% bei 760 Torr nach höheren Konz. verschiebt, verschieben die übrigen angegebenen Nitrate diesen Punkt zu kleineren Konz., u. zwar in der Reihenfolge $Al(NO_3)_3 > Fe(NO_3)_3 > Mg(NO_3)_2 > Ca(NO_3)_2 > NaNO_3$. Dieser Effekt ist eine Funktion des Ionenradius u. der Wertigkeit der Kationen der zugesetzten Salze. Die Löslichkeiten u. Lsg.-Wärmen der Nitrate werden ermittelt. Von den 3 bekannten HNO_3-Formen (dissoziierte Form, Nitroniumform u. undissoziierte Pseudosalpetersäure) steht nur letztere mit dem Dampf im Gleichgewicht. Die Salze, die einen

Konzentrierungseffekt des wss. HNO_3 bewirken, verschieben das Gleichgew. derart, daß die Pseudosalpetersäure in solchen Lsg., u. damit in der Dampfphase, begünstigt ist. Die Veränderung der Pseudosalpetersäurekonz. ist der zugesetzten Kationenmenge direkt proportional. Aus den Meßwerten wurden die relativen Flüchtigkeiten u. die Aktivitätskoeff. berechnet.
H. J. Schönherr 154

0473 **Untersuchung der Hydrate des Lithiumjodids durch Dampfdruckmessungen.** Roger Cohen-Adad, Bernard Boinon, Marie-Thérèse Saugier und Albert Sebaoun. (C. R. hebd. Séances Acad. Sci., Sér. C **264** (1967) 26, 2134—37; Villeurbanne, Fac. des Sci. de Lyon, Labor. de Chim. 1er cycle II; franz.) — Unter Bezugnahme auf eine Arbeit von Hüttig u. Pohle [1924], die neben dem Mono-, Di- u. Trihydrat des LiJ noch ein Halbhydrat festgestellt hatten, untersuchen Vf. erneut durch Messen der Dampfdrücke von Gemischen von W. u. LiJ bei 18,2; 43,1; 53,5 u. 61° die evtl. auftretenden Hydrate des LiJ. Gefunden wurden nur die 3 Hydrate $LiJ \cdot H_2O$, $LiJ \cdot 2H_2O$ u. $LiJ \cdot 3H_2O$. Das Halbhydrat konnte nicht nachgewiesen werden. Die Dissoziationsenthalpien der 3 Hydrate wurden ber.; die erhaltenen Werte in der obigen Reihenfolge sind +15, +13 u. +11 kcal/Mol.
C. Gottfried 154△

0474 **Gleichgewichtsdampfdruck über der Schmelze der festen Lösung von Indiumphosphid und -arsenid.** Ja. A. Ugaj, E. G. Gončarov und L. A. Bitjuckaja. (Izvest. Akad. Nauk SSSR, Neorg. Mater. **3** (1967) 9, 1555—60; Voronežs. gos. univ.; russ.) — Mittels eines konstruierten Quarzmembranmanometers können Dampfdrucke über Schmelzen fester Lsg. mit zwei leichtflüchtigen Komponenten gemessen werden. Durch einen Gegendruck, der mittels der leichtflüchtigen Komponenten aufgebaut wird, erreicht man, daß sich die Zus. der festen Lsg. während des Vers. nicht ändert. Über $InAs_{0,5}P_{0,5}$ baut sich bei 1030° ein durch P- u. As-Dampf erzeugter Gesamtdruck von 13 at auf.
Heinz Vogel 154

0475 **Experimentelle Untersuchung des Flüssigkeits-Dampf-Gleichgewichtes in binären Gemischen. Uranhexafluorid-Chlortrifluorid bei 2600 Torr.** J. Aubert, M. Carles und L. Bethuel. (Chim. Ind., Génie chim. **98** (1967) 4, 661—68; Com. à l'Energ. Atom.; franz.) — Das Fl.-Dampf-Gleichgew.-Diagramm des bin. Syst. UF_6–ClF_3 bei 2600 Torr wurde auf Grund von Unters. in einer Monel-App. durch Beobachtung durch AgCl-Fenster, sowie mit Hilfe von IR-spektroskop. Daten konstruiert. Vers. bei 44,5—92,5° zeigen eine vollständige Mischbarkeit der Komponenten. Der Aktivitätskoeff. von UF_6 ändert sich von 1—3,4, der von ClF_3 von 1—1,7. Der Dampfdruck von ClF_3 ändert sich bei 20—60° nach log P (Torr) = 7,93155 — (1434,71/T).
J. J. Pohl 154

0476 **Thermodynamische Eigenschaften flüssiger Lösungen des Systems Ag–Ge.** V. N. Eremenko, G. M. Lukašenko und V. L. Pritula. (Izvest. Akad. Nauk SSSR, Neorg. Mater. **3** (1967) 9, 1584—90; Inst. problem materialovedenija AN USSR; russ.) — Bei 1378°K werden in einer Knudsen-Anordnung die Verdampfungsgeschw. von *Ag* u. *Ag–Ge-Leg.* untersucht u. die thermodynam. Aktivitäten A der Komponenten in den fl. Lsg. berechnet. Für verschiedene Werte von A werden ΔZ, ΔH u. ΔS bei 1378°K berechnet.
Heinz Vogel 154

0477 **Löslichkeit von Jod in Dimethylsulfoxid.** Toshiro Soda und Joel H. Hildebrand. (J. physic. Chem. **71** (1967) 13, 4561—63; Berkeley, Calif., Univ. of Calif., Dep. of Chem.; engl.) — Best. der J-Löslichkeit in Dimethylsulfoxid (DMSO) nach der von Glew et al. (ibid. **60** (1956) 616) angegebenen Meth. bei 19,56°, 25,00°, 30,72°, 35,05° u. 40,20° sowie Vgl. mit der Löslichkeit in 1,3,5-$C_6H_3(CH_3)_3$, Ae., 1,2-$C_2H_4Br_2$, $CHBr_3$, A. u. CS_2. Die Ergebnisse sind tabellar. zusammengestellt u. werden mit ber. Werten verglichen u. diskutiert.
D. Ertel 154

0478 **Thermodynamische Eigenschaften wäßriger Lösungen von Alkylbenzolsulfonsäuren und ihren Alkalimetallsalzen bei 25°. Vergleiche mit vernetzten Polystyrol-Kationenaustauschern.** G. E. Boyd, F. Vaslow, A. Schwarz und J. W. Chase. (J. physic. Chem. **71** (1967) 12, 3879—87; ORNL, Oak Ridge, Tenn.; engl.) — Die molalen osmot. (Φ) u. Aktivitätskoeff. (γ) sowie der scheinbare molale Wärmeinhalt der wss. Lsg. von p-Äthylbenzolsulfonsäure u. ihrem Li-, Na-, K- u. Cs-Salz werden über einen großen Konz.-Bereich gemessen. Aus Φ u. γ werden die freien Verdünnungsenergien ber. u. mit der Änderung der freien Standardenergie für Ionenaustauschrk. an Polystyrol-Kationaustauschern verglichen. Es besteht weitgehende Übereinstimmung zwischen dem thermodynam. Verh. der konz. Elektrolytlsg. u. der Ionenaustauscher. Die Messungen u. Schlußfolgerungen werden ausführlich diskutiert.
K. Strenge 154

0479 **Salzkryoskopie: Erniedrigung der Umwandlungstemperatur von Glaubersalz durch gelöste Stoffe.** R. Fernández-Prini und J. E. Prue. (J. chem. Soc. [London], Sect. A **1967**, 12, 1974—78; Reading, Univ., Dep. of Chem.; engl.) — Die Erniedrigung ΔT der Umwandlungstemp. von Glaubersalz in nicht unendlich verd. Lsg. wird thermodynam. exakt abgeleitet. Die Gleichung ist leicht zu verallgemeinern für andere Phasenübergänge oder eutekt. Systeme. ΔT wird in Lsg. von *KCl*, *NaCl*, $K_4[Fe(CN)_6]$, $Na_4[Fe(CN)_6]$, $Na_3P_3O_9$, $Na_4P_4O_{12}$ u. $ZnSO_4$ in Abhängigkeit von der Molalität m' auf $(3 \cdot 10^{-13})^0$ reproduzierbar gemessen. Für m' = 0 ist die kryoskop. Konst. 1,771 °C(kg W.) Mol^{-1}. Die experimentellen Resultate stimmen mit theoret. Voraussagen überein. Begrenzungen der Meth. in der experimentellen Genauigkeit u. der Aussagekraft werden diskutiert.
Waldemar Köhler 154

0480 **System H_2O, Na^+, F^-, PO_4^{3-}.** Jean-Claude Guiot. (Rev. Chim. minérale 4 (1967) 1, 85—128; Paris, Sorbonne, Labor. de Chim. miner.; franz.) — Zunächst werden die bin. Syst. H_2O–NaF u. H_2O–Na_3PO_4 untersucht. Während in ersterem nur das wasserfreie Fluorid im Gleichgew. mit der Lsg. steht, beobachtet man beim zweiten unterhalb 58,4° die feste, kongruent lösl. Phase $4Na_3PO_4 \cdot 48H_2O \cdot NaOH$ (**I**); von 58,4—68,5° u. im Gleichgew. mit 28,7—33,7 Gew.-% gelöstem Na_3PO_4 (**II**) das Hydrat $Na_3PO_4 \cdot 8H_2O$ (**III**), von 68,5—110° (33,7 bis 47,2 Gew.-% **II** in Lsg.) $Na_3PO_4 \cdot 6H_2O$ (**IV**) u. unter Druck (Kp. der Lsg. 108,2°) bis 204° $Na_3PO_4 \cdot {}^1/_2H_2O$ (**V**); wasserfreies **II** existiert in 2 allotropen Formen, die sich bei 280° ineinander umwandeln. Thermogravimetr. u. tensiometr. Messungen des Abbaus von **III** lassen ebenfalls nur die Hydratstufen **IV** u. **V** erkennen. Von **I** ausgehend beobachtet man nacheinander: **III** (57°), **V** (90°) u. **II** (175°). **I** krist. wie Hydroxylapatit hexagonal mit a = 11,91 u. c = 12,69 Å. — Im Syst. H_2O–NaF–Na_3PO_4 sind zwischen —3,5 u. 109,5° acht feste Phasen an den Gleichgew. beteiligt: Eis, NaF, **III**, **IV**, **V** sowie die Doppelsalze **I**, $2Na_3PO_4 \cdot NaF \cdot 19H_2O$ (**VI**) u. $2Na_3PO_4 \cdot 3NaF \cdot 18-19H_2O$ (**VII**). Bei 80° existiert $2Na_3PO_4 \cdot 2NaF \cdot 18-19H_2O$ als metastabile Verbindung. Das Diagramm der polythermen Gleichgew. in diesem Syst. weist 6 Punkte auf, bei denen 3 feste Phasen u. die gesätt. Lsg. koexistieren: —3,7° (Lsg.: 0,12% I/2,70% NaF), NaF, Eis, **VI**; 67,3° (32,1/1,20), **III**, **IV**, **VI**; 95° (30,1/1,6), NaF, **VI**, **VII**; 108,3°, **IV**, **V**, **VI**; —1°, **I**, **VI**, Eis; 56,7° (27,7/0,95), **I**, **III**, **VI**. Dazu kommen noch 4 charakterist. Punkte bei denen Dampf, Lsg. u. 2 feste Phasen nebeneinander vorliegen: 106,1° (28,0/3,0), NaF, **VII**; 106,8° (34,1/3,3), **VI**, **VII**; 109,4° (48,2/2,8), **V**, **VI**; 109,1° (50,1/2,1), **VI**, **V**. **VI** ist bei 0—75° kongruent lösl.; **VII** löst sich stets inkongruent, außerdem ist es nur in einem kleinen Bereich oberhalb 95° stabil. **VI** krist. kub. in O_h^8, Z = 32, a = 27,86 Å. Bei der Thermolyse wandelt es sich bei 45—110° reversibel in $2Na_3PO_4 \cdot NaF \cdot H_2O$ (**VIII**, gleiche Struktur wie **VI**) um, das sich seinerseits > 150° zu NaF +2**V** zersetzt. **VII** zersetzt sich bei der Dehydratation irreversibel zu 2NaF + **VIII**. — Das Pulverdiagramm von **VI** wird angegeben.
F. Haenschke 154

0481 **Löslichkeit von Rubidiumozonid in flüssigem Ammoniak.** A. B. Cenciper und M. S. Dobroljubova. (Izvest. Akad. Nauk SSSR, Ser. chim. **1967**, 12, 2740 bis 2742; Inst. obščej i neorg. chim., Akad. nauk SSSR; russ.) — Die Löslichkeit von RbO_3 in fl. NH_3 wurde im

Temp.-Intervall von −48 bis −84° untersucht. Das Syst. RbO_3–NH_3 ist vom einfachen eutekt. Typ; das Eutektikum tritt bei −82 bis −83° u. 4,0% RbO_3 (4,3 g RbO/100 g NH_3) auf. Je nach Geh. des Ausgangspräp. an RbO_3 u. RbOH kann die aus einer gesätt. Lsg. in fl. NH_3 ausgeschiedene Phase sich an RbO_3 oder RbOH anreichern. A. Blaschette 154

0482 **Wäßrige Systeme bei hoher Temperatur.** 20. Mitt. **Dissoziationskonstante und thermodynamische Funktionen von Magnesiumsulfat bis 200°.** William L. Marshall. (J. physic. Chem. **71** (1967) 11, 3584–88; Oak Ridge Nat. Labor., Oak Ridge, Tenn.; engl.) – 15. vgl. C. **1967**, 5-0611. – pK_a^0 von $MgSO_4$ ändert sich von 2,5 bei 30° bis 4,0 bei 200°. Folgende thermodynam. Größen werden ermittelt: ΔG^0 = 2,66–8,66 kcal/mol, ΔH^0 = −4,08 bis −11,0 kcal/mol, ΔS^0 = −24,7 bis −41,5 cal/mol · grd; ΔCp im Durchschnitt −25,0 cal/Mol · grd. Mg^{2+} u. SO_4^{2-} zeigen mit steigender Temp. starke Assoziation. W. Lohse 154

0483 **Entwicklung der Systeme $CaSO_4$–H_2O in Abhängigkeit von Temperatur und Druck.** Charles Eyraud, Michel Murat und Pierre Barriac. (Bull. Soc. chim. France **1967, 12,** 4640–42; Fac. des Sci. de Lyon, Labor. de Génie Chim.; franz.) – Die Bldg. der Semihydrate (α, α' u. β) durch therm. Zers. von Gips wird untersucht, die Durchführung der Vers. u. die App. (Abb.) beschrieben u. festgestellt, daß bei Anwesenheit von fl. H_2O die α-, in trockenem Dampf die β- u. in feuchtem W.-Dampf die α'-Modifikation von $CaSO_4 \cdot {}^1/_2H_2O$ gebildet wird. O. Rösner 154

0484 **Mischkristalle von Seltenerdmetallsalzen.** A. V. Nikolaev, A. A. Sorokina, A. Ja. Vilenskaja und V. G. Cubanov. (Izvest. sibirskogo Otd. Akad. Nauk SSSR, Ser. chim. Nauk **1967,** 6, 5–21; Inst. neorg. chim. SO AN SSSR, Novosibirsk; russ.) – Die Löslichkeit in den Syst. $CeCl_3$–$LnCl_3$–H_2O (Ln = La, Pr, Nd, Sm, Eu, Gd, Y, Ho, Yb) wird untersucht. In den Syst. mit La, Pr, Nd tritt eine ununterbrochene Reihe von Chloridmischkrist. auf, die weiteren Syst. zeigen eine begrenzte Löslichkeit im festen Zustand. Dabei bilden sich in den Syst. von Sm, Eu, Gd, Y, Ho u. Yb keine Mischkrist. auf der Basis von $CeCl_3$. Die Möglichkeit zur Trennung von Seltenerdmetallen durch fraktionierte Kristallisation der Chloride wird besprochen. H. Roschkowski 154

0485 **Löslichkeit komplexer Salze (Hexanitratothorate quartärer Ammoniumbasen) in Salpetersäurelösungen.** 2. Mitt. **Löslichkeit von Salzen der Alkylpyridiniumreihe.** B. P. Nikol'skij, M. V. Posvol'skij und G. S. Markov. (Radiochimija **9** (1967) 6, 713–15; russ.) – 1. vgl. ibid. **9** (1967) 1, 46. – Vf. untersuchten die Löslichkeit von Salzen vom Typ $R_2[Th(NO_3)_6]$ (R = Kation von *Py.* oder *Alkylpyridin,* Alkyl = *Methyl, Äthyl, Propyl, Butyl*) in 6–9 n HNO_3 bei 25,0 ± 0,2° mit einer Genauigkeit von ±2–4%. Die Halogenide der Alkylpyridinreihe wurden aus Py. u. dem entsprechenden Alkylhalogenid synthetisiert u. mit $AgNO_3$ in die Nitrate überführt. Die Alkylpyridiniumhexanitratothorate wurden durch Vermischen der Alkylpyridine mit Thoriumnitrat in 7 n HNO_3 gefällt u. nach Umkristallisation aus 7 n HNO_3 als weiße Krist. erhalten. Diese Verb. sind in W., Aceton, Methanol u. A. gut, in Ae., Chlf., CCl_4 u. Bzl. prakt. nicht löslich. Die Löslichkeiten (in mMol/Liter) von *Pyridiniumhexanitratothorat* betragen in 8 n, 9 n u. 10 n HNO_3 793, 792 u. 813; die von *Methylpyridiniumhexanitratothorat* in 7 n u. 8 n HNO_3 384 u. 345, die von *Äthylpyridiniumhexanitratothorat* in 6 n, 6,8 n, 8 n u. 9 n HNO_3 199, 184, 177 u. 96, die von *Propylpyridiniumhexanitratothorat* bei den gleichen HNO_3-Konz. 105, 92,4, 87,9 u. 92,6 u. die von *Butylpyridiniumhexanitratothorat* bei den gleichen HNO_3-Konz. 40,9, 35,6, 33,7 u. 35,5. Somit ergibt sich ein Minimum der Löslichkeiten bei jeweils 8 n HNO_3. G. Ewald 154

0486 **Thorium- und Uran(IV)-diphosphat.** S. A. Merkuševa, N. A. Skorik, V. N. Kumok und V. V. Serebrennikov. (Radiochimija **9** (1967) 6, 723–25; russ.) – Vf. bestimmten die Löslichkeit von ThP_2O_7 u. UP_2O_7 in Lsg. von $HClO_4$ verschiedener Konz. bei 25° u. einer Ionenstärke von μ = 0,1 u. danach die Löslichkeitsprod. π u. die Instabilitätskonst. β_1 der angeführten Verbindungen. ThP_2O_7 wurde aus einer 0,05 m Lsg. von $ThCl_4$ mit einer 0,05 m Lsg. von $Na_4P_2O_7$ (weißer Nd.) gefällt, UP_2O_7 aus einer Lsg. von $U(SO_4)_2$ mit $K_4P_2O_7$ (dunkelgrüner Nd.). Die Zus. der beiden gewonnenen Verb. $ThP_2O_7 \cdot 4H_2O$ (I) u. $UP_2O_7 \cdot 20H_2O$ (II) wurde analyt. bestätigt. Die Löslichkeitsbest. erfolgte bei UP_2O_7 unter einer N_2-Atmosphäre. Th in der Lsg. wurde colorimetr. mit Arsenazo III, U tritometr. mit Trilon B bestimmt. Für **I** beträgt π = (5,60 ± 0,25) · 10^{-25} u. β_1 = (1,12 ± 0,48) · 10^{18}, für **II** beträgt π = (1,35 ± 0,32) · 10^{-24} u. β_1 = (1,17 ± 0,34) · 10^{19}. Unter gleichen Bedingungen wurden die Löslichkeiten u. danach u. β_1 für $CeP_2O_7 \cdot 9H_2O$ zu π = (6,84 ± 0,63) · 10^{-24} u. β_1 = (1,54 ± 0,25) · 10^{18} bestimmt. G. Ewald 154

0487 **System Fe_2O_3–As_2O_5–H_2O. Gleichgewichtsdiagramm und röntgenographische Untersuchung der Arsenate $Fe_2O_3 \cdot 3As_2O_5 \cdot 8H_2O$ und $Al_2O_3 \cdot 3As_2O_5 \cdot 8H_2O$.** Michel Ronis, Ferdinand d'Yvoire und Henri Guérin. (C. R. hebd. Séances Acad. Sci., Sér. C **264** (1967) 26, 2144–47; Orsay, Fac. des Sci., Labor. de Chim. de Gazat des Combustibles; franz.) – Im Syst. Fe_2O_3–$Al_2O_5 \cdot H_2O$ wurden die folgenden Hydrate identifiziert: $Fe_2O_3 \cdot As_2O_5 \cdot 4H_2O$ oder $FeAsO_4 \cdot 2H_2O$, hellgelbes krist. Pulver; das Röntgendiagramm erwies sich als ident. mit dem des natürlichen *Skorodits;* $Fe_2O_3 \cdot 3As_2O_5 \cdot 16H_2O$ oder $Fe(H_2AsO_4)_3 \cdot 5H_2O$, grün-blaue Platten; es handelt sich wahrscheinlich um die von Takahashi (J. chem. Soc. Japan **53** (1950), **383**) nachgewiesene Verb. $Fe_2O_3 \cdot 3As_2O_5 \cdot 17H_2O$; $Fe_2O_3 \cdot 3As_2O_5 \cdot 8H_2O$ oder $Fe(H_2AsO_4)_3 \cdot H_2O$, gelbblaue Prismen. Das von Katz u. Kedesdy (vgl. Amer. Mineralogist **39** (1954) 1005) als raumzentriert rhomb. angesprochene Arsenat $Al_2O_3 \cdot 3As_2O_5 \cdot 8H_2O$ erwies sich wie die entsprechende Fe-Verb. als monoklin raumzentriert. Die raumzentrierten Zellen haben für die Al-Verb. die Abmessungen a = $12,99_8$ (Å); b = $8,66_6$; c = 4,619; β = 110° 7'; D_{exp} 3,179; D_R 3,171. Die Fe-Verb. hat a = $13,19_8$; b = $8,69_7$; c = $4,736_2$; β = 110° 17'; D_{exp} 3,234; D_R 3,223. Da beide Verb. deutlich piezoelektr. sind, kommen nur C2 oder Cm in Frage. C. Gottfried 154△

0488 **pH-Änderungen der Lösung während der Bildung von Metallhydroxiden.** Kazuhiko Sugasaki, Ayako Fujii und Jun Mizuguchi. (J. chem. Soc. Japan, ind. Chem. Sect. [Kōgyō Kagaku Zasshi] **70** (1967) 5, 789–90; Osaka, Gov. Ind. Res. Inst., Shikoku Branch; jap., Auszug: engl.) – Unters. bei Fällung unlösl. Hydroxide bzw. Oxide von *Cu(II), Be(II), Mg(II), Ca(II), Zn(II), Cd(II), Fe(II), Co(II), Ni(II), Al(III), Cr(III), Fe(III), Ti(IV)* u. *Zr(IV)* durch NaOH-Zusatz zu entsprechenden Metallsalzlösungen. Der pH-Wert der Lsg. steigt unmittelbar nach der NaOH-Zugabe u. fällt anschließend graduell ab. D. Ertel 154

0489 **Einfluß der Natur des Verdünnungsmittels auf den Verteilungskoeffizienten.** M. A. Rjazanov. (Radiochimija 9 (1967) 6, 752; russ.) – Vf. nimmt zu einem Einwand von Frolov et al. (Trudy Mosk. chim.-technol. inst. im. Mendeleeva **60** (1966) 116) zu einer früheren Arbeit der Vf. (vgl. Vdovenko et al., C. **1966, 15-0469**) bez. des Einfl. der Verdünnungsmittels auf den Verteilungskoeff. Stellung. Dieser Einwand u. die Stellungnahme beziehen sich auf die richtige Definition der Aktivitätskoeff. u. der „abs." Gleichgew.-Konst. der Rk. $mM_w + nA_{org} \rightleftharpoons A_nM_{m\,org}$. G. Ewald 154

0490 **Extraktion von Schwefelsäure mit Bis- und Tris-[3.5.5-trimethylhexyl]-amin.** R. W. Cattrall. (Austral. J. Chem. **20** (1967) 11, 2375–79; Adelaide, Univ., Dep. of Phys. and Inorg. Chem.; engl.) – Best. der Gleichgew.-Konst. aus Verteilungen von H_2SO_4 zwischen wss. Lsg. u. Isoamylalkohol-Lsg. von Bis- u. Tris-[2.5.5-trimethylhexyl]-amin unter Bldg. der normalen Aminsulfate u. Aminhydrogensulfate. Die Extraktion erfolgt nach einem einfachen Gesetz. In der organ. Phase tritt keine Aggregation der Aminsalze auf. D. Ertel 154

0491 **System Perchlorsäure–Wasser–Tri-n-butylphosphat.** Teruo Tanabe, Sanji Nishimura und Yoshio

Kondo. (Mem. Fac. Engng., Kyoto Univ. **29** (1967) 4, 440—53; Dep. of Metallurgy; engl.) — Die Vol.-Zunahme, Dichte, Viskosität u. elektr. Leitfähigkeit der organ. Phase u. die Verteilung von $HClO_4$ u. W. auf die organ. u. wss. Phase wurden bestimmt. Die bei bestimmten Aciditäten extrahierten Komplexformen wurden identifiziert. Die Kurven der vorst. genannten physikal.-chem. Eig. in Abhängigkeit von der $HClO_4$-Konz. enthalten Knickpunkte bei $M^{A}_{HClO_4}$ 0,08, 1,3, 4,7, 7,8 u. 9,7. Die Komplexformen bei niedrigen Säuregraden dürften beinahe vollständig ionisiert sein. Bei höheren Säuregraden findet eine Entwässerung der organ. Phase statt. Die Aktivität u. die Aktivitätskoeff. der Komplexformen bei niedrigsten Säuregraden wurden mit Hilfe der Redlich-Kisterschen Gleichungen bestimmt.
J. J. Pohl 154

0492 **Extraktion von Antimon(V) mit Alkylphosphorsäuren.** I. S. Levin, A. A. Šatalova und I. A. Vorsina. (Izvest. sibirskogo Otd. Akad. Nauk SSSR, Ser. chim. Nauk **1967**, 6, 89—96; Inst. fiz.-chim. Osnov pererabotki miner. syr'ja, Novosibirsk; russ.) — Die Extraktion von Sb(V) durch 2-Äthylhexyldiphosphorsäure, Bis-[2-äthylhexyl]-phosphorsäure (I) u. Mono-[2-äthylhexyl]-phosphorsäure (II) aus HCl-, HBr-, H_2SO_4-, HNO_3- u. $HClO_4$-Lsg. wird untersucht. Aus HCl-Lsg. wird Sb(V) durch **I** u. **II** als $SbCl_6^-$ bei 12 n u. 9 n HCl bzw. als $Sb(OH)Cl_5^-$ aus 8 n HCl extrahiert.
H. Roschkowski 154

0493 **Extraktion des Chlorogallium(III) mit Tri-n-butylphosphat.** D. F. C. Morris, B. D. Andrews und E. L. Short. (Zeszyty naukowe Politechn. Śląskiej, Chem. **1967**, 35, 99—100; Wydział Chem. Univ. Brunel-Londyn; pol.) — Die Extraktion wurde mit Hilfe des Raman-Spektrums verfolgt u. dabei wurde festgestellt, daß das $[GaCl_4]^-$-Ion während der Extraktion keine Veränderung erleidet u. in der organ. Phase als $H^+[GaCl_4]^- \cdot 2TBP$ vorliegt.
Rolf Heyer 154

0494 **Thermochemie des Systems $Ce(NO_3)_3 \cdot 3TBP$–TBP–n-$C_{10}H_{22}$.** Ju. A. Afanas'ev und T. I. Koroleva. (Radiochimija **9** (1967) 6, 730—33; russ.) — Vf. bestimmten die Mischungswärmen ΔH im tern. Syst. *$Ce(NO_3)_3 \cdot 3TBP$–TBP–n-$C_{10}H_{22}$* bei 25° bei einem Anteil von jeweils 80, 60 bzw. 40% TBP in Decan (I) mit einer Genauigkeit von ca. 1%. Ferner wurde der Solvatgeh. variiert. Mit Erhöhung des Anteils von I im Syst. verringert sich ΔH. In Ggw. u. bei Abwesenheit von **I** liegt das Max. von ΔH bei der gleichen Konz. von N = 0,6 (N = Molenbruch). Im Diagramm der Isolinien existieren als Ergebnis der Kompensation von negativen u. positiven Mischungswärmen zwei enge Bereiche mit ΔH = O. Vf. geben einen Ausdruck an, nach dem ΔH des tern. Syst. aus den Mischungswärmen der dieses Syst. bildenden 3 bin. Syst. ber. werden kann. Der Vgl. mit dem Experiment ergibt eine mittlere Abweichung von ± 26% (Tabelle).
G. Ewald 154

0495 **Einfluß der Enthalpie und Entropie auf den Lanthaniden-Trennfaktor im System (2-Äthylhexyl)-phenylphosphonsäure (HEHØP)/HNO_3.** I. Fidelis und S. Siekierski. (J. inorg. nuclear Chem. **29** (1967) 10, 2629 bis 2635; Warsaw, Inst. of Nucl. Res., Dep. of Radiochem.; engl.) — Best. der Verteilungsenthalpie von Lanthaniden (*La, Ce, Pr, Nd, Pm, Sm, Eu, Gd, Tb, Dy, Ho, Er, Tm, Yb* u. *Lu*) bei Temp. zwischen 15 u. 50° zwischen HEHØP-Lsg. in n-Heptan u. wss. HNO_3-Lsg. nach der Temperaturkoeff.-Methode. Vf. berechnen die Änderungen der Entropie u. der Freien Energie mit der Ordnungszahl (bez. La). Sie stellen fest, daß die bereits früher beobachteten Gesetzmäßigkeiten der Trennfaktoren in der Lanthanidenreihe auf Entropie- bzw. Enthalpieänderungen zurückzuführen sind, je nachdem, welcher dieser beiden Faktoren für die zunehmende Stabilität des Komplexes bestimmend ist. Die Enthalpieänderungen sind für alle Lanthaniden negativ u. groß im Vgl. zu denen von EDTA-ähnlichen Liganden.
D. Ertel 154

0496 **Flüssigkeit–Flüssigkeits-Gleichgewichte. Extraktion von Zirkoniumnitrat durch Tributylphosphat.** Martine Stern. (J. Chim. physique Physico-Chim. biol. **64** (1967) 11/12, 1734—39; Fac. des Sci., Labor. de Chim. XII, Paris; franz.) — Die Extraktion von Zr aus HNO_3-Lsg. durch alkohol. TBP-Lsg. wurde bei 25 ± 0,1° in einem breiten Bereich der HNO_3-Konz. verfolgt. Gleichungen zur Beschreibung des Zusammenhanges der Konz. in beiden Phasen nach einmaliger Extraktion mit der Anfangskonz. von HNO_3 u. Zr sind angegeben.
J. J. Pohl 154

0497 **Rückextraktion von $^{65}Zn(TTA)_2TOPO$ und Bestimmung der Gleichgewichtskonstanten.** G. C. Curthoys und W. R. Walker. (Austral. J. Chem. **20** (1967) 11, 2541—44; Newcastle/Australia, Univ., Dep. of Chem.; engl.) — Unters. des Gleichgew. $Zn^{2+} + 2HTTA + TOPO \rightleftharpoons Zn(TTA)_2TOPO + 2H^+$ (HTTA = Thenoyltrifluoraceton, TOPO = Tri-n-octylphosphinoxid) im Hinblick auf die Rückextraktion von $^{65}Zn(TTA)_2TOPO$ u. Best. der Gleichgew.-Konst. 1/K. Die Rückextraktion aus Hexan-Lsg. in 10^{-3} mol. $HClO_4$ ergab K ≅ 2.
D. Ertel 154

0498 **Synergetische Extraktion von Vanadin(V)-8-hydroxychinolinat in Gegenwart von Alkohol durch Esterbildung.** M. Tanaka und I. Kojima. (J. inorg. nuclear Chem. **29** (1967) 7, 1769—75; Labor. of Analyt. Chem., Fac. of Sci., Nagoya Univ., Nagoya, Japan; engl.) — Die synerget. Extraktion von V mit 8-Hydroxychinolin (Hox) in Ggw. von Alkoholen beruht auf der Rk. $VO(ox)_2 \cdot (OH)_0 + ROH_0 \rightleftharpoons VO(ox)_2 \cdot (OR)_0 + H_2O_0$. Die Bldg.-Konst. beträgt für Methanol in Bzl. bei 25 ± 1° 3,08 ± 0,10. Sie ändert sich wenig mit der Zunahme der Anzahl der C-Atome im Alkoholmol. u. beträgt für C_2H_5OH 3,10, n-C_3H_7OH 2,98, iso-C_3H_7OH 2,96, n-C_4H_9OH 2,97, iso-C_4H_9OH 2,91, sek.-C_4H_9OH 2,90, tert.-C_4H_9OH 2,31, n-$C_5H_{11}OH$ 2,86, iso-$C_5H_{11}OH$ 2,93, n-$C_8H_{17}OH$ 2,79. Die Hydrolysenkonst. des Pervanadylions u. die Dissoziationskonst. der Metavanadinsäure betragen bei 25 ± 1° u. μ = 0,1 m $10^{-3,30 \pm 0,15}$ bzw. $10^{-3,45 \pm 0,25}$.
J. J. Pohl 154

0499 **Temperatureinfluß auf die Extraktion von Salpetersäure, Uran und Spaltprodukten mit Tri-n-octylamin.** Takeshi Tsujino und Takehiko Ishihara. (J. nuclear Sci. Technol. [Tokyo] 4 (1967) 7, 353—60; Div. of Fuel Res. and Dev., J.A.E.R.I., Tokai-mura, Ibaraki-ken; engl.) — Zur Erzielung einer optimalen Extraktionstemp. bei der Brennstoff-Wiederaufarbeitung mit Alkylaminen untersuchten Vf. den Temp.-Einfl. auf die Extraktion von HNO_3, U, Zr u. Ru im Temp.-Bereich 20 bis 60°. Für die Neutralisationsrk. bei der HNO_3-Extraktion ($R_3N + H^+ + NO_3^- \rightleftharpoons R_3NHNO_3$) wurden die scheinbaren Gleichgew.-Konst. als Temp.-Funktion bestimmt; dabei ergaben sich folgende Werte: ΔH — 16,3 kcal/Mol, ΔG — 7,2 kcal/Mol u. ΔS — 8,0 e.u. Für die entsprechende Assoziationsrk. R_3NHNO_3 + a $HNO_3 \rightleftharpoons R_3NHNO_3 \cdot$ a HNO_3 beträgt ΔH 3,4 kcal/Mol; das entspricht der H-Bindungsenergie. Für die Extraktion von U, Zr u. Ru beträgt ΔH — 1,3 (kcal/Mol), + 6,1 bzw. +9,3. Die Trennung (U + Pu) von Spaltprod. ergibt bei niedrigen Temp. bessere Resultate.
D. Ertel 154

0500 **Einfluß der β-Diketonstruktur auf die synergetische Extraktion von Uranylionen durch Tributylphosphat.** K. Batzar, D. E. Goldberg und L. Newman. (J. inorg. nuclear Chem. **29** (1967) 6, 1511—18; Dep. of Chem., Brooklyn Coll., City Univ. of New York, Brooklyn; engl.) — Es wird der Einfl. folgender β-Diketone untersucht: *Furoyltrifluoraceton, Thenoyltrifluoraceton, Benzoyltrifluoraceton, Thenoylaceton, Acetylaceton, Benzoylaceton, Dibenzoylmethan* u. *Thenoyltrifluor-(methyl)-aceton*. Die Extraktion verläuft nach den Gleichungen $UO_2^{2+} + 2\,HT \rightleftharpoons UO_2T_2 + 2H^+$ u. $UO_2^{2+} + 2\,HT + S \rightleftharpoons UO_2T_2S + 2\,H^+$ (HT = β-Diketon, S = TBP). Die geladenen Teilchen gehen in die wss. (2 m $LiClO_4$), die ungeladenen in die organ. Phase (Bzl.). Mit allen genannten β-Diketonen wird Synergismus beobachtet; dieser Einfl. des β-Diketons scheint sich auf die funktionellen Gruppen nur insofern zu beziehen, als diese Gruppen die Acidität der β-Diketone beeinflussen. Die Gleichgew.-Konst. werden ermittelt. Eine halbquant. Meth. für die Vorhersage dieser Konst. wird angegeben.
K.-J. Zwietasch 154

0501 **Extraktion von seltenen Metallen und ihre Trennung im Chloridsystem bei Verwendung radioaktiver Isotope als Tracer.** Bogusława Jeżowska-Trzebiatowska und Stanisław Kopacz. (Nukleonika [Warszawa] **12** (1967) 7/8, 503—13; Kat. Chem. Nieorg., Univ., Wroclaw; pol.) — Untersucht wurde die Extraktion von *Co(II)*, *Ni(II)*, *Mn(II)*, *V(V)* u. *Mo(VI)* in salzsaurer Lsg. unter Verw. von ^{60}Co, ^{54}Mn u. ^{99}Mo als Radiotracer. Die Extraktion wurde durchgeführt mit 100%ig. TBP in wss. HCl-Lsg. u. in n-Heptan. Die extraktive Verteilung im Syst. Co(II)–Ni(II)–Mn(II)–V(V)–Mo(VI) wurde mit Hilfe von $CaCl_2$ als Aussalzreagens in einer Vakuumkolonne untersucht. Speziell wurde untersucht die Abtrennung von Mo u. Co aus gebrauchten Mo–Co-Katalysatoren u. von Mo aus Stäuben der Kupfererzaufbereitung. Rolf Heyer 154

0502 **Einfluß der Natur der quartären Ammoniumverbindung auf die Extraktion von Cyanokomplexen der Metalle und von Cyanid.** B. N. Laskorin, G. N. Šivrin, A. S. Basov und E. M. Šivrina. (Doklady Akad. Nauk SSSR **177** (1967) 6, 1400—03; russ.) — Die Extraktion von $[Au(CN)_2]^-$, $[Ag(CN)_2]^-$, $[Cu(CN)_2]^-$, $[Zn(CN)_3]^-$, $[Fe(CN)_6]^{3-}$, $[Fe(CN)_6]^{4-}$ u. CN^- aus wss. Lsg. mit pH 8—9 durch Lsg. von *Dimethyldialkyl-* (Alkyl = C_{17}–C_{20}), *Dimethylalkylbenzyl-* (Alkyl = C_{17}–C_{20}, oder C_{10}–C_{16} oder C_{17}) u. *Trioctylbenzylammoniumchlorid* in Decylalkohol-Tetradecan (3:7) wird untersucht. Die Extraktion der Metallkomplexe nimmt in der vorst. Reihenfolge ab, ein Einfl. der verwendeten quant. NH_4-Verb. ist prakt. nur bei $[Au(CN)_2]^-$ u. $[Ag(CN)_2]^-$ feststellbar, wobei mit steigender Alkylkettenlänge u. fallender Anzahl an Methylgruppen die Extraktion zunimmt. G. Frisch 154

0503 **Vergleichende Charakteristik des Extraktionsvermögens von Di-n-octylsulfid, Di-n-octylsulfoxid und Di-n-octylsulfon gegenüber Hg(II), Au(III), Ag, Pd(II), Pt(IV) und Ir(IV) aus salpeter- und salzsauren Lösungen.** A. V. Nikolaev, V. G. Torgov, E. N. Gil'bert, V. A. Michaljlov, V. A. Pronin, L. G. Stadnikova und I. L. Kotljarevskij. (Izvest. sibirskogo Otd. Akad. Nauk SSSR, Ser. chim. Nauk **1967**, 6, 120—22; Inst. neorg. chim. SO AN SSSR, Novosibirsk; russ.) — Die Extraktion von Indicatormengen der genannten Elemente u. von Cs, Zn, Cd, Co(II), Ni(II), Mn(II), Fe(III), Ce(III), In(III), Cr(III) Te, Ta, W u. Mo aus HNO_3-Lsg. bzw. die von Au(III), Pd(II) u. Zr(IV) aus HCl-Lsg. mit $(C_8H_{17})_2S$ (I) $(C_8H_{17})_2SO$ (II) u. $(C_8H_{17})_2SO_2$ wird vergleichend untersucht. I u. II können zur Trennung der Paare Hg–Ag, Au–Ag u. zur Trennung von Pd von Pt + Ir verwendet werden. H. Roschkowski 154

0504 **Schmelzdiagramm des Systems KO_2–K_2CO_3.** A. B. Cenciper und T. I. Rogožnikova. (Izvest. Akad. Nauk SSSR, Ser. chim. **1967**, 3, 700—02; Inst. obščej i neorg. chim. im. N.S. Kurnakova akad. nauk SSSR; russ.) — Mitgeteilt werden das Phasendiagramm des Syst. KO_2–K_2CO_3, typ. Erwärmungs- u. Abkühlungs-Kurven für verschiedene Zus. des Syst. sowie kinet. Kurven für die O_2-Entwicklung. Das bin. Syst. ist vom einfachen eutekt. Typ; das Eutektikum liegt bei 470° u. 12,8 Mol.-% K_2CO_3. Bei der Abkühlung einer KO_2–K_2CO_3-Schmelze wird O_2-Absorption beobachtet, die nach der Erstarrung prakt. vollständig aufhört. A. Blaschette 154

0505 **Phasendiagramm des Systems $Ca_3(PO_4)_2$–$CaNaPO_4$.** Seiichi Matsuno, Toshiki Miyahashi und Jumpei Ando. (J. chem. Soc. Japan, ind. Chem. Sect. [Kōgyō Kagaku Zasshi] **70** (1967) 10, 1638—40; Fac. of Sci. and Engng. Chuo Univ., Tokyo; jap., Auszug: engl.) — Best. des Phasendiagramms des Syst. $Ca_3(PO_4)_2$ (Tricalciumphosphat)-$CaNaPO_4$ (Rhenanit) mit Hilfe der DTA u. Röntgenbeugungsunters. bei hohen Temperaturen. I. Zoll 154

0506 **Systeme CaF_2–AlF und SrF_2–AlF_3.** Jean Ravez und Paul Hagenmuller. (Bull. Soc. chim. France **1967**, 7, 2545—48; Bordeaux, Fac. des Sci., Seroice de chim. Minérale Structurale; franz.) — Zur Darst. wurden Gemische von AlF_3 u. den Fluoriden von Ca bzw. Sr nach Pulverisieren zu Tabletten gepreßt u. in zugeschmolzenen Röhren 15 Std. auf 700° erhitzt. Die hierbei erhaltenen Prod. wurden ebenfalls in zugeschmolzenen Röhren 48 Std. bei 600—900° angelassen u. abgeschreckt. Eine röntgenograph. Unters. der bei 600°, 700°, 780° oder 840° angelassenen Proben des ersten Syst. ergab nur eine tern. Phase mit dem Molverhältnis CaF_2/AlF_3 = 1. Die bei 840° erhaltene Phase *β-$CaAlF_5$* unterscheidet sich von der bei tieferer Temp. erhaltenen (α-$CaAlF_5$), wobei der Umwandlungspunkt α → β bei 820° u. der F. der β-Phase bei 850° liegt. Die α-Form ist rhomb. mit a 11,81 ± 0,03 (Å); b 9,16 ± 0,02; c 6,35 ± 0,01; Z = 8; $D_{\cdot exp.}$ 3,09 ± 0,03; $D_{\cdot R}$ 3,13. Die β-Phase ist ebenfalls rhomb. mit a 20,04 ± 0,03 (Å); b 9,81 ± 0,01; c 7,31 ± 0,01; Z = 16; $D_{\cdot exp.}$ 2,96 ± 0,04; $D_{\cdot R}$ 3,00. In dem Syst. *SrF_2–AlF_3* traten bei den gleichen Anlaßtemp. 2 Phasen der Zus. *$SrAlF_5$* (I) u. *Sr_2AlF_7* (II) auf. Mittels DTA wurde der F. von I zu 870° ± 10°, der von II zu 860° ± 10° bestimmt. I krist. tetragonal mit a 14,10 ± 0,02 (Å); c 7,17 ± 0,01; Z = 16; $D_{\cdot exp.}$ 3,86 ± 0,04; $D_{\cdot R}$ 3,90. II ist ebenfalls tetragonal mit a 12,74 ± 0,05 (Å); c 7,07 ± 0,03; Z = 8; $D_{\cdot exp.}$ 3,86 ± 0,04; $D_{\cdot R}$ 3,88. C. Gottfried 154△

0507 **System Y_2O_3–Al_2O_3.** 2. Mitt. **Bestimmung der Liquiduskurve im System Y_2O_3–Al_2O_3.** Masao Mizuno und Tetsuo Noguchi. (Rep. Government ind. Res. Inst., Nagoya **16** (1967) 7, 210—16; jap., Auszug: engl.) — 1. vgl. C. **1968,** 41-0505. — Mit Hilfe der Spiegelreflexion wurde die Liquiduskurve des Syst. Y_2O_3–Al_2O_3 in einem Heliostat-Sonnenofen gemessen. Die Farbtemp. u. das spektrale Reflexionsvermögen bei F. bei verschiedenen Zus. des Syst. wurden mit einem Pyrometer bei 0,65 μm (Wellenlänge) gemessen u. daraus wurde die wahre Temp. u. das spektrale Emissionsvermögen berechnet. Es wurde bei 40—60 Mol.-% Y_2O_3 keine so steile Liquiduskurve, wie sie andere Autoren angeben, gefunden, was auf die Existenz von $Y_2O_3 \cdot Al_2O_3$ zurückgeführt wird. Ferner stimmt die Liquiduskurve im Y_2O_3-reichen Bereich nicht mit früheren Angaben überein. Auf Grund dieser Ergebnisse u. von Röntgenbeugungsunters. stellt Vf. ein neues Zustandsdiagramm des Syst. Y_2O_3–Al_2O_3 auf. H.-S. Park 154

0508 **Mischkristalle von Titandioxid mit Aluminiumoxid.** E. R. Winkler, J. F. Sarver und Ivan B. Cutler. (J. Amer. ceram. Soc. **49** (1966) 12, 634—37; Ceramic Engng. Dep., Univ. of Ut., Salt Lake City, Ut.; engl.) — Die Löslichkeit von TiO_2 in Al_2O_3 wird mittels Aufnahme der diffusen Reflexions- u. Kathodolumineszenz-Spektren untersucht. Das Al_2O_3 wird mit < 1 Mol.-% TiO_2 dotiert u. im H_2- oder Luftstrom auf 1300° erhitzt. Die diffusen Reflexionsspektren der Proben mit < 0,25 Mol.-% TiO_2 bzw. > 0,30 Mol.-% TiO_2 unterscheiden sich deutlich voneinander, so daß angenommen werden muß, daß die Löslichkeitsgrenze für TiO_2 in Al_2O_3 bei 0,25—0,30 Mol.-% TiO_2 liegt. Die Reflexionsspektren der Proben mit > 0,30 Mol.-% TiO_2 ähneln mit steigendem TiO_2-Geh. zunehmend mehr dem des Al_2TiO_5. Das Kathodolumineszenzspektrum der in Luft getemperten Proben weist zwei Max. bei 430 bzw. 700 nm auf, während das Spektrum der in H_2 erhitzten Proben nur ein Max. bei 700 nm enthält. Es wird deshalb vermutet, daß die in Luft getemperten Proben sowohl Ti^{4+}- als auch Ti^{3+}-Ionen enthalten, während die in H_2 erhitzten Proben nur Ti^{3+}-Ionen aufweisen. M. Steidinger 154

0509 **Nicht stöchiometrische Phasen in den Systemen CeF_3-Oxide der 2-, 3- und 4-wertigen Metalle.** Jean-Pierre Besse und Michel Capestan. (Bull. Soc. chim. France **1967**, 12, 4680—85; Labor. de Chim. Miner. 2, Fac. des Sci., Clermont-Ferrand; franz.) — Die Syst. CeF_3–MO_2 (M = Th), –M_2O_3 (M = La, Pr, Y), –MO (M = Mg, Ca, Sr, Ba) werden radiokristallograph. untersucht u. die Löslichkeitsgrenzen bestimmt. Die Herst. der Prod., die Durchführung der Vers. u. der Messungen wird beschrieben, die Ergebnisse sind in Tabellen u. Diagrammen zusammengestellt. Für die gefundenen nichtstöchiometr. Phasen werden die Existenzbereiche u. ihre Kristallstruktur sowie die Art der Substitution angegeben. O. Rösner 154

0510 **Phasengleichgewicht im System PbO–TiO_2–ZrO_2.** Shoichi Fushimi und Takuro Ikeda. (J. Amer. Soc. **50** (1967) 1, 129—32; Tokyo, Musashino, Nippon Telegraph and Telephon Public Corp., Electr. Communication Labor. engl.) — Vf. untersuchten die Phasengleichgew. im obigen Syst. durch Abschrecken bei PbO-Geh. $\geq$50 Mol.-%. Untersucht wurden die Isothermen bei 1100°, 1200° u. 1300°; bestimmt wurden die Verb.-Linien zwischen im Gleichgew. stehender Fl. u. fester Lösung. Die Proben enthielten eine PbO-Phase u. *2Pb(Zr, Ti)*O_3-Phasen mit verschiedenen Verhältnissen Zr:Ti. Der inkongruente F. von $PbZrO_3$ liegt bei 1570° u. das Gleichgew. zwischen der festen Phase vom PbO-Typ u. $PbZrO_3$ ist peritektisch. Pb(Zr, Ti)O_3-Mischkrist., die mehr als 14 Mol.-% $PbZrO_3$ enthalten, zersetzen sich in Fl., ZrO_2 u. Pb(Zr, Ti)O_3, die Zers.-Temp. steigt mit zunehmendem $PbZrO_3$-Geh. von 1340° auf 1570°. Auf Grund der Beobachtungen kommen Vf. zu dem Ergebnis, daß man das Syst. $PbTiO_3$–$PbZrO_3$ als Schnitt des krist. Syst. behandeln muß. C. Gottfried 154△

0511 **Gleichgewicht flüssig-fest im System CrF_3–CsF.** Jean-Claude Cousseins und Ariel de Kozak. (C. R. hebd. Séances Acad. Sci., Sér. C **265** (1967) 18, 991—93; Labor. de Chim. minerale, Sorbonne, Paris; franz.) — Das Syst. CsF–CrF_3 (CrF_3, dargestellt durch Erhitzen seines Trihydrats unter laufendem HF-Gas auf 750°) wurde mit Hilfe der DTA unter Ar untersucht. Es besitzt zwei eutekt. Punkte bei 684° u. 98 Mol.-% CsF bzw. 808° u. 61 Mol.-% CsF u. zwei peritekt. Punkte bei 936° u. 50 Mol.-% CsF bzw. 1080° u. 46 Mol.-% CsF. Beim 1. eutekt. Punkt liegt die Verb. Cs_3CrF_6 (**I**) vor, die bei 1162° ohne Zers. schmilzt, beim 2. die Verb. $CsCrF_4$ (**II**), die kongruent bei 936° schmilzt. Beim 1. peritekt. Punkt liegt die Verb. $Cs_2Cr_5F_{17}$ (**III**) vor die sich bei 1080° unter Bldg. von CrF_3 zersetzt. Durch Erhitzen der stöchiometr. Mengen an CrF_3 u. CsF auf 650, 700 bzw. 900° lassen sich die Verb. **I**, **II** bzw. **III** darstellen. **I** erleidet bei 365° eine reversible, polymorphe Umwandlung. Röntgenogramme der Verb. **I**, **II** u. **III** werden angegeben. I. Sarow 154

0512 **Wasserfreie Natrium- oder Kaliumpolymolybdate und Polywolframate.** Paul Caillet. (Bull. Soc. chim. France **1967**, 12, 4750—55; Labor. de Chim. Minér. B, Fac. des Sci., Rennes; franz.) — Durch Rk. im festen Zustand werden die Syst. M_2MoO_4–MoO_3 u. M_2WO_4–WO_3 (M = Na oder K) untersucht, mit DTA die entsprechenden 4 bin. Zustandsdiagramme ermittelt, Rk.-Prod. röntgenograph. identifiziert, die Durchführung der Vers. u. die App. beschrieben u. die Ergebnisse in Tabellen zusammengestellt. Sie zeigen die Existenz fester Lsg. von MoO_3 in Tetramolybdat bzw. WO_3 in Tetrawolframat in den Grenzen von $M_2M'_4O_{13}$ (M = Na oder K; M' = Mo oder W) bis $Na_2M_4O_{13}$, 2 $M'O_3$ bzw. $K_2M'_4O_{13}$, 4 $M'O_3$. Das von anderen Autoren beschriebne Natriumtrimolybdat existiert nicht. O. Rösner 154

0513 **Schmelzdiagramm des Systems U_3O_8–Na_2SO_4.** V. K. Val'cev. (Radiochimija **9** (1967) 6, 733—36; russ.) — Aufgenommen wurden die DTA-Kurven bei einer Erwärmungsgeschw. von 10—12°/min. Vgl.-Präp.: MgO; Probengröße: 5 g. Untersucht wurden Gemische aus U_3O_8 u. Na_2SO_4 sowie Schmelzen aus U_3O_8 u. Na_2SO_4. Letztere wurden durch Erwärmen eines entsprechenden Gemisches auf 1000° erhalten. Die Schmelzkurven sind bei Verw. eines Gemisches u. einer Schmelz gleichartig (Gleichgew.-Einstellung im Syst.). Noch vor Beginn des Schmelzprozesses gehen chem. Prozesse (Ox.) vor sich. Das wird auch durch thermogravimetr. Analyse bestätigt; die Ox. beginnt bei 560° u. verläuft nach der Rk. $U_3O_8 + Na_2SO_4 + 0{,}5\,O_2 \rightarrow Na_2U_2O_7 + UO_2SO_4$. Bei 800° erfolgt eine Gew.-Veränderung durch Austritt von SO_2 u. Bldg. von $Na_2U_2O_7$ aus UO_2SO_4. Somit wird $Na_2U_2O_7$ als Endprod. gebildet. Das Schmelzdiagramm zeigt, daß es sich bei den Syst. U_3O_8–Na_2SO_4 u. $Na_2U_2O_7$–Na_2SO_4 um Syst. mit begrenzter Löslichkeit handelt; die Löslichkeit von $Na_2U_2O_7$ in Na_2SO_4 ist gering. Die fl. Phase befindet sich im Gleichgew. mit der festen Phase. Die fl. Phase ist eine Lsg. von $Na_2U_2O_7$ in einer Na_2SO_4-Schmelze; die feste Phase besteht aus dem während der Erwärmung gebildeten Nd. von $Na_2U_2O_7$. G. Ewald 154

0514 **Phasengleichgewichtsanalyse des Systems UO_2–V_2O_5 im Temperaturinterval 900—1200°.** R. M. Herak, Lj. M. Manojlović und G. M. Knežević. (Bull. Boris Kidrič Inst. nuclear Sci. **18** (1967) 2, 7—10; engl.) — Das Phasengleichgew. im Syst. UO_2–V_2O_5 wurde röntgenograph. im Zus.-Bereich U:V = 5:1; 3:1; 2:1; 1:1,5; 1:2 u. 1:5 nach 4std. Erhitzen auf 900, 1000, 1100 u. 1200° in einer Ar-Atmosphäre untersucht. UO_2 u. V_2O_5 bilden miteinander verschiedene Phasen in Abhängigkeit von Zus. u. Temperatur. Der Verb. UV_2O_6, UVO_5 u. UV_3O_{10} wurden entsprechend den Daten aus der Literatur identifiziert. Daneben wurde auch ein kub.-flächenzentrierte Phase gefunden. G. Malow 154

0515 **Phasenbeziehungen im System CaO–Al_2O_3-Eisenoxid.** D. H. Lister und F. P. Glasser. (Trans. Brit. ceram. Soc. **66** (1967) 7, 293—305; Chem. Dep., Univ. of Aberdeen, Old Aberdeen, Scotland; engl.) — Untersucht wurde die Fe-reiche Seite des Syst. CaO–Al_2O_3–Fe_2O_3 bei p_{O_2} = 1 atm. Eine tern. Phase, deren Zus. auf der Verb.-Linie CaO · 3Al_2O_3 — CaO · 3Fe_2O_3 liegt, konnte bestimmt werden. Die Pseudozelle dieser monoklin kristallisierenden Phase [$Ca(Al_{2,00}Fe_{4,00})O_{10}$] besitzt die Gitterparameter a = 9,90, b = 14,93, c = 5,28 Å, β = 101°. Die Pseudozelle ist c-zentriert; als Raumgruppe kommen Cc oder C2/c in Frage. Die tern. Phase ist in O_2 zwischen 1470 u. 700° stabil, wahrscheinlich sogar bis Raumtemperatur. W. Laqua 154

0516 **Bildung binärer und ternärer Mischkristalle von Chrom(III)-, Aluminium(III)- und Eisen(III)-oxid.** 1. Mitt. **System Cr_2O_3–Fe_2O_3.** Abel Rousset und Jaques Pâris. (Bull. Soc. chim. France **1967**, 10, 3888—95; Villeurbanne, Fac. des Sci. de Lyon, Cháire de Chim. Minér.; franz.) — $(NH_4)_3[Fe_xCr_{1-x}(C_2O_4)_3] \cdot 3H_2O$ (**I**) u. Mischungen (**II**) von $X(NH_4)_3[Fe(C_2O_4)_3] \cdot 3H_2O + (1-X) \cdot (NH_4)_3[Cr(C_2O_4)_3] \cdot 3H_2O$ wurden thermogravimetr. untersucht. Für **I** (x = 0,49) u. **II** (X = 0,49) verläuft die Entwässerung ident. für Temp. < 100°; bei höheren Temp. verläuft die Zers. von **I** in einer, die von **II** in 2 Stufen, wobei die erste Stufe der Thermolyse des Fe(III)-Salzes, die zweite der des Cr(III)-Salzes entspricht. Ähnliche Kurven wurden für x = X = 0,24 u. x = X = 0,73 erhalten. Die Röntgenaufnahmen der bei 350° erhaltenen Prod. wiesen keine Halos auf. Die chem. Analyse von **I** (x = 0,24) lieferte die Formel $Fe_{0,48}Cr_{1,52}O_{3,5}$ u. von **II** (X = 0,24) $Fe_{0,48}Cr_{1,52}O_{3,4}$. Die bei 350° erhaltenen Prod. zeigten in ihrer Rk.-Fähigkeit gegenüber HCl-Lsg. ein ganz verschiedenes Verhalten. Die „amorphen" Prod. verlieren das absorbierte W. nach der Pyrolyse bis zu etwa 300°, ab 350° wird überschüssiger Sauerstoff abgegeben (verschieden bei **I** u. **II**). DTA-Unters. bei > 350° ergaben für **II** 2 exotherme Rk. [Kristallisation von Cr_2O_3 (380°) u. Fe_2O_3 (490°)], für **I** nur eine exotherme Reaktion. Röntgenograph. Unters. der zwischen 400° u. 1000° erhaltenen Prod. von **I** u. **II** ergaben, daß bei **I** die Kristallisation langsamer verläuft als bei **II**. Endprod. ist für **I** eine feinkrist. Phase, die der festen Lsg. $(Fe_x \cdot Cr_1)_{-x_2} \cdot O_3$ entspricht, während bei **II** α-Cr_2O_3 u. α-Fe_2O_3 entstehen. C. Gottfried 154△

0517 **Löslichkeit von Eisen in TiO_2 (Rutil).** James P. Wittke. (J. Amer. ceram. Soc. **50** (1967) 11, 586—88; RCA Labor, Radio Corp. of America, Princeton, N.J.; engl.) — Die obere Löslichkeitsgrenze von Fe^{3+} in TiO_2 (Rutil) wird im Temp.-Bereich 800—1350° durch Aufnahme der Röntgenbeugungsspektren untersucht. Die Präparate werden durch Festkörperrk. zwischen Rutil u. Fe_2O_3 bei 1 atm O_2 u. anschließendes Abschrecken auf Raumtemp. hergestellt. Die vollständige Löslichkeit des Fe^{3+} in Rutil ergibt sich aus der Einphasigkeit der Rk.-Produkte. Die Unters. ergeben, daß die maximale Löslichkeit bei 800° 1 Atom-% Fe beträgt u. bei 1350° auf 3 Atom-% Fe ansteigt. Die Gitterparameter des Rutils ändern sich beim Einbau des Fe^{3+} im Bereich der vollständigen Löslichkeit nicht. Bei Überschreitung der Löslichkeitsgrenze entsteht als zusätzliche neue Phase Fe_2TiO_5 (Pseudobrookit). M. Steidinger 154

0518 **Berechnung aufeinanderfolgender Bildungskonstanten aus polarographischen Daten unter Anwendung eines Schnell-Digitalrechners.** K. Momoki, H. Sato und H. Ogawa. (Rev. Polarogr. [Kyoto] **14** (1967) 3/6,

193—97; Fac. of Engng., Yokohama Nat. Univ., Ooka-Machi, Minami-ku, Yokohama, Japan; engl.) — Ein Computerprogramm in Fortran wurde für den Kleincomputer NEAC 2230 zur schnellen Berechnung aufeinanderfolgender Bldg.-Konst. aus polarograph. Diagrammen für variierende Liganden bei konst. Metallionenkonz. aufgestellt. Anwendung auf das Syst. Cd-Thiocyanat. D. Bretzinger 156

0519 **Untersuchung über die Komplexe von Tetraphosphat mit Alkalimetallionen durch acidimetrische Titrationen.** James I. Watters und Saburo Matsumoto. (J. inorg. nuclear Chem. **29** (1967) 12, 2955—59; McPherson Chem. Labor., O. State Univ., Columbus, O.; engl.) — Durch potentiometr. Titration von Tetraphosphaten ließen sich folgende *Tetraphosphat-Alkalimetallkomplexe* in wss. Lsg. nachweisen: [nebenstehend in Klammern jeweils Komplexbldg.-Konst. bei 25° u. der Ionenstärke 1, eingestellt durch $(CH_3)_4NCl$] $KP_4O_{13}^{5-}$ ($10^{1,71}$); $K(HP_4 \cdot O_{13})^{4-}$ ($10^{1,11}$); $NaP_4O_{13}^{5-}$ ($10^{1,79}$); $Na(HP_4O_{13})^{4-}$ ($10^{1,10}$); $LiP_4O_{13}^{5-}$ ($10^{2,64}$) u. $Li(HP_4O_{13})^{4-}$ ($10^{1,59}$). Die scheinbaren Dissoziationskonst. der Tetraphosphorsäure wurden ermittelt: In Ggw. von 0,1 m, 0,3 m u. 1,0 m $NaNO_3$ u. bei 25° ergab sich pK_6 zu 7,54, 7,07, bzw. 6,48, pK_5 zu 5,95, 5,52, bzw. 4,96, während pK_4 zu 2,20, 1,78, bzw. 1,30 bestimmt wurde. Eine weitere Protonisierung wurde nicht gefunden. W. Feldmann 156

0520 **Untersuchung der Isopolykondensation von Alkalimetallboraten durch Elektrometrie und Bestimmung der Verteilung.** Marguerite Barrès. (Rev. Chim. minérale 4 (1967) 4, 803—38; Labor. de Chim. min. A, Marseille, Fac. des Sci.; franz.) — Die Verteilungskonst. der monomeren Borsäure zwischen 1-Octanol u. verschiedenen wss. Medien wie KCl ($K^+ = 2$ m) bei 25°, $NaClO_4$ ($Na^+ = 3$ m) bei 25 u. 35° wurden bestimmt. Geht man von gesätt. Lsg. von Monokaliumpentaborat oder Dinatriumtetraborat aus, so stellt man auf Grund der Boratverteilung fest, daß nur Mol. der monomeren Säure in die organ. Phase extrahiert werden können. Die Gesamtergebnisse erlauben es, die in der wss. Phase vorhandenen kondensierten Spezies zu bestimmen u. ihre Bldg.-Konst. zu berechnen. R. Braun 156

0521 **Solvatationsgleichgewicht von LiBr in Äther auf dielektrischem Wege.** Pierre Bonnet und Jean Barriol. (J. Chim. physique Physico-Chim. biol. **64** (1967) 6, 1050—52; Nancy, Fac. des Sci., Labor. de Chim. Théorique; franz.) — Durch DK-Messungen untersuchten Vf. das Solvatationsgleichgew. von $LiBr_4$ in wasserfreiem Ae. zwischen —39 u. +25°. Die Vers.-Ergebnisse lassen sich am besten durch ein Gleichgew. zwischen den beiden Solvaten $(LiBr_4) \cdot 4\ Ae.$ u. $(LiBr)_4 \cdot 3\ Ae.$ [$(LiBr)_4$ tetraedr.] erklären, wobei bei Zimmertemp. die letztere Form vorherrschend ist. Die zur Entfernung eines Ae.-Mol notwendige Enthalpie beträgt 10,5 kcal/Mol. C. Gottfried 156

0522 **Komplexbildung der N-Pyridyl-2-methyl-1.2-diaminoäthan-N.N'.N'-triessigsäure (PÄDTE) mit Erdalkalimetallionen.** Eberhard Hoyer und Lothar Beyer. (Z. Chem. 7 (1967) 10, 396—97; Inst. für Anorg. Chem., Karl-Marx-Univ., Leipzig; dt.) — PÄDTE · 3 HCl · H_2O wurde in Ggw. von Erdalkalimetallionen gegen 0,5 n KOH titriert. Die Stabilitätskonst. der Erdalkalimetallchelate wurden nach der Meth. von Bruno et al. (J. Amer. chem. Soc. 78 (1956), 2723) ber. u. mit denen der Chelate von EDTA bzw. β-Hydroxyäthyläthylendiamintriessigsäure (β-HÄDTE) verglichen: Für die log K-Werte gilt EDTA > PÄDTE > β-HÄDTE. Dieser Befund wird mit der erhöhten Basizität des PÄDTE u. der daraus resultierenden erhöhten Stabilität beim PÄDTE-Komplex sowie mit der Koordination des Py.–N an das zentrale Erdalkalimetallion erklärt. Es werden einige Überlegungen über die Stabilität der 1:1-Ca-Komplexe mit verschiedenen Komplexbildnern angestellt. Im Gegensatz zu EDTA u. β-HÄDTE ist die Abstufung der Stabilitäten der Erdalkalimetallkomplexe mit PÄDTE: *Ca > Sr > Mg > Ba*, was auf eine Überlagerung der normalen Abstufung mit einem ster. Effekt zurückgeführt wird. H.-J. Schönherr 156

0523 **Thermodynamische Daten einiger Berylliumkomplexe.** P. S. Relan und P. K. Bhattacharya. (J. Indian chem. Soc. **44** (1967) 6, 536—39; School of Studies in Chem., Vikram Univ., Ujjain, M.P.; engl.) — Die Bldg. von Be-Komplexen mit Py. u. substituierten Pyridinen (*α-, β-, γ-Picolin, 2-Aminopyridin*) wurde mit der pH-Meth. untersucht. Die Stabilitätskonst. wurden nach der Meth. von Bjerrum erhalten. Die Enthalpieänderungen wurden nach der Temp.-Koeff.-Methode gemessen u. die Entropieänderungen aus der Gibbs-Helmholtzschen Beziehung berechnet. Die gefundenen Werte wurden in Tabellen mitgeteilt. Manfred Schulze/Braunschweig 156

0524 **Polarographische Untersuchung der Bildungskonstanten von Komplexen der 2-Hydroxyäthylaminodiessigsäure.** Edgar Verdier und Jean Piro. (J. Chim. physique Physico-Chim. biol. **64** (1967) 9, 1388—89; Fac. des Sci., Montpellier; franz.) — Die Verw. der Ringbom-Eriksson-Meth. ermöglicht die Berechnung der Bldg.-Konst. nicht nur von Metallkomplexen, die nicht reversibel red. werden, sondern auch von solchen, die überhaupt nicht red. werden. Die auf Grund von polarograph. Daten mit Hilfe dieser Meth. bestimmte Bldg.-Konst. des *Mg-2-Hydroxyäthylaminodiessigsäure-Komplexes beträgt* $pK' = 3{,}50 \pm 0{,}02$ bei $25 \pm 0{,}1°$. Der nicht reversibel reduzierbare *Cr(III)*-Komplex der Säure hat $pK_1' = 7{,}73 \pm 0{,}02$, $pK_2' = 6{,}88 \pm 0{,}02$, $p\beta_2' = 41{,}61$. J. J. Pohl 156

0525 **Polarographische Untersuchung der von Cadmium-mit Oxalationen gebildeten Komplexe.** D. S. Jain, Anand Kumar und J. N. Gaur. (J. Instn. Chemists (India) **39** (1967) 5, 230—35; Chem. Labor., Univ. of Rasthajan, Jaipur, India; engl.) — Die Red. des Cd in oxalathaltigen Lsg. ist reversibel. Die Abnahme des $E^1/_2$-Wertes mit der Verringerung der Oxalationenkonz. zeigt eine Komplexbldg. beider Ionen an. Die drei gebildeten Komplexe $Cd(C_2O_4)$, $[Cd(C_2O_4)_2]^{2-}$ u. $[Cd(C_2O_4)_3]^{4-}$ haben die Stabilitätskonst.: $\beta_1 = 600$, $\beta_2 = 10000$ u. $\beta_3 = 79000$ ($\mu = 1{,}5$, bei 20°). H. Markert 156

0526 **Verwendung von Metall-Komplex-Elektroden zur Untersuchung der Stabilität von Cadmiumpolykomplexen mit Dipyridyl.** Constantin Luca. (Bull. Soc. chim. France **1967**, 7, 2556—61; Fac. des Sci. de Poitiers; franz.) — Durch Verw. einer Metall-Komplex-Elektrode (A), deren Potential vom Gleichgew. der verschiedenen Stufen der Komplexbldg. abhängt, ist es möglich, die Konz. des Liganden u. die Stabilitätskonst. (K) eines Komplexes zu bestimmen. Vf. verwendet als A: $Ag/AgDip^+$, $AgDip_2^+$, Dip (Dip = 2.2'-Dipyridyl) u. bestimmt K im Syst. Cd(II)-Dip. (wss. Lsg.). Das Verf. ist in vielen Fällen anwendbar, die Stabilität des Komplexes von A muß jedoch größer als die des zu untersuchenden Komplexes sein. Es eignet sich bes. zur Unters. dissoziierter Komplexe. Ferner ist es auch bei nichtwss. Lsgm. anwendbar. G. Schatz 156

0527 **Thermodynamische Untersuchung von Bis-[acetylacetonato]-zink(II) und -cadmium(II).** Gen-etsu Matsubayashi, Yoshikane Kawasaki und Toshio Tanaka. (J. chem. Soc. Japan, pure Chem. Sect. [Nippon Kagaku Zasshi] 88 (1967) 12, 1251—54; Dep. of Appl. Chem., Osaka Univ., Higashinoda, Miyakojima-ku, Osaka-shi, Japan; engl.) — Die Stabilitätskonst. (K_1 u. K_2) von Bis-[acetylacetonato]-zink(II) u. -cadmium(II) wurden mit Hilfe der pH-Meth. in Mischungen von W. u. Methanol (1:1) mit einer Ionenstärke von 0,1 bei 25° gemessen. Die Enthalpieänderungen der Komplexbldg. ($-\Delta H_1$ u. $-\Delta H_2$) wurden kalorimetr. bestimmt u. die thermodynam. Funktionen (ΔG, ΔH u. ΔS) dieser Komplexbldg. wurden berechnet. Die K_1- u. K_2-Werte des Cd-Komplexes sind kleiner als die des Zn-Komplexes u. $K_1 > K_2$. $-\Delta H_1$ u. $-\Delta H_2$ sind ziemlich klein (1 ~ 2 kcal/mol) u. $-\Delta H_1 \simeq -\Delta H_2$. Zwischen den $-(\Delta H_1 + \Delta H_2)$-Werten beider Komplexe besteht trotz des beträchtlichen Unterschiedes der $\log(K_1K_2)$-Werte kein bedeutender Unterschied. ΔS_1 u. ΔS_2 sind positiv u. $\Delta S_1 \simeq \Delta S_2$. G. Malow 156

0528 **Aluminiumkomplexe mit Brenzcatechin.** T. Goina, I. Ristea und Maria Olariu. (Rev. med. [Tîrgu-Mureş, RPR] **13** (1967) 3/4, 352—54; Chim. gen. si anorg.,

I.M.F., Tg.-Mures; rum.) — Potentiometr. u. konduktometr. Unters. der Rk. von Aluminationen mit Brenzcatechinatanionen deuten auf eine Umsetzung nach: $[Al(OH)_4]^- + 2\,C_6H_4OHO^- \rightleftharpoons [(OC_6H_4O)_2Al(OH)_2]^{3-} + 2\,H_2O$, $\Delta H = -27{,}2$ kcal/Mol Aluminat. J. J. Pohl 156

0529 **Komplexbildung von Pyrogallol mit Aluminium- und Berylliumionen.** S. N. Dubey und R. C. Mehrotra. (Indian J. Chem. **5** (1967) 7, 327—32; Univ. of Rajasthan, Jaipur; engl.) — Die Komplexbldg. zwischen Al^{3+} bzw. Be^{2+} u. Pyrogallol (H_2A) wurden potentiometr., konduktometr. u. präparativ untersucht. In saurer Lsg., auch in Ggw. eines großen Überschusses an H_2A, beträgt die Gleichgew.-Konst. der Rk. $Al^{3+} + H_2A \rightleftharpoons AlA^+ + 2\,H^+$ K = 1,479 · 10^{-6} u. die Bldg.-Konst. für $[AlA]^+$ log K_1 = 14,07. Die Bldg.-Konst. für AlA^+; u. AlA_3^{3-} betragen nach Titration von H_2A mit HNO_3 in Ggw. oder Abwesenheit von Al^{3+} log K_1 = 14,34; log K_2 = 13,50 u. log K_3 = 11,87. Die analog bestimmten Bldg.-Konst. für [BeA] u. $[BeA_2]^{2-}$ lauten log K_1 = 11,42 u. log K_2 = 10,01.

Versuche: *K[AlA(OH)₂]* · *4 H₂O*, schrittweise Zugabe einer 1 m KOH-Lsg. unter Rühren zu einer Lsg. von $KAl(SO_4)_2 \cdot 12\,H_2O$ u. 1 m H_2A in W. im molaren Verhältnis 4:1:1 u. Aufarbeiten; *K[AlA₂]* · *5 H₂O*, analog im Verhältnis 4:1:2 bis 4:1:3; *K₃[AlA₃]* · *4 H₂O*, analog im Verhältnis 6:1:3. — *K₂[BeA₂]* · *4 H₂O*, a) schrittweise Zugabe einer 1 n KOH-Lsg. zu einer Lsg. von $BeSO_4 \cdot 4\,H_2O$ u. H_2A (3:1:1), 1std. Rühren, Abfiltrieren von $Be \cdot (OH)_2 \cdot ag$ u. Fällen mit A. wie vorst.; b) im Verhältnis 4:1:2, Fällen von K_2SO_4 mit A., Eindampfen u. Fällen mit Äthanol. G. Heller 156

0530 **Aluminiumkomplexe einiger Polyaminopolycarbonsäuren.** T. R. Bhat, Radha R. Das und J. Shankar. (Indian J. Chem. **5** (1967) 7, 324—27; Bhabha Atomic Res. Centre, Trombay, Bombay; engl.) — Die Stabilitätskonst. p_{k_1} von AlL [gegenüber AlHL]; p_{k_2} von AlL(OH) [AlL] u. p_{k_3} von $AlL(OH)_2$ [AlL(OH)] wurden potentiometr. für die Al-Komplexe mit Nitrilotriessigsäure zu 1,90; 5,09 u. 8,28; Hydroxyäthyläthylendiamintriessigsäure 2,14; 4,89 u. 9,19; Äthylendiamintetraessigsäure 2,63; 5,87 u. 10,31; 1.2-Diaminocyclohexantetraessigsäure 3,97; 5,20 u. 8,42 sowie Äthylenglykol-bis-[2-aminoäthyl]-äthertetraessigsäure 2,29; 7,82 u. — bestimmt. Die Bldg.-Konst. log K von AlL wurden spektralphotometr. durch die Meth. des konkurrierenden Gleichgew. mit Co^{2+} als konkurrierendem Ion bei 25° u. μ = 0,2 für obige Liganden in gleicher Reihenfolge bestimmt: 11,37; 13,96; 16,01; 18,50 u. 13,90. Unter den gleichen Bedingungen betrugen die log K-Werte von CoL: 10,44; 14,12; 16,14; 18,78 u. (für CoHL) 8,64. G. Heller 156

0531 **Spektrophotometrische Bestimmung der Stabilitätskonstanten von Seltenerdmetallkomplexen mit β-Methyltropolon und β-Isopropyltropolon.** B. P. Gupta, Yag Dutt und R. P. Singh. (Indian J. Chem. **5** (1967) 5, 214—15; Dep. of Chem., Univ., Delhi; engl.) — Seltenerdmetalle bilden mit β-Methyl-(I) bzw. β-Isopropyltropolon (II) bei pH 3—4 *1:1-Komplexe* u. bei pH-Werten > 6 *1:2-Komplexe*, die alle im Bereich von 375—390 nm ihr Absorptionsmax. besitzen, während die reinen Liganden bei 354 nm absorbieren. Die bei großem Metallionenüberschuß gebildeten *1:1-Komplexe* haben folgende Stabilitäten (spektrophotometr. ermittelte log K_1-Werte für I u. II): *La* 6,12 u. 6,29; *Ce(III)* 6,42 u. 6,53; *Pr* 6,71 u. 6,74; *Nd* 6,78 u. 6,70; *Sm* 7,07 u. 7,04; *Gd* 7,10 u. 7,15; *Dy* 7,36 u. 7,33; *Ho* 7,42 u. 7,40; *Er* 7,57 u. 7,49; *Yb* 7,74 u. 7,62; *Lu* 8,01 u. 7,95; *Y* 7,38 u. 7,28. Aus den Daten folgt eine Zunahme der Stabilitäten beider Komplexe mit ansteigender Ordnungszahl. H. J. Schönherr 156

0532 **Reaktionen zwischen Cer(III)- und Fluoridionen.** P. L. Sarma und M. S. Davis. (J. inorg. nuclear Chem. **29** (1967) 10, 2607—14; Dep. of Chem., Univ. of N.Dak., Grand Forks; engl.) — Durch potentiometr. u. nephelometr. Messungen wird festgestellt, daß bei schrittweiser Zugabe von NaF-Lsg. zu einer bestimmten Menge $Ce(NO_3)_3$-Lsg. nacheinander CeF^{2+}, CeF_2^+ u. CeF_3 gebildet werden. CeF^{2+} u. CeF_2^+ unterliegen einer partiellen Hydrolyse, wobei $CeF(OH)^+$ bzw. $CeF_2(OH)$ entstehen. Bei schrittweiser Zugabe von $Ce(NO_3)_3$-Lsg. zu einer vorgegebenen Menge NaF-Lsg. entstehen die gleichen Prod. in umgekehrter Reihenfolge. Die Hydrolysekonst. werden für folgende Rk. ber.: $Ce^{3+} + H_2O \rightleftharpoons CeOH^{2+} + H^+$ (K = 5,186 · 10^{-10}), $CeF^{2+} + H_2O \rightleftharpoons CeFOH^+ + H^+$ (3,2 · 10^{-7}), $CeF^{2+} + H_2O \rightleftharpoons CeF_2OH + H^+$ (4,1 · 10^{-7}). D. Gerlatzek 156

0533 **Spektrophotometrische Untersuchung der Reaktion zwischen Arsenazo III und Gadolinium.** T. I. Evseeva und E. P. Čerstvenkova. (Ž. analitičeskoj Chim. **22** (1967) 1, 34—39; russ., Auszug: engl.) — Arsenazo III (H_8R) bildet mit Gd^{3+} bei pH 2,4 einen 1:1-Komplex. Die photometr. bei 650 nm bestimmte Bldg.-Konst. für GdH_5R beträgt (2,91 ± 0,77) · 10^5. K. Karos 156

0534 **Chloroaquo-Komplexe von Titan(III). Die ($^2T_{2g} \rightarrow {}^2E_g$)-Absorptionsbande.** H. J. Gardner. (Austral. J. Chem. **20** (1967) 11, 2357—65; Melbourne, Div. of Min. Chem., CSIRO; engl.) — Bei Erhöhung der Chloridionen-Konz. in wss. Ti(III)-Lsg. verschiebt sich das ($^2Tg_{2g} \rightarrow {}^2E_g$)-Max. von 20100 nach 14500 cm^{-1}. Durch Anwendung der Regel über die Durchschnittsumgebung läßt sich eine „Bldg.-Kurve" für die Anzahl der am Ti(III) gebundenen Cl^--Ionen darstellen; daraus können dann die entsprechenden Gleichgew.-Konst. für den nacheinander stattfindenden Austausch der Aquo- gegen die Chloroliganden in oktaedr. Anordnung bestimmt werden. Der numer. Wert für $K_1 = [Ti(H_2O)_5Cl^{2+}] \cdot a_w/[Ti(H_2O)_6{}^{3+}] \cdot [Cl^-]$ liegt bei 0,07—0,2. Im oben angegebenen Spektralbereich liegen auch die Ligandenfeldbanden der Reflexionsspektren des purpurnen (*TiCl₃* · *6 H₂O*) sowie einer 5%ig. Lsg. von α-*TiCl₃* im *KCl–LiCl*-Eutektikum bei +25°. G. Buttgereit 156

0535 **Hydrolyse einiger sauer reagierender Metallkationen in Acetonitril in Gegenwart von Spuren Wasser.** P. J. Shirvington. (Austral. J. Chem. **20** (1967) 3, 447—57; Austral. Atomic Energy Comm. Res. Establ. Lucas Heights, NSW; engl.) — Die stark polarisierenden Ionen Al^{3+} u. Ti^{4+} verursachen in Lsgm. (hier CH_3CN), welche Halogenidionen (X) enthalten, die Bldg. von HX. Die Unters. zeigt, daß nicht die Dissoziation des Lsgm., sondern die des W. im Lsgm. an der HX-Bldg. beteiligt ist. An Hand des Auftretens einer polarograph. Red.-Stufe von HX wurde der Hydrolysegrad (A) von Al^{3+} (0,82) u. Ti^{4+} (0,18) in CH_3CN mit 25 · 10^{-3} m H_2O u. 0,1 m $(C_3H_7)_4NCl$ bestimmt. In 0,1 m $HClO_4$ beträgt A für $AlCl_3$ 0,45 u. für $TiCl_4$ 0,40. Für $TiCl_4$ u. $TiCl_3$ in CH_3CN mit einem W.-Geh. bis 50 · 10^{-3} m u. den Grundelektrolyten 0,1 m $(C_3H_7)_4NCl$ u. 0,1 $(C_3H_7)NClO_4$ wurden die Halbstufenpotentiale u. der Grenzstrom für die vorgeschlagenen Vorgänge an der Tropfelektrode bestimmt. Potentiometr. Titration mit Piperidin, Leitfähigkeitsmessungen u. für $TiCl_4$ Best. des UV-Spektrums in $CH_3 \cdot CN$ bestätigen die polarograph. Ergebnisse. Die Ionen Mg^{2+}, Sc^{3+}, Ga^{3+} u. Sn^{4+} hydrolysieren in halogenidhaltiger CH_3CN-Lsg. nicht. G. Schatz 156

0536 **Voltammetrische und spektralphotometrische Untersuchungen des Zirkonium–Alizarin S-Komplexes.** H. E. Zittel und T. M. Florence. (Analytic. Chem. **39** (1967) 3, 320—26; Anal. Chem. Div., ORNL, Oak Ridge, Tenn.; engl.) — An einer rotierenden Pyrolysegraphitelektrode zeigt Na-Alizarin-3-sulfonat (ARS) gut ausgeprägte Ox.- u. Red.-Kurven. Der Zr-ARS(1:1)-Komplex (I) wird bei einem Potential, das um 0,35 V positiver als das des freien ARS ist, oxydiert. Eine Mischung von I u. ARS zeigt 2 diskrete Ox.-Stufen. Sowohl die voltammetr. als auch die photometr. Werte deuten eher auf eine Chelatbldg. von $Zr(OH)_2{}^{2+}$ mit den beiden phenol. O als mit einem phenol. O u. der Chinongruppe hin. Die Gleichgew.-Konst. der Rk. $Zr^{4+} + 2H_2O + H_2A \rightarrow [Zr(OH)_2A] + 4H^+$ (H_2A = ARS) ist K = 4,2 · 10^4 bei 25° u. μ = 1,56 m u. die entsprechende gemischte Stabilitätskonst., $\beta_{121} = [Zr(OH)_3A]/[Zr][OH]^2[A]$, wurde zu log β_{121} = 49,0 berechnet. Die Dissoziationskonst. der beiden phenol. OH-Gruppen sind pK_α = 10,85 ± 0,03 u. pK_β = 5,49 ± 0,01 bei 25° u. μ = 0,5 m. W. Grimmich 156

0537 **Spektrophotometrische Untersuchung des Thoriumkomplexes der 2-[1.8-Dihydroxy-3.6-disulfo-naphthyl-(2)-**

azo]-phenoxyessigsäure. Haruo Miyata. (Bull. chem. Soc. Japan 40 (1967) 8, 1875—78; Dep. of Chem., Fac. of Sci., Okayama Univ., Tsushima, Okayama; engl.) — Die Dissoziationskonst. für vorst. Säure (H_5R) werden bei 25° u. 0,1 m $KClO_4$ bestimmt: $K_1 = [H^+][H_3R^{3-}]/[H_3R^{2-}]$, $pK_1 = 2{,}99$ u. $K_2 = [H^+][HR^{4-}]/[H_2R^{3-}]$, $pK_2 = 9{,}76$. H_5R bildet einen 1:1-Komplex mit Th(IV), dessen Stabilitätskonst. im pH-Bereich 0,95—3,08 bei verschiedenen Th(IV)-Konz. durch spektrophotometr. Unters. bei 580 bzw. 600 nm bestimmt wurden. K.-J. Zwietasch 156

0538 **Spektralphotometrische Untersuchung der Thoriumkomplexe der o-, m- und p-Nitrophenylazochromotropsäure.** Kyoji Tôei, Haruo Miyata und Hirosumi Kimura. (Bull. chem. Soc. Japan 40 (1967) 9, 2085—89; engl.) — Vgl. vorst. Referat. — Durch Kupplung von diazotierten Nitroanilinen mit Chromotropsäure wird o-, m- u. p-Nitrophenylazochromotropsäure (kolorimetr. Reagens für Th) hergestellt. Diese Verb. geben mit Th^{4+} in saurer Lsg. violette 1:1-Komplexverbindungen. Die Absorptionsspektren aller 6 Verb. werden von 350 bis 700 (nm) angegeben. Die Dissoziationskonst. der 3 Säuren werden spektralphotometr. zu 8,96, 8,60 bzw. 8,77 für die o-, m- u. p-Verb. bei 25° bestimmt. Die Reihenfolge der ebenfalls spektralphotometr. gemessenen Stabilitätskonst. der Komplexverb. lautet: m-Nitro- > p-Nitro- > o-Nitroverbindung. A. Meixner 156

0539 **Spektrophotometrische Untersuchung des Thoriumkomplexes der 2-[1.8-Dihydroxy-3.6-disulfo-naphthyl-(2)-azo]-mandelsäure.** Haruo Miyata. (Bull. chem. Soc. Japan 40 (1967) 12, 2815—18; engl.) — Vgl. vorst. Referate. — Die Stabilitätskonst. des violetten 1:1-Komplexes im pH-Bereich 1,07—3,16 bei 25° u. $\mu = 0{,}1$ m ($NaClO_4$) werden spektrophotometr. bestimmt (Abb. u. Tabelle). Die log K-Werte liegen zwischen 4,04 (pH 1,07) u. 7,90 (pH 3,16). Die Säuredissoziationskonst. des Liganden werden zu $pK_1 = 3{,}10$ u. $pK_2 = 9{,}55$ bestimmt.

Versuche: *2-[1.8-dihydroxy-3.6-disulfo-naphthyl-(2)-azo]-mandelsäure*, aus diazotierter o-Aminomandelsäure durch Azokopplung mit Chromotropsäure. K. J. Zwietasch 156

0540 **Komplexe von Germanium(IV) mit Anionen von o-Diphenolen und ihre Stabilitätskonstanten.** P. Pichet und R. L. Benoit. (Inorg. Chem. [Washington] 6 (1967) 8, 1505—09; Dép. de Chim., Univ. de Montréal, Montréal, Canada; engl.) — Vf. beschreiben die Komplexbldg. $GeO_2 + 3H_2L \rightleftharpoons GeL_3^{2-} + 2H^+ + 2H_2O$ u. $GeO_2 + 2H_2L \rightleftharpoons GeL_2 + 2H_2O$ für H_2L = *Brenzcatechin, 4-Chlorbrenzcatechin, 4-Nitrobrenzcatechin* u. die *Na*-Salze von *2.3-Dihydroxynaphthalin-6-sulfonsäure* u. *Brenzcatechin-3.5-disulfonsäure* (Tiron) in wss. Lösung. Es werden die Stabilitätskonst. für die 1:3-Komplexe mitgeteilt. In Syst. GeO_2–Tiron bildet sich der 1:2-Komplex nur bei großer Säurestärke. 1:1-Komplexe werden nicht gebildet; die Bldg. von Mehrkernkomplexen ist unbedeutend. Die Zusammenhänge mit den Aciditätskonst. der o-Diphenole u. mit den Stabilitätskonst. von 1:3-Komplexen des Si(IV) u. 1:1-Komplexen des Cu(II) u. Zn(II) mit o-Diphenolen werden diskutiert. K. J. Zwietasch 156

0541 **Bestimmung der Hydroxidionenkonzentration durch Messungen mit einer Bleiamalgamelektrode. Plumbat- und Boratgleichgewichte in alkalischem 3,0 m NaCl-Medium: Nichtexistenz von Monoborat-(2) und -(-3)-Ionen.** Gilbert Schorsch und Nils Ingri. (Acta chem. scand. 21 (1967) 10, 2727—35; Royal Inst. of Technol., KTH, Stockholm; engl.) — Mit Hilfe einer Bleiamalgamelektrode (I) wurden für die Komplexbldg. zwischen Pb^{2+} u. OH^- im alkal. 3 m NaCl-Medium nach Verfeinerung durch das Programm LETAGROPVRID folgende Gleichgew.-Konst. bestimmt: $Pb^{2+} + 2OH^- \rightleftharpoons Pb(OH)_2$, $\log \beta_2 = 7{,}783 \pm 0{,}035$ u. $Pb^{2+} + 3OH^- \rightleftharpoons Pb(OH)_3^-$, $\log \beta_3 = 9{,}962 \pm 0{,}003$. I wurde dann für Messungen der Gleichgew.-Konz. von OH^- in stark alkal. Boratlsg. herangezogen. Im OH^--Bereich zwischen 0,007 u. 0,500 m existieren danach keine einkernigen Borationen mit einer höheren negativen Ladung als $B(OH)_4^-$, auch nicht die früher postulierten Ionen HBO_3^{2-} oder BO_3^{3-}. G. Heller 156

0542 **Bleikomplexe der Thiopropion- und Thiomaleinsäure.** M. B. Mishra, S. C. Sinha und H. L. Nigam. (Indian J. Chem. 5 (1967) 12, 649—50; Dep. of Chem., Univ., Allahabad; engl.) — Die potentiometr. Unters. der Syst. $Pb(NO_3)_2$-Thiopropionsäure u. $Pb(NO_3)_2$-Thiomaleinsäure zeigt die Bldg. von 1:1-Komplexen (Metall-Ligand) in Lsg. an. Die Stabilitätskonst. der Komplexe sind 6,74 u. 10,8, die entsprechenden ΔG-Werte bei 30° betragen —9,39 u. —15 cal. H. Markert 156

0543 **Chelatbildung zwischen Blei(II) und 1.2.5.8-Tetrahydroxyanthrachinon (Chinalizarin): Spektralphotometrische Untersuchungen über die Zusammensetzung und Stabilität.** K. C. Srivastava und S. K. Banerji. (Austral. J. Chem. 20 (1967) 7, 1385—94; Birla Inst. of Technol. and Sci., Pilani, Rajasthan, India; engl.) — Die Bldg. eines blauvioletten 1:1-Chelats (I) zwischen Pb(II) u. Chinalizarin wurde spektralphotometr. bei 520 nm untersucht; I ist in wss. A. lösl. u. bei pH 6,1—6,5 beständig. Die Werte für die Beständigkeitskonst. log K bzw. die Änderung der Freien Energie der Bldg. ΔG^0 (kcal) betragen in 50%ig. A. bei 30° u. pH 6,3 nach der Meth. von Dey 4,1 ± 0,1 bzw. —5,7 ± 0,1, nach der „continuous variation"-Meth. 4,0 ± 0,0 bzw. —5,6 ± 0,0 u. nach der „mole ratio"-Meth. 4,1 ± 0,1 bzw. —5,7 ± 0,1. G. Heller 156

0544 **Oxovanadin(IV)-Komplexe niedriger Symmetrie.** R. L. Dutta und G. P. Sengupta. (J. Indian chem. Soc. 44 (1967) 738—40; Inorg. Chem. Labor., Univ., Burdwan, West Bengal; engl.) — Vf. untersuchen spektralanalyt. die Bldg. von Komplexen zwischen VO^{2+} u. einer Reihe von dreizähnigen Liganden, die sich entweder durch Kombination von *Salicyclaldehyd* (I), *Resorcylaldehyd* (II) oder *2-Hydroxy-1-naphthylaldehyd* (III) mit *Gly*, *α-Ala* u. *Anthranilsäure* (Serie A) oder durch Kombination von *Acetylaceton*, I, II u. III mit *Benzoylhydrazid* oder *Salicolyhydrazid* (Serie B) ergeben. Die hierbei gebildeten Komplexe werden anschließend mit o-Phenanthrolin oder α.α'-Dipyridyl umgesetzt. Die Komplexe der Serie A sind oktaedr. koordiniert u. zeigen in Py. keine Addition des Lsgm., während für die Komplexe der Serie B eine Koordination von Py. angenommen werden muß u. eine eindeutige Best. der Koordination nicht möglich ist. J. Oguntke 156

0545 **Bestimmung der Basizität und der Instabilitätskonstante der 12-Vanadatophosphorsäure.** Raluca Ripan, Alexandru Duca und Vasile Cordis. (Rev. roum. Chim. 12 (1967) 4, 375—82; Inst. für Chem., Akad. der Sozialist. Rep. Rumänien, Zweigstelle Cluj; dt.) — Die Stabilität von $[PV_{12}O_{36}]^{7-}$ (I) wird papierchromatograph. u. spektrophotometr. untersucht. I ist bei pH 1,5—2,5 stabil. Auf Grund der papierchromatograph. Unters. wird erkannt, daß sich I wie ein Hexavanadat verhält. Als Zers.-Möglichkeit wird das Gleichgew. $[PO_4(V_6O_{16})_2]^{7-} \rightleftharpoons PO_4^{3-} + 2V_6O_{16}^{2-}$ angenommen. Die Instabilitätskonst. des I wird papierchromatograph. zu $0{,}84 \cdot 10^{-6}$ u. spektrophtometr. zu $0{,}83 \cdot 10^{-6}$ (rechner.) bzw. $0{,}21 \cdot 10^{-6}$ (graph.) ermittelt u. ist somit größer als die des $[PMo_{12} \cdot O_{40}]^{3-}$. M. Steidinger 156

0546 **Metallchelate von Xylenolorange mit Vanadin(V) und Niob(V). Spektrophotometrische Untersuchung.** Badri Vishal Agarwala und Arun K. Dey. (J. Indian chem. Soc. 44 (1967) 8, 691—93; Dep. of Chem., Univ., Allahabad; engl.) — Unters. der Komplexbldg. (Zus. u. Stabilität) zwischen *V(V)* sowie *Nb(V)* u. *Xylenolorange* durch spektrophotometr. Messungen. Beide Chelate sind 1:1-Komplexe mit $\lambda_{max} = 490$ nm (pH 5,0) bzw. $\lambda_{max} = 530$ nm (pH 5,5). Die Stabilitätsbereiche der Komplexe liegen zwischen pH 3,5 u. 6,5 bzw. 2,0 u. 7,0. Die mittleren Werte der Stabilitätskonst. (ermittelt nach Dey et. al., Job bzw. nach der Meth. der Molverhältnisse) werden zu log K = 4,5 bzw. 4,3 bei 25° u. pH 5,0 bzw. 5,5 angegeben. Abb. der Absorptionsspektren. J. Oguntke 156

0547 **Spektrophotometrische Untersuchung des Glycerin-Komplexes der Chromsäure. Thermische und photochemische Reaktivität von Polyolen.** K. K. Rohatgi und P. K. Bhattacharya. (Indian J. Chem. 5 (1967) 5, 195—99; Dep. of Phys. Chem., Jadavpur Univ., Calcutta; engl.) —

Auf Grund von spektrophotometr. Unters. bildet Glycerin (I) bei pH 4 mit H_2CrO_4 einen *1:1-Komplex*. ε_{max} des Komplexes wird mit 1920 bei $\nu = 27650\ cm^{-1}$ ermittelt. Die Gleichgew.-Konst. bei 35 u. 25° sind 11,6 u. 14,0, $\Delta H = -3546$ cal/Mol u. $\Delta S = -8,0$ cal/Mol · Grad. Mit steigender Elektronendonatorkapazität des Restes R des Polyols, der H in $HOCrO_3^-$ ersetzt, verschiebt sich die „Charge-transfer"-Charakter besitzende Absorptionsbande zu höheren Frequenzen; dieser Befund wird mit dem Doppelbindungscharakter der RO–Cr-Bindung in Beziehung gebracht. Für die irreversible therm. Rk. der relativ stabilen Chromatester (A) (mit Polyolen) ist eine Protonierung erforderlich, während sich die photochem. Rk. der A ohne Protonierung abwickelt. Sowohl die Protonierung als auch die elektron. Anregung verursachen einen Elektronenübergang vom Liganden zum Cr-Zentralatom u. geben damit die Richtung des Elektronenflusses im Ox.-Schritt zu erkennen. Die Gleichgew.-Konst. u. der ster. Effekt sind für die Best. der Reaktivität der Polyole von Bedeutung. Aus den opt. Dichten ergeben sich folgende Gleichgew.-Konst. (25°) für die Chromate mit: *tert.-Butanol* 5,8; *Isopropanol* 8,3; *Äthylenglykol* (II) 5,9 (korr. für statist. Faktor von 2); *n-Propanol* 9,7; *Äthanol* 6,9; *β-Chloräthanol* 5,9; *β-Methoxyäthanol* –; *Methanol* 4,7; I 7,0 (korr.), $K_{25°}$ für CrO_3^-–O–$CrO_3^- = 30,0$ (korr. für 2 ähnliche Mol.); *D-(–)-Mannit* (III) –. Reaktivitäten der Polyole mit H_2CrO_4 im Vgl. zu A. (therm. bei pH 2,8; photochem. bei pH 4,76): A. 1,0 u. 1,0; II 0,66 u. 0,60; I 2,18 u. 0,76; III 7,48 u. 0,01. H.-J. Schönherr 156

0548 **Dimolybdat- und Dichromatbildung im äquimolaren Gemisch von geschmolzenem Natriumnitrat–Kaliumnitrat als Lösungsmittel.** R. N. Kust. (Inorg. Chem. [Washington] 6 (1967) 12, 2239–43; Dep. of Chem. Univ. of Ut., Salt Lake City, Ut.; engl.) – Elektrochem. Unters. mit einer *Sauerstoffelektrode* (Bezugselektrode: *Silber–Silber(I)-Glaselektrode*). Gleichgew.-Konst. für die Rk. $2MO_4^{2-} = M_2O_7^{2-} + O^{2-}$ sind für M = *Mo*: 533°K = $2,5 \cdot 10^{-8}$, 583°K = $8,5 \cdot 10^{-8}$, 617°K = $2,1 \cdot 10^{-7}$; für M = *Cr*: 544°K = $1,2 \cdot 10^{-8}$, 587°K + $2,4 \cdot 10^{-8}$, 615°K = $3,3 \cdot 10^{-8}$. ΔH^0- (17 kcal für Mo, 10 für Cr) u. ΔS^0-Werte für diese Rk. wurden bestimmt. Der große Unterschied in ΔS^0-Werten für Mo u. Cr ($\Delta S^0 = -3$, bzw. –17 eu) wird durch Ausbldg. gemischter KZ im *Dimolybdat-Polymeren* erklärt. H. Riemer 156

0549 **Komplexbildung zwischen Molybdationen und Aluminiumionen.** Günther Wiese und Joachim Fuchs. (Z. Naturforsch. **22b** (1967) 5, 469–73; Inst. für Anorg. Chem., FU, Berlin; dt.) – Na_2MoO_4 u. $Al_2(SO_4)_3$ reagieren in wss. Lsg. in einer zeitabhängigen Rk. unter Bldg. von Heteropolyanionen. Die Komplexbldg. zwischen Polymolybdat- u. Al^{3+}-Ionen wird mittels koinzidierter thermometr., konduktometr. u. potentiometr. Titration bei Variation eines Rk.-Partners untersucht. Die mathemat. Analyse der Titrationswerte liefert den Beweis für die Existenz eines Heteropolyanions der Formel $[AlMo_6O_{21}]^{3-}$. M. Steidinger 156

0550 **Molybdän(V)-bromhydroxychinolinat und -benzoylphenylhydroxylaminat.** E. V. Dobiža, A. N. Bantyš und D. A. Knjazev. (Ž. neorg. Chim. **12** (1967) 10, 2740 bis 2746; russ.) – Mittels der Verteilungsmeth. wird die Komplexbldg. von Mo(V) mit HR = *5.7-Dibromoxin* oder *Benzoylphenylhydroxylamin* untersucht. Dabei werden in wss. Phase in Abhängigkeit von der Acidität die Komplexe MoO_2R, $MoO_2R_2^-$, $MoO(OH)R^+$ u. $MoO \cdot (OH)R_2$ nachgewiesen. Die Beständigkeitskonst. der Komplexe werden berechnet. Desweiteren wird die Abhängigkeit der Löslichkeit der Komplexe in $CHCl_3$ vom pH-Wert der wss. Phase ermittelt. K. Jasche 156△

0551 **Anionische Bromokomplexe des Uranyls in nichtwäßrigen Lösungen.** Ju. I. Beljaev, V. M. Vdovenko, A. I. Skoblo und D. N. Suglobov. (Radiochimija 9 (1967) 6, 720–23; russ.) – In Analogie zu den früher untersuchten Chlorokomplexen wird erwartet, daß sich im Syst. UO_2Br_2–R_4NBr ein Komplex $R_4N[UO_2Br_3]$ bildet, in dem die formelle Koordinationszahl des UO_2^{2+} 3 beträgt. Verwendet wurde Tetradecylammonium, UO_2Br_2 sowie Bzl. als Lösungsmittel. Die bei der Sättigung einer Lsg. von R_4NBr in Bzl. mit UO_2Br_2 bei einem Verhältnis Br:U = 3:1 gebildete Verb. wurde spektrophotometr. u. IR-spektrometr. untersucht. Das opt. Spektrum von $(C_{10}H_{21})_4N[UO_2Br_3]$ (I) wurde mit den Spektren von $R_4N[UO_2Br_4]$ u. $R_4N[UO_2Cl_3]$ (II) verglichen u. so die Individualität der Verb. I festgestellt. Im Vgl. zu der Verb. $R_4N[UO_2Br_4]$ sind die Feinstrukturmaxima in das Gebiet kleiner Frequenzen verschoben; die Spektren von I u. II sind bei einer Verschiebung um 9 µm (die Maxima von II liegen im Gebiet größerer Wellenlängen) identisch. Somit führt die Erhöhung der Ligandenzahl u. die Verringerung des Anionenradius zu einer Verschiebung des Elektronenübergangs in den Bereich höherer Frequenzen. Als koordinativ ungesätt. Komplexverb. lagert I verschiedene Anionen unter Bldg. der Verb. $[UO_2Br_3L]$ (III) an. Die Bldg. der neuen Komplexverb. wurde über das Abklingen der Bande $\nu_{3UO_2^{2+}}$ bei 944 cm^{-1} u. die Ausbldg. einer neuen Bande ν_3 verfolgt. Mit L = Cl^-, Br^-, J^-, SCN^-, Tributylphosphinoxid, Tributylphosphat, NO_3^-, ClO_4^- wird III schon bei einem Verhältnis $[UO_2Br_3]^-$:L = 1:1 gebildet, mit $(C_4H_9)_2O$, CH_3SCN u. CH_3CN nur bei einem Überschuß der letzteren Verbindungen. G. Ewald 156

0552 **Bestimmung der Instabilitätskonstanten der Am- und Cm-Komplexe mit AeDTE mit Hilfe der Elektromigrationsmethode.** I. A. Lebedev, A. M. Maksimova, A. V. Stepanov und A. B. Šalinec. (Radiochimija 9 (1967) 6, 707–09; russ.) – Vf. untersuchten die Abhängigkeit der Wanderungsgeschw. u_0 von ^{241}Am u. ^{242}Cm von der Konz. der H^+-Ionen (pH 1–3) in einer $5 \cdot 10^{-4}$ m Lsg. von Na_2H_2Y (H_4Y = AeDTE) bei der Ionenstärke $\mu = 0,1$; T = 25,0 ± 0,5°. Die Geschw. u_0 verringert sich mit der Vergrößerung des pH-Wertes monoton u. gelangt bei pH 2 in das Gebiet der negativen Werte, d. h. in das Gebiet eines Überschusses der Ionen MY^- ($M^{3+} = Am^{3+}, Pm^{3+}$). Bei pH > 2,5–3,0 bleibt u_0 konstant. Im Bereich pH 1,1–3,0 sind folgende Rk. möglich: $M^{3+} + Y^{4-} \rightleftharpoons MY^-$ (pH > 1,9) (Konst. β_1) u. $MY^- + H^+ \rightleftharpoons MHY^0$ (pH < 1,9, Konst. β_H). Die entsprechenden Instabilitätskonst. betragen für Am: log β_1 = 17,0 ± 0,05; u. log β_H = 2,4 ± 0,2; für Cm: log β_1 = 17,1 ± 0,04 u. log β_H = 2,4 ± 0,2. G. Ewald 156

0553 **Komplexbildung von Ce(III), Am(III) und Cm(III) mit 1.2-Diaminocyclohexantetraessigsäure nach der Elektromigrationsmethode.** A. V. Stepanov, T. P. Makarova, A. M. Maksimova und A. B. Šalinec. (Radiochimija 9 (1967) 6, 710–13; russ.) – Vgl. vorst. Referat. – Vf. untersuchten die Abhängigkeit der Wanderungsgeschw. u_0 der Metallionen Ce^{3+}, Am^{3+} u. Cm^{3+} vom pH-Wert (pH 1–3) in einer $1,86 \cdot 10^{-4}$ m Lsg. von 1.2-Diaminocyclohexantetraessigsäure (Komplexon IV, H_4A). Ionenstärke $\mu = 0,1$; Temp. T = 20,0 ± 0,05°. Verwendet wurden die Nuklide ^{144}Ce, ^{241}Am u. ^{242}Cm. Die Geschw. u_0 verringert sich monoton mit Vergrößerung des pH-Wertes, erreicht bei pH 2,5 das Gebiet negativer Geschw. u. beträgt danach (pH > 3) $-7,5 \cdot 10^{-5}\ cm^2/V \cdot s$ = konst. (für Am u. Cm). Dabei sind folgende 2 Rk. möglich: 1. $M^{3+} + A^{4-} \rightleftharpoons [MA]^-$ u. 2. $[MA]^- + H^+ \rightleftharpoons [MHA]^0$ mit den entsprechenden Instabilitätskonst. β_1 u. β_H. Vf. berechneten die Werte β_1 u. β_H für Ce zu $\beta_1 = (4,8 \pm 1,0) \cdot 10^{16}$ u. $\beta_H = (8,7 \pm 2) \cdot 10^2$; für Am zu $\beta_1 = (2,2 \pm 0,4) \cdot 10^{18}$ u. $\beta_H = (3,7 \pm 1,0) \cdot 10^2$ u. für Cm zu $\beta_1 = (4,8 \pm 1,0) \cdot 10^{18}$ u. $\beta_H = (1,9 \pm 0,5) \cdot 10^2$. Ferner wurde der Dissoziationstyp für $[MHA]^0$ festgestellt. Bei pH 2 u. $[H_4A] = 1,86 \cdot 10^{-4}$ Mol/Liter dissoziiert von 20 Mol. $[MHA]^0$ ein Mol. nach dem Säuretyp, d. h. nach $[MHA]^0 \rightleftharpoons M^{3+} + HA^{3-}$. Bei pH 2,4 verläuft die Dissoziation überwiegend nach dem Säuretyp. G. Ewald 156

0554 **Komplexbildung von dreiwertigem Plutonium, Americium und einigen Seltenerdmetallen.** A. I. Moskvin. (Radiochimija 9 (1967) 6, 718–20; russ.) – Vf. zeigt an Hand von Literaturwerten, daß in Abweichung zu Starys Meinung [ibid. 8 (1966) 5, 504] die Ionenaustauschmeth. zu genaueren Werten der Instabilitätskonst. der Oxalat- u. Äthylendiamintetraessigsäurekomplexe von Pu, Am, Nd, Pm, Eu u. Sm führt als die von Stary angewendete Extraktionsmeth. (2 vergleichende Tabellen). Letztere ergibt im Vgl. zur Austauschmeth. zu niedrige Werte. — 20 Literaturangaben.

G. Ewald 156

0555 **Thermodynamische Bildungsdaten des 5-Methyl-o-phenanthrolineisen-Komplexes in Lösung.** S. C. Lahiri und S. Aditya. (Z. physik. Chem. [Frankfurt/M.] [N.F.] **55** (1967) 1/2, 6—13; Dep. of Chem., Univ. of Kalyani, Nadia India; engl.) — Aus spektroskop. Messungen wurden die thermodynam. Daten für die Bldg. des 5-Methylphenanthroliumions u. des Tris-[5-methylphenanthrolin]-eisen (**II**)-Komplexes, sowie die Freie Bldg.-Energie des Mono-Komplexes bestimmt. Außerdem wurde die Freie Bldg.-Energie des Fe(III)-Komplexes berechnet. H^+ + m–PH ⇌ m–PhH^+ ($\Delta G°$ bei 25° = −6,97 ± 0,02 kcal/Mol; $\Delta H°$ = −4,40 ± 0,25 kcal/Mol; $\Delta S°$ = 8,6 ± 1,5 cal/Grad), Fe^{2+} + 3 m–Ph ⇌ Fe(m–Ph)$_3^{2+}$ ($\Delta G°$ bei 25° = −28,67 ± 0,05 kcal/Mol; $\Delta H°$ = −33,8 ± 0,5 kcal/Mol; $\Delta S°$ = −17,2 ± 3,5 cal/Grad); Fe^{3+} + 3 m–Ph ⇌ Fe(m–Ph)$_3^{3+}$ (−22,86 kcal/Mol); Fe^{2+} + m–Ph ⇌ Fe (m–Ph)$^{2+}$ ($\Delta G°$ = −8,24 kcal/Mol bei 22°).

Manfred Schulze/Braunschweig 156

0556 **Analytische Eigenschaften von Phenolcarbonsäuren der Triphenylmethanreihe. Komplexe von Chromoxan Violett R mit Aluminium und Eisen.** N. F. Lisenko und I. S. Mustafin. (Ž. analitičeskoj Chim. **22** (1967) 1, 25—29; Saratov. gos. univ. im. Černyčevskogo; russ., Auszug: engl.) — Al^{3+} u. Fe^{3+} bilden bei pH 4—5 mit Chromoxan Violett R 1:1-Komplexe [λ_{max} (bei pH 4,7) 500 bzw. 530 nm, ε 52500 bzw. 40000] für die nach zwei verschiedenen Meth. als Mittelwerte die Dissoziationskonst. 4,4 · 10^{-7} bzw. 2,9 · 10^{-6} gefunden wurden.

K. Karos 156

0557 **Konfigurationsgleichgewichte in Lösungen von Ni(II)-Thioäpfelsäure-Komplexen.** S. C. Sinha, P. C. Jain und H. L. Nigam. (Current Sci. [Bangalore] **36** (1967) 12, 321—22; Chem. Labor., Univ. of Allahabad, Allahabad; engl.) — Ni(II) bildet mit $HO_2C–CH_2–CH(SH)–CO_2H$ einen violett gefärbten 1:3-Komplex (Metall:Ligand). Das effektive magnet. Moment ist 2,49 BM (28,5°), jedoch erwartet man von einem oktaedr. sp^3d^2-hybridisierten $Ni^{2+}(d^8)$-Komplex 3,2—3,4 BM. Diese Anomalie ließe sich mit einem Kovalenzfaktor f^2 = 0,78 erklären. f^2 wurde jedoch aus Spektraldaten zu 1,1 errechnet, was vollständig ion. Aufbau des Komplexes bedeutet. Der Komplex zeigt vier Adsorptionsbanden bei ν_1 = 10337 cm^{-1} ($^3A_{2g} \rightarrow {}^3T_{2g}$), ν_2 = 16053 cm^{-1}, ν_3 = 19802 cm^{-1} ($^3A_{2g} \rightarrow {}^3T_{1g}$) u. ν_4 = 29850 cm^{-1} [$^3A_2/ \rightarrow {}^3T_{1g}(P)$]. Banden um 16000 cm^{-1} sind typ. für planare Ni(II)-Komplexe. Die Diskrepanz im magnet. Moment erklärt sich daher besser durch die Annahme, daß ein anderer diamagnet. quadrat.-planarer Komplex mit dem oktaedr. im Gleichgew. steht.

E. Schrage 156

0558 **Stabilitätskonstanten von Komplexen des Resacetophenonoxims.** V. Seshagiri und S. Brahmaji Rao. (Austral. J. Chem. 20 (1967) 12, 2783—84; Dep. of Chem., Sri Vekateswara Univ. Coll., Tirupati, South India; engl.) — Vf. bestimmten durch pH-Messungen die Stabilitätskonst. β_2 für die Cu^{2+}, Ni^{2+}-, Co^{2+}- u. Mn^{2+}-Komplexe des Resacetophenonoxims (HL) in Dioxan-Wasser-Mischungen (60 Vol.-% Dioxan) entsprechend der Rk. M^{2+} + 2 L^- ⇌ ML_2 (M = Metall), nach der sich überwiegend 1:2-Komplexe bilden. Es ergab sich für log β_2 11,90, 8,10, 10,50 bzw. 6,50.

R. Dörfeld 156

0559 **Freie Energie, Enthalpie und Entropie der Bildung von Kupfer(II)-Komplexen mit einigen $C_{(1)}$-substituierten 1.2-Diaminoäthanen.** H. K. J. Powell und N. F. Curtis. (J. chem. Soc. [London], Sect. A **1967, 9, 1441** bis **1451**; Chem. Dep., Victoria Univ., Wellington, New Zealand; engl.) — Die Konz.-Quotienten der Kupfer(II)-Komplexe von *1-Methyl-1-äthyl-1.2-diaminoäthan, 1-Phenyl-1.2-diaminoäthan* u. *1.1-Dimethyl-1.2-diaminoäthan* wurden durch pH-Messungen in wss. $NaClO_4$–$Ba(ClO_4)_2$-Lsg. bei 25° ermittelt. Durch Extrapolation auf die Ionenkonz. Null wurden die thermodynam. Bldg.-Konst. erhalten. Die entsprechenden Enthalpieänderungen wurden kalorimetr. gemessen. Freie Energie-, Enthalpie- u. Entropieänderungen für die Bldg. von 1:1- u. 1:2-Komplexen werden mitgeteilt.

Manfred Schulze/Braunschweig 156

0560 **Komplexe von Uran, Silber und Cadmium mit Mercaptobernsteinsäure.** S. C. Sinha und H. L. Nigam. (Indian J. Chem. **5** (1967) 3, 117—19; Dep. of Chem., Univ. of Allahabad; engl.) — Nach potentiometr. Unters. bilden sich folgende Mercaptobernsteinsäure (MBS)-Komplexe: *U(IV)–MBS*: 1:2; *Ag(I)–MBS*: 1:1 u. *Cd(II)–MBS*: 1:1 u. 1:2. Es werden Stabilitätskonst. u. Freie Bldg.-Energien mitgeteilt. Durch Zugabe von 50 ml 0,1 m $AgNO_3$-Lsg. zu 20 ml 0,1 m MBS-Lsg. wird der Ag-Komplex (**I**) als weißes, diamagnet., in W. u. organ. Lsgm. unlösl. Prod. (Zers.-Temp. 171°) hergestellt. **I** besitzt tetraedr. Struktur.

K.-J. Zwietasch 156

0561 **Potentiometrische Untersuchung der Silberkomplexe der Nitrobenzoesäuren.** D. G. Vartark und R. S. Shetiya. (J. inorg. nuclear Chem. **29** (1967) 5, 1261 bis 1263; Reactor Operations Div., Atomic Energy Establ., Trombay, Bombay, India; engl.) — Die Stabilitätskonst. der Ag-Komplexe von *Benzoesäure, 2-, 3-,* u. *4-Nitrobenzoesäuren* wurden im wss. Medium der Ionenstärke 1,0 bei 30° aus EMK-Daten nach der graph. Meth. von Leden bestimmt. Nur zwei Komplexe der Zus. 1:1 u. 1:2 werden im Bereich der verwendeten Ligandenkonz. gebildet. Die Werte der Stabilitätskonst. β_1 liegen in der Reihenfolge, die von den Ligandenaffinitäten zum H-Atom erwartet werden. β_1 beträgt in vorst. Reihenfolge: 3,4; 2,0; 2,4; 2,1.

P. Schmidt 156

0562 **Acidität wäßriger Lösungen von Osminiumtetroxid, OsO_4. Bestimmung der Konstanten der verschiedenen Säure–Basen-Paare.** Jean-Claude Bavay, Guy Nowogrocki und Gabriel Tridot. (Bull. Soc. chim. France **1967,** 6, 2036—30; Lille, Fac. des Sci., Labor. de chim. Min. Appl.; franz.) — Untersucht wurden die UV-Absorptionsspektren von Lsg. von OsO_4 + CCl_4 in W. als Funktion des pH-Wertes der Lösung. Die Form u. der Verlauf der Kurven ändert sich nur wenig für pH ≦ 10 sowie für pH > 13. Bei pH > 13 zeigt die Kurve 2 Max., das eine bei 260 nm, das andere bei 325 nm. Das bei 260 nm liegende Max. verschiebt sich etwas nach längeren Wellenlängen bei zunehmender Basizität. Bei pH < 13 bis pH nahe 10 verschwindet das Max. bei 325 nm allmählich, das bei 260 nm wird schwächer unter gleichzeitiger Verschiebung nach 247 nm, nimmt dann von Neuem zu. Bei pH ≦ 10 tritt ein Absorptionsmax. bei 247 nm u. eine breite Absorptiosnbande bei etwa 240 nm auf. Trägt man die opt. Dichte als Funktion des pH-Wertes bei 325 nm auf, so lassen sich 4 saure Formen als Funktion des pH-Werts erkennen: H_4OsO_6, $H_3OsO_6^-$, $H_2OsO_6^{2-}$ u. $HOsO_6^{3-}$. Die 4 Aciditätskonst. sind in der obigen Reihenfolge K_1 = 6,3 · 10^{-8}, K_2 = 6,3 · 10^{-13}; K_3 = 1,1 · 10^{-14} u. K_4 = 2 · 10^{-15}.

C. Gottfried 156△

A-5. Elektrochemie

0563 **Aufladung von Wasser.** Bruno Lavagnino und Anna Maria Rietto. (Ricerca sci. **38** (1968) 1, 17—23; ital.) — Vf. untersuchen die Aufladung von dest. W., Elektrolytlsg. (*HCl, H_2SO_4, KOH, NaOH, NaCl, Na_2SO_4*) u. Gemischen (**I**) aus W. u. Glycerin (20%) in Abhängigkeit von der Geschw. (0—200 cm^3/s) eines durch die Lsg. strömenden Gases (Luft, O_2, N_2, CO_2). Für **I** ergab sich eine maximale Aufladung von 10 V. Bei Anwendung von CO_2 wird eine geringere Aufladung als bei den anderen Gasen beobachtet.

G. Anders 161

0564 **Physikalisch-chemische Untersuchungen von KOH–ZnO-Elektrolyten.** W. H. Dyson, L. A. Schreier, W. P. Sholette und A. J. Salkind. (J. electrochem. Soc. **115** (1968) 6, 566—69; E.S.B. Inc. Res. Center, Yardley, Pa.; engl.) — Physikal.-chem. Unters. des Elektrolytsyst. KOH–ZnO im Bereich von 30—46%ig. wss. KOH werden beschrieben. Dampfdrucke wurden in Bombenrohren bei 100—145° bestimmt. Im Othmer-Diagramm [log P = f (log P′)] ergeben sich Geraden [P u. P′ Dampfdruck der Lsg. bzw. des Lsgm. (H_2O)]. Elektrische Leitfähigkeiten wurden in dem Elektrolytsyst. bei 10°, 25° u. 55° für ZnO-Geh. zwischen 0 u. 9% gemessen. Löslichkeiten von ZnO im Bereich von 10—145° wurden durch Analyse der mit ZnO gesätt. KOH-Lsg. in einem speziellen Löslichkeitsapp. gemessen.

D. Bretzinger 162

0565 **Bestimmung der Wasseraktivität in schwefelsauren Zinksulfatlösungen.** Z. Horváth und J. Wéber. (Nehézipari Müszaki Egyetem idegennyelvü Közleményei Kohászat, Gépészet [Mitt. Techn. Univ. Schwerind., Hüttenwes., Maschinenbau 27 (1967) —, 11—19; engl.) — Bei 25, 35, 45 u. 55° wird der W.-Dampfdruck mittels eines Isoteniskop-Verf. über Lsg. gemessen, die 0—175 g Zn^{2+} u. 0—250 g H_2SO_4 im Liter enthalten. Daraus wird die Aktivität a des W. berechnet. a ist annähernd temperaturunabhängig u. steigt mit fallender Zn^{2+}- u. H_2SO_4-Konzentration. H. Tulhoff 162

0566 **Ionische Salzschmelzen.** C. P. Ellis. (South African chem. Processing 1 (1966/67) 5, CP 120—124; Dep. of Chem., Univ. of Natal, Pietermaritzburg; engl.) — Elektr. u. therm. Leitfähigkeit, Viskosität u. Diffusionsverh. von Salzen wie z. B. Chloriden, Sulfaten u. Nitraten von Alkali- u. Erdalkalimetallen, deren Bestandteile in Schmelzen als Ionen vorliegen, werden diskutiert. Die gegenseitige Löslichkeit solcher geschmolzenen Salze, die von Oxiden u. Metallen darin sowie Säure-Basen-Redox-Rk. werden erörtert. A. Voigt 162

0567 **Methode zur kontinuierlichen Messung von Konzentrationsänderungen in Elektrolytlösungen.** Henryk Błasiński und Janusz Boss. (Zeszyty naukowe Politechn. Łódzkiej. Chem. **1967,** 18, 111—18; Kat. Aparat. Przemysłu Chem., Politechn., Łódź; pol.) — Die Meth. beruht auf der Messung der Leitfähigkeit; als Beispiel dient Benzoesäure. Die Vers.-Anordnung u. die theoret. Grundlagen werden erläutert. Rolf Heyer 164

0568 **Ionentransport in geschmolzenen Alkalimetallbromiden.** O. P. Mehta, F. Lantelme und M. Chemla. (Rev. int. hautes Températ. Réfractaires 4 (1967) 1, 21 bis 27; Fac. des Sci., Orsay; franz.) — Es wurde die Überführungszahl für die Salzmischung KBr–LiBr u. für NaBr in dieser Mischung bei 740, 550, 450, 400, 355° durch Analyse u. mit den Indikatoren ^{42}K, ^{22}Na, ^{6}Li als Funktion des Molenbruches von LiBr untersucht, ferner die Beweglichkeit (u) von Li^+ u. K^+, die Abhängigkeit des Verhältnisses u_{Li}/u_K für das Eutektikum von der Temp. u. der krit. Zus. ($u_{Li} = u_K$). Das Ergebnis wird bez. u_{Li}/u_K mit dem Syst. $LiNO_3/KNO_3$ u. LiCl-KCl verglichen u. dahingehend interpretiert, daß nicht allein die Ionen, sondern auch die Gruppen (LiBr)°, (KBr)°, $(Li_2Br)^+$, $(LiKBr)^+$ u. a. am Stromtransport beteiligt sind. G. Schatz 164

0569 **Anwendung der Fuoss-Onsager-Theorie auf Leitfähigkeitsdaten für Natrium- und Kaliumjodidlösungen in verschiedenen Lösungsmitteln.** George J. Janz und Malcolm J. Tait. (Canad. J. Chem. **45** (1967) 10, 1101 bis 1108; Dep. of Chem., Rensselaer Polytechnic Inst., Troy, N.Y.; engl.) — Die 1957 von Fuoss u. Onsager abgeleitete Leitfähigkeitsgleichung wird mit Meßwerten für Lsg. von NaJ bzw. KJ in einkomponentigen Lsgm. (*H_2O, DMSO, Dimethylacetamid, Äthanolamin, DMF, CH_3CN, C_6H_5CN, NH_3, Aceton, Propanol, Methyläthylketon, Acetophenon, SO_2, Äthyldiamin* u. *Py.*) verglichen. Die DK der Lsgm. liegt zwischen 78 (H_2O) u. 12 (Py.). Für Lsgm. hoher DK tritt keine Ionenassoziation auf u. der a-Parameter (Kontaktabstand der Ionenzentren) kann eindeutig aus dem Vgl. der Theorie mit den Meßdaten ermittelt werden. Die ber. a-Parameter werden diskutiert u. mit der Summe der kristallograph. Radien der Ionen verglichen. Für Lsgm. mit größerer DK ist a ≈ **4,55 ± 0,25 Å** für NaJ u. a ≈ **4,45 ± 0,42 Å** für KJ. Für Lsgm. geringer DK ergeben sich beträchtliche Variationen des a-Parameters. Im Bereich starker Ionenassoziation verwenden die Verf. die Leitfähigkeitsgleichung als Best.-Gleichung für die Assoziationskonst. K_a u. geben für den a-Parameter den festen Wert a = 4,5 Å vor. Die Abhängigkeit von K_a von der DK des Lsgm. wird diskutiert u. mit der Fuoss-Theorie verglichen. W. Ebeling 164

0570 **Verhalten der Glaselektrode in flüssigen Ammoniak-Lösungen unter Druck.** B. Csákvári, K. Torkos und P. Gömöry. (Ann. Univ. Sci. Budapestinensis Rolando Eötvös nominatae, Sect. Chim. **9** (1967) 115—17; Dep. of Gen. and Inorg. Chem., L. Eötvos Univ., Budapest; engl.) — EMK-Best. an der Kette Pb/0,1 n $Pb(NO_3)_2$, 0,1 n NH_4NO_3/Glasmembran/KNH_2 (ca. 0,001 n), 0,1 n $Pb(NO_3)_2$/Pb, Lsgm. fl. NH_3 bei 10° unter Druck u. Verw. einer Glaselektrode (A, 150—200 · 10^6 Ω) bestätigen, daß das Potential (E) von A durch die Aktivität von NH_4^+ im fl. NH_3 bestimmt wird. Das asym. E von A in fl. NH_3 ist ebenso niedrig, wie in wss. Lösungen. G. Schatz 166

0571 **Pyrit- und Markasitelektroden.** David L. Pringle und Harvey Diehl. (Proc. Iowa Acad. Sci. **72** (1967), 161—68; Ames, Ia., Ia. State Univ.; engl.) — Die Empfindlichkeit von Pyrit- u. Markasitelektroden auf H^+-, Fe^{2+}, Fe^{3+} u. S^{2-}-Ionen wurde durch potentiometr. Messungen mit der einer Pt-Elektrode verglichen. In sauren Lsg. zeigten die FeS_2-Elektroden die gleiche pH-Abhängigkeit wie die Pt-Elektrode mit dem Unterschied, daß sich in stark ox. Lsg. u. bei langzeitiger Einw. von Lsg. auch unter nichtox. Bedingungen infolge Auflsg. das FeS_2-Potential verschiebt. Die FeS_2-Elektroden sind als Indikatoren bei Neutralisations- u. Redoxtitrationen [z. B. Fe^{2+}-Titration mit $Ce(SO_4)_2$] geeignet. Mit einem Pyrit-Pt-Elektrodenpaar wurden differentielle Titrationskurven erhalten, was dem Verh. eines Elektrodenpaares mit einer angreifbaren Elektrode entspricht. Alle drei Elektrodentypen reagierten gleichartig auf Änderungen der S^{2-}-Konzentration. Aus der Neigung der Geraden Potential-log der S^{2-}-Konz. von 120 mV pro zehnfacher Konz.-Erhöhung wurde auf eine Einelektron-Rk. geschlossen u. $S_2^{3-} + e \rightarrow 2\,S^{2-}$ als Elektrodenrk. angesehen. C. Herold 166

0572 **Einfluß der Oberflächenrauhigkeit auf die elektrolytische Abscheidung von Kupfer im Grenzstrombereich.** R. Piontelli, B. Mazza, P. Pedeferri, und N. Ibl. (J. electrochem. Soc. **114** (1967) 12, 1267—69; Milan Polytechn.; engl.) — Diskussion u. Antwort zu C. **1967,** 37-0629. G. Anders 168

0573 **Einfluß des Magnetfeldes auf die Intensität der Massenübertragung in elektrochemischen Reaktionssystemen.** É. Ja. Blum, S. I. Lisovskaja und P. B. Kulis. (Izvest. Akad. Nauk Latv. SSR, Ser. fiz. techn. Nauk **1967,** 6, 54—62; Fiz.-ènerget. inst. AN Latv. SSR; russ., Auszug: engl.) — Es wird die Ionenwanderung bei Diffusion in Elektrolyten bei Ablauf elektrochem. Rk. an den Grenzen untersucht. Infolge der Wechselwrkg. von Ionenstrom u. transversal verlaufendem Magnetfeld entwickeln die an die Elektroden angrenzenden Schichten einen Konvektionsstrom, der die Intensität der Massenübertragung an die Wände erhöht. I. Zoll 170

0574 **Probleme der elektrolytischen Abscheidung.** B. Behr, W. Kemula und J. Taraszewska. (J. electrochem. Soc. **114** (1967) 12, 1263—64; engl.) — Thermodynam. u. polarograph. Unters. zu Harrison et al. (C. **1967,** 26-0581). Die Induktionszeit entspricht einem Teilschritt der Kristallisation, bei der Kalomel polymol. die Hg-Oberfläche bedeckt. — Bei der anod. Ox. von Hg herrscht zwischen löslichen Hg-Verb. u. der Hg-Elektrode ein Gleichgew.; $HgCl_4^{2-}$ ist nicht das Prim.-Prod. der Reaktion. G. Anders 170

0575 **Kriechen der Lösung oder dielektrische Relaxation?** R. de Levie. (J. chem. Physics **47** (1967) 7, 2509—10; Chem. Dep., Georgetown Univ., Washington, D.C.; engl.) — Vf. meint, daß bei den Experimenten von Bockris et al. (C. **1967,** 13-0640) durchaus ein Kriechen der Lsg. in die Kapillare auftreten kann, da die verwandte Kapillare in keiner Weise hydrophob gemacht worden ist. Auch der angegebene Wert von $-\partial \ln R_p/\partial \ln \omega$ spricht, wie die Modelltheorien von Grantham u. Leikis et al. u. von Barker u. de Levie zeigen, für ein Eindringen der Lsg. in die Kapillare. W. Pusch 170△

0576 **Kriechen der Lösung oder dielektrische Relaxation?** J. O'M. Bockris, E. Gileadi und K. Müller. (J. chem. Physics **47** (1967) 7, 2510—11; Electrochem. Labor., Univ. of Pa., Philadelphia, Pa.; engl.) — Vgl. vorst. Referat. — Auf die Ausführungen von de Levie erwidern Vf., daß ein W.-Film in der von ihnen verwandten Kapillare ~ 0,4 μ dick sein müßte, wenn die beobachteten Effekte mit einem Modell für das Kriechen von Lsg. er-

klärt werden sollen. Diese Dicke wäre unwahrscheinlich groß. — Die Kapillaren wurden nicht mit Silikon präpariert, da dies auf Grund der Messungen von Grantham u. Barker zu unerwünschten Nebeneffekten führen würde. — Abschließend weisen Vf. nochmals darauf hin, daß sich die von ihnen beobachteten Effekte zwanglos durch dielektr. Relaxationseffekte deuten lassen.
W. Pusch 170△

0577 **Ionisation von Metallen an einer rotierenden Scheibenelektrode mit Ring.** L. Kiss, A. Körösi und J. Farkas. (Ann. Univ. Sci. Budapestinensis Rolando Eötvös nominatae, Sect. Chim. **9** (1967) 3—12; Phys.-chem. Inst., Eötvös Lorand Univ., Budapest; dt.) — Die rotierende Scheibenelektrode (A) mit Ring [nach A. N. Frumkin u. L. N. Nekrasow (1959)] erlaubt es, den Mechanismus der in mehreren Schritten sich abspielenden Anodenvorgänge zu untersuchen. Wenn sich der Anodenvorgang in aufeinanderfolgenden Einelektronenschritten abspielt u. die Abspaltung des ersten Elektrons schneller als die der nachfolgenden verläuft, können die Zwischenprod. (B), die sich bei der Auflsg. durch anod. Ox. von A bilden, das Potential der Ringelektrode (C) in negativer Richtung verschieben, B kann aus den Strom-Spannungskurven für A u. C bestimmt werden. Als prakt. Beispiel diente die Auflsg. von *In* (99,93%ig., $In–In^{+}–In?–In^{3+}$) in 0,5 n $HClO_4$ + 0,5 n $NaClO_4$.
G. Schatz 170

0578 **Diffusionsbegrenzter Fluß an der Oberfläche einer rotierenden Ringelektrode im Bereich turbulenter Strömung.** Michel Daguenet, Israël Epelboin und Jacqueline Vanhaecht. (C. R. hebd. Séances Acad. Sci., Sér. A et B **265** (1967) 11, A 319—22; Phys. des Liquides et Electrochim., Fac. des Sci., Paris; franz.) — Es wurde der Red.-Grenzstrom von *Jod* an einer *Pt*-Elektrode in 0,1 n *KJ*-Lsg. gemessen u. die Theorie von Levitch im Bereich laminarer Strömung bestätigt u. außerdem ein Ausdruck für den Diffusionsgrenzstrom im Bereich turbulenter Strömung aufgestellt. Es wird der Wert einer für den Stofftransport bei turbulenter Strömung charakterist. Konst. bestimmt. G. Ertl 170

0579 **Untersuchung von Kohlenwasserstoff-Brennstoffelement-Anoden mit der potentiodynamischen Multipuls-Methode. 3. Mitt. Verhalten von gesättigten Kohlenwasserstoffen an leitenden porösen Teflon-Elektroden mit Phosphorsäure als Elektrolyt.** J. A. Shropshire, L. W. Niedrach und M. Tochner. (J. electrochem. Soc. **114** (1967) 12, 1265; Esso Res. and Engng. Co., Linden, N.J.; engl.) — Kritik u. Anwort zu C. **1968**, 4-0505.
G. Anders 170

0580 **Einfluß von stark absorbierbaren oberflächenaktiven Stoffen auf den anodischen Strom von Cadmium und Zink an der tropfenden Amalgamelektrode.** J. Kůta und I. Smoler. (Collect. czechoslov. chem. Commun. **32** (1967) 8, 2691—2706; J. Heyrovský-Inst. of Polarographie Czechosl. Acad. of Sci., Prague; engl.) — Der anod. Strom bei der Auflösung von Zn- u. Cd-Amalgam in HCl, H_2SO_4 u. $HClO_4$ wurde mittels i-t-Kurven untersucht. Weiterhin wurden Größe u. Richtung des Diffusionsstromes mit der Theorie verglichen. Der Inhibitionseinfluß oberflächenakt. Stoffe [Triton x-45 (A), Tribenzylammonium (B)- u. Tetrabutylammoniumkation (C)] auf den durchschnittlichen u. bes. auf den Momentwert des Stromes bei der anod. Auflösung wird bestimmt. Beim Auflösen von Cd- u. Zn-Amalgam in H_2SO_4, HCl u. $HClO_4$ fällt der Momentwert des Stroms bei allen Potentialen in Ggw. der meisten Inhibitoren mit den i-t-Kurven der elektroakt. Teilchen ohne Inhibitor bis zum Moment der Bedeckung zusammen, bei der ein starker Stromabfall auftritt. Das stimmt mit der Theorie der i-t-Kurven für schnelle Elektrodenrk. überein. Bei Ggw. von A in 0,2 m H_2SO_4, 0,2 m HCl u. 0,1 m $HClO_4$ wird die anod. Stufe der Cd-Auflsg. zu positiveren Potentialen verschoben. Der Einfl. von B u. C auf die Verschiebung der anod. Stufe ist kleiner. Irreversible Prozesse wurden in 1 n NH_3–1 n NH_4Cl-Lsg. untersucht, in der die Elektrodenwrk. von Zn irreversibel ist. Die Ergebnisse erweitern die Gültigkeit der theoret. Beziehungen auch auf anod. Prozesse. Der Vgl. mit den entsprechenden kathod. Prozessen zeigt einen spiegelbildlichen Zusammenhang der Ergebnisse mit der kathod. Reduktion. Alle Einfl., die bei kathod. Prozessen eine wichtige Rolle spielen (z. B. Einfl. auf ψ_1-Potential) sind auch bei der anod. Auflsg. von Amalgamen wichtig. U. Rammelt 170

0581 **Kathodische Polarisation der Germaniumelektrode in verdünnten sauren Lösungen.** D. Singh und A. N. Gupta. (Indian J. Chem. **5** (1967) 8, 383—85; Varanasi, Banaras Hindu Univ., Dep. of Chem.; engl.) — Vf. berichten über kathod. Polarisationsmessungen an p- u. n-Ge-Elektroden in verd. *HCl*- u. *HBr*-Lösungen, die gleichzeitig *LiCl* oder *LiBr* enthalten. Allg. nimmt die Überspannung mit wachsendem pH-Wert u. abnehmender Neutralsalzkonz. zu. Beträchtliche Abweichungen von der Tafelgeraden wurden bei niedrigen Stromdichten (etwa unter 70 $\mu A/cm^2$) gemessen. W. Lohse 170

0582 **Ellipsometrisch-potentiostatische Untersuchung der Passivität von Eisen.** 1. Mitt. **Anodisches Filmwachstum im schwach basischen Lösungen.** H. H. Uhlig, J. Kruger und J. Calvert. (J. electrochem. Soc. **114** (1967) 12, 1265—67; Dep. of Metallurg., MIT, Cambridge, Mass.; engl.) — Diskussion u. Antwort zu C. **1967, 37-0625.**
G. Anders 170

0583 **Elektronenbeugungsuntersuchung von auf Eisen gebildeten aktiven, passiven und transpassiven Oxidfilmen.** C. L. Foley, J. Kruger und C. J. Bechtoldt. (J. electrochem. Soc. **114** (1967) 10, 994—1001; NBS, Washington, D.C.; engl.) — 0,005 cm dicke Fe-Folien wurden 1 h bei 1000° unter H_2-Atmosphäre angelassen, nach der Bollman-Meth. in einem Elektrolyten aus 1 Teil 70% Perchlorsäure u. 20 Teilen Eisessig dünnpoliert, 1 Min. kathod. red. u. dann 2 h lang bei dem jeweiligen Vers.-Potential in drei verschiedenen Lsg. gehalten. 1. in 0,1 n NaOH mit pH 11,4, 2. in einer Mischung aus 0,15 n $Na_2B_4O_7 \cdot 10\ H_2O$ u. 0,15 n H_3BO_3 mit pH 8,5, 3. in 1 n H_2SO_4 mit pH 1,1. Passive, akt. u. transpassive Bereiche der Polarisationskurve wurden für jede Lsg. untersucht. Für die Durchstrahlungselektronenbeugung wurden die Oxidfilme vom Substrat abgezogen. Bei dieser Meth. erhält man auch die schwächeren Oxidreflexionen. Bei der Reflexionselektronenbeugung bleibt der Oxidfilm auf dem Substrat, man vermeidet so eine Beschädigung oder Veränderung. Mit der Feinbereichsbeugung konnten die {100}-, {110}-, {111}-, {210}- u. {211}-Ebenen untersucht u. die epitaxiale Beziehung von Oxidfilm zu Eisensubstrat bestimmt werden. γ-Fe_2O_3 ist in allen passiven Filmen unabhängig vom pH-Wert oder der Orientierung des Eisensubstrates vorhanden. Die im vor- oder transpassiven Bereich der Polarisationskurve gebildeten Filme enthalten das Fe_3O_4-Spinell u. kein γ-Fe_2O_3. Die epitaxiale Beziehung zwischen Spinellfilm u. Substrat sind für die untersuchten Orientierungen in beiden Fällen gleich. Nur die {110}-Ebene bildet eine Ausnahme.
R. Zimmer 170

0584 **Anodische Auflösung der Silbereinkristallflächen (111), (100) und (110) sowie von polykristallinem Silber in einem Silbercyanid-Bad.** T. H. V. Setty. (Indian J. Chem. **5** (1967) 1, 5—7; Dep. of Chem., Central Coll., Bangalore; engl.) — Vf. untersuchte die Auflösung von Ag-Einkrist. u. -Polykristallen in einem weiten anod. Potentialbereich in einem Elektrolyten der Zus. 35 (g/l) AgCN, 30 KCN u. 38 K_2CO_3 mit u. ohne Zusatz von CS_2. Es konnte gezeigt werden, daß die Filmbildung wesentlich ist bei der Elektropolierung von Ag. Weiterhin wurde festgestellt, daß das Anodenpotential u. nicht die Stromdichte wesentlich für das Elektropolieren von Ag ist, u. daß ein Zusatz von CS_2 zum Bad keinen Einfl. hat. D. König 170

0585 **Oberflächenänderungen an einer glatten Pt-Elektrode.** T. Biegler. (J. electrochem. Soc. **114** (1967) 12, 1261—62; Div. of Min. Chem., CSIRO, Port Melbourne, Victoria, Australia; engl.) — Es werden Beobachtungen dargelegt, von denen Vf. annimmt, daß es sich um eine wahre Erhöhung der Oberfläche einer Pt-Elektrode handelt u. nicht nur um eine verbesserte Sauberkeit des Pt. Zur Best. der Oberfläche wurde die Wasserstoffbelegung Q_H^S gemessen, wie sie sich aus anod. u. kathod. i-ε-Kurven mit schnellem linearem Potentialvorschub ergibt. Elektrolyt ist 1 m H_2SO_4. Q_HS erhöht sich von 10,7 auf 19,4 μ Coul, nachdem an der Elektrode mehrfach

CH_3OH adsorbiert u. wieder anod. entfernt wurde. Gleichzeitig ändert sich das Verhältnis der Peakhöhen im anod. Oszillogramm für die H_2-Adsorption. Die Erscheinungen sollen auf eine unterschiedliche Ausbldg. der [100]-, [111]- u. [110]-Krist.-Flächen des Pt infolge von elektrochem. Rk. zurückzuführen sein. J. J. Heinrich 170

0586 **Chronopotentiometrische Untersuchung des anodischen Verhaltens von Platin.** L. Kiss und M. L. Varsányi. (Ann. Univ. Sci. Budapestinensis Rolando Eötvös nominatae, Sect. Chim. 9 (1967) 13–23; Inst. of Phys. Chem. Eötvös Loránd Univ., Budapest; engl.) — Vf. untersuchten die Kinetik der Oxidbldg. bzw. der O_2-Adsorption an anod. polarisiertem Pt. Es besteht eine lineare Beziehung zwischen $1/Q_k$ u. log Q_a [Q_k = zur kathod. Red. des an Pt gebundenen O_2 erforderliche Strommenge (C), Q_a = zur anod. Polarisation verwendete C]. Die Steigung der Geraden ist zur Pt-Oberfläche (Verw. von blankem u. platiniertem Pt) umgekehrt proportional. $1/Q_k$ als Funktion von log t_a (t_a = Einw.-Dauer des anodisierenden Stromes ergibt für i_a als Parameter (0,3–5 mA i_k = konst.) eine Schar paralleler Geraden. G. Schatz 170

0587 **Untersuchung der Oxydationsgeschwindigkeit des Kohlenmonoxids an drei dispersen Elektrodensystemen.** Kathleen D. N. Brummer. (J. Catalysis 9 (1967) 3, 207–16; Gen. Electric Co., Direct Energy Convers. Operat. West Lynn, Mass.; engl.) — Die Ox.-Rk. des CO wurde an drei verschiedenen Elektroden (Pt/Pt, Pt/TaC u. Au/TaC) untersucht. In jedem Syst. war das erstgenannte Metall als feste Elektrode ausgebildet u. das zweite Material eine in einem Elektrolyten dispergierte Pulverelektrode. Die zwei reagierenden Stoffe bei der Ox., CO u. H_2O, wurden getrennt adsorbiert entweder an der festen oder an der Pulver-Elektrode, wodurch ihre relativen Konz. vorgegeben werden konnten. Die stationären Ox.-Geschw. wurden dadurch erhöht. Die Wirksamkeit der Katalysatoren nahm in der Reihenfolge Au/TaC > Pt/Pt > Pt/TaC ab. G. Malow 170

0588 **Anodische Oxydation von Kohlenmoxid an Platin in Schwefelsäure und Phosphorsäure.** H. Binder, A. Köhling und G. Sandstede. (Advanced Energy Convers. 7 (1967) 2, 77–90; Batelle-Inst. e.V., Frankfurt/Main; dt.) — Die Polarisation einer Raney-Pt-Elektrode in H_3PO_4 bei der anod. Ox. von CO ist selbst bei 150° größer als in verd. H_2SO_4 bei 90°. In beiden Säuren findet am Pt-Katalysator die chem. Konvertierung von CO mit W. unter Bldg. von CO_2 u. H_2 statt. In verd. H_2SO_4 kann diese Rk. durch partielle Bedeckung der Pt-Oberfläche mit S stark beschleunigt werden. An einer solchen Elektrode stellt sich in 3 n H_2SO_4 bei 90° u. einer Stromdichte von 200 mA/cm² eine Bezugsspannung von 250 mV gegen H_2 ein. Die H_2-Ox. wird von der S-Bedeckung nicht beeinträchtigt. CO u. H_2 werden gleichzeitig umgesetzt. Die Konvertierung von CO läuft noch in Ggw. der zehnfachen Menge H_2 oder CO_2 ab. Die S-Bedeckung ist bis zu einer Bezugsspannung von 600 mV beständig; bei größerer Polarisation der Elektrode wird sie zu SO_2 oxydiert. M. Frenzel 170

0589 **Elektrochemische Oxydation von Ameisensäure am Platinkatalysator mit und ohne Schwefelsorbat in alkalischem und saurem Elektrolyten.** H. Binder, A. Köhling und G. Sandstede. (Advanced Energy Convers. 7 (1967) 3, 121–36; dt.) — Vgl. vorst. Referat. — Die Polarisation einer Pt-Elektrode bei der anod. Ox. von HCOOH (I) zu CO_2 ist in saurem Elektrolyten stärker als im alkal., in dem CO_3^{2-} gebildet wird. Nach Zugabe von I ist die Stromdichte i in saurem Elektrolyten zu Beginn sehr hoch, geht dann aber auf einen niedrigeren Gleichgew.-Wert zurück. Diese Inhibition ist auf die Blockierung der Pt-Oberfläche durch die Sorption von I oder ein Folgeprod. zurückzuführen. Durch partielle Bedeckung der Pt-Oberfläche mit einem S-Sorbat wird die Inhibition beseitigt. An Raney-Pt erhält man in 3 n H_2SO_4 bei einer Bezugsspannung von 250 mV u. 30° ca. 200 mA/cm². Bei 90° steigt i sogar auf einen stationären Wert von ca. 2 A/cm². Die starke Beschleunigung der I-Ox. durch das S-Sorbat ist mit einer Erniedrigung der Aktivierungsenergie um ca. 8 kcal/Mol verbunden. Das Max. der Rk.-Geschw. liegt dann vor, wenn ca. ein Drittel der Pt-Oberfläche mit einer monoatomaren S-Schicht bedeckt ist. Die S-Sorptionsschicht kann auf alle Pt-Katalysatoren (z. B. Pt-Schwarz) leicht aufgebracht werden (durch Behandlung mit H_2S). Sie ist in 3 n H_2SO_4 bei 70° bis zu einer Bezugsspannung von ca. 650 mV beständig; erst bei höherer Bezugsspannung beginnt die Ox. zu SO_2. Das S-Sorbat ist auch in KOH beständig, beschleunigt aber bei diesem Elektrolyten die I-Ox. nicht. Der Mechanismus der anod. Ox. von I in alkal. u. saurem Elektrolyten wird an Hand von period. potentiodynam. Stromspannungskurven diskutiert. M. Frenzel 170

0590 **Einfluß der Natur des Anodenmetalls auf die Kinetik der anodischen Bildung von Peroxoverbindungen und auf ihre katalytische Zersetzung in gemischten Lösungen von Kaliumcarbonat und Kaliumpentaborat.** N. E. Chomutov und N. T. Skljarenko. (Ž. fiz. Chim. 41 (1967) 8, 2096–100; Chim.-technol. inst. im. D. I. Mendeleeva, Moskva; russ.) — Die Kinetik der genannten Anodenprozesse wurde an *Pd, Pt, Ir, Rh, Co, Ni, Cu, Au* u. *Ag* bei 18–50° untersucht. Bestimmt wurden bes. die Stromausb. bei 18° u. die Kinetik der heterogen-katalyt. Zers. der gebildeten Peroxide bei 18 u. 30°. Die Polarisationsmessungen wurden nach der galvanostat. Meth. an unbewegten u. rotierenden Scheibenelektroden durchgeführt. Die zu untersuchende Lsg. wurde durch Elektrolyse einer 5 m K_2CO_3/0,07 m KB_5O_8-Lsg. an einer Pt-Anode bei 200 mA/cm² u. 18° erhalten. Die Abhängigkeit der Konz. an peroxid. Sauerstoff von der Elektrolysedauer entspricht im untersuchten Konz.-Bereich ($2 \cdot 10^{-1}$ bis 10^{-3} Val/l) der kinet. Gleichung einer Rk. 2. Ordnung. Das Elektrodenpotential hängt vom Material ab u. wird durch Stromdichte u. Temp. stark beeinflußt. Für Metalle der 5. u. 6. Periode (Rh, Pd, Ag bzw. Ir, Pt, Au) nimmt die Polarisation mit der Ordnungszahl des Metalls zu. In der Reihenfolge Pt, Ir, Rh, Pd, Ag, Ni, Au, Co, Cu nimmt die Stromausb. der Peroxidbldg. ab, die Geschw.-Konst. der katalyt. Zers. der Peroxoverb. zu. A. Blaschette 170

0591 **Grenzstrom, Diffusionskoeffizienten und Aktivierungsenergie der Sauerstoffdiffusion in luftgesättigtem 0,1 m H_2SO_4 bei 5–75°.** Zdzisław Zembura und Henryk Kolny. (Roczniki Chem. [Ann. Soc. chim. Polonorum] 41 (1967) 9, 1629–32; Dep. of Phys. Chem. and Electrochem., School of Mining and Metallurg, Krakow; engl.) — Der Grenzstrom der kathod. Zweielektronenred. von Sauerstoff in luftgesätt. 0,1 m H_2SO_4 wurde bei 5, 15, 25, 40, 50 u. 60 ± 0,1° bestimmt. Die kinemat. Viskosität der Lsg. ist bei allen Temp. nahezu gleich der von Wasser. Die auf Grund der erhaltenen Daten bestimmten Diffusionskoeff. sind tabelliert, die Aktivierungsenergie der Sauerstoffdiffusion ist von der Temp. abhängig. Sie beträgt bei 15–25° im Mittel 6,1 kcal/Mol, bei 50–75° 2,4 kcal/Mol. J. J. Pohl 172

0592 **Einfluß verschiedener oberflächenaktiver Stoffe auf das polarographische Maximum von Selen(IV) in Gegenwart mehrer Elektrolyte.** Sudarshan Lal und S. N. Srivastava. (J. Indian chem. Soc. 44 (1967) 12, 1019 bis 1026; Agra Coll., Agra, India; engl.) — Bei Verw. des Grundelektrolyten (G) $BaCl_2 \cdot 2H_2O$ + $Ca(HCOO)_2$ bildet Se(IV) bei −0,76 V (SCE) ein scharfes (negatives) Maximum. Zur Unterdrückung des Max. wurden negativ u. positiv geladene u. neutrale oberflächenakt. Substanzen (SAS) für die Ionenstärke (μ) 0,30 u. 0,50 untersucht. Bez. ihrer Wirksamkeit ergab sich nachst. Reihenfolge: neutrale Substanzen (Gelatine, Triton X-100, Campher) > kation Verb. (Laurylpyridiniumchlorid, Cetylpyridiniumchlorid, Methylenblau) > anion. Substanzen (Pepsin). In Ggw. der SAS wurden die Elektrokapillarkurven bestimmt. Als G wurde ferner untersucht $AlCl_3$ + verschiedene Elektrolyte: $Ca(HCOO)_2$, $Na(CH_3COO)$, $K(C_2O_4)$, NaK-Tartrat in Ggw. von Gelatine bei μ = 0,5. Vf. diskutieren einen Mechanismus der Max.-Dämpfung auf der Grundlage der Drei-Schichten-Theorie der Elektrodenoberfläche. G. Schatz 172

0593 **Kinetik der Reduktion von Zn-Ionen an einer Quecksilberelektrode in Lösungen mit niedriger Wasseraktivität.** Barbara Behr und Jan Małyszko. (Roczniki

Chem. [Ann. Soc. chim. Polonorum] **41** (1967) 9, 1589 bis 1598; Labor. of Phys.-Chem. analyt. Meth. Inst. of Phys. Chem., Polish Acad. of Sci., Warszawa; engl.) — Die Kinetik der Red. von Zn-Ionen (10^{-3} m $ZnSO_4$) an einer Hg-Elektrode in 1—3 m $Mg(ClO_4)_2$- u. 1—4,5 m $Ca(ClO_4)_2$-Lsg. wurde durch Impedanz-Messungen verfolgt. Die polarograph. Daten zeigen, daß die Standard-Geschw.-Konst. der Red. von Zn^{2+} mit wachsender Elektrolytkonz. stark wächst, wobei ein Einfl. der Art des Elektrolytkations sichtbar ist. Die Dichte der Lsg. wurde bei 25 ± 0,05° bestimmt, die mol. W.-Aktivitäten wurden berechnet. Die Abhängigkeit der Standard-Geschw.-Konst. der Red. von Zn^{2+} von der W.-Aktivität in den Lsg. zeigt im doppelt logarithm. Diagramm eine lineare Geschw.-Abnahme mit sinkender Aktivität bis 0,3. Bei weiterer Aktivitätsabnahme wird die Geschw.-Konst. in $Ca(ClO_4)_2$-Lsg. nahezu konstant. Ein möglicher Red.-Mechanismus in 1—3 m $Ca(ClO_4)_2$ ist: $Zn(H_2O)_{12}^{2+} \rightleftharpoons [Zn(H_2O)_8]^{2+} + 4H_2O$ u. $[Zn(H_2O)_8]^{2+} + 2e^- \rightleftharpoons Zn(Hg) + 8H_2O$. J. J. Pohl 172

0594 **Polarographische Untersuchung der Komplexbildung zwischen Zink und Thiosalicylsäure.** C. Mukerji, B. C. Nair und H. L. Nigam. (Indian J. Chem. **5** (1967) 3, 120; Dep. of Chem., Univ. of Allahabad; engl.) — Zn^{2+}-Ionen bilden mit Thiosalicylsäure (TSS) in einem NH_3-Puffer (pH 9; W.:A. = 1:1) einen 1:1-Komplex. Die irreversible polarograph. Red. ergibt zwei Red.-Stufen. Bei Erhöhung der TSS-Konz. nehmen die Halbstufenpotentiale negativere Werte an. K_f^0 beträgt für den Komplex $1{,}599 \cdot 10^{-22}$ Mol/l · s. K.-J. Zwietasch 172

0595 **Anwendung von Frumkin-Doppelschichtkorrekturen auf heterogene, durch Wechselstrompolarographie berechnete Geschwindigkeitskonstanten für Cd(II).** J. D. McLean und Andrew Timnick. (Analyt. Chem. **39** (1967) 13, 1669—71; Dep. of Chem., Mich. State Univ., East Lansing, Mich.; engl.) — Theoret. Behandlung der Korrektur der Geschw.-Konst. der Elektrodenrk. für wss. *Cd^{2+}*-Lsg. in *Sulfat-*, *Nitrat-*, *Perchlorat-* u. *Chlorid-*Medien. Die unkorr., experimentellen Werte stammen von Frischmann u. Timnick (ibid. **39** (1967) 507). R. Blank 172

0596 **Elektrolytische und chemische Reduktion einiger Aryl- und Alkyltrihalogenstannane.** Marguerite Devaud und Pierre Souchay. (J. Chim. physique Physico-Chim. biol. **64** (1967) 11—12; 1778—90; INS de Chim. ind. de Rouen, 76-Mont-Saint-Aignan; franz.) — Die Polarogramme von CH_3SnCl_3 u. $C_6H_5SnCl_3$ wurden diskutiert. $C_6H_5SnCl_3$ konnte infolge der Bldg. unlösl. Hydrolyseprod. im mittleren pH-Bereich nur im stark bas. oder sauren Bereich untersucht werden. Die Adsorption der Red.-Prod. u. des Depolarisators wirkt störend. Die Red. unter Bldg. von RSn ist irreversibel u. benötigt 3F/g-Atom Zinn. Im alkal. Medium ergibt $C_6H_5SnCl_3$ anod. Wellen infolge der Bldg. von $(C_6H_5)_2Hg$. C_2H_5Sn, Zers. > 150° u. C_6H_5Sn, Zers. > 120° entstehen bei der elektrolyt. Red. in 2 n NaOH in 1:1 A. bzw. tert.-Butanol. $C_{12}H_{10}Sn$ wurde aus $C_6H_5SnCl_3$ in 2 n $HClO_4$ u. 1:1 CH_3OH bei 0,8 V gewonnen. Die Red. von 0,02 m $RSnCl_3$ in 25 ml Ae. u. 0,06 m $(C_2H_5)_2N$ in 50 ml Ae. in Ggw. von 1,8 g $LiAlH_4$ in 100 ml Ae. verläuft nach Zugabe von einigen Hydrochinonkrist., Hydrolysieren des $LiAlH_4$-Überschusses mit W., Lösen des Al-Hydroxids mit K—Na-Tartrat, Filtrieren in einer inerten Atmosphäre u. Extrahieren im Soxhlet mit CS_2 unter Bldg. von $C_2H_5SnCl_3$ bzw. $C_6H_5SnCl_3$. J. J. Pohl 172

0597 **Redoxkatalyse bei der Bildung von $[Cr(C_2O_4)_2 \cdot (H_2O)_2]^-$ aus $[Cr(C_2O_4)(H_2O)_4]^+$ in der Umgebung einer Quecksilber-Tropfelektrode.** Dušan I. Bustin, Joseph E. Earley und Demetrios Petridis. (Inorg. Chem. [Washington] **6** (1967) 11, 2066—69; Georgetown Univ., Washington, D.C.; engl.) — Der polarograph. Diffusionsgrenzstrom der Einelektrodenred. von $[Cr(C_2O_4)(H_2O)_4]^+$ wird in Ggw. von Oxalat in der Lsg. herabgesetzt. Ein Rk.-Mechanismus der Bldg. von $[Cr(C_2O_4)_2(H_2O)_2]^-$ in der Diffusionsschicht wird vorgeschlagen. J. J. Pohl 172

0598 **Polarographische Untersuchung der Bildung des Hydroxyäthylendiamintriacetatochrom(II)-Komplexes.** Hiroshi Hikichi und Nobuyuki Tanaka. (J. chem. Soc. Japan, pure Chem. Sect. [Nippon Kagaku Zasshi] **88** (1967) 11, 1154—57; Dep. of Ind. Chem., Fukushima Tech. Coll., Taira, Iwaki-shi, Jap.; jap., Auszug: engl.) — In Ggw. von Mn^{2+} u. des Mn(II)-Komplexes von Hydroxyäthylendiamintriessigsäure (H_3X) spaltet sich die Einelektronen-Red.-Welle von $[Cr(NH_3)_6]^{3+}$ an der Hg-Tropfelektrode in 2 Stufen auf. Die Elektrodenrk. verläuft nach $[Cr(NH_3)_6]^{3+} + e \rightarrow Cr^{2+} \cdot aq + 6\,NH_3$; $MnX^- + jH^+ \rightleftharpoons Mn^{2+} \cdot aq + H_jX^{(3-j)-}$; $Cr^{2+} \cdot aq + H_jX^{(3-j)-} \rightleftharpoons CrX^- + jH^+$ (j = 0; 1); $CrX^- \rightarrow CrX + e$. Die RGK der Bldg. der Cr-Komplexe werden bestimmt. G. Schatz 172

0599 **Polarographie der Heteropolyanionen von Wolfram und Molybdän.** P. Souchay, R. Massart und G. Hervé. (Rev. Polarogr. [Kyōtō] **14** (1967) 3/6, 270—74; Fac. des Sci., Univ. de Paris, Paris; engl.) — Es werden die Halbstufenpotentiale ($E_{1/2}$) der Red. von $H_4[SiW_{12}O_{40}]$ (**I**) u. $H_4[SiMo_{12}O_{40}]$ (**II**) in 0,5 m HCl bestimmt. Beide Verb. ergeben 3 Stufen **I** zwei Einelektronen- u. eine Zweielektronen-Stufe; **II** 3 Zweielektronenstufen. In einer Tabelle werden $E_{1/2}$-Werte für verschiedene Stufen der Heteropolysäuren **I**, $H_4[PW_{12}O_{40}]$, α- u. β-**II**, α- u. β-$H_4 \cdot [GeMo_{12}O_{40}]$, α- u. β-$H_3[PMo_{12}O_{40}]$, β-$H_3[AsMo_{12}O_{40}]$, $H_6[P_2W_{18}O_{61}]$ u. $H_6[As_2Mo_{18}O_{61}]$ zusammengestellt. Die Mo-Verb. sind stärkere Ox.-Mittel als die W-Verb., die oxydierende Wrkg. nimmt in der Reihe Si, Ge, P, As zu. Die Isomeren der Mo-Verb. unterscheiden sich eindeutig u. sind nebeneinander quant. bestimmbar. Mit steigendem pH wird $E_{1/2}$ von α-**II** nach negativeren Werten verschoben, die Zweielektronen- werden zu Einelektronen-Stufen aufgespalten. Für die pH-Abhängigkeit von $E_{1/2}$ wird eine Gleichung abgeleitet. Durch potentiometr. Titration u. über die pH-Abhängigkeit von $E_{1/2}$ werden die pK-Werte für α-**II** ermittelt. Das unterschiedliche Verh. der W- u. Mo-Heteropolysäuren ist auf ihre unterschiedliche Acidität zurückzuführen. Die RGK der Isomerisierung von β-**II** in wss.-alkohol. Lsg. ist vom pH abhängig, da nebeneinander die Isomerisierung von β-$[HSiMo_{12}O_{40}]^{3-}$ u. β-$[SiMo_{12}O_{40}]^{4-}$ abläuft. Bei pH ≧ 8 disproportioniert **I**. G. Schatz 172

0600 **Polarographie von Molybdän(VI) in Lösungen mit verschiedenen organischen Säuren mit der Hg-Tropfelektrode.** M. L. Mittal und R. S. Saxena. (J. Indian chem. Soc. **44** (1967) 12, 1014—18; Malaviya Regional Engng. Coll., Jaipur, India; engl.) — In 0,1 m Mandelsäure (**I**) ergibt Mo(VI) 2 irreversible Stufen, Red. zu Mo(V) u. Mo(III) mit den Halbstufenpotentialen $E_{1/2} = -0{,}26$ bzw. $-0{,}63$ V (gegen SCE); die Gesamthöhe (i_D) ist der Mo(VI)-Konz. proportional. In Bernsteinsäure u. HCOOH/NaCHOO erhält man eine irreversible Welle mit $E_{1/2}$ ca. $-0{,}51$ bzw. $-0{,}48$ V, i_D ist der Mo(VI)-Konz. nicht proportional; die Ergebnisse sprechen jedoch für eine diffusionsbestimmte Welle. Für die Best. in **I** wurde der Einfl. nachst. Elemente untersucht: W, Ni, Co, Fe(III), V, Mn, Cr, Ti(III), UO_2^{2+}, Te: in Ggw. von 0,1% Campher zur Maskierung stören diese Elemente nicht. 0,1 m **I** + 0,005% Thymol ist zur polarograph. Best. von Mo(VI) gut geeignet. G. Schatz 172

0601 **Polarographie von Uran in mit Acetat gepuffertem Medium.** V. T. Athavale, R. G. Dhaneshwar und C. S. Padmanabha Iyer. (Indian J. Chem. **5** (1967) 7, 313 bis 315; Bhabha Atomic Res. Center, Trombay, Bombay; engl.) — Bei der polarograph. Red. von UO_2^{2+} erhielten Vf. für alle pH-Werte 2 Stufen, U(VI)–U(V) u. U(V)–U(III). Der Einfl. des pH u. der Acetatkonz. $[ac^-]$ auf $E_{1/2}$ der beiden Stufen wurde untersucht; die 2. Stufe verschwindet für $[ac^-] > 0{,}170$ m; der Diffusionsstrom der 1. Stufe durchläuft als Funktion von $[ac^-]$ ein Maximum. UO_2^{2+} bildet 3 ac^--Komplexe: $UO_2^{2+}:ac^- = 1:1, 1:2$ u. $1:3$. Die Beständigkeitskonst. wurden nach der Meth. von Hume errechnet; sie betragen: $2{,}5 \cdot 10^2$, $2{,}1 \cdot 10^4$ u. $0{,}93 \cdot 10^6$. Nur U(VI) bildet ac^--Komplexe. Die Verwendbarkeit der Meth. von Hume wird diskutiert. G. Schatz 172

0602 **Polarographie von Uran in Acetat-Pufferlösung bei Gegenwart von Hydrazin.** V. T. Athavale, R. G. Dhaneshwar und C. S. Padmanabha Iyer. (Indian J. Chem. **5** (1967) 9, 424—26; engl.) — Vgl. vorst. Referat.

— Mit N_2H_4 alleine ergibt U keine Stufe. Zusammen mit anderen Grundelektrolyten, wie *HClO₄*, *HCl*, *EDTA*, *Citrat* u. bes. *Acetat*-Puffer, bewirkt N_2H_4 (≈ 0,2 m) eine Veränderung des Diffusionsstromes u. eine geringfügige Verschiebung von $E_{1/2}$ in positiver Richtung. Es eignet sich auch gut als Max.-Dämpfer. $UO_2(CH_3COO)_2$ bildet Komplexe (bis 1:3), in Ggw. von N_2H_4 erhält man jedoch nur den 1:1-Komplex. Die Funktion von N_2H_4 bei der Komplexbldg. wird diskutiert. G. Schatz 172

0603 **Elektrochemische Untersuchung von Plutonium in Carbonatlösungen mit der hängenden Quecksilbertropf-Elektrode.** Lj. Jeftić, J. Čaja und M. Branica. (Croat. chem. Acta **39** (1967) 3, 225—28; Zagreb, Inst. „Ruđer Bošković", Dep. of Phys. Chem.; engl.) — Vergleichende polarograph. Unters. an Pu(IV) u. U(IV) in Na_2CO_3- u. $Na_2CO_3/NaHCO_3$-Lösungen. Aus den cycl. voltammetr. Kurven schließen Vf. auf die Möglichkeit einer selektiven U(IV)-Red. in Pu(IV)/U(IV)-Mischungen in Carbonatlösung. D. Ertel 172

0604 **Polarographisches Verhalten einiger Bis-[äthylendiamin]-Komplexe des Co(III).** Vincenzo Carunchio und Luigi Campanella. (Ann. Chimica **57** (1967) 11, 1372—85; Roma, Ist. di Chim. anal., Univ.; ital.) — Die polarograph. Red. der Komplexe *cis*- u. *trans*-$[Co(en)_2 \cdot (OCOR)_2]ClO_4$ mit R = CH_3, C_6H_5 u. C_6H_{11} sowie *cis*-$[Co(en)_2(H_2O)_2](ClO_4)_3$ wird in gepufferter u. ungepufferter Lsg. untersucht. Es werden 3 Wellen registriert, deren Höhe vom pH-Wert abhängig ist. 2 entsprechen der Red. Co(III) → Co(II), eine der Red. Co(II) → Co(0). Je nach Säureligand sind Ilković-Konst., Halbwellenpotential u. Rk.-Mechanismus verschieden. W. Holland 172

0605 **Wechselstrompolarographie von Metallkomplexionen.** S. L. Gupta und M. K. Chatterjee. (Rev. Polarogr. [Kyoto] **14** (1967) 3/6, 198—205; Birla Inst. of Technol. u. Sci., Pilani, India; engl.) — Es wird gezeigt, daß die Wechselstrompolarographie mit Vorteil für die Best. der Formel u. Dissoziationskonst. von Komplexen angewandt wird, die ein Red.-Potential (als Beispiele: $Cd-NH_3$-, $Cd-CNS^-$-, $Cd-J^-$-, $Pb-OH^-$-, $Pb-C_2O_4^{2-}$- u. Cu^{II}-β-resorcylsäurekomplexe) oder zwei Red.-Potentiale aufweisen ($Cu-NH_3$-Komplex). Cu bildet nur einen Komplex mit Py. von der Zus. $[Cu^I(Py)_2]^+$ u. der Stabilitätskonst. $1{,}376 \cdot 10^8$. Die wechselstrompolarograph. Meth. wurde ferner angewandt, um die Komplexsyst. $Cd-C_2O_4^{2-}$ u. $Zn-CNS^-$ im Stufengleichgew. zu untersuchen. Sämtliche Ergebnisse stimmen gut mit den nach der konventionellen polarograph. Meth. erhaltenen Literaturdaten überein. Die Vorteile der Wechselstrommeth. bestehen darin, daß Wechselstrompolarogramme nur von reversiblen Red.- oder Ox.-Prozessen erhalten werden, O_2 nicht stört u. deshalb nicht entfernt zu werden braucht, die Peak-Potentiale genauer bestimmt werden können als die Halbstufenpotentiale u. die Messungen schneller u. besser reproduzierbar durchgeführt werden können. D. Bretzinger 172

A-6. Kolloidchemie, Grenzflächen

0606 **Zustand von Mangan- und Goldspuren in wäßrigen Lösungen.** P. Beneš. (J. inorg. nuclear Chem. **29** (1967) 12, 2889—98; Prague, Fac. of Techn. and Nucl. Phys., Dep. of Nucl. Chem.; engl.) — Unters. über die Dialyse radioakt. markierter Mn- ($< 5 \cdot 10^{-8}$ m) u. Au-Spuren ($10^{-7}-10^{-8}$ m) durch eine Cellophanmembran u. über die Wanderung von Mn-Spuren im elektr. Feld in Abhängigkeit vom pH-Wert, von der Lsg.-Zus., von der Konz. der Spurenelemente u. als Zeitfunktion. Die Ergebnisse werden mit denen früherer Adsorptionsunters. verglichen u. diskutiert. (Beneš u. Smetana, Radiochim. Acta **6** (1966), 196). D. Ertel 188

0607 **Verhalten von Kondensationskeimen, die sich bei der Radiolyse gasförmiger Verunreinigungen der Luft bilden.** François Billard, Jean Bricard, Michel Cabane und Guy Madelaine. (C. R. hebd. Séances Acad. Sci., Sér. A et B **265** (1967) 25, B 1376—79; Labor. associés des Phys. des Aérosols, Fontenay-aux-Roses, Hauts-de-Seine; franz.) — Es wird die Bldg. von Kondens.-Keimen untersucht, die in durch Filtration von Aerosolen befreiter Luft, der Th (∼10 rd) zugegeben wurde, entstehen. Es wird die Bldg.-Geschw. u. der Ladungszustand dieser Keime beschrieben. Die Koagulationsgeschw. wird gemessen. Die Keime entstehen durch Zers. von SO_2 u. ihre Menge ist etwa proportional dessen Konz. in der Luft. W. Gauster 196

0608 **Turbidometrische Methode zur Bestimmung des Äquivalentdurchmessers von Teilchen pulverisierter Substanzen.** Witold Kowalski und Andrzej Ślączka. (Przemysł chem. **46** (1967) 3, 148—51; Politechn. Śląska, Gliwice; pol.) — Die Meth. beruht auf der Messung der Extinktion von Suspensionen der untersuchten Substanzen (*MnO₂*, *Al₂O₃*, *Ruß*, *Kupferglanz*, *Graphit*, *NiC₂O₄*) in gut benetzenden Flüssigkeiten. Die Meth. eignet sich für Korngrößen > 1 μm, die obere Korngrößengrenze ist gegeben durch die Möglichkeit der Herst. einer homogenen Suspension u. ihre Beständigkeit. Rolf Heyer 200

0609 **Messung der phänomenologischen Koeffizienten des Strömungspotentials Glasfritte-polare Flüssigkeit.** Zbigniew Koczorowski, Jan Dąbkowski und Bogdan Kostrzewa. (Roczniki Chem. [Ann. Soc. chim. Polonorum] **41** (1967) 9, 1643—49; Kat. Chem. Fiz., Uniw., Warszawa; pol.) — Unter Verw. von Gleichungen für irreversible elektrokinet. Vorgänge wurden die druck- u. volumenabhängigen Durchtrittskoeff. Kp u. K_v sowie die elektr. Leitfähigkeit L_{11} u. die hydrodynam. Permeabilität aus dem linearen Bereich von $E_p = \varphi(f)$ berechnet. Die beobachteten Werte der Durchtrittskoeff. nehmen in der Reihenfolge Acetonitril > Aceton > W. > Methanol ab. Messungen des Strömungspotentials ergaben für dichte Fritten (G 3) größere Durchtrittskoeff. als für grobporige (G 1). Rolf Heyer 200

0610 **Statistische Oberflächenthermodynamik von flüssigen Mischungen.** Mitsuyasu Hiranuma und Masao Kugō. (Kagaku Kōgaku [Chem. Engng., Japan] **5** (1967) 1, 69—73; Training Inst. for Engng. Teachers, Hokkaido Univ., Sapporo; engl.) — Vf. entwickeln mittels der statist. Mechanik eine Meth. zur Berechnung von Oberflächenspannungen binärer fl. Mischungen. Die Oberflächenspannungen lassen sich aus mol. Vol. u. Oberflächenspannungen der reinen Komponenten u. den Aktivitätskoeff. in unendlich verd. Lsg. berechnen. Es werden Berechnungen der Oberflächenspannung der Syst. W./A., Aceton (I)/Chloroform, I/CS_2, Essigsäure/Bzl., W./Methanol, W./n-Butanol, W./n-Propanol u. W./I durchgeführt u. mit eigenen u. Meßergebnissen anderer Autoren verglichen. K. J. Lucas 202

0611 **Experimentelle Methoden zur Untersuchung der Adsorption von Gasen an Metallen.** M. Vass. (Studii Cercetări Chim. [București] **15** (1967) 10, 735—69; București, Centr. de chim. fiz.; rum.) — Übersicht. — 101 Literaturangaben. R. K. Müller 204△

0612 **Photoadsorption von Sauerstoff an Titanoxiden. Bedeutung des Oberflächensauerstoffs.** G. Munuera und F. Gonzalez. (Rev. Chim. minérale **4** (1967) 1, 207—31; Sevilla, Fac. des Sci., Dep. de Quim. Inorg.; franz.) — Die Adsorption wird unter UV-Bestrahlung (< 400 nm), bei 0,005—0,05 Torr u. Raumtemp. durch kinet. u. Leitfähigkeitsmessungen an *Rutil*, *Anatas* u. mit Be oder Ta dotierten TiO_2-Proben verschiedener spezif. Oberfläche untersucht. Man nimmt an, daß bei der Bestrahlung quasifreie Elektronen erzeugt werden, deren Zahl vom jeweiligen Potentialwall an der Oberfläche abhängt, der seinerseits hauptsächlich durch den O-Geh. der Oberfläche bestimmt wird. Die quasifreien Elektronen sind für die O_2-Aufnahme aus der Gasphase direkt verantwortlich. Die Geschw. der Photoadsorption ist somit eine Funktion der O^--Konz. an der Oberfläche, die Anfangsgeschw. hängt dabei von der Menge des bei der Darst. adsorbierten Sauerstoffs ab. Wenn der Potentialwall der Oberflächenschicht hoch genug ist, sind Diffusionsprozesse, an denen adsorbierte O^- u. OH beteiligt sind, die bestimmenden Faktoren der Photoadsorption. F. Haenschke 204

0613 **Interkalationsisotherme von Eisen(III)-chlorid-Dampf an Graphit von 300 bis 350°.** J. G. Hooley und M. Bartlett. (Carbon [Oxford] **5** (1967) 5, 417–22; Dep. of Chem., Univ. of Brit. Columbia, Vancouver, B.C.; engl.) — Aus der Isotherme von $FeCl_3$-Dampf an natürlichem Graphit zwischen 300 bis 350° ergab sich ein sehr niedriger Grenzdruck für die Interkalation. Es wurden zwei druckunabhängige Verb. der Zus. C_7FeCl_3 u. $C_{12}Fe\cdot Cl_3$ (nur bei 350°), Hysterese-Erscheinungen u. eine verd. „Restverb." gefunden. Die isostere Wärme wurde zu 13,0 ± 1,0 kcal/mol berechnet. Die beiden Verb. wurden bei Zimmertemp. durch Kühlung mit Luft erhalten. Sie sind in HCl stabil. C_7FeCl_3 zersetzt sich im Vakuum bei 275° zu C_7FeCl_2 u. Cl_2. Bei Einw. von Cl_2 auf C_7FeCl_2 bei 350° entweicht alles Eisen als $FeCl_3$. Für pyrolyt. Graphit ergab sich ein höherer Grenzdruck. In gesätt. Dampfatmosphäre bildete sich bei 300° die Verb. $C_{10}Fe\cdot Cl_3$. G. Malow 204

0614 **Sorption von Spaltprodukten an einer Suspension natürlicher, durch elektrischen Strom koagulierter Sorbenzien.** Jiří Nápravník und František Kepák. (Jaderná Energie **13** (1967) 4, 135–41; Řež., Ústav jader. výzkumu ČSAV; tschech.) — Die Sorptionseig. koll. Teilchen von *Bentonit* u. *Tuff* wurden zwecks Trennung radioakt. Isotope von der fl. Phase durch elektr. Koagulation untersucht. Die Vers. wurden mit Proben von ^{90}Sr + ^{90}Y, ^{137}Cs + ^{137}Ba, ^{106}Ru + ^{106}Rh, ^{60}Co u. ^{144}Ce + ^{144}Pr durchgeführt. Die optimalen Bedingungen der Koagulation wurden bestimmt. Die Kurven der Abhängigkeit der Koagulation von der Zeit, vom Elektrodenmaterial vom pH-Wert u. die Resultate im Vers.-Betrieb u. das Schema der technolog. Einrichtung werden angegeben. V. Burjan 204△

0615 **Einfluß thermischer Vorbehandlung auf Adsorptionsisothermen von Acetaldehyd auf Katalysatoren von SiO_2–Al_2O_3.** Francesco Braggio und Gianfranco Fabbri. (Atti Accad. naz. Lincei, Rend., Cl. Sci. fisiche, mat. natur. [8] **43** (1967) 6, 527–35; Ist. Chim. della fac. di Ing. della Univ. di Genova; ital.) — Der Einfl. der Aktivierungstemp. (25–800°) auf die Adsorption von Acetaldehyd an SiO_2–Al_2O_3 (13%)-Katalysatoren bei 10^{-4} Torr wurde untersucht. Die spezif. Oberfläche u. die Adsorptionswärme wurde mit Hilfe der BET-Gleichung u. der Gleichung von S. Brunauer, L. S. Deming, W. E. Deming u. E. Teller (1940) bestimmt. E. Otto 204

0616 **Adsorptionseigenschaften von mit Pyridinbasen aktivierten Silicagelen.** Andrzej Waksmundzki, Jarosław Ościk, Jan Różyło und Romuald Nasuto. (Przemysł chem. **46** (1967) 5, 287–89; Kat. Chem.-Fiz., Univ. im. M. Curie-Skłodowskiej, Lublin; pol.) — Untersucht wurde die Adsorption von Pyridin, 2-Picolin, 2.4-Lutidin u. 2.4.6-Collidin an 4 mit diesen Basen aktivierten Silicagelen (Adsorptionsisothermen). Die Adsorptionskapazität der Gele für alle 4 Basen wurde untersucht, spez. Oberfläche u. Porenradius bestimmt. Die Oberflächenaktivität hängt ab von der Anzahl der CH_3-Gruppen im Mol. der aktivierenden Substanz, eine Ausnahme bildet 2.4.6-Collidin. Die Meßergebnisse werden tabellar. angegeben. Rolf Heyer 204

0617 **Adsorption von Polydimethylsiloxan an einer flüssig-fest Grenzfläche.** Tatsuo Sato, Takeyuki Tanaka und Toyohiko Yoshida. (J. Polymer. Sci., Part **B 5** (1967) 10, 947–53; Totsuku Factory, Nippon Oils and Fats Co., Ltd. Totsuku, Yokohama, Japan; engl.) — Die Adsorption ^{31}Si-markierter Polydimethylsiloxane (**I**) verschiedener Molgew. an einigen Pigmenten (Ruß, Phthalocyaninblau, TiO_2, Chromgelb 5 G, Eisenoxidrot) wird in CCl_4 (**II**) u. Xylol (**III**) untersucht. Aus **II** wird mehr adsorbiert als aus **III**, obwohl die Löslichkeit von **I** in **II** größer ist als in **III**. Die Ursache ist in der Lsgm.-Festkörper-Wechselwrkg. zu suchen, die bei **III** sehr groß ist. Die adsorbierten Mol. bilden eine Schicht von der Dicke mehrerer Monoschichten. K. Strenge 204

0618 **Adsorption von Polyamiden. Infrarot-Messungen der Wechselwirkung mit Rutil- und Gasrußoberflächen.** R. H. Schiesser, W. D. Schaeffer und A. C. Zettlemoyer. (J. Oil Colour Chemists' Assoc. **50** (1967) 9, 865 bis 884; Center for Surface and Coatings Res., Lehigh Univ., Bethlehem, Pa.; engl.) — Zwischen den Adsorptionsmessungen von Polyamiden (Lawter Chem. Comp. u. S. C. Johnson Comp.; aus der zweibas. C_{36}-Säure u. Äthylendiamin; Molgew. 1855–8050) in Lsg. u. der IR-Absorption wurde unter Auswertung der C–H-Valenzschwingung u. der N–H-Knickschwingung eine befriedigende Übereinstimmung erzielt. Die Spektren der an Rutil- u. Gasrußoberflächen adsorbierten Polyamide unterschieden sich von den Vergleichsmessungen dadurch, daß die N–H-Valenzfrequenzabsorptionsbande verschwand u. sich das Verhältnis der Absorptionsstärken für die Carbonylbindung in der Amidgruppe zu den C–H-Valenzschwingungen in der Methylengruppe verminderte. Beide Beobachtungen legen es nahe, daß das Polyamid stark mit den adsorbierenden Oberflächen reagiert u. daß diese Rk. ausschließlich über die Amidgruppen in Polyamidmol. erfolgt. IR-Transmissionsspektren von 3–7,3 μm u. Banden-Zuordnungstabellen. G. Malow 204

0619 **Beziehung für den Selektivitätskoeffizienten beim Ionenaustausch in gemischten Lösungsmittelsystemen.** Hitoshi Ohtaki und Hidetake Kakihana. (Bull. chem. Soc. Japan **40** (1967) 11, 2536–38; Nagoya, Univ., Fac. of Sci., Labor. of Analyt. Chem.; engl.) — Aus thermodynam. Betrachtungen leiten Vf. für Ionenaustausch-Gleichgew. in gemischten Lsgm.-Syst. aus H_2O(W) u. nichtwss. Lsgm. (S) folgende Beziehung für den Selektivitätskoeff. ab: $\ln K_A{}^B = [(\bar{\nu}_A - \bar{\nu}_B) + (\bar{h}_{WA} - \bar{h}_{WB})\bar{\nu}_{WA}] \ln D / D(\bar{\nu}_S - \bar{\nu}_W)$. Darin bedeuten A u. B die beteiligten Ionen, $K_A{}^B$ den Selektivitätskoeff., ν_A u. ν_B partielle molale Vol. der Ionen, ν_W u. ν_S partielle molale Vol. der Lsgm., D den Verteilungskoeff. zwischen der äußeren Phase u. der Harzphase, h_{WA} u. h_{WB} die repräsentativen Hydratationszahlen der Ionen A u. B u. ν_{WA} das partielle molale Vol. des Hydratwassers. Mit Hilfe dieser Gleichung berechneten Vf. die Selektivitätskoeff. für den Na^+/K^+-Austausch in W./Methanol-Gemischen u. verglichen diese Werte mit experimentellen Ergebnissen; die Übereinstimmung ist befriedigend. D. Ertel 206

0620 **Prüfung einer Polyelektrolyt-Theorie zur Berechnung von Aktivitätskoeffizienten einfacher Elektrolyte in verzweigten Polystyrol-Ionenaustauschern.** Jacob A. Marinsky. (J. physic. Chem. **71** (1967) 13, 4349–51; Buffalo, N.Y., State Univ. of N.Y., Dep. of Chem.; engl.) — Prüfung des Konzepts, das die thermodynam. Eig. von Syst. aus Polyelektrolyten u. einfachen Elektrolyten auf Syst. von Ionenaustauscherharzen u. einfachen Salzmischungen zu übertragen gestattet. Frühere Unters. ergaben, daß nur dann gute Ergebnisse resultieren, wenn die Konz. der einfachen Elektrolyte > 0,1 mol. ist. Neuere Daten aus der Literatur zeigen, daß im Falle des Eintauchens der Austauscherharze in sehr verd. Elektrolytlsg. die nach Donnan (1932) bzw. mit Hilfe des neuen Konzepts ber. Aktivitätskoeff. viel besser übereinstimmen, obwohl noch beträchtliche Unterschiede verbleiben. D. Ertel 206

0621 **Vergleich zwischen berechneten und experimentellen Elutionskurven beim Ionenaustausch.** Edward H. Ward, Larry G. McRae und Russell W. Maatman. (Proc. Iowa Acad. Sci. **72** (1967) 169–79; Univ. of Miss., Dep. of Chem.; engl.) — Unters. an verschiedenen Austauschertypen, wobei Vf. voraussetzen, daß die Gleichgew.-Einstellung in theoret. Böden begrenzter Höhe erfolgt. Sofern es möglich war, Ungleichgew.-Faktoren durch Wahl eines geeigneten Bodenkonzepts zu eliminieren, stimmen ber. u. experimentelle Werte überein. Für Elutionen mit oder ohne Ko-Ionenrk. mit Gegenionen teilen Vf. Berechnungsmeth. mit. Die mathemat. Lösungen setzen die Anwendung eines schnellen Rechners voraus, da Näherungsverf. nicht angewendet werden. Für Amberlite CG-120-Säulen teilen Vf. für die Fälle der Bandelution von Na^+ durch HNO_3 (H^+-Form des Austauschers) u. der Elution durch HNO_3/CH_3COOH (Na^+-Form des Austauschers) Vgl.-Werte zwischen ber. u. gemessenen Kurven mit. Mit Ausnahme der CH_3COOH-Elution lassen sich alle Elutionskurven durch Annahme von 13–18 Böden/cm exakt berechnen; bei CH_3COOH

wurde die Kurvenform exakt vorausber. u. darüber hinaus festgestellt, daß sie unabhängig von der vorausgesetzten Bodenzahl ist. D. Ertel 206

0622 **Bindung quarternärer Ammonium-Ionen durch Polystyrol-Sulfonsäure-Kationenaustauscher.** G. E. Boyd und Q. V. Larson. (J. Amer. chem. Soc. **89** (1967) 24, 6038–42; Oak Ridge, Tenn., ORNL; engl.) — Thermodynam. Unters. über die Bindung quatern. n-Alkylammonium-Ionen. Kalorimetr. Messungen der Austausch-Rk. an verzweigten Polystyrol-Sulfonsäure-Austauschern ergaben negative Enthalpie- u. Entropieänderungen für Tetramethyl- u. Tetraäthylammonium-Ionen; dagegen trat bei Tetra-n-propyl- u. Tetra-n-butylammonium-Ionen eine Entropiezunahme ein. Die Selektivität der $(CH_3)_4N^+$-Aufnahme nimmt mit zunehmendem Austauscher-Verzweigungsgrad ab. Bei einem Austauscher mit nominell 8% DVB wird Na^+ bevorzugt adsorbiert. Die Austauschwärme wird mit zunehmendem Verzweigungsgrad immer kleiner; bei den höchstverzweigten Austauschern wurde beim Austausch von $(CH_3)_4N^+$ gegen Na^+ bereits Wärme gebunden, doch blieb die Entropie unverändert. Vf. diskutieren die Vers.-Ergebnisse u. erörtern theoret. Deutungen. D. Ertel 206

0623 **Ionenaustauschgleichgewichte in Lösungsmittelmischungen: Austausch einwertiger Ionen in Äthanol/Wasser und in Aceton/Wasser.** A. R. Gupta, M. R. Ghate und J. Shankar. (Indian J. Chem. **5** (1967) 7, 316–19; Trombay/Bombay, Bhabha Atomic Res. Centre, Chem. Div.; engl.) — Unters. über den Austausch von Li^+/H^+, Na^+/H^+ u. K^+/H^+ an Amberlite IR-120 u. Dowex 50-wX_4. Vf. berechnen die Gleichgew.-Konst. unter der Annahme des Vorliegens fester Lösungen. In theoret. Hinsicht stehen die Gleichgew.-Konst. in Lösungsmittelmischungen mit den entsprechenden Gleichgew.-Konst. wss. Lsg. in Beziehung. Vf. weisen nach, daß der Logarithmus der Lösungsmittel-Aktivitätsterme linear mit dem Logarithmus der Aktivitätskoeff. der Elektrolyten zusammenhängt. Diese Beziehung ist unabhängig von der Austauscherart u. -zus., hängt aber von den Kationen u. von der Art des organ. Lsgm. ab. D. Ertel 206

0624 **Besonderheiten der Ionenaustausch-Adsorption und Elution beim Einsatz von Äthylendiamintetraessigsäure.** A. Ja. Pronin, S. K. Musaev und K. V. Čmutov. (Ž. fiz. Chim. **41** (1967) 10, 2610–15; Inst. fiz. chim. AN SSSR, Moskva; russ.) — Die Isotherme der Ionenaustauschsorption von Sr^{2+} aus Äthylendiamintetraessigsäurelsg. am Kationit KU-2 in Na^+-Form ist S-förmig. Die Abhängigkeit der Form der Isotherme von der Austauschkonst., Komplexbldg.-Konst., dem pH-Wert u. der Konz. von Sr^{2+} u. Äthylendiamintetraessigsäure wird berechnet. Die Konz. des Sr^{2+} im Eluat der Kolonne unter dynam. Bedingungen durch Äthylendiamintetraessigsäure weist ein den Isothermen entsprechendes Max. auf. J. Eliassaf 206

0625 **Ionenaustausch-Trennung einiger Lanthaniden und Actiniden mit α-Hydroxyisobuttersäure unter optimalen Bedingungen.** G. Höhlein und H.-J. Born. (Radiochim. Acta [Frankfurt/M.] **8** (1967) 3, 172–75; Garching/München, TH, Inst. für Radiochem.; engl.) — Die Trennung erfolgt mittels einer Dowex 50WX12-Säule unter Benutzung von α-Hydroxyisobuttersäure als Elutionsmittel. Zur Ermittlung optimaler Bedingungen untersuchen Vf. den pH-Einfl. auf die Aktivität des α-Hydroxyisobutyrats. Durch pH-Gradientelution konnten Nd, Pm u. Sm in Tracer- u. Milligrammengen quant. getrennt werden. Die Meth. gestattet auch die Trennung von Tracermengen ^{242}Cm von Milligrammengen von neutronenbestrahltem ^{241}Am in Ggw. von Sm u. einiger Spaltprodukte. D. Ertel 206

0626 **Ionenaustauschuntersuchung der Hydrolyse und Polymerisation von Molybdän(VI) und Wolfram(VI).** D. A. Shishkov. (Doklady bolgarskoj Akad. Nauk **20** (1967) 9, 935–38; Dep. of Anal. Chem., Mining and Geol. Inst., Sofia; engl.) — Der Sorptionsgrad von Mo(VI) u. W(VI) aus $HClO_4$-Lsg. (0,001–0,1 m) an KU-2 bei $\mu = 0{,}1$ bleibt im Bereich 10^{-4}–10^{-5} m Mo bzw. W unabhängig von der Säurekonz. prakt. konstant. Bei Konz. $> 10^{-4}$ m Mo bzw. W nimmt die Sorptionsintensität mit wachsender Konz. stark ab. Diese Erscheinung ist durch beginnende Polymerisation bedingt. Der Sorptionsgrad ist bei einer $HClO_4$-Konz. von 0,1 m am größten, er nimmt mit Verd. der Säure infolge von Hydrolyseerscheinungen ab. Der Verteilungskoeff. von W ist bei den untersuchten Bedingungen etwas kleiner als der von Mo. Die Hydrolyse von Mo u. W dürfte bei pH $\geqq 2$, die Polymerisation bei pH $\geqq 4$ beginnen. J. J. Pohl 206

0627 **Hydratisiertes Niobpentoxid als ionenaustauschender Ampholyt.** Ju. V. Egorov, Ju. I. Sucharev, A. S. Ljubimov und E. I. Krylov. (Izvest. Akad. Nauk SSSR, Neorg. Mater. **3** (1967) 7, 1210–15; Ural'skij politechn. Inst., Sverdlovsk; russ.) — Sorbenten wurden auf der Basis von hydratisiertem Nb_2O_5 unter Zusatz von $K_2S_2O_7$, K_2CO_3, $K_4[Fe(CN)_6]$ oder Na-Paramolybdat dargestellt. Die erhaltenen Proben sind in Bezug auf Dichromat- bzw. Paramolybdationen spezifisch. Die Sorbierbarkeit der beiden Ionenarten wurde bei dynam. Bedingungen an den verschiedenen dargestellten Sorbenten in Abhängigkeit vom Säuregrad der Ausgangslsg. untersucht. Ni^{2+}- u. Co^{2+}-Ionen in NH_4Cl-Lsg. können an hydratisierten Nb_2O_5-Proben getrennt werden. J. J. Pohl 206

0628 **Theorie der Chromatographie ohne Schleppgas.** A. A. Žuchovickij, M. L. Sazonov, A. F. Šljachov und V. P. Švarcman. (Z. fiz. Chim. **41** (1967) 10, 2640–45; VNII geol.-razved., Moskva; russ.) — Die möglichen Retentionsvol. z der Grenze zweier Zonen, welche ein Gemisch der gleichen Komponenten bei verschiedener Zus. enthalten, wird durch $\Sigma[N_i/(z - T_i)] = 0$ bestimmt (N_i = Molenbrüche der Komponenten des Ausgangsgemischs, T_i = Henrysche Koeffizienten). J. Eliassaf 208

0629 **Möglichkeit zur Bestimmung der Zusammensetzung extrahierter Verbindungen von Metallionen mit Aminen hohen Molekulargewichts mit Hilfe der Papierchromatographie.** Stanisław Przeszlakowski. (Roczniki Chem. [Ann. Soc. chim. Polonorum] **41** (1967) 10, 1681–88; Kat. Chem. Nieorg., Akad. Med., Lublin; pol.) — Festgestellt wurde die lineare Abhängigkeit des Koeff. R_M der Metallionen von der Konz. [Am · HCl] (Am = Amberlit LA 2) im logarithm. Koordinatensystem. Untersucht wurden die Komplexe der allg. Zus. $(Am \cdot HCl)_mMCl_n$ von M = *Zn(II)*, *Re(VII)* u. *Te(IV)*, die in einem Molverhältnis 1:1 (Metallsalz:Aminsalz) vorliegen sowie die Komplexe von M = *In(III)*, *Fe(III)*, *U(VI)* u. *Cd*, die im Verhältnis 1:2 vorliegen. Die Unters. des Einfl. der Halogenidionenkonz. auf R_m ergab für die Re(VII)-Komplexe einen Anstieg des Wertes in der Reihenfolge $F^- > Cl^- > Br^- > J^-$. Rolf Heyer 208

0630 **Elektroosmose und Protonentransport bei Kationenaustauscher-Membranen.** R. Arnold und D. A. Swift. (Austral. J. Chem. **20** (1967) 12, 2575–82; Port Melbourne/Australia, CSIRO Chem. Res. Labor., Div. of Mineral Chem.; engl.) — Vf. bestimmen die Überführungszahlen für H^+ u. H_2O sowie die Säureabsorption bei verschiedenen Kationenaustauscher-Membranen (ACI AZL, DYG, C 313/100) in 0,1 n, 1,0 n u. 5,0 n H_2SO_4. Die H^+-Überführungszahlen erweisen sich selbst bei 5 n H_2SO_4 als nahezu Eins. Dies dürfte im wesentlichen auf der Zurückhaltung der Anionen infolge des elektroosmot. H_2O-Flusses beruhen. Mit steigender Säurekonz. sinken die H_2O-Transportzahlen auf einen unteren Grenzwert von 1 Mol/Faraday ab; mit den trockensten Membranen wurde dieser Wert bei allen untersuchten Säurekonz. erhalten. Wenn < 11 Mol H_2O/H^+ in der Membran vorhanden sind, tritt eine Assoziation zwischen den Sulfonatgruppen u. H^+ auf, was zu einer Immobilisierung von H^+ führt. D. Ertel 208

0631 **Die Boothsche Elektrophoresegleichung für Flüssigkeitstropfen.** M. Sengupta. (Indian J. Chem. **5** (1967) 12, 648–49; Sci. Coll. Calcutta; engl.) — Vf. diskutiert die Boothsche Elektrophoresegleichung (J. chem. Phys. **19** (1951) 1331) für den diffusen Doppelschichttyp der Ladungsverteilung innerhalb des Tropfens. Für nichtleitende Tropfen, die die gleiche Viskosität wie die umgebende Lsg. haben, wurde die Beweglichkeitsfunktion $6\pi\eta_1 U/E\varepsilon_1\xi$ für verschiedene Werte des Verhältnisses der Dicken der äußeren zur inneren Doppelschicht ber. u. graph. dargestellt. E. Bomke 208

A–7. Kinetik, Katalyse

0632 **Elektronische Orbital-Zustände von Teilchen und elementare chemische (katalytische) Akte.** 2. Mitt. **Elementarakte einiger Zersetzungsprozesse von Wasserstoffperoxid.** V. A. Tulupov und D. N. Šigorin. (Ž. fiz. Chim. **41** (1967) 5, 1165—68; Fiz.-chim. Inst. im. Karpova, Moskva; russ.) — 1. vgl. ibid. **41** (1967) 3, 626. — Die l. c. entwickelte Theorie wird auf die H_2O_2-Zers. angewendet. Dabei wird ein quasiaromat. dimeres Zwischenprod. $(H_2O_2)_2$ angenommen. Die spontane, die katalyt. u. die reduktive Zers. von H_2O_2 führen demnach zu einem O_2-Mol. im Triplett-Grundzustand, die oxydative Zers. dagegen zu einem O_2-Mol. im Singulett-Zustand, vorausgesetzt, daß das Ox.-Mittel zwei Elektronen gleichzeitig aufnimmt. Eine echte katalyt. Zers. erfolgt nur, wenn der Katalysator dem Redoxtyp angehört. Die häufig bei der H_2O_2-Zers. zu beobachtende anomale Kinetik wird einer Überlagerung der verschiedenen Zers.-Mechanismen zugeschrieben. A. Blaschette 211

0633 **Frontausbreitung einer chemischen Reaktion in Festkörpern.** A. A. Abramov und E. B. Popov. (Ž. fiz. Chim. **41** (1967) 9, 2282—85; russ.) — Es wird die Hypothese aufgestellt u. mathemat. zusammengefaßt, daß bei der Wechselwrkg. von Gas u. Festkörper im Falle eines porösen Rk.-Prod. eine Rk.-Front besteht. Für den Fall einer unendlich schnellen bei konst. Temp. ablaufenden Rk. wird die Ausbreitungsgeschw. der Rk.-Front u. Verteilung der Konz. des Gases im porösen Prod. berechnet. J. Eliassaf 211

0634 **Spektroskopische Untersuchung der Reaktion von aktivem Stickstoff mit Organometall-Verbindungen.** R. E. March und H. I. Schiff. (Canad. J. Chem. **45** (1967) 16, 1891—96; Dep. of Chem. Trent Univ., Peterborough, Ontario; engl.) — Auf flammenspektroskop. Wege wurde die Rk. von gasf. $Al(C_2H_5)_3$, $Al(CH_3)_3$, $(C_2H_5)_3Al_2Cl_3$ · $B(C_2H_5)_3$, $Zn(C_2H_5)_2$ mit akt. N_2 untersucht. Die Rk. führt zur Dissoziation der Organometall-Verb. u. zur Anregung von CN- u/oder Metallatomen. Die beobachteten Emissionslinien der Metallatome u. der zu hohen Schwingungen angeregten CN-Mol. entsprechen einer anfänglichen Energieübertragung von mehr als 200 kcal/Mol. Die mögliche Rolle von $N_2(^5\Sigma g^+)$-Mol. als Anreger wird auf Grund der Ergebnisse diskutiert. K. Berg 212

0635 **Einfluß inerter Gase auf die Grenze der kalten Flamme von n-Pentan.** Monique Gros und Roger Ben-Aïm. (Bull. Soc. chim. France **1967**, 6, 1957—73; Paris, Labor. de chim. générale; franz.) — Vf. untersuchten den Einfl. wechselnder Mengen *He*, N_2, *Ar* u. CO_2 auf die Grenze der kalten Flamme eines Gemisches von 33% n-Pentan u. 66,7% O_2. Zu diesem Gemisch wurde das jeweilige inerte Gas derart zugesetzt, daß seine Konz. von 0—91% variierte. Aufgetragen ist graph. für die verschiedenen Gemische die Temp. als Funktion des krit. Grenzdruckes in Torr, unterhalb dessen keine Entflammung eintritt. Weiter ist graph. angegeben die Änderung des krit. Grenzdruckes als Funktion der Konz. des inerten Gases bei den verschiedenen Temperaturen. Hauptergebnis der Unters. ist, daß das inerte Gas die krit. Drücke der kalten Flamme hauptsächlich durch seine Wärmeleitfähigkeit beeinflußt, wodurch die Wärmeverluste durch Wärmeleitfähigkeit an den Wänden variiert werden. Speziell wurde gefunden, daß nur das Ar den krit. Partialdruck bei einer gegebenen Temp. herabsetzt. Von den 3 anderen Gasen zeigte Ile den ausgesprochenen Einfl. als Inhibitor. C. Gottfried 214△

0636 **Chemische Umsetzungen der Carbide, Nitride und Oxide von Metallen der IV. bis VI. Nebengruppe in der HF-Plasmaflamme.** K. Hartl. (Chemie-Ing.-Techn. **39** (1967) 21, 1253—54; Inst. für Anorg. Chem., Univ., München; dt.) — Unters. der Umsetzung von TiO_2 (Anatas; Pulver, Stabform), *TiN*, *TiC*, V_2O_5, *VN*, *VC* sowie Cr_2O_3 u. *CrN* in Hochfrequenz(HF)-Plasmaflammen verschiedener Zus. (N_2; Ar + 5% C_2H_2). Grundsätzlich wird neben der als Bodenkörper vorliegenden Hauptsubstanzmenge ein Wandbelag in der Höhe der Plasmaflamme beobachtet (Tabellen der Zus. von Bodenkörper u. Wandbelag). Bei TiO_2-Pulver reicht die kurze Verweilzeit in der Plasmaflamme für eine Anatas-Rutil-Umwandlung nicht aus; im Bodenkörper dominiert Anatas, während der Wandbelag hauptsächlich aus Rutil besteht. Für die stabförmigen TiO_2-Proben wird im Wandbelag Vorherrschen einer Nitrid-Phase beobachtet. Im wesentlichen analoge Ergebnisse auch für die V- u. Cr-Verbindungen. J. Oguntke 214

0637 **Mechanismus der katalytischen Zersetzung von H_2O_2 durch Thalliumverbindungen.** R. I. Tereškina und G. A. Bogdanov. (Ž. fiz. Chim. **41** (1967) 7, 1738—43; Moskva, Tekstil'nyj Inst.; russ.) — Der katalyt. Zerfall von H_2O_2 im Syst. $TlNO_3$–NaOH–H_2O_2–H_2O wurde bei pH 6—12, H_2O_2-Anfangskonz. von 0,18, 0,3 bzw. 0,45 Mol/l u. Tl^+-Konz. von 0—0,4 Mol/l untersucht. Je nach Katalysatorkonz. u. Temp. verläuft der katalyt. Prozeß homogen oder heterogen. Eine charakterist. Besonderheit dieses Katalysetyps ist die Verringerung der Rk.-Geschw. bei Erhöhung der Temp.; die Aktivierungsenergie ist negativ (—46,9 kJ/Mol). Dieser Effekt wird durch einen Kettenmechanismus, der auf dem Valenzwechsel Tl(I) → Tl(III) beruht, sowie durch Bldg. von Zwischenverb. gedeutet. Isoliert werden konnte ein Peroxid der Zus. $2\,Tl(OOH)_3 \cdot H_2O_2 \cdot n\,H_2O$. A. Blaschette 216

0638 **Katalytische Zersetzung von H_2O_2 durch Natriumarsenat. Neue Peroxoverbindungen.** G. A. Bogdanov, Z. N. Dymova und M. V. Savina. (Izvest. vysšich učebnych Zavedenij [Ivanovo], Chim. i chim. Technol. **10** (1967) 1, 39—42; russ.) — Vgl. vorst. Referat. — Die Geschw.-Konst. [l/Mol · min] für die homogene Zers. von H_2O_2 (Anfangskonz. 0,2 m) durch 0,04 m Na_3AsO_4 beträgt 0,0143 (bei 55°), 0,0448 (65°) bzw. 0,0868 (75°), entsprechend einer Aktivierungsenergie von 20,7 kcal/Mol. Im Konz.-Bereich 0,08—0,1 m Na_3AsO_4 zeigt die Zers.-Geschw. als Funktion der H_2O_2-Konz. einen komplexen Verlauf mit Max. u. Minima. Die Bldg. der Zwischenprod. $Na_3AsO_5 \cdot n\,H_2O$ bzw. $Na_3AsO_4 \cdot H_2O_2 \cdot (n-1)\,H_2O$, $Na_3AsO_6 \cdot n\,H_2O$ bzw. $Na_3AsO_4 \cdot 2\,H_2O_2 \cdot (n-2)\,H_2O$ u. $Na_3AsO_7 \cdot n\,H_2O$ bzw. $Na_3AsO_4 \cdot 3H_2O_2 \cdot (n-3)\,H_2O$ in diesem Bereich wurde durch Rk. bei 0°, Ausfällen mit Aceton u. Analyse der Nd. nachgewiesen. Diese Zwischenprod. beeinflussen die Geschw. der H_2O_2-Zers. u. unterscheiden sich durch die Werte der Aktivierungsenergie (in vorst. Reihenfolge: 31,5; 25,4; 21,0 kcal/Mol) u. der Zers.-Enthalpie (27,0; 65,4; 77,9 kcal/Mol). A. Blaschette 216

0639 **Kinetik der thermischen Zersetzung von Peroxodisulfat in wäßrigen Lösungen von Polyvinylalkohol.** N. M. Bejlerjan, A. L. Samveljan, O. A. Čaltykjan und L. A. Vardanjan. (Armjanskij chim. Ž. **20** (1967) 5, 338—48; Erevanskij gos. univ., Kaf. fiz. chim.; russ.) — In wss. Polyvinylalkohol(I)-Lsg. erfolgt die therm. Zers. von $K_2S_2O_8$ mit hoher Geschwindigkeit. Im Anfangsstadium ist die Rk. 1. Ordnung bez. $[S_2O_8^{2-}]$ u. von der Ordnung 0,5 bez. **I**. Anschließend erfolgt Autoinhibition infolge Desaktivierung von **I**-Mol. durch Rk. mit dem gebildeten Sulfat. Während der Rk. entsteht ein gelbes, unlösl. Prod. aus vernetztem Polyvinylalkohol. Die Zers.-Geschw. von $K_2S_2O_8$ in **I**-Lsg. wird weder durch O_2 noch durch den pH-Wert nennenswert beeinflußt. Sie wird dagegen herabgesetzt, wenn das benutzte **I** Acetatgruppen enthält. A. Blaschette 216

0640 **Messungen von schnellen Reaktionsgeschwindigkeiten. Analyse der Geschwindigkeit der Reaktion J_2–Na_2SO_3.** Hakuai Inoue und Yoshitaka Sudo. (J. chem. Soc. Japan, ind. Chem. Sect. [Kōgyō Kagaku Zassi] **70** (1967) 2, 123—26; Dep. of Chem. Engng., Fac. of Engng., Univ. of Tokyo, Hongo, Bungyo-ku, Tokyo; jap., Auszug: engl.) — Die Rk.-Geschw. der Rk. J_2–Na_2SO_3 wurde mit Hilfe der Messung der Temp.-Erhöhung durch die Rk.-Wärme unter adiabat. Bedingungen analysiert. Die Geschw. der Gesamtrk. $J_2 + Na_2SO_3 \xrightarrow{H_2O} Na_2SO_4 + 2\,J^- + 2\,H^+$ wird als Rk. 1. Ordnung in bezug auf die in geringeren Mengen vorliegende Komponente der zwei Rk.-Partner ausgedrückt. Die RGK betrug bei 17° 130 s^{-1}. Der Rk.-Mechanismus besteht aus zwei sukzessiven Rk. über ein Zwischenprodukt. Die erste Teilrk. verläuft so schnell, daß sich das Zwischenprod. augenblicklich bildet. Die gemessene Geschw.-Konst. wird über die Hydrolyse des Zwischenprod. interpretiert. G. Malow 216

0641 **Geschwindigkeit der Aquotisierung des Sulfatopentaquochrom(III)-ions in saurer, wäßriger Lösung.** James E. Finholt und Stanley N. Deming. (Inorg. Chem. [Washington] **6** (1967) 8, 1533–36; Dep. of Chem. Carleton Coll., Northfield, Minn.; engl.) – Die Geschw. der Aquotisierung des Sulfatopentaquochrom(III)-ions wurde in saurer, wss. Lsg. bei konst. Ionenstärke als Funktion der Temp. u. der H^+-Konz. untersucht. 3 Rk.-Wege werden beobachtet, die 1. Ordnung bez. $Cr_2(SO_4)_3$ sind. Bez. des H^+ werden die Ordnungen +1; 0 u. –1 erhalten. Die Parameter der Aktivierung wurden für jeden Weg ber.: $[H^+]^{-1}$ $\Delta H^* = 27{,}7$ (kcal/Mol); $\Delta S^* = -4{,}4$ (cal/Grad · Mol); $[H^+]^0$: $\Delta H^* = 21{,}9$; $\Delta S^* = -13{,}0$; $[H^+]^{+1}$: $\Delta H^* = 26{,}5$; $\Delta S^* = -1{,}3$. K. Berg 216

0642 **Die „Fähigkeit der zurückbleibenden Gruppen" in der Aquotisierungsreaktion der Komplexe vom Typ $[ML_5X]^{2+}$.** Fabrizio Monacelli. (Ricerca sci. **37** (1967) 9, 777–80; Ist. di Chim. Gen., Univ. die Roma; engl.) – Die aus der Literatur bekannten kinet. Daten für die nichtkatalysierte Aquotisierung der $[Cr(H_2O)_5X]^{2+}$-, $[Cr(NH_3)_5X]^{2+}$- u. $[Co(NH_3)_5X]^{2+}$-Komplexe (X = J, Br, Cl, NCS, F, N_3, H_2PO_4, NO_3, CF_3COO, CH_3COO, HCO_3) werden mit der Basenstärke von X^- in Beziehung gesetzt. Für die $[Co(NH_3)_5X]^{2+}$-Komplexe wird eine Beziehung mit der „leaving group constant" L für Rk. bez. RX-Verb. (R = Alkylgruppe) angedeutet. G. Malow 216

0643 **Relative Labilität der Liganden in zweifach substituierten Carbonylderivaten von Metallen der 6. Gruppe.** Mauro Graziani, Franco Zingales und Umberto Belluco. (Rend. Ist. lombardo Sci. Lettere, A **101** Milano e Padova; ital.) – Bei der Rk. von *cis*-$M(CO)_4L_2$ [M = *Mo*; L = *Py.*, $As(C_6H_5)_3$, $P(C_6H_5)_3$ u. $Sb(C_6H_5)_3$; – M = *W*; L = *Py.*] u. von *trans*-$M(CO)_4L_2$ [M = *Mo*; *W*; L = $P(C_6H_5)_3$] mit *α.α'-Bipyridyl* (bipy) in Toluol entstehen die Verb. *cis*-$M(CO)_4$*bipy*. Die Rk.-Geschw. (Temp.-Bereich 25–90°) sinkt in der für L angegebenen Reihenfolge. Die CO-Valenzfrequenzen (1800–2100 cm^{-1} aller Verb. werden tabellar. angegeben. W. Holland 216

0644 **Geschwindigkeit und Mechanismus der Substitutionsreaktionen von Nitrosyltetracarbonyl-mangan(0) und Trinitrosylcarbonyl-mangan(0).** Henning Wawersik und Fred Basolo. (J. Amer. chem. Soc. **89** (1967) 18, 4626–30; Dep. Chem., Northwestern Univ., Evanston, Ill.; engl.) – Die Geschw. der 4 Substitutions-Rk.: 1. $MnNO(CO)_4 + L \rightarrow MnNO(CO)_3L + CO$ in p-Xylol bei 50°; 2. $MnNO(CO)_3L + L \rightarrow MnNO(CO)_2L_2 + CO$ in p-Xylol bei 120°; 3. $MnNO(CO)_3P(OC_6H_5)_3 + L \rightarrow MnNO(CO)_3L + P(OC_6H_5)_3$ in p-Xylol bei 50° u. 80°; 4. $Mn(NO)_3CO + L \rightarrow Mn(NO)_3L + CO$ in p-Xylol bei 22° wurden IR-spektroskop. gemessen u. die Geschw.-Konst. ermittelt. L (1.) = $P(C_6H_5)_3$, $P(OC_6H_5)_3$, $P(n\text{-}C_4H_9)_3$, $As(C_6H_5)_3$; L (2.) = $P(C_6H_5)_3$, $P(n\text{-}C_4H_9)_3$, $P(OC_6H_5)_3$; L (3.) = $P(C_6H_5)_3$, $P(n\text{-}C_4H_9)_3$; L (4.) = $P(C_6H_5)_3$, $P(n\text{-}C_4H_9)_3$, $As(C_6H_5)_3$. Einige Aktivierungsenthalpien u. -Entropien werden angegeben. Die 1. Rk. stellt eine SN2-Rk. dar. Die Geschw. der 2. Rk. ist wesentlich kleiner als die der ersten. Rk. 2 ist eine Rk. 1. Ordnung. Rk. 3 zeigt eine negative Aktivierungsentropie u. ist 2. Ordnung. Die Geschw. der Rk. 4 ist abhängig von der Art u. Konz. des Reagenzes.

Versuche: $MnNO(CO)_3P(OC_6H_5)_3$, F. 42–46°, aus $MnNO(CO)_4$ u. $P(OC_6H_5)_3$ in wasserfreiem p-Xylol unter N_2; 63% (Ausb.). – Analog: $MnNO(CO)_2[P(OC_6H_5)_3]_2$, F. 95–97°, rot. – $MnNO(CO)_2[P(n\text{-}C_4H_9)_3]_2$, F. 50–51°, aus $MnNO(CO)_4$ u. $P(n\text{-}C_4H_9)_3$ in p-Xylol; gelb, 83%. Helmut Schneider/Darmstadt 216

0645 **Mechanismus der Bildung von FeN_3^{2+} und anderer Eisen(III)-Einfachkomplexe.** F. Accascina, F. P. Cavasino und S. D'Alessandro. (J. physic. Chem. **71** (1967) 8, 2474–81; Inst. of Phys. Chem., Univ. of Palermo, Italy; engl.) – Die Kinetik der Bldg. des FeN_3^{2+}-Komplexes in wss. Lsg. wird mit Hilfe der Temp.-Sprung-Meth. bei verschiedenen Temp. u. bei einer Ionenstärke von 0,1 m untersucht. Ein allg. Mechanismus wird angegeben, der die kinet. Daten der Bldg. von Fe(III)-Monokomplexen erklärt. Die frühere Annahme wird bestätigt, daß der geschwindigkeitsbestimmende Schritt der Bldg. des Fe(III)-Komplexes in der Abgabe eines W.-Mol. aus der inneren Koordinationssphäre des Metallions besteht. Die Aktivierungsparameter der Rk. von $FeOH^+$ mit HN_3 sind $\Delta H^* = 9$ kcal/Mol; $\Delta S^* = -10$ cal/Grad · Mol. K. Berg 216

0646 **Kinetik einiger Substitutionsreaktionen von trans-Bis-[dimethylglyoximato]-kobalt(III)-Komplexen.** David N. Hague und Jack Halpern. (Inorg. Chem. [Washington] **6** (1967) 11, 2059–63; Dep. of Chem., Univ. of Chicago, Chicago, Ill.; engl.) – Die nach 2. Ordnung verlaufende Austauschrk. von *trans*-$[Co(X)(DH)_2H_2O]$ (X = *J* bzw. NO_2) mit Y^- (Y^- = *Cl*, *Br*, NO_2, N_3, *NCS* u. HSO_3) zu $[Co(DH)_2(X)Y]^-$ (DH_2 = Dimethylglyoxim) wurde spektrophotometr. bei 330–390 μm untersucht. Die Reaktivität der Anionen liegt in der Folge Cl < Br, $NO_2 < N_3 <$ NCS < HSO_3. Aktivierungs-Parameter für einige Rk. sind tabelliert. Austauschrk. von $[Co(Cl)(NO_2)\cdot(DH)]$ mit N_3^- bzw. NCS^- führen über den Aquokomplex. I. Sarow 216

0647 **Spektrophotometrische und reaktionskinetische Untersuchungen des Tetracyanocuprat(II)-Komplexes in Methanol–Wasser-Mischungen bei tiefen Temperaturen.** Ole Mønsted und Jannik Bjerrum. (Acta chem. scand. **21** (1967) 4, 1116–18; Chem. Dep. I, Inorg. Chem., Univ., Copenhagen; engl.) – Das Spektrum des $[Cu(CN)_4]^{2-}$ bei –70° in CH_3OH-Lsg. mit unterschiedlichen Mengen an CN^--Überschuß wird mitgeteilt. Daraus geht hervor, daß der Komplex wahrscheinlich eine deformierte tetraedr. Konfig. besitzt. Ferner wurde die Kinetik der Autored. $2\,Cu(CN)_4^{2-} \rightarrow 2\,Cu(CN)_3^{2-} + (CN)_2$ untersucht. Manfred Schulze/Braunschweig 216

0648 **Nukleophile Substitution mit Aminen in kationischen Palladium(II)-Komplexen.** A. Orio, V. Ricevuto und L. Cattalini. (Chim. e Ind. [Milano] **49** (1967) 12, 1339–40; Centro di Chim. dei Composti di Coordinazione, C.N.R., Ist. di Chim. gen., Univ., Padova; ital.) – Der Austausch von X in Komplexen $[Pd(dien)X]^+$ (dien = Diäthylentriamin) mit X = J, N_3, SCN u. NO_2 gegen Py., Chinolin, 2-Methyl-, 2.4-Dimethyl- u. 2.6-Dimethylpyridin wird in wss. Lsg. bei 25° untersucht. Die Geschw.-Konst. der nukleophilen Substitution nimmt in der angegebenen Reihenfolge für X u. Amin ab. W. Holland 216

0649 **Reduktionsreaktionen von trans-PtX_4L_2-Komplexen. Einfluß von ungeladenen Liganden L auf die Geschwindigkeiten der Reduktionsreaktionen.** A. Peloso, G. Dolcetti und R. Ettorre. (Inorg. chim. Acta [Padova] **1** (1967) 3, 403–06; Contrib. from the Centro Chim. Compos. Coordinaz. ed Elemento-organ., C.N.R., and the Ist. di Chim. Generale, II, Sez. Univ. di Padova, Padua, Italy; engl.) – Spektrophotometr. bestimmt werden Geschw.-Konst. (k), die ΔH^*- u. ΔS^*-Werte für die Red. von trans-$[PtX_4L_2]$-Komplexen (mit L = $S(C_2H_5)_2$, X = Cl (**I**), Br (**II**); L = $S(CH_3)_2$, X = Cl (**III**); L = Piperidin, X = Cl (**IV**); L = Py., X = Cl (**V**); L = $NH_2C_2H_5$, X = Cl (**VI**), Br (**VII**); L = NH_2CH_3, X = Cl (**VIII**), Br (**IX**) mit überschüssigen SCN^-, J^-, $SeCN^-$ bzw. $S_2O_3^{2-}$ (Y) in CH_3OH bei 25–50°. **IV** (F. 210°, CH_3OH), **VII** (Zers. bei 210°, CH_3OH) bzw. **XI** (Zers. bei 212°, CH_3OH) werden aus den entsprechenden Pt(II)-Verb. dargestellt, indem die $CHCl_3$-Lsg. mit überschüssigem Br_2 bzw. Cl_2 versetzt werden. k ist hinsichtlich der Pt(IV)-Komplexe u. der reduzierenden Anionen 1. Ordnung. Folgende Rk. führen meist in einem einzigen Schritt zu den entsprechenden Pt(II)-Komplexen PtL_2Y_2 a) **I**, **II**, **III**, **VII**, **IX** mit NaSCN; b) **I**–**IX** mit NaJ; c) **I** mit KSeCN u. d) **I**, **III**–**VII**, **VIII** u. **IX** mit $Na_2S_2O_3$. – Die S- u. N-gebundenen Komplexe zeigen mit Ausnahme der mit prim. Aminen, welche wesentlich

höhere ΔS^* aufweisen, eine lineare Beziehung zwischen log k u. ΔH^*. Die relativen Reaktivitäten, welche für **I**, **III**–**V** u. die Komplexe mit L = $As(C_2H_5)_3$, $P(C_3H_7)_3$ u. $P(C_2H_5)_3$ ermittelt werden, steigen in der Folge Arsin < Phosphin < Amin < Thioäther. Die Reaktivität der Pt(IV)-Komplexe für Red. steigt an mit zunehmender Fähigkeit der Liganden, als π-Akzeptoren u. abnehmender Fähigkeit, als σ-Donatoren zu wirken.
I. Jaehn 216

0650 **Einfluß des Lösungsmittels auf die Kinetik der Reaktion von [$PtCl_2$(bipy)] mit n-Butylamin.** Vittorio Ricevuto, Angelo Orio und Lucio Cattalini. (Ricerca sci. **37** (1967) 10, 861–62; Inst. di Chim. Gen., Univ. Padova; engl.) — Der Einfl. verschiedener Lsgm. ($C_6H_5CH_2OH$, CH_3OH, $CH_3OCH_2CH_2OH$, $CH_3CH_2OCH_2 \cdot CH_2OH$) auf die Rk.-Geschw. der Ligandenaustauschrk. [$PtCl_2$(bipy)] + $C_4H_9NH_2$ → [PtCl(bipy)($C_4H_9NH_2$)]$^+$ + Cl^- wird bei 25° untersucht. Die Geschw.-Konst. der Rk. zweiter Ordnung nehmen für die obigen Lsgm. in der angegebenen Reihenfolge zu. Die Ergebnisse deuten darauf hin, daß die Pt–Cl-Bindungen im Übergangszustand nicht aufgebrochen sind, sondern, daß im Übergangszustand fünffach koordiniertes Pt(II) vorliegt.
M. Steidinger 216

0651 **Reduktion einiger Platin(IV)-Komplexe mit dem Tris-[bipyridyl]-chrom(II)-Ion.** James K. Beattie und Fred Basolo. (Inorg. Chem. [Washington] **6** (1967) 11, 2069–73; Dep. of Chem., Northwestern Univ., Evanstown, Ill.; engl.) — Die Red. von oktaedr. Pt(IV)-Komplexen: *[Pt(NH₃)₆]*$^{4+}$, *[Pt(NH₃)₅X]*$^{3+}$, (X = *Cl, Br, J*), *trans-[Pt(NH₃)₄Cl₂]*$^{2+}$, *trans-[Pt(NH₃)₄Cl(OH)]*$^{2+}$ u. *[Pt·(en)₃]*$^{4+}$ (I) zu quadrat.-planaren Pt(II)-Ionen mit *[Cr(bipy)₃]*$^{2+}$ (dargestellt als Perchlorat aus $HClO_4$, *Cr(acac)₂*·H_2O u. bipy in Methanol) in 0,1 m $NaClO_4$ wurde bei 25° untersucht. Außer für **I** verlief die Rk. nach 2. Ordnung, vermutlich über ein Pt(III)-Zwischenprodukt. Die Rk. von **I** mit dem Cr(II)-Komplex ist pH-abhängig; es kommt zur Ausbldg. des Amido-Komplexes [Pt(en)₂(en-H)]$^{3+}$, dessen Red.-Geschw.-Konst. $^1/_{20}$ derjenigen von **I** beträgt.
I. Sarow 216

0652 **Kinetische Untersuchungen von Kohlenoxid-Einlagerungsreaktionen. Reaktionen von Cyclopentadienyl-(methyl)-dicarbonyleisen und Cyclopentadienyl-(methyl)-tricarbonylmolybdän mit Phosphinen und Phosphiten.** Ian S. Butler, Fred Basolo und Ralph G. Pearson. (Inorg. Chem. [Washington] **6** (1967) 11, 2074–79; engl.) — Vgl. vorst. Referat. — Die Geschw. der Rk. von $C_5H_5Fe(CO)_2CH_3$ (**I**) bzw. $C_5H_5Mo(CO)_3 \cdot CH_3$ (**II**) mit Nukleophilen L [L = *(n-C₄H₉)₃P* (**III**), *(n-C₄H₉O)₃P* (**IV**), *(C₆H₅)₃P* (**V**), *(C₆H₅O)₃P* (**VI**)] zu *C₅H₅Fe(CO)COCH₃L* bzw. *C₅H₅Mo(CO)₂·COCH₃L* wurde IR-spektroskop. untersucht. Hinsichtlich der beiden Rk.-Partner verlief die Rk. nach 1. Ordnung. Die Geschw.-Konst. für die Rk. von **I** mit **III**, **IV** bzw. **V** in THF bei 50,7° u. die Aktivierungsparameter für die Rk. von **I** mit **III** sind tabelliert. Eine analoge Rk. von **I** mit Cyclohexylamin konnte nicht beobachtet werden. Die Rk. von **II** mit den Nukleophilen L (**III**–**VI**) ist Lsgm.-abhängig. Rk.-Geschw. bei 50,7° in THF, Toluol, Nitromethan u. Dimethylformamid sind tabelliert; für die Rk. von **II** mit **IV** in THF sind Aktivierungsparameter angegeben. Rk. von **II** mit [(n-C_4H_9)$_4$N]J wurde nicht beobachtet. Für die CO-Einlagerungsrk. wird der Mechanismus einer Methylwanderung zum Carbonyl-C-Atom, unterstützt von dem Lsgm. u./oder dem Nukleophilen, vorgeschlagen.
Versuche: *Cyclopentadienylacetyldicarbonyltriphenylphosphinmolybdän*, F. 153–154°, $C_{27}H_{23}MoO_3P$, aus **II** u. **V** in THF unter N_2, Ausb. 70%.
I. Sarow 216

0653 **Acidität und katalytische Aktivität von Metallionen.** Ken-ichi Tanaka und Atsumu Ozaki. (Bull. chem. Soc. Japan **40** (1967) 7, 1728–30; Res. Labor. of Resources Utilizat., Tokyo Inst. of Technol., Ookayama, Meguro-ku, Tokyo; engl.) — Die Gleichung $X_i = (1 + 2Z)X_0$, worin X_i = Elektronegativität des Metall-Ions, Z = Ladung u. X_0 = Elektronegativität des neutralen Atoms bedeuten, wird auf das katalyt. Verh. von Metallionen angewendet. Die Abhängigkeit der Säure-Ionisierungs-Konst. für Metallionen in wss. Lsg. bei 25° von der Elektronegativität wird für Na^+, Li^+, Ca^{2+}, Mg^{2+}, Ba^{2+}, Ag^+, Tl^+, Zn^{2+}, Cd^{2+}, Ni^{2+}, Fe^{2+}, Cu^{2+}, Pb^{2+}, Sc^{3+}, Al^{3+}, Hg^{2+}, Cr^{3+}, Th^{4+}, V^{3+}, Ga^{3+}, In^{3+}, Fe^{3+}, Co^{3+} u. Ti^{3+} dargestellt. Die Acidität des Koordinationswassers steigt mit der Elektronenaffinität des zentralen Metallions. Der katalyt. Einfl. der Elektronegativität des Metallions wird für die Halogenierung von Ketonen, Decarboxylierung der Oxalessigsäure u. die Hydrolyse von Aminosäureestern diskutiert. Die katalyt. Aktivität der Metallionen nimmt linear mit X_i zu.
G. Malow 216

0654 **Kohlenstoff/Wasserstoff-Reaktion bei Koks und Kohlen.** J. D. Blackwood, D. J. McCarthy und B. D. Cullis. (Austral. J. Chem. **20** (1967) 11, 2525–28; Melbourne, CSIRO Chem. Res. Labors., Div. of Chem. Eng.; engl.) — An 6 Kohlesorten u. bei 3 Rk.-Temp. bestimmen Vf. die Gesamt-Geschw.-Konst. für die Rk. mit H_2. Eine Arrhenius-Darst. dieser Konst. ergibt für alle untersuchten Koks- u. Kohlensorten dieselbe Reaktivität. Daraus geht hervor, daß die Reaktivität einer Kohlensorte im wesentlichen von ihrer Temp.-Geschichte abhängig ist.
D. Ertel 218

0655 **Mechanismus der Bildung von Alkalimetallozoniden.** I. I. Vol'nov, V. N. Čamova und E. I. Latyševa. (Izvest. Akad. Nauk SSSR, Ser. chim. **1967**, 6, 1183–87; Inst. obščej i neorg. Chim., Akad. nauk SSSR; russ.) — An Hand von Literaturangaben u. eigenen Unters. über die Rk. von $K^{18}OH$ mt O_3, die Einw. von atomarem Sauerstoff auf KOH u. die Rk. von KO_2 mit O_3 wird nachst. Mechanismus für die Bldg. von Kaliumozonid aus KOH u. Ozon abgeleitet: $3\,O_3 + 2\,KOH \rightarrow 3\,O_2 + 2\,KOH \cdot O + O$ (katalyt. Rk. an der Oberfläche des festen KOH), $2\,KOH \cdot O + O \rightarrow 2\,KO_2 + H_2O$, $2\,O_3 + 2\,KO_2 \rightarrow 2\,KO_2 \cdot O + 2\,O_2$, $2\,KO_2 \cdot O \rightarrow 2\,KO_3$; Gesamtgleichung: $5\,O_3 + 2\,KOH \rightarrow 5\,O_2 + 2\,KO_3 + H_2O$. — 18 Literaturangaben.
A. Blaschette 218

0656 **Kinetik der Fluorierung von Beryllium.** Patricia M. O'Donnell. (J. electrochem. Soc. **114** (1967) 12, 1206–09; NASA, Lewis Res. Center, Cleveland, O.; engl.) — Die Kinetik der Rk. von Be-Folien (0,012 cm Stärke) mit F_2 wurde im Temp.-Bereich von 125–775° bei Drücken zwischen 20 u. 700 Torr untersucht. Die Rk. befolgt das parabol. Geschw.-Gesetz. Aus der Temp.-Abhängigkeit der Geschw.-Konst k ergibt sich nahe 525° eine Änderung der Rk.-Art. Oberhalb dieser Temp. ändert sich die Krist.-Struktur des gebildeten BeF_2: Statt der hexagonalen α-Quarz- entsteht die rhomb. Tridymitform. Für die Temp.-Bereiche 125–525 bzw. 525–775° gelten die Funktionen $k[(ml/cm^2)^2/min] = 0{,}4 \cdot 10^{-5} \exp(800/RT)$ bzw. $1{,}5 \cdot 10^{-2} \exp(-8000/RT)$, aus denen sich die Aktivierungsenergien zu −0,8 bzw. 8,0 kcal/Mol ergeben. Mögliche Erklärungen des negativen Wertes sind Alterungs- oder Sinterprozesse. k zeigt eine lineare Abhängigkeit vom F_2-Druck, $k = 7{,}404 \cdot 10^{-9}\, p^{1,3}$ u. $1{,}019 \cdot 10^{-6}\, p^{1,2}$ bei 525 bzw. 675°. Es wird nachgewiesen, daß Be durch die BeF_2-Schicht zur Rk.-Zone diffundiert.
D. Gerlatzek 218

0657 **Oxydation von massivem Calcium durch die Luft.** Roland Streiff. (C. R. hebd. Séances Acad. Sci., Sér. C **265** (1967) 11, 587–90; Fac. des Sci., Nancy, Meurthe-et-Moselle; franz.) — Die Isothermen (600–675°) der Gew.-Zunahme als Funktion der Zeit lassen schließen, daß sich an der Metalloberfläche eine feste Lsg. von N_2 in CaO bildet. CaO erfährt dabei eine Gitterdehnung (4,80 auf 4,82 Å). Die Schicht wächst durch Diffusion der Kationen. Die Zus. des oxydierenden Gasgemisches (O_2/N_2) ist daher ohne Einfl. auf die Reaktionsgeschwindigkeit. Für die Aktivierungsenergie des Wachstums der Schicht ergab sich 47 kcal/Mol.
G. Schatz 218

0658 **Untersuchung der Oxydation von Aluminium bei niedriger Temperatur mittels Emissionsspektrographie.** J. M. Pierard. (Ing. Chimiste [Bruxelles] **49** (1967) 244/45, 9–11; Inst. de Fermatat Maurice Chimie; franz.) — Die Emissionsspektroskopie erlaubt es, nachzuweisen, daß die Ox. von Al-Pulver bei niederer Temp. (700°) kein AlO, sondern ein Cermet aus Al u. Al_2O_3

(Mischkrist. von Al in amorphem Al_2O_3) ergibt. Vf. beschreiben eine Vorr. zur Anregung der spektralen Emission unter Ar (Zündung des Lichtbogens bei 380 V, Betrieb bei 150000 V). G. Schatz 218

0659 **Oxydation von Zirkonium mit Kohlenoxid.** Jean-Paul Guerlet und Pierre Lehr. (C. R. hebd. Séances Acad. Sci., Sér. C **264** (1967) 23, 1833—36; Centre d'Ét. de Chim. métallurg. CNRS, Vitry-sur-Seine, Val-de-Marne; franz.) — Im Temp.-Intervall 600—850° wird Zr von CO ox., die Kinetik wird bestimmt von der Diffusion von O_2 ($CO \rightleftharpoons {}^1/_2CO_2 + {}^1/_2C$, $CO_2 \rightleftharpoons CO + O$) durch die ZrO_2-Oberflächenschicht zu dem darunterliegenden Metall. Bei Temp. > 800° bildet sich ZrC u. eine Verb. vom Typ ZrO_2C. Für die Temp. 850—1100° wird der Anteil der vorliegenden Komponenten (ZrO_2, ZrC, Zr, ZrO_2C) röntgenograph. bestimmt. Die TGA zeigt für die beiden Rk. Zr + CO_2 bzw. CO bis 800° einen ident. Verlauf, dann fällt die Kurve für CO ab, während die für CO_2 weiter ansteigt. Für beide Rk. werden die RGK (600—850°) ermittelt. G. Schatz 218

0660 **Kinetik der Sulfidisierung von Wolframpulver mit Schwefelwasserstoff.** Jean-Claude Colson und Pierre Barret. (C. R. hebd. Séances Acad. Sci., Sér. C **265** (1967) 5, 303—06; Fac. des Sci., Dijon, Côte-d'Or; franz.) — Die Rk. $W + H_2S_{(g)} \rightarrow WS_2 + H_{2(g)}$ wurde mittels TG, Röntgenbeugung, Elektronen- u. opt. Mikroskopie auf ihr kinet. Verh. untersucht. Die Rk. bewirkt eine starke Vergrößerung der Oberfläche (0,14 auf 8 m^2/g); Zwischenprod. waren nicht festzustellen. Die Rk.-Isothermen (350—505°) zeigen S-förmige Gestalt. E beträgt 38 ± 2 kcal/Mol unabhängig vom Grad der Umsetzung. Die RG als Funktion des Druckes gehorcht der Gleichung $RG = f(x)p_{H_2S}^{0,70}$. Der Wendepunkt der Isothermen u. Isobaren ist konst. x = 0,2. Für den Rk.-Verlauf wird die Gleichung vorgeschlagen: $3[1 - (1 - x)^{1/3}] = kt$ (X = Grad des Umsatzes, k = RGK, t = Zeit, danach ist die Rk. nicht diffusionsbestimmt. G. Schatz 218

0661 **Kinetische Untersuchung der Reaktion zwischen Uranmonocarbid und Wasserdampf.** Yoshio Hori und Takashi Mukaibo. (Bull. chem. Soc. Japan **40** (1967) 8, 1878—83; Dep. of Ind. Chem., Univ. of Tokyo, Hongo, Tokyo; engl.) — Die Geschw. der Rk. zwischen *UC* u. *H_2O*-Dampf wurde in einem Strömungssyst. bei 53—90° u. 20—120 Torr gemessen. Geschw. der Gasabgabe u. Gaszus. wurden chromatograph. ermittelt. Die CH_4-Abgabe, gegen die Zeit aufgetragen, ergab eine Sigmoidkurve u. ließ sich in drei Teile zerlegen. Der erste gehorcht der Avramis-Gleichung für Keimbldg. u. Wachstum, der zweite einer Rk. von quasi-erster Ordnung. Im dritten Teil nahm die Geschw.-Konst. allmählich ab. Für die beiden ersten Teile hingen die Geschw.-Konst. vom H_2O-Dampfdruck ab entsprechend der Langmuir-Adsorptionsisotherme. Aktivierungsenergie u. Adsorptionswärme für den ersten Teil wurden 13,0 u. 3,9 kcal/mol bestimmt. Das Verhältnis von H_2 zu CH_4 verändert sich während der Rk. in einer für diese typ. Art. A. Becker 218

0662 **Reaktion von reinem Kohlendioxid mit Uranmonocarbid.** Claude Moreau und Joseph Philippot. (C. R. hebd. Séances Acad. Sci., Sér. C **264** (1967) 23, 1847—50; Centre d'Ét. Nucl. de Grenoble; franz.) — Die Unters. erfolgte zwischen 500—1200° bei einem Druck von ca. 1 bar an massivem UC. Die Tendenz von UC zur Rk. mit CO_2 ist sehr gering. Im Temp.-Intervall 500—900° verläuft RG nach einem linearen Gesetz, E = 17 kcal/Mol, konst. im Temp.-Bereich 500—900°, obwohl ab 650° die RG sich verlangsamt. Oberhalb 1000° gilt ein parabol. Gesetz u. E erreicht den Wert 42,5 kcal/Mol. Unterhalb 650° ist das Rk.-Prod. UO_2 + C pulverig u. nichthaftend, ab 650° bleibt es als Film haften. Die RG ist ca. 85mal kleiner als die Rk. mit O_2. G. Schatz 218

0663 **Oxydation binärer Eisen-Chrom-Legierungen.** P. K. Footner, D. R. Holmes und D. Mortimer. (Nature [London] **216** (1967) 5110, 54—56; Central Electricity Res. Labor., Leatherhead, Surrey; engl.) — Die Minima in den Kurven der Ox.-Geschw. als Funktion des Cr-Geh. der *Fe-Cr*-Leg. konnten durch Best. der elektr. Leitfähigkeit bei hoher Temp. an Fe_2O_3-Cr_2O_3-Prod. als Funktion des Fe_2O_3-Geh. an Cr_2O_3 in Abhängigkeit vom Al_2O_3-Zusatz, durch Best. des Fe-Geh. in der durch Ox. von Fe-Cr gebildeten Oxidschicht als Funktion des Cr-Geh. der Leg. u. aus den thermoelektr. EMK geklärt werden. Die durch O_2-Diffusion bestimmte Ox.-Rk. erfolgt unter 20% Cr über Oxidbereiche mit Anionen-Fehlstellen, bei höherer Konz. über solche mit Kationen-Fehlstellen. Der vorherrschende Ionen-Transport-Mechanismus ändert sich mit fortschreitender Ox.; es ist bekannt, daß sich die Zus. des Oxidbereiches während seines Wachstums ändert. G. Schatz 218

0664 **Oxydation von ultrahochreinem Kobalt bei verschiedenen Sauerstoffdrücken im Temperaturbereich von 940—1250°.** J. A. Snide, J. R. Myers und R. K. Saxer. (Kobalt **1967**, 36, 139—42; Metals and Ceramics Div., Air Force Mater. Labor., Wright-Patterson AFB, O., USA; dt.) — Die bei O_2-Partialdrücken von 0,020 bis 0,957 atm zwischen 950 u. 1250° erfolgende Ox. von Co folgt einem parabol. Zeitgesetz. Die parabol. Geschw.-Konst. ist durch folgende Gleichung gegeben: $k = 6{,}0 \cdot 10^{-2}(P_{O_2})^{0,35} \exp - (37100/RT)$. Die experimentell ermittelten Werte für die Ox.-Geschw. stimmen ausgezeichnet mit Werten überein, die an Hand der Wagnerschen Gleichung u. des Diffusionskoeff. von Co in CoO ber. wurden. Eine metallograph. Unters. zeigte, daß sich im Temp.-Bereich von 1000—1250° eine einfache Schicht aus CoO bildet. Unterhalb 1000° entsteht an der äußeren Seite der CoO-Schicht eine dünne, zusammenhanglose Schicht aus Co_3O_4. A. Becker 218

0665 **Kinetik und Mechanismus der Bildung von Kobaltsulfat auf Kobaltoxid.** C. B. Alcock und M. G. Hocking. (Instn. Mining Metallurgy, Trans., Sect. C **75** (1967) 712, C 27—36; London, Imp. Coll., Dep. of Metallurg. Chem.; engl.) — Vf. berichten über Messungen der Bldg.-Geschw. von $CoSO_4$ auf CoO mit dem speziellen Zweck, eine bessere Kenntnis des Röstprozesses zu erhalten. Zu diesem Zweck wurde die Kinetik der Sulfatisierung von CoO-Blöcken in SO_2-, O_2- u. SO_3-Atmosphären bei Temp. zwischen 800 u. 890° näher untersucht. Es wurden zuerst Sulfatisierungsvers. auf getrennten CoO-Blöcken bei 688, 788 u. 890° während 47 Std. durchgeführt. Nach den Vers. wurde das gebildete $CoSO_4$ mit heißem W. abgewaschen u. seine Menge bestimmt. Diese Menge war dieselbe, die nach erneutem Wiegen der von Co · SO_4 befreiten Blöcken gefunden wurde. Mkr. Unters. von polierten Querschnitten von sulfatisierten u. gewaschenen Oxidblöcken ließen eine einige µm dicke Schicht auf dem CoO erkennen, die als *Co_3O_4* identifiziert werden konnte. Messungen der Zeitabhängigkeit des Sulfatwachstums bei 600, 688 u. 890° ergaben, daß die Bldg.-Geschw. einem parabol. Geschw.-Gesetz folgt; bei 829° jedoch wurde nach einem Anfangsgebiet parabol. Verh. ein lineares Geschw.-Gesetz befolgt. Zur Unters. der Wachstumsrichtung der $CoSO_4$ u. Co_3O_4-Schichten wurden vor dem Sulfatieren die CoO-Blöcke im Vakuum durch Aufdampfen mit einer dünnen Au-Schicht bedeckt. Mkr. wurde gefunden, daß die scheinbare Tiefe des Sulfats über dem mit Au bedeckten CoO u. dem CoO allein dieselbe war, woraus geschlossen wurde, daß die Au-Schicht nicht als Schutz wirkte. Weitere Vers. über die Ox. von mit Au bedecktem CoO zu Co_3O_4 in Luft ergaben, daß nach einer Woche bei 688° u. auch nach 3 Tagen bei 850° die Au-Schicht auf dem CoO blieb, woraus geschlossen wurde, daß das Wachstum der Co_3O_4-Schicht auf dem CoO durch Einwärtswanderung von Sauerstoff erfolgt. Das für das Wachstum der $CoSO_4$-Schicht gefundene parabol. Geschw.-Gesetzt besagt, daß es sich um einen durch Diffusion kontrollierten Prozeß handelt. Die Beobachtungen an den mit Au bedecktem CoO zeigen, daß das Wachstum des $CoSO_4$ nur an der Grenzfläche $CoSO_4$-Gas erfolgt, wofür 2 mögliche Mechanismen besprochen werden. Die Werte der parabol. Geschw.-Konst. für die Sulfatisierung des CoO bei verschiedenen Temp. sind angegeben. C. Gottfried 218△

0666 **Kinetik diffusionsabhängiger Reaktionen auf zylindrischen Oberflächen.** John R. Hutchins. (Trans.

metallurg. Soc. AIME **239** (1967) 12, 1990–92; Surface Chem. Res., Corning Glass Works, Corning, N.Y.; engl.) — Die Ox. von Ni-Drähten von 0,39 mm ⌀ in reinem O_2 von 1 atm wird zwischen 1050 u. 1200° untersucht. Die RG läßt sich durch die Valensi-Beziehung ausdrücken. Die Aktivierungsenergie wird zu 50,5 ± 1,8 kcal/Mol bestimmt. H. Tulhoff 218

0667 **Oxydation von Ni–Cr–Fe-Legierungen in Kohlendioxid bei 800–1000°.** J. M. Francis, J. A. Jutson und J. H. Buddery. (J. Mater. Sci. **2** (1967) 1, 78–87; Mater. Div., Central Electr. Gen. Board, Berkeley Nucl. Labor., Berkeley, Glos.; engl.) — Auf Hastelloy X u. Inconel 600 wurden in reinem CO_2 Oxidfilme erzeugt u. miteinander verglichen. Beide Leg. bestanden aus der γ-Phase des tern. Fe–Cr–Ni-Syst., ihre mechan. Eig. wurden weitgehend von der Verteilung intermetall. Phasen u. Carbide bestimmt. In der Oxidschicht wurden mit Reflexionselektronenbeugung eine Rhomboederphase zu Cr_2O_3 oder Fe_2O_3 gehörend u. eine Spinellphase gefunden, mit Röntgenbeugung konnten die Gitterabstände der einzelnen Spinelle bestimmt werden. Quant. wurde ein Anstieg des Oxidgeh. mit steigender Temp. gemessen. Die Schliffbilder wurden licht- u. elektronenmkr. verglichen. Nach kurzer Ox.-Zeit war Hastelloy bevorzugt an den Korngrenzen, Inconel im Korninneren angegriffen. Nach beendeter Ox. hatte sich auf Hastelloy ein gleichmäßiger Film gebildet, während bei Inconel etwa 20% der Körner bes. starke Rk. zeigten. Die Ausbldg. der Rhomboeder- u. der Spinellphase in beiden Leg. wird diskutiert, ebenso wie der Einfl. von Leg.-Elementen geringer Konz. wie Mn oder Al. Es scheint sich bei der Ox. um Kationendiffusion durch anfänglich gebildetes Chromoxid zu handeln. Die mechan. Eig. der Oxidschicht hängt von der lagenweisen Verteilung von Rhomboeder- u. Spinellphase u. dem Einbau von Carbiden ab. R. Zimmer 218

0668 **Kinetik der Reaktion einiger pyrophorer Metalle mit Sauerstoff.** Thomas M. Gorrie, Peter W. Kopf und Sidney Toby. (J. physic. Chem. **71** (1967) 12, 3842–45; School of Chem., Rutgers, State Univ., New Brunswick, N.Y.; engl.) — Pyrophores *Bi*, *Co*, *Cu*, *Fe*, *Pb*, *Ni* u. *Sn* wurden durch Zers. der Citrate, Oxalate oder Tartrate bei 350–450° im Vakuum hergestellt. Die Rk.-Geschw. sind erster Ordnung, bezogen auf den O_2-Druck u. erfüllen die Arrhenius-Gleichung von −120 bis +75°. Die gefundenen Aktivierungsenergien E sind für die einzelnen Metalle stark verschieden, so daß Diffusionseffekte nur eine untergeordnete Rolle spielen. Die gefundenen Aktivierungsentropien sind den bekannten Rk.-Entropien sehr ähnlich. Es wurde ein Kompensationseffekt beobachtet [log A (A = präexponentieller Faktor) ist für alle untersuchten Metalle proportional E], so daß eine Freie Aktivierungsenergie ΔG^* angegeben werden kann, die für die Ox. pyrophorer Metalle u. möglicherweise auch die Ox. anderer Metalle, die nicht durch eine Oxidschicht geschützt werden, gleich ist u. etwa 18,0 kcal/Mol beträgt. W. Gauster 218

0669 **Kohlenmonoxidabscheidung aus Nickel.** T. Ohtsuki. (Suppl. Nuovo Cimento [1] **5** (1967) 1, 170–78; Tokyo Shibaura Electric Co., Kawasaki; engl.) — Die Entw. von CO aus hochreinem Ni (zwischen 870 u. 1100°) u. aus Mg-freiem Ni hängt von der Diffusion des Sauerstoffes durch Ni nach der Gleichung $D = 1{,}32 \cdot 10^6 \exp(-81400/RT)\ cm^2 \cdot s^{-1}$ ab. Bei Anwesenheit von Mg im Ni diffundiert das Mg bei Erhitzen im Vakuum durch das Ni zur Oberfläche, verdampft u. wirkt als Getter gegen entweichendes Gas. In diesem Fall ist die CO-Entw. aus dem Ni auch von der Verdampfung des Mg abhängig. G. Malow 218

0670 **Strukturcharakteristiken des Oxides auf der (111)-Fläche von Kupfer.** J. V. Cathcart und G. F. Petersen. (J. electrochem. Soc. **115** (1968) 6, 595–97; Metals and Ceramics Div., ORNL., Oak Ridge, Tenn.; engl.) — Von einem Cu-Einkrist. wurden Proben mit (111)-Oberflächen abgespalten, zuerst mechan. u. dann elektrolyt. in 60% H_3PO_4 poliert, gewaschen u. 1 h in H_2 bei 500° geglüht, um Oxide auf der Oberfläche zu reduzieren. Ox. wurde in O_2 bei 200° u. einem Druck von etwa 500 Torr. Die Dicke des Oxidfilmes konnte mit einem Ellipsometer während der Ox. gemessen werden. Die Unters. nach einer Röntgenstrahlmeth. ergab eine hohe Orientierung des Oxides. Die epitaxiale Beziehung war (111) Cu_2O/(111) Cu. Die drei in der Metalloberfläche liegenden ⟨110⟩-Cu-Richtungen waren parallel zu den entsprechenden ⟨110⟩-Cu_2O-Richtungen in der Filmebene. Diese Bedingungen ergeben sich durch eine parallele Orientierung von Metall- u. Oxidgitter oder eine antiparallele Orientierung, d. h. das Oxidgitter ist um 180° gedreht. Das Auftreten epitaxialer Spannungen konnte durch Messung der Gitterkonst. d quant. ausgedrückt werden. Elektronenmkr. Unters. von Oberflächenabdrücken oder abgelösten Oxidfilmen zeigten nur geringe Dickenunterschiede. Die Filme enthielten viele Strukturfehler, die als Wege leichter Diffusion wirken. Eine Beziehung zwischen der Ox.-Geschw. u. ihrer Ausdehnung konnte gezeigt werden. Die Korngrenzenabstände u. der Diffusionskoeff. in Cu_2O wurden abgeschätzt u. daraus geschlossen, daß der Materialtransport über diese Wege der leichten Diffusion erfolgen kann. R. Zimmer 218

0671 **Einfluß des Druckes auf die Kinetik der Reduktion gewisser Metalloxide mit Wasserstoff.** Pierre Barret. (C. R. hebd. Séances Acad. Sci., Sér. C **265** (1967) 25, 1388–91; Labor. de Rech. sur la Réact. de Solides assoc. au CNRS, Dijon, Côte-d'Or; franz.) — Ausgehend von der Abhängigkeit der Red.-Geschw. von Oxiden durch H_2 von der Temp. u. dem Druck werden durch theoret. Überlegungen die reaktionsbestimmende Funktion der Grenzschichtrk. abgeleitet. Auf diese Weise werden verständlich gemacht: der katalyt. Einfl. von Metallpartikeln auf Grund ihrer Wrkg. auf die Adsorptions- u. Dissoziationsgeschw. von H_2; der Einfl. der Dicke der pulverförmigen Oxidschicht durch Dampfdruckerniedrigung des bei der Red. gebildeten W. u. durch Besetzung zahlreicher Stellen durch nicht desorbierte W.-Moleküle. G. Schatz 218

0672 **Thermodynamik der Chlorierung von Eisen-, Kobalt-, Nickel- und Kupfersulfiden.** R. F. Pilgrim und T. R. Ingraham. (Canad. metallurg. Quart. **6** (1967) 1, 39–54; Extraktion Metallurg. Res. Section, Mines Branch, Dep. of Energy, Mines and Resources, Ottawa; engl.) — Ausgehend von der Annahme, daß die Brutto-eig. der Mineralien in einem Konzentrat von Fe-, Co-, Ni- u. Cu-Sulfiden denen der einzelnen reinen Sulfide entsprechen, werden Literaturdaten über die thermodynam. Eig. der Sulfide, Chloride u. Oxide benutzt, um für eine Chlorierungsrk. die Bedingungen vorherzusagen, bei denen neben freiem Schwefel Hämatit u. ein Gemisch von Co-, Ni- u. Cu-Chloriden anfällt. Die möglichen Rk. werden tabellar. angegeben. D. Graf 218

0673 **Thermische Zersetzung von Ammoniumperchlorat bei niedrigen Temperaturen.** V. R. Pai Verneker und J. N. Maycock. (J. inorg. nuclear Chem. **29** (1967) 11, 2723; Res. Inst. for Advanc. Stud., Martin Co. Div., South Rolling Road, Baltimore, Md.; engl.) — Die therm. Zers. von NH_4ClO_4 verläuft bei Zers.-Temp. von 50–400° nach folgender Bruttogleichung: $4\,NH_4 \cdot ClO_4 \rightarrow 2\,Cl_2 + 3\,O_2 + 8\,H_2O + 2\,N_2O$. Der Einfl. verschiedener Parameter auf die Zers.-Geschw. wird untersucht. Altern von NH_4ClO_4 u. Vorlage von den entstehenden Zers.-Gasen verlangsamen die Reaktion. Durch $Cr_2O_7^{2-}$, CrO_4^{2-} oder durch $Ca(ClO_4)_2$ dotiertes NH_4ClO_4 zersetzt sich langsamer als reines NH_4ClO_4. Verschiedene mögliche Rk.-Mechanismen werden diskutiert. H. J. Schönherr 218

0674 **Thermogravimetrische und gleichzeitige kontinuierliche IR-absorptionsspektrometrische Untersuchung der Zersetzung des Mangan(II)-carbonats.** J. András Hegedüs und B. András Kiss. (Magyar kém. Folyóirat [Ung. Z. Chem.] **73** (1967) 1, 41–43; Budapest, Híradástechnikai Ipari Kutató Intézet; ung.) — Zur Gewinnung weiterer Informationen über therm. Zers.-Rk. werden die bei der Titelrk. entstandenen gasf. Abbauprod. mit Hilfe eines Trägergases durch die Gasküvette eines

IR-Spektralphotometers geleitet u. durch die Registrierung der Absorption wird bei einer geeigneten Wellenlänge die Menge des entwickelten Gases bestimmt. I. Náray-Szabó 218△

0675 **Differentialthermoanalyse mit strömendem Gas. – Dehydratation von $CuSO_4 \cdot 5H_2O$ und Oxydation von UO_2.** Tadao Ishii, Takeji Furumai und Gen Takeya. (J. chem. Soc. Japan, ind. Chem. Sect. [Kōgyō Kagaku Zasshi] **70** (1967) 10, 1652–56; Dep. of Appl. Chem., Fac. of Engng., Hokkaido Univ., Sapporo, Japan; jap., Auszug: engl.) – Unters. der Dehydratation von $CuSO_4 \cdot 5H_2O$ ($\rightarrow CuSO_4 \cdot 3H_2O + 2H_2O$) u. der Ox. von UO_2 ($\rightarrow U_3O_7 \rightarrow U_3O_8$) durch Luft mit Hilfe der DTA, bei der Gas durch die gepulverte Probe strömt. Aus den Ergebnissen wird die Aktivierungsenergie nach einer Kissinger-Meth. berechnet. I. Zoll 218

0676 **Klassifizierung von Katalysatoren.** Robert W. Coughlin. (Ind. Engng. Chem., int. Edit. **59** (1967) **9**, 45–57; Lehigh Univ.; engl.) – Abriß der heutigen Auffassung des Wesens der heterogenen Katalyse. Vf. klassifiziert die Katalysatoren nach elektron., ster. u. geometr. Faktoren. A. Meixner 220

0677 **Isergonische Beziehungen und ihre Bedeutung für die Katalyse.** Richard L. Schowen. (J. pharmac. Sci. **56** (1967) 8, 931–43; Dep. of Chem., Univ. of Kan., Lawrence; engl.) – Übersicht. – 56 Literaturangaben. G. Malow 220

0678 **Einfluß der Geometrie der Mikroporen auf einige charakteristische Eigenschaften katalytischer Systeme.** Giuseppe Ferraiolo, Adriano Reverberi und Dario Beruto. (Ann. Chimica **57** (1967) 4, 382–90; Genova, C.N.R., Centro Studi di Chim. appl.; ital.) – Vf. bestimmten an 5 verschieden zusammengesetzten SiO_2–Al_2O_3-Katalysatoren die Porositätseig. u. ermitteln unter Verwendung der von Dollimore et al. (J. appl. Chem. **14** (1964), 109) vorgeschlagenen Meth. die Adsorptions- u. Desorptionsisothermen der Katalysatoren bei einer Temp. von –195,8°. Hieraus werden die dimensionalen Verteilungskurven mit Hilfe der l. c. angegebenen Formel bestimmt. Es wurde hierbei eine gute Übereinstimmung mit den erhaltenen Oberflächenwerten u. den BET-Werten gefunden. Die klass. Best. ergaben jedoch Werte, die die BET-Werte beträchtlich überstiegen. C. Gottfried 220△

0679 **Einfluß der Geometrie der Poren auf die Aktivität und auf die Alterung der Katalysatoren.** Giuseppe Ferraiolo und Adriano Reverberi. (Ann. Chimica **57** (1967) 4, 450–61; ital.) – Vgl. vorst. Referat. – Vf. berichten über einen theoret. Vgl. zwischen einem zylindr. u. einem kon. Katalysatorporenmodell. Es wurde festgestellt, daß der letztere Typ weniger aktiv ist als der erste Typ, dessen Aktivität nach kurzer „Porenöffnungsvergiftung" abfällt, bis vollständige Desaktivierung eintritt. Die Vers.-Ergebnisse an SiO_2–Al_2O_3-Katalysatoren von anderen Seiten stimmen mit den theoret. Voraussagen überein. C. Gottfried 220△

0680 **Einfluß der „ink bottles" auf die Selektivität poröser Katalysatoren.** Giuseppe Ferraiolo und Adriano Reverberi. (Ann. Chimica **57** (1967) 5, 588–94; ital.) – Vgl. vorst. Referate. – Unter „ink bottle"-Poren verstehen Vf. abgestumpfte kon. Poren. Vf. untersuchten auf theoret. Grundlage die Selektivität von solchen Poren enthaltenden Katalysatoren, u. zwar für den Fall einer Kinetik erster Ordnung bei konst. Temp. u. konst. Druck. Lösungen der aufgestellten Differentialgleichung zeigten, daß die obige Art von Poren die Selektivität der Katalysatoren u. damit die Leistung eines katalyt. Syst. herabsetzt. C. Gottfried 220△

0681 **Neue Methode der Bestimmung der Beschaffenheit der aktiven Zentren metallischer Katalysatoren.** Ž. V. Strel'nikova, G. I. Emel'janova und V. P. Lebedev. (Ž. fiz. Chim. **41** (1967) 9, 2299–2302; Mosk. gos. univ. im. Lomonosowa; russ.) – Die Meth. der Best. der Anzahl u. Zus. akt. Zentren in Katalysatoren durch Vergiftung nach Fillipov et al. (ibid. **40** (1966) 1846) wird an Hand von Literaturdaten mit anderen Meth. verglichen. Die Beschränkungen der Meth. werden besprochen. J. Eliassaf 220

0682 **Kinetik der Regeneration einer unbeweglichen Katalysatorenschicht unter isothermen Bedingungen.** G. M. Pančenkov, Ju. I. Laz'jan und Ju. M. Žorov. (Ž. fiz. Chim. **41** (1967) 9, 2276–81; Mosk. inst. neftechim. i gazovoj prom. im. Gubkina; russ.) – Es wird ein mathemat. Ausdruck des nichtstationären Regenerationsprozesses einer unbeweglichen Katalysatorschicht unter isothermen Bedingungen aufgestellt. J. Eliassaf 220

0683 **Kinetik der Katalysator-Regeneration.** V. Ramaswamy und F. J. Stermole. (J. chem. Engng. Data **12** (1967) **4**, 552–54; Colo. School of Mines, Golden, Colo.; engl.) – Die Kinetik der Katalysator-Regeneration wurde in einem Differential-Reaktor an einem erschöpften Tonkatalysator (Filtrol clay 110) aus einer gewöhnlichen Crackanlage untersucht. Bei Anwesenheit eines Überschusses an Sauerstoff verlief die Regenerationsrk. nach 1. Ordnung in Bezug auf die Kohlenstoffkonzentration. Die Strömungsgeschw. der Luft betrug 0,03–0,095 cubic foot/min. u. die Temp. 940 bis 1045°F. Die Aktivierungsenergie betrug ca. 27,00 kcal/mol. G. Malow 220

0684 **Heiz-Schwenk-Röntgenbeugungs-Apparatur zur Untersuchung ausgewählter Katalysatoren.** James L. McAtee jun. (J. Catalysis **9** (1967) **3**, 289–94; Baylor Univ., Waco, Tex.; engl.) – Es wird eine neue App. beschrieben, die es erlaubt, Röntgenbeugungsbilder über ausgewählte Max. hinweg bei gleichzeitiger Erhitzung mit festgesetzter Geschw. aufzunehmen. Hiermit lassen sich kleinere Veränderungen des Gitterbaus in Ggw. von verschiedenen Gasen bei der Temp. ihres Auftretens beobachten. Mit dieser App. wurde die Veränderung der (001)-Gitterabstände (d) von *Ca-*, *Na-* u. *Cr-Montmorillonit* bei Temp. von 20–300° verglichen. Die drei Arten lassen sich leicht an der Form der Kurven d gegen Temp. unterscheiden. Ebenso ließ sich an den Kurven der (111)-Gitterkonst. von *NaX-*, *NaY-* u. *MgY*-Zeolithen bei 200–800° sowohl zwischen den Zeolith-Typen wie zwischen den ausgetauschten Kationen unterscheiden. A. Becker 220

0685 **Röntgenkleinwinkelstreuung durch Katalysatoren auf einer Auflage.** Claude Schiller. (C. R. hebd. Séances Acad. Sci., Sér. C **265** (1967) 25, 1439–42; Inst. nat. de Rech. chim. appl., Paris; franz.) – An 3 Proben wird gezeigt, daß die Best. der Form der Nickelkristallite durch Verbreiterung der Reflexionen (hkl) u. durch Röntgenkleinwinkelstreuung eine gute Übereinstimmung geben. Die Meßresultate sind in 3 Diagrammen zusammengestellt. Bei Katalysatoren ist die Röntgenkleinwinkelstreuung zur Best. der Textur des katalyt. akt. Metalles bes. geeignet. O. Rösner 220

0686 **Verwendung von Butylamin als Titrationsmittel für die Oberflächenacidität von Kieselsäure-Tonerde-Katalysatoren.** Giovanni Farné. (Ann. Chimica **57** (1967) 4, 462–70; Genova, C.N.R., Centro Studi di Chim. Appl.; ital.) – Ein SiO_2-Katalysator mit 13% Al_2O_3 wurde durch Erhitzen auf 600° an der Luft aktiviert u. hierauf in gesätt. W.-Dampf rehydratisiert. Nach erneuter Aktivierung bei 150, 300 u. 450° u. Abkühlen wurden die Proben in Kontakt mit Butylamin (I) bei 10^{-5} bis 10^{-1} Torr gebracht. IR-spektroskop. wurde bei niedrigen Drücken Absorption von I an Brönsted- u. Lewis-Zentren beobachtet. Bei höheren Drücken wurde eine zunehmende Wechselwrkg. zwischen freien OH-Gruppen u. I festgestellt, wobei I-Mol. nacheinander mit den ersten adsorbierten Mol. in Wechselwrkg. treten u. starke H-Bindungen eingehen. C. Gottfried 220△

0687 **Basische Oberflächenzentren von SiO_2–Al_2O_3-Katalysatoren.** Giovanni Farné und Enrico Rubino. (Atti Accad. naz. Lincei, Rend., Cl. Sci. fisiche, mat. natur. [8] **43** (1967) 6, 514–20; ital.) – Vgl. vorst. Referat. – Die Oberflächenbasizität von Katalysatorpulver aus 87% SiO_2 u. 13% Al_2O_3 wurde durch potentiometr. Titration mit $HClO_4$ in Essigsäureanhydrid

unter N_2 bestimmt. Das Pulver hatte (BET-Meth. mit N_2) eine Oberfläche von 457 m^2/g. Katalysatorpulver wurde auf 120, 300 bzw. 500° erhitzt u. danach wurden die Oberflächen-OH-Gruppen titriert (ca. 10^{20}OH/g)
E. Otto 220

0688 **Aktivkohle als Katalysatorträger.** 1. Mitt. **Adsorptionseigenschaften und Kristallstruktur der Katalysatoren Al_2O_3/C.** Józef Podkówka. (Zeszyty naukowe Politechn. Śląskiej, Chem. **1967,** 40, 49–60; pol.) — Adsorptionseig. u. Krist.-Struktur des Syst. Al_2O_3/C, in welchem die Aktivkohle nicht nur als topophysikal. Aktivator, sondern auch als Trägersubstanz dient, wurden untersucht u. die Vers.-Ergebnisse graph. dargestellt. Der Mechanismus der Katalysatorbldg. auf fein- u. grobporigen Kohlen ist unterschiedlich. Die Geschw. der Dehydratation wächst mit dem Porenradius der Aktivkohle. B. Karos 220

0689 **Aktivkohle als Katalysatorträger.** 2. Mitt. **Kapillarstruktur von Aktivkohle und katalytische Aktivität von Al_2O_3 und Ni.** Józef Podkówka. (Zeszyty naukowe Politechn. Śląskiej, Chem. **1967,** 40, 61–78; pol.) — 1. vgl. vorst. Referat. — Aktivkohle mit kleinen Kapillaren ist nicht geeignet als Trägersubstanz für Al_2O_3 u. Ni-Katalysatoren, während der Einsatz von Aktivkohle mit großen Kapillaren (Radius 35–65 Å) aktive u. dauerhafte Katalysatoren ergibt, deren mechan. Widerstandsfähigkeit jedoch nur gering ist. Die besten Eig. besitzen die auf der Basis von Aktivkohle, deren Kapillaren einen mittleren Radius von 25–40 Å besitzen, hergestellten Katalysatoren. B. Karos 220

0690 **Katalytische Eigenschaften von Titan-, Zirkonium- und Hafniumdioxid bei Dehydrierungs- und Dehydratisierungsreaktionen.** I. R. Konenko, A. A. Tolstopjatova und A. A. Balandin. (Izvest. Akad. Nauk SSSR, Ser. chim. **1967, 3,** 496–502; Inst. org. chim. im. Zelinskogo AN SSSR; russ.) — Bei der Dehydrierung u. Dehydratisierung von iso-C_3H_7OH weist TiO_2 eine bes. große, HfO_2 u. ZrO_2 eine kleinere selektive Wirkung auf. Ein Zusammenhang zwischen der katalyt. Aktivität u. der Struktur der d-Schale des Kations wird nachgewiesen. J. Eliassaf 220

0691 **Elektroballistische Untersuchung von V_2O_5-Katalysatoren mit modifizierten Gasen.** Zdzisław Sokalski und Wincenty Turek. (Zeszyty naukowe Politechn. Śląskiej, Chem. **1967,** 40, 13–25; Kat. Chem. Fiz.; pol.) — Die Änderung der Elektronenstruktur von V-Katalysatoren bei der Ox. von Naphthalin zu Phthalsäureanhydrid wurde mit der elektroballist. Meth. untersucht. Die Katalysatorproben wurden bei 650° in einem Sauerstoffstrom erhitzt. Die elektroballist. Kurven aktiver Katalysatoren deuten im Bereich positiver elektroballist. Potentiale auf die Bldg. stabiler Adsorptionskomplexe mit Chemosorptionscharakter. Die elektroballist. Kurven modifizierter Katalysatoren zeigen keine Änderungen der Elektronenstruktur während der Behandlungszeit. Die charakterist. Kurven nichtaktiver oder wenig aktiver Katalysatoren zeigen im Bereich negativer Potentiale die Bldg. instabiler Adsorptionskomplexe an. Diese Komplexe mit physikal. Adsorption zerfallen teils schon während der Abkühlung.
J. J. Pohl 220

0692 **Defektstruktur des Kupferjodids und seine katalytischen Eigenschaften.** Henry Wise und Bernard J. Wood. (J. physic. Chem. **71** (1967) 13, 4517–22; Solid-State Catalysis Labor., Stanford Res. Inst., Menlo Park, Calif.; engl.) — Änderungen in der Defektstruktur von CuJ wurden chem. (durch Einw. von J_2) u. durch Ionenwanderung in einem angelegten elektr. Feld erzeugt. Die Defektstellendichte des CuJ ist für die katalyt. Zers. von Isopropyljodid zu Propylen u. Propan die geschwindigkeitsbestimmende Komponente. Geringe Konz. an Defektstellen scheinen die Bldg. von Propylen zu begünstigen. Die Kinetik der Rk. verläuft zwischen 500 u. 625°K nach 1. Ordnung in Bezug auf i-C_3H_7J. Die Aktivierungsenergie für die katalyt. Rk. betrug 5 kcal/mol. Es wird ein Zers.-Mechanismus diskutiert.
G. Malow 220

0693 **Chemisch stimulierte Exoemission aus einem Silberkatalysator.** Norio Sato und Masahiro Seo. (Nature [London] **216** (1967) 5113, 361–62; Phys. Chem. Labor., Fac. of Engng. Hokkaido Univ., Japan; engl.) — Es wurde die Exoelektronenemission an einem Ag-Katalysator während der Ox. von Äthylen bei Temp. zwischen 290° u. 425° untersucht. Zwischen der Emissionsrate u. der Bldg.-Geschw. des Äthylenoxids ergab sich eine reproduzierbare Beziehung. G. Malow 220

0694 **Parawasserstoff-Umwandlung an Gold–Mangan-Legierungen.** Vorl. Mitt. S. Engels. (Mber. dtsch. Akad. Wiss. Berlin **9** (1967) **3,** 202–03; Inst. f. anorganische Katalyseforsch.; dt.) — Au–Mn-Leg. (bis 30 Atom-% Mn) entsprechen als Katalysatoren der Parawasserstoff-Umwandlung im Temp.-Bereich von 510–590° in ihrem energet. Verh. bis 13 Atom-% Mn dem reinen Au (Aktivierungsenergie ≈ 11 kcal · Mol^{-1}). Bei den Proben um 15–21 Atom-% Mn sinkt die Aktivierungsenergie auf Werte um ≈ 9 kcal · Mol^{-1}. Dieser Abfall setzt sich bei den Leg. mit 23,2; 26,8 u. 30,0 Atom-% Mn fort. Für die Leg. mit 30,0 Atom-% Mn ergab sich die Aktivierungsenergie zu 6,9 kcal · Mol^{-1}. An den Leg. mit 9,8; 13,0; 15,6; 18,1 u. 20,8 Atom-% Mn wurde prakt. die gleiche spezif. Aktivität (bezogen auf $10^3/T = 1,23$) wie bei reinem Au gefunden. Bei weiterem Mn-Zusatz steigt die spezif. Aktivität dann stark an. Die Cremer-Constable-Beziehung wird von den Leg. mit Mn-Geh. bis 20,8 Atom-% Mn gut erfüllt. Die dann noch folgenden Leg. bis 30,0 Atom-% Mn zeigen den Kompensationseffekt nur in erster Näherung. Leg. des Mischkrist.-Bereichs von etwa 15–21 Atom-% Mn bilden bei geeigneter Wärmebehandlung die tetragonal-raumzentrierte (ferromagnet.) Au_4Mn-Überstrukturphase (für eine Leg. mit stöchiometr. Zus. liegt der Curie-Punkt bei etwa 361°K). Im vorliegenden Fall wurden die Leg. mit 18,1, 20,8 u. 21,3 Atom-% Mn 100 Std. bei 325° getempert. Die Ausbldg. der geordneten Au_4Mn-Phase zeigte sich in einer deutlichen Erniedrigung der Aktivierungsenergie (es wurden jeweils Werte um 4 kcal · Mol^{-1} gefunden) sowie in einem starken Anstieg der spezif. Aktivität. Gegenüber den ungeordneten Leg. vergleichbare Aktivitäten wurden bei wesentlich tieferen Temp. gemessen (z. B. Probe 18,1 Atom-% Mn: a) ungeordnet: log 10 A (bei $10^3/T = 1,23$) = 1,22, b) geordnet: log. 10 A (bei $10^3/T = 1,70$) = 1,14). G. Malow 220

0695 **Katalytische Zersetzung von H_2O_2 unter dem Gesichtspunkt des elektrokinetischen Verhaltens des Systems NiO(dotiert)–H_2O.** Jan Izydorczyk und Zdzisław Sokalski. (Zeszyty naukowe Politechn. Ślaskiej, Chem. **1967,** 40, 39–48; Kat. Chem. Fiz.; pol.) — Mittels der Strömungspotential-Meth. wurde das elektrokinet. Potential (ξ) des Syst. mit Li dotiertes NiO–H_2O bestimmt. Als Katalysator bei den kinet. Best. der H_2O_2-Zers. diente das dotierte NiO + 1–4 Atom-% Fe. Es besteht ein Zusammenhang zwischen der RGK der Zers. u. ξ des Katalysators. Dabei wurde vorausgesetzt, daß sich H_2O_2 an der Grenzfläche Katalysator–Fl. zersetzt u. die Zers. entweder diffusions- oder adsorptionsbestimmt ist u. vom physikal.-chem. Zustand der Katalysator-Oberfläche beeinflußt wird.
G. Schatz 220

0696 **Chemosorption von Stickstoff und Mechanismus der Ammoniaksynthese an im Ultravakuum gereinigtem Eisen.** I. I. Tret'jakov, B. R. Šub, A. V. Skljarov und S. Z. Roginskij. (Doklady Akad. Nauk SSSR **175** (1967) 6, 1332–35; Inst. chim. fiz. AN SSSR; russ.) — Die Geschw. der NH_3-Bldg. W an 99,99% reinem, im Ultravakuum gereinigtem Fe ist bei 400° $W = kp_{H_2}^{1/2}$ (S_N), (p_{H_2}–H_2-Druck, S_N–Konz. des chemosorbiertem atomaren N, welche in vorliegender Arbeit gemessen wurde). An reinem Fe wird W nicht durch die N-Adsorption begrenzt. J. Eliassaf 220

0697 **Kinetische Untersuchung der katalytischen Graphitierung von harten Kohlenstoffen.** C. Yokokawa, K. Hosokawa und Y. Takegami. (Carbon [Oxford] **5** (1967) 5, 475–80; Dep. of Hydrocarbon Chem., Fac. of Engng.; Kyoto Univ., Kyoto, Japan; engl.) — Die bei 800° aus einem Divinyl-Bzl.-Polymeren (DVBP), Amberlite IRC-50 (IRC-50) u. einem Furfural–Furan-Harz (FFR) mit CuO-Zusatz (3,5–10 Gew.-% Cu) hergestellten Kohlenstoffe wurden bei Temp. zwischen 1450 u. 1525° 30—180 min erhitzt. Die Graphitierung verlief bis zu einem gewissen Grad (d = 3,36 ~ 3,37 Å) u. die Menge des graphitierten Materials nahm nach einer Geschw.-Gleichung 1. Ordnung zu. IRC-50-Kohle wurde am leichtesten graphitiert. Die Aktivierungsenergie der Prozesse betrug für die Kohlenstoffe aus IRC-50 u. DVBP ~ 100 kcal/mol u. für die Kohlenstoffe aus FFR etwas mehr. Es wird angenommen, daß das Cu die C—C-Bindungen aufspaltet u. die Graphitierung beschleunigt. G. Malow 220

0698 **Einige neue Aspekte des Mechanismus von Wasserstoffaustausch- und Hydrierungsreaktionen über Metallkatalysatoren. Katalytische Austauschreaktionen zwischen Methan und Tritium am Nickelkatalysator.** L. Guczi und P. Tétényi. (Acta chim. Acad. Sci. hung. **51** (1967) 3, 275—83; Budapest, Hung. Acad. of Sci., Inst. of Isotopes; engl.) — Der Isotopenaustausch zwischen CH_4 u. HT an Ni-Katalysatoren wurde untersucht. Die Rk.-Kinetik u. die Aktivierungsenergie (34,5 kcal) wurden bestimmt. Es wurde festgestellt, daß der Austausch zwischen HT u. H_2 leichter u. rascher vor sich geht als zwischen CH_4 u. HT. Diese Tatsache ist in Übereinstimmung mit den Ergebnissen der thermodynam. Berechnungen u. kann durch die schnellere Adsorption von H_2 erklärt werden. Meßapp. u. -Verf. werden beschrieben. Der Ni-Katalysator (BET-Oberfläche mit N_2: 4,2 m^2/g) wurde durch Red. von $Ni(OH)_2$ im H_2-Strom bei 400° hergestellt. E. Schulte 220△

0699 **Beschleunigung der thermischen Zersetzung von German durch Metall–Germanium-Kontakte.** J. C. Kuriacose. (Indian J. Chem. **5** (1967) 12, 646—47; Dep. of Chem., Indian Inst. of Technol., Madras; engl.) — Bei der Unters. der elektr. Eig.-Änderungen eines *Ge*-Films während der Zers. von German (I) beobachtete Vf., daß bei Anwesenheit von Pt- oder *W*-Drähten als Metallkontakte die Zers.-Geschw. von I sich vervierfachte. Die Ursache sieht Vf. in der Bldg. eines größeren Aktivitätsgebietes an der Metall–Halbleiter-Zwischenschicht. R. Blank 220

0700 **Verwendung von Titancyclopentadienylverbindungen mit Aluminiumalkylen als Polymerisationskatalysatoren. 1. Mitt. Verwendung von Cyclopentadienyltitanoxidchlorid-Komplexen mit Aluminiumalkylen als Polymerisationskatalysator für Äthylen.** Ch. Martinson und A. Kol'k. (Izvest. Akad. Nauk Est. SSR, Chim., Geol. **16** (1967) 3, 223—28; estn., Auszug: engl.) — Lösl. Komplexe von $(C_5H_5TiOCl)_3$ mit $(i\text{-}C_4H_9)_3Al$ u. $(i\text{-}C_4H_9)_2AlCl$ wurden als Polymerisationskatalysatoren für Äthylen verwendet. Der Einfl. der Temp. u. von Zugaben wie Toluol, Dichloräthan, Chlorbutan u. Chlorbenzol auf die Aktivität des Katalysators wurde bestimmt. Die Katalysatoren erwiesen sich als wenig aktiv. Die Zugabe von organ. Chlorverb. erhöht die katalyt. Aktivität. J. J. Pohl 220

0701 **Blitzlichtphotolyse unter nicht-isothermen Bedingungen.** George Burns. (Canad. J. Chem. **45** (1967) 20, 2369—74; Dep. of Chem., Univ. of Toronto, Ontario; engl.) — Verfälschungen bei der blitzlichtphotolyt. Messung von RGK infolge von Temp.-Erhöhung lassen sich teilweise ausschließen, wenn das gesamte Rk.-Gefäß gleichmäßig von der Photolyselampe u. der Analysatorlampe bestrahlt wird. Ein solches Gerät wurde zur Unters. der Rekombination von *Br-Atomen* (in *He* bei 90 ± 20°) eingesetzt. Die RGK wurde an Hand der Absorptionsänderung von Br_2 bei 4035 Å oder 4980 Å zu (0,8 ± 0,3) · 10^9 $l^2Mol^{-2}s^{-1}$ im ersten u. zu (0,5 ± 0,1) · 10^9 $l^2Mol^{-2}s^{-1}$ im zweiten Fall bestimmt. Trotz einer Temp.-Erhöhung von 105° konnten bei 10—15mal so hohen atomaren Konz. wie nach bisher üblichen Meth. noch befriedigende Ergebnisse erzielt werden. H. Riemer 222

0702 **Photolyse gefrorener Lösungen von H_2O_2 in Wasser.** V. S. Gurman, V. A. Batjuk und G. B. Sergeev. (Kinetika i Kataliz 8 (1967) 3, 527—31; Moskva, gos. univ. im. M. V. Lomonosova, Chim. fak.; russ.) — Die Kinetik der Radikalbldg. in Abhängigkeit von der Struktur des Mediums u. der Ggw. prim. Radikalfänger wurde bei der UV-Photolyse im genannten Syst. ESR-spektrometr. untersucht. Die H_2O_2–H_2O-Lsg. erstarrten bei der Temp. des fl. N_2 in Form durchscheinender Gläser, in Ggw. von $NaClO_4$ dagegen infolge Abbaus der H-Bindungen in Form semiopaker Polykristalle. Bei gleicher H_2O_2-Konz. (1,6 · 10^{-1} m) ist die Anfangsgeschw. u. damit die Quantenausb. in Ggw. von $NaClO_4$ um den Faktor 100 kleiner als in reinem H_2O_2–H_2O-Glas. Die Anfangsgeschw. der Radikalbldg. wird in Ggw. von Alkoholen um den Faktor 50 größer gefunden. Es ist nicht zulässig, eine statist. Verteilung der H_2O_2-Mol. im Eis anzunehmen. Selbst in sehr verd. Lsg. scheint sich das H_2O_2 in Form von Mikrokrist. als individuelle Phase abzuscheiden; dies wird durch DTA-Vers. bestätigt. Bei Zusatz von Alkohol (iso-C_3H_7OH) wird dieser in die H_2O_2-Kristallite eingebaut. Die Beeinflussung der Quantenausb. durch die geschilderten Mediumfaktoren wird durch Käfigeffekte erklärt. A. Blaschette 222

0703 **Photosensibilität von SbJ_3 in Benzol.** Jan Wojtczak und Bogdan Matuszewski. (Roczniki Chem. [Ann. Soc. chim. Polonorum] **41** (1967) 7/8, 1353—60; Zakład Fotochem. Uniw. A. Mickiewicza, Poznań; pol.) — Der photolyt. Zerfall von SbJ_3 in Benzol (auf Grund des UV-Absorptionsspektrums als Komplex $C_6H_6(SbJ_3)_2$) wird an Hand des gebildeten freien Jods verfolgt, die Ggw. von Sauerstoff ist für den Rk.-Ablauf notwendig, die Rk.-Geschw. ist temperaturabhängig. Der Rk.-Mechanismus bei der Bldg. von etwa 25% SbOJ u. 75% $Sb_4O_5J_2$ wird diskutiert. Rolf Heyer 222

0704 **Anwendung einer Krypton-85-Strahlungsquelle für chemische Reaktionen in flüssiger Phase.** Tomomichi Kasamatsu und Norikatsu Otsuka. (Japan atomic Energy Res. Inst., Radiat. Chem. **1967**, NSJ-Tr 92, 1—17; J.A.E.R.I., Takasaki Rad. Chem. Res. Establ.; engl.) — Durch Einleiten von ^{85}Kr in das Rk.-Medium lassen sich strahlenchem. Unters. innerhalb eines weiten Dosisleistungsbereichs durchführen. Die Dosisleistung wird durch das Gasvol. u. die Gaskonz. bestimmt. Beispielsweise ergab sich für ein Rk.-Medium von 1000 ml W. bei 40% Gasvol. u. 5% ^{85}Kr-Konz. unter Verw. von insgesamt 200 Ci ^{85}Kr eine Dosisleistung von 2,8 · 10^4rad/h bei 60° u. 0,9 atm Gasdruck. D. Ertel 222

0705 **Radiolyse verdünnter, luftgesättigter Schwefelsäurelösungen durch Bestrahlung mit α-Teilchen von 5,3 MeV.** M. H. Mariano und M. L. Santos. (Radiat. Res. **32** (1967) 4, 905—14; Labor de Física e Engenharia Nucl., Sacavém, Portugal; engl.) — 5 · 10^{-3} bis 1 m H_2SO_4 wird bestrahlt u. die Bldg. von H_2O_2 in Abhängigkeit von der H_2SO_4-Konz. bestimmt. Bei 5 · 10^{-2} m H_2SO_4 tritt ein Max. der H_2O_2-Bldg. auf. Die H_2O_2-Abnahme oberhalb dieser Konz. wird auf die Bldg. von SO_4^--Radikalen nach folgender Rk.-Gleichung zurückgeführt: $SO_4^{2-} + OH + H^+ \rightleftharpoons SO_4^- + H_2O$. 2 Mol SO_4^- zerstören 1 Mol H_2O_2. Der Einfl. von *KBr*-Zusätzen (0—10^{-3} m) bei den H_2SO_4-Lsg. auf die H_2O_2-Bldg. wurde ebenfalls untersucht. Vf. weisen darauf hin, daß bei Untersuchungen der Radiolyse wss. Lsg. die Anwesenheit von H_2SO_4 zu berücksichtigen ist. H. Tulhoff 222

0706 **Strahlenchemie von Siliciumverbindungen.** R. A. Shaw. (Pure appl. Chem. **13** (1966) 1/2, 297—312; Dep. of Chem., Birkbeck Coll., London; engl.) — Übersichtsvortrag: Allg. Grundlagen; synthet. Anwendungen; mechanist. Untersuchungen. — 57 Literaturangaben. A. Blaschette 222

0707 **Verhalten von durch hochenergetische Protonenbestrahlung gemischter Alkalimetallhalogenid-Kristalle gebildeten Radiojodrückstoßteilchen.** I. Dema. (Radiochim. Acta [Frankfurt/M.] 8 (1967) 3, 175—76; Bucharest, Inst. of Atom. Phys.; engl.) — Sorgfältige Mischungen von CsCl mit NaCl, KCl oder RbCl wurden in Pulverform in Polyäthylenbehältern im externen Strahl eines Synchrocyclotrons bestrahlt u. anschließend bei Raumtemp. im Dunkeln gelagert. Die Aufarbeitung der Proben hinsichtlich des durch die Protoneneinw. gebildeten Jods in verschiedenen Ox.-Stufen erfolgte nach dem Lösen in W. unter Trägerzusatz mittels Extraktion. Therm. Ausheilvers. wurden im Bereich von 100—300° vorgenom-

men. Die Ausb. der Oxoformen des gebildeten J ergab sich als Funktion der molaren Zus. der Ausgangsgemische; sie war stets höher als in reinem CsCl. Eine Ausb.-Steigerung bez. der Oxoformen ergab sich mit steigendem Protonenstrom. Die durch Bestrahlung verfärbten Krist. verblaßten bei Belichtung bzw. therm. Behandlung. Ausheilung der Farbzentren führte zu einer Ausb.-Verminderung bez. der Oxoformen.
W. Wiechmann 222

0708 **Chemische Effekte bei der Neutronenaktivierung von Cyclopentadienyl-Derivaten des Zirkoniums und Hafniums.** Owen H. Wheeler und Maria Luisa McClin. (Radiochim. Acta [Frankfurt/M.] 8 (1967) 3, 179–80; Mayaguez, College Stat., Puerto Rico Nucl. Center; engl.) — Dicyclopentadienylzirkonium- u. Dicyclopentadienylhafniumdichlorid wurden unter Vakuum bei 35° für 10 Min. mit einem Neutronenfluß von 10^{12} n/cm^2 · s bestrahlt u. anschließend 2–3 Tage gelagert. Danach löste man die aktivierten Proben in $CHCl_3$ u. filtrierte. Der durch γ-Spektrometrie bestimmte Aktivitätsanteil auf dem Filter lag bei 5,7–11% der Gesamtaktivität. Die Filtrate wurden mit 10%ig. HCl extrahiert. Die sauren Extrakte behandelte man mit 10%ig. wss. Cupferron-Lsg. u. extrahierte anschließend wieder mit $CHCl_3$ zurück. Ca. $^2/_3$ des ^{97}Zr konnten mit Cupferron als Zr(IV) komplexiert werden, etwa $^1/_3$ blieb in nicht extrahierbarer Form (nichtion. organ. Zr-Polymere) in der $CHCl_3$-lösl. Fraktion. Ca. 2% der ^{97}Zr-Aktivität verblieben in der HCl-Lsg. u. stellen die Retention dar. Tempern bei 100° führte zu keiner Retentionsveränderung. Das unter gleichen Bedingungen aufgearbeitete Hf-Deriv. ergab 81% anorgan. Radio-Hf, ca. 0,5% Retention u. 18,5% ^{181}Hf-Aktivität in der Polymeren-Fraktion. Längeres Tempern hatte eine Abnahme des ^{181}Hf(IV)-Anteils u. ein Anwachsen der Polymerenausb. zur Folge. W. Wiechmann 222

0709 **Abtrennung von Rückstoß-Chrom(II)-Spezies aus an Ionenaustauschern adsorbierten und neutronenbestrahlten Hexaquochrom(III)-Ionen.** Tatsuo Matsuura und Takashi Sasaki. (Radiochim. Acta [Frankfurt/M.] 8 (1967) 1, 33–37; Yokosuka, Rikkyo Univ., Inst. for Atomic Energy; engl.) — Mit Oxalsäure u. anderen Elutionsmitteln wurde eine kontinuierliche Extraktion von mit ^{51}Cr angereicherten Cr(II)-Rückstoßprod. durchgeführt, die durch gleichzeitige Neutronenbestrahlung der an einem Kationenaustauscherharz adsorbierten $Cr(H_2O)_6^{3+}$-Ionen entstanden. Mit dieser dynam. Meth. ergaben sich höhere Ausb. u. Anreicherungsfaktoren als nach stat. Verfahren. Der Einfl. der Bestrahlungstemp. u. Korngröße auf die Ausb. u. Anreicherung wurde untersucht. Es ergab sich eine Zunahme des Anreicherungsfaktors mit fallender Temperatur. Die durch Extrapolation auf die Korngröße Null abgeschätzte inhärente Ausb. steigt mit der Temp. an. Dieses Ergebnis wird mit der Annahme erklärt, daß nach Ablauf der heißen Rk. im Rückstoßprozeß thermodynam. Gleichgew. vorliegt.
W. Wiechmann 222

0710 **Einfluß der ^{60}Co-γ-Strahlung auf die Kinetik der Reaktion von Metallen mit Joddampf.** Henryk Sugier. (Nukleonika [Warszawa] 12 (1967) 10, 891–97; Kat. Chem. Rad., Politechn., Łódź; pol.) — Untersucht wurde der Einfl. der γ-Strahlung auf die Rk.-Geschw. bei der Jodierung von 8 Metallen bei Raumtemperatur. Dabei wurde festgestellt, daß die γ-Strahlung die Rk. zwischen *Sb, Cu, Ag* u. J-Dampf beschleunigt, dagegen zwischen *Sn, Cd, Hg, Pb* u. J-Dampf verlangsamt. Die Rk. mit *Bi* wird am Anfang gebremst u. im weiteren Verlauf beschleunigt. Es wurde eine Beziehung gefunden zwischen dem Einfl. der ^{60}Co-γ-Strahlung auf die Jodierungsrk. u. Richtung u. Charakter der Diffusion in das gebildete Jodid. Rolf Heyer 222

0711 **Wirkung des Ultraschalls bei chemischen und physikalisch-chemischen Vorgängen.** André Le Bras. (Rev. Chim. minérale 4 (1967) 1, 283–315; Paris, Sorbonne, Labor. de Chim. minér.; franz.) — Vf. gibt eine Übersicht über die chem. u. mechan. Wrkg. des Ultraschalls (Ox., Red., Polymerisationen bzw. Depolymerisationen, Kristallisation, Bldg. von Emulsionen u. Dispersionen, Wrkg. auf Katalysatoren, elektrochem. u. Oberflächenvorgänge, Ionenaustausch) u. ihre Beeinflußbarkeit durch die Experimentalbedingungen. — 233 Literaturangaben. F. Haenschke 222

0712 **Reaktion von Wasserstoff mit Graphit.** D. J. Palmer. (Nature [London] 215 (1967) 5099, 388–89; Sunbury-on-Thames, BP Res. Centre, British Petroleum Comp., Ltd.; engl.) — Beim mechan. Mahlen (Kugelmühle mit Stahlkugeln) von synthet. Graphit (weniger als 0,02 Gew.-% Asche) in Ggw. von H_2 bzw. N_2 (Reinheit 99,9%) wurde Adsorption der beiden Gase an Graphit beobachtet. Aus den Ergebnissen der vorläufigen Unters. wird geschlossen, daß die Adsorption auf chem. Rk. des Graphits zurückzuführen ist, dabei spielen die während des Mahlprozesses lokal auftretenden hohen Temp. eine wichtige Rolle. E. Schulte 222△

A-8. Darstellung und Reaktionen von Elementen und anorganischen Verbindungen

Nichtmetalle

0713 **Chemische Synthese durch Gasphasenentladungen.** P. L. Spedding. (Nature [London] 214 (1967) 5084, 124–26; Chem. Engng. Dep., Univ., Newcastle upon Tyne; engl.) — Kurze Übersicht über die Grundlagen der präparativen Chemie mit Hilfe stiller elektr. Entladungen u. Beschreibung einiger ausgewählter Beispiele (*Ozon*, NH_3 u. N_2H_4 aus N_2 u. H_2, B_2Cl_4, $B_{10}H_{16}$, O_2F_2, O_4F_2, KrF_4, XeF_4, organ. Verb., Polymere, Wasserreinigung). A. Blaschette 228

0714 **Herstellung von Spalt-Xenon.** Noboru Oi und Hiroyuki Nagao. (J. nuclear Technol. [Tokyo] 4 (1967) 5, 254–57; Central Res. Labor., Tokyo Shibaura Electric Comp. Ltd., Kawasaki-shi; engl.) — Vf. beschreiben die Herst. radioakt. Xe-Isotope durch Bestrahlung von $UO_2(NO_3)_2 \cdot 6H_2O$-Krist. bei $2 \cdot 10^{11}$ n/cm^2/s. Nach 10–15 Std. wurden die Krist. geschmolzen u. die entweichenden Spaltgase im He-Trägerstrom an Aktivkohle adsorbiert; die Ausb. ist > 99%. Unter den gegebenen Bedingungen setzte sich die Spaltgasaktivität aus ca. 80% ^{135}Xe, 10% ^{133}Xe u. geringen Kr-Mengen zusammen. Das gebrauchte Uranylnitrat kann zur Herst. weiterer Spaltgasmengen wiederverwendet werden. Bei 4std. Bestrahlung von 5 g U (13% ^{235}U) erhielten Vf. ca. 30 mCi an Xe-Isotopen. Das dargestellte Xe eignet sich für medizin. Anwendungen. D. Ertel 235

0715 **Thermische Zersetzung von Xenontrioxid.** Paul Allamagny und Michel Langignard. (C. R. hebd. Séances Acad. Sci., Sér. C 264 (1967) 23, 1844–46; Paris, Soc. l'Air Liquide, Labor. Centraux „L. C. G.“; franz.) — Die therm. Zers. von krist. XeO_3 verläuft nach gaschromatograph. Unters. zwischen 40 u. 140° nach $XeO_3 \rightarrow Xe + {}^3/_2O_2$. Im Gegensatz zu Unters. von anderen Seiten wurde keine explosionsartige Zers. beobachtet. C. Gottfried 235△

0716 **Elektrosynthese von Ozon.** 12. Mitt. **Einfluß der Länge der Reaktionszone.** Ju. V. Filippov und V. P. Vendillo. (Ž. fiz. Chim. 41 (1967) 3, 680–82; Moskva, gos. univ. im. M. V. Lomonosova; russ.) — 11. vgl. C. **1968,** 26-0742. — In den Grenzfällen der Betriebsbedingungen eines Ozonisators (ideale Vermischung oder ideale Strömung der Gase) ist die Länge L der Rk.-Zone bei konst. spezif. Energiefaktor U/v ohne Einfl. auf die O_3-Konzentration. Beim prakt. Betrieb, dessen Bedingungen immer zwischen den beiden Grenzfällen liegen, beeinflußt L die O_3-Ausbeute. Zunahme von L bei konst. U/v u. konst. Querschnitt der Rk.-Zone bedingt kontinuierlichen Übergang von der idealen Vermischung zur idealen Strömung. Der Umwandlungsgrad ist bei idealer Strömung höher als bei idealer Durchmischung, d. h. die Ausb. wird bes. hoch bei einem Ozonisator mit großem L u. kleinem Querschnitt. Die Serienschaltung von mehreren Ozonisatoren ist nicht gleichbedeutend mit einer Erhöhung von L. A. Blaschette 239

0717 **Synthese von Hydrazin in der stillen elektrischen Entladung.** J. D. Thornton und P. L. Spedding. (Nature [London] 213 (1967) 5081, 1118–19; Dep. of

Chem. Engng., Univ., Newcastle upon Tyne; engl.) — Die N_2H_4-Ausb. bei der Einw. einer stillen elektr. Entladung auf NH_3 wird durch Erniedrigung der Verweilzeit in der Entladungszone erheblich gesteigert. Niedrigere Verweilzeiten werden durch erhöhte Pumpleistung (unwirtschaftlich), besser aber durch spezif. wirkende Absorbentien erzielt. Als Beispiel wird die Verw. von Äthylenglykol in Form eines Fl.-Films oder als Spray beschrieben. Die besten Ausb. von ca. 15 g N_2H_4/kWh wurden mit einer gepulsten Gleichstromentladung erhalten (Pulszeit $1{,}2 \cdot 10^{-5}$ s). A. Blaschette 243

0718 **Reaktionen zwischen flüssigem Ammoniak und einigen Nitrylsalzen.** Pierre Vast und Joseph Heubel. (C. R. hebd. Séances Acad. Sci., Sér. C **264** (1967) 21, 1697—99; Labor. de Chim. min. C. 8, Fac. des Sci., Lille; franz.) — Mit NO_2NO_3, NO_2BF_4, NO_2ClO_4, $NO_2 \cdot FSO_3$, $(NO_2)_2S_2O_7$, $NO_2S_2O_6Cl$ u. NO_2Cl wurde die Rk. mit fl. NH_3 bei niedriger Temp. (—196°) untersucht; die ersten sechs Salze geben *Nitramid* nach $NO_2A + 2NH_3 \rightarrow NH_4A + NO_2NH_2$, wobei NO_2A nach $NO_2A \rightarrow A^- + NO_2^+$ (A = Anion) dissoziiert. Nitrylchlorid gibt kein Nitramid, da es vermutlich nach $NO_2Cl \rightarrow NO_2^- + Cl^+$ dissoziiert. P. Schmidt 243

0719 **Herstellung von Fluor-18 in kleinen Forschungsreaktoren.** Yoshiaki Maruyama. (J. nuclear Sci. Technol. [Tokyo] 4 (1967) 4, 185—89; Atomic Res. Labor., Musashi Inst. of Technol., Kawasaki-shi, Kanagawa-ken; engl.) — Vf. stellt hochreines ^{18}F her durch Bestrahlung von 1 g LiOH oder 0,14 g Li_2CO_3 (50% ^6Li) bei $1{,}2 \cdot 10^{12}$ n/cm² s in einem Reaktor vom TRIGA-Typ. Nach 20 Min. Kühlzeit wurde das bestrahlte LiOH in W. gelöst u. durch Ionenaustausch von ^{18}F getrennt; in ähnlicher Weise wird Li_2CO_3 behandelt. Die chem. Ausb. bei der Trennung beträgt ca. 80%; die radioakt. Verunreinigungen in ^{18}F sind < 1 ppm. — Vf. entwickelt ferner eine aktivierungsanalyt. Meth. zur Best. der Isotopenhäufigkeit von ^6Li, die auf den Rk. $^6Li(n, \alpha)^3H$ u. $^{16}O(t, n)^{18}F$ beruht. Die Li-haltige wss. Lsg. wird 1 Std. bestrahlt. Dann wird ^{18}F durch W.-Dampfdest. aus der bestrahlten Lsg. abgetrennt u. als $Mg^{18}F_2$ gefällt. Die Nachweisgrenze dieser Meth. liegt bei 4 μg natürlichem Lithium. D. Ertel 246

0720 **Synthese, Eigenschaften und Anwendungen einer neuen Nitrosylverbindung: Nitrosylhydrogendisulfat.** Giuseppe Ribaldone und Adriano Nenz. (Chim. e Ind. [Milano] 49 (1967) 7, 701—04; Bollate (Milano), Montecatini Edison S. p. A., Ist. Ricerche; ital.) — Vf. berichten über verschiedene Meth. zur Darst. von $(NO)HS_2 \cdot O_7$. Diese Verb. erhält man einmal durch Einw. von fl. SO_3 auf Nitrosylschwefelsäure unter Rühren u. Kühlen mit Wasser. Das zunächst halbfeste Rk.-Prod. ist nach einigen Std. vollkommen kristallisiert. Nach Umkristallisieren aus HSO_3Cl, Waschen des Filtrats mit fl. SO_2 u. Trocknen ist F. 119—120°. Weitere Darst., die genauer beschrieben werden, sind Rk. zwischen Nitrosylschwefelsäure u. HSO_3Cl, Absorption von NOCl in Oleum mit einem Geh. an SO_3 von 45% in dem molaren Verhältnis $NOCl:H_2SO_4:SO_3 = 1{,}22:1:1$, Absorption von NOCl in einem äquimol. Gemisch von HSO_3Cl u. 100%ig. H_2SO_4, Absorption von NOCl in einem Gemisch von Oleum mit einem Geh. an SO_3 von 45%, 100%ig. H_2SO_4 u. HSO_3Cl in dem Molverhältnis $NOCl:H_2SO_4:SO_3:HSO_3Cl = 2{,}2:2:1:1$, Erwärmen eines Gemisches von Nitrosylschwefelsäureanhydrid mit Oleum mit einem Geh. von 45% SO_3, Erwärmen eines Gemisches von $HSO_3 \cdot Cl$, 100%ig. H_2SO_4 u. Nitrosylschwefelsäureanhydrid, Zufügen von fl. N_2O_3 zu einem Gemisch von Oleum mit einem Geh. an SO_3 von 45% u. HSO_3Cl unter Rühren u. leichtem Erwärmen, Erhitzen äquimol. Mengen Nitrosylchlorosulfat u. 100%ig. H_2SO_4 u. schließlich Erwärmen äquimol. Mengen Dinitrosyltrisulfat u. 100%ig. H_2SO_4. Die sehr hygroskop. krist. Verb. wird sofort durch W. zersetzt, ist lösl. in H_2SO_4 u. kristallisierbar aus HSO_3Cl. Im Gegensatz zu der Nitrosylschwefelsäure ist sie therm. sehr stabil; beim wiederholten Erhitzen auf 200° konnten Zers.-Erscheinungen nicht beobachtet werden. Sie reagiert heftig mit Essigsäureanhydrid unter Bldg. von HCN, CO_2 u. CH_3COOH u. mit Aceton unter Bldg. von HCN u. CCH_3COOH. Beim vorsichtigen Erwärmen eines Gemisches der Verb. mit Eisessig bildet sich *Glyoxylsäure*, die als 2.4-Dinitrophenylhydrazon (F. 193°) nachgewiesen wurde. Sie bildet beim Erwärmen mit Cycloalkancarbonsäuren ω-Lactame. Mit *Cyclopentancarbonsäure* in CCl_4 erhält man *ω-Valerolactam*, F. 39—40°, Kp.₂ 107—109°, mit *Cyclohexancarbonsäure* in CH_2Cl_2 oder C_6H_{12} bildet sich *ω-Caprolactam*, F. 65°, Kp.₆ 119—120°, mit *Cyclooctancarbonsäure* erhält man *ω-Capryllactam*, F. 77°, Kp.₃ 130—135° u. mit *Cyclododecancarbonsäure* das Rk.-Prod. *ω-Lauryllactam*, F. (Rohprod.) 148—149°. Die Ausb. liegen mit Ausnahme des ersten Lactams alle bei 80% u. darüber. C. Gottfried 253△

0721 **Darstellung von N-Cyaniminoschwefeloxiddifluorid.** O. Glemser, U. Biermann und A. Hoff. (Z. Naturforsch. **22b** (1967) 8, 893; Anorg.-chem. Inst., Univ., Göttingen; dt.) — Durch Rk. nach $R_3SiNCNSiR_3 + SOF_4 \rightarrow 2R_3SiF + OSF_2NCN$ (**I**; R = CH_3) bei 110° im Strahlautoklaven (15 Std.) wird **I** in 70%ig. Ausb. als wasserklare Fl. erhalten, die bei Raumtemp. längere Zeit unzersetzt in Quarzgefäßen aufbewahrt werden kann. **I** wurde durch IR-, NMR- u. Massenspektren charakterisiert. Eig.: F. —28,5 ± 1°; log p[Torr] = —1945/T + 5,48 (im Bereich von —11 bis +65°); Verdampfungswärme 8800 cal/Mol; Trouton-Konst. ca. 25 cal/Mol · Grad; Kp.₇₆₀ 81 ± 1° (experimentell) bzw. 81,4° (extrapoliert). In verd. Natronlauge erfolgt unter starker Erwärmung Hydrolyse gemäß $I + 6\,OH^- \rightarrow 2\,F^- + SO_4^{2-} + CO_3^{2-} + 2NH_3$. A. Blaschette 253

0722 **Ternäre Einlagerungsprodukte Graphit—Alkalimetall—Tetrahydrofuran.** Michel Nominé und Lucien Bonnetain. (C. R. hebd. Séances Acad. Sci., Sér. C **264** (1967) 26, 2084—85; Grenoble, Fac. des Sci., Labor. de Chim. Min.; franz.) — Vf. berichten über Einlagerungsprod. des Graphits, wenn dieser in Kontakt mit einer Naphthalinlsg. von Tetrahydrofuran u. einen der Alkalimetalle *Li*, *Na* oder *K* gebracht wird. Bestimmt wurden an den Verb. zuerst die atomaren Verhältnisse C/Metall sowie das Verhältnis Tetrahydrofuran/Metall. Es handelt sich hierbei (Tabelle) nur um mittlere globale Werte, da im allgemeinen mehrphasige Gemische vorliegen. Die Unters. der Krist.-Struktur der Einlagerungsprod. ergab für jede Phase einen charakterist. Wert des Parameters parallel der c-Achse. Die Li-Einlagerungsprod. sind nach Trocknung im Vakuum im allgemeinen zweiphasig φ_1(Li) u. φ_2(Li), manchmal auch dreiphasig φ_3(Li). Die c-Perioden sind für φ_1(Li) 7,24 (Å), für φ_2(Li) 12,45 u. für φ_3(Li) 17,2. Die Na-Einlagerungsprod. sind immer zweiphasig mit den Perioden φ_1(Na) 7,24 u. φ_2(Na) 11,12. Für K war es möglich, nach kurzer Trocknung bei normaler Temp. eine Phase mit der Periode 7,18 Å nachzuweisen, die Tetrahydrofuran enthielt. Das THF verschwindet vollständig nach längerer Trocknung im Vakuum. Röntgenograph. ließ sich als Restprod. KC_{24} nachweisen. C. Gottfried 260△

0723 **Bestimmung der Einlagerungsverbindungen von Alkalimetallen in Graphit.** Claude Stein. (C. R. hebd. Séances Acad. Sci., Sér. C **264** (1967) 26, 2086—89; Verneuil-en-Halatte, Centre d'Études et Rech. des Charbonnages de France; franz.) — Vf. stellte zu analyt. Zwecken die im vorst. Ref. beschriebenen Einlagerungsverb. unter Verw. von Graphit aus Madagaskar u. Ceylon dar. Während die klass. Meth. der Best. der Verb. auf der acidimetr. Best. des durch Hydrolyse in Freiheit gesetzten Alkalimetalls basiert, beruht die von Vf. entwickelte Meth. darin, zuerst die Restlsg. der aromat. Komplexe mit Genauigkeit zu bestimmen; die vorherige Best. der Ausgangslsg. erlaubt dann durch Differenz die Anzahl der eingelagerten Metallatome zu bestimmen. Bei den Verb. des Graphits aus Ceylon stimmen die Werte der klass. u. neuen Meth. sehr gut überein. Dasselbe ist nicht bei den Verb. mit Graphit aus Madagaskar der Fall. Aus den erhaltenen Werten ist ersichtlich, daß bei der klass. Meth. ein beträchtlicher Teil des eingelagerten Metalls der Best. entgeht. Für die Li- u. K-Verb. stimmen die Werte der Verb. der beiden Graphitarten mit der vom Vf. beschriebenen Meth. gut mit denen der Verb. des Graphits aus Ceylon überein. Im Falle der Na-Verb. differieren jedoch die Ergebnisse für beide Graphitarten beträchtlich; ein Grund hierfür kann noch nicht angegeben werden. Auf Grund einer ausführlichen Diskussion kommt Vf. zu dem Ergebnis, daß die Einlagerung des Metalls in Form von durch Tetrahydrofuran solvatisierten Ionen stattfindet.

C. Gottfried 260△

0724 **Darstellung und UV-Spektren von Aryldisilanen.** Hans Kelling. (Z. Chem. **7** (1967) 6, 237–38; Inst. für Anorg. Chem., Univ., Rostock; dt.) — Mit Hilfe der Rk. (a) $2R_3SiCl + 2Na \rightarrow R_3SiSiR_3 + 2NaCl$ (bei 130° in Xylol) bzw. (b) $2R_3SiCl + Mg$ (oder 2 Li) $\rightarrow R_3SiSiR_3 + MgCl_2$ (oder 2 LiCl) (in THF bei 20°) bzw. (c) $R_3SiCl + R_3'SiLi \rightarrow R_3SiSiR_3' + LiCl$ (+ R_3SiSiR_3 + $R_3'SiSiR_3'$) (in THF bei 20°) wurden nachst. Verb. dargestellt: *(p-X–C_6H_4)(CH_3)$_2$Si–Si(CH_3)$_2$(p-Y–C_6H_4)* mit *X/Y* = *H/H* (F. 34–36°), *CH_3/CH_3* (F. 71–73°), *CH_3O/CH_3O* (F. 43–44°), *N(CH_3)$_2$/N(CH_3)$_2$* (F. 149–151°), *H/N(CH_3)$_2$* (F. 43–45°), *H/F* ($Kp._2$ 100–105°); *(p-X–C_6H_4)$_3$Si–Si(p-Y–C_6H_4)$_3$* mit *X/Y* = *H/H* (F. 363 bis 365°), *CH_3/CH_3* (F. 354–356°), *CH_3O/CH_3O* (F. 360 bis 365°), *F/F* (F. 303–304°), *Cl/Cl* (F. 341–343°), *H/Cl* (F. 285–287°), *H/F* (F. 260–265°), *H/N(CH_3)$_2$* (F. 236 bis 239°). Meth. (c) liefert infolge eines teilweisen Li-Halogen-Austausches zwischen den Rk.-Partnern auch die beiden symm. Disilane. Damit ergibt sich durch Umsetzung von $(C_6H_5)_3SiLi$ mit $(p\text{-}Cl\text{-}C_6H_4)_3SiCl$ eine Möglichkeit zur Darst. von $(p\text{-}Cl\text{-}C_6H_4)_6Si_2$ in ca. 10%ig. Ausb., welches sonst weder nach (a) oder (b) noch durch Rk. von Si_2Cl_6 mit $(p\text{-}Cl\text{-}C_6H_4)MgBr$ erhalten wurde. Die Dimethylaminophenyl-Verb. sind infolge der Bldg. von Hydrochloriden in wss. u. alkohol. HCl gut lösl.; dabei tritt jedoch in Abhängigkeit von der Säurekonz. eine Abspaltung der Aminophenylgruppen auf, die sich UV-spektroskop. gut verfolgen läßt. Die UV-Spektren der Verb. wurden in Cyclohexan u. z. T. in abs. A. (kein Lsgm.-Effekt), bei den Hydrochloriden in $^1/_{50}$ n alkohol. HCl aufgenommen. Die Daten (Tabelle der λ_{max}- u. ε-Werte) zeigen einen deutlichen Einfl. der Substituenten auf die Lage u. Intensität der charakterist. Absorptionsbande. Allg. ist eine langwellige Verschiebung auch mit einer Intensitätserhöhung verbunden. Bathochrome Verschiebung u. Intensitätserhöhung erfolgen etwa in dem Maß, wie der Substituent die Ladungsdichte des π-Elektronensyst. erhöht. Dies wird bes. deutlich beim Vgl. der Spektren der Dimethylaminophenyl-Verb. mit denen der entsprechenden Hydrochloride. Bei einer Anzahl von Spektren ist im langwelligen Teil um 270 nm noch die Bande der entsprechenden Arylgruppen mit der teilweise vorhandenen Schwingungsstruktur zu erkennen.

A. Blaschette 261

0725 **Flüchtige Silicium-Komplexe von Ätioporphyrin I.** D. B. Boylan und M. Calvin. (J. Amer. chem. Soc. **89** (1967) 21, 5472–73; Berkeley, Calif., Univ. of Calif., Dep. of Chem.; engl.) — Es wurden durch Rk. von *Ätioporphyrin I* mit $SiCl_4$ bzw. $SiCl_3OSiCl_3$ in Py. bei 185° folgende Deriv. des *(X, Y)Si(Äthioporphyrin)* dargestellt u. massenspektroskop. identifiziert (X, Y werden durch Nachrk. beim Aufarbeiten eingebaut): *X = Y = OH*; *X = Y = OSi(CH_3)$_3$*; *X = Y = OC_2H_5*; *X = OH, Y = OSi(OC_2H_5)$_3$*; *X = OSi(OC_2H_5)$_3$, Y = OSi(CH_3)$_3$*; *X = Y = OSi(OC_2H_5)$_3$*; *X = OSi(O-tert.-C_4H_9)(OC_2H_5)$_2$, Y = OSi · (O-tert.-C_4H_9)$_2$OC_2H_5*; *X = Y = OSi(O-tert.-C_4H_9)$_2$OC_2 · H_5*; *X = Y = OSi(O-tert.-C_4H_9)$_2$OH*; *X = Y = OSi · (O-tert.-C_4H_9)$_2$OSi(CH_3)$_3$*; *X = Y = OSi(O-tert.-C_4H_9)$_3$*. Die einzelnen Verb. lassen sich bei 250° an einer Methylsilicon-Phase gaschromatograph. trennen.

Hans Bürger 261

0726 **Reaktionen zwischen Hexachlordisilan und Basen oder Alkylhalogeniden.** H. J. Emeléus und Muhammad Tufail. (J. inorg. nuclear Chem. **29** (1967) 8, 2081–84; Univ., Chem. Labor., Cambridge; engl.) — Vf. untersuchten die Rk. des Hexachlordisilans (**I**) mit Basen u. Alkylhalogeniden bei erhöhten Temp. (100 bzw. 200°). **I** zersetzt sich, wenn es mit katalyt. Mengen von $(C_6H_5)_3P$ oder $(C_6H_5)_3As$ versetzt wird, beim Erhitzen entsprechend $n\,Si_2Cl_6 \rightarrow n\,SiCl_4 + (SiCl_2)_n$. Dagegen konnte mit Tris-[trifluormethyl]-phosphin keine Rk. beobachtet werden. Mit HCl reagiert **I** in Ggw. von Py. nach $Si_2Cl_6 + 2HCl \rightarrow 2SiCl_4 + H_2$. Setzt man überschüssiges HBr mit **I** um, so bildet sich ein Gemisch aus HCl u. HBr. Trichlorsilan reagiert mit HCl in Ggw. von Py. gleichfalls unter Bldg. von $SiCl_4$ u. H_2. Die Umsetzung von **I** mit CH_3Cl in Ggw. von $(C_6H_5)_3P$ liefert eine Mischung aus CH_3SiCl_3 u. $SiCl_4$, dagegen ergibt die Rk. zwischen **I** u. CH_3Br in Ggw. von $(C_6H_5)_3P$ ein Gemisch aus CH_3Cl u. CH_3Br. Die Rk.-Prod. wurden mit Hilfe von IR- u. ^1H-NMR-Spektren identifiziert.

R. Braun 261

0727 **Symmetrische Diisocyanatotetraorganodisilane.** Ronald M. Pike und Edward B. Moynahan. (Inorg. Chem. [Washington] **6** (1967) 1, 168–69; Dep. of Chem., Merrimack Coll., North Andover, Mass.; engl.) — Nachst. Verb. wurden dargestellt: *1.2-Diisocyanatotetramethyldisilan* (**I**), $C_6H_{12}N_2O_2Si_2$, $Kp._{30}$ 105,5–106,5°, durch 12std. Rühren von $(CH_3)_2ClSiSiCl(CH_3)_2$ (Kp. 147,5–149,5°) mit AgOCN in abs. Ae. bei 20° unter sauerstoff- u. feuchtigkeitsfreiem N_2; 54% (Ausb.); *1.2-Diisocyanatotetraphenyldisilan* (**II**), $C_{26}H_{20}N_2O_2Si_2$, F. 123–124° (Bzl./PAe. 1:1), analog **I** aus $(C_6H_5)_2ClSiSiCl(C_6H_5)_2$ u. AgOCN in Ae.; 84%. Durch 24std. Hydrolyse mit einer sd. Lsg. von 10% W. in Piperidin werden die Si–Si- u. Si–N-Bindungen von **I** u. **II** unter H_2-Entw. u. Bldg. von *Piperidincarboxamid*, F. 105–106°, gespalten. Die Rk. von **I** bzw. **II** mit wasserfreiem Piperidin in Bzl. (50°/1 Std. bzw. 60°/4 Std.) führt zu *1.2-Bis-[piperidincarboxamidyl]-tetramethyldisilan* [$C_{16}H_{34}N_4O_2Si_2$, F. 109–111° (Bzl./PAe. 3:1), lange Nadeln] bzw. *-tetraphenyldisilan* ($C_{36}H_{42}N_4O_2Si_2$, F. 134–136°).

A. Blaschette 261

0728 **Silacyclen.** 5. Mitt. **Darstellung und Reaktionen der Silole.** Klaus Rühlmann, Volker Hagen und Kurt Schiller. (Z. Chem. **7** (1967) 9, 353–54; II. Chem. Inst., Humboldt-Univ., Berlin; dt.) — 4. vgl. ibid. **5** (1965) 354; 8. vgl. C. **1968**, 60-0523. — Bei der Umsetzung von 1.4-Dilithium-1.2.3.4-tetraphenylbutadien mit Phenyl- bzw. Methyltrichlorsilan entstehen mit 60 bzw. 55% Ausb. das gelbe *1-Chlor-1.2.3.4.5-pentaphenylsilol* (**I**), F. 177–178° (Bzl./Hexan) bzw. das gelbgrüne *1-Chlor-1-methyl-2.3.4.5-tetraphenylsilol* (**II**), F. 193–194°. Die Red. von **I** u. **II** mit $LiAlH_4$ ergibt *1.2.3.4.5-Pentaphenylsilol* (**III**) bzw. *1-Methyl-2.3.4.5-tetraphenylsilol* (**IV**). Ferner konnten **I** u. **II** in die entsprechenden Disiloxane *1.1'-Oxy-bis-[1.2.3.4.5-pentaphenylsilol]* gelb, F. 239–240° (Bzl./Hexan), u. *1.1'-Oxy-bis-[1-methyl-2.3.4.5-tetraphenylsilol]*, hellgrün, F. 267 bis 268° (Bzl.), überführt werden. Die Struktur der beiden Siloxyverb. wird durch IR- u. UV-Spektren gestützt. Durch Umsetzung von **II** mit Dimethylamin in Ae./Bzl. erhält man das gelbe *1-Dimethylamino-1-methyl-2.3.4.5-tetraphenylsilol*, F. 144–145,5°, das mit wss. HCl in Ae. sehr schnell zu *1-Hydroxy-1-methyl-2.3.4.5-tetraphenylsilol*, F. 210–215°, hydrolysiert. **I** u. **II**, das aus Methylphenyldichlorsilan zugängliche *1-Methyl-1.2.3.4.5-pentaphenylsilol* (F. 173–174°) sowie die bereits bekannten Verb. **III**, **IV** u. *1.1.2.3.4.5-Hexaphenylsilol* geben mit K bzw. Na in THF tief rotviolett bis blau gefärbte Lösungen. Daraus lassen sich schwarzviolette Feststoffe isolieren, die zwischen 1 u. 2 Na/Mol. enthalten. Diese Verb. sind sehr O_2-empfindlich u. geben in Substanz wie in Lsg. kräftige ESR-Signale.

R. Braun 261

0729 **Darstellung und Eigenschaften von Dimethylamino- und Diäthylaminosilan.** B. J. Aylett und J. Emsley. (J. chem. Soc. [London], Sect. A **1967** 4, 652–55; Chem. Dep., Westfield Coll., London; engl.) — Jodsilan reagiert mit $(CH_3)_2NH$ bzw. $(C_2H_5)_2NH$ nahezu quant. unter Bldg. von Dimethylaminosilan (**I**) bzw. Diäthylaminosilan (**II**). Die physikal. Daten sind: F. +2,2 bzw. −149°, Kp. (extrapoliert) 19,2 bzw. 78°, $D._4^{20}$ 0,700 bzw. 0,751 g/cm³. Die IR- u. Massenspektren werden mitgeteilt u. diskutiert. Ferner wurde eine neue Best. der Assoziationsenthalpie für das feste **I** durchgeführt. Die Pyrolyse (300°/20 Std.) der Aminosilane führt bei **I** hauptsächlich zu Silan, Bis-[dimethylamino]-silan u. Tris-[dimethylamino]-silan, während **II** unter Bldg. von Silan, Bis-[diäthylamino]-silan u. Diäthylamin zersetzt wird. Beide Verb. verhalten sich wie schwache Lewis-Basen. Mit HCl reagieren die Aminosilane bei −96° zunächst zu den Addukten *$SiH_3N(CH_3)_2 \cdot 2HCl$* bzw. *$SiH_3N(C_2H_5)_2 \cdot 3HCl$*, die sich jedoch bei höheren

Temp. wieder unter Bldg. von Chlorsilanen u. Dialkylammoniumchlorid zersetzen. Aus Trimethylbor u. **II** entsteht ein sehr schwaches *1:1-Addukt*; dagegen bilden sich mit Jodsilan stabile Anlagerungsverb. $SiH_3NR_2 \cdot SiH_3J$ (R = CH_3 bzw. C_2H_5). R. Braun 261

0730 **Aminolyse von α.ω-Dichlorsiloxanen.** L. W. Breed, M. E. Whitehead und R. L. Elliott. (Inorg. Chem. [Washington] **6** (1967) 6, 1254–55; Midwest Res. Inst., Kansas City, Mo.; engl.) — Durch Aminolyse von α.ω-Dichlorsiloxanen (1.3-Dichlortetramethyldisiloxan, 1.5-Dichlorhexamethyltrisiloxan u. 1.7-Dichloroktamethyltetrasiloxan) konnten die folgenden α.ω-Bis-[methylamino]-siloxane u. cycl. N-Methylsiloxazane dargestellt werden (me = CH_3): *[Sime₂OSime₂Nme]₂*, Kp.₅ 87–88°, F. 27–28°, n_D^{20} 1,4321; *meNHSime₂OSime₂ · NHme*, $Kp._{20}$ 67–68°, n_D^{20} 1,4138; *[Sime₂O]₂Sime₂Nme* (cycl.), $Kp._{17}$ 60–61°, n_D^{20} 1,4100; *meNH[Sime₂O]₂Sime₂NHme*, $Kp._{20}$ 97–98°, n_D^{20} 1,4102; *[Sime₂O]₃Sime₂Nme* (cycl.), $Kp._8$ 84–85°, n_D^{20} 1,4202; *meNH[Sime₂O]₃Sime₂NHme*, $Kp._9$ 114–115°, n_D^{20} 1,4100. Dabei zeigte es sich, daß bei tiefen Temp. (< −15°) im wesentlichen lineare Siloxane gebildet werden, während bei Temp. über +50° als Hauptprod. die cycl. N-Methylsiloxazane entstehen. R. Braun 261

0731 **Darstellung, Isomerisierung und Oxydation von Silylhydrazinen.** Colin G. Pitt und Kenneth R. Skillern. (Inorg. Chem. [Washington] **6** (1967) 5, 865–70; Res. Triangle Inst., Chem. and Life Sci. Inst., Research Triangle Park, N.C.; engl.) — Ausführliche Mitt. zu C. **1968, 39**-0651. — Die Ox. einer Gleichgew.-Mischung von *3.3.6.6-Tetramethyl-1.2-diaza-3.6-disilacyclohexan* (**I**) u. *1-Amino-2.2.5.5-tetramethyl-1-aza-2.5-disilacyclopentan* (**II**) mit einer Suspension von gelbem HgO u. wasserfreiem $MgSO_4$ in Cyclohexan (oder mit MnO_2) verläuft unter N_2-Entw. u. Bldg. der gaschromatograph. isolierbaren Verb. *2.2.5.5-Tetramethyl-1-oxa-2.5-disilacyclopentan* (**III**) in 68%ig. Ausbeute. Hexamethyldisilan reagiert nicht mit gelbem HgO. Die Ox. von **I**/**II** mit Äthylazodicarboxylat (**IV**) in Xylol bei 0° führt zu einem Gemisch von **III** ($Kp._{145}$ 86°; 6% Ausb.), *N-Carbäthoxy-2.2.5.5-tetramethyl-1-aza-2.5-disilacyclopentan* (**V**; $Kp._{3,4}$ 73°; 18%), *N.N'-Dicarbäthoxy-3.3.6.6-tetramethyl-1.2-diaza-3.6-disilacyclohexan* (**VI**; $Kp._{0,5}$ 110°; 31%) u. einem nichtflüchtigen Prod. der Zus. $[-Si(CH_3)_2CH_2CH_2 \cdot Si(CH_3)_2N(COOC_2H_5)N(COOC_2H_5)]_n$. Zu Vgl.-Zwecken wurden nachst. Synth. durchgeführt: **V**, $C_9H_{21}NO_2Si_2$, $Kp._{2,75}$ 65,5–67°, durch Zutropfen einer Lsg. von 1.2-Bis-[dimethylchlorsilyl]-äthan (**VII**) u. Äthylcarbamat in Bzl. zu NaH in Bzl./DMF (43% Ausb.); **VI**, $C_{12}H_{28}N_2 \cdot O_4Si_2$, $Kp._{0,4}$ 97°, aus **VII**, Äthylhydrazodicarboxylat u. NaH in Bzl./DMF (36%). Bei der Ox. einer Gleichgew.-Mischung von *1.1-* u. *1.2-Bis-[trimethylsilyl]-hydrazin* werden erhalten: a) mit gelbem $HgO/MgSO_4$ in Xylol bei 25–30°; Trimethylsilanol (84%), Hexamethyldisiloxan (16%), kein Hexamethyldisilan; b) mit **IV** in Xylol bei 20°: *Diäthyl-N-trimethylsilylhydrazodicarboxylat* ($C_9H_{20} \cdot N_2O_4Si$; 20%), *Diäthyl-N.N'-bis-[trimethylsilyl]-hydrazodicarboxylat* ($C_{12}H_{28}N_2O_4Si_2$; 80%), kein Hexamethyldisilan; c) mit Chloranil in Xylol: wahrscheinlich *1.4-Bis-[trimethylsiloxy]-2.3.5.6-tetrachlorbenzol*. Die Mechanismen der vorst. Ox.-Rk. werden diskutiert (wahrscheinlich oxydativer Angriff an Silicium u. Wasserstoff). A. Blaschette 261

0732 **Abscheidung von Siliciumnitridschichten in einem Silan-Hydrazin-Prozeß.** Satoshi Yoshioka und Shigetoshi Takayanagi. (J. electrochem. Soc. **114** (1967) 9, 962–64; Res. Labor., Matsushita Electronics Corp., Takatsuki, Osaka; engl.) — Es wird ein neues pyrolyt. Verf. zur Abscheidung von Si_3N_4-Schichten aus einem gasf. SiH_4–N_2H_4-Gemisch bei 550–1150° beschrieben. Die Abscheidungsgeschw. ist dabei größer als beim SiH_4–NH_3-Verfahren. Dadurch wird die untere Temp.-Grenze für die Abscheidung herabgesetzt. Es werden Geschw.-Kurven für verschiedene Temp. u. Konz. mitgeteilt. Im unteren Temp.-Bereich ergibt sich eine lineare Beziehung zwischen log R u. 1/T (R = Abscheidungsgeschw.). Die Geschw. erreicht einen Grenzwert bei Temp. oberhalb 750°. Die gebildeten Schichten sind durchscheinend, glatt u. von großer Haftfestigkeit. Sie werden durch wss. HF rascher angeätzt als die aus SiH_4–NH_3 erzeugten Schichten. Weitere Eig. dieser Schichten werden kurz diskutiert (Struktur, Si–N-Atomabstand, Si–N-Absorptionsbande im IR, Brechungsindex, Dichte, DK, Durchschlagsfestigkeit, Oberflächenladung). A. Blaschette 261

0733 **Polymere Methylsilazane.** E. G. Rochow. (Pure appl. Chem. **13** (1966) 1/2, 247–50; Mallinckrodt Labor., Harvard Univ., Cambridge, Mass.; engl.) — Übersichtsvortrag unter bes. Berücksichtigung von Darst. u. NMR-spektroskop. Charakterisierung. A. Blaschette 261

0734 **Synthese und UV-Spektren von N-Organosilylketiminen.** Lui-Heung Chan und Eugene G. Rochow. (J. organometallic Chem. [Amsterdam] **9** (1967) 2, 231–50; engl.) — Vgl. vorst. Referat. — Es wurden zahlreiche Silylketimine durch Rk. der Li-Deriv. von Ketiminen mit Organosiliciumchloriden im Molverhältnis 1:1 oder durch Umsetzung von $NaN[Si(CH_3)_3]_2$ (**I**) mit nicht enolisierbaren Ketonen erhalten. Durch sinngemäße Übertragung dieser Rk. wurden ferner einige analoge Ge-, Sn- bzw. Pb-Verb. dargestellt. Die Elektronenspektren der Silylketimine wurden bes. im Bereich des (n → π*)-Übergangs untersucht, um Aufschlüsse über das Ausmaß der (p → d)π-Wechselwrkg. zwischen unbesetzten d-Orbitalen am Si u. dem π-Syst. der C=N-Bindung zu erhalten (ausführliche Diskussion). Die spektroskop. Daten (IR, UV) deuten auf eine gewinkelte (C=N–Si)-Gruppierung mit nur geringem Mehrfachbindungscharakter der Si–N-Bindung. Das Dipolmoment von *Bis-[trimethylsilyl]-carbodiimid* wurde zu 1,31 D bestimmt.

Versuche: Benzophenonimine: *N-[Trimethylsilyl]-*, $Kp._3$ 138°, durch Rk. von Brombenzol mit Li in Ae., Umsetzung des LiC_6H_5 mit Benzonitril zum $(C_6H_5)_2C{=}NLi$ (**II**) u. Rk. dieser Verb. mit $(CH_3)_3SiCl$ (**III**); 55,4% (Ausb.); *N-[(Dichlormethyl)-dimethylsilyl]-*, $Kp._4$ 148–150°, analog vorst. Verb. aus **II** u. $(CH_3)_2 \cdot (CHCl_2)SiCl$; *N-[Triäthylsilyl]-*, $Kp._{0,07}$ 121°, aus **II** u. $(C_2H_5)_3SiCl$; *N-[Tri-n-butylsilyl]-*, $Kp._{0,1}$ 157°, aus **II** u. $(n\text{-}C_4H_9)_3SiCl$; *N-[Triisopropylsilyl]-*, $Kp._{0,08}$ 141°, aus **II** u. $(iso\text{-}C_3H_7)_3SiCl$ in Ae./THF (1:1); *N-[Triphenylsilyl]-*, F. 124–126° (Ligroin), gelbe Krist., aus **II** u. $(C_6H_5)_3SiCl$; 29,2%; *N-[Tribenzylsilyl]-*, F. 96–98° (Ligroin), gelb, aus **II** u. $(C_6H_5CH_2)_3SiCl$; 26,6%; *N-[Vinyldimethylsilyl]-*, $Kp._3$ 109–117°, gelbes Öl, aus **II** u. $(CH_3)_2(C_2H_3)SiCl$; *N-[Allyldimethylsilyl]-*, $Kp._5$ 148 bis 150°, analog vorst. Verb.; *N-[n-Butoxydimethylsilyl]-*, $Kp._{0,5}$ 144–145°, analog; *N-[(Diäthylamino)-dimethylsilyl]-* (**IV**), $Kp._{0,15}$ 131°, durch Rk. von $(C_2H_5)_2NH$ mit $(CH_3)_2SiCl_2$ (**V**) zu $[(C_2H_5)_2N](CH_3)_2SiCl$ u. Umsetzung mit **II**; *N-[Triäthoxysilyl]-*, $Kp._{0,6}$ 129°, aus **II** u. $(C_2H_5O)_3 \cdot SiCl$; zerfällt therm. leicht in $Si(OC_2H_5)_4$ u. $(C_6H_5)_2C{=}NH$ *N-[Chlordimethylsilyl]-* (**VI**), aus **II** u. **V** im Molverhältnis 1:1; konnte wegen therm. Umlagerung (s. unten) nicht isoliert werden; *N-[Trimethylgermyl]-*, $Kp._{0,17}$ 109–110°, aus **II** u. $(CH_3)_3GeCl$; *N-[Triphenylgermyl]-*, F. 127 bis 132°, gelbe Krist., aus **II** u. $(C_6H_5)_3GeBr$ in sd. Ae.; *N-[Trimethylstannyl]-*, $Kp._{0,15}$ 121°, gelber Festkörper, aus **II** u. $(CH_3)_3SnCl$; *N-[Triphenylstannyl]-*, F. 78–88° (Ligroin), aus **II** u. $(C_6H_5)_3SnCl$; sehr hydrolyseempfindlich; *N-[Triphenylplumbyl]-* (?), neben viel Triphenylbleioxid aus **II** u. $(C_6H_5)_3PbCl$; *N-[Triphenylmethyl]-*, F. 161–162° (Ligroin/Bzl.), aus **II** u. $(C_6H_5)_3CCl$; 29%. — *N-[Trimethylsilyl]-p-chlorbenzophenonimin*, $Kp._{0,17}$ 118°, durch Rk. von LiC_6H_5 mit p-Chlorbenzonitril u. Umsetzung mit **III**; analog: *-m-chlorbenzophenonimin*, $Kp._{0,1}$ 115°; *-o-chlorbenzophenonimin*, $Kp._{0,15}$ 115°. — *N-[Trimethylsilyl]-p-methylbenzophenonimin*, $Kp._{0,2}$ 117°, aus **I** u. p-Methylbenzophenon; 29,6%. — *N-[Trimethylsilyl]-o-methylbenzophenonimin*, $Kp._{0,2}$ 105°, durch Rk. von o-Bromtoluol mit Li, Umsetzung des o-Tolyllithiums mit Benzonitril u. dann mit **III**; 61%; analog: *-m-methylbenzophenonimin*, $Kp._{0,2}$ 112°. — *N-[Trimethylsilyl]-p.p'-dimethylbenzophenonimin*, $Kp._{0,1}$ 117°, aus p-Tolyllithium, p-Methylbenzonitril u. **III**; 73,8%. — *Bis-[benzophenonimino]-dimethylsilan*, F. 124–128° (Ligroin), gelbe Krist., a) durch therm. Umlagerung von **IV** oder **VI**; b) aus **II** u. **V** im Molverhältnis 2:1. — *Tris-[benzo-*

phenonimino]-methylsilan, F. 114—117°, aus 0,24 Mol II u. 0,08 Mol CH_3SiCl_3; analog: *Bis-[benzophenonimino]-diphenylsilan*, F. 108—109°, u. *Tris-[benzophenonimino]-phenylsilan*, F. 142—143°; Darst. von Tetrakis-[benzophenonimino]-silan aus II u. $SiCl_4$ gelang nicht. — *N.N'-Bis-[trimethylsilyl]-anthrachinondiimin*, F. 118 bis 120° (Ligroin), $Kp._{0,4}$ 171—173°, orangerot, aus I, Anthrachinon u. III; 39,5%. — *N-[Trimethylsilyl]-fluorenonimin*, $Kp._{0,5}$ 129°, bei Zimmertemp. gelber Festkörper, aus I u. Fluorenon; 61%. — *N-[Trimethylsilyl]-1.1.2.2-tetrafluor-1.2-dichloracetonimin*, Kp. 141—142°, aus I, Tetrafluordichloraceton u. III; 14%; Reinigung durch Gaschromatographie. — *N-[Trimethylsilyl]-hexafluoracetonimin*, Kp. 83—91°, gelbe Fl., aus I u. Hexafluoraceton (Kp. —28°; aus seinem Sesquihydrat durch Entwässerung mit konz. H_2SO_4/P_4O_{10}) in Ae. bei —80 bis 0°; Reinigung durch Gaschromatographie. — *N-[Trimethylsilyl]-acetophenonimin*, $Kp._{22}$ 124—126°, aus $LiC_6 \cdot H_5$, Acetonitril u. III; 28,4%. A. Blaschette 261

0735 **Chemie der Silicium-Stickstoff-Heterocyclen.** Ionel Haiduc. (Studii Cercetări Chim. [Bucureşti] **15** (1967) 2, 71—127; Fac. de Chim., Univ. Babeş-Bolyai, Cluj; rum.) — Übersicht über Darst., Struktur u. Eig. von Cyclosilazanen u. verwandten Ringsystemen. — 175 Literaturangaben. A. Blaschette 261

0736 **Silatrane: Intrakomplexe heterocyclische Verbindungen mit fünffach koordiniertem Silicium.** M. G. Voronkov. (Pure appl. Chem. **13** (1966) 1/2, 35—59; Inst. of Org. Synth., Acad. of Sci. of the Latvian SSR, Riga; engl.) — Übersichtsvortrag: 1-Organyl- u. 1-Organoxysilatrane; Kinetik der Hydrolyse; Dipolmomente u. Struktur; IR-Spektren; ^{1}H-NMR-Spektren; physiolog. Aktivität. — 85 Literaturangaben. A. Blaschette 261

0737 **Chemie von Dianionen.** 1. Mitt. **Bildung anionischer Spezies aus Azoverbindungen und ihre Reaktion mit Triorganochlorsilanen.** S. S. Dua und M. V. George. (J. organometallic Chem. [Amsterdam] **9** (1967) 3, 413—19; Dep. of Chem., Indian Inst. of Technol., Kanpur; engl.) — Vgl. C. **1968**, 39-0663. — Durch 6—8std. Schütteln mit überschüssigem Li in THF unter N_2 wurden aus 3.3'-Dimethylazobenzol (F. 53—54°), 3.3'-Dimethoxyazobenzol (F. 78—79°), 4-Methylazobenzol (F. 70—71°), 4-Methoxyazobenzol (F. 64 bis 65°), 4.4'-Dimethylazobenzol (F. 144—146°), 4.4'-Dimethoxyazobenzol (F. 160—161°), 4.4'-Diisopropylazobenzol (F. 106—107°), 4.4'-Di-tert.-butylazobenzol (F. 182—183°), 4.4'-Diphenylazobenzol (F. 254—256°) bzw. Dibenzopyridazin (F. 152—153°) Lsg. der nachst. Metalladdukte erhalten: *N.N'-Dilithium-3.3'-dimethylhydrazobenzol* (I), *-3.3'-dimethoxyhydrazobenzol* (II), *-4-methylhydrazobenzol* (III), *-4-methoxyhydrazobenzol* (IV), *-4.4'-dimethylhydrazobenzol* (V), *-4.4'-dimethoxyhydrazobenzol* (VI), *-4.4'-diisopropylhydrazobenzol* (VII), *-4.4'-di-tert.-butylhydrazobenzol* (VIII), *-4.4'-diphenylhydrazobenzol* (IX), *-dihydrodibenzopyridazin* (X). Die Lsg. von I—VIII sind gelb, die von IX blau-violett, von X rotbraun. Durch Rk. dieser Addukte mit $ClSi(C_6H_5)_2 \cdot CH_3$ (XI) werden N.N'-disilylsubstituierte Hydrazine erhalten, deren UV-Spektren dem von Hydrazobenzol ähneln: *N.N'-Di-m-tolyl-N.N'-bis-[diphenylmethylsilyl]-hydrazin*, $C_{40}H_{40}N_2Si_2$, F. 174—175° (Bzl./PAe.), aus I u. XI in THF; 81% (Ausb. an Rohprod.); *N.N'-Di-m-anisyl-*, $C_{40}H_{40}N_2O_2Si_2$, F. 156—157° (Cyclohexan), aus II u. XI; 72% *N-Phenyl-N'-p-tolyl-*, $C_{39}H_{38}N_2Si_2$, F. 151—152° (Cyclohexan), aus III u. XI; 60%; *N-Phenyl-N'-p-anisyl-*, $C_{39}H_{38}N_2OSi_2$, F. 125—126° (Bzl./PAe.), aus IV u. XI; 75%; *N.N'-Di-p-tolyl-*, $C_{40}H_{40}N_2Si_2$, F. 160 bis 162° (Bzl./PAe.), aus V u. XI; 72%; *N.N'-Di-p-anisyl-*, $C_{40}H_{40}N_2O_2Si_2$, F. 157—158° (Bzl./PAe.), aus VI u. XI; 60%; *N.N'-Bis-[4-isopropylphenyl]-*, $C_{44}H_{48}N_2Si_2$, F. 135—136° (Bzl./PAe.), aus VII u. XI; 60%; *N.N'-Bis-[4-tert.-butylphenyl]-*, $C_{46}H_{52}N_2Si_2$, F. 194—195°, aus VIII u. XI; 63%; *N.N'-Bis-[biphenylyl-(4)]-*, $C_{50}H_{44}N_2Si_2$, F. 214—215° (Bzl./Cyclohexan), aus IX u. XI; 52%; *N.N'-Bis-[diphenylmethylsilyl]-dihydrodibenzopyridazin*, $C_{38}H_{34}N_2Si_2$, F. 117—118° (PAe.), aus X u. XI; 76%. A. Blaschette 261

0738 **Chemie von Dianionen.** 2. Mitt. **Synthese von Tetraazadisilacyclohexanen durch Reaktion von Dianionen mit Diorganodichlorsilanen.** S. S. Dua und M. V. George. (J. organometallic Chem. [Amsterdam] **10** (1967) 2, 219—27; engl.) — 1. vgl. vorst. Referat. — Nachst. substituierte 1.2.4.5-Tetraaza-3.6-disilacyclohexane wurden durch Rk. der Dilithiumaddukte entsprechender Hydrazobenzole mit Diorganodichlorsilanen in THF erhalten (Bezeichnung der Dilithiumaddukte wie l.c.): *1.2.4.5-Tetraphenyl-3.6-dimethyl-3.6-divinyl-*, $C_{30}H_{32}N_4Si_2$, F. 228—230° (Bzl./PAe.), aus N.N'-Dilithiumhydrazobenzol u. $(CH_3)(C_2H_3)SiCl_2$ (XII); 70% (Ausb. an Rohprod.); *1.2.4.5-Tetra-m-tolyl-3.3.6.6-tetramethyl-*, $C_{32}H_{40}N_4Si_2$, F. 165—166° (Bzl./PAe.), aus I u. $(CH_3)_2SiCl_2$ (XIII); 72%; *1.2.4.5-Tetra-m-tolyl-3.6-dimethyl-3.6-divinyl-*, $C_{34}H_{42}N_4Si_2$, F. 166—169° (Bzl./PAe.), aus I u. XII; 75%; *1.2.4.5-Tetra-m-tolyl-3.3.6.6-tetraphenyl-*, $C_{52}H_{48}N_4Si_2$, F. 258—259°, aus I u. $(C_6H_5)_2 \cdot SiCl_2$ (XIV); 66%; *1.2.4.5-Tetra-m-anisyl-3.3.6.6-tetramethyl-*, $C_{32}H_{40}N_4O_4Si_2$, F. 211—212° (Bzl./PAe.), aus II u. XIII; 82%; *1.2.4.5-Tetra-m-anisyl-3.3.6.6-tetraphenyl-*, $C_{52}H_{48}N_4O_4Si_2$, F. 230—231° (Bzl.), aus II u. XIV; 52%; *1.3.3.4.6.6-Hexaphenyl-2.5-di-p-tolyl-*, $C_{50}H_{44}N_4Si_2$, F. 326 328° (Bzl.), aus III u. XIV; 61%; *1.3.3.4.6.6-Hexaphenyl-2.5-di-p-anisyl-*, $C_{50}H_{44}N_4O_2Si_2$, F. 282—287°, aus IV u. XIV; 52%; *1.2.4.5-Tetra-p-tolyl-3.3.6.6-tetramethyl-*, $C_{32} \cdot H_{40}N_4Si_2$, F. 228—230° (Bzl./PAe.), aus V u. XIII; 70%; *1.2.4.5-Tetra-p-tolyl-3.3.6.6-tetraphenyl-*, $C_{52}H_{48}N_4Si_2$, F. 340—341° (Bzl.), aus V u. XIV; 56%; *1.2.4.5-Tetra-p-anisyl-3.3.6.6-tetraphenyl-*, $C_{52}H_{48}N_4O_4Si_2$, F. 289—290° (Bzl.), aus VI u. XIV; 50%; *1.2.4.5-Tetrakis-[4-isopropylphenyl]-3.3.6.6-tetraphenyl-*, $C_{60}H_{64}N_4Si_2$, F. 299—300° (Bzl.), aus VII u. XIV; 49%; *1.2.4.5-Tetrakis-[4-tert.-butylphenyl]-3.3.6.6-tetraphenyl-*, $C_{64}H_{72}N_4Si_2$, F. 343 bis 344° (Bzl.), aus VIII u. XIV; 61%; *1.2.4.5-Tetrakis-[biphenylyl-(4)]-3.3.6.6-tetraphenyl-*, $C_{72}H_{56}N_4Si_2$, F. 241 bis 243°, aus IX u. XIV; 50%. Die Verb. wurden durch NMR- u. UV-Spektren charakterisiert. Rk. von XIV mit dem Dikaliumaddukt von Diäthylazodicarboxylat in THF liefert keine cycl. Si–N-Verb., sondern in 74%ig. Ausb. *2.2.3.3.5.5.6.6-Oktaphenyl-1.4-dioxa-2.3.5.6-tetrasilacyclohexan*, $C_{48}H_{40}O_2Si_4$, F. 186—187° (Cyclohexan). Bei der Umsetzung von X mit XIV entsteht *Dibenzopyridazin* (F. 153°; 67% Ausb.). A. Blaschette 261

0739 **Reaktionen einiger Silylamine mit Kohlendioxid und verwandten Molekülen.** E. A. V. Ebsworth, G. Rocktäschel und J. C. Thompson. (J. chem. Soc. [London], Sect. A **1967** 3, 362—65; Univ. Chem. Labor., Cambridge; engl.) — *Trisilylamin* u. *N-Methyldisilylamin* reagieren bei Temp. bis 100° u. Drücken bis 30 atm nicht mit CO_2, CS_2 oder COS. Mit *N.N-Dimethylsilylamin* (I) wurden nachst. Rk. durchgeführt: a) aus I u. CO_2 (1:1) in 15 Std. bei 20° Bldg. von *$(CH_3)_2NC(O) \cdot OSiH_3$* neben SiH_4; bei Verw. von $SiD_3N(CH_3)_2$ (II) Bldg. von SiD_4 (kein SiD_3H!) u. *$(CH_3)_2NC(O)OSiD_3$*; b) aus I (bzw. II) u. CS_2 (1:1) wie vorst. Bldg. von *$(CH_3)_2NC \cdot (S)SSiH_3$* bzw. *$(CH_3)_2NC(S)SSiD_3$*; c) aus I (bzw. II) u. COS (1:1) wie vorst. Bldg. eines weißen Festkörpers, wahrscheinlich *$(CH_3)_2NC(S)OSiH_3$* bzw. *$(CH_3)_2NC(S) \cdot OSiD_3$*. Identifizierung der Verb. durch IR-, UV- u. ^{1}H-NMR-Spektren. A. Blaschette 261

0740 **Halogensilanaddukte.** 2. Mitt. **Physikalische Eigenschaften und Struktur.** H. J. Campbell-Ferguson und E. A. V. Ebsworth. (J. chem. Soc. [London], Sect. A **1967** 5, 705—12; engl.) — 1. vgl. C. **1968**, 39-0641; vgl. vorst. Referat. — Die IR-Spektren der l.c. beschriebenen Halogensilanaddukte SiH_nX_{4-n} (n = 0, 1, 2, 3; X = F, Cl, Br, J) mit Pyridin, Trimethylamin u. Tetramethylendiamin werden mitgeteilt u. diskutiert. Im Zusammenhang mit gleichfalls durchgeführten Leitfähigkeitsmessungen konnte gezeigt werden, daß die Addukte der Brom- u. Jodsilane wahrscheinlich ion. vorliegen, während die Fluorsilanaddukte mol. oder makromol. aufgebaut sein dürften. Ferner werden UV- u. ^{1}H-NMR-Spektren einiger dieser Addukte mitgeteilt. R. Braun 261

0741 **Produkte der Reaktion zwischen Alkoholen und Phosphorpentoxid.** 3. Mitt. **Identifizierung durch IR-Spektrophotometrie.** M. Zangen, E. D. Bergmann und

Y. Marcus. (Israel J. Chem. **5** (1967) 3, 89—100; Soreq Nucl. Res. Center, Israel Atomic Energy Commiss., Yavne; engl.) — 2. vgl. Separat. Sci. **3** (1968) 1, 1. — Die verschiedenen Verb., die durch die Rk. P_4O_{10} + 4 ROH (R = KW-Radikale verschiedener Länge u. Struktur; vgl. l.c.) entstehen, wurden durch IR-Spektrophotometrie der durch Säulenchromatographie getrennten Fraktionen identifiziert. Die Identifizierung war durch Vgl. zwischen den relativen Werten der integrierten Absorption für die *P=O-*, *P-O-P-*, *P-O-C-* u. *OH*-Banden mit denen bekannter Standards möglich. Für die Rk. des P_4O_{10} mit C_2H_5OH wurden folgende Verb. gefunden: *Mono-*, *Di-* u. *Triäthylphosphat*, $(C_2H_5)_nH_{3-n}PO_4$ (n = 1, 2 u. 3), *Mono-*, *1.2-Di-* u. *Triäthyldiphosphat*, *Mono-* u. *Diäthyltrimetaphosphat*. Mit anderen Alkoholen wurden nur Homologe dieser Verb. gefunden, aber immer weniger Verbindungen. Unsicherheiten zwischen den möglichen Isomeren wurden durch Identifizierung ihrer sauren Hydrolyseprod. gelöst. P. Schmidt 264

0742 **Synthese von Aminoderivaten des Schwefeltetrafluorids und des Phosphorpentafluorids durch Reaktionen unter Spaltung von Silicium-Stickstoff-Bindungen.** Gregory C. Demitras und Alan G. MacDiarmid. (Inorg. Chem. [Washington] **6** (1967) 10, 1903—06; John Harrison Labor. of Chem., Univ. of Pa., Philadelphia, Pa.; engl.) — Durch Tieftemp.-Rk. von SF_4 mit $(CH_3)_2NSi \cdot (CH_3)_3$ (**I**) wird in 75,4%ig. Ausb. $(CH_3)_2NSF_3$ erhalten: F. —78,7 ± 0,1°; log p [Torr] = —2115,3/(t + 273,16) + 8,2936 (bei 23,4—53,5°); Kp.$_{760}$ 117,5° (extrapoliert); ΔH_{vap} 9,68 kcal/Mol; Trouton-Konst. 24,7 cal/Mol · Grad. Die Rk. von SF_4 mit $(CH_3)_2NH$ verläuft dagegen unübersichtlich. Aus PF_5 u. **I** wird bei Temp. wenig unterhalb Zimmertemp. in 79,5%ig. Ausb. $(CH_3)_2NPF_4$ (**II**) erhalten; F. —80,0 ± 0,1°; log p = —1764,75/(t + 273,16) + 8,12015 (bei —23,2 bis +30,5°); Kp.$_{760}$ 63,70° (extrapoliert); ΔH_{vap} 8,08 kcal/Mol; Trouton-Konst. 23,9 cal/Mol · Grad. Die Bldg. von **II** verläuft über das bei —78° stabile Addukt $(CH_3)_2NSi(CH_3)_3 \cdot PF_5$. Rk. von PF_5 mit $CH_3N[Si(CH_3)_3]_2$ bei Temp. unter 20° liefert in 66,2%ig. Ausb. $(CH_3NPF_3)_2$; F. —10,3 ± 0,1°; log p = —2021,24/(t + 273,16) + 8,46782 (bei 0,1—46,5°); Kp.$_{760}$ 87,9° (extrapoliert); ΔH_{vap} 9,24 kcal/Mol; Trouton-Konst. 25,5 cal/Mol · Grad. — Massen-, IR- u. NMR-Spektren. A. Blaschette 264

0743 **Darstellung von Difluorphosphoryltrimethylsilylcarbodiimid.** Edgar Niecke und Jürgen Stenzel. (Z. Naturforsch. **22b** (1967) 7, 785—86; Anorg.-chem. Inst., Univ., Göttingen; dt.) — Durch Rk. nach $R_3Si \cdot NCNSiR_3 + OPF_3 \rightarrow R_3SiF + R_3SiNCNPOF_2$ (**I**; R = CH_3) bei 50—70° im Einschlußrohr wird **I** in 54%ig. Ausb. als wasserklare, an der Luft rauchende Fl., F. —70°, Kp.$_{16}$ 83,5°, erhalten. **I** wurde durch IR-, NMR- u. Massenspektren charakterisiert. Es wird hydrolyt. unter Bldg. von $R_3SiOSiR_3$, Cyanamid, H_3PO_4 u. HF gespalten. Oberhalb 150° tritt Polymerisation zu kautschukartigen Prod. ein. Vers., durch Rk. mit überschüssigem POF_3 aus **I** unter schärferen Bedingungen (> 100°) eine weitere R_3Si-Gruppe abzuspalten, waren ohne Erfolg. Dagegen bildet sich in glatter Rk. der bekannte *Trimethylsilyldifluorphosphoryläther*. A. Blaschette 264

0744 **Zur Synthese von Kermesit.** Marcel Chaigneau, Suzanne Barbezat und Madeleine Chastagnier. (C. R. hebd. Séances Acad. Sci., Sér. C **264** (1967) 26, 2148—49; Paris, CNRS, Labor. des Gaz; franz.) — Vf. berichten über 3 vergebliche Vers. zur Darst. von Kermesit Sb_2OS_2. Im ersten Fall wurde Sb_2O_3 in Ggw. von H_2S 4 Std. auf 300° erhitzt u. hierauf nochmals mit mehr H_2S 15 Std. erhitzt. Rk.-Prod. waren auf Grund röntgenograph. Unters. rhomb. *Valentinit* u. Sb_2S_3. Vers. bei 400° führten nur zu Sb_2S_3. Im zweiten Fall wurde versucht, durch Ox. von Sb_2S_3 bei 200° (15 Std.) u. 250—260° (20 Std.) den Kermesit zu erhalten. Rk.-Prod. waren auf Grund der röntgenograph. Unters. ein Gemisch von Antimontrioxid u. -trisulfid, wobei sich das Oxid in diesem Fall als *Senarmontit* erwies. In einem dritten Vers. wurden 2 Mol Trisulfid u. 1 Mol Valentinit 24 Std. im Vakuum auf 500° erhitzt. Rk.-Prod. waren ein Gemisch von Valentinit u. Trisulfid. C. Gottfried 266△

Metalle

0745 **Katalysatoren aus Organometall-Äthanolamin-Verbindungen.** 6. Mitt. **Reaktion von Triäthylaluminium mit Aminoäthanolen.** Hiromi Higashi und Kazuyuki Watabe. (J. chem. Soc. Japan, ind. Chem. Sect. [Kōgyō Kagaku Zasshi] **70** (1967) 10, 1800—03; Res. Center, Chisso Co., Ltd., Kamariya-machi, Kanazawa-ku, Yokohama; jap., Auszug: engl.) — 5. vgl. C. **1968**, 51/52-1153. — Durch Rk. der entsprechenden Aminoäthanole mit $(C_2H_5)_3Al$ im Molverhältnis 1:1 werden die Verb. $(C_2H_5)_2AlOCH_2CH_2NRR'$ (**A**) erhalten. Die Struktur der Verb. in Lsg. wird über NMR-Messungen diskutiert.

Versuche: **A**, R: *H*, R': *H* (I), F. 98—102°; *H*, CH_3, 56—62°; CH_3, CH_3, 70—76°; *H*, C_2H_5, 75—82°; C_2H_5, C_2H_5, 91—95°; C_6H_{11}, C_6H_{11}, 54—61°; *H*, C_6H_5, 101—109°; C_6H_5, C_6H_5, 74—84°. — I gibt bei Zusatz von CH_3J zur benzol. Lsg. das Methojodid. D. Hoene 294

0746 **Indiumperoxide.** G. A. Bogdanov und R. I. Tereškina. (Ž. neorg. Chim. **12** (1967) 9, 2287—90; Moskovskij tekstil'nyj inst.; russ.) — Durch Lösen von $InCl_3$ in H_2O_2 (optimal 80—90%ig, auch 30%ig verwendbar) bei —20 bis —22° u. Versetzen mit NaOH wird ein weißer, käsiger, sehr instabiler Nd. der Zus. $In_2O_7 \cdot m\,H_2O$ erhalten. Das Prod. verliert bei —12° in einigen Std. seinen peroxid. Sauerstoff. Durch Entwässerung wurden daraus erhalten: bei 0—2° $In_2O_6 \cdot H_2O$; bei 4—5° $In_2O_5 \cdot m\,H_2O$; bei 10—12° $In_2O_4 \cdot m\,H_2O$. Manchmal weist der frisch gefällte Nd. ein Verhältnis von In:peroxid. O = 1:1,5 auf, entsprechend der Zus. $In_2O_9 \cdot m\,H_2O$. Die Dehydratation führt dann über $In_2O_8 \cdot n\,H_2O$ zu den vorst. Produkten. A. Blaschette 296

0747 **Komplexe von Indium(III)-chlorid mit zwei- und dreizähnigen Liganden mit Stickstoff als Donatoratom.** R. A. Walton. (J. chem. Soc. [London], Sect. A **1967**, 9, 1485—89; Dep. of Chem., Univ., Reading, Berks.; engl.) — Folgende Verb. wurden IR-spektroskop. (500 bis 200 cm^{-1}) in Lsg. untersucht: $InCl_3bipy_{1,5}$, $InCl_3phen_{1,5} \cdot x\,CH_3CN$ (x ≦ 1), $InCl_3phen \cdot H_2O$, $InCl_3terpy$ u. $InCl_3 \cdot paphy \cdot 2\,H_2O$ (paphy = Pyridin-2-aldehyd-pyridyl-(2) hydrazon). Während die beiden letzten Komplexe vom Typ trans-$[InCl_3L_3]$ u. $InCl_3B_{1,5}$ ion. gebaut sind ($[InCl_2B_2]^+[InCl_4B]^-$), ist die Struktur von $InCl_3phen \cdot (H_2O)$ unbekannt. $InCl_3bipy_{1,5}$ reagiert mit einem Überschuß an $(C_6H_5)_4AsCl$ in Acetonitril unter Bldg. von $[(C_6H_5)_4As]^+[InCl_4bipy]^- \cdot CH_3CN$. Der Komplex $InCl_3 \cdot (Pyrazin)_{1,5}$, der polymer mit Pyrazinbrückenmolekülen auftritt, wurde isoliert. Manfred Schulze/Braunschweig 296

0748 **Germylverbindungen.** 2. Mitt. **Austauschreaktionen von Germyl- und Silylhalogeniden.** S. Cradock und E. A. V. Ebsworth. (J. chem. Soc. [London], Sect. A **1967**, 8, 1226—29; Chem. Labor., Univ., Cambridge; engl.) — 1. vgl. C. **1968**, 15-0740. — Vf. untersuchen die Austauschrk. von Silyl- u. Germylhalogeniden mit Halogenwasserstoffen der allg. Form RX + R'Y ⇌ R'X + RY [R, R' = H, SiH_3, GeH_3, $Si(CH_3)_3$; X, Y = Cl, Br, J) im Temp.-Bereich zwischen —70 u. 120°. Die Gleichgew.-Konst. dieser Austauschrk. wurden mit Hilfe von ^{1}H-NMR-Spektren bestimmt. Auf Grund der auf diese Weise gemessenen Konst. muß angenommen werden, daß zwischen Halogen u. Ge festere Bindungen als zwischen Si u. Halogen vorliegen. Derartige Austauschrk. werden zur Darst. neuer Verb. angewandt: So reagiert GeH_3F mit SiH_3NCO bzw. SiH_3NCS unter Bldg. von GeH_3NCO (τ = 4,95) bzw. GeH_3NCS (τ = 4,75 ppm). GeH_3N_3 entsteht, wie auf Grund der ^{1}H-NMR-Spektren gezeigt werden kann, aus Mischungen von GeH_3F u. SiH_3N_3 in TMS (τ = 4,90 ± 0,05 ppm). Ferner konnte durch Austauschrk. zwischen GeH_3Br u. $(SiH_3)_3P$ die Verb. $(GeH_3)_3P$ dargestellt werden (^{1}H-NMR-spektroskop. nachgewiesen; τ = 5,97 ppm). R. Braun 326

0749 **Germylverbindungen.** 3. Mitt. **Trigermylphosphin.** S. Cradock, E. A. V. Ebsworth, G. Davidson und L. A. Woodward. (J. chem. Soc. [London], Sect. A **1967**, 8, 1229—33; engl.) — 2. vgl. vorst. Referat. — Trigermylphosphin (**I**) konnte in guter Ausb. aus Trisilylphosphin u. Germylbromid bei 0°

(4 Std.) dargestellt werden. Die Verb. wurde durch Massen-, UV-, IR- u. ^{1}H-NMR-Spektren identifiziert. I ist eine farblose Fl., F. $-84 \pm 1°$, Dampfdruck bei 20° ca. 2 Torr, die sich bei Raumtemp. langsam unter Bldg. von GeH_4 u. wahrscheinlich $[(GeH_3)_2P]_2GeH_2$ zersetzt. Das IR-Spektrum deutet darauf hin, daß das Ge_3P-Skelett nicht in planarer Form vorliegt. Ausführliche Diskussion der spektroskop. Untersuchungen. R. Braun 326

0750 **Herstellung und Untersuchung von Phosphiten. 17. Mitt. Vanadylphosphite.** J. Šilha und J. Podlaha. (Collect. czechoslov. chem. Commun. **32** (1967) 9, 3275 bis 3283; Inst. für anorg. Chem., Karls-Univ., Prag; dt.) — 16. vgl. ibid. **30** (1965) 481; 15. vgl. C. **1967**, 22-0693. — Es wurden die bisher nicht beschriebenen krist. Phosphite $VOHPO_3 \cdot 3,5\,H_2O$ (**I**), graublau, $VOHPO_3 \cdot 5,5\,H_2O$ (**II**), blau, $Na_2[(VO)_3(HPO_3)_2] \cdot 7\,H_2O$ (**III**), hellgrün, $Na_2[(VO)_3(HPO_3)_4] \cdot 8\,H_2O$ (**IV**), blaßblau, u. $(NH_4)_2[(VO)_3(HPO_3)_4] \cdot 4\,H_2O$ (**V**), grün, isoliert u. einige ihrer Eig. (Angabe in der Reihenfolge **I** bis **V**), wie D.^{25} (2,24; 1,55; 1,89; 2,26; 2,15), μ_{eff} in BM (1,80, 1,75; 1,76; 1,80; 1,76), Löslichkeit in H_2O (2,42 · 10^{-1}; 1,03 · 10^{-2}; 1,39; 5,39 · 10^{-2}; 4,02 · 10^{-2} Mol/l), Wärmebeständigkeit, Pulverdiagramme u. IR-Spektren (400—4000 cm^{-1}) untersucht. Aus der Prüfung der Eig. ging hervor, daß $VOHPO_3 \cdot n\,H_2O$, **I** u. **II** als Salz u. die übrigen Verb. **III** — **V** als Ionenkomplexe formuliert werden müssen. P. Schmidt 330

0751 **Niedere Oxydationszustände von Wismut. Bi^+ und $[Bi_5]^{3+}$ in Salzschmelzen.** Niels J. Bjerrum, Charles R. Boston und G. Pedro Smith. (Inorg. Chem. [Washington] **6** (1967) 6, 1162—72; Metals and Ceramics Div., ORNL, Oak Ridge, Tenn.; engl.) — Vgl. Davis et al., C. **1969**, 9-0019. — Metall. Bi reagiert mit verd. Lsg. von $BiCl_3$ in fl. eutekt. $AlCl_3$–NaCl- oder $ZnCl_2$–KCl-Mischungen unter Bldg. farbiger Schmelzen, die nach spektrophotometr. Messungen Bi^+ u. $[Bi_5]^{3+}$ enthalten. Die Gleichgew. 6 Bi^+(Lsg.) $\rightleftharpoons$ $[Bi_5]^{3+}$(Lsg.) + Bi^{3+} · (Lsg.), 2 Bi(fl) + Bi^{3+}(Lsg.) $\rightleftharpoons$ 3 Bi^+(Lsg.) u. 4 Bi(fl) + Bi^{3+}(Lsg.) $\rightleftharpoons$ $[Bi_5]^{3+}$(Lsg.) wurden quant. untersucht (Gleichgew.-Konst.). Bei Rk. einer Lsg. von $BiCl_3$ in fl. $AlCl_3$–NaCl-Eutektikum mit einem Überschuß an Bi-Metall entsteht eine weitere, von Bi^+ u. $[Bi_5]^{3+}$ zu unterscheidende Spezies. Eine prakt. reine Bi^+-Lsg. wird durch H_2-Red. ($^1/_3$ atm) einer verd. Lsg. von $BiCl_3$ (1,19 · 10^{-4} bis 6,73 · 10^{-4} m) in $AlCl_3$–NaCl-Eutektikum bei 310° erhalten. Die Absorptionsspektren von Bi^+ u. $[Bi_5]^{3+}$ werden ausführlich beschrieben; die Oszillatorstärken der Bi^+-Banden wurden berechnet. Die vorliegenden Ergebnisse reichen nicht aus, Informationen über den Koordinationszustand der gebildeten Bi-Spezies abzuleiten. — Ferner wurden untersucht: Verf. zur Darst. spektralreiner *$AlCl_3$–NaCl-* u. *$ZnCl_2$–KCl*-Mischungen; die D. von eutekt. *$ZnCl_2$–KCl*-Schmelzen als Funktion der Temp.; das Absorptionsspektrum von Bi^{3+} im $AlCl_3$–NaCl-Eutektikum. A. Blaschette 334

0752 **Zusammensetzung von Wismutoxalaten.** 3. Mitt. **Zusammensetzung von Niederschlägen, die bei der Reaktion $Bi(NO_3)_3$ + $(NH_4)_2C_2O_4$ entstehen.** Zenon Orylski. (Studia Soc. sci. Torunensis, Sect. B **6** (1967) 4, 1—19; Kat. Chem. Nieorg. Uniw. M. Kopernika, Toruń; pol.) — Es wurde festgestellt, daß die Zus. des Nd. bei Überschuß an $(NH_4)_2C_2O_4$ (Verhältnis der Konz. von $[C_2O_4]^{2-}$ zu Bi^{3+} in der Lsg. k_r = 20—2,2) der Formel $NH_4Bi(C_2O_4)_2$ entspricht. Bei geringerem Überschuß (k_r = 2,5—1,0) entstehen komplexe Oxalate wechselnder Zusammensetzung. Bei k_r = 1,67 entstand das normale $Bi_2(C_2O_4)_3$. Bei Überschuß von $Bi(NO_3)_3$ (k_r = 0,98—0,098) wurde in verschiedenen Vers. $Bi_2(C_2O_4)_3 \cdot Bi(NO_3)_3$ erhalten. Rolf Heyer 334

0753 **Zusammensetzung von Wismutoxalaten.** 4. Mitt. **Zusammensetzung von Niederschlägen, die bei der Reaktion $Bi(NO_3)_3$ + $Na_2C_2O_4$ entstehen.** Krystyna Orylska und Halina Basińska. (Studia Soc. sci. Torunensis, Sect B **6** (1967) 4, 21—36; pol.) — 3. vgl. vorst. Referat. — Die Zus. des Nd. bei einem Überschuß an $Na_2C_2O_4$ (k_r = 10,45—3,48) entsprach der Formel $NaBi(C_2O_4)_2$. Bei k_r = 2,61 entsprach die Zus. des Nd. $2Bi_2(C_2O_4)_3 \cdot Na_2C_2O_4$, bei k_r = 2,09—1,74 entstand das normale Salz $Bi_2(C_2O_4)_3$. Bei k_r < 1,49 entstanden komplexe Oxalate des Typs m $Bi_2(C_2O_4)_3$ · n $Bi(NO_3)_3$ mit m = 5, 3, 1 u. n = 2 oder 1. Bei $Na_2C_2O_4$-Überschuß hatte die Rührzeit keinen Einfl. auf die Zus., bei $Bi(NO_3)_3$-Überschuß wurde starker Einfl. auf Art u. Zus. des Nd. beobachtet. Rolf Heyer 334

0754 **Zusammensetzung von Wismutoxalaten.** 5. Mitt. **Zusammensetzung von Niederschlägen, die bei der Reaktion $Bi(NO_3)_3$ + $Li_2C_2O_4$ entstehen.** Halina Basińska, Zenon Orylski und Andrzej Bludziński. (Studia Soc. sci. Torunensis, Sect. B **6** (1967) 4, 37—51; pol.) — 4. vgl. vorst. Referat. — Bei einem Überschuß von $Li_2C_2O_4$ (k_r = 17,62) entstand kein Nd.; ob sich ein lösl. Komplex bildete, wurde nicht untersucht. Im Bereich k_r = 5,88—1,76 entstand das normale Oxalat $Bi_2(C_2O_4)_3$. Bei k_r = 1,26—0,88 entstanden komplexe Oxalate mit wechselnder Zus., auch bei Überschuß an $Bi(NO_3)_3$ wurden Nd. des Typs m $Bi_2(C_2O_4)_3$ · n Bi · $(NO_3)_3$ gebildet (m u. n kleine ganze Zahlen). Das Doppelsalz $LiBi(C_2O_4)_2$ u. $Li_2C_2O_4$ enthaltende Komplexsalze wurden nicht erhalten. Rolf Heyer 334

0755 **Versuch zur Anwendung eines Leukometers zur Untersuchung der Oxydationsstufe von Chromgelen und Chromoxid.** Jerzy Dereń und Aleksandra Podgórecka. (Zeszyty naukowe Akad. górniczo-hutniczej [Kraków], Ceramika **1967**, 55—62; Kat. Chem. Nieorg. AGH, Kraków; pol.) — Die Messungen an 4 verschieden hergestellten Proben aus Cr-Acetat u. Ammoniak zeigten, daß der Grad der Oberflächenox. von Cr_2O_3 u. den Gelen quant. durch den Weißgrad nicht wiedergegeben werden kann. Die Kontrollanalysen wurden nach Bunsin-Rupp durchgeführt. Rolf Heyer 335

0756 **Dihalogenodipyridin-tetrakis-[thioharnstoff]-mangan(II)-Komplexe der Koordinationszahl acht.** K. C. Dash und D. V. Ramana Rao. (Z. anorg. allg. Chem. **350** (1967) 3/4, 207—10; Rourkela, India, Reg. Engng. Coll., Dep. of Chem.; engl.) — Bei der Rk. von $Mn(py)_2X_2$ (X = Cl, Br) mit Thioharnstoff (tu) in Methanol bilden sich neutrale High-spin-Komplexe der Formel $Mn(py)_2 \cdot (tu)_4X_2$. Die Komplexe lösen sich in organ. Lsgm., sind Nichtelektrolyte u. besitzen hohe magnet. Momente. Die IR-Spektren (5000—650 cm^{-1}) wurden aufgenommen. Die experimentellen Ergebnisse deuten darauf hin, daß die Komplexe 8fach koordinierte Mn-Atome enthalten.

Versuche: $Mn(py)_2(tu)_4Cl_2$ (**I**), durch 6std. Erhitzen einer Lsg. von $Mn(py)_2Cl_2$ u. tu in Methanol auf dem Dampfbad, Abkühlen, Waschen mit Methanol u. PAe.; weiße Plättchen, F. 177°, lösl. in A., Nitrobenzol, Aceton, μ_{eff} = 6,6 BM. — $Mn(py)_2(tu)_4Br_2$, analog **I**; weiße Plättchen, F. 167°, lösl. in A., Nitrobenzol u. Aceton, μ_{eff} = 6,1 BM. M. Steidinger 350

0757 **Mangan(II)-Komplexe mit Stickstoffkoordination.** K. C. Dash und D. V. Ramana Rao. (Indian J. Chem. **5** (1967) 7, 333—34; engl.) — Vgl. vorst. Referat. — MnX_2 (X = Cl, Br, J oder SCN) bildet mit Py. (py), Chinolin (Q) oder Isochinolin (IQ) Komplexe mit σ-gebundenen N-Donatoratomen. $MnJ_2(py)_4$, $Mn(SCN)_2 \cdot (py)_4$, $MnJ_2(IQ)_4$ u. $Mn(SCN)_2(IQ)_4$ sind spinfreie oktaedr. Nichtelektrolyte. $MnCl_2(IQ)_2$ u. $MnBr_2(IQ)_2$ sind in organ. Lsgm. schwerlösl. u. polymer u. werden therm. zu den ebenfalls polymeren $MnCl_2(IQ)$ u. $MnBr_2 \cdot (IQ)$ zersetzt.

Versuche: $MnJ_2(py)_4$, F. 152°, aus MnJ_2 u. py (1:4) in A., Absaugen, Waschen mit A., dann mit PAe. u. Trocknen im Vakuum, hellbraune Krist., (μ_{eff} =) 6,60 (BM); analog: $Mn(SCN)_2(py)_4$, F. 256°, blaßgelbe Krist., 6,04; $MnCl_2(IQ)_2$, F. > 280°, Verhältnisse 1:2 bis 1:4, amorphes Pulver, 6,23; $MnBr_2(IQ)_2$, F. > 280°, amorphes Pulver, 6,00; $MnJ_2(IQ)_4$, F. 210°, blaßgelbes Pulver, 5,78; $Mn(SCN)_2(IQ)_4$, F. 186°, blaßgelbe Krist., 5,89; $MnCl_2(IQ)$, F. > 280°, mehrstd. Erhitzen von $MnCl_2(IQ)_2$ auf 125—130° bis zur Gew.-Konstanz, amorphes Pulver, 5,98; analog $MnBr_2(IQ)$, F. > 280°, amorphes Pulver, 6,45; $MnCl_2(Q)$, F. > 280°, 2std. Rückflußkochen von $MnCl_2$ u. Q in A. u. Kühlen, amorphes Pulver, 5,93. G. Heller 350

0758 **High-spin Mangan(II)-Chelate.** A. Syamal. (J. Indian chem. Soc. **44** (1967) 12, 1084–1085; Inorgan. Chem. Labor., Univ. of Burdwan, Burdwan, Westbengalen; engl.) — Durch 1std. Erhitzen einer äthanol. Lsg. von $MnCl_2$ u. 1-Guanylthioharnstoff (HA) bzw. 1-Guanyl-S-äthylisothioharnstoff (HB) am Rückfluß entstehen die Komplexe [MnA_2] (braungelb) u. [MnB_2] (schmutziggelb). Die Komplexe in Methanol ox. sich leicht unter Bldg. von Mn(III) u. unter Farbvertiefung. Die nichtelektrolyt. Komplexe sind diamagnet. mit magnet. Momenten von 5,8 BM, was in Einklang steht mit Highspin-tetraedr. Struktur des Mn(II) im 6s-Zustand. H. J. Schönherr 350

0759 **Cyanoverbindungen von fünfwertigem Rhenium.** M. C. Chakravorti. (J. Indian chem. Soc. **44** (1967) 734–35; Dep. of Chem., Univ., Kalyani, West Bengal; engl.) — Spektrophotometr. Unters. des Anions [$ReO_2 \cdot (CN)_4]^{3-}$ (I) u. der lösl. Säure $H[ReO(H_2O)(OH)(CN)_3]$ (II). Ansäuern von I führt zu einem 1:1-Komplex zwischen I u. H^+ der Form $H[ReO_2(CN)_4]^{2-}$ (Geschw.-Konst. 0,019 l $mol^{-1} \cdot s^{-1}$ bei 28°), der langsam in $[ReO \cdot (OH)(CN)_4]^{2-}$ übergeht. Langsames Erhitzen von II nach H_2O-Verlust durch längeres Stehen an Luft auf 340° führt zu der dimeren Verb. $H_2\{[ReO(H_2O)(CN)_3]_2O\}$ (III), während Erhitzen von frisch dargestelltem II zu unlösl. $\{[ReO(CN)_2]_2O\}$ führt. Die Mono- u. Dikaliumsalze von III werden durch Rk. mit KOH erhalten. J. Oguntke 352

0760 **Darstellung von Magnetit und γ-Fe_2O_3 durch thermische Zersetzung von Eisen(II)-oxalat in Gegenwart von α-FeOOH-Kristallen.** Włodzimierz Wolski und Antoni Kwiatkowski. (Przemysł chem. **46** (1967) 7, 407 bis 409; Zakład Magnetochem., Uniw., Poznań; pol.) — In Fortsetzung der in ibid. **44** (1965) 561 beschriebenen Arbeit wird die therm. Zers. mit begrenzter Luftmenge von Gemischen aus $FeC_2O_4 \cdot 2H_2O$ u. α-FeOOH untersucht. Verglichen werden die magnet. Parameter, Koerzitivkraft, Restmagnetismus, maximale Induktion, u. Koeff. der rechteckigen magnet. Hysteresisschleife der erhaltenen Prod. (Fe_3O_4 u. γ Fe_2O_3) bei der therm. Zers. von α-FeOOH enthaltendem $FeC_2O_4 \cdot 2H_2O$ u. bei der Red. von α-FeOOH mit Wasserstoff u. CO. Rolf Heyer 354

0761 **Magnetische und strukturelle Untersuchung des Carbids von Hägg.** J.-P. Sénateur. (Ann. Chimie [14] 2 (1967) 2, 103–22, Vitry-sur-Seine, C.N.R.S., Centre d'Études de Chim. Métallurg.; franz.) — Vf. unternahm Vers. zur Synth. von Häggschem Carbid (I) durch Carburierung von Fe oder FeO durch Gemische von CO + H_2 bei relativ tiefen Temperaturen. Bei einem Verhältnis CO/H_2 von 1:4 zwischen 300 u. 360° bildet sich nur I, zwischen 360° u. 400° bilden sich Gemische von I u. Fe_3C u. zwischen 460° u. 560° entsteht nur Fe_3C. I bildet ein sehr feines graues u. ferromagnet. Pulver mit einer Curie-Temp. von 248°. Pulveraufnahmen ergaben für I eine Teilchengröße von etwa 300 Å. Auf Grund thermomagnet. Messungen bleibt bei 4std. Erhitzen auf 400° I vollständig erhalten, bei 500° wurde an Hand der Curie-Temp. ein Gemisch von I u. Fe_3C beobachtet. Bei 550° tritt nur bei fallender Temp. I auf. Oberhalb 800° bildet sich beim Abkühlen nur Stahl. Auf gleiche Weise wurde I durch Carburierung von Eisennitriden erhalten. Da die Bldg.-Temp. jedoch höher liegt, ist I besser kristallisiert u. gibt Diagramme mit scharfen Interferenzen. Die gleiche Wrkg. hatte die Ggw. von H_2S bei der Carburierung von Fe oder FeO. CO übt einen destabilisierenden Einfl. auf I aus. Bei der Unters. des Syst. Mn–C, u. a. des monoklinen Mn_5C_2 mit a = 11,673 (Å); b = 4,5837; c = 5,0945 u. β = 97°42' ergab der direkte Vgl. der Diagramme des Mn_5C_2 u. des I, daß I die Zus. Fe_5C_2 (monoklin mit a = 11,563 (Å); b = 4,573; c = 5,058; β = 97°44', Z = 4, Raumgruppe C 2/c–C_{2h}^6) zuzuschreiben ist. Während sich in I das Fe nicht durch Mn substituieren läßt, gelingt eine Substitution des Mn in Mn_5C_2 durch Fe; Grenzphase ist $(Mn_{0,6}Fe_{0,4})_5C_2$. Oberhalb 77 °K ist diese Phase nicht ferromagnetisch: I u. Zementit Fe_3C sind strukturell einander ähnlich, indem jeweils das C-Atom im Zentrum eines trigonalen Prismas von Fe-Atomen liegt. In I liegen Doppel-, im Zementit dagegen Einzelschichten solcher trigonalen Prismen in der Ebene der beiden kürzeren Zelldimensionen vor. C. Gottfried 354△

0762 **Bildung von Zinkferrit bei niedrigen Temperaturen.** J. Beretka und M. J. Ridge. (Nature [London] **216** (1967) 5114, 473–74; CSIRO Div. of Building Res., Melbourne; engl.) — Die Bldg. von $ZnFe_2O_4$ aus ZnO u. kub. bzw. trigonalem Fe(III)-Oxid wurde zwischen ca. 250 u. ca. 550° im Vakuum untersucht. Das eingesetzte Fe(III)-Oxid war durch Fällung aus wss. Lsg. u. anschließendes Entwässern bei 270° im Vakuum erhalten worden; folgende Werte für die Oberflächen der trigonalen bzw. kub. Form wurden bestimmt: 150 bzw. 110 m^2/g. Die Ferritbldg. setzt für beide Oxide bei 360° ein; der Rk.-Beginn ist von einer starken Verringerung der Fe_2O_3-Oberfläche begleitet. Der Umsatz des trigonalen Fe_2O_3 mit dem ZnO beträgt nach 6 Std. etwa 50%. W. Laqua 354

0763 **Doppeloxalat von Eisen(II) und Titan(IV).** Paresh Chandra Choudury. (Indian J. Chem. **5** (1967) 3, 121–22; Dep. of Chem., M.B.B. Coll., Agartala, Tripura; engl.) — $FeC_2O_4 \cdot 3TiOC_2H_4 \cdot n\,H_2O$ wird durch Lösen von 2,5 g $FeSO_4 \cdot 7\,H_2O$ in 250 ml 0,05 m $TiOSO_4$-Lsg., Kühlen im Eisbad, Fällen der Hydroxide mit NaOH, Waschen des Nd. u. Lösen in 200 ml 0,1 n Oxalsäure, Filtrieren, 10–15 Min. Einengen auf dem Dampfbad, zehntägiges Stehen im Exsikkator, Waschen der goldgelben Krist. mit abs. A. u. Trocknen hergestellt. Der W.-Geh. des Doppelsalzes variiert von Ansatz zu Ansatz. Die Analysenwerte für n = 10 werden angegeben. K.-J. Zwietasch 354

0764 **Umsetzung von Zirkoniumdioxid mit Eisen bei hohen Temperaturen.** D. Becherescu, Fr. Winter und Lucia Cicoare. (Bul. ştiinţ. tehn. Inst. politehn. Timişoara **12** (26) (1967) 1, 37–42; rum.) — Röntgenograph., IR-spektroskop. (400–1 200 cm^{-1}) u. mkr. Unters. an Zus. des Syst. ZrO_2–Fe, die im Ar-Plasmastrahl geschmolzen u. rasch abgekühlt wurden, zeigen, daß bei diesen Bedingungen eine Rk. unter Bldg. von FeO u. metall. Zr stattfindet. Das entstandene metastabile FeO geht in Fe_3O_4 u. Fe über, wobei letzteres mit ZrO_2 weiterreagieren kann. Bei einem Ausgangsgeh. von 8 Gew.-% Fe stabilisiert das gebildete Fe die kub. Form von ZrO_2. J. J. Pohl 354

0765 **Decarbonylierung von Isocyanaten durch Eisencarbonyle.** W. T. Flannigan, G. R. Knox und P. L. Pauson. (Chem. and Ind. **1967**, 25, 1094–95; Univ. of Strathclyde, Glasgow, Scotland; engl.) — Phenylisocyanat reagiert mit $Fe_3(CO)_{12}$ zu einem orangeroten Komplex, F. 132–134°, der nach massenspektroskop., Mößbauer- u. NMR-Unters. die Struktur I (R = C_6H_5)

I

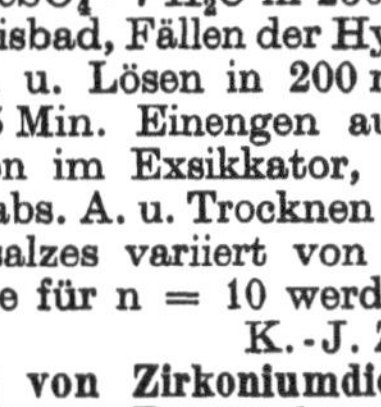

besitzt. Gestützt wird dieser Strukturvorschlag durch Isolierung von *sym. Diphenylharnstoff* (>50% Ausb.) nach $LiAlH_4$-Red. von I. Bei Verw. von $LiAlD_4$ erfolgt keine Deuterierung. Äthylisocyanat bildet mit $Fe_2(CO)_9$ den I-analogen Komplex (R = C_2H_5), F. 77°, orangefarbene Nadeln. Die RN—CONR-Brücke entsteht sicherlich durch Rk. der bei der Isocyanat-Decarbonylierung entstandenen Nitrenmol. mit CO. K. Jasche 354△

0766 **Protonierung von Norbornadieneisentricarbonyl.** Donald R. Falkowski, Donald F. Hunt, C. Peter Lillya und Marvin D. Rausch. (J. Amer. chem. Soc. **89** (1967) 24, 6387–89; Dep. of Chem., Univ. of Mass., Amherst., Mass.; engl.) — Norbornadieneisentricarbonyl (I) wird in stark saurer Lsg. protoniert. Das NMR-Spektrum des I in FSO_3H–SO_2-saurer Lsg. liefert deutliche Anzeichen für die Protonierung. Die Protonierung erfolgt am Fe-Atom in trans-Stellung zu einer CO-Gruppe. M. Steidinger 354

0767 **Reaktionen von Eisen(III)-isopropanolat mit Trimethylacetoxysilan.** P. P. Sharma und R. C. Mehrotra. (Indian J. Chem. 5 (1967) 9, 456–57; Jaipur, Rajasthan Univ., Dep. of Chem.; engl.) – Unter Rückfluß wurde zu einer Lsg. von $Fe(iso\text{-}C_3H_7O)_3$ (A) in Cyclohexan Trimethylacetoxysilan (B) zugesetzt. Neben *Isopropylacetat* entstanden in quant. Ausb. entsprechend den eingesetzten stöchiometr. Verhältnissen an A u. B (1:1; 1:2 u. 1:3) $(Me_3SiO)Fe(i\text{-}OC_3H_7)_2$ (**I**; Me = CH_3); $(Me_3SiO)_2Fe(i\text{-}OC_3H_7)$ (**II**) u. $(Me_3SiO)_3Fe$ (**III**). Durch Alkoholyse von **I** u. **II** mit tert.-Butanol in Bzl. entstanden die entsprechenden *tert.-Butanolate* $(Me_3SiO)Fe\cdot(tert\text{-}OBu)_2$ (**IV**) u. $(Me_3SiO)_2Fe(tert\text{-}OBu)$ (**V**). Beim Erhitzen von **I**, **II**, **IV** u. **V** unter red. Druck bildet sich *Tris-[trimethylsilyloxy]-eisen(III)* $Fe[(Me_3SiO)_3]_3$. **V** kann unzersetzt subl. werden. **I**, **II** u. **V** sind nach ebullioskop. Unters. mit Bzl. dimer. W. Heinemann 354

0768 **Synthese, Zusammensetzung und Eigenschaften von Eisen-, Chrom- und Manganphthalocyaninen.** B. D. Berezin und G. V. Sennikova. (Izvest. vysšich učebnych Zavedenij [Ivanovo], Chim. i chim. Technol. **10** (1967) 5, 563–70; Ivanovskij chim.-technol. inst.; russ.) – Es werden folgende Phthalocyaninkomplexe synthetisiert: *FePc*, $FePc(HSO_4)$, *FePcCl*, $MnPc\text{–}(CH_3COO)_2$, *MnPc*, $CrPc(HSO_4)$, $CrPc(CH_3COO)$, *CrPc* (Pc = Phthalocyaninrest). Die Fe-Phthalocyanine werden durch Schmelzen von Phthalonitril (I) mit Fe-Pulver, mit $FeCl_2$ u. mit $FeCl_3$ synthetisiert. $Cr(CH_3COO)_3$ u. $Mn(CH_3COO)_2$ ergeben mit I die genannten Cr- bzw. Mn-Komplexe. Von den Komplexen werden die Dissoziationskonst., die UV-Spektren sowie die Säure–Base-Eig. untersucht, um eine Abhängigkeit dieser Eig. vom Synth.-Weg u. der Reinigungsmeth. festzustellen. Für die Fe- u. auch Cr-Phthalocyanine ist unabhängig vom Synth.- u. Reinigungsweg eine Senkung des Fe- u. Cr-Geh. charakteristisch. Nach Umfällen der Komplexe aus H_2SO_4 wird gleichfalls ein gegenüber der stöchiometr. Zus. verringerter HSO_4^--Geh. festgestellt. Ursache dieser Erscheinungen ist das Vorherrschen von Fe^{2+} u. Mn^{2+} in den Schmelzen der Komplexe, aber auch die festere Bindung des CH_3COO^- zu den Metallen in den Cr^{3+}- u. Mn^{4+}-Phthalocyaninen, die durch eine hohe Stabilität gekennzeichnet sind. Dagegen sind die Fe(II)-, Mn(II)- u. Fe(III)-Phthalocyanine relativ instabil. K. Jasche 354△

0769 **Darstellung und Eigenschaften einiger Salze der Ferrocenmonocarbonsäure.** Maurice A. Bernard und Marie-Madeleine Borel. (Bull. Soc. chim. France **1967**, 8, 2918–20; Labor. de Chim. Min. B, Fac. des Sci de Caen.; franz.) – Durch doppelten Austausch in W. oder Ammoniaklsg. zwischen Ammoniumferrocenmonocarboxylat (I) u. Salzen, die in diesen Lsgm. lösl. sind, wurden die Ferrocenmonocarboxylate von *Cu*, *Pb*, *Zn* u. *Cd* als $M[(Fe)COO]_2$ bzw. $M[(Fc)COO]_2(NH_3)_n$ (Fc = Ferrocenyl) dargestellt. Silbernitrat reagiert mit **I** in wss. Lsg. unter Bldg. von Silber u. des Ferriciniumkations. Alle dargestellten Salze sind in üblichen Lsgm. wenig oder gar nicht löslich. Die Stabilität wurde durch thermogravimetr. u. DT-Analyse untersucht. I wird bei 120° zu der freien Säure zersetzt, die an Luft bei 300° Fe_2O_3 als Rückstand gibt. Die Salze $M[(Fc)COO]_2(NH_3)_n$ geben bei 120° NH_3 ab. Alle Verb. zersetzen sich bei 180–200° ohne Bldg. von Zwischenprodukten. Bei 300–350° führt die exotherme Zers. zu einer Mischung aus Fe_2O_3 u. dem entsprechenden Metalloxid MO. Die Röntgenspektren von $M[(Fc)COO]_2$ (M = Cu, Pb) wurden untersucht, die Netzebenenabstände werden tabellar. angegeben. Die IR-Spektren stimmen mit der angenommenen Struktur der erhaltenen Verb. überein.

Versuche: $Cu[(Fc)COO]_2$, aus **I** u. $Cu(NO_3)_2$ in W., graues Pulver. – $Cu[(Fc)COO]_2\ 1{,}08\ NH_3$, aus **I** u. $Cu(NO_3)_2$ in NH_3-Lsg., grün. – $Pb[(Fc)COO]_2$, aus **I** u. $Pb(NO_3)_2$ in W., gelborange. – $Zn[(Fc)COO]_2\cdot 2NH_3$, aus **I** u. $Zn(NO_3)_2$ in NH_3-Lsg., gelb. – $Cd[(Fc)COO]_2\cdot 2{,}1NH_3$, aus **I** u. $Cd(ClO_4)_2$ in NH_3-Lsg., gelb.

E. Schmidt 354

0770 **Auf chemischem Wege hergestellte dünne Schichten von Nickel–Mangan–Phosphor.** Jean Fléchon und Pierre Marchal. (Bull. Soc. chim. France **1967**, 10, 3644–47; Fac. des Sci., Nancy; franz.) – Die Schichten (Dicke bis 5000 Å) wurden auf vorbehandelten Glasplättchen aus nachst. Lsg. abgeschieden: 5 Vol.-Teile (Vt) von 40 g/l $NaH_2PO_2\cdot H_2O$, 1 Vt. von $Ni(CH_3COO)_2\cdot 4H_2O$ (31,10), 4 Vt. von 42,25 Mn $SO_4\cdot H_2O$, $^1/_{20}$ Vt. von 0,55 $PdCl_2$. Im Verlauf einiger Std. bilden sich glänzende Schichten. Vf. untersuchen den Einfl. folgender Parameter auf die Zus. der Schicht als Funktion der Schichtdicke: Temp., Konz. des Katalysators ($PdCl_2$), Konz.-Verhältnis Ni^{2+}/Mn^{2+}, Konz. des Red.-Mittels. Der Mn-Geh. beträgt 1–10, der von P 10–15%. Die getemperten Proben (300°) zeigen die Röntgeninterferenzen von Ni_3P. Der Mechanismus der Abscheidung wird diskutiert.

G. Schatz 356

0771 **Magnetische und spektroskopische Untersuchungen an einigen fünffach koordinierten Mono-[2.2'.2''-terpyridyl]-Komplexen von Co(II) und Ni(II).** J. S. Judge und W. A. Baker jun. (Inorg. chim. Acta [Padova] **1** (1967) 2, 239–44; Dep. of Chem., Syracuse Univ., Syracuse, N.Y.; engl.) – Die nachst. Komplexe wurden dargestellt: $Co(terpy)Br_2$ u. $Ni(terpy)Br_2$, durch Erhitzen der entsprechenden Bis-Komplexe im Vakuum; $Co(terpy)Cl_2$, a) durch therm. Zers. aus dem Bis-Komplex; b) durch Auflösen von 1,5 mMol terpy u. 1,9 mMol $CoCl_2$ in W.–Methanol (60/40 Vol.-%), Eindampfen bis fast zur Sättigung (Vol. ca. 15 ml) u. Versetzen mit 70 ml Aceton; $Ni(terpy)Cl_2$, analog vorst. Verb. (Meth. b); $Co(terpy)J_2$ u. $Co(terpy)(NCS)_2$, aus den entsprechenden Bis-Komplexen durch therm. Zers. im Vakuum bei 210–225°; $Ni(terpy)J_2$ (nicht rein), durch therm. Zers. von $Ni(terpy)_2J_2$ während mehrerer Tage bei 300° im Vakuum; $Co\cdot(terpy)(NO_3)_2$, durch Lösen von 1,5 mMol terpy u. 2,1 mMol $Co(NO_3)_2$ in 25 ml Methanol, Filtrieren, Eindampfen auf ca. 20 ml, Versetzen mit 60 ml Aceton, Eindampfen auf ca. 5 ml u. Versetzen mit 15 ml Aceton. Von diesen Komplexen wurden die Reflexionsspektren im sichtbaren u. nahen IR-Bereich aufgenommen. Sie enthalten bis zu sechs Banden, die auf d-d-Übergänge zurückzuführen sind. Ferner wurde das magnet. Verh. der Verb. im Temp.-Bereich 15–400°K untersucht. Die magnet. Momente sind zum Teil ungewöhnlich hoch für die hier vorliegenden niedrigsymm. Koordinationsverhältnisse; sie bleiben auch bei den niedrigsten untersuchten Temp. hoch. Bindungstheoret. Deutung.

A. Blaschette 356

0772 **Magnetische und spektroskopische Untersuchungen an einigen anomalen Mono-[2.2'.2''-terpyridyl]-Komplexen von Co(II) und Ni(II).** J. S. Judge und W. A. Baker jun. (Inorg. chim. Acta [Padova] **1** (1967) 2, 245–48; engl.) – Vgl. vorst. Referat. – Nachst. Verb. wurden dargestellt: $Co(terpy)(CN)_2$ (**I**) u. $Ni(terpy)(CN)_2$ (**II**), aus MCl_2, terpy u. KCN unter strenger Einhaltung der angegebenen Bedingungen (vgl. Orig.); $Co(terpy)\cdot(NO_2)_2$ (**III**), durch Umsetzung von $CoCl_2$ mit KNO_2 zu gelbem, schwer lösl. Co(II)-Nitrit u. Rk. dieses Prod. mit überschüssigem terpy in W. bei ca. 90° (0,5 Std.); $Co\cdot(terpy)F_2$ (**IV**), durch Darst. des entsprechenden Bis-Komplexes aus terpy u. CoF_2 u. 2std. Zers. im Vakuum bei 160°; $Ni(terpy)(SCN)_2$ (**V**), durch Darst. des Bis-Komplexes aus KSCN u. $Ni(terpy)_2(NO_3)_2$ in wss. Lsg., 4std. Erhitzen auf 210° im Vakuum (Farbänderung von hellbraun nach grüngelb), Herauslösen des restlichen Bis-Komplexes durch Erhitzen mit 70 ml Wasser. Von diesen Verb. wurden Absorptionsspektren im sichtbaren, nahen IR- u. IR-Bereich aufgenommen sowie magnet. Momente im Bereich 15–400°K bestimmt. Die Ergebnisse zeigen, daß **I**–**IV** nicht fünffach koordiniert sind, sondern Kation–Anion-Komplexe darstellen. Das Kation ist in jedem Fall $M(terpy)_2^{2+}$; als Anion fungiert bei **I** u. **II** quadrat.-planares $M(CN)_4^{2-}$, bei **IV** tetraedr. CoF_4^{2-}, bei **III** wahrscheinlich eine dimere Spezies mit μ-Nitritogruppen. **V** wird als Polymeres der Zus. $[Ni(terpy)(SCN)_2]_n$ mit SCN-Brücken angesehen; es weist einen ferromagnet. Curie-Punkt bei ca. 7°K auf. A. Blaschette 356

0773 **Isomerien und ungewöhnliches magnetisches Verhalten einiger Benzimidazol-Komplexe von Nickel(II).**

D. M. L. Goodgame, M. Goodgame und M. J. Weeks. (J. chem. Soc. [London], Sect. A **1967**, 7, 1125–32; Chem. Dep. Imp. Coll., London; engl.) — Bei der Darst. u. Unters. der Eig. der *Nickel(II)*-Komplexe NiL_4X_2 mit L = *Benzimidazol* als neutralem Ligand u. $X = Cl^-$, Br^-, J^- oder ClO_4^- fanden Vf. bei geringen Änderungen der Darst.-Bedingungen die Bldg. von verschiedenen Isomeren, deren Elektronenspektren (25000–5000 cm^{-1}) bei 80°K u. Raumtemp. sowie magnet. Eig. bei 4,2 bis 300°K u. Röntgen-Diagramme bei 140 u. 300°K untersucht wurden. Die Jodid- u. Perchlorat-Komplexe sind diamagnet., vom Bromid existieren drei isomere Formen, zwei paramagnet. u. eine diamagnet. u. vom Chlorid zwei paramagnet. Isomere. Weiterhin wurden die *Aceton*-Solvate (*Aceton* = *S*) $NiL_4Cl_2 \cdot S$, $NiL_4Cl_2 \cdot S_2$ (drei Isomere) u. $NiL_4Br_2 \cdot S_2$ isoliert. Die physikal. Daten u. Darst. der verschiedenen isomeren Phasen werden ausführlich diskutiert. Die Verb. wurden durch Behandlung von Ni-Chlorid · $6H_2O$ bzw. Ni-Bromid · $6H_2O$ (pulverförmig) mit aceton. Benzimidazollsg. erhalten. Auch $NiL_4Br_2(CHCl_3)_3$ wurde bei anschließender Behandlung mit $CHCl_3$ isoliert. R. Blank 356

0774 **Tetraedrische Komplexe von Nickel(II) mit Benzimidazol.** D. M. L. Goodgame, M. Goodgame und M. J. Weeks. (J. chem. Soc. [London], Sect. A **1967**, 10, 1676–79; engl.) — Vgl. vorst. Referat. — Die Darst. der Benzimidazol(=L)-Komplexe NiL_2X_2 (X = Br, J) u. $[(C_2H_5)_4N][NiLBr_3]$ wird beschrieben. Aus Elektronenspektren u. magnet. Eig. geht hervor, daß diese Verb. pseudotetraedr. Konfig. besitzen, die allerdings erheblich von der T_d-Symmetrie abweichen. Lsg.-Gleichgew. zwischen 2:1- u. 4:1-Komplexen von L mit Ni-Halogeniden werden mitgeteilt.

Versuche: *Dibromobenzimidazolnickel(II)*, F. 254°, aus L (2,4 g) u. $NiCl_2 \cdot 6H_2O$ (3,5 g) in A. (5 ml), Ausb. 59%; *Dijodobenzimidazolnickel(II)*, F. 218°, eine Lsg. von $Ni(NO_3)_2 \cdot 6H_2O$ (3,2 g) in Aceton (5 ml) wird zu einer Lsg. von NaJ (3,3 g) in Aceton (20 ml) gegeben, dann über einem Molekularsieb getrocknet u. in eine Lsg. von L (2,36 g) in Aceton filtriert, 76%; *Tetraäthylammonium-benzimidazoltribromoniccolat(II)*, F. 140°, eine Lsg. von L (1,18 g) u. $[(C_2H_5)_4N]Br$ (2,1 g) in n-Butanol (10 ml) wird zu $NiBr_2 \cdot 3H_2O$ (2,73 g) in n-Butanol (30 ml) gegeben.

Manfred Schulze/Braunschweig 356

0775 **Absorptionsspektren und Konfiguration von Kupfer(II)-formiatkomplexen mit Aminen.** P. R. Shukla und Gopal Narain. (J. Indian chem. Soc. **44** (1967) 6, 552–53; Dep. of Chem., Lucknow Univ.; engl.) — Die Absorptionsspektren der von Narain (Canad. J. Chem. **44** (1966), 895) dargestellten Verb. $[Cu(HCOO)_2(NH_3)_2]$, $[Cu(HCOO)_2(CH_3NH_2)_2]$, $[Cu(HCOO)_2(C_2H_5NH_2)_2]$, $[Cu \cdot (HCOO)_2(C_5H_5N)_2]$, $[Cu(HCOO)_2(en)]$ u. $[Cu(HCOO)_2 \cdot (pn)]$ (en = Äthylendiamin, pn = Propylendiamin) werden mitgeteilt u. diskutiert. Die Komplexe sind Nichtelektrolyte. Die kryoskop. gemessenen Molgew. entsprechen den angegebenen Formeln. Die Komplexe lösen sich in Nitrobenzol u. Formamid mit tiefblauer Farbe. Manfred Schulze/Braunschweig 358

0776 **Komplexverbindungen mit Diphenylderivaten. 20. Mitt. Komplexverbindungen der Kupfer(II)-diphenyldicarboxylate mit Anilin und Diaminodiphenylen.** Constantin Gh. Macarovici und Gerhard Schmidt. (Rev. roum. Chim. **12** (1967) 5, 453–61; Labor. für Allg. Chem. Babes-Bolyai Univ., Cluj; dt.) — 19. vgl. C. **1968**, 34-0636. — Es wird der Einfl. der Stellung der Carboxyl- u. Aminogruppen bei der Komplexbldg. von Salzen der *Diphenyldicarbonsäuren* mit *aromat. Mono- u. Diaminen* untersucht. Zu diesem Zwecke wurden 11 neue *Komplexverb. der Cu(II)-Salze* der *Diphenyl-2.2'- u. Diphenyl-3.3'-dicarbonsäure* mit *Anilin, 2.2'-, 3.3'-* u. *4.4'-Diaminodiphenyl*, sowie *2.7-Diaminofluoren* auf zwei verschiedenen Wegen synthetisiert. Es wurden die IR Absorptionsspektren der freien Säuren, ihrer Cu(II)-Salze, sowie einiger der Komplexverb. aufgenommen. Eine Unters. vor allem der Carboxyl- u. Aminogruppenschwingungen gestattete einige Strukturdeutungen. So wurde festgestellt, daß einige der Verb. monomer, andere polymer sind. Allgemein kann gesagt werden, daß eine benachbarte Stellung der Carboxylgruppen im Säuremol. zu monomeren, eine entfernte Stellung zu polymeren Verb. führt. P. Schmidt 358

0777 **Verbindungen Ag_8MX_6 mit M = Si, Ge, Sn und X = S, Se, Te.** Onri Gorochov und Jean Flahaut. (C. R. hebd. Séances Acad. Sci., Sér. C **264** (1967) 26, 2153–55; Paris, Fac. de Pharm., Chim. minér.; franz.) Mittels DTA u. röntgenograph. Meth. wurden die Phasendiagramme Ag_2X–MX_2 untersucht. Auf diese Weise wurden die folgenden Verb. identifiziert: Ag_8SiS_6 **(I)**, Ag_8GeS_6 **(II)**, Ag_8SnS_6 **(III)**, Ag_8SiSe_6 **(IV)**, Ag_8GeSe_6 **(V)**, Ag_8SnSe_6 **(VI)** u. die bisher unbekannten Verb. Ag_8SiTe_6 **(VII)** u. Ag_8GeTe_6 **(VIII)**. Alle Verb. treten in 2 kristallinen Formen auf. Die Umwandlungstemp. in der obigen Reihenfolge sind 234°; 223°; 172°; 40°; 48°; 83°, –10° u. –29°, die F. 940°; 955°; 839°; 930°; 902°; 735° (nicht kongruent); 870° u. 6,45° (nicht kongruent). Die Parameter der Tieftemp.-Formen sind 21,00 (Å); 21,19; 21,43; 10,87; 10,95; 11,07; –; –; die der Hochtemp.-Formen 10,63 (Å) (bei 250°); 10,70 (bei 240°); 10,85 (bei 200°); 10,97 (bei 150°); 10,99 (bei 65°); 11,12 (bei 200°); 11,515 (bei 20°) u. 11,570 (bei 20°). C. Gottfried 359△

0778 **Substituierte dreikernige Rutheniumcarbonyle.** F. Piacenti, M. Bianchi, E. Benedetti und G. Sbrana. (J. inorg. nuclear Chem. **29** (1967) 5, 1389–91; Inst. of Ind. Org. Chem., Univ., Pisa; engl.) — Das trimere Rutheniumtetracarbonyl, $[Ru(CO)_4]_3$ (I), reagiert in CH_3OH oder Aceton bei 55–60° mit den Phosphinen (L) $P(C_6H_5)_3$, $P(C_4H_9)_3$ u. $P(OC_6H_5)_3$ im mol. Verhältnis 1:4 zu einer neuen Serie von Rutheniumcarbonylen $[Ru(CO)_3L]_3$: $[Ru(CO)_3P(C_6H_5)_3]_3$ **(II)**, F. 174–176°, dunkelviolett, $[Ru(CO)_3P(C_4H_9)_3]_3$ **(III)**, F. 62–63° dunkelrot; $[Ru(CO)_3P(OC_6H_5)_3]_3$ **(IV)**, F. 77–78°; orange. Bei der Rk. von **II** oder **III** in Methyläthylketon bei 130 bis 140° unter CO mit einem Überschuß des entsprechenden Liganden L entstehen die Komplexe des Typs $Ru \cdot (CO)_3L_2$: $Ru(CO)_3[P(C_6H_5)_3]_2$ **(V)**, F. 250–251°, gelb; $Ru(CO)_3[P(C_4H_9)_3]_2$ **(VI)**, F. 42–43°, fahlgelb. Die IR-Spektren im ν(CO)-Bereich von **II–VI** wurden vermessen. P. Schmidt 363

0779 **Katalyse der Substitution an Rhodium(III).** D. J. Baker und R. D. Gillard. (Chem. Commun. **1967**, 11, 520–21; Univ. of Kent, Canterbury; engl.) — Für die Rk. von *Hydrazin* (I) mit *trans-Dichloro-bis-[äthylendiamin]-rhodium(III)*-Salzen (II) schlagen Vf. folgenden Mechanismus vor: in einem langsamen Rk.-Schritt wird **II** zu *Bis-[äthylendiamin]-rhodium(I)-Salz* **(III)** red., **II** u. **III** reagieren zu einer zweikernigen Zwischenstufe, in der das Rh(I)- u. das Rh(III)-Atom durch eine Chlorbrücke verbunden sind. Durch nukleophilen Angriff von **I** auf das Rh(III)-Atom bildet sich unter Austritt von **III** das *Bis-[äthylendiamin]-monohydrazinmonochlororhodium-(III)-Salz* **(IV)**. In einer um den Faktor 10^{-3} langsameren Rk. kann **IV** zum *Bis-[hydrazin]-bis-[äthylendiamin]-rhodium(III)-Salz* **(V)** weiterreagieren. Mit Hydraziniumsalzen wurde keine Rk. beobachtet. Vf. geben folgende Daten der Elektronenspektren an: **IV**, 344 nm (ε = 125), 290 nm (160); **V**, 298 nm (280). G. Olbrich 364

0780 **Cyclooctadien-(1.5)-rhodiumdihydropentalendiid und Dihydropentalenidkomplexe von Thallium, Platin und Rhodium.** Thomas J. Katz und Joseph J. Mrowca. (J. Amer. chem. Soc. **89** (1967) 5, 1105–11; Dep. of Chem., Columbia Univ., N.Y., N.Y.; engl.) — Vf. beschreiben die Synth. von Metallocenderiv. des Dihydropentalens. Das Anion *Cyclooctadien-(1.5)-rhodiumdihydropentalendiid* (I) entsteht aus Cyclooctadien-(1.5)–Rh-Dihydropentalenid (II) in Ae. bei –78° durch Rk. mit n-Butyllithium in Hexan unter Ar. Einzelheiten über Elementaranalyse, Molgew.-Best., chem. u. physikal. Eig. sowie NMR-, IR- u. Massenspektren der dargestellten Verb. vgl. Original.

Versuche: *Tl-Dihydropentalenid* **(III)**, $C_8H_7{}^{205}Tl$, F. 87–89° (Zers.), gelb, durch Zugabe von Dihydropentalen zu Tl_2SO_4 in NaOH-Lsg., 100% (Ausb.); — *Fe-Bis-[dihydropentalenid]* **(IV)**, $C_{16}H_{14} \cdot {}^{56}Fe$, F. 95 bis 99°, orange-braun, aus **III** u. $FeCl_2$, 49%, — **II**, $C_{16}H_{19}$ ${}^{103}Rh$, F. 85–86°, gelb, aus **I** u. Di-μ-chloro-bis-[cyclooctadien-(1.5)]-dirhodium, 76%; *Trimethylplatindihydropentalenid*, $C_{11}H_{16}$ ¹⁹⁵Pt, gelbe Fl., aus III u. Trimethylplatinjodid, 39%; — Bis-[isodicyclopentadienyl]-Fe-Verb.: $C_{20}H_{22}$ ⁵⁶Fe, *exo, exo-*, F. 168,5—169,5°, a) aus Tl-Isodicyclopentadienid u. $FeCl_2$ in THF; b) aus Li-Isodicyclopentadienid u. $FeCl_2$ in THF; *endo,endo-*, F. 168,5—169,5°; Darst. nach a) oder b) *exo, endo-*, F. 68 bis 69°, Darst. nach b). — *{1.2-[1-(Diphenylhydroxymethyl)-propen-(2)-diyl-(1.3)]-cyclopentadienyl}-cyclooctadien-(1.5)-rhodium*, $C_{28}H_{29}ORh$, F. 155—157° (unter Zers.), aus I u. Benzophenon. — Deuterierung von II u. IV. H. J. Schönherr 368

0781 **Metallkomplexe von ungesättigten tertiären Phosphinen und Arsinen. 4. Mitt. Bromierung von Platin(II)-Chelatkomplexen tertiärer olefinischer Arsine.** M. A. Bennett, G. J. Erskine und R. S. Nyholm. (J. chem. Soc. [London], Sect. A **1967**, 1260—63; Dep. of Chem., Univ. Coll., London; engl.) — 3. vgl. C. **1968**, 2-0717. — Vf. untersuchten die Bromierungsrk. von Pt(II)-Komplexen, die eine koordinative Doppelbindung enthalten. Der zwischen $PtBr_2$ u. o-Dimethylarsinostyrol gebildete Komplex reagiert mit einem Val Br_2 in Bzl. unter Bldg. des unlösl., orange gefärbten Komplexes *$PtBr_4 \cdot CH_2=CH \cdot C_6H_4$–$As(CH_3)_2$* (I), Zers. 160°. Erhitzt man I in Methanol, so entsteht unter HBr-Abspaltung das Methoxyderiv. des ursprünglichen Chelatkomplexes *$PtBr_2 \cdot CH_3OCH=CH$–C_6H_4–$As(CH_3)_2$*, weiß, Zers. 238°. Der entsprechende Pt-Komplex mit o-$CH_2=CH$–CH_2–C_6H_4–$As(CH_3)_2$ reagiert ebenfalls mit Br_2 unter Bldg. des orangefarbenen Komplexes der Zus. *$PtBr_4 \cdot CH_2=CH$–CH_2–C_6H_4–$As(CH_3)_2$* (II), Zers. 174°. II reagiert ähnlich wie I; in organ. Lsgm. wird sehr leicht Br_2 abgegeben unter Bldg. des ursprünglichen Komplexes. Beim Erhitzen mit Alkoholen wird HBr frei, u. es entstehen die entsprechenden Alkoxyverbindungen. Auf Grund von ¹H-NMR- u. IR-Spektren wird derartigen Komplexen die Struktur *$PtBr_2 \cdot$ o-RO–CH_2–$CH=CH$–C_6H_4–$As(CH_3)_2$* (*R* = –CH_3, weiß, Zers. 205°; –C_2H_5, weiß, Zers. 197°) zugeschrieben. Für die $PtBr_4$-Komplexe wird eine über Halogenbrücken gebundene dimere Struktur mit Metall-Kohlenstoff-σ-Bindungen vorgeschlagen. Diskussion der möglichen Rk.-Mechanismen. R. Braun 368

0782 **Reaktion von Kaliumhexacyanochromat(III) und einigen Übergangsmetallcyanonitrosylen mit molekularem Wasserstoff bei erhöhten Temperaturen.** David F. Banks und Jacob Kleinberg. (Inorg. Chem. [Washington] **6** (1967) 10, 1849—54; Chem. Labor., Univ. of Kan., Lawrence, Kan.; engl.) — Vf. untersuchten die Rk. zwischen $K_3[Cr(CN)_6]$ (I), $K_3[Cr(CN)_5NO]$ (II), $K_3[Mn(CN)_5NO]$ (IV), $K_2[Fe(CN)_5NO] \cdot H_2O$ (III) u. $K_4[V(CN)_5NO] \cdot H_2O$ (V) u. mol. H_2 bei erhöhten Temperaturen. Die dazu entwickelte App. u. die Arbeitsmeth. werden ausführlich beschrieben. I kann bei ca. 400° zu dem olivgrünen, festen *$K_3[Cr(CN)_4]$* red. werden; die Verb. ist in W. u. den üblichen organ. Lsgm. nicht lösl.; das magnet. Moment μ_{eff} beträgt 2,52 ± 0,01 BM. Das gleiche Prod. erhält man auch bei der Rk. zwischen II u. H_2 bei 400°. Aus III u. H_2 entsteht bei 230° eine hellbraune, ebenfalls in W. unlösl. Substanz der Zus. *$K_2 \cdot [Fe(CN)_4]$*, μ_{eff} = 3,97 BM. IV reagiert bei 330° zu einer hellbraunen Substanz, der die empir. Formel *$Mn(CN)_{2,1}$* (μ_{eff} = 4,23 ± 0,11 BM) zukommt. Das diamagnet., im Gegensatz zu den anderen dargestellten Verb. in W. lösl., rosafarbene *$K_5[V(CN)_5]$* bildet sich aus V u. H_2 bei 200°. Die magnet. Messungen sowie die IR-Spektren deuten darauf hin, daß bei sämtlichen dargestellten Verb. Brücken-CN-Gruppen vorliegen. R. Braun 369

0783 **Hydrazinium(+2)-hexafluorometallate (IV) und -(V) von 4d- und 5d-Übergangselementen.** Boris Frlec, Henry Selig und Herbert H. Hyman. (Inorg. Chem. [Washington] **6** (1967) 10, 1775—83; Chem. Div., ANL, Argonne, Ill.; engl.) — Vf. untersuchten die Rk. zwischen Hydraziniumfluorid u. den Hexafluoriden einiger Übergangselemente in HF bei Raumtemperatur. Dabei konnten, je nach der eingesetzten Menge der Reaktanten, komplexe Fluoride der Typen *$N_2H_6(MF_6)_2$* u. *$N_2H_6MF_6$* (*M = Mo, Tc, Re, Os*) erhalten werden. Mit *WF_6* konnte jedoch keine Rk. beobachtet werden. Die Daten der IR-Spektren sowie die magnet. Suszeptibilitäten dieser Festkörper werden mitgeteilt. Die Komplexe des Typs $N_2H_6MF_6$ (M = Mo, Tc, Re) besitzen ein kub.-raumzentriertes Gitter mit a = 10,55; 10,48 bzw. 10,49 Å. Die anderen Verb. weisen eine niedrigere Symmetrie auf. Ferner wurde der therm. Abbau dieser Verb. untersucht. Als Endprod. bei der therm. Zers. tritt jeweils das Metall auf. Bei den vierwertigen Verb. verläuft die Red. quant., während bei den fünfwertigen Verb. nur eine teilweise Rückgewinnung des entsprechenden Metalls gelang. Diese Erscheinung dürfte wohl auf die Flüchtigkeit unbekannter Intermediärprod. zurückzuführen sein. R. Braun 369

A-9. Geochemie

0784 **Attapulgit — Eigenschaften und Anwendung.** W. Lynwood Haden jun. und J. Albert Schwint. (Ind. Engng. Chem. int. Edit. **59** (1967) 9, 58—69; Minerals & Chemicals Philipp Corp., Menlo Park, N.J.; engl.) — Das Tonmineral Attapulgit ist krist. hydratisiertes Mg–Al-silicat, $(OH_2)_4(OH)_2Mg_5Si_8O_{20} \cdot 4H_2O$, in dem das Mg in wechselndem Ausmaß durch Al, Fe u. andere Elemente ersetzt werden kann. Krist.-Struktur, Dehydratationsverlauf in Abhängigkeit von der Temp., innere Oberfläche, Adsorptions- u. Fließeig., Ionenaustauschvermögen u. chem. Eig. werden besprochen u. durch eine elektronenmkr. Aufnahme der Krist. ergänzt. Die kommerzielle Herst. von Attapulgit in koll. Feinheit u. in einer für Adsorptionszwecke geeigneten Feinheit u. seine techn. Anwendungen werden beschrieben. A. Meixner 380

0785 **Bildung von Kohlenwasserstoffen in der ursprünglichen Erdatmosphäre im Modellversuch.** Charles S. Irving und Robert C. Petterson. (J. org. Chemistry **32** (1967) 11, 3714—15; Dep. of Chem., Loyola Univ., New Orleans, La.; engl.) — *Acetylen, Äthylen, Äthan, Propylen* u. *Propan* entstehen in unterschiedlicher Zus. durch Funkenentladung bei Rk.-Temp. zwischen —20° u. 100° aus folgenden Gasgemischen: CH_4 u. He; CH_4, He u. NH_3; CH_4, He, NH_3 u. H_2O (fest) sowie CH_4, He, NH_3 u. H_2O (fl.). H.-J. Schönherr 382

0786 **Mögliche Formen des Übergangs von Silicium in wäßrige Lösungen und die Bildungsbedingungen von Kieselsäure.** I. P. Ščerban'. (Doklady Akad. Nauk SSSR **177** (1967) 5, 1200—03; Inst. geol. i geofiz. Sibirskogo otdelenija AN SSSR; russ.) — Die Übergangsformen des Si in wss. Lsg. hängen stark vom pH-Wert ab u. verändern sich mit dessen Vergrößerung in der Reihe: $H_4SiO_4 \rightarrow H_3SiO_4^- \rightarrow H_2SiO_4^{2-} \rightarrow HSiO_4^{3-} \rightarrow SiO_4^{4-}$; $H_2SiO_3 \rightarrow HSiO_3^- \rightarrow SiO_3^{2-}$. Der SiO_2-Absatz aus wss. Lsg. der Orthokieselsäure ist unter Normalbedingungen bei pH < 10,26 u. H_4SiO_4-Konz. > 0,009—0,015% möglich. M. Hähnert 382

0787 **Synthese zeolithischer Mineralien durch hydrothermale Behandlung von Kieselsäure- und Tonerdegelen in alkalischer Lösung.** R. Aiello und E. Drioli. (Periodico Mineralog. **36** (1967) 3, 701—10; Napoli, Univ., Ist. di chim. Ind.; ital.) — Vf. berichten über die hydrothermale Darst. von Zeolithen aus SiO_2- u. Al_2O_3-Gelen in Lsg. von KOH, NaOH oder KOH + NaOH. In KOH-Lsg. bildet sich bei 150° u. 200° *Phillipsit*, bei 250° Kaliophyllit u. tetragonaler *Leucit*. In NaOH-Lsg. bildet sich bei allen Temp. nur *Analcim*; in Lsg. von KOH + NaOH bei 150° Analcim u. Phillipsit, bei 200 u. 250° Analcim u. Orthoklas. In allen Fällen wurde von Gelen (Gele reagieren besser als Gläser gleicher Zus.) der Zus. Al_2O_3: $3SiO_2$ ausgegangen. Tabellar. angegeben sind die Daten der Pulverdiagramme von Phillipsit u. Amalcim, graph. die DTA-Kurve von Phillipsit; der zwischen 230 u. 240° auftretende endotherme Effekt wird der Entwässerung des Minerals zugeschrieben. C. Gottfried 382△

0788 **Darstellung und Synthese von Kaliumhydrogendisilicat.** Raymond Wey und André Kalt. (C. R. hebd. Séances Acad. Sci., Sér. D **265** (1967) 1, D1—3; Mulhouse, École Supér. de Chim., Labor. de Chim. minérale; franz.) — Vf. berichten über die Hydrothermal-Synth. von *$KHSi_2O_5$*-Einkrist. bei 300° unter Variation des KOH/SiO_2-Verhältnisses in Ggw. eines großen W.-

Überschusses. Die Vers. wurden über 24 Std. in kleinen Cu-Röhren durchgeführt, die etwa $^1/_{100}$ Mol. wasserhaltiges amorphes SiO_2 u. 10 cm^3 KOH verschiedener Konz. enthielten. In Ggw. von verd. KOH-Lsg. (n/4KOH, K/Si < 0,25) wurde nur *α-Quarz* erhalten. Ab n/3KOH (K/Si = 0,33) tritt $KHSi_2O_5$ auf, wobei der Anteil des Silicates im Gemisch mit steigender KOH-Konz. zunimmt. Rein erhält man das Silicat bei KOH-Konz. zwischen 0,75 u. 1,5 n (0,75 ≦ K/Si ≦ 1,5), ein Überschuß von 10% KOH verhindert die Bldg. von Quarz, die Ausb. beträgt 80—90% bez. SiO_2; die Krist. erreichen eine Länge von 1 mm. C. Gottfried 382

0789 **Untere Stabilitätsgrenze von Staurolith.** Gert Hoschek. (Naturwissenschaften **54** (1967) 8, 200; Göttingen, Univ., Mineral.-Petrolog. Inst.; dt.) — Die Bldg. von Staurolith bei der progressiven Metamorphose toniger u. sandiger Sedimente ist durch den Ablauf einer Rk. Chlorit + Muskovit → Staurolith + Biotit + Quarz + W. bedingt. Zur experimentellen Durchführung dieser Rk. wurden isochem. Vers. bei 4 u. 7 kbar u. 370—700° an einem Mineralgemisch von 11(%) Fe-reichem Chlorit, 12 Mg-reichen Chlorit, 20,5 Muskovit, 17,5 Staurolith, 26 Biotit u. 13 Quarz durchgeführt. Die röntgenograph. u. opt. Unters. ergaben, daß die Phasengrenze bei 7 kbar u. 560 ± 15° bzw. bei 4 kbar u. 550 ± 15° liegt. Der Rk.-Umsatz nach der obigen Gleichung konnte bei 7 kbar nach einer Vers.-Dauer von 56 Tagen nachgewiesen werden. Bei 4 kbar konnte erst nach einer Vers.-Dauer von 85 Tagen Staurolith nachgewiesen werden. C. Gottfried 382△

0790 **Thermische Analyse von Kupfersulfiden aus dem Gebiet von Przedsuda.** Lubomira Zawiślak und Zofia Grzebieluch. (Rudy Metale nieżelazne **12** (1967) 4, 183—88; pol.) — Röntgenograph. wurden die therm. Zers.-Prod. von Bornit, Kupferglanz u. Kupferkies aus Lubin u. Polkowice untersucht u. die Ergebnisse mit der therm. Analyse dieser Minerale aus hydrothermalen Lagerstätten verglichen. Rolf Heyer 382

B. Physikalische organische Chemie

0791 **JUPAC-JUB-Kommission über biochemische Nomenklatur. Vorläufige Regeln.** Anonym. (Arch. Biochem. Biophysics **125** (1968) 3, I—V; engl.) — Benennung von Aminosäuresequenzen mittels einer Einbuchstaben-Benennung. Vgl. auch Europ. J. Biochem. [Berlin] **5** (1968) 2, 151. D. Schmitt 400

B-1. Optische, elektrische und magnetische Eigenschaften, Spektren

0792 **Optische Konstanten des Anthracens im UV-Bereich.** W. H. Wright. (J. chem. Physics **46** (1967) 8, 2951—53; Southwest Center for Adv. Stud., Dallas, Tex.; engl.) — Durch Messung der Reflexionsspektren von Anthracen (**I**) werden die realen u. imaginären Anteile n u. k des Brechungsindex von **I** in Richtung der kristallograph. a- u. b-Achse zwischen 220 u. 400 mμ nach der Price-Robinson-Meth. bestimmt. G. O. Jäger 402△

0793 **Innermolekulare Beweglichkeit von Dicarbonsäureestern und dielektrische Relaxation.** R. Nasuhoglu. (Z. Naturforsch. **23a** (1968) 6, 827—31; Phys. Inst. der Univ. Mainz, Abt. Mikrowellenphys.; dt.) — Untersucht wurde die Mikrowellenabsorption von *Oxalsäure-*, *Malonsäure-*, *Bernsteinsäure-*, *Glutarsäure-*, *Adipinsäure-*, *Pimelinsäure-*, *Korksäure-*, *Azelainsäure-* u. *Sebacinsäurediäthylester*, sowie *Oxalsäuredicyclohexylester*. D. Schmitt 402

0794 **Optisches Rotationsvermögen flüssiger Kristalle.** S. Chandrasekhar und K. N. Srinivasa Rao. (Acta crystallogr. [Copenhagen], Sect. A **24** (1968) 4, 445—51 Dep. of Phys., Univ. of Mysore, India; engl.) — Entw. einer Theorie nach dem Jones-Kalkül. H. Liepack 404

0795 **Dichroismus von 1.2.4.5-Tetramethylbenzol-(Durol)Kristallen im nahen IR.** J. W. Rohleder und T. Luty. (Acta physica polon. **31** (1967) 4, 653—69; Lab. Chem. Phys., Dep. Phys. Chem., Inst. Technol., Wrocław, Polen; engl.) — Die Absorptionsspektren von *Durol*(**I**)-Einkrist. wurden bei Zimmertemp., —86 u. —190° mit polarisiertem Licht sowie von **I**, *Toluol*, *m-* u. *p-Xylol*, *Mesitylen*, *Pentamethylbenzol*, *Hexamethylbenzol*, *Dibromdurol* u. *Methyljodid* in CCl_4 im Bereich von 5300 bis 6100 cm^{-1} aufgenommen. Die Zuordnungen sowie die Abhängigkeit des Dichroismus von der Temp. werden diskutiert u. mit der Krist.-Struktur verglichen. Es ergibt sich eine Wechselbeziehung zwischen dem Dichroismus u. den molekularen Freiheitsgraden. J. Malur 404

0796 **Drehvermögen cholesterischer kristallin-flüssiger Phasen.** R. Cano. (Bull. Soc. franc. Minéralog. Cristallogr. **90** (1967) 3, 333—51; Montpellier, Fac. des sci., Labor. de Cristallogr.-Minéral.; franz.) — An *rac.* u. 4 Gemischen von akt. *p-[p-Cyanbenzalamino]-zimtsäureamylester* mit einem Geh. an akt. Ester von 12,3; 23,3; 36,8 u. 54,9% sowie an Gemischen aus *p-Azoxyphenetol* u. *Cholesterinbenzoat* prüften Vf. die Theorie von Mauguin-de Vries quantitativ. C. Gottfried 404△

0797 **Polarisierung der Hauptabsorptionsbanden des 1-Äthylchinoliniumions durch Dichroismusanalyse.** Yoshié Tanizaki und Séi-ichi Kubodera. (Bull. chem. Soc. Japan **40** (1967) 4, 1009—11; Tokyo, Tokyo Inst. of Technol., Dep. of Chem.; engl.) — Es werden die Dichroismusspektren u. R_d-Kurven von *1-Äthyl-* [F. 158° (CH_3OH), aus C_2H_5J u. Chinolin], *1-Äthyl-2-methyl-* u. *1-Äthyl-4-methylchinoliniumjodid* in gestreckten Polyvinylalkohol-Folien gemessen u. diskutiert. G. O. Jäger 404△

0798 **Optische Aktivität von „single-strand"-Oligonucleotiden.** C. Allen Bush und J. Brahms. (J. chem. Physics **46** (1967) 1, 79—88; Centre de Rech. sur les Macromol., Strasbourg; engl.) — Die CD-Spektren der Dinucleosidphosphate *Cytidylyl-(3'.5')-cytidin*, *Guanylyl-(3'.5')-cytidin* u. *Guanylyl-(3'.5')-adenin* in wss. Lsg. werden bei —17° im Bereich 210—300 mμ untersucht. W. Schramm 404

0799 **Reziprokbeziehungen beim Zirkulardichroismus von Adenosinmononicotinat.** Daniel W. Miles und Dan W. Urry. (J. physic. Chem. **71** (1967) 13, 4448—54; Chicago, Ill., Am. Med. Assoc., Inst. of Biochem. Res.; engl.) — Als Modellsubstanz wird Adenosin-5'-mononicotinat benutzt. G. O. Jäger 404△

0800 **Rotationsdispersion von Zuckerheterocyclen.** W. S. Chilton und R. C. Krahn. (J. Amer. chem. Soc. **89** (1967) 16, 4129—32; Dep. of Chem., Univ. of Washington, Seattle; engl.) — Es werden die UV- u. ORD-Spektren von *2-[D-arabino-Tetrahydroxybutyl]-benzimidazol*, *-chinoxalin* (**I**) u. *-4-methylfurancarbonsäure-(5)-äthylester* (F. 148—149°), *4-[D-arabino-Tetrahydroxybutyl]-2-phenyl-1.2.3-triazol*, *2-Hydroxy-3-[D-arabino-tetrahydroxybutyl]-chinoxalin*, *3-[D-arabino-Tetrahydroxybutyl]-cinnolin*, *2-[D-arabino-Tetrahydroxybutyl]-5-[D-erythro-2.3.4-trihydroxybutyl-(4)]-pyrazin*, *1-Phenyl-5-[D-1.2-diacetoxy-äthyl]-pyrazol-3-carbaldehyd-N-acetylphenylhydrazon*, *3-[D-erythro-Trihydroxypropyl]-flavazol* u. *1-Phenyl-3-[D-erythro-trihydroxypropyl]-flavazol* in CH_3OH gemessen.

Versuche: *3-[D-erythro-Trihydroxypropyl]-flavazol*, F. 230—231° (Zers.; W.), durch Kochen von **I** mit Hydrazinhydrat, 43% (Ausb.). G. O. Jäger 404△

0801 **Zirkulardichroismus und Absorptionsspektren einiger Vitamin-B_{12}-Derivate.** R. A. Firth, H. A. O. Hill, J. M. Pratt, R. J. P. Williams und W. R. Jackson. (Biochemistry [Washington] **6** (1967) 7, 2178—89; Oxford, Inorgan. Chem. Labor.; engl.) — Die Absorptions- u. CD-Spektren folgender Verb. werden untersucht: *Dicyan-*, *Vinylcyan-*, *Methylcyan-*, *Azidocyan-*, *Aminocyan-*, *Pyridincyan-*, *Aquocyan-*, *Hydroxocyan-*,

Vinyl-, Methyl- u. *Äthylcobinamid, Dicyan-, Äthinylcyan-, Methylcyan-, Äthylcyan-, Cyan-, Äthinyl-, Vinyl-, Methyl-, Äthyl-, Aquo-, Hydroxo-, Brom-, Jod-, Cyanato-, Thiocyanato-, Selenocyanato-, Thiosulfato-, Nitrito-, Amino-, Pyridin-* u. *Azidocobalamin, Cobalamin-Coenzym, Cyancobalamin-Coenzym,* B_{12r}, B_{12s}, *Cobyrsäure* (Faktor V_{1a}). G. O. Jäger 404△

0802 **Photochromie von Schiffschen Basen. Einfluß des Mediums auf die photochemischen Eigenschaften von Salicylidenanilin und Salicyliden-m-toluidin.** Doris Lexa, Marie-Madeleine Duval und Roger Viovy (unter Mitarbeit von Gilbert Chene). (J. Chim. physique Physico-Chim. biol. **65** (1968) 2, 292–305; Labor. de Physico-chim. mol. et macromol., École norm. supér. de Saint-Cloud; franz.) – Die beiden Anile wurden in fester u. fl. Lsg. bei 77°K u. Raumtemp. sowie in Form krist. Lamellen untersucht. Die UV-Spektren beider u. das IR-Spektrum des erstgenannten Anils sind angegeben. J. Richter 406

0803 **Untersuchungen zum Problem des An- und Abklingens der Lumineszenz organischer Molekülkristalle.** K. Kramer. (Z. Naturforsch. **22a** (1967) 7, 1108–20; Gießen, Univ., Physikal. Inst.; dt.) – Es wird das Lumineszenzverh. von *Anthracen*(**I**)-, *2.3-Dimethylnaphthalin*(**II**)-, *Brasan*(**III**)- u. *Pyren-* sowie von **I**/**II**- bzw. **III**/*Tetracen*-Einkrist. bei 77 u. 300°K untersucht. G. O. Jäger 408△

0804 **Kinetische Laser-Blitzspektroskopie organischer Moleküle.** Alexander Müller. (Z. Naturforsch. **23a** (1968) 6, 946–48; Inst. für Phys. Chem. der Univ. Stuttgart; dt.) – Die Meth. wird ausführlich an metallfreiem *Phthalocyanin*, das in 1-Chlor-naphthalin gelöst ist, diskutiert. D. Schmitt 408

0805 **Einflüsse magnetischer Felder auf die wechselseitige Vernichtung von Triplettexcitonen in Molekülkristallen.** R. C. Johnson, R. E. Merrifield, P. Avakian und R. B. Flippen. (Physic. Rev. Letters **19** (1967) 6, 285–87; Central. Res. Dep., E. I. Du Pont de Nemours and Co., Wilmington, Del.; engl.) – Die Intensität der Triplettexcitonenvernichtungslumineszenz wird in *Anthracenkristallen* bei Raumtemp. in Abhängigkeit von Magnetfeldern untersucht. G. O. Jäger 408△

0806 **Anregung von Molekülelektronen durch UV-Laser. Anwendung auf die Blitzspektroskopie.** Jean-René Lalanne. (C. R. hebd. Séances Acad. Sci., Sér. A et B **264** (1967) 7, B 526–29; Inst. de Magnétochim. du CNRS, „Brivazac", Pessac, Gironde; franz.) – Beschreibung einer Rubin-Laser-Anordnung, mit deren Hilfe sich eine beträchtliche Zahl von Mol. in den Triplettzustand niedrigster Energie bringen läßt. Die Ergebnisse der Unters. des Triplettzustands von *Acridin* werden mitgeteilt. J. Richter 408

0807 **Verwendung von Lichttransformatoren beim optischen Pumpen.** V. D. Kocubanov, Ju. V. Nabojkin, L. O. Ohurcova und I. D. Fil'. (Ukrains'kyj fiz. Ž. **13** (1968) 1, 58–62; Fiz.-techn. inst. nyz'kych temp., AN Ukr. RSR, Char'kiv; ukrain., Auszug: engl.) – Die Umwandlung des Lichts einer Blitzlampe durch organ. Luminophore (äthanol. Lsg. von *3-Hydroxy-β-naphthoesäure, 1.5-Diphenyl-3-[α-naphthyl]-pyrazolin, 1.5-Diphenyl-3-diphenylylpyrazolin, 3-Hydroxy-β-naphthoesäureamid*, wss. Lsg. von *Naphthionsäure*, butanol. Lsg. von *Rhodamin 6 G*, alkal. wss. Lsg. von *Fluorescein*) in einer Laseranordnung wird untersucht. Zur Lichtumwandlung sind bes. die substituierten Pyrazoline geeignet. H. Roschkowski 408

0808 **Polarisation der Lumineszenz organischer Verbindungen.** S. S. Rathi und M. K. Machwe. (Physics Letters [Amsterdam] **25A** (1967) 1, 41–42; Dep. of Physics and Astrophysics, Univ., Delhi, India; engl.) – Durch Best. des Polarisationsgrades bei *Uranin/Polyacrylamid* (PAA) in W. als Funktion der Kettenlänge des PAA können Vf. zeigen, daß der Unterschied zwischen beobachtetem u. theoret. erlaubtem Maximalwert der Lumineszenzpolarisation (LP) durch die Rotation terminaler Mol.-Segmente verursacht wird, die ihrerseits von der Kettenlänge des Mol. abhängig ist. Die erlaubten Maximalwerte der LP von *Acridin, 3-Aminoacridin, Uranin, Trypaflavin, Erythrosin* u. *Chlorophyll* sind tabelliert. G. O. Jäger 408△

0809 **Relative Fluoreszenzquantenausbeuten von Chininsulfat und 2-Aminopurin.** Aaron N. Fletcher. (J. molecular Spectroscopy **23** (1967) 2, 221–24; W. Ramsay u. R. Forster Labor., Univ. Coll., London; engl.) – Vgl. ibid. **19**, 454 (1966). – Die Fluoreszenzquantenausb. (Φ) von *Chininsulfat, 2-Aminopurin* (**I**) u. *Anthracen* werden nach der Meth. von Turner [vgl. Science **146**, 183 (1964)] bei 298° bestimmt u. mit den von Drobnik u. Yearger (vgl. l.c.) angegebenen Daten verglichen. Der Einfl. der Pufferkonz. auf die Φ-Werte von **I** wird untersucht. G. O. Jäger 408△

0810 **Fluoreszenzabklingzeiten: Proteine, Coenzyme und andere Verbindungen in Wasser.** Raymond F. Chen, Gerald G. Vurek und Nelson Alexander. (Science [Washington] **156** (1967) 3777, 949–51; Bethesda, Md., Nat. Heart Inst.; engl.) – Es werden die Fluoreszenzabklingzeiten (im ns-Bereich) nachst. Verb. in W. bei 23° mittels einer (gegenüber der handelsüblichen) modifizierten Blitzlichtapp. direkt ermittelt: *Albumin* (aus Rinderserum), *Albumin* (aus Eiern), *Albumin* (aus menschl. Serum), *Apomyoglobin* (aus Pferdeherz), *Apomyoglobin* (aus Walspermien), *α-Chymotrypsin, Chymotrypsinogen, γ-Globulin, Glutamindehydrogenase, Indol, Indolylessigsäure, Hühnerlysozym* (aus Hühnern), *Pyridoxal, Resorcin, Serotonin, Skatol, Sulfanilsäure, Trypsin, Tryptophan, Tyrosin, Acridinorange, Acridon, 1-Aminonaphthalinsulfosäure-(4)*, -(*5*) u. -(*8*), *Anthranilsäure, Coproporphyrin I, 1-Dimethylaminonaphthalinsulfonsäure-(5), Eosin Y, Flavinadenindinucleotid, Flavinmononucleotid, Fluoreszein, 3-Hydroxyanthranilsäure, 6-Methoxychinolin, 4-Methylumbelliferon, NADH, NADPH, red. Nicotinamidmononucleotid, Proflavin, Protoporphyrin I, γ-[Pyrenyl-(1)]-buttersäure, Pyridoxamin-5-phosphat, Chinin, Chinacrin, Rhodamin 3 GO, Rhodamin 6 GO, Riboflavin* u. *Salicylsäure.* G. O. Jäger 408△

0811 **Behandlung der dielektrischen Relaxation von Molekülen mit Inversionsmoden und Moden der inneren Rotation durch Korrelationsfunktionen.** Graham Williams. (Trans. Faraday Soc. **64** (1968) 545, 1219–27; Edward Davies Chem. Labor., Univ. Coll. of Wales, Aberystwyth; engl.) – In allen Fällen entsteht die dielektr. Relaxation durch eine Kombination der inneren Reorientierung mit der Mol.-Rotation. Experimentelle Daten aromat. Amine werden mit denen aus der Theorie verglichen (Literatur). D. Schmitt 410

0812 **Über die Rolle des Reaktionsfeldes bei der Protonabschirmung von Molekülen in Lösung.** G. Kotowycz und T. Schaefer. (Canad. J. Chem. **45** (1967) 10, 1093–96; Dep. of Chem., Univ. of Manitoba, Winnipeg, Manitoba; engl.) – Nach P. Laszlo et al. (J. chem. Physics **41** [1964] **3906**) besteht zwischen der chem. Verschiebung σ u. dem Reaktionsfeld E für *cis-2.6-Dibrom-4.4-diphenylcyclohexanon* u. *2-Brom-4.4-diphenylcyclohexanon* in polaren Medien keine lineare Korrelation entsprechend dem Onsager-Modell. Eine lineare Korrelation wird jedoch nach Vf. erhalten, wenn die σ der gelösten Mol. gegen die Wurzel der DK des Lsgm. aufgetragen werden. W. Damerau 410△

0813 **Dielektrische Untersuchung der Hydratisierung von Aceton in 1.2-Dichloräthan.** T. F. Lin, S. D. Christian und H. E. Affsprung. (J. physic. Chem. **71** (1967) 4, 1133–35; Univ. of Okla., Norman, Okla.; engl.) – Vgl. ibid. **69** (1965) 2980. – Zur weiteren Aufklärung der geometr. Struktur von monomerem *Acetonmonohydrat* (**I**) wird die DK von Lsg. von W. bzw. Aceton in 1.2-Dichloräthan bei 25° gemessen. Nach der Gleichung von Onsager werden die DK für das ternäre Syst. aus vorst. genannten Meßwerten errechnet. G. Kirsten 410△

0814 **Molekulare Polarisierbarkeit: Symmetrisch substituierte Mesitylene.** K. E. Calderbank, R. J. W. Le Fèvre, R. K. Pierens und D. V. Radford. (Austral. J. Chem. **21** (1968) 2, 275–79; School of Chem., Univ. of Sydney, N.S.W.; engl.) – Die molaren Kerr-Konst.,

Dipolmomente u. Mikrowellenabsorption von *2.4.6-Trichlor-*, *2.4.6-Tribrom-* u. *2.4.6-Trijodmesitylen* in CCl_4 sowie *2.4.6-Trinitromesitylen* in Bzl. werden angegeben. U. Radlbeck 410

0815 **Dipolmoment und Polarisierbarkeit im angeregten Zustand von p-Nitroanilin aus spektralen Lösungsmittelverschiebungen.** Takehiro Abe. (Bull. chem. Soc. Japan **41** (1968) 5, 1260—61; Coll. of General Educ., Tohoku Univ., Kawauchi, Sendai; engl.) D. Schmitt 410

0816 **Molekulare Polarisierbarkeit. Die Dipolmomente, molaren Kerr-Konstanten und Konformationen von Dialkyl- und Diaryl-disulfiden.** M. J. Aroney, R. J. W. Le Fèvre, R. K. Pierens und Hera L. K. The. (Austral. J. Chem. **21** (1968) 2, 281—86; School of Chem., Univ. of Sydney, N.S.W.; engl.) — Untersucht wurden *Dimethyl-*, *Di-tert.-butyl-*, *Diphenyl-*, *Di-p-chlorphenyl-* u. *Di-β-naphthyldisulfid* in CCl_4. U. Radlbeck 410

0817 **Dipolmomente einiger Organosiliciumverbindungen.** I. Ju. Kokoreva, Ja. K. Syrkin, T. L. Krasnova und E. A. Černyšev. (Izvest. Akad. Nauk SSSR, Ser. chim. **1967**, 2, 411—12; Mosk. inst. tonkoj chim. technol. im. Lomonosova; russ.) — Untersuchte Verb.: nachst. p-Vinylphenylsilane: *Trichlor-*, *Methyldichlor-*, *Dimethylchlor-*, *Trimethyl-* u. *Trifluor-* sowie *Trimethyl-p-vinylphenylzinn.* J. J. Pohl 410

0818 **Dipolmomente von Halogenderivaten von ortho- und meta-Barenen.** A. I. Ečeistova, Ja. K. Syrkin, V. I. Stanko und A. I. Klimova. (Ž. struktornoj Chim. 8 (1967) 5, 933—34; Inst. obščej i neorgan. chimii im. Kurnakova AN SSSR; russ.) — Untersuchte Verb.: m-Barene: *unsubstituiert* (F. 263—263,5°), *9(10)-Chlor-* (F. 218—219°), *9(10)-Brom-* (F. 174—175°), *9(10)-Jod-* (F. 111—112°), *9.10-Dichlor-* (F. 221—222°), *9.10-Dibrom-* (F. 189—190°), *9.10-Dijod-* (F. 187—188°), *3(5.8.11)9.10-Trichlor-* (F. 253,5—254°), *3(5).8(11).9.10-Tetrachlor-* (F. 280—281°), *3(5).8(11).9.10-Tetrabrom-* (F. 324 bis 325°), *B-Dekachlor-* (F. 233—234°); o-Barene: *unsubsituiert* (F. 297,5—298°), *10(12)-Chlor-* (F. 237—238°), *10(12)-Brom-* (F. 186—187°), *10(12)-Jod-* (F. 122—123°), *10.12-Dichlor-* (F. 264—265°), *10.12-Dibrom-* (F. 226 bis 227°), *10.12-Dijod-* (F. 194—195°) u. *B-Dekachlor-* (F. 263 bis 264°). J. J. Pohl 410

0819 **Verwendung von Dipolmomenten zur Bestimmung der Struktur von Halogenderivaten von ortho- und meta-Barenen.** V. I. Stanko, A. I. Ečejstova, I. S. Astachova, A. I. Klimova, Ju. T. Stručkov und Ja. K. Syrkin. (Ž. strukturnoj Chim. 8 (1967) 5, 928—32; Inst. obščej i neorgan. chimii im. Kurnakova AN SSSR; russ.) — Zur Best. der Stellen, an denen bei der elektrophilen Halogenierung von Halogen-m-barenen die Substitution erfolgt, werden die ber. mit den entsprechenden Dipolmomenten nachst. Halogenbarene verglichen: Halogen-m-barene: *9(10)-Chlor-*, *9(10)-Brom-*, *9(10)-Jod-*, *9.10-Dichlor-*, *9.10-Dibrom-*, *9.10-Dijod-*, *3(5.8.11).9.10-Trichlor-* (F. 252,5—253°), *3(5).8(11).9.10-Tetrachlor-*, *3(5).8(11).9.10-Tetrabrom-*, *B-Dekachlor-*; Halogen-o-barene: *10(12)-Chlor-*, *10(12)-Brom-*, *10(12)-Jod-*, *10(12)-Brom-* (verunreinigt mit *9(11)-Brom-*, durch radikal. Bromierung von o-Baren), 10.12-*Dichlor-*, *10.12-Dibrom-*, *10.12-Dijod-* u. *B-Dekachlor-*.

Versuche: B-Dekachlorbarene durch radikal. Chlorierung von o- u. m-Barenen, die restlichen Verb. durch elektrophile Halogenierung: m-Barene: *1-Methyl-8(11).9.10-tribrom-* (F. 221—222°) u. *1-Methyl-3(5).9.10-tribrom-* (F. 188—189°) nebeneinander durch Bromierung von 1-Methyl-9.10-dibrom- (F. 121—122°). — *3.5.8.9.10.11-Hexabrom-* (F. 312—313°) durch Bromierung von 3(5).8(11).9.10-Tetrabrom- (F. 324—325°). J. J. Pohl 410

0820 **Magnetische Eigenschaften von Adenosintriphosphat (ATP) und seinen Komponenten.** N. Perakis, F. Kern und C. Garcin. (Physik kondens. Materie **6** (1967) 5, 363—75; Strasbourg, Univ., Inst. de Phys.; franz.) — Das thermomagnet. Verh. von *Di-Na-ATP* (**I**) wird an 3 polykrist. Proben im ursprünglichen Zustand sowie nach verschiedenartigen Behandlungen u. zum Vgl. von *Adenosin*, KH_2PO_4 u. KD_2PO_4 untersucht. Die Temp.-Abhängigkeit der Suszeptibilität zeigt in allen Fällen von **I** in der Nähe von 180°K einen abrupten Übergang von einem Curie-Paramagnetismus $\chi - \chi_0 = CT^{-1}$ ($C = 1{,}37 \cdot 10^{-5}$ cm^3 g^{-1}°K) zu einem Zustand, welcher meistens einem temperaturabhängigen Paramagnetismus der Größenordnung 10^{-7} cm^3 g^{-1} entspricht. G. O. Jäger 412△

0821 **Spektroskopische Substituentenkonstanten. 1. Mitt. Gewinnung von Doub-Vandenbelt-Konstanten durch Regressionsrechnung.** G. P. Schiemenz. (Spectrochim. Acta [Oxford], Part A **24** (1968) 5, 465—72; Inst. für Organ. Chem. der Univ. Kiel; dt.) — Für nachst. Verb. werden λ_{max} angegeben u. die Doub-Vandenbelt-Konst. ber.: Methoxybenzole: *unsubstituiert*, *4-Methoxy-*, *4-Sulfamoyl-*, *4-Cyan-*, *4-Oxidocarbonyl-*, *4-Carboxy-*, *4-Carbamoyl-*, *4-Methoxycarbonyl-*, *4-Acetyl-*, *4-Formyl-*, *4-Nitro-*; die Acetophenone: *unsubstituiert*, *4-Chlor-*, *4-Methyl-*, *4-Brom-*, *4-Jod-*, *4-Hydroxy-*, *4-Methoxy-*, *4-Cyan-*, *4-Amino-*, *4-Oxido-*, *4-Nitro-*; die Benzoesäuremethylester: *unsubstituiert*, *4-Chlor-*, *4-Methyl-*, *4-Brom-*, *4-Jod-*, *4-Hydroxy-*, *4-Methoxy-*, *4-Methoxycarbonyl-*, *4-Amino-*, *4-Oxido-*, *4-Nitro-*; die Benzonitrile: *unsubstituiert*, *4-Chlor-*, *4-Methyl-*, *4-Brom-*, *4-Jod-*, *4-Hydroxy-*, *4-Methoxy-*, *4-Cyan-*, *4-Amino-*, *4-Oxido-*, *4-Nitro-*; die Nitrobenzole: *unsubstituiert*, *4-Chlor-*, *4-Methyl-*, *4-Brom-*, *4-Jod-*, *4-Hydroxy-*, *4-Methoxy-*, *4-Cyan-*, *4-Oxidocarbonyl-*, *4-Carboxy-*, *4-Carbamoyl-*, *4-Methoxycarbonyl-*, *4-Amino-*, *4-Oxido-*, *4-Acetyl-*, *4-Formyl-* u. *4-Nitro-*. D. Schmitt 415

0822 **Berechnung und Zuordnung der Schwingungsspektren von schwefelhaltigen Verbindungen. 4. Mitt. Monoalkylsubstituierte Thiophene.** E. N. Bolotina und L. M. Sverdlov. (Ž. prikl. Spektroskopii 7 (1967) 6, 870—73; russ.) — 2. vgl. C. **1969, 4-0866.** — Schwingungsanalyse von *2-Methyl-* u. *3-Methylthiophen* u. Vgl. mit IR- u. Raman-Daten aus der Literatur. J. J. Pohl 415

0823 **Neue Kraftkonstanten des Benzols.** T. Daca. (Acta physica polon. **33** (1968) 5, 759—67; Dep. of Phys. Higher Agricult. Coll., Szczecin; engl.) — Die Elemente der F-Matrix wurden auf Grund der Daten von Bzl. u. dessen D-, [1.4-D_2]-, [1.3.5-D_3]-, [2.3.5.6-D_4]-, D_5- u. D_6-Deriv. berechnet. D. Schmitt 415

0824 **Polarisierte Triplett–Triplett-Absorption bei Ladungsübertragungskomplexen.** Kenneth B. Eisenthal. (J. chem. Physics **46** (1967) 8, 3268—69; San Jose, Calif., IBM Res. Labor.; engl.) — Der Polarisationsgrad der Triplett–Triplett-Absorption für *Tetrachlorphthalsäureanhydrid*/D_8-*Naphthalin* bzw. D_{10}-*Anthracen*-Komplexe bei Anregung in der Ladungsübertragungsbande wird bestimmt. G. O. Jäger 418△

0825 **Dipolare Struktur von Molekülkomplexen, die im angeregten Zustand gebildet werden.** H. Beens, H. Knibbe und Albert Weller. (J. chem. Physics **47** (1967) 3, 1183—84; Amsterdam, Netherlands, Vrije Univ., Chem. Labor.; engl.) — Die komplexen Fluoreszenzspektren folgender im Anregungszustand vorliegender Akzeptor–Donator-Kombinationen werden in Lsgm. verschiedener Polarität vermessen: *Anthracen**/*N.N-Diäthylanilin* (DA), *Pyren**(P)/DA, *p-Dicyanbenzol**/P, *Terephthalsäuredimethylester**/*Durol*, *Biphenyl*/DA* u. P*/P. G. O. Jäger 418△

0826 **Ladungsübertragungskomplex und durch Lösungsmittel getrenntes Ionenpaar bei der Fluoreszenzlöschung.** H. Knibbe, K. Röllig, F. P. Schäfer und Albert Weller. (J. chem. Physics **47** (1967) 3, 1184—85; engl.) — Vgl. vorst. Referat. — Die Abklingzeiten der komplexen Ladungsübertragungsfluoreszenz des Komplexes aus *Anthracen* u. *N.N-Diäthylanilin* werden als Funktion der DK des Lsgm. bestimmt. G. O. Jäger 418△

0827 **Polarisationsgradspektren mehrkerniger Aromaten. Tetracen, 3.4-Benztetraphen, 1.2;3.4-Dibenzanthracen, 1.2;5.6-Dibenzantracen, Picen, Pentaphen.** Reiner Kiessling, Georg Hohlneicher und Friedrich Dörr. (Z. Naturforsch. **22a** (1967) 7, 1097—1108; München, TH, Inst. für Physikal. Chem.; dt.) — Es werden die

Absorptions-, Fluoreszenz-, Phosphoreszenz-, Fluoreszenzpolarisations-, Phosphoreszenzpolarisations- u. die Absorptionspolarisationsspektren der Verb. gemessen. G. O. Jäger 418△

0828 **Singulett-Triplett-Übergänge bei o-Diazinen: Pyridazin.** Robin M. Hochstrasser und Charles Marzzacco. (J. chem. Physics **46** (1967) 10, 4155–56; Dep. of Chem., Univ. of Pa., Philadelphia, Pa.; engl.) — Es wird das Singulett–Triplett-Absorptionsspektrum von krist. Pyridazin bei 4,2°K vermessen u. analysiert. G. O. Jäger 418△

0829 **Singulett-Triplett-Übergänge bei p-Dihalogenbenzolen.** George Castro und Robin M. Hochstrasser. (J. chem. Physics **46** (1967) 9, 3617–39; Philadelphia, Pa., Univ. of Pa., Dep. of Chem.; engl.) — Die Absorptionsspektren im polarisierten Licht von *p-Dichlor-* u. *p-Dibrombenzol* (I)-Einkrist. sowie das Phosphoreszenzspektrum von I werden bei 4°K gemessen u. analysiert. G. O. Jäger 418△

0830 **Spektrum des negativen Ions von 1.2.3.4.9.10-Hexahydrophenanthrens in 1.2-Dimethoxyäthan.** Jorma Eloranta und Mikko Vuolle. (Acta chem. scand. **21** (1967) 2, 408–14; Dep. of Chem., Univ., Helsinki, Finland; engl.) — Durch Rk. von 1.2.3.4.9.10-Hexahydrophenanthren (I; $Kp._5$ 153–155°) mit K in 1.2-Dimethoxyäthan im Hochvakuum wird das I-Anion erhalten. Das UV-Spektrum des I-Anions unterscheidet sich deutlich von den Spektren der Anionen des Phenanthrens u. anderer Hydroderiv. dieses KW-Stoffes. Nach dem ESR-Spektrum handelt es sich bei dem I-Ion um ein anion. freies Radikal. Die IR- u. UV-Spektren von I u. des I-Anions (nahes IR) sind graph. wiedergegeben. G. O. Jäger 418△

0831 **UV-Absorption von trans-Dichloräthylen.** A. D. Walsh und P. A. Warsop. (Trans. Faraday Soc. **63** (1967) 531, 524–29; Dundee, Queen's Coll., Dep. of Chem.; engl.) — An Hand des Spektrums wird eine Schwingungsanalyse durchgeführt. G. O. Jäger 418△

0832 **Spektroskopische und photochemische Untersuchung der Triplettzustände von p-Dijodbenzol und anderen Jodaromaten.** Alfred Marchetti und David R. Kearns. (J. Amer. chem. Soc. **89** (1967) 21, 5335–38; Dep. of Chem., Univ. of Calif., Riverside, Calif.; engl.) — Untersucht wurden die Singulett–Triplett-Absorptionsspektren, die Phosphoreszenz-Anregungsspektren (5000 bis 3200 Å) u. die Photolyse von mit *Naphthalin, Chrysen* bzw. *Phenanthren* dotierten *p-Dijodbenzol, p-Jodtoluol, 2-Jodbiphenyl* u. *2-Jodnaphthalin.* U. Radlbeck 418

0833 **Schwingungsstruktur von Molekül-Ladungsübertragungsbanden.** 2. Mitt. **Komplexe aromatischer Nitroverbindungen mit aromatischen Aminen in Lösung.** Satyabrata Saha, Ardhendu Sekhar Ghosh und Sadhan Basu. (J. Chim. physique Physico-Chim. biol. **65** (1968) 4, 673–75; Dep. of Chem., Univ. Coll. of Sci., Calcutta; engl.) — 1. vgl. ibid. **63** (1966) 7/8, 1044. — Vf. untersuchten u. deuten die Schwingungsstruktur der Ladungsübertragungsbanden der Mol.-Komplexe von *symm.-Trinitrobenzol* bzw. *Pikrinsäure* mit *Anilin*, *α-* u. *β-Naphthylamin* in $CHCl_3$. J. Richter 418

0834 **Zur Identifizierung des n–σ*-Überganges im Elektronenanregungsspektrum von Butanon-(2).** H.-H. Perkampus. (Angew. Chem. **80** (1968) 15, 613; dt.; int. Edit. **7** (1968) 8, 626–27; engl.; Abt. für Mol.-Spektroskopie, Inst. für Organ. Chem., TU Braunschweig) D. Schmitt 418

0835 **Dithiocarbamate.** 2. Mitt. **Ultraviolett-Absorptionsspektren von Tetrahydro-1.3.5-thiadiazinthionen-(2).** P. B. Talukdar. (J. Indian chem. Soc. **44** (1967) 1, 17–22; Res. and Dev. Div., East India Pharm. Works Ltd., Calcutta; engl.) — 1. vgl. C. **1968**, 3-1027; 3. vgl. C. **1969**, 11-1289. — Untersucht wurden nachst. Tetrahydro-1.3.5-thiadiazinthione-(2): *3.5-Dimethyl-*($C_5H_{10}N_2S_2$, F. 106°), *3.5-Dicyclohexyl-* ($C_{15}H_{26}N_2S_2$, F. 149–150°), *3.5-Dibenzyl-* ($C_{17}H_{18}N_2S_2$, F. 103°), *3.5-Diphenyl-* ($C_{15}H_{14}N_2S_2$, F. 178°), *3.5-Di-p-tolyl-* ($C_{17}H_{18}N_2S_2$, F. 132 bis 133°), *3.5-Di-p-phenäthyl-* ($C_{19}H_{22}N_2S_2O_2$, F. 158–159°), *3-Phenyl-5-methyl-* ($C_{10}H_{12}N_2S_2$, F. 142–143°), *3-Phenyl-5-n-propyl-* ($C_{12}H_{16}N_2S_2$, F. 125–126°), *3-Phenyl-5-n-butyl-* ($C_{13}H_{18}N_2S_2$, F. 114–115°), *3-Phenyl-5-n-hexyl-* ($C_{15}H_{22}N_2S_2$, F. 108–109°), *5-Phenyl-5-cyclohexyl-* ($C_{15}H_{20}N_2S_2$, F. 142–143°), *3-p-Tolyl-5-methyl-* ($C_{11}H_{14}N_2S_2$, F. 131–132°), *3-p-Phenäthyl-5-methyl-* ($C_{12}H_{16}N_2S_2O$, F. 163–164°), *3-p-Hydroxyphenyl-5-methyl-* ($C_{10}H_{12}N_2S_2O$, F. 162–163°). U. Radlbeck 418

0836 **Die UV-Spektren von O-(2.4-Dinitrophenyl)-oximen und 2.4-Dinitrophenylhydrazonen: Übertragung elektronischer Effekte über O- und NH-Gruppen.** Zvi Rappoport und Tuvia Sheradsky. (J. chem. Soc. [London], Sect. B **1967**, 9, 898–903; Dept. Org. Chem., Hebrew Univ., Jerusalem; engl.) — Die UV-Spektren nachst. 2.4-Dinitrophenylhydrazone (A) u. der entsprechenden O-(2.4-Dinitrophenyl)-oxime (B) wurden in $CHCl_3$ aufgenommen u. die Wellenlängendifferenzen der Maxima verglichen. Es wurden die **A** u. **B** folgender Verb. untersucht: *Formaldehyd, Isobutyraldehyd, Dibenzylketon, Pentanon-(2), Aceton, Butanon-(2), Heptanon-(2), Isopropylmethylketon, Cyclopentanon, Cyclohexanon, Cycloheptanon, Cyclooctanon, Crotonaldehyd, Benzaldehyd; m-, o-* u. *p-Acetoxy-, m-, o-* u. *p-Chlor-, 3.4-Dichlor-, p-Brom-, m-Jod-, m-, o-* u. *p-Nitro-, m-, o-* u. *p-Methoxy-, m-, o-* u. *p-Hydroxy-, m-* u. *p-Methyl-, p-Phenyl-* u. *p-Dimethylaminobenzaldehyd, Mesityloxid, Acetophenon, Propiophenon, Furfural, α-Methylzimtaldehyd, Zimtaldehyd, Vanillin, Methyl-β-naphthylketon, α-* u. *β-Naphthaldehyd, 2-Acetoxy-* u. *2-Hydroxynaphthaldehyd, Piperonal, Pyrencarboxaldehyd-(1), 5-Bromsalicylaldehyd, 9-Anthraldehyd, p-Bromacetophenon, o-Hydroxypropiophenon, Benzophenon; 4-Chlor-, 4.4'-Dichlor-, 4.4'-Dimethyl* u. *4-Methoxybenzophenon; Fluorenon* u. *Chalkon.* J. Malur 418

0837 **Fluoreszenz und Tautomerie protonierter und methylierter Adeninderivate.** Hans Chr. Børresen. (Acta chem. scand. **21** (1967) 9, 2463–73; Oslo, Norway Univ., Inst. of Clinical Biochem.; engl.) — Die Absorptions-, Fluoreszenzanregungs- u. -emissionsspektren von *Adenin* (I), *Adenosin, Adenosin-5'-monophosphat, ADP* u. *ATP* werden in saurer Lsg. bei Raumtemp. u. 190°K gemessen u. bez. des Vorliegens von tautomeren Formen diskutiert. Zur Identifizierung dieser Tautomeren werden analoge Unters. bei pH 2 an den entsprechenden kation. methylierten I-Deriv. 1-, 3- u. 7-Methyladenin, 3.7-Dimethyladenin u. 1-Methyladenosin durchgeführt. G. O. Jäger 418△

0838 **Solvatationsspektren.** 21. Mitt. **Absorptionsspektren im Sichtbaren eines Merocyanin-Farbstoffes (Brooker's Dye VIII) in Gemischen von tert.-Butanol und Wasser.** M. J. Blandamer, M. C. R. Symons und M. J. Wootten. (Trans. Faraday Soc. **63** (1967) 538, 2337–41; Dep. of Chem., The Univ., Leicester; engl.) — 17. vgl. ibid. **63** (1967) 536, 1850; 14. vgl. C. **1967**, 4-0130. U. Radlbeck 418

0839 **IR-Spektren von Ladungsübertragungskomplexen.** 7. Mitt. **Fester Benzol–Brom-Komplex.** Willis B. Person, Courtney F. Cook und H. Bruce Friedrich. (J. chem. Physics **46** (1967) 7, 2521–32; Dep. Chem., Univ. Ia., Iowa City, Ia.; engl.) — 6. vgl. C. **1968**, 17-0935. — Die IR-Spektren des polykrist. Brom-Bzl.-Komplexes sowie der Komponenten wurden im Bereich von 4000–290 cm^{-1} aufgenommen. Die Frequenzen sowie deren Zuordnungen sind tabelliert. Für die Krist.-Struktur wird eine C_{3v}-Symmetrie abgeleitet. J. Malur 420

0840 **IR-Spektrum von deuteriertem Vinylbromid $H_2C{=}CDBr$.** R. Vandenhaute. (Ann. Soc. sci. Bruxelles, Sér. I 81 (1967) 2, 163–82; Heverlee-Louvain, Centre de Phys. Nucl. et Mol., Parc d'Arenberg; franz.) — Mit Hilfe der Rotationsanalyse der im IR beachtbaren Rotationsschwingungsbanden (Senkrechtbanden) bestimmten Vf. den Wert für (A''–M'') u. die Torsionskonstante. Axel Jochum 420

0841 **Schwingungsspektren von Thiophen, Selenophen und ihren D-Derivaten.** 1. Mitt. **Nichtebene Schwingungen.** V. T. Aleksanjan, Ja. M. Kimel'fel'd, N. N. Magdesieva und Ju. K. Jur'ev. (Optika i Spektroskopija **22** (1967) 2, 216–23; russ.) — Unters. der Raman-Spektren im fl. Zustand u. der IR-Spektren in allen Aggregatzuständen von nachst. Thiophenen: unsubstituiert, [*2-D*]-, [*2.5-D*$_2$]-, u. [*4-D*]-; nachst. Selenophenen: unsubstituiert, [*2-D*]-, [*2.5-D*$_2$]-, [*3-D*]- u. [*4-D*]-. Die nichtebenen Grundschwingungen werden zugeordnet. J. J. Pohl 420

0842 **Lösungsmitteleffekte auf das IR-Spektrum von Benzophenon.** V. E. Sahini und Marina Feldman. (Rev. roum. Chim. **13** (1968) 5, 527—31; Inst. of Phys. Chem., Acad. of the Socialist Republic of Romania, Bucharest; engl.) D. Schmitt 420

0843 **Schwingungsspektren und Struktur von viergliedrigen Ringmolekülen.** 4. Mitt. **2-Bromcyclobutanon und 2-Brom-[2.4.4-D$_3$]-cyclobutanon.** J. R. Durig und A. C. Morrissey. (J. chem. Physics **47** (1967) 11, 4455 bis 4462; Dep. of Chem., Univ. of S.C., Columbia, S.C.; engl.) — 3. vgl. C. **1968, 41**-0836. — Die IR- u. Ramanspektren wurden gemessen (Spektren, Tabellen). U. Radlbeck 420

0844 **Schwingungsspektroskopische Untersuchungen von Carboxylationen.** 2. Mitt. **Substituierte Benzoationen.** E. Spinner. (J. chem. Soc. [London], Sect. B **1967**, 9, 874—79; Dep. Med. Chem., John Curtin School of Med. Res., Australian Nat. Univ., Canberra, Austr.; engl.) — 1. vgl. ibid. **1964, 4217**. — Die IR-Spektren der Na-Salze subst. Benzoesäuren u. Pyridincarbonsäuren wurden in KBr u. wss. Lsg. aufgenommen. Der Einfl. der Substituenten wird diskutiert. — Untersucht wurden die Na-Salze folgender Säuren: *Benzoesäure* sowie *2-, 3-* u. *4-Nitro-*; *2-, 3-* u. *4-Cyano-*; *2-, 3-* u. *4-Fluor-*; *2-, 3-* u. *4-Methoxy-*; *2-, 3-* u. *4-Hydroxy-*; *2-, 3-* u. *4-Oxido-*; *2-, 3-* u. *4-Amino*; *2-, 3-* u. *4-Methyl-*; *2-, 3-* u. *4-Chlor-*; *2-, 3-* u. *4-Brom-*; *2-, 3-* u. *4-Jodbenzoesäure*; sowie *Pyridin-2-, -3-* u. *-4-carbonsäure, N-Methylisonicotinsäure* (u. *Monohydrat*, F. 266—267°) sowie *Pyrazin-2-carbonsäure*. J. Malur 420

0845 **Schwingungsspektroskopische Untersuchungen von Carboxylationen.** 3. Mitt. **Die Natriumformiate HCO_2Na und DCO_2Na; das ramanspektroskopische Depolarisationsverhältnis in wäßriger Lösung und die Bandenaufspaltung im Festkörper-IR-Spektrum.** E. Spinner. (J. chem. Soc. [London], Sect. B **1967**, 9, 879—85; engl.) — 2. vgl. vorst. Referat. — Aus dem Depolarisationsverhältnis der Carbonylvalenz- u. -spreiz-Schwingungen u. dem Vgl. der Raman-Spektren (wss. Lsg.) u. der IR-Spektren (Festkörper) wird auf die Konform. des Carboxylations geschlossen. Dem Formiation wird eine C_s-Symmetrie zugeschrieben. J. Malur 420

0846 **IR-Spektren einiger Triäthyl-, Diäthylmethyl- und Äthyldimethylsulfonium-Verbindungen.** W. O. George, J. H. S. Green und D. J. Harrison. (Spectrochim. Acta [Oxford], Part A **24** (1968), 4, 367—72; Dep. of Chem., Kingston Coll. of Technol., Kingston-upon-Thames; engl.) — IR-Frequenzen (3650—375 cm^{-1}) u. deren Zuordnungen sind angegeben für: *Triäthylsulfoniumjodid, Triäthylsulfoniumtrijodomercurat, Bis-[triäthylsulfonium]-tetrajodomercurat, Triäthylsulfoniumpentajododimercurat, Methyl-diäthylsulfoniumtrijodomercurat* u. *Dimethyläthylsulfoniumtrijodomercurat*. D. Schmitt 420

0847 **UV- und IR-Spektren einiger Flechtendepside und -depsidone.** P. S. Rao, K. G. Sarma und T. R. Seshadri. (Proc. Indian Acad. Sci., Sect. A **66** (1967) 1, 1—14; Dep. of Chem., Univ., Delhi; engl.) — Die UV-Spektren von α-Orcindepsiden u. -depsidonen sowie die von β-Orcindepsidonen eignen sich zur Identifizierung dieser Verb., während die UV-Spektren der β-Orcindepside nicht charakterist. sind. Die IR-Spektren vorst. Verb.-Typen sind — bes. im Bereich der Carbonylabsorption — zur Diagnostizierung den UV-Spektren vorzuziehen. Die UV-Daten von *Evernsäure, Barbartinsäuremethylester, Physodsäure, Norlobaridon, Grayansäure, Methoxystictinsäuremethylester, Fumarprotocetrarsäure, Hypoprotocetrarsäure, Methoxyhypoprotocetrarsäuremethylester, β-Orcin, Atranol, Orsellinsäure, β-Orcincarbonsäure, Hämatommsäure, Orsellinsäuremethylester, β-Orcincarbonsäuremethylester, Hämatommsäuremethylester, Everninsäure, Everninsäuremethylester, Rhizoninsäure, Rhizoninsäuremethylester, 5-Hydroxyrhizoninsäuremethylester, 3-* u. *5-Hydroxyorsellinsäuremethylester* sowie die UV- u. IR-Daten von *Lecanorsäure, 3-Formyllecanorsäure, Diploschistessäure, Sekikasäure, Gyrophorsäure, Thamnolsäure, Thamnolsäuredimethylester, Hypothamnolsäuredimethylester, Atranorin, Atranorintrimethyläther, Barbatinsäure, Salazinsäure, Stictinsäure, Norstictinsäure, Psoromsäure, Protocetrarsäure, Cetrarsäure, Virenssäure* u. *Hyposalazinoliddimethyläther* sind tabellar. wiedergegeben. G. O. Jäger 420△

0848 **Kernquadrupolresonanz. Polychlorcyclobutene.** Christian Brevard und Jean-Marie Lehn. (J. Chim. physique Physico-Chim. biol. **65** (1968) 4, 727—28; Inst. de Chim., Strasbourg; franz.) — Vf. teilen die Ergebnisse der ^{35}Cl-NQR-Unters. an folgenden Cyclobutenen mit: *Perchlor-, 1.2.4.4-Tetrachlor-3-oxo-, 1.2-Dichlortetrafluor-, 1.2-Dichlordioxo-* sowie von *1.2-Bis-[dichlormethylen]-tetrachlorcycolbutan*. J. Richter 422

0849 **Mikrowellenspektrum von o-Difluorbenzol.** Aritada Hatta, Chiaki Hirose und Kunio Kozima. (Bull. chem. Soc. Japan **41** (1968) 5, 1088—90; Labor. of Chem. Spectroscopy, Tokyo Inst. of Technol., Ookayama, Meguro-ku, Tokyo; engl.) D. Schmitt 422

0850 **Interne Kernspin-Rotationskopplung.** Alan S. Dubin und Sunney I. Chan. (J. chem. Physics **46** (1967) 11, 4533—35; Pasadena, Calif., Gates and Crellin Labor. of Chem., Calif. Inst. of Technol; engl.) — Eine neuartige Rotationskopplung zur Erklärung von Spin-Gitterrelaxationszeiten T_1 bei Spin-Rotationswechselwrkg. wird in die Hamilton-Gleichung eingeführt u. diskutiert. Anwendungen werden an gemessenen $^{19}F-T_1$ von *o-, m-, p-Chlor-, Brom-* u. *Jodbenzotrifluorid* gezeigt. B. I. 424△

0851 **Protonenresonanzuntersuchung von festem Hexamethyläthan.** Tsutomu Koide. (Bull. chem. Soc. Japan **40** (1967) 9, 2026—29; Labor. of Phys. Chem., Osaka Univ. of Liberal Arts and Educat., Tennoji, Osaka; engl.) — Die Verb. wird zwischen —190° u. +20° bez. ihrer Mol.-Rotation untersucht. W. Damerau 424△

0852 **Lösungsmitteleffekte in der NMR-Spektroskopie.** 1. Mitt. **Durch Zusatz protischer Substanzen zu Benzol-Lösungen einiger polarer Verbindungen erzeugte chemische Verschiebungen.** Teijiro Yonezawa, Isao Morishima und Katsuhiko Takeuchi. (Bull. chem. Soc. Japan **40** (1967) 8, 1807—13; Dep. of Hydrocarbon Chem., Fac. of Engng., Kyoto Univ., Sakyo-ku, Kyoto; engl.) — Die chem. Verschiebungen der Protonenresonanzen bei Zusatz von CH_3OH oder CF_3COOH zu den Bzl.-Lsg. der nachst. Verb. werden untersucht: *N.N-Dimethylacetamid, N.N-Dimethyl-* u. *N.N-Diäthylformamid, N.N-Dimethyl-* u. *N.N-Diäthylnitrosamin, Pulegon, Phoron, Methylvinylketon, Methacrylsäuremethylester* u. *Mesityloxid, Campher, Fenchon* u. *Campherchinon* sowie *2.3-* u. *2.4-Lutidin* u. *2.4.6-Kollidin*. W. Damerau 424△

0853 **Relative Vorzeichen von sechs Protonenkopplungskonstanten in Isopropylenacetylen. Einfluß der Acetylengruppe auf die chemische Verschiebung der Protonen.** H. M. Hutton und T. Schaefer. (Canad. J. Chem. **45** (1967) 10, 1165—71; Chem. Dep., Univ. of Manitoba, Winnipeg, Manitoba; engl.) W. Damerau 424△

0854 **Protonenresonanzuntersuchungen an nichtalternierenden Kohlenwasserstoffen.** 2. Mitt. **Fluoranthen und Benzo-[g.h.i]-fluoranthen.** M. L. Heffernan, Alan J. Jones und P. J. Black. (Austral. J. Chem. **20** (1967) 3, 589—93; Dep. of Chem., Monash Univ., Clayton, Vic.; engl.) — 1. vgl. ibid. **19** (1966) 10, 1813. — Die NMR-Spektren in der Verb. in Aceton u. CCl_4 werden analysiert. W. Damerau 424△

0855 **Genaue Bestimmung der Proton-Proton-Kopplungsparameter in Ccylopropan.** V. S. Watts und J. H. Goldstein. (J. chem. Physics **46** (1967) 10, 4165—66; Emory Univ., Atlanta Univ., Ga.; engl.) W. Damerau 424

0856 **Elektronische Eigenschaften dreigliedriger Ringe.** 1. Mitt. **σ_I- und σ_{R_0}-Substituentenkonstanten durch ^{19}F-**

Kernresonanz. R. G. Pews. (J. Amer. chem. Soc. **89** (1967) 22, 5605—08; Process Res. Div., Esso Res. and Engng. Comp., Linden, N.J.; engl.) — Die chem. Verschiebungen (A) der ^{19}F-Atome folgender Verb. werden bestimmt u. die induktiven (σ_I) u. Resonanzsubstituentenkonst. (σ_{R_0}) für die dreigliedrigen Ringe nach der linearen Beziehung zwischen A u. σ_I bzw. σ_{R_0} berechnet: *m*- (C_9H_9F, Kp.$_{40}$ 85°) u. *p-Fluorphenylcyclopropan* (C_9H_9F, Kp.$_{45}$ 90°), *m*- (C_8H_7FO, Kp.$_{13}$89°) u. *p-Fluorphenyloxiran* (C_8H_7FO, Kp.$_{14}$ 92°), *m*- (C_8H_7FS, Kp.$_{1-2}$ 60—65°) u. *p-Fluorphenylthiiran* (C_8H_7FS, Kp.$_{0,5}$ 52—56°), *2-[m-Fluorphenyl]*- (C_8H_8FN, Kp.$_6$ 127—129°) u. *2-[p-Fluorphenyl]-äthylenimin* (C_8H_8FN, Kp.$_{6-8}$ 132—138°), *2-[m-Fluorphenyl]*- (C_8H_8FNO, Kp.$_{0,05}$ 45°) u. *2-[p-Fluorphenyl]-1-methyloxaziridin* (C_8H_8FNO, Kp.$_{0,05}$ 45°).
W. Damerau 424△

0857 **Relative Vorzeichen der H–H-Kopplungskonstanten für ABX-Systeme in vier- und fünfgliedrigen gesättigten Ringverbindungen.** Richard H. Cox und Stanford L. Smith. (J. physic. Chem. **71** (1967) 6, 1809—11; Dep. of Chem., Univ. of Ky., Lexington, Ky.; engl.) — Die NMR-Spektren von *1.4-Diphenyl-2-azetidinon*, *Styrolcarbonat* u. dem Diels-Alder-Addukt aus *Vinylchlorid* u. *Hexachlorcyclopentadien* in $CDCl_3$ werden analysiert.
W. Damerau 424△

0858 **Hochaufgelöste NMR-Spektren von polycyclischen Kohlenwasserstoffen.** 2. Mitt. **Pentacyclische Verbindungen.** T. B. Cobb und J. D. Memory. (J. chem. Physics **47** (1967) 6, 2020—24; N.C. State Univ., Raleigh, N.C.; engl.) — Die Abschirmparameter der einzelnen Protonen nach der Theorie von R. McWeeny [1958] von *Pentacen*, *1.2-Benznaphthacen*, *2.3.7.8-*, *2.3.5.6-*, *1.2.3.4-*, *1.2.5.6-* u. *3.4.6.5-Dibenzphenanthren*, *Pentaphen*, *3.4-* u. *1.2-Benzpyren*, *1.2.7.8-*, *1.2.5.6-* u. *1.2.3.4-Dibenzanthracen*, *Perylen* u. *Picen* werden ber. u. mit eigenen experimentell bestimmten Werten bzw. Literaturwerten verglichen. W. Damerau 424△

0859 **NMR-Spektren der Alkylcycloheptatriene.** Horst Kessler und Eugen Müller. (Z. Naturforsch. **22 b** (1967) 3, 283—85; Chem. Inst., Univ. Tübingen; dt.) — Die NMR-Spektren von *1-*, *2-*, *3-* u. *7-Methyl-*, *-Äthyl-*, *-Isopropyl-* u. *-tert.-Butylcycloheptatrien* werden in CCl_4 aufgenommen u. die chem. Verschiebungen des Protons an $C_{(7)}$ sowie die Kopplungskonst. des $H_{(7)}$ mit $H_{(1)}$ bestimmt. W. Damerau 424△

0860 **„Virtuelle" Kopplung in den NMR-Spektren substituierter Cycloheptatriene.** K. W. Egger und W. R. Moser. (J. physic. Chem. **71** (1967) 11, 3699—3700; Monsanto Res. SA, Zürich; engl.) — Es werden *1-*, *2-*, *3-* u. *7-Methylcycloheptatrien-(1.3.5)* untersucht.
W. Damerau 424△

0861 **NMR-Spektren von olefinischen Protonen und Substituenteneffekte.** 5. Mitt. **Spin–Spin-Kopplung in trans-1.2-disubstituierten Äthylenen.** Jun Niwa. (Bull. chem. Soc. Japan **40** (1967) 9, 2192—94; Dep. of Gen. Educ., Nagoya Univ., Chikusa-ku, Nagoya; engl.) — 4. vgl. C. **1968,** 49/50-0738. — Die Kopplungskonst. J_{trans} von folgenden Verb. in CCl_4 werden bestimmt: *β-Acetylacrylsäuremethylester*, *Penten-(2)-on-(4)*, *Crotonaldehyd*, *β-Phenylacrylsäuremethylester*, *Zimtsäurechlorid*, *Crotonsäurechlorid*, *β-Brom-* u. *β-Chlorstyrol*, *Propenylbromid*, *β-Bromacrylsäuremethylester*, *β-Chloracrylsäuremethylester* u. *1-Nitropropen-(2)*. Vgl. mit Literaturwerten für J_{trans} von 50 weiteren Äthylen-Deriv. zeigen, daß J_{trans} von der Summe der Elektronegativitäten der Substituenten abhängt u. früher aufgestellte Beziehungen gültig sind.
W. Damerau 424△

0862 **Chemische Verschiebungen von Protonen von symmetrisch disubstituierten Pyridinen.** Ting Kai Wu. (J. physic. Chem. **71** (1967) 9, 3089—90; Electrochem. Dep., E. I. du Pont de Nemours and Co., Wilmington, Dela.; engl.) — Folgende Verb. wurden untersucht: *3.5-Cyan-*, *2.6-* u. *3.5-Dichlor-*, *2.6-* u. *3.5-Dibrom-*, *2.6-* u. *3.5-Dimethyl-*, *2.6-Diamino-*, *2.6-Dimethoxy-* u. *2.6-Diacetyl*pyridin. W. Damerau 424△

0863 **Synthese und Untersuchung von pseudoaromatischen Verbindungen.** 7. Mitt. **Analyse der NMR-Spektren von 6-N.N-Dimethylaminofulven, 1-Methyl-2-cyclopentadienyliden-1.2-dihydropyridin und 1-Methyl-2-cyclopentadienyliden-2.3.4.5-tetrahydropyrrol.** James H. Crabtree und Domenick J. Bertelli. (J. Amer. chem. Soc. **89** (1967) 21, 5384—89; Dep. of Chem., Univ. of Calif., Santa Barbara, Calif.; engl.) — 6. vgl. C. **1968,** 57-0157. — Aus der Analyse der ^{1}H-NMR-Spektren von 6-N.N-Dimethylaminofulven (**I**), 1-Methyl-2-cyclopentadienyliden-1.2-dihydropyridin (**II**) u. 1-Methyl-2-cyclopentadienyliden-2.3.4.5-tetrahydropyrrol [**III**; F. 100—101°, durch Kondens, von Na-Cyclopentadienid mit dem Salz aus N-Methylpyrrolidon-(2); 50% (Ausb.)] sowie der Temp.-Abhängigkeit der Spektren werden die Aktivierungsenergien für die Rotation um die C_6–N-Bindung in **I** bzw. die C_5–C_6-Bindung in **II** u. **III** berechnet. W. Damerau 424△

0864 **Vorzeichen der Se-H-Spin-Spin-Kopplungskonstanten in Benzylselenol.** W. McFarlane. (Chem. Commun. **1967,** 18, 963—64; London, Sir John Cass Coll., Chem. Dep.; engl.) — Die Verb. (Kp.$_{18}$ 96—97°) wird aus Benzyl-MgCl u. Se dargestellt. B. I. 424△

0865 **Skraupsynthesen und NMR-Spektren einiger Methylnaphthyridine.** William W. Paudler und Thomas J. Kress. (J. heterocyclic Chem. **4** (1967) 2, 284—89; Atheno, O., O. Univ., Dep. of Chem.; engl.) — Folgende Methylnaphthyridine werden durch Skraup-Synth. aus den entsprechenden 2- u. 4-Aminopyridinen dargestellt u. deren ^{1}H-NMR-Spektren analysiert: 1.8-Napthyridine: *3-Methyl-* ($C_9H_8N_2$, F. 119,5—120,5°), *2.5-Dimethyl-* ($C_{10}H_{10}N_2$, F. 85—87°), *2.4.7-Trimethyl-* ($C_{11}H_{12}N_2$, F. 98,5—99,5°), *4.5-Dimethyl-* ($C_{10}H_{10}N_2$, F. 152—153,5°), *2.6-Dimethyl-* ($C_{10}H_{10}N_2$, F. 161—163°), *3.5-Dimethyl-* ($C_{10}H_{10}N_2$, F. 86—87°), *3.6-Dimethyl-* ($C_{10}H_{10}N_2$, F. 192—193°), *2.7-Dimethyl-* ($C_{10}H_{10}N_2$, F. 194 bis 195°); *3-Methyl-1.6-naphthyridin* ($C_9H_8N_2$, F. 59 bis 61°). B. I. 424△

0866 **NMR-Untersuchungen an heterocyclischen Fluorverbindungen.** 2. Mitt. **Perfluor-N-fluorpiperidin- und Perfluor-N-fluormorpholin-Ringsysteme.** J. Lee und K. G. Orrell. (Trans. Faraday Soc. **63** (1967) 529 Pt. 1, 16—25; Dep. of Chem., Univ. of Manchester, Inst. of Sci. and Technol.; engl.) — 1. vgl. C. **1968,** 15-0891. — Die NMR-Spektren von *Perfluor-N-fluorpiperidin* (**I**) u. *Perfluor-[N-fluor-2-methyl-* (**II**), *-3-methyl-* (**III**) u. *-4-methylpiperidin]* (**IV**) sowie von *Perfluor-N-fluormorpholin* (**V**) werden aufgenommen (**I** u. **V** in $CFCl_3$, **II**, **III** u. **IV** als reine Fl.; Temp.-Bereich für **I** u. **V** —74° bis +20°, für **II**, **III** u. **IV** —90° bis +100°) u. die chem. Verschiebungen u. Kopplungskonst. bestimmt. Die Temp.-Abhängigkeit der Spektren von **I** u. **V** spricht für eine Sessel–Sessel-Ringumwandlung. **II**, **III** u. **IV** besitzen dagegen im untersuchten Temp.-Bereich starre Konformationen. W. Damerau 424△

0867 **Korrelationseffekte der Feldinhomogenität bei der kernmagnetischen Doppelresonanz. Nachweis sehr kleiner Spinkopplungskonstanten.** R. Freeman und Bo Gestblom. (J. chem. Physics **47** (1967) 8, 2744—53; Varian Ass. Analyt. Instrument Div., Palo Alto, Calif.; engl.) — Die Inhomogenität des verwendeten magnet. Feldes führt zu einer Linienverbreiterung u. kann zur Nichtauflösbarkeit sehr kleiner Kopplungskonst. J führen. Vf. beschreiben mehrere Techniken der Doppelresonanzunters. von *3-Bromthiophen-2-aldehyd*, mit denen diese Inhomogenität kompensiert u. eine weitreichende J zwischen dem Aldehydproton u. dem p-Ringproton bestimmt wird. W. Damerau 424△

0868 **Untersuchungen an Modellverbindungen von Cyclopolymeren. NMR-spektroskopische Untersuchung von cis- und trans-Isomeren des 2.5-Dimethoxytetrahydrofurans.** Yuzo Aito, Taku Matsuo und Chuji Aso. (Bull. chem. Soc. Japan **40** (1967) 1, 130—34; Dep. of Org. Synth., Fac. of Engng., Kyushu Univ., Fukuoka; engl.) — Bei Fraktionierung von 2.5-Dimethoxytetrahydrofuran werden zwei Isomere erhalten [**I-A** (Kp. 130°) u. **I-B** (Kp. 134°)]. Nach den NMR-Spektren (Zimmertemp.; CCl_4 u. Bzl.) ist **I-A** als trans-**I** u. **I-B** als cis-**I** zu charakterisieren. Nach dem NMR-Spektrum des Isomerengemisches von *2.5-Dimethoxy-2.5-dihydrofuran* liegt in der unfrakt. Verb. ein *cis/trans*-Verhältnis von 7/3 vor. W. Damerau 424△

0869 **Protonenresonanzspektren von Methyljodthiophenen.** Kensuke Takahashi, Ichi Ito und Yasuo Matsuki. (Bull. chem. Soc. Japan **40** (1967) 3, 605–07; Chem. Res. Inst. of Non-Aqueous Solutions, Tohoku Univ., Katahira-cho, Sendai; engl.) — Es werden *3-, 4-* u. *5-Jod-, 3.4-, 3.5-* u. *4.5-Dijod-* u. *3.4.5-Trijod-2-methylthiophen, 2-, 4-* u. *5-Jod-, 2.4-, 2.5-* u. *4.5-Dijod-* u. *2.4.5-Trijod-3-methylthiophen* sowie *4-* u. *5-Jod-2.3-dimethylthiophen* u. *2.3-Dimethyl-4.5-dijodthiophen* untersucht. W. Damerau 424△

0870 **Analyse der Protonen-NMR von in einem nematischen Lösungsmittel gelöstem 1.3.5-Trioxan.** Michael Cocivera. (J. chem. Physics **47** (1967) 8, 3061–67; Bell Telephone Labors. Inc., Murray Hill, N.J.; engl.) — Von 1.3.5-Trioxan (I) wird in nemat. Krist. von p.p'-Di-n-hexyloxyazoxybenzol das NMR-Spektrum bei 80° aufgenommen u. aus dem Spektrum geschlossen, daß **I** vorwiegend in einer Sesselkonform. vorliegt. W. Damerau 424△

0871 **NMR-Untersuchung von Benzoxazol-Derivaten.** Hisashi Okuda und Makoto Nagai. (Bull. chem. Soc. Japan **40** (1967) 9, 1999–2003; Central Res. Labor., Mitsui Chem. Ind. Co., Ltd., Meguro-ku, Tokyo; engl.) — Die NMR-Spektren von *2.5-Dimethyl-, 2.5.7-, 2.5.6-* u. *2.4.5-Trimethyl-* sowie *2-Methyl-5-chlorbenzoxazol* werden in CCl_4, CH_3COOH, HCOOH u. CF_3COOH bestimmt. Zwischen den chem. Verschiebungen der Ringprotonen u. den nach der LCAO–MO-Meth. berechneten π-Elektronendichten ergibt sich eine lineare Beziehung. W. Damerau 424△

0872 **Temperaturabhängigkeit von J_{FF} in 2-Fluor-α-chlor-α.α-difluortoluol und 2-Fluor-α-chlor-α.α-difluortoluol und 2-Fluor-α.α-dichlor-α-fluortoluol.** J. Jonas, L. Borowski und H. S. Gutowsky. (J. chem. Physics **47** (1967) 7, 2441–48; Noyes Chem. Labor., Univ. of Ill., Urbana, Ill.; engl.) — Die Kopplungskonst. J_{FF} zwischen dem F-Atom in 2-Stellung u. den F-Atomen im aliphat. Substituenten werden zwischen 152,5 bis 403,0°K bestimmt. W. Damerau 424△

0873 **Anisotropie der chemischen Verschiebung des C-Atoms in Methyljodid.** Costantino S. Yannoni und Earl B. Whipple. (J. chem. Physics **47** (1967) 7, 2508 bis 2529; Union Carbide Res. Inst., Tarrytown, N.Y.; engl.) — Die ^{13}C-Frequenzen von $^{13}CH_3J$ in isotroper u. nemat. Phase bei fl. Krist.-Lsg. in 4.4'-Di-n-hexyloxyazoxybenzol, der Orientierungsgrad u. die chem. Verschiebung des ^{13}C-Atoms werden bestimmt. W. Damerau 424△

0874 **NMR-Spektrum von Allyljodid.** G. Govil. (Molecular Physics **12** (1967) 3, 293–94; Nat. Phys. Labor., Teddington, Middlesex; engl.) — Die relativen Vorzeichen der Kopplungskonst. werden bestimmt. W. Damerau 424△

0875 **Lösungsmitteleffekte gegenüber der chemischen Verschiebung der Protonen und den H-H- und H-F-Kopplungskonstanten in 1-Chlor-1-fluoräthylen. Reaktionsfeld und Dispersionswechselwirkungen.** H. M. Hutton und T. Schaefer. (Canad. J. Chem. **45** (1967) 10, 1111–18; Dep. of Chem., Univ. of Manitoba, Winnipeg, Manitoba; engl.) — Unters. der Verb. in 15 verschiedenen Lsgm. zeigen, daß die chem Verschiebungen u. Kopplungskonst. prim. von der DK des Mediums abhängen. W. Damerau 424△

0876 **Anwendung der NMR bei niedrigen Feldern auf die eindeutige Zuordnung von Spin-Kopplungsparametern. 1. Mitt. Pentafluorjodbenzol** William B. Moniz und Ernest Lustig. (J. chem. Physics **46** (1967) 1, 366 bis 368; U.S. Naval Res. Labor., Washington, D.C.; engl.) — Am NMR-Spektrum der Verb. bei 6,14 MHz wird gezeigt, daß das Arbeiten bei niedrigen Feldern eine leichtere Best. der Kopplungskonst. u. ihrer relativen Vorzeichen gestattet. W. Damerau 424

0877 **Lösungsmittel- und Substituenteneffekte auf die H-^{19}F-Kopplungskonstanten einiger substituierter Fluorbenzole.** H. M. Hutton, B. Richardson und T. Schaefer. (Canad. J. Chem. **45** (1967) 15, 1795–1800; Chem. Dep., Univ. of Mantioba, Winnipeg, Manitoba; engl.) — Folgende Verb. werden in verschiedenen Lsgm. untersucht: *Fluorbenzol, 3-Brom-4.6-dinitro-3-Chlor-4.6-dinitro-, 4-Fluor-, 4-Chlor-, 4-Brom-, 4-Methoxy-, 4-[p-Fluorphenyl]-* u. *4-Trichlorstannylfluorbenzol, 1-Jod-3.5-difluorbenzol, Dichlordi-[p-fluorphenyl]-, Chlortri-[p-fluorphenyl]-* u. *Tetra-[p-fluorphenyl]-stannan.* W. Damerau 424△

0878 **Lösungsmitteleinflüsse auf die Protonenspektren einiger Halopropene. Darstellung und Protonenresonanzspektren der 1-Jodpropene.** F. Hruska, D. W. McBride und T. Schaefer. (Canad. J. Chem. **45** (1967) 10, 1081–87; Dep. of Chem., Univ. of Manitoba, Winnipeg; engl.) — Die NMR-Spektren von *cis-* u. *trans-1-Jodpropen* (durch Spaltung von *Di*-n-butyl-bis-1-propenylzinn mit J_2 u. Auftrennung sowie *2-Jodpropen, cis-* u. *trans-1-Brompropen* u. *cis-* u. *trans-1-Chlorpropen* werden in Aceton, Tetramethylsilan u. Bzl. aufgenommen u. die chem. Verschiebungen u. Kopplungskonst. in Abhängigkeit vom Lsgm. bestimmt. W. Damerau 424△

0879 **NMR-Untersuchungen an Fluoräthanen.** 1. Mitt. **Spektren bei Zimmertemperatur.** R. R. Dean und J. Lee. (Trans. Faraday Soc. **64** (1968) 546, 1409–17; Dep. of Chem., Univ. of Manchester Inst. of Sci. and Technol., Manchester; engl.) — Tabelliert sind Kopplungskonst. u. die chem. Verschiebungen von ^{19}F nachst. 1.1.2-Trifluoräthane: *1-Chlor-, 1-Brom-, 1-Jod-, 1-Methoxy-, 1-Äthoxy-, 1-Methylmercapto-, 1-Äthylmercapto-, 1-Isopropylmercapto-, 1-tert.-Butylmercapto-, unsubstituiert*; sowie der 1.1.2-Trifluor-1.2-dichloräthane: *2-Chlormercapto-, 2-Chlorsulfonyl-* u. *2-Fluorsulfonyl-*; sowie der 1.1.2-Trifluor-2-fluorsulfonyläthane: *1.2-Dibrom-, 1-Brom-, 1-Methoxy-* u. *1-Fluor-*; außerdem *1.2.2-Trifluor-1.1-dichlor-2-chlormercaptoäthan*, sowie der 1.1.2-Trifluoräthane: *1-Jod-2.2-dichlor-, 1-Jod-2.2-bis-[trifluormethyl]-, 1-Jod-2-trifluormethyl-, 1.2-Dichlor-2-jod-, 1.2-Dibrom-2-chlor-, 1.2-Dichlor-*; *2-Jodnonafluorbutan, 1-Jod-1-H-hexafluorpropan, 3.3-Difluor-2.3-dibrompropiofluorid*; die Äthane: *1.1.2-Trichlor-2-fluor-, 1.1-Difluor-1.2-dichlor-* u. *1.2-Difluor-1.2-dibrom-*. Die Daten werden bez. verschiedener Substituenten diskutiert. D. Schmitt 424

0880 **Abhängigkeit der chemischen Verschiebungen der Protonen und der H-H-, H-F- und F-F-Kopplungskonstanten von 1.1-Difluoräthylen vom Medium.** C. J. Macdonald und T. Schaefer. (Canad. J. Chem. **45** (1967) 24, 3157–64; Chem. Dep., Univ. of Manitoba, Winnipeg, Manitoba; engl.) — Die chem. Verschiebungen sowie die Kopplungskonst. J der Verb. in 25 verschiedenen Lsgm. hängen in erster Linie von der DK des Lsgm. ab ohne daß das Onsager-Rk.-Feldmodell für die Beschreibung dieser Lsgm.-Abhängigkeit ausreicht. Vgl. des Lsgm.-Verh. an *Vinylfluorid, 1-Fluor-1-chloräthylen* u. *Trifluoräthylen* zeigt, daß auch H-Brückenbldg., Orientierung der Dipolmomente u. Polarisierbarkeit der gelösten Mol. eine Rolle spielen. W. Damerau 424△

0881 **Korrelation der Substituenteneffekte gegenüber chemischen Verschiebungen von Protonen und Fluoratomen mit reziproken Ionisierungspotentialen.** T. Schaefer, F. Hruska und H. M. Hutton. (Canad. J. Chem. **45** (1967) 24, 3143–51; Chem. Dep., Univ. of Manitoba, Winnipeg, Manitoba; engl.) — Es werden die aus der Literatur bekannten chem. Verschiebungen ν der ^{1}H- u. ^{19}F-Atome von *Äthylen* sowie *1.1-Difluor-, 1.1-Dichlor-, 1.1-Dibrom-, 1-Brom-, 1-Fluor-, 1-Fluor-1-chlor-, 1-Fluor-1-brom-, 1-Fluor-1-jod-, 1-Fluor-1-cyan-, 1-Chlor-, 1-Jod-, 1-Cyan-, 1-Chlor-1-cyan-, 1-Brom-1-cyan-, 1-Methyl-, 1-Chlor-1-methyl-, 1-Brom-1-methyl-, 1-Cyan-1-methyl-, 1-Methoxy* u. *1-Methylmercaptoäthylen* u. *1.1.2.3.3.3-Hexafluor-, 1.1.2.3.3-Pentafluor-3-chlor-, 1.1.2.3.3-Pentafluor-3-brom-* u. *1.1.2.3.3-Pentafluor-3-jodpropylen-(1)* miteinander verglichen. Die Substituenteneffekte sind mit intramol. zeitabhängigen elektr. Feldern schlecht interpretierbar, dagegen ist eine lineare Beziehung der ν mit $1/I_x$ (I_x = Ionisierungspotential des Substituenten) erkennbar. Gleiche Verhältnisse werden an den *ν* der CH_3-Protonen u. den I_x folgender Verb. beobachtet: $(CH_3)_3 \cdot SbF_2$, $(CH_3)_3SbFCl$, $(CH_3)_3SbFBr$, $(CH_3)_3SbFJ$, $(CH_3)_3 \cdot SbCl_2$, $(CH_3)_3SbClBr$, $(CH_3)_3SbClJ$, $(CH_3)_3SbBr_2$, $(CH_3)_3 \cdot SbBrJ$, $(CH_3)_3SbJ_2$, $(CH_3)_3SiF$, $(CH_3)_3SiCl$, $(CH_3)_3SiBr$, $(CH_3)_3SiJ$, $(CH_3)_3GeF$, $(CH_3)_3FeCl$, $(CH_3)_3GeBr$, $(CH_3)_3 \cdot GeJ$, $[(CH_3)_3Si]_2O$, $[(CH_3)_3Si]_2S$, $[(CH_3)_3Si]_2Se$, $[(CH_3)_3 \cdot Si]_2Te$, $(CH_3)_3PbF$, $(CH_3)_3PbCl$, $(CH_3)_3PbBr$, $(CH_3)_3PbJ$ u. $(CH_3)_3PbOH$. W. Damerau 424△

0882 **NMR-Relaxationsmechanismen an Grenzflächen Festkörper–Gas. CH_3OH, CD_3OH und CH_3OD adsorbiert an porösem Glas.** D. Fiat, J. Reuben und M. Folman. (J. chem. Physics **46** (1967) 11, 4453–56; Rehovoth, Israel, Weizmann Inst. of Sci.; engl.) – Es werden die Protonenrelaxationszeiten an Vycorglas adsorbierten Titelverb. als Funktion der Bedeckung untersucht. C. Herold 424

0883 **Der Einfluß von Halogenidsalzen auf das NMR-Spektrum von Methanol.** R. M. Hammaker und Robert M. Clegg. (J. molecular Spectroscopy **22** (1967) 1, 109–112; Dep. of Chem., Kan. State Univ., Manhattan, Kan.; engl.) – Der Einfl. von verschiedenen Salzen auf die chem. Verschiebungen der OH- u. CH_3-Protonen von CH_3OH wird untersucht. $MgBr_2 > CaBr_2 > BaBr_2 \approx LiBr > NaBr$ bzw. $MgCl_2 > CaCl_2 > SrCl_2 \approx LiCl$ verschieben zu niedrigeren Feldern, während LiJ zu niedrigerem Feld u. NaJ > KJ zu höherem Feld verschiebt. Für Li^+, Na^+, K^+, Cl^-, Br^- u. J^- werden die mol. Verschiebungen bez. der OH-Protonen ber. u. mit den beobachteten Werten verglichen. W. Damerau 424△

0884 **NMR und Delokalisierung des ungepaarten Elektrons in aliphatischen Stickstoffoxidradikalen.** N. A. Sysoeva, A. L. Bučačenko, V. I. Šejčenko, É. G. Rozancev, V. F. Bystrov und M. B. Nejman. (Ž. strukturnoj Chim. **8** (1967) 6, 1094–97; Inst. chim. fiziki AN SSSR; russ.) – Unters. der Elektronenstruktur durch Messung der Konst. der Hyperfeinstruktur der ^1H-NMR-Spektren von *2.2.5.5-Tetramethyl-4-oxopiperidin-N-oxyl* u. *-4-hydroxypiperidin-N-oxyl*; *Bis-[N-oxyl-2.2.5.5-tetramethylpiperidyl-(4)-oxy]-dimethylsilan*, *-sulfoxid* u. *-diphenylsilan* sowie *α.α.α.ω.ω.ω-Hexakis-[N-oxyl-2.2.5.5-tetramethylpiperidyl-(4)-oxy]-1.5-disilapentan* u. *-1.6-disilahexan.* J. J. Pohl 424

0885 **Protonenresonanzspektrum und Kern-Overhauser-Effekt von N-Methylmethylenimin.** Chen Fee Chang, Billy J. Fairless, M. R. Willcott, R. F. Curl jun., Jürgen Hinze, D. F. Koster und A. Danti. (J. molecular Spectroscopy **22** (1967) 1, 112–16; Chem. Dep., Rice Univ., Houston, Tex.; engl.) – Von der Verb. werden die ^1H-NMR- u. Doppelresonanz-Spektren (100 MHz, –60°) aufgenommen u. alle chem. Verschiebungen u. Kopplungskonst. J sowie die relativen Vorzeichen von J bestimmt. W. Damerau 424△

0886 **Lösungsmitteleffekte auf chemische Verschiebungen bei der NMR-Spektroskopie. 3. Mitt. Benzol-Lösungen cyclischer Ketone und Lactone.** Yukihiko Ichikawa und Taku Matsuo. (Bull. chem. Soc. Japan **40** (1967) 9, 2030–34; Dep. of Org. Synth., Fac. of Engin., Kyushu Univ., Hakozaki, Fukuoka; engl.) – 2. vgl. Canad. J. Chem. **45** (1967) 16, 1829; 5. vgl. C. **1969,** 6-0881. – Es werden *Dipropylketon, Cyclopentanon, Cyclohexanon, Cycloheptanon, Cyclopenten-(3)-on* u. *Cyclohexen-(3)-on* sowie *γ-Butyrolacton, δ-Valerolacton, ε-Caprolacton, Isocrotonolacton* u. *Buttersäureäthylester* in CCl_4 u. Bzl. untersucht. W. Damerau 424△

0887 **NMR-Konformationsanalyse von 4-Hydroxycyclohexanon und Cyclohexandiolen-(1.4). Mitteilung der Kopplungskonstanten durch Konformationsgleichgewichte und starke Kopplungseffekte. Einfluß des Lösungsmittels.** William F. Trager, Bernard J. Nist und Alain C. Huitric. (J. pharmac. Sci. **56** (1967) 6, 698–704; Seattle, Wash., Univ. of Wash., Coll. of Pharmacy; engl.) – Die ^1H-NMR-Spektren von *4-Hydroxycyclohexanon* [**I**; aus Cyclohexandiol-(1.4); 27% (Ausb.)], $D_{4(2.2.6.6)}$-**I** (**II**; $Kp._{0,2}$ 70°, aus **I** u. D_2O), *cis-* u. *trans-$D_{5(3.3.4.5.5)}$-Cyclohexandiol-(1.4)* (durch Red. von **II** mit $LiAlD_4$), *4-tert.-Butyl-cis-* (**III**; $C_{10}H_{20}O_2$, F. 165,5–166°) u. *trans-cyclohexandiol-(1.4)* (F. 141,5–142°, aus tert.-Butyl-Li u. **I** bei –72°; 60% Gemisch), *$D_{4(3.3.5.5)}$-cis-* u. *-trans-***III** (**IV**), $D_{3(2.6.6)}$-*1-tert.-Butylcyclohexen-(4)-ol* (**V**; F. 80–82°, aus cis- u. trans-**IV** u. J_2 bei 160°; 80%), *$D_{3(3.5.5)}$-cis-* (F. 80–82°) u. *-trans-4-tert.-Butylcyclohexanol* (F. 78–79°, durch katalyt. Hydrierung von **V**; 80% Gemisch) werden in Py. u. $CDCl_3$ bei 37° untersucht u. analysiert. B. I. 424△

0888 **Verwendung eines Modells für den Ringstromeffekt bei der Analyse der NMR-Spektren von Di- und Triphenylcyclopropenylium-Ionen.** D. G. Farnum und C. F. Wilcox. (J. Amer. chem. Soc. **89** (1967) 21, 5379 bis 5383; Dep. of Chem., Cornell Univ., Ithaca, N.Y.; engl.) – Vf. stellen dem Doppelschleifenmodell von Waugh u. Fessenden [1957] u. Johnson u. Bovey [1958] für den Ringstromeffekt in den NMR-Spektren aromat. Syst. ein Schalenmodell gegenüber. Mit dem Schalenmodell werden die Ringstromeffekte in den NMR-Spektren der angegebenen Ionen für verschiedene Verdrehungswinkel der Phenylgruppen ber. u. mit experimentellen Daten verglichen. W. Damerau 424△

0889 **Zur Analyse des Kernresonanzspektrums des Cyanallens.** Detlef Wendisch. (Z. Naturforsch. **22b** (1967) 3, 353–54; Farbenfabriken Bayer AG, Leverkusen, Ing.-Abt.; dt.) – Bei NMR-Messung der Verb. in CCl_4 ergibt sich ein gut auflösbares u. auswertbares Spektrum. W. Damerau 424△

0890 **Protonenresonanz von $[(C_6H_5)_3PCH_3]^+(TCNQ)_2^-$.** Asako Kawamori. (J. chem. Physics **47** (1967) 8, 3091–92; Fac. of Sci., Kwansei Gakuin Univ., Nishinomiya; engl.) – In dem festen Radikalsalz (Titelverb., TCNQ = Tetracyanchinodimethan), das bei 315 °K einen Phasenübergang besitzt, werden die Spin–Gitter-Relaxationszeiten T_1 bei 8 u. 16 MHz in Abhängigkeit von der Temp. (ca. 80–340 °K) bestimmt. W. Damerau 424△

0891 **NMR-Spektrum von Phytoen.** Ginzaburo Suzue, Katsuo Tsukada und Shozo Tanaka. (Bull. chem. Soc. Japan **40** (1967) 11, 2688–89; Dep. of Chem., Fac. of Sci., Kyoto Univ., Sakyoku, Kyoto; engl.) – Von *Phytoen* [*2.6.10.14.19.23.27.31-Octamethyldotriacontanonaen-(2.6.10.14.16.18.22.26.30)*] wird das NMR-Spektrum in $CDCl_3$ aufgenommen u. die gemessenen chem. Verschiebungen den verschiedenen CH-, CH_2- u. CH_3-Gruppen zugeordnet. W. Damerau 424△

0892 **Chemie des Heliangin.** 2. Mitt. **Analyse eines ABC-Systems in den 60- und 100-MHz-NMR-Spektren von Helianginon.** Shinobu Iriuchijima, Nobutaka Takahashi und Saburo Tamura. (Agric. biol. Chem. [Tokyo] **31** (1967) 2, 240–44; Dep. of Agricult. Chem., Univ. of Tokyo, Bunkyo-ku, Tokyo; engl.) – 1. vgl. ibid. **30** (1966) 11, 1152. – Im NMR-Spektrum der Verb. werden 3 bisher nicht beschriebene Protonensignale aufgelöst, die zugeordnet u. deren chem. Verschiebungen u. Kopplungskonst. bestimmt werden. W. Damerau 424△

0893 **Relatives Vorzeichen der ^{13}C–^{29}Si-Kopplungskonstanten in Tetramethylsilan.** R. R. Dean und W. McFarlane. (Molecular Physics **12** (1967) 3, 289–91; Div. of Mol. Sci., Nat. Phys. Labor., Teddington, Middlesex; engl.) W. Damerau 424△

0894 **NMR-Untersuchungen über geometrische Isomerie. 4. Mitt. Struktur von α-Cyano-β-amino-β-alkylacrylsäureestern.** Toshio Hayashi, Isaburo Hori, Hideo Baba und Hiroshi Midorikawa. (Bull. chem. Soc. Japan **40** (1967) 9, 2160–63; Inst. of Phys. and Chem. Res., Yamato-machi, Saitama; engl.) – 1. vgl. C. **1968,** 15-0929; 3. vgl. C. **1967,** 46-0858. – Die NMR-Spektren folgender durch Kondens. von α-Cyano-β-methoxy-β-alkylacrylsäureestern mit den entsprechenden Aminen dargestellten Verb. wird untersucht: α-Cyanoacrylsäureäthylester: *β-Methyl-β-benzylamino-* ($C_{14}H_{16}N_2 \cdot O_2$, F. 96–97°) u. *β-Methyl-β-amino-* ($C_7H_{10}N_2O_2$, F. 185–186,5°); α-Cyanoacrylsäuremethylester: *β-Methyl-β-benzylamino-* ($C_{13}H_{14}N_2O_2$, F. 153°), *β-Äthyl-β-*

benzylamino- ($C_{14}H_{16}N_2O_2$, F. 64°), *β-Methyl-β-methylamino-* ($C_7H_{10}N_2O_2$, F. 124°), *β-Äthyl-β-methylamino-* ($C_8H_{12}N_2O_2$, F. 63°), *β-Isopropyl-β-methylamino-* ($C_9H_{14} \cdot N_2O_2$, Kp.$_5$ 165—166°), *β-Phenyl-β-methylamino-* ($C_{12}H_{12} \cdot N_2O_2$, F. 159°), *β-Methyl-β-amino-* ($C_6H_8N_2O_2$, F. 180°), *β-Äthyl-β-amino-* ($C_7H_{10}N_2O_2$, F. 146°), *β-Isopropyl-β-amino-* ($C_8H_{12}N_2O_2$, F. 128°) u. *β-tert.-Butyl-β-amino-* ($C_9H_{14}N_2O_2$, F. 135°); *β-Aminocrotononitril* ($C_4H_6N_2$, F. 65—72°), *α-Cyano-β-methyl-β-aminoacrylnitril* ($C_5H_5N_3$, F. 218—220°) u. *α-Cyano-β-methyl-β-benzylaminoacrylnitril* ($C_{12}H_{11}N_3$, F. 115—116°). Es wird geschlossen, daß die Verb. in Lsg. (zumeist Chlf. oder $CDCl_3$) in der intramol. H-gebundenen Enamin-Form unter Bldg. eines Chelat-Ringes auftreten. W. Damerau 424△

0895 **Kernmagnetisches Tripelresonanzspektrum von N-Methylacetamid.** Shigezo Shimokawa, Junkichi Sohma und Mitsunobu Itoh. (Bull. chem. Soc. Japan **40** (1967) 3, 693—94; Coll. of Engng., Hokkaido Univ., Sapporo; engl.) W. Damerau 424△

0896 **Weitreichende Spin–Spin-Kopplung in Carbonsäureestern.** Kikuko Hayamizu und Osamu Yamamoto. (J. molecular Spectroscopy **22** (1967) 1, 119—21; Government Chem. Ind. Res. Inst., Shibuya-ku, Tokyo; engl.) — Die NMR-Spektren von *Methyl-*, *Äthyl-*, *n-* u. *Isopropyl-*, *Propen-(1)-yl,- Vinyl-* u. *Benzylacetat* sowie *Cyanessigsäuremethylester*, *Chloressigsäuremethyl-* u. *-äthylester*, *Bromessigsäuremethyl-* u. *-äthylester*, *Dichloressigsäuremethylester*, *Propionsäuremethylester*, *n-* u. *Isobuttersäuremethylester* u. *Vinylessigsäuremethylester* zeigen weitreichende Kopplungen der der Carboxylgruppe benachbarten Protonen über 5 Bindungen. W. Damerau 424△

0897 **Gesetzmäßigkeiten der Änderung der chemischen Verschiebung in den ^{19}F-NMR-Spektren von Säurefluoriden.** A. A. Nejmyševa und I. L. Knunjanc. (Doklady Akad. Nauk SSSR **177** (1967) 4, 856—58; russ.) — Unters. von *Diäthyl-* u. *Diisobutylphosphinsäurefluorid*; nachst. Methylphosphonsäurealkylesterfluoriden: *-methyl-*, *-äthyl-*, *-isopropyl-*; nachst. Phenylphosphonsäurealkylesterfluoriden: *-methyl-*, *-äthyl-*, *-isopropyl-*; *Äthyl-* u. *n-Propylphosphonsäure-n-propylesterfluorid*, *Äthylthiolphosphonsäuremethylesterfluorid* u. *-isopropylesterfluorid*; nachst. Äthylphosphonsäurealkylesterfluoriden: *-methyl-*, *-äthyl-*, *-isopropyl-*; nachst. Phosphorsäuredialkylesterfluoriden: *-dimethyl-*, *-diäthyl-*, *-diisopropyl-* sowie *Methylphosphonsäurefluoriddimethylamid* u. *-diäthylamid*. J. J. Pohl 424

0898 **Chemische Verschiebungen von ^{31}P in Phosphonatanionen.** Jean G. Riess, John R. Van Wazer und John H. Letcher. (J. physic. Chem. **71** (1967) 6, 1925—27; Central Res. Dep., Monsanto Comp., St. Louis, Mo.; engl.) — Von nachst. Phosphonaten bzw. Phosphonium-Kationen (in W.) werden die chem. Verschiebungen des ^{31}P bestimmt: RPO_3^{2-} ($R = CH_3$, C_2H_5, *cyclo*-C_6H_{11}, C_6H_5, $CH_2 = CHCH_2$, $ClCH_2$, Cl_2CH, Cl_3C, $HOCH_2$, $C_6H_5CH_2$, $(C_6H_5)_2CH$, *p*-$NH_2C_6H_4CH_2$, CH_3COCH_2, $^{-}OOCCH_2$, $^{2-}O_3PCH_2$, $^{2-}O_3P(CH_2)_2$, $^{2-}O_3P(CH_2)_3$, $NCCH_2$, *Cyclohexen-(1)-yl*, $C_6H_5CH{=}CH$, *p*-ClC_6H_4, *p*-JC_6H_4, *p*-$NH_2C_6H_4$, *m*-BrC_6H_4, *m*-$NH_2C_6H_4$); $RP(C_6H_5)_3^+$ ($R = CH_3$, C_2H_5, *n*-C_4H_9, *iso*-C_3H_7, $CH_2 = CHCH_2$); $RP(n\text{-}C_4H_9)_3^+$ ($R = CH_3$, C_2H_5, *n*-C_4H_9, *iso*-C_3H_7, $CH_2{=}CHCH_2$); $RP(C_2H_5)_3^+$ ($R = CH_3$, C_2H_5, *iso*-C_3H_7). W. Damerau 424△

0899 **NMR-Daten von Gingkoliden und Derivaten.** Masao Maruyama und Akira Terahara. (Sci. Rep. Tôhoku Univ., Ser. I **50** (1967) 2, 92—99; Tôhoku Univ., Fac. of Sci., Dep. of Chem.; engl.) — Die ^{1}H-NMR-Spektren der *Gingkolide A, B, C, M*, sowie einer Vielzahl von Deriv. werden untersucht. B. I. 424△

0900 **Strukturuntersuchung der H-Bindungen in deuteriertem Pentaerythrit durch NMR.** W. van der Lugt, W. A. Smit und W. G. Perdok. (Acta crystallogr. [Copenhagen], Sect. A **24** (1968) 4, 439—45; Solid State Phys. Labor., Univ., Groningen, Netherlands; engl.) — Unters. von auf den Hydroxyl-H-Plätzen deuteriertem Pentaerythrit, Messung der Quadrupolaufspaltungen der D-Resonanzlinien in Abhängigkeit von der Feldrichtung, Berechnung der Tensoren des elektr. Feldgradienten auf den D-Plätzen. H. Liepack 424

0901 **ESR-Spektren einiger isotopensubstituierter Kohlenwasserstoffradikale.** Richard W. Fessenden. (J. physic. Chem. **71** (1967) 1, 74—83; Radiation Res. Labor., Mellon Inst., Pittsburgh, Pa.; engl.) — Es werden die ESR-Spektren der Radikale (→ Elektronenbestrahlung der KW-Stoffe) $^{13}CH_3$, $^{13}CD_3$, $^{13}CH_3CH_2$, $CH_3{}^{13}CH_2$, $^{13}CH_2{=}CH$ u. $CH_2{=}{}^{13}CH$ in fl. Phase untersucht. H.-J. Haink 426

0902 **Optische Spinpolarisation im Triplettzustand von Naphthalin.** M. Schwoerer und H. Sixl. (Chem. Physics Letters [Amsterdam] **2** (1968) 1, 14—19; 3. Physikal. Inst., Univ. Stuttgart; engl.) — Beobachtung von ESR-Emissionslinien im Triplett-Phosphoreszenzzustand. Die Intensität in Abhängigkeit von der Zeit nach Ein- u. Ausschalten des anregenden UV ermöglicht eine ausgezeichnete Prüfung der Theorie der Term-Überkreuzung. H. Liepack 426

0903 **Magnetische Resonanz in einem rotierenden Magnetfeld.** E. R. Andrew, Y. Apaydin und W. Moore. (Physics Letters [Amsterdam] **25 A** (1967) 1, 44—45; Dep. of Phys., Univ. of Nottingham, England; engl.) — Die EPR von *DPPH* wird in einem rotierenden (1 Hz) Magnetfeld (18,5 Oe) konst. Feldstärke untersucht. E. Hechler 426

0904 **Durch UV-Bestrahlung entstandene Radikale von Acridan und Acridin im glasigen und kristallinen Medium bei 77°K.** Shigeya Niizuma und Masao Koizumi. (Bull. chem. Soc. Japan **41** (1968) 5, 1090—96; Dep. of Chem., Fac. of Sci., Tohoku Univ., Katahiracho, Sendai; engl.) — Die ESR-Spektren der Titelverb. wurden in nachst. Lsgm. gemessen u. diskutiert: Methanol, A., Isopropanol, tert.-Butanol, Bzl., u. THF. Außerdem sind UV-Spektren vor u. nach der Bestrahlung der Verb. angegeben. D. Schmitt 426

0905 **Anwendung der ESR-Spektroskopie auf Struktur- und Konformationsprobleme. 10. Mitt. α-Ketoradikale.** Glen A. Russell und Jerrold Lokensgard. (J. Amer. chem. Soc. **89** (1967) 19, 5059—60; Dep. of Chem., Ia. State Univ., Ames, Ia.; engl.) — 11. vgl. C. **1969**, 2-0945. — Die Hyperfeinaufspaltungskonst. u. Spindichten folgender Radikale [durch $Ce(SO_4)_2$-Ox. der organ. Verb.] werden ermittelt: *α-Tropolon-*, *1-Methylcyclopentandion-(2.5)-*, *1-Nitro-1-methyläthyl-*, *tert.-Butyl-*, *Isopropyl-*, *1-Acetyl-1-methyläthyl-*, *Diacetylmethyl-*, *Acetylcyanmethyl-*, *Acetylmethyl-*, *Äthoxycarbonyl-acetylmethyl-*, *1-Acetyl-1-cyanäthyl-*, *1.1-Diacetyläthyl-*, *1-Nitro-1-acetyläthyl-* u. *1-Acetyläthyl-*. E. Hechler 426

0906 **ESR des Mono-tert.-butylpropenyl- und Tri-tert.-butylpropenyl-Radikals: Untersuchung schwacher Vibronenentartung.** Gershon Vincow, M. Lee Morrell, Frank R. Hunter und Hyp J. Dauben jun. (J. chem. Physics **48** (1968) 7, 2876—94; Dep. of Chem., Univ. of Wash., Seattle, Wash.; engl.) W. Pusch 426

0907 **Stabile Triplettzustände einiger Cyclopentadienyl-Kationen.** Ronald Breslow, Hai Won Chang, Roger Hill und E. Wasserman. (J. Amer. chem. Soc. **89** (1967) 5, 1112—19; Dep. of Chem., Columbia Univ., N.Y.; engl.) — Folgende Cyclopentadienyl-Kationen werden aus den Cyclopentadienolen dargestellt u. die ESR-Spektren der festen Lsg. in CH_2Cl_2, die NMR-Spektren u. die magnet. Suszeptibilitäten bestimmt: *Pentaphenyl-*, *p-Anisyltetraphenyl-*, *p-Chlorphenyltetraphenyl-*, *Methyltetraphenyl-*, *β-Naphthyltetraphenyl-*, *p-Tolyltetraphenyl-* u. *Pentachlorcyclopentadienyl-Kation*.

Versuche: *Pentaphenylcyclopentadienylmethyläther*, $C_{36}H_{28}O$, F. 197—198° (Bzl./Ligroin), aus Pentaphenylcyclopentadienol in CH_2Cl_2 u. BF_3 bei —70° zum Kation u. Versetzen mit Methanol; 90% (Ausb.). — *Pentaphenylcyclopentadien*, F. 251—252°, durch Versetzen des Kations mit Cycloheptatrien (**I**); 98%. — *p-Anisyltetraphenylcyclopentadien*, $C_{36}H_{28}O$, F. 190—191°, aus dem Kation u. **I**. — *p-Chlorphenyltetraphenylcyclopentadienol*, $C_{35}H_{25}ClO$, F. 228—229°, durch Kochen von p-Chlorphenyl–MgBr u. Tetracyclon (**II**) in Ae.; 52%. —

p-Chlorphenyltetraphenylcyclopentadien, $C_{35}H_{25}Cl$, F. 174 bis 175,5°, aus dem Kation u. **I**; 77%. — *Methyltetraphenylcyclopentadien*, F. 177—179°, aus dem Kation u. **I**; 22%. — *β-Naphthyltetraphenylcyclopentadienol*, $C_{39}H_{28}O$, F. 214—215° (Bzl.), aus β-Naphthyl-MgBr u. **II**; 75%. K. H. Bielicki 426

0908 **Einfluß des Lösungsmittels auf den g-Wert von Di-tert.-Butylnitroxid.** Takashi Kawamura, Shoichi Matsunami und Teijiro Yonezawa. (Bull. chem. Soc. Japan **40** (1967) 5, 1111—15; Fac. of Engng., Kyoto Univ., Sakyo-ku, Kyoto; engl.) — Es werden die Lsgm.-Effekte auf die Hyperfeinkopplungskonst. des ^{14}N der Titelverb. in proton. u. aprot. Lsgm. untersucht. E. Hechler 426

0909 **Resonanzabsorption von p-Benzosemichinon im Zeeman-Bereich.** Juana V. Acrivos. (J. chem. Physics **47** (1967) 12, 5389—5409; San Jose, Calif., San Jose State Coll., Chem. Dep.; engl.) — Die ESR-Absorption der Verb. in Na-Äthylat/A.-Lsg. wird im Zeeman-Bereich bei —50° bis Zimmertemp. untersucht. H. Pehlmann 426

0910 **Elektronenspinresonanz der Anionenradikale aromatischer Ester.** 1. Mitt. **Anionenradikale der Benzoesäuremethyl-, -äthyl- und -isopropylester und Isonicotinsäuremethyl- und -äthylester.** Masatoshi Hirayama. (Bull. chem. Soc. Japan **40** (1967) 8, 1822—26; Katahiracho, Sendai, Tohuku, Univ., Chem. Res. Inst. of Nonaquous Solutions; engl.) — Die ESR-Spektren der Anionenradikale der Verb. werden untersucht. H. Pehlmann 426

0911 **ESR-Untersuchungen zur Radikalbildung in röntgenbestrahltem Glyoxylsäurehydrat.** G. Lassmann, W. Damerau und K. H. Lohs. (Studia biophysica, Berlin **2** (1967) 6, 503—08; Dt. Akad. Wiss. Berlin, Inst. f. Biophys., Berlin-Buch; dt.) — Die Polykrist. der Titelverb. wurden bei Zimmertemp. u. 10^{-4} Torr mit Röntgenstrahlen behandelt u. ESR-spektroskop. untersucht. E. Hechler 426

0912 **EPR-Messungen an bei niedrigen Temperaturen bestrahltem L-Alanin.** James W. Sinclair und Melvin W. Hanna. (J. physic. Chem. **71** (1967) 1, 84—88; Dep. of Chem., Univ. of Colo., Boulder, Colo.; engl.) — L-Alanin-Einkrist. werden bei 80°K Röntgenstrahlung unterworfen u. die EPR-Spektren der gebildeten Fragmente in Abhängigkeit von der Temp. untersucht. H.-J. Haink 426

0913 **ESR-Untersuchung von Zwischenprodukten, die durch $TiCl_3$–H_2O_2 in Kohlenhydraten gebildet werden.** Peter J. Baugh, Oscar Hinojosa und Jett C. Arthur jun. (J. physic. Chem. **71** (1967) 4, 1135—37; Southern Regional Res. Labor., New Orleans, La.; engl.) — Die ESR-Spektren folgender Kohlenhydrate (**A**) werden nach Rk. mit Ti^{3+}–H_2O_2 aufgenommen u. auf gebildete Radikale untersucht: *Glycerin, Sorbitol, Mannitol, D-Glucose, D-Galaktose, α-Methylglukose, Fructose, Maltose* u. *Cellobiose*. Die Art der Radikalbldg. hängt von der Struktur der **A** ab. G. Kirsten 426△

0914 **ESR-Spektren von Polymerradikalen in wäßriger Lösung.** Roland E. Florin, Fred Sicilio und Leo A. Wall. (J. Res. nat. Bur. Standards, Sect. A **72 A** (1968) 1, 49—73; Inst. for Mater. Res. NBS, Wash., D.C.; engl.) — Beim Mischen nachst. Verb. in wss. Lsg. in Ggw. von Ti(III) u. H_2O_2 entstanden Radikale, deren ESR-Spektren aufgenommen wurden: *Polyacrylsäure, Polymethacrylsäure, Polyvinylalkohol, Polyäthylenimin, Polyäthylenoxid, Polypropylenoxid, Dextran, Dextrin, Stärke* u. *Maltose*. Ferner wurden zum Vgl. die ESR-Spektren von *Methanol, A., Buten-(2)-diol-(1.4), Essigsäure, Diäthyl-* u. *Dimethylamin, N.N-Dimethylformamid* u. *-acetamid, Diäthylenglykol, 1.2-Dimethoxyäthan, Bis-(2-äthoxyäthyl)-äther, Dimethyl-* u. *Diäthyläther, THF, Vinyläthyläther, Methylal, Paraldehyd, Äthylenglykol, Propylenglykol, Glycerol, Mannit, Inosit, Aceton, Diacetonalkohol, Acetaldehyd, Acrolein, Äthylacetat, Methylacrylat* u. *Glucose* aufgenommen. D. Strauch 426

0915 **Beobachtung von metastabilen Ionen in einem Sektor-(Cycloidal)-Massenspektrometer.** Hanspeter Benz und Harmon W. Brown. (J. chem. Physics **48** (1968) 9, 4308—10; Varian Assoc., Analyt. Instrument Div., Palo Alto, Calif.; engl.) — Beobachtet wurden die metastabilen Kationen von *Cyclohexan, Butan, Bzl.* u. *Cyclooctatetraen*. Ihre Halbwertszeiten sind angegeben. D. Schmitt 428

B-2. Strukturforschung

0916 **Ursprung der Beziehung zwischen Bindungsindex und Atomabstand in konjugierten Molekülen.** André Julg. (J. Chim. physique Physico-Chim. biol. **65** (1968) 3, 541—48; Labor. de Chim. Théor., Fac. des. Sci., Marseille; franz.) — Es wird eine Unters. mit Hilfe der SCF-Meth. durchgeführt. J. Richter 432

0917 **Analyse der experimentellen Bestimmungen der Rolle der Ladungsübertragung in Molekülkomplexen im Grundzustand.** Jean-Paul Malrieu und Pierre Claverie. (J. Chim. physique Physico-Chim. biol. **65** (1968) 4, 735—52; Labor. de Biochim. Théor., assoc. aus CNRS, Inst. de Biol., Physico-chim., Paris; franz.) — Krit. Rückschau. — 87 Literaturzitate. J. Richter 432

0918 **Einzentren- und Zweizentren-(Coulomb)-Integrale mit Doppel-Zeta-Funktion.** A. Ažman und E. Zakrajšek. (Z. Naturforsch. **23 a** (1968) 940; Dep. of Chem. and Dep. of Math., Univ. of Ljubljana, Ljubljana, Yugoslavia; engl.) — Das Einzentrenintegral (pp/pp) mit Doppel-Zeta-Funktion (2p) für das C-Atom wurde nach dem Standardverf. entwickelt. Der erhaltene Wert (pp/pp) = 15,74 eV ist in guter Übereinstimmung mit dem Hartree-Fock-Wert 15,25 eV. Das ber. Zweizentrenintegral für C-Atome in einer Entfernung von 3,25 Å liefert (pp/pp) = 1,07 eV. Herbert Weber 432

0919 **Triplettzustände von Acetylen aus Elektronenstoßversuchen.** S. Trajmar, J. K. Rice, P. S. P. Wei und A. Kuppermann. (Chem. Physics Letters [Amsterdam] **1** (1968) 13, 703—05; Gates and Crellin Labor. of Chem., Calif. Inst. of Technol., Pasadena, Calif.; engl.) — Aus den Energieverlustspektren langsamer Elektronen wurden zwei bisher unbekannte Triplettzustände bei 5,2 u. 6,1 eV ermittelt. H. Liepack 432

0920 **Verbreiterung eines Elektronenübergangs in Azulen durch ein elektrisches Feld.** H. Sauter und A. C. Albrecht. (Chem. Physics Letters [Amsterdam] **2** (1968) 1, 8—10; Dep. of Chem., Cornell Univ., Ithaca, N.Y.; engl.) — Unters. für den $^1A_1(1)\rightarrow{}^1A_1(2)$-Übergang, Ermittlung der Änderung des Dipolmomentes bei der Anregung. H. Liepack 432

0921 **Kleine antiaromatische Ringe.** R. Breslow. (Angew. Chem. **80** (1968) 15, 573—78; dt.; int. Edit. **7** (1968) 8, 565—70; Columbia Univ., New York, N.Y.; engl.) — Die Existenz u. Eig. von 4 n π-Elektronensyst. werden diskutiert u. als Beispiel das noch hypothet. *Cyclopropenyl*-Anion angeführt. D. Schmitt 432

0922 **Der C–C-Abstand im 2.2-Dimethylpropan (Neopentan), bestimmt aus Elektronenbeugungsmessungen, und der kovalente Radius des Kohlenstoffatoms.** Werner Zeil, Joachim Haase und Marwan Dakkouri. (Z. Naturforsch. **22 a** (1967) 10, 1644—46; Ulm, Univ. Ulm, Lehrstuhl für Phys. Chem.; dt.) P. Meischner 432

0923 **Molekülfragmente heterocyclischer aromatischer Verbindungen.** 2. Mitt. Janet D. Sharp-Ritter und Peter G. Lykos. (J. chem. Physics **48** (1968) 4, 1717 bis 1724; Dep. of Chem., Ill. Inst. of Technol., Chicago, Ill.; engl.) — Von den Mol.-Fragmenten von *Bzl., Pyrrol, Py., Furan, 1.4-Dioxan, p-Benzochinon* u. *Borazin* wurden bestimmt bzw. ber. die Gesamtelektronenenergie, Ionisationspotentiale, Bindungslängen, Dipolmomente sowie Ein- u. Zweizentrenrückstoßintegrale. K. H. Bielicki 432

0924 **G-FEMO-Berechnungen für Furan.** B. Żurawski. (Acta physica polon. **31** (1967) 6, 1079—81; Wyższa Szkola Inż., Zakład Fiz., Bialystok; engl.) J. Richter 432

0925 **Bestimmung der Struktur des Tertiärbutylfluorids mit Hilfe der Methode der Elektronenbeugung an Gasen.**

Bernhard Haas, Joachim Haase und Werner Zeil. (Z. Naturforsch. **22a** (1967) 10, 1646—48; Ulm, Univ. Ulm, Lehrstuhl für Phys. Chem.; dt.) — Aus den Beugungsdiagrammen erhielt man die reduzierte mol. Intensitätsfunktion, woraus durch Fourier-Transformation die experimentelle Radialverteilungsfunktion folgt, die als Grundlage für die Ermittlung der Strukturparameter diente. P. Meischner 432

0926 **Elektronenstruktur von Aminobenzolen. Einfluß der Nichtplanarität der Moleküle.** André Julg und Pierre Carles. (J. Chim. physique Physico-Chim. biol. **65** (1968) 2, 247—52; Labor. de Chim. Théor., Fac. des Sci., Marseille; franz.) — Untersucht wurden *Anilin*, *m-* u. *p-Phenylendiamin* sowie *symm.-Triaminobenzol.* J. Richter 432

0927 **Berechnung der Molekülorbitale von 2.4.6-Trinitrophenetol und dem entsprechenden Meisenheimer Salz.** Riccardo Destro. (Rend. Ist. lombardo Sci. Lettere, A **101** (1967) **4**, 725—28; Ist. di Chim. Fis. dell'Univ. di Milano; ital.) J. Richter 432

0928 **Exaltation der Konjugation (Faraday-Effekt) und Multiplizität der „Einfach"-Bindung in Verbindungen mit den konjugierten Gruppierungen > C=C–C=O und –C≡C–C=O.** Paule Castan und Jean-François Labarre. (J. Chim. physique Physico-Chim. biol. **65** (1968) 2, 378—80; Dép. de Chim. Inorgan., Toulouse; franz.) — Vf. deuten die früher beobachtete Dispersion der Konjugationsexaltation mit Hilfe der Ergebnisse einer HMO–LCAO-Berechnung der Elektronenstruktur für folgende Verb.: *Acrolein, Allylmethylketon, Crotonaldehyd, Penten-(3)-on-(2), 2-Methylbuten-(2)-al, 4-Methylpenten-(3)-on-(2), α-Methylacrolein, Alken-(1)-ylmethyl-* u. *Alkylpropenylketone* sowie *Alkin-(2)-ale, -säuren, -säurechloride, -säureamide* u. *Alkin-(1)-ylalkylketone.* J. Richter 432

0929 **Elektronographische Untersuchung der Struktur von Silacyclobutan und 1.1-Dichlorsilacyclobutan.** L. V. Vilkov, V. S. Mastrjukov, Ju.V. Baurova, V. M. Vdovin und E. L. Grinberg. (Doklady Akad. Nauk SSSR **177** (1967) 5, 1084—87; Mosk. gos. univ. im. Lomonosova; russ.) J. J. Pohl 432

0930 **Strukturuntersuchung von Trichlormethylsulfenylchlorid mit Hilfe der Elektronenbeugung.** N. V. Alekseev und F. K. Veličko. (Ž. strukturnoj Chim. 8 (1967) 1, 8—11; Inst. elementoorg. soedin. AN SSSR; russ.) — J. J. Pohl 432

0931 **Konformationsanalyse.** 56. Mitt. **Chlorcyclohexan und 1-Chlor-1-methylcyclohexan.** Norman L. Allinger und C. D. Liang. (J. org. Chemistry **32** (1967) 8, 2391 bis 94; Dep. of Chem., Wayne State Univ., Detroit, Mich.; engl.) — 55. vgl. C. **1968**, 48-0905. — Durch die quant. Best. der molaren Absorption der C–Cl-Valenzschwingung in den IR-Spektren von *Chlor-, 1-Chlor-1-methyl-, cis-* u. *trans-1-Chlor-4-tert.-butyl-, cis-* u. *trans-1-Chlor-1-methyl-4-tert.-butyl-* u. *1-Chlor-1.4.4-trimethylcyclohexan,* sowie aus der Temp.-Abhängigkeit der νC–Cl u. durch Gleichgew.-Messungen bei vorst. cis-trans-Paaren ermitteln Vf. die Konform.-Energie eines sek. Cl-Atoms zu 0,4 kcal/Mol zugunsten einer äquatorialen Anordnung des Cl. Bei geminaler Stellung von Cl u. CH_3-Gruppe beträgt die Konform.-Energie 1,1 kcal/Mol zugunsten des axialen Cl bzw. der äquatorialen CH_3-Gruppe.

Versuche: Cyclohexane: *1-Chlor-4-tert.-butyl-*, cis-trans-Gemisch, $C_{10}H_{19}Cl$, Kp.$_4$ 62—65°, aus 5 g 4-tert.-Butylcyclohexanol (cis-trans-Gemisch), Tri-n-butylamin u. $SOCl_2$, 1,9 g (Ausb.); daneben *4-tert.-Butylcyclohexen*, Kp.$_{13}$ 59—61°, 2 g. — *1-Chlor-1-methyl-4-tert.-butyl-*(I), *trans-*, $C_{11}H_{21}Cl$, aus 1-Hydroxy-1-methyl-4-tert.-butylcyclohexan u. HCl. *cis-*, durch Kochen des cis-trans-Gemisches mit Na-Äthylat in Äthanol. *1-Chlor-1.4.4-trimethyl-*, $C_9H_{17}Cl$, aus 4.4-Dimethylcyclohexanon analog **I**. G. O. Jäger 434△

0932 **Reaktion zwischen Acetylaceton und p-Benzochinon.** 4. Mitt. **Struktur von Tetraacetyl-p-xylochinon.** Erling Bernatek, Marit Johnsgård und Trygve Stensrud. (Acta chem. scand. **21** (1967) 2, 574—75; Univ. Farm. Inst., Oslo; engl.) — NMR- u. IR-spektroskop. Unters. des aus p-Benzochinon u. Acetylaceton erhältlichen *ω.ω.ω'.ω'-Tetraacetyl-p-xylochinon* (vgl. l. c.) zeigen, daß die Verb. in DMSO fast ausschließlich in der Doppelenol-Form vorliegt u. wahrscheinlich zu den Chinoncarbonyl-Gruppen H-Brücken aufweist. G. Kirsten 434△

0933 **Konformationen der diastereoisomeren Zwischenstufen bei der Kondensation von Acetylkreatinin mit aromatischen Aldehyden.** C. R. Portal und A. R. Frasca. (Chem. and Ind. **1967**, 46, 1956—57; Buenos Aires, Argentinia, Fac. de Ciencias Exactas y Naturales, Dep. de Quimica Organ.; engl.) — Vgl. Frasca u. Dennler, ibid. **1967**, 509. — Es wird die Kondens. von o-Chlorbenzaldehyd mit Acetylkreatinin zu *o-Chlorbenzylidenacetylkreatinin* untersucht. Als prim. Aldoladditionsprod. können 2 diastereomere *α-Hydroxy-o-chlorbenzylacetylkreatinine* isoliert werden, deren bevorzugte Konform. NMR-spektroskop. sichergestellt wird. G. O. Jäger 434△

0934 **Konformationsanalyse siliciumorganischer Ringverbindungen mit der ^{1}H-NMR-Methode.** K. A. Andrianov, B. D. Lavruchin, E. I. Fedin und A. A. Ždanov. (Doklady Akad. Nauk SSSR **178** (1967) 2, 331—34; Inst. elementoorg. soedin. AN SSSR; russ.) — Die Anwendung von ^{1}H-NMR für die Konformationsanalyse wird an den Beispielen *Hexamethylcyclotrisiloxan* (**I**) sowie *cis-* u. *trans-Trimethyltriphenylcyclotrisiloxan* demonstriert. Aus der Differenz der chem. Verschiebung δ von **I** u. *Oktamethylcyclotetrasiloxan* wird die Anisotropie der SiO-Bindung bestimmt u. daraus der Unterschied von δ der axialen u. äquatorialen Protonen der CH_3-Gruppe erhalten. J. J. Pohl 434

0935 **Molekülkonformation von [2-Diphenylaminoäthyl]-trimethylammoniumjodid.** Antonio Del Pra und Mario Mammi. (Ricerca sci. **37** (1967) 12, 1181; Ist. di Chim. Organ., Univ. di Padova; engl.) J. Richter 434

0936 **Zerlegung und Konfiguration α-substituierter Phenylessigsäuren.** Colin Aaron, David Dull, Joel Larkin Schmiegel, David Jaeger, Yoko Ohashi und Harry S. Mosher. (J. org. Chemistry **32** (1967) 9, 2797—2803; Stanford, Calif., Stanford Univ., Dep. of Chem.; engl.) — Es wird die Synth. der opt. akt. *α-Isopropyl-* (**I**), *α-tert.-Butyl-* (**II**) u. *α-Trifluormethylphenylessigsäure* (**III**) u. der *α-Äthyl-p-methoxyphenylessigsäure* (**IV**) beschrieben. Die relativen Konfig. dieser Verb., die durch Zerlegung der racem. Säuren über die Cinchonidin- oder Phenyläthylammoniumsalze (PÄAS) erhalten werden, werden durch Vgl. mit opt. akt. *α-Methylphenylessigsäure* (**V**) bekannter Konfig. bestimmt. Zwischen dem mol. Drehvermögen von **I**–**V**, *α-n-Propyl-* u. *α-Äthylphenylessigsäure* u. deren Amid- u. Anilid-Deriv. besteht eine befriedigende Korrelation. Alle N-Methylthionamid-Deriv. (**A**) der rechtsdrehenden Säuren weisen einen positiven Cotton-Effekt auf.

Versuche: *α-Trifluormethylphenylacetaldehyd*, Kp.$_{20}$ 90—100°, aus 57,7 g Phenyltrifluormethylketon, Methoxymethylentriphenylphosphoniumchlorid u. Na-Äthylat; 40,8 g (roh). *2.4-Dinitrophenylhydrazon*, $C_{15}H_{11} \cdot F_3N_4O_4$, F. 132—133°. — Phenylessigsäuren: *α-Isopropyl-* (**I**), *racem.-*, Kp.$_2$ 132—134°, aus Isopropylbromid u. Phenylessigsäure/Na-Naphthalimid; 88%. — (*R*)-(—)-**I**, F. 50,5—51,5°, aus 461 g racem. **I** über das (+)-*PÄAS* [F. 198—200° (63%ig. A.); $[\alpha]_D^{26}$ —5,2° (c = 2,62; CH_3OH); 272 g]; $[\alpha]_D^{24}$ —62,4° (c = 4,46; $CHCl_3$); 153,5 g. — (*S*)-(+)-**I**, über das (—)-*PÄAS*; 261 g (roh); oder das *Cinchonidinsalz* (F. 136—137,5°, $[\alpha]_D^{29}$ —68,5°); $[\alpha]_D^{25}$ 62,5° (c = 2; $CHCl_3$). — *α-tert.-Butyl-* (**II**), *racem.-*, F. 105—108° (PÄe.), aus tert.-Butylphenylcarbinyl-MgCl in einer CO_2-Atmosphäre; 80,5%; daneben *1.2-Diphenyl-1.2-di-tert.-butyläthan*, F. 179—181°; 8,9 g. — (*S*)—(+)-**II**, F. 141—142°, aus 127,5 g racem. **II** über das (+)-*PÄAS* [F. 193—195° (70%ig. A.); $[\alpha]_D^{27}$ 21,2° (c = 3,5; CH_3OH); 31,5 g]; $[\alpha]_D^{27}$ 62,9° (c = 7; $CHCl_3$); 17,2 g; daneben (*R*)-(—)-**II**; $[\alpha]_D^{25}$ —62,9° (c = 5; $CHCl_3$). — *α-Trifluormethyl-* (**III**), *racem.-*, $C_9H_7F_3O_2$, F. 77—78° (Hexan), durch $KMnO_4$-Ox. von 40,8 g α-Trifluormethylphenylacetaldehyd bei 3—5°; 20 g. — (*R*)-(—)-**III**, F. 93—94° (Hexan), aus 100 g racem.-**III** über das (—)-*PÄAS* [F. 164—165° (66%ig. A.); $[\alpha]_D^{24}$ —27,4° (c = 3,86; A.)]; $[\alpha]_D^{24}$ —71,4° (c = 2,24;

$CHCl_3$); 22 g; daneben (*S*)-(+)-**III** über das (+)-*PÄAS* [$[\alpha]_D^{21}$ 25,8° (c = 2,59; A.)]; $[\alpha]_D^{24}$ 73,4° (c = 4; $CHCl_3$); 23,7 g. — *α-Äthyl-p-methoxy-* (**IV**), *racem.-*, F. 62—64° (PAe.), a) aus p-Methoxyphenylessigsäure u. C_2H_5Br; 96% (roh); b) analog aus p-Methoxyphenylacetonitril u. C_2H_5Br; 36,5%. — (*S*)-(+)-**IV**, F. 85—86° (PAe.), über das *Cinchonidinsalz* [F. 147—148° (80%ig. A.); $[\alpha]_D^{24}$ —62,9° (c = 4; A.)]; $[\alpha]_D^{23}$ 64,76° (c = 4; A.). (+)-*PÄAS*, F. 138—140°; $[\alpha]_D^{24}$ 14,45° (c = 4; A.). — *α-Methyl-* (**V**), *racem.-*; Öl. — (*S*)-(+)-**V**, F. 30—31°; $[\alpha]_D^{20}$ 81,1° (A.). (+)-*PÄAS*; $[\alpha]_D^{25}$ 80°. — *α-Äthyl-*, *racem.-*; Öl. (*S*)-(+)-; fl.; $[\alpha]_D^{25}$ 78,5°. (+)-*PÄAS*; $[\alpha]_D^{25}$ 77°. — *α-n-Propyl-*, *racem.-*; Öl. (*S*)-(+)-; fl.; $[\alpha]_D^{25}$ 63,4°. (—)-*PÄAS*; $[\alpha]_D^{25}$ 63°. — Phenylacetamide: *α-Isopropyl-*, *racem.-*, F. 111—112°. (*R*)-(—)-, $C_{11}H_{15}NO$, F. 141—142° (50%ig. A.), aus 1,60 g (R)-(—)-**I** u. $SOCl_2$,; $[\alpha]_D^{24}$ —55,9° (c = 1,04; abs. A.); 0,30 g. — *α-tert.-Butyl-*, *racem.-*, F. 116—118°. (*S*)-(+)-, $C_{12}H_{17}NO$, F. 114—128° (50%ig. A. u. PAe./Bzl.); $[\alpha]_D^{21}$ 13,8° (c = 0,94; abs. A.); 96% (roh). — *α-Trifluormethyl-*, *racem.-*, F. 107—111°. (*R*)-(—)-, $C_9H_8F_3NO$, F. 130—132° (Hexan/Bzl.); $[\alpha]_D^{19}$ —55,6° (c = 1,7; abs. A.); 40%. — *α-Äthyl-p-methoxy-*, (*S*)-(+)-, $C_{11}H_{15}NO_2$, F. 111—113° (PAe.),; $[\alpha]_D^{24}$ 23° (c = 1; A.). — *α-Methyl-*, *racem.-*, F. 97,5. (*S*)-(+)-, F. 101—102°; $[\alpha]_D^{25}$ 46°. — *α-Äthyl-*, (*S*)-(+)-, F. 80,5—81,5°; $[\alpha]_D^{24}$ 57°. *α-n-Propyl-*, *racem.-*, F. 73—83°. (*S*)-(+)-, F. 106—108°; $[\alpha]_D^{25}$ 50°. — N-Methylphenylacetamide: *α-Isopropyl-*, (*R*)-(—)-, F. 113—116°, $[\alpha]_D^{25}$ —53,1° (c = 1,9; $CHCl_3$). — *α-tert.-Butyl-*, (*S*)-(+)-, $C_{13}H_{19}NO$, F. 129—132° (Hexan/Bzl.); $[\alpha]_D^{19}$ 14,5° (c = 1,65; $CHCl_3$); 82%. — *α-Trifluormethyl-*, *racem.-*, $C_{10}H_{10}F_3NO$, F. 113—115°. (*S*)-(+)-, F. 135 bis 137° (Hexan/Bzl.) $[\alpha]_D^{23}$ 33,8° (c = 1,3; $CHCl_3$); 58%. — (*S*)-(+)-*α-Äthyl-p-methoxy-*, F. 97—100° (PAe.); $[\alpha]_D^{20}$ 3,3° (c = 2; A.); 78%. — *α-Methyl-*, (*S*)-(+)-, F. 35—37°; $[\alpha]_D^{25}$ 29°. — *α-Äthyl-*, (*S*)-(+)-, F. 98—99,5°; $[\alpha]_D^{25}$ 20°.— Phenylacetanilide: *α-Isopropyl-*, *racem.-*, F. 132 bis 133°. (*R*)-(—)-, $C_{17}H_{19}NO$, F. 90,5—98,5° (Hexan/Bzl.); $[\alpha]_D^{21}$ —65,6° (c = 3,3°; abs. A.); 52%. — *α-Äthyl-p-methoxy-*, (*S*)-(+)-, $C_{17}H_{19}NO_2$, F. 125—127° (PAe.); $[\alpha]_D^{24}$ 80,0° (c = 2,75; abs. A.). — *α-Methyl-*, (*S*)-(+)-, F. 99—100°; $[\alpha]_D^{25}$ 120°. — *α-Äthyl-*, (*S*)-(+)-, F. 79,5 bis 80,5°; $[\alpha]_D^{25}$ 106°. — *α-n-Propyl-*, *racem.-*, F. 116,5 bis 117,5°. (*S*)-(+)-, F. 106,5—108,5°; $[\alpha]_D^{25}$ 93,5°. — *α-Trifluormethyl-*, (*S*)-(+)-, $C_{15}H_{12}F_3NO$, F. 154—155° (Bzl./Hexan); $[\alpha]_D^{27}$ 151,5° (c = 1,65; abs. A.); 58%. — *α-tert.-Butyl-*, *racem.*, $C_{18}H_{21}NO$, F. 134—135° (PAe./Bzl.); 78%. (*S*)-(+)-, F. 111—124°; $[\alpha]_D^{20}$ +53,5° (c = 0,4; abs. A.). — N-Methylphenylthionacetamide: *α-Isopropyl-*, (*R*)-(—)-, $C_{12}H_{17}NS$, F. 103,5 bis 105,5° (Hexan/Bzl.); $[\alpha]_D^{19}$ —24,7° (c = 1; CH_3OH); 80%. *α-tert.-Butyl-*, (*S*)-(+), $C_{13}H_{19}NS$, F. 127—139° (Hexan/Bzl.); $[\alpha]_D^{17}$ 25,8° (c = 1,86; CH_3OH); 88%. — *α-Trifluormethyl-*, (*R*)-(+)-, $C_{10}H_{10}F_3NS$, $Kp._{0,1}$ 120°; $[\alpha]_D^{22}$ —5,4° (c = 1,49; $CHCl_3$); 28%. — *α-Äthyl-p-methoxyphenyl-*, $Kp._1$ ca. 160°; 38%. G. O. Jäger 434△

0937 **Struktur von Aminoalkyl(aryl)trifluorphosphoranen.** M. A. Landau, V. V. Šeluċenko, G. I. Drozd, S. S. Dubov und S. Z. Ivin. (Ž. strukturnoj Chim. 8 (1967) 6, 1097—1100; russ.) — ^{19}F- u. ^{31}P-NMR-Unters. der Konfig. von nachst. Trifluorphosphoranen: *Diäthylaminoäthyl-*, *Piperidinophenyl-*, *Dimethylaminophenyl-*, *Diäthylaminophenyl-*, *Methylaminophenyl-* [$Kp._{10}$ 93 bis 94°; aus Phenyltetrafluorphosphoran (**I**) u. CH_3NH_2], *Methylaminomethyl-* [$Kp._{100}$ 35—36°; aus Methyltetrafluorphosphoran (**II**) u. CH_3NH_2], *Diäthylaminomethyl-* [$Kp._{15}$ 32—34°; aus **II** oder CH_3PF_3Cl u. $(C_2H_5)_2NH$ bzw. $CH_3 \cdot (C_2H_5)_2NPOCl$ u. SbF_3], *Diäthylaminotolyl-* [$Kp._2$ 87—89°; aus $CH_3C_6H_4PF_3Cl$ + $(C_2H_5)_2NH$], *Piperidinomethyl-*, ($Kp._{10}$ 73—74°; aus **II** u. Piperidin), *Allylaminomethyl-* (Kp_{40}. 47—49°; aus **II** u. Allylamin), *Isobutaminomethyl-* ($Kp._{45}$ 58—60°; aus **II** u. Isobutylamin bzw. Methylchlorphosphinsäureisobutylamid u. SbF_3), *Isobutylaminophenyl-* ($Kp._{10}$ 114—115°; aus **I** u. iso-$C_4H_9NH_2$), *Butylaminomethyl-* ($Kp._{70}$ 68—69°; aus $C_4H_9PF_3Cl$ u. **II**), *Isopentylaminomethyl-* ($Kp._{10}$ 52—53°; aus **II** u. iso-$C_5H_{11}NH_2$), *Cyclohexylaminomethyl-* ($Kp._6$ 60—62°; aus **II** u. $C_6H_{11} \cdot NH_2$), *Cyclohexylaminoäthyl-*, $Kp._2$ 65—66°; aus $C_2H_5PF_4$ u. $C_6H_{11}NH_2$), *Toluidinomethyl-* ($Kp._3$ 75°; aus **II** u. Toluidin), *Di-n-butylaminomethyl-*, [$Kp._3$ 58—60°; aus **II** u. $(C_4H_9)_2NH$]. J. J. Pohl 434

0938 **Bemerkungen über die Phasen-Identifizierung der mesomorphen Zustände.** Reinhard D. Ennulat. (Molecular Crystals 3 (1968) 4, 405—22; U.S. Army Electronics Command Night Vision Labor., Fort Belvoir, Va.; engl.) — Übersicht. — 27 Literaturangaben. D. Schmitt 436

0939 **Kinetik der Kristallisation in Multikomponenten-Systemen. 1. Mitt. Binäre Gemische von n-Paraffinen.** John I. Lauritzen jun., Elio Passaglia und E. A. DiMarzio. (J. Res. nat. Bur. Standards, Sect. A 71 A (1967) 4, 245—59; Inst. for Mater. Res., Nat. Bur. of Stand., Washington, D.C.; engl.) — Untersucht werden Gemische von *n-Tetra-* u. *n-Hexakosan*. Phasendiagramme sind angegeben. U. Radlbeck 438

0940 **Beobachtungen und Gedanken über das Sphäritenwachstum der Kristalle.** S. Rösch. (Tschermaks mineralog. petrogr. Mitt. 12 (1968) 2—3, 290—98; Wetzlar; dt.) — Vf. unterscheidet 5 Bildungsarten von Sphäriten, die ausführl. besprochen werden. Es wurden diskutiert die Sphärite von *Metronidazol*, *Cholesterylpropionat*, *N-[2-Dimethylaminopropyl]-phenothiazinhydrochlorid*, *Cyclohexanonoxim* sowie Sphärite von Mischungen aus *Triphenylcarbinol* u. *N-Methyl-N-phenyl-2-aminonaphthalin* sowie *Cyclohexanonoxim.* u. *Diphenylendioxid*. C. Gottfried 438△

0941 **Tieftemperatur-Phasenübergang bei 1.3.5-Triazin.** Philip Coppens und T. M. Sabine. (Molecular Crystals 3 (1968) 4, 507—12; Chem. and Phys. Dep., Brookhaven Nat. Labor., Upton, N.Y.; engl.) D. Schmitt 438

0942 **Verzögerung des Wachstums von Salol-Kristallen aus der Schmelze in Kapillaren.** P. J. Morris, D. Kirtisinghe und R. F. Strickland-Constable. (J. Crystal Growth [Amsterdam] 2 (1968) 2, 97—105; Dep. of Chem. Engng., Imperial Coll. of Sci., London; engl.) — Bei geringer Unterkühlung u. kleinen Kapillardurchmesser nimmt die Wachstumsgeschw. ab. Ätzvers. mit A.-W.-Mischungen werden durchgeführt. H. Liepack 438

0943 **Mikroskopisch kristallographische Beschreibung von resublimierter Chloranilsäure.** Dale K. Cabbiness, Edward S. Amis und Kern C. Jackson. (J. chem. Engng. Data 12 (1967) 1, 90—92; Fayetteville, Ark., Univ. of Ark., Dep. of Chem.; engl.) — Subl. (Subl.-Punkt 240°) u. umkrist. (F. 283 ± 4°) Chloranilsäure zeigt ident. UV- u. IR-Spektren. Opt. u. kristallograph. Beschreibungen der monoklinen Krist. werden angegeben. G. O. Jäger 438△

0944 **Kristallisation von Natriumtaurocholat.** J. Lon Pope. (J. Lipid Res. 8 (1967) 2, 146—47; Gainesville, Fla., Univ. of Fla., Coll. of Medicine, Dep. of Biochem.; engl.) — Die Kristallisation der Verb. aus A. in Ggw. von Ae. hängt stark vom W.-Geh. des Syst. ab. Es werden 2 krist. Formen mit F. 180° u. 225—235° erhalten. B. I. 438△

0945 **Unbeschränkte Hartree-Fock-Berechnungen der Spindichteverteilungen einiger Alkylradikale.** N. K. Ray und P. T. Narasimhan. (Chem. Physics Letters [Amsterdam] 2 (1968) 1, 59—60; Dep. of Chem., Indian Inst. of Technol., Tranpur; engl.) — Berechnungen werden durchgeführt für *Äthyl-*, *Isopropyl-* u. *tert.-Butyl-*Radikale. H. Liepack 439

0946 **Protonierungszustand der halbreduzierten Form von Methylenblau.** Jean Faure, Roland Bonneau und Jaques Joussot-Dubien. (J. Chim. physique Physico-Chim. biol. 65 (1968) 2, 369—70; Dép. de Chim. Phys., Fac. des Sci. de Bordeaux; franz.) J. Richter 439

0947 **Protonierungszustände von Methylenblau-Semichinonen.** J. P. Keene, E. J. Land und A. J. Swallow. (J. Chim. physique Physico-Chim. biol. 65 (1968) 2, 371; Paterson Labor., Christie Hospital and Holt Radium Inst. Manchester; engl.) — Vgl. vorst. Referat. J. Richter 439

B-4. Phasengleichgewichte, chemische Gleichgewichte und ihre Energetik

0948 **Dampfdrücke von Methylacetylenen, H_3CCCH, H_3CCCD, D_3CCCH und D_3CCCD.** W. Alexander Van Hook. (J. chem. Physics **46** (1967) 5, 1907—18; Chem. Dep., Univ. of Tenn., Knoxville, Tenn.; engl.) — Die Dampfdrücke wurden bei Temp. von 167—255 °K gemessen. Die Meßergebnisse werden auf der Grundlage einer statist. Theorie der Isotopeneffekte in kond. Syst. diskutiert u. mit NMR-Daten u. spektroskop. Untersuchungen verglichen. — 30 Literaturangaben. Gr. v. Weber 452

0949 **Über die Korrelation der Nernst-Zahl von Perfluor-Kohlenwasserstoffen mit dem Altenburgschen Parameter.** Gerhard Hecht, Siegfried Westmeier und Ernst Donth. (Z. Chem. **7** (1967) 5, 203—04; Wärmetechn. Berechnungsbüro, Projektierungsabt., VEB Leuna-Werke „Walter Ulbricht"; dt.) — Die Auftragung der Nernst-Zahlen von KW-Stoffen u. Perfluor-KW-Stoffen (**A**) gegen die Altenburgschen Parameter läßt eine lineare Abhängigkeit erkennen. Die Werte für folgende Substanzen sind graphisch, für die **A** auch tabellarisch angegeben: *Methan, Äthan, Propan, n-Butan, n-Hexan, n-Heptan, Cyclobutan, Cyclohexan, Methylcyclohexan* u. *Bzl.* sowie *Tetrafluormethan, Hexafluoräthan, Perfluorpropan, Perfluor-n-butan, Perfluor-n-hexan, Perfluor-n-heptan, Perfluorcyclobutan, Perfluorcyclohexan, Perfluormethylcyclohexan* u. *Perfluorbenzol.* J. Malur 452

0950 **Untersuchung der Rekristallisation von unterkühltem Butanol-(1).** Michèle Queneudec und Guy Martin. (C. R. hebd. Séances Acad. Sci., Sér. A et B **264** (1967) 17, B 1237—50; Rennes, Fac. des Sci., Labor. de Physicochim. structurale; franz.) — Vf. untersuchten mittels DTA das Verh. von Butanol-(1)-Glas sowie ferner die dielektr. Absorption der Fl. u. der unterkühlten Flüssigkeit. C. Gottfried 452△

0951 **Regelmäßigkeiten bei einer linearen Darstellung der Entmischungsgrenzen ternärer Systeme.** Pierre-Alfred Laurent und Marie-Jeanne Laurent-Duhamel. (C. R. hebd. Séances Acad. Sci., Sér. C **265** (1967) 6, 333—36; Tananarive, Univ. de Madagascar, Fac. des Sci.; franz.) — Für die Grenzen der Mischbarkeit tern. Syst. des Typs *W.–A.–X* (X/W. nicht mischbar, X/A. völlig mischbar) wird eine doppeltlogarithm. Funktion angegeben. Sie wird für Syst. mit X = *Toluol, Bzl., Alkylbromide* u. *Alkane* diskutiert. M. Dräger 454

0952 **Einfluß von CO_2 auf K-Werte.** J. M. Lenoir. (Hydrocarbon Processing **46** (1967) 1, 191—96; Alhambra, Calif., C. F. Braun & Co.; engl.) — Es wird eine graph. Meth. zur Best. der Gleichgew.-Konst. K von niedrigen KW-Stoffen in CO_2-reichen Syst. u. deren Korrekturfaktoren entwickelt. Die Syst. *Äthylen*–CO_2 u. *Äthan*–CO_2 wurden detailliert untersucht, weitere Daten sind für *Methan, Propan, Propen, n-Butan, Isobutan, n-Pentan, n-Hexan, n-Heptan, n-Octan, n-Nonan* u. *n-Decan* angegeben. E. Hientzsch 454

0953 **Trennung von C_5-Kohlenwasserstoffen der Benzinfraktion. 3. Mitt. Löslichkeit in Systemen von n-Hexan und Methylcyclopentan mit einigen Lösungsmitteln.** Ja. I. Makarovskij, V. B. Kogan, N. F. Kononov, A. M. Vajnberg und T. S. Jakubov. (Ž. prikl. Chim. **40** (1967) 12, 2846—49; Inst. org. chim. im. Zelinskogo AN SSSR; russ.) — 2. vgl. C. **1969**, 1-0980. — Unters. der Syst. n-Hexan(I)–*DMF*, Methylcyclopentan(**II**)–DMF, I–*Propylencarbonat* (**III**), **II**–**III** u. **I**–**II**–DMF. J. J. Pohl 454

0954 **Löslichkeit gasförmiger Kohlenwasserstoffe in einigen gebräuchlichen Lösungsmitteln.** H. Hannaert, M. Haccuria und M. P. Mathieu. (Ind. chim. belge **32** (1967) 2, 156—64; Inst. pour l'Encouragem. de la Rech. Appl. à l'Ind. et à l'Agric.; franz.) — Die Löslichkeit von *Methan, Äthylen, Propin, Allen, Propylen, Propan, Butadien-(1.3), Buten-(1), -(2), n-Butan, Vinylacetylen, H_2, N_2, CO, CO_2, NH_3, H_2S, HCl, Acetaldehyd, Vinylacetat* u. *Vinylchlorid* (**I**) in einigen Lsgm. wurde in einem weiten Temp.-Bereich (z. T. —65 bis 80°) bestimmt. Die verwendeten Lsgm. sind: *Kérozène A-1, A-2, A-3, A-4, A-5, A-6/A-6 bis, Bzn., Toluol, Xylole, Methanol, Aceton, CCl_4, Äthylenchlorid,* **I**, *NH_3, Carbowax 200, 350* u. *400.* M. Dräger 454

0955 **Lösung von Benzol in Wasser.** John D. Worley. (Canad. J. Chem. **45** (1967) 20, 2465—67; Cincinnati, O., Univ. of Cincinnati, Dep. of Chem.; engl.) — Die Löslichkeit von Bzl. in W. (2,17 g/l bei 25°) wird als Funktion der Bzl.-Aktivität untersucht. B. I. 454△

0956 **Dampfdruck von Vinylchlorid und Vinylchlorid–Butadien-Gemischen.** M. Haccuria und M. P. Mathieu. (Ind. chim. belge **32** (1967) 2, 165—67; Inst. pour l'Encouragem. de la Rech. dans l'Ind. et dans l'Agric.; franz.) M. Dräger 454

0957 **Einfluß heterocyclischer sauerstoffhaltiger Verbindungen auf die relative Flüchtigkeit von C_5-Kohlenwasserstoffen verschiedener Klassen.** 4. Mitt. T. M. Lesteva, V. B. Kogan und S. K. Ogorodniko. (Ž. prikl. Chim. **40** (1967) 12, 2851—53; russ.) — Vgl. ibid. **37** (1964) 1957. — Aus den Retentionsvol. von *n-Pentan* (**I**), *Isopropyläthylen* (**II**), *Penten-(1)* (**III**), *Isopren* (**IV**) u. *trans-Piperylen* (**V**) an *Methyldihydro-* (**VI**) u. *4-Methyl-4-hydroxytetrahydropyran* (**VII**) sowie *Tetrahydrofurylalkohol* (**VIII**) werden die Koeff. α_{12}^0 der relativen Flüchtigkeit der Gemische **I–II**, **I–III**, **I–IV**, **I–V**, **II–IV**, **III–IV** u. **IV–V** ohne u. in Ggw. der Trennungsmittel **VI–VIII** berechnet. J. J. Pohl 454

0958 **Thermodynamische Aktivität der Komponenten des Systems Borfluorid–Diäthyläther.** È. Z. Utjanskaja, G. F. Burja und M. I. Vinnik. (Ž. fiz. Chim. **41** (1967) 12, 3046—52; Inst. chim. fiziki AN SSSR, Moskva; russ.) — Best. des Ae.-Partialdrucks u. des Gesamtdampfdrucks der Lsg. von *Bortrifluoriddiäthylätherats* (**I**) u. Berechnung der Partialdrücke p von **I** u. von BF_3. Die Säurefunktion der **I**-Lsg. in Ae. ändert sich gleichartig mit dem Logarithmus des p von BF_3. Indikatoren der Nitroanilinreihe lagern sich im untersuchten Syst. an BF_3 an. J. J. Pohl 454

0959 **Lösungswärme von Alkylhexaoxyäthylenglykolmonoäthern.** J. M. Corkill, J. F. Goodman und J. R. Tate. (Trans. Faraday Soc. **63** (1967) 531, 773—76; Procter and Gamble Ltd., Newcastle-upon-Tyne; engl.) — Die Lsg.-Wärme bei unendlicher Verdünnung der Monomeren von *n-Alkylhexaoxyäthylenglykolmonoäthern* der allg. Zus. C_xE_6 (C_x = H oder n-Alkyl mit x = 2, 4, 6, 8, 10 oder 12) wird kalorimetr. bei 25° bestimmt u. mit denen der analogen n-Alkanole (C_xOH) u. n-Alkane verglichen. G. Kirsten 454△

0960 **Löslichkeit von Alkylammoniumjodiden in Wasser und wäßrigem Harnstoff.** F. Franks und D. L. Clarke. (J. physic. Chem. **71** (1967) 4, 1155—56; Univ. of Bradford, Bradford, England; engl.) — Die Molenbruch-Löslichkeit von *Tetra-n-butyl-* (**I**) u. *Tetra-n-amylammoniumjodid* (**II**) in W. bzw. wss. 7 m Harnstoff(**III**)-Lsg. wird bei 2—40° gemessen. Die Änderungen der freien Energie, Enthalpie u. Entropie beim Übergang von 1 Mol gelöstem **I** bzw. **II** aus W. nach 7 m **III** wird bei 25° bestimmt. G. Kirsten 454△

0961 **Mischungsenthalpien binärer Systeme mit Dimethylformamid (DMFA).** Leni Grote, Gisela Riesel und Hans-Joachim Bittrich. (Z. Chem. **7** (1967) 11, 444; TH für Chem. „Carl Schorlemmer" Leuna-Merseburg, Merseburg; dt.) — Die Mischungsenthalpien von DMFA mit folgenden Verb. werden kalorimetr. bei 20° bestimmt: *CH_3OH, A., Monomethylformamid.* Die Lsg.-Enthalpien bei unendlicher Verdünnung werden berechnet. G. Kirsten 454△

0962 **Dampf-Flüssigkeitsgleichgewicht im System Cyclohexan–Essigsäure.** A. Baradarajan und M. Satyanarayana. (Indian J. Technol. **5** (1967) 264—66; Dep. of Chem. Engng., Indian Inst. of Technol. Madras 36, India; engl.) — Daten des Dampf–Fl.-Gleichgew. im Syst. C_6H_{12}–CH_3COOH bei 760 Torr zeigen die Anwesenheit eines azeotrop. Punktes bei 78,8° u. einem Molenbruch von Cyclohexan von 0,87. Kp., der Brechungsindex u. die Dichte der Gemische wurde im gesamten Konz.-Bereich gemessen. J. J. Pohl 454

0963 **Dampf–flüssig Gleichgewichte von Mischungen aus n-Alkoholen und ihrer Ester.** P. A. Lewell und D. D. Kristmanson. (A. I. Ch. E. Journal **13** (1967) 4, 814 bis 815; Univ. of New Brunswick, Fredericton, N.B., Canada; engl.) — Vgl. ibid. **9** (1963) 390. — Nach der von Sweeney u. Rose (l.c.) entwickelten Meth. zur Berechnung der Dampf–flüssig Gleichgew. in bin. Acetaten u. Alkoholen werden die noch fehlenden Glieder für die Mischungen von *n-Propanol–n-Propylacetat*, *n-Amylalkohol–n-Amylacetat* behandelt. Außerdem wird das Gleichgew. für das Syst. *Methanol–Äthylacetat* ber. u. mit den experimentell gefundenen Daten verglichen. G. Malow 454

0964 **Kohäsion und die Beziehung von Walker.** 1. Mitt. **Einführung.** Jaques Duclaux. (J. Chim. physique Physico-Chim. biol. **65** (1968) 3, 442—49; Ecole prat. de Hautes Et., Paris; franz.) — 31 Literaturzitate. J. Richter 456

0965 **Formierung einer Oberflächenschicht und ihre Wirkung auf die Kinetik der Absorption von CO_2 in Lösungen organischer Basen.** 2. Mitt. I. P. Lyčkin. (Ž. prikl. Chim. **40** (1967) 12, 2843—46; russ.) — Unters. für die CO_2-Absorption durch wss. Lsg. von Äthylendiamin, Monoäthanolamin u. Hexamethylendiamin. J. J. Pohl 456

0966 **Adsorption aus Lösungen an der äußeren Oberfläche von synthetischem Zeolith NaA.** G. G. Aleksandrov, O. G. Larionov, K. V. Čmutov und M. D. Judilevič. (Ž. fiz. Chim. **41** (1967) 6, 1513—15; Inst. fiz. chimii AN SSSR; russ.) — Unters. der Adsorption von *Chlorbenzol* u. *Benzylalkohol* in Dodecan. E. Klever 456

0967 **Zwischenmolekularer Abstand einer gelösten Substanz als sorptionsbestimmender Faktor an der glatten Sorbentoberfläche.** N. I. Plechanov. (Ž. prikl. Chim. **40** (1967) 11, 2619—20; Leningradskij veterinarnyj inst.; russ.) — Photometr. Unters. der Sorption von Methylenblau an Nitrocellulosefilmen in Abhängigkeit vom zwischenmol. Abstand des Adsorbats in der Lösung. J. J. Pohl 456

0968 **Gleichgewicht Gas–Feststoff und Adsorptionswärme. — System Äthylchlorid und aktive Kohle.** Enzo Sebastiani. (Ann. Chimica **57** (1967) 4, 412—25; Roma, Univ., Fac. di Ing., Ist. die Chim. Appl. ed Ind.; engl.) — C. Gottfried 456△

0969 **Einfluß der Diffusion und des Antagonismus Adsorption–Desorption bei der Entwicklung von Flüssigkeit–Flüssigkeit-Grenzflächen.** Jean-François Baret und Roger Mérigoux. (C. R. hebd. Séances Acad. Sci., Sér. C **264** (1967) 23, 1785—88; Labor. de Phys. Ind., Fac. des Sci., Marseille, Bouches du Rhone; franz.) — Mit Chlorphyll (I) u. Ergosterinlsg. (II) in Paraffinölen wurde nachgewiesen, daß im Falle I die Diffusion bei der Adsorptionskinetik die Hauptrolle spielt, während bei II der Antagonismus Adsorption–Desorption die Entw. der Grenzfläche steuert. J.-W. Hartmann 456

0970 **Adsorption polarer organischer Moleküle auf Chrom.** B. J. Bornong und P. Martin jun. (J. physic. Chem. **71** (1967) 12, 3731—36; Rock Island Arsenal, Rock Island, Ill.; engl.) — Ellipsometr. Filmdicke- u Oberflächenspannung(ΔV)-Messungen werden bei 25° u. 40% relativer Luftfeuchtigkeit an monomol. Filmen folgender polarer aliphat. Verb. auf Cr-Elektroden vorgenommen (n = Anzahl der C-Atome): *Amine* (n = 4, 6, 8, 10, 12, 14, 16, 18); *Säureamide* (n = 2, 4, 6, 8, 12, 14, 16, 18); *Carbonsäure* (n = 2, 8, 10, 12, 14, 16, 18, 22, 26); *Alkohole* (n = 4, 6, 8, 10, 12, 14, 16, 18, 20). Oberflächendipolmomente werden mittels der Helmholtz-Gleichung aus ΔV u. dem Oberflächenbelegungskoeff. berechnet. G. Kirsten 456△

0971 **Einfluß der Stabilität der Adsorptionsschichten auf die Koaleszenz von Kohlenwasserstoff-Tropfen. Molekulare Wechselwirkung an der Phasengrenze Wasser–Kohlenwasserstoff in gemischten Adsorptionsschichten.** A. F. Ėl'-Šimi und V. N. Izmajlova. (Kolloidnyj Ž. **29** (1967) 5, 745—48; Mosk. univ. im. Lomonosova; russ., Auszug: engl.) — Im Syst. *Bzl.–W.* mit den oberflächenakt. Stoffen (OS) *Gelatine* (in der wss. Phase) u. *Öl-*, *Stearin-*, *Laurinsäure* sowie *Cholesterin* (in der benzol. Phase) wird in Abhängigkeit von der Konz. der OS die Stabilität der Adsorptionsschichten u. die Lebensdauer der Bzl.-Tröpfchen an der Grenzschicht untersucht. J. J. Pohl 456

0972 **Einfluß der Bildung einer zwischenmolekularen H-Bindung auf die Intensität der Absorptionsbande der C≡C-Gruppe in den IR-Spektren von Lösungen monosubstituierter Acetylene.** E. A. Gastilovič, D. N. Šigorin, K. V. Žukova und O. G. Jaroš. (Optika i Spektroskopija **23** (1967) 4, 564—70; russ.) — Berechnung der Änderung der integralen Intensität der C≡C- u. der ≡C–H-Bande von Phenyl- u. Trimethylsilylacetylen bei Bldg. einer intramol. H-Bindung mit Lsgm. mit Elektronendonatoreig. u. Vgl. mit den experimentell ermittelten Werten. J. J. Pohl 458

0973 **Thermodynamische Eigenschaften und Ultraviolett-Spektren von Jodcyankomplexen mit einigen n-Donatoren.** Hari D. Bist und Willis B. Person. (J. physic. Chem. **71** (1967) 10, 3288—93; Gainesville, Fla., Univ. of Fla., Dep. of Chem.; engl.) — Das UV-Spektrum von *JCN* sowie von dessen Komplexen mit *Ae.*, *A.* u. *THF* in n-Heptan wird untersucht. Aus der Blauverschiebung der JCN-Bande bei 240 mμ werden die thermodynam. Größen K, ΔH^0 u. ΔS^0 für die Komplexe bestimmt. B. I. 458△

0974 **IR-spektroskopische Untersuchungen der H-Brückenassoziation von 2.2.2-Trifluoräthylamin.** 2. Mitt. **Fermi-Resonanz bei H-Brückenassoziation primärer aliphatischer Amine.** H. Wolff und D. Horn. (Ber. Bunsenges. physik. Chem. **72** (1968) 3, 419—29; Phys. Chem. Inst. der Univ. Heidelberg; dt.) — Es werden die IR-Spektren der Komplexe der Titelverb. mit *Py.*, *2.4-Lutidin*, *2.4.6-Kollidin*, *Trimethylamin* u. *Triäthylamin* in CCl_4 im Bereich von 3000—3500 cm^{-1} gemessen u. berechnet. D. Schmitt 458

0975 **Kernresonanz von Jod–Alkylsulfid-Komplexen.** E. Thomas Strom, Wilson L. Orr, Brinkley S. Snowden jun. und Donald E. Woessner. (J. physic. Chem. **71** (1967) 12, 4017—21; Field Res. Labor., Mobil Oil Corp., Dallas, Tex.; engl.) — Für die *Jod*-Komplexe von *Dimethylsulfid*, *Methyläthylsulfid*, *Methylisopropylsulfid*, *Diäthylsulfid*, *Di-n-* u. *Diisopropylsulfid*, *Di-tert.-butylsulfid*, *Thiacyclobutan*, *Thiacyclopentan*, *2.2.5.5-Tetramethylthiacyclopentan* u. *Thiacyclohexan* in CCl_4 bei 25° werden aus der Änderung der chem. Verschiebungen die Komplexbldg.-Konst. K bestimmt. Mit den aus UV-Messungen bekannten K-Werten einiger Verb. ergibt sich gute Übereinstimmung (Abweichung $< 10\%$). W. Damerau 458△

0976 **Untersuchung der dimeren und polymeren Form eines Cyaninderivates in Abhängigkeit von der Temperatur.** Gaston Hui-Bon-Hoa, Jacqueline Langlet und Claude Balny. (J. Chim. physique Physico-Chim. biol. **65** (1968) 2, 372—75; Serv. de Biospectroscopie de l'Inst. de Biol. physico-chim., Paris; franz.) — Vf. untersuchten die Entw. des Absorptions- u. Fluoreszenzspektrums von *1.1'.3.3'-Tetraäthyl-5.5'.6.6'-tetrachlor-bis-[benzimidazol-(2)]-trimethincyanin-p-tosylat* in Abhängigkeit von der Temperatur. J. Richter 458

0977 **Isoacider Punkt und Phänomene der Kondensation oder Assoziation.** 27. Mitt. **Elektrometrische Untersuchung der Isopolyassoziation von Hydrochinon bei 25° in 3 m und 4 m $K^+(Cl^-)$-Medium.** France Spitalier, Raphael Sabbah und Georges Carpéni. (J. Chim. physique Physico-Chim. biol. **65** (1968) 4, 661—68; Labor. de Chim. Minér. A, Fac. des Sci. (Saint-Charles), Marseille; franz.) — 26. vgl. Canad. J. Chem. **46** (1968) 10, 1787. — J. Richter 458

0978 **Valenzschwingungen der NH-Gruppen in den IR-Spektren von bororganischen Aminen.** A. N. Nikitina, I. P. Jakovlev, N. S. Fedotov und B. M. Michajlov. (Ž. prikl. Spektroskopii **6** (1967) 2, 232—38; russ., Auszug: engl.) — Untersuchte Verb.: B.B-Diphenylborylamine: *-N-methyl-* (I), *-N-äthyl-* (II), *-N-isobutyl-* (III), *-N-phenyl-* (IV); *B.B-Bis-[p-tolyl]-boryl-N-phenylamin* (V) u. *-N-isobutylamin* (VI); B.B-Bis-[m-tolyl]-

boryl-N-alkylamine: *-methyl-*, *-äthyl-*, *-isobutyl-*; B.B-Dinaphthylborylamine: *-N-methyl-*, *N-äthyl-*, *-N-isobutyl-*, *-N-phenyl-*; *B.B-Di-n-butylboryl-N-methylamin* (**VII**) u. *-N-äthylamin* (**VIII**). Bis auf **VII** u. **VIII** treten in allen Verb. intermol. H-Bindungen entweder untereinander oder mit dem Lsgm. (Amine) auf. Die Verb. **I**—**VI** bilden über B←N-Koordinationsbindungen cycl. Dimere bzw. Trimere. J. J. Pohl 458

0979 **Einfluß der Temperatur auf die kritische Konzentration der Mizellbildung wäßriger Lösungen oberflächenaktiver Halbkolloide.** Z. N. Markina, N. Z. Kostava und P. A. Rebinder. (Doklady Akad. Nauk SSSR **177** (1967) 3, 640—42; Mosk. gos. univ. im. Lomonosova; russ.) — Untersucht werden die wss. Lsg. der *Na-Salze* von *Olein-*, *Dodecylschwefel-*, *Capron-*, *Capryl-*, *Pelargon-*, *Caprin-*, *Laurin-* u. *Myristinsäure*. K. Jasche 458△

0980 **Elektronische Eigenschaften von N-Heteroaromaten.** 12. Mitt. **Reaktionsweisen zwischen Theophyllin und Äthylendiamin in wäßriger Lösung.** Teisuke Okano, Kanji Aita und Ken Ikeda. (Chem. pharmac. Bull. [Tokyo] **15** (1967) 11, 1621—25; Tohoku Univ. School of Med., Kita-yobancho Sendai; engl.) — 11. vgl. ibid. **87** (1967) 1243; 19. vgl. C. **1968, 62-0839.** — Das Verh. von Aminophyllin in wss. Lsg. wird an Hand der Löslichkeit von *Theophyllin* (**I**) u. verwandter Verb., wie *Theobromin, Hypoxanthin, Adenin, Caffein* u. *8-Hydroxychinolin* bei verschiedenen Äthylendiamin(**II**)-Konz. in W. untersucht. Die Stabilitätskonst. eines 1:1-**I**/**II**-Komplexes bei 25° wird bestimmt. G. Kirsten 458△

0981 **Besondere H-Bindung zwischen Barbituraten und Adeninderivaten.** Yoshimasa Kyogoku, R. C. Lord und Alexander Rich. (Nature [London] **218** (1968) 5136, 69—72; Spectroscopy Labor., MIT, Cambridge, Mass.; engl.) — IR-Unters. wurden durchgeführt an: *Phenobarbital, Pentobarbital, Secobarbital, Thiopental, Thiamylal, Methohexital, Mephobarbital, Barbital, 1-Cyclohexyluracil, -thymin* u. *Valerolactam*. D. Schmitt 458

0982 **Assoziation von Adenosin-5'-phosphat in wäßrigen Lösungen.** G. P. Rossetti und K. E. Van Holde. (Biochem. biophysic. Res. Commun. **26** (1967) 6, 717 bis 721; Urbana, Ill., Univ. of Ill., Dep. of Chem. and Chem. Engng.; engl.) — Die Assoziation der Verb. in wss. KOH/KCl-Lsg. bei 23,7° wird mittels des Sedimentationsgleichgew. bestimmt u. diskutiert. B. I. 458△

0983 **Umgebungseffekte auf Rotationsgleichgewichte.** 3. Mitt. **Theorie für eine beliebige Zahl Dipole und Anwendung auf 1.1.2-Trichloräthan.** R. J. Abraham und M. A. Cooper. (J. chem. Soc. [London], Sect. B **1967**, 3, 202—05; Liverpool, Univ., Robert Robinson Labor.; engl.) — 2. vgl. ibid. **11** (1966) 471. — Das für einfache Mol. abgeleitete elektrostat. Modell der Umgebungseffekte auf die Energiedifferenz zwischen Rotationsisomeren [vgl. l.c.] wird für jede Art gelöster Mol. verallgemeinert. Die Theorie wird am 1.1.2-Trichloräthan gezeigt. B. I. 460△

0984 **Tautomeriegleichgewicht einiger Benzolazonaphthole.** L. A. Gribov, Ju. M. Dedkov und A. V. Kotov. (Teoret. èksper. Chim. **4** (1968) 3, 316—21; Inst. geochimii i analit. chimii im. Vernadskogo, g. Moskva; russ.) — IR-spektroskop. Unters. (3800—1500 cm^{-1}) u. Berechnung mit Hilfe des Hückelschen MO-LCAO-Verf. des tautomeren Gleichgew. von *4-Benzolazo-α-*, *1-Benzolazo-β-* u. *2-Benzolazo-α-naphthol* mit den entsprechenden Naphthochinonphenylhydrazonen. I. Uhlig 460

0985 **NMR-Untersuchung von Thiophen- und Furanmercaptoaldiminen.** V. S. Bogdanov, M. A. Kalik, Ja. L. Danjuševskij und Ja. L. Gol'dfarb. (Izvest. Akad. Nauk SSSR, Ser. chim. **1967, 12**, 2783—84; Inst. org. chim. im. Zelinskogo, AN SSSR; russ.) — Untersuchte Verb.: 4-Aminomethylen-5-thioxo-Δ^2-dihydrofurane: *unsubstituiert*, *2-Phenyl-*, *2-Benzyl-*, *2-Cyclohexyl-* u. mit anderen Substituenten in 2-Stellung; 4-[Methylaminomethylen-5-thioxo-Δ^2-dihydrofurane: *unsubstituiert*, *2-Phenyl-*, *2-Benzyl-*, *2-Cyclohexyl-* u. mit anderen Substituenten in 2-Stellung; 4-Aminomethylen-5-thioxo-Δ^2-dihydrothiophene: *unsubstituiert*, *2-Phenyl-*, *2-Benzyl-*, *2-Cyclohexyl-* u. mit anderen Substituenten in 2-Stellung; 4-[Methylaminomethylen]-5-thioxo-Δ^2-dihydrothiophene: *unsubstituiert*, *2-Phenyl-*, *2-Benzyl-*, *2-Cyclohexyl-* u. mit anderen Substituenten in 2-Stellung. Die ^{1}H-NMR- u. IR-Daten zeigen, daß die vorst. Verb. nur zu einem sehr geringen Teil im tautomeren Gleichgew. mit den entsprechenden 4-Iminomethyl-5-mercaptofuranen bzw. -thiophenen stehen. Bei den tautomeren Formen tritt eine intramol. H-Bindung vom Typ –SH···N< auf. J. J. Pohl 460

0986 **Spektren und Struktur von Formylmalonsäureester.** V. G. Vinokurov, Ž. I. Šramova, N. D. Konevskaja und A. P. Skoldinov. (Ž. fiz. Chim. **42** (1968) 5, 1052 bis 1056; Inst. farmakologii i chimioteterapii Akad. med. nauk SSSR, Moskva; russ.) — UV-, IR- u. NMR-Spektren von *Formylmalonsäurediäthylester* (**I**) werden untersucht u. mit den Spektren des entsprechenden *K-Salzes* u. der Modellsubstanz *Äthoxymethylenmalonsäurediäthylester* verglichen. **I** liegt in unpolaren u. polaren Lsgm. u. im festen Zustand zu 94% als cis-Hydroxymethylenmalonsäurediäthylester mit einer intramol. H-Brücke vor. Die IR-Spektren 3400—800 cm^{-1} sind abgebildet. I. Uhlig 460

0987 **Untersuchung der Basizität konjugierter organischer Moleküle in Singulett- und Triplettzuständen.** Raul Cetina, D. V. S. Jain, Frederico Peradejordi, Odilon Chalvet und Raymond Daudel. (C. R. hebd. Séances Acad. Sci., Sér. C **264** (1967) 10, 874; Centre de Mécan. Ondulatoire Appl., Paris; franz.) — Mit Hilfe der halbempir. Pariser-Parr-Meth. werden die Energien des Grund- u. des ersten angeregten Triplettzustandes von *Chinolin* u. *Acridin* ber. u. daraus die pK-Werte der verschiedenen Zustände abgeleitet. Die Rechnungen stimmen mit dem allg. Befund überein, daß die pK-Werte der Triplettzustände konjugierter Mol. beträchtlich über denen der Grund- bzw. der angeregten Singulettzustände liegen. W. Haberditzl 462

0988 **Spektrophotometrische Untersuchung der Umsetzung hexasubstituierter Benzole mit H_2SO_4.** A. G. Ginzburg, V. N. Setkina und D. N. Kursanov. (Doklady Akad. Nauk SSSR **177** (1967) 1, 105—07; russ.) — Spektrophotometr. Unters. (260—550 mμ) der Protonierung durch konz. H_2SO_4 bei 20° von *Hexamethyl-*, *Hexaäthyl-* u. *Hexa-n-propylbenzol* zu *Hexamethyl-*, *Hexaäthyl-* bzw. *Hexa-n-propylbenzolium*; *1.2.3.4.5.6.7.8.9.10.11.12-Dodekahydrotriphenylen* (**I**) → *-triphenylenium-(1)*, *9.10-Dimethyl-1.2.3.4.5.6.7.8-oktahydrophenanthren* (**II**) → *-phenanthrenium-(1)*, *5.6.7.8-Tetramethyldekalin* (**III**) → *-dekalinium-(1)*, *Trindan* → *Trindanium-(1)*, *4.5-Dimethyl-1.2.3.6.7.8-hexahydro-asymm.-indacen* → *indacenium-(3)*. Bei **I**, **II** u. **III** treten intermediär Kationen mit der positiven Ladung am Benzolkern auf. K. Jasche 462△

0989 **Thermodynamik der Dissoziation des Anilinium-Ions in wäßriger Lösung.** W. F. O'Hara, H. C. Ko, M. N. Ackermann und L. G. Hepler. (J. physic. Chem. **71** (1967) 9, 3107; U.S. Naval Acad., Annapolis, Md.; engl.) — Die Lsg.-Wärmen für die Rk.: $C_6H_5NH_2$(fl.) + H^+(wss.) → $C_6H_5NH_3^+$(wss.) in 0,095 n HCl bei 25,0 ± 0,15° sowie für die Rk.: $C_6H_5NH_2$(fl.) → $C_6H_5NH_2$(wss.) werden bestimmt u. daraus die Dissoziationswärme des $C_6H_5NH_3^+$ berechnet. G. Kirsten 462△

0990 **Eine auf Protonierung von Diphenylaminen basierende Aciditätsfunktion in Äthanol–Schwefelsäure.** Douglas Dolman und Ross Stewart. (Canad. J. Chem. **45** (1967) 9, 903—10; Univ. of British Columbia, Vancouver; engl.) — Eine Hammett-Aciditätsfunktion H_0 wird auf der Protonierung folgender *Diphenylamine* in 20 Vol.%-ig. A.–wss. H_2SO_4 aufgebaut: *4-Methoxy-* (F. 104,5—105° [wss. A.]); *4-Methyl-* (F. 87,5—88° [PAe.]); *Unsubstituiert*; *3-Methoxy-* (F. 68,5—69° [PAe.]); *4-Chlor-* (F. 68,5—69° [PAe.]); *3-Chlor-* (Kp.$_{739}$ 335°); *3-Trifluormethyl-*; *3.4'-Dichlor-* (F. 61—62° [PAe.]); *3-Nitro-* (F. 110—111° [wss. A.]); *4-Methylsulfonyl-* ($C_{13}H_{13}NO_2S$, F. 168—168,5° [Bzl./PAe.]); *4-Nitro-3'-methyl-* (F. 127—128°); *4-Nitro-*; *2-Nitro-*; *4-Nitro-3'-*

chlor- (F. 129–130°); *4-Nitro-3'-trifluormethyl-* (F. 137,5 bis 138,5°); *3.4'-Dinitro-* (F. 215–216° [Bzl./PAe.]); *4.4'-Dinitro-*. G. Kirsten 462△

0991 **Die relative Wichtigkeit von induktiven und sterischen Effekten für den sekundären Wasserstoff-Isotopeneffekt bei der Triphenylkationbildung.** A. J. Kresge und R. J. Preto. (J. Amer. chem. Soc. **89** (1967) 21, 5510–11; Dep. of Chem., Ill. Inst. of Technol., Chicago, Ill.; engl.) — Vf. untersuchen spektroskop. mit *Triphenylcarbinol* (*unsubstituiert, 2.2'.2''-D_3-, 3.3'.3''-D_3-, 4.4'.4''-D_3-, 2.2'.2''.6.6'.6''-D_6-, 3.3'.3''.5.5'.5''-D_6-, 2.2'.2''.4.4'.4''.6.6'.6''-D_9-* u. *D_{15}-Triphenylcarbinol*) in H_2SO_4–CH_3·COOH-W. das Gleichgew.: $R_3COH + H^\cdot \rightleftharpoons R_3C^\cdot + H_2O$. Ster. Isotopeneffekte spielen dabei nur eine untergeordnete Rolle. Der Isotopeneffekt bei der ortho-deuterierten Verb. kann in überwiegendem Maße auf einen induktiven Effekt zurückgeführt werden. Ruth Müller 462

0992 **NMR-Untersuchung der sauren Dissoziation und des Protonenaustausches des Trimethylammoniumions in Methanol.** Ernest Grunwald. (J. physic. Chem. **71** (1967) 6, 1846–50; Bell Telephone Labor., Murray Hill, N.J.; engl.) — Mittels NMR-Messungen wird der H-Austausch in der Verb. (Temp.-Bereich –0,7 bis +50°) untersucht u. die Gleichgew.-Konst. für die saure Dissoziation, die Geschw.-Konst. sowie die Enthalpie u. Entropie der Rk. bestimmt. W. Damerau 462△

0993 **Elektroneneinfluß phosphorhaltiger Substituenten. 4. Mitt. Nucleophile Konstanten der Diphenylphosphino-, Diphenylphosphinyl-, Diphenylthiophosphinyl- und Methyldiphenylphosphoniogruppe.** E. N. Cvetkov, M. M. Machamatchanov und M. I. Kabačnik. (Teoret. ėksper. Chim. **3** (1967) 6, 824–29; Inst. elementoorg. soed. AN SSSR, g. Moskva; russ.) — 3. vgl. ibid. **3** (1967)3. — Best. der Dissoziationskonst. von nachst. Phenolen: *p-Diphenylphosphino-* [**I**, F. 114–115° (Bzl.–PAe.); aus p-Diphenylphosphinoanisol (**II**) u. HBr; 81% (Ausb.)], *p-Diphenylphosphinyl-* [**III**, F. 250–251° (CH_3OH); aus **I** u. H_2O_2], *p-[Diphenylphosphinothioyl]-* [**VI**, F. 176,5 bis 177,5° (Bzl.); aus **I** u. S; 91%]; *Methyldiphenyl-p-hydroxyphenylphosphoniumjodid* [**V**, F. 182,5–183,5° (Isopropanol); aus **I** u. CH_3J; 54%] sowie von nachst. Phenolen, deren σ^--Konst. der Substituenten bekannt sind: *p-Methyl-, p-Methoxy-, unsubstituiert, p-Brom-, p-Jod-, p-Carbomethoxy-, m-Nitro-, p-Methylcarbonyl-* u. *p-Nitro-*. Aus diesen Daten werden die σ^--Konst. der P-haltigen Substituenten von **I**, **III**–**V** ber. u. den σ-Konst. gegenübergestellt. Die Literaturwerte der ber. σ^--Konst. sowie die der nachst. Substituenten: Diäthoxy- u. Dimethylphosphinyl sowie Trimethylphosphonio werden angeführt. — *p-[Diphenylphosphinothioyl]-anisol* [F. 127–128° (A.) aus **II** u. S, 60%]; *Methyldiphenyl-p-methoxyphenylphosphoniumjodid* [F. 142–143° (Isopropanol); aus **II** u. CH_3J; 62%]. J. J. Pohl 462

0994 **NMR-Messungen der Dissoziation von Methansulfonsäure in wäßriger Lösung bei 25°.** A. K. Covington und T. H. Lilley. (Trans. Faraday Soc. **63** (1967) 535, 1749–53; Dep. of Phys. Chem., School of Chem., Univ. of Newcastle upon Tyne; engl.) W. Damerau 462△

B-6. Kinetik, Katalyse

0995 **Benutzung von Brechungsindizes zur Analyse von Systemen mit chemischer Reaktion der Komponenten.** I. V. Krasovskij und T. S. Palaguta. (Izvest. vysšich učebnych Zavedenij [Ivanovo], Chim. i chim. Technol. **10** (1967) 8, 872–75; Char'kovskij farmacevt. inst.; russ.) — Unters. der Abweichung Δn der Brechungsindizes von der Additivität in den Syst. *Methanol*(**I**)–*Nitrobenzol* in *Tetrachlorkohlenstoff* (**II**), **I**–**II** in *Chloroform* (**III**) u. *Aceton*–**II** in **III**. Unabhängig von der Bldg. von H-Bindungen ist Δn bei einem Molenbruch des Lsgm. von 0,95 am geringsten, wenn im Syst. keine Rk. ablaufen. Auf diese Weise werden die Gleichgew.-Rk. der Bldg. von *Essigsäure* aus *Acetanhydrid* u. *W.* sowie der Verseifung von *Essigsäureäthylester* mit W. untersucht. K. Jasche 481△

0996 **Bevorzugte Dipolorientierung bei Reaktionen zwischen Ionen und polaren Molekülen.** L. J. Leger und G. G. Meisels. (Chem. Physics Letters [Amsterdam] **1** (1968) 13, 661–64; Dep. of Chem., Univ., Houston, Tex.; engl.) — Best. der relativen Wrkg.-Querschnitte für Protonen- u. H-Atom-Übergang in spezif. deuterierten *Methanol–Acetaldehyd*-Mischungen. H. Liepack 481

0997 **Experimentelle und theoretische Kinetik der Fluorkohlenstoff-Chemie bei hoher Temperatur.** Anthony P. Modica und Sylvia J. Sillers. (J. chem. Physics **48** (1968) 7, 3283–89; Avco Corp., Wilmington, Mass.; engl.) — Die Bldg.-Geschw. von CF_2 beim Zerfall von CF_3J, C_2F_6 u. CF_4 wird hinter Stoßwellen in Ar bei 1700–3000°K UV-spektrometr. untersucht. W. Pusch 481

0998 **Konkurrierende Solvatisierung des Wasserstoff-Ions durch Wasser- und Methanol-Moleküle in der Gasphase.** P. Kebarle, R. N. Haynes und J. G. Collins. (J. Amer. chem. Soc. **89** (1967) 23, 5753–57; Chem. Dep., Univ. of Alberta, Edmonton, Canada; engl.) — Massenspektrometr. untersucht werden die Rk. von Ionen, die durch Bestrahlen von *W.–Methanol*-Dampfgemischen entstehen. U. Radlbeck 482

0999 **Wechselwirkungen von Methyl- und Difluormethylradikalen und Eliminierung von HF aus angeregtem 1.1-Difluoräthan.** J. T. Bryant und G. O. Pritchard. (J. physic. Chem. **71** (1967) 11, 3439–44; Dep. of Chem., Univ. of Calif., Santa Barbara, Calif.; engl.) — Die Geschw. der Stoßstabilisierung im Verhältnis zur HF-Eliminierung wurde für das angeregte 1.1-Difluoräthan, das durch Cophotolyse von *symm.-Tetrafluoraceton* u. *Aceton* dargestellt worden war, als eine Funktion von Druck u. Temp. untersucht. U. Radlbeck 482

1000 **Chemie von Stickstoffradikalen. 5. Mitt. Freie Radikaladdition von Dialkyl-N-chloraminen an Olefine und Acetylene.** Robert S. Neale. (J. org. Chemistry **32** (1967) 11, 3263–73; Tarrytown, N.Y., Union Carbide Res. Inst.; engl.) — Die Addition von *Diäthyl-, Di-n-butyl-* u. *Di-n-amyl-N-chloramin* sowie von *4-Phenylbutyl-methyl-N-chloramin* u. *Piperidinchloramin* an *Butadien, Cyclooctadien, Allen, 1.1-Dimethylallen, Äthylen, Propylen, Buten, 3-Methylbuten, Diallylmethan, Diallyläther* u. *n-Butyl-, n-Propylmethyl-, Diäthyl-, Phenyl-, tert.-Butylacetylen* in H_2SO_4/Essigsäure wird beschrieben u. bez. des Rk.-Mechanismus diskutiert.

Versuche: *Di-n-butyl-(4-chlorbuten-(2)-yl)-amin* (**I**), $Kp._{1,5}$ 99°, aus Dibutylchloramin u. Butadien; 60%. *Pikrat*, $C_{18}H_{27}ClN_4O_7$, F. 87,5–89,5°; daneben *3-Acetoxy-4-chlorbuten-(1)*, $Kp._{50}$ 89,5°; 7%. — *N-Methyl-N-(phenylbutylbuten-(2)-yl)-amin*, $C_5H_{23}N$, $Kp._{0,03}$ 62°, analog aus N-Methyl-N-phenylbutylchloramin; 53%. — *Di-n-butyl-(4-acetoxybuten-(2)-yl)-amin*, $C_{14}H_{27}NO_2$, $Kp._{0,075}$ 73°, aus **I** u. Na-Acetat/Essigsäure; 83%. — *4-Diäthylamino-1-chlorcycloocten-(2)*, $Kp._{0,06}$ 63–65°, aus Diäthylamin, N-Chlorsuccinimid u. Cyclooctadien-(1.3); 68%. *Pikrat*, $C_{18}H_{25}ClN_4O_7$, F. 151–154°. — *4-Diäthylamino-1-acetoxycycloocten-(2)*, $C_{14}H_{24}NO_2$, $Kp._{0,03}$ 79°, aus vorst. Verb. u. Essigsäureanhydrid; 57%. — *Diäthyl-(2-chlorpropen-(3)-yl)-amin*, $C_7H_{14}ClN$, $Kp._{24}$ 58–62°, aus Diäthylchloramin (**DCA**) u. Allen; 35%. *Hydrochlorid*, $C_7H_{15}Cl_2N$, F. 122–126°. — *Diäthyl-(2-chlor-3-methylbuten-(2)-yl)-amin*, $C_9H_{17}Cl_2N$, $Kp._{2,5}$ 75–77° (Gemisch), 51%. $C_9H_{18}ClN$, $Kp._3$ 43°, aus 1.1-Dimethylallen u. **DCA**; 11%; daneben *1-Acetoxy-2-chlor-3-methylbuten-(2)*, C_7H_{11}·ClO_2, 16% sowie *Diäthyl-(2.4-dichlor-3-methylbuten-(2)-yl)-amin* u. *Diäthyl-(3.4-dichlor-2-methylbuten-(2)-yl)-amin* [$C_9H_{17}Cl_2N$, $Kp._{2,5}$ 75–77°; 51%] → *1-Diäthylamino-2-methyl-3-chlorbuten-(2)*, $C_9H_{18}ClN$; 90%. — *Di-n-butyl-(2-chlorpropen-(2)-yl)-amin*, $C_{11}H_{22}ClN$, $Kp._{0,3}$ 53–54°, aus Di-n-butylchloramin u. Allen; 44%. — *Di-n-pentyl-(2-chlorpropen-(2)-yl)-amin*, analog aus Di-n-pentylchloramin; 8%. — *2-Chlorcyclononadien-(1.3)*, $C_9H_{13}Cl$, $Kp._{0,1}$ 27–34°, aus Cyclonbudien-(1.3) u. **DCA**; 5%; daneben *2-Chlor-3-acetoxycyclononen*, $C_{11}H_{17}ClO_2$, $Kp._{0,1}$ 79–83,5° u. *2-Acetoxy-3-chlorcyclononen*, $C_{11}H_{17}ClO_2$, $Kp._{0,1}$ 79–83,5°. — *Di-n-butyl-(2-chloräthyl-amin*, $Kp._{0,6}$ 51°, aus Äthylen u. **DCA**; 15%. *Pikrat*, $C_{16}H_{25}ClN_4O_7$, F. 101–103°; daneben *N-n-Butylpyrrolidin*; 53%. — *Diäthyl-(2-chlorbutyl)-amin*, $Kp._{20}$ 79°, aus Buten-(1) u. **DCA**; 33%. *Pikrat*, $C_{14}H_{21}$·ClN_4O_7, F. 76–78°; daneben *1-Chlor-2-acetoxybutan*,

$C_8H_{11}ClO_2$, Kp.$_{25}$ 72–73°; 11%. — *Diäthyl-(2-chlor-3.3-dimethylbutyl)-amin*, aus 3.3-Dimethylbuten-(1) u. **DCA**; 16%. *Pikrat*, $C_{16}H_{25}ClN_4O_7$, F. 117–118,5°. — *Di-n-butyl-(2-chlorbutyl)-amin*, Kp.$_{0,1}$ 57–59°, aus Di-n-butylchloramin u. Buten-(1); 16%. *Pikrat*, $C_{18}H_{29}ClN_4O_7$, F. 76,8–77,6°. — *N.N.N'.N'-Tetraäthyl-2.6-dichloroctan-1.8-diamin*, aus Octadien-(1.7) u. **DCA**; 49%. *Dipikrat*, $C_{28}H_{38}Cl_2N_8O_{14}$, F. 151–154,5°. — *1.7-Dipiperidino-2.6-dichlorheptan*, aus Heptadien-(1.6) u. N-Chlorpiperidin; 27%. *Dipikrat*, $C_{29}H_{38}Cl_2N_8O_{14}$, F. 194–195°. *Dihydrochlorid*, $C_{17}H_{34}Cl_4N_2$, F. 221–222°. — *Di-[diäthyl-(2-chlorpropyl)-amin]-äther*, $C_{14}H_{30}Cl_2N_2O$, Kp.$_{0,05}$ 100 bis 101°, aus Diallyläther u. **DCA**; 40%. *Dipikrat*, $C_{26}H_{36}Cl_2N_8O_{15}$, F. 125,5–127°. — *2-Chlor-3.3-dimethylbutyraldehyd*, Kp.$_{8,5}$ 80–90°, aus tert.-Butylacetylen u. **DCA**; 60%. *2.4-Dinitrophenylhydrazon*, $C_{14}H_{20}N_4O_5$, F. 155–157°. B. I. 482△

1001 **Chemie von Stickstoffradikalen.** 6. Mitt. **Freie Radikaladdition von Dialkyl-N-Chloraminen an substituierte Olefine.** Robert S. Neale und Nancy L. Marcus. (J. org. Chemistry **32** (1967) 11, 3273–84; engl.) — 5. vgl. vorst. Referat. — Die Additionsmechanismen werden diskutiert u. Konkurrenzprozesse wie Aminiumradikalumlagerungen oder elektrophile Chlorierung durch das protonierte Chloramin erklärt.

Versuche: *Diäthyl-[2.2-dichloräthyl]-amin*, $C_6H_{13}\cdot Cl_2N$, Kp.$_{10}$ 61,8°, aus Vinylchlorid u. Diäthylchloramin (**DCA**); 82%. *Hydrochlorid*, F. 115,5–117°. *Pikrat*, $C_{12}H_{16}Cl_2N_4O_7$, F. 109–110,5°. — *Diäthyl-[2.2-dichlorpropyl]-amin*, Kp.$_{11}$ 71°, aus 2-Chlorpropen u. **DCA**; 84%. *Hydrochlorid*, $C_7H_{16}Cl_3N$, F. 144–145°. *Pikrat*, $C_{13}H_{18}Cl_2N_4O_7$, F. 92–95,5°. — *N-[2.2-Dichlorpropyl]-piperidin*, $C_8H_{15}Cl_2N$, Kp.$_{0,9}$ 55–56,5°, analog mit N-Chlorpiperidin (**NCP**); 92%. *Pikrat* · $^1/_3C_6H_6$, $C_{16}H_{20}Cl_2\cdot N_4O_7$, F. 132,5–134°. — *N-[2.2-Dichlorpropyl]-3-aza-bicyclo-[3.2.2]-nonan*, F. 39,5–41,5° ,analog mit N-Chlorazabicyclo-[3.2.2]-nonan; 76%. *Pikrat*, $C_{17}H_{22}Cl_2N_4O_7$, F. 142–143,5°. — *Di-n-pentyl-[2.2-dichlorpropyl]-amin*, Kp.$_{0,08}$ 71–81°, analog aus Di-n-pentylchloramin; 28%. *Pikrat*, $C_{19}H_{30}Cl_2N_4O_7$, F. 83–84,5°. — *Diäthyl-(2.2-dichlor-3.3-dimethylbutyl]-amin*, Kp.$_{0,2}$ 48,5°, aus 2-Chlor-3.3-dimethylbuten-(1) u. **DCA**; 80%. *Hydrochlorid*, $C_{10}\cdot H_{22}Cl_3N$, F. 190,5–191°. — *Diäthyl-[2.2-dichlorcyclohexyl]-amin*, Kp.$_{0,5}$ 78,5–80°, aus 1-Chlorcyclohexan u. **DCA**; 60%. *Pikrat*, $C_{16}H_{22}Cl_2N_4O_7$, F. 119–120,5°. — *Diäthyl-[1.1-dichlorpropyl-(2)]-amin*, Kp.$_6$ 59–59,2°, aus 1-Chlorpropen-(1) u. **DCA**; 54%. *Pikrat*, $C_{13}H_{18}Cl_2N_4O_7$, F. 96,5–98,5°. — *N-[2.2.3-Trichlorpropyl]-piperidin*, $C_8H_{14}Cl_3N$, Kp.$_{0,5}$ 63–64°, aus 2.3-Dichlorpropen-(1) u. **NCP**; 85%. *Hydrochlorid*, $C_8H_{15}Cl_4N$, F. 183° (Zers.). — *Diäthyl-[2-chlor-2-fluoräthyl]-amin*, $C_6H_{13}ClFN$, Kp.$_{40}$ 61 bis 61,5°, aus Vinylfluorid u. **DCA**; 80%. *Pikrat*, $C_{12}H_{16}\cdot ClFN_4O_7$, F. 110–111°. — *N-[2-Chlor-2-trifluormethylpropyl]-piperidin*, Kp.$_{30}$ 84–85°, aus 2-Trifluormethylpropen-(1) u. **NCP**; 88%. *Hydrochlorid*, $C_9H_{16}Cl_2F_3N$, F. 194–195° (Zers.). *Pikrat*, $C_{15}H_{18}ClF_3N_4O_7$, F. 125 bis 126°. — *Diäthyl-(2-chlor-2-trifluormethylpropyl)-amin*, Kp.$_{60}$ 82–85°, aus 2-Trifluormethylpropen-(1) u. **DCA**; 85%. *Hydrochlorid*, $C_8H_{16}Cl_2F_3N$, F. 161–162°. *Pikrat*, $C_{14}H_{18}ClF_3N_4O_7$, F. 89–90,5°. — *N-(2-Brom-2-chloräthyl)-piperidin*, Kp.$_{0,4}$ 44°, aus Vinylbromid u. **NCP**; 77%. *Hydrochlorid*, F. 170–171,5°. *Pikrat* · $^1/_2C_6H_6$, $C_{16}H_{19}BrClN_4O_7$, F. 116–117,5°. — *Diäthyl-(2-brom-2-chlorpropyl)-amin*, Kp.$_{0,05}$ 31–31,5°, aus 2-Brompropen-(1) u. **DCA**; 46%. *Hydrochlorid*, $C_7H_{16}BrCl_2N$, F. 121 bis 123,5°. *Pikrat*, $C_{13}H_{18}BrClN_4O_7$, F. 84–86°. — *Diäthyl-(2-chlor-2-trimethylsilyläthyl)-amin*, Kp.$_{1,5}$ 53°, aus Trimethylsilyläthylen u. **DCA**; 65%. *Hydrochlorid*, $C_9H_{23}\cdot Cl_2NSi$, F. 92,5–96°. *Pikrat*, $C_{15}H_{25}ClN_4O_7Si$, F. 126,5 bis 127,5°. — *Diäthyl-(2-chlor-3-acetoxypropyl)-amin*, $C_9H_{18}\cdot ClNO_2$, Kp.$_{0,1}$ 57°, aus **DCA** u. Allylacetat; 48%; auch aus Allylalkohol; 60%. — *Diäthyl-(2-chlor-3-phenoxypropyl)-amin*, Kp.$_{0,15}$ 100–104°, aus Allylphenyläther u. **DCA**; 6%. *Pikrat*, $C_{19}H_{23}ClN_4O_8$, F. 76,5–78°; daneben *p-Chlorverb.*, Kp.$_{0,15}$ 122°; 14%. *Pikrat*, $C_{19}H_{22}Cl_2\cdot N_4O_8$, F. 118–119,5°. — *N-[2-Chlor-3-(2.4-dichlorphenoxy)-propyl]-piperidin* aus *2.4-Dichlorphenylallyläther* u. **NCP**; 87%. *Hydrochlorid*, $C_{14}H_{19}Cl_4NO$, F. 125–126,5°. *Pikrat*, $C_{20}H_{21}Cl_3N_4O_8$, F. 136–137,5°. — *N-(2-Chlor-äthoxypropyl)-piperidin*, $C_{10}H_{20}ClNO$, Kp.$_{0,05}$ 47–48°, aus Allyläthyläther u. **NCP**; 88%. *Hydrochlorid*, $C_{10}H_{21}\cdot Cl_2NO$, F. 150–151,5°. *Pikrat*, $C_{16}H_{23}ClN_4O_8$, F. 93 bis 94,5°. — *Diäthyl-(2-chlor-3-phenylpropyl)-amin*, $C_{13}H_{20}\cdot ClN$, Kp.$_{0,02}$ 72–74°, aus Allylbenzol u. **DCA**; 57%. *Pikrat*, $C_{19}H_{23}ClN_4O_7$, F. 95,5–97°. — *Diäthyl-(3-cyan-propen-(2)-yl)-amin*, Kp.$_2$ 62–71°, aus Allylcyanid u. **DCA**; 84%. *trans-Pikrat*, $C_{14}H_{17}N_5O_7$, F. 141–142°. — *N-(1-Chlormethyl-2.3-dichlorpropyl)-piperidin*, aus 1.4-Dichlorbuten-(2) u. **NCP**; 73%. *Hydrochlorid*, $C_9H_{17}Cl_4N$, F. 149–154°. — *3-Chlor-4-piperidinotetrahydrothiophen-1.1-dioxid*, $C_9H_{16}ClNO_2S$, F. 97–101°, aus Dihydrothiophendioxid u. **NCP**; 51%. *Pikrat*, $C_{15}H_{19}ClN_4O_9S$, F. 175 bis 176°. *Hydrochlorid*, F. 197–198,5°. — *3-Chlor-4-piperidinotetrahydrofuran*, Kp.$_{0,07}$ 57,5–58° aus Dihydrofuran u. **NCP**; 6%. *Hydrochlorid*, $C_9H_{17}Cl_2NO$, F. 203–205°. — *N-tert.-Butyl-N-äthyl-2.2-dichlorpropylamin*, $C_9H_{19}Cl_2N$, Kp.$_{0,04}$ 33°, aus N-tert.-Butyl-N-äthylchloramin u. 2-Chlorpropen (**I**); 78%. *Hydrochlorid*, $C_9H_{20}Cl_3N$, F. 146 bis 147°. — *N-(2.2-Dichlorpropyl)-2.2.6.6-tetramethylpiperidin*, $C_{12}H_{23}Cl_2N$, Kp.$_{0,05}$ 86°; 35%. *Hydrochlorid*, $C_{12}H_{24}Cl_3N$, F. 137–138,5°. — *N-Benzyl-N-methyl-2.2-dichlorpropylamin*, Kp.$_{0,09}$ 76,5–77°, aus Benzylmethylchloramin u. **I**. *Hydrochlorid*, $C_{11}H_{16}Cl_3N$, F. 155–161° (Zers.). — *N-Methyl-N-phenyläthyl-2.2-dichlorpropylamin*, Kp.$_{0,02}$ 115–120°, aus N-Methylbenzyläthylchloramin u. **I**; 75%. *Hydrochlorid*, $C_{12}H_{18}Cl_3N$, F. 146–147,5°. *Pikrat*, $C_{18}H_{20}Cl_2N_4O_7$, F. 106–108°. — *N.N'-Dimethyl-N.N'-bis-(2.2-dichlorpropyl)-1.4-diaminobutan*, aus N.N'-Dimethyldichloraminobutan; 49%. *Dipikrat*, $C_{24}H_{30}Cl_4\cdot N_8O_{14}$, F. 163–165°. — *N.N'-Dimethyl-N.N'-bis-(2.2-dichlorpropyl)-1.6-diaminohexan*, aus N.N'-Dimethylhexamethylendichlordiamin u. **I**; 72%. *Dihydrochlorid*, $C_8H_{19}Cl_3N_2$, F. 176° (Zers.). *Dipikrat*, $C_{20}H_{21}Cl_2N_8O_{14}$, F. 139–140°. — *N-(2.3-Dichlor-2-methylpropyl)-piperidin*, Kp.$_1$ 65°, aus 2-Methyl-2-chlorpropen-(1) u. **NCP**; 36%. *Pikrat*, $C_{15}H_{21}Cl_2N_4O_7$, F. 120–121°. — *2.3-Dipiperidinobutan*, Kp.$_4$ 126–128°, aus N-Chlorpiperidin u. cis-Buten-(2); 31%. *Dipikrat*, $^1/_2C_2H_5OH$, $C_{28}H_{40}N_8O_{15}$, F. 162–163,5°. B. I. 482△

1002 **Vergleich von Reaktionen freier Radikale in flüssiger und Gasphase.** Frank R. Mayo. (J. Amer. chem. Soc. **89** (1967) 11, 2654–61; Stanford Res. Inst., Menlo Park, Calif.; engl.) — Theoret. u. experimentelle Effekte von Fl.–Gas-Phasenwechsel auf RGK u. Prod. von Rk. freier Radikale werden unter Berücksichtigung von Konz.-, freien Vol.-, Lsgm.-Käfig-, Solvatations- u. Einfl. dritter Körper diskutiert. Daten sind angegeben für die Rk. von *Methyl*-Radikalen mit *Bzl.*, *Aceton*, *Toluol*, *Octen* u. *Cyclohexan* bei 100° sowie der Lsgm.-Effekte auf Rk. von *tert.-Butoxy*-Radikalen. H.-K. Hennige 482

1003 **Kinetik der Bildung freier Radikale in Tetracyanäthylen und verschiedenen Donatoren. Untersuchung durch ESR.** Richard T. Keys und W. R. Carper. (J. chem. Physics **47** (1967) 9, 3682–84; Chem. Dep., Univ. of Calif., Riverside, Calif.; engl.) — Die Bldg. des *Tetracyanäthylen-Anions* in folgenden Donatoren wird untersucht: *Dimethylacetamid*, *Dimethoxyäthan*, *Hexamethylphosphoramid*, *N.N.N'.N'-Tetramethylchlormethylphosphonigsäurediamid*, *N.N.N'.N'-Tetramethylisopropylphosphonigsäurediamid*, *N.N-Dimethyl-chlormethylphosphonsäureamidhydrochlorid* u. *-hydrofluorid*, *Chlormethylphosphonigsäure-dichlorid* u. *-difluorid*. U. Radlbeck 482

1004 **Kinetische Untersuchungen eines intermediären Phenoxy-Radikals mit ESR- und optischen Methoden.** P. B. Ayscough und K. E. Russell. (Canad. J. Chem. **45** (1967) 24, 3019–24; Dep. of Phys. Chem., Univ. of Leeds; engl.) — Die Kinetik der Rk. zwischen *DPPH* u. *4-Isopropyl-2.6-di-tert.-butylphenol* unter intermediärer Bldg. des *4-Isopropyl-2.6-di-tert.-butylphenoxy*-Radikals wird untersucht. E. Hechler 482

1005 **Disproportionierung und Rekombination des Isopropoxy-Radikals mit NO.** Barbara E. Ludwig und G. R. McMillan. (J. physic. Chem. **71** (1967) **3**, 762–64; Dep. of Chem., Western Reserve Univ., Cleveland, O.; engl.) — Die Rk. $(CH_3)_2CHO\cdot + NO \rightarrow (CH_3)_2CO +$

HNO → $(CH_3)_2CHONO$ wird im Temp.-Intervall 100 bis 180° untersucht. H.-J. Haink 482

1006 **Reaktionen von Carbonylverbindungen mit hydratisierten Elektronen.** Edwin J. Hart, E. M. Fielden und M. Anbar. (J. physic. Chem. **71** (1967) 12, 3993–98; Chem. Div., Argonne Nat. Labor., Argonne, Ill.; engl.) – Die Reaktivität mit folgenden *Carbonylverb.* wird untersucht (Benutzung eines Gas-Lasers als Lichtquelle): *Acetaldehyd, Aceton, Monofluor-* u. *1.1.1-Trifluoraceton, Essigsäure, Brenztraubensäure-Ion, Acetamid, Brenztraubensäurenitrit, N-Acetylglycin-Ion, Cyclohexanon, Ameisensäure, Formamid, Pivalinsäure, Bernsteinsäure-Mono-ion, Oxalsäuremonoamid-Ion, Harnstoff, Äthylacetat, Methylpropionat, Methylglycolat, Methylglycinat, Methylfluoracetat, Äthylcyanacetat, Methyltrifluoracetat, Methylpivalat, Formoxim, Acetoxim, Glycin, Alanin.* RGK u. deren Beziehung zur Taft-Funktion sind angegeben. U. Radlbeck 482

1007 **Reaktionsfähigkeit von Ruß mit [^{14}C]Azo-2.2'-bis-[isobutyronitril].** Jean-Baptiste Donnet, Louise-Anne Libis und Gérard Riess. (J. Chim. physique Physico-Chim. biol. **65** (1968) 4, 692–97; Labor. de Chim. Phys., École Supér. de Chim. de Mulhouse; franz.) J. Richter 482

1008 **Reaktion von Gasen mit bestrahlten organischen Festkörpern. 1. Mitt. Vorläufige Ergebnisse für Propionamid, n-Butyramid und Isobutyramid.** Antonio Faucitano, Angelo Perotti und George Adler. (Ricerca sci. **37** (1967) 12, 1149–55; Brookhaven Nat. Labor., Upton, N.Y.; engl.) – EPR-spektroskop. wurden die Rk. der γ-bestrahlten Feststoffe (→ Radikale) mit O_2 u. SO_2 untersucht. J. Richter 482

1009 **Kinetik der Hydrierung von Benzhydrol und analoger Verbindungen unter Hydroformylierungsbedingungen.** Yuan C. Fu, Harold Greenfield, Sol J. Metlin und Irving Wender. (J. org. Chemistry **32** (1967) 9, 2837–41; Pittsburg, Pa., Coal Res. Centre, Bureau of Mines, U.S. Dep. of the Interior; engl.) – Vf. untersuchten in org. Lsgm. die Kinetik der Hydrierung von Verb. des Typs $C_6H_5C(RR')OH$ mit Dikobaltoktacarbonyl als Katalysator u. bei hohen CO- u. H_2-Partialdrucken. Untersucht wurden: *Benzhydrol; p-Methyl-, p-Methoxy-, p-Chlor-* u. *p.p'-Dichlorbenzhydrol; Phenylmethylcarbinol* u. *Triphenylcarbinol.* Ruth Müller 483

1010 **Kettenabbruch über Cumolperoxidradikale.** J. R. Thomas. (J. Amer. chem. Soc. **89** (1967) 19, 4872–75; Richmond, Calif., Chevrou Res. Comp.; engl.) – Vf. untersuchten die Kinetik der Autox. von *Cumol* in Ggw. von *Cumolhydroperoxid* (I) u. *α.α'-Azo-isobuttersäurenitril* (II) unter O_2, sowie die von **II** katalysierte Zers. von **I** durch Best. der Ausb. an *Acetophenon* (III). Aus den Ergebnissen leitet Vf. einen Mechanismus ab, in dem der Kettenabbruch durch Rekombination von 2 Cumolperoxidradikalen erfolgt u. als Kettenträger CH_3O_2· fungiert. Ruth Müller 484

1011 **Geschwindigkeitskonstanten für die Oxydation von Cumol.** Dale G. Hendry. (J. Amer. chem. Soc. **89** (1967) 21, 5433–38; Menlo Park, Calif., Stanford Res. Inst., Dep. Phys., Organ. Chem.; engl.) – Vf. untersuchen die Kinetik der Autox. von reinem Cumol (I) unter O_2-Atmosphäre bei period. u. kontinuierlicher Lichteinstrahlung ohne u. mit Zusatz von *Di-tert.-butylperoxid* (II) als Auslöser. Ruth Müller 484

1012 **Kinetik der salpetersauren Oxydation von Nitrosobenzol zu Nitrobenzol in Dioxan–Wasser-Mischungen.** Yoshiro Ogata und Hiroshi Tezuka. (J. Amer. chem. Soc. **89** (1967) 21, 5428–32; Chikusa-ku, Nagoya, Jap., Univ., Dep. Appl. Chem.; engl.) – Vf. untersuchen spektrophotometr. die Kinetik der autokatalyt. Ox. von Nitrosobenzol u. p- u. m-Methyl-; p- u. m-Chlor- sowie m-Nitronitrosobenzol zu den entsprechenden Nitroverb. in W.–Dioxan-Lsg. mit HNO_3 u. Spuren von $NaNO_2$. Ruth Müller 484

1013 **Die Oxydation von sekundären aliphatischen Alkoholen durch Chrom(VI) in konzentrierten schwefelsauren Lösungen.** Donald G. Lee und Ross Stewart. (J. org. Chemistry **32** (1967) 9, 2868–71; Vancouver, Brit. Columbia, Univ. Dep. Chem.; engl.) – Vf. untersuchen die Kinetik der Ox. von *2-Propanol, 1.1.1-Trifluorpropanol-2* u. *1.1.1.3.3.3-Hexafluorpropanol-2* durch Cr(VI) in schwefelsauren wss. Lsg. spektrophotometr., polarograph. u. mit dem H/D-Isotopieeffekt. Ruth Müller 484

1014 **Mechanismus der Chromsäure-Oxydation von Ketonen.** Jan Roček und Sr. Agatha Riehl. (J. Amer. chem. Soc. **89** (1967) 25, 6691–95; Dep. of Chem., Cath. Univ. of America, Washington, D.C.; engl.) – Die RGK der Chromsäure-Ox. u. der Bromierung von *Cyclohexanon, 2-Methyl-* u. *2-Chlorcyclohexanon, Isopropylmethylketon, 3-Methyl-* u. *2.6.6-Trimethylcyclohexanon, Cyclopropylmethylketon* u. *Isobutyrophenon* wurden in 99% Essigsäure bzw. W. gemessen. U. Radlbeck 484

1015 **Kinetische Untersuchung der Reduktion von Di-tert.-butylketon durch tert.-Butylmagnesium-Verbindungen.** Malcolm S. Singer, Rudolf M. Salinger und Harry S. Mosher. (J. org. Chemistry **32** (1967) 12, 3821 bis 3126; Dep. of Chem., Stanford Univ., Stanford, Calif.; engl.) – Gaschromatograph. untersucht wurde die Red. durch *Di-tert.-butylmagnesium* u. durch *tert.-Butylmagnesiumchlorid* in THF. U. Radlbeck 484

1016 **Oxydationsuntersuchungen. 3. Mitt. Oxydation von Ketonen durch Cer(IV)-Ionen in Perchlorsäure.** M. Rangaswamy und M. Santappa. (Proc. Indian Acad. Sci., Sect. A **66** (1967) 3, 174–84; Madras 25, Ind., Univ., Dep. Physic. Chem.; engl.) – 4. vgl. ibid. **67** (1968) 2, 78. – Vf. untersuchen titrimetr. die Kinetik der Ox. von *n-Propylmethylketon, Isobutylmethylketon* u. *Cyclohexanon* durch Ce^{4+}. Ruth Müller 484

1017 **Die Kinetik der Reduktion von Cystin mit Jodwasserstoff.** M. Wroński und W. Goworek. (Soc. Sci. Lodziensis, Acta chim. **12** (1967) 29–35; Lodz, Polen, Univ., Dep. of Chem. Technol.; engl.) – Vf. untersuchen in wss. Medium in Ggw. von KH_2PO_2 die Reduktion. Der Zusatz von *HCl, KCl, KJ, HCOOH* u. *CH_3COOH* beeinflußt die RG. Ruth Müller 484

1018 **Katalytische Wirkung von Komplexverbindungen des Histidins und seines Methylesters mit einigen Metallen auf die Oxydationsreaktion von Ascorbinsäure.** O. N. Puplikova und I. A. Savič. (Ž. fiz. Chim. **41** (1967) 5, 1204–05; Mosk. gos. univ. im. Lomonosova; russ.) – Kinet. Unters. der katalyt. Ox. von Ascorbinsäure mit Komplexen von *Histidin* mit *$Co(NO_3)_2$, $Ni(NO_3)_2$, $Cd(NO_3)_2$* u. *$ZnSO_4$* sowie mit Komplexen von $ZnSO_4$ u. $Ni(NO_3)_2$ mit Histidinmethylester. E. Klever 484

1019 **Autokatalyse und Deuterium-Isotopeneffekte bei der Reaktion von Ameisensäure mit Stickdioxid.** Donald Barton und Peter E. Yankwich. (J. physic. Chem. **71** (1967) 11, 3455–58; Urbana, Ill., Univ. of Ill., Noyes Labor. of Chem.; engl.) – Die RG der Ox. von *HCOOH, HCOOD, DCOOH* u. *DCOOD* durch NO_2 (Partialdruck ca. 0–12 cm) werden bei 191,3° gemessen. H. Pehlmann 484

1020 **Photosensibilisierung der Oxydation durch monomolekulare Stearatfilme hindurch.** Bernard Schnuriger und Jean Bourdon. (J. Chim. physique Physico-Chim. biol. **65** (1968) 4, 698–99; Labor. de Rech. Kodak-Pathé, Vincennes; franz.) – Untersucht wurden die durch *Methylenblau* sensibilisierte Ox. von *Rubren* u. die des Syst. *Eosin/Diphenylanthracen,* wobei die Komponenten durch mehrere monomol. Stearatfilme getrennt waren. J. Richter 484

1021 **Nukleophile Katalyse mittels des sauren Zentrums bei Acetylierungsreaktionen.** L. M. Litvinenko und G. D. Tickij. (Doklady Akad. Nauk SSSR **177** (1967) 1, 127–30; Doneckij gos. univ.; russ.) – Unters. der Beziehung zwischen den RGK u. der Struktur der Katalysatoren bei der Rk. von Benzoylchlorid mit m-Chloranilin in Bzl. bei Ggw. nachst. Katalysatoren: Pyridin-N-oxide: *unsubstituiert, 4-[Methoxyphenyl]-, 4-Methoxy-, 3-Methyl-, 3-Chlor-, 4-Nitro-; DMSO, Diäthylsulfoxid;* Phosphinoxide: *Tri-n-butyl-, Triphenyl-, Tris-[dimethylamino]-; Acetamid, Essigsäure* u. *Pyridin.* K. Jasche 486△

1022 **Alkylierung von Aromaten durch bifunktionelle Verbindungen. Bibliographische Übersicht.** 1. Mitt. C. Fabre und G. Bonavent. (Rev. Inst. franç. Pétrole Ann. Combustibles liquides **22** (1967) 12, 1829—55; franz.) J. Richter 486

1023 **Olefindimerisation über Katalysatoren von Kobaltoxid auf Kohlenstoff.** 3. Mitt. **Oligomerisation von Äthylen.** Robert G. Schultz. (J. Catalysis **7** (1967) 3, 286—90; Res. Dep., Hydrocarbons and Polymers Div., Monsanto Comp., St. Louis, Mo.; engl.) — 2. vgl. C. **1968,** 39-0910. G. Malow 486

1024 **Olefin-Dismutation: Reaktionen von Olefinen an Kobaltoxid - Molybdänoxid - Aluminiumoxid.** C. P. C. Bradshaw, E. J. Howman und L. Turner. (J. Catalysis **7** (1967) **3,** 269—76; Chem. Div., British Petroleum Res. Centre, Sunbury-on-Thames, Middlesex; engl.) — Die Umwandlung von n-Butenen in Olefine mit kleinerer u. größerer Kohlenstoffzahl (Dismutation) an $CoO \cdot MoO_3 \cdot Al_2O_3$-Katalysatoren ergibt Prod., die merklich durch die die Dismutation begleitende Doppelbindungsisomerisierung beeinflußt werden. Die Rk. kann durch geeignete Wahl der Rk.-Bedingungen oder Vergiftung des Katalysators mit bestimmten Mengen an Na^+-Ionen stark selektiv ablaufen für die Herst. von entweder Äthylen plus Hexen-(3) oder Propylen plus n-Pentenen. Die Rk. ist reversibel. *Äthylen* u. *Buten-(2) reagieren* unter Bldg. von Propylen mit einer Selektivität von > 90%. Die Spaltung der Olefine durch Äthylen unter Bldg. von 1-Olefinen kleinerer Kohlenstoffzahl (Äthenolyse) verläuft über einen „quasi-Cyclobutan"-Zwischenzustand. G. Malow 486

1025 **Kinetische Untersuchungen der Benzoylierung von Phenylendiaminen in Benzol.** H. S. Venkataraman, J. Madhusudana Rao und Leela Iyengar. (Indian J. Chem. **5** (1967) 6, 255—58; Regional Res. Labor., Hyderabad 9; engl.) — Die Arrhenius-Parameter für die Rk. von *o-*, *m-*, *p-*, *N-Methyl-o-* u. *4-Chlor-o-phenylendiamin* mit *Benzoylchlorid* in Bzl. wurden bestimmt. U. Radlbeck 486

1026 **Kinetik und Mechanismus der Acetylen-Hydrochlorierung, katalysiert durch Kupfer(I)-Komplexe in Lösung.** 3. Mitt. **Katalysatorlösung im Gleichgewicht mit festem Kupfer(I)-Chlorid. Genaue Bestimmung des Ausgangswertes einer kinetischen Funktion.** Ragnar Vestin, Bengt Wahlund und Torbjörn Lindblom. (Acta chem. scand. **21** (1967) 9, 2335—50; Inst. of Inorgan. u. Phys. Chem., Stockholm Univ., Stockholm; engl.) — 2. vgl. C. **1967,** 19-0992. U. Radlbeck 487

1027 **Kinetik und Mechanismus der Acetylen-Hydrochlorierung, katalysiert durch Kupfer(I)-Komplexe in Lösung.** 4. Mitt. **Katalysatorlösung im Gleichgewicht mit festem Kupfer(I)-Chlorid. Bestimmung der Reaktionsordnung in bezug auf Acetylen.** Ragnar Vestin, Torbjörn Lindblom und Bengt Wahlund. (Acta chem. scand. **21** (1967) 9, 2351—62; engl.) — 3. vgl. vorst. Referat. U. Radlbeck 487

1028 **Kinetik der Jodierung von (1)-Alkylpyrazolen. Relative elektrophile Reaktivitäten von 1-substituierten und 1-unsubstituierten Pyrazolen.** John D. Vaughan, Gary L. Jewett und Virginia L. Vaughan. (J. Amer. chem. Soc. **89** (1967) 24, 6218—21; Dep. of Chem. of Colo. State Univ., Fort Collins, Colo.; engl.) — Die Kinetik (Abhängigkeit der Rk.-Geschw. von der Konz. des Reagens u. des Substrats, Abhängigkeit vom pH) der Jodierung von *1-Methyl-* (Kp.$_{632}$ 123°), *1-Äthyl-* ($C_5H_8N_2$, Kp.$_{632}$ 132°), *1-Isopropylpyrazol* ($C_6H_{10}N_2$, Kp.$_{632}$ 137°) u. zum Vgl. die des *Pyrazol-Anions* wurde untersucht. U. Radlbeck 487

1029 **Kinetik der Bromaddition an ungesättigte Sulfone.** 3. Mitt. **Lösungsmitteleffekt.** Sp. Shanmuganathan und V. Subramanian. (Indian J. Chem. **5** (1967) 8, 387—88; Madras, Pachaiyappa's Coll., Dep. of Chem.; engl.) — 2. vgl. C. **1969,** 3-1130. — Vf. untersuchen die Kinetik der Br_2-Addition an die Phenylsulfone: *Vinyl-*, *Styryl-*, *Allyl-*, *3-Phenylallyl-*; u. die p-Tolylsulfone: Vinyl-, Styryl-, Allyl- u. 3-Phenylallyl. Die Unterschiede der RGK werden mit den verschiedenen Dipolmomenten der Reaktanten u. der Polarität der Lsgm. erklärt. Ruth Müller 487

1030 **Nitrierungen mit Acetylnitrat.** 5. Mitt. **Nitrierung einiger cis-trans-acyclischer Alkenpaare.** F. G. Bordwell und Jerome B. Biranowski. (J. org. Chemistry **32** (1967) 3, 629—34; Dep. of Chem., Northwestern Univ., Evanston, Ill.; engl.) — 4. vgl. C. **1966,** 29-0772. — Es wird die Stereochemie der bei der Nitrierung von *cis-* u. *trans-2-Phenylbuten-(2)* (I), *cis-* u. *trans-3-Phenylpenten-(2)* (II) u. *cis-* u. *trans-1-Phenylpropen* mit Acetylnitrat entstehenden Prod. untersucht. Bei allen Nitrierungen reagiert das cis-Isomere bevorzugt durch cis-, das trans-Isomere bevorzugt durch trans-Addition. Die Konfig. des bei der Rk. von cis- u. trans-I erhaltenen *erythro-2-Acetoxy-3-nitro-2-phenylbutan* (III) wird durch Überführung in *erythro-3-Benzamido-2-phenylbutanol-(2)* (IV) gesichert. Analog erfolgt der Konfig.-Beweis der aus cis- oder trans-II dargestellten *erythro-* u. *threo-2-Acetoxy-2-nitro-3-phenylpentane* (V).

Versuche: *erythro-2-Acetoxy-3-nitro-2-phenylbutan* (III), $C_{12}H_{15}NO_4$, F. 72,5—73,5° (Ae./Hexan), a) durch Nitrierung von cis-I nach Bordwell u. Garbisch (1960); 65,3% (Ausb.); b) analog aus trans-I; 25,2%. — *3-Acetoxy-2-nitro-3-phenylpentan* (V), *erythro-*, $C_{13}H_{17}NO_4$, F. 53,5—54,5°, aus cis- oder trans-II; daneben *threo-*, $C_{13}H_{17}NO_4$, F. 113,5—114°. — *erythro-3-Acetamido-2-phenylbutanol-(2)* (VI), $C_{12}H_{17}NO_2$, F. 110 bis 110,5° (Ae.), durch Hydrieren von III in Äthylacetat in Ggw. von Raney-Ni bei Raumtemp.; 63%. — *3-Benzamido-2-phenylbutanol-(2)*, *erythro-* (IV), $C_{17}H_{19} \cdot NO_2$, F. 108,5—110° (Bzl./Hexan), a) aus trans-I durch Epox. mit Peroxyphthalsäure, Kochen mit 30%ig. wss. NH_4OH in 95%ig. A. u. Zugabe von Benzoylchlorid u. 20%ig. NaOH; 32%; b) durch Erhitzen von VI mit 10%ig. NaOH → [*erythro-3-Amino-2-phenylbutanol-(2)*, F. 53,5—55,5°; 72%] u. Benzoylieren; 55,2%. — *threo-*, F. 145,5—146,5°, aus cis-I. — *2-Acetamido-3-phenylpentanol-(3)*, *erythro-*, $C_{13}H_{19}NO_2$, F. 111,5—112,5° ($CHCl_3$/Hexan), a) durch Hydrieren von erythro-V; 35%; b) aus trans-II; 65,6%. — *threo-*, $C_{13}H_{19}NO_2$, F. 168—169°, a) aus threo-V; 16,4%; b) aus cis-II; 13,3%. G. O. Jäger 487△

1031 **Druckeinfluß auf Ringschlußreaktionen.** A. H. Ewald und D. J. Ottley. (Austral. J. Chem. **20** (1967) 7, 1335—42; Chem. Dep., Univ. of Sydney; engl.) — Die Cyclisierung von *4-Chlorbutanol* (I) zu THF wird bei 25—60° u. Drücken von 1—3000 atm in den Lsgm.-Syst., W., W.-Aceton (50 Vol.-%) bzw. CH_3OH kinet. untersucht u. das Aktivierungsvol. ΔV^* bestimmt. Außerdem werden die neutrale Hydrolyse von *CH_3Br*, *C_2H_5Br* bzw. *n-Butylchlorid* in W. unter analogen Bedingungen als nicht-cycl. Modellrk., ferner die Hydrolyse von *Benzylchlorid* in W.-Aceton, von *tert.-Butylchlorid* (II) im gleichen Syst. bei verschiedenen Acetonkonz. u. von *C_2H_5Cl* u. II in CH_3OH sowie die Cyclisierung von *4-Brombutylkatechinmonoäther* in alkal. CH_3OH untersucht. Die Lsgm.-Einfl. auf die kinet. Konst. werden diskutiert. G. Kirsten 488△

1032 **Aktivierungsparameter bei konstantem Volumen für die Hydrolyse von Benzylchlorid in Äthanol-Wasser-Gemischen.** B. T. Baliga und E. Whalley. (J. physic. Chem. **71** (1967) 4, 1166—67; Div. of Appl. Chem., Nat. Res. Council, Ottawa; engl.) — Für die spontane Solvolyse der Verb. lassen sich aus bekannten Meßwerten von Temp., Wärmeausdehnung, Kompressibilität u. Aktivierungsvol. die Enthalpie $\Delta U^{\ddagger}_v$ u. Aktivierungsentropie $\Delta S^{\ddagger}_v$ bei konst. Vol. berechnen. Die Änderungen von $\Delta U^{\ddagger}_v$ u. $T\Delta S^{\ddagger}_v$ mit der Lsg.-Zus. werden kinet. gedeutet u. diskutiert. G. Kirsten 488△

1033 **Diphenylcarbinylderivate.** 1. Mitt. **Solvolyse von einigen monosubstituierten Benzhydrylchloriden.** Shinya Nishida. (J. org. Chemistry **32** (1967) 9, 2692—95; Lafayette, Ind., Purdue Univ., Dep. of Chem.; engl.) — Vf. untersuchen die Kinetik der Solvolyse bei 25° in Methanol, A. u. 2-Propanol von den monosubstituierten Benzydrylchloriden: *m-* u. *p-Methoxy-*, *m-* u. *p-Methyl-*, *m-* u. *p-Fluor-*, *m-* u. *p-Chlor-*, *m-* u. *p-Brom-*,

m- u. *p-Cyan-*, *m-* u. *p-Nitro-* sowie *unsubstituiert.* Die Ergebnisse wurden mit der Hammett-Gleichung für elektrophile Seitenkettenrk. ausgewertet.
Ruth Müller 488

1034 **Diphenylcarbinylderivate.** 2. Mitt. **Solvolyse einiger disubstituierter Benzhydrylchloride. Eine Untersuchung der Additivitätsbeziehung.** Shinya Nishida. (J. org. Chemistry **32** (1967) 9, 2695—97; engl.) — 1. vgl. vorst. Referat. — Vf. best. die Solvolysegeschw. der disubstituierten Benzhydrylchloride *3.3-*, *3.3'-*, *3.4'-* u. *4.4'-Dimethyl-*; *4-Chlor-4'-methyl-*, *4.4'-Dichlor-* sowie *unsubstituiert.* Ruth Müller 488

1035 **Diphenylcarbinylderivate.** 3. Mitt. **Solvolyse von polysubstituierten Benzhydrylchloriden. Eine Untersuchung der Hammett-Gleichung in einem mehrfach substituierten System.** Shinya Nishida. (J. org. Chemistry **32** (1967) 9, 2697—01; engl.) — 2. vgl. vorst. Referat. — Vf. beschreibt das Solvolyseverhalten der mehrfach substituierten Benzhydrylchloride: *3-Chlor-4'-methoxy-*, *3.4'-Dichlor-*, *3-Chlor-4-methyl-*, *3.5-Dichlor-4'-methoxy-*, *3.5-Dichlor-4'-methyl-*, *3.5-Dichlor-* u. *3.5.4'-Trichlor-*. Ruth Müller 488

1036 **Spektrophotometrische Untersuchung der Kinetik der Alkoholyse von Thionylanilinen.** 4. Mitt. **Autokatalyse.** Lucio Senatore und Liliana Jannelli. (Ann. Chimica **57** (1967) 3, 308—17; Bari, Ist. di Chim. fis. dell' Univ.; ital.) — 3. vgl. ibid. **55** (1965) 10, 980. — Es werden die Daten der Alkoholyse von *N-Thionylmesidin* u. ihre mathemat. Behandlung mitgeteilt.
J. Richter 488

1037 **Struktur und Reaktivität von α.β-ungesättigten Äthern. Die säurekatalysierte Hydrolyse von Alkenylalkyläthern.** T. Okuyama, T. Fueno, H. Nakatsuji und J. Furukawa. (J. Amer. chem. Soc. **89** (1967) 23, 5826—31; Dep. of Synth. Chem., Kyoto Univ., Yoshida, Kyoto, Japan; engl.) — Die Geschw. der säurekatalysierten Hydrolyse von *Vinyl-*, *cis-* (Kp. 68,5°) u. *trans-β-Methylvinyl-* (Kp. 74,5°), *cis-* (Kp.93,2—93,5°) u. *trans-β-Äthylvinyl-* (Kp. 100,0—100,8°), *cis-* (Kp. 107,5 bis 108,0°) u. *trans-β-Isopropylvinyl-* (Kp. 117,5—118,5°), *cis-* u. *trans-β-tert.-Butylvinyl-* (1:4-Gemisch, Kp. 128 bis 134°), *cis-* (Kp. 127°) u. *trans-β-Isobutylvinyl-* (Kp. 142°), *cis-* (Kp. 157°) u. *trans-β-n-Pentylvinyl-* (Kp. 175°) u. *β.β-Dimethylvinyläthyläther* (Kp. 93,8—94,0°), *Vinyl-n-butyläther*, *Vinylisobutyläther*, *cis-* (Kp. 110°) u. *trans-β Methylvinylisobutyläther* (Kp. 119°) in 80% wss. Doxan u. HCl wurden bei verschiedenen Temp. gemessen. Brechungsindizes, RGK u. Aktivierungsparameter sind angegeben. U. Radlbeck 488

1038 **Relative Stabilitäten von endo-exo-isomeren Furanderivaten und die Kinetik ihrer Spaltung in sauren Lösungen.** Alpo Kankaanperä, Esko Taskinen und Pentti Salomaa. (Acta chem. scand. **21** (1967) 9, 2487—94; Dep. of Chem., Univ. of Turku, Turku, Finland; engl.) — (Vgl. Salomaa u. a., nachst. Ref.) — Die säurekatalysierte Hydrolyse von *2-Methylentetrahydrofuran* ($Kp._{118}$ 52—54°), seinem endo-cycl. Isomeren *2-Methyl-4.5-dihydrofuran* (Kp. 80—82°) u. *2.3-Dihydrofuran* (Kp. 55—55,5°) in wss. Lsg. mit verschiedenen Säure-Katalysatoren wurde kinet. untersucht. Werte für den Deuterium-Lsgm.-Isotopeneffekt sind angegeben. U. Radlbeck 488

1039 **Kinetik und Mechanismus der säure-katalysierten Spaltung von 1.3-Dioxolen und isomeren 4-Alkyliden-1.3-dioxolanen.** Pentti Salomaa, Alpo Kankaanperä und Tauno Launosalo. (Acta chem. scand. **21** (1967) 9, 2479—86; Dep. of Chem., Univ. of Turku, Turku, Finland; engl.) — Die kinet. Daten für die hydronium-ion-kalalysierte Hydrolyse von *4-Methylen-1.3-dioxolan*, *2-Methyl-* u. *2.2-Dimethyl-4-methylen-1.3-dioxolan* ($Kp._{95-98}$ 49—51°), *4-Methyl-* u. *2.4-Dimethyl-1.3-dioxol* in W. werden spektroskop. bzw. gaschromatograph. gemessen. Werte für den Deuterium-Lsgm.-Isotopeneffekt sind angegeben. U. Radlbeck 488

1040 **Hydrolyse von Thiophosphorsäure-S-arylestern.** Sheldon Milstien und Thomas H. Fife. (J. Amer. chem. Soc. **89** (1967) 23, 5820—26; Los Angeles, Calif., Univ. of Southern Calif., Dep. of Biochem.; engl.) — Die Kinetik der Hydrolyse u. der H—D-Isotopeneffekt (Verw. von D_2O) wird von *Thiophosphorsäure-S-phenylester*, *-S-p-chlorphenylester* u. *-S-p-nitrophenylester* bei 35° als Funktion des pH-Wertes spektrophotometr. bestimmt. P. Haußmann 488

1041 **Solvolyse von Cyclopropylhalogeniden. 2-Phenylcyclopropylchloride.** Jack W. Hausser und Norman J. Pinkowski. (J. Amer. chem. Soc. **89** (1967) 26, 6981—84; Dep. of Chem., Duquesne Univ., Pittsburgh, Pa.; engl.) — Potentiometr. wurde die Solvolyse in Essigsäure von *cis-* ($Kp._{5,4}$ 83—84°) u. *trans-2-Phenylcyclopropylchlorid* ($Kp._{5,4}$ 77,2—78,2°) sowie von *2.2-Diphenylcyclopropylchlorid* [F. 71—72° (PAe.); 7%] verfolgt. RGK u. Aktivierungsparameter sind tabelliert.
U. Radlbeck 488

1042 **Hydrolyse organischer Pyrophosphate.** 1. Mitt. **Kinetik der sauren Hydrolyse von Diphosphorsäure-N.N.N'.N'-tetramethyl-N''.N''.N'''.N'''-tetraäthyltetraamid.** V. E. Bel'skij und M. V. Efremova. (Izvest. Akad. Nauk SSSR, Ser. chim. **1967**, 2, 249—53; Chim. inst. im. Arbusova, AN SSSR; russ.)
J. J. Pohl 488

1043 **Hydrolyse von Thioimidatestern. Tetraedrische Intermediäre und allgemeine Säurekatalyse.** Rama K. Chaturvedi, Andrew E. MacMahon und Gaston L. Schmir. (J. Amer. chem. Soc. **89** (1967) 26, 6984 bis 6993; Dep. of Biochem., Yale Univ., New Haven. Conn.; engl.) — Die Hydrolyse von *Thioacetimidoäthylester-Hydrochlorid* ($C_4H_{10}ClNS$, F. 138—140°), *Thiobenzimidoäthylester-Hydrochlorid* (F. 185—187°), *Thiobutyro-N-phenylimidoäthylester* ($C_{12}H_{17}NS$, $Kp._{1,5}$ 100—103°) u. *Dimethyl-[α-(methylmercapto)-benzyliden]-ammoniumperchlorat* ($C_{10}H_{14}ClNO_4S$, F. 128—129°) in CH_3CN-W. bzw. in A.-W. wurde im pH-Bereich 0—10 bei 30° spektrometr. untersucht. U. Radlbeck 488

1044 **Saure und spontane Solvolyse von Estern bicyclischer Alkohole.** C. A. Bunton, Charmian O'Connor und D. Whittaker. (J. org. Chemistry **32** (1967) 9, 2812—16; Santa Barbara, Calif., Univ., Dep. Chem.; engl.) — Bei der säurekatalysierten Hydrolyse von *Camphenhydratacetat* u. *Methylcamphenilylacetat* in $HClO_4$-sauren W.-A.- oder W.-Dioxan-Lsg. spielt die sterische Hinderung bei der Solvatation des Spaltstückes keine entscheidende Rolle. Daneben wurde die Solvolyse von *Camphenhydrat-*, *Methylcamphenilyl-*, *Isobornyl-* u. *Methylisobornyl-p-nitrobenzoat* in neutralen u. sauren A.-W.-Lsg. unters., die Arrhenius'schen Parameter u. die exo/endo-RG sowie die Rk.-Prod. bestimmt.
Ruth Müller 488

1045 **Partielle Acetolyse von $S\text{-}^{18}O_2$-Neopentyltosylat. Ein Versuch, das Neopentylkation einzufangen.** J. Eric Nordlander und Walter J. Kelly. (J. org. Chemistry **32** (1967) 12, 4122—24; Dep. of Chem., Case Western Reserve Univ., Cleveland, O.; engl.)
U. Radlbeck 488

1046 **Mechanismus der Spaltung der Stickstoff-Schwefelbindung in N-Arylsulfamaten.** F. L. Scott und W. J. Spillane. (Chem. and Ind. 1967, **47**, 1999—2000; Dep. of Chem. Univ. College, Cork, Ireland; engl.) — Die Hydrolysegeschw. folgender phenylsubstituierter N-Phenylsulfamate wurde in W./Aceton turbidimetr. gemessen: *p-Methoxy-*, *p-Äthoxy-*, *p-Äthyl-*, *p-Methyl-*, *p-Chlor-* u. *unsubstituiert.* U. Radlbeck 488

1047 **Sekundäre Deuterium-kinetische Isotopeneffekte bei der Acetolyse von $D_{(6)}$-Norbornyl-(2)-brosylaten.** Joško M. Jerkunica, Stanko Borčić und Dionis E. Sunko. (J. Amer. chem. Soc. **89** (1967) 7, 1732—34; Inst. Rudjer Boškovič, Zagreb, Yugoslavia; engl.) — Es werden die RGK der Acetolyse der beiden stereoisomeren $D_{(6)}$*-endo-* (**Ia**, **Ib**) bzw. $D_{(6)}$*-exo-Norbornyl-(2)-brosylate* (**IIa**, **IIb**) bei 65,0° bzw. 44,4° durch kontinuierl. titrimetr. Best. der freigesetzten Säure ermittelt u. die kinet. Isotopeneffekte k_H/k_D bestimmt.
G. O. Jäger 488△

1048 **Geschwindigkeiten der Reaktionen von Diazodiphenylmethan mit substituierten Benzoesäuren in Iso-**

propanol. Z. Lasocki und S. Piechucki. (Bull. Acad. polon. Sci., Sér. Sci. chim. **15** (1967) 10, 461—65; Dep. of Organ. Technol., Techn. Univ., Łódź; engl.) — Die Kinetik der Rk. von Diazodiphenylmethan mit *Benzoesäure, p-Amino-, p-Methoxy-, p-Methyl-, -p-Chlor-, p-Brom-* u. *p-Nitrobenzoesäure* wurde spektrophotometr. untersucht. U. Radlbeck 488

1049 **Partielle Hydrolyse und Acetolyse von Cello-[1-^{14}C]-triose.** Milton S. Feather und John F. Harris. (J. Amer. chem. Soc. **89** (1967) 22, 5661—64; Forest Service, U.S. Dep. of Agric., Madison, Wis.; engl.) — Die Kinetik der Rk. wird untersucht. U. Radlbeck 488

1050 **Substituenteneffekte auf die exo-Benzonorbornenyl-brosylat-Acetolyse. Beweis für geringen Substituenteneinfluß.** Hiroshi Tanida, Teruji Tsuji und Shuji Teratake. (J. org. Chemistry **32** (1967) 12, 4121—22; Shionogi u. Co., Ltd., Fukushima-ku, Osaka, Japan; engl.) — Untersucht wurden *5.8-Dimethoxybenzonorbornenol-(2)-exo-* u. *-(2)-endo-brosylat* (F. 95,5—96,5°). U. Radlbeck 488

1051 **Kinetik der bimolekularen nukleophilen Substitution.** 7. Mitt. **Die Geschwindigkeiten der Menschutkin-Reaktion von Methyljodid mit verschiedenen primären, sekundären und tertiären Aminen in Benzol als Lösungsmittel.** Kunio Okamoto, Suguru Fukui, Issei Nitta und Haruo Shingu. (Bull. chem. Soc. Japan **40** (1967) 10, 2350—53; Dep. of Hydrocarbon Chem., Fac. of Engng., Kyoto Univ., Sakyo-ku, Kyoto; engl.) — 6. vgl. **40** (1967) 8, 1920. — RGK u. Aktivierungsparameter der Rk. von *NH_3, Methyl-, Dimethyl-, Trimethyl-, Äthyl-, Diäthyl-, Triäthyl-, n-Butyl-, Di-n-butyl-, Tri-n-butyl-, Äthanol-, Diäthanol-, Triäthanol-, Benzyl-, Dibenzyl-* u. *Tribenzylamin* mit *Methyljodid* in Bzl. sind tabelliert. U. Radlbeck 489

1052 **Kinetik der bimolekularen nukleophilen Substitution.** 8. Mitt. **Einfluß von hydroxylischen Lösungsmitteln auf die Nukleophilie von aliphatischen Aminen in der Menschutkin-Reaktion.** Kunio Okamoto, Suguru Fukui, Issei Nitta und Haruo Shingu. (Bull. chem. Soc. Japan **40** (1967) 10, 2354—57; engl.) — 7. vgl. vorst. Referat. — Untersucht wurde die Rk. von *Methyljodid* mit *NH_3, Methyl-, Dimethyl-, Trimethyl-, Äthyl-, Diäthyl-, Triäthyl-, n-Butyl-, Di-n-Butyl-, Tri-n-Butyl-, Äthanol-, Diäthanol-, Triäthanol-, Benzyl-, Dibenzyl-* u. *Tribenzylamin* in Bzl. bzw. Methanol. U. Radlbeck 489

1053 **Die Kinetik des Deuterium-Neopentan-Austausches. Einfluß von Desorption und Diffusion.** F. G. Dwyer, L. C. Eagleton, J. Wei und J. C. Zahner. (Proc. Roy. Soc. [London], Ser. A **302** (1968) 1469, 253—70; Univ. of Pa.; engl.) — Untersucht wird die Rk. in Ggw. von *Pd* auf SiO_2-Al_2O_3-Partikeln. U. Radlbeck 489

1054 **Elektrochemische Methoden bei kinetischen Untersuchungen von Isotopenaustauschreaktionen.** 9. Mitt. **Untersuchung des Isotopenaustausches zwischen Bromessigsäure und Bromid mittels Elektroanalyse.** Per Beronius. (Radiochim. Acta [Frankfurt/M.] 8 (1967) 1, 57—60; Phys. Chem., Univ. of Umeå, Umeå (Schweden; engl.) — 8. vgl. C. **1969, 3**-0588. — Vf. zeigt die Anwendbarkeit der Elektroanalyse auf die Unters. des Isotopenaustausches zwischen Bromessigsäure u. Bromidionen. Die Kinetik der Rk. wird untersucht. U. Feist 489

1055 **Nukleophile Substitution durch Thiolat-Ionen in einigen 1.1-Diaryl-2-halogenäthylenen.** P. Beltrame, D. Pitea und M. Simonetta. (J. chem. Soc. [London], Sect. B **1967,** 11, 1108—11; Ist. di Chim. fis., Univ. di Milano; engl.) — Untersucht wurde die Bldg. von *1.1-Diphenyl-2-[phenylmercapto]-* (F. 72—73°), *1.1-Diphenyl-2-[p-tolylmercapto]-* (F. 85°), *1.1-Di-[p-tolyl]-[2-phenylmercapto]-* (F. 69°), *1.1-Di-[p-tolyl]-2-[p-tolylmercapto]-* (F. 125), *1.1-Di-[p-methoxyphenyl]-2-[phenylmercapto]-* u. *1.1-Di-[p-methoxyphenyl]-2-[p-tolylmercapto]-äthylen* aus den entsprechenden Chloriden u. Bromiden. UV- u. NMR-Daten sowie RGK sind angegeben. U. Radlbeck 489

1056 **Sekundäre Deuterium-Isotopeneffekte. β-Kinetische Effekte in SN2-Reaktionen von N.N-Dimethylanilin und Dimethylphenylphosphin mit Methyl-p-toluolsulfonat und Vergleich mit beobachteten und berechneten Schwingungsfrequenzen des deuterierten und undeuterierten Dimethylanilins und des Trimethylanilinium-Ions.** Elizabeth D. Kaplan und Edward R. Thornton. (J. Amer. chem. Soc. **89** (1967) 25, 6644—51; Dep. of Chem., Univ. of Pa., Philadelphia, Pa.; engl.) — RGK u. IR-Daten sind tabelliert. U. Radlbeck 489

1057 **Kinetik des Protonenaustausches im tautomeren System p-Nitrosophenol ⇌ p-Chinonmonooxim mit Hilfe von NMR.** B. A. Geller und L. K. Skrunc. (Teoret. ėksper. Chim. 4 (1968) 3, 332—38; Inst. fiz. chimii im. Pisarževskogo AN Ukr. SSR, g. Kiev; russ.) — Unters. der Kinetik des Protonenaustausches in DMF mit u. ohne den Katalysator *Triäthylamin* (**I**) in Abhängigkeit von Konz. der Titelverb. u. I u. von der Temp. (—5 bis 70°) sowie spektrophotometr. Best. (700—750 mμ) der Konst. des tautomeren Gleichgew. nachst. 4-Nitrosophenole: unsubstituiert, *3-Brom-*, *3-Chlor-*, *2-Brom-* u. *2-Chlor-*. I. Uhlig 489

1058 **Über die Bildung von Cyanocobalamin aus Aquocobalamin und Cyano-aquo-Corrinoiden.** Wilhelm Friedrich und Rainer Bieganowski. (Z. Naturforsch. **22b** (1967) 7, 741—46; Hamburg, Univ., Physiolog. Chem. Inst.; dt.) — Vgl. ibid. **21b** (1966) 595. — Beim Erwärmen von Aquocobalamin (**I**) mit Cyanoaquocorrinoidtetracarbonsäure b (**II**) bzw. -dicarbonsäure S u. L in wss. Lsg. bzw. in 90%ig. A. im Dunkeln wird Cyancobalamin gebildet. Die Einfl. von Temp. (0—70°), pH-Wert der Lsg. (3—7) sowie Ggw. von O_2, CO, N_2, H_2 u. CO_2 auf die RG werden untersucht. G. O. Jäger 489△

1059 **Kinetik des Thiol-Disulfid-Austausches.** 2. Mitt. **Sauerstoff-geförderter Austausch freier Radikale zwischen aromatischen Thiolen und Disulfiden.** A. Fava, G. Reichenbach und U. Peron. (J. Amer. chem. Soc. **89** (1967) 25, 6696—6700; Ist. di Chim. Gen., Univ. di Pisa, Pisa; engl.) — 1. vgl. ibid. **79** (1957) 833. — Die kinet. Daten für den Austausch zwischen *Thiophenol* bzw. *p-Chlorthiophenol* u. *Diphenyldisulfid* bzw. *Bis-[p-chlorphenyl]-disulfid* in Cyclohexan, Bzl. u. Essigsäure werden angegeben. U. Radlbeck 489

1060 **Kinetik der nukleophilen Substitution in 6-Chlorpurin-Ribonukleosid in wäßriger Lösung.** B. Timothy Walsh und Richard Wolfenden. (J. Amer. chem. Soc. **89** (1967), 24, 6221—25; Frick Chem. Labor., Princeton Univ., Princeton, N.J.; engl.) — RGK (pH-Abhängigkeit), pK-Werte u. UV-Daten für die Rk. von *Imidazol, NH_3, Glycin, Methyl-, Dimethyl-, Trimethyl-, Äthyl-, Diäthyl-* u. *Triäthylamin, Glutathion, 2-Mercaptoäthanol, Phenol* u. *OH^-* mit *6-Chlorpurin-Ribonukleosid* bzw. *1-Fluor-2.4-dinitrobenzol* u. *p-Nitrophenylacetat* wurden ermittelt. U. Radlbeck 489

1061 **Radikal-induzierte γ-Eliminierung.** Leonard Kaplan. (J. Amer. chem. Soc. **89** (1967) 7, 1753; Dep. of Chem., Univ. of Chicago, Chicago, Ill.; engl.) — *Cyclopropan* entsteht bis zu 100 bzw. 90% Ausb. bei Einw. von Benzoyl- (**I**) bzw. tert.-Butylperoxid (**II**) auf 1.3-Dijodpropan in Bzl. bei 79—169°. Bei der Rk. mit **I** werden daneben *Jodbenzol* (**III**) u. in geringeren Mengen *n-Propyljodid* (**IV**) u. *1-Phenyl-3-jodpropan* (**V**) gebildet. Analog entstehen in Ggw. von **II** noch *CH_3J, Aceton, tert.-Butanol* u. in geringeren Mengen *Propylen,* **III, IV, V,** *Isobuten* u. *Toluol.* Die Rk. verlaufen offenbar über ein γ-Jodpropylradikal, das nicht durch eine Jodverbrückung stabilisiert ist. In gleicher Weise entsteht *Cyclopentan* aus 1.5-Dijodpentan u. *1.1-Diphenylcyclopropan* aus CH_2J_2 u. 1.1-Diphenyläthylen. G. O. Jäger 490△

1062 **Enthalogenierung vicinaler Dibromide. Lösungsmitteleffekte bei der Reaktion von meso-Stilbendibromid mit Jod- und Bromionen.** Enrico Baciocchi und Pier-Luigi Bocca. (Ricerca sci. **37** (1967) 12, 1182 bis **1183**; Ist. di Chim., Univ. di Roma; engl.) — Die RGK der Rk. in prot. u. aprot. Lsgm. werden angegeben. J. Richter 490

1063 **Einfluß des elektrischen Feldes auf die Dehydratisierung von Isopropanol auf Titandioxid.** N. P. Kejer, E. P. Micheeva und L. M. Usol'ševa. (Kinetika i Kataliz 8 (1967) 5, 1199; Inst. kataliza SO AN SSSR; russ.) — Unters. der Rk. an einem Kondensator mit einer TiO_2-Schicht. K. Jasche 490△

1064 **Kinetik der reversiblen Hydratisierung von 1.3-Dichloraceton in Dioxan- und Acetonitril-Lösung.** R. P. Bell, F. R. S., J. P. Millington und Judith M. Pink. (Proc. Roy. Soc. [London], Ser. A **303** (1968) 1472, 1—16; Phys. Chem. Labor., Univ. of Oxford; engl.) — Die Kinetik wurde in Lsg. von *W.* in Dioxan bzw. Acetonitril in einem großen Bereich der *W.*-Konz. mit u. ohne Zugabe von Katalysatoren (Benzoesäure, HCl, Triäthylamin, Benzoat) spektrophotometr. verfolgt. U. Radlbeck 490

1065 **Lineare Beziehungen der Freien Energie bei heterogener Katalyse.** 6. Mitt. **Katalytische Eliminierungsreaktionen von HCl aus Chloräthanen an festen Säuren und Basen.** Isao Mochida, Jun-ichiro Take, Yasukazu Saito und Fukio Yoneda. (J. org. Chemistry **32** (1967) 12, 3894—98; Tokyo, Univ. of Tokyo, Fac. of Engng., Dep. of Synth. Chem.; engl.) — 5. vgl. C. **1968,** 35-0645. — Es wird die HCl-Eliminierung von *1.1.2.2-Tetrachlor-*, *1.1.2-* u. *1.1.1-Trichlor-*, *1.2-* u. *1.1-Dichloräthan,* bei 300° am folgenden Katalysatoren untersucht u. die relative Reaktivität der Verb. bestimmt: SiO_2/Al_2O_3, SiO_2/MgO, $SiO_2/NaOH$, $SiO_2/Al_2(SO_4)_3$, $SiO_2/MgSO_4$, SiO_2/KOH, Al_2O_3/B_2O_3, $Al_2O_3/NaOH$, Al_2O_3/NH_4F, $SiO_2/Al_2O_3/NaOH$, SiO_2, Al_2O_3, MgO, CaO, SrO, K_2CO_3 u. $BaCO_3$. H. Pehlmann 490

1066 **Kinetik der Hydrobenzamidbildung aus p-Dimethylaminobenzaldehyd und Ammoniak. Rolle des Imins.** Thomas I. Crowell und Richard K. McLeod. (J. org. Chemistry **32** (1967) 12, 4030—33; Cobb Chem. Labor., Univ. of Va., Charlottesville, Va.; engl.) — Die Geschw. der Rk. in Methanol bei 25° wird spektrophotometr. (IR u. UV) u. dilatometr. gemessen. U. Radlbeck 491

1067 **Organosiliciumverbindungen.** 41. Mitt. **Kinetische Untersuchung der Gasphasenreaktion zwischen Siliciumhydriden und Arylchloriden.** I. M. T. Davidson, C. Eaborn und C. J. Wood. (J. organometallic Chem. [Amsterdam] **10** (1967) 3, 401—08; Dep. of Chem., Univ. of Leicester (Großbritannien); engl.) — 40. vgl. ibid. **9** (1967) 2, 251. — Für die Rk. zwischen *Chlorbenzol* u. *Trichlorsilan* (**I**) wird in einem stat. Syst. bei 380—575° eine kinet. Unters. durchgeführt. Außerdem werden die Rk.-Paare *p-Chlortoluol-***I**, *p-Trifluormethylchlorbenzol-***I**, *Chlorbenzol–Trimethylsilan*, *Chlorbenzol–Methyldichlorsilan* u. *Chlorbenzol–Triäthylsilan* untersucht. H.-J. Schönherr 491

1068 **Neue Katalysatoren für Olefin–Formaldehyd-Kondensationen: Palladium-Verbindungen.** S. Sakai, Y. Kawashima, Y. Takahashi und Y. Ishii. (Chem. Commun. **1967,** 20, 1073—74; Dep. of Synth. Chem., Nagoya Univ., Chikusa-ku, Nagoya, Japan; engl.) — Am Beispiel der Kondens. von *3-Methylbuten-(1)* mit *Formaldehyd* (bzw. *Paraformaldehyd*) wird die Verw. von Palladiumverb. (*$PdCl_2$* in Ggw. von *$CuCl_2$* bzw. den weniger wirksamen Verb. *$FeCl_3$*, *$NiCl_2$*, *$HgCl_2$*, *$SnCl_2$*, *HCl*) als Katalysatoren diskutiert. H. Riemer 491

1069 **Valenzisomerisierungen von Kohlenwasserstoffen, die dreigliedrige Ringe enthalten.** E. Wiskott und P. v. R. Schleyer. (Angew. Chem. **79** (1967) 15, 680—81; dt.; int. Edit. **6** (1967) 8, 694—95; engl.; Dep. of Chem., Princeton Univ., Princeton, N.J.) — *Tetracyclo-[4.3.0.$0^{2,4}$.$0^{3,7}$]-nonen-(8)* (**I**) isomerisiert sich beim Belichten zu *Pentacyclo-[4.3.0.$0^{2,4}$.$0^{3,8}$.$0^{5,7}$]-nonan* (F. 85—87°; 30% Ausb.), aus dem bei Hochdruckhydrierung an Raney-Ni vorwiegend *Brendan* u. höchstens Spuren von Noradamantan entstehen. Cyclopropanierung von **I** liefert *Pentacyclo-[4.4.0.$0^{2,4}$.$0^{3,7}$.$0^{8,10}$]-decan* [**II**; Kp. 170 bis 172°; 65%], das sich erst > 550° zu vermutlich Tetracyclo-[4.4.0.$0^{2,4}$.$0^{3,7}$]-decen-(9) isomerisiert. Vers. zur photochem. Umwandlung von **II** zu „Tetradehydroadamantan" waren in Übereinstimmung mit den Woodward-Hoffmann-Regeln erfolglos. Es werden 2 Meth. zur Synth. von **I** aus 8-Cyanatetracyclo-[4.3.0.$0^{2,4}$.$0^{3,7}$]-nonan (**III**) beschrieben: **III** → Carbonsäureamid → Methylurethan → Amin, Quarternisierung u. Hofmann-Eliminierung (22% Ausb.) oder **III** → Carbonsäure → Acetat u. Pyrolyse (32%). G. O. Jäger 492△

1070 **Katalytische Isomerisierung von Olefinen mit Palladium- und anderen Übergangsmetallkomplexen.** N. R. Davies. (Rev. pure appl. Chem. **17** (1967) 83—93; Kensington, Australia, Univ. of New South Wales, Dep. of Analyt. Chem.; engl.) — Übersichtsarbeit. B. I. 492△

1071 **Stereospezifische Umwandlung von cis-trans-isomeren Aziridinen zu den offenkettigen Azomethinyliden.** Rolf Huisgen, Wolfgang Scheer und Helmut Huber. (J. Amer. chem. Soc. **89** (1967) 7, 1753—55; Inst. für Organ. Chem., Univ., München; engl.) — Die therm. Isomerisierung von cis-1-[4-Methoxyphenyl]-2.3-dimethoxycarbonylaziridin (cis-**I**; F. 76—78°) bzw. trans-**I** verläuft über die in einer konrotator. Ringöffnung gebildeten *trans-* bzw. *cis-Azomethinylide* (**II**). In Ggw. von Acetylendicarbonsäuredimethylester (**III**) werden die Zwischenprod. abgefangen, ohne daß eine Äquilibrierung stattfindet. Aus cis-**I** u. **III** entsteht *trans-1-[4-Methoxyphenyl]-2.3.4.5-tetramethoxycarbonylpyrrolin-(3)* [trans-**IV** (trans bez. der 2- u. 5-Position), F. 140—141°; 98% (Ausb.)], aus trans-**I** u. **III** entsteht *cis*-**IV** [F. 132—133°; 71%]. trans- bzw. cis-**IV** werden durch Dehydrogenierung mit Chloranil in sd. Xylol in *1-[4-Methoxyphenyl]-2.3.4.5-tetramethoxycarbonylpyrrol* [F. 110—112°; 81 bzw. 84%] übergeführt. Die bei der Photolyse von trans-**I** in **III** bei 10—15° beobachtete stereochem. Umwandlung zu trans-**IV** (40%) spricht für eine disrotator. Ringspaltung. cis-**I** wird bei Photolyse u. Verw. von **III** als Lsgm. nicht in Dioxan, **III** dagegen teilweise in cis-**IV** umgewandelt. G. O. Jäger 492△

1072 **Durch Rhodium(I)–Olefin-Komplexe katalysierte Valenzisomerisierung von Hexamethyl–Dewarbenzol zu Hexamethylbenzol.** H. C. Volger und H. Hogeveen. (Recueil Trav. chim. Pays-Bas **89** (1967) 8, 830—32; Koninklijke/Shell-Labor., Amsterdam; engl.) — Vgl. J. Am. chem. Soc., **89,** 2846 (1967). — Es wird die Kinetik der therm. (100—140°) u. der durch *μ-Dichlordi-[hexamethyl-dewarbenzol]-dirhodium* katalysierten Isomerisierung (60—75°) von Hexamethyl–Dewarbenzol zu Hexamethylbenzol mittels NMR-spektroskop. Meth. untersucht. G. O. Jäger 492△

1073 **Kinetik der Isomerisierung von 1.8-Dichlorfluorenon in Schwefelsäure-Lösung.** E. V. Murphy und W. E. Silbermann. (J. physic. Chem. **71** (1967) 12, 4123—25; Dep. of Chem., Univ. College, Belfield, Dublin; engl.) — Die Rk. der Titelverb. (F. 215—216°) wurde UV-spektroskop. untersucht. U. Radlbeck 492

1074 **Wanderung der Benzylgruppe bei der basenkatalysierten Umlagerung von 4'-Chlor-α-benzylbenzoin.** David Y. Curtin und Arthur C. Henry. (J. org. Chemistry **32** (1967) 3, 847—49; Noyes Chem. Labor., Univ. of Ill., Urbana, Ill.; engl.) — Bei Einw. von methanol. KOH auf 4'-Chlor-α-benzylbenzoin (**I**) werden durch Wanderung der Benzyl- u. der Phenylgruppe *4-Chlor-α-benzylbenzoin* (**II**) u. *α-Benzylcarbonyl-4-chlorbenzhydrol* (**III**) gebildet. Die Ausb. der Umlagerungsprod. in Abhängigkeit der Rk.-Zeit werden bestimmt. Die Umlagerung von *α-Benzylbenzoin* u. *4'-Chlor-α-methylbenzoin* wird ebenfalls untersucht.

Versuche: F. korr.: α-Benzylbenzoine: *Unsubstituiert,* F. 120,5—121,5°, nach Banus u. Vila [1921]. — *4'-Chlor-* (**I**), $C_{21}H_{17}ClO_2$, F. 121,5—122,5° (Hexan), aus 4,5 g α-Oximino-4-chlordesoxybenzoin (**IV**) u. Benzylmagnesiumchlorid (**V**) bei 0° in Ae. → [*Oxim,* $C_{21}H_{18}ClNO_2$, F. 149,5—150° (Ae./Hexan); 3,9 g (Ausb.; roh)] u. Kochen von 2,4 g **I**-Oxim mit wss. H_2SO_4 in A.; 1,23 g (roh). — Gemisch aus *4-Chlor-* (**II**) u. *4'-Chlor-* (**I**) (**I/II** = 1,9), F. 101—105° (Hexan), aus 4-Chlorbenzil u. **V** in Ae.; 46%. — *4'-Chlor-α-methylbenzoin,* $C_{15}H_{13}ClO_2$, F. 97,5—98,5° (Hexan), aus **IV** u. CH_3MgJ; 50%. G. O. Jäger 492△

1075 **Umlagerungen quaternärer Benzylammoniumionen mit Organolithiumverbindungen.** 3. Mitt. **Reaktion** von **Dimethyldibenzylammoniumchlorid mit n-Butyllithium.** Arthur R. Lepley und Angelo G. Giumanini. (J. org. Chemistry **32** (1967) 6, 1706–13; Dep. of Chem., Marshall Univ., Huntington, W.Va.; engl.) – 2. vgl. C. **1966,** 49-0859. – Die Zus. des bei der Rk. von N.N-Dimethyldibenzylammoniumchlorid (**I**) mit n-Butyl-Li (**II**) in Hexan anfallenden Prod.-Gemisches wird in Abhängigkeit des **II**/**I**-Verhältnisses mit Hilfe gaschromatograph. Meth. bestimmt. Aus dem Rk.-Gemisch werden ein Amin unbekannter Konstit. ($C_{19}H_{27}N_2$), *N.N-Dimethylbenzylamin* (**III**), *N.N-Dimethyl-1.2-diphenyläthylamin* (**IV**), *o.N.N-Trimethylbenzhydrylamin* (**V**), *o.N-Dimethyldibenzylamin* (**VI**), *trans-Stilben, 1.2-Diphenylhexan, n-Pentylbenzol* (**VII**) u. *Toluol* erhalten. Die NMR-Daten von **III**–**VI** sowie von *o-[N.N-Dimethylaminomethyl]-diphenylmethan, N-Methyl-* u. *N-Äthyldibenzylamin* u. *N-Methyl-N-benzyl-α-* u. *-β-phenäthylamin* sind tabelliert.

Versuche: *N.N-Dimethyl-1.2-diphenyläthylamin* (**IV**), $C_{16}H_{19}N$, Kp.$_{0,7}$ 119–120°, durch Kochen von 1.2-Diphenyläthylamin mit HCOOH u. 37%ig. wss. HCHO; 60% (Ausb.). – *o.N.N-Trimethylbenzhydrylamin* (**V**), F. 41–43°, Kp.$_{0,25}$ 96°, nach Kantor u. Hauser [1951] aus **I** mit $NaNH_2$ in fl. NH_3. – *o-[N.N-Dimethylaminomethyl]-diphenylmethan*, Kp.$_{2,2}$ 105–107°, analog **V** aus Trimethylbenzhydrylammoniumjodid; 71%. – Phenäthylamine: *N-Methyl-N-benzyl-β-*, $C_{16}H_{19}N$, Kp.$_{0,5}$ 96°, aus 2-Bromäthyl-benzol u. N-Methylbenzylamin (**VIII**); 57%. – *N-Methyl-N-benzyl-α-*, $C_{16}H_{19}N$, Kp.$_{1,4}$ 122–123°; 67%. – Dibenzylamine: *o.N-Dimethyl-* (**VI**), $C_{16}H_{19}N$, Kp.$_{0,04}$ 104°, aus α-Brom-o-xylol u. **VIII**; 52%. – *N-Acetyl-* (**IX**), $C_{16}H_{17}NO$, Kp.$_{0,15}$ 153°, durch Kochen von Dibenzylamin mit Acetanhydrid; 93%. – *N-Äthyl-*, $C_{16}H_{19}N$, Kp.$_{0,06}$ 108–109,5°, durch Kochen von **IX** mit $LiAlH_4$; 76%. – *n-Pentylbenzol* (**VII**), $C_{11}H_{16}$, aus 14 g α-Chlortoluol u. **II** in Hexan; 10,6 g (roh). – *N.N-Dimethylbenzylamin* (**III**), Kp.$_{1,2}$ 37–43°, aus 30 g **I** u. **II** in Hexan; 2,4 g, daneben Amin [$C_{19}H_{17}N_2$, F. 192–196° (CH_3OH); 1,8 g].

G. O. Jäger 492△

1076 **Benzidin-Umlagerung.** J. Kenner. (Nature [London] **219** (1968) 5150, 153; Withington, Manchester; engl.) – Ein Mechanismus wird vorgeschlagen.

D. Schmitt 492

1077 **Einfluß der Reaktionsgeschwindigkeitskonstanten der Hochtemperaturzersetzung von CH_4 und C_2H_4 auf die numerische Lösung der Gleichungssysteme, die den Prozeß der Umwandlung des Methans zu Acetylen beschreiben.** L. S. Polak, Ju. L. Chait und É. N. Červočkin. (Chim. vysokich Énerg. **1** (1967) 6, 601–04; Inst. neftechim. sintesa im. Topčieva AN SSSR; russ.)

K. Jasche 493△

1078 **Dissoziation von [α-³H]-Acetophenon in stark basischem Medium.** J. R. Jones und Ross Stewart. (J. chem. Soc. [London], Sect. B **1967,** 11, 1173–75; Dep. of Chem., Univ. of British Columbia, Vancouver, B.C., Canada; engl.) – Die Geschw. der Detritiierung von [α-³H]-Acetophenon in wss. *Tetramethylammoniumhydroxid, Methanol–Na-Methoxid, A.–Na-Äthoxid* u. *tert.-Butanol–K-tert.-Butoxid* sowie nach Zufügung von *Dimethylsulfoxid* zu diesen Lsg. wurden gemessen.

U. Radlbeck 493

1079 **Zersetzung von isomeren N-Nitro-N-fluorbutylaminen.** Mark Graff, Carl Gotzmer jun. und William E. McQuistion. (J. org. Chemistry **32** (1967) 12, 3827–30; Naval Ordnance Station, Indian Head, Md.; engl.) – Die Zersetzung von *N-Nitro-N-fluor-tert.-butylamin* ($C_4H_9FN_2O_2$, Kp.$_8$ 27°), *-sek.-butylamin* ($C_4H_9 \cdot FN_2O_2$, Kp.$_{14}$ 24°), u. *-n-butylamin* ($C_4H_9FN_2O_2$, Kp.$_{17}$ 35°) in Äthylcyclohexan, CCl_4 u. CCl_4/Äthanol wird IR-spektroskop. untersucht. U. Radlbeck 493

1080 **Stabile Carboniumionen.** 36. Mitt. **Protonierte aliphatische Äther und ihre Spaltung in Carboniumionen.** George A. Olah und Daniel H. O'Brien. (J. Amer. chem. Soc. **89** (1967) 7, 1725–28; Dep. of Chem., Western Reserve Univ., Cleveland, O.; engl.) – 35. vgl. C. **1968,** 48-1045. – *Dimethyl-, Diäthyl-, Di-n-propyl-, Diisopropyl-, Di-n-butyl-, n-Butylmethyl-* u. *sek.-Butylmethyläther* (**I**) liegen nach NMR-spektroskop. Unters. in FSO_3H/SbF_5/SO_2-Lsg. bei −60° als sek. Oxoniumsalze vor. Bei höheren Temp. erfolgt Spaltung der Ätherbindung unter Bldg. des stabilsten Carboniumions. Die Kinetik der Spaltung von **I** zu Trimethylcarboniumion u. protoniertem CH_3OH wird untersucht u. die RGK pseudo-erster Ordnung bei −29,0° bzw. −17,5° bestimmt.

G. O. Jäger 493△

1081 **Berechnung von kinetischen Isotopeneffekten bei der Bildung von Kohlenstoffdioxid aus einem Diester der Oxalsäure.** J. Warkentin und D. M. Singleton. Canad. J. Chem. **45** (1967) 24, 3045–47; Dep. of Chem., McMaster Univ., Hamilton, Ontario; engl.)

U. Radlbeck 493

1082 **Kinetische Untersuchung der thiocyanatkatalysierten Diazotierung von Anilin.** A. Aboul-Seoud und A. Kasem. (Z. physik. Chem. [Leipzig] **235** (1967) 5/6, 325–32; Fac. of Engng., Univ. of Alexandria, Alexandria, U.A.R.; engl.) – Die spezif. RG des CNS^--katalysierten Diazotierung von Anilin (**I**) wird bei 5, 15 u. 25° spektrophotometr. bestimmt u. daraus die entsprechenden Werte für die Nitrosierung von **I** mit Nitrosylthiocyanat (**II**) berechnet. Die ΔG^*-, ΔH^*- u. ΔS^*-Werte bei 25° werden angegeben. Die Rk. werden mit der Cl^-- bzw. Br^--katalysierten Diazotierung von **I** verglichen. G. Kirsten 494△

1083 **Einfluß der Eigenschaften des festen Zustandes auf die katalytische Selektivität. Zersetzung von Isopropyljodid an einem Kupferjodid-Katalysator.** Hans U. D. Wiesendanger. (J. Catalysis **7** (1967) 3, 283–86; Electronic Associates, Inc., Palo Alto, Calif.; engl.) – Die Zers. des Isopropyljodid (**I**) an einem Kupferjodid-Katalysator wurde bei 270° u. 1 atm als Funktion des Verhältnisses der Zers.-Produkte $\Phi = C_3H_6/C_3H_8$ in Abhängigkeit von der Strömungsgeschw., des Partialdruckes von **I** u. der elektron. Eig. des Katalysators bei Anlegen einer Spannung von 0,4 V im festen Zustand untersucht. G. Malow 495

1084 **Katalysatoren für die homogene Hydrierung auf Rhodiumbasis.** Robert Stern, Yvonick Chevallier und Lucien Sajus. (C. R. hebd. Séances Acad. Sci., Sér. C **264** (1967) 22, 1740–42; Inst. Franç. du Petrole, Rueil-Malmaison, Hauts-de-Seine; franz.) – Vf. untersuchten die Hydrierung von *Styrol* durch das Syst. $Rh_2Cl_2(C_2H_4)$ + Phosphin. Angewendet wurden folgende Phosphine: *Phenyldipiperidino-, Phenyldimorpholino-, Diphenylpiperidino-, Diphenylmorpholino-, Tripiperidino-, Triphenyl-, Diphenylcyclohexyl-, Phenyldicyclohexyl-, Tricyclohexyl-, Diphenylbornyl-, Tri-o-tolyl-, Phenyl-diisobutyl-, Diphenylbenzoyl-, Trithienyl-, Tris-[cyanäthyl]-, Phenyldichlor-* (F. 103°), *Diphenylchlor-* (F. 86–87°); *Tetrakis-[hydroxymethyl]-phosphoniumchlorid* (F. 95°), PCl_3; *Triphenylarsin* u. *-stibin.* Der Katalysator reagiert in der Form $RhCl(PX_3)$. Ein Überschuß an Phosphin kann als Inhibitor wirken. Bes. eignen sich Phosphine, die durch sek. Amine substituiert sind.

W. Gauster 495

1085 **Nachweis eingeschlossener Elektronen in organischen Gläsern nach γ-Bestrahlung bei 4,2 °K durch ESR-Spektroskopie.** D. R. Smith und J. J. Pieroni. (Canad. J. Chem. **45** (1967) 22, 2723–27; Atomic Energy of Canada Ltd., Chalk River, Ontario; engl.) – Folgende organ. Gläser, die nach γ-Bestrahlung bei 77°K eingeschlossene Elektronen (EE) bilden, werden bei 4,2°K bestrahlt u. ESR-spektroskop. untersucht: *2-Methyltetrahydrofuran, A., 2-Methylpenten-(1), 3-Methylpentan.* Das Verhältnis der Spinkonz. u. die bei beiden Temp. gleich große Ausb. an EE werden diskutiert.

G. Kirsten 498△

1086 **Faktoren, die die strahlenkatalytische Umwandlung an Dielektrika adsorbierter organischer Verbindungen bestimmen.** V. I. Vladimirova, G. M. Žabrova, B. M. Kadenaci, P. G. Krivenkova und I. E. Nejmark. (Chim. vysokich Énerg. **1** (1967) 6, 576–82; Inst. chim. fiziki AN SSSR; russ.) – Unters. der Umwandlung von *Methanol* an Silicagel u. Al_2O_3 zu Formaldehyd u. Äthylenglykol. Der Zers.-Grad hängt weder von der spezif. Oberfläche noch vom Bedeckungsgrad noch von der Korngröße ab, sondern nur vom Verhältnis der Adsorbatmenge u. der Anzahl der bei der

[60]Co-γ-Bestrahlung gebildeten überschüssigen Ladungsträger. K. Jasche 498△

1087 **Blitzphotolyse von Propan.** D. W. L. Griffiths und R. A. Back. (J. chem. Physics **46** (1967) 10, 3913 bis 3915; Div. of Pure Chem., Nat. Res. Council, Ottawa, Canada; engl.) — Die Blitzphotolyse von Propan wird bei 1590 Å u. Drücken von 50 Torr untersucht u. Mechanismen angegeben. U. Drehmann 498

1088 **Sekundäre Elektronen bei der Radiolyse von Cyclohexan.** Shin Sato, Terumi Terao, Michiyuki Kono und Shoji Shida. (Bull. chem. Soc. Japan **40** (1967) 8, 1818—22; Ookayama, Meguro-ku, Tokyo, Inst. of Technol., Dep. of Appl. Phys.; engl.) — Bei γ-Radiolyse von Cyclohexan bei 10,9—26° werden CO_2 u. SF_6 als Elektronenfänger verwendet. Die $G(H_2)$-Abhängigkeit von den Konz. der Additiva wird untersucht. H. Pehlmann 498

1089 **Stereochemie der photosensibilisierten Hydratation von Olefinen.** James A. Marshall und Michael J. Wurth. (J. Amer. chem. Soc. **89** (1967) 25, 6788—90; Dep. of Chem., Northwestern Univ., Evanston, Ill.; engl.) — Bestrahlung von *2.10-Dimethyl-trans-Δ^2-oktalin* (I) in 1.2-Dimethoxyäthan/D_2O in Ggw. von Xylol liefert ein Gemisch aus $D_{(3)}$-*2-Methylen-10-methyl-trans-dekalin* [II; 40% (Ausb.)], $D_{(3)}$-*2-Hydroxy-trans-* (III; 30%) u. $D_{(3)}$-*2-Hydroxy-cis-2.10-dimethyl-trans-dekalin* (IV; 20%). In allen Rk.-Prod. nimmt D die äquatoriale Position ein. Konstit. u. Konfig. von II, III u. IV sind durch die IR-spektroskop. Daten, sowie durch unabhängige Synth. von III u. IV sichergestellt. Bei der Epoxidierung von II mit m-Chlorperbenzoesäure u. $LiAlH_4$-Red. der erhaltenen Epoxide entsteht ein Gemisch aus III u. IV. G. O. Jäger 498△

1090 **Benzol-Photosensibilisierung von Penten-(4)-al.** Edward K. C. Lee und Norman W. Lee. (J. physic. Chem. **71** (1967) 4, 1167—68; Univ. of Calif. at Irvine, Irvine, Calif.; engl.) — Die photochem. Zers. von Penten-(4)-al in der Gasphase wird bei 23° u. 2537 Å mit bzw. ohne Sensibilisierung durch Bzl. untersucht, wobei < 10 bzw. 25 Mol-% *C_2H_4*, 16 bzw. 40 *Propen*, 17 bzw. 35 *Buten-(1)* u. 57 bzw. 0 Mol-% *Methylcyclopropan* (II) entstehen. Ein Mechanismus mit 1.5-H-Verschiebung wird für derartige intramol. Umlagerungen diskutiert. G. Kirsten 498△

1091 **Photoaktivierung von intramolekular umgewandeltem, schwingungsangeregtem [2-T] Cyclobutanon.** Norman E. Lee, H. O. Denschlag und Edward K. C. Lee. (J. chem. Physics **48** (1968) 7, 3334—35; Dep. of Chem., Univ. of Calif., Irvine, Calif.; engl.) — Die 3130-Å-Photolyse wird untersucht. Quantenausb. vgl. Original. W. Pusch 498

1092 **Kinetik der γ-Radiolyse von Einkristallen von Glycin und Triglycinsulfat.** S. Z. Šul'ha, N. M. Smyrna und L. S. Zvjer'kov. (Ukrains'kyj fiz. Ž. **12** (1967) 9, 1555—56; Inst. fiziki AN Ukr. RSR m. Kyïv; ukrain.) — Unters. der EPR-Spektren der Titelverb. bei 77 u. 293°K nach ^{60}Co-γ-Bestrahlung bei 77°K. R. K. Müller 498

C. Präparative organische Chemie, Naturstoffe

1093 **α-Aminoalkylierungen mit Bis-[2-chloräthyl]-amin. 3. Mitt. Aminomethylierungen NH-acider Heterocyclen.** W. Werner. (Arch. Pharmaz. **299**, 513—17, 1966; Inst. für Mikrobiol. u. experimentelle Therapie Jena der Dt. Akad. der Wiss. zu Berlin; dt.) — 2. vgl. C. **1968,** 40-0929. — Die Aminomethylierung einer Reihe von Heterocyclen mit Bis-[2-chloräthyl]-amin (I) u. HCHO wird untersucht. Hydantoin, 1-Methyl- u. 5-[4-Diäthylaminobenzyliden]-hydantoin, 2-Thiohydantoin, 5-[4-Diäthylaminobenzyliden]-2-thiohydantoin, Rhodanin, 5-[4-Dimethylaminobenzyliden]-rhodanin, 4-Oxo-2-thioxo-oxazolidin, Benzoxazolon-(2) u. 5-Äthyl-5-phenylbarbitursäure liefern die entsprechenden Mannich-Basen. Vers. mit Benzimidazol, Thalidomid, ε-Caprolactam, Barbitursäure, 5-Nitrobarbitursäure, Alloxan, Violursäure, 4-Methyl- u. 2-Thiouracil verliefen negativ.

Versuche: Mannich-Basen, durch Alkalisieren von I-Hydrochlorid in W. mit Sodalsg. bei 5°, Aufnehmen in kaltem Ae., Extrahieren der wss. Phase mit Ae., Eindampfen der getrockneten äther. Phasen bei 0° im Vakuum, Zugabe von 35%ig. HCHO-Lsg. u. A. oder Methanol bei ca. 5°, Zugabe der NH-aciden Komponente bei 0—5°, 1—2 Std. Rühren (in einigen Fällen 10 Min.), Stehen über Nacht im Kühlschrank, Absaugen u. Waschen mit A.: 3-[Bis-(β-chloräthyl)-aminomethyl]-hydantoine: *unsubstituiert,* $C_8H_{13}Cl_2N_3O_2$, F. 95—96° (Essigester/PAe.); 76% (Ausb.). — *1-Methyl-,* $C_9H_{15}Cl_2N_3O_2$, F. 62—63°; aus Isopropanol Nadeln; 66%. — *5-[4-Diäthylaminobenzyliden]-,* $C_{19}H_{26}Cl_2N_4O_2$, F. 165—173°; aus Essigester gelbe Nadeln; 83%. — *2-Thio-,* $C_8H_{13}Cl_2N_3OS$, F. 70°; aus Bzl. (40°) gelbe Nadeln; 79%. — *5-[4-Diäthylaminobenzyliden]-2-thio-,* $C_{19}H_{26}Cl_2N_4OS$, F. 134—135°; aus A. orangerote Krist.; 61%. — 3-[Bis-(β-chloräthyl)-aminomethyl]-rhodanine: *unsubstituiert,* $C_8H_{12}Cl_2N_2OS_2$, F. 60—61,5°; aus A. gelbl. Parallelogramme; 56%. — *5-[4-Dimethylaminobenzyliden]-,* $C_{17}H_{21}Cl_2N_3OS_2$, F. 136—138° (Zers.); aus Aceton zinnoberrote Nadeln; 82%. — *3-[Bis-(β-chloräthyl)-aminomethyl]-oxazolidinon-(4)-thion-(2),* $C_8H_{12}Cl_2N_2O_2S$, F. 38—39° (A.); 77%. — *3-[Bis-(β-chloräthyl)-aminomethyl]-benzoxazolon-(2),* $C_{12}H_{14}Cl_2N_2O_2$, F. 57 bis 58°; aus Essigester/PAe. Nadeln; 73%. — *N-[Bis-(β-chloräthyl)-aminomethyl]-5-äthyl-5-phenylbarbitursäure,* $C_{17}H_{21}Cl_2N_3O_3$, F. 116—116,5° (A.); 40%. H. Miele 520

C-1. Acyclische Verbindungen

1094 **Strukturelle und sterische Richtung der nucleophilen Anlagerung von Mercaptanen an Vinylacetylen.** V. N. Petrov, G. M. Andrianova und E. N. Priležaeva. (Izvest. Akad. Nauk SSSR, Ser. chim. **1966,** 2180—88; Inst. organ. chimii im. N. D. Zelinskogo Akad. nauk SSSR; russ.) — Die Anlagerung von Alkylmercaptanen (A) an Vinylacetylen (I) unter nucleophilen Bedingungen führt hauptsächlich zu cis-1-Alkylmercaptobutadienen-(1.3) (cis-B) neben 4-Alkylmercaptobutadienen-(1.2) (C) u. wenig 2-Alkylmercaptobutadienen-(1.3) (D) u. 4-Alkylmercaptobutinen-(1) (E). Die Isomerisierung von C bei 125—135° in Ggw. von Alkali führt zu einem äquimol. Gemisch von cis- u. trans-B. IR-Spektren vgl. Original.

Versuche: Gemische der Alkylmercapto-Verb. cis-B, C, D u. E, durch Erhitzen (6—25 Std. bei 60—70°) von I mit den entsprechenden A-Na-Salzen in A. in Ggw. von Na-Äthylat u. N-Phenyl-α-naphthylamin (II) in einer Ampulle, Gießen in W. u. Extrahieren mit Ae.: *Methyl-,* C_5H_8S, $Kp._{28}$ 43—45°, in Ggw. von Na-Methylat; n_D^{20} 1,5346; 66,7% (Ausb.). — *Äthyl-,* $C_6H_{10}S$, $Kp._{20}$ 51—53°, in Ggw. von KOH; n_D^{20} 1,5280; 70,1%. — *n-Propyl-,* $C_7H_{12}S$, $Kp._7$ 47—48,5°; n_D^{20} 1,5158; 69,5%. — *Isopropyl-,* $C_7H_{12}S$, $Kp._3$ 54—54,5°; n_D^{20} 1,5132; 62,5%. — *n-Butyl-,* $C_8H_{14}S$, $Kp._8$ 78—78,5°; n_D^{20} 1,5103; 83%. — *tert.-Butyl-,* $C_8H_{14}S$, $Kp._{15}$ 64—65°; n_D^{20} 1,5095; 66,8%. — *2-Butylmercaptobutadien-(1.3),* $C_8H_{14}S$, $Kp._{29}$ 57—58°, durch 50std. Rühren von Chlorsulfolen mit n-C_4H_9SNa in Diglym, Waschen mit W., Extrahieren mit Ae., Eindampfen u. Erhitzen auf 160—200° u. 20—30 Torr unter Dest.; 4,5%. — Daneben: *3-Butylmercapto-Δ^2-sulfolen,* $C_8H_{14}S_2O_2$, F. 58—58,5° (Butanol); 30%. — *4-Äthylmercaptobutadien-(1.2),* $C_6H_{10}S$, $Kp._{24}$ 55,5—57°, durch 1½std. Schütteln von I mit konz. HCl u. $CaCl_2$ in Ggw. von II in einer Ampulle, Extrahieren mit Ae., Zugabe von A., Zugabe von C_2H_5SNa in A., Filtrieren u. weiter analog vorst. Gemischen; $D._4^{20}$ 0,9130, n_D^{20} 1,5085; 58,5%. — *4-tert.-Butylmercaptobutadien-(1.2),* $C_8H_{14}S$,

Kp.$_{11}$ 53—54°, analog; D.$_4^{20}$ 0,9043, n$_D^{20}$ 1,4965; 66%. — *3-tert.-Butylmercapto-Δ^4-cyclohexen-1.2-dicarbonsäureanhydrid*, $C_{12}H_{16}O_3S$, F. 80—81°, durch 15std. Erhitzen von Maleinsäureanhydrid mit 1-tert.-Butylmercaptobutadien-(1.3) u. J_2 in Ggw. von **II** in Bzl. in einer Ampulle auf 120—125° u. Fällen mit PAe.; 52%. H. Berger 640△

1095 **Gesetzmäßigkeiten in den Reaktionen der Diacetylenanlagerung.** 10. Mitt. **Richtung der Hydratisierung der konjugierten Monoalkyldiacetylene.** L. B. Sokolov und A. A. Petrov. (Ž. org. Chim. **2**, 1003—05, 1966; Leningrad, technologičeskij inst. im. Lensoveta; russ.) — 9. vgl. ibid. **2** (1966) 777; 5. vgl. C. **1967**, 18-0938. — Bei der Hydratisierung von Pentadiin-(1.3) (**I**) u. Hexadiin-(1.3) in Ggw. von H_2SO_4 entstehen *Pentin-(3)-on-(2)* (**II**), bzw. *Hexin-(3)-on-(2)*. IR- u. NMR-Spektren sind angegeben.

Versuche: *Pentin-(3)-on-(2)* (**II**), Kp.$_{68}$ 61 bis 61,5°, durch Zugabe von **I** zu konz. H_2SO_4 bei —18°, $1^1/_2$std. Rühren, Gießen auf Eis u. Extrahieren mit Ae.; D.$_4^{20}$ 0,8926, n$_D^{20}$ 1,4395; 44% (Ausb.). *2.4-Dinitrophenylhydrazon*, F. 148—149° (A.). — *Hexin-(3)-on-(2)*, Kp.$_{74}$ 76,5—77°, analog **II**; D.$_4^{20}$ 0,8727, n$_D^{20}$ 1,4403; 39%. *2.4-Dinitrophenylhydrazon*, F. 142—143° (A.). H.-J. Graubaum 710△

1096 **Alkylthioenine und ihre Analogen.** 8. Mitt. **Richtung der Hydratisierung der Alkylthioalkenine.** Ju. A. Bojko, B. S. Kupin und A. A. Petrov. (Ž. org. Chim. **2**, 1008—14, 1966; Leningrad, technologiceskij inst. im. Lensoveta; russ.) — 7. vgl. ibid. **1** (1965) 2115. — Bei der Hydratisierung von *[Alken-(3)-in-(1)-yl]-methylsulfiden* in Ggw. von $HgSO_4$, Hg^{++}/KU-2-Ionenaustauscher oder 40%ig. H_2SO_4 entstehen *Thioalkensäure-S-methylester*, die sich alkal. zu den entsprechenden *Alkensäuren* verseifen lassen. IR- u. NMR-Spektren sind angegeben.

Versuche: *[Buten-(3)-in-(1)-yl]-methylsulfid* (**I**), Kp.$_{20}$ 51—52°, durch gleichzeitige Zugabe von CH_3J u. ammoniakal. $NaNH_2$ zu ammoniakal. Na-Vinyl-acetylid, $^1/_2$std. Rühren, Zugabe von S, Zugabe von CH_3J nach $^1/_2$ Std., Zugabe von W. nach Verdampfen des NH_3, W.-Dampfdest. u. Extrahieren des Destillats mit Ae.; n$_D^{20}$ 1,5472. — Thioalkensäure-S-methylester: *-buten-(3)-* (**II**), C_5H_8OS, Kp.$_{20}$ 48—49°, a) durch Zugabe von **I** zu $HgSO_4$ in sd. verd. H_2SO_4, 6std. Kochen u. Extrahieren mit Ae., D.$_4^{20}$ 0,8123, n$_D^{20}$ 1,4903; 48% (Ausb.); b) analog durch 6std. Erhitzen von **I** u. Hg^{++}/KU-2-Austauscher in W. auf 100°; 21%; c) analog durch 2std. Erhitzen von **I** in 40%ig. H_2SO_4 auf 100°; 53%. Kochen mit 40%ig. NaOH bis zur Auflsg., Ansäuern u. Extrahieren mit Ae. nach 6 Std. → *Vinylessigsäure*, Kp.$_{20}$ 77—78°. Daneben nach a): *-buten-(2)-*, C_5H_8OS, Kp.$_{20}$ 68—70°; D.$_4^{20}$ 0,8163, n$_D^{20}$ 1,4438; 11% → *Crotonsäure*, Kp.$_{20}$ 78—78,5°, F. 72° (PAe.). — Analog **II** nach a): *Gemisch* von *-3-methylbuten-(2)-* u. *-3-methylbuten-(3)-*, $C_6H_{10}OS$, Kp.$_{20}$ 69—70°, mit [3-Methylbuten-(3)-in-(1)-yl]-methylsulfid; D.$_4^{20}$ 0,8174, n$_D^{20}$ 1,4979; 78% → *3-Methylbuten-(2)-säure*, Kp.$_{20}$ 78—82°, F. 70° (PAe.). — *Gemisch* von *-penten-(2)-* u. *-penten-(3)-*, $C_6H_{10}OS$, Kp.$_{20}$ 65—66°, mit [Penten-(3)-in-(1)-yl]-methylsulfid; D.$_4^{20}$ 0,8125, n$_D^{20}$ 1,5139; 65% → *Gemisch* von *Penten-(2)-* u. *Penten-(3)-säure*, Kp.$_{20}$ 73—85°, F. 78° (PAe.). H.-J. Graubaum 810△

1097 **Lipide. Synthese von O-[α.β-Distearoylglyceryl]-O-[myoinosito-(1)]-β-aminoäthylphosphat.** A. V. Luk'janov, A. I. Ljutik, V. I. Švec und N. A. Preobraženskij. (Ž. obšč. Chim. **36(98)**, 1029—31, 1966; Moskovskij inst. tonkoj chim. Technologii imeni Lomonosova; russ.) — Durch Rk. von α.β-Distearoylglycerin (**I**) mit β-Phthalimidoäthylphosphorsäuredichlorid (**II**) in Ggw. von Triäthylamin u. Umsetzung des Rk.-Prod. mit 3.4.5.6-Tetra-O-acetylmyoinosit (**III**) in Ggw. von Pyridin wird *O-[α.β-Distearoylglyceryl]-O-[3.4.5.6-tetraacetylmyoinosito-(1)]-β-phthalimidoäthylphosphat* (**IV**) dargestellt. Beim Kochen von **IV** mit Hydrazinhydrat in A. entsteht die *Titel-Verbindung*. IR-Spektren der dargestellten Verb. vgl. Original.

Versuche: *O-[α.β-Distearoylglyceryl]-O-[3.4.5.6-tetraacetylmyoinosito-(1)]-β-phthaliminoäthylphosphat* (**IV**), $C_{63}H_{102}NO_{19}P$, F. 48,5—49°, durch Zugabe von **II** (F. 74,5—75°) in $CHCl_3$ bei 5—10° zu einer Lsg. von **I** (F. 70—71°) in $CHCl_3$ u. Triäthylamin, 48std. Rühren bei 18—20°, Versetzen mit **III** (F. 134—136°) in $CHCl_3$ u. Py., 160std. Stehen bei 18—20°, Abdest. des Lsgm., Extrahieren mit Ae., Eindampfen des Extraktes u. Chromatographieren über SiO_2 (Elutionsmittel Ae.); 18,3%. — *O-[α.β-Distearoylglyceryl]-O-[myoinosito-(1)]-β-aminoäthylphosphat*, $C_{47}H_{92}NO_{13}P$, F. 67,5—68° (A., Ae.), durch 1std. Kochen von **IV** in A. mit Hydrazinhydrat, Ansäuern mit 86%ig. Ameisensäure, Abdest. des A., Extrahieren des Rückstandes mit $CHCl_3$ u. Eindampfen; 64,6%. Volker Hagen 810△

1098 **Lipide. Synthese von O-[α.β-Distearoylglyceryl]-O-[myoinosito-(1)]-β-[alanylamino]-äthylphosphat.** A. V. Luk'janov, A. I. Ljutik, V. I. Švec und N. A. Preobraženskij. (Ž. obšč. Chim. **36(98)**, 1031—33, 1966; Moskovskij inst. tonkoj chim. Technologii imeni Lomonosova; russ.) — Bei der Rk. von O-[α.β-Distearoylglyceryl]-O-[myoinosito-(1)]-β-aminoäthylphosphat (**I**) mit N-Cbo-alaninazid (**II**) wird *O-[α.β-Distearoylglyceryl]-O-[myoinosito-(1)]-β-[cbo-alanylamino]-äthylphosphat* (**III**) erhalten. Die Hydrierung von **III** in Ggw. von Pd führt zur *Titel-Verbindung* (**IV**). IR-Spektren von **IV** vgl. Original.

Versuche: *O-[α.β-Distearoylglyceryl]-O-[myoinosito-(1)]-β-[cbo-alanylamino]-äthylphosphat* (**III**), $C_{58}H_{103}\cdot N_2O_{16}P$, F. 88,5—89° (Ae.), durch Lösen von N-Cbo-alaninhydrazid (F. 137—138°) in einem Gemisch aus Essigsäure, 5 n HCl u. W., Kühlen auf —5°, Zugabe zu einer Lsg. von $NaNO_2$ in W., Extrahieren des gebildeten **II** mit Ae., Zugabe zu **I** in Ae. u. 48std. Stehen bei 18—20°; 70,5% (Ausb.). — *O-[α.β-Distearoylglyceryl]-O-[myoinosito-(1)]-β-[alanylamino]-äthylphosphat* (**IV**), $C_{50}\cdot H_{97}N_2O_{14}P$, F. 128—128,5° (A.), durch 2std. Hydrieren von **III** in A./$CHCl_3$ (3:1) in Ggw. von Pd/Kohle bei einem Druck von 40—60 cm W.-Säule; 78,7%. Volker Hagen 810△

1099 **Rolle des Pyridins bei der Hydrocarboxylierung von Diolefinen.** N. S. Imjanitov und D. M. Rudkovskij. (Ž. org. Chim. **2**, 231—35, 1966; Allunionsinst. Petrolchem. Prozesse; russ.) — Beim Erhitzen von Butadien mit CO u. W. in Ggw. von $Co_2(CO)_8$ im Autoklaven entsteht ein Gemisch von *Mono-* u. *Dicarbonsäuren* mit 6 C-Atomen. Die Zus. des Gemisches ist vom angewendeten Lsgm. abhängig. Wenn Pyridin verwendet wird, steigen die Ausb. an gesätt. Säuren, weil in Ggw. von Pyridin die intermediäre Bldg. ungesätt. Säuren verringert wird.

Versuche: Säuren, durch 1std. Rühren von Butadien in einem Lsgm. mit W. u. CO in Ggw. von $Co_2(CO)_8$ bei 483°K u. 250 Atm.: (Zahlen hinter den Säuren mMol/l, Bestimmung der Säuren durch Papierchromatographie): in Dioxan; *Adipinsäure* (**I**) 0,5; *α-Methylglutarsäure* (**II**) 1,1; *Äthylbernsteinsäure* (**III**) 3,4; *Penten-(3)-säure* (**IV**) 0,6; *Valeriansäure* (**V**) 24,5; *Methyläthylessigsäure* (**VI**) 19,6. — In Aceton; **I** 0,6; **II** 2,3; **III** 4,1; **IV** 0,6; **V** 81,5; **VI** 44,0. — In α-Picolin; **I** < 4,0; **II** 11,0; **III** 34,1; **IV** < 10,0; **V** 98,0; **VI** 24,3. — In α.α'-Lutidin: **I** < 4,0; **II** 6,9; **III** 21,2; **IV** < 10,0; **V** 64,0; **VI** 28,0. — In Chinolin; **I** 4,0; **II** 12,3; **III** 23,3; **IV** < 10,0; **V** 98,0; **VI** 69,0. — In Pyridin; **I** 120,0; **II** 53,0; **III** 185,0; **IV** < 10,0; **V** 146,0; **VI** < 30,0. G. Ziebarth 820△

1100 **Synthese von α-substituierten γ-Butyrolacton-γ-carbonsäuren.** G. M. Šachnazarjan, L. A. Saakjan, A. A. Achnazarjan und M. T. Dangjan. (Ž. org. Chim. **2**, 1793—95, 1966; Erevanskij gosud. univ.; russ.) — Die aus α-Alkylmalonsäurediäthylestern (**A**) u. 1.1.3-Trichlorpropen-(1) (**I**) zugänglichen α-Alkyl-α-[γ.γ-dichlorallyl]-malonsäurediäthylester (**B**) werden zu *2-Alkyl-5.5-dichlorpenten-(4)-säuren* (**C**) hydrolysiert, deren Ox. mit H_2O_2 zu *α-Alkyl-γ-butyrolacton-γ-carbonsäuren* führt.

Versuche: *α-[γ.γ-Dichlorallyl]-malonsäurediäthylester* (**B**), durch 3std. Kochen der Na-Deriv. der **A** mit **I** in A.: *Unsubstituiert*, Kp.$_7$ 139—140°, n$_D^{20}$ 1,4640. — *α-n-Propyl-*, $C_{13}H_{20}Cl_2O_4$, Kp.$_3$ 141—143°, D.$_4^{20}$ 1,1443, n$_D^{20}$ 1,4600; 62% (Ausb.). — *α-n-Butyl-*, $C_{14}H_{22}Cl_2O_4$, Kp.$_3$ 146—147°, D.$_4^{20}$ 1,1202, n$_D^{20}$ 1,4610; 60%. — 5.5-Dichlorpenten-(4)-säuren (**C**), durch Zutropfen der **B** zu 40%ig. NaOH u. 4—5std. Erhitzen auf 100°: *Unsubstituiert*, $C_5H_6Cl_2O_2$, Kp.$_7$ 122—126°, D.$_4^{20}$ 1,3455,

n_D^{20} 1,4900; 81%. — *2-n-Propyl-*, $C_8H_{12}Cl_2O_2$, Kp.$_3$ 145 bis 147°, D.$_4^{20}$ 1,1791, n_D^{20} 1,4780; 85%. — *2-n-Butyl-* (II), $C_9H_{14}Cl_2O_2$, Kp.$_5$ 164—165°, D.$_4^{20}$ 1,1564, n_D^{20} 1,4742; 82%. — γ-Butyrolacton-γ-carbonsäuren, durch 15std. Erhitzen der C mit 30%ig. H_2O_2 in Essigsäureanhydrid u. Vakuumdest.; *Unsubstituiert*, Kp.$_6$ 185 bis 190°, F. 47—48° (Hexan); 72%. — *α-n-Propyl-*, Kp.$_3$ 178—185°, F. 84—86° (CCl_4); 80,6%. *Äthylester*, Kp.$_3$ 117—119°, D.$_4^{20}$ 1,0689, n_D^{20} 1,4460; 89%. — *α-n-Butyl-*, F. 107—108°; 4,8 g (aus 15 g II).

H.-E. Toussaint 850

1101 **Reaktion von Thiol- und Dithiophosphorsäuren mit Arylisocyanaten.** Jean-Pierre Leber. (Helv. chim. Acta **49**, Sonderh. Emile Cherbuliez 607—16, 1966; Bale, Labor. agrochim. de Sandoz S.A.; franz.) — Durch Rk. von Dimethylamidothiolphosphorsäure mit Arylisocyanaten bilden sich *N.N-Dimethyl-N'-arylharnstoffe*. O.O'-Dialkyldithiophosphorsäure u. Arylisocyanate reagieren zu $[RO]_2$–P[S]–S–C[O]–NH–Ar. Verb. dieses Typs müssen als Zwischenprod. bei der ersten Rk. fungieren, die durch 1.2-Eliminierung aus einem cycl. Übergangszustand den substituierten Harnstoff bilden.

Versuche: *O.O'-Dimethyldithiophosphorsäure* (I), Kp.$_{0,2}$ 45—49°, durch Zutropfen einer Lsg. des Ammoniumsalzes in kalte wss. HCl u. Extraktion mit Chlf.; n_D^{20} 1,5326. — *Bis-dimethylamidothiolphosphorsäure* (II), $C_4H_{13}N_2OPS$, F. 91,5°. — *Dimethylamido-O-äthylthiolphosphorsäure* (III), $C_4H_{12}NO_2PS$, F. 106,5—107,5°. — Anhydride $[CH_3O]_2$–P[S]–S–C–[O]–NHR, durch Mischen von Lsg. von I u. einem Arylisocyanat in Methylenchlorid unter Kühlung auf 25° u. 5 Min. lange Rk.: R = *Phenyl-*, F. 91,5—92° (Bzl.); 70%. — R = *p-Chlorphenyl-*, $C_9H_{11}ClNO_3PS$, F. 80° (CCl_4/PAe.); 98%. — R = *3.4-Dichlorphenyl-*, $C_9H_{10}Cl_2NO_3PS_2$, F. 116° (CCl_4); 87%. — Anhydride $[C_2H_5O]_2$–P[S]–S–C[O]–NHR, analog: R = *Phenyl-*, F. 56° (Isooctan). — R = *p-Chlorphenyl-*, $C_{11}H_{15}ClNO_3PS_2$, F. 68° (Isooctan); 82%. — R = *3.4-Dichlorphenyl-*, F. 71° (Isooctan); 78%; (bildet mit W. *Bis-[3.4-Dichlordiphenyl]-harnstoff*, F. 275° (A.)]. — *N.N-Dimethyl-N'-phenylharnstoff*, F. 127° (W.), durch Rk. von II mit Phenylisocyanat; 85%. — *N'-p-Chlorphenyl-Verb.*, F. 172°, aus II u. p-Chlorphenylisocyanat in Methylenchlorid bei 25°; 82%. — *N'-[3.4-Dichlorphenyl]-Verb.*, F. 159°, analog; 72%.

G. Ziebarth 880△

1102 **Reaktion des Methyl- und Äthylalkohols mit Tetrachloräthylen.** G. I. Nikišin, M. I. Djusenov und G. V. Somov. (Izvest. Akad. Nauk SSSR, Ser. chim. **1966**, 2188—92; Inst. organ. chimii im. N. D. Zelinskogo Akad. nauk SSSR; russ.) — Rk. von CH_3OH u. A. mit Tetrachloräthylen (I) bei 570° ergibt 2.3.3-Trichlorallyl- (II) bzw. *1-Methyl-2.3.3-trichlorallylalkohol* (III); einige Rk. von II u. III sowie *1.1.2.3-Tetrachlorpropen-(1)* (IV) werden beschrieben. IR-Spektren vgl. Original.

Versuche: *2.3.3-Trichlorallylalkohol* (II), Kp.$_5$ 56—58°, durch Leiten eines Gemisches aus CH_3OH u. I durch ein Quarzrohr bei 570°; D.$_4^{20}$ 1,5496, n_D^{20} 1,5224; 34,4% (Ausb.). — *1-Methyl-2.3.3-trichlorallylalkohol* (III), $C_4H_5Cl_3O$, Kp.$_{2,5}$ 58—61°; analog: D.$_4^{20}$ 1,4396, n_D^{20} 1,5100; 25%. — *Trichloracrylsäure*, $C_3HCl_3O_2$, F. 77 bis 77,5° (TA.), durch Zugabe von CrO_3 in verd. H_2SO_4 zu II in Aceton unter Kühlung, Verdünnen der wss. Phase mit W., Extrahieren mit Ae. u. Eindampfen der äther.-aceton. Lsg.; 57%. — *[Trichlorvinyl]-methylketon*, $C_4H_3Cl_3O$, Kp.$_{10}$ 56—57°, analog aus III; D.$_4^{20}$ 1,4507, n_D^{20} 1,5080; 45%. *Semicarbazon*, F. 169,5—170° (wss. CH_3OH). — *Chloressigsäure-[2.3.3-trichlorallyl]-ester*, $C_5H_4Cl_4O_2$, Kp.$_6$ 110—111°, durch 8std. Erhitzen von II mit Chloressigsäure u. konz. H_2SO_4 auf 100°; D.$_4^{20}$ 1,5505, n_D^{20} 1,5122; 60%. — *1.1.2.3-Tetrachlorpropen-(1)* (IV+, $C_3H_2Cl_4$, Kp.$_{37}$ 75—77°, durch Zugabe von $SOCl_2$ zu II u. Py., 3std. Kochen u. Eindampfen; D.$_4^{20}$ 1,5498, n_D^{20} 1,5202; 74%. — *1.1.2-Trichlor-4-oxahexen-(1)-ol-(6)*, $C_5H_7Cl_3O_2$, Kp.$_1$ 90—92°, durch Zugabe von IV zu dem Mono-Na-Deriv. von Äthylenglykol (V) in V bei 90 bis 100°, 12std. Erhitzen u. Filtrieren; D.$_4^{20}$ 1,4277, n_D^{20} 1,5052; 55%. — *1.1.2-Trichlor-3-phenoxypropen-(1)*, $C_9H_7Cl_3O$, Kp.$_1$ 102—103°, durch aufeinanderfolgende Zugabe von Na, Phenol, A. u. IV zu A., 4std. Kochen, Einengen, Aufarbeiten mit W. u. Abtrennen der organ. Schicht; D.$_4^{20}$ 1,3690, n_D^{20} 1,5625; 30%. — *1.1.2-Trichlor-3-äthoxypropen-(1)*, Kp.$_1$ 32—33°, neben vorst. Verb.; D.$_4^{20}$ 1,3035, n_D^{20} 1,4830; 12,6%. — *1.1.2-Trichlor-3-diallylaminopropen-(1)*, $C_9H_{12}Cl_3N$, Kp.$_{0,5}$ 72 bis 73°, durch 10std. Kochen von IV mit Diallylamin in CH_3OH u. Eindampfen; D.$_4^{20}$ 1,1756, n_D^{20} 1,5057; 80%. — Analog: *1.1.2-Trichlor-3-piperidinopropen-(1)*, Kp.$_4$ 91—92°; D.$_4^{20}$ 1,2540, n_D^{20} 1,5164; 64%. — *1.1.2-Trichlor-3-morpholinopropen-(1)*, Kp.$_{3,5}$ 100—101°; n_D^{20} 1,5180; 80%. *Hydrochlorid*, $C_7H_{11}Cl_4NO$, F. 208,5—209,5° (CH_3OH). — *1.1.2-Trichlor-3-thiocyanatopropen-(1)*, $C_4H_2Cl_3NS$, F. 47,5—48,5° (Hexan), durch Zugabe von IV zu NaSCN in A., 8std. Kochen, Filtrieren, Eindampfen, Aufarbeiten mit W. u. Extrahieren mit Ae.; 90%.

H. Berger 910△

1103 **Hydrolyse höherer Dialkyldichlorsilane in Gegenwart eines Chlorwasserstoff-Acceptors.** K. A. Andrianov und B. A. Izmajlov. (Izvest. Akad. Nauk SSSR, Ser. chim. **1966**, 1102—04; Inst. für elementorgan. Verb. der Akad. der Wiss. der UdSSR; russ.) — Die Hydrolyse höherer *Dialkyldichlorsilane* verläuft in Ggw. eines HCl-Acceptors unter Bldg. der entsprechenden *Dialkyldihydroxysilane*. Mit der Vergrößerung der ster. Hinderung durch die Alkylgruppen am Si-Atom erhöht sich die Stabilität der entsprechenden Dialkyldihydroxysilane.

Versuche: Dihydroxysilane: durch Zutropfen von Dialkyldichlorsilan in Ae. (1:3) zu einem Gemisch aus Aceton, Anilin, abs. Ae. u. dest. W. unter Kühlung bei 0 bis —3°, Zugabe von wenig Hexan, Filtrieren u. Abdest. des Ae. im Vakuum: *Hexyl-methyl-*, $C_7H_{18}O_2Si$, F. 46—47° (PAe.), aus 9,86 g Hexyl-methyl-dichlorsilan, 9,22 g Anilin u. 1,78 g dest. W. in 155 ml Ae.; Schuppen; 70,1% (Ausb.). — *Isooctyläthyl-*, $C_{10}H_{24}O_2Si$, n_D^{20} 1,4520; D.$_4^{20}$ 0,9240; analog aus Isooctyläthyl-dichlorsilan, öliges Prod.; 92,8%. — *Isononyl-methyl-*, $C_{10}H_{24}O_2Si$, n_D^{20} 1,4512; D.$_4^{20}$ 0,9267; aus Isononyl-methyl-dichlorsilan; 93,4%. — *Decyl-methyl-*, $C_{11}H_{26}O_2Si$, F. 59—60°, a) analog vorst. Verb. aus Decyl-methyl-dichlorsilan; Nadeln; 83,1%; b) durch Zutropfen von 7,06 g Decyl-methyl-dichlorsilan in 85 ml Ae. zu 51 g dest. W. +3,1 g $CaCO_3$ bei 15—18°, 10 Min. langes Rühren u. Abtrennen der Ae.-Schicht; 70%.

I. Hahnemann 980

1104 **Synthese und Eigenschaften einiger Äthinylchlorsilane.** E. A. Černyšev und G. F. Pavelko. (Izvest. Akad. Nauk SSSR, Ser. chim. **1966**, 2205—07; Inst. organ. chimii im. N. D. Zelinskogo Akad. nauk SSSR; russ.) — Rk. von 1.2-Dichloräthylen (I) mit $HSiXCl_2$ in der Gasphase führt u. a. zu *Äthinylchlorsilanen*, deren Dreifachbindung Additionsrk. eingeht. IR-Spektren vgl. Original.

Versuche: *Äthinyltrichlorsilan* (II), C_2HCl_3Si, Kp. 73°, durch Leiten eines Gemisches von I u. Trichlorsilan durch ein Quarzrohr bei 575°; D.$_4^{20}$ 1,2851, n_D^{20} 1,4243; 27,6% (Ausb.). — Daneben: *[β-Chlorvinyl]-trichlorsilan*, Kp. 130—132°; n_D^{20} 1,4757; 21,5%. — *1.2-Bis-[trichlorsilyl]-äthylen*, Kp. 190°. — *Äthinylmethyldichlorsilan*, $C_3H_4Cl_2Si$, Kp. 84°, analog mit Methyldichlorsilan; D.$_4^{20}$ 1,4340, n_D^{20} 1,4312; 17,7%. — Daneben: *[β-Chlorvinyl]-methyldichlorsilan*, Kp. 136—139°; n_D^{20} 1,4685; 26,3%. — *Äthinylphenyldifluorsilan*, $C_8H_6F_2Si$, Kp. 112°, analog mit 178 g Phenyldichlorsilan u. 194 g I, Dest. bei 200—210° u. Aufarbeiten mit wss. HF; D.$_4^{20}$ 1,1200, n_D^{20} 1,4582; 1,5 g. — Daneben: *[β-Chlorvinyl]-phenyldichlorsilan*, $C_8H_7Cl_3Si$, Kp.$_6$ 105—107°; n_D^{20} 1,5515; 20,2%. — *1.2-Bis-[phenyldichlorsilyl]-äthylen*, $C_{14}H_{12}Cl_4Si$, Kp.$_6$ 190—195°; n_D^{20} 1,5790; 13,2%. — *[Trichlorsilylvinyl]-phenylsulfid*, $C_8H_7Cl_3SSi$, Kp.$_2$ 107,5 bis 110°, durch Zugabe von Thiophenol u. Benzoylperoxid in Heptan zu II in Heptan bei 70—80°; n_D^{20} 1,5838; 23,9%. — *[β-Bromvinyl]-trichlorsilan*, Kp.$_{735}$ 154°, durch Einleiten von HBr in eine Lsg. von II in CH_2Cl_2 bei —5°; n_D^{20} 1,5038; 54,2%. — *[β-Bromvinyl]-trimethylsilan*, Kp.$_{38}$ 50°, analog aus Trimethyläthinylsilan (III); D.$_4^{20}$ 1,1630, n_D^{20} 1,4659; 26,5%. — *[α.β-Dibromvinyl]-trichlorsilan*, $C_2HBr_2Cl_3Si$, Kp.$_{734}$ 200—200,5°, durch Zugabe von Br_2 zu II unter Kühlung; n_D^{20} 1,5457; 83,5%. — *[1.1.2.2-Tetrabromäthyl]-trichlorsilan*, $C_2HBr_4Cl_3Si$, Kp.$_3$ 117—120°, F. 54—55° (Kapillare), durch 45 Min. langes Kochen vorst. Verb. mit Br_2 in CH_2Cl_2;

10,4%. — *[α.β-Dibromvinyl]-trimethylsilan*, $C_5H_{10}Br_2Si$, Kp.$_8$ 66,5—67°, analog vorvorst. Verb. aus 14,2 g III; n_D^{20} 1,5161; 22 g. — *[1.1.2.2-Tetrabromäthyl]-trimethylsilan*, $C_5H_{10}Br_4Si$, Kp.$_3$ 115—116°, F. 67° (Heptan; Kapillare), analog vorvorst. Verb. aus vorst. Verb.; 70,1%. H. Berger 980△

1105 **Reaktionen von Verbindungen des dreiwertigen Phosphors mit N-Chlorsäureamiden.** 2. Mitt. **Reaktion von Phosphiten mit N-Chlor-N-alkylurethanen.** V. A. Šokol, N. K. Michajljučenko und G. I. Derkač. (Ž. obšč. Chim. **36**, 1442—44, 1966; Inst. org. chim. AN Ukr. SSR; russ.) — Durch Einw. von N-Chlor-N-alkylurethanen (**A**) auf Trialkylphosphite (**B**) werden *N-Alkyl-N-[di-O-alkylphosphono]-urethane* erhalten. — 1. vgl. C. **1969, 5-1207.**

Versuche: *N-Methylisopropylurethan*, $C_5H_{11}NO_2$, Kp.$_8$ 59—60°, aus Chlorameisensäureisopropylester u. Methylamin; D.$_4^{20}$ 0,9744, n_D^{20} 1,4192; 73% (Ausb.). — *N-Äthylmethylurethan*, $C_4H_9NO_2$, Kp.$_{15}$ 65—66°, analog; D.$_4^{20}$ 0,9777, n_D^{20} 1,4220; 62%. — *N-Chlor-N-methylmethylurethan*, $C_3H_6ClNO_2$, Kp.$_{17}$ 43—44°, durch Chlorieren von N-Methylmethylurethan in W. bei Raumtemp. u. Extrahieren mit Ae.; D.$_4^{20}$ 1,2612, n_D^{20} 1,4401; 60%. — *N-Chlor-N-methylisopropylurethan*, $C_5H_{10}ClNO_2$, Kp.$_{12}$ 46—47°, analog; D.$_4^{20}$ 1,1031, n_D^{20} 1,4232; 80%. — *N-Chlor-N-äthylmethylurethan*, $C_4H_8ClNO_2$, Kp.$_{19}$ 52—53°, analog; D.$_4^{20}$ 1,1747, n_D^{20} 1,4404; 62%. — *N-Chlor-N-methyläthylurethan*, $C_4H_8ClNO_2$, Kp.$_7$ 37—38°, durch Methylieren von N-Chloräthylurethan mit Dimethylsulfat; D.$_4^{20}$ 1,1806, n_D^{20} 1,4340; 50%. — Verb. vom Typ XOCON(Y)PO(OZ)$_2$, durch Zugabe von **B** [(ZO)$_3$P] in Bzl. zu **A** [XOCON(Y)Cl] in Bzl., 1—2std. Kochen unter Dest. von Alkylchlorid u. Eindampfen: X = Y = Z = CH_3, $C_5H_{12}NO_5P$, Kp.$_{1,5}$ 83—84°; D.$_4^{20}$ 1,2774, n_D^{20} 1,4366; 66%. — X = Y = CH_3, Z = C_2H_5, $C_7H_{16}NO_5P$, Kp.$_{1,5}$ 87—88°; D.$_4^{20}$ 1,1660, n_D^{20} 1,4319; 64%. — X = Y = CH_3, Z = *iso*-C_3H_7, $C_9H_{20}NO_5P$, Kp.$_{0,4}$ 75—76°; D.$_4^{20}$ 1,1050, n_D^{20} 1,4299; 62%. — X = CH_3, Y = Z = C_2H_5, $C_8H_{18}NO_5P$, Kp.$_{0,4}$ 94—95°; D.$_4^{20}$ 1,1348, n_D^{20} 1,4333; 55%. — X = CH_3, Y = C_2H_5, Z = *iso*-C_3H_7, $C_{10}H_{22}NO_5P$, Kp.$_{0,3}$ 90—91°; D.$_4^{20}$ 1,0730, n_D^{20} 1,4285; 50%. — X = C_2H_5, Y = Z = CH_3, $C_6H_{14}NO_5P$, Kp.$_{0,4}$ 71—72°; D.$_4^{20}$ 1,2160, n_D^{20} 1,4343; 50%. — X = Z = C_2H_5, Y = CH_3, $C_8H_{18}NO_5P$, Kp.$_{0,5}$ 83—84°; D.$_4^{20}$ 1,1310, n_D^{20} 1,4301; 63%. X = C_2H_5, Y = CH_3, Z = *iso*-C_3H_7, $C_{10}H_{22}NO_5P$, Kp.$_{0,7}$ 91—92°; D.$_4^{20}$ 1,0770, n_D^{20} 1,4277; 65%. — X = *iso*-C_3H_7, Y = Z = CH_3, $C_7H_{16}NO_5P$, Kp.$_3$ 114—115°; D.$_4^{20}$ 1,1657, n_D^{20} 1,4309; 57%. — X = *iso*-C_3H_7, Y = CH_3, Z = C_2H_5, $C_9H_{20}NO_5P$, Kp.$_{1,5}$ 98—99°; D.$_4^{20}$ 1,1041, n_D^{20} 1,4292; 56%. — X = Z = *iso*-C_3H_7, Y = CH_3, $C_{11}H_{24}NO_5P$, Kp.$_{1,5}$ 106—108°; D.$_4^{20}$ 1,0520, n_D^{20} 1,4270; 90%. H. Berger 980△

1106 **N-Formylphosphorsäurediesteramide.** K. D. Berlin und M. A. R. Khayat. (Tetrahedron [London] **22**, 987 bis 994, 1966; Dep. of Chem., Okla. State Univ., Stillwater, Okla.; engl.) — *N-[O.O-Dialkylphosphoryl]-ameisensäureamide* werden aus N-[O.O-Dialkylphosphoryl]-ameisensäureesterimiden durch Hydrolyse mit W. gewonnen. Die Struktur von N-[O.O-Dibutylphosphoryl]-ameisensäureamid (I) wird durch Red. zu *N-[O.O-Dibutylphosphoryl]-methylamin* bewiesen. IR-, UV- u. KMR-Spektralmaxima vgl. Original.

Versuche: *N-[O.O-Diäthylphosphoryl]-ameisensäureamid*, $C_5H_{12}NO_4P$, Kp.$_{0,25}$ 134°; 50% (Ausb.). — *N-[O.O-Dibutylphosphoryl]-ameisensäureamid* (I), $C_9H_{20}NO_4P$, Kp.$_2$ 168,5—170°; 58%. — *N-Formyldiphenylphosphinsäureamid*, $C_{13}H_{12}NO_2P$, F. 178—180°; 47%. — *Ameisensäure*, durch Hydrolyse von I mit 2 n HCl; daneben Phosphorsäure. — *N-[O.O-Dibutylphosphoryl]-methylamin*, Kp.$_{0,25}$ 130—132°, aus I mit $LiAlH_4$; 70%. — *Phosphorsäuretributylester*, Kp.$_{1,2}$ 114—114,5°, durch Umsetzen von O.O-Dibutylphosphorylchlorid mit Formamid. — *Diphenylphosphinsäureanhydrid*, F. 140—143°, aus 4 g Diphenylphosphinsäurechlorid mit Formamid; 4,5 g. W. Hampel 980△

1107 **Chloracetylisocyanatderivate.** G. I. Derkač und V. P. Belaja. (Ž. obšč. Chim. **36(98)**, 1942—49, 1966; Inst. org. chim. AN Ukrainskoj SSR; russ.) — Durch Rk. von Chloracetylisocyanat (I) mit Alkoholen, Phenolen oder Aminen werden die entsprechenden *Urethane* (**A**) bzw. *Harnstoffe* (**B**) erhalten. Die Rk. von **A** u. **B** mit Na- oder K-Di-O-alkyldithiophosphaten (**C**) bzw. K-Rhodanid wird untersucht.

Versuche: *N-[Chloracetyl]-carbaminsäure, Methylester*, $C_4H_6ClNO_3$, F. 142—144° (Bzl.), durch tropfenweise Zugabe von CH_3OH in abs. Bzl. zu **I** in abs. Bzl. oder Ae. unter Kühlung; 83% (Ausb.). Analog: *Äthylester*, $C_5H_8ClNO_3$, F. 123—125° (Bzl.); 75%. *Isopropylester*, $C_6H_{10}ClNO_3$, F. 99—101° (CCl_4); 85%. *Phenylester*, $C_9H_8ClNO_3$, F. 130—132° (CCl_4); 70%. *p-Chlorphenylester*, $C_9H_7Cl_2NO_3$, F. 147—150° (Bzl.); 63%. — N-Chloracetyl-N'-aryl(alkyl)harnstoffe (**B**): *Isopropyl-*, $C_6H_{11}ClN_2O_2$, F. 90—92° (PAe.); 89%. — *o-Tolyl-*, $C_{10}H_{11}ClN_2O_2$, F. 135—137° (CCl_4); 73%. — *p-Tolyl-*, $C_{10}H_{11}ClN_2O_2$, F. 184—185,5° (CH_3OH); 81%. — *p-Methoxyphenyl-*, $C_{10}H_{11}ClN_2O_3$, F. 169—171° (CH_3OH); 81%. — *p-Bromphenyl-*, $C_9H_8BrClN_2O_2$, F. 213—215° (CH_3OH); 78%. — *2.4-Dichlorphenyl-*, $C_9H_7Cl_3N_2O_2$, F. 208—210° (CH_3OH); 82%. — *α-Naphthyl-*, $C_{13}H_{11}ClN_2O_2$, F. 194—196° (Aceton); 80%. — *β-Naphthyl-*, $C_{13}H_{11}ClN_2O_2$, F. 196—198° (Aceton); 75%. — S-[N-Carbalkoxy-(phenoxy)carbamylmethyl]-dithiophosphate: durch Rk. von **A** mit **C** in abs. Aceton bei −4 bis 0° u. 3std. Rühren bei 20°; 80—90%: *Di-O-methyl-N-carbomethoxy-*, $C_6H_{12}NO_5PS_2$, F. 50—55° (Ae.). — *Di-O-methyl-N-carbäthoxy-*, $C_7H_{14}NO_5PS_2$. — *Di-O-methyl-N-carbisopropoxy-*, $C_8H_{16}NO_5PS_2$. — *Di-O-methyl-N-carbophenoxy-*, $C_{11}H_{14}NO_5PS_2$, F. 65—68° (Ae.). — *Di-O-methyl-N-carbo-p-chlorphenoxy-*, $C_{11}H_{13}ClNO_5PS_2$. — *Di-O-äthyl-N-carbomethoxy-*, $C_8H_{16}NO_5PS_2$, F. 66—69° (A.). — *Di-O-äthyl-N-carbäthoxy-*, $C_9H_{18}NO_5PS_2$, F. 70—73° (CH_3OH). — *Di-O-äthyl-N-carbophenoxy-*, $C_{13}H_{18}NO_5PS_2$. — *Di-O-äthyl-N-carbo-p-chlorphenoxy-*, $C_{13}H_{17}ClNO_5PS_2$, F. 53—57°. — *Di-O-isopropyl-N-carbomethoxy-*, $C_{10}H_{20}NO_5PS_2$, F. 80—83°. — *Di-O-isopropyl-N-carbäthoxy-*, $C_{11}H_{22}NO_5PS_2$, F. 46—48° (wss. A.). — *Di-O-isopropyl-N-carboisopropoxy-*, $C_{12}H_{24}NO_5PS_2$, F. 60—65° (PAe.). — *Di-O-isopropyl-carbophenoxy-*, $C_{15}H_{22}NO_5PS_2$, F. 41 bis 45°. — *Di-O-isopropyl-N-carbo-p-chlorphenoxy-*, $C_{15}H_{21}ClNO_5PS_2$, F. 68—72° (Ae.). — N-[Di-O-methylthiophosphorylmercaptoacetyl]-N'-aryl(alkyl)-harnstoffe: *Isopropyl-*, $C_8H_{17}N_2O_4PS_2$, F. 72—74° (CCl_4); 97%. — *o-Tolyl-*, $C_{12}H_{17}N_2O_4PS_2$, F. 125—127° (CCl_4); 94%. — *p-Tolyl-*, $C_{12}H_{17}N_2O_4PS_2$, F. 125—127° (CCl_4); 95%. — *p-Methoxyphenyl-*, $C_{12}H_{17}N_2O_5PS_2$, F. 118 bis 120° (CCl_4); 95%. — *p-Bromphenyl-*, $C_{11}H_{14}BrN_2O_4PS_2$, F. 129—130° (CCl_4); 95%. — *2.4-Dichlorphenyl-*, $C_{11}H_{13}Cl_2N_2O_4PS_2$, F. 159—161° ($CCl_4$); 88%. — *α-Naphthyl-*, $C_{15}H_{17}N_2O_4PS_2$, F. 167—168° (Aceton); 86%. — *β-Naphthyl-*, $C_{15}H_{17}N_2O_4PS_2$, F. 136—137,5° (Aceton); 86%. — N-[Di-O-äthylthiophosphorylmercaptoacetyl]-N'-aryl(alkyl)harnstoffe: *Isopropyl-*, $C_{10}H_{21}N_2O_4PS_2$, F. 101—103° (CCl_4); 87%. — *o-Tolyl-*, $C_{14}H_{21}N_2O_4PS_2$, F. 90—92° (CCl_4); 93%. — *p-Tolyl-*, $C_{14}H_{21}N_2O_4PS_2$, F. 112—114° (CCl_4); 95%. — *p-Methoxyphenyl-*, $C_{14}H_{21}N_2O_5PS_2$, F. 85—87° (CCl_4); 93%. — *p-Bromphenyl-*, $C_{13}H_{18}BrN_2O_4PS_2$, F. 108—110° (PAe.); 88%. — *2.4-Dichlorphenyl-*, $C_{13}H_{17}Cl_2N_2O_4PS_2$, F. 139 bis 141° ($CCl_4$); 87%. — *α-Naphthyl-*, $C_{17}H_{21}N_2O_4PS_2$, F. 130—132° (CH_3OH); 77%. — *β-Naphthyl-*, $C_{17}H_{21}N_2O_4PS_2$, F. 139—141° (CH_3OH); 90%. — N-[Di-O-isopropylthiophosphorylmercaptoacetyl]-N'-aryl(alkyl)harnstoffe: *Isopropyl-*, $C_{12}H_{25}N_2O_4PS_2$, F. 82 bis 85° (CCl_4); 86%. — *o-Tolyl-*, $C_{16}H_{25}N_2O_4PS_2$, F. 110 bis 112,5° (PAe.); 92%. — *p-Tolyl-*, $C_{16}H_{25}N_2O_4PS_2$, F. 115—117° (CH_3OH); 89%. — *p-Methoxyphenyl-*, $C_{16}H_{25}N_2O_5PS_2$, F. 90—92,5° (CCl_4); 92%. — *p-Bromphenyl-*, $C_{15}H_{22}BrN_2O_4PS_2$, F. 129—131° (CCl_4); 97%. — *2.4-Dichlorphenyl-*, $C_{15}H_{21}Cl_2N_2O_4PS_2$, F. 127—129° ($CCl_4$); 99%. — *α-Naphthyl-*, $C_{19}H_{25}N_2O_4PS_2$, F. 119—120,5° (CH_3OH); 89%. — *β-Naphthyl-*, $C_{19}H_{25}N_2O_4PS_2$, F. 154 bis 156° (CCl_4); 94%. — Bis-[di-O-alkylthiophosphorylmercaptoacetyl]-amide, durch 5std. Kochen von N-Chloracetyl-chloracetamid mit K-Di-O-alkyldithiophosphaten in abs. Aceton: *-äthyl-*, $C_{12}H_{25}NO_6P_2S_4$, F. 41—43°; 86%. — *-butyl-*, $C_{20}H_{41}NO_6P_2S_4$; 76%. — *N-Rhodanacetyl-carbaminsäure, Methylester*, $C_5H_6N_2O_3S$, F. 92—94° (Bzl.), durch Zutropfen von K-Rhodanid in abs. Aceton zu **A** in abs. Aceton bei 0° u. 3std. Rühren bei 20°; ~ 100%. Analog: *Äthylester*, $C_6H_8N_2O_3S$, F. 85 bis 86,5° (Bzl.). *Isopropylester*, $C_7H_{10}N_2O_3S$, F. 71—72° (CCl_4). *Phenylester*, $C_{10}H_8N_2O_3S$, F. 192—194° (Aceton). *p-Chlorphenylester*, $C_{10}H_7ClN_2O_3S$, F. 108—110° (Bzl.). G. Jähnchen 980△

1108 **Derivate von Acylisocyanaten.** G. I. Derkač, E. S. Gübnickaja und L. I. Samaraj. (Ž. obšč. Chim. **36**(98), 1949—51, 1966; Inst. org. chim. AN Ukrainskoj SSR; russ.) — Einige Rk. von Acylisocyanaten (**A**) mit Aminen, Naphtholen u. Diisopropylphosphit (**I**) werden untersucht. Durch Rk. von N-Chloracetyl-N'-arylharnstoffen (**B**) oder N-[Chloracetyl]-carbaminsäure-α-naphthylester (**II**) mit K-Di-O-methyldithiophosphat (**III**) werden die entsprechenden *N-[Di-O-methylthiophosphorylmercaptoacetyl]-N'-arylharnstoffe* (**C**) bzw. der *-carbaminsäure-α-naphthylester* (**IV**) erhalten.

Versuche: Carbaminsäure-α-naphthylester, durch Rk. von **A** mit α-Naphthol in Bzl. unter Eiskühlung u. 12std. Stehen bei 15°; *N-Chloracetyl-* (**II**), $C_{13}H_{10}ClNO_3$, F. 163—164° (Bzl.); 77% (Ausb.). — *N-Trichloracetyl-*, $C_{13}H_8Cl_3NO_3$, F. 160—162° (A.); 72%. — *N-Benzoyl-*, $C_{18}H_{13}NO_3$, F. 149—150° (CH_3OH); 83%. — Analog: *N-Äthoxycarbonyl-*, $C_{14}H_{13}NO_4$, F. 174—175° (Äthylacetat); 96%. — Carbaminsäure-β-naphthylester, *N-Chloracetyl-*, $C_{13}H_{10}ClNO_3$, F. 158—160° (CH_3 · OH); 64%. — *N-Benzoyl-*, $C_{18}H_{13}NO_3$, F. 141—143° (CH_3OH/A.); 84%. — *N-Äthoxycarbonyl-*, $C_{14}H_{13}NO_4$, F. 140—142° (Bzl.); 93%. — *N-Chloracetyl-N'-[p-chlorphenyl]-harnstoff*, $C_9H_8Cl_2N_2O_2$, F. 194—196° (CH_3OH), durch Rk. von **A** mit p-Chloranilin in Ae. unter Eiskühlung u. 10std. Stehen bei 20°; 83%. — *N-Benzoyl-N'.N'-äthylenharnstoff*, $C_{10}H_{10}N_2O_2$, F. 96—97° (Äthylacetat), analog vorst. Verb.; 83%. — N-Acylharnstoffe, durch Einleiten von NH_3 in eine Lsg. von **A** in Bzl.: *Chloracetyl-*, $C_3H_5ClN_2O_2$, F. 181—182° (CH_3OH); 97%. — *Benzoyl-*, F. 215°; 94%. — Carbamoyl-phosphonsäurediisopropylester, durch 4std. Erhitzen von **A** mit **I** in Ggw. von Triäthylamin auf 80—90° u. 24std. Stehen bei 20°: *N-Chloracetyl-*, $C_9H_{17}ClNO_5P$; 90%. — *N-Trichloracetyl-*, $C_9H_{15}Cl_3NO_5P$, F. 64—67° (PAe.); 98%. — *N-Äthoxycarbonyl-*, $C_{10}H_{20}NO_6P$, F. 73 bis 76° (Ae.); 78%. — N-[Di-O-methylthiophosphorylmercaptoacetyl]-N'-arylharnstoffe (**C**), durch Zugabe von **B** in Aceton zu **III** in Aceton bei ~ 5°, 4std. Rühren u. 12std. Stehen bei 15°: *Phenyl-*, $C_{11}H_{15}$ · $N_2O_4PS_2$, F. 92—94° (CH_3OH); 96%. — *p-Chlorphenyl-*, $C_{11}H_{14}ClN_2O_4PS_2$, F. 108—110° (CH_3OH/Bzl.); 98%. — Analog: *N-[Di-O-methylthiophosphorylmercaptoacetyl]-carbaminsäure-α-naphthylester* (**IV**), $C_{15}H_{16}NO_5PS_2$, F. 107 bis 109° (CH_3OH); 74%. G. Jähnchen 980△

1109 **Synthese von Derivaten der N-Phosphorylimidothiocarbaminsäure und des N-Phosphorylimidoharnstoffs.** L. N. Levkova und P. I. Alimov. (Izvest. Akad. Nauk SSSR, Ser. chim. **1966**, 2218—20; Inst. org. i fiz. chim. im. Arbuzova AN SSSR; russ.) — Folgende Verb. werden dargestellt: $(C_2H_5O)_2P(O)N{=}CXY$ (**A**): X = SC_2H_5, Y = NH_2, F. 85—86° (Ae.), durch Einleiten von trockenem NH_3 in eine äther. Lsg. von **A** (X = SC_2H_5, Y = Cl) bei 20—30°; 39,5% (Ausb.). — X = *Isopropylmercapto*, Y = NH_2, F. 73—74° (Ae.), analog; 39,8%. — X = SC_3H_7, Y = $NHCH_3$, $Kp._1$ 128°, analog durch Rk. mit einer äther. Lsg. von Methylamin bei 0°, Filtrieren u. Eindampfen; $D._4^{20}$ 1,1329, n_D^{20} 1,4954; 30,8%. — Analog: X = SC_4H_9, Y = $NHCH_3$, $Kp._1$ 116—118°; $D._4^{20}$ 1,1135, n_D^{20} 1,4938; 31,6%. — X = SC_4H_9, Y = NHC_2H_5, $Kp._1$ 120—121,5°; $D._4^{20}$ 1,0923, n_D^{20} 1,4882; 41,3%. — X = SC_3H_7, Y = $N(C_2H_5)_2$, $Kp._1$ 130—133°; $D._4^{20}$ 1,0939, n_D^{20} 1,5002; 41,7%. X = SC_3H_7, Y = OC_2H_5, $Kp._{0,1}$ 112—114°, durch Zugabe einer äther. Lsg. von **A** (X = SC_3H_7, Y = Cl) zu Na-Äthylat in A., 2std. Rühren, Filtrieren, Eindampfen u. Extrahieren mit Ae.; $D._4^{20}$ 1,1300, n_D^{20} 1,4880; 14,1%. — X = Y = SC_3H_7, $C_{11}H_{24}NO_3PS_2$, $Kp._{0,1}$ 134°, neben vorst. Verb.; n_D^{20} 1,5162. — X = Y = $P(O)(OC_2H_5)_2$, $Kp._{0,1}$ 163 bis 164°, durch Zugabe von **A** (X = Y = Cl) zu Triäthylphosphit bei 0°, Erwärmen auf Raumtemp. u. 30 Min. langes Erhitzen auf 35—40°; $D._4^{20}$ 1,2347, n_D^{20} 1,4566; 41,3%. — X = Y = $P(O)(OC_3H_7)_2$, $Kp._{0,1}$ 174—175°, F. 60—61°, analog; 36%. — $[(CH_3)_2N]_2P(O)N{=}C(NR_2)_2$: R = CH_3, $Kp._{0,015}$ 104—106°, durch Chlorieren von rohem $[(CH_3)_2N]_2P(O)NCS$ bei —5 bis 5°, Abtrennen des Cl_2 u. S_2Cl_2, Lösen in Ae., Zugabe einer äther. Lsg. von Dimethylamin bei —5 bis 0° u. 2std. Rühren bei Raumtemp.; $D._4^{20}$ 1,0790, n_D^{20} 1,5052; 26,8%. R = C_2H_5, $Kp._{0,02}$ 120°, analog; $D._4^{20}$ 1,0205, n_D^{20} 1,4915; 30%. H. Berger 980△

1110 **Reaktionen von Dialkylhydrogenphosphiten mit Alkylvinyläthern.** T. Nishiwaki. (Tetrahedron [London] **22**, 711—22, 1966; Wakayama City, Kao Soap Co., Ltd., Ind. Res. Labor.; engl.) — Die Rk. von Alkylvinyläthern mit Dialkylhydrogenphosphiten in Ggw. von Benzoylperoxid, α.α'-Azobisisobutyronitril oder Dibutylperoxid wird beschrieben. Dabei entstehen *Dialkyl-[β-alkoxyäthyl]-phosphonate*, deren KMR- u. IR-Spektralmaxima angegeben werden. Der Einfl. des Katalysators auf die Ausb. wird angegeben. Bei der Rk. von Dodecylvinyläther mit Diäthylhydrogenphosphit in Ggw. von Benzoylperoxid entsteht ein Substanzgemisch, dessen Fraktionen unterschiedlichen P-Geh. aufweisen. Ein analoges Resultat wird bei Verw. von α.α'-Azobisisobutyronitril gewonnen.

Versuche: Phosphonate, durch Radikaladdition von Alkylvinyläther an Dialkylhydrogenphosphite: *Diäthyl-[β-n-butoxyäthyl]-* (**I**), $C_{10}H_{23}O_4P$, $Kp._{0,5}$ 95 bis 97°, a) aus Diäthylhydrogenphosphit; b) aus n-Butoxyäthylbromid u. 33,2 g Triäthylphosphit; 25,8 g (Ausb.). — *Di-n-propyl-[β-n-butoxyäthyl]-*, $C_{12}H_{27}O_4P$, $Kp._{1,5}$ 122 bis 125°. — *Diisopropyl-[β-n-butoxyäthyl]-*, $C_{12}H_{27}O_4P$, $Kp._{0,2}$ 80—84°. — *Di-n-butyl-[β-n-butoxyäthyl]-*, $C_{14}H_{31}$ · O_4P, $Kp._{0,2}$ 110—113°. — *Diäthyl-[β-isobutoxyäthyl]-* (**II**), $C_{10}H_{23}O_4P$, $Kp._{0,2}$ 78—81°. — *Diäthyl-[β-(2-äthylhexyloxy)-äthyl]-*, $C_{14}H_{31}O_4P$, $Kp._{0,2}$ 116—118°. — *Di-n-propyl-[β-(2-äthylhexyloxy)-äthyl]-*, $C_{16}H_{35}O_4P$, $Kp._{0,2}$ 119 bis 123°. — *Di-n-butyl-[β-(2-äthylhexyloxy)-äthyl]-*, C_{18} · $H_{39}O_4P$, $Kp._{0,2}$ 128—131°. — *Diäthyl-[β-dodecyloxyäthyl]-*, $C_{18}H_{39}O_4P$, $Kp._{0,2}$ 143—147°. — *Diäthyl-[β-tetradecyloxyäthyl]-*, $C_{20}H_{43}O_4P$, $Kp._{0,2}$ 168—172°. — *Äthyl-n-butyl-[β-n-butoxyäthyl]-*, $C_{12}H_{27}O_4P$, $Kp._{0,5}$ 86—90°, durch Transesterifizierung von **I**. — Phosphonsäuren, durch Hydrolyse der entsprechenden Dialkylester: *β-n-Butoxyäthyl-*, $C_6H_{15}O_4P$, aus 2,4 g **I** mit konz. HCl; gelber Sirup; 1,6 g. *Aniliniumsalz*, $C_{12}H_{22}NO_4P$, F. 138—139,5° (A./Ae.), aus 1,4 g; 0,9 g. — *β-Isobutoxyäthyl-*, aus 4 g **II**; 3,1 g. *Aniliniumsalz*, $C_{12}H_{22}NO_4P$, F. 139—140° (Bzl./A.). — *β-2-Äthylhexyloxyäthyl-*, $C_{10}H_{23}O_4P$. — *β-Dodecyloxyäthyl-*, $C_{14}H_{31}O_4P$, aus 3,5 g Ester; 2,9 g. — *β-Tetradecyloxyäthyl-*, $C_{16}H_{35}O_4P$, aus 2,5 g Ester; 1,7 g. — *β-n-Butoxyäthylphosphonsäuredichlorid*, $C_6H_{13}Cl_2O_2P$, $Kp._2$ 94—97°, aus 11,9 g **I** mit PCl_5; 4,8 g. — *β-Äthoxyäthylphosphonsäurediäthylester*, $C_8H_{19}O_4P$, $Kp._{0,8}$ 80—83°, aus 36,5 β-Äthoxyäthylbromid mit Triäthylphosphit bei 130—155°; 31,7 g; daneben 13 ml *Äthylbromid*. — *β-n-Propoxyäthylphosphonsäurediäthylester*, $C_9H_{21}O_4P$, $Kp._{1,5}$ 89—92°, durch 1std. Erhitzen von 16,7 g β-n-Propoxyäthylbromid mit Triäthylphosphit auf 150—190°; n_D^{25} 1,4260; 14,1 g. W. Hampel 980△

1111 **Reaktionen von Fluorolefinen.** 18. Mitt. **Anlagerung von Thiophosphorsäuren an Φ-Olefine.** I. L. Knunjanc und E. G. Bychovskaja. (Izvest. Akad. Nauk SSSR, Ser. chim. **1966**, 1571—75; russ.) — Die Anlagerung saurer Ester von Alkylphosphon-, Alkylthiophosphon- u. Thiophosphorsäure an Perfluorolefine wird untersucht.

Versuche (TÄM = Triäthylamin): *O-Isopropyl-O'-[2H-perfluorisobutyryl]-methylphosphonsäure*, $C_8H_{11}F_6$ · O_4P, $Kp._{11}$ 72°, a) durch Einleiten von Perfluorisobutylen (**I**) in ein Gemisch von Eisessig, K-Acetat u. Methylthiophosphonsäure-O-isopropylester (**II**), Einengen im Vakuum u. Extrahieren mit Ae.; $D._4^{20}$ 1,3270, n_D^{20} 1,3440; 54% (Ausb.); b) durch Zugabe von 2H-Perfluorisobutyrylchlorid zu Methylphosphonsäureisopropylester (**III**) u. TÄM in abs. Ae. bei 0—5°; 49%; c) durch Zugabe von **I** zu **III** u. TÄM in abs. Ae. bei —10°; 37%. — *O.O'-Diisopropyl-O''-[2H-perfluorisobutyryl]-phosphorsäure*, $C_{10}H_{15}F_6O_5P$, $Kp._3$ 71°, analog vorst. Verb. nach a) mit Thiophosphorsäure-O.O-diisopropylester (**IV**); $D._4^{21}$ 1,2757, n_D^{21} 1,3540; 50%. — *Methylphosphonsäureisopropylesterfluorid*, $C_4H_{10}FO_2P$, $Kp._3$ 31°, analog aus 5,1 g

II u. 15 ml I bei Raumtemp.; D.$_4^{20}$ 1,0905; 4,4 g. — *Methylthiophosphonsäure-[O-isopropylester]-fluorid*, C_4H_{10}·FOPS, Kp.$_{50}$ 70—71°, durch Einleiten von 15 ml I in 5,1 g II u. TÄM in Ae. bei —5 bis 0°; D.$_4^{19}$ 1,1056, n$_D^{19}$ 1,4230; 3,2 g. — *Methylthiophosphonsäure-O-isopropyl-O-[2H-perfluorisobutyl]-ester*, $C_8H_{11}F_8O_2PS$, Kp.$_2$ 50°, analog bei —5 bis —10° u. Waschen mit HCl; D.$_4^{20}$ 1,4053, n$_D^{20}$ 1,3770; 40%. — *Thiophosphorsäure-O.O-diisopropyl-O-[2H-perfluorisobutyl]-ester*, $C_{10}H_{15}F_8O_3PS$, Kp.$_2$ 65°, analog mit IV; D.$_2^{22}$ 1,3215, n$_D^{22}$ 1,3820; 58%. — *Thiophosphorsäure-O.O-diisopropyl-O-[2H-perfluorcyclobutyl]-ester*, $C_{10}H_{15}F_6O_3PS$, Kp.$_3$ 67°, analog mit Perfluorcyclobuten; D.$_4^{20}$ 1,3206, n$_D^{20}$ 1,3752; 77%.

H. Berger 980△

1112 **Phosphor- und Fluorverbindungen. 3. Mitt. Darstellung von Mono- und Diphosphonatderivaten des 3.3.4.4.5.5-Hexafluorcyclopenten-(1)-diphosphonsäure-(1.2)-tetraäthylesters.** Arlen W. Frank. (J. org. Chemistry **31**, 1521—24, 1966; Res. Center, Hooker Chem. Corp., Niagara Falls, N.Y.; engl.) — 2. vgl. C. **1968**, 9-1006. — Aus der Titelverb. (I) wurden die *Diphosphonsäure* u. die *2-Chlorphosphonsäure-(1)-verb.* (II) hergestellt u. in verschiedene Deriv. übergeführt. Erwähnenswerte Rk. sind dabei die Spaltung einer C–P-Bindung bei der Umsetzung von I mit PCl_5, eine teilweise Verseifung von I zum *symm. Diäthylester* beim Kochen mit A. u. die Bldg. des *unsymm. Diäthylesters* bei der Rk. des Diäthylesters von II mit Tributylphosphit.

Versuche: *2-Chlor-3.3.4.4.5.5-hexafluorcyclopenten-(1)-phosphonsäure-(1)* (II), $C_5H_2ClF_6O_3P$, F. 107 bis 109° (CCl_4), aus 32,8 g des Dichlorids; 30,3 g (Ausb.). *Dichlorid* (III), $C_5Cl_3F_6OP$, Kp.$_{0,6}$ 49—50°, aus der Titelverb. (I) u. PCl_5; 45% (Ausb.). *Diäthylester* (IV), C_9H_{10}·ClF_6O_3P, Kp.$_{1,5}$ 90—92°. *Monoaniliniumsalz*, $C_{11}H_9ClF_6$·NO_3P, F. 222,5—224° (A.). — *3.3.4.4.5.5-Hexafluorcyclopenten-(1)-diphosphonsäure-(1.2)* (V), $C_5H_4F_6O_6P_2$, Kp. 194—199° (Zers.), aus I. *Tetrachlorid* (VI), $C_5Cl_4F_6O_2$·P_2, F. 78,5—81,5°, Kp.$_{0,45}$ 89—90°, aus V mit PCl_5; daneben III; 65%. *Unsymm. Diäthyldibutylester*, $C_{17}H_{28}$·$F_6O_6P_2$, Kp.$_{0,35}$ 150—152°, aus IV u. Tributylphosphit; 84%. *Tetrakis-(2.2.2-trifluoräthyl)-ester*, $C_{13}H_8F_{18}O_6P_2$, Kp.$_{0,1}$ 84—86°, aus VI; 51%. *symm. Diäthylester*, C_9H_{12}·$F_6O_6P_2$, aus 44,8 g I durch Kochen mit A.; 40,5 g. *Bis-(dicyclohexylammonium)-salz des symm. Diäthylesters*, $C_{33}H_{58}F_6N_2O_6P_2$, F. 221—222° (A.). *Dianiliniumsalz*, $C_{17}H_{18}F_6N_2O_6P_2$, F. 267° (Zers.) (A.).

R. Becker 980△

1113 **Phosphorylierung von Alkylmalodinitrilen mit Phosphor(V)-chlorid.** V. I. Ševčenko und P. P. Kornuta. (Ž. obšč. Chim. **36(98)**, 1254—60, 1966; Inst. organ. chimii Akad. nauk UkrainSSR; russ.) — Folgende Verb. werden dargestellt (IR-Spektren vgl. Orig.; alle Vers. unter Ausschluß von Luftfeuchtigkeit): Verb. vom Typ $RC(CN)=CClN=PCl_3$, durch 4std. Rühren von Alkylmalonitrilen (A) mit PCl_5 u. abs. Bzl. bei 30 bis 35° u. Eindampfen im Vakuum: R = CH_3, $C_4H_3Cl_4$·N_2P, Kp.$_{0,015}$ 68—72°; D.$_4^{20}$ 1,5455; n$_D^{20}$ 1,5848; 1% (Ausb.). — R = C_2H_5, $C_5H_5Cl_4N_2P$, Kp.$_{0,02}$ 70—74°; D.$_4^{20}$ 1,5043, n$_D^{20}$ 1,5798; 35%. — R = C_3H_7, $C_6H_7Cl_4$·N_2P, Kp.$_{0,015}$ 88—90°; D.$_4^{20}$ 1,4179, n$_D^{20}$ 1,5643; 30%. — R = *iso*-C_3H_7, $C_6H_7Cl_4N_2P$, Kp.$_{0,02}$ 80—82°; D.$_4^{20}$ 1,3846, n$_D^{20}$ 1,5539; 48%. — R = C_4H_9, $C_7H_9Cl_4N_2P$, Kp.$_{0,015}$ 81—84°; D.$_4^{20}$ 1,3711, n$_D^{20}$ 1,5551; 32%. — 5-Alkyl-2.2.4.6-tetrachlor-2.1.3-phosphadiazine, a) durch 4—5 Tage langes Stehen von A mit PCl_5 u. Bzl., Filtrieren u. Krist. aus PAe.; b) durch Sättigen einer vorst. Verb. mit HCl u. 4—5 Tage langes Stehen in einer Ampulle: *5-Methyl-*, $C_4H_3Cl_4N_2P$, F. 116—117,5°; a) 65%; b) 89%. — *5-Äthyl-*, $C_5H_5Cl_4N_2P$, Kp.$_{0,025}$ 60—61°, F. 59 bis 65°; b) 60%. — *5-Propyl-*, $C_6H_7Cl_4N_2P$, F. 52—55°; a) 48%; b) 85%. — *5-Isopropyl-*, $C_6H_7Cl_4N_2P$, F. 62 bis 64°; a) 55%; b) 92%. — *5-Butyl-*, $C_7H_9Cl_4N_2P$, F. 48 bis 50°; a) 63%; b) 90%. Verb. vom Typ $RCCl(CN)CCl_2N=PCl_3$, durch 4std. Kochen von A mit PCl_5 u. Bzl. u. Einleiten von SO_2 bei 0°: R = CH_3, C_4H_3·Cl_6N_2P, Kp.$_{0,03}$ 80—82°, F. 36—38°; D.$_4^{20}$ 1,6490, n$_D^{20}$ 1,5472; 86%. — R = C_2H_5, $C_5H_5Cl_6N_2P$, Kp.$_{0,02}$ 87 bis 89°; D.$_4^{20}$ 1,5551, n$_D^{20}$ 1,5364; 57%. — R = C_3H_7, $C_6H_7Cl_6N_2P$, Kp.$_{0,025}$ 89—100°; D.$_4^{20}$ 1,5264, n$_D^{20}$ 1,5330; 53%. — R = *iso*-C_3H_7, $C_6H_7Cl_6N_2P$, Kp.$_{0,015}$ 109—110°; D.$_4^{20}$ 1,5336, n$_D^{20}$ 1,5352; 61%. — R = C_4H_9, $C_7H_9Cl_6$·N_2P, Kp.$_{0,015}$ 106—109°; D.$_4^{20}$ 1,4736, n$_D^{20}$ 1,5272; 84%. — Verb. vom Typ $RCCl(CN)CCl=NPOCl_2$, durch Zugabe von Eisessig in Bzl. zu vorst. Verb. in Bzl. u. 24std. Stehen bei Raumtemp.: R = CH_3, $C_4H_3Cl_4N_2OP$, Kp.$_{0,035}$ 84—86°; D.$_4^{20}$ 1,5366, n$_D^{20}$ 1,5119; 66%. — R = C_2H_5, $C_5H_5Cl_4N_2OP$, Kp.$_{0,02}$ 83—85°; D.$_4^{20}$ 1,4859, n$_D^{20}$ 1,5095; 70%. — R = C_3H_7, $C_6H_7Cl_4N_2OP$, Kp.$_{0,015}$ 83—86°; D.$_4^{20}$ 1,4441, n$_D^{20}$ 1,5081; 73%. — R = *iso*-C_3H_7, $C_6H_7Cl_4N_2OP$, Kp.$_{0,02}$ 87—90°; D.$_4^{20}$ 1,4439, n$_D^{20}$ 1,5073; 70%. — R = C_4H_9, $C_7H_9Cl_4N_2OP$, Kp.$_{0,018}$ 96 bis 99°; D.$_4^{20}$ 1,3896, n$_D^{20}$ 1,5046; 85%.

H. Berger 980△

1114 **ω.ω'-Bistrichlorphosphazo-α.α.β.β.α'.α'.β'.β'-oktachloralkane.** V. I. Ševčenko und V. P. Kuchar'. (Ž. obšč. Chim. **36(98)**, 1260—62, 1966; Inst. organ. chimii Akad. nauk UkrainSSR; russ.) — Folgende Verb. werden dargestellt: Verb. vom Typ $Cl_3P=NCCl_2$·$CCl_2(CH_2)_nCCl_2CCl_2N=PCl_3$, durch 3std. Kochen von $NC(CH_2)_{n+2}CN$ mit PCl_5 u. Chlorbenzol u. Eindampfen im Vakuum: n = *1*, $C_5H_2Cl_{14}N_2P_2$, F. 62—65° (PAe.); 90% (Ausb.). — n = *2*, $C_6H_4Cl_{14}N_2P_2$, F. 131 bis 133° (PAe. + Bzl.); 94%. — n = *3*, $C_7H_6Cl_{14}N_2P_2$, F. 107—108° (Heptan); 95%. — n = *4*, $C_8H_8Cl_{14}N_2P_2$, F. 144—145° (PAe. + Bzl.); 90%. — n = *5*, $C_9H_{10}Cl_{14}$·N_2P_2, F. 83—85° (Heptan); 95%. — n = *6*, $C_{10}H_{12}Cl_{14}$·N_2P_2, F. 140—142° (PAe.); 96%. — Verb. vom Typ $Cl_2OPN=CClCCl_2(CH_2)_nCCl_2CCl=NPOCl_2$, durch Zugabe von Eisessig in Bzl. zu vorst. Verb. in Bzl., 1std. Erhitzen auf 50—60° u. Stehen bei Raumtemp.: n = *2*, $C_6H_4Cl_{10}N_2O_2P_2$, F. 144—146° (Bzl.); 90%. — n = *3*, $C_7H_6Cl_{10}N_2O_2P_2$, F. 89—90° (Hexan); 81%. — n = *4*, $C_8H_8Cl_{10}N_2O_2P_2$, F. 122—123° (PAe. + Bzl.); 87%. — n = *6*, $C_{10}H_{12}Cl_{10}N_2O_2P_2$, F. 84—86° (Hexan); 92%.

H. Berger 980△

C–2. Isocyclische Verbindungen

1115 **Kondensation von Chlorbenzol und o-Chlortoluol mit Allylalkohol.** N. I. Šujkin, N. A. Pozdnjak und T. P. Dobrynina. (Izvest. Akad. Nauk SSSR, Ser. chim. **1966**, 1100—02; Zelinskij-Inst. für organ. Chemie der Akad. der Wiss. der UdSSR; russ.) — Die Kondens. von Chlorbenzol u. o-Chlortoluol mit Allylalkohol in Ggw. von $TiCl_4$ u. $ZnCl_2$ wird untersucht.

Versuche: *1-[x-Chlorphenyl]-2-chlorpropan* (I), $C_9H_{10}Cl_2$, Kp.$_{10}$ 120—122°, aus Chlorbenzol u. Allylalkohol in Ggw. von $TiCl_4$ (2:1:1 Mol) bei 20°; n$_D^{20}$ 1,5335; D.$_4^{20}$ 1,1667; 29,8% (Ausb.). — *x-Propenylchlorbenzol*, C_9H_9Cl, Kp.$_{10}$ 85°, Kp.$_{738}$ 185—195°, aus I durch 5std. Kochen mit alkohol. KOH; n$_D^{20}$ 1,5652; D.$_4^{20}$ 1,0747; 85%. — *x-Allyl-chlorbenzol*, C_9H_9Cl, Kp.$_6$ 93°, aus Chlorbenzol u. Allylalkohol in Ggw. von $ZnCl_2$ (2:1:1 Mol) bei 124—129°; n$_D^{20}$ 1,5288; D.$_4^{20}$ 1,0521. — *1-[x-Chlortolyl]-2-chlorpropan*, $C_{10}H_{12}Cl_2$, Kp.$_5$ 124—125°, Kp.$_{738}$ 315—320°, aus o-Chlortoluol u. Allylalkohol in Ggw. von $TiCl_4$ (2:1:1—4:1:1 Mol) bei 20°; n$_D^{20}$ 1,5373; D.$_4^{20}$ 1,445. — *x-Propenyl-2-chlortoluol*, $C_{10}H_{11}Cl$, Kp.$_9$ 100—102°, durch Dehydrochlorierung vorst. Verb.; n$_D^{20}$ 1,5630; D.$_4^{20}$ 1,0627. J. Hahnemann 1010

1116 **Verfahren zur Acylierung von Mercaptoverbindungen.** B. I. Stepanov und G. I. M. Migačev. (Ž. obšč. Chim. **36(98)**, 1349, 1966; Moskovskij chim.-technolog. inst. im. Mendeleeva; russ.) — Einige Mercaptoverb. (A) werden durch Carbonsäuren in Ggw. von Phosphonitrilchloriden (B) oder Gemischen von B mit tert. Aminen in Chlorbenzol, Toluol oder Dichlorbenzol bei 80—100° in guter Ausb. acyliert. Im Falle der Acetylierung sind als Lsgm. Pyridin (I) u. Eisessig (II) geeignet.

Versuche: *S-Acetylthionaphthol-(2)*, $C_{12}H_{10}OS$, F. 52—53,5°, durch Lösen von Thionaphthol-(2) (III) in I, Zugabe von II, Erhitzen auf 100°, langsame Zugabe von $(PNCl_2)_3$ oder $(PNCl_2)_4$, 20 Min langes Rühren bei 105° u. Gießen in verd. Säure; 99% (Ausb.). — *S-Benzoylthionaphthol-(2)*, $C_{17}H_{12}OS$, F. 104—105,5°, analog aus Benzoesäure u. III; 90%. — *S-Benzoyl-p-thiokresol*, $C_{14}H_{12}OS$, F. 75,5—76,5°, aus p-Thiokresol; 89%. — *S-Stearoyl-p-thiokresol*, $C_{25}H_{42}OS$, F. 58—59°; 87%. —

S.S-Diacetyldithiohydrochinon, $C_{10}H_{10}O_2S_2$, F. 126°; 83%. — Bei der Rk. von **III** mit Propionsäure entsteht in quant. Ausb. *Di-[naphthyl-(2)]-disulfid*, $C_{20}H_{14}S_2$, F. 137 bis 138°. Edda Schmunk 1060△

1117 **Einwirkung saurer Reagenzien auf Chinonitrole.** V. V. Eršov und G. A. Zlobina. (Ž. org. Chim. **2**, 299–301, 1966; russ.) — Durch Rk. von 4-Methyl-2.6-di-tert.-butyl- (**I**) bzw. 2.4.6-Tri-tert.-butylchinonitrol (**II**) in wss. Essigsäure/Na-Acetat entstehen die entsprechenden *Chinole*. Bei Hydrolyse von **I** bzw. 4-Methyl-2.6-di-n-hexylchinonitrol in Essigsäure in Ggw. von konz. H_2SO_4 bilden sich *2.6-Dialkyl-4-formylphenole*; **II** u. 2-Methyl-4.6-di-tert.-butylchinonitrol geben unter diesen Bedingungen *2.6-Dialkyl-4-nitrophenole*.

Versuche: *4-Methyl-2.6-di-tert-butylchinol*, F. 110° (Hexan), durch 1 Woche langes Stehen von 4-Methyl-2.6-di-tert.-butylchinonitrol (**I**) in Essigsäure/W. 5:1 in Ggw. von Na-Acetat bei Raumtemp.; 94–99%. — *2.4.6-Tri-tert.-butylchinol*, F. 134° (Hexan), analog aus 2.4.6-Tri-tert.-butylchinonitrol (**II**); 94–99%. — *2.6-Di-tert.-butyl-4-formylphenol*, F. 186–188° (Hexan/Bzl.), a) durch 1 Woche langes Stehen von **I** in 98%ig. Essigsäure in Ggw. von konz. H_2SO_4; 82%; b) analog in Ae./konz. H_2SO_4; 64%. — *2.6-Di-n-hexyl-4-formylphenol*, F. 176° (Hexan/Bzl.), analog aus 4-Methyl-2.6-di-n-hexylchinonitrol; 54%. — *2.6-Di-tert.-butyl-4-nitrophenol*, F. 157–158°, analog aus **II**; 88%. — *2-Methyl-6-tert.-butyl-4-nitrophenol*, F. 140–141°, a) analog aus 2-Methyl-4.6-di-tert.-butylchinonitrol; 85%; b) durch 30 Min. langes Kochen in kalter Essigsäure; 64%.
G. Ziebarth 1060△

1118 **Reaktion von α-Alkyl-4-hydroxy-3.5-di-tert.-butylbenzylhalogeniden mit einigen nucleophilen Reagentien.** A. A. Volod'kin, V. V. Eršov, G. D. Ostapec-Svešnikova und I. S. Belostockoja. (Izvest. Akad. Nauk SSSR, Ser. chim. **1966**, 1081–83; Inst. chimičeskoj fiziki AN SSSR; russ.) — Die Rk.-Fähigkeit einiger *α-Alkyl-4-hydroxy-3.5-di-tert.-butylbenzylbromide* u. *-chloride* gegenüber sek. Aminen, NaCN u. magnesiumorgan. Verb. wird untersucht. Die Beweglichkeit des Halogenatoms ist im Vgl. zu den in α-Stellung unsubstituierten 4-Hydroxy-3.5-di-tert.-butylbenzylhalogeniden nicht herabgesetzt, u. als Rk.-Ergebnis werden die normalen Alkylierungsprod. erhalten. Bei Vergrößerung des Vol. des Substituenten in der α-Stellung wird nur die Grignard-Rk. erschwert.

Versuche: α-Alkyl-4-hydroxy-3.5-di-tert.-butylbenzylchloride: Durch Einleiten von HCl in eine Lsg. von 0,01 Mol des entsprechenden 2.6-Di-tert.-butyl-4-methylencyclohexadiens-(2.5) in 40 ml Ae., Verdampfen des Lsgm., Lösen des Rückstandes in Hexan u. Kristallisieren bei –78°: *α-Methyl-*, $C_{16}H_{25}ClO$, F. 54–56°; 92% (Ausb.). — *α-Äthyl-*, $C_{17}H_{27}ClO$, F. 66 bis 67°; 87%. — *α-Isopropyl-*, $C_{18}H_{29}ClO$, F. 60–62°; 81%. — *α-n-Butyl-*, $C_{19}H_{31}ClO$, F. 26–28°; 82%. — Analog: α-Alkyl-4-hydroxy-3.5-di-tert.-butylbenzylbromide: *α-Methyl-*, $C_{16}H_{25}BrO$, F. 45–47°; 95%. — *α-Äthyl-*, $C_{17}H_{27}BrO$, F. 44–45°; 84%. — *α-Isopropyl-*, $C_{18}H_{29}BrO$, F. 44–46°; 86%. — *α-n-Butyl-*, $C_{19}H_{31}BrO$, F. 57–59°; 76%. — α-Alkyl-4-hydroxy-3.5-di-tert.-butylbenzylcyanide: Durch Zutropfen von 0,01 Mol der vorst. Verb. in 15 ml Ae. zu 1 g NaCN in 5 ml W. + 20 ml A., 2std. Kochen, Verdünnen mit W., Ansäuern u. Extrahieren mit Ae.: *α-Methyl-*, $C_{17}H_{25}NO$, F. 79–80°; 85%. — *α-Äthyl-*, $C_{18}H_{27}NO$, F. 86–88°; 90%. — *α-Isopropyl-*, $C_{19}H_{29}NO$, F. 85–87°; 79%. — 2.6-Di-tert.-butylphenole: *4-[1-Morpholinoäthyl]-*, $C_{20}H_{33}NO_2$, F. 72–74°, aus dem entsprechenden Chlorid (Bromid) u. Morpholin in Ae.; 84%. — Analog: *4-[1-Morpholinopropyl]-*, $C_{21}H_{35}NO_2$, F. 28–30°; 88%. — *4-[α-Piperidinoisobutyl]-*, $C_{23}H_{39}NO$, F. 107 bis 110°; 91%. — *4-Isopropyl-*, $C_{17}H_{28}O$, Kp. 112–114°, aus dem entsprechenden Chlorid (Bromid) u. CH_3MgJ in Ae.; 78%. — Analog: *4-[Pentyl-(3)]-*, $C_{19}H_{32}O$, Kp. 127–128°; 72%. — *4-[3-Methylbutyl-(2)]-*, $C_{19}H_{32}O$, Kp. 132–134°; 42%. I. Hahnemann 1060

1119 **Addition von Natriumarylsulfinaten an α,β-ungesättigte Verbindungen.** V. Michajlova, N. Borisova und D. Stankevič. (Ž. org. Chim. **2**, 1437–40, 1966; Leningradskij chim.-farmacevtičnyj inst.; russ.) — Durch Rk. der Na-Salze von Benzol-, p-Chlor-, p-Brom- u. p-Jodbenzolsulfinsäure mit Methyl-, Äthyl-, Butylacrylat sowie Acrylonitril in Ggw. von Na_2HPO_4, $NaH_2 \cdot PO_4$, $B(OH)_3$ oder Essigsäure werden die entsprechenden *β-[Arylsulfonyl]-propionsäurederiv.* erhalten. Butylacrylat geht die Rk. infolge ster. u. Induktionseffekte nicht ein. Aus p-Halogenbenzolsulfinaten u. α-Chloracrylonitril werden in Ggw. von Na_2HPO_4 oder $B(OH)_3$ *β-[Arylsulfonyl]-acrylonitrile* erhalten.

Versuche: p-Halogenbenzolsulfochloride (**A**), durch 2–3std. Rk. von Halogenbenzolen mit $ClSO_3H$ bei 10–30°. — Arylsulfinate (**B**), durch 2std. Rk. von **A** mit 40%ig. Na_2SO_3- oder $NaHSO_3$-Lsg. (50% Überschuß) bei 45–50°, Zugabe von 20%ig. H_2SO_4 (kongosauer), Behandeln mit $NaHSO_4$ in W. u. Erwärmen der erhaltenen Sulfinsäure in wenig W. mit 20%ig. NaOH. — *α-Chloracrylonitril*, durch Dehydrochlorierung von α.β-Dichlorpropionitril. — Phenyläthylsulfone: Durch Rk. von 0,01 Mol **B** in 15 ml W. mit dem Acrylsäurederiv. in Dioxan in Ggw. von Hydrochinon u. 0,01 Mol Na_2HPO_4, NaH_2PO_4, $B(OH)_3$ oder Essigsäure bei 20°: *β-Cyan-*, $C_9H_9NO_2S$, F. 93–94° (W.); 80%. — *β-Carbomethoxy-*, $C_{10}H_{12}O_4S$, F. 67–68° (wss. CH_3OH); 80%. — *p-Chlor-β-cyan-*, $C_9H_8ClNO_2S$, F. 92–93° (wss. A.); 91%. — *p-Chlor-β-carbäthoxy-*, $C_{11}H_{13}ClO_4S$, F. 74–75° (wss. CH_3OH); 80%. — *p-Brom-β-cyan-*, $C_9H_8BrNO_2S$, F. 118–120° (CH_3OH); 80%. — *p-Brom-β-carbomethoxy-*, $C_{10}H_{11}BrO_4S$, F. 77–78° (CH_3OH); 75%. — *p-Brom-β-carbäthoxy-*, $C_{11}H_{13}BrO_4S$, F. 72–73° (A.); 75%. — *p-Jod-β-cyan-*, $C_9H_8JNO_2S$, F. 154–155° (verd. A.); 90%. — *p-Jod-β-carbomethoxy-*, $C_{10}H_{11}JO_4S$, F. 93 bis 94,5° (wss. CH_3OH); 82%. — *p-Jod-β-carbäthoxy-*, $C_{11}H_{13}JO_4S$, F. 80–81° (verd. A.); 80%. — *p-Chlorbenzol-β-cyanvinylsulfon*, $C_9H_6ClNO_2S$, F. 139–141° (A.), analog mit α-Chloracrylonitril; 75%. — *p-Brombenzol-β-cyanvinylsulfon*, $C_9H_6BrNO_2S$, F. 167–168° (A.); 65%. — *p-Jodbenzol-β-cyanvinylsulfon*, $C_9H_6JNO_2S$, F. 193–194° (A.); 65%. Heidrun Kühn 1090

1120 **Organische Insektizide. 9. Mitt. Synthese von Benzolsulfonaten substituierter Phenole.** Takenobu Sohma und Kazuo Konishi. (Annu. Rep. Takeda Res. Lab. **26** (1967) 149–56; jap.) — 8. vgl. ibid. **26** (1967) 138. — Es wurden dargestellt: *N-Acetoxy-phthalimid*, $C_{10}H_7NO_4$, F. 177–178°, durch Suspendieren von N-Hydroxy-phthalimid in 140 ml Essigsäure, Zutropfen einer Lsg. von 4,5 g SO_2Cl_2 in 10 ml Essigsäure bei 65°, 2std. Erhitzen auf 100° u. Gießen in Eiswasser; 2,7 g. — *4.4'-Dichlor-diphenyldisulfid*, $C_{12}H_8Cl_2S_2$, F. 71–72° (A.), a) durch Zugabe von 6,33 g p-Chlorbenzolsulfonylchlorid (**I**) zu einer Lsg. von 7,3 g 1-[4-Chlor-phenylmercapto]-2.2.2-trichlor-äthanol in 15 ml Py. unter Eiskühlung, Stehen über Nacht bei 0–5°, Gießen in eiskalte wss. HCl u. Extraktion mit Ae.; 1,4 g; b) analog a) aus 2,5 g **I** u. 1,4 g p-Chlorthiophenol; 1 g; c) durch Lösen von 1,4 g p-Chlor-thiophenol u. 2,3 g Chlorsulfonsäure-p-chlorphenyl-ester in 50 ml Py., 2std. Kochen, Lösen in 50 ml Bzl., Waschen mit 2 n HCl u. NaOH u. Eindampfen; 0,8 g. — p-Chlorbenzolsulfonsäure-ester, nach der in der 7. Mitt. beschriebenen Meth.: *2-Chlor-4-methyl-phenyl-ester*, $C_{13}H_{10}Cl_2O_3S$, F. 97–98°; 86,9%. — *4-Chlor-2-methyl-phenyl-ester*, $C_{13}H_{10}Cl_2O_3S$, F. 83–84°; 96%. — *4-Chlor-3-methyl-phenyl-ester*, $C_{13}H_{10}Cl_2O_3S$, F. 101–102°; 86,9%. — *2-Brom-4-tert.-butyl-phenyl-ester*, $C_{16}H_{16}BrCl \cdot O_3S$, F. 77°; 56,9%. — *2-Chlor-4-tert.-butyl-phenyl-ester*, $C_{16}H_{16}Cl_2O_3S$, F. 61–62°; 56,2%. — *4-Chlor-3.5-dimethyl-phenyl-ester*, $C_{14}H_{12}Cl_2O_3S$, F. 118–119°; 97,7%. — *4-Chlor-2-methyl-5-isopropyl-phenyl-ester*, $C_{16}H_{16}Cl_2O_3S$, Kp.$_{0,05}$ 169–177°; 78%. — *4-Chlor-2-isopropyl-5-methyl-phenyl-ester*, $C_{16}H_{16}Cl_2O_3S$, F. 98–99°; 93,5%. — *2.4-Dichlor-5-methyl-phenyl-ester*, $C_{13}H_9Cl_3O_3S$, F. 82–83°; 68%. — *2.4-Dichlor-6-methyl-phenyl-ester*, $C_{13}H_9Cl_3O_3S$, F. 66,5–66,5°; 95,4%. — *2.6-Dichlor-4-methyl-phenyl-ester*, $C_{13}H_9Cl_3O_3S$, F. 71–72°; 60%. — *3-Chlor-4-nitro-phenyl-ester*, $C_{12}H_7Cl_2NO_5S$, F. 112,5–113,5°; 93%. — *4-Chlor-2-nitro-phenyl-ester*, $C_{12}H_7Cl_2NO_5S$, F. 92–93°; 84,5%. — *5-Chlor-2-nitro-phenyl-ester*, $C_{12}H_7Cl_2NO_5S$, F. 104–105°; 92,5%. — *2.6-Dibrom-4-nitro-phenyl-ester*, $C_{12}H_6Br_2ClNO_5S$, F. 159–160°; 50%. — *2.6-Dichlor-4-*

nitro-phenyl-ester, $C_{12}H_6Cl_3NO_5S$, F. 103—104°; 74%. — *2-Chlor-4-formyl-phenyl-ester*, $C_{13}H_8Cl_2O_4S$, F. 99—99,5°; 72,7%. — *2.6-Dichlor-4-äthoxycarbonyl-phenyl-ester*, $C_{15} \cdot H_{11}Cl_3O_5S$, F. 108—109°; 66%. — *2.4-Dichlor-6-phenyl-phenyl-ester*, $C_{18}H_{11}Cl_3O_3S$, F. 118,5—119,5°; 86,5%. — *2.4-Dichlor-naphthyl-(1)-ester*, $C_{16}H_9Cl_3O_3S$, F. 127—128°; 68,6%. — *4-[4-Chlorbenzyl]-phenyl-ester*, $C_{19}H_{14}Cl_2O_3S$, Kp.$_{0,03}$ 235°. — *2.2.2-Trichlor-äthyl-ester*, $C_8H_6Cl_4O_3S$, F. 64—65°; 47,6%. — *2.2.2-Trichlor-1-(4-chlor-phenyl)-äthylester*, $C_{14}H_9Cl_5O_3S$, F. 138—139°; 77,4%. — Analog werden nachst. Verb. dargestellt: *Benzolsulfonsäure-4-chlor-2-methyl-5-isopropyl-phenyl-ester*, $C_{16}H_{17}ClO_3S$, Kp.$_{0,06}$ 164—165°. — *1.1.1-Trichlor-2.2-bis-[4-(p-chlor-benzolsulfonyloxy)-phenyl]-äthan*, $C_{26}H_{17}Cl_5O_6S_2$, F. 186 bis 188°; 54%. — *4.4'-Bis-[4-chlor-benzolsulfonyloxy]-diphenylsulfon*, $C_{24}H_{16}Cl_2O_8S_3$, F. 153—156°; 83,5%. — *p-Chlor-benzolsulfonsäure-[6-chlor-pyridazinyl-(3)]-ester*, $C_{10}H_6Cl_2N_2O_3S$, F. 73—75°; 83,5%. — *N-[Benzolsulfonyl-oxy]-phthalimid*, $C_{14}H_9NO_5S$, F. 185°; 99,6%. — *N-[p-Chlor-benzolsulfonyloxy]-phthalimid*, $C_{14}H_8ClNO_5S$, F. 182°; 96,8%. — 7. vgl. C. **1968**, 27-1750. L. Lamza 1090△

1121 **Arensulfonylbenzimidsäurechloride.** 1. Mitt. **Synthese, Hydrolyse und Reaktionen mit Aminen.** V. L. Dubina und S. I. Burmistrov. (Ž. org. Chim. **2**, 1841—45, 1966; Dnepropetrovskij chim.-technol. inst.; russ.) — Bei der Rk. von Arensulfonsäureamiden (**A**) mit Aryltrichlormethanen (**B**) in Ggw. von $AlCl_3$ entstehen *N-[Arensulfonyl]-benzimidsäurechloride* (**C**), aus denen durch Hydrolyse oder Einw. von NH_3 u. Anilin (**I**) *N-Benzoylarensulfonsäureamide* bzw. *N-Arensulfonyl-* u. *N-Arensulfonyl-N'-phenylbenzamidine* gewonnen werden.

Versuche: N-[Arensulfonyl]-benzimidsäurechloride (**C**), durch Zugabe von **B** zu **A** u. $AlCl_3$ in abs. Dichloräthan bei 30—35°, Halten bei 30—40° bis zur Beendigung der HCl-Entw., Stehen über Nacht, Gießen auf Eis + HCl, Filtrieren, Einengen der organ. Schicht u. Umkrist. aus Heptan: Aren = *Benzol-*, $C_{13}H_{10}ClNO_2S$, F. 81—82°; 86% (Ausb.). — *p-Toluol-*, $C_{14}H_{12}ClNO_2S$, F. 100—101°; 78%. — *p-Chlorbenzol-*, $C_{13}H_9Cl_2NO_2S$, F. 112—114°; 93%. — *p-Brombenzol-*, $C_{13}H_9BrClNO_2S$, F. 118—119°; 90%. — *p-Jodbenzol-*, $C_{13}H_9ClJNO_2S$, F. 121—122°; 30%. — *2.5-Dimethylbenzol-*, $C_{15}H_{14}ClNO_2S$, F. 129—130°; 23%. — N-[Arensulfonyl]-p-chlorbenzimidsäurechloride: *Benzol-*, $C_{13}H_9Cl_2NO_2S$; Öl; 90%. — *p-Toluol-*, $C_{14}H_{11}Cl_2NO_2S$, F. 96—97°; 54%. — *p-Chlorbenzol-*, $C_{13}H_8Cl_3NO_2S$, F. 82—83°; 44%. — *p-Brombenzol-*, $C_{13}H_8BrCl_2NO_2S$, F. 83—84°; 49%. — *2.5-Dimethylbenzol-*, $C_{15}H_{13}Cl_2NO_2S$, F. 112—113°; 43%. — N-Benzoylarensulfonsäureamide, durch $^1/_2$—2std. Kochen von **C** mit Sodalsg. in Aceton oder Dioxan (bis zur Auflsg.), Filtrieren, Ansäuern u. Umkrist. aus A. (≈ 100% Ausb.): *p-Chlorbenzol-*, $C_{13}H_{10}ClNO_3S$, F. 185°. — *p-Brombenzol-*, $C_{13}H_{10} \cdot BrNO_3S$, F. 179—180°. — *2.5-Dimethylbenzol-*, $C_{15}H_{15} \cdot NO_3S$, F. 158—159°. — N-[p-Chlorbenzoyl]-arensulfonsäureamide: *p-Toluol-*, $C_{14}H_{12}ClNO_3S$, F. 186 bis 187°. — *p-Chlorbenzol-*, $C_{13}H_9Cl_2NO_3S$ F. 179—181°. — *p-Brombenzol-*, $C_{13}H_9BrClNO_3S$, F. 190—191°. — *2.5-Dimethylbenzol-*, $C_{15}H_{14}ClNO_3S$, F. 168—169°. — Benzamidine, durch Rühren von **C** mit wss. NH_3 im inerten Lsgm. ($CHCl_3$, Dichloräthan, Aceton, Dioxan), Filtrieren u. Umkrist. aus A.: *N-Benzolsulfonyl-*, $C_{13}H_{12}N_2O_2S$, F. 153—154°; 89%. — *N-[p-Toluolsulfonyl]-*, $C_{14}H_{14}N_2O_2S$, F. 148—149°; 89%. — *N-[p-Chlorbenzolsulfonyl]-*, $C_{13} \cdot H_{11}ClN_2O_2S$, F. 114—115°; 87%. — *N-[p-Brombenzolsulfonyl]-*, $C_{13}H_{11}BrN_2O_2S$, F. 126°; 83%. — *N-[p-Jodbenzolsulfonyl]-*, $C_{13}H_{11}JN_2O_2S$, F. 148—149°; 90%. — *N-[2.5-Dimethylbenzolsulfonyl]-*, $C_{15}H_{16}N_2O_2S$, F. 132 bis 133°; 93%. — p-Chlorbenzamidine: *N-Benzolsulfonyl-*, $C_{13}H_{11}ClN_2O_2S$, F. 165—167°; 90%. — *N-[p-Toluolsulfonyl]-*, $C_{14}H_{13}ClN_2O_2S$, F. 157—158°; 72%. — *N-[p-Chlorbenzolsulfonyl]-*, $C_{13}H_{10}Cl_2N_2O_2S$, F. 171°; 79%. — *N-[p-Brombenzolsulfonyl]-*, $C_{13}H_{10}BrClN_2O_2S$, F. 161°; 88%. — *N-[2.5-Dimethylbenzolsulfonyl]-*, $C_{15}H_{15}ClN_2O_2S$, F. 166—167°; 92%. — N'-Phenylbenzamidine, durch Rühren von **C** mit **I** u. wss. Sodalsg. in einem inerten Lsgm., Filtrieren u. Umkrist. aus A. oder Essigsäure: *N-Benzolsulfonyl-*, $C_{19}H_{16}N_2O_2S$, F. 139—140°; 89%. — *N-[p-Toluolsulfonyl]-*, $C_{20}H_{18}N_2O_2S$, F. 146 bis 147°; 41%. — *N-[p-Chlorbenzolsulfonyl]-*, $C_{19}H_{15}ClN_2O_2S$, F. 225—226°; 86%. — *N-[p-Brombenzolsulfonyl]-*, $C_{19} \cdot H_{15}BrN_2O_2S$, F. 217°; 73%. — *N-[p-Jodbenzolsulfonyl]-*, $C_{19}H_{15}JN_2O_2S$, F. 211°; 70%. — *N-[2.5-Dimethylbenzolsulfonyl]-*, $C_{21}H_{20}N_2O_2S$, F. 124—125°; 50%. — N'-Phenyl-p-chlorbenzamidine, *N-[2.5-Dimethylbenzolsulfonyl]-*, $C_{21}H_{19}ClN_2O_2S$, F. 160°; 90%. — *N-Benzolsulfonyl-*, $C_{19}H_{15}ClN_2O_2S$, F. 195°; 81%. — *N-[p-Toluolsulfonyl]-*, $C_{20}H_{17}ClN_2O_2S$, F. 219—220°; 68%. — *N-[p-Chlorbenzolsulfonyl]-*, $C_{19}H_{14}Cl_2N_2O_2S$, F. 254°; 89%. — *N-[p-Brombenzolsulfonyl]-*, $C_{19}H_{14}BrClN_2O_2S$, F. 255°; 92%. H.-J. Graubaum 1090△

1122 **Arensulfonylbenzimidsäurechloride.** 2. Mitt. **N-Thiobenzoylarensulfonsäureamide und ihre Eigenschaften.** V. L. Dubina und S. I. Burmistrov. (Ž. org. Chim. **2**, 1845—48, 1966; russ.) — 1. vgl. vorst. Referat. — Bei der Rk. von N-Arensulfonylbenzimidsäurechloriden mit Na_2S entstehen *N-Thioaroylarensulfonsäureamide*. Folgerk. sind angegeben.

Versuche: N-Thiobenzoyl-arensulfamide: Aren = *Benzol-* (**I**), $C_{13}H_{11}NO_2S_2$, F. 126—127° (A.), durch Zugabe von N-Benzolsulfonylbenzimidsäurechlorid in Dioxan oder Aceton zu wss. Na_2S bei 50—60°, kurzes Rühren bis zur Bldg. einer gelben Lsg. n. Ansäuern; gelb; 87% (Ausb.). — Analog: *p-Toluol-*, $C_{14}H_{13} \cdot NO_2S_2$, F. 128—129°; 95%. — *p-Chlorbenzol-*, $C_{13}H_{10} \cdot ClNO_2S_2$, F. 168—169°; 96%. — *p-Brombenzol-*, $C_{13}H_{10} \cdot BrNO_2S_2$, F. 166—167°; 99%. — *p-Jodbenzol-*, $C_{13}H_{10} \cdot JNO_2S_2$, F. 146°; 96%. — *2.5-Dimethylbenzol-*, $C_{15}H_{15} \cdot NO_2S_2$, F. 166—168°; 99%. — N-[p-Chlorthiobenzoyl]-arensulfamide: *Benzol-*, (**II**), $C_{13}H_{10}ClNO_2S_2$, F. 160—161° (A.), durch Zugabe von p-Chlorbenzotrichlorid zu Benzolsulfamid u. $AlCl_3$ in Dichloräthan, schwaches Erwärmen bis zur Beendigung der HCl-Entw., Zers. mit Eis + Säure, Filtrieren der organ. Schicht, Gießen zu wss. Na_2S bei 50—60°, Aufkochen, Filtrieren der wss. Schicht u. Ansäuern; gelb; 91%. — Analog: *p-Toluol-*, $C_{14}H_{12}ClNO_2S_2$, F. 138—139°; 93%. — *p-Chlorbenzol-*, $C_{13}H_9Cl_2NO_2S_2$, F. 143°; 99%. — *p-Brombenzol-*, $C_{13}H_9 \cdot BrClNO_2S_2$, F. 134—135°; 98%. — *2.5-Dimethylbenzol-*, $C_{15}H_{14}ClNO_2S_2$, F. 136°; 85%. — *N-Benzolsulfonylbenzamid*, F. 147° (A.), durch Zugabe von H_2O_2 zu einer erwärmten Lsg. von **I** in wss. $NaHCO_3$ bis zur Entfärbung u. Ansäuern. — *N-Benzolsulfonyl-thiobenzimidsäuremethylester*, $C_{14}H_{13}NO_2S_2$, F. 105—106° (A.), durch Zugabe von $(CH_3)_2SO_4$ zu **I** in wss. $NaHCO_3$; Schuppen; 93%. — *N-Benzolsulfonyl-p-chlorthiobenzimidsäuremethylester*, $C_{14}H_{12}ClNO_2S_2$, F. 138—139° (A.), analog mit **II** in Sodalsg.; 75%. — *Bis-[α-(benzolsulfimido)-benzyl]-disulfid*, $C_{26}H_{20}N_2O_4S_4$, F. 156—157° (Bzl.), durch Zugabe von wss. J_2-Lsg. zu **I** in wss. $NaHCO_3$; ≈ 100%. — *Bis-{α-[p-chlorbenzolsulfimido]-benzyl}-disulfid*, $C_{26}H_{18} \cdot Cl_2N_2O_4S_4$, F. 195,5° (Bzl.), analog mit **II**; ≈ 100%. H.-J. Graubaum 1090△

1123 **Stereochemie der Decarboxylierung von β-Lactonen zu Olefinen.** Donald S. Noyce und Elden H. Banitt. (J. org. Chemistry **31**, 4043—47, 1966; Dep. of Chem., Univ. of Calif., Berkeley, Calif.; engl.) — Vf. beschreiben die Decarboxylierung von β-Lactonen zu *Olefinen* als stereospezif. cis-Eliminierung. threo-α-Methyl-β-brom-β-[p-chlorphenyl]-propionsäure wird stereoselektiv in ein Gemisch aus *cis-α-Methyl-β-[p-chlorphenyl]-β-propiolacton* (**I**) u. *cis-1-[p-Chlorphenyl]-propen* (**II**) übergeführt. **I** wird in W. bei pH 6,2 zu **II** decarboxyliert. Analoge Ergebnisse werden bei den trans-Isomeren erhalten. IR- u. UV-Max. sowie NMR-Daten vgl. Original.

Versuche: *α-Methyl-p-chlorzimtsäure*, F. 167 bis 168° (A./W.), aus p-Chlorbenzaldehyd, α-Brompropionsäureäthylester u. Zn-Folie in Bzl., Rk. des erhaltenen *α-Methyl-β-hydroxy-β-[p-chlorphenyl]-propionsäureäthylesters* mit $POCl_3$ in Bzl. bei Siedetemp. u. Umsetzung mit wss. äthanol. NaOH bei Siedetemp.; 61,6% (Ausb.). *Äthylester*, Kp.$_{9,06}$ 93—94°, aus der Säure u. A./Bzl. in Ggw. von wenig konz. H_2SO_4 bei Siedetemperatur. — *α-Methyl-β-brom-β-[p-chlorphenyl]-propionsäure*, $C_{10}H_{10} \cdot BrClO_2$, F. 190—191° (Bzl./Cyclohexan), aus vorst. Verb. u. Eisessig/HBr bei 100—105°; 53%. *Methylester*, F. 41 bis 43° (A./W.), aus der Säure u. äther. Diazomethan. — *Gemisch aus cis-* (**II**) *u. trans-1-[p-Chlorphenyl]-propen*

(III), C_8H_9Cl, aus 2 g vorst. Verb. u. $NaHCO_3$ in W.; 3,9 g. — *cis-β-[p-Chlorphenyl]-α-methyl-β-propiolacton* (I), aus 1,806 g vorvorst. Verb. u. NaH in THF bei Raumtemp.; 765 mg; daneben II [12,4:87,6 = Verhältnis der Verb.]. *trans-Isomeres*, aus 1,388 g vorvorst. Verb. u. Ag_2O in abs. THF; 900 mg; daneben III [17,8:82,2]. — *56:44-Gemisch aus threo-α-Methyl-β-hydroxy-β-[p-chlorphenyl]-propionsäuremethylester u. Zitronensäure*, aus 225 mg vorst. Gemisch (cis-Isomeres) u. einer Pufferlsg. bei pH 6,2 u. Siedetemp. u. Umsetzung mit äther. Diazomethan; 13,8 mg. — *67:33-Gemisch aus erythro-α-Methyl-β-hydroxy-β-[p-chloephenyl]-propionsäuremethylester u. Zitronensäuremethylester*, aus 383 mg vorvorst. Gemisch (trans-Isomeres) analog vorst.; 46 mg.

K.-P. Hilgetag 1250△

1124 **Verbindungen, die mit Mevalonsäure verwandt sind.** 2. Mitt. **Synthese von α-Phenylmevalonsäure.** L. A. Petrova, N. N. Bel'cova und A. L. Remizov. (Ž. obšč. Chim. **36(98)**, 1585—90, 1966; Inst. èksperim. mediciny Akad. medic. nauk SSSR, Leningrad; russ.) — Das bei Reformatsky-Rk. mit α-Bromphenylessigsäureäthylester (I) u. 1-Acetoxybutanon-(3) (II) nach J. M. Stewart et al. [J. M. Stewart u. D. W. Wooly, Biochemistry [Washington] **18** (1964) **1998**] erhaltene Hauptprod. ist nicht wie angegeben α-Phenylmevalonsäure-δ-lacton, sondern Phenylessigsäure (III).

Versuche: *2-Phenyl-3-methyl-3-hydroxy-5-acetoxypentansäure (Diastereomerengemisch;* IV), $C_{14}H_{18}O_5$, durch Zugabe von II in Bzl. zu dem Ivanov-Reagenz (aus Isopropylchlorid, III u. ;Mg) bei —10°, 8std. Kochen, Zersetzen mit Eis/konz. HCl, Extrahieren mit Bzl., Aufarbeiten mit gesätt. $NaHCO_3$-Lsg., Ansäuern mit HCl, Extrahieren mit Ae., Eindampfen u. Reinigen durch Umfällen mit wss. $NaHCO_3$/HCl; 70—85% (Ausb.; roh). — *2-Phenyl-3-methyl-3-hydroxy-5-acetoxypentansäure, N.N'-Dibenzyläthylendiammoniumsalz, Diastereomer 1* (V), $C_{44}H_{56}N_2O_{10}$, F. 161—162° (Isopropanol), durch Zugabe einer äther. Lsg. von N.N'-Dibenzyläthylendiamin (VI) zu rohem IV in Ae., 12std. Stehen, Filtrieren, Krist. aus A. (→ meso-Diphenylbernsteinsäure, N.N'-Dibenzyläthylendiammoniumsalz, F. 214—216°) u. Abkühlen der Mutterlauge; 5,7%. *Diastereomer 2*, $C_{44}H_{56}N_2O_{10}$, F. 128—130° (A.), neben V durch Eindampfen der Mutterlauge u. Extrahieren mit heißem W.; 23%. — *2-Phenyl-3-methyl-3.5-dihydroxypentansäurelacton-(1→5), Diastereomer 1* (VII), $C_{12}H_{14}O_3$, F. 151—153° (A.), a) durch 14std. Stehen vorst. Verb. mit W. u. 5%ig. KOH bei 37°, Extrahieren mit Ae., Ansäuern der wss. Schicht mit HCl u. Extrahieren mit heißem Äthylacetat/Bzl.; 83%; b) analog aus IV; 33%. *Diastereomer 2* (VIII), $C_{12}H_{14}O_3$, F. 112—113° (A./Ae.), analog aus V; 73%. — Aus VII: *2-Phenyl-3-methyl-3.5-dihydroxypentansäure, Diastereomer 1, N.N'-Dibenzyläthylendiammoniumsalz*, $C_{40}H_{52} \cdot N_2O_8$, F. 141—142° (Isopropanol), durch Erhitzen mit VI in W./Äthanol. *K-Salz*, $C_{12}H_{15}KO_4$, F. 169—170° (A. + Ae.), durch Titrieren in A. mit 0,1 n KOH. *Na-Salz*, $C_{12}H_{15}NaO_4$, F. 176—177° (Isopropanol), analog. *Ba-Salz*, $C_{24}H_{30}BaO_8$, F. 174—176° (W. + Aceton), analog. *S-Benzylisothiuroniumsalz*, $C_{20}H_{26}N_2O_4S$, F. 151—152° (Isopropanol), durch Einw. von S-Benzylisothiuroniochlorid auf das Na-Salz. — Analog aus VIII: *2-Phenyl-3-methyl-3.5-dihydroxypentansäure, Diastereomer 2, N.N'-Dibenzyläthylendiammoniumsalz*, $C_{40}H_{52}N_2O_8$, F. 133 bis 134° (Isopropanol). *K-Salz*, $C_{12}H_{15}KO_4$, F. 185—186° (abs. A.). — Rk. von Zn u. 26,5 g I mit 13 g II u. Aufarbeiten → 3,8 g III neben wenig VII

Hartmut Berger 1250△

1125 **Katalytische Reaktionen von 1-Oxo-1-alkoxyphospholinen.** K. Hunger. (Tetrahedron Letters [London] **1966**, **5929**—**31**; Schloß Birlinghoven-Siegkreis, Shell Grundlagenforsch.; GmbH; dt.) — Verschiedene 1-Oxo-1-alkoxyphospholine sowie 1-Oxo-1-hydroxy-Δ^2-phospholin (I) wirken als Katalysatoren bei der Darst. von *Carbodiimiden* (A) aus den entsprechenden Isocyanaten (B). Aus Benzylisocyanat (II) entsteht bei 150° kein A, sondern eine Zwischenstufe, aus der mit NaOH unter Abspaltung von CO_2 u. Benzoesäure *2.4.6-Triphenyl-symm.-triazin* entsteht. Bei 80° erhält man aus II dagegen *2.6-Diphenyl-4-benzoylimino-1.3.5-oxadiazin.*

Versuche: Carbodiimide: durch Erwärmen des entsprechenden B auf 60—160° in Ggw. einiger Tropfen 1-Oxo-1-äthoxy-Δ^2-phospholin (III). (aliphat. B in Lsgm. — Xylol, Cumol oder Decalin): *Bis-[4-methylphenyl]-*, F. 54°; 83,5% (Ausb.). — *Bis-[4-nitrophenyl]-*, F. 166°; 98,5%. — *Dicyclohexyl-*, F. 32°; 83,4%. — *Di-n-butyl-*, Kp.$_1$ 90—95; 47,5%. — *Bis-[β-chloräthyl]-*, Kp.$_{0,1}$ 74°; 48%. — *Biphenyl-*, Kp.$_{0,07}$ 119°, a) in Ggw. von III; 92,5%; b) b) in Ggw. von 1-Oxo-1-methoxy-Δ^2-phopsholin; 90,2%; c) in Ggw. von 1-Oxo-1-phenoxy-Δ^2-phospholin; 55%; d) in Ggw. von 1-Oxo-1-[β-chloräthoxy]-3.4-dimethyl-Δ^3-phospholin; 63%; e) in Ggw. von I; 38%.

M. Krüger 1280△

1126 **Umsetzung von Phenacylphosphonsäurediäthylester mit N.N-Diäthyl-p-phenylendiaminsulfat.** Klaus Zieloff, Heinz Paul und Günter Hilgetag. (J. prakt. Chem. [4] **31**, 200—04, 1966; Berlin, II. Chem. Inst. der Humboldt-Univ.; dt.) — Ein von Imajew (J. allg. Chem. [Moskau] **31** (1961) 2930) beschriebenes phosphorhaltiges Azomethin aus Phenacylphosphonsäurediäthylester u. N.N-Diäthyl-p-phenylendiaminsulfat wurde als *p.p'-Bis-[diäthylamino]-azobenzol* erkannt.

Versuche: *Phenacylphosphonsäurediäthylester*, Kp.$_{0,6}$ 140—141°, aus Triäthylphosphit u. ω-Bromacetophenon; 82% (Ausb.). *2.4-Dinitrophenylhydrazon*, $C_{18}H_{21} \cdot N_4O_7P$, F. 146,5—148,5° (Methanol). — *p.p'-Bis-[diäthylamino]-azobenzol*, $C_{20}H_{28}N_4$, F. 169,5—173°, a) nach der Vers.-Anordnung von Imajew (l.c.); 4,7%; b) analog a) ohne vorst. Verb.; 3,9%. — *p.p'-Bis-[diäthylamino]-azoxybenzol*, $C_{20}H_{28}N_4O$, F. 156—157,5° (A.), a) aus Carbäthoxymethylphosphonsäurediäthylester u. p-Nitrosodiäthylanilin im Bombenrohr; 38%; b) aus p-Nitrosodiäthylanilin im Bombenrohr; 40%.

P. Becker 1300△

1127 **Wechselwirkung von Elektronenacceptoren mit Basen.** 19. Mitt. **Wechselwirkung von 1.3.5-Trinitrobenzol mit sekundären Aminen in acetonischer Lösung.** R. Foster und C. A. Fyfe. (Tetrahedron [London] **22**, 1831 bis 1842, 1966; Chem. Dep., Queen's Coll., Univ. of St. Andrews, Dundee, Scotland; engl.) — 18. vgl. J. chem. Soc. [London] Sect. B **1966**, 2, 171. — Bei der Umsetzung von Diäthylamin mit Trinitrobenzol (I) in Aceton entstehen tiefrot gefärbte Lösungen. Die NMR-Spektren zeigen dabei als Intermediäres einen σ-Komplex (Meisenheimer Verb.). Endprod. der Rk. ist *N.N-Diäthyl-p-nitranilin*. Gleiche Rk. werden bei Verw. anderer sek. Amine beobachtet. NMR-Spektren u. Spektren im sichtbaren Licht vgl. Original. — 17. vgl. C. **1968**, **41**-**0950**.

Versuche: *Verb.* $C_{10}H_{10}N_3O_7 \cdot C_4H_{12}N$, aus Diäthylamin mit I in Aceton; daneben *Verb.* $C_6H_{10}N_7O_5$ u. *N.N-Diäthyl-p-nitranilin* ($C_{10}H_{14}N_2O_2$, F. 74,5° (Cyclohexan); 11% Ausb.]. — *Verb.* $C_{10}H_{10}N_3O_7 \cdot C_5H_{12}N$, aus I u. Piperidin in Aceton; daneben *1-[4-Nitrophenyl]-piperidin*, $C_{11}H_{14}N_2O_2$, F. 102—103° (Cyclohexan); 30%. — *N.N-Dimethyl-p-nitranilin*, $C_8H_{10}N_2O_2$, F. 163 bis 164° (Cyclohexan), aus I mit Dimethylamin/Aceton; 8—12%.

W. Hampel 1310△

1128 **Chlorierte Aryl- und Alkyliminothionyle.** L. N. Markovskij und E. S. Levčenko. (Ž. org. Chim. **2**, 1524, 1966; Inst. org. chim. AN Ukr. SSR; russ.) — Durch Zugabe von 0,03 Mol des entsprechenden aromat. Amins oder aliphat. Aminhydrochlorids unter Kühlung zu 30—40 ml SCl_2, Erhitzen auf 60—80° (8—10 Std. bei aliphat., ~ 1 Std. bei aromat. Aminen) u. Dest. im Vakuum wurden folgende S.S-Dichlorsulfimine erhalten: *N-[2-Nitrophenyl]-*, $C_6H_4Cl_2N_2O_2S$, F. 82—83° (PAe.), gelbe Prismen; 100% (Ausb.). — *N-[2.4.6-Tribromphenyl]-*, $C_6H_2Br_3Cl_2NS$, F. 99—101° (PAe.), hellgelbe Prismen; 100%. — *N-[2.4.6-Trichlorphenyl]-*, $C_6H_2Cl_5NS$, F. 56—57° (PAe.), hellgelbe Nadeln; 100%. — *N-tert.-Butyl-*, $C_4H_9Cl_2NS$, Kp.$_9$ 68—69°; D_4^{20} 1,2071; n_D^{20} 1,5472; 70%. — *N-[α-Cyanisopropyl]-*, $C_4H_6Cl_2N_2S$, F. 24,5—25°, Kp.$_4$ 83—84°; Prismen; 93%.

Heidrun Kühn 1310

1129 **Photochemische Reaktionen.** 1. Mitt. **Addition von Thiophenol an Bisamide und Bisurethane ungesättigter aromatischer und heterocyclischer Aldehyde.** K. Sirotanovic und Z. Nikic. (Tetrahedron [London] **22**, 1561—64, 1966; Inst. of Chem., Fac. of Sci., Univ. of

Beograd; engl.) — Die Einw. von Thiophenol (**I**) auf die Bisamide u. Bisurethane einiger ungesättigter aromat. u. heterocycl. Aldehyd unter Bestrahlen mit UV-Licht führt zur Addition von I an die Doppelbindung unter Bldg. der entsprechenden *Bis-amide* bzw. *Bisurethane* der β-Phenylmarcaptoaldehyde.

Versuche: *β-Phenylmercaptodihydrozimtaldehyd-bis-acetamid*, $C_{19}H_{22}N_2O_2S$, F. 178—179° (A.), aus Zimtaldehyd-bis-acetamid mit I in Dioxan in Ggw. von BF_3 unter UV-Licht; 32% (Ausb.) — *β-Phenylmercapto-p-nitrodihydrozimtaldehyd-bis-acetamid*, $C_{19}H_{21}N_3O_4S$, F. 167° (A.); 35,7%. — *β-Phenylmercapto-m-chlordihydrozimtaldehyd-bis-acetamid*, $C_{19}H_{21}ClN_2O_2S$, F. 154° (A.), in Ggw. von Benzoperoxid; 21%. — *β-Phenylmercapto-p-chlordihydrozimtaldehyd-bis-acetamid*, $C_{19}H_{21}Cl_2N_2O_2S$, F. 194° (A.); 58,54%. — *β-Phenylmercapto-β-thienylpropionaldehyd-bis-acetamid*, $C_{17}H_{20}N_2O_2S_2$, F. 145° (A.), aus Thienylacrolein-bis-acetamid; 23%. — *β-Phenylmercaptodihydrozimtaldehyd-bis-urethan*, $C_{12}H_{26}N_2O_4S$, F. 115° (abs. Ae.), a) aus Zimtaldehyd-bis-urethan; 45%; b) aus Zimtaldehyd, I u. Urethan; 27%. — *β-Phenylmercapto-p-chlordihydrozimtaldehyd-bis-urethan*, $C_{21}H_{25}ClN_2O_4S$, F. 113—114° (Ae./PAe.); 9%. — *m-Nitrozimtaldehyd-bis-acetamid*, $C_{13}H_{15}N_3O_4$, F. 228° (A.), aus m-Nitrozimtaldehyd u. Acetamid bei 120°; 47%. — *p-Nitrozimtaldehyd-bis-acetamid*, $C_{13}H_{15}N_3O_4$, F. 237° (A.); 87%. — *Thienylacrolein-bis-acetamid*, $C_{11}H_{14}N_2O_2S$, F. 212° (A.); 26%. — *Furylacrolein-bis-acetamid*, $C_{11}H_{14}N_2O_3$, F. 188° (A.); 28%. — *m-Nitrozimtaldehyd-bis-urethan*, $C_{15}H_{19}N_3 \cdot O_6$, F. 202° (A.); 73%. — *p-Nitrozimtaldehyd-bis-urethan*, $C_{15}H_{19}N_3O_6$, F. 188° (A.); 80%. — *Thienylacrolein-bis-urethan*, $C_{13}H_{18}N_2O_4S$, F. 145°; 69%.

W. Hampel 1320△

1130 **Auf das ZNS wirkende Agentien.** 6. Mitt. **2-tert.-Aminophenylessigsäureester und 2-tert.-Amino-2-phenyläthanole.** B. C. Gautam, R. S. Kapil und Nitya Anand. (Indian J. Chem. **4**, 239—43, 1966; central Drug Res. Inst., Lucknow; engl.) — 5. vgl. C. **1967**, 45-1593. — Synth. u. pharmakolog. Wrkg. verschiedener *2-tert.-Aminophenylessigsäureester*, deren *Hydrazide* u. *Hydrazone* sowie von *2-tert.-Aminoäthanolen* werden beschrieben. Dabei zeigen 2-[4-Methylhomopiperazinyl]-2-[p-methylphenyl]-äthanol u. 2-[4-Methylpiperazinyl]-2-[p-fluorphenyl]-äthanol analget. Wrkg., während 2-[Piperidyl-(1)]-2-phenyläthanol ein mildes Stimulanz des Zentralnervensyst. darstellt. 2-[Pyrrolidyl-(1)]-2-[p-fluorphenyl]-essigsäureäthylester u. 2-[Piperidyl-(1)]-bzw. 2-[Morpholinyl-(4)]-2-[p-chlorphenyl]-äthanol zeigen MAOI-Aktivität. Erg. der pharmakolog. Unters. vgl. Original.

Versuche: *α-Hydroxy-p-fluorphenylessigsäure*, $C_8H_7FO_3$, F. 123° (Bzl.), durch Bromieren von p-Fluoracetophenon in Essigsäure bei Raumtemp., Erwärmen auf 40°, Dest. des *α.α-Dibrom-p-fluoracetophenons* (Kp.$_3$ 144 bis 146°; 84,4% Ausb.) u. 5tägiges Stehen mit verd. NaOH bei 5°; 88,6%. — *Äthylester*, $C_{10}H_{11}FO_3$, Kp.$_2$ 115°, aus der Säure mit A./konz. H_2SO_4; n_D^{30} 1,482; 77,5%. — *α-Chlor-p-fluorphenylessigsäureäthylester*, $C_{10}H_{10}ClFO_2$, Kp.$_4$ 104°, durch 12std. Stehen vorst. Esters mit $SOCl_2$ bei Raumtemp.; n_D^{28} 1,497; 85,8%. — *α-Chlor-p-äthoxyphenylessigsäureäthylester*, $C_{12}H_{15}ClO_3$, Kp.$_3$ 146—147°, aus α-Hydroxy-p-äthoxyphenylessigsäure; 76,1%. — Essigsäureäthylester, durch Zugabe der entsprechenden Base zum entsprechenden α-Chlorphenylessigsäureäthylester in Bzl., Absaugen des Hydrochlorides, Extrahieren der Filtrate mit 2 n HCl u. Zugabe von NH_4OH: *α-[Piperidyl-(1)]-phenyl-*, $C_{15}H_{21}NO_2$, Kp.$_3$ 160°; 61,7%. — *α-[Homopiperidyl-(1)]-phenyl-*, $C_{16}H_{23}NO_2$, Kp.$_5$ 163°; 62,7%. — *α-Diäthylamino-phenyl-*, $C_{14}H_{21}NO_2$, Kp.$_4$ 125°; 50,2%. — *α-Piperidyl-(1)-p-methylphenyl-*, $C_{16}H_{23} \cdot NO_2$, Kp.$_3$ 151°; n_D^{28} 1,511; 62,7%. — *α-[Pyrrolidyl-(1)]-p-methylphenyl-*, $C_{15}H_{21}NO_2$, Kp.$_6$ 141°; n_D^{33} 1,509; 63,0%. — *α-Morpholino-p-methylphenyl-*, $C_{15}H_{21}NO_3$, Kp.$_6$ 164°; n_D^{28} 1,513; 62,3%. — *α-[N-Methylpiperazinyl-(4)]-p-methylphenyl-*, $C_{16}H_{24}N_2O_2$, Kp.$_6$ 174°; n_D^{30} 1,506; 68,3%. — *α-[N-Methylhomopiperazinyl-(4)]-p-methylphenyl-*, $C_{17}H_{26}N_2O_2$, Kp.$_3$ 168°; n_D^{34} 1,510; 86,5%. — *α-[Piperidyl-(1)]-p-äthoxyphenyl-*, $C_{17}H_{25}NO_3$, Kp.$_3$ 187°; n_D^{35} 1,527; 63,9. — *α-[Pyrrolidyl-(1)]-p-äthoxyphenyl-*, $C_{16}H_{23}NO_3$, Kp.$_{0,01}$ 192°; n_D^{36} 1,516; 56,3%. — *α-Morpholino-p-äthoxyphenyl-*, $C_{16}H_{23}NO_4$, Kp.$_3$ 187°; n_D^{34} 1,527; 56,9%. — *α-[N-Methylpiperazinyl-(4)]-p-äthoxyphenyl-*, $C_{17}H_{26}N_2O_3$, Kp.$_2$ 184°; n_D^{34} 1,531; 63,3%. — *α-[Piperidyl-(1)]-p-chlorphenyl-*, $C_{15}H_{20}ClNO_2$, Kp.$_3$ 191°; n_D^{28} 1,517; 58,5%. — *α-[Pyrrolidyl-(1)]-p-chlorphenyl-*, $C_{14}H_{18}ClNO_2$, Kp.$_3$ 162°; n_D^{32} 1,515; 85,4%. — *α-Morpholino-p-chlorphenyl-*, $C_{14}H_{18}ClNO_3$, Kp.$_3$ 183°; n_D^{30} 1,515; 47,6%. — *α-[N-Methylpiperazinyl-(4)]-p-chlorphenyl-*, $C_{15}H_{21}ClN_2O_2$, Kp.$_3$ 180°; n_D^{32} 1,516; 39,8%. — *α-[Piperidyl-(1)]-p-fluorphenyl-*, $C_{15}H_{20}FNO_2$, Kp.$_6$ 147°; n_D^{20} 1,597; 76,4%. — *α-[Pyrrolidyl-(1)]-p-fluorphenyl-*, $C_{14}H_{18}FNO_2$, Kp.$_3$ 158°; n_D^{18} 1,495; 72,4%. — *α-[N-Methylpiperazinyl-(4)]-p-fluorphenyl-*, $C_{15}H_{21} \cdot FN_2O_2$, Kp.$_3$ 158°; n_D^{28} 1,497; 48%. — Äthanole, durch Red. der entsprechenden vorst. Ester mit $LiAlH_4$: *2-Phenyl-2-[piperidyl-(1)]-*, $C_{13}H_{19}NO$, Kp.$_{1,5}$ 132°; 92%. — *2-Phenyl-2-[homopiperidyl-(1)]-*, $C_{14}H_{21}NO$, Kp.$_3$ 165°; n_D^{26} 1,536; 85,7%. — *2-Phenyl-2-diäthylamino-*, $C_{12}H_{19} \cdot NO$, Kp.$_4$ 126°; n_D^{29} 1,585; 97,4%. — *2-[p-Tolyl]-2-[piperidyl-(1)]-*, $C_{14}H_{21}NO$, Kp.$_2$ 161; n_D^{34} 1,528; 77,4%. — *2-[p-Tolyl]-2-[pyrrolidyl-(1)]-*, $C_{13}H_{19}NO$, Kp.$_4$ 150°; n_D^{32} 1,532; 79,7%. — *2-[p-Tolyl]-2-[morpholino]-*, $C_{13}H_{19}NO_2$, Kp.$_2$ 160°; n_D^{33} 1,53; 92,1%. — *2-[p-Tolyl]-2-[N-methylpiperazinyl-(4)]-*, $C_{14}H_{22}N_2O$, Kp.$_8$ 192°; n_D^{32} 1,529; 64,9%. — *2-[p-Tolyl]-2-[N-methylhomopiperazinyl-(4)]-*, $C_{15}H_{24}N_2O$, Kp.$_3$ 167°; n_D^{33} 1,534; 90,2%. — *2-[p-Tolyl]-2-[N-phenylpiperazinyl-(4)]-*, $C_{19}H_{24}N_2O$, F. 112 bis 113°; 81,1%. — *2-[p-Äthoxyphenyl]-2-[piperidyl-(1)]-*, $C_{15}H_{23}NO_2$, Kp.$_2$ 180°; n_D^{34} 1,531; 85%. — *2-[p-Äthoxyphenyl]-2-[pyrrolidyl-(1)]-*, $C_{14}H_{21}NO_2$, Kp.$_3$ 176°; n_D^{31} 1,529; 85,8%. — *2-[p-Äthoxyphenyl]-2-morpholino-*, $C_{14} \cdot H_{21}NO_3$, Kp.$_4$ 208°; n_D^{30} 1,524; 68,1%. — *2-[p-Äthoxyphenyl]-2-[N-methylpiperazinyl-(4)]-*, $C_{15}H_{24}N_2O_2$, F. 86°, Kp.$_4$ 206°; n_D^{34} 1,530; 85,1%. — *2-[p-Chlorphenyl]-2-[piperidyl-(1)]-*, $C_{13}H_{18}ClNO$, Kp.$_4$ 178°; n_D^{30} 1,547; 86,7%. — *2-[p-Chlorphenyl]-2-[pyrrolidyl-(1)]-*, $C_{12}H_{16}ClNO$, Kp.$_4$ 176°; n_D^{32} 1,548; 59,8%. — *2-[p-Chlorphenyl]-2-[morpholino]-*, $C_{12}H_{16}ClNO_2$, Kp.$_3$ 186°; n_D^{27} 1,549; 94,5%. — *2-[p-Chlorphenyl]-2-[N-methylpiperazinyl-(4)]-*, $C_{13}H_{19}ClNO_2$, F. 103°; 82,1%. — *2-[p-Fluorphenyl]-2-[piperidyl-(1)]-*, $C_{13}H_{18}FNO$, Kp.$_2$ 146°; n_D 1,520; 79,7%. — *2-[p-Fluorphenyl]-2-[pyrrolidyl-(1)]-*, $C_{12}H_{16}FNO$, Kp.$_3$ 138°; n_D^{34} 1,523; 94,4%. — *2-[p-Fluorphenyl]-2-[N-methylpiperazinyl-(4)]-*, $C_{13}H_{19}FN_2O$, Kp.$_3$ 166°; n_D^{34} 1,524; 74,3%. — *2-Piperidino-2-[p-tolyl]-essigsäurehydrazid*, $C_{14}H_{21}N_3O$, F. 102°; 40%. — *α-Piperidino-phenylessigsäurehydrazid*, $C_{13}H_{19}N_3O$, F. 119° (Bzl.), durch 4std. Erwärmen des entsprechenden Äthylesters mit Hydrazinhydrat in A. auf 100°; 50%. *N-Benzyliden-deriv.*, $C_{20}H_{23}N_3O$, F. 232° (Bzl.); 94%. *N-[p-Methoxybenzyliden]-deriv.*, $C_{21}H_{25}N_3O_2$, F. 210° (Bzl.); 91%. *N-[p-Methylbenzyliden]-deriv.*, $C_{21}H_{25}N_3O$, F. 222°; 85%. *N-[p-Chlorbenzyliden]-deriv.*, $C_{20}H_{22}ClN_3O$, F. 217 bis 218° (Bzl.); 80%. *N-[m-Hydroxybenzyliden]-deriv.*, $C_{20} \cdot H_{23}N_3O_2$, F. 218° (Bzl.); 70%. *N-[p-Hydroxybenzyliden]-deriv.*, $C_{20}H_{23}N_3O_2$, F. 238° (Bzl.); 74%. *N-[p-Dimethylaminobenzyliden]-deriv.*, $C_{22}H_{28}N_4O$, F. 206° (Bzl.); 56%. *N-[3.4-Dioxymethylenbenzyliden]-deriv.*, $C_{21}H_{23}N_3O_3$, F. 246° (Bzl.); 76%.

W. Hampel 1350△

1131 **Synthese von Pentafluorphenylsilanen.** A. L. Klebanskij, Ju. A. Juželevskij, E. G. Kagan und A. V. Charlamova. (Ž. obšč. Chim. **36(38)**, 2222, 1966; russ.) — Über Mg-organ. Verb. werden folgende Silane erhalten: *Methylpentafluorphenyldiäthoxy-*, $C_{11} \cdot H_{13}F_5O_2Si$, Kp.$_7$ 87,5—88,5°; D.$_4^{20}$ 1,2581m n_D^{20} 1,4336. — *Bis-[pentafluorphenyl]-diäthoxy-*, $C_{16}H_{10}F_{10}O_2Si$, Kp.$_4$ 135,5—136,5°; D.$_4^{20}$ 1,4764, n_D^{20} 1,4458. — *Pentafluorphenyldimethyl-*, $C_8H_7F_5Si$, Kp.$_{20}$ 61,8—62,0°; D.$_4^{20}$ 1,2951, n_D^{20} 1,4324. — *Bis-[pentafluorphenyl]-methyl-*, $C_{13}H_4F_{10}Si$, Kp.$_2$ 94°; D.$_4^{20}$ 1,5872; n_D^{20} 1,4634. — IR-Daten vgl. Original.

H. Berger 1380△

1132 **O.O-Diaryldithiophosphorsäuren und Bis-[diaryloxythiophosphon]-disulfide.** N. I. Zemljanskij und L. V. Gluškova. (Ž. obšč. Chim. **36(38)**, 2193—94, 1966; russ.) — Freie O.O-Diaryldithiophosphorsäuren werden aus ihren K-Salzen mit H_2SO_4 freigesetzt; bei O.O-Bis-[4-chlorphenyl]- u. O.O-Bis-[2.4-dichlorphenyl]-dithiophosphorsäure erfolgt dabei Zersetzung.

Versuche: *O.O-Bis-[p-tolyl]-dithiophosphorsäure*, $C_{14}H_{15}O_2PS_2$, F. 52–54°, aus nachst. Salz in W. mit verd. H_2SO_4 (1:4); 83% (Ausb.). *K-Salz*, $C_{14}H_{14}KO_2PS_2$, F. 217–218°, durch 3std. Erhitzen von p-Kresol mit P_4S_{10} auf 150°, Lösen in Bzl., Neutralisieren mit geschmolzenem KOH, Filtrieren, Aufarbeiten mit heißem wss. Aceton u. Fällen mit Bzl.; 62% (Ausb.). – *Bis-[O.O-di-(p-tolyl)-monothiophosphono]-disulfid*, $C_{28}H_{28}O_4P_2S_4$, F. 100,5–102° (Bzl./A.), durch Zugabe von KNO_2 zu vorst. Salz in W., Zugabe von konz. H_2SO_2 zu vorst. Salz in W., Zugabe von konz. H_2SO_4 u. Extrahieren mit Ae.; 82,7%. – Analog: *O.O-Bis-[m-tolyl]-dithiophosphorsäure*, $C_{14}H_{15}O_2PS_2$, F. 45–47°. *K-Salz*, $C_{14}H_{14}KO_2PS_2$, F. 205–207°; 56%. – *Bis-[O.O-di-(m-tolyl)-monothiophosphono]-disuflid*, $C_{28}H_{28}O_4P_2S_4$, F. 42–43° (Hexan/PAe.). H. Berger 1380△

1133 **Beteiligung der N–P-Bindung an der Konjugation.** I. N. Zmurova und A. V. Kirsanov. (Ž. obšč. Chim. **36(98)**, 1248–54, 1966; Inst. orang. chimii Akad. nauk Ukrain. SSR; russ.) – Es werden *Verb. vom Typ ArN=PAr$_2$'Ar''* dargestellt, deren Elektronenspektren sich kaum von denen der entsprechenden Arylamine unterscheiden.

Versuche: Verb. vom Typ $XC_6H_4N{=}P\cdot(C_6H_4Y)_2C_6H_4Z$, durch Zugabe von $XC_6H_4N_3$ in Bzl. zu $P(C_6H_4Y)_2C_6H_4Z$ in Bzl., 24std. Stehen bei Raumtemp. u. Eindampfen im Vakuum; X = Y = *H*, Z = *p-(CH$_3$)$_2$N*, $C_{26}H_{25}N_2P$, F. 146–148° (A.); Nadeln; 80% (Ausb.). – X = Y = *H*, Z = *p-CF$_3$*, $C_{25}H_{19}F_3NP$, F. 100 bis 102° (A.); Nadeln; 86%. – X = *H*, Y = Z = *p-CF$_3$* (I), $C_{27}H_{17}F_9NP$, F. 138–139° (Hexan); Plättchen; 96%. – X = *p-NO$_2$*, Y = *H*, Z = *p-(CH$_3$)$_2$N*, $C_{26}H_{24}N_3\cdot O_2P$, F. 156–158° (Bzl. + PAe.); gelbe Plättchen; 95%. – X = *p-NO$_2$*, Y = *H*, Z = *p-CF$_3$*, $C_{25}H_{18}F_3N_2O_2P$, F. 161–163° (Bzl. + PAe.); gelbe Plättchen; 80%. – X = *p-NO$_2$*, Y = Z = *p-CF$_3$*, $C_{27}H_{16}F_9N_2O_2P$, F. 212 bis 213° (Bzl. + PAe.); gelbe Prismen; 90%. – X = *p-CF$_3$*, Y = *H*, Z = *p-(CH$_3$)$_2$N*, $C_{27}H_{24}F_3N_2P$, F. 150 bis 151° (PAe.); Plättchen; 95%. – X = Z = *p-CF$_3$*, Y = *H*, $C_{26}H_{18}F_6NP$, F. 129–131° (Hexan); Plättchen; 71%. X = Y = Z = *p-CF$_3$*, $C_{28}H_{16}F_{12}NP$, F. 152–154° (A.); Nadeln; 97%. – Durch Zugabe von Triäthylamin u. $XC_6H_4NH_2$ in CCl_4 zu $Br_2P(C_6H_4Y)_2C_6H_4)Z$ in CCl_4, ½std. Kochen, Filtrieren u. Eindampfen im Vakuum: X = *p-(CH$_3$)$_2$N*, Y = *H*, Z = *p-CF$_3$*, $C_{27}H_{24}F_3N_2P$, F. 146 bis 148° (PAe.); gelbe Nadeln; 41%. – X = *p-(CH$_3$)$_2$N*, Y = Z = *p-CF$_3$* (II), $C_{29}H_{22}F_9N_2P$, F. 136–137° (Hexan), aus Tris-[p-trifluormethylphenyl]-dichlorphosphoran; gelbe Nadeln; 73%. – X = *p-CF$_3$*, Y = Z = *H*, $C_{25}H_{19}\cdot F_3NP$, F. 113–114° (wss. A.); Nadeln; 70%. – *Tris-[p-trifluormethylphenyl]-phosphinoxid*, $C_{21}H_{12}F_9OP$, F. 181 bis 183° (wss. A.), a) durch Zugabe von $POCl_3$ in Ae. zu p-Trifluormethylphenyl-MgBr (**III**) in Ae. unter Eis/NaCl-Kühlung, Stehen über Nacht bei Raumtemp., Zersetzen mit gesätt. NH_4Cl-Lsg. u. Eindampfen der äther. Schicht; 70%; b) durch 40 Min. langes Kochen von **II** mit 75%ig. A. u. verdünnen mit W.; 95%. – *N-Phenyl-tris-[p-trifluormethylphenyl]-phosphinimin-Anilin-Addukt*, $C_{33}H_{24}F_9N_2P$, F. 104–106° (PAe.), a) analog **II** aus Tris-[p-trifluormethylphenyl]-dibromphosphoran u. überschüssigem Anilin; hellgelbe Nadeln; 82%; b) durch 15 Min. langes Kochen von **I** mit Anilin u. CCl_4 u. Eindampfen im Vakuum; 100%. – *N-Phenyl-tris-[p-trifluormethylphenyl]-phosphinimin-[p-Chloranilin]-Addukt*, $C_{33}H_{23}ClF_9N_2P$, analog; 100%. – *Diphenyl-[p-trifluormethylphenyl]-phosphin*, $C_{19}H_{14}F_3P$, F. 55–57° (A.), durch Zugabe von Phenyldichlorphosphin in Ae. zu **III** in Ae. unter Eis/NaCl-Kühlung u. Aufarbeiten; Nadeln; 25%. – *Tris-[p-trifluormethylphenyl]-phosphin*, $C_{21}H_{12}\cdot F_9P$, F. 71–73°, analog mit PCl_3; Nadeln; 25%. – *Diphenyl-[p-dimethylaminophenyl]-phosphin*, F. 149–150° (A.), durch Zugabe von p-Dimethylaminophenyldichlorphosphin in Bzl. zu C_6H_5MgBr in Ae. bei 4–5°, 1std. Kochen u. Aufarbeiten; 63%. – *p-Trifluormethylphenylazid*, $C_7H_4F_3N_3$, Kp.$_{15}$ 66–67°, durch Diazotieren von p-Trifluormethylanilin in 15%ig. HCl mit wss. $NaNO_2$-Lsg. bei 0–5°, Zugabe von wss. NaN_3-Lsg. unter Eiskühlung u. Extrahieren mit Ae.; D_4^{20} 1,3325, n_D^{20} 1,4870; 73%. H. Berger 1380△

1134 **Synthese von Aryldiacetylenen.** V. N. Andrievskij, I. L. Kotljarevskij und M. S. Švarcberg. (Izvest. Akad. Nauk SSSR, Ser. chim. **1966**, 882–86; Inst. chim. kinetiki i gorenija Sibirsk. otdelenija Akad. nauk SSSR; russ.) – Durch Einw. von PCl_5 u. $NaNH_2$ auf *Acetoacetylarene* werden *Arylbutadiine* erhalten, die durch Ox. in *Diaryloctatetraine* übergeführt werden u. mit Cyclohexanon (**I**) *Aryl-[2-hydroxycyclohexyl]-butadiine* ergeben. IR-Daten sind angegeben.

Versuche: *4-Acetoacetylbiphenyl* (**II**), F. 158,5 bis 159° (Propanol), durch 5½std. Einleiten von BF_3 in Biphenyl u. Acetanhydrid bei 55°, 2std. Rühren bei 55°, 2std. Kochen mit wss. Na-Acetat-Lsg. u. Abkühlen; 81,4% (Ausb.). – Analog: *Benzoylaceton*, Kp.$_{18}$ 137 bis 141°, aus Acetophenon; 22,9%. – *p-Methoxybenzoylaceton*, Kp.$_1$ 143–146°, aus p-Methoxyacetophenon bei 0°; 30%. – *Acetoacetylmesitylen*, Kp.$_1$ 93–95°, aus Mesitylen bei 0°; 91,5%. – *p-Nitrobenzoylaceton*, $C_{10}H_9NO_4$, F. 109,5–110,5° (A.), aus p-Nitroacetophenon in Nitrobenzol bei 50°; 70%. – Arylbutadiine: *p-Biphenylyl-* (**III**), $C_{16}H_{10}$, F. 104–106° (Zers.), durch Zugabe von **II** zu PCl_5 in abs. Bzl. unter Eiskühlung, Rühren bei 0 bis 50°, 5std. Erhitzen auf 50°, Abkühlen, Gießen in Ae. Eis, Abtrennen der organ. Schicht, Zugabe zu $NaNH_2$ in fl. NH_3, Zugabe von NH_4Cl u. Ae., Abdampfen des NH_3 u. Chromatographieren an Al_2O_3; 40,6%. – Analog: *Phenyl-*, $C_{10}H_6$, Kp.$_{0,04}$ 34–40°; 42,2%. – *p-Methoxyphenyl-*, $C_{11}H_8O$, F. 61–62° (Zers.); 24,4%. – *2.4.6-Trimethylphenyl-*, $C_{13}H_{12}$, F. 42–44° (Zers.); 41,2%. – *p-Nitrophenyl-*, $C_{10}H_5NO_2$, bei >100° Zers.; 41,8%. – Diaryloctatetraine: *Bis-[p-biphenyl]-*, $C_{32}H_{18}$, F. 243 bis 245° (Zers.; Bzl.), durch 1½std. Schütteln von **III** mit Cu_2Cl_2 u. Py. unter O_2U. Gießen in verd. Säure; 88,5%. – Analog: *Diphenyl-*, $C_{20}H_{18}$, F. 114–115° (Zers.; PAe.); 90%. – *Bis-[p-methoxyphenyl]-*, $C_{22}H_{14}O_2$, F. 190–192° (Zers.; CCl_4); 80,5%. – *Bis-[2.4.6-trimethylphenyl]-*, $C_{26}H_{22}$, F. 227–228° (Zers.; Äthylacetat); 81%. – *Bis-[p-nitrophenyl]-*, $C_{20}H_8N_2O_4$, bei >200° Zers.; 80,7%. – Aryl-[2-hydroxycyclohexyl]-butadiine: *p-Biphenylyl-*, $C_{22}H_{20}O$, F. 118–119° (Bzl./PAe.), durch Zugabe von **III** in Ae. zu KOH in abs. Ae. bei 0–5°, 2std. Rühren bei 0–5°, Zugabe von **I**, Rühren, Stehen über Nacht, Zersetzen mit W., Extrahieren mit Ae., Neutralisieren mit 3–5%ig. H_2SO_4 u. Eindampfen; 72,4%. – Analog: *Phenyl-*, $C_{16}H_{16}O$, F. 102–103° (PAe.); 68,5%. – *p-Methoxyphenyl-*, $C_{17}H_{18}O_2$, F. 88–90° (PAe.); 46,8%. – *2.4.6-Trimethylphenyl-*, $C_{19}H_{22}O$, F. 131–132° (PAe.); 71,4%. H. Berger 1410△

1135 **Phosphorylierung von Phenylbutadien.** G. K. Fedorova und Ja. P. Šaturskij. (Ž. obšč. Chim. **36(98)**, 1262–67, 1966; Inst. organ. chimii Akad. nauk Ukrain.SSR; russ.) – Folgende Verb. werden dargestellt: *Bis-[4-phenylbutadien-(1.3)-yl]-trichlorphosphoran* (**I**), $C_{20}\cdot H_{18}Cl_3P$, F. 130–133° (Zers.; CH_2Cl_2), durch 1std. Erhitzen von PCl_5 mit 1-Phenylbutadien-(1.3) (**II**) bei 15 bis 20 Torr auf 40–65° u. Zugabe von Chlorbenzol; 90% (Ausb.). – *[4-Phenylbutadien-(1.3)-yl]-styryltrichlorphosphoran* (**III**), $C_{18}H_{16}Cl_3P$, durch 6–7std. Rühren von Styryltetrachlorphosphoran mit **II** bei 20°; 79%. – *[4-Phenylbutadien-(1.3)-yl]-phenyltrichlorphosphoran* (**IV**), $C_{16}H_{14}Cl_3P$, durch 1½std. Erhitzen von Phenyltetrachlorphosphoran mit **II** auf 40–55°; 38%. – *Bis-[4-phenylbutadien-(1.3)-yl]-phosphinsäure*, $C_{20}H_{19}O_2P$, F. 201 bis 202°, durch Hydrolyse von **I** oder des nachst. Chlorids; Plättchen; 95%. *Chlorid*, $C_{20}H_{18}ClOP$, F. 114–116°, durch Aufarbeiten von **I** in Bzl. mit SO_2 unter Eiskühlung u. Eindampfen im Vakuum; Prismen; 70%. *Phenylester*, $C_{26}H_{23}O_2P$, F. 144–145,5°, durch Zugabe des Chlorids in Bzl. zu Phenol in Pyridin u. Bzl. unter Kühlung, 40std. Stehen, Filtrieren u. Eindampfen im Vakuum; 40%. *Anilid*, $C_{26}H_{24}NOP$, F. 196–197° (A.), durch Zugabe des Chlorids in Bzl. zu Anilin in Bzl. unter Kühlung, 40std. Stehen, Filtrieren u. Waschen mit W.; Prismen; 60%. – Analog: *[4-Phenylbutadien-(1.3)-yl]-styrylphosphinsäure*, $C_{18}H_{17}O_2P$, F. 150–151°; Prismen; 90%. *Chlorid*, $C_{18}H_{16}ClOP$, durch Zugabe von W. in Dioxan zu **III** in Bzl., Sättigen mit SO_2 bei 20° u. Eindampfen im Vakuum; zähfl.; 90%. *Phenylester*, $C_{24}H_{21}O_2P$, F. 67–70°; 50%. *Anilid*, $C_{24}H_{22}NOP$, F. 183–185°

(A.); Prismen; 81%. — *[4-Phenylbutadien-(1.3)-yl]-phenylphosphinsäure* (**V**), $C_{16}H_{15}O_2P$, F. 151—152°; Prismen; 93%. *Chlorid*, $C_{16}H_{14}ClOP$ aus **IV**; zähfl.; 95%. *Phenylester*, $C_{22}H_{19}O_2P$, F. 93—101°; 66%. *Anilid*, $C_{22}H_{20}NOP$, F. 195—196° (A.); Prismen; 73%. — *Phenyl-[1.2.3.4-tetrabrom-4-phenylbutyl]-phosphinsäure*, $C_{16}H_{15} \cdot Br_4O_2P$, F. 191° (Zers.; Eisessig), durch Zugabe von Br_2 in CCl_4 zu **V** in Eisessig bei 6—8°, 12std. Stehen, Eindampfen im Vakuum, Aufarbeiten mit Ae. u. Filtrieren; 8%. — *Phenyl-[4-phenyltribrombutenyl]-phosphinsäure*, $C_{16}H_{14}Br_3O_2P$, neben vorst. Verb. aus der äther. Lsg.; 92%. — *Phenyl-[phenylbutadiinyl]-phosphinsäure*, $C_{16}H_{11} \cdot O_2P$, F. 141—141,4° (wss. CH_3OH), a) durch Zugabe von äthanol. KOH zu vorst. Verb. in A., 40 Min. langes Kochen, Filtrieren, Eindampfen, Ansäuern mit verd. HCl u. Extrahieren mit Bzl.; Prismen; 75%; b) analog aus vorvorst. Verb. u. Aufarbeiten mit Ae.; 58%.

H. Berger 1780△

1136 **Reaktion von Verbindungen, die eine Trichlormethylgruppe an der Doppelbindung enthalten, mit Kupfer.** L. M. Jagupol'skij und E. A. Čajka. (Ž. org. Chim. **2,** 1744—47, 1966; Inst. für organ. Chem. der Akad. der Wiss. der Ukrain. SSR; russ.) — Die Rk. von substituierten 1.1.1-Trichlorpropenen-(2) mit Cu in Pyridin (**III**) verläuft unter Dehalogenierung u. Knüpfung einer C–C-Einfach- bzw. C=C-Doppelbindung, wobei *3.3.4.4-Tetrachlorhexadiene-(1.5)* bzw. *3.4-Dichlorhexatriene-(1.3.5)* entstehen.

Versuche: *3.3.4.4-Tetrachlorhexadien-(1.5)*, $C_6H_6 \cdot Cl_4$, Kp.$_3$ 69—71°, durch Zugabe von 1,74 g Cu-Pulver zu 8 g 3.3.3-Trichlorpropen in 70 ml **III** bei < 25°, 1std. Rühren, Gießen in 20%ig. HCl unter Kühlen u. Extraktion mit Ae.; n_D^{20} 1,5180; D_4^{20} 1,3778; 57,4% (Ausb.). — *3.3.4.4-Tetrachlorhexadien-(1.5)-dicarbonsäure-(1.6)*, $C_8H_6 \cdot Cl_4O_4$, F. 159—161° (wss. A.), aus γ.γ.γ-Trichlorcrotonsäure analog vorst. Verb.; 20,3%. *Dimethylester* (**I**), $C_{10} \cdot H_{10}Cl_4O_4$, F. 85—86° (PAe.), durch 6std. Erhitzen der Säure mit CH_3OH u. konz. H_2SO_4; 91,8%. *Diamid*, $C_8H_8Cl_4N_2O_2$, F. 200—201° (Bzl.), durch 3std. Erhitzen von 1 g der Säure mit 10 ml $SOCl_2$ in Ggw. von 0,01 g $ZnCl_2$, Einengen im Vakuum, Lösen in Bzl., 1/4std. Einleiten von NH_3, Filtrieren u. Einengen; 98,8%. — *3.4-Dichlorhexatrien-(1.3.5)-dicarbonsäure-(1.6)*, $C_{10}H_6Cl_2O_4$, F. 165—166° (A.), durch Zugabe von Cu zu 10,84 g γ.γ.γ-Trichlorcrotonsäuremethylester in 100 ml **III** bei < 30°, 3std. Rühren, Gießen in 20%ig. HCl u. Extraktion mit Ae.; 12,3%. Daneben **I**, 14,8%. — *3.3.4.4-Tetrachlor-1.6-dibenzoylhexadien-(1.5)*, $C_{20}H_{14}Cl_4O_2$, F. 164—165° (A.), durch Rk. von ω-Trichlormethyl-acrylophenon (**II**) mit Cu in **III** bei 21°; 40,9%. — *3.4-Dichlor-1.6-diphenylhexatrien-(1.3.5)*, $C_{18}H_{14}Cl_2$, F. 171—172° (A.), durch 1std. Erhitzen von **II** mit Cu in Acetonitril, Gießen in W., Extraktion mit Ae. u. Einengen; 57,3%. — *3.3.4.4-Tetrachlor-1.6-diphenylhexadien-(1.5)*, $C_{18}H_{14}Cl_4$, F. 97 bis 98° (PAe.), durch 4std. Erhitzen von **II** mit Acetonitril in Ggw. von Cu; 4,1%.

H. Dalmer 1810△

1137 **Reaktion von tert.-Butylhydroperoxid mit cis- und trans-Pinan und Carvomenthen.** Claude Filliatre und Robert Lalande. (Bull. Soc. chim. France **1966,** 1575—80; Bordeaux, Fac. des Sci., Inst. du Pin, Chim. Appl.; franz.) — Bei der Einw. von tert.-Butylhydroperoxid (**I**) auf cis- u. trans-Pinan entsteht ein Gemisch von *cis-* u. *trans-3-[tert.-Butylperoxy]-p-menthen-(1)*, *cis-* u. *trans-6-[tert.-Butylperoxy]-p-menthen-(1)*, *cis-* u. *trans-1-[tert.-Butylperoxy]-p-menthen-(2)* u. *8-[tert.-Butylperoxy]-p-menthen-(1)*. Die Ident. des Gemisches der Peroxy-Verb. erfolgt durch Hydrierung in Ggw. von Adams-Pt, wobei *3-*, *6-*, *1-* u. *8-[tert.-Butylperoxy]-p-menthan* resultieren, u. durch Hydrieren in Ggw. von Raney-Ni, wobei ein Gemisch von Isomeren des *Menthols* (30%), *Carvomenthols* (60%) u. *p-Menthanol-(1)* (8%) erhalten wird. Bei der Rk. von **I** mit Carvomenthen wird eine *Peroxid-Fraktion* (90%) isoliert, die aus den *cis-* u. *trans-*Isomeren von *3-* u. *6-[tert.-Butylperoxy]-p-menthen-(1)* u. *1-[tert.-Butylperoxy]-p-menthen-(2)* besteht, die durch Hydrieren in Ggw. von Adams-Pt in die *cis-* u. *trans-*Isomeren von *3-*, *6-* u. *1-[tert.-Butylperoxy]-p-menthan* übergeht u. in Ggw. von Raney-Ni in ein Gemisch von *Mentholen* (30%), *Carvomentholen* (60%) u. *p-Menthanol-(1)* (10%) übergeführt wird. Der nichtperoxid. Anteil besteht aus *Carvoaceton* (3%), *Carvotanacetolen* u. *p-Menthen-(2)-olen-(1)* (6%) sowie aus *1.2-Epoxy-p-menthan*.

Versuche: *tert.-Butylhydroperoxid* (**I**), Kp.$_{13}$ 34°, aus tert.-Butylschwefelsäure u. 30%ig. H_2O_2 nach Millas u. Surgenor (1946); n_D^{20} 1,4000. — *Hydroperoxid-Gemisch A*, $C_{14}H_{26}O_2$, Kp.$_{0,3}$ 57—58°, durch 7std. Kochen von cis-Pinan (Kp.$_{18}$ 58°; n_D^{20} 1,4621; D_4^{20} 0,855; $[\alpha]_D^{20}$ −23,7°) bzw. trans-Pinan (Kp.$_{14}$ 51—52°; n_D^{20} 1,4607; D_4^{20} 0,8548; $[\alpha]_D$ −16,1) mit **I** in Ggw. von Cu_2Cl_2 auf 75°; n_D^{20} 1,4573; D_4^{20} 0,902; [überführbar durch a) Rk. mit Na in Ae./W. 1:1 in ein Gemisch (n_D^{20} 1,4772) der *cis-* u. *trans-*Isomeren von *p-Menthen-(1)-ol-(3)* (identifiziert durch IR), *p-Menthen-(1)-ol-(6)* (IR u. n_D) u. *p-Menthen-(2)-ol-(1)* (IR u. n_D); b) 4std. Hydrieren in Ggw. von Raney-Ni in A. in ein Gemisch der *cis-* u. *trans-*Isomeren von *Neomenthol*, *Isomenthol*, *Menthol* u. *Carvomenthol* (alle durch IR) sowie *p-Menthanol-(8)* (Gaschromatographie) u. *p-Menthanol-(1)* (*cis-*, n_D^{20} 1,4600; *trans-*, F. 45°); daneben *Gemisch* gesättigter *Peroxide*, $C_{14}H_{28}O_2$, Kp.$_{0,3}$ 50—51°; n_D^{20} 1,4455; D_4^{20} 0,886]. — *Hydroperoxid-Gemisch B*, $C_{14}H_{26}O_2$, Kp.$_{0,3}$ 58—59°, analog aus Carvomenthen; n_D^{20} 1,4579; D_4^{20} 0,898; [überführbar durch a) Rk. mit Na in Ae./W. 5:6 in ein *Gemisch M* (n_D^{20} 1,4751) von Isomeren von *p-Menthen-(2)-ol-(1)*, *Piperitol* u. *Carvotanacetol*; b) Hydrieren in Ggw. von Raney-Ni in *p-Menthanol-(1)*; daneben *Gemisch* der *gesätt. Peroxide*, $C_{14}H_{28}O_2$, Kp.$_{0,3}$ 50—51°; n_D^{20} 1,4458; D_4^{20} 0,883. — *Carvotanaceton-2.4-dinitrophenylhydrazon*, F. 192°, aus dem Gemisch **M** durch Ox. nach Brown u. Garg, J. Amer. chem. Soc. **83** (1961) 2952 u. Rk. mit 2.4-Dinitrophenylhydrazin; daneben *Piperiton-2.4-dinitrophenylhydrazon*, F. 116°.

G. Ziebarth 1850△

1138 **2.5-Dimethylcyclopenten-(2)-on-(1).** V. A. Mironov, T. M. Fadeeva, G. M. Kuz'janc und A. A. Achrem. (Izvest. Akad. Nauk SSSR, Ser. chim. **1966,** 2211—13; Inst. org. chim. im. Zelinskogo AN SSSR; russ.) — Es werden dargestellt: *2.5-Dimethylcyclopentanon* (*cis/trans-Gemisch*), Kp.$_{30}$ 56,6—56,8°, Kp.$_{758}$ 148—148,5°, durch Zugabe von 1-Methylcyclopentanon-(2)-carbonsäureäthylester zu $NaNH_2$ in Ae., Zugabe von CH_3J unter Kochen, Stehen über Nacht, Ansäuern mit Essigsäure, Aufarbeiten mit W., Extrahieren mit Ae., Eindampfen, 4std. Kochen mit HCl, teilweise Neutralisieren u. Extrahieren mit Ae.; D_4^{20} 0,8922, n_D^{20} 1,4309; 57% (Ausb.). *2.4-Dinitrophenylhydrazon*, F. 158,5—163° (A.); F. 173—173,5° (A./Aceton). — *2.5-Dimethylcyclopenten-(2)-on-(1)*, $C_7H_{10}O$, Kp.$_{19}$ 59,2—59,4°, durch Zugabe von Br_2 zu vorst. Verb., Chlf., $MgCO_3$ u. W. bei 26—28°, Extrahieren mit Ae., Zugabe von Diäthylanilin u. Eindampfen; D_4^{20} 0,9411, n_D^{20} 1,4670; 51%. *2.4-Dinitrophenylhydrazon*, $C_{13}H_{14}N_4O_4$, F. 194—194,5° (A.; Aceton). *Semicarbazon*, $C_7H_{13}N_3O$, F. 194,5—196° (A.). — IR-Spektrum vgl. Original.

H. Berger 1960△

1139 **Cyclisierung von Arylaminoderivaten der Hydroxymethylencyclohexenone.** François Boyer und Jean Décombe. (C. R. hebd. Séances Acad. Sci., Sér. C **262,** 145—46, 1966; Dijon, Fac. des Sci.; franz.) — Vgl. ibid. **255** (1962) 1945. — 4-Anilinomethylencyclohexen-(1)-one-(3) lassen sich nicht direkt, sondern erst nach partieller, katalyt. Hydrierung zu den entsprechenden *Anilinomethylcyclohexenonen* in 10—20%ig. Ausb. ohne Umlagerung zu den entsprechenden *Chinolinen* cyclisieren.

Versuche: Cyclohexen-(1)-one-(3): *1-Methyl-4-anilinomethylen-*, F. 177°. — *1-Äthyl-4-hydroxymethylen-6-methyl-* (**I**), Kp.$_{14}$ 120°, durch Claisen-Rk. von Cyclohexenon mit Ameisensäureäthylester in Ggw. von Na oder $NaOC_2H_5$. — *1-Äthyl-4-anilinomethylen-6-methyl-*, F. 134° aus **I**. — *1-Methyl-4-hydroxymethylen-5-phenyl-*, Kp.$_5$ 164°, analog **I**. *1-Methyl-4-anilinomethylen-5-phenyl-*, F. 137°, aus vorst. Verbindung. — 3.4-Benzo-7'.8'-dihydrochinoline, durch 5std. Kochen der 4-Anilinomethylencyclohexenone-(3) mit Anilinhydrochlorid in A., Dest. des A. im Vakuum, Rühren des Rückstandes mit 20%ig. KOH, Extraktion mit Ae. u. Reinigen über das Pikrat: *6'-Methyl-*, F. 76° (A./W.).

Pikrat, F. 170° (A.). — *6'-Äthyl-7'-methyl-*, F. 55° (A./W.). *Pikrat*, F. 166° (A.). — *6'-Methyl-8'-phenyl-*, F. 110° (A./W.). *Pikrat*, F. 186° (A.).
Gottfried Schreiber 1960△

1140 **Synthese von 1-[2.6.6-Trimethylcyclohexen-(1)-yl-(1)]-3-methyloctadien-(1.3)-in-(5)-on-(7) und [α-Alkoxyvinyl]-acetylen.** M. Batkibekova, N. V. Zotčik und I. A. Rubcov. (Ž. org. Chim. **2**, 1589—93, 1966; Moskva, Technol. Inst. für Lebensmittelindustrie; russ.) — Durch Grignard-Rk. von α.β-Dibromvinyläthyläther (I) mit C_2H_2 u. anschließende HBr-Abspaltung wird *2-Äthoxybuten-(1)-in-(3)* (**III**; [*α-Äthoxyvinyl*]*-acetylen*) dargestellt. α-Methyl-γ-[2.6.6-trimethylcyclohexen-(1)-yl-(1)]-crotonaldehyd (**V**) liefert durch Grignard-Rk. mit **III** *2-Äthoxy-5-hydroxy-6-methyl-8-[2.6.6-trimethylcyclohexen-(1)-yl-(1)]-octadien-(1.6)-in-(3)*. Daraus entsteht durch Isomerisierung, Verseifung u. anschließende Dehydratisierung des Rk.-Prod. *1-[2.6.6-Trimethylcyclohexen-(1)-yl-(1)]-3-methyloctadien-(1.3)-in-(5)-on-(7)*. IR-Daten s. Original.
Versuche: *α.β-Dibromvinyläthyläther* (**I**), Kp.$_{10}$ 68—71°, durch Rk. von Br_2 mit Vinyläthyläther bei —10 bis —15°; 100% (Ausb.). — *α.β-Dibromvinylbutyläther*, Kp.$_{11}$ 74—78°; 100%. — *3-Äthoxy-4-brombutin-(1)* (**II**), C_6H_9BrO, Kp.$_{15}$ 46—47°, durch 15 Min. langes Einleiten von C_2H_2 in 200 ml THF, portionsweise Zugabe von Äthyl-MgBr (**IV**) in 300 ml THF, 4—5std. Einleiten von C_2H_2 bei 25—30°, portionsweise Zugabe von **I**, 1std. Nachrühren, 3std. Erwärmen auf 35—37°, mehrstd. Stehen u. Gießen in gesätt. wss. NH_4Cl-Lsg.; n_D^{20} 1,4670; D_4^{20} 1,3220; 54,5%. — *3-Butoxy-4-brombutin-(1)*, Kp.$_{15}$ 72 bis 76°; 27,5%. — *2-Äthoxybuten-(1)-in-(3)* (**III**), C_6H_8O, Kp. 102—105°, durch Zugabe von KOH zu **II** bei —30°, Erhitzen auf 110—120° u. Dest. über KOH; n_D^{20}1,4446; D_4^{20} 0,8621; 51,8%. — *2-Butoxybuten-(1)-in-(3)* Kp. 145 bis 147°; 50,7%. — *2-Äthoxy-5-hydroxy-6-methyl-8-[2.6.6-trimethylcyclohexen-(1)-yl-(1)]-octadien-(1.6)-in-(3)*, $C_{20}H_{30}O_2$, Kp.$_{0,3}$ 140—145°, durch Zugabe von 13,4 g **III** in 60 ml THF zu **IV** in 75 ml THF, 1std. Rühren bei 18—20°, $^1/_4$std. Erhitzen, Abkühlen, Zugabe von 23,7 g **V** in THF, 4std. Rühren bei 20°, 2std. Erhitzen u. Gießen in gesätt. wss. NH_4Cl-Lsg.; n_D^{20} 1,5200; D_4^{20} 0,9833; 79,5%. — *1-[2.6.6-Trimethylcyclohexen-(1)-yl-(1)]-3-methyloctadien-(1.3)-in-(5)-on-(7)*, Kp.$_{0,1-0,2}$ 50°, durch Zugabe von 20 ml 20%ig. H_2SO_4 zu 25 g vorst. Verb. in 500 ml A., 48std. Rühren unter N_2 bei 18—20°, Neutralisation mit $NaHCO_3$, Filtrieren, Einengen im Vakuum, Gießen auf Eis/W., Extraktion mit Ae., Einengen, Lösen des Rückstandes {*1-[2.6.6-Trimethylcyclohexen-(1)-yl-(1)]-2-hydroxy-3-methylocten-(3)-in-(5)-on-(7)*; 20—21 g} in 125 ml Eisessig u. 25 mg p-Toluolsulfonsäure, 24std. Stehen unter N_2 bei 18—20°, Gießen in W., Extraktion mit PAe., Einengen, Lösen in ca. 200 ml A. u. 15 g Girard-Reagens, Zugabe von 15 ml Eisessig, 1std. Erhitzen unter N_2, Gießen auf Eis/W. u. 20 g NaOH, Extraktion mit Ae. u. Zugabe von 225 ml konz. HCl; 62,2%. *Semicarbazon*, $C_{19}H_{27}N_3O$, F. 199—201°.
H. Dalmer 1960△

1141 **Gesetzmäßigkeiten in den Reaktionen der Anlagerung an konjugierte Eninketone. 2. Mitt. Diensynthesen unter Teilnahme von konjugierten Eninketonen.** G. N. Bondarev und A. A. Petrov. (Ž. org. Chim. **2**, 1005—08, 1966; Leningrad, technologičeskij inst. im Lensoveta; russ.) — 1. vgl. ibid. **2** (1966) 782. — Durch Erhitzen von Butadien mit Hexen-(2)-in-(5)-on-(4), Hexen-(1)-in-(4)-on-(3) oder Hepten-(2)-in-(5)-on-(4) (≈ 1:1) in Bzl. im Bombenrohr auf 140° werden erhalten: *1-Crotonoylcyclohexadien-(1.4)*, $C_{10}H_{12}O$, Kp.$_{2,5}$ 93°; D_4^{20} 1,0070, n_D^{20} 1,5342; 78,5% (Ausb.). *2.4-Dinitrophenylhydrazon*, $C_{16}H_{16}N_4O_4$, F. 191—192° (A.). — [*Cyclohexen-(3)-yl*]*-*[*propin-(1)-yl*]*-keton*, $C_{10}H_{12}O$, Kp.$_2$ 71—72°; D_4^{20} 0,9913, n_D^{20} 1,5034; 60%. *2.4-Dinitrophenylhydrazon*, $C_{16}H_{16}N_4O_4$, F. 166,5—167,5° (A.). — [*2-Methylcyclohexen-(4)-yl*]*-*[*propin-(1)-yl*]*-keton*, $C_{11}H_{14}O$, Kp.$_2$ 83—84°, bei 200°; D_4^{20} 0,9727, n_D^{20} 1,5013; 60%. *2.4-Dinitrophenylhydrazon*, $C_{17}H_{18}N_4O_4$, F. 154,5—155,5° (A.). — IR- u. NMR-Spektren sind angegeben. — 3. vgl. C. **1967**, **59**-0176.
H.-I. Graubaum 1960△

1142 **Diferrocenoyl und 1.2-Diferrocenyläthylen.** A. N. Nesmejanov, E. G. Perevalova und T. T. Ciskaridze. (Izvest. Akad. Nauk SSSR, Ser. chim. **1966**, 2209 bis 2211; Moskovskij gosud. univ. im. M. V. Lomonosova; russ.) — *Diferrocenoyl* (**I**) geht keine Benzilsäureumlagerung ein; bei Rk. mit NH_2OH, 2.4-Dinitrophenylhydrazin u. Grignard-Verb. reagiert nur 1 Carbonylgruppe.
Versuche: *trans-1.2-Diferrocenyläthylen*, F. 258 bis 260° (Bzl.), a) durch 8std. Schütteln von 1.2-Diferrocenyläthan (**II**) mit MnO_2 in Chlf., Stehen über Nacht, Filtrieren, Eindampfen u. Chromatographieren an Al_2O_3; 44% (Ausb.); b) neben **I** nach a); 23% [Ox. analog **I** nach a) → **I** (40%) u. *Ferrocencarbaldehyd* (F. 122—125°; 29%)]. — *Diferrocenoyl* (**I**), F. 193,5—194,5° (Bzl.; A.), a) durch 2std. Schütteln von **II** mit MnO_2 in Chlf., 6std. Kochen u. weiter analog vorst. Verb. nach a); 43%; b) neben vorst. Verb. nach a); 11%. *Monooxim*, $C_{22}H_{19} \cdot Fe_2NO_2$, F. 169—170° (Zers.; (Ae. + PAe.), aus **I** in Py. u. Chromatographieren; 73%. *Mono-2.4-Dinitrophenylhydrazon*, $C_{28}H_{22}Fe_2N_4O_5$; 56%. — *Propyl-*[*ferrocenoyl*]*-ferrocenylmethanol*, $C_{25}H_{26}Fe_2O_2$, F. 168—169° (Bzl.), durch Zugabe von **I** in abs. Bzl. zu Propyl-MgBr in abs. Ae., $1^1/_4$std. Rühren, Gießen in Eis, Extrahieren mit Ae. u. Chromatographieren an Al_2O_3; 48%. — *1.2-Diferrocenyläthandiol-(1.2)*, $C_{22}H_{22}Fe_2O_2$, F. 147—148° (Zers.; Bzl.), durch Zugabe von **I** in abs. Bzl. zu $LiAlH_4$ in abs. Ae. unter N_2, Gießen in W., Eindampfen der äther. Schicht u. Chromatographieren an Al_2O_3; 40%.
H. Berger 1970△

1143 **Umlagerung von γ.δ-Epoxyketonen in Ketoalkoholen der Cyclopropanreihe.** B. A. Eršov, O. A. Ermakov, A. I. Kol'cov und T. I. Temnikova. (Ž. org. Chim. *2*, 933—34, 1966; Leningrad, Univ.; russ.) — Durch Rk. von 1-Brom-3-methyl-2.3-epoxybutan mit der Na-Verb. von Acetophenon in Toluol entsteht *trans-1-Benzoyl-2-α-hydroxyisopropylcyclopropan* [F. 53—54° (Hexan)], mit der Na-Verb. von Methylbenzylketon *1-Acetyl-1-phenyl-2-α-hydroxyisopropylcyclopropan* [F. 84 bis 86° (Hexan)]. Die Rk. wird durch einen nucleophilen Angriff des C-Atoms des Enolat-Anions auf das zum Oxiranring α-ständige C-Atom eingeleitet. Der gebildete γ-Ketoäther lagert sich unter C-Alkylierung zum Endprod. um.
G. Ziebarth 1980△

1144 **Analoga der Corticosteroide.** 14. Mitt. **Verhalten der sekundären Acetoxygruppe in der Acetylcyclohexandiolreihe.** A. A. Achrem und A. M. Moiseenkov. (Izvest. Akad. Nauk SSSR, Ser. chim. **1966**, 2156—61; Inst. organ. chimii im. N. D. Zelinskogo Akad. nauk SSSR; russ.) — Die Verseifung des Diacetats von 1r-Acetylcyclohexandiol-(1t.2t) (**I**) mit $KHCO_3$ in wss. CH_3OH bei Raumtemp. führt zu **I** neben wenig **I**-2-Monoacetat, unter stärker alkal. Bedingungen in schnellerer Rk. ausschließlich zu **I**; die langsamer verlaufende saure Hydrolyse ergibt gleiche Endprodukte. Analoge Hydrolysen des Diacetats von 1r-Acetylcyclohexandiol-(1t.2c) (**II**) führen analog zu **II** neben wenig **II**-2-Monoacetat. Diskussion der Ergebnisse vgl. Original.
Versuche: *1r-Acetyl-1t-bromcyclohexanol-(2c)* (**III**), $C_8H_{13}BrO_2$, F. 62—63° (Pentan), durch Zugabe von N-Bromacetamid in 67%ig. wss. Aceton zu 1-Acetylcyclohexen-(1) in 75%ig. wss. Aceton u. wenig 72%ig. $HClO_4$ bei 5°, 24std. Rühren, Neutralisieren mit K-Acetat, Einengen im Vakuum u. Extrahieren mit Ae.; Prismen; 83% (Ausb.). — *1-Acetyl-1.2-epoxycyclohexan*, Kp.$_{3,5-4}$ 44—46°, a) neben **III** durch Chromatographieren der Mutterlauge an Al_2O_3; n_D^{25} 1,4653; b) durch 6std. Kochen von **III** mit K-Acetat in Aceton, Filtrieren u. Eindampfen; 89%; c) neben nachst. Verb. aus der Mutterlauge; 1,1 g. — *1r-Acetyl-1t-brom-2c-acetoxycyclohexan*, $C_{10}H_{15}BrO_3$, F. 86,5—87,5° (Hexan), durch 12std. Stehen von 10 g **III** mit Acetanhydrid u. Py.; Prismen; 8,7 g. — *1r-Acetylcyclohexandiol-(1t.2t)-monoacetat-(2)*, a) durch 60std. Kochen von 1,5 g vorst. Verb. mit K-Acetat in Aceton, Filtrieren, Eindampfen im Vakuum u. Krist. aus Hexan/Ae.; 440 mg; b) durch 3std. Kochen von 1,65 g vorst. Verb. mit Na-Acetat, Eindampfen im Vakuum, Lösen in W. u. Extrahieren mit Ae.; 1,2 g.
H. Berger 1980△

1145 **Analoga der Corticosteroide.** 15. Mitt. **Reaktion von 1-Brom-1-acetylcyclohexanol-(2) und seines Acetats mit Hydrazincarbonsäureester.** A. A. Achrem und

A. M. Moiseenkov. (Izvest. Akad. Nauk SSSR, Ser. chim. **1966,** 2161—67; russ.) — 14. vgl. vorst. Referat. — Einw. von Hydrazincarbonsäureäthylester (**I**) auf 1r-Acetyl-1t-brom-2c-acetoxycyclohexan (**II**) führt unter Konfig.-Umkehr zu *1r-Acetyl-1t-hydroxy-2t-acetoxycyclohexancarbäthoxyhydrazon* (**III**); analoge Rk. mit 1r-Acetyl-1t-bromcyclohexanol-(2c) (**IV**) ergibt ein Gemisch, das 30% Verb. der Ausgangskonfig. enthält. Der Rk.-Mechanismus wird diskutiert.

Versuche: *1r-Acetyl-1t-hydroxy-2t-acetoxycyclohexancarbäthoxyhydrazon* (**III**), durch 8std. Erhitzen von **II** mit **I** in Eisessig auf 50—55° unter period. weiterer Einführung von **I**, Eindampfen im Vakuum, Aufarbeiten mit W., Extrahieren mit Ae., Eindampfen u. Krist. aus Ae./Hexan; 70% (Ausb.). — Analoge Rk. mit **IV** ergibt ein Gemisch aus 1r-Acetylcyclohexandiol-(1t.2t) (**V**) u. -(1t.2c) (**VI**), isomeren 1-Acetyl-1-hydroxy-2-acetoxy-cyclohexanen, **III** u. dessen Isomeren (**VII**) sowie **VIII** u. **IX**, das chromatograph. gespalten wird. — *1r-Acetyl-1t.2t-dihydroxycyclohexancarbäthoxyhydrazon* (**IX**), $C_{11}H_{20}\cdot N_2O_4$, F. 139,5—140,5° (Ae./Hexan), a) durch 20std. Stehen von 900 mg **V** mit **I** in Eisessig, Eindampfen im Vakuum, Aufarbeiten mit W. u. Extrahieren mit Ae.; Plättchen; 840 mg; b) durch 5 Min. langes Erhitzen von 700 mg **III** mit methanol. KOH auf 100°, Abkühlen, Neutralisieren mit 5%ig. HCl auf pH 7, Eindampfen im Vakuum u. weiter analog; 490 mg. — Analog: *1r-Acetyl-1t.2c-dihydroxycyclohexancarbäthoxyhydrazon* (**VIII**), $C_{11}\cdot H_{20}N_2O_4$, F. 126—127° (Ae./Hexan), a) aus 900 mg **VI**; Plättchen; 820 mg; b) aus 700 mg **VII**; 430 mg.

H. Berger 1980△

1146 **Konstitution und Affinität zu makromolekularen Verbindungen.** 3. Mitt. **Aromatische Cyanamide.** Eugène Riesz. (Bull. Soc. chim. France **1966,** 1633—36; Paris, Labor. de Chim. Tinctoriale du Conservatoire National des Arts et Métiers; franz.) — Durch Rk. von 2-Nitro-4-chlorbenzolsulfensäurechlorid mit Cyanamid (**I**) oder seinen Salzen ist *2-Nitro-4-chlorbenzolsulfenylcyanamid* darstellbar, das beim Erhitzen über 200° in *2.2'-Dinitro-4.4'-dichlordiphenyldisulfid* übergeht. Aus Na-Naphthochinon-(1.2)-sulfonat-(4) (**II**) u. Salzen von **I** bildet sich *4-Cyanamidonaphthochinon-(1.2)*, dessen Na- u. Ca-Salze auf Wolle rot aufziehen. Beim Erhitzen auf 245° trimerisiert es sich zu *Tris-[naphthochinonyl-(3.4)]-isomelamin*, das mit $Na_2S_4O_4$ in alkal. Lsg. einen Küpenfarbstoff bildet, der Baumwolle u. Viskose graubraun färbt. Aus **II** u. Melamin bildet sich *2.4-Dihydroxy-N-[naphthochinonyl-3'.4']-6-aminotriazin-(1.3.5)*. — 2. vgl. ibid. **1966,** 1, 141; 1. vgl. C. **1967,** 41-1014.

Versuche: *2-Nitro-4-chlorbenzolsulfenylcyanamid*, $C_7H_4ClO_2N_3S$, durch 1std. Kochen von 2-Nitro-4-chlorbenzolsulfensäurechlorid u. Cyanamid (**I**) in Äther. — *2.2'-Dinitro-4.4'-dichlordiphenyldisulfid*, F. 212° (Eisessig), durch Erhitzen vorst. Verb. auf 200—210°. — *4-Cyanamidonaphthochinon-(1.2)*, $C_{11}H_6N_2O_2$, F. 245° (Bzl.; nach dem Schmelzen Wiederverfestigung), durch 24std. Rk. einer wss. Lsg. von Na-Naphthochinon-(1.2)-sulfonat-(4) (**II**) mit einer aus Ca-Cyanamid u. W. hergestellten Lösung. — *1.3.5-N-Tris-[naphthochinonyl-(3'.4')-isomelamin*, $C_{33}H_{18}N_6O_6$, aus vorst. Verb. durch 30 Min. langes Erhitzen auf 245—250°. — *2.4-Dihydroxy-N-[naphthochinonyl-(3'.4')]-6-aminotriazin-(1.3.5)*, $C_{13}H_8N_4O_4$, F. 270°, durch 1std. Kochen von **II** u. Melamin in Wasser.

G. Ziebarth 2700△

1147 **Untersuchungen zur Stereochemie cyclischer Verbindungen.** 65. Mitt. **Stereochemie der Oxydation eines geometrischen Isomeren der 13-Methyl-7-acetoxy-$\Delta^{4(12)}$-dodekahydrophenanthren-1.2-dicarbonsäure und von dessen Derivaten.** I. A. Gurvič, I. M. Mil'štejn und V. F. Kučerov. (Izvest. Akad. Nauk SSSR, Ser. chim. **1966,** 875—78; Inst. organ. chimii im. N. D. Zelinskogo Akad. nauk SSSR; russ.) — 64. vgl. C. **1967,** 36-1027. — Folgende Verb. werden dargestellt: *4α.4aα-Epoxy-4bβ-methyl-7β-acetoxy-8aα.10aα-perhydrophenanthren-1β.2β-dicarbonsäure* (**I**), F. 212—215°, durch Zugabe von 90%ig. Peressigsäure zu 500 mg 4bβ-Methyl-7β-acetoxy-8aα.10aα-Δ^4-dodekahydrophenanthren-1β.2β-dicarbonsäure (**II**) in abs. Chlf. bei 0°, 2std. Rühren bei 0°, 12std. Stehen bei Raumtemp., Eindampfen u. Zugabe von Ae.; 400 mg (Ausb.). *Dimethylester*, $C_{21}H_{30}O_7$, F. 135—136° (wss. Aceton), a) aus 250 mg **I** mit äther. CH_2N_2-Lsg.; 200 mg; b) analog **I** aus 600 mg **II**-Dimethylester u. Chromatographieren an Al_2O_3; 320 mg. *Anhydrid* (**III**), $C_{19}H_{24}O_6$, F. 176—177° (Bzl.), durch 12std. Stehen von 500 mg **I** mit Py. u. Acetanhydrid, Eindampfen im Vakuum u. Zugabe von Ae.; 420 mg. — *4α.4aβ.7β-Trihydroxy-4bβ-methyl-8aα.10aα-perhydrophenanthren-1β.2β-dicarbonsäuremonolacton-(1 → 4a)*, durch 1½std. Kochen von 500 mg **I** mit Dioxan, W. u. wenig konz. H_2SO_4 u. Eindampfen im Vakuum; 300 mg. *Methylester* (**IV**), $C_{18}H_{26}O_6$, F. 213—214° (Aceton), aus der Säure mit äther. CH_2N_2-Lösung. — *4.7-Dioxo-4aβ-hydroxy-4bβ-methyl-8aα.10aα-perhydrophenanthren-1β.2β-dicarbonsäure-2-monomethylesterlacton-(1 → 4a)*, $C_{18}H_{22}O_6$, F. 203—204° (CH_3OH), durch 12std. Stehen von 350 mg **IV** mit Essigsäure u. CrO_3; 170 mg. — *4β.4aβ-Epoxy-4bβ-methyl-7β-acetoxy-8aα.10aα-perhydrophenanthren-1.2-dicarbonsäureanhydrid*, $C_{19}H_{24}O_6$, F. 209—210° (Bzl.), analog **I** aus 500 mg **II**-Anhydrid; 400 mg. — *4α.4aβ-Dihydroxy-4bβ-methyl-7β-acetoxy-8aα.10aα-perhydrophenanthren-1β.2β-dicarbonsäure-2-monomethylesterlacton-(1 → 4a)*, $C_{20}H_{28}O_7$, F. 224—225° (wss. CH_3OH), durch 1½std. Kochen von 300 mg vorst. Verb. mit Dioxan, W. u. wenig H_2SO_4, Aufarbeiten mit CH_2N_2, Eindampfen im Vakuum u. Chromatographieren an Al_2O_3; 100 mg. — *4bβ-Methyl-7β-acetoxy-8aα-$\Delta^{4.10}$-dekahydrophenanthren-1β.2β-dicarbonsäuredimethylester*, analog aus 700 mg **III**; 150 mg.

Hartmut Berger 2850△

1148 **Derivate des Dekahydro-as-indacens und des Hexahydro-as-indacens aus 2-[Cyclopentylidenyl]-cyclopentanon.** 4. Mitt. **Kondensation von Bicyclopenten-(1)-yl mit schwach reaktiven Philodienen.** Georges Le Guillanton. (Bull. Soc. chim. France **1966,** 1702—06; Angers, Fac. Libre des Sci.; franz.) — Durch Rk. von Äthylen, Propylen, Vinylacetat, Vinylchlorid, Vinylisobutyläther u. 2.5-Dihydrofuran mit Bicyclopenten-(1)-yl (**I**) bilden sich 4- bzw. 4.5-substituierte *1.2.3.3a.4.5.5a.6.7.8-Dekahydro-as-indacene*. Dimerisation von **I** ergibt das *4-[Cyclopenten-(1)-yl]-4.5-trimethylen*-Derivat. Durch Hydrieren in Ggw. von Raney-Ni sind aus diesen Verb. die *Dodekahydro*-Deriv. zugänglich, Dehydrierung mit Schwefel führt zu *1.2.3.6.7.8-Hexahydro-as-indacenen*. Die 4-Acetoxy-Verb. ist zur *4-Hydroxy*-Verb. (**IV**) verseifbar, aus der durch W.-Abspaltung mit $KHSO_4$ *1.2.3.5.5a.6.7.8-Oktahydro-as-indacen* zugänglich ist. Die 4-Chlor-Verb. ist durch Kochen mit K-Glykolat in Glykol in ein Gemisch von *1.2.3.3a.5a.6.7.8-* u. *1.2.3.4.5.6.7.8-Oktahydro-as-indacen* überführbar, daneben bildet sich *4-[2-Hydroxyäthoxy]-dekahydro-as-indacen*. **IV** ist mit CrO_3 bzw. mit Dihydropyran in Ggw. von konz. HCl zu *4-Oxo-1.2.3.4.5.-5a.6.7.8.8a-dekahydro-as-indacen* oxydierbar, 4.5-[2-Oxapropylen]-1.2.3.3a.4.5.5a.6.7.8-dekahydro-as-indacen ist durch Erhitzen mit Schwefel in die *4.5-[2-Thiapropylen]*-Verb. überführbar u. reagiert mit Pd/C bei 250° zu *4-Methyl-1.2.3.6.7.8-hexahydro-as-indacen*, bei 450° bilden sich vorwiegend die *4.5-[Furano-(3.4)]*- u. die *4.5-[2-Oxapropylen]*-Verb., wobei die letztere auch durch W.-Abspaltung aus der 4.5-Dimethylol-Verb., die aus der Dicarbäthoxy-Verb. u. $LiAlH_4$ erhältlich ist, zugänglich ist. — 3. vgl. C. **1967,** 45-0977.

Versuche: 1.2.3.3a.4.5.5a.6.7.8-Dekahydro-as-indacene, durch Erhitzen von Bicyclopenten-(1)-yl (**I**) u. Äthylen, Propylen, Vinylchlorid, 2.5-Dihydrofuran, Vinylacetat bzw. Vinylisobutyläther im Autoklaven: *Unsubstituiert*, $C_{12}H_{18}$, Kp.$_{15}$ 112—114°, 80 Std. auf 195°; n_D^{13} 1,5169; D.$_4^{19}$ 0,961; 85% (Ausb.). — *4-Methyl-*, $C_{13}H_{20}$, Kp.$_{18}$ 117°, 150 Std. auf 180°; n_D^{17} 1,5108; D.$_4^{17}$ 0,950; 65%. — *4-Acetoxy-* (**II**), $C_{14}H_{20}O_2$, Kp.$_{13}$ 153°, 170 Std. bei 150°; n_D^{15} 1,5095; D.$_4^{15}$ 1,051; 95%. — *4-Chlor-* (**III**), $C_{12}H_{17}Cl$, Kp.$_{20}$ 147—148°, 12 Std. bei 210°; $n_D^{15,5}$ 1,5323; D.$_4^{15,5}$ 1,091; 78%. — *4-Isobutoxy-*, $C_{16}H_{26}O$, Kp.$_{18}$ 160—163°, 150 Std. bei 150°; n_D^{16} 1,4835; D.$_4^{16}$ 0,953; 15%. — *4.5-[2-Oxapropylen]-* (**V**), $C_{14}H_{20}O$, Kp.$_{18}$ 158—159°, 50 Std. bei 210°; n_D^{18} 1,5290; D.$_4^{18}$ 1,056; 57%. — *4-[Cyclopenten-(1)-yl]-4.5-trimethylen-*, $C_{20}H_{28}$, Kp.$_{19}$ 208—209°, analog durch Dimerisation von **I**; n_D^{12} 1,5525; D.$_4^{13}$ 1,032 [*Dodekahydro*-Deriv., $C_{20}H_{32}$, Kp.$_{17}$ 218°, durch 16std. Hydrieren von 27 g in Ggw. von Raney-Ni in Essigsäureäthylester im Autoklaven bei 150°; $n_D^{13,5}$ 1,541; D.$_4^{13,5}$ 1,032; 23,4 g]. — *4.5-Tri-*

methylen-1.2.3.6.7.8-hexahydro-as-indacen, F. 94° (Methanol), Kp.$_{17}$ 170–200°, durch $3^1/_2$std. Erhitzen vorst. Verb. mit Schwefel auf 250–270° unter Vakuum; 20 g; daneben 4 g *Cyclopentanthiol*, Kp.$_{17}$ 30–35°; n_D^{20} 1,4934. – *Dodekahydro-as-indacen*, $C_{12}H_{20}$, Kp.$_{21}$ 128°, aus der Dekahydro-Verb. durch Hydrieren unter Druck in Ggw. von Raney-Ni in Essigsäureäthylester; n_D^{16} 1,5058; D_4^{16} 0,956; 70%. – *4-Methyl-dodekahydro-as-indacen*, $C_{13}H_{22}$, Kp.$_{12}$ 108–110°, analog aus 17,5 g der Dekahydro-Verb.; n_D^{15} 1,4998; D_4^{15} 0,942; 22 g. – *1.2.3.6.7.8-Hexahydro-as-indacen*, Kp.$_{11}$ 115–120°, F. 39 bis 40°, aus der Dekahydro-Verb. u. Schwefel analog Guillanton, Bull. Soc. chim. France **1963**, 630; 79%. – *4-Methyl-Verb.*, Kp.$_{12}$ 135–135,5°, analog; n_D^{17} 1,5565; 76%. – *4-Hydroxy-dekahydro-as-indacen* (**IV**), $C_{12}H_{18}O$, Kp.$_{19}$ 152–154°, durch 12std. Kochen von **II** mit wss.-äthanol. Na_2CO_3-Lsg.; $n_D^{22,6}$ 1,5345; D_4^{22} 1,050; 93%. – *1.2.3.5.5a.6.7.8-Oktahydro-as-indacen*, $C_{12}H_{16}$, Kp.$_{13}$ 115 bis 117°, durch 30 Min. langes Erhitzen von **IV** mit $KHSO_4$; $n_D^{19,5}$ 1,5413; $D_4^{19,5}$ 0,996; 70%. – *1.2.3.3a.5a.6.7.8-/1.2.3.4.5.6.7.8-Oktahydro-as-indacen* (9:1), $C_{12}H_{16}$, Kp.$_9$ 106–109°, durch 2std. Kochen von **III** mit K-Glykolat in Glykol; n_D^{17} 1,5310; D_4^{17} 0,990; 69% (Rohprod.); daneben 27% *4-[2-Hydroxyäthoxy]-dekahydro-as-indacen*, $C_{14}H_{22}O_2$, Kp.$_{15}$ 167–168°; n_D^{17} 1,5238; D_4^{14} 1,067. – *4-Oxo-1.2.3.4.5.5a.6.7.8.8a-dekahydro-as-indacen*, Kp.$_{16}$ 137–155°, a) durch Zugabe von CrO_3 in W./Essigsäure 2:5 zu einer Lsg. von **IV** in Essigsäure bei 5° in 30 Min.; n_D^{20} 1,5205; b) aus **IV** in Dihydropyran in Ggw. einiger Tropfen konz. HCl. *2.4-Dinitrophenylhydrazon*, $C_{18}H_{20}N_4O_4$, F. 130° (A.). *Semicarbazon*, $C_{13}H_{19}N_3O$, F. 265° (A./W.). – *4.5-[2-Thiapropylen]-1.2.3.6.7.8-Hexahydro-as-indacen*, $C_{14}H_{16}S$, F. 112° (A.), Kp.$_{22}$ 196–260°, aus 19 g **V** u. Schwefel; 5 g (Rohprod.). – *4-Methyl-1.2.3.6.7.8-hexahydro-as-indacen*, Kp.$_{17}$ 130 bis 140°, a) durch 18std. Erhitzen von 10,2 g **V** mit 5%ig. Pd/C auf 250°; n_D^{14} 1,5482; 3,9 g; daneben 3 g ***nicht identifizierte Verb.***, Kp.$_{17}$ 250–330°, F. 198°; b) analog aus 5,1 g **V** in 13 Std. bei 450°; in Spuren; daneben 0,44 g *4.5-[Furano-(3.4)]-1.2.3.6.7.8-hexahydro-as-indacen*, $C_{14}H_{14}O$, F. > 320° [daneben 0,35 g der entsprechenden *4.5-[2-Oxapropylen]-Verb.*; auch durch 6std. Kochen von 1,06 g nachst. Verb. in Bzl. mit p-Toluolsulfonsäure, $C_{14}H_{16}O$, F. 280° (Trichloräthylen/A.); 0,73 g; auch durch 4std. Kochen nachst. Verb. mit Dimethylsulfoxid; 65%]. – *4.5-Dimethylol*-Verb., $C_{14}H_{18}O_2$, F. 129° (A.), durch 1std. Zugabe von 30 g der 4.5-Dicarbäthoxy-Verb. in Ae. zu einer Suspension von $LiAlH_4$ in Ae. u. 18std. Kochen; 24 g. *Diphenylurethan*, $C_{28}H_{28}N_2O_4$, F. 220–221° (Chlf./A.). G. Ziebarth 2910△

1149 **Brückenkopfreaktivität in einer perchlorierten Käfigverbindung.** Kirby V. Scherer, jun., Gary A. Ungefug und Robert S. Lunt III. (J. Amer. chem. Soc. **88**, 2859–60, 1966; Dep. of Chem., Univ. of Calif., Berkelex, Calif.; engl.) – Ausgehend von *Nonachlorpentacyclo-[4.3.0.0^{2,5}.0^{3,8}.0^{4,7}]-nonancarbonsäure-(4)* (**I**) werden Verb. mit anderen C_4-Substituenten hergestellt u. die Reaktivität an diesem C-Atom diskutiert.

Versuche: *4-Substituierte Nonachlorpentacyclo-[4.3.0.0^{2,5}.0^{3,8}.0^{4,7}]-nonane*: *4-Carboxy-* (**I**), *Äthylester* (**II**), F. 100,5–101,5°, aus **I**; 66% (Ausb.). – *Unsubstituiert* (**III**), F. 311–314°, aus **I** durch Decarboxylierung. – *4-Dimethylhydroxymethyl-*, Zers., Temp. 225–280°, aus **II** mit Methyl-MgJ. – *4-Brom-*, F. 330–332° (Zers.), aus **I** mit gelbem MgO u. Br_2. – *4-Amino-*, F. 260° (Zers.), aus **I** mit mit NaN_3; ~ 100%. – *Perchlorhomocuban*, F. 327–329°, aus **III** durch Photochlorierung. R. Becker 2650

1150 **Bildung eines Brücken-Radikals durch Diazotieren eines aliphatischen Amins.** Kirby V. Scherer jun. und Robert S. Lunt III. (J. Amer. chem. Soc. **88**, 2860–62, 1966; Dep. of Chem., Univ. of Calif., Berkeley, Calif.; engl.) – Zugabe von **I** in CH_2Cl_2 zu NOCl in CH_2Cl_2 liefert in 99%ig. Ausb. **II** (*Perchlorhomocuban*) sowie 0,6% >**III**, während bei umgekehrter Reihenfolge der Zugabe 27–30% **II** u. 17–22% **III** sowie Spuren **VI** [F. 338–340°; auch aus **I** u. Peroxytrifluoressigsäure] gebildet werden. Desaminierung von **I** in Bromtrichlormethan gibt ein Gemisch aus 11% **II** u. 61% **IV**, während in Bzl. Verb. **V** [F. 189,5–191° 56%; daneben ca. 8% **II**] entsteht. Desaminierung von **I** mit $NaNO_2$ in Ameisensäure/W. (5:25) führt zu 69% Verb.

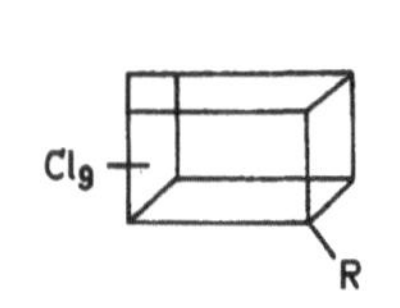

I	R: $-NH_2$	IV	R: $-Br$
II	R: $-Cl$	V	R: $-C_6H_5$
III	R: $-H$	VI	R: $-NO_2$
VII	R: $-o-NO_2-C_6H_5$		
VIII	R: $-m-NO_2-C_6H_5$		
IX	R: $-p-NO_2-C_6H_5$		

III [*N-Formylderiv.*, F. 260–280° (Zers.)]. – Desaminierung von **I** in Nitrobenzol gibt in 67%ig. Ausb. ein 29:34:37-Gemisch aus **VII** [F. 189,5–191°], **VIII** [F. 163,5–164,7° u. **IX** (F. 171,7–162,5°). K.-P. Hilgetag 2950△

C-3. Heterocyclische Verbindungen

1151 **Schwefel-Heterocyclen.** 30. Mitt. **Derivate von 5.6-Dihydro-4H-thieno-[2.3:b]-thiopyran, 5.6-Dihydro-7H-thieno-[3.2:b]-thiopyran und 5.6.7.8-Tetrahydro-thieno-[3.2:b]-thiepin.** Paul Cagniant und Denise Cagniant. (Bull. Soc. chim. France **1966**, 2172–79; Univ. de Strasbourg; franz.) – 29. vgl. ibid. **1966**, 2037. – Ausgehend von Thiophenthiol-(2) bzw. -(3) wird die Synth. von Heterocyclen mit 2 S-Heteroatomen durchgeführt. Durch Ringschluß von *ω-[Thienyl-(2)]-* u. *ω-[Thienyl-(3)]-4-thiabuttersäure* u. *ω-[Thienyl-(2)]-* (**II**) u. *ω-[Thienyl-(3)]-5-thiapentansäure* werden bicycl. Ketone erhalten. – 31. vgl. C. **1969**, 5-1235.

Versuche: *Thiophenthiol-(2)* (**I**) (Dämpfe sind sehr giftig), Kp.$_{18}$ 63°, durch Rk. von Thienyl-(2)-MgBr u. S; 60% (Ausb.). – *Thienyl-(2)-methyl-thioäther*, Kp.$_{17,7}$ 71,5°, aus **I** mit Dimethylsulfat; n_D^{20} 1,5958; 90%. – *4-[Thienyl-(2)]-4-thia-buttersäure* (**II**), $C_7H_8O_2S_2$, Kp.$_{13,5}$ 190°, aus **I** mit dem Na-Salz der *β*-Brompropionsäure. *Amid*, $C_7H_9NOS_2$, F. 85° (Bzl.–PAe.). *Chlorid*, Kp.$_{13,8}$ 144,5–145°, aus **II** u. Thionylchlorid in abs. Ae.; $n_D^{24,6}$ 1,5815. – *4-[Thienyl-(2)]-4-thiabutanol* (**III**), $C_7H_{10}OS_2$, Kp.$_{13}$ 158,5–159°, aus **I** u. 3-Chlor-propanol; D_4^{24} 1,216; n_D^{24} 1,5866. *Phenylurethan*, $C_{14}H_{15}NO_2S_2$, F. 63° (Bzl.-PAe.). *3.5-Dinitrobenzoat*, $C_{14}H_{12}N_2O_6S_2$, F. 75,5° (Bzl.–PAe.). – *4-Oxo-5.6-dihydro-4H-thieno-[2.3:b]-thiopyran* (**VII**), $C_7H_6OS_2$, F. 61°, Kp.$_{15,4}$ 170°, durch Rk. des Chlorides von **II** mit $SnCl_4$ in CS_2 bei 0°. *Oxim*, $C_7H_7NOS_2$, F. 128° (Bzl.–PAe.). *Semicarbazon*, $C_8H_9N_3OS_2$, F. 249,5° (A.). *2.4-Dinitrophenylhydrazon*, $C_{13}H_{10}N_4O_4S_2$, F. 260° (Bzl.–A.). – *5-[Thienyl-(2)]-5-thiapentansäureäthylester*, $C_{10}H_{14}O_2S_2$, Kp.$_{14}$ 168°, aus **I** mit *γ*-Brombuttersäureäthylester in abs. A.; 90%. – *5-[Thienyl-(2)]-5-thiapentansäure*, $C_8H_{10}O_2S_2$, Kp.$_{14}$ 198,5 bis 199°; $D_4^{28,5}$ 1,256; $n_D^{24,4}$ 1,5723. *Chlorid*, Kp.$_{2,5}$ 104 bis 105°. – *Thiophenthiol-(3)* (**IV**), Kp.$_{14}$ 65,5°. – *Thienyl-(3)-methyl-thioäther*, Kp.$_{14,5}$ 82°, aus **IV** mit Dimethylsulfat; $n_D^{24,6}$ 1,6143. – *4-[Thienyl-(3)]-4-thiabuttersäure* (**V**), $C_7H_8O_2S_2$, Kp.$_{14,5}$ 205°, F. 50,5–51 (PAe.), aus **IV** mit dem Na-Salz der *β*-Brompropionsäure. *Amid*, $C_7H_9NOS_2$, F. 96 (Bzl.). *Chlorid*, Kp.$_{13,8}$ 144–145°, aus **V** mit Thionylchlorid in Ae. in Ggw. von Py.; $n_D^{24,4}$ 1,5902; 90%. – *7-Oxo-5.6-dihydro-7H-thieno-[3.2:b]-thiopyran*, $C_7H_6OS_2$, F. 71° (PAe.–wss. A.), Kp.$_{15,3}$ 177°, analog **VII** aus **V**. *Oxim*, $C_7H_7NOS_2$, F. 178° (Bzl.–PAe.). *Semicarbazon*, $C_8H_9N_3OS_2$, F. 272° (A.). *2.4-Dinitrophenylhydrazon*, $C_{13}H_{10}N_4O_4S_2$, F. 245° (A.–Bzl.). – *5.6-Dihydro-7H-thieno-(3.2:b]-thiopyran* (**VI**), $C_7H_8S_2$, Kp.$_{17,6}$ 136,5–137°, durch Red. von vorst. Verb.; D_4^{20} 1,257; n_D^{20} 1,6310; 60%. – *2-Acetyl-5.6-dihydro-7H-thieno-[3.2:b]-thiopyran*, $C_9H_{10}OS_2$, F. 51,5 (PAe.), Kp.$_{15}$ 188°, Friedel-Crafts-Rk. von **VI** in CS_2. *Oxim*, $C_9H_{11}NOS_2$, F. 215°. *2.4-Dinitrophenylhydrazon*, $C_{15}H_{14}N_4O_4S_2$, F. 274° (A.-Bzl.). – *2-Äthyl-5.6-dihydro-7H-thieno-[3.2:b]-thiopyran*, $C_9H_{12}S_2$, Kp.$_{15,5}$ 155,5–156°, durch Red. vorst. Verb.; D_4^{20} 1,171; n_D^{20} 1,5980. *Acetyl-Deriv.*, Kp.$_{16}$ 205°. – *5-[Thienyl-(3)]-5-thiapentansäureäthylester*, $C_{10}H_{14}O_2S_2$, Kp.$_{12}$ 173,5–174°, aus **IV** mit *γ*-Bromburttersäureäthylester; $D._4^{26}$ 1,169; n_D^{21} 1,5467; 87%. – *5-[Thienyl-(3)]-5-thiapentansäure*, $C_8H_{10}O_2S_2$, F. 72° (PAe.). *Amid*, $C_8H_{11}NOS_2$, F. 88° (Bzl.–PAe.). – *8-Oxo-5.6.7.8-tetrahydrothieno-[3.2:b]-thiepin*, $C_8H_8OS_2$, F. 55° (PAe.), $Kp._{12}$ 181°, analog **VII**; $D._4^{27}$ 1,320; n_D^{27} 1,6524;. 60%. *Oxim*, $C_8H_9NOS_2$, F. 123° (Bzl.–PAe.). *Semicarbazon*, $C_9H_{11}N_3OS_2$, F. 238° *2.4-Dinitrophenylhydrazon*, $C_{14}H_{12} \cdot N_4O_4S_2$, F. 200° (A.-Bzl.). – *5.6.7.8-Tetrahydrothieno-[3.2:b]-thiepin*, $C_8H_{10}S_2$, $Kp._{12}$ 132,5°, durch Red. vorst. Verb.; $D._4^{20}$ 1,204; n_D^{20} 1,611; 90%. – *2-Acetyl-5.6.7.8-tetrahydrothieno-[3.2:b]-thiepin*, $C_{10}H_{12}OS_2$, $Kp._{1,1}$ 150°, F. 25°, durch Acetylierung von vorst. Verb. in Ggw. von $AlCl_3$ in CS_2 bei –10°; 70%. *Oxim*, $C_{10}H_{13}NOS_2$, F. 158° (Bzl.–PAe.). *2.4-Dinitrophenylhydrazon*, $C_{16}H_{16}N_4O_4S_2$, F. 257° (A.–Bzl.). – *2-Äthyl-5.6.7.8-tetrahydro-thieno-[3.2: b]-thiepin*, $C_{10}H_{14}S_2$, $Kp._{0,8}$ 113°, durch Red. vorst. Verb.; n_D^{20} 1,5842; 90%. – *4-[Thienyl-(3)]-4-thiabutanol-(1)*, $C_7H_{10}OS_2$, $Kp._{13}$ 164–165°, durch Rk. von **IV** mit 3-Chlor-propanol-(1); $D._4^{26}$ 1,131; n_D^{21} 1,5915; 95%. *Phenyl-urethan*, $C_{14}H_{15}NO_2S_2$, F. 52,5° (Bzl.–PAe.). *3.5-Dinitro-benzoat*, F. 72° (Bzl.–PAe.). B. Pollok 3000△

1152 **Heterocyclen.** 17. Mitt. **Darstellung und Reaktionen von 1.2-Diazabicyclo-[3.2.0]-heptanon-(6)-derivaten.** James A. Moore, Frank J. Marascia, Robert W. Medeiros und Robert L. Wineholt. (J. org. Chemistry **31**, **34**–**41**, 1966; Newark, Del., Univ. of Delaware, Dep. of Chem.; engl.) – 16. vgl. C. **1966**, 35-0969; 15. vgl. C. **1966**, 35-0968. – 3-Diazoacetyl-3-methyl-4-phenyl-Δ^5-pyrazolin reagiert mit Essigsäureanhydrid unter Bldg. von *1-Acetyl-3-diazoacetyl-3-methyl-4-phenyl-5-acetoxy-pyrazolidin* (**I**), während mit Acetylchlorid in Ggw. von Py. *1-Acetyl-3-diazoacetyl-3-methyl-4-phenyl-5-hydroxy-pyrazolidin* (**II**) erhalten wird. Mit Essigsäure können aus **I** bzw. **II** 3-endo-substituierte *1.2-Diazabicyclo-[3.2.0]-heptanone* gewonnen werden. Die Acylierung von 5-Methyl-6-phenyl-3.4-dihydro-2H-diazepinon-(4) (**III**) ergibt *2-Acetyl-Δ^3-bicycloketone*. Bei der Benzoylierung von **III** in Methanol wird *1-Benzoyl-5-methyl-6-phenyl-7-methoxy-1.2.3.7-tetrahydro-4 H-1.2-diazepinon-(4)* (**IX**) isoliert. Alle diese Bicycloketone u. das benzoylierte Diazepinon ergeben bei der Deacylierung in Essigsäure **III**. Von starken Säuren werden diese Verb. in *1-Acylamido-3-hydroxypyridine* übergeführt. Es wird angenommen, daß intermediär ein allyl. Diazepinkation u. ein Bicyclo-[4.1.0]-intermediäres gebildet werden. Maxima der KMR- u. IR-Spektren vgl. Original.

Versuche: *1.2-Diaza-4-phenyl-5-methyl-Δ^2-bicyclo-[3.2.0]-heptenon-(6)* (**IV**), $C_{12}H_{12}N_2O$, F. 51–53° (Heptan), aus 0,86 g 3-Diazoacetyl-3-methyl-4-phenyl-Δ^1-pyrazolin mit 6 n H_2SO_4 in Methanol; 34% (Ausb.); daneben 15 mg **III**. – *3-Methyl-4-phenyl-3-diazoacetyl-Δ^5-pyrazolin*, F. 101–103°, analog **IV** aus 3,6 g mit n-KOH in Methanol; 3,3 g. – *1-Acetyl-3-methyl-4-phenyl-5-acetoxy-3-diazoacetylpyrazolidin* (**I**), F. 122–123° (Zers.), aus vorst. Verb. mit Essigsäureanhydrid/Py.; 51%. – *1-Acetyl-3-diazoacetyl-3-methyl-4-phenyl-5-hydroxypyrazolidin* (**II**), $C_{14}H_{16}N_4O_3$, F. 152–155° (Zers.; Äthylacetat), aus vorvorst. Verb. mit Acetylchlorid/Py. u. Zugabe von W.; 54%. – *1.2-Diaza-2-acetyl-3-acetoxy-4-phenyl-5-methylbicyclo-[3.2.0]-heptanon-(6)* (**V**), $C_{16}H_{18}N_2O_4$, F. 153 bis 155° (Ae.), a) aus **I** in Essigsäure bei 60°; 73%; b) aus **IV** mit Essigsäureanhydrid/Pyridin. – *1.2-Diaza-2-acetyl-3-methoxy-4-phenyl-5-methylbicyclo-[3.2.0]-heptanon-(6)-* (**VI**), $C_{15}H_{18}N_2O_3$, F. 157–158° (Ae.), a) aus **I** mit H_2SO_4/Methanol; 61%; b) aus **V** in sd. Methanol; 87%. *Semicarbazon*, $C_{16}H_{21}N_5O_3$, F. 201–202° (Methanol/Ae.), aus 110 mg **VI**; 109 mg. *Oxim*, $C_{15}H_{19}N_3O_3$, F. 220–222°. – *1.2-Diaza-2-acetyl-3-hydroxy-4-phenyl-5-methylbicyclo-[3.2.0]-heptanon-(6)*, $C_{14}H_{16}N_2O_3$, F. 174–175° (Aceton/Ae.), a) aus **V** mit 25%ig. H_2SO_4; 58%; b) aus **II** mit Essigsäure, 91%; ergibt mit methanol. H_2SO_4 **VI**, durch Acetylierung **V**. – *1.2-Diaza-2-acetyl-4-phenyl-5-methyl-bicyclo-[3.2.0]-hepten-(3)-on-(6)* (**VII**), $C_{14}H_{14}N_2O_2$, F. 114° (Ae.), a) aus **III** mit Acetylchlorid/Dimethylanilin; 65%; b) aus 105 mg **IV** mit Acetylchlorid/Py.; 60 mg. – *2-Benzoyl-4-phenyl-5-methyl-1.2-diazabicyclo-[3.2.0]-hepten-(3)-on-(6)* (**VIII**), $C_{19}H_{16}N_2O_2$, F. 122–124°, a) aus 10 g **III** mit Benzoylchlorid/Py.; 8,7 g; b) analog a) in Ggw. von Dimethylanilin; 90%. – *Verb. vom F. 146–147°*, neben **VIII** nach a); 19%. – *5-Methyl-6-phenyl-3.4-dihydro-2 H-1.2-diazepinon-(4)* (**III**), F. 149–150° (Ae.), a) aus **V** mit Essigsäure bei 100°; 24%; b) aus **VIII** mit Essigsäure bei 80°; 75%. *Semicarbazon*, F. ca. 190–200°, aus dem **VI**-Semicarbazon. – *1-Benzoyl-5-methyl-6-phenyl-7-methoxy-1.2.3.7-tetrahydro-4 H-1.2-diazepinon-(4)* (**IX**), $C_{20}H_{20}N_2O_3$, F. 133–134° (Ae.), a) aus **VIII** mit Benzoesäure/Methanol; 76%; b) aus 103 mg **III** mit Benzoylchlorid/Dimethylanilin; 29 mg. – *1-Acetyl-5-methyl-6-phenyl-7-methoxy-1.2.3.7-tetrahydro-4 H-1.2-diazepinon-(4)* $C_{15}H_{18}N_2O_3$, F. 116–118° (Ae.), aus 790 mg **VII** mit Benzoesäure/Methanol; 628 mg; liefert mit Essigsäure **III**. – *1-Benzamido-3-hydroxy-4-methyl-5-phenylpyridiniumbetain*, $C_{19}H_{16}N_2O_2$, F. 181–182° (Py.), a) aus dem Hydrochlorid mit Py. oder Na-Methylat; b) aus 1-Amino-3-hydroxy-4-methyl-5-phenylpyridiniumchlorid mit Benzoylchlorid; 30%. *Chlorid*, $C_{19}H_{17}ClN_2O_2$, F. 217–224° (Methanol), a) aus **VIII** mit methanol. HCl; 87%; b) aus 15 mg **IX** mit methanol. HCl; 12 mg. – *1-Benzamido-3-methoxy-4-methyl-5-phenylpyridiniumpikrat*, $C_{26}H_{21}N_5O_9$, F. 192–194° (A.), aus 100 mg vorst. Betain mit Diazomethan u. Pikrinsäure; 190 mg. – *1-Acetamido-3-hydroxy-4-methyl-5-phenylpyridiniumbetain*, FF. 130° u. 214°, aus **VII**; 30%. – *2-[p-Brombenzoyl]-5-methyl-4-phenyl-1.2-diazabicyclo-[3.2.0]-hepten-(3)-on-(6)*, $C_{19}H_{15}BrN_2O_2$, F. 133 bis 134° (Methylendichlorid), aus 600 mg **III** mit p-Brombenzoylchlorid; 700 mg. – *2-Benzoyl-4-oxo-5-methyl-6-phenyl-3 4-dihydro-2 H-diazepin*, F 147–148°, aus 190 mg vorst Verb. mit Benzoylchlorid; 11 mg. W. Hampel 3000△

1153 **Diole und organische Oxide.** 8. Mitt. **Reaktion von isomeren γ-Chlorbutylacetaten mit Kaliumhydroxid.** N. I. Šujkin, M. Bartok und B. Kozma. (Izvest. Akad. Nauk SSSR, Ser. chim. **1966**, 878–82; Inst. organ. chimii im. N. D. Zelinskogo Akad. nauk SSSR; russ.) – 7. vgl. C. **1966**, 14-0962. – Durch Zugabe von 1-Chlor-3-acetoxybutan ($C_6H_{11}ClO_2$, $Kp._{35}$ 98–100°; n_D^{20} 1,4277) zu KOH u. wenig W. bei 140° u. 1std. Erhitzen auf 160° wird *α-Methyltrimethylenoxid* (**I**; $Kp._{750}$ 59–60°; $D._4^{20}$ 0,8470, n_D^2 1,3909; 80–85% Ausb.) erhalten. Analoge Rk. mit 1-Acetoxy-3-chlorbutan ($C_6H_{11}ClO_2$, $Kp._{35}$ 89 bis 90°; n_D^{20} 1,4280) führt zu **I** (7%), *Propylen* (55%), *Buten-(3)-ol* (Kp. 113,5°; $D._4^{20}$ 0,8454, n_D^{20} 1,4220; 17%) u. *trans-Buten-(2)-ol* (Kp. 121,2°; $D._4^{20}$ 0,8521, n_D^{20} 1,4289; 6%). Der Rk.-Mechanismus wird diskutiert. Hartmut Berger 3040△

1154 **Furane.** 6. Mitt. **Alkoxylierung von 2-Methyl-3-formylfuran.** M. Valenta, M. Janda und A. Klásek. (Collect. czechoslov. chem. Commun. **31**, 2410–15, 1966; Inst. für organ. Chem., TH für Chemie, Prag; dt.) – 5. Mitt. vgl. ibid. **31** (1966) 1578. – Es wird die Darst. von 2.5-Dimethoxy-2.5-dihydrofuranderiv. aus den nicht alkoxylierten Furanderiv. mittels Elektrolyse beschrieben. – 7. vgl. C. **1967**, 55-0221.

Versuche: *5-Methylbrenzschleimsäuremethylester* (**I**), $Kp._{13,5}$ 89–91°, durch Red. von 5-Chlormethylbrenzschleimsäuremethylester mit Mg in Methanol unter Rückfluß u. Zugabe von verd. H_2SO_4; 37,5% (Ausb.); daneben *5-Methoxymethylbrenzschleimsäuremethylester* ($Kp._{13,5}$ 127 bis 128°; 56%; liefert durch Hydrolyse *5-Methoxymethylbrenzschleimsäure*, F. 65–66°). – *5-Methylbrenzschleimsäureisopropylester*, $C_9H_{12}O_3$, $Kp._{14}$ 130–131°, durch 6std. Red. von 5-Chlormethylbrenzschleimsäuremethylester mit Mg in Isopropanol am Rückfluß; 68%. – *4-Chlormethyl-5-methylbrenzschleimsäuremethylester*, durch Chlormethylierung von **I** mit Paraformaldehyd u. $ZnCl_2$ in Chlf. bei –5°; 94%. – *4-Formyl-5-methylbrenzschleimsäuremethylester* (**II**), durch Sommelet-Rk. vorst. Verb.; 49%. *Semicarbazon*, $C_9H_{11}N_3O_4$, F. 216–217°. – *2-Methyl-3-hydroxymethylfuran* (**III**), $Kp._{15}$ 78°, a) durch 3std. Kochen von 2-Methyl-3-acetoxymethylfuran mit KOH in Methanol; 47,6%; b) durch 1std. Rk. von 4-Hydroxymethyl-5-methylbrenzscheimsäure mit $HgCl_2$ in W. bei 60° u. 1std. Rk. mit NaOH in H_2O bei 60°; 5,4%. – *3-Methyl-4-hydroxymethyl-3.6-epoxy-Δ^4-tetrahydrophthalsäureanhydrid*, $C_{10}H_{10}O_5$, F. 70° (Zers.), durch Rk. von **III** mit Maleinsäureanhydrid in Ae. bei Raumtemp.; 88,1%. – *2-Methyl-3-formylfuran* (**V**), $C_6 \cdot H_6O_2$, $Kp._{12}$ 65–68°, durch Rk. von **III** mit MnO_2 in CCl_4 bei Raumtemp.; 57,4%. *2.4-Dinitrophenylhydrazon*,

F. 227–229° (Methanol/Dioxan). – *2-Methylfuran-3-carbonsäureäthylester* (**IV**), Kp.$_{12}$ 69–71°, nach Winberg et al. (J. Amer. chem. Soc. **82** [1960] 1428) aus Chloracetaldehyd u. Acetessigester; 81,6%. – *2-Methylfuran-3-carbonsäure*, $C_6H_6O_3$, F. 100–101°, durch Hydrolyse vorst. Verb. mit $Ba(OH)_2$; 32,8%. – *4-Formyl-5-methyl-2.5-dimethoxy-2.5-dihydrobenzschleimsäuremethylester, Dimethylacetal*, $C_{12}H_{20}O_7$, Kp.$_{0,3}$ 125°, durch 5std. Elektrolyse von **II** in Methanol in Ggw. von konz. H_2SO_4 bei –30° (20 V, 3,75 A) u. Rk. mit $NaOCH_3$ in Methanol; 72,1%. – *4-Formyl-5-methyl-2.5-dimethoxy-2.5-dihydrobrenzschleimsäureamid, Dimethylacetal*, $C_{11}H_{19}NO_6$, F. 128 bis 130° (W.), durch Rk. vorst. Verb. mit konz. NH_4OH in Methanol bei Raumtemperatur. – *2-Methyl-3-methoxycarbonyl-2.5-dimethoxy-2.5-dihydrofuran*, $C_9H_{14}O_5$, Kp.$_{0,33}$ 88°, a) durch 1,5std. Elektrolyse von **IV** in Methanol in Ggw. von konz. H_2SO_4 bei –35° (3,75 A) u. Rk. mit $NaOCH_3$ in Methanol; 74,7%; b) analog a) in Ggw. von NH_4Br; 82,9%. – *2-Methyl-3-methoxycarbonyl-2.5-dimethoxytetrahydrofuran*, $C_9H_{16}O_5$, aus vorst. Verb. durch Hydrierung an Adams-Katalysator bei Raumtemperatur. – *2-Methyl-3-formyl-2.5-dimethoxy-2.5-dihydrofuran, Dimethylacetal*, $C_{10}H_{18}O_5$, Kp.$_{14}$ 115°, a) durch Elektrolyse von **V** in Methanol in Ggw. von konz. H_2SO_4; 38,2%; b) analog a) in Ggw. von NH_4Br; 73,7%.

W. Brendel 3061

1155 **Neue Synthese von 2-Amino-thionaphthen.** K. Gewald, G. Neumann und H. Böttcher. (Z. Chem. **6**, 261, 1966; Dresden, TU, Inst. für Org. Chem.; dt.)

Versuche: *2-Amino-4.5-tetramethylenthiophen-3-carbonsäureäthylester*, aus Cyclohexanon, Cyanessigsäureäthylester u. S; 85% (Ausb.). *N-Acetyl-Deriv.* (**I**), F. 123°. – *2-Acetamidothionaphthen-3-carbonsäureäthylester* (**II**), F. 190–191°, durch Dehydrieren von **I** mit S in Phthalsäureester; 90%. – *2-Aminothionaphthen*, F. 115–117°, durch 5std. Kochen vorst. Verb. mit n-NaOH in W./Dioxan; 45%. *Phenylthioharnstoff-Deriv.*, F. 176 bis 177°. *N-Acetyl-Deriv.*, F. 224–225°. *Benzyliden-Verb.*, F. 143–144°. – *2-Aminothionaphthen-3-carbonsäureäthylester*, F. 107–108°, a) durch 10 Min. langes Kochen von **II** mit n-NaOH in W./Dioxan; 65%; b) durch Hydrolyse von **II** mit 2 n HCl. – *2.3-Dihydrothionaphthenon-(2)*, durch Rk. von **II** oder vorst. Verb. mit stärkeren Laugen oder Säuren.

M. Krüger 3071△

1156 **Diselenenylidencycloalkanone.** S. V. Cukerman, V. D. Orlov, V. F. Lavrušin und Ju. K. Jur'ev. (Chim. geterocikličeskich Soedinenij **1966,** 918–22; Charkovskij gosud. Univ., im. A. M. Gor'kogo; russ.) – Die Crotonkondens. von Selenophen-2-aldehyd mit Aceton u. Cycloalkanonen liefert *Diselenenylidenaceton* bzw. *α.α'-Diselenenylidencycloalkanone*, deren IR-Spektren u. elektronenspektroskop. Daten angegeben sind. Alle Verb. zeigen mit Säuren Halochromie.

Versuche (Kondens. in wss. A. in Ggw. von NaOH): *Diselenenylidenaceton* [*1.5-Diselenienylpentadien-(1.4)-on-(3)*], $C_{13}H_{10}OSe_2$, F. 139° (CH_3OH), gelbe Blättchen; 80% (Ausb.). *2.4-Dinitrophenylhydrazon*, $C_{19}H_{14}N_4O_4Se_2$, F. 189°. – *2.5-Diselenenylidencyclopentanon*, $C_{15}H_{12}OSe_2$, F. 227° (Bzl.), gelbe Nadeln; 51%. – *2.6-Diselenenylidencyclohexanon*, $C_{16}H_{14}OSe_2$, F. 152° (CH_3OH–Bzl.), gelbe Nadeln; 44%. – *2.7-Diselenenylidencycloheptanon*, $C_{17}H_{16}OSe_2$, zwei Formen mit F. 195° (Bzl.; hellgelbe Blättchen; 35%) bzw. 159° (CH_3OH–Bzl.; gelbe Nadeln; 3,5%).

H.-E. Toussaint 3071

1157 **Gesättigte Stickstoffheterocyclen.** 1. Mitt. **Katalytische Synthese von α-Pyrrolidylalkanolen-(3) aus primären und sekundären Furanaminen.** A. A. Ponomarev, M. V. Noricina und A. P. Kriven'ko. (Chim. geterocikličeskich Soedinenij **1966,** 923–31; Saratov, Černiševskij-Univ.; russ.) – Durch reduktive Aminierung von 1-[Furyl-(2)]-alkanonen-(3) an Ni bei 40–50°/80 at werden *1-[Furyl-(2)]-3-aminoalkane* dargestellt. Durch Hydrierung in der Dampfphase an Ni bei 100°/100 at entstehen daraus die entsprechenden *1-[Tetrahydrofuryl-(2)]-3-aminoalkane* u. nach Öffnung des Furanringes u. erneutem Ringschluß *3-[Pyrrolidyl-(2)]-alkanole-(1)*. IR-Daten s. Original.

Versuche: *1-[5-Methylfuryl-(2)]-1-isopropyl-3-aminobutan* (**I**), $C_{12}H_{21}NO$, Kp.$_{16}$ 109–110°, durch reduktive Aminierung nachst. Verb.; n_D^{20} 1,4729; D_4^{20} 0,9241; 47% (Ausb.). – *1-[5-Methylfuryl-(2)]-1-isopropylbutanon-(3)*, $C_{12}H_{18}O_2$, Kp.$_{15}$ 115–118°, durch Grignard-Rk. von 5-Methylfurfurylidenaceton mit Isopropyl–MgBr; n_D^{20} 1,4732; D_4^{20} 0,9701; 80%. – *1-[Furyl-(2)]-3-methylaminopropan* (**II**), $C_8H_{13}NO$, Kp.$_{18}$ 83–84°, durch Hydrierung von 61 g α-Fluoracrolein in 120 ml CH_3OH mit 25 g Methylamin an 6 g Raney-Ni bei 80 at u. 40–50° im Autoklaven, Filtrieren, Eindampfen im Vakuum; Lösen in 100 ml HCl, Extraktion mit Ae., Alkalisieren mit NaOH u. Extraktion mit Ae.; n_D^{20} 1,4730; D_4^{20} 0,944; 50%. *N-Acetylderiv.*, $C_{10}H_{15}NO_2$, Kp.$_5$ 138–139°, n_D^{20} 1,4933. – *1-[Furyl-(2)]-1-isopropyl-3-methylaminobutan* (**III**), $C_{12}H_{12}NO$, Kp.$_{18}$ 110–111°, aus 1-[Furyl-(2)]-1-isopropylbutanon-(3); n_D^{20} 1,4684; D_4^{20} 0,9167; 71%. *N-Acetylderiv.*, $C_{14}H_{23}NO_2$, Kp.$_5$ 146–147°; n_D^{20} 1,4829. – *3-[5-Methyl-3-isopropylpyrrolidyl-(2)]-propanol-(1)*, $C_{11}H_{23}NO$, Kp.$_8$ 132–134°, F. 23–25°, durch Hydrierung von 0,2 Mol 1-[Furyl-(2)]-1-isopropyl-3-aminobutan in 60 ml 10%ig. HCl (pH 4–5) in Ggw. von 5 g Raney-Ni bei 100 at/100° im Autoklaven, Filtrieren, Neutralisieren mit KOH u. Extraktion mit Ae.; 49% [*N.O-Diacetylderiv.*, $C_{15}H_{27}NO_3$, Kp.$_5$ 178–180°; n_D^{20} 1,4750]. Daneben *1-[Tetrahydrofuryl-(2)]-1-isopropyl-3-aminobutan*, $C_{11}H_{23}NO$, Kp.$_{14}$ 117–118°; n_D^{20} 1,4635; D_4^{20} 0,9204; 27%. *N-Acetylderiv.*, $C_{13}H_{25}NO_2$, Kp.$_8$ 174°; n_D^{20} 1,4748. – Analog: *3-[Pyrrolidyl-(2)]-propanol-(1)*, $C_7H_{15}NO$, Kp.$_5$ 112–113°, F. 28°, aus 1-[Furyl-(2)]-3-aminopropan; 18%. – *3-[5-Methylpyrrolidyl-(2)]-propanol-(1)*, $C_8H_{17}NO$, Kp.$_5$ 113–114°, F. 20–21°, aus 1-[Furyl-(2)]-3-aminobutan; 20%. *N.O-Diacetylderiv.*, $C_{12}H_{21}NO_3$, Kp.$_5$ 201–203°; n_D^{20} 1,4716. – *3-[4-Äthylpyrrolidyl-(2)]-propanol-(1)*, $C_9H_{19}NO$, Kp.$_4$ 120–122°, F. 28–29°, a) analog aus 1-[Furyl-(2)]-2-äthyl-3-aminopropan; 30%; daneben *1-[Tetrahydrofuryl-(2)]-2-äthyl-3-aminopropan* [$C_9H_{19}NO$, Kp.$_{18}$ 109–110°; n_D^{20} 1,4612; D_4^{20} 0,9311; 40%; *N-Acetylderiv.*, $C_{11}H_{21}NO_2$; Kp.$_5$ 166–167°; n_D^{20} 1,4733] u. *1-[3-Äthylpyrrolidyl-(2)]-propan* [Kp.$_5$ 54°; n_D^{20} 1,4478; 7%]; b) bei 50 at 43, 25 bzw. 5%. *N.O-Diacetylderiv.*, $C_{13}H_{23}NO_3$, Kp.$_5$ 180–181°; n_D^{20} 1,4700. – *3-[3-Äthyl-5-methylpyrrolidyl-(2)]-propanol-(1)*, $C_{10}H_{21}NO$, Kp.$_{12}$ 135 bis 137°, F. 46–48°, aus 1-[Furyl-(2)]-1-äthyl-3-aminobutan; 36%. Daneben *1-[Tetrahydrofuryl-(2)]-1-äthyl-3-aminobutan* [$C_{10}H_{21}NO$, Kp.$_{18}$ 109°; n_D^{20} 1,4630; D_4^{20} 0,9216; 42%; *N-Acetylderiv.*, $C_{12}H_{23}NO_2$, Kp.$_4$ 163°; n_D^{20} 1,4761]. *N.O-Diacetylderiv.*, $C_{14}H_{25}NO_3$, Kp.$_4$ 170 bis 174°; n_D^{20} 1,4730. – *3-[4-Isopropylpyrrolidyl-(2)]-propanol-(1)*, $C_{10}H_{21}NO$, Kp.$_8$ 145–147°, F. 33–35°, aus 1-[Furyl-(2)]-2-isopropyl-3-aminopropan; 46%. Daneben *1-[Tetrahydrofuryl-(2)]-2-isopropyl-3-aminopropan* [$C_{10}H_{21}NO$; n_D^{20} 1,4641; D_4^{20} 0,9280; 19%; *N-Acetylderiv.*, $C_{12}H_{23}NO_2$, Kp.$_5$ 167–169°; n_D^{20} 1,4742] u. *1-[3-Isopropylpyrrolidyl-(2)]-propan* [Kp.$_{14}$ 79°; n_D^{20} 1,4490; 10%]. *N.O-Diacetylderiv.*, $C_{14}H_{25}NO_3$, Kp.$_5$ 187–190°; n_D^{20} 1,4713. – *3-[5-Isobutylpyrrolidyl-(2)]-propanol-(1)*, $C_{11}H_{23}NO$, Kp.$_8$ 160–163°, F. 32°, aus 1-[Furyl-(2)]-5-methyl-3-aminohexan; 29%. *N.O-Diacetylderiv.*, $C_{15}H_{27}NO_3$, Kp.$_5$ 174–175°; n_D^{20} 1,4705. – *1-[5-Methylpyrrolidyl-(2)]-butanol-(3)*, $C_9H_{19}NO$, Kp.$_5$ 109–111°, F. 43 bis 45°, a) aus 1-[5-Methylfuryl-(2)]-3-aminobutan; 12%; neben *1-[5-Methyltetrahydrofuryl-(2)]-3-aminobutan* [$C_9H_{19}NO$, Kp.$_{18}$ 94–95°; n_D^{20} 1,4505; D_4^{20} 0,9035; 50%. *N-Acetylderiv.*, $C_{11}H_{21}NO_2$, Kp.$_5$ 158–159°; n_D^{20} 1,4685] u. *2-Aminononandiol-(5.8)* [$C_9H_{21}NO_2$, Kp.$_2$ 144–146°; n_D^{20} 1,4804; 7%; *N.O.O-Triacetylderiv.*, $C_{15}H_{27}NO_5$, Kp.$_5$ 115–117°; n_D^{20} 1,4611]; b) analog bei 50 at 26, 24 u. 14%. *N.O-Diacetylderiv.*, $C_{13}H_{23}NO_3$, Kp.$_5$ 163–165°; n_D^{20} 1,4698. – *1-[3-Isopropyl-5-methylpyrrolidyl-(2)]-butanol-(3)*, $C_{12}H_{25}NO$, Kp.$_7$ 137–138°, F. 128–130°, aus **I**; 50%. Daneben *1-[5-Methyltetrahydrofuryl-(2)]-1-isopropyl-3-aminobutan* [$C_{12}H_{25}NO$, Kp.$_{20}$ 125–126°; n_D^{20} 1,4580; D_4^{20} 0,9022; 27%; *N-Acetylderiv.*, $C_{14}H_{27}NO_2$, Kp.$_4$ 161–162°; n_D^{20} 1,4705]. *N.O-Diacetylderiv.*, $C_{16}H_{29}NO_3$, Kp.$_4$ 173–175°; n_D^{20} 1,4735. – *3-[1-Methylpyrrolidyl-(2)]-propanol-(1)*, $C_8H_{17}NO$, Kp.$_7$ 104–107°, aus **II**; 21%. Daneben *1-[Tetrahydrofuryl-(2)]-3-methylaminopropan* [$C_8H_{17}NO$, Kp.$_8$ 94°; n_D^{20} 1,4526; D_4^{20} 0,9160; 57%; *N-Acetylderiv.*, $C_{10}H_{19}NO_2$, Kp.$_5$ 146°; n_D^{20} 1,4709]. *O-Acetylderiv.*, $C_{10}H_{19}NO_2$, Kp.$_5$ 99°; n_D^{20} 1,4528. – *3-[1.5-Dimethyl-3-isopropylpyrrolidyl-(2)]-propanol-(1)*,

$C_{12}H_{25}NO$, Kp.$_5$ 129—130°, aus III; 43%. Daneben *1-[Tetrahydrofuryl-(2)]-1-isopropyl-3-methylaminobutan* [$C_{12}H_{25}NO$, Kp.$_{10}$ 114—117°; n_D^{20} 1,4630; $D._4^{20}$ 0,9108; 26%; *N-Acetylderiv.*, $C_{14}H_{27}NO_2$, Kp.$_5$ 156—157°; n_D^{20} 1,4768]. *O-Acetylderiv.*, $C_{14}H_{27}NO_2$, Kp.$_5$ 112—114°; n_D^{20} 1,4562. H. Dalmer 3081△

1158 **Photoaddition von Maleinimid und einigen N-substituierten Maleinimiden an Benzol.** D. Bryce-Smith und M. A. Hems. (Tetrahedron Letters [London] **1966,** 1895—99; Dep. of Chem., Univ., Whiteknigts Park, Reading, Berkshire, England; engl.) — Es wurden die *1:2-Photoaddukte von Bzl. mit Maleinimid* (**I**, F. > 400°), *N-n-Butylmaleinimid* (**II**, F. 175,5°), *N-Benzylmaleinimid* (**III**, F. 285°), *N-o-Tolylmaleinimid* [**IV**, F. 382° (Zers.)] u. *N-2.6-Dimethylphenylmaleinimid* (**V**, F. > 400°) hergestellt. Die Rk. läßt sich durch Benzophenon schwach beschleunigen. Zur Strukturbest. wurden die Verb. auch über das bekannte 2:1-Addukt aus Maleinsäureanhydrid u. Bzl. (**VI**) hergestellt, u. zwar **I** bzw. **II** durch Erhitzen von **VI** mit Harnstoff bzw. Benzylamin auf 140°, **II** aus der Na-Verb. von **I** durch Rk. mit n-Butyljodid, u. **IV** bzw. **V** durch Erhitzen von **VI** mit dem entsprechenden Amin auf 200°. — Es wird über den Einfluß von O_2-haltigen Lsg. auf die Photoaddition diskutiert. R. Buhr 3081△

1159 **Reaktion aromatischer Mercaptane mit Phospholinen.** K. Pilgram. (Tetrahedron Letters [London] **1966,** 3831—35; Schloß Birlinghoven-Siegkreis, Shell Grundlagenforschung GmbH; dt.) — Während 1-Oxo-1-methoxy-Δ^2-phospholin bei erhöhter Temp. (175°) auf Arylmercaptane (**A**) alkylierend unter Bldg. von *Alkylarylsulfiden* u. *1-Oxo-1-hydroxy-Δ^2-phospholin* (**I**) einwirkt, führt die Rk. von 1-Oxo-1-äthoxy-Δ^2-phospholin (**II**) mit **A** auf Grund des geringeren Alkylierungsvermögens von **II** vorwiegend zu einer Anlagerung von **A** an die C=C-Doppelbindung von **II**. Bei der Rk. von 1-Oxo-1-äthoxy-Δ^3-phospholin (**III**) mit **A** erfolgt ebenfalls keine Alkylierung von **A**, da **III** bei den erforderlichen hohen Temp. zu **II** isomerisiert wird. Die Additionsgeschw. von **A** wächst mit zunehmender Acidität. Lage der NMR-Signale s. Original.

Versuche 1-Oxo-1-äthoxyphospholidine: *3-[4-Methylphenylmercapto]-*, $C_{13}H_{19}O_2PS$, Kp $_{0,005}$ 200°, aus **II** u. p-Thiokresol; $D.^{20}$ 1,1712; n_D^{20} 1,5611; 38,8% (Ausb.); daneben 5,2% **I** u 5,2% *Äthyl-4-methylphenylsulfid. Sulfon*, F. 103—108° (Xylol). — *3-Phenylmercapto-*, $C_{12}H_{17}O_2PS$, Kp.$_{0,005}$ 180°, a) aus **II** u Thiophenol (**IV**); D^{20} 1,1916; n_D^{20} 1,5697; 69,3%; daneben 5,9% **I** u 5,9% *Äthylphenylsulfid* (**V**); b) aus **III** u **IV**; 31,3%; daneben 18,1% **I**, 18,1% **V** u. 3,1% *Diphenyldisulfid. Sulfon*, F. 97° (Xylol). — *3-[4-Chlorphenylmercapto]-*, $C_{12}H_{16}ClO_2PS$, Kp.$_{0,01}$ 200°, a) aus **II** u. 4-Chlorthiophenol (**VI**); $D.^{20}$ 1,2676; n_D^{20} 1,5750; 53,4%; daneben 7,8% **I** u. 7,8% *Äthyl-4-chlorphenylsulfid* (**VII**); b) aus **III** u. **VI**; 34,7%; daneben 22,2% **I** u. 22,2% **VII**. — *1-Oxo-1-hydroxy-3-[4-chlorphenylmercapto]-phospholidin*, $C_{10}H_{12}ClO_2PS$, aus **I** u. **VI**; Öl; 45% M. Krüger 3091△

1160 **Organische Schwefelverbindungen.** 11. Mitt. **Kondensation von CS_2 mit Aldehyden. 4-Aryldithiol-(1.2)-thione-(3).** Monique Saquet und André Thuillier. (Bull. Soc. chim. France **1966,** 1582—87; Caen, Fac. des Sci.; franz.) — Durch Kondensation von Phenyl-, p-Methoxyphenyl-, o- u. p-Methylphenyl- sowie [Thienyl-(2)]-acetaldehyd mit CS_2 in Dimethylsulfoxid in Ggw. von NaH u. anschließende Methylierung mit Methyljodid sind *2-Aryl-3.3-bis-[methylmercapto]-propen-(2)-ale* zugänglich, die durch Rk. mit P_2S_5 in Xylol zu *4-Aryldithiol-(1.2)-thionen-(3)* cyclisierbar sind u. sich mit $NaBH_4$ zu den entsprechenden *2-Aryl-3.3-bis-[methylmercapto]-propen-(2)-olen* reduzieren lassen. — 15. vgl. C. **1967,** 57-0198.

Versuche: Arylacetaldehyde, durch 6std. Durchleiten von Ozon durch Lsg. von Allylaromaton in Essigsäure/W. bei —5°, 30 Min. lange Zugabe von Zn-Staub in W. bei 0° u. 2std. Rühren bei Raumtemp.: *p-Methoxyphenyl-*, 66% (Ausbeute). — *p-Methylphenyl-*, 68%. — *o-Methylphenyl-*, 72%. — *Thienyl-(2)-*, 14%. — 2-Aryl-3.3-bis-[methylmercapto]-propen-(2)-ale, durch Zugabe von NaH zu Dimethylsulfoxid u. 20 Min. lange Zugabe eines Arylacetaldehyds bei 20° unter Rühren, Hinzufügen von CS_2, 30 Min. langes Stehen u. 3std. Rühren mit Methyljodid: *2-Phenyl-*, $C_{11}H_{12}OS_2$, F. 52° (PAe.), 50%. *Semicarbazon*, $C_{12}H_{15}N_3OS_2$, F. 174° (wss. A.). — *2-[p-Methoxyphenyl]-*, $C_{12}H_{14}O_2S_2$, F. 81° (PAe./Bzl.); 41%. *Semicarbazon*, $C_{13}H_{17}N_3O_2S_2$, F. 170° (wss. A.). *Oxim*, $C_{12}H_{15}NO_2S_2$, F. 153° (A.). — *2-[p-Methylphenyl]-*, $C_{12}H_{14}OS_2$, F. 43° (PAe.); 59%. *Semicarbazon*, $C_{13}H_{17}N_3OS_2$, F. 182—183° (wss. A.). *Oxim*, $C_{12}H_{15}NOS_2$, F. 171° (wss. A.). — *2-[o-Methylphenyl]-*, Kp.$_{0,7}$ 165°; 55%. *Oxim*, $C_{12}H_{15}NOS_2$, F. 146—147° (wss. A.). *Semicarbazon*, F. 158° (wss. A.). — *2-[Thienyl-(2)]-*, 24%. — *1-Phenyl-3.3-bis-[methylthio]-propen-(2)-on-(1)*, analog aus Acetophenon; 75%. — *4.4-Bis-[methylmercapto]-buten-(3)-on-(2)*, analog aus Aceton; 15%. — 4-Aryldithiol-(1.2)-thione-(3), durch 20 Min. lange Zugabe einer Lsg. eines der vorst. Propenale in Xylol zu einer Suspension von P_2S_5 in siedendem Xylol u. 30 Min. langes Kochen: *4-Phenyl-*, F. 124° (Cyclohexan/Bzl.); 39%. — *4-[p-Methoxyphenyl]-*, $C_{10}H_8OS_3$, F. 151° (PAe./Bzl.); 58%. — *4-[p-Methylphenyl]-*, F. 102° (PAe.); 58%. — *4-[o-Methylphenyl]-*, $C_{10}H_8S_3$, F. 117° (PAe./Bzl.); 40%. — *4-[Thienyl-(2)]-*, $C_7H_4S_4$, F. 98° (PAe./Bzl.); 14%. — 2-Aryl-3.3-bis-[methylmercapto]-propen-(2)-ole, durch Zugabe von $NaBH_4$ in wss. Na_2CO_3 zu einer Lsg. eines der vorvorst. Arylpropenale in Methanol u. 6std. Rühren: *2-Phenyl-*, $C_{11}H_{14}OS_2$, Kp.$_{0,15}$ 143°; n_D^{23} 1,6328; 62%. — *2-[p-Methoxyphenyl]-*, $C_{12}H_{16}O_2S_2$, Kp.$_{0,3}$ 164°; n_D^{25} 1,6262; 65%. — *2-[p-Methylphenyl]-*, $C_{12}H_{16}OS_2$, Kp.$_{1,2}$ 167°; n_D^{21} 1,6223; 66%. — *2-Äthyl-3.3-bis-[methylthio]-propen-(2)-al*, $C_7H_{12}OS_2$, Kp.$_{0,05}$ 74°, a) durch langsame Zugabe einer Lsg. von Butyraldehyd u. CS_2 in Bzl. zu Na-tert.-Amylat in Bzl. bei 0°, 2std. Rühren bei 0° u. 2std. Rk. mit Methyljodid bei 20°; 10%; daneben *unbekannte Substanz*, Kp.$_{0,03}$ 120—135°; b) durch Zugabe von Butyraldehyd u. CS_2 in Ae. bei —20° zu Na-tert.-Butylat in Ae., 30 Min. langes Rühren bei —20°, Anwärmen auf 0° in 20 Min., Abkühlen auf —20°, Zugabe von Methyljodid in Ae. in 30 Min., 2std. Stehen bei —20° u. Anwärmen auf 0° in 1 Std.; 15%; daneben *unbekannte Substanz* (Kp.$_{0,02}$ 115—135°) G. Ziebarth 3112△

1161 **Kondensation von Schwefelkohlenstoff mit Arylessigsäureestern. Synthese von 4-Aryl-5-methylmercapto-1.2-dithiolthionen-(3).** Monique Marceau und André Thuillier. (C. R. hebd. Séances Acad. Sci., Sér. C **262,** 147—50, 1966; Caen, Fac. des Sci.; franz.) — Kondens. von CS_2 mit Arylessigsäureestern in Ggw. von Na-tert. Amylat führt nach Methylieren zu *2-Aryl-3.3-bis-[methylmercapto]-propen-(2)-säureestern*, deren Rk. mit P_2S_5 in Xylol *4-Aryl-5-methylmercapto-1.2-dithiolthione-(3)* (**A**) gibt (vgl. Thuillier u. Vialle, Bull. Soc. chim. France **1959,** 1398 u. **1962,** 2182 u. 2187). Rk. der **A** mit Hg-Acetat liefert die entsprechenden *1.2-Dithiolone-(3)*. IR- u. KMR-Spektren vgl. Original.

Versuche: 3.3-Bis-[methylmercapto]-propen-(2)-säuren: *2-Phenyl-, Methylester*, $C_{12}H_{14}O_2S_2$, Kp.$_{0,1}$ 136°; 48% (Ausbeute). *Äthylester*, $C_{13}H_{16}O_2S_2$, Kp.$_{0,05}$ 127°; 44%. — *2-[p-Tolyl]-, Äthylester*, $C_{14}H_{18}O_2S_2$, Kp.$_{0,1}$ 136°; 48%. — *2-[Methoxyphenyl]-, Äthylester*, $C_{14}H_{18}O_3S_2$, Kp.$_{0,12}$ 160°; 50%. — 5-Methylmercapto-1.2-dithiolthione-(3) (**A**): *4-Phenyl-* (**I**), $C_{10}H_8S_4$ F. 127,5° (Essigsäureäthylester = EE); 73%. — *4-[p-Tolyl]-*, $C_{11}H_{10}S_4$, F. 128—129° (EE); 79%. — *4-[p-Methoxyphenyl]-* (**II**), $C_{11}H_{10}OS_4$, F. 123—124° (EE); 63%. — *4-[p-Bromphenyl]-*, $C_{10}H_7BrS_4$, F. 162—164° (Bzl.); 55%. — *4-[p-Methoxyphenyl]-5-methylmercapto-1.2-dithiolon-(3)*, $C_{11}H_{10}O_2S_3$, F. 86° (Methanol), aus **II** u. Hg-Acetat; 78%. — *3-Methylmercapto-4-phenyl-1.2-dithiolyliumjodid*, durch Ox. von **I** nach Klingsberg (vgl. Chem. and Ind. **1960, 1568**). — *4-Phenyl-1.2-dithiolthion-(3)*, aus vorst. Verb. u. Pyridinhydrochlorid. — *Cumol*, durch Rk. von **I** mit Raney-Ni W-2 in Äthanol. Gottfried Schreiber 3112△

1162 **Struktur von Pyrazolinen, die aus Tiglinaldehyd und Methylhydrazin dargestellt werden.** B. V. Joffe, V. V. Cibul'skij, V. S. Stopskij und Z. I. Sergeeva. (Chim. geterocikličeskich Soedinenij **1966,** 932—37; Leningrad, Ždanov-Univ.; russ.) — Durch Rk. von 23 g Methylhydrazin (Kp.$_{775}$ 87,3—88°; n_D^{20} 1,4332) mit

12 g Tiglinaldehyd (Kp.$_{758}$ 116,3—119°; n_D^{20} 1,4470) in 450 ml W. in Ggw. von 78 g $NaH_2PO_4 \cdot 2H_2O$ unter Eiskühlung u. fraktionierte Dest. im Vakuum werden 4 Fraktionen erhalten: 1. Kp.$_{40}$ 48—52°; n_D^{20} 1,4493; 0,9 g (Ausb.); 2. Kp.$_{40}$ 52—56°; n_D^{20} 1,5000; 5,7 g; 3. Kp.$_{40}$ 56° bis Kp.$_9$ 65°; n_D^{20} 1,4747; 3,2 g; 4. Kp.$_9$ 65—67°; n_D^{20} 1,5240; 22,3 g. Durch fraktionierte Dest. der 2. Fraktion wird ein Isomerengemisch von *cis-1.4.5-Trimethyl-* (I), *trans-1.4.5-Trimethyl-* (II) u. *1.3.4-Trimethyl-Δ^2-pyrazolin* (III), Kp.$_{758}$ 135,2—137,2°) erhalten, das nach der gaschromatograph. Analyse aus 61(%) I, 20 II u. 19 III besteht. Die Struktur der einzelnen Isomeren wird durch die NMR-Spektren nachgewiesen. Aus der 4. Fraktion wird *Tiglinaldehydmethylhydrazon* (IV, $C_6H_{12}N_2$, Kp.$_9$ 65—67; n_D^{20} 1,5228; n_C^{20} 1,5162; $D._4^{20}$ 0,8936) erhalten, das nach Hydrolyse in das *2.4-Dinitrophenylhydrazon* [F. 218—219° (Äthylacetat)] übergeführt wird. Bei der Rk. ohne $NaH_2PO_4 \cdot 2H_2O$ hat das Isomerengemisch (Kp. 135,5—136,6°) die Zus. 36 I, 49 II u. 15 III. Daneben entsteht IV, Kp.$_{10}$ 65,8 bis 68°; n_D^{20} 1,5228; $D._4^{20}$ 0,9891; 48%. — Durch Dest. von IV mit $N_2H_4 \cdot HCl$ entsteht ein Isomerengemisch (Kp.$_{747}$ 135—137°) der Zus. 49 I, 31 II u. 20 III u. bei 2½std. Erhitzen der Zus. 46 I, 27 II u. 27 III.

H. Dalmer 3122△

1163 **Formylderivate, Pyrazole und Imidazole aus Cyclopentanon und -heptanon.** W. Treibs und A. Bhramaramba. (Tetrahedron Letters [London] **1966,** 1867 bis 1872; Organ.-Chem. Inst. der Univ. Heidelberg; dt.) — Bei der Rk. von Cyclopentanon mit Ameisensäureäthylester u. Na in abs. Ae. entsteht das *1-Formyl-3-cyclopentylidencyclopentanon-(2)* [$C_{11}H_{14}O_2$, F. 112°; 65% (Ausb.)], das durch 1std. Kochen mit Hydrazin in A. in *6-Cyclopentyliden-1.4.5.6-tetrahydro-1.2-diazapentalen* ($C_{11}H_{14}N_2$, F. 168°; 45%) übergeht. Die Hydroxymethylierung von α-Hydrindon führt entsprechend zum *1-[1-Oxoindanyliden-(2)]-2-formylindan* ($C_{19}H_{14}O_2$, F. 230° (Formamid); gelbrote Nadeln; 57%). *4.5-Pentamethylenimidazol* ($C_8H_{12}N_2$, F. 199°; weiße Nadeln; 57%) entsteht durch Kochen von α-Bromcycloheptanon mit Formamid. Es geht durch Rk. mit Schwefel in sd. Naphthalin unter N_2 in *2-Mercapto-4.5-pentamethylenimidazol* ($C_8H_{12}N_2S$, F. 251° (Zers.); 47%) über.

R. Becker 3122△

1164 **Imidazolderivate. 38. Mitt. 4.7-Chinone des Benzimidazols.** E. R. Zachs und L. S. Efros. (Ž. org. Chim. **2,** 1095—1103, 1966; Leningradskij technol. inst. im. Lensoveta; russ.) — Hydrolyse von *substituierten 4.7-Dimethoxybenzimidazolen* mit HBr führt zu entsprechenden *4.7-Dihydroxybenzimidazolen,* die bei Ox. *Benzimidazolchinone-(4.7)* ergeben. IR- u. Absorptionsspektren (240—600 mμ) vgl. Original. — 37. vgl. C. **1966,** 39-1052.

Versuche: *1.4-Dimethoxy-2.3-diaminobenzoldihydrochlorid* (I), F. 250—252° (Zers.), durch Hydrieren von 1.4-Dimethoxy-2.3-dinitrobenzol in A. an Raney-Ni bei 50—60°, Kochen, Filtrieren, Zugabe von 30%ig. äthanol. HCl u. Abkühlen auf —15°; 60% (Ausb.). — 4.7-Dimethoxybenzimidazole: *Unsubstituiert,* F. 218—220° (wss. A.; A. + Chlf.), durch 5std. Kochen von 15 g I mit 90%ig. HCOOH, Eindampfen im Vakuum, Lösen in W. u. Neutralisieren mit NH_4OH; 10,3 g. — *1-Methyl-,* $C_{10}H_{12}N_2O_2$, F. 98—100° (Heptan), durch Zugabe von Dimethylsulfat (II) zu einer Suspension vorst. Verb. in 1 n NaOH bei 80° u. Extrahieren mit Chlf.; Nadeln; 59%. — *2-Phenyl-,* $C_{15}H_{14}N_2O_2$, F. 226 bis 228°, durch Zugabe von Benzaldehyd in A. u. Cu-Acetat in W. zu 16,5 g I in wss. A., ½std. Kochen, Filtrieren, Suspendieren des Nd. unter Erwärmen in 6%ig. HCl, Einleiten von H_2S in der Wärme, heiß Filtrieren, Fällen mit konz. HCl, Lösen in W. u. Neutralisieren mit NH_4OH; Nadeln; 10,8 g. — *1-Methyl-2-phenyl-,* $C_{16}H_{16}N_2O_2$, F. 114,5—115° (wss. A.), durch Zugabe von II zu vorst. Verb. in 1 n NaOH bei 60—65° u. Erhitzen auf 80°; Plättchen; 5%. — *2-Chlor-,* $C_9H_9ClN_2O_2$, F. 204 bis 206° (wss. A.), durch 3std. Erhitzen von 4.7-Dimethoxybenzimidazolon-(2) mit $POCl_3$ im geschlossenen Rohr auf 135°, Eindampfen im Vakuum, Lösen in W. u. Neutralisieren mit NH_4OH; 90%. — *1-Methyl-2-chlor-,* $C_{10}H_{11}ClN_2O_2$, F. 105—107° (Heptan), a) durch Zugabe von II zu vorst. Verb. in 1 n NaOH bei Raumtemp. u. Erhitzen auf 70%; 88%; b) durch 40 Min. langes Erhitzen vorst. Verb. in KOH u. A. mit CH_3J auf 60 bis 65°, Eindampfen u. Extrahieren mit Bzl.; 90%. — *1-Methyl-2-dimethylamino-,* durch 12std. Erhitzen vorst. Verb. mit Dimethylamin in Bzl. auf 154—156° im geschlossenen Rohr, Filtrieren u. Eindampfen. *Hydrochlorid,* $C_{12}H_{17}N_3O_2 \cdot HCl$, F. 173—175°, aus der rohen Base in Bzl. mit äther. HCl; 80% (gesamt). — 4.7-Dihydroxybenzimidazolhydrobromide, durch 2 bis 3std. Kochen entsprechender vorst. Verb. mit 48%ig. HBr; Krist. aus HBr; 90—97%: *Unsubstituiert* (III), $C_7H_6N_2O_2 \cdot HBr$, F. 292—295°. — *2-Phenyl-,* $C_{13}H_{10}N_2O_2 \cdot HBr$; F. 265—270°. — *1-Methyl-* (IV), $C_8H_8N_2O_2 \cdot HBr$, F. 247—252°. — *1-Methyl-2-phenyl-* (V), $C_{14}H_{12}N_2O_2 \cdot HBr$, F. 230—240°. — *1-Methyl-2-chlor-,* $C_8H_7ClN_2O_2 \cdot HBr$, F. 225—230°. — *1-Methyl-2-dimethylamino-* (VI), $C_{10}H_{13}N_3O_2 \cdot HBr$, F. 239—240°. — Benzimidazolchinone-(4.7): *Unsubstituiert,* $C_7H_4N_2O_2$, durch Zugabe von 0,7 n $FeCl_3$-Lsg. zu III in W.; gelbe Nadeln; 100%. — Analog: *2-Phenyl-,* $C_{13}H_8N_2O_2$; aus Bzl./Toluol/Chlorbenzol orangerote Nadeln; 93%. — *1-Methyl-2-chlor-,* $C_8H_5ClN_2O_2$, F. 144—145° (Zers.); gelb. — *1-Methyl-2-dimethylamino-,* $C_{10}H_{11}N_3O_2$, F. 138—142° (Bzl. + PAe.), analog aus VI, Zugabe von wss. Na-Acetat-Lsg. u. Extrahieren mit Chlf.; dunkelrote Nadeln; 79%. — *1-Methyl-,* $C_8H_6N_2O_2$, durch Zugabe von 6,7 n HCl, 0,3 m $K_2Cr_2O_7$-Lsg., Na-Acetat u. Chlf. zu IV in W. u. Eindampfen der Chlf.-Schicht; braungelb; 86%. — *1-Methyl-2-phenyl-,* $C_{14}H_{10}N_2O_2$, F. 156—158° (Zers.; Bzl./PAe.), durch Zugabe von 6,7 n HCl u. 0,3 m $K_2Cr_2O_7$-Lsg. zu V in W.; orange Nadeln; 88%.

Hartmut Berger 3122△

1165 **Hydroxylamin-Derivate. 28. Mitt. Synthesen in der Reihe der 3.5-Dioxoisoxazolidine.** G. Zinner und R. Moll. (Arch. Pharmaz. **299,** 562—68, 1966; Univ. Münster (Westf.), Inst. für Pharm. Chem.; dt.) — 27. vgl. C. **1969,** 7-1193. — Diäthylmalonsäurediäthylester (I) oder -dimethylester (II) werden mit überschüss. NH_2OH zu *4.4-Diäthyl-3.5-dioxoisoxazolidin* (V) umgesetzt, dessen NH-Gruppe acyliert u. aminoalkyliert werden kann. Bei der Rk. von V mit Diazoalkanen entsteht dagegen ein Gemisch der isomeren N- u. O-Alkylierungsprodukte. Die N-Alkyl- u. N-Acylderiv. von V werden durch Einw. von Diäthylmalonylchlorid (III) auf N-Alkylhydroxylamine bzw. Hydroxamsäuren erhalten. $LiAlH_4$-Red. von 2-Methyl-4.4-diäthyl-3.5-dioxoisoxazolidin (VI) führt unter Ringaufspaltung zu *N-Methyl-3-hydroxylamino-2.2-diäthylpropanol-(1).* Die IR-Spektren von V, VI u. VI + *3-Methoxy-4.4-diäthyl-Δ^2-isoxazolin* sind abgebildet.

Versuche: 3.5-Dioxoisoxazolidine: *4.4-Diäthyl-* (V), $C_7H_{11}NO_3$, F. 24—25°, Kp.$_{0,01}$ 85°, a) durch Zugabe von I oder II u. NH_2OH zu Na in A., Dest. des A., 2std. Erhitzen auf 180—200°, Ausschütteln mit Ae. u. W., Ansäuern der wss. Phase mit HCl, Aufnehmen in Ae., Trocknen u. Fraktionieren; 36% (Ausb.); b) durch Zutropfen von Na in A. zu $NH_2OH \cdot HCl$ in A. unter Eiskühlung, 2std. Rühren, Abtrennen des NaCl u. Umsetzung mit I oder II analog a); 30%; c) durch Zutropfen von NH_2OH u. Triäthylamin (IV) in Dioxan zu III in Dioxan unter Kühlen, 3std. Rühren bei Raumtemp., Filtrieren vom IV-Hydrochlorid u. Aufarbeiten; 53%. — *2-Methyl-4.4-diäthyl-* (VI), $C_8H_{13}NO_3$, Kp.$_{0,01}$ 43°, durch Zugabe von N-Methylhydroxylammoniumchlorid zu IV unter Eiskühlung, Verdünnen mit abs. Ae. nach 15 Min., Zutropfen von III in abs. Ae. unter Eiskühlung, 2std. Rühren bei Raumtemp., Filtrieren u. Aufarbeiten; n_D^{20} 1,4502; 80%. — *2.4.4-Triäthyl-* (VII), $C_9H_{15}NO_3$, Kp.$_{0,01}$ 50—51°, analog VI aus N-Äthylhydroxylammoniumchlorid; n_D^{20} 1,4489; 91%. — *Gemisch* (7,1:4) *aus* VI u. *3-Methoxy-4.4-diäthyl-5-oxo-Δ^2-isoxazolin,* $C_8H_{13}NO_3$, Kp.$_{0,01}$ 43°, durch Zutropfen von äther. CH_2N_2-Lsg. zu V in abs. Ae. bis zur bleibenden Gelbfärbung, Stehen über Nacht u. Fraktionieren; n_D^{20} 1,4443; 88%. — *Gemisch* (5,5:6,1) *aus* VII u. *3-Äthoxy-4.4-diäthyl-5-oxo-Δ^2-isoxazolin,* $C_9H_{15}NO_3$, Kp.$_{0,01}$ 50—51°, analog vorst. Gemisch mit Diazoäthan; n_D^{20} 1,4420; 84%. — 4.4-Diäthyl-3.5-dioxoisoxazolidine: *2-Phenylcarbamoyl-,* $C_{14}H_{16}N_2O_4$, F. 69—70° (A.), durch 1std. Kochen von V u. Phenylisocyanat in Chlf., Eindampfen im Vakuum u. Waschen mit PAe.;

72%. — *2-Benzoyl-*, $C_{14}H_{15}NO_4$, F. 86–87° (A.), a) durch Zutropfen von Benzoylchlorid zu **V** in Py. unter Eiskühlung, mehrere Min. langes Schütteln, 10 Min. langes Erwärmen (W.-Bad), Zusatz von W. unter Eiskühlung, Anreiben u. Waschen des Nd. mit W.; 91%; b) durch Zutropfen von **III** zu Benzhydroxamsäure in Py. unter Eiskühlung, 1std. Rühren bei Raumtemp., Zugabe von W. unter Eiskühlung u. analog a); 88%. — *N-Methyl-3-hydroxylamino-2.2-diäthylpropanol-(1)*, $C_8H_{19}NO_2$, Kp.$_{0,01}$ 79–80°, durch Zutropfen von **VI** in abs. Ae. zu $LiAlH_4$ in abs. Ae. unter Eiskühlung, 2std. Rühren bei Raumtemp., 2std. Kochen, Zutropfen von W. unter Eiskühlung, Stehen über Nacht, Filtrieren, Waschen mit Ae. u. Aufarbeiten der Filtrate; n_D^{20} 1,4646; 63%.

H. Miele 3132

1166 **Chemie der freien Radikale in der Hydrazinreihe. 36. Mitt. Thiazolylphenylbenzoylhydrazyle und ihre Eigenschaften.** D. P. El'činov, R. O. Matevosjan und A. K. Čirkov. (Ž. org. Chim. **2**, 1092–95, 1966; Ural'skij politechn. inst. im. S. M. Kirova g. Sverdlovsk; russ.) — Die Ox. von substituierten 1-Phenyl-1-[thiazolyl-(2)]-2-benzoylhydrazinen (**A**) in Bzl. mit PbO_2 führt zu gefärbten Lsg. der entsprechenden 1-Phenyl-1-[thiazolyl-(2)]-2-benzoylhydrazylen; Red. letzterer mit Hydrochinon führt zu **A** zurück. EPR-Spektren vgl. Original.

Versuche: 1-Phenylhydrazine: *1-[Thiazolyl-(2)]-2-benzoyl-*, $C_{16}H_{13}N_3OS$, F. 150° (A.), durch Zugabe von Benzoylchlorid zu 1-[Thiazolyl-(2)]-1-phenylhydrazin (**I**) in abs. Chlf., Kochen, Filtrieren u. Eindampfen; 78% (Ausb.). — Analog: *1-[4.5-Diphenylthiazolyl-(2)]-2-benzoyl-*, $C_{28}H_{21}N_3OS$, F. 193° (A); 64%. — *1-[4-Phenylthiazolyl-(2)]-2-benzoyl-*, $C_{22}H_{17}N_3OS$, F. 180° (A.); 72%. — *1-[Thiazolyl-(2)]-2-[p-nitrobenzoyl]-*, $C_{16}H_{12}N_4O_3S$, F. 161° (Butanol), durch Kochen von **I** mit p-Nitrobenzoylchlorid in abs. Bzl. u. weiter analog; 50%. — Analog: *1-[4.5-Diphenylthiazolyl-(2)]-2-[p-nitrobenzoyl]-*, $C_{28}H_{20}N_4O_3S$, F. 221° (Zers.; Chlf. + APe.); 49%. — *1-[4-Phenylthiazolyl-(2)]-2-[p-nitrobenzoyl]-*, $C_{22}H_{16}N_4O_3S$, F. 192° (Butanol); 52%. — 37. vgl. C. **1969**, 3-1368; 46. vgl. C. **1967**, 57-0244.

Hartmut Berger 3142

1167 **Salze von Dialkyl- und Diarylmono- und -dithiophosphorsäuren. 8. Mitt. Reaktion von Salzen der Diäthylthio- und -dithiophosphorsäure mit aromatischen und heterocyclischen Halogenderivaten.** V. G. Pesin und I. G. Vitenberg. (Ž. obšč. Chim. **36(98)**, 1268–74, 1966; Leningradskij chimiko-farmacevt. inst.; russ.) — 7. vgl. C. **1966**, 22-0857. — Folgende Verb. werden dargestellt: *Bis-[2.4-dinitrophenyl]-sulfid*, a) durch Zugabe von 2.4-Dinitrofluorbenzol (**I**) zu dem Triäthylammoniumsalz des Monothiophosphorsäuredi-O-äthylesters (**II**) in Bzl. u. 3std. Kochen; 87% (Ausb.); b) durch 6std. Kochen von 18,6 g **I** mit 20,8 g des K-Salzes von **II** in Aceton u. Abkühlen; 75%; c) analog a) durch 90std. Rk. mit dem NH_4-Salz von **II** bei Raumtemp.; 50%; d) durch 6std. Kochen des K-Salzes des Dithiophosphorsäure-di-O-äthylesters mit 2.4-Dinitrochlorbenzol in A. u. Abkühlen; 66%; e) analog durch 3std. Kochen mit **I**; 86%. — Daneben: *Phosphorsäurediäthylesterfluorid*, Kp.$_{12}$ 63° nach a) durch Eindampfen der Mutterlauge; n_D^{20} 1,3738; 36%; nach b) 15%. — *Bis-[2.4-dinitrophenyl]-disulfid*; nach b) 0,15 g. — *Äthyl-[2.4-dinitrophenyl]-sulfid*, F. 113° (A.); nach b) 3,6 g. — *Tetraäthylmonothiopyrophosphat*, Kp.$_{0,03}$ 64–66°; n_D^{20} 1,4571; nach b) 4 g. — *O.O.S-Triäthyldithiophosphat*, Kp.$_{11}$ 115–116°, nach d) u. e); n_D^{20} 1,5014. — *O.O-Diäthylthiophosphat*, nach d). — *Tri-O-äthylthiophosphat*, nach d) u. e). — *O.O.S-Triäthylthiophosphat*, Kp.$_{12}$ 91–93°, nach d) u. e); n_D^{20} 1,4578. — *2.4-Dinitrophenetol*, F. 85–86° (A.), nach e). — *Dipikrylsulfid*, $C_{12}H_4N_6O_{12}S$, F. 225–227° (Essigsäure), durch 3std. Kochen des K-Salzes von **II** mit Pikrylchlorid in A.; 87%. — Analog mit den entsprechenden Chlorverb.: *Bis-[benzothiazolyl-(2)]-sulfid*, $C_{14}H_8N_2S_3$, F. 98–99° (A.), 5std. Kochen in Methylcellosolve; 74%. — *Bis-[6-nitrobenzothiazolyl-(2)]-sulfid*, $C_{14}H_6N_4O_4S_3$, F. 285–286° (Py.), 10std. Kochen in Methyläthylketon; 68%. — *Bis-[7-nitrobenzo-2.1.3-thiadiazolyl-(4)]-sulfid*, $C_{12}H_4N_6O_4S_3$, F. 217–219° (Essigsäure), 5std. Kochen in Aceton; 31,3%. — *Bis-[5-nitropyridyl-(2)]-sulfid*, $C_{10}H_6N_4O_4S$, F. 134° (A.), 5std. Kochen in Methylcellosolve; 55,5%. — *Bis-[3.5-dinitropyridyl-(2)]-sulfid*, $C_{10}H_4N_6O_8S$, F. 162–164° (Zers.; Essigsäure), a) 1std. Kochen in Aceton; 87%; b) 24 Std. bei Raumtemp. in Aceton; 60%. — *Bis-[3.5-dinitropyridyl-(2)]-disulfid*, $C_{10}H_4N_6O_8S_2$, F. 270° (Nitrobenzol), neben vorst. Verb. nach b); 2,45%. — *O.O-Diäthyl-S-benzoylthiophosphat*, $C_{11}H_{15}O_4PS$, durch Zugabe von Benzoylchlorid zu dem NH_4-Salz von **II** in Aceton, 1std. Rühren, Filtrieren, Eindampfen u. Extrahieren mit Äther. — *O.O-Diäthyl-S-[p-nitrobenzoyl]-thiophosphat*, $C_{11}H_{14}NO_6PS$, F. 56–57° (PAe.; A.), analog. — (Identifizierung der Nebenprod. z. T. durch Dünnschicht- bzw. Gas-Flüssigkeitschromatographie.)

Hartmut Berger 3173△

1168 **Tautomerie des 5-Aminotetrazols. 5. Mitt. Struktur von Disulfamiden des 1-Methyl-5-aminotetrazols.** V. P. Ščipanov und I. Ja. Postovskij. (Ž. org. Chim. **2**, 1108–10, 1966; Ural'skij politechn. inst. im. S. M. Kirova g. Sverdlovsk; russ.) — Durch Einw. von Arensulfochloriden auf 1-Methyl-5-aminotetrazol (**I**) in Ggw. von Py. werden *5-Arensulfonylamino-* u. *5-Diarensulfonylamino-1-methyltetrazole* gebildet. — 4. vgl. C. **1967**, 40-1051.

Versuche: 5-substituierte 1-Methyltetrazole: *5-[Di-(p-toluolsulfonyl)-amino]-* (**II**), $C_{16}H_{17}N_5O_4S_2$, F. 151–151,5° (A.), a) durch 10std. Erhitzen von **I** mit p-Toluolsulfochlorid (**III**) in Py. auf 70°, Einengen u. Fällen mit W.; Prismen; 5,8% (Ausb.); b) durch 4std. Erhitzen äquimol. Mengen von **III** mit **IV** in Py. auf 60° u. Fällen mit A.; 20,5%. — *5-[p-Toluolsulfonylamino]-* (**IV**), F. 161–162° (A.), a) neben **II** nach a) durch Ansäuern der Mutterlauge mit konz. HCl; 58%; b) durch 10 Min. langes Kochen von **II** mit 2 n NaOH u. Ansäuern; 96%; c) durch 10std. Kochen von **II** mit abs. A. u. Eindampfen; 86%. — Analog **II** nach a): *5-[Di-(p-chlorbenzolsulfonyl)-amino]-*, $C_{14}H_{11}Cl_2N_5O_4S_2$, F. 201–202° (A.); Prismen; 4,9%. — Daneben: *5-[p-Chlorbenzolsulfonylamino]-*, $C_8H_8ClN_5O_2S$, F. 165–166° (A.); Prismen; 66%. — *5-[(p-Chlorbenzolsulfonyl)-(p-toluolsulfonyl)-amino]-*, $C_{15}H_{14}ClN_5O_4S_2$, F. 157–158° (A.), a) durch 1std. Erhitzen äquimol. Mengen von **IV** mit p-Chlorbenzolsulfochlorid in Py. u. abs. Dioxan auf 60° u. Fällen mit A.; Prismen; 17,5%; b) analog aus vorst. Verb. u. **III**; 15,6%.

Hartmut Berger 3184△

1169 **Umwandlung dicyclischer 1.5-Diketone in Pyryliumsalze.** A. T. Balaban und N. S. Bărbulescu. (Rev. roum. Chim. **11**, 109–12, 1966; Bukarest, Univ., Inst. for Atomic Physics and Labor. of Organ. Chem.; engl.) — Dehydrierung dicycl. 1.5-Diketone mit Triphenylmethylperchlorat liefert in 80–90%ig. Ausb. *Pyryliumperchlorate*, die mit NH_4OH in 70–80%ig. Ausb. *Octahydroacridine* geben. IR- u. UV-Spektren vgl. Original.

Versuche: *1.2.3.4.5.6.7.8-Octahydroxanthyliumperchlorat* (**I**), $C_{13}H_{17}ClO_5$, F. 174–175° ($HClO_4$/W.), durch 10 Min. lange Rk. von o.o'-Dioxodicyclohexylmethan mit Triphenylmethylperchlorat in Acetonitril u. Zugabe von Äther. — *Octahydroacridin*, durch Rk. von **I** mit NH_4OH u. Äther. *Pikrat*, F. 199–200°. — *9-Methyl-1.2.3.4.5.6.7.8-octahydroxanthyliumperchlorat*, $C_{14}H_{19}ClO_5$, F. 131° (Methanol/Ae.), aus 1.1-Bis-[o-oxocyclohexyl]-äthan analog **I**. — *9-Methyl-1.2.3.4.5.6.7.8-octahydroacridin*, aus vorst. Verb. u. NH_4OH. *Pikrat*, F. 155°.

Gottfried Schreiber 3211△

1170 **Synthese und IR-Spektren von 2-Benzopyryliumsalzen.** G. N. Dorofeenko, A. D. Semenov, V. I. Dulenko und S. V. Krivun. (Ž. org. Chim. **2**, 1492–98, 1966; Rostovskij-na-Donu gosud. univ.; russ.) — Die Synth. u. IR-Spektren von *1.3.6.7-tetra-* u. *1.3.6-trisubstituierten 2-Benzopyryliumperchloraten* werden beschrieben.

Versuche: substituierte 3-Methyl-2-benzopyryliumperchlorate, aus Essigsäure krist.: *1-Propyl-6.7-dimethoxy-*, $C_{15}H_{19}ClO_7$, F. 210–211°, durch Zugabe von 70%ig. $HClO_4$ zu Butyranhydrid unter Kühlung, Zugabe des Rk.-Gemisches zu 3.4-Dimethoxyphenylaceton (**I**) u. 12std. Stehen bei Raumtemp.; 69,3% (Ausb.). — Analog: *1-Methyl-6.7-dimethoxy-* (**II**), $C_{13}H_{15}\cdot ClO_7$, F. 223,5; 68%. — *1-Äthyl-6.7-dimethoxy-*, $C_{14}H_{17}\cdot ClO_7$, F. 209,5°; 61,3%. — *1-Methyl-6.7-methylendioxy-* (**III**), $C_{12}H_{11}ClO_7$, F. 203,5°; 41,3%. — *1-Äthyl-6.7-methylendioxy-*, $C_{13}H_{13}ClO_7$, F. 169°; 31%. — *1-Propyl-6.7-methylendioxy-*, $C_{14}H_{15}ClO_7$, F. 164,5°; 21%. — Analog durch 48std. Stehen u. Fällen mit Ae.: *1-Methyl-*

6-methoxy-, $C_{12}H_{13}ClO_6$, F. 166,6°; 70,2%. — *1-Äthyl-6-methoxy-*, $C_{13}H_{15}ClO_6$, F. 110—111°; 63,8%. — *1-Propyl-6-methoxy-*, $C_{14}H_{17}ClO_6$, F. 115—116°; 27,3%. — *1-Phenyl-6.7-dimethoxy-*, $C_{18}H_{17}ClO_7$, F. 218°, durch Zugabe von $AlCl_3$ in abs. NO_2CH_3 zu I u. Benzoylchlorid in NO_2CH_3, 48std. Stehen, Gießen in Eis, Zugabe von konz. HCl, Waschen mit Bzl. u. Zugabe von 70%ig. $HClO_4$; 65%. — *1-Phenyl-6-methoxy-*, $C_{17}H_{15}ClO_6$, F. 215°, analog; 58,5%. — *1-[3.4-Methylendioxyphenyl]-6.7-dimethoxy-*, $C_{19}H_{17}ClO_9$, F. 267°, durch Mischen von $AgClO_4$ u. 3.4-Methylendioxybenzoylchlorid in abs. NO_2CH_3 unter Kühlung, Filtrieren, Zugabe des Filtrats zu I, 10std. Stehen u. Fällen mit Ae.; 16%. — Analog: *1-[3.4-Dimethoxyphenyl]-6.7-dimethoxy-*, $C_{20}H_{21}ClO_9$, F. 265°; 11,5%. — *1-[p-Methoxyphenyl]-6.7-dimethoxy-*, $C_{19}H_{19}\cdot ClO_8$, F. 244—245°; 40%. — *1.3-Dimethyl-6.7-dimethoxyisochinolin*, F. 120° (PAe.), durch Einleiten von NH_3 in eine Suspension von II in A. bis zur Sättigung, 10std. Stehen, Verdünnen mit W. u. Extrahieren mit Bzl.; 70%. — *1.3-Dimethyl-6.7-methylendioxyisochinolin*, $C_{12}H_{11}NO_2$, F. 147° (PAe.), analog aus **III**; 65%.

Hartmut Berger 3211△

1171 **Carbonyl- und Thiocarbonylverbindungen.** 10. Mitt. **Syntheseversuche mit Chromenthion-(2) und Benzoxanthenthionen.** N. Latif und I. Fathy. (Canad. J. Chem. **44**, 1075—81, 1966; Nat. Res. Center, Dokki, Cairo, United Arab Republic; engl.) — Durch Umsetzung von Tetrachlor- bzw. Tetrabrom-o-benzochinon (**I** bzw. **II**) mit Benzo-[a]-xanthenthion-(12) (**III**) bzw. Benzo-[c]-xanthenthion-(12) werden in guter Ausb. *12.12-(Tetrachlor-o-phenylendioxy)-benzo-[a]-xanthen* u. *12.12-(Tetrachlor-o-phenylendioxy)-benzo-[c]-xanthen* sowie die entsprechenden *Tetrabromverb.* erhalten. Aus **I** bzw. **II** u. Cumarinhyrazon (**IV**) entstehen *2.2-(Tetrachlor-o-phenylen-dioxy)-chromen* (**V**) sowie die entsprechende *Tetrabromverbindung* (**VI**). Aus Chromenthion-(2) (**VII**) wird **IV** mit Hydrazinhydrat hergestellt. Die Hydrolyse von **V** bzw. **VI** führt zu *Cumarin* (**VIII**) u. den *Tetrahalogenbrenzcatechinen*. Die Kondens. von **IV** mit den entsprechenden Thioketonen oder die Kondens. von **VII** mit den entsprechenden Ketohydrazonen führt zu *1-Diphenylmethylen-*, *1-[Fluorenyliden-(9)]-*, *1-[Xanthenyliden-(9)]-* bzw. *1-{Benzo-[a]-xanthenyliden-(12)}-2-[chromenyliden-(2)]-hydrazin*. Die Umsetzung von **VII** oder **V** mit Phenylhydrazin, Benzoylhydrazin, Hydrazinhydrat, Malonsäuredinitril oder Cyanessigsäureäthylester führt gleichermaßen zu den entsprechenden *Cumarinhydrazonen* bzw. zu *Chromenyliden-(2)-malonsäuredinitril* (**XX**) bzw. *Chromenyliden-(2)-cyanessigsäureäthylester*. Durch Umsetzung von **III** mit 9-Diazoxanthen (**IX**), Diphenyldiazomethan (**X**) bzw. 9-Diazofluoren (**XI**) entstehen *12.9'-Epithio-12-[xanthenyl-(9)]-benzo-[a]-xanthen* (**XXII**), das durch Rk. mit Cu in *12-[Xanthenyliden-(9)]-benzo-[a]-xanthen* übergeht, *12.α'-Epithio-12-(diphenylmethyl)-benzo-[a]-xanthen* u. *12.9'-Ephitio-12-[fluorenyl-(9)]-benzo-[a]-xanthen*. Durch Rk. von **VII** mit **IX** entstehen *2-[Xantenyliden-(9)]-chromen* (**XII**) u. *9.9'-Epithio-bis-[xanthenyl-(9)]* u. aus **VII** u. **X** werden *2-(Diphenylmethylen)-chromen* u. *Tetraphenylthiiran* gebildet. Aus **XII** entstehen durch Rk. mit $SOCl_2$ *Xanthenon-(9)* u. **VIII**, während mit S **VII** u. *Xanthenthion-(9)* gebildet werden. Eine *Verb.* $C_{22}H_{14}O_2$, entweder *3- oder 4-Fluorenyl-(9)-cumarin* oder *3.4-[Fluorenyliden-(9)]-3.4-dihydrocumarin* entsteht aus **VII** u. **XI** oder durch Einw. von Sonnenlicht aus **VIII** u. **XI**. — 9. vgl. C. **1968**, 2-0996.

Versuche: *12.12-(Tetrachlor-o-phenylendioxy)-benzo-[a]-xanthen* (**XIII**), F. 333—334° (Xylol), durch 3std. Kochen von 1 g Tetrachlor-o-benzochinon (**I**) mit 1 g Benzo-[a]-xanthenthion-(12) (**III**) in Bzl.; 1,35 g (Ausb.). — *12.12-(Tetrabrom-o-phenylendioxy)-benzo-[a]-xanthen*, F. 344° (Zers.) (Bzl.), analog **XIII** aus 2 g Tetrabrom-o-benzochinon (**II**) u. 1,4 g **III**; 2,52 g. — *7.7-(Tetrachlor-o-phenylendioxy)-benzo-[c]-xanthen*, F. 305° (Bzl.), analog **XIII** aus 1 g **I** u. 1 g Benzo-[c]-xanthenthion-(7) (**XIV**); 1,04 g. — *7.7-(Tetrabrom-o-phenylendioxy)-benzo-[c]-xanthen*, F. 306° (Zers.), analog **XIII** aus **II** u. **XIV**. — *Cumarinhydrazon* (**IV**), $C_9H_8N_2O$, F. 85—86° (Methanol), a) durch 3std. Kochen von 2 g Chromenthion-(2) (**VII**) mit Hydrazinhydrat (**XV**) in abs. A. (Meth. **A**); gelbe Krist.; 1,3 g; b) analog Meth. **A** aus 0,5 g nachst. Verb. u. **XV**; 0,15 g. — *2.2-(Tetrachlor-o-phenylendioxy)-chromen* (**V**), F. 214° (Aceton), durch Rk. von 2,5 g **I** mit 0,8 g **IV** bei Raumtemp.; 1,2 g. — *Tetrachlorbrenzcatechindiacetat*, durch Säurehydrolyse von **V** u. Versetzen des Rk.-Prod. mit Acetanhydrid. — *2.2-(Tetrabrom-o-phenylendioxy)-chromen* (**VI**), $C_{15}H_6Br_4O_3$, F. 222—224° (Aceton), durch Rk. von 2,1 g **II** mit 0,4 g **IV** bei Raumtemp.; 0,65 g. — *Tetrabrombrenzcatechin*, durch Hydrolyse von **VI** mit HCl; daneben *Cumarin* (**VIII**). — 1-substituierte 2-[Chromenyliden-(2)]-hydrazine, a) durch 3std. Kochen **IV** mit den entsprechenden Thioketonen in abs. A. in Ggw. von gelbem HgO (**XVI**) (Meth. **B**); b) durch 6std. Kochen von **VII** mit den entsprechenden Ketohydrazonen analog Meth. **B**. — *1-Diphenylmethylen-*, $C_{22}H_{16}N_2O$, F. 157 bis 158° (Aceton), mit Thiobenzophenon bzw. seinem Hydrazon; gelbe Krist.; 60% (Ausb.) nach Meth. **B**. — *1-[Fluorenyliden-(9)]-*, $C_{22}H_{14}N_2O$, F. 170—171° (Aceton), mit Fluorenthion-(9) bzw. seinem Hydrazon; orangegelbe Krist.; 65% nach Meth. **B**. — *1-[Xanthenyliden-(9)]-*, $C_{22}H_{14}N_2O_2$, F. 176—177° (Bzl.), mit Xanthenthion-(9) (**XVII**) bzw. seinem Hydrazon; orangegelbe Krist.; 45% nach Meth. **B**. — *1-{Benzo-[a]-xanthenyliden-(12)}-*, $C_{26}H_{16}N_2O_2$, F. 140—141° (Aceton/A.), mit **III** bzw. seinem Hydrazon; orangegelbe Krist.; 42% nach Meth. **B**. — *Cumarinbenzoylhydrazon* (**XVIII**), $C_{16}H_{12}N_2O_2$, F. 160 bis 161° (Aceton), a) durch 6std. Kochen von 0,5 g **VII**, Benzoylhydrazin (**XIX**) u. **XVI** in abs. A.; fahlgelbe Krist.; 0,48 g; b) durch 3std. Kochen von 0,5 g **V** u. **XIX** (Meth. **C**); 0,35 g. — *Cumarinphenylhydrazon*, F. 143°, analog **XVIII**, Meth. **C** aus 0,5 g **V** u. Phenylhydrazin; 0,23 g. — *Chromenyliden-(2)-malonsäuredinitril* (**XX**), $C_{12}H_6N_2O$, F. 167—168° (Bzl.), a) durch 6std. Kochen von 1 g **VII** u. Malonsäuredinitril (**XXI**) in Ggw. von **XVI** in Toluol (Meth. **D**); gelbe Krist.; 0,92 g; b) durch 6std. Kochen von 0,5 g **V** u. **XXI** in A.; 0,2 g. — *Chromenyliden-(2)-cyanessigsäureäthylester*, $C_{14}H_{11}NO_3$, F. 141—142° (Methanol), analog **XX**, Meth. **D** aus **VII** u. Cyanessigsäureäthylester. — *12.9'-Epithio-12-[xanthenyl-(9)]-benzo-[a]-xanthen* (**XXII**), $C_{30}H_{18}O_2S$, F. 188—190° (Aceton), durch Zugabe von **III** zu einer äther. Lsg. von 9-Diazoxanthen (**IX**) u. 30minütiges Stehen bei Raumtemp.; 90% (Ausb.). — *12-[Xanthenyliden-(9)]-benzo-[a]-xanthen*, $C_{30}H_{18}O_2$, F. 312—314° (Bzl.), durch 1std. Kochen von **XXII** mit Cu-Bronze in Xylol. — *12.α'-Epithio-12-(diphenylmethyl)-benzo-[a]-xanthen*, $C_{30}H_{20}OS$, F. 168—170° (Aceton), analog **XXII** mit Diphenyldiazomethan (**X**); 80%. — *12.9'-Epithio-12-[fluorenyl]-(9)]-benzo-[a]-xanthen*, $C_{30}H_{18}OS$, F. 184—186° (Aceton), analog **XXII** mit 9-Diazofluoren (**XI**); 85%. — *9.9'-Epithio-bis-[xanthenyl-(9)]* (**XXIII**), F. 206°, durch 1std. Rk. von 0,95 g **VII** mit 1,45 g **IX** in Ae. bei Raumtemp. u. Krist. des Rk.-Prod. in Aceton; 0,6 g; daneben aus der Mutterlauge *2-[Xanthenyliden-(9)]-chromen* (**XII**), $C_{22}H_{14}O_2$, F. 137°; orangegelbe Krist.; 0,7 g. — *Xanthenon-(9)*, F. 174° (Methanol), durch 6std. Kochen von **XII** mit $SOCl_2$; daneben **VIII**, F. 70° (PAe.). — *Chromenthion-(2)* (**VII**), durch 2std. Erhitzen von 0,8 g **XII** mit S auf 270—275° (Badtemp.) u. Extraktion des Rk.-Prod. mit Methanol; 0,17 g; daneben alkoholunlösl. **XVII**; 0,23 g. — *Tetraphenylthiiran*, F. 178°, analog **XXIII** aus **VII** u. **X**; daneben aus der Mutterlauge *2-(Diphenylmethylen)-chromen*, $C_{22}H_{16}O$, F. 132°; gelbe Kristalle. — *3- oder 4-Fluorenyl-(9)-cumarin* oder *3.4-[Fluorenyliden-(9)]-3.4-dihydrocumarin*, $C_{22}H_{14}O_2$, F. 286° (Aceton), a) durch 24std. Rk. von 1,6 g **VII** u. 1,9 g **XI** in Ae.; 1,2 g; b) durch 15tägige Einw. von Sonnenlicht auf ein äquimol. Gemisch von **VIII** u. **XI**.

R. Becker 3211△

1172 **Eine partielle Synthese von Patuletin.** D. K. Bhardwaj, S. Neelakantan und T. R. Seshadri. (Indian J. Chem. **4**, 417—19, 1966; Dep. of Chem., Univ. of Delhi, Delhi; engl.) — Ausgehend von Quercetagetin-7-O-glucosid (**I**) wird durch selektive Methylierung der OH-Gruppen am $C_{(3)}$ u. $C_{(6)}$ u. nachfolgende Hydrolyse der Zuckergruppe *Patuletin* (*Quercetagetin-6-methyläther*) dargestellt. Maxima der UV-Spektren vgl. Original.

Versuche: *Patuletin-3-methyläther*, $C_{17}H_{14}O_8$, F. 199—200°, durch 2std. Stehen von 2 g **I** mit Dimethylsulfat in wss. NaOH in Ggw. von wss. $Na_2B_4O_7$-Lsg. in der Wärme, 12std. Stehen bei Raumtemp., Ansäuern mit verd. H_2SO_4 u. 4std. Kochen; aus A. gelbe Nadeln; 0,05 (Ausb.). — *Patuletin*, $C_{16}H_{12}O_8$, F. 262—4°, —26 durch

$^3/_4$std. Erwärmen von 0,2 g vorst. Verb. mit HBr in Eisessig auf 100°; aus A. gelbe Nadeln.

W. Hampel 3211△

1173 **O-[Aminoacyl]-hydroxyflavone.** L. Reichel und M. Naumann. (Z. Chem. **6**, 260, 1966; Berlin, Humboldt-Univ., Landwirtschaftl.-Gärtner. Fak., Chem. Inst.; dt.) — Durch Rk. von Carbobenzoxyaminosäuren mit Hydroxyflavonen entstehen nach der gemischten Anhydrid-Meth. gemäß Wieland u. Bernhard (Liebigs Ann. Chem. **572** [**1951**] **190**) die entsprechenden [*N-Carbobenzoxy-(Cbo)-aminoacyl*]-*flavone* (**A**), aus denen mit HBr/Eisessig *O-[Aminoacyl]-hydroxyflavone* in Form ihrer *Hydrobromide* (**B**) gebildet werden. Folgende **B** wurden hergestellt: 3-Hydroxyflavonhydrobromide: *O-Glycyl-*, F. 202,5° (Zers.). *Cbo-Deriv.*, F. 114—115°. — *O-DL-Alanyl-*, F. 194—195° (Zers.). *Cbo-Deriv.*, F. 146 bis 147°. — 7-Hydroxyflavonhydrobromide: *O-Glycyl-*, F. 229° (Zers.). *Cbo-Deriv.*, F. 151—153°. — *O-DL-Alanyl-*, F. 212,5—213° (Zers.). *Cbo-Deriv.*, F. 169 bis 169,5°. — *O-L-Prolyl-*, F. 181—182° (Zers.). *Cbo-Deriv.*, F. 106—107°. — *O.O'-[L-Cystinyl])-bis-(7-hydroxyflavon), Dihydrobromid*, F. 180° (Zers.). *Cbo-Deriv.*, F. 110°. — *O-Glycyl-3'-hydroxyflavon, Hydrobromid*, F. 236—236,5°. *Cbo-Deriv.*, F. 138—139°. — *O-Glycyl-4'-hydroxyflavon, Hydrobromid*, F. 238° (Zers.). *Cbo-Deriv.*, F. 159—160°.

M. Krüger 3211△

1174 **Anthocyanidine und verwandte Verbindungen. 9. Mitt. Die Synthese von 9-Phenacyl-5-oxotetrahydroxanthenen.** Leonard Jurd. (J. org. Chemistry **31**, 1639—41, 1966; Fruit Labor., Western Regional Res. Labor., Albany, Calif.; engl.) — Die Synthese von *9-Phenacyl-5-oxotetrahydroxanthenen* gelingt leicht im Eintopfverfahren aus dem entsprechenden Aldehyd, 5.5-Dimethylcyclohexandion-(1.3) (**I**) u. dem entsprechenden Acetophenon in Ggw. von HCl. In anderen Rk.-Medien entstehen Kondens.-Prod. nur aus dem Aldehyd u. **I**.

Versuche: *5-Oxo-7.7-dimethyl-9-(4-hydroxyphenacyl)-5.6.7.8-tetrahydroxanthen*, $C_{23}H_{22}O_4$, F. 207° (Aceton/Methanol), aus 1,22 g Salicylaldehyd (**II**), 1,4 g 5.5-Dimethylcyclohexandion-(1.3) (**I**) u. 1,36 g 4-Hydroxyacetophenon (**III**); 1,23 g (Ausb.). *Acetat*, $C_{25}H_{24}O_5$, F. 125°. — *1-Methoxy-5-oxo-7.7-dimethyl-9-(4-hydroxyphenacyl)-5.6.7.8-tetrahydroxanthen*, $C_{24}H_{24}O_5$, F. 212—213° (Aceton/Methanol), aus 1,52 g o-Vanillin (**IV**), 1,4 g **I** u. 1,36 g **III**; 1,35 g. *Oxim*, F. 204°. — *5-Oxo-7.7-dimethyl-9-(3-methoxy-4-hydroxyphenacyl)-5.6.7.8-tetrahydroxanthen*, F. 174° (Aceton/Methanol), aus 1,22 g **II**, 1,4 g **I** u. 1,66 g 3-Methoxy-4-hydroxyacetophenon; 1,05 g. — *1-Methoxy-5-oxo-7.7-dimethyl-9-(2.4-dihydroxyphenacyl)-5.6.7.8-tetrahydroxanthen*, $C_{24}H_{24}O_6$, F. 209—210° (Aceton/Methanol), aus **IV** **I** u. 2.4-Dihydroxyacetophenon. *Monoacetat*, $C_{26}H_{26}O_7$. F. 168—169° (Methanol). *9-(2.4-Dimethoxyphenacyl)-Deriv.*, $C_{26}H_{28}O_6$, F. 202° (Aceton/Methanol). — *Kondens.-Prod. aus I u. II*, $C_{23}H_{26}O_4$, F. 207—208° (Aceton/Methanol), aus 2,44 g **II** u. 5,6 g **I**; 5,8 g. — *Kondens.-Prod. aus I u. IV*, $C_{24}H_{28}O_5$, F. 228° (Aceton/Methanol), aus 128 g **IV** u. 2,8 g **I**; 3,6 g. — 8. vgl. C. **1968**, 10-1055.

R. Becker 3211

1175 **Darstellung und Eigenschaften von 3-Fluor-4-nitropyridin.** Tadeusz Talik und Zofia Talik. (Roczniki Chem. [Ann. Soc. chim. Polonorum] **40**, 1187—94, 1966; Anstalt für Organ. Chem., Ökonom. Hochschule, Wrocław; dt.) — Die Darst. der *Titelverb.* (**I**) wird beschrieben. **I** reagiert mit Aminen u. stark bas. Na-Alkoholaten unter Ersatz des F-Atoms durch die Amin- bzw. Alkoxygruppe. **I** bildet mit Aminosäuren gut kristallisierende Deriv. u. eignet sich deshalb vorzüglich zur Identifizierung u. Trennung von Aminosäuren bei der Eiweißhydrolyse.

Versuche: 4-Nitropyridine: *3-Fluor-* (**I**), $C_5H_3FN_2O_2$, Kp $_5$ 62—64°, aus 3-Fluor-4-aminopyridin u. Perschwefelsäure bei 0°; 89% (Ausb.). — *3-Amino-*, $C_5H_5N_3O_2$, F. 140° (W.), aus **I** u. mit bei 0° mit NH_3 gesätt. CH_3OH im Autoklaven; 76,6%. — *3-Phenylamino-*, $C_{11}H_9N_3O_2$, F. 116° (A.), aus **I** u. Anilin; 79,2%. — *3-Äthylamino-*, $C_7H_9N_3O_2$, F. 96° (W.), aus **I** u. Äthylaminhydrochlorid; 86%. — *3-β-Hydroxyäthylamino-*, $C_7H_9N_3O_3$, F. 129° (W.), aus **I** u. Äthanolamin; 85,3%. — *3-Hydroxy-*, $C_5H_4N_2O_3$, F. 132° (W.), aus **I**, KOH u. H_2O_2; 81,1%. — *3-Methoxy-*, $C_6H_6N_2O_3$, F. 46° (Bzn.), aus **I**, Methanol u. Na; 79,5%. — *3-Äthoxy-*, $C_7H_8N_2O_3$, F. 40° (Bzn.), aus **I** u. Na-Äthylat; 89,3%. — N-[4-Nitropyridyl-(3)]-aminosäuren, durch $^1/_4$std. Kochen der Aminosäure in W.–$NaHCO_3$ mit **I** in A.: *-glycin*, $C_7H_7N_3O_4$, F. 184° (Zers.; W.); 81,2%. — *-DL-serin*, $C_8H_9N_3O_5$, F. 196° (Zers.; W.); 44,1%. — *-DL-cystein*, $C_8H_9N_3O_4S$, F. 154° (Zers.); 65,8%. — *-DL-α-alanin*, $C_8H_9N_3O_4$, F. 199° (Zers.; A./W.); 70,5%. — *-β-alanin*, $C_8H_9N_3O_4$, F. 208° (Zers.; A./W.); 70,5%. — *-DL-asparaginsäure*, $C_9H_9N_3O_6$, F. 185° (Zers.; W.); 54,9%. — *-DL-asparagin*, $C_9H_{10}N_4O_5$, F. 180° (Zers.; W.); 55,1%. — *-DL-threonin*, $C_9H_{11}N_3O_5$, F. 195° (Zers.; W.); 58,1%. — *-DL-prolin*, $C_{10}H_{11}N_3O_4$, F. 124° (Zers.; W./A.); 75,9%. — *-DL-glutaminsäure*, $C_{10}H_{11}N_3O_6$, F. 162° (Zers.; W.); 59,5%. — *-L-glutamin*, $C_{10}H_{12}N_4O_5$, F. 163° (W.); 41%. — *-DL-valin*, $C_{10}H_{13}N_3O_4$, F. 154° (W./A.); 75,3%. — *-DL-norvalin*, $C_{10}H_{13}N_3O_4$, F. 160° (W./A.); 58,6%. — *-DL-methionin*, $C_{10}H_{13}N_3O_4S$, F. 124° (W./A.); 59%. — *-L-histidin*, $C_{11}H_{11}N_5O_4$, F. 242° (Zers.; W.); 50,5%. — *-L-leucin*, $C_{11}H_{15}N_3O_4$, F. 130° (W./A.); 71,1%. — *-DL-isoleucin*, $C_{11}H_{15}N_3O_4$, F. 184° (Zers.; W./A.); 71,1%. — *-DL-norleucin*, $C_{11}H_{15}N_3O_4$, F. 147° (W./A.); 55,3%. — *-L-lysin*, $C_{11}H_{16}N_4O_4$, F. 145° (Zers.; W./A.); 52,2%. — *-DL-arginin*, $C_{11}H_{16}N_6O_4$, F. 219° (Zers.; W./A.); 47,3%. — *-D-phenylalanin*, $C_{14}H_{13}N_3O_4$, F. 189° (Zers.; W./A.); 55,7%. — *-DL-tyrosin*, $C_{14}H_{13}N_3O_5$, F. 108° (Zers.; W./A.); 59,4%. — *-L-tryptophan*, $C_{16}H_{14}N_4O_4$, F. 203° (Zers.); 89,2%. — *N.N'-Bis-[4-nitropyridyl-(3)]-L-cystin*, $C_{16}H_{16}N_6O_8S_2$, F. 166° (Zers.; A.); 38%.

M. Mirsch 3231△

1176 **Darstellung und Eigenschaften von 3-Fluor-4-nitro-5-methylpyridin-N-oxid.** Tadeusz Talik und Zofia Talik. (Roczniki Chem. [Ann. Soc. chim. Polonorum] **40**, 1457—64; 1966; Anstalt für Organ. Chem., Ökonom. Hochschule, Wrocław; dt.) — Die Synth. der *Titelverb.* (**I**) wird beschrieben. **I** reagiert mit NH_3, Aminen u. Na-Alkoholaten unter Austausch des F-Atoms gegen die Amino- bzw. Alkoxygruppe. Auch mit Aminosäuren bildet **I** Derivate. Das F-Atom in **I** ist etwas weniger beweglich als in 3-Fluor-4-nitropyridin-N-oxid, jedoch viel austauschfähiger als in 2.6-Dimethyl-3-fluor-4-nitropyridin-N-oxid.

Versuche: 4-Nitro-5-methylpyridin-N-oxide: *3-Fluor-* (**I**), $C_6H_5FN_2O_3$, F. 119° (W.), aus 3-Fluor-5-methylpyridin, H_2O_2 u. Acetanhydrid, dann Rk. mit Oleum–HNO_3; 53,8% (Ausb.). — *3-Amino-* (**II**), $C_6H_7N_3O_3$, F. 244° (W.), aus **I** u. mit bei 0° mit NH_3-gesätt. CH_3OH; 71,2%. — *3-Hydrazino-*, $C_6H_8N_4O_3$, F. 192° (Zers.; A.), aus **I** u. Hydrazinhydrat in CH_3OH; 84%. — *3-Phenylamino-*, $C_{12}H_{11}N_3O_3$, F. 180° (Methanol), aus **I** u. Anilin; 42,1%. — *3-Äthylamino-*, $C_8H_{11}N_3O_3$, F. 108° (W.), aus **I** u. Äthylaminhydrochlorid; 87,3%. — *3-β-Hydroxyäthylamino-*, $C_8H_{11}N_3O_4$, F. 175° (W.), aus **I** u. Äthanolamin; 81,3%. — *3-Hydroxy-*, $C_6H_6N_2O_4$, F. 244° (Zers.; W.); aus **I**, KOH u. H_2O_2; 81%. — *3-Methoxy-*, $C_7H_8N_2O_4$, F. 146° (W.), aus **I** u. $NaOCH_3$; 65,2%. — *3-Äthoxy-*, $C_8H_{10}N_2O_4$, F. 130° (W.), aus **I** u. $NaOC_2H_5$; 60,6%. — *3.4-Diamino-5-methylpyridin*, $C_6H_9N_3$, F. 149° (Bzl./A.), durch Red. von **II** mit Fe-Pulver; 83,9%. *Pikrat*, $C_{12}H_{12}N_6O_7$, F. 198° (A.). — *3-Fluor-4-amino-5-methylpyridin*, $C_6H_7FN_2$, F. 90° (Bzl./Bzn.), aus **I** durch Red. mit Fe-Pulver; 81,9%. *Pikrat*, $C_{12}H_{10}FN_5O_7$, F. 229° (W./A.). — N-[4-Nitro-5-methyl-1-oxo-pyridyl-(3)]-aminosäuren, durch Erwärmen der Aminosäure mit **I** in $NaHCO_3$/A.: *-DL-asparaginsäure*, $C_{10}H_{11}N_3O_7$, F. 130° (W.); 55,5%. — *-glycin*, $C_8H_9N_3O_5$, F. 226° (Zers.; W./DMF); 52,8%. — *-DL-arginin*, $C_{12}H_{18}N_6O_5$, F. 251° (W./DMF); 61,3%. — *-D-methionin*, $C_{11}H_{15}N_3O_5S$, F. 157° (W./A.); 93%.

M. Mirsch 3231△

1177 **Pyridine.** 12. Mitt. **Reduktion von 1-Methylpyridon-(2), 1.3-Dimethylpyridon-(2) und 1.5-Dimethylpyridon-(2) mit Lithiumaluminiumhydrid.** M. Ferles und M. Holík. (Collect. czechoslov. chem. Commun. **31**, 2416—23, 1966; Prag, Dep. of Organ. Chem., Inst. of 28-1075; engl.) — 11. vgl. C. **1968**, 1348. — Es wird die Red. verschiedener Pyridonabkömmlinge elektrolyt. u. mit $LiAlH_4$ u. KBH_4 beschrieben. Dabei werden Gemische von verschieden stark hydrierten Pyridinabkömmlingen erhalten. Die Prod. wurden gaschromatograph. identifiziert. IR- u. UV-Spektren s. Original.

Versuche: *1-Methyl-3-piperidein* (**I**), a) im Gemisch mit **II** durch 4,5std. Kochen von 1-Methylpyridon-(2) mit $LiAlH_4$ in THF, Versetzen mit Natronlauge, Filtrieren u. Waschen mit THF, Ansäuern des Filtrats mit 10% HCl, Abdest. des THF im Vakuum, Rk. des Rückstandes mit Tosylchlorid u. 40%ig. NaOH, W.-Dampfdest., Neutralisation mit HBr u. Aufarbeitung zu den Basen; 27% (Ausb. des Gemisches, bestehend aus 95% **I** u. 5% **II**); daneben *1-Methylpiperidin* (**II**); b) im Gemisch mit **II** durch 4,5std. Kochen von 1-Methylpyridon-(2) mit $LiAlH_4$ u. $AlCl_3$ in Ae., Versetzen mit 10%ig. HCl, Alkalisieren der wss. Phase, W.-Dampfdest., Ansäuern u. Eindampfen des Destillats, Rk. mit Tosylchlorid u. 40%ig. NaOH u. analog a); 15% (Gemisch aus 93% **I** u. 7% **II**) — *1.5-Dimethyl-3-piperidein* (**III**), $C_7H_{13}N$, $Kp._{750}$ 126,5°, a) im Gemisch mit **IV** u. *1.3-Dimethylpiperidin* (**V**) aus 1.3-Dimethylpyridon-(2) analog **I** nach a (15% Gemisch aus 61% **III**, 38% **IV** u. 1% **V**); analog **I** nach b) (36,5% Gemisch aus 24% **III**, 73% **IV** u 3% **V**) *Pikrat*, $C_{13}H_{16}N_4O_7$, F. 135—136° (W.) *Methojodid*, $C_8H_{16}JN$, F. 153° (A./Bzl.). — *1.3-Dimethyl-3-piperidein* (**IV**), a) analog **I** nach a); 32,5%; b) analog **I** nach b); 13,5% (Gemisch aus 75% **IV**, 14% **III** u. 11% **V**); c) im Gemisch mit **III** u. **V** durch Red. von 3-Picolinmethojodid mit KBH_4 in W.; 72% (Gemisch aus 82,5% **IV**, 7,5% **III** u. 10% **V**). — *1-Methyl-3-methylenpiperidin* (**VI**), $C_7H_{13}N$, $Kp._{750}$ 130°, a) im Gemisch mit **III**, **IV** u. **V** durch 4std. Erhitzen von Nicotinsäuremethylester mit Dimethylsulfat auf dem W.-Bad u 7,5std. Elektrolyse mit 10 A/h; 31,5% (Gemisch aus 24% **VI**, 10% **III**, 6% **IV** u 55% **V**); b) im Gemisch mit **III**, **IV** u. **V** durch 2std. Erhitzen von Nicotinaldehyd mit Dimethylsulfat in Bzl., Abdekantieren des Bzl. u. Elektrolyse; 25% (Gemisch aus 30% **VI**, 9% **III**, 3% **IV** u. 53% **V**); c) im Gemisch mit **III**, **IV** u. **V** durch Elektrolyse von 1-Methyl-3-hydroxymethylpyridiniummethosulfat; 35,5% (Gemisch aus 24% **VI**, 9% **III**, 16% **IV** u. 48% **V**). *Pikrat*, $C_{13}H_{16}N_4O_7$, F 159°. *Methojodid*, $C_8H_{16}JN$, F. 205°.

W. Brendel 3231

1178 **Über 2-Alkyl-Δ^1-piperideine und eine neue Synthese aus 1-Alkylcyclopentanolen mit Natriumazid.** Klaus Dietzsch. (Z. Chem. **6**, 98—102, 1966; Organ. Abtlg. der Leuna-Werke; dt.) — Die *Titelverb.* (**A**) werden in guter Ausb. durch Rk. der entsprechenden 1-Alkylcyclopentanole (**B**) mit NaN_3/konz. H_2SO_4 hergestellt. Zur Herst. von *2-Methyl-Δ^1-piperidein* wird vom Cyclohexanol bzw. Cyclohexen ausgegangen. **B** lassen sich durch Grignard-Rk. aus Cyclopentanon u. den entsprechenden Alkylhalogeniden gewinnen. **A** sind an der Luft unbeständig u. neigen zu Verharzungen. *2-n-Propyl-Δ^1-piperidein* ist ident. mit γ-Conicein. — Es wird ein Überblick über verschiedene Darst.-Möglichkeiten von substituierten Δ^1-Piperideinen u. eine Zusammenfassung der Konst. dieser Verb. u. ihrer Deriv. gegeben.

Versuche: *2-Methyl-Δ^1-piperidein*, Kp. 133 bis 134°, aus Cyclohexanon bzw. Cyclohexen mit NaN_3/konz. H_2SO_4; $D._4^{20}$ 0,89; n_D^{20} 1,4592; 12% (Ausb.). *Pikrat*, F. 120—121° (A.). *Pikrolonat*, F. 192—195° (A.) (Zers.). *Benzoylverb.*, F. 75—76° (Ae.). *CS_2-Verb.*, F. 107 bis 108°. — 2-Alkyl-Δ^1-piperideine, aus den entsprechenden 1-Alkylcyclopentanolen mit NaN_3/konz. H_2SO_4. *2-Äthyl-*, $Kp._{80}$ 85—86°; $D._4^{20}$ 0,883; n_D^{20} 1,4629; 15%. *Pikrat*, F. 95—96° (A.). *Pikrolonat*, F. 164—166° (Ae.). *Benzoylverb.*, F. 70° (Ae.). — *2-n-Propyl-*, $Kp._{10}$ 59—60°; $D._4^{20}$ 0,876; n_D^{20} 1,4609; 20%. *Pikrat*, F. 77° (Ae.). *Pikrolonat*, F. 135—137° (Ae.). *Benzoylverb.*, F. 58—59° (Ae.). — *2-n-Butyl-*, $Kp._9$ 77°; $D._4^{20}$ 0,872; n_D^{20} 1,4620; 26%. *Pikrolonat*, F. 118—122° (Ae.). *Reineckat*, F. 106 bis 109°. *Benzoylverb.*, F. 57° (Ae.). — *2-n-Amyl-*, $Kp._{11}$ 90°; $D._4^{20}$ 0,867; n_D^{20} 1,4626; 45%. *Pikrat*, F. 65—67° (Ae.). *Pikrolonat*, F. 144—148° (Ae.). *Benzoylverb.*, 65—66° (Ae.). — *2-n-Hexyl-*, $Kp._{10}$ 100°, E. $\approx$ —18°; $D._4^{20}$ 0,866; n_D^{20} 1,4628; 30%. *Pikrat*, F. 53—55° (Ae.). *Benzoylverb.*, F. 67,5—69,5° (Ae.). — *2-n-Heptyl-*, $Kp._{10}$ 122—124°, E. $\approx$ —43°; $D._4^{20}$ 0,863; n_D^{20} 1,4642; 36%. *Pikrat*, F. 31—37° (Ae.). *Pikrolonat*, F. 94—97° (Ae.). *Reineckat*, F. 136—139°. *Benzoylverb.*, F. 78—79° (Ae.).

R. Becker 3231△

1179 **Synthese einiger N-substituierter 2-Methyl- und 3-Methylpiperidone-(4).** É. A. Mistrjukov und N. I. Aronova. (Izvest. Akad. Nauk SSSR, Ser. chim. **1966**, 2171—76; Inst. organ. chimii im. N. D. Zelinskogo Akad. Nauk SSSR; russ.) — Die Darst. von N-Alkylpiperidonen-(4) durch Erwärmen von N-Tosylpiperidonen-(4) mit prim. Aminen in Ggw. von Alkali gelingt nicht.

Versuche: *Propenyl-[β-dimethylaminoäthyl]-keton*, $Kp._2$ 46—47°, durch Zugabe von KOH zu 1.2-Dimethylpiperidon-(4)-methojodid (**I**) in W. unter Eiskühlung u. Extrahieren mit Ae.; $n_D^{19,5}$ 1,4593; 42% (Ausb.). *Methojodid* (**II**), mit CH_3J in Aceton. — *1-[1.1-Dimethylpropin-(2)-yl]-2-methylpiperidon-(4)*, $C_{11}H_{17}NO$, F. 50—52° (Isooctan), durch 3,5std. Erhitzen von 10,8 g **I** mit W. u. 8 ml [1.1-Dimethylpropin-(2)-yl]-amin (**III**) in einer Ampulle auf 80°, 24std. Stehen bei Raumtemp., Sättigen mit K_2CO_3, Extrahieren mit Ae., Eindampfen, Dest. u. Chromatographieren an Silicagel; 0,32 g; b) durch Zugabe von **III** zu **II** in W. unter Eiskühlung u. weiter analog; 72%; c) durch Zugabe von β-Chlorpropionsäurechlorid zu $AlCl_3$ in abs. Chlf., Sättigen mit Propylen bei —20°, Gießen in Eis/HCl, Dest. der organ. Schicht im Vakuum, Zugabe des Destillats zu **III** u. K_2CO_3 in W. unter Kühlung, 4std. Rühren, 10std. Erhitzen auf 80°, Dest. mit W.-Dampf, Extrahieren des Destillats mit Ae. u. weiter analog. — *[β-Methoxycarbonyläthyl]-[α-methyl-β-äthoxycarbonyläthyl]-amin*, $C_{10}H_{19}NO_4$, $Kp._6$ 127—130°, durch 48std. Stehen von β-Aminobuttersäureäthylester mit Methylacrylat; n_D^{17} 1,4410; 69,5%. — *Methyl-[β-methoxycarbonyläthyl]-[α-methyl-β-äthoxycarbonyläthyl]-amin* (**IV**), $C_{11}H_{20}NO_4$, $Kp._6$ 129—130°, analog mit β-Methylaminobuttersäureäthylester bei 12std. Erhitzen auf 52°; n_D^{17} 1,4420; 53%. — *2-Methylpiperidon-(4)*, *Hydrochlorid* (**V**), durch Zugabe vorvorst. Verb. zu $NaNH_2$ in fl. NH_3, Eindampfen, Zersetzen mit verd. HCl, Kochen, Eindampfen im Vakuum, Lösen in W., Alkalisieren mit KOH unter Eiskühlung, Extrahieren mit Chlf. u. Ansäuern mit HCl; 43%. *Benzoat*, $C_{13}H_{15}NO_2$, F. 88° (Ae./Heptan). *N-Tosylderiv.*, $C_{13}H_{17}NO_3S$, F. 80—81° (Bzl./Heptan), durch 24std. Stehen von **V** mit Tosylchlorid in Py., Eindampfen im Vakuum, Verdünnen mit W. u. Extrahieren mit Äther. — *1-Tosyl-3-methylpiperidon-(4)*, $C_{13}H_{17}NO_3S$, F. 104—105° (Bzl./Heptan), analog aus 4 g 3-Methylpiperidon-(4)-hydrochlorid; 3 g. — *1.2-Dimethylpiperidon-(4)*, $Kp._7$ 55—57°, analog **V** mit **IV**; n_D^{18} 1,4592; 76%. Einw. von CH_3J in Aceton → **I**.

H. Berger 3231△

1180 **Synthesen in der Isochinolinreihe. Darstellung 6.7.8-Hydroxy-dimethoxy-substituierter 1.2.3.4-Tetrahydroisochinoline aus 3-Benzyloxy-4.5-dimethoxy-phenäthylamin und pharmakologische Prüfung von Anhalamin, Anhaliden, rac. Anhalonidin und rac. Pellotin.** A. Brossi, F. Schenker, R. Schmidt, R. Banziger und W. Leimgruber. (Helv. chim. Acta **49**, Sonderh. Emile Cherbuliez 403—11, 1966; Chem. Res. Dep. Hoffmann-La Roche, Inc., Nutley, N.J.; dt.) — Aus dem aus 3-Benzyloxy-4.5-dimethoxybenzaldehyd über das *trans-3-Benzyloxy-4.5-dimethoxy-β-nitrostyrol* hergestellte *3-Benzyloxy-4.5-dimethoxyphenäthylamin* (**I**) wurde mit Ameisensäure die entsprechende *N-Formylverb.* (**II**) erhalten. Cyclisierung von **II** mit $POCl_3$ führt zu einer Mischung (**A**) von *6-Benzyloxy-7.8-dimethoxy-3.4-dihydroisochinolin* (**III**) u. *8-Benzyloxy-6.7-dimethoxy-3.4-dihydroisochinolin* (**IV**). Aus diesem Gemisch wurden durch Quartärisierung mit Benzylbromid, nachfolgende Rk. mit Methyl-MgJ u. katalyt. Debenzylierung des Rk.-Prod. *rac. Anhalonidin* (**V**) neben *6-Hydroxy-7.8-dimethoxy-1-methyl-1.2.3.4-tetrahydroisochinolin* erhalten. Bei der Red. von **A** mit $NaBH_4$ u. katalyt. Debenzylierung des Rk.-Prod. entstehen *Anhalamin* (**VI**) neben *6-Hydroxy-7.8-dimethoxy-1.2.3.4-tetrahydroisochinolin* (**VII**). Bei der Pictet-Spengler-Cyclisierung von **I** mit Formaldehyd u. HCl entsteht ein *Gemisch* von *Tetrahydroisochinolinen*, aus dem nach katalyt. Debenzylierung als Hauptprod. **VI** u. **VI** isoliert werden konnten. — Die pharmakolog. Eig. von **V**, **VI**, *Anhalidin* u. *Pellotin* wurden untersucht.

Versuche: *trans-3-Benzyloxy-4.5-dimethoxy-β-nitrostyrol*, $C_{17}H_{17}NO_5$, F. 103—103,5° (A.), durch Rk. von 3-Benzyloxy-4.5-dimethoxybenzaldehyd mit Nitro-

methan in heißem A., Zugabe von KOH zum eisgekühlten Rk.-Prod. u. Eingießen der Mischung in kalte HCl; 82% (Ausb.). — *3-Benzyloxy-4.5-dimethoxyphenäthylamin* (**I**). *Oxalat*, $C_{17}H_{21}NO_3 \cdot C_2H_2O_4$, F. 187—187,5° (A.), durch 2,5std. Kochen vorst. Verb. mit $LiAlH_4$ in THF, übliche Aufarbeitung u. Versetzen der äther. Lsg. des Rk.-Prod. mit Oxalsäure; 80%. — *N-Formyl-3-benzyloxy-4.5-dimethoxyphenäthylamin* (**II**), durch 2std. Rühren von **I** mit 90%ig. Ameisensäure; Öl; 90%. — *4:3-Gemisch* (**A**) von *8-Benzyloxy-6.7-dimethoxy-3.4-dihydroisochinolin* (**IV**) u. *6-Benzyloxy-7.8-dimethoxy-3.4-dihydroisochinolin* (**III**), durch 2,5std. Kochen von **II** mit $POCl_3$ in Toluol; Öl; 75%. — *1:1-Gemisch* (**B**) der *N-Benzylisochinolinium-bromide* von **III** u. **IV**, $C_{25}H_{26}BrNO_3$, F. 141—148° (A./Ae.); 74%. — *Gemisch* (**C**) von *2-Benzyl-8-benzyloxy-6.7-dimethoxy-1-methyl-1.2.3.4-tetrahydroisochinolin* u. *2-Benzyl-6-benzyloxy-7.8-dimethoxy-1-methyl-1.2.3.4-tetrahydroisochinolin*, durch 1std. Kochen von **B** mit MethylMgJ in Ae.; Öl; 82%. *Oxalat*, F. 48—58°. — *rac. Anhalonidin* (**V**). *Salicylat* (**X**), F. 223,5—224,5°, durch Behandeln von 1,77 g aus 3,21 g **C** durch 18std. Hydrierung in Ggw. von 10%ig. Pd-Kohle in Eisessig mit 65° Anfangstemp. erhaltenen Öls mit Salicylsäure in Methylenchlorid, Eindampfen zur Trockne u. Umkrist. aus Methylenchlorid/Ae.; 584 mg (Ausb.). — *6-Hydroxy-7.8-dimethoxy-1-methyl-1.2.3.4-tetrahydroisochinolin*, F. 112 bis 114° (Ae./Pentan), aus 152 mg Hydrobromid mit Na-Methylat in Methanol; 50 mg. *Hydrobromid*, F. 210,5 bis 212° (A./Ae.), aus 711 mg des Salicylats über die freie Base; 427 mg. *Salicylat*, F. 159—160° u. 218—233° (Methylenchlorid/Ae.), aus der Mutterlauge von **X**; 711 mg. — *1:1-Gemisch* (**D**) von *8-Benzyloxy-6.7-dimethoxy-1.2.3.4-tetrahydroisochinolin* (**VIII**) u. *6-Benzyloxy-7.8-dimethoxy-1.2.3.4-tetrahydroisochinolin* (**IX**), durch 12std. Rk. von **A** mit $NaBH_4$ in Methanol bei Raumtemp.; Öl; 90%. — *Anhalamin* (**VI**). *Salicylat* (**XI**), F. 222—223,5° a) aus **D** durch 4std. Hydrierung in Ggw. von 10%ig. Pd-Kohle in Eisessig mit 75° Anfangstemp. u. nachfolgende Behandlung wie bei **X** (Meth. **E**); 36%; b) durch 45Min. langes Kochen von aus 3,94 g Oxalat erhaltenem **I** mit 22%ig. Formaldehydlsg. in Methanol, Behandeln des Rk.-Prod. mit HCl u. Hydrieren von 2,9 g der 3,13 g Rk.-Prod., das aus einem Gemisch der Hydrochloride von **VI** bis **IX** besteht, in Ggw. von 10%ig. Pd-Kohle u. weitere Behandlung der erhaltenen 1,91 g wie bei **X** (Meth. **F**); 553 mg. — *6-Hydroxy-7.8-dimethoxy-1.2.3.4-tetrahydroisochinolin* (**VII**), F. 172—174° (Methylenchlorid/Ae.), aus 124 g Hydrobromid; 56 mg. *Hydrobromid*, F. 214,5—215,5° (A./Ae.), a) aus 807 mg Salicylat über die freie Base; 320 mg; b) durch Behandeln des nach dem Eindampfen der Mutterlauge von **XI** (Meth. **F**) erhaltenen Öls mit Na-Methylat u. äthanol. HBr; 98 mg. *Salicylat*, F. 155—157° (Methylenchlorid/Ae.), aus der Mutterlauge von **XI**, Meth. **E**; 25% (bezogen auf **D**).
R. Becker 3231△

1181 **Wanderung einer Säureamidgruppierung unter Beteiligung des Amidstickstoffs.** J. W. Huffman und T. Kamiya. (Tetrahedron Letters [London] **1966**, 1857 bis 1860; Dep. of Chem. and Geology, Clemson Univ., Clemson, S.C.; engl.) — Beim Kochen von 2-Benzyl-3-oxo-6-endo-tosyloxy-2-azabicyclo-[2.2.2]-octan (**I**) in Essigsäure/Na-Acetat entsteht *2-Benzyl-3-oxo-7-endo-acetoxy-2-azabicyclo-*[*3.2.1*]*-octan* [**II**, F. 92—94°; 67% (Ausb.)] neben *2-Benzyl-3-oxo-6-endo-acetoxy-2-azabicyclo-*[*2.2.2*]*-octan* (**III**, F. 124—125°; 33%). Durch Hydrolyse u. nachfolgende Ox. entstehen aus **II** das *2-Benzyl-3.7-dioxo-2-azabicyclo-*[*3.2.1*]*-octan* (F. 73—75°) u. aus **III** das *2-Benzyl-3.6-dioxo-2-azabicyclo-*[*2.2.2*]*-octan* (F. 98—99°). Behandlung von 2-Benzyl-3-oxo-7-endo-tosyloxy-2-azabicyclo-[3.2.1]-octan analog **I** ergibt eine Mischung von **II** u. **III** im Verhältnis 2:1. Beim Erhitzen von **I** bzw. **IV** auf 170° entsteht ein Gemisch beider Verb. im Verhältnis 1:5. Diese Umlagerungen sollen über ein gemeinsames Zwischenprod. verlaufen, das als Acylaziridinium-Ion formuliert wird.
R. Becker 3231△

1182 **Derivate des Methylendioxybenzols.** 17. Mitt. **Synthese des Evoxanthidins und des Evoxanthins.** Franz Dallacker und Gerd Adolphen. (Liebigs Ann. Chem. **691**, 134—37, 1966; Inst. für Organ. Chem., TH Aachen; dt.) — 16. vgl. C. **1967**, 27-1100. — Ausgehend von 3.4-Methylendioxy- bzw. 3-Methoxy-4.5-methylendioxyjodbenzol wird die Darst. von *2.3-Methylendioxy-* bzw. *1-Methoxy-2.3-methylendioxy-N-methylacridon* (*Evoxanthin*) beschrieben.

Versuche: *3.4-Methylendioxyjodbenzol*, $C_7H_5JO_2$, Kp.$_{10}$ 116—125°, aus Methylendioxybenzol u. JCl in Eisessig bei 20°; 70% (Ausb.); daneben 5% *1.2-Dijod-4.5-methylendioxybenzol*, $C_7H_4J_2O_2$, Kp.$_4$ 167—168°, F. 82—83° (A.). — *2-*[*3.4-Methylendioxyphenylamino*]*-benzoesäure*, $C_{14}H_{11}NO_4$, F. 165—166,5° (Bzl./Ligroin), aus vorst. Verb., Anthranilsäure, Cu-Bronze u. wasserfreiem K_2CO_3 in Isoamylalkohol bei Siedetemp. (Meth. **A**); 48%. — *2.3-Methylendioxy-9-chloracridin*, $C_{14}H_8ClNO_2$, F. 180—181° (A./W.; 1:1), aus vorst. Verb. u. $POCl_3$ in DMF bei 135—145°; 98%. — *2.3-Methylendioxyacridon-(9)*, *Hydrochlorid*, $C_{14}H_{10}ClNO_3$, F. 350° (Zers.; A.), aus vorst. Verb. u. n HCl bei Siedetemp.; 94%. — *2.3-Methylendioxy-10-methylacridon-(9)*, $C_{15}H_{11}NO_3$, F. 265 bis 266° (A.), aus vorst. Verb. u. KOH in Aceton bei Siedetemp. u. Rk. mit CH_3J in Aceton bei Siedetemp. (Meth. **B**); 42%. — *3-Methoxy-4.5-methylendioxyanilin*, $C_8H_9NO_3$, Kp.$_3$ 132—136°, F. 81—82°, aus 3-Methoxy-4.5-methylendioxynitrobenzol u. H_2 in Methanol in Ggw. von Pd-Kohle bei 45—50°; 91%. — *3-Methoxy-4.5-methylendioxyjodbenzol*, $C_8H_7JO_3$, Kp.$_3$ 128—132°, F. 74,5°, aus vorst. Verb. u. KNO_2 in W. bei —5° u. Umsetzung mit KJ in Toluol; 55%. — *2-*[*3-Methoxy-4.5-methylendioxyphenylamino*]*-benzoesäure*, $C_{15}H_{13}NO_5$, F. 182—183° (A.), aus vorst. Verb. analog **A**; 43%. — *1-Methoxy-2.3-methylendioxy-9-chloracridin*, $C_{15}H_{10}ClNO_3$, F. 177,5—178,5° (Bzl.), aus vorst. Verb. u. $POCl_3$; 71%. — *1-Methoxy-2.3-methylendioxyacridon-(9)* [*Evoxanthidin*], $C_{15}H_{11}NO_4$, F. 319—320 (Zers.; A.), aus vorst. Verb. u. n HCl bei Siedetemp.; 40%. — *1-Methoxy-2.3-methylendioxy-10-methylacridon-(9)* [*Evoxanthin*], $C_{16}H_{13}NO_4$, F. 221—222° (A.), aus vorst. Verb. analog **B**; 38%.
K.-P. Hilgetag 3231△

1183 **Derivate des Methylendioxybenzols.** 18. Mitt. **Synthese von Xanthevodin, Melicopidin und Melicopin.** Franz Dallacker und Gerd Adolphen. (Liebigs Ann. Chem. **691**, 138—41, 1966; dt.) — 17. vgl. vorst. Referat. — Es wird die Darst. der Pflanzeninhaltsstoffe *Xanthevodin*, *Melicopidin* u. *Melicopin*, ausgehend von 2.5-Dimethoxy-3.4-methylendioxy- bzw. 2.3-Dimethoxy-4.5-methylendioxyjodbenzol, beschrieben. IR-Maxima vgl. Original.

Versuche: *2.5-Dimethoxy-3.4-methylendioxyjodbenzol*, $C_9H_9JO_4$, F. 59,5 (Bzn.), aus 1.4-Dimethoxy-2.3-methylendioxybenzol u. JCl in Eisessig; 68% (Ausb.). — *2-*[*2.5-Dimethoxy-3.4-methylendioxyphenylamino*]*-benzoesäure*, $C_{16}H_{15}NO_6$, F. 164—165° (A.), aus vorst. Verb., Anthranilsäure, Cu-Bronze u. wasserfreiem K_2CO_3 in Isoamylalkohol bei Siedetemp. (Meth. **A**); 39%. — *1.4-Dimethoxy-2.3-methylendioxy-9-chloracridin*, $C_{16}H_{12}ClNO_4$, F. 187—188,5° (A./DMF), aus vorst. Verb. u. $POCl_3$ bei Siedetemp.; 88%. — *1.4-Dimethoxy-2.3-methylendioxyacridon-(9)* [*Xanthevodin*], $C_{16}H_{13}NO_5$, F. 217—218° (A.), aus vorst. Verb. u. 2 n HCl bei 100°; 99%. — *1.4-Dimethoxy-2.3-methylendioxy-10-methylacridon-(9)* [*Melicopidin*], $C_{17}H_{15}NO_5$, F. 121—122° (A.), aus vorst. Verb. u. KOH in Aceton bei Siedetemp.; 78%. — *2.3-Methylendioxy-4.5-dimethoxyjodbenzol*, $C_9H_9JO_4$, F. 75,5° (A.), aus 1.2-Dimethoxy-3.4-methylendioxybenzol u. JCl in Eisessig; 41%. — *2-*[*2.3-Methylendioxy-4.5-dimethoxyphenylamino*]*-benzoesäure*, $C_{16}H_{15}NO_6$, F. 173—174° (Bzl./Bzn.), aus vorst. Verb. analog **A**; 53%. — *1.2-Dimethoxy-3.4-methylendioxy-9-chloracridin*, $C_{16}H_{12}ClNO_4$, F. 218—219° (A.), aus vorst. Verb. u. $POCl_3$; 88%. — *1.2-Dimethoxy-3.4-methylendioxyacridon-(9)*, $C_{16}H_{13}NO_5$, F. 243—244° (A.), aus vorst. Verb. u. 2 n HCl bei Siedetemp.; 92%. — *1.2-Dimethoxy-3.4-methylendioxy-10-methylacridon-(9)* [*Melicopin*], $C_{17}H_{15}NO_5$, F. 181—182° (A.), aus vorst. Verb. u. KOH in Aceton bei Siedetemp.; 71%.
K.-P. Hilgetag 3231△

1184 **Diensynthese von Furan mit Azodicarbonsäurediäthylester.** K. N. Zelenin und I. P. Bežan. (Ž. org. Chim. **2**, 1524—25; 1966; Voenno-medicinskaja akad. im. Kirova; russ.) — Das durch Diensynth. von Furan mit Azodicarbonsäurediäthylester zugängliche *1.2-Dicarbäthoxy-3.6-endoxy-Δ⁴-tetrahydropyridazin* gibt bei der

Hydrolyse mit 0,1 n H_2SO_4 bei 20—30° *Hydrazodicarbonsäurediäthylester* [$C_6H_{12}N_2O_4$, F. 131—132°; 70% (Ausb.); *Pikrat*, F. 168—170°; *Jodmethylat*, F. 91—92°] sowie nach Behandeln des Rk.-Gemisches mit Hydrazin *Pyridazin* [$C_4H_4N_2$, Kp.$_9$ 81°; D.$_4^{20}$ 1,108; n_D^{20} 1,5250; 55%].
Heidrun Kühn 3272

1185 **Reaktionen in wasserfreiem Fluorwasserstoff. 5. Mitt. Fluoraminomethylierung und Fluoracylaminomethylierung von Halogenolefinen.** A. V. Podol'skij, L. S. German und I. L. Knunjanc. (Izvest. Akad. Nauk SSSR, Ser. chim. **1966,** 1575—81; Inst. elementoorgan. soed. Akad. nauk SSSR; russ.) — Bei Einw. von Urotropin (**I**) u. HF auf Vinylidenchlorid (**II**), Vinylidenfluorid (**III**), Trifluoräthylen (**IV**) u. Tetrafluoräthylen (**V**) werden entsprechende *1.3.5-Tris-[polyhalogenalkyl]-hexahydro-1.3.5-triazine* neben *Polyfluorpropylaminen* erhalten; Einw. von N-Hydroxymethylacetamid (**VI**) u. HF auf **II**—**V** führt zu *N-Polyhalogenpropylacetamiden*. Der Rk.-Mechanismus wird diskutiert.

Versuche: *[3.3-Dichlor-3-fluorpropyl]-amin*, C_3H_6·Cl_2FN, Kp.$_{76-77}$ 63—65°, durch Zugabe von 15 g **I** zu wasserfreier HF in einem Stahlreaktor unter Eiskühlung, Zugabe von 41,5 g **II**, 7std. Rühren bei 15—20°, Eindampfen, Alkalisieren mit 50%ig. KOH u. Extrahieren mit Ae.; D.$_4^{20}$ 1,344, n_D^{20} 1,4448; 3 g (Ausb.). *Hydrochlorid*, $C_3H_7Cl_3FN$, F. 250° (A./Ae.), durch Hydrolysieren von 8 g nachst. Verb. mit verd. HCl, Dest. mit W.-Dampf u. Eindampfen des Rückstandes im Vakuum; 7,8 g. — *1.3.5-Tris-[3.3-dichlor-3-fluorpropyl]-hexahydro-1.3.5-triazin*, $C_{12}H_{18}Cl_6F_3N_3$, F. 41° (Bzl.), neben vorst. Amin; 22 g. — *[3.3.3-Trifluorpropyl]-aminhydrochlorid*, $C_3H_7ClF_3N$, F. 217° (Dioxan), durch Zugabe von 28 g **I** zu HF in einem Stahlreaktor unter Kühlung mit festem CO_2, Einleiten von 0,624 Mol **III** unter Eiskühlung, Stehen über Nacht, Eindampfen, Alkalisieren mit 40%ig. KOH, Extrahieren mit Ae., Eindampfen, Erhitzen des Rückstandes bei 20 Torr auf 50° unter Dest. u. Sättigen des Dest. u. des äther. Dest. mit HCl; 5,5 g. *Freies Amin*, $C_3H_6F_3N$, Kp.$_{742}$ 67,5—67,8°, durch Hydrolyse von 12,6 g nachst. Verb. mit verd. HCl u. Alkalisieren; n_D^{20} 1,3305; 9 g. — *1.3.5-Tris-[3.3.3-trifluorpropyl]-hexahydro-1.3.5-triazin*, $C_{12}H_{18}F_9N_3$, F. 73° (Heptan), neben vorst. Hydrochlorid; 19 g. — Analog: *[2.3.3.3-Tetrafluorpropyl]-amin, Hydrochlorid*, $C_3H_6ClF_4N$, Zers. bei > 240° (A./Ae.), aus 0,2 Mol **I** u. 0,925 Mol **IV**; 3,5 g; b) durch Hydrolyse von 8,2 g nachst. Verb.; 9,2 g. *Freie Base*, $C_3H_5F_4N$, Kp.$_{753}$ 72,3—73°. *Benzoat*, F. 102—103° (Chlf./Heptan). — *1.3.5-Tris-[2.3.3.3-tetrafluorpropyl]-hexahydro-1.3.5-triazin*, $C_{12}H_{15}F_{12}N_3$, Kp.$_2$ 90—92°, neben vorst. Hydrochlorid nach a); D.$_4^{20}$ 1,470, n_D^{20} 1,3756; 22 g. — *[2.2.3.3.3-Pentafluorpropyl]-aminhydrochlorid*, $C_3H_5ClF_5N$, F. 248° (A.), aus 0,15 Mol **I** u. 0,6 Mol **V** u. 5std. Erhitzen auf 50°; b) durch Hydrolyse von 6,7 g nachst. Verb.; 6,6 g. *Freie Base*, $C_3H_4F_5N$, Kp.$_{755}$ 48 bis 48,5°; n_D^{20} 1,297. — *1.3.5-Tris-[2.2.3.3.3-pentafluorpropyl]-hexahydro-1.3.5-triazin*, $C_{12}H_{12}F_{15}N_3$, Kp.$_7$ 76 bis 96°, neben vorst. Hydrochlorid nach a); D.$_4^{20}$ 1,513, n_D^{20} 1,3498; 7 g. — *N-[3.3-Dichlor-3-fluorpropyl]-acetamid*, $C_5H_8Cl_2FNO$, Kp.$_3$ 106—108°, durch Zugabe von 11,7 g **VI** u. 12,5 g **II** zu HF in einem Stahlreaktor unter Eiskühlung, 5std. Rühren unter allmählicher Erwärmung auf Raumtemp., Stehen über Nacht, Eindampfen, Gießen in Eis, Alkalisieren mit NH_4OH u. Extrahieren mit Ae.; n_D^{20} 1,4622; 3,1 g. — Analog: *N-[3.3.3-Trifluorpropyl]-acetamid*, $C_5H_8F_3NO$, F. 62—63° (Chlf./Heptan), aus 23 g **VI** u. 0,56 Mol **III**; 8,1 g. — *N-[2.3.3.3-Tetrafluorpropyl]-acetamid*, $C_5H_7F_4NO$, F. 69—70° (Chlf./Heptan), aus 0,72 Mol **IV** u. 0,26 Mol **VI**; 8 g. — *N-[2.2.3.3.3-Pentafluorpopyl]-acetamid*, $C_5H_6F_5NO$, F. 66—68° (Chlf./Heptan), aus 23 g **VI** u. 0,6 Mol **V**; 0,8 g.
H. Berger 3313△

1186 **Thermische Dimerisierung von N-Carbäthoxyazepin.** Leo A. Paquette und James H. Barrett. (J. Amer. chem. Soc. **88,** 2590—91, 1966; Dep. of Chem., O. State Univ., Columbus, O.; engl.) — 5—10 Min. langes Erhitzen der Titelverb. (**III**) auf 200° in geschlossenem Gefäß liefert in 75%ig. Ausb. **I** [F. 196 bis 197°], das durch katalyt. Hydrierung an Adams-Katalysator zu **IIa** [F. 87—88°] red. wird. Red. mit $LiAlH_4$ gibt **IIb** [F. 148—150°], während die Hydrolyse von **IIa** mit wss. HBr/Eisessig **IIc** [F. 60—61°] liefert. Erhitzen von **III** liefert 35% einer neuen *dimeren Verb.*

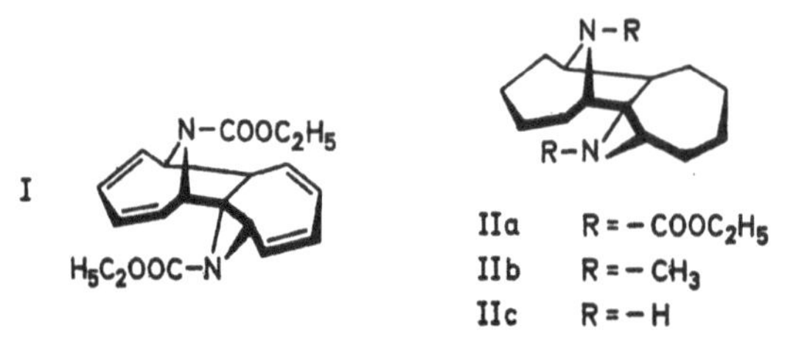

vom F. 78°, das als Zwischenprod. bei der Bldg. von **I** aus **III** angesehen wird. K.-P. Hilgetag 3370△

C-4. Naturstoffe

1187 **Synthese von C(1)-substituierten ungesättigten Galaktooctulosen.** Ju. A. Ždanov, L. A. Uzlova, G. N. Dorofeenko und G. I. Kravčenko. (Ž obšč. Chim. **36(98),** 1025—29, 1966; Rostovskij gos univ.; russ.) — Beim Erhitzen von 2.3.4.5.6-Penta-O-acetyl-al-D-galaktose (**I**) mit Triphenylacylmethylen-phosphoranen (**A**) entstehen *1-Aryl-2.3-didehydro-2.3-didesoxy-4.5.6.7.8-penta-O-acetyl-D-galaktooctulosen* (**B**). Die Struktur der **B** wird durch IR-Spektren, Perjodat-Ox. u. chem. Umwandlungen gestützt.

Versuche: Triphenylacylmethylen-phosphorane: (**A**), durch Vermischen einer benzol. Lsg. des entsprechenden α-Brommethylarylketons mit Triphenylphosphin in Bzl., Filtrieren des gebildeten Phosphoniumsalzes, Waschen mit abs. A. u. Versetzen mit methanol. Na-Methylat-Lsg.: *3.4-Dimethoxybenzoyl-*, $C_{28}H_{25}O_3P$, F. 145—146°. — *2.3.4-Trimethoxybenzoyl-*, $C_{29}H_{27}O_4P$, F. 155—157°. — *2.3*-Didehydro-2.3-didesoxy-4.5.6.7.8-penta-O-acetyl-D-galaktooctulosen (**B**), durch 2—4std. Erhitzen von **I** in $CHCl_3$ mit den entsprechenden **A** auf dem W.-Bad, Abdest. des $CHCl_3$ u. Kristallisation aus CH_3OH oder Aceton/CH_3OH (1:4): *1-[p-Bromphenyl]-*, $C_{24}H_{27}BrO_{11}$, F. 152—153° $[\alpha]_D^{18}$ +17,7 ($CHCl_3$; c = 1); 65% (Ausb.). — *1-[α-Furyl]-*, $C_{22}H_{26}O_{12}$, F. 133—134°; $[\alpha]_D^{18}$ +19,1 ($CHCl_3$; c = 1); 68,8%. — *1-[α-Thienyl]-*, $C_{22}H_{26}O_{11}S$, F. 160—161°; $[\alpha]_D^{18}$ +20,3 ($CHCl_3$; c = 1); 70%. — *1-[3.4-Dimethoxyphenyl]-*, $C_{26}H_{32}O_{13}$, F. 134 bis 135°; 77,2%. — *1-[2.3.4-Trimethoxyphenyl]-*, $C_{27}H_{34}O_{14}$, F. 115—117°; 53,4%. — *1-[α-Naphthyl]-*, $C_{28}H_{30}O_{11}$, F. 150—151°, durch Ansäuern der alkohol. Lsg. des Triphenyl-α-naphthoylmethylen-phosphorans (Rohprod.) mit Essigsäure bis zur neutralen Rk., Versetzen mit **I** in $CHCl_3$ u. Behandeln analog vorst. Verb.; $[\alpha]_D^{18}$ +20,2 ($CHCl_3$ c = 1); 50%. Volker Hagen 3450△

1188 **Nucleinsäurebestandteile und ihre Analoga. 74. Mitt. Verwendung von 2-Desoxy-D-ribose-O-benzylderivaten bei der Synthese von Nucleosiden.** J. Šmejkal, J. Farkaš und F. Šorm. (Collect. czechoslov. chem. Commun. **31,** 291—97, 1966; Prague, Czech. Acad. of Sci., Inst. of Organ. Chem. and Biochem.; engl.) — 73. vgl. ibid. **30** (1965) 11, 3890. — Es wurden dargestellt: *Methyl-3.5-di-O-benzyl-2-desoxy-D-ribofuranosid, Anomerengemisch* **I**, $C_{20}H_{24}O_4$, F. 65° (PAe.), aus 1,4 g 2-Desoxy-D-ribose (**II**) in THF mit KOH u. Benzylchlorid; $[\alpha]_D^{20}$ +11,5° (c = 0,2; $CHCl_3$); 0,15 g (Ausb.). — *Methyl-2-desoxy-α-D-ribopyranosid*, $C_6H_{12}O_4$, F. 98° (Ae.), a) aus **II** mit 1%ig. methanol. HCl u. Abtrennung von *Methyl-2-desoxy-L-ribopyranosid* [F. 99°, $[\alpha]_D^{20}$ —43,3 (W.)]; b) durch Hydrieren von **I** an Pd/$CaCO_3$. — *3.5-Di-O-benzyl-2-desoxy-D-ribofuranose*, $C_{19}H_{22}O_4$, aus 0,5 g **I** mit 0,07 n HCl in Dioxan bei 110°; 0,25 g. — *1-O-Acetyl-3.5-di-O-benzyl-2-desoxy-D-ribofuranose*, $C_{21}H_{24}O_5$, aus 0,2 g vorst. Verb. mit Acetanhydrid in Py.; 0,15 g. — *5-Methyl-1-[3'.5'-di-O-p-toluyl-2'-desoxy-α-D-ribofuranosyl]-4-methoxy-1.2-dihydropyrimidinon-(2)*, F. 166°, durch Sättigen von 0,95 g vorst. Verb. in Ae. mit HCl, Rk. mit Molekularsieb Potassit 3 u. 2.4-Dimethoxy-5-methylpyrimidin in Acetonitril, Hydrieren in A. an Pd/$CaCO_3$ u. Rk. mit p-Toluylchlorid in Py.; 45 mg; daneben 44 mg des *β-Anomeren*

(F. 137°) u. 66 mg eines Gemisches aus *3.5-Di-O-p-toluylthymidin* u. seines *α-Anomeren*. — *1-[3.5-Di-O-benzyl-2-desoxy-α-D-ribofuranosyl]-harnstoff*, $C_{20}H_{24}N_2O_4$, F. 131° (Essigester), aus 5 g I mit Harnstoff in Dioxan [α]D[20] +86,7° (c = 0,03; $CHCl_3$); 0,13 g; daneben 0,14 g *β-Anomeres* [$C_{20}H_{24}N_2O_4$, [α]D[20] +15,3° (c = 0,162; Methanol). — *2'-Desoxyuridin*, F. 186°, aus 0,2 g vorst. β-Verb. mit β-Äthoxy-acrylchlorid in Chlf./Py., Erhitzen mit methanol. NH_3 auf 100° u. Hydrieren an Pd/$CaCO_3$ in A.; 25%. P. Westermann 3450△

1189 **Biogeneseähnliche Alkaloidsynthesen durch oxydative Kondensation.** 7. Mitt. **Neue Aporphin-Synthesen.** Burchard Franck und Gottfried Blaschke. (Liebigs Ann. Chem. **695,** 144—57, 1966; Inst. für Organ. Chem. der Univ. Kiel; dt.) — 6. vgl. C. **1966,** 42-1034. — Es werden *8-Hydroxylaudanosolinmethobromid* (I; 6.7.8.3'.4'-Pentahydroxy-2-methyl-1.2.3.4-tetrahydro-1-benzylisochinolinmethobromid) u. *Isolaudanosolinmethobromid* 5.6.3'.4'-Tetrahydroxy-2-methyl-1.2.3.4-tetrahydro-1-benzylisochinolinmethobromid) hergestellt, die als bionet. Alkaloid-Vorstufen denkbar sind. Ihre Ox. unter Biogeneseähnlichen Bedingungen führt zu den entsprechenden *Aporphin-Derivaten*. Diese u. I lassen sich papierchromatograph. in Antipoden trennen.

Versuche: *β-[3.4.5-Trimethoxyphenyl]-äthylamin* (II), durch elektrolyt. Red. von 3.4.5-Trimethoxy-ω-nitrostyrol. *Hydrochlorid*, F. 180—181° (Aceton). — *3.4-Dimethoxyphenacetylchlorid* (III), Kp.$_{0,2}$ 124°, aus 3.4-Dimethoxyphenylessigsäure u. $SOCl_2$. — *N-[β-(3.4.5-Trimethoxyphenyl)-äthyl]-3.4-dimethoxyphenylacetamid*, $C_{21}H_{27}NO_6$, F. 118° (Bzl.), aus II u. III; 85% (Ausb.). — *1-[3.4-Dimethoxybenzyl)-6.7.8-trimethoxy-3.4-dihydroisochinolin, Hydrochlorid*, aus vorst. Verb. mit $POCl_3$. *Methojodid*, $C_{22}H_{28}JNO_5$, F. 169° (Methanol); 54% (bezogen auf vorst. Verb.). — *8-Hydroxylaudanosolinmethobromid* (I), $C_{18}H_{22}BrNO_5$, F. 150° (nach Sintern 140°) (Methanol), aus vorst. Methojodid durch Red. mit $NaBH_4$ über das *1-[3.4-Dimethoxybenzyl]-6.7.8-trimethyloxy-2-methyl-1.2.3.4-tetrahydroisochinolin* u. dessen *Methojodid*; papierchromatograph. zwei intensitätsgleiche Zonen; 56%. — *2.3-Dimethoxy-ω-nitrostyrol*, $C_{10}H_{11}NO_4$, F. 89° (A.), aus 2.3-Dimethoxybenzaldehyd u. Nitromethan; 82%. — *β-(2.3-Dimethoxyphenyl)-äthylamin*, Kp.$_{0,5}$ 109°, durch elektrolyt. Red. vorst. Verbindung. *Pikrat*, F. 177° (Aceton). — *N-[β-(2.3-Dimethoxyphenyl)-äthyl]-3.4-dimethoxyphenylacetamid* (IV), $C_{20}H_{25}NO_5$, F. 77° (Bzl.), aus III u. vorst. Verb.; 85%. — *1-(3.4-Dimethoxybenzyl)-5.6-dimethoxy-3.4-dihydroisochinolin* (V). *Hydrochlorid*, aus vorst. Verb. mit $POCl_3$. — *1-(3.4-Dimethoxybenzoyl)-5.6-dimethoxy-3.4-dihydroisochinolin*, $C_{20}H_{21}NO_5$, F. 130° (Methanol), durch Stehen von 0,5 g V an der Luft; 0,3 g (Ausb.). — *1-(3.4-Dimethoxybenzyl)-5.6-dimethoxy-2-methyl-1.2.3.4-tetrahydroisochinolin*, aus dem aus 21,3 g IV gewonnenen Methojodid von V; 17 g. *Pikrat*, $C_{21}H_{27}NO_4 \cdot C_6H_3N_3O_7$, F. 189° (Aceton). *Methojodid*, $C_{22}H_{30}JNO_4$, F. 209° (Methanol); 83%. — *Isolaudanosolinmethobromid*, $C_{18}H_{22}BrNO_4$, F. 135—140° (nach Sintern bei 120°), aus vorst. Methojodid mit HBr. — *2.3.6.7-Tetrahydroxyaporphin. Methochlorid*, $C_{18}H_{20}ClNO_4$, F. 225—228° (W.), aus vorst. Verb. mit $FeCl_3$; papierchromatograph. zwei intensitätsgleiche Zonen; 83%. *Methobromid*, $C_{18}H_{20}BrNO_4$, F. 171 bis 173° (W.), a) aus dem Methochlorid; b) aus 80 mg nachst. Verb. mit HBr; 2,7mg; chromatograph. zwei intensitätsgleiche Zonen. — *2.3.6.7-Tetramethoxyaporphinmethojodid*, $C_{22}H_{28}JNO_4$, F. 202° (Methanol), aus quartärem 1-[2-Amino-4-methoxy-5-hydroxybenzyl]-5-hydroxy-6-methoxy-2-methyl-1.2.3.4-tetrahydroisochinolin durch Pschorr-Phenanthrensynthese; 0,17%. — *2.3.5.6-Tetrahydroxyaporphinmethobromid*, aus I mit $FeCl_3$; papierchromatograph. zwei Zonen gleicher Intensität, daneben polymere Prod.; 15%. — *2.3.5.6-Tetramethoxy-8-[β-dimethylaminoäthyl]-phenanthrenmethojodid*, $C_{23}H_{30}JNO_4$, F. 274—277° (Methanol), aus vorst. Verb. mit Methyljodid u. Namethylat; 25%. R. Becker 3500△

1190 **Zur weiteren Kenntnis des Chlorophylls und des Hämins.** 6. Mitt. **Formylierung der meso-Kohlenstoffatome von Alkylsubstituierten Porphyrinen.** Hans Herloff Inhoffen, Jürgen-Hinrich Fuhrhop, Hartmut Voigt und Hans Brockmann jun. (Liebigs Ann. Chem. **695,** 133—43, 1966; Inst. f. Organ. Chem. der TH Braunschweig; dt.) — 5. vgl. ibid. **695** (1966) 112. — Durch Red. des Mesoporphyrindimethylesters wird *1.3.5.8-Tetramethyl-2.4-diäthyl-6.7-dipropylporphin* erhalten, das sich wie *Octaäthylporphin* als Cu-Komplex an einem meso-C-Atom formylieren läßt. Aus dem entstehenden Isomerengemisch läßt sich *γ-Formyl-1.3.5.8-tetramethyl-2.4-diäthyl-6.7-dipropylporphin* chromatograph. abtrennen u. durch NMR-Spektrum identifizieren. Durch Red. des *meso-Formyloctaäthylporphins* u. durch W.-Abspaltung aus dessen *Oxim* werden *meso-Hydroxymethyloctaäthylporphin* u. *meso-Cyanoctaäthylporphin* hergestellt. Der Einfluß von meso-Substituenten auf die Elektronen- u. NMR-Spektren wird diskutiert. — 7. vgl. C. **1967,** 53-0130.

Versuche: *3.4-Diäthyl-2-acetoxymethyl-5-äthoxycarbonylpyrrol*, $C_{14}H_{21}NO_4$, F. 91—92° (Methanol), durch Ox. von 2-Methyl-3.4-diäthyl-5-äthoxycarbonylpyrrol mit Pb-tetraacetat; 68% (Ausb.). — *3.4-Diäthyl-2-hydroxymethylpyrrolcarbonsäure-(5)*, F. 115—120°, aus vorst. Verb. mit KOH; 96%. — *Octaäthylporphin*, $C_{36}H_{46}N_4$, F. > 320° ($CHCl_3$/Methanol), aus vorst. Verb. mit $K_3Fe(CN)_6$; 44%. *Cu-II-Komplex* (I), F. > 320° ($CHCl_3$/Methanol); 90%. — *1.3.5.8-Tetramethyl-2.4-diäthyl-6.7-bis-[γ-hydroxypropyl]-porphin*, $C_{34}H_{42}N_4O_2$, F. 284 bis 286° ($CHCl_3$), aus Mesoporphindimethylester durch Red. mit $LiAlH_4$; 84%. *Bis-mesylat*, $C_{36}H_{46}N_4O_6S_2$, F. 234—236° ($CHCl_3$/Methanol); 79%. — *1.3.5.8-Tetramethyl-2.4-diäthyl-6.7-dipropylporphin*, $C_{34}H_{42}N_4$, F. 273—276° ($CHCl_3$/Methanol), durch Red. vorst. Mesylats mit $LiAlH_4$; 61%. *Cu-II-Komplex* (II), F. 248—250°; 89%. — *α-Formyloctaäthylporphin*, (III), $C_{37}H_{46}N_4O$, F. 254—256° (Bzl.), aus 850 mg nachst. Cu-Komplex; 580 mg (Ausb.). *Cu-II-Komplex*, $C_{37}H_{44}CuN_4O$, F. > 320° (Bzl.), durch Vilsmeier-Formylierung von I; 77%. *Semicarbazon*, $C_{38}H_{49}N_7O$, F. > 320° (A.); 40%. *Oxim*, $C_{37}H_{47}N_5O$, F. 249 bis 250° (A.), aus 100 mg III; 80 mg. — *α-Cyanoctaäthylporphin*, $C_{37}H_{45}N_5$, F. 260° (Bzl.), durch W.-Abspaltung aus vorst. Verb.; 83%. — *meso-Hydroxymethyloctaäthylporphin*, $C_{37}H_{48}N_4O$, F. > 320° (Bzl.), durch Red. von III mit $NaBH_4$; 70%. — *ξ-Formyl-1.3.5.8-tetramethyl-2.4-diäthyl-6.7-dipropylporphin*, $C_{35}H_{42}N_4O$, F. 179—181°, Cu-Komplex; 80%. *Cu-II-Komplex*, durch Vilsmeier-Formylierung von 1 g II; 760 mg. *γ-Isomeres*, $C_{35}H_{42}N_4O$, F. 247—250°, aus 70 mg nachst. Cu-Komplexes; 42 mg. *Cu-II-Komplex des γ-Isomeren*, chromatograph. aus 760 mg vorst. Cu-Komplexes; 70 mg. R. Becker 3550△

1191 **Darstellung von p-Menthyl-(2)-carbinol.** Janusz Kulesza und Barbara Wojtkiewicz. (Roczniki Chem. [Ann. Soc. chim. Pollonorum] **40,** 1571—72, 1966; Inst. für Technol. von äther. Ölen u. synthet. Riechstoffen, TH, Łódź; dt.) — Die Darst. der *Titelverb.* wird beschrieben.

Versuche: *p-Menthyl-(2)-carbinol*, $C_{11}H_{22}O$, Kp.$_5$ 107—110°, durch 5,5std. Hydrieren von 2-Methyl-5-isopropylbenzylalkohol in A. an Raney-Ni im Autoklaven bei 150 at u. 180°; 51% (Ausb.). *2.5-Dinitrobenzoat*, F. 96 bis 97,5°. *Acetat*, $C_{13}H_{24}O_2$, Kp.$_4$ 88,5—91°; 72%. M. Mirsch 3600△

1192 **Terpenphenole.** 27. Mitt. **Produkte der Kondensation von Norbornen mit Guajacol.** I. S. Aul'čenko und L. A. Chejfic. (Ž. org. Chim. **2,** 2055—58, 1966; russ.) — Die Kondens. von Norbornen mit Guajacol (Zutropfen von 34%ig. BF_3 in CH_3COOH zum Gemisch der Verb. bei 13—15°, 1std. Rühren bei 20° u. 2½ Std. bei 95—100°) liefert mit 68% Gesamtausb. ein durch Chromatographie an Al_2O_3 bzw. präp. Gaschromatographie zu trennendes *Gemisch* (A) im Verhältnis 41:27:32 aus *4*-[$C_{14}H_{18}O_2$, F. 49,5—50° (n-Hexan); *Phenylurethan*, $C_{21}H_{23}NO_3$, F. 122 bis 124° (n-Octan)], *5*-[I; $C_{14}H_{18}O_2$, F. 49,5—50,5° (n-Hexan); *Phenylurethan*, $C_{21}H_{23}NO_3$, F. 162—163° (n-Octan)] u. *6-Norbornylguajacol* [$C_{14}H_{18}O_2$, Kp.$_3$ 132—134°, D_4^{20} 1,1430, n_D^{20} 1,5578; *Phenylurethan*, $C_{21}H_{23}NO_3$, F. 135,5—136,5° (n-Octan)]. Zum Vgl. wird I durch Diazotieren u. Verkochen des aus o-Anisidin u. Norbornen in 85%ig. H_2SO_4/n-Heptan erhaltenen *2-Methoxy-5-norbornylanilins* [*Sulfat*, $C_{28}H_{40}N_2O_6S$, F. 198—202° (Zers.); 83%] dargestellt. Bei der Ozonolyse des Gemisches A in Essigester bei nachfolgender Ox. mit H_2O_2 fällt *Bicyclo-*

[*2.2.1*]-*heptan-2-exo-carbonsäure* (F. 53—54°; *Amid*, F. 183 bis 184°) an. — 30. vgl. C. **1968**, **54**-**0531**.
H.-E. Toussaint 3600△

1193 **Terpenphenole.** 28. Mitt. **Produkte der Kondensation von Camphen mit Guajacol und ihre Hydrierung.** L. A. Chejfic, I. S. Aul'čenko und G. M. Ščegoleva. (Ž. org. Chim. **2**, 2059—64, 1966; russ.) — 27. vgl. vorst. Referat. — Die Rk. von Camphen mit Guajacol (Zutropfen von 35%ig. BF_3 in CH_3COOH zum Gemisch der Verb., 1std. Rühren bei 40°, 2 Std. bei 80° u. 4 Std. bei 100°) liefert mit 60% Gesamtausb. ein *Gemisch* ($Kp._6$ 188—195°), das sich durch Chromatographie an Al_2O_3 in Fraktionen von *6*- (**A**; Anteil 35—40%), *5*- (**B**; 15 bis 20%) u. *4-Terpenylguajacolen* (**C**; 40—45%) trennen ließ; 3-Terpenoguajacole werden offenbar nicht gebildet. Die hauptsächlich vorliegenden Terpengruppen sind nach den Ergebnissen der Ox. *Isocamphyl*- (70—72%), *Isobornyl*- (24—27%) sowie *Isofenchyl*-Reste (3—4%). Daneben liegen in sehr geringer Menge Verb. mit 3 weiteren, nicht identifizierten Terpenresten vor. Im einzelnen wurden *4*-[$C_{17}H_{24}O_2$, F. 53,5—54,5°; *Phenylurethan*, $C_{24}H_{29}O_3$, F. 112—114° (n-Octan)], *5*-[$C_{17}H_{24}O_2$, $Kp._5$ 162—165°, D_4^{20} 1,0740, n_D^{20} 1,5450; *Phenylurethan*, $C_{24}H_{29}NO_3$, F. 121 bis 124° (n-Octan)] u. *6-Isocamphylguajacol* [$C_{17}H_{24}O_2$, F. 73,5 bis 74° (n-Hexan); *Phenylurethan*, $C_{24}H_{29}NO_3$, F. 93,5 bis 94,5° (n-Octan)] sowie *6-Isobornylguajacol* [$C_{17}H_{24}O_2$, F. 102—103° (n-Heptan); *Phenylurethan*, $C_{24}H_{29}NO_3$, F. 152 bis 153° (n-Octan)] isoliert. Bei der Hydrierung der Fraktionen **A** u. **C** über Raney-Ni bei 120—200°/120—185 at fallen prakt. geruchlose Prod. an. Die Hydrierung der Fraktion **B** verläuft unter weitgehender Hydrogenolyse (ca. 70%) der OCH_3-Gruppe u. liefert ein Gemisch von 3-Terpencyclohexanolen, das einen starken Sandelholzgeruch aufweist.
H.-E. Toussaint 3600

1194 **Triterpenverbindungen.** 9. Mitt. **Quecksilberacetatoxydation von einem Melaleucinderivat.** C. S. Chopra und D. E. White. (Tetrahedron [London] **22**, 897—901, 1966; Dep. of Organ. Chem., Univ. of Western Australia Nedlands; engl.) — 8. vgl. C. **1967**, **14**-**1181**. — Die Umsetzung von Acetylmelaleucinsäuremethylester mit Hg(II)-Acetat führt zu *3β-Acetoxy-Δ*$^{13,18\cdot20,29}$*-lupadien-27.28-disäuredimethylester*. Die versuchte Hydrolyse von 3β-Acetoxy-12-oxo-Δ^{13,18}-lupen-28-säuremethylester mit methanol. KOH führt zu einem Neutralprod., aus dem die Ausgangsverb. durch Acetylieren zurückgewonnen werden kann. Maxima der IR- u. UV-Spektren vgl. Original.

Versuche: *3β-Acetoxy-Δ*$^{13,18\cdot20,29}$*-lupadien-28-säuremethylester*, $C_{33}H_{50}O_4$, F. 216—218° (Methanol), aus 2,4 g Acetylbetulinsäuremethylester mit Hg(II)-Acetat; $[\alpha]_D$ +58° (c = 0,64); 600 mg (Ausb.). — *3β-Acetoxy-Δ*^{13,18}*-lupen-28-säuremethylester*, $C_{33}H_{52}O_4$, F. 214—216° (Chlf./Methanol), durch Hydrieren von 200 mg vorst. Verb.; $[\alpha]_D$ +20° (c = 0,68); 80 mg. — *3β-Acetoxy-13.18-dihydroxylupan-28-säuremethylester*, $C_{33}H_{54}O_6$, F. 172—174° (Methanol), aus 210 mg vorst. Verb. mit OsO_4; $[\alpha]_D$ +16° (c = 0,82); 60 mg. — *3β-Acetoxy-13.18-dioxo-13.18-secolupan-28-säuremethylester*, $C_{33}H_{52}O_6$, F. 169 bis 171° (Zers.; Methanol), aus 100 mg vorst. Verb. mit Pb-Tetraacetat; $[\alpha]_D$ +65° (c = 0,64); 40 mg. — *3β-Hydroxy-13.18-dioxo-13.18-seco-28-norlupan*, $C_{29}H_{48}O_3$, F. 136 bis 137°, aus 100 mg vorst. Verb. mit methanol. KOH; $[\alpha]_D$ +58° (c = 0,78); 35 mg. — *3β-Acetoxy-Δ*$^{13,18\cdot20,29}$*-lupadien-27.28-disäuredimethylester*, $C_{34}H_{50}O_6$, F. 206—207° (Methanol), aus 6,5 g 3β-Acetoxy-Δ^{20,29}-lupen-27.28-disäuredimethylester mit Hg(II)-Acetat; $[\alpha]_D$ +114° (c = 0,87); 1,5 g. — *3β-Acetoxy-Δ*^{13,18}*-lupen-27.28-disäuredimethylester*, $C_{34}H_{52}O_6$, F. 151—152° (verd. Methanol), durch Hydrieren von 600 mg vorst. Verb.; $[\alpha]_D$ +72° (c = 0,79); 140 mg. — *3β-Acetoxy-12-oxo-Δ*^{13,18}*-lupen-27.28-disäuredimethylester*, $C_{34}H_{50}O_7$, F. 237—238° (verd. Methanol), aus 410 mg vorst. Verb. mit CrO_3; $[\alpha]_D$ +78° (c = 0,6); 240 mg. — *3β-Hydroxy-12-oxo-27-nor-Δ*^{13,18}*-lupen-28-säuremethylester*, $C_{30}H_{46}O_4$, F. 182—183° (Methanol), aus 410 mg vorst. Verb. mit KOH u. Decarboxylieren; $[\alpha]_D$ +75° (c = 0,98); 125 mg. — *3β-Acetoxy-12-oxo-Δ*^{13,18}*-lupen-28-säuremethylester*, $C_{33}H_{50}O_5$, F. 208—209° (Methanol), aus 205 mg 3β-Acetoxy-Δ^{13,18}-lupen-28-säuremethylester mit CrO_3; $[\alpha]_D$ +26° (c = 0,98); 100 mg. W. Hampel 3600△

1195 **Über Triterpene.** 19. Mitt. **Die Struktur des Cyclamiretins A.** Rudolf Tschesche, Hellmut Striegler und Hans-Wolfram Fehlhaber. (Liebigs Ann. Chem. **691**, 165—71, 1966; Organ.-Chem. Inst., Univ. Bonn; dt.) — 18. vgl. C. **1967**, **29**-**1079**. — Die Massenspektren des Triterpenoid-Sapogenins *Cyclamiretin-A* (**I**) sowie des *Cyclamiretin-D* (**II**) u. davon abgeleiteter Deriv. zeigen, daß die Aldehydgruppe in diesen Verb. nicht, wie bisher angenommen wurde, die Position 25 einnehmen kann. **II** ließ sich in *Myrtillogensäure* überführen u. mit Jacquinsäure verknüpfen, womit das Vorliegen der Aldehydgruppe in 30-Stellung bewiesen wird. **I** wird als *Oleanan-3β.16α-diol-13β.28-oxid-30-al* identifiziert. IR-Maxima u. massenspektrograph. Daten vgl. Original.

Versuche: *Cyclamiretin D* (**II**), F. 242° (A.), aus 17 g Cyclamin u. 5%ig. H_2SO_4 bei 98°; $[\alpha]_D^{20}$ +48° (c = 1,1; $CHCl_3$); 1,2 g (Ausb.). *Diacetylderiv.* (**IV**), $C_{34}H_{52}O_6$, F. 235° (A.), aus 8 g **II** u. Acetanhydrid/Py. bei Raumtemp.; $[\alpha]_D^{20}$ +37,5° (c = 0,9; $CHCl_3$); 3,2 g; daneben 2,8 g *Triacetylderiv.* (**V**), $C_{36}H_{54}O_7$, $[\alpha]_D^{20}$ +8,5° (c = 0,89; $CHCl_3$). — *Dihydrocyclamiretin D* (**III**), F. 273—275° (Aceton), aus 1 g **II** u. $LiAlH_4$ in THF bei Siedetemp.; $[\alpha]_D^{20}$ +29° (c = 0,7; Py.); 850 mg. *Triacetylderiv.*, F. 214—216° (Methanol), aus 500 mg **III** u. Acetanhydrid/Py. bei Raumtemp.; $[\alpha]_D^{20}$ +22° (c = 0,7; Py.); 120 mg; daneben 135 mg *Tetraacetylderiv.*, $C_{38}H_{58}O_8$, $[\alpha]_D^{20}$ −27° (c = 0,5; $CHCl_3$). — *3β.28-Diacetoxy-16-oxo-Δ*^{12}*-oleanen-30-säure*, F. 273—278 °(Methanol/W.), aus 300 mg **IV** u. Kiliani-Chromsäure-Reagens (Meth. A); $[\alpha]_D^{20}$ +13° (c = 0,8; $CHCl_3$); 80 mg. *Methylester*, F. 214—216° ($CHCl_3$/Methanol), durch Rk. mit Diazomethan; $[\alpha]_D^{20}$ +10° (c = 0,9; $CHCl_3$); Verseifung ergibt eine *Hydroxyoxosäure*. — *3β.28-Diacetoxy-16-oxo-30-nor-Δ*^{12}*-oleanen*, $C_{33}H_{50}O_5$, aus 30 mg vorst. Verb. u. Py. bei Siedetemp.; 7 mg. — *3β.16α.28-Triacetoxy-Δ*^{12}*-oleanen-30-carbonsäure*, $C_{36}H_{54}O_8$, F. 265—269° (Methanol/W.), aus 500 mg **V** analog A; $[\alpha]_D^{20}$ ±0° (c = 0,5; Py.); 55 mg. — *Myrtillogensäure*, F. 285—288° (Methanol/W.), aus 35 mg vorst. Verb. u. 5%ig. äthanol. Na-Äthylat bei Siedetemp.; $[\alpha]_D^{20}$ +79° (c = 0,8; Py.); 23 mg. *Triacetylderiv.*, F. 258—261° (Methanol/W.), durch Rk. mit Acetanhydrid/Py.; $[\alpha]_D^{20}$ +64° (c = 0,5; Py.)
K.-P. Hilgetag 3600△

1196 **Steroid-Sapogenine.** 9. Mitt. **Derivate des Metagenins mit Verwandtschaft zu Steroidhormonen.** 1. Mitt. Ken'ichi Takeda, Kaname Hamamoto, Kusuo Horiki und Etsuko Honda. (Chem. pharmac. Bull. [Tokyo] **14**, 3, 247—55, 1966; Shionogi Res. Labor., Shionogi & Co., Ltd., Fukushima-ku, Osaka; engl.) — 10. vgl. C. **1968**, **34**-**0983**. — Metagenin (**I**) u. Nogiragenin, die beide 11α-OH-Gruppen besitzen, dienen als bequemste Ausgangsstoffe für verschiedene Zwischenstufen der Nebennierenrindenhormone. Vf. finden dabei eine einfache Dehydratisierungsmeth. für die 11α-OH-Gruppe. — IR-Maxima s. Original.

Versuche (spezif. Drehungen in Chlf./A. 99:1): *Metagenin-2-tosylat* (**II**), $C_{34}H_{50}O_7S$, F. 138—139° (Zers.; PAe./Ae.), aus Tosylchlorid (**III**) u. 1 g **I**; $[\alpha]_D^{23,5}$ −77,1° (c = 1,006); 1,44 g (Ausb.). — *Nogiragenon* (**IV**), F. 252 bis 253° (n-Hexan/Chlf.), durch Kochen von **II** in Collidin. — *25D.5β-Spirostan-3α.11α-diol-diacetat* (**V**), $C_{31}H_{48}O_6$, F. 225—227° (Chlf./Methanol), a) aus $NaBH_4$ u. 73 mg **IV** u. Rk. mit Acetanhydrid (**VI**); $[\alpha]_D^{22}$ −59,2°; Nadeln aus Chlf./Methanol oder Methanol; 62 mg; b) durch Rk. von 1,14 g **II** mit **VI**, Red. des *Metagenin-2-tosylat-3.11-diacetats* (F. 123—128°; 0,6 g) mit $LiAlH_4$ u. Rk. mit **VI**. *Freies Diol, Hydrat* (**VII**), $C_{27}H_{44}O_4 \cdot H_2O$, F. 115—116° (verd. Methanol), aus **V** mit 10%ig. methanol. KOH; $[\alpha]_D^{23,5}$ −77,3° (c = 1,015). — *25D.5β-Spirostan-3α.11α-diol-dibenzoat*, $C_{41}H_{52}O_6$, F. 177—178°, aus $LiAlH_4$ u. 1,41 g **II** u. Rk. mit Benzoylchlorid; $[\alpha]_D^{23}$ −83,3° (c = 1,081); 0,77 g. — *2-Tosyloxy-25D.5β-spirostan-3.11-dion, Hydrat*, $C_{34}H_{46}O_7S \cdot H_2O$, F. 133—135° (Zers.; PAe./Ae.), durch CrO_3-Ox. von **II**; $[\alpha]_D^{24}$ −58° (c = 0,983). — *25D.5β-Δ*^{1}*-Spirosten-3.11-dion*, $C_{27}H_{38}O_4$, F. 209—212° (PAe./Ae.), aus 1 g vorst. Verb. mit LiBr u. $LiCO_3$; $[\alpha]_D^{24}$ +18,5° (c = 0,985); 547 mg. — *25D-Δ*$^{1.4}$*-Spirostadien-3.11-dion*, $C_{27}H_{36}O_4$, F. 244—247° (Hexan/Chlf.), aus Dichlordicyanbenzochinon u. 120 mg vorst. Verb.; $[\alpha]_D^{24,5}$ +38° (c = 1,004); 89 mg. — *Metagenin-*

trimesylat, F. 140—144° (Zers.), aus Mesylchlorid (VIII) u. 0,5 g I; 0,16 g; daneben *I-2-Mesylat* (F. 147—150°; 0,43 g). — 2β.3β-Isopropylidendioxy-25D.5β-spirostane: *11α-Tosyloxy-* (IX), $C_{37}H_{54}O_7S$, F. 142 bis 143° (Hexan/Chlf.), aus III u. Metageninacetonid (X); $[\alpha]_D^{24}$ —62,1° (c = 1,055). — *11α-Mesyloxy-, Hemihydrat* (XI), $C_{31}H_{50}O_7S \cdot {}^1/_2H_2O$, F. 159—160 (Zers.; PAe.), aus VIII u. 0,44 g X; $[\alpha]_D^{24}$ —86,5° (c = 0,994); 0,598 g. — *25D.5β-$\Delta^{9,11}$-spirosten-2β.3β-diol* (XII), F. 174—176° (Hexan/Chlf. oder PAe.), a) aus 1,5 g IX u. 70%ig. Essigsäure; 1,7 g; b) aus 100 mg XI u. 50%ig. Essigsäure; 93 mg; c) aus 580 mg nachst. Verb. u. 70%ig. Essigsäure; 530 mg. — *2β.3β-Isopropylidendioxy-$\Delta^{9,11}$-25D.5β-spirosten*, $C_{30}H_{46}O_4$, F. 148—149° (Methanol/Ae.), aus 500 mg IX u. Al_2O_3; $[\alpha]_D^{24}$ —78,1° (c = 1,039); 320 mg. — *11α-Tosyloxy-25D.5β-spirostan-2β.3β-diol*, $C_{34}H_{50}O_7S$, F. 156 bis 157° (Zers.; n-Hexan/Chlf.), aus 25%ig. $HClO_4$ u. 1,05 g IX; $[\alpha]_D^{24,5}$ —54,6° (c = 0,786); 890 mg. — *2β.3β.11α-Trihydroxy-5β-Δ^{16}-pregnen-20-on, Triacetat* (XIII), $C_{27}H_{38}O_7$, F. 209—210° (Chlf./Methanol), aus 5 g I u. VI u. Ox. mit CrO_3; $[\alpha]_D^{23,5}$ +2,7° (c = 1,073); 3,728 g. *Freie Trihydroxyverb.* (XIV), $C_{21}H_{32}O_4$, F. 229 bis 231 (Aceton), durch Verseifen von 500 mg XIII mit 5%ig. methanol. KOH; $[\alpha]_D^{23,5}$ +13,1° (c = 1,073); 385 mg. *Tribenzoat*, $C_{42}H_{44}O_7$, F. 237—239°; $[\alpha]_D^{24}$ —94,7° (c = 1). *11-Acetat* (XXV), $C_{23}H_{34}O_5$, F. 227 bis 228° (Ae.), aus 37 mg XVI (s. unten) u. 70%ig. Essigsäure; $[\alpha]_D^{24,5}$ —33,2° (c = 1,013); 35 mg. *11-Benzoat*, $C_{28}H_{36}O_5$, F. 179—181° (PAe./Ae.), analog XXV aus 34 mg XVII (s. unten); $[\alpha]_D^{24}$ —92,4° (c = 0,951); 20 mg. — *2β.3β-Isopropylidendioxy-11α-hydroxy-5β-Δ^{16}-pregnen-20-on* (XV), $C_{24}H_{36}O_4$, F. 171—177°, aus 200 mg XIV u. Aceton; 203 mg. *Acetat* (XVI), $C_{26}H_{38}O_5$, F. 199 bis 200° (PAe./Ae.); $[\alpha]_D^{24,5}$ —26° (c = 1,014). *Benzoat* (XVII), $C_{31}H_{40}O_5$, F. 185—187°; $[\alpha]_D^{22,5}$ —62,1° (c = 1,077). — *2β.3β-Dihydroxy-5β.$\Delta^{9,11,16}$-pregnadien-20-on, Hemihydrat*, $C_{21}H_{30}O_3 \cdot {}^1/_2H_2O$, F. 166—168° (Ae.), a) aus VIII u. 168 mg XV; 49 mg; b) aus 405 mg XII u. VI, Ox. mit CrO_3, Verseifen des *Diacetats* ($C_{25}H_{34}O_5$, F. 140—145° [n-Hexan]; $[\alpha]_D$ +73,2° [c = 1,264]; 111 mg) mit methanol. KOH; 61 mg. — *2β.3β.11α-Triacetoxy-5β-pregnan-20-on*, $C_{27}H_{40}O_7$, F. 216—219° (Methanol/Chlf.), durch Hydrieren von 2 g XIII an 10%ig. Pd-Kohle; $[\alpha]_D^{22,5}$ +44,4° (c = 1,018); 1,5 g. *Freies Triol* (XIX), $C_{21}H_{34}O_4$, F. 137—141° (Aceton), durch Verseifen des Triacetats mit 5%ig. methanol. KOH; $[\alpha]_D^{23,5}$ +48,8° (c = 0,551). — *11α-Hydroxy-2β.3β-isopropylidendioxy-5β-pregnan-20-on* (XX), aus 1 g XIX, Aceton u. 72%ig. $HClO_4$; 1 g. *Acetat*, $C_{26}H_{40}O_5$, F. 150 bis 152° (PAe./Ae.), aus 930 mg rohem XX u. VI; $[\alpha]_D^{25}$ +21° (c = 1,109); 500 mg. *Tosylat* (XXI), aus 2,4 g XX u. III; 3,12 g. *Mesylat* (XXIV), aus VIII u. 250 mg XX; 254 mg. — *2β.3β-Dihydroxy-5β-$\Delta^{9,11}$-pregnen-20-on* (XXII), $C_{21}H_{32}O_3$ F. 135—136°, (Aceton/Hexan) aus 2,7 g XXI u. 60%ig. Essigsäure; $[\alpha]_D^{24,5}$ +66,3° (c = 0,475); 1,2 g. *Acetonid* (XXIII), durch Adsorption von 700 mg XXI an Al_2O_3 u. Elution mit Bzl.; 615 mg. *Diacetat*, $C_{25}H_{36}O_5$, F. 122—125° (Hexan/Ae.), a) durch Acetylieren von 986 mg XXII; $[\alpha]_D^{28}$ +68° (c = 1,038); 620 mg; b) aus 615 mg XXIII u. 70%ig. Essigsäure u. Acetylieren mit VI; 370 mg; c) aus 217 mg XXIV u. 70%ig. Essigsäure u. Acetylieren; 180 mg. G. Fischer 3650△

1197 **Totalsynthetische Steroidhormone.** 6. Mitt. **(±)-6α- und -6β-Methyl-$\Delta^{1.3.5,10}$-östratriene, (±)-13β-Äthyl-6β-methyl-$\Delta^{1.3.5,10}$-gonatriene und verwandte Verbindungen.** G. H. Douglas, G. C. Buzby jun., C. R. Walk und H. Smith. (Tetrahedron [London] **22**, 1019—25, 1966; Philadelphia, Pa., Wyeth Labor. Inc., P.O. Box 8299, Res. Div.; engl.) — 5. vgl. C. **1967**, 4-1127. — Ausgehend von 3-[m-Methoxyphenyl]-butylbromid wurden (±)-*6α-* u. (±)-*6β-Methyl-3-methoxy-$\Delta^{1.3.5,10}$-östratrien-17β-ol* u. (±)-*13β-Äthyl-6β-methyl-3-methoxy-$\Delta^{1.3.5,10}$gonatrien-17β-ol* dargestellt.

Versuche: (±)-*3-Methoxy-6-methyl-$\Delta^{1.3.5,10.6}$-östratetraen-17β-ol* (I), $C_{20}H_{26}O_2$, F. 123—126° (Acetonitril), durch Umsetzen von (±)-3-Methoxy-$\Delta^{1.3.5,10}$-östratrien-17β-ol mit Acetanhydrid/Acetylchlorid, Kochen des *Acetats* mit tert.-Butylchromat in CCl_4/Acetanhydrid, Kochen des (±)-*17β-Acetoxy-3-methoxy-$\Delta^{1.3.5,10}$-östratrien-6-on* mit Methyl-MgBr in Ae. u. Dehydratisieren durch Kochen in Bzl. mit etwas J_2. — (±)-*17β-Acetoxy-13β-äthyl-3-methoxy-$\Delta^{1.3.5,10}$-gonatrien-6-on*, $C_{22}H_{28}O_4$, F. 161—163° (Methanol), durch Umsetzen von (±)-13β-Äthyl-3-methoxy-$\Delta^{1.3.5,10}$-gonatrien-17β-ol mit Py./Acetanhydrid u. Rk. des *Acetats* mit $Na_2Cr_2O_7$ in Essigsäure/Acetanhydrid. — (±)-*13β-Äthyl-3-methoxy-6-methyl-$\Delta^{1.3.5,10.6}$-gonatetraen-17β-ol* (II), $C_{21}H_{28}O_2$, F. 128—130° (Ae./Hexan), aus 0,75 g vorst. Verb. u. Methyl-MgBr u. Dehydratisieren durch Kochen in Bzl. mit etwas J_2; 0,425 g (Ausb.). — *3-Hydroxy-3-[m-methoxyphenyl]-butansäuremethylester*, Kp.$_{0,05}$ 140°, aus 100 g m-Methoxyacetophenon u. Zn/Bromessigsäuremethylester; 116 g. — *3-[m-Methoxyphenyl]-butansäuremethylester*, Kp.$_5$ 139 bis 142°, durch Hydrieren von 116 g vorst. Verb. in Ggw. von 10%ig. Pd-Kohle; 112 g. — *3-[m-Methoxyphenyl]-butanol-(1)*, $C_{11}H_{16}O_2$, Kp.$_{0,4}$ 118—121°, durch $LiAlH_4$-Red. von vorst. Verbindung. — *3-[m-Methoxyphenyl]-butylbromid*, $C_{11}H_{15}BrO$, Kp.$_{0,15}$ 100—104°, aus 84 g vorst. Verb. u. PBr_3; 92,8 g. — *5-[m-Methoxyphenyl]-hexin-(1)*, $C_{13}H_{16}O$, Kp.$_{0,45}$ 84—95°, aus 84 g vorst. Verb. u. Na-Acetylid in fl. NH_3; 56,6 g. — *1-Diäthylamino-6-[m-methoxyphenyl]-heptin-(2)*, $C_{18}H_{27}NO$, Kp.$_{0,2}$ 140°, aus 56,6 g vorst. Verb. u. Diäthylamin/40%ig. Formalin; 79,5 g. — (±)-*3-Methoxy-6β-methyl-$\Delta^{1.3.5,10.8.14}$-östrapentaen-17-on*, $C_{20}H_{22}O_2$, F. 112—115° (Methanol), aus 63 g vorst. Verb. u. $HgSO_4$ in H_2SO_4/W., Kochen des *Gemischs aus 1-Diäthylamino-6-[m-methoxyphenyl]-heptanon-(3) u. 6-[m-Methoxyphenyl]-hepten-(1)-on-(3)* (Gemisch A) mit 2-Methylcyclopentandion-(1.3), Kochen des *1-[1-Methyl-2.5-dioxocyclopentyl-(1)]-6-[m-methoxyphenyl]-heptanons-(3)* in Bzl. mit etwas p-Toluolsulfonsäure; 11 g. — (±)-*3-Methoxy-6α-methyl-$\Delta^{1.3.5,10.8.14}$-östrapentaen-17-on* (III), F. 109—111° (Methanol), aus den Mutterlaugen vorst. Verb.; 0,2 g. — (±)-*3-Methoxy-6β-methyl-$\Delta^{1.3.5,10.8}$-östratetraen-17-on*, $C_{20}H_{24}O_2$, F. 88—91° (Methanol), durch Hydrieren von 0,5 g vorvorst. Verb. in Ggw. von 2%ig. Pd/$CaCO_3$; 0,3 g. — (±)-*3-Methoxy-6β-methyl-$\Delta^{1.3.5,10.8}$-östratetraen-17β-ol*, $C_{20}H_{26}O_2$, F. 130—132° (Acetonitril), durch $NaBH_4$-Red. von 3 g vorst. Verb.; 2,45 g. — (±)-*3-Methoxy-6β-methyl-$\Delta^{1.3.5,10}$-östratrien-17β-ol*, $C_{20}H_{28}O_2$, F. 138—141° (Ae.), a) aus 2 g vorst. Verb. u. Li in fl. NH_3; 0,2 g; b) durch Hydrieren von 0,1 g I in Ggw. von Pd/$CaCO_3$; 0,05 g. — (±)-*3-Methoxy-6α-methyl-$\Delta^{1.3.5,10}$-östratrien-17β-ol*, $C_{20}H_{28}O_2$, F. 173—177° (Ae.), a) durch Hydrieren von 0,2 g III in Ggw. von 2%ig. Pd/$CaCO_3$, Red. mit $NaBH_4$ u. Red. mit Li in fl. NH_3; 0,05 g; b) aus 0,3 g I u. Li in fl. NH_3; 0,017 g. — (±)-*13β-Äthyl-17.17-äthylendioxy-3-methoxy-6β-methyl-$\Delta^{1.3.5,10.8.14}$-gonapentaen*, $C_{23}H_{28}O_3$, F. 120—122°, aus A u. 2-Äthylcyclopentandion-(1.3), Kochen des *Trions* mit p-Toluolsulfonsäure in Bzl. u. Kochen mit Äthylenglykol/p-Toluolsulfonsäure. — (±)-*13β-Äthyl-17.17-äthylendioxy-3-methoxy-6β-methyl-$\Delta^{1.3.5,10.8}$-gonatetraen*, F. 122—124° (95%ig. A.), durch Hydrieren von 15,3 g vorst. Verb. in Ggw. von 2%ig. Pd/$CaCO_3$; 11,0 g. — (±)-*13β-Äthyl-17.17-äthylendioxy-3-methoxy-6β-methyl-$\Delta^{1.3.5,10}$-gonatrien*, F. 130—131° (Isopropanol), durch Red. von 11 g vorst. Verb. mit Li in fl. NH_3; 9,5 g. — (±)-*13β-Äthyl-3-methoxy-6β-methyl-$\Delta^{1.3.5,10}$-gonatrien-17-on*, $C_{21}H_{28}O_2$, F. 123 bis 127° (Methanol), durch Kochen von 9,5 g vorst. Verb. in Methanol/konz. HCl; 7,29 g. — (±)-*13β-Äthyl-3-methoxy-6β-methyl-$\Delta^{1.3.5,10}$-gonatrien-17β-ol*, $C_{21}H_{30}O_2$, F. 158—160°, a) durch $NaBH_4$-Red. von 7 g vorst. Verb.; 6,8 g; b) durch Hydrieren von 0,1 g II in Ggw. von 10%ig. Pd-Kohle; 0,065 g; c) durch Red. von 0,25 g II mit Li in fl. NH_3; 0,09 g. — (±)-*13β-Äthyl-3-methoxy-6β-methyl-$\Delta^{2.5,10}$-gonadien-17β-ol*, F. 176—182°, durch Red. von vorst. Verb. mit Li u. A. in fl. NH_3. — (±)-*13β-Äthyl-17β-hydroxy-6α-methyl-Δ^4-gonen-3-on* (IV), $C_{20}H_{30}O_2$, F. 127—130° (Ae./Hexan), aus 1 g vorst. Verb. u. Methanol/HCl; 0,3 g. — (±)-*13β-Äthyl-6β-methyl-$\Delta^{2.5,10}$-gonadien-17-on*, F. 163—166° (Methanol), durch Oppenauer-Ox. von 5,5 g vorvorst. Verb.; 3,5 g. — (±)-*13β-Äthyl-17α-äthinyl-17β-hydroxy-6α-methyl-Δ^4-gonen-3-on*, $C_{22}H_{30}O_2$, F. 148—151° (Ae./Hexan), aus 3,5 g vorst. Verb. u. Li-Acetylid/Äthylendiamin in Dimethylacetamid; 0,6 g. — (±)-*13β-Äthyl-6α-methyl-Δ^4-gonen-3.17-dion*, $C_{20}H_{28}O_2$, F. 160—162° (Essigester), durch CrO_3-Ox. von 1,5 g IV; 1,1 g. P. Becker 3700△

1198 **Modifizierte Steroidhormone.** 46. Mitt. **Einige 17α-Äthinyl- und 17α-Vinyl-Derivate.** C. Burgess, D. Burn, P. Feather, M. Howarth und V. Petrow. (Tetrahedron [London] **22**, 2829–36, 1966; London, Graham Street, British Drug Houses Ltd., Chem. Res. Dep.; engl.) – 48. vgl. C. **1968**, 54-0543. – Die nachfolgend beschriebenen *17α-Bromäthinyl-, 17α-Chloräthinyl-, 17α-Jodäthinyl-, 17α-Trifluorpropinyl-, 17α-Vinyl-* u. *17α-Trifluorvinyl-17β-hydroxy-* (u./oder *-17β-alkoxy)-steroide* wurden zum Zwecke biolog. Unters. dargestellt. UV- u. IR-Maxima s. Original.

Versuche: 17α-Chloräthinyl-17β-hydroxysteroide: aus 17-Oxosteroiden u. Li-Chloracetylid (**I**) in Ae. oder Na-Chloracetylid (**II**) in fl. NH_3 nach Viehe (Chem. Ber. **92**, [1959] 1270 u. 1950). – 17β-Alkoxysteroide: durch Rk. der 17β-Hydroxysteroide mit $NaNH_2$ in Ggw. von $Fe(NO_3)_3$ bei –60° in THF u. anschließende Rk. mit dem entsprechenden Alkylhalogenid (Meth. A). – 17α-Chloräthinyl-17β-methoxysteroide: durch Zugabe von trans-1.2-Dichloräthylen in abs. Ae. zu $NaNH_2$ in fl. NH_3, 1std. Kochen, Zugabe des 17-Oxosteroids in abs. THF, 2std. Rühren, Zugabe von CH_3J in abs. Ae. u. 2std. Rühren. – 17α-Chloräthinyl-Steroidderiv.: *-3-äthoxy-$\Delta^{1,3,5,10}$-östratrien-17β-ol*, $C_{22}H_{27}ClO_2$, F. 148–151°, wss. Methanol (Me.), aus Östron-3-äthyläther u. I; 50% (Ausb.). – *-3-propoxy-$\Delta^{1,3,5,10}$-östratrien-17β-ol*, $C_{23}H_{29}ClO_2$, F. 127–127,5° (wss. A.), aus Östron-3-propyläther (V) u. II; $[\alpha]_D^{24}$ –9,0° (c = 0,82; Dioxan); 58%. – *-3-äthoxy-17β-methoxy-$\Delta^{1,3,5,10}$-östratrien*, $C_{23}H_{29}ClO_2$, F. 124,5° (Me.); $[\alpha]_D^{25}$ –18 (c = 1,04; Dioxan); 67%. – *-17β-methoxy-3-propoxy-$\Delta^{1,3,5,10}$-östratrien*, $C_{24}H_{31}ClO_2$, F. 115,5–116° (Me.); $[\alpha]_D^{26}$ –20° (c = 0,9; Dioxan); 65%. – *-3-propoxy-17β-methoxy-$\Delta^{2,5,10}$-östradien*, $C_{24}H_{33}ClO_2$, F. 135° [Me./Py.]; $[\alpha]_D^{25}$ +50,5° (c = 1,06; Dioxan); 78%. – *-3.17β-dimethoxy-$\Delta^{2,5,10}$-östradien* (**IV**), $C_{22}H_{29}ClO_2$, F. 101,5 bis 102° (Me./Py.); $[\alpha]_D^{27}$ +59° (c = 1,65; Dioxan); 49%. – *-3.17β-dimethoxy-$\Delta^{1,3,5,10}$-östratrien*, $C_{22}H_{27}ClO_2$, F. 114 bis 114,5°; a) aus der 17β-Hydroxyverb.; 87,5%; b) aus Östron-3-methyläther (**VI**); $[\alpha]_D^{27}$ –20° (c = 0,9; Dioxan); 63%. – *-17β-äthoxy-3-methoxy-$\Delta^{1,3,5,10}$-östratrien*, $C_{23}H_{29}ClO$, F. 96° (Me.); $[\alpha]_D^{25}$ –13,5 (c = 1,02; Dioxan); 74%. – *-17β-diäthylaminoäthoxy-3-methoxy-$\Delta^{1,3,5,10}$-östratrien, Hydrochlorid*, $C_{27}H_{39}Cl_2NO_2$, F. 229–229,5° (Me./Essigsäureäthylester); $[\alpha]_D^{22}$ – 8° (c = 1; A.). – *-17β-methoxy-$\Delta^{1,3,5,10}$-östratrien*, $C_{21}H_{25}ClO$, F. 110,5 bis 111° (Hexan); $[\alpha]_D^{27}$ –34° (c = 1,1; $CHCl_3$); 75%. – *-17β-methoxy-4-methyl-$\Delta^{1,3,5,10}$-östratrien*, $C_{22}H_{27}ClO$, F. 109,8–110,2° (Me.); $[\alpha]_D^{30}$ –27° (c = 0,97; Dioxan); 64%. – *-3.17β-dimethoxy-$\Delta^{1,3,5,10,6,8}$-östrapentaen*, $C_{22}H_{23}ClO_2$, F. 123–123,5° (Ae./Me.), aus Equilenin-3-methyläther (**III**); $[\alpha]^{24}$ –117° (c = 0,45; $CHCl_3$); 65%. – *-3.17β-dimethoxy-$\Delta^{1,3,5,10,7}$-östratetraen*, $C_{22}H_{25}ClO_2$, F. 82° (Ae./Me.), aus **III**; $[\alpha]_D^{24}$ +12° (c = 0,75; $CHCl_3$); 46%. – *-3.17β-dimethoxy-$\Delta^{1,3,5,10,9,11}$-östratetraen*, $C_{22}H_{25}ClO_2$, F. 132° (Dichlormethan/Me.), aus $\Delta^{9,11}$-Dehydroöstron-3-methyläther; $[\alpha]_D^{26}$ +101° (c = 1,1; $CHCl_3$); 79%. – *-17β-methoxy-$\Delta^{5,10}$-stra-3-on*, $C_{21}H_{27}ClO_2$, F. 116 bis 116,5° (Me./Py.), durch Zugabe von Oxalsäure in W. zu **IV** in Me. u. 1/4std. Rühren; $[\alpha]_D^{26}$ +103,5° (c = 0,6; Dioxan); 58%. – *-17β-methoxy-19-nor-Δ^4-androsten-3-on*, $C_{21}H_{27}ClO_2$, F. 105,5–106°, aus **IV** u. 3 n HCl in Me.; $[\alpha]_D^{23}$ –58° (c = 1,03; Dioxan); 61%. – *-17β-methoxy-19-nor-Δ^5-androsten-3-ol*, $C_{21}H_{28}ClO_2$, F. 129–129,5° (Hexan), durch Red. vorst. Verb. mit $NaBH_4$ in Me. in Ggw. von W.; $[\alpha]_D^{25}$ –52° (c = 1,05; Dioxan); 53%. – *-17β-methoxy-Δ^5-androsten-3β-ol*, $C_{22}H_{31}ClO_2$, F. 144° (wss. Me.), aus der 17β-Hydroxyverb. nach A; $[\alpha]_D^{27}$ –128° (c = 0,81; Dioxan); 73%. *Acetyl-Deriv.*, $C_{24}H_{33}ClO_3$, F. 110–110,5° (wss. Me.); $[\alpha]_D$ – 121° (c = 0,96; Dioxan). – *-17β-dimethylaminoäthoxy-19-nor-Δ^4-androsten-3-on*, $C_{26}H_{28}ClNO_2$, F. 115–115,5°, durch Rk. von 17α-Chloräthinyl-17β-methoxy-$\Delta^{2,5,10}$-östradien-3-ol mit Diäthylaminoäthylbromid, anschließende Umsetzung mit 3 n HCl in Me. u. Alkalisieren; $[\alpha]_D^{22}$ –34,5° (c = 0,37; Dioxan); 12%. – *-17β-methoxy-Δ^4-androsten-3-on*, $C_{22}H_{29}ClO_2$, F. 147–147,5° (Me.), durch Methylieren von 17α-Chloräthinyl-3-methoxy-$\Delta^{3,5}$-androstadien-17β-ol analog **A** u. 1std. Kochen mit p-Toluolsulfonsäure in W.; $[\alpha]_D^{28}$ –6,4° (c = 0,94; Dioxan); 27%. – *-3-propoxy-$\Delta^{2,5,10}$-östradien-17β-ol*, $C_{23}H_{31}ClO_2$, F. 149,5° (Me.), aus nachst. Verb. u. **I**; $[\alpha]_D^{24}$ +64° (c = 1,06; Dioxan); 72%. – *3-Propoxy-$\Delta^{2,5,10}$-östradien-17-on*, $C_{21}H_{30}O_2$, F. 135,5–136° (Me./Py.), durch Zugabe von Al-Isopropylat (**VIII**) in abs. Toluol zu nachst. Verb. in abs. Toluol/Cyclohexanon u. 2std. Kochen unter N_2; $[\alpha]_D^{24}$ +176,5° (c = 0,87; Dioxan); 63%. – *3-Propoxy-$\Delta^{2,5,10}$-östradien-17β-ol*, aus **V** in abs. THF/tert.-Butanol u. $NaNH_2$ in fl. NH_3; 82%. – *17β-Benzyloxy-17α-chloräthinyl-3-methoxy-$\Delta^{1,3,5,10}$-östratrien*, $C_{28}H_{31}ClO_2$, F. 125,5–126°; $[\alpha]_D^{25,5}$ –6° (c = 0,82; Dioxan); 36%. – *3-Methoxy-17α-trifluorvinyl-$\Delta^{1,3,5,10}$-östratrien-17β-ol*, $C_{21}H_{25}F_3O_2$, F. 108° (Me.), aus **VI** u. Trifluorvinyl-MgBr (**VII**) in abs. THF bei –20 bis –25°; $[\alpha]_D^{23}$ +53° (c = 0,52; Dioxan); 49%. *17β-Methyläther*, $C_{22}H_{27}F_3O_2$, F. 146–149° (Me.); $[\alpha]_D^{25}$ +58° (c = 0,29; Dioxan); 69%. – 17α-Trifluorvinylandrostene: *-Δ^5-3β.17β-diol*, $C_{21}H_{29}F_3O_2$, F. 198,5° (Aceton/Hexan), aus Δ^5-Androsten-3β-ol-17-on u. **VII**; $[\alpha]_D^{25}$ –58° (c = 0,92; Dioxan); 37%. – *-Δ^4-17β-ol-3-on*, $C_{21}H_{27}F_3O_2$, F. 187–188° (Aceton/Hexan), durch Zugabe von **VIII** in abs. Toluol zu vorst. Verb. u. Methyläthylketon in Toluol u. 2std. Kochen; 41%. – *-$\Delta^{1,4}$-17β-ol-3-on*, $C_{21}H_{25}F_3O_2$, F. 126,5° (Aceton/Hexan), aus vorst. Verb. u. 2.3-Dichlor-5.6-dicyanbenzochinon in sd. Bzl.; $[\alpha]_D^{24}$ –1,6° (c = 0,53; Dioxan); 67%. – $\Delta^{1,3,5,10}$-Östratriene: *3.17β-Dimethoxy-17α-vinyl-*, $C_{22}H_{30}O_2$, F. 143° (Aceton/Hexan), aus dem 3.17β-Diol analog **A**; $[\alpha]_D^{25}$ +63,5° (c = 0,63; Dioxan); 21%. – *3-Methoxy-17α-trifluorpropyl-17β-hydroxy-*, $C_{22}H_{25}F_3O_2$, F. 167,5–168,5° (wss. Me.), durch Einleiten von 3.3.3-Trifluorpropin (**IX**; aus 1.1.2-Trichlor-3.3.3-trifluorpropen) u. Äthyl-MgBr in abs. Ae. bei –70°, 1½std. Kochen, Zugabe von **VI** in abs. THF u. 16std. Rühren bei Raumtemp.; $[\alpha]_D$ –5,6° (c = 1,01; Dioxan); 35%. – *3.17β-Dimethoxy-17α-trifluorpropenyl-*, $C_{23}H_{27}F_3O_2$, F. 80–80,5° (Me.), aus vorst. Verb., $NaNH_2$ u. CH_3J; $[\alpha]_D^{25}$ –11° (c = 1,6; Dioxan); 68%. – *17α-Trifluorpropinyl-3.17β-dihydroxy-*, $C_{21}H_{23}F_3O_2$, F. 170,3° (Bzl.), durch Einleiten von **IX** in $LiNH_2$ in fl. NH_3 bei –70° u. Zugabe von Östron; $[\alpha]_D^{26}$ –7,0° (c = 0,97; Dioxan); 39%. – *17α-Bromäthinyl-3.17β-dimethoxy-*, $C_{22}H_{27}BrO_2$, F. 131,5–132° (Me.), durch Zugabe von K-tert.-Butylat in tert.-Butanol zu 17α-Äthinyl-3.17β-dimethoxy-$\Delta^{1,3,5,10}$-östratrien in tert.-Butanol u. Rk. mit N-Bromsuccinimid; $[\alpha]_D^{25}$ –34° (c = 0,99; $CHCl_3$); 27%. – *4-Methyl-17α-trifluorpropinyl-17β-hydroxy-*, $C_{22}H_{25}F_3O$, F. 128–128,5° (wss. Methanol), analog vorvorst. Verb.; $[\alpha]_D^{26}$ –15° (c = 0,93; Dioxan); 64%. – *17α-Jodäthinyl-3.17β-dimethoxy-*, $C_{22}H_{27}JO_2$, F. 120° (Me.), durch kurzes Erhitzen von 17α-Äthinyl-3.17β-dimethoxy-$\Delta^{1,3,5,10}$-östratrien mit J_2 u. Morpholin in Me.; $[\alpha]_D$ –30° (c = 1,42; $CHCl_3$). M. Krüger 3700△

1199 **Inhaltsstoffe von Momordica charantia L.** 1. Mitt. **$\Delta^{5,25}$-Stigmastadien-3β-ol und sein β-D-Glucosid.** Wolfgang Sucrow. (Chem. Ber. **99**, 2765–77, 1966; Organ.-Chem. Inst., Techn. Univ., Berlin; dt.) – *$\Delta^{5,25}$-Stigmastadien-3β-ol* kommt gemeinsam mit *β-Sitosterin* frei u. als Glucosid in Balsambirnen vor. Seine Konstit. wird durch Abbau mit OsO_4/H_5JO_6 u. durch Synth. bewiesen. IR-Maxima u. NMR-Daten vgl. Original.

Versuche: *3β-Acetoxy-23-methoxy-$\Delta^{5,22}$-norcholadien*, $C_{26}H_{40}O_3$, F. 141–143° (Aceton, Methanol), aus 2,8 g Methoxymethyltriphenylphosphoniumchlorid u. 0,62 m Butyllithium in abs. THF bei –15° u. Umsetzung mit 715 mg nachst. Verb.; $[\alpha]_D^{19}$ –50,3° (c = 1,33; $CHCl_3$); 70 mg (Ausb.). – *3β-Acetoxy-Δ^5-bis-norcholenaldehyd*, F. 105–109° (PAe.), aus 180 mg vorst. Verb. u. O_3 in CH_2Cl_2 bei –70° u. Umsetzung mit Zn-Staub u. Eisessig; $[\alpha]_D^{20}$ –66,8° (c = 1,04; $CHCl_3$); 37 mg. – *3β-Acetoxy-Δ^5-norcholenaldehyd*, $C_{25}H_{38}O_3$, F. 140 bis 142,5° (PAe.), aus vorvorst. Verb. u. 2 n H_2SO_4 bei 70°; $[\alpha]_D^{19}$ –69,6° (c = 1; $CHCl_3$); 47%. – *3β-Acetoxy-Δ^5-norcholen-23-ol* (I), $C_{25}H_{40}O_3$, F. 154–156° (Methanol), aus vorst. Verb. u. $NaBH_4$ in Methanol unter Erwärmen; $[\alpha]_D^{18}$ –57,2° (c = 1,07; $CHCl_3$); 98%. *Tosylderiv.*, $C_{32}H_{46}O_5S$, F. 105–108° (Methanol), aus I u. p-Toluolsulfochlorid in abs. Py. bei 0°; $[\alpha]_D^{19}$ –33° (c = 1; $CHCl_3$); 97%. – *3β-Acetoxy-23-jod-Δ^5-norcholen*, $C_{25}H_{39}$ ·

JO_2, F. 150–152° (A.), aus vorst. Tosylderiv. u. NaJ in Aceton bei Siedetemp.; $[\alpha]_D^{22}$ –22,1° (c = 1,03; $CHCl_3$); 81%. — *3β-Acetoxy-24ξ-äthoxycarbonyl-27-nor-Δ⁵-stigmasten-25-on*, $C_{33}H_{52}O_5$, F. 118–120° (Methanol), aus Äthylacetessigsäureäthylester u. NaH in abs. DMF u. Rk. mit vorst. Verb. bei 105°; $[\alpha]_D^{19}$ –36,6° (c = 1,01; $CHCl_3$); 79%. — *3β-Acetoxy-27-nor-Δ⁵-stigmasten-25-on* (**IX**), $C_{30}H_{48}O_3$, F. 131–134° (Methanol), aus vorst. Verb. u. äthanol. KOH bei Siedetemp.; $[\alpha]_D^{21}$ –43,9° (c = 0,66; $CHCl_3$); 42%; daneben 34% *3β-Acetoxy-24ξ-äthyl-Δ⁵-homocholensäure* (**II**). — *27-Nor-Δ⁵-stigmasten-3β-ol-25-on* (**III**), $C_{28}H_{46}O_2$, F. 118–121° (Methanol), aus 106 mg vorst. Verb. u. K_2CO_3 in W. bei Siedetemp.; $[\alpha]_D^{20}$ –46,1° (c = 1,03; $CHCl_3$); 102 mg. *2.4-Dinitrophenylhydrazon*, $C_{34}H_{50}N_4O_5$, F. 87–92° (Methanol). — *3β-Acetoxy-24ξ-äthyl-Δ⁵-homocholensäuremethylester*, $C_{30}H_{48}O_4$, F. 113° (Methanol), aus **II** u. äther. Diazomethan; $[\alpha]_D^{21}$ –42,8° (c = 1,03; $CHCl_3$); 71%. — *24ξ-Δ⁵-Stigmasten-3β.25-diol, Monohydrat*, $C_{29}H_{50}O_2 \cdot H_2O$, F. 144–147° (Methanol, Diisopropyläther), aus vorst. Verb. u. äther. CH_3MgJ; $[\alpha]_D^{20}$ –35,7° (c = 1,1; $CHCl_3$); 69%. — *3β-Acetoxy-24ξ-Δ⁵-stigmasten-25-ol*, $C_{31}H_{52}O_3$, F. 141–143° (Methanol), aus vorst. Verb. u. Acetanhydrid/Py.; $[\alpha]_D^{20}$ –36,7° (c = 0,79; $CHCl_3$). — *3β-Acetoxy-Δ⁵·²⁵-stigmastadien* (**IV**), $C_{31}H_{50}O_2$, F. 130–132° (Methanol), a) aus **III**, Methyltriphenylphosphoniumbromid u. Phenyllithium in abs. Ae., Kochen mit THF u. nachfolgendes Acetylieren; $[\alpha]_D^{20}$ –44,5° (c = 1; $CHCl_3$); 76%; b) aus 418 mg des Gemisches (**V**) aus β-Sitosterinacetat u. **IV** durch Trennung an SiO_2; 30 mg. — *3β-Acetoxystigmastan*, $C_{31}H_{54}O_2$, F. 128–130° (Methanol), a) aus 40 mg vorst. Verb. u. H_2 in Essigester in Ggw. von PtO_2; $[\alpha]_D^{20}$ +13,9° (c = 1; $CHCl_3$); 31 mg; daneben durch Hydrolyse der Mutterlauge mit methanol. KOH; 26 mg *3β-Hydroxystigmastan* [F. 134–139° Methanol); $[\alpha]_D^{19}$ +24° (c = 1,26; $CHCl_3$)]; b) aus 67 mg **V** u. H_2 in Essigester in Ggw. von PtO_2; 55 mg. — *Gemisch* (**VI**) aus *β-Sitosterin-β-D-glucosid u. Δ⁵'²⁵-Stigmastadien-3β-ol-β-D-glucosid*, $C_{35}H_{58,60}O_6$, F. 285–290° (Methanol, Py./W.), aus 2 kg getrockneter Früchte von *Momordica charantia* u. PAe.; $[\alpha]_D^{20}$ –43,8° (c = 1,4; THF); 2,7 g; daneben durch Acetylieren der Mutterlauge u. Verseifen des erhaltenen **V** [$C_{31}H_{50,52}O_2$, F. 125–127° (Methanol); $[\alpha]_D^{20}$ –41,2° (c = 1,23; $CHCl_3$); 100 mg]. *Gemisch aus β-Sitosterin u. Δ⁵'²⁵-Stigmastadienol* (**VIII**) *-0,75-Methanol-Solvat* [$C_{29}H_{48,50}O \cdot 0{,}75CH_3OH$, F. 136–138° (Methanol); $[\alpha]_D^{19}$ –36,8° (c = 0,99; $CHCl_3$). *Benzoylderiv.*, $C_{36}H_{52,54}O_2$, F. 142–145° (A.), durch Rk. mit Benzoylchlorid/Py. bei Raumtemp.; $[\alpha]_D^{22}$ –15,7° (c = 1,51; $CHCl_3$)]. *Tetraacetylderiv.*, $C_{43}H_{66,68}O_{10}$, F. 168 bis 170° (Methanol, PAe.); $[\alpha]_D^{19}$ –27,1° (c = 1,96; $CHCl_3$). *Tetrabenzoylderiv.*, $C_{63}H_{74,76}O_{10}$, F. 192–194° (Isopropanol), durch Rk. mit Benzoylchlorid/Py.; $[\alpha]_D^{20}$ +12,3° (c = 1,24; $CHCl_3$); 49%. *Aglykon, 0,75-Methanolsolvat*, $C_{29}H_{48,50}O \cdot 0{,}75CH_3OH$, F. 123–130° (Methanol), aus 400 mg **VI** u. 36%ig. H_2SO_4 in Dioxan bei Siedetemp.; $[\alpha]_D^{21}$ –32,3° (c = 1,39; $CHCl_3$); 83 mg [*Benzoylderiv.*, $C_{36}H_{52,54}O_2$, F. 134° (A.), aus 44 mg Aglykon u. Benzoylchlorid/Py.; $[\alpha]_D^{22}$ –15,9° (c = 1,24; $CHCl_3$); 30 mg. *p-Benzolazobenzoylderiv.*, $C_{42}H_{56,58}N_2O_2$, F. 173° (Zers.; PAe.), aus 54 mg Aglykon, Bzl., Py. u. 54 mg p-Benzolazobenzoylchlorid bei Siedetemp.; 25 mg]. *Tetramethyläther* (**VII**), $C_{39}H_{66,68}O_6$, F. 107° (Methanol), aus 300 mg **VI**, DMF, BaO, $Ba(OH)_2 \cdot 8H_2O$ u. CH_3J bei 50°; $[\alpha]_D^{19}$ –36,2° (c = 1,64; $CHCl_3$); 100 mg. — *1:1-Gemisch aus Phenanthren u. Naphthalin*, aus **VI** u. Se bei 305° u. Trennung an Al_2O_3. — *Glucose*, aus **VI** u. 4 n HCl in n-Amylalkohol/Äthanol. — *2.3.4.6-Tetramethylglucose*, F. 94–97° (PAe., Diisopropyläther), aus 70 mg **VII** u. 22%ig. methanol. HCl bei Siedetemp.; 4 mg. — *3β-Hydroxy-Δ⁵·²⁵-stigmastadien* (**VIII**), *0,5-Methanol-Solvat*, $C_{29}H_{48}O \cdot 0{,}5CH_3OH$, F. 130–133° (Methanol), aus **IV** u. methanol. KOH bei Siedetemp. in A.; $[\alpha]_D^{21}$ –40,5° (c = 1,05; $CHCl_3$). *3β-O-Benzoylderiv.*, $C_{36}H_{52}O_2$, F. 137 bis 140° (A.), aus 33 mg **VIII** u. Benzoylchlorid/Py.; $[\alpha]_D^{19}$ –17,6° (c = 1,07; $CHCl_3$); 37 mg. *β-Sitosterinacetat*, F. 120–123° (A.), aus 130 mg **V** u. OsO_4 in Py./Bzl. bei Raumtemp., Umsetzung mit Na_2SO_3 in A./W. bei Siedetemp. u. Rk. des erhaltenen Rohprod. [130 mg] mit Na_5JO_6 in 1,7 n H_2SO_4/Py./A. bei Raumtemp.; $[\alpha]_D^{21}$ –38,5° (c = 1,27; $CHCl_3$); 75 mg; daneben 30 mg **IX**. — *β-Sitosterin*, F. 134–137° (Methanol), aus vorst. Verb. durch Hydrolyse; $[\alpha]_D^{22}$ –35,3° (c = 1,35; $CHCl_3$). *Benzoylderiv.*, $C_{36}H_{54}O_2$, F. 145–147° (A.), mit Benzoylchlorid/Py.; $[\alpha]_D^{20}$ – 146° (c = 1,88; $CHCl_3$).

K.-P. Hilgetag 3700△

1200 **Synthese von Glycyl-L-prolylglycyl- und von Glycyl-L-prolyl-L-ananyl-oligopeptiden und von Polypeptiden mit konstanter Sequenz.** S. M. Bloom, S. K. Dasgupta, R. P. Patel und E. R. Blout. (J. Amer. chem. Soc. 88, 2035–41, 1966; Dep. of Biolog. Chem., Harvard Med. School, Boston, Mass.; engl.) — Die Synth. von *H-(Gly-Pro-Gly-)ₙOH* u. *H-(Gly-Pro-Ala-)ₙOH* (*n = 1, 2, 4*) wird beschrieben. Durch Polymerisation der p-Nitrophenylester der entsprechenden Tripeptide entstehen *Poly-(glycyl-L-prolylglycin)* u. *Poly-(glycyl-L-prolyl-L-alanin)*, deren Molgew. zu 6000 bzw. 15000 bestimmt werden.

Versuche: *Benzyloxycarbonyl-thioglycin-S-phenylester*, F. 71–73° (Äthylacetat/Hexan), aus Thiophenol, Benzyloxycarbonyl-glycin u. Dicyclohexylcarbodiimid; 76% (Ausb.). — *Benzyloxycarbonyl-glycyl-L-prolin* (**I**), F. 155–157°, aus vorst. Verb./L-Prolin u. Triäthylamin; 66%. — *Benzyloxycarbonylglycyl-L-prolylglycin*, F. 137 bis 139° (A./Äthylacetat), aus dem Äthylester durch Hydrolyse; $[\alpha]_{546}^{25}$ –87,2° (c = 1,2; A.); 60,4%. *Äthylester*, aus **I** mit Glycinäthylesterhydrochlorid; 99,1%. — *Glycyl-L-prolylglycin*, aus vorst. Verb. durch Hydrieren; $[\alpha]_{546}^{25}$ –115° (c = 0,14; W.). — *Benzyloxycarbonylglycyl-L-prolylglycylglycyl-L-prolylglycin* (**II**), *Monohydrat*, $C_{26}H_{34}N_6O_9 \cdot H_2O$, F. 216–217° (A./Äthylacetat), aus dem Ester; $[\alpha]_{546}^{24}$ –125° (c = 0,21; W.); 89,5% *Äthylester*, $C_{28}H_{38}N_6O_9$, F. 161–163° (A./Äthylacetat), aus vorvorst. Verb.; $[\alpha]_{546}^{24}$ –107,5° (c = 0,18; A.); 62,8%. — *Glycyl-L-prolylglycylglycyl-L-prolylglycin*, $C_{18}H_{28}N_6O_7$, durch Hydrieren von **II**; $[\alpha]_{546}^{24}$ –110,8° (c = 0,16; A.); 76,7%. — *Glycyl-L-prolylglycylglycyl-L-prolylglycinäthylesterhydrochlorid*, $C_{20}H_{33}ClN_6O_7$, F. 220–222°, durch Hydrieren von **II**-Äthylester; $[\alpha]_{546}^{24}$ –130,8° (c = 0,13; W.); 84,4%. — *Benzyloxycarbonylglycyl-L-prolylglycylglycyl-L-prolylglycylglycyl-L-prolylglycylglycyl-L-prolylglycin, 2½-Hydrat*, $C_{44}H_{60}N_{12}O_{15} \cdot 2{,}5H_2O$, F. 262–263° (Zers.; verd. A.), aus dem Ester; $[\alpha]_{546}^{24}$ –121,3° (c = 0,18; 50%ig. A.); 84%. *Äthylester*, $C_{46}H_{64}N_{12}O_{15}$, F. 274–276° (Zers.), aus **II** u. vorst. Verb.; $[\alpha]_{546}^{24}$ –126,8° (c = 0,18; verd. DMF); 42,4%. — *Glycyl-L-prolylglycylglycyl-L-prolylglycylglycyl-L-prolylglycylglycyl-L-prolylglycin, Dihydrat*, $C_{36}H_{54}N_{12}O_{13} \cdot 2H_2O$, durch Hydrieren von 343 mg vorst. Verb.; $[\alpha]_{546}^{24}$ –142,6° (c = 0,1; W.); 140 mg. — *Benzyloxycarbonylglycyl-L-prolyl-L-alaninmethylester* (**III**), $C_{19}H_{25}N_3O_6$, F. 159–160° (Äthylacetat/Hexan), aus N-Äthyl-5-phenylisoxazolium-3′-sulfonat u. **I**; $[\alpha]_{546}^{24}$ –128° (c = 0,16; Methanol); 64%. — *Benzyloxycarbonylglycyl-L-prolyl-L-alanin* (**IV**), $C_{18}H_{23}N_3O_6$, F. 141–142°, aus **III**; $[\alpha]_{546}^{24}$ –120° (c = 0,12; Methanol); 91%. — *Glycyl-L-prolyl-L-alanin, Hemihydrat*, $C_{10}H_{17}N_3O_4 \cdot \frac{1}{2}H_2O$, durch Hydrieren von **IV**; $[\alpha]_{546}^{24}$ –177° (c = 0,08; W.); 96,1%. — *Glycyl-L-prolyl-L-alaninmethylesterhydrobromid*, F. 172–174° (Methanol/Ae.), aus **III** mit HBr/Eisessig; 81,7%. — *Benzyloxycarbonylglycyl-L-prolyl-L-alanylglycyl-L-prolyl-L-alaninmethylester*, $C_{29}H_{40}N_6O_9$, F. 208–210° (Methanol/Äthylacetat), aus **IV** u. vorst. Verb.; $[\alpha]_{546}^{24}$ –167° (c = 0,11; Methanol); 58%. — *Benzyloxycarbonylglycyl-L-prolyl-L-alanylglycyl-L-prolyl-L-alanin* (**V**), $C_{28}H_{38}N_6O_9$, F. 219–220° (Zers.), aus vorst. Verb.; $[\alpha]_{546}^{24}$ –164° (c = 0,1; Methanol); 57%. — *Glycyl-L-prolyl-L-alanylglycyl-L-prolyl-L-alaninmethylesterhydrochlorid*, F. 215–216° (Zers.), durch Hydrieren vorvorst. Verb.; 68%. — *Glycyl-L-prolyl-L-alanylglycyl-L-prolyl-L-alanin*, $C_{20}H_{32}N_6O_7$, durch Hydrieren von **V**; $[\alpha]_{546}^{24}$ –198° (c = 0,1; W.); 56,5%. — *Benzyloxycarbonylglycyl-L-prolyl-L-alanylglycyl-L-prolyl-L-alanylglycyl-L-prolyl-L-alanylglycyl-L-prolyl-L-alanin, Monohydrat*, $C_{48}H_{68}N_{12}O_{15} \cdot H_2O$, F. 252 bis 254° (Zers.), durch Hydrolyse von 0,33 g Ester; $[\alpha]_{546}^{24}$ –242° [c = 0,05; W./Methanol (1:1)]; 200 mg. *Methylester*, $C_{49}H_{70}N_{12}O_{15}$, F. 103–104° (Zers.; verd. Methanol), aus **V** u. vorvorst. Verb.; $[\alpha]_{546}^{24}$ –211° (c = 0,15; 50%ig. Methanol); 35%. — *Glycyl-L-prolyl-L-alanylglycyl-L-prolyl-L-alanylglycyl-L-prolyl-L-alanylglycyl-L-prolyl-L-alanin, Tetrahydrat*, $C_{40}H_{62}N_{12}O_{13} \cdot 4H_2O$, durch Hydrieren vorst. Verb.; $[\alpha]_{546}^{24}$ –284° (c = 0,1; W.); 79%. — *Benzyloxycarbonylglycyl-L-prolylglycin-p-nitro-*

phenylester, $C_{23}H_{24}N_4O_8$, F. 146,5—148° (Isopropanol), durch Veresterung; 93%. — *Glycyl-L-prolylglycin-p-nitrophenylesterhydrobromid*, $C_{15}H_{19}BrN_4O_6$, F. 196 bis 197° (Zers.; Methanol/Isopropanol), aus vorst. Verb. mit HBr/Essigsäure; 52%. — *Poly-[glycyl-L-prolylglycin]*, $(C_9H_{13}N_3O_3)_n$, aus vorst. Verb.; $[\alpha]_D^{25}$ —198° (c = 0,1; Methanol). — *Benzyloxycarbonylglycyl-L-prolyl-L-alanin-p-nitrophenylester*, $C_{24}H_{26}N_4O_8$, F. 153—155° (Dichlormethan/Hexan), durch Veresterung; 63%. — *Glycyl-L-prolyl-L-alanin-p-nitrophenylesterhydrobromid*, $C_{16}H_{21}Br \cdot N_4O_6$, F. 177—178° (Methanol/Ae.), aus vorst. Verb. mit HBr/Essigsäure; 80%. — *Poly-(glycyl-D-prolyl-L-alanin)*, $(C_{10}H_{15}N_3O_3)_n$, aus vorst. Verb.; $[\alpha]_{546}^{24}$ —206° (c = 0,08; W.); 33% W. Hampel 3800△

1201 **Trifluoracetatmethode zur Peptidsynthese.** 2. Mitt. **Geeignete Synthese von Bradykinin.** Shumpei Sakakibara und Noriyoshi Inukai. (Bull. chem. Soc. Japan **39**, 1567—72, 1966; Inst. for Protein Res., Osaka Univ., Kita-ku, Osaka; engl.) — 1. vgl. C. **1968**, **49/50-1151**. — Bei der Unters. von Trifluoressigsäure-p-nitrophenylester (I), -2.4.5-trichlorphenylester (II) u. N-Hydroxysuccinimidtrifluoracetat (III) im Andersonschen Racemisierungstest erwies sich nur **III** gegen eine Racemisierung resistent. Dagegen erweisen sich **I** u. **II** für eine Fragmentkondens. mit Acylpeptiden, die am C-Terminus einen Glycin oder Prolinrest enthalten, als sehr geeignet. Mittels dieser Meth. ist eine Synth. von *Bradykinin* möglich.

Versuche: *g-Nitro-L-argininbenzylesterditosylat*, $C_{27}H_{35}N_5O_{10}S_2$, F. 132—134° (Ae./Methanol), durch 7—10std. Kochen von g-Nitro-L-arginin mit p-Toluolsulfonsäuremonohydrat in Benzylalkohol/$CHCl_3$ unter Abscheidung von W.; $[\alpha]_D^{24}$ +11,7° (c = 3; Py.); 88,7%. — *tert.-Amyloxycarbonyl-L-phenylalanin-p-nitrophenylester* (**IV**), F. 127—127,5° (Äthylacetat/PAe.), aus tert.-Amyloxycarbonyl-L-phenylalanin mit **I** in Py. bei Raumtemp.; $[\alpha]_D^{24}$ —14,8° (c = 1,4; A.); 65%. — *tert.-Amyloxycarbonyl-L-phenylalanin-g-nitro-L-argininbenzylester*, $C_{28}H_{38}N_6O_7$, F. 120—124° (Essigsäureäthylester/PAe.), durch 60std. Stehen von **IV** mit vorvorst. Verb. in DMF/Triäthylamin; $[\alpha]_D^{23}$ —15,8° (c = 3; A.); 90%. — *tert.-Amyloxycarbonyl-L-prolyl-L-phenylalanyl-g-nitro-L-argininbenzylester* (**V**), $C_{33}H_{45}N_7O_8$, F. 80—86° (Essigsäureäthylester/Ae.), durch Umsetzen vorst. Verb. mit Trifluoressigsäure, Fällen mit Ae., Trocknen u. Rk. des *L-Phenylalanyl-g-nitro-L-argininbenzylester-trifluoracetats* mit tert.-Amyloxycarbonyl-L-prolin in Py.; $[\alpha]_D^{21}$ —39,6° (c = 1; A.); 90,5%. — *tert.-Amyloxycarbonyl-L-phenylalanyl-L-serinmethylester*, $C_{19}H_{28}N_2O_6$, F. 60—90° (Essigsäureäthylester/PAe.), durch 20std. Stehen von **IV** mit L-Serinmethylesterhydrochlorid in DMF/Triäthylamin bei Raumtemp.; $[\alpha]_D^{25}$ —3,2° (c = 1; DMF); 97,5%. — *tert.-Amyloxycarbonyl-L-phenylalanyl-L-serinhydrazid*, $C_{18} \cdot H_{28}N_4O_5$, F. 175—177° (A.), durch 2std. Stehen vorst. Verb. mit 90%ig. Hydrazinhydrat in A.; $[\alpha]_D^{25}$ —4° (c = 1; DMF); 88%. — *tert.-Amyloxycarbonyl-L-phenylalanyl-L-seryl-L-prolyl-L-phenylalanyl-g-nitro-L-argininbenzylester* (**VI**), $C_{45}H_{59}N_9O_{11}$, F. 100—115° (Methanol/Ae.), durch Umsetzen von **V** mit Trifluoressigsäure zum Trifluoracetat u. Kondens. mit vorst. Verb. nach Umwandlung in das Azid; $[\alpha]_D^{22}$ —38,2° (c = 0,5; DMF); 70%. — *tert.-Amyloxycarbonyl-L-prolyl-L-prolin*, $C_{16}H_{26}N_2O_5$, F. 155—158°, durch Umsetzen von **I** mit tert.-Amyloxycarbonyl-L-prolin in abs. Py. bei Raumtemp. u. Rk. mit L-Prolinbenzylesterhydrochlorid in Triäthylamin/$CHCl_3$; aus Essigsäureäthylester/PAe. Prismen; $[\alpha]_D^{21}$ —112,8° (c = 1; A.); 81%. — *tert.-Amyloxycarbonyl-L-prolyl-L-prolylglycin*, $C_{18}H_{29}N_3O_6$, aus dem Hydrat bei 110°. *Monohydrat*, $C_{18}H_{29}N_3O_6 \cdot H_2O$, F. 110—113°, a) durch 1tägiges Stehen von Glycinbenzylestertosylat mit vorst. Verb. in $CHCl_3$/Triäthylamin in Ggw. von Dicyclohexylcarbodiimid, Abtrennen des Dicyclohexylharnstoffs u. Hydrieren; $[\alpha]_D^{21}$ —132,8° (c = 1; A.); 80,5%; b) analog a) in Ggw. von **I**; 88%; c) analog a) in Ggw. von **II**; 62%; d) analog a) in Ggw. von **III**; 86%. — *tert.-Amyloxycarbonyl-L-prolyl-L-prolylglycyl-L-phenylalanyl-L-seryl-L-prolyl-L-phenylalanyl-g-nitro-L-argininbenzylester*, $C_{59}H_{78} \cdot N_{12}O_{14}$, F. 125—130° (Essigsäureäthylester/Ae.), a) durch Umsetzen von **VI** mit Trifluoressigsäure, Fällen des Trifluoracetates u. 2—3std. Stehen mit vorst. Verb. in Py. in Ggw. von **I** bei Raumtemp.; $[\alpha]_D^{22}$ —46,8° (c = 0,5; DMF); 77%; b) analog a) unter Verw. von **III**; 76%. — *Tricarbobenzoxy-L-arginin-L-prolyl-L-prolyl-glycyl-L-phenylalanyl-L-seryl-L-prolyl-L-phenylalanyl-g-nitro-L-argininbenzylester*, $C_{81}H_{96}N_{16}O_{19}$, F. 115—118° (Essigsäureäthylester/Ae.), durch Einw. von Trifluoressigsäure auf vorst. Verb. u. Rk. mit Tricarbobenzoxy-L-argininbenzylester in DMF/Triäthylamin; $[\alpha]_D^{22}$ —44,5° (c = 0,5; DMF); 61%. — *Bradykinintriacetat*, $C_{50}H_{73}N_{15}O_{11} \cdot 3CH_3COOH$, durch Hydrieren von 25 mg vorst. Verb. an Pd in Methanol/Essigsäure; 16,7 mg. W. Hampel 3800△

1202 **Verwendung von Polymeren als chemische Reagentien.** 1. Mitt. **Darstellung von Peptiden.** Mati Fridkin, Abraham Patchornik und Ephraim Katchalski. (J. Amer. chem. Soc. **88**, 3164—65, 1966; Dep. of Biophys., The Weizmann Inst. of Sci., Rehovoth, Israel; engl.) — Unlösl., hochmol., aktive *Polyester* (**A**) werden durch Umsetzung von mit Divinylbenzol vernetztem Poly-(4-hydroxy-3-nitrostyrol) (**I**) mit Säurechloriden bzw. aus **I** mit N-blockierten Aminosäuren oder Peptiden nach der DCC-Meth. gewonnen. Umsetzung von **A** mit carboxylblockierten Aminosäuren bzw. Peptiden führt unter Rückbldg. von **I** zu *Peptiden*. Gegenüber dem Merrifield-Verf. ist bei dieser Meth. eine bessere Reinigung der Rk.-Prod. möglich, die Ausb. sind höher u. die Rk.-Zeit verkürzt.

Versuche: (Z = Benzyloxycarbonyl-, Ac = Acetylgruppe, OPnb = -p-nitrobenzylester, OBz = -benzylester) *Polyester* (**A**) aus mit 4% Divinylbenzol vernetztem Poly-(4-hydroxy-3-nitrostyrol) (**I**) u. einer Carbonsäure, a) durch Rk. von **I** mit einem Carbonsäurechlorid in DMF in Ggw. von Py. (Meth. **B**); b) aus **I** mit N-blockierten Aminosäuren bzw. Peptiden in DMF nach der DCC-Meth. (Meth. **C**). *Polyester* **II**, aus **I** u. Acetylchlorid nach **B**. — *Polyester* **III**, aus **I** u. Benzoylchlorid nach **B**. — *Polyester* **IV**, aus **I** u. Z-Phe nach **C**. — *Polyester* **V**, aus **I** u. Z-Ile nach **C**. — *Polyester* **VI**, aus **I** u. Z-Pro nach **C**. — *Polyester* **VII**, aus **I** u. Z-(S-Z-Cys) nach **C**. — *Polyester* **VIII**, aus **I** u. Z-(α-O-benzyl-Glu) nach **C**. — *Ac-(Ala)$_3$-OPnb*, F. 226°, aus **II** u. $(Ala)_3$OPnb (**IX**); $[\alpha]_D^{25}$ —28,9° (c = 0,58; DMF). — *Benzoyl-(Ala)$_3$-OPnb*, F. 216—218°, aus **III** u. **IX**; $[\alpha]_D^{25}$ +2,9° (c = 0,7; DMF). — *Z-(S-Z-Cys)-Gly-OBz* (**X**), F. 116—118°, aus **VII** u. Gly-OBz (**XI**); $[\alpha]_D^{25}$ —45,3° (c = 1,3; DMF); 98% (Ausb.). — *Z-Pro-Gly-OBz*, F. 87—88°, aus **VI** u. **XI**; 90%. — *Z-Ile-(Ala)$_3$-OPnb*, a) F. 258—260°, aus **V** u. **IX**; $[\alpha]_D^{25}$ —91,1° (c = 0,34; Dichloressigsäure); 71%; b) F. 261—265°, nach der DCC-Meth.; $[\alpha]_D^{25}$ —90,5° (c = 0,46; Dichloressigsäure). — *(S-Z-Cys)-Gly-OBz*, aus **X** mit HBr in Eisessig. — *Z-(α-O-benzyl-Glu)-(S-Z-Cys)-Gly-OBz*, F. 156°, aus **VIII** u. vorst. Verb.; $[\alpha]_D^{25}$ —35,5° (c = 1; Methanol); 85%. — *Z-(Phe)$_2$-Ala-OPnb*, F. 159°, durch Rk. von Ala-OPnb mit **IV**, Acidolyse des gebildeten *Z-Phe-Ala-OPnb* mit HBr/Eisessig zu *Phe-Ala-OPnb*, Neutralisation mit Triäthylamin in DMF u. weitere Rk. mit **IV**; $[\alpha]_D^{25}$ —26,8° (c = 0,9; DMF); 84%. — *Z-(Phe)$_3$-NH$_2$*, F. 227°, in einer der vorst. Verb. analogen Weise; $[\alpha]_D^{25}$ —31,5° (c = 0,8; DMF); 81%. R. Becker 3800△

1203 **Studien in der Vitamin-K- und Vitamin-E-Reihe.** 15. Mitt. **Synthese der 2.9.10.14-Tetramethyl-14-hydroxy-Δ^{15}-hexadecensäure und verwandter Verbindungen.** J. Weichet und L. Bláha. (Collect. czechoslov. chem. Commun. **31**, 2424—33, 1966; Prag, Forschungsinst. für Pharm. u. Biochem.; dt.) — 18. vgl. C. **1969**, **4-1386**. — Um den Stoffwechsel des Tocopherols zu untersuchen, wurde zur Synth. von Tocopherolderiv. die aliphat. Komponente synthetisiert. IR- u. UV-Maxima s. Original.

Versuche: *2-Methyl-6-oxoheptansäuresemicarbazon*, $C_9H_{17}N_3O_3$, F. 137—139°, aus 2-Methyl-6-oxoheptansäure (**I**) mit Semicarbazidhydrochlorid bei pH 5; 92% (Ausb.). — *2.6-Dimethyl-6-hydroxyoctin-(7)-säure* (**II**), $C_{10}H_{16}O_3$, Kp.$_{0,05}$ 110°, durch Einleiten von Acetylen in mit Na versetztes fl. NH_3 in Ggw. von $Fe(NO_3)_3$, Rk. mit **I** in Ae., 2,5std. Einleiten von Acetylen, Abdampfen des NH_3 bei Raumtemp. u. Zugabe von Eis/

H_2SO_4; 84%. — *2.6-Dimethyl-6-hydroxyocten-(7)-säure* (III), $C_{10}H_{18}O_3$, Kp.$_{0,07}$ 112–113°, durch Hydrieren von 49 g II in Bzl. an Lindlar-Katalysator unter Zusatz von Chinolin; 50 g (Rohprod.). — *2.6-Dimethyl-10-oxoundecen-(6)-säure* (IV), $C_{13}H_{22}O_3$, Kp.$_{0,1}$ 137–140°, a) durch Rk. der durch Einleiten von HCl in benzol. III entstandenen Lsg. von *2.6-Dimethyl-8-chlorocten-(6)-säure* mit Natriumacetessigester in Methanol; 65%; b) durch Erwärmen von 46,5 g III, 71,5 g Acetessigester u. 0,5 g Aluminiumisopropylat; 21,6 g. — *2.6-Dimethyl-10-oxoundecansäure* (V), $C_{13}H_{24}O_3$, Kp.$_{0,07}$ 126–128°, a) durch Hydrieren von IV an Pd/C unter schwachem Überdruck in Methanol; 90%; b) durch Rk. von 23 g II mit 90%ig. Acetanhydrid in Ggw. von Sulfosalicylsäure, Versetzen mit Eisessig u. Na_2CO_3, Erwärmen auf 90°, Zusatz von Ag_2CO_3, Erwärmen auf 90°, Zusatz von Aceton u. Hydrieren an 10%ig. Pd/C; 5 g. *Semicarbazon*, $C_{14}H_{27}N_3O_3$, F. 105 bis 108°. — *2.6.10-Trimethyl-10-hydroxydodecin-(11)-säure* (VI), $C_{15}H_{26}O_3$, Kp.$_{0,03}$ 133–134°, analog II aus V; 92,5%. — *2.6.10-Trimethyl-10-hydroxydodecen-(11)-säure* (VII), $C_{15}H_{28}O_3$, Kp.$_{0,06}$ 138–140°, analog III aus VI; 93,2%. — *2.6.10-Trimethyl-14-oxopentadecen-(10)-säure* (VIII), $C_{18}H_{32}O_3$, Kp.$_{0,08}$ 158–161°, analog IV nach a) aus VII; 71,3%. — *2.6.10-Trimethyl-14-oxopentadecansäure* (IX), $C_{18}H_{34}O_3$, Kp.$_{0,05}$ 150–153°, analog V aus VIII; 87,5%. — *2.6.10.14-Tetramethyl-14-hydroxyhexadecin-(15)-säure* (X), $C_{20}H_{36}O_3$, Kp.$_{0,01}$ 150–153°, analog II aus IX; 77,5%. — *2.6.10.14-Tetramethyl-14-hydroxyhexadecen-(15)-säure* (XI), $C_{20}H_{38}O_3$, Kp.$_{0,01}$ 150–153°, analog III aus X; 90%. — *2.6.10.14-Tetramethylhexadecadien-(13.15)-säure*, $C_{20}H_{36}O_2$, Kp.$_{0,01}$ 130–131°, durch Kochen von 5 g XI mit $KHSO_4$ in Toluol, azeotrope Dest., Dest. u. Chromatographie an Silicagel; 3,1 g. — *2.6.10-Trimethyldodecadien-(9.11)-säure*, $C_{15}H_{26}O_2$, Kp.$_{0,03}$ 117°, analog vorst. Verb. aus 6 g VII; 3,9 g. — *2.6-Dimethyloctadien-(5.7)-säure* (XII), $C_{10}H_{16}O_2$, Kp.$_{0,05}$ 82°, analog vorst. Verb. aus 23 g III; 11 g; daneben *2.6-Dimethyl-5-hydroxyocten-(7)-säurelacton* (XIII), $C_{10}H_{16}O_2$, Kp.$_{0,05}$ 62°; 3,5 g. — *3-Methyl-6-[1-methylpropen-(2)-yl]-tetrahydropyran*, $C_{10}H_{18}O$, Kp.$_{10}$ 72°, durch Kochen von XIII mit $LiAlH_4$ in Ae.; 70,6% (Rohprod.).
W. Brendel 3850

1204 **Studien in der Vitamin-K- und Vitamin-E-Reihe. 16. Mitt. Synthese der „(±)-α-Tocopherolsäure" und ihre niedrigeren Homologen und Derivate.** J. Weichet, L. Bláha, B. Kakáč und J. Hodrová. (Collect. czechoslov. chem. Commun. **31**, 2434–43, 1966; dt.) — 15. vgl. vorst. Referat. — Es wurden α-Tocopherolanaloge u. niedere Homologe synthetisiert, die sich vom (±)-α-Tocopherol durch Ersatz der endständigen Methylgruppe der Seitenkette durch eine Carboxylgruppe unterscheiden. Durch oxydative Öffnung des Chromanringes wurden die entsprechenden Benzochinone erhalten. IR- u. UV-Maxima s. Original.

Versuche: *2.5.7.8-Tetramethyl-6-acetoxy-2-[4.8.12-trimethyl-12-carboxydodecyl]-chroman* (I), $C_{31}H_{50}O_5$, Kp.$_{0,001}$ 223–227°, a) durch 4,5std. Rk. von Trimethylhydrochinon (II) mit 2.6.10.14-Tetramethyl-14-hydroxyhexadecen-(15)-säure (Isophytholsäure) in Ggw. von $ZnCl_2$ u. BF_3-Ätherat in Eisessig unter N_2 bei 90°, Zers. mit W., Ausschütteln mit Ae., Eindampfen im Vakuum u. Rk. mit Acetanhydrid in Py.; 69,3% (Ausb.); b) durch Rk. von 0,6 g V mit Acetanhydrid in Py. bei 60°; 0,6 g. — *2.5.7.8-Tetramethyl-6-acetoxy-2-[4.8-dimethyl-8-carboxyoctyl]-chroman* (III), $C_{26}H_{40}O_5$, Kp.$_{0,1}$ 214–218°, analog I aus II u. 2.6.10-Trimethyl-10-hydroxydodecen-(11)-säure (VII); 45,5%. — *2.5.7.8-Tetramethyl-6-acetoxy-2-[4-methyl-4-carboxybutyl]-chroman* (IV), $C_{21}H_{30}O_5$, F. 119 bis 132°, Kp.$_{0,05}$ 185–187°, a) analog I aus II u. 2.6-Dimethyl-6-hydroxyocten-(7)-säure; 71,2%; b) analog I aus II u. 2.6-Dimethyloctadien-(5.7)-säure; 59,3%. — *2.5.7.8-Tetramethyl-6-hydroxy-2-[4.8.12-trimethyl-12-carboxydodecyl]-chroman* (V), $C_{29}H_{48}O_4$, a) durch Schütteln von 3,25 g 2.6.10.14-Tetramethyl-14-hydroxyhexadecen-(15)-säure mit konz. HCl bei Raumtemp., Ausschütteln der entstandenen *2.6.10.14-Tetramethyl-16-chlorhexadecen-(14)-säure* mit Bzl., Waschen mit NaCl-Lsg., Trocknen u. Kochen mit II unter Zusatz von BF_3-Ätherat unter N_2; 2,8 g; b) durch Kochen von I in 2 n methanol. KOH unter N_2; 100%. — *2.5.7.8-Tetramethyl-6-hydroxy-2-[4.8-dimethyl-8-carboxyoctyl]-chroman* (VI), $C_{24}H_{38}O_4$, Kp.$_{0,001}$ 193–195°, durch Rk. von II mit VII unter Zusatz von $ZnCl_2$ u. BF_3-Ätherat in Eisessig unter N_2 bei 90–95°; 65,5%. — *2.5.7.8-Tetramethyl-6-hydroxy-2-[4-methyl-4-carboxybutyl]-chroman* (VIII), $C_{19}H_{28}O_4$, F. 100 bis 103° (50% Methanol), analog V nach b) aus 12 g IV; 11 g. — *2.5.7.8-Tetramethyl-6-hydroxy-2-[4.8.12-trimethyl-12-methoxycarbonyldodecyl]-chroman* (IX), $C_{30}H_{50}O_4$, Kp.$_{0,005}$ 181–183°, durch Rk. von 9,5 g V mit CH_2N_2 in 50%ig. Überschuß < 0° in Ae.; 9,7 g. — *2.5.7.8-Tetramethyl-6-hydroxy-2-[4.8-dimethyl-8-methoxycarbonyloctyl]-chroman*, $C_{25}H_{40}O_4$, Kp.$_{0,001}$ 178–179°, analog IX aus 10,5 g VI; 10,7 g. — *2.5.7.8-Tetramethyl-6-hydroxy-2-[4-methyl-4-methoxycarbonylbutyl]-chroman*, $C_{20}H_{30}O_4$, Kp.$_{0,001}$ 145°, analog IX aus 7 g VIII; 7,1 g. — *2.5.7.8-Tetramethyl-6-acetoxy-2-[4.8.12-trimethyl-12-methoxycarbonyldodecyl]-chroman*, $C_{32}H_{52}O_5$, Kp.$_{0,001}$ 180°, analog IX aus 1 g I; 1 g. — *2.5.7.8-Tetramethyl-6-acetoxy-2-[4.8-dimethyl-8-methoxycarbonyloctyl]-chroman*, $C_{27}H_{42}O_5$, Kp.$_{0,001}$ 165°, analog IX aus 0,8 g III; 0,8 g. — *2.5.7.8-Tetramethyl-6-acetoxy-2-[4-methyl-4-methoxycarbonylbutyl]-chroman*, $C_{22}H_{32}O_5$, Kp.$_{0,03}$ 158°, analog IX aus 1 g IV; 1 g. — *2.5.6-Trimethyl-3-[3-hydroxy-3.7-dimethyl-7-carboxyheptyl]-1.4-benzochinon* (X), $C_{19}H_{28}O_5$, Zers. > 100°, durch Ox. von 2,72 g VIII mit $Ce(SO_4)_2$ in wss. H_2SO_4; 2,4 g. — *2.5.6-Trimethyl-3-[3-hydroxy-3.7.11.15-tetramethyl-15-carboxypentadecyl]-1.4-benzochinon*, $C_{29}H_{48}O_5$, analog X aus 2 g V; 2 g. — *8-[2.4.5-Trimethyl-3.6-diacetoxyphenyl]-2.6-dimethyl-6-hydroxyoctansäurelacton*, $C_{23}H_{32}O_6$, durch Red. von 1 g X mit Zn-Staub in Acetanhydrid/Eisessig u. Py. u. Chromatographie an Silicagel; 0,7 g; daneben *2.5.6-Trimethyl-3-[3.7-dimethyl-7-carboxyhepten-(2 oder 3)-yl]-benzochinondiacetat*, $C_{23}H_{32}O_6$; 0,5 g (Kp.$_{0,001}$ 198–202°; Gemisch). W. Brendel 3850

1205 **Polyacetylenverbindungen. 106. Mitt. Über einige neue Acetylenverbindungen aus der Gattung Anthemis L.** Ferdinand Bohlmann und Käthe-Marie Kleine. (Chem. Ber. **99**, 2096–2103, 1966; Organ. Chem. Inst. der TU Berlin; dt.) — 105. vgl. C. **1969**, 4-1426. — Aus 100 g Wurzeln von *Anthemis tinctoria* L. wurden mit Ae./PAe. isoliert: 600 mg *cis.cis.cis-5-Methylmercaptodecatrien-(2.4.6)-in-(8)-säuremethylester*, 45 mg *cis-Decen-(2)-triin-(4.6.8)-säuremethylester* (I), 5 mg *2-trans-4-cis-4-Methylmercapto-decadien-(2.4)-diin-(6.8)-säuremethylester* [II, F. 112° (Ae./PAe.); gibt mit Monoperphthalsäure in Ae. (Meth. A) *2-trans-4-cis-4-Methylsulfonyl-decadien-(2.4)-diin-(6.8)-säuremethylester*, F. 137–139° (Ae./PAe.)], 250 mg *2-cis-4-trans-4-Methylmercapto-decadien-(2.4)-diin-(6.8)-säuremethylester*, $C_{12}H_{12}O_2S$, F. 70,5° (PAe.) [gibt nach A *2-cis-4-trans-4-Methylsulfonyl-decadien-(2.4)-diin-(6.8)-säuremethylester*, $C_{12}H_{12}O_4S$, F. 94,5° (Ae./PAe.) bzw. durch UV-Bestrahlung II, III u. *trans.trans-4-Methylmercapto-decadien-(2.4)-diin-(6.8)-säuremethylester* [F. 76–78° (Ae./PAe.); gibt nach A *trans.trans-4-Methylsulfonyl-decadien-(2.4)-diin-(6.8)-säuremethylester*, F. 88–90° (Ae./PAe.)], 7 mg *cis.cis-4-Methylmercapto-decadien-(2.4)-diin-(6.8)-säuremethylester* [III; gibt nach A *cis.cis-4-Methylsulfonyl-decadien-(2.4)-diin-(6.8)-säuremethylester*; F. 76–78° (Ae./PAe.)], 30 mg *cis.cis-9-Methylmercapto-decadien-(2.8)-diin-(4.6)-säuremethylester*, 5 mg *cis.cis-7-Methylmercapto-decadien-(2.6)-diin-(4.8)-säuremethylester* (IV), 10 mg *2-cis-8-trans-10-trans-Heptadecatetraen-(2.8.10.16)-diin-(4.6)-ol-(1)* u. 10 mg *cis.cis-Heptadecatrien-(2.9.16)-diin-(4.6)-ol-(1)* [gibt durch MnO_2-Ox. in Ae. *cis.cis-Heptadecatrien-(2.9.16)-diin-(4.6)-aldehyd* bzw. durch Hydrieren an Pd–$BaSO_4$ u. folgendem Acetylieren mit Acetanhydrid *n-Heptadecanol-(1)-acetat*]. Aus 1,6 kg Wurzeln von *Anthemis ruthenica* Bieb. werden isoliert: 5 mg *trans-Decen-(2)-triin-(4.6.8)-säuremethylester*, 60 mg I, 10 mg *2-cis-4-trans-5-Methylmercapto-decadien-(2.4)-diin-(6.8)-säuremethylester* [gibt nach A *2-cis-4-trans-5-Methylsulfonyl-decadien-(2.4)-diin-(6.8)-säuremethylester*, F. 86° (CCl_4)], 25 mg *cis.cis-5-Methylmercapto-decadien-(2.4)-diin-(6.8)-säuremethylester*, 70 mg *cis.cis.cis-5-Methylmercapto-decatrien-(2.4.6)-in-(8)-säuremethylester*, 1 mg IV, 2 mg *2-cis-6-trans-7-Methylmercapto-decadien-(2.6)-diin-(4.8)-säuremethylester*, 3 mg *2-trans-6-cis-7-Methylmercapto-decadien-(2.6)-diin-(4.8)-säuremethylester*, 10 mg *Artemisiaketon*, 4 mg *Artemisiaalkohol* u.

10 mg *Tetradecadien-(4.6)-triin-(8.10.12)-ol-(1)-acetat.* Aus 205 g Wurzeln von *Anthemis rudolfiana* hort. wurden isoliert: 400 mg *cis.cis-Matricariaester*, 30 mg Lacton V, 20 mg *cis-8.9-Epoxy-heptadecadien-(1.15)-diin-(11.13)-ol-(10)* [gibt durch Hydrolyse u. nachfolgende Ox. mit HJO_4 u. Red. mit $NaBH_4$ ein *Gemisch aus Octen-(7)-ol-(1)* u. *Octen-(6)-diin-(2.4)-ol-(1)*, dessen Hydrierung *n-Octylalkohol* liefert] u. 5 mg *cis.cis-Matricariasäure* [F. 97—98° (Ae./PAe.)]. UV-, IR- u. KMR-Spektraldaten vgl. Original. P. Kieselack 3950△

V 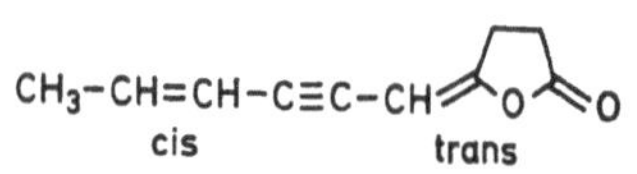

1206 **Polyacetylenverbindungen.** 108. Mitt. **Über die Inhaltsstoffe von Artemisia pedemontana Balb.** Ferdinand Bohlmann und Käthe-Marie Rode. (Chem. Ber. **99,** 2416—18, 1966; Organ. Chem. Inst. der TU Berlin; dt.) — 107. vgl. C. **1969,** 2-1396; 106. vgl. vorst. Referat. — Aus den Wurzeln der Titelpflanze werden durch Extrahieren mit Ae./PAe. neben den bekannten Spiroketalen *cis*-**I**, *trans*-**I**, *cis*-**II**, **III** [F. 127° (Ae./PAe.); die axiale Stellung der Acetoxygruppe wurde nunmehr durch NMR-Unters. bestätigt] zwei neue Ester *cis*-**IV**

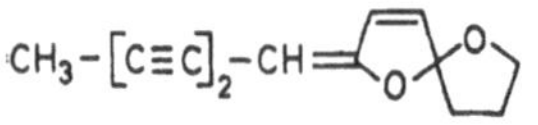
I

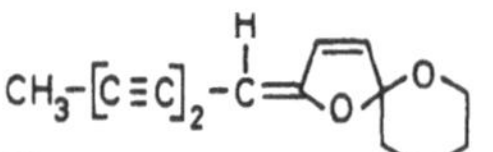
II

III 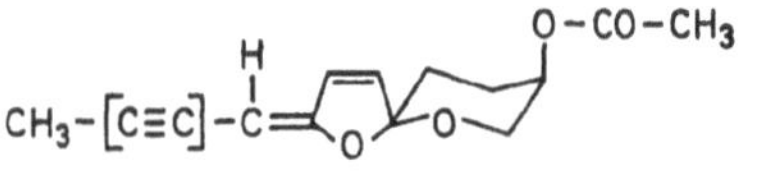

IV 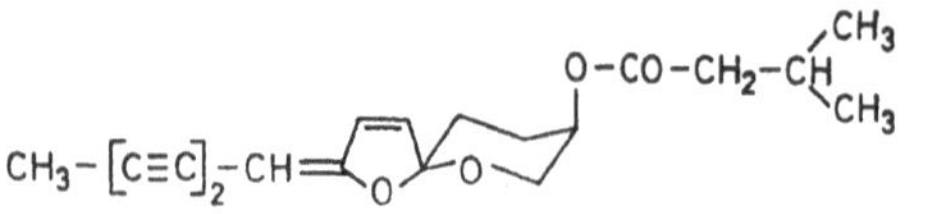

[$C_{19}H_{22}O_4$; F. 87—88° (PAe.)] u. *trans*-**IV** [$C_{19}H_{22}O_4$; F. 93—94° (PAe.)] isoliert. Cis-**IV** isomeriert sich bei UV-Bestrahlung in Ggw. von J_2 in Ae. zur trans-Verbindung. UV-, IR- u. NMR-Daten vgl. Original. P. Kieselack 3950△

1207 **Flüchtige pflanzliche Stoffe.** 147. Mitt. **Struktur von Diepoxy-alloocimenen, Elgenolen und Elgenonen.** Yves-René Naves und Pierre Ardizio. (Helv. chim. Acta **49,** Sonderh. Emile Cherbuliez 617—24, 1966; Genève, Givaudan Société Anonyme, Labor. de Rech.; franz.) — Die Struktur von Diepoxy-alloocimen (vgl. Y. R. Naves, L. Désalbres u. P. Ardizio, Bull. Soc. chim. France **1956,** 1768) wird durch chem. u. spektroskop. Befunde als *2.3;6.7-Diepoxy-2.6-dimethylocten-(4)* (**I**) aufgeklärt. **I** ist durch Hydrieren in Ggw. von Raney-Ni bzw. $LiAlH_4$-Red. in *2.6-Dimethylocten-(4)-diol-(2.7)* überführbar, das zu *2.6-Dimethyloctandiol-(2.7)* hydrierbar ist, aus dem durch W.-Abspaltung ein Gemisch von α- u. *β-Elgenol* [*2.6-Dimethylocten-(1)-ol-(7)* u. *-octen-(2)-ol-(7)*] hervorgeht, die durch Beckmann-Reagenz zu den entsprechenden *Ketonen* oxydierbar sind. α- u. β-Elgenol u. α- u. β-Elgenon sind zu ihren *Dihydro-Deriv.* hydrierbar. Aus 2.6-Dimethyloctanon-(7) u. Methyl-MgJ ist *2.6.7-Trimethyloctanol-(7)* zugänglich.

Versuche: *trans.trans-Diepoxy-alloocimen* (*trans.trans*-**I**), $C_{10}H_{16}O_2$, Kp.$_{2,8}$ 77—78°, nach Y. R. Naves, L. Désalbres u. P. Ardizio, Bull. Soc. chim. France **1956,** 1768; n_D^{20} 1,4617; $D._4^{20}$ 0,9526; daneben die *trans.cis-Verb.* (*trans.cis*-**I**), $C_{10}H_{16}O_2$, Kp.$_{2,8}$ 78—79°; n_D^{20} 1,46235; $D._4^{20}$ 0,9539; Isomerenverhältnis trans.trans/trans.cis 60:40; Gesamtausb. 65%. — *2.6-Dimethylocten-(4)-diol-(2.7), cis-trans-Gemisch*, a) aus dem vorst. trans.trans/trans.cis-Gemisch (Gemisch **A**) durch Hydrieren in Ggw. von Raney-Ni; b) durch Red. von Gemisch **A** mit $LiAlH_4$; daneben Gemisch von α- u. *β-Elgadienolen* (*threo-* u. *erythro-Formen*), [*α-Form*, Kp.$_{1,8}$ 72—73°; n_D^{20} 1,4699; $d._4^{20}$ 0,8706; *β-Form*, Kp.$_2$ 74—75°; n_D^{20} 1,49495; $d._4^{20}$ 0,8758; 5—7% im Gemisch]. — *2.6-Dimethyloctandiol-(2.7)*, durch Hydrieren vorst. Verbindung. — *α-Elgenon* [*2.6-Dimethylocten-(1)-on-(7)*], $C_{10}H_{18}O$, Kp.$_8$ 77°, durch W.-Abspaltung aus vorst. Verb. durch Kochen mit H_3PO_4, Ox. des entstandenen Gemischs von α- u. *β-Elgenol* mit Beckmann-Reagenz, Überführung in die *Semicarbazone* ($C_{11}H_{21}N_3O$, F. des Gemisches 68,5—69°; durch Kristallisation aus 20%ig. wss. Methanol *α-Form*, F. 103,5—104°; *β-Form* 73—74,5°) u. Überführung in das freie *Keton* durch Rk. von 28 g mit Phthalsäureanhydrid in W./Propandiol-(1.2); n_D^{20} 1,4400; $D._4^{20}$ 0,8469, 19,2 g. — *β-Elgenon* [*2.6-Dimethylocten-(2)-on-(7)*], $C_{10}H_{18}O$, Kp.$_8$ 77—78°, analog aus 34 g vorst. beschriebenem Semicarbazon-Gemisch; n_D^{20} 1,4439; $D._4^{20}$ 0,8481; 34,4 g. — *α-Elgenol* [*2.6-Dimethylocten-(1)-ol-(7)*], *threo-erythro-Gemisch*, $C_{10}H_{20}O$, Kp.$_{1,2}$ 70—71°, durch Red. von 12 g α-Elgenon mit $LiAlH_4$ in Ae.; n_D^{20} 1,45215; $D._4^{20}$ 0,8535; 11,5 g. — *β-Elgenon* [*2.6-Dimethylocten-(2)-ol-(7)*], *erythro-threo-Gemisch*, $C_{10}H_{20}O$, Kp.$_{1,1}$ 72—72,5°, analog aus 17 g β-Elgenol; n_D^{20} 1,4561; $D._4^{20}$ 0,8561; 15,5 g. — *2.6-Dimethyloctanol-(7)*, $C_{10}H_{22}O$, Kp.$_{1,4}$ 65 bis 65,5°, durch Hydrieren eines Gemisches von α- u. β-Elgenol in Ggw. von Raney-Ni bei 100—110° u. 10 kg/cm²; n_D^{20} 1,43495; $D._4^{20}$ 0,8292. — *2.6-Dimethyloctanon-(7)*, aus vorst. Verb. u. Beckmann-Reagenz. — *2.6.7-Trimethyloctanol-(7)*, $C_{11}H_{24}O$, Kp.$_{2,8}$ 74—75°, aus vorst. Verb. u. Methyl-MgJ; n_D^{20} 1,4389; $D._4^{20}$ 0,8338; 95%. G. Ziebarth 3950△

1208 **Chemie brasilianischer Guttiferae.** 5. Mitt. **2.3.4- und 1.3.5-trihydroxylierte Xanthone aus Kielmeyer-Spezies.** O. R. Gottlieb, M. Taveira Magalhães, M. Camey, A. A. Lins Mesquita und D. de Barros Corrêa. (Tetrahedron [London] **22,** 1777—84, 1966; Dep. de Chim. Org., Univ. de Brasilia, Brasila, Brasil; engl.) — 2. vgl. C. **1966,** 41-1358. — *4-Methoxy-2.3-methylendioxyxanthon, 4-Hydroxy-2.3-methylendioxyxanthon, 2.3-Dimethoxy-4-hydroxyxanthon* (**II**), *3.4-Dihydroxy-2-methoxyxanthon, 1.3-Dimethoxy-5-hydoxyxanthon* (**IV**) u. *1.5-Dihydroxy-3-methoxyxanthon* werden aus zwei Kielmeyer-Spezies isoliert. Die Strukturen der Verb. werden durch Umwandlungen u. mit Hilfe spektralanalyt. Meth. ermittelt; Aufarbeitung durch Säulenchromatographie.

Versuche: *2.3-Methylendioxy-4-methoxyxanthon*, (**I**), $C_{15}H_{10}O_5$, F. 237—238° (Aceton), a) durch Extraktion von 10 kg *Kielmeyera coriacea Mart.* bzw. von *K. corymbosa* (*Spr.*) mit A.; 1,6 g bzw. 0,2 g (Ausb.); b) aus nachst. Verb. mit Diazomethan. — *4-Hydroxy-2.3-methylendioxyxanthon*, F. 298—299° (A.), neben **I** nach a). — *2.3-Dimethoxy-4-hydroxyxanthon* (**II**), $C_{15}H_{12}O_5$, F. 218—219° (A.), neben **I** nach a), $[\alpha]_D^{25}$ 0° (c = 26,1; A.). *Acetylderiv.*, F. 160—162° (A.), aus 100 mg **II** mit Essigsäureanhydrid/Py.; 75 mg. *Methyläther*, F. 153 bis 155°, a) aus **II** mit Dimethylsulfat; b) aus nachst. Verb. bzw. **III** oder **II** mit Diazomethan. — *3.4-Dihydroxy-2-methoxyxanthon*, F. 243—245° (A.), a) neben **I** nach a); b) aus vorst. Methyläther mit konz. H_2SO_4. — *2-Methoxy-3.4-methylendioxyxanthon*, F. 232—233° (A.), aus 1,5 g vorst. Verb. mit Dijodmethan; 150 mg. — *2.3.4-Trihydroxyxanthon* (**III**), a) aus **II** mit $AlCl_3$/ Benzol. *Triacetylderiv.*, F. 169—170° (A.), aus **III** mit Py./Essigsäureanhydrid. — *1.3-Dimethoxy-5-hydroxyxanthon* (**IV**), $C_{15}H_{12}O_5$, F. 263—265° (A.), neben **I** nach a). *Methyläther*, F. 223—225°, a) mit Dimethylsulfat aus nachst. Verb.; b) mit Diazomethan. *Acetylderiv.*, F. 179—180° (A.), mit Essigsäureanhydrid/Pyridin. — *1.5-Dihydroxy-3-methoxyxanthon*, $C_{14}H_{10}O_5$, F. 269—271° (A.), neben **I** nach a). *5-Methyläther*, F. 174—175°, mit Diazomethan. *Diacetylderiv.*, F. 173—174° (Hexan/Aceton), mit Essigsäureanhydrid/Pyridin. *5-Acetylderiv.*, F. 197 bis 199° (Methanol), analog vorst. Derivat. — *1.3.5-Trihydroxyxanthon*, F. 296—300° (Chlf./Methanol), aus **IV** mit $AlCl_3$. *Triacetylderiv.*, F. 203—204° (A.). W. Hampel 3950△

D. Makromolekulare Chemie

1209 **Intramolekulare Energiefunktionen für Konformations- und Schwingungsanalyse.** Shneior Lifson. (J. Chim. physique Physico-Chim. biol. **65** (1968) 1, 40 bis 43; Rehovoth, Weizmann Inst. of Sci.; engl.) — Mit Hilfe der Energiefunktionen: $E(b) = 300\ (b - 1{,}533)^2$ kcal/Mol (b = Bindungslänge); $E(\theta) = 80\ (\pi/180)^2 (\theta - 112{,}7)^2$ kcal/Mol (θ = C-C-C-Winkel); $E(\varphi) = 1{,}7\ (1 + \cos 3\ \varphi)$ kcal/Mol (φ = C-C-Torsionswinkel); $E(r) = 10^4 \exp(-4{,}60\ r) - 49{,}2/r^6$ kcal/Mol (r = Abstand nicht aneinander gebundener H-Atome) lassen sich die Konform. mittlerer Cycloalkane berechnen. Die Differentialquotienten $F_{ij} = (\delta^2 E_t/\delta q_i \delta q_j)_0$ repräsentieren die Kraftkonst. der Normalschwingungen der Cycloalkanmoleküle. K. Heyns 4003

1210 **Strömungsdoppelbrechung.** 7. Mitt. **Einfluß der intermolekularen hydrodynamischen Wechselwirkung auf Viskosität und Strömungsdoppelbrechung von Polymerlösungen.** P. Munk. (J. Polymer Sci., Part A-2 **5** (1967) 4, 685—95; Inst. of Macromol. Chem., Czechoslovak Acad. of Sci., Prague; engl.) — 6. vgl. Munk, J. Polymer Sci. **16** (1967) 111. — Unter Verw. eines Hantelmodelles wird eine Beziehung zwischen Deformations- u. Spannungstensor für eine Suspension „weicher Hanteln" in Abhängigkeit von der Konz. hergeleitet. Die intermol. Wechselwirkungskräfte F_4 werden implizit in Form eines konventionell nicht lösbaren Integrals mit Hilfe des aus der Theorie der Dielektrika bekannten Hohlraummodelles ber. Der Spannungstensor P enthält neben konst. Faktoren vor allem den Mittelwert $\langle \vec{r}\vec{r} \rangle$ über alle Richtungen des Lagevektors $\vec{r}$ des Hantelkugelzentrums. Für $\langle \vec{r}\vec{r} \rangle$ wird eine Bestimmungsgleichung angegeben, die für den Fall der ebenen einfachen Scherung mit Hilfe folgender experimentell bestimmbarer Größen gelöst werden kann: $C = 0{,}5\ [\eta]\ c$, $\beta = \gamma M[\eta]\eta_0/N_A kT$ mit $[\eta]$ = Intrinsic- u. η_0 = Lsgm.-Viskosität, c = Konz., γ = Geschw.-Gradient, M = Molgew., N_A = Avogadrozahl. Für eine reale Lsg. darf β einen krit. Wert β_{max} nicht überschreiten. Die Komponenten des Spannungs- u. des Tensors der dielektr. Polarisation sind einander proportional, so daß $\langle \vec{r}\vec{r} \rangle$ bis auf konst. Faktoren die Doppelbrechung charakterisiert. Ausdrücke für die Berechnungen der red. Viskosität u. des Auslöschungswinkels χ der Doppelbrechung werden ebenfalls angegeben. Für $c = 0$ stimmen das Hohlraumhantelmodell mit dem einer isolierten Hantel, für $\beta = 0$ der Winkel χ der Doppelbrechung u. für niedere Konz. die red. Viskosität mit entsprechenden Literaturwerten überein. Die mit wachsender Konz. schlechter werdende Übereinstimmung für die red. Viskosität weist allerdings auf die Notwendigkeit der Verbesserung des zugrundeliegenden Modelles hin. U. Rueß 4006

1211 **Intrinsic-Viskosität eines einmal unterbrochenen Stabmoleküls.** Hyuk Yu und Walter H. Stockmayer. (J. chem. Physics **47** (1967) 4, 1369—73; Dep. of Chem., Dartmouth College, New Hampshire; engl.) — Auf ein Mol.-Modell, bestehend aus zwei gleichlangen Stäben verbunden durch eine flexible Kette wird die Viskositätstheorie von Kirkwood, Riseman u. Auer angewendet. Es läßt sich voraussagen, daß die Intrinsic-Viskosität der Lsg. dieses Mol. um 15% niedriger liegt als für ein steifes Stabmol. gleichen Molgewichts. Das Ergebnis stimmt gut mit Befunden von Fujita u. a. überein, die zwei Poly-γ-benzyl-L-glutamat(**I**)-Ketten mit Trimethylendiamin koppelten u. die Viskosität mit der einer Lsg. von **I** verglichen. Die Verminderung der Intrinsic-Viscosität ist geringer als für den Rotationsradius erwartet wird. W. Felber 4008

1212 **Analyse der Fließwerte von geschmolzenen Polymeren.** M. M. Cross. (Europ. Polymer J. **2**, 299—307, 1966; Blackley, Manchester, ICI; engl.) — Unter der Annahme, daß die Viskosität eine stetige Funktion des Schergefälles ist, wird abgeleitet, daß alle nicht-Newtonschen Fl. einer allg. Gleichung der Form $\eta = \eta_\infty + (\eta_0 - \eta_\infty)/(1 + \alpha D^n)$ (η = Viskosität, $\eta_0 \eta_\infty$ = Viskosität für D = 0 bzw. ∞, α = Konst., D = Schergefälle) gehorchen sollten. Mit $n = {}^2/_3$ kann die Gleichung mit Erfolg auf veröffentlichte Werte über Messungen mit Kapillarrheometern von Polystyrol- u. Polyäthylenschmelzen angewandt werden. Alle Viskositätswerte wurden mit Hilfe der Rabinowitsch-Beziehung für die wahre Wandschubspannung korrigiert. Die Gleichung gilt für disperse Syst., als auch für Schmelzen, so daß angenommen werden kann, daß für nicht-Newtonsches Fließen immer die gleiche Ursache, eine unter Scherbeanspruchung erfolgende Umwandlung der physikal. Struktur, vorliegt. Es wird gezeigt, daß die Analyse von Bingham, in der das nicht-Newtonsche Verh. nur auf Elastizität zurückgeführt wird, nicht ausreichend ist, bes. bei niedrigem Schergefälle. Bei hohem Schergefälle führen Binghams Annahmen zu einer linearen Beziehung zwischen der Fluidität u. $D^{2/3}$. B. Meyer 4008

1213 **Polymerisation von Styrol mit $ZrCl_4$ und $ZrCl_3$ in Verbindung mit $Al(C_2H_5)_3$.** S. L. Malhotra, A. B. Deshpande und S. L. Kapur. (J. Polymer Sci., Part A—1 **6** (1968) 1, 193—203; Poona, Nat. Chem. Labor.; engl.) — Die Polymerisationskinetik von *Styrol* mit Katalysatorkombinationen aus $Al(C_2H_5)_3$ u. $ZrCl_4$ (**I**) oder $ZrCl_3$ (**II**) wurde bei 40° in Toluol untersucht. Alle Unters. wurden mit sorgfältig gereingten Substanzen in trockener sauerstofffreier Atmosphäre durchgeführt. Molekularmassen wurden viskosimetr. bestimmt nach der Beziehung $[\eta] = 1{,}1 \cdot 10^{-4}\ \overline{M}_n^{0{,}725}$. Die Polymerisationsgeschw. war im **I**-Syst. von erster, im **II**-System von zweiter Ordnung in bezug auf die Katalysatorkonzentration. In beiden Fällen nimmt die Geschw. bei höheren Katalysatorkonz. infolge Zusammenlagerung der Katalysatoren zunehmend ab. Die Polymerisationsgeschw. ist dem Quadrat der Monomerenkonz. proportional. Die Aktivierungsenergien wurden für **I** zu 10,9 kcal/Mol, für **II** zu 6,45 kcal/Mol gefunden. Bei zunehmender Monomerenkonz. nimmt die Molmasse ab, da anwesendes Monomeres die Kettenübertragung begünstigt. Mol.-Massen steigen mit zunehmender Katalysatorkonz. bis zu einem Grenzwert an, nehmen dann aber infolge der Bldg. von Organozirkonium-Verb. ab, da diese die Kettenübertragung fördern. B. Meyer 4010

1214 **Spektroskopische Untersuchungen von aus Styrolderivaten hergestellten Carbonium-Ionen.** T. Higashimura, N. Kanoh und S. Okamura. (J. macromolecular Chem. **1**, 109—19, 1966; Dep. of Polymer Chem., Kyoto Univ., Kyoto; engl.) — Es wurden die UV- u. Normalspektren von polymerisierendem *Styrol*(**I**)-*Zinnchlorid* u. von *p-Methoxystyrol*(**II**)-*Borfluordiätherat-Äthylenchlorid* u. die Spektren von *1-p-Methoxyphenyläthylalkohol* (**III**) u. *1-p-Methylphenyläthylalkohol* (**IV**) in Schwefelsäure bestimmt. **IV** zeigt in H_2SO_4 zwei Absorptionsbereiche bei 320 mμ bzw. 460 mμ, **III** eine starke Absorption bei 350 mμ u. eine schwache Absorption bei 520 mμ. Das Polymerisationssyst. von **II** -$BF_3O \cdot (C_2H_5)_2$ wies zwei Absorptionen auf, die denen von **III** in H_2SO_4 entsprachen. Die Intensität bei 360 mμ verringerte sich, die bei 505 mμ verstärkte sich mit der Rk.-Dauer. Es wurde geschlossen, daß die Absorption bei 360 mμ eventuell vom p-Methoxystyrolkation u. die bei 505 mμ nicht von Benzylcarboniumionen herstammt. Bei der kation. Polymerisation von **I** wurde meistens nur eine Absorption bei 300—310 mμ u. gelegentlich auch eine Absorption bei 420 mμ gefunden. Es wurde geschlossen, daß die Absorption bei 420 mμ dem Styrolkation nicht zugesprochen werden kann. Deshalb wäre der von Gandini u. Plesch vorgeschlagene pseudokation. Mechanismus erneut zu erwägen. U. Stürzer 4010

1215 **Polykondensationen mit α-Aminocarbonsäureestern.** 3. Mitt. **Analytische Bestimmung der Dioxopiperazine des Glycins und des L-Leucins in Polykondensaten.** Hans-Georg Elias, Urs Römer und Hans von Werra. (Makromolekulare Chem. [Basel] **102** (1967) 183—92; Zürich, Schweiz, ETH; dt.) — Zur Best. der bei der Polykondens. von α-Aminocarbonsäureestern als Nebenprod. entstehenden *2.5-Dioxopiperazine* sind die in der Literatur angegebenen Verf. nicht geeignet. Das *2.5-Dioxopiperazin* (I) u. das *1.6-Bis-[isobutyl]-2.5-dioxopiperazin* (II) lassen sich neben den entsprechenden oligomeren u. polymeren Peptidestern bei 180° durch Sublimation abtrennen, wobei zur Best. von II die niederen Homologen zuvor mit 0,5 n HCl zu eluieren sind. Hierbei wandelt sich ein geringer Teil von II bis zur entspr. Löslichkeitsgrenze in das Dileucin um. Durch Extraktion mit heißem A. läßt sich II nicht quant. von den Peptidestern abtrennen. Zur Best. von I ist diese Meth. anwendbar, aber sehr zeitraubend.

K. Heyns 4030

1216 **Polykondensationen mit α-Aminocarbonsäureestern. 4. Mitt. Komplexe des Zinntetrachlorids mit den Äthylestern und Dioxopiperazinen des Glycins und des L-Leucins.** Urs Römer, Hans von Werra, Fadel Ibrahim und Hans-Georg Elias. (Makromolekulare Chem. [Basel] **102** (1967) 193—201; dt.) — *$SnCl_4$* bildet mit *Glycinäthylester* einen 1:2-Komplex, der sich aus den Komponenten in trockenem Bzl. oder n-Hexan darstellen läßt. IR-spektroskop. konnte nachgewiesen werden, daß neben der Komplexbldg. am N der Aminogruppe ~11% der Carbonylgruppen an das $SnCl_4$ gebunden sind, wenn man den Komplex in Bzl. dargestellt hat. Dieser Anteil ist unabhängig von der Bldg.-Temperatur. Entsprechendes gilt für das aus n-Hexan erhaltene Produkt. Die Struktur des Komplexes beruht wahrscheinlich auf einer tetragonalen Bipyramide, wobei die Cl-Atome quadrat. um das Sn-Atom angeordnet sind. *L-Leucinäthylester*, *2.5-Dioxopiperazin* u. *1.6-Bis-[isobutyl]-2.5-dioxopiperazin* bilden dagegen 1:1-Komplexe. Der Anteil der Bindung des Sn an die C=O- bzw. NH_2-Gruppe hängt bei diesen Verb. von der Darst.-Temp. u. dem verwendeten Lsgm. (Bzl., n-Hexan) ab. Die 1:1-Komplexe besitzen wahrscheinlich die Koordinationszahl 5.

K. Heyns 4030

1217 **Polykondensationen mit α-Aminocarbonsäureestern. 5. Mitt. Kondensation des L-Leucinäthylesters.** Hans-Georg Elias und Urs Römer. (Makromolekulare Chem. [Basel] **102** (1967) 202—16; dt.) — Die durch $SnCl_4$ katalysierte Polykondens. des *L-Leucinäthylesters* läuft im Vgl. zur Kondens. des Glycinäthylesters langsamer ab u. führt zu niedrigeren Polymerisationsgraden u. Ausb. sowie zu weit höheren Anteilen an *1.6-Bis-[isobutyl]-2.5-dioxopiperazin* (I). Bei der Rk. tritt eine beträchtliche Racemisierung auf. Intermediär gebildetes I wird durch $SnCl_4$ allein nicht, wohl aber mit α-Aminocarbonsäureestern als Cokatalysatoren polymerisiert. Führt man die Rk. in Chlf. durch, so entstehen geringere Mengen I, u. die Polymerisationsgrade sind niedriger; dagegen ist der Racemisierungsgrad sehr viel höher als bei der Polykondens. ohne Lösungsmittel. In Blindvers. ohne Katalysator wurde nur Racemisierung, nicht aber die Bldg. von Oligopeptiden oder I beobachtet. Die Versuchsergebnisse können widerspruchsfrei mit Hilfe eines Mehrzentrenmechanismus gedeutet werden.

K. Heyns 4030

1218 **Neuer Initiator für die Polymerisation von Vinylchlorid bei niederen Temperaturen.** Giancarlo Borsini und Carlo Nicora. (J. Polymer Sci., Part A-1 **6** (1968) 1, 21—39; Bollate (Milano) Montecatini Edison; engl.) — Mit einer Mischung von Bleitetraäthyl (I) u. Ammonium-Cer(IV)-Nitrat (II) (als Initiator) wurde die Polymerisation von *Vinylchlorid* bei tiefen Temp. (—40°) untersucht. Um das in Vinylchlorid unlösl. II in Lsg. zu bringen, wurde Methanol zugesetzt, das gleichzeitig die Polymerisationsrk. durch Komplexbldg. mit den Cer(IV)-Ionen beeinflußt. Bezogen auf das Methanol wurde eine Rk.-Ordnung von —0,4 errechnet. Die Polymerisationsgeschw. nimmt ziemlich rasch mit der Zeit ab, da während der Polymerisation ein Abfall der Radikalbildungsgeschw. eintritt. Die scheinbare Aktivierungsenergie, die aus bei verschiedenen Temp. durchgeführten Polymerisationsvers. (—38, —18,5, +1, —25°) ermittelt wurde, beträgt 7,4 kcal/Mol. Bei Veränderung der Cer-Salzkonz. tritt ein Max. in der Polymerisationsgeschw. auf, das auf Rk. der Cer-Salze mit den Radikalen hindeutet. Bezogen auf I ergab sich eine Ordnung von 0,9, bezogen auf II von 1,2. Während der Polymerisation wurde eine Zunahme der Molmasse beobachtet; diese kann durch die Abnahme der Radikalbildungsgeschw. u. durch den Übertragungsprozeß erklärt werden, an dem eine Komponente des Startersyst. beteiligt ist. Für die Radikalbildung wird folgende Gleichung vorgeschlagen: $Pb(C_2H_5)_4 + Ce^{IV} \rightarrow Pb(C_2H_5)_3 + Ce^{III} + C_2H_5$.

B. Meyer 4040

1219 **Synthese und Eigenschaften von Carboranylmethoxysilanen.** Z. M. Frolova, I. G. Sarišvili, L. A. Čistjakova, A. F. Žigač und M. V. Sobolevskij. (Plastičeskie Massy **1967** 2, 44—45; russ.) — Durch Kondens. von Bis-[hydroxymethyl]-carboran mit Dichlortetramethyldisiloxan, Dichlorhexamethyltrisiloxan bzw. Dichloroctamethyltetrasiloxan wurden Oligomere dargestellt: $(C_2B_{10}H_{10})\langle{}^{CH_2O}_{CH_2O}\rangle Si(CH_3)_2$, Molgew. 260, $Kp._3$ 120°, F. 100°. — $H\{OCH_2(C_2B_{10}H_{10})CH_2O[Si \cdot (CH_3)_2O]_m\}_nH$, m = 2: Molgew. 580, n_D^{20} 1,5118, η 2235 cSt. — m = 3: Molgew. 900, n_D^{20} 1,4881, η 524 cSt. — m = 4: Molgew. 1170, n_D^{20} 1,4726, η 821 cSt.

H. Gümbel 4050

E. Biologische, physiologische und medizinische Chemie

1220 **Wasserstoffbrücken in den methylierten Derivaten von 5-Bromuracil.** Ju. M. Bojarčuk und M. V. Vol'kenštejn. (Biofizika **11**, 164—67, 1966; Leningrad, inst. vysokomolekuljarnych soedinenij AN SSSR; russ.) — Die IR-Spektren von *1-Methyl*(I)- u. *3-Methyl-5-bromuracil* (II) wurden in festem Zustand nach Umkristallisation aus H_2O u. D_2O aufgenommen. Die einzelnen Frequenzen u. die Zuordnungen sind angegeben. Beim Übergang von II zu I erhöhte sich die Zahl der Protonendonator Banden. Die Kurve der potentiellen Energie in den Kristallen wurde abgeleitet. Die Ergebnisse werden in ihrer Bedeutung für die mutagene Wrkg. von I u. II diskutiert.

M. Wiedemann 4130

1221 **Wirkung des Acrylamids und seines hydrierten Derivats auf das paramagnetische Elektronenresonanzspektrum und das Wachstum normaler und Tumorgewebe bei Tieren.** Ju. P. Kozlov und S. K. Dobrina. (Biofizika **11**, 168—70, 1966; Moskva, Univ. im M. V. Lomonosova; russ.) — *Acrylamid*, das eine Radikalpolymerisation zeigt, wirkte hemmend auf das Wachstum u. die Entw. von Tumorzellen in der Gewebskultur u. im Tier. Es setzte die Konz. der freien Radikale im Tumor u. im Blut der Mäuse mit transplantiertem Sarkom herab. Das hydrierte Prod. (*Propionsäureamid*) war wirkungslos. Das Wachstum der Geschwulstzellen erfolgt demnach nach dem Radikalmechanismus.

M. Wiedemann 4160

1222 **Synthese einiger Phosphor-Stickstoffverbindungen für pharmakologische Untersuchungen.** A. Abou-Moustafa, M. Khalifa und H. El Mangowri. (J. pharmac. Sci. **56** (1967) 10, 1357—58; Pharm. Chem. Dep., Fac. of Pharm., Riyadh Univ., Riyadh, Saudi Arabia; engl.) — Die Rk. von PCl_3 mit 2 oder 3 Mol. Sulfaminsäurederiv. in Py./Chlf. führt zu Phosphorigsäuredi- u. -triamiden.

Versuche: Phosphorigsäure-bis-[4-aminosulfonylphenylamide]: *Unsubstituiert*, $C_{12}H_{15}N_4O_5 \cdot PS_2$, F. 178—180° (A.), durch 12std. Kochen von PCl_3 mit Sulfanilamid in Py./Chlf. (2:1). — -[*4-pyridyl-(2)-aminosulfonyl*, $C_{22}H_{21}N_6O_5PS_2$, F. 195—200° (A.), analog in 24 Stunden. — Phosphorigsäuretris-(4-sulfamylphenylamide): *N'-Acetyl-*, $C_{24}H_{27}N_6O_9PS_3$, F. 278° (Zers.; CH_3COOH/W.). — *N'-Thiazolyl-(2)-*, $C_{27}H_{24} \cdot N_9O_6PS_6$, F. 208—210° (A.). — *N'-[4.6-Dimethylpyrimidyl-(2)]-*, $C_{36}H_{39}N_{12}O_6PS_3$, F. 248—250°.

W. Holland 4160

1223 **Malatdehydrogenase aus Aspergillus niger.** A. S. Demina, V. I. Jakovleva und V. L. Kretovič.

(Doklady Akad. Nauk SSSR **167**, 687—90, 1966; Moskva, inst. biochimii im. A. N. Bacha; russ.) — Aus dem zellfreien Extrakt von *Aspergillus niger* werden durch frakt. Ausfällung mit $(NH_4)_2SO_4$ (0—100%ig. Sättigung; 0°) u. nachfolgende chromatograph. Reinigung an Whatman-DEAE-Cellulose u. Sephadex (NAD–H_2 0,34 m, 0,01 m Phosphat-Puffer, pH 7,4) hochakt. Präp. von *NAD-Malatdehydrogenase* hergestellt, deren K_m für *Oxalessigsäure* $7 \cdot 10^{-8}$ m, K_i für *Chlormercuribenzoat* $1{,}3 \cdot 10^{-4}$ m beträgt. I. von Kloch-Kornitz 4210

1224 **Chemotherapie von Pilzinfektionen. 1. Mitt. 1-Acyl-4-substituierte Thiosemicarbazide, 3-Aryl-4-substituierte 5-Mercapto-1.2.4-4H-triazole und verwandte Verbindungen.** A. K. Bhat, R. P. Bhamaria, R. A. Bellare und C. V. Deliwala. (Indian J. Chem. **5** (1967) 9, 397—401; Dep. of Chemotherapy, Haffkine Inst., Bombay; engl.) — 1-Benzoylthiosemicarbazide u. daraus durch Cyclisierung 3-Phenyl-5mercapto-1.2.4-4H-triazole (I) werden dargestellt. Keine Verb. zeigt Wrkg. gegen *Candida albicans*, lediglich 1-[5-Bromsalicyloyl]-thiosemicarbazide sind gegen *Trichophyton rubrum* u. *T. mentagrophytes* wirksam, gesteigert mit längerer Alkylkette am $C_{(4)}$. Cyclohexyl- u. Phenylgruppen am $C_{(4)}$ vermindern die Wirkung. Bei der Cyclisierung zu I bleiben die Wrkg. erhalten, sie vermindern sich beim Ersatz der SH- durch die SCN-Gruppe.

Versuche: 1-p-Nitrobenzoylthiosemicarbazide: *4-Isoamyl-* (II), $C_{13}H_{18}N_4O_3S$, F. 192—193° (A.), durch Lösen von p-Nitrobenzoylhydrazin in Methylcellosolve, Zugabe von Isoamylisothiocyanat u. 3std. Kochen; 73% (Ausb.). — *Unsubstituiert*, $C_8H_8N_4O_3S$, F. 216—217°. — *4-Äthyl-*, $C_{10}H_{12}N_4O_3S$, F. 190—192°. — *4-Isopropyl-*, $C_{11}H_{14}N_4O_3S$, F. 213—214°. — *4-n-Butyl-*, $C_{12}H_{16}N_4O_3S$, F. 194—195°. — *4-n-Amyl-*, $C_{13}H_{18}N_4O_3S$, F. 188—189°. — *4-n-Hexyl-*, $C_{14}H_{20}N_4O_3S$, F. 186—188°. — *4-Cyclohexyl-*, $C_{14}H_{18}N_4O_3S$, F. 202—204°. — *4-Allyl-*, $C_{11}H_{12}N_4O_3S$, F. 184—185°. — *4-Phenyl-*, $C_{14}H_{12}N_4O_3S$, F. 185—186°. — *4-o-Methoxyphenyl-*, $C_{15}H_{14}N_4O_4S$, F. 175 bis 176°. — *4-p-Methoxyphenyl-*, $C_{15}H_{14}N_4O_4S$, F. 182 bis 183°. — *4-p-Äthoxyphenyl-*, $C_{16}H_{16}N_4O_4S$, F. 169 bis 170°. — *4-p-Chlorphenyl-*, $C_{14}H_{11}ClN_4O_3S$, F. 195 bis 196°. — 1-m-Nitrobenzoylthiosemicarbazide: *Unsubstituiert*, $C_8H_8N_4O_3S$, F. 203—204°. — *4-Äthyl-*, $C_{10}H_{12}N_4O_3S$, F. 192—193°. — *4-Isopropyl-*, $C_{11}H_{14}N_4O_3S$, F. 190—191°. — *4-n-Butyl-*, $C_{12}H_{16}N_4O_3S$, F. 186—187°. — *4-n-Amyl-*, $C_{13}H_{18}N_4O_3S$, F. 166—167°. — *4-Isoamyl-*, $C_{13}H_{18}N_4O_3S$, F. 183—184°. — *4-n-Hexyl-*, $C_{14}H_{20}N_4O_3S$, F. 170—171°. — *4-Allyl-*, $C_{11}H_{12}N_4O_3S$, F. 190—191°. — *4-Phenyl-*, $C_{14}H_{12}N_4O_3S$, F. 175—176°. — *4-p-Chlorphenyl-*, $C_{14}H_{11}ClN_4O_3S$, F. 192—193°. — 1-(5-Bromsalicyloyl)-thiosemicarbazide: *Unsubstituiert*, $C_8 \cdot H_8BrN_3O_2S$, F. 209—210°. — *4-Äthyl-*, $C_{10}H_{12}BrN_3O_2S$, F. 200—201°. — *4-n-Propyl-*, $C_{11}H_{14}BrN_3O_2S$, F. 198 bis 199°. — *4-Isopropyl-*, $C_{11}H_{14}BrN_3O_2S$, F. 196—197°. — *4-n-Butyl-*, $C_{12}H_{16}BrN_3O_2S$, F. 197—198°. — *4-n-Amyl-*, $C_{13}H_{18}BrN_3O_2S$, F. 196—197°. — *4-Isoamyl-*, $C_{13}H_{18}Br \cdot N_3O_2S$, F. 198—199°. — *4-n-Hexyl-*, $C_{14}H_{20}BrN_3O_2S$, F. 190—191°. — *4-n-Heptyl-*, $C_{15}H_{22}BrN_3O_2S$, F. 189—190°. — *4-Cyclohexyl-*, $C_{14}H_{18}BrN_3O_2S$, F. 201—202°. — *4-Allyl-*, $C_{11}H_{12}BrN_3O_2S$, F. 195—196°. — *4-Phenyl-*, $C_{14}H_{12}BrN_3O_2S$, F 194—195°. — *4-p-Methoxyphenyl-*, $C_{15}H_{14}BrN_3O_3S$, F. 205—206°. — *4-p-Äthoxyphenyl-*, $C_{16}H_{16}BrN_3O_3S$, F. 203—204°. — *4-p-Chlorphenyl-*, $C_{14}H_{11}BrClN_3O_2S$, F. 210—212°. — *4-(3.4-Dichlorphenyl)-*, $C_{14}H_{10}BrCl_2N_3O_2S$, F. 192—193°. — 3-p-Nitrophenyl-5-mercapto-1.2.4-4H-triazole: *4-Isoamyl-*, $C_{13}H_{16}N_4O_2S$, F. 188—189° (A.), durch 2std. Kochen von **II** mit 2 n NaOH; 90%. — *4-n-Amyl-*, $C_{13}H_{16}N_4O_2S$, F. 146—147°. — *4-Cyclohexyl-*, $C_{14}H_{16}N_4 \cdot O_2S$, F. 188—189°. — *4-p-Methoxyphenyl-*, $C_{15}H_{12}N_4O_3S$, F. 228—229°. — *4-o-Methoxyphenyl-*, $C_{15}H_{12}N_4O_3S$, F. 250 bis 251°. — *4-p-Äthoxyphenyl-*, $C_{16}H_{14}N_4O_3S$, F. 243 bis 244°. — *4-p-Chlorphenyl-*, $C_{14}H_9ClN_4O_2S$, F. 229—230°. — 3-m-Nitrophenyl-5-mercapto-1.2.4-4H-triazole: *4-Isopropyl-*, $C_{11}H_{12}N_4O_2S$, F. 172—174°. — *4-n-Butyl-*, $C_{12}H_{14}N_4O_2S$, F. 140—141°. — *4-Allyl-*, $C_{11}H_{10}N_4O_2S$, F. 140—141°. — *4-n-Amyl-*, $C_{13}H_{16}N_4O_2S$, F. 143—144°. — *4-Isoamyl-*, $C_{13}H_{16}N_4O_2S$, F. 169—170°. — 3-(5-Bromsalicyl)-5-mercapto-1.2.4-4H-triazole: *Unsubstituiert*, $C_8H_6BrN_3OS$, F. 265—267°. — *4-Äthyl-*, $C_{10} \cdot H_{10}BrN_3OS$, F. 213—214°. — *4-n-Propyl-* (**III**), $C_{11}H_{12} \cdot BrN_3OS$, F. 169—170°. — *4-n-Amyl-*, $C_{13}H_{16}BrN_3OS$, F. 167—168°. — *4-Isoamyl-*, $C_{13}H_{16}BrN_3OS$, F. 154 bis 155°. — *4-n-Hexyl-*, $C_{14}H_{18}BrN_3OS$, F. 167—168°. — *4-n-Heptyl-*, $C_{15}H_{20}BrN_3OS$, F. 160—161°. — *4-Cyclohexyl-*, $C_{14}H_{16}BrN_3OS$, F. 232—233°. — *4-p-Chlorphenyl-*, $C_{14}H_9 \cdot BrClN_3OS$, F. 255—256°. — *4-(3.4-Dichlorphenyl)-*, $C_{14}H_8BrClN_3OS$, F. 245—246°. — 3-(5-Bromsalicyl)-5-isothiocyanato-1.2.4-4H-triazole: *4-n-Propyl-*, $C_{12}H_{11}BrN_4OS$, F. 152—153° (wss. A.), durch Zutropfen von BrCN in A. zu **III** in n NaOH bei 10° u. Stehen über Nacht; 90%. — *4-Äthyl-*, $C_{11}H_9BrN_4OS$, F. 189—190°. — *4-n-Amyl-*, $C_{14}H_{15}BrN_4OS$, F. 93—94°. — *4-n-Hexyl-*, $C_{15}H_{17}BrN_4OS$, F. 82—83°. W. Holland 4330

1225 **Samenfett von Momordica tuberosa oder Luffa tuberosa.** G. Azeemoddin und S. D. Thirumala Rao. (Current Sci. [Bangalore] **36** (1967) 4, 100; Anantapur, Oil Technological Res. Inst.; engl.) — Die Samen von *Momordica tuberosa* u. *Luffa tuberosa* bestanden zu 25,3% u. die Kerne zu 40% aus Öl. Das aus den Kernen in der Kälte mit PAe. extrahierte gelbgrüne Öl polymerisierte an der Luft zu einer porösen, gummiartigen Masse, die sich in den üblichen Lsgm., wie n-Hexan, Aceton, Bzl., Chloroform, Tetrachlorkohlenstoff u. a., nicht löste. Das Öl bestand größtenteils aus konjugierter *Triensäure* wie *α-Eleostearinsäure*, die ein charakterist. Samenfett der Momordica-Gattung darstellt. W. Kreipe 4420

1226 **Polysaccharide von Plantago major. 3. Mitt. Struktur der abgebauten Pektinsäure.** A. G. Gorin. (Chim. prirodnych Soedinenij **3** (1967) 2, 80—83; Charkov, n.-i. chimiko-farmacevtič inst.; russ.) — 2. vgl. ibid. **1** (1965) 297. — *Pektin* aus den Blättern von *Plantago major* gibt bei saurer u. fermentativer Hydrolyse mit Pektinase aus *Aspergillus niger Galakturonsäure* (I) u. *Oligogalakturonide.* Durch Ox. des Polygalakturonides mit Perjodat u. HNO_3 wird Weinsäure u. ein Gemisch aus Oligomeren erhalten, das ebenfalls in Weinsäure überführbar ist. Daraus u. aus den IR-Absorptionsspektren (Banden bei 1025, 1050, 1080, 745 u. 923 cm^{-1}) wird gefolgert, daß in der abgebauten Pektinsäure, Pyranosestruktur vorliegt u. die **I**-Reste α-O–1–4-Bindungen aufweisen. E. Dumkov 4420

1227 **Vergleich der Bjorkman-Lignane aus Holzfasern von Lärche und Tanne.** I. L. Šapiro, Ju. S. Pilipčuk und R. Z. Pen. (Chim. prirodnych Soedinenij **3** (1967) 2, 143; Novosibirsk, inst. org. chimii sibirsk. otd. AN SSSR; russ.) — Die Lignine (I_l bzw. I_p) aus *Larix sibirica* (–OCH_3' 15,04%, –OH 13,10%, Ausb. 20,9%) u. *Picea obovata* (–OCH_3 15,20%, –OH 12,67%, Ausb. 21,7%) haben fast ident. IR-Absorptionsspektren. Viskosimetr. Messungen: I_l $[\eta]$ = 0,0612 ml/g, k = 4,30, c_{kp} = 0,0029 g/ml; I_p $[\eta]$ = 5,41 ml/g, k = 5,65, c_{kp} = 0,0028 g/ml. Berechnungen ergeben, daß das viskosimetr. ermittelte Molgew. von I_l 1,5mal höher ist als das von I_p. E. Dumkov 4420

1228 **Abtrennung und Untersuchung der Peptide aus alkoholischen Extrakten des Samen von Glycine hispida Max.** I. A. Asatov und K. G. Ioffe. (Chim. prirodnych Soedinenij **2**, 40—43, 1966; Taškent, farmacevtičeskij inst.; russ.) — Aus dem alkohol. Extrakt wurden die Peptide mit Aceton gefällt. Chromatograph. u. elektrophoret. konnten 7 Peptide nachgewiesen werden. Die Hydrolyseprod. enthalten die folgenden Aminosäuren: *Glycin, Alanin, Serin, Threonin, Cystin, Prolin, Tyrosin, Histidin, Lysin, Arginin, Glutaminsäure* u. *Asparaginsäure.* R. Kapler 4420

1229 **Synthese von α- und γ-L-Glutamyldipeptiden von L-β-Phenyl-β-alanin.** Masahiro Koyama und Yataro Obata. (Agric. biol. Chem. [Tokyo] **31** (1967) 6, 738—42; Dep. of Agricult. Chem. Fac. of Agricult., Hokkaido Univ., Sapporo; engl.) — Eine neue Synth. für α- u. γ-*L-Glutamyl-L-β-phenyl-β-alanin* wird beschrieben. Durch Vgl. wird das natürliche Peptid aus *Phaseolus angularis* als das γ-Isomere erkannt.

Versuche: *L-β-Phenyl-β-alaninbenzylester-p-toluolsulfonat* (I), $C_{23}H_{25}NO_5S$, F. 154—155° (A./Ae.), durch 5std. Kochen von L-β-Phenyl-β-alanin, p-Toluol-

sulfonsäure, Benzylalkohol u. SO_2Cl_2 in Tetrachloräthan, $[\alpha]_D^{22}$ −2,5°; 89,4% (Ausb.). — *α-Benzyl-N-carbobenzyloxy-γ-L-glutamyl-L-β-phenyl-β-alaninbenzylester*, $C_{36}H_{36} \cdot N_2O_7$, F. 149—150° (Essigester/PAe.), durch Zugabe von Chlorameisensäureäthylester zu Tri-n-butylamin u. N-Carbobenzyloxy-L-glutaminsäure-α-benzylester in Dioxan bei 5—10°, Zugabe von I u. Stehen über Nacht bei 5—10°, $[\alpha]_D^{26}$ +26,7°; 82,2%. — *γ-L-Glutamyl-L-β-phenyl-β-alanin*, $C_{14}H_{18}N_2O_5$, F. 213—214° (Zers.; A./W.), durch katalyt. Debenzylierung in CH_3COOH über Pd-Oxid u. Reinigen an Dowex-1, $[\alpha]_D^{18}$ +66,1°; 35,2%. — *γ-Benzyl-N-carbobenzyloxy-α-L-glutamyl-L-β-phenyl-β-alaninbenzylester*, $C_{36}H_{36}N_2O_7$, F. 119—120° (Essigester/PAe.), aus N-Carbobenzyloxy-L-glutaminsäure-γ-benzylester u. I in Tetrahydrofuran in Ggw. von N.N'-Dicyclohexylcarbodiimid, $[\alpha]_D^{19}$ +10°; 69%. — α-L-Glutamyl-L-β-phenyl-β-alanin, $C_{14}H_{18}N_2O_5$, F. 148—150° (A./W.), analog vorvorst. Verb., $[\alpha]_D^{22}$ +82,5°; 82,5%.
W. Holland 4420

1230 **Cumarine der Samen von Coronilla scorpioides.** Ju. N. Beleckij und N. F. Komissarenko. (Chim. prirodnych Soedinenij **3** (1967) 4, 277—78; Charkov, chimiko-farmacevt. inst.; russ.) — Im 70%ig. A.-Extrakt der Samen von *Coronilla scorpioides* (*L.*) *Koch* werden papierchromatograph. im Chlf.-Formamid-Syst. 6 Cumarine nachgewiesen. Stoff A = *Psoralen* (*6.7.2'.3'-furocumarin*, R_f 0,95); Stoff B = *Daphnoretin* (*6-Methoxy-7-hydroxy-3.7'-dicumarylester*, R_f 0,82); Stoff G = *Scopoletin*; Stoff D = *Umbelliferon*; FF. 164—165°, 254—256°, 200—202°, 223—224°. R_f von *Stoff C* bzw. *E*: 0,71 bzw. 0,15. I. v. Kloch-Kornitz 4420

1231 **Furocumarine der Früchte von Hippomarathrum caspium.** G. V. Pigulevskij, Ju. A. Dranicyna, S. S. Kerimov und I. S. Kožina. (Chim. prirodnych Soedinenij **3** (1967) 4, 277; Moskva, botan. inst. im. Komarova; russ.) — Der Chlf.-Extrakt von 580 g der Früchte von *Hippomarathrum caspium* enthält 133,7 g Harze. Bei der Chromatographie an Al_2O_3 (1:11) u. nachfolgenden Eluierung mit PAe. (Fraktion 1—17), PAe. + Chlf. 4:1 (Fraktion 18—74), Chlf. (Fraktion 75—84) u. A. (Fraktion 85—97) je 200 ml werden aus den Fraktionen 1—5 eine Mischung von äther. u. fettem Öl, aus den Fraktionen 6—29 0,62% *Isoimperatorin*, aus Fraktion 30 bis 67 0,17% *Imperatorin*, *Bergapten* (I) u. *Xanthotoxin* (II) isoliert, aus Fraktion 68—74 eine Mischung, die bei der Chromatographie an Al_2O_3 1:100 u. PAe. + Chlf.-Elution 7:3, 0,4% I, 1,45% II u. 0,13% *Isopimpinellin* enthält. In den Fraktionen 75—97 sind papierchromatograph. Spuren von *Umbelliferon* vorhanden. I. v. Kloch-Kornitz 4420

1232 **Chemische Zusammensetzung von Rhaponticum cartamoides.** V. G. Bucharov und S. P. Ščerbak. (Chim. prirodnych Soedinenij **3** (1967) 4, 280—81; russ.) — Aus den Wurzeln von *Rhaponticum cartamoides* werden neben Gerbstoffen, anorgan. Salzen u. *Vitamin A* u. *C* durch Chromatographie im Butanol-Extrakt auf Polyamid u. W.-Extraktion 1,5% *Hesperedin*, bei nachfolgender Chromatographie auf Cellulose u. Elution im Butanol–Essigsäure–W.-Syst. (4:1:5 bzw. 6:4) eine Verb. (1,5%) mit R_F 0,11 bzw. 0,80, F. 230—235°, UV-λ_{max} 215 bzw. 295 mμ isoliert, die sich hydrolyt. in Aglikon–Hesperetin spaltet, außerdem ein dem *Epicatechingallat* ähnlicher Stoff.
I. v. Kloch-Kornitz 4420

1233 **Catechine von Rheum tataricum.** 2. Mitt. T. K. Čumbalov und G. M. Nurgalieva. (Chim. prirodnych Soedinenij **3** (1967) 4, 282; Kasach. universitet; russ.) — Chromatograph. u. spektrophotometr. werden in den Wurzeln von *Rheum tataricum* 0,039% (+)-*Catechin*, 0,028% (−)-*Epicatechin* u. 0,078% (−)-*Epicatechingallat*, in den Samen 0,117; 0,065 bzw. 0,039%, in den Blättern Spuren nachgewiesen. I. v. Kloch-Kornitz 4420

1234 **Polyphenole von Geranium collinum.** 2. Mitt. T. K. Čumbalov und T. N. Bikbulatova. (Chim. prirodnych Soedinenij 4 (1968) 1, 67—68; Kazachskij gosuniversitet; russ.) — Der Methanol-Extrakt der Blätter von *Geranium collinum Steph.* wurde mit Essigsäure bis pH 3 angesäuert, mit PAe. u. Chlf. gewaschen u. anschließend mit Ae. extrahiert. Beim Einengen der Ae.-Lsg. fällt *Ellagsäure* aus. Nach Trennung des Ae.-Extraktes im Syst. Ae./W. erhält man aus dem Ae.-Teil durch Chromatographie an Cellulose *Gallussäure*, F. 236—238°; *3-Methoxygallussäure*, F. 197—199°; *Quercetin*, F. 303—305°; *Kämpferol*, F. 278—280° u. 3.7.8.4'-Tetrahydroxyflavon (Zers. 310—315°), das mit Dimethylsulfat in den Tetramethyläther (F. 145—147°) übergeht. Heinrich Walther 4420

1235 **Anthrachinone der Samen und Blätter von Rheum tataricum L.** 3. Mitt. T. K. Čumbalov und G. M. Nurgalieva. (Chim. prirodnych Soedinenij **3** (1967) 2, 144; Alma-Ata, Kazachskij gosuniversitet; russ.) — 2. vgl. vorvorst. Referat. — Mit chromatograph. u. Abbaumeth. wurden *Chrysophanein* (I) (F. 245°), *Glukoemodin* (II) (F. 190°), *Chrysophansäure* (III) (F. 198°) u. *Emodin* (IV) (F. 258°) isoliert u. identifiziert. Geh. der Samen: I 1,01%, II 1,07%, III 0,20% u. IV 0,34%; Geh. der Blätter: I 0,05%, II 0,2%, III 0,10%, IV 0,03%.
E. Dumkov 4420

1236 **Diterpenoide aus Marrubium peregrinum.** 1. Mitt. L. A. Salej, D. P. Popa und G. V. Lazur'evskij. (Chim. prirodnych Soedinenij **2**, 249—51, 1966; inst. chimii AN MSSR; russ.) — Aus dem PAe.-Extrakt von 3,6 kg lufttrockenen Teilen wurden nach Trennung an Al_2O_3 mit Ae. 0,66 g *Peregrinol* isoliert: $C_{20}H_{36}O_2$, farblose Prismen, F. 130—130,5°, $[\alpha]_D^{25}$ +10,1° (c = 0,5, Chlf.). IR-Spektrum: 3625, 1370, 1385, 1670 u. 825 cm^{-1}, im UV keine Absorption. Der Acetonextrakt des gleichen Pflanzenmaterials wurde nach Abdampfen in Ae. aufgenommen u. mit 5%ig. Na_2CO_3 u. W. gewaschen. Beim Konzentrieren fielen 1,6 g rohes *Peregrinin* aus. Reinigung an Al_2O_3 ergab mit Bzl. + 5% Ae.: Peregrinin: $C_{20}H_{26}O_5$, farblose Blättchen, F. 173°, sehr bitterer Geschmack. IR-Spektrum: 3600, 1780, 1710 u. 1506 cm^{-1}, UV-Spektrum: λ_{max} (in A.) 214 nm (log ε 3,78). $[\alpha]_D^{27}$ +43,4° (c = 0,5, in Methanol). Peregrinin wird als ein Ketohydroxylacton angesehen. Aus der Mutterlauge wurde eine weitere krist. Substanz isoliert: $C_{19}H_{18}O_6$, grobe farblose Polyeder, F. 161—162° (aus. A.), $[\alpha]_D^{22}$ ±0 (c = 9,8; Chlf.). IR-Spektrum 2820, 1643, 1633, 1516 cm^{-1}; UV-Spektrum λ_{max} (in A.) 216, 265, 320 nm (log ε 4,53; 4,23; 4,50). E. Wiegand 4420

1237 **Neutrale Stoffe aus dem Harz von Abies sibirica.** 2. Mitt. **Struktur des diterpenoiden Hydroxyketons.** M. A. Čirkova, A. K. Dzizenko und V. A. Pentegova. (Chim. prirodnych Soedinenij **3** (1967) 2, 86—90; Novosibirsk. inst. org. chimii Sibirsk. otd. AN SSSR; russ.) — 1. vgl. ibid. **2** (1966) 99. — Durch Chromatographie eines Harzextraktes an Al_2O_3 mit Ae. wurde ein krist. *Hydroxyketon* (I) isoliert. I wird durch Dehydrierung in 1.2.5-Trimethylnaphthalin überführt u. ist unter normalen Bedingungen nicht veresterbar. Bei der Dehydratation mit Essigsäureanhydrid wird ein Keton $C_{18}H_{28}O$ erhalten. Hydrierung liefert ein Gemisch: gesätt. Hydroxyketon $C_{18}H_{32}O_2$, F. 91—92° (II) u. 2 isomere Oxide $C_{18}H_{30}O$, F. 46° u. 86°. II ist mit dem bei der Ox. von *Sclareol* gebildeten Hydroxyketon nach F. u. IR-Absorptionsspektrum identisch. IR-Absorptionsspektrum von I: Banden bei 3590, 1680, 1630, 1080, 990 cm^{-1}, UV: λ_{max} 234 u. 310 nm, lg ε 4,13, 1,95. In Verbindung mit dem NMR- u. Massenspektrum wird gefunden, daß I zum Labdantyp gehört, u. *14.15-Bis-nor-8α-hydroxy-11-en-13-on* genannt.

Versuche: *14.15-Bis-nor-8α-hydroxy-labd-11-en-13-on* (I), $C_{18}H_{30}O_2$. F. 126° $[\alpha]_D^{20}$ ± 0° (c = 3,0, Chlf.). Isoliert durch Chromatographie an neutralem Al_2O_3 mit Äther. — *Keton* $C_{18}H_{28}O$ (III), F. 139,5—141° aus I mit Essigsäureanhydrid durch Erhitzen auf dem sd. W.-Bad. UV: λ_{max} 234 u. 310 nm (lg ε 4,3; 1,89).
E. Dumkov 4420

1238 **Triterpene von Daphne cannabina Wall.** P. C. Maiti und Sujata Roy. (Current Sci. [Bangalore] **36** (1967) 4, 99; Calcutta, Central Forensic Sci. Labor.; engl.) — In Fortsetzung früherer Unters. der Triterpene in den PAe.-Extrakten der Blätter von *Daphne cannabina* konnte jetzt dünnschichtchromatograph. u. IR-spektroskop. eindeutig *Taraxeron* (I) identifiziert werden. Somit

ließen sich vermutlich erstmalig in der Natur nebeneinander *Taraxerol*, I u. *Taraxerolacetat* nachweisen.
W. Kreipe 4420

1239 **Gegenwart von l-β-Phellandren in den Terpentinen von Pinus silvestris.** I. I. Bardyšev und E. P. Doncova. (Chim. prirodnych Soedinenij **3** (1967) 4, 282—84; Minsk, inst. fiziko-organičeskoj chimii; russ.) — Im Harz-, Extraktions- u. trocken destillierten Terpentin von Pinus silvestris werden 1; 0,5 bzw. 0,2% *l-β-Phellandren* durch Chromatographie, Rektifikation u. IR-Analyse nachgewiesen. I. v. Kloch-Kornitz 4420

1240 **Untersuchung des ätherischen Öles von Artemisia taurica.** I. S. Kožina, V. I. Kovaleva und T. V. Bukreeva. (Chim. prirodnych Soedinenij **4** (1968) 1, 51—52; bot. inst. im. Komarova AN SSSR; russ.) — Aus *Artemisia taurica Willd.* erhält man 0,65—1,15% äther. Öl mit folgenden Konstanten: D_4^{20} 0,9128 bis 0,9217; n_D^{20} 1,4600—1,4644; α_D 6,40—17,00°; SZ. 0,89—1,73; EZ. 5,93—23,58; OH 0,13—1,21%. Nach Trennung in Mono- u. Sesquiterpene durch Vakuumdest. u. Chromatographie an Al_2O_3 werden IR-spektroskop. u. durch entsprechende Deriv. *α-Thujon* (50%), *1.8-Cineol* (16,6%), *Camphen, Myrcen, p-Cymol, eine unbekannte Verb. mit einer Absorptionsbande bei 1600 cm⁻¹, Farnesen* u. *ein Kohlenwasserstoff* mit α_D —162,8° festgestellt. *α-* u. *β-Pinen* werden gaschromatograph. nachgewiesen. Die Ggw. von *Sabinol, α-Castol* u. *α-Betulenol* wird vermutet.
Heinrich Walther 4420

1241 **Qualitative Zusammensetzung der vom Lavendel, Salbei und Senfpflanzen verdunsteten ätherischen Öle.** L. N. Charčenko und E. D. Ponomarev. (Fiziol. Rast. **13**, 153—58; 1966; russ.) — Parallel zu den frei verdunstenden *äther. Ölen* (I) wurde der Geh. an I durch W.-Dampfdest. u. durch künstliche Verdunstung (Einw. von heißer Luft von 45 u. 50°) bestimmt. Die Trennung in die Komponenten erfolgte papierchromatograph. u. durch Dünnschichtchromatographie auf Al_2O_3 (Lsgm.: Gemisch von Bzl. u. PAe. 40—45°). Die im Lavendel u. Salbei enthaltenen I sind alle verdunstungsfähig. In Abhängigkeit von der Abtrennungsmeth. ändert sich nur die quant., nicht aber die qual. Zusammensetzung. In beiden Pflanzen wurden *Geraniol, Nerol, Linalool, Linalylacetat* u. verschiedene KW-Stoffe gefunden; beim Lavendel kommt *Borneol* hinzu. Aus Senfpflanzen frei verdunstende I konnten nicht identifiziert werden. Nicht verdunstendes I enthält *Allylisothiocyanat*, Butenylisothiocyanat, Phenyläthylisothiocyanat u. eine Verb. von R_F = 0,98. R. Kapler 4420

1242 **Flavonoide aus Larix dahurica.** 1. Mitt. N. A. Tjukavkina, K. I. Lapteva und V. A. Pentegova. (Chim. prirodnych Soedinenij **3** (1967) 4, 278—79; Irkutsk, univ.; russ.) — In den Aceton-Extrakten von *Larix dahurica* wird nach Behandlung mit Aceton, Ae. u. Bzl. durch Papierchromatographie, Dünnschichtchromatographie, präparative Chromatographie auf Capron, UV- u. IR-Analyse *Quercetin* (I), *Dihydroquercetin* (II) u. *Dihydrokämpferol* nachgewiesen.
I. v. Kloch-Kornitz 4420

1243 **Flavonoide aus Hedysarum Gmelini.** G. S. Glyzina und N. F. Komissarenko. (Chim. prirodnych Soedinenij **3** (1967) 2, 138—39; Charkov, n.-i. chimiko-farmacevtičeskij inst.; russ.) — Im alkohol. Extrakt wurden durch 1- u. 2-dimensionale Papierchromatographie 8 Flavonoide gefunden. Die beiden Hauptverb. wurden durch Chromatographie an Polycapron abgetrennt u. spektrophotometr. u. chromatograph. als *Quercetin-3-α-L-rhamnofuranosid* ($C_{21}H_{20}O_{11}$, F. 174—176°, $[\alpha]_D^{18}$ —183,4°) u. *Quercetin-3-α-L-arabinofuranosid* (*Avicularin*) ($C_{20}H_{18}O_{11}$, F. 209—211°, $[\alpha]_D^{18}$ —159°) identifiziert. E. Dumkov 4420

1244 **Flavonoide von Rhododendron luteum und Rh. dahuricum.** E. T. Oganesjan, V. A. Bandjukova und A. L. Šinkarenko. (Chim. prirodnych Soedinenij **3** (1967) 4, 279; Pjatigorsk, Pharminst.; russ.) — Im alkohol.-wss. Extrakt der Blätter von *Rhododendron dahuricum* werden durch Papierchromatographie, Umkristallisieren u. Reinigen an Polyamid sowie UV- u. IR-Analyse *Hyperosid* (I; *Quercetin-3-β-D-galaktopyranosid*), *Avicularin* (II; *Quercetin-3-α-L-arabinosid*) u. *Azaleatin* (III; *Quercetin-5-methylester*), in *Rhododendron luteum* I, II, III, *Myricitrin* u. *Quercetin* nachgewiesen.
I. v. Kloch-Kornitz 4420

1245 **Anthocyane der reifen Früchte von Rosa spinosissima L.** T. G. Demina. (Izvest. sibirskogo Otd. Akad. Nauk SSSR **1966**, Nr. 8, Ser. biol.-med. Nauk Nr. 2, 133—34; Novosibirsk, centr. sibirskij bot. sad AN SSSR; russ.) — Durch 6std. heiße Extraktion der reifen Früchte von *Rosa spinosissima L. var. vulgaris* mit 1%ig. alkohol. HCl u. 2malige Trennung in der Polyamidsäule werden 2 Anthocyane isoliert, die auf Grund ihrer sauren u. alkal. Hydrolyse zu Cyanidin u. ihres papierchromatograph. Verhaltens in mehreren Laufmitteln als *Cyanin* u. *Chrysanthemin* identifiziert werden
N. Erdmann 4420

1246 **L-β-Canadinmethylchlorid aus Thalictrum minus L.** 2. Mitt. K. I. Kučkova, I. V. Terent'eva und G. V. Lazur'evskij. (Chim. prirodnych Soedinenij **3** (1967) 2, 141; Kišinev, inst. chimii AN MoldSSR; russ.) — 1. vgl. ibid. **1** (1965) 11, 43. — Als Nebenalkaloid wurde das *β-Methylchlorid* des *L-Canadins*, $C_{21}H_{24}O_4N \cdot HCl$, F. 191—193° (Zers.) $[\alpha]_D$ —158°, isoliert. Rk. eines synthetisierten Jodids mit Ag_2O ergibt die Dehydrobase $C_{21}H_{23}O_4N$, F. 110—111°. Beim Erhitzen des Jodids mit Monoäthanolamin bildet sich *L-Canadin*, $C_{20}H_{21}O_4N$, F. 133° $[\alpha]_D$ —299°, u. *DL-Canadin*, F. 170°, opt. inaktiv. E. Dumkov 4420

1247 **Turcomansäure aus Juniperus turcomania.** N. P. Kir'jalov und M. O. Karryev. (Chim. prirodnych Soedinenij **3** (1967) 4, 284—85; Moskva, botaničeskij inst. AN SSSR; russ.) — Aus dem Aceton-Extrakt von *Juniperus turcomania B. Fedtsch* werden durch Ausschütteln mit Ae. u. 2%ig. Na_2CO_3, Umkristallisieren u. Ansäuern mit H_2SO_4 0,2% *Turcomansäure* (UV 400 bis 220 mμ ohne Max., $C_{20}H_{30}O_3$, F. 218°) isoliert.
I. v. Kloch-Kornitz 4420

1248 **Gypsogensäure aus den Wurzeln von Acantophyllum subglabrum und A. gysophiloides.** V. N. Belous und A. A. Rjabinin. (Chim. prirodnych Soedinenij **3** (1967) 2, 95—97; Gosuniversitet Leningrad, UdSSR; russ.) — Nach der Hydrolyse eines Methanolextraktes aus Wurzeln von *Acantophyllum subglabrum* wurde über das Acetat erstmalig die *Gypsogensäure* isoliert. In *A. gypsophiloides* wurden wesentlich geringere Mengen gefunden.

Versuche: *Gypsogensäure-acetat* (I), $C_{32}H_{48}O_6$, F. 345—347° (Chloroform, Zers.) aus Triterpensäuregemisch mit Essigsäureanhydrid in trockenem Pyridin. $[\alpha]_D$ +76° (c = 0,92, Dioxan). — *Gypsogensäure* (II), $C_{30}H_{46}O_5$, F. > 370° (Zers., wss. Methanol), aus I durch 2std. Kochen mit 3% alkohol. KOH. $[\alpha]_D$ +90° (c = 1,11, Dioxan). — *Dimethylester* (III), $C_{32}H_{50}O_5$, F. 244,5—246° (Aceton) aus II in äther. Lsg. mit Diazomethan. $[\alpha]_D$ +84° (c = 1,38, Chloroform). — *Acetat des Dimethylesters*, $C_{34}H_{52}O_6$, F. 169,5—171° (Methanol) aus III mit Essigsäureanhydrid in trockenem Pyridin.
E. Dumkov 4420

1249 **Isolierung von Ervinidin und Ervinidinin aus Vinca erecta.** V. M. Malikov und S. Ju. Junusov. (Chim. prirodnych Soedinenij **3** (1967) 2, 142; institut chimii rastitel'nych veščestv AN UzSSR; russ.) — Aus dem Kraut von Vinca erecta wurden neu gewonnen: *Ervinidin* (I), $C_{22}H_{26}N_2O_4$, F. 283—284° (Zers., Methanol), $[\alpha]_D$ —17,3° (Chlf.) u. *Ervinidinin* (II), $C_{21}H_{24}N_2O_3$, F. 255—258° (Zers., Methanol). Nach dem IR-Absorptionsspektrum (Banden bei 3310, 1720, 1660, 1610 u. 1320 cm⁻¹), dem UV-Spektrum (λ_{max} 232, 302 u. 340 nm, lg ε 4,10; 4,08; 4,30) u. der Red. mit Borhydridnatrium zu *Ervinidinol* gehört I zur Gruppe der 2-Acylindole. I u. II haben ähnliche UV- u. IR-Absorptionsspektren u. stimmen in einigen chem. Eig. überein.
E. Dumkov 4420

1250 **Isolierung von Daucosterin aus Acanthopanax sessiliflorum.** L. A. Jeljakova, A. K. Dsisenko, V. V. Ssova und G. B. Jeljakov. (Chim. prirodnych Soedinenij **2**, 32—34, 1966; inst. biolog. aktivnych veščestv gal'nepostočnogo filiala SO AN SSSR; russ.) —

Daucosterin wurde aus dem Methanol-Extrakt der Wurzel von *A. sessiliflorum* chromatograph. sowie aus dem äther. Öl dieser Pflanze durch Extraktion mit verschiedenen Lsgm. gewonnen. R. Kapler 4420

1251 **Alkaloide aus Glaucium flavum.** L. D. Jachontova. (Chim. prirodnych Soedinenij **3** (1967) 4, 285; Moskva, n.-i. inst. lekarstvennych rastenij; russ.) — Aus *Glaucium flavum Grantz* wird die Verb. $C_{19}H_{21}NO_4$ isoliert u. durch IR-Analyse u. Methylieren als *Bis-[O.O-dimethylglaucin]*, ident. mit *d-Aurotensin*, identifiziert. I. v. Kloch-Kornitz 4420

1252 **Isolierung der Alkaloide aus den oberirdischen Teilen von Vinca erecta.** Ch. N. Aripov, T. T. Šakirov und V. M. Malikov. (Chim. prirodnych Soedinenij **3** (1967) 4, 286; inst. chimii rastitel'nych veščestv AN Uz.SSR; russ.) — Aus 1700 kg der oberird. Teile von *Vinca erecta Rgl. et Schmalh.* werden durch 4fache Extraktion mit 1%ig. Essigsäure, Filtrieren, Reinigen am Kationitadsorber, Elution mit 1,5%ig. NH_3 in 85%ig. A., Vakuumverdampfung des A., Chlf.-Extraktion, Trocknen mit Na_2SO_4 u. Konzentrieren im Vakuum 11 kg *Gesamtalkaloide* isoliert I. v. Kloch-Kornitz 4420

1253 **Alkaloide von Stephania hernandifolia.** I. I. Fadeeva, A. D. Kuzovkov und T. N. Il'inskaja. (Chim. prirodnych Soedinenij **3** (1967) 2, 106—08; VSNII lekarstvennych rastenij; russ.) — In den oberird. Teilen wurden im Dichloräthanauszug durch Dünnschichtchromatographie an Al_2O_3 mit Ae.:Methanol (25:1) 7 Alkaloide gefunden, darunter die neue Verb. *Hernandolin* (I). I besitzt eine NCH_3-Gruppe; die 5 O-Atome befinden sich in einer Carbonyl-, in 3 Methoxyl- u. einer Hydroxylgruppe. Die Löslichkeit in Laugen u. die Rk. mit $FeCl_3$ lassen Phenol- oder Enolstruktur der Hydroxylgruppe annehmen. Aus der Abbau-Rk. wird geschlossen, daß I mit Sinomenin oder Chasubanonin verwandt ist oder einen Morphinanring besitzt.

Versuche: *Hernandolin* (I), $C_{20}H_{25}O_5N$, nichtkrist., 0,1% des trockenen Krautes. — *Perchlorat*, $C_{20}H_{25}O_5N \cdot HClO_4$, F. 225—226° (A.). — *O-Acetylhernandolin*, $C_{22}H_{27}O_6N$, F. 113,5—114°, aus I mit Essigsäureanhydrid 14 Std. bei 20°. — *Hernandolinmethyläther* (II), $C_{21}H_{27}O_5N$, F. 104° (Ae.) aus I mit Methyljodid 3 Std. bei 65—75°. — *Jodmethylat des O-Methylhernandolins*, $C_{21}H_{27}O_5N \cdot CH_3J$, F. 190—191°, aus II mit Methyljodid in Aceton, 4 Std. auf 65—75° erwärmt. — *Des-ON-Dimethylhernandolin*, F. 270—271°, durch Behandeln mit frischbereitetem Silberoxid, -Hydrochlorid F. 244° (A.). E. Dumkov 4420

1254 **Alkaloide aus Andrachne rotundifolia.** V. V. Vil'jams, L. P. Najdovic, B. K. Rostockij und I. A. Gubanov. (Chim. prirodnych Soedinenij **2**, 257, 1966; Vsesojuznyj n.-i. inst. lekarstvennych i aromatičeskich rastenij; russ.) — Die oberird. Teile von *Andrachne rotundifolia C. A. Mey* (Euphorbiaceae) enthalten 0,06 bis 0,08% Alkaloide, die unterird. 0,2—0,3%. Durch papierchromatograph. Trennung (5%ig. Essigsäure:Butanol-1 1:1) werden 6 Alkaloidflecken sichtbar. Lufttrockene Wurzeln wurden nach Alkalisieren (25%ig. NH_4OH) mit Dichloräthan extrahiert, der Extrakt mit H_2SO_4 u. Chlf. behandelt, zuletzt in alkal. Lsg. gebracht u. diese nacheinander mit Ae., Bzl., Butanol u. Chlf. ausgeschüttelt. Die Ae.-Fraktion ergab beim Lösen in Aceton u. Fällen mit n-Hexan 3 verschiedene Substanzen: *Andrachnin*, $C_{11}H_{17}NO_2$, F. 89—92° (aus Bzl.), 97—99° (im Vakuum), hellgelbe Krist., opt. inaktiv. IR-Spektrum ν_{max} 3456, 3300, 3220, 1585, 1635 cm^{-1}, UV-Spektrum: λ_{max} 235—236, 335 nm (log ε 3,92, 4,10). — Acetylierungsprodukt: Diacetylverb., gelbes Harz, nicht kristallisierend. IR-Spektrum ν_{max} 1740, 1607, 1630, 1520 cm^{-1}. *Base II*: nicht kristallisierend, Perchlorat F. 139—140°, schnell verharzend, $[\alpha]_D$ 0. — *Base III*: F. 135—136°, farblose, nadelförmige Kristalle. IR-Spektrum ν_{max} 3420, 3230, 1465 cm^{-1}. E. Wiegand 4420

1255 **Chromatographische Untersuchung der Alkaloide Genista tinctoria und Spartium junceum.** A. D. Daukša und E. K. Denisova. (Nauč. Doklady vysšej Školy, biol. Nauki **1966**, Nr. 3, 178—79; Pjatigorsk, pharmac. inst.; russ.) — Nach Extraktion mit Dichloräthan werden aus *Genista tinctoria* u. *Spartium junceum* 0,82 bzw. 0,96% (bezogen auf das absol. Trockengew.) Alkaloide isoliert u. durch Papierchromatographie mit n-Butanol–Essigsäure (100:7) in *Cystisin* (R_F 0,24), *Thermopsin* (R_F 0,36) u. *Anagyrin* (R_F 0,0) getrennt. *Pachycarpin* wird nicht nachgewiesen. N. Erdmann 4420

1256 **Stimulierung der Reissamenkeimung durch Wasserstoffperoxid.** L. A. Voroncov. (Nauč. Doklady vysšej Školy, biol. Nauki **10** (1967) 11, 89—91; Kubanskij sel'skochozjajstvennyj inst.; russ.) — In Laborvers. wurden die Reissamen mittels 3%ig. H_2O_2-Lsg. behandelt u. die Wurzeln, Keime u. Restsamen eudiometr. auf die Aktivität der Katalase untersucht. Nach H_2O_2-Behandlung hatten Wurzeln u. Keime sich kräftiger entwickelt. Auch die Aktivität der Katalase wurde in den Wurzeln 2mal stärker. Vf. nimmt an, daß H_2O_2 nach dem Eintritt in den Samen in H_2O u. O_2 zerfällt. Die Stimulierung der Keimung beruht auf dieser Bldg. von O_2. Im Feldvers. wurde durch die Saatgutbehandlung mit 3%ig. H_2O_2-Lsg. die Keimfähigkeit um 36—68%, der Kornertrag um 5,4 bis 8,9 dz/ha erhöht. František Müller 4460△

1257 **Gibberelline und verwandte Stoffe. 3. Mitt. Gegenwart des physiologisch aktiven Isomers der Giberellsäure in der Kulturflüssigkeit von Fusarium moniliforme.** G. S. Muromcev, V. N. Agnistikova, L. M. Lupova, I. P. Dubovaja, T. A. Lekareva, E. P. Serebrjakov und V. F. Kučerov. (Chim. prirodnych Soedinenij **2**, 114—20, 1966; Moskva, inst. organičeskoj chimii im. N. D. Zelinskogo AN SSSR; russ.) — Das bei der Fermentation von *Fusarium moniliforme* auf synthet. Nährboden mit 10% Sonnenblumenöl, NH_4NO_3, KH_2PO_4, K_2SO_4, $MgSO_4$ (0,3; 0,2; 0,02; 0,02% je 1 Liter W.) hydrolyt. u. nichtenzymat. gebildete *1.3-Lacton* von *2β.3α.7α-Trihydroxy-1β-methyl-8-methylen-Δ^4-gibben-1α.10β-dicarbonsäure* (I) wird erstmalig in der Kultur-Fl. nachgewiesen. I ist isomer zu *Gibberelin* A_3 (II). Im Vgl. zu II nimmt bei I durch die veränderte Stellung der Lactongruppe im A-Ring die wachstumsstimulierende Wrkg. gegenüber Salat u. Erbse merklich ab, bleibt jedoch gegenüber der Gurkenpflanze unverändert. I. von Kloch-Kornitz 4485

1258 **Synthese und physiologische Aktivität der Bromide des N-(2-Bromäthyl)-N-allylpyridins und ihre Vergleichstestung mit den entsprechenden Trimethylammoniumbromiden.** St. Gajtandžiev und Em. Karanov. (Izvest. Inst. Fiziol. Rastenijata „Metodi Popov", bălgaraka Akad. Naukite **15**, 89—99, 1966; Sofija, inst. po chimičeska promyšlennost; bulg.) — Vf. verglichen die physiol. Aktivität von *N-Allyl-*, *N-(2-Bromäthyl)-*, *N-Allyl-γ-äthyl-* u. *N-(2-Bromäthyl)-γ-äthylpyridiniumbromid* an Wurzelfasern von Kresse (Lepidium sativum) u. Mais, an Weizenteilkoleoptilen, Tomatenpflanzen u. den Pigmentgeh. in ihren Blättern mit der Aktivität von *N-(2-Bromäthyl)-trimethylammonium-* u. *N-Allyltrimethylammoniumbromid*. Die hemmende u. synergist. Wrkg. dieser Verb. wurde an der Wrkg. von Gibberellin A_3 an Zwergerbsen getestet. Vf. zogen ferner gewisse Rückschlüsse aus der Beziehung zwischen chem. Struktur u. physiolog. Aktivität der Verbindungen. Die fungizide Wrkg. von N-(2-Bromäthyl)-trimethylammonium- u. N-Allyltrimethylammoniumbromid an *Phytophtora parazitica var. nicotiana* wurde an Tomatenpflanzen beobachtet. Synthetisierte Verb.: N-(Bromäthyl)-γ-äthylpyridiniumbromid (F. 104—105°) aus γ-Äthylpyridin u. 50%ig. Überschuß von Dibromäthan, 80—85%; N-Allyl-γ-äthylpyridiniumbromid (F. 77°) aus 0,05 Grammol γ-Äthylpyridin u. 10%ig. Überschuß von Allylbromid in 10ml Bzl., nach 1—2 Tagen Prod. abfiltrieren u. mit Bzl. waschen; 96%. R. Schmidt 4485

1259 **Androgene Steroide von Sebum cutaneum.** M. I. Dubovyj. (Vestnik Dermatol. Venerol. **41** (1967) 5, 14—21; L'vov, med. inst.; russ.) — Aus dem gesunden Sebum cutaneum der menschlichen Kopf- u. Barthaare werden chromatograph. u. histochem. 1,1—2,7 (mg%) *Androsteron* u. *1,6—2,6 Dehydroepiandrosteron* als alkohol. Steroide u. 0,19—1,9 *Androstan-3.17-dion* als nichtalkohol. Steroid u. kein *Testosteron* isoliert. Die nachgewiesenen Steroide zeigen biolog. Wrkg. auf die biochem. Zellprozesse, Morphologie u. Funktion der Talgdrüsen. I. v. Kloch-Kornitz 4560

1260 **Eine nichtstereospezifische Grignard-Reaktion mit einem 17-Ketosteroid.** Seemon H. Pines, Raymond A. Firestone, Luciano Re, Matthew A. Kozlowski und Meyer Sletzinger. (Steroids **8**, 877–885, 1966; Rahway, N.J., Merck Sharp & Dohme Res. Lab.; engl.) — Allyl-Grignard-Reagens gibt mit *Dehydroisoandrosteron* (**I**) zu ca. 15% β-ständige Addition (*17-epi*-**II**, s.u.). Der β-ständige Angriff wurde bei benachbarten 12α- u. 16α-Substituenten untersucht. Ferner wurde in die Allylseitenkette durch Hydroborierung selektiv eine funktionelle Gruppe eingeführt.

Versuche: *17α-Allyl-5-androsten-3β.17β-diol* (**II**) $C_{22}H_{34}O_2$, F. 156–158° (CH_3OH), aus **I** u. Allyl-MgCl in THF bei 30–36° (über Nacht); $[\alpha]_D$ −43° (c = 1, A.); 99,5% (roh). *3β-Acetat*, F. 156–158° (Hexan), aus vorst. Rohprod. u. Acetanhydrid (Raumtemp., über Nacht) als Nd. (Mutterlaugenrückstand = **R**); $[\alpha]_D$ −47,7° (c = 1, A.). — *17-„epi"-II-Acetat* (17α-Hydroxy-17β-allyl-), F. 148–150° (Hexan), aus vorst. **R** durch Chromatographie an sauer gewaschenem Al_2O_3 (Bzl.–Chlf.). — *17-„epi"*-**II** (3β.17α-Dihydroxy-17β-allyl-), F. 156 bis 158° (Ae.–Hexan), aus vorst. Acetat mit wss.-methanol. NaOH bei Raumtemp.; $[\alpha]_D$ −72,7° (c = 1, A.). — *17α-[3-Hydroxypropyl]-5-androsten-3β.17β-diol* (**III**), F. 278 bis 280,5° (Pyridin), aus **II** u. Disiamylboran (aus BF_3-Ätherat u. $NaBH_4$ in THF-2-Methylbuten-(2) bei −5 bis −10°, 30 Min. bei 0° u. 2,5 Std. bei 25°) bei < 15°, 4 Std. bei 0°, Zusatz von 3 n NaOH bei ≦ 0°, Zusatz von Perhydrol bei ≦ 25–30°, 1,5 Std. bei Raumtemp. u. 1 Std. Auskochen des trockenen Roh-**III** mit Chlf.; $[\alpha]_D$ −57,6° (c = 0,4, Pyridin); 98%. *3.2.2-Diacetat*, F. 102–104° (Hexan). — *17-„epi"*-**III**, F. 187–189° (Aceton), aus Roh-**II** durch Hydroborierung, Abtrennung von **III** durch Auskochen mit Chlf. u. Einengen der Chlf.-Mutterlauge; $[\alpha]_D$ −87,1° (c = 0,4, Pyridin). K. Maier 4561

1261 **Beziehung zwischen Struktur und antikoagulierender Wirkung einer Reihe von Indandion-(1.3)-Derivaten.** 2. Mitt. **Thiocyanderivate einiger 2-substituierter Indandione-(1.3).** M. Koptelova, E. Shafro, B. Aren und G. Vanags. (Izvest. Akad. Nauk Latv. SSR **1966**, Nr. 1 (222), 77–80; inst. organičeskogo sinteza AN Lat. SSR; russ.) — 1. vgl. ibid. **1965**, 345. — Zahlreiche synthet. Thiocyanderiv. von Indandion-(1.3) sind als Antikoagulantien wirksam. Folgende Verb. wurden getestet: *2-Phenyl-*, *2-p-Methoxyphenyl-*, *2-p-Nitrophenyl-*, *2-p-Chlorphenyl-*, *2-m-Chlorphenyl-*, *2-o-Chlorphenyl-*, *2-α-Naphthyl-*, *4-Nitro-2-phenyl-*, *4.5-Dimethoxy-2-phenyl-*, *2-Thiocyano-2-phenyl-*, *2-Thiocyano-2-p-methoxyphenyl-*, *2-Thiocyano-2-p-nitrophenyl-*, *2-Thiocyano-2-p-chlorphenyl-*, *2-Thiocyano-2-m-chlorphenyl-*, *2-Thiocyano-2-o-chlorphenyl-*, *2-Thiocyano-2-α-naphthyl-*, *4-Nitro-2-thiocyano-2-phenyl-* u. *4.5-Dimethoxy-2-thiocyano-2-phenylindandion-(1.3)*. Der Austausch des H-Atoms in Stellung 2 von Phenylindandion-(1.3) u. von 2-Naphthylindandion-(1.3) durch eine Thiocyangruppe führt zu einer Steigerung der Wirksamkeit der Verb. als Antikoagulantien. Ersatz des H durch eine SCN-Gruppe in *2-Phenyl-*, *2-Methoxyphenyl-* u. *2-Chlorphenylindandion-(1.3)* (*m-* u. *p-*) bewirkt eine Verlängerung der antikoagulierenden Wirkung. Strukturell gleiche Verb., die aber am Phthaloylring substituiert sind [*4-Nitro-2-phenylindandion-(1.3)*, *4.5-Dimethoxy-2-phenylindandion-(1.3)*] sind bei Austausch des H in Stellung 2 durch eine Thiocyangruppe als Antikoagulantien unwirksam. Rainer Schmidt 4574

1262 **Cetothiamin.** 2. Mitt. **Stoffwechselverhalten von O.S-Bisäthoxycarbonylthiamin.** Minoru Morita, Tsuyoshi Iwata und Tetuo Minesita. (Annu. Rep. Shionogi Res. Lab. [Osaka] **17** (1967) 10–30; engl.) — Nach oraler Zufuhr von *O.S-Bisäthoxycarbonylthiamin* (**I**) tritt beim Absorptionsprozeß im Darm teilweise Umwandlung in *S-Äthoxycarbonylthiamin* (**II**) ein, das die Zellmembran noch gut zu durchdringen vermag. Im Blute gelangen **I** u. **II** auf Grund des Konz.-Gradienten in die Erythrozyten u. werden allmählich in *Thiamin* (**III**) umgewandelt. Etwas **II** wird in den Gewebezellen in **III** übergeführt. Die Stoffwechselrk. **I** → **III** + CO_2 + A. wurde von einem in tier. Geweben (bes. in Leber, Erythrozyten u. Niere) weit verbreiteten Enzym, einer unspezif. Esterase, katalysiert. Es wurde aus Kaninchenleber teilweise gereinigt u. unterschied sich von Aliesterase u. Cholinesterase. **I** wird während der renalen Ausscheidung von den Tubuli reabsorbiert, **III** dagegen akt. eliminiert. K. Maier 4587

1263 **Cetothiamin.** 3. Mitt. **Pharmakologische Betrachtungen über O.S-Bisäthoxycarbonylthiamin als antiarrhythmisches Agens.** Motohiko Ueda, Shoichi Matsumura, Masaru Kawakami und Tetuo Minesita. (Annu. Rep. Shionogi Res. Lab. [Osaka] **17** (1967) 31–46; engl.) — *O.S-Bisäthoxycarbonylthiamin* (**I**) wirkt auf gestreiften Muskel sehr ähnlich wie Chinidin (**II**). Am isolierten rechten Vorhof (Meerschweinchen) zeigt **I** negative chronotrope u. inotrope Effekte, **II** aber nur beträchtliche negative chronotrope Wirkung. Beim Aconitin-Flimmern des isolierten Vorhofs oder Ventrikelmuskels (Meerschweinchen) gibt **I** nur schwache antiarrythm. Effekte. **I** wie **II** verhindern bei Katzen durch Methacholin oder Methacholin-elektr. Reizung hervorgerufenen A–V-Block oder ausgelöstes Vorhofflimmern. K. Maier 4587

1264 **Cetothiamin.** 4. Mitt. **Autoradiographische Untersuchung über die Verteilung von O.S-Bisäthoxycarbonylthiamin im Körper.** Tetuo Minesita und Yoshihiro Muraoka. (Annu. Rep. Shionogi Res. Lab. [Osaka] **17** (1967) 47–54; engl.) — [^{35}S]-*O.S-Bisäthoxycarbonylthiamin* (**I**) wurde aus dem Verdauungstrakt von Ratten rascher u. in größeren Mengen als [^{35}S]-*Thiamin* (**II**) absorbiert u. außer in den Hauptorganen auch auf Knorpel, Haut u. Haarfollikel verteilt. Die größte ^{35}S-Intensität wurde 3 Std. nach oraler **I**-Zufuhr beobachtet. Die **II**-Umsatzrate der meisten Gewebe betrug bei ausreichender **II**-Zufuhr vermutlich ca. 72 Std. u. mehr. **II**-Zufuhr beschleunigte sie. Die hohe **II**-Aktivität im Verdauungstrakt nach s.c. Zufuhr deutet darauf hin, daß die **II**-Ausscheidung über den Verdauungskanal u. die Niere verläuft, wenn eine Überdosis **II** gegeben wird. K. Maier 4587

1265 **Cetothiamin.** 5. Mitt. **Trennung und Bestimmung von Thiamin und O-Äthoxycarbonylthiamin.** Kunihei Inazu, Shigeyo Nakanishi und Ryuichi Yamamoto. (Annu. Rep. Shionogi Res. Lab. [Osaka] **17** (1967) 55–58; engl.) — Zur Best. werden die Verb. mit BrCN u. NaOH in *Thiochrom* übergeführt, nachdem sie durch Dünnschichtchromatographie an MN-300-Cellulose (n-Butanol–Essigsäure–W., 4:1:5) getrennt worden sind. Die Rückgewinnung aus den Chromatogrammen war konst. u. von der Belastung unabhängig. Die Standardabweichung betrug 2–5%. K. Maier 4587

1266 **Cetothiamin.** 6. Mitt. **Metabolite von Äthoxycarbonylthiaminderivaten im Harn.** Akira Takamizawa, Kunihei Inazu, Shigeyi Nakanishi, Hisako Ito, Hisao Sato, Masanori Ando, Akira Akahori und Ryuichi Yamamoto. (Annu. Rep. Shionogi Res. Lab. [Osaka] **17** (1967) 59–65; engl.) — Die im Harn erscheinenden Metabolite der *Äthoxycarbonylthiaminderiv.* wurden nach Dünnschicht- oder papierchromatograph. Abtrennung mittels der Thiochrom(**T**)-Meth. quant. bestimmt. Nach oraler Zufuhr von *O.S-Bisäthoxycarbonylthiamin* (**I**; 400–500 mg) schieden Mensch u. Hund ca. 30% im 24 Std.-Harn als **T** + Verb. aus, die *Thiamin* (**II**) u. *O-Äthoxycarbonylthiamin* (**III**) enthielten (98:2). Nach s.c. **I**-Injektion von (ca. 400 mg) schied ein Hund 78% der Dosis aus (**II**:**III** 96:4). Nach oraler Gabe von 500 mg *S-Äthoxycarbonylthiamin* (**IV**) betrug die Ausscheidung beim Hunde 38% an **T** + Verb., wobei wenig **III** auftrat. Nach **IV** war dagegen das **III**:**II**-Verhältnis 18:32. Offensichtlich werden **I** u. **III** leicht in **II** umgewandelt, **IV** möglicherweise teilweise in cycl. Zwischenstufen, die gegen Enzyme weniger widerstandsfähig sind u. weiter in **III** übergehen. Hierfür spricht die **IV** → **III**-Umwandlung in wss. Lsg. bei 37° u. pH 7–8. K. Maier 4587

1267 **Cumarinderivate mit pharmazeutischem Interesse.** R. Selleri, G. Orzalesi, O. Caldini, R. Spano und

G. Ferretti. (Boll. chim. farmac. **106** (1967) 10, 680—87; Rep. Ric. della Soc. Italo-Britannica L. Manetti, H. Roberts & Co., Firenze; ital.) — Eine Reihe von 6-Methoxy- oder Äthoxycarbonylcumarin-3-carbonsäureamiden wird dargestellt u. pharmakolog. untersucht. Ermittelt werden analget. u. hypnot. Wrkg. sowie Einfl. auf Glycidstoffwechsel, Blutdruck, spontane Motorik u. Darmspasmen.

Versuche: 6-Methoxycarbonylcumarin-3-carbonsäureamide: Durch Rk. von 6-Methoxycarbonylcumarin-3-carbonsäure mit $SOCl_2$, Umsetzung mit dem entsprechenden Amin in Bzl. u. 2std. Kochen. — *Unsubstituiert*, $C_{12}H_9NO_5$, F. 274° (Methanol). — *N-n-Propyl-*, $C_{15}H_{15}NO_5$, F. 183° (Methanol). — *N-n-Butyl-*, $C_{16}H_{17}NO_5$, F. 181° (Methanol). — *N.N-Dimethyl-*, $C_{14}H_{13}NO_5$, F. 178° (Methanol). — *N.N-Diäthyl-*, $C_{16}H_{17}NO_5$, F. 154° (Methanol). — *Pyrrolidid*, $C_{16}H_{15}NO_5$, F. 155° (Methanol). — *Morpholid*, $C_{16}H_{15}NO_6$, F. 238° (Methanol). — *N-Phenyl-*, $C_{18}H_{13}NO_5$, F. 208° (Methanol). — *N-Benzyl-*, $C_{19}H_{15}NO_5$, F. 202° (Methanol). — *N-p-Äthoxyphenyl-*, $C_{20}H_{17}NO_6$, F. 227° (Methanol). — *N-p-Äthoxycarbonylphenyl-*, $C_{21}H_{17}NO_7$, F. 246° ($CH_3 \cdot COOH$). — *N-p-Methylsulfonylphenyl-*, $C_{19}H_{15}NO_7S$, F. 297° (Methanol). — *Ureid*, $C_{13}H_{10}N_2O_6$, F. 256° (Methanol). — *N-Phenazonyl-(4)-*, $C_{23}H_{19}N_3O_6$, F. 230° (CH_3COOH). — 6-Äthoxycarbonylcumarin-3-carbonamide: *Unsubstituiert*, $C_{13}H_{11}NO_5$, F. 259° (A.). — *N-n-Propyl-*, $C_{16}H_{17}NO_5$, F. 166° (A.). — *N-n-Butyl-*, $C_{17}H_{19}NO_5$, F. 142° (A.). — *N.N-Dimethyl-*, $C_{15}H_{15}NO_5$, F. 152° (A.). — *N.N-Diäthyl-*, $C_{17}H_{19}NO_5$, F. 133° (A.). — *Pyrrolidid*, $C_{17}H_{17}NO_5$, F. 184° (A.). — *Morpholid*, $C_{17}H_{17}NO_6$, F. 185° (A.). — *N-Phenyl-*, $C_{19}H_{15}NO_5$, F. 206° ($CH_3 \cdot COOH$). — *N-Benzyl-*, $C_{20}H_{17}NO_5$, F. 187° (A.). — *N-p-Äthoxyphenyl-*, $C_{21}H_{19}NO_6$, F. 213° (A.). — *N-p-Äthoxycarbonylphenyl-*, $C_{22}H_{19}NO_7$, F. 235° (CH_3COOH). — *N-p-Methylsulfonylphenyl-*, $C_{20}H_{17}NO_7S$, F. 266° (A.). — *Ureid*, $C_{14}H_{12}N_2O_6$, F. 250° (A.). — *N-Phenazonyl-(4)-*, $C_{24}H_{21}N_3O_6$, F. 191° (CH_3COOH). W. Holland 4607

1268 **Synthese neuer Derivate der 6-Aminohexansäure mit antireaktioneller Wirkung.** A. Bertelli, C. Armetti, A. Coco, G. Prino und P. Procopio. (Boll. chim. farmac. **106** (1967) 7, 443—51; Ist. di Farmacol., Univ., Milano; ital.) — In einer Reihe funktioneller Deriv. der 6-Aminohexansäure (I) zeigen die aliphat. die höchste antiphlogist. u. Antipeptidasewrkg., während diese beiden Wrkg. bei den aromat. Deriv. nicht parallel laufen. Untersucht werden die Wrkg. auf anaphylakt. Schock, auf das Dextranödem, auf die Diffusion von Evans Blau nach Histamin u. Serotonin u. die Sanarelli-Schwartzman-Reaktion.

Versuche: *6-Aminohexansäure*, $C_6H_{13}NO_2$, F. 115 bis 118°, *[5-Oxo-1-phenyl-2.3-dimethylpyrazolinyl-(4)]-6-aminohexansäureamid*, $C_{17}H_{24}N_4O_2$, F. 108—109°, durch Rk. von I-HCl mit $SOCl_2$ in Chlf., Einengen mit Bzl. u. Eintropfen der Chlf.-Lsg. zu 4-Aminoantipyrin u. Triäthylamin in Chlf. unter Kühlung. — *N-Acetyl-6-aminohexansäure* (II), $C_8H_{15}NO_3$, *Äthylester*, $C_{10}H_{19}NO_3$, F. < 20°, $Kp._{0,5}$ 165—170°, aus 300 g II in A. in Ggw. von p-Toluolsulfonsäure; 275 g (Ausb.). *Amid*, $C_8H_{16}N_2O_2$, F. 115—116° (Aceton), über das Chlorid (III) in Chlf. mit NH_3 in Alkohol. *N-Äthoxycarbonylpentylamid*, $C_{16}H_{30} \cdot N_2O_4$, F. 91—92° (Isopropyläther/Aceton), durch Verestern von I mit HCl in A. u. Zutropfen von III. *N-5-Carbamoylpentylamid*, $C_{14}H_{27}N_3O_3$, F. 156° (Methanol/Aceton), durch Sättigen einer Lsg. vorst. Verb. in A. mit NH_3 bei 0°. *N-p-Äthoxyphenylamid*, $C_{16}H_{24}N_2O_3$, F. 172 bis 173° (A./W.), aus 15 g III u. 15 g 4-Äthoxyanilin in Chlf.; 12,5 g. *N-[5-Oxo-1-phenyl-2.3-dimethylpyrazolinyl-(4)]-amid*, $C_{19}H_{26}N_4O_3$, F. 148—150°. *p-Acetylaminophenylester*, $C_{16}H_{22}N_2O_4$, F. 133° (Essigester), aus III u. 4-Acetylaminophenol in Dioxan. — *6-Salicylamidohexansäure*, $C_{13}H_{17}NO_4$, F. 107—108° (verd. CH_3COOH), aus Salicylsäuremethylester über das *Hydrazid* (F. 147°), Zugabe von $NaNO_2$ in verd. HNO_3 bei 0° u. Rk. des Azids mit I in n Na_2CO_3 bei 0°. *Äthylester*, $C_{15}H_{21}NO_4$, $Kp._{0,1}$ 185—186°, aus der Säure in A. mit HCl.

W. Holland 4607

1269 **Einfluß der Verbindungen der Nitrofuran-Reihe auf die katalatische Aktivität der Tuberkulosemykobakterien.** M. A. Alberta, F. N. Branover und K. K. Medne. (Izvest. Akad. Nauk Latv. SSR **1966**, Nr. 5, 90—93; Riga, inst. organ. sinteza AN Latv. SSR; russ.) — Die Hemmung der Katalase(I)-Aktivität (Verringerung der Geschw.-Konst. des H_2O_2-Abbaues bei 24std. Inkubation) wurde an 3 Präp. geprüft: *N-[5-Nitrofurfurylliden-(2)]-isonicotinoylhydrazon* (II), *N-[α-Methoxymethyl-β-(5-nitrofuryl-(2))-acryliden]-isonicotinoylhydrazon* (III) u. *N-[α-Äthyl-β-(5-nitrofuryl-(2))-acryliden]-isonicotinoylhydrazon* (IV). 2 u. 3 Std. Inkubation ergaben stark schwankende Ergebnisse. II hemmte am stärksten die I-Aktivität des Vallée-Stammes, etwas schwächer die des Stammes „D" (gegen *Tubazid* u. *Streptomycin* wenig empfindliche Stämme). III u. IV hemmten am stärksten die I-Aktivität der Stämme des bovinen Typs (Vallée u. Ravenel). Die I-Aktivität von Stamm Ravenel u. $H_{37}R_V$ (beide gegen Tubazid u. Streptomycin empfindlich) wurde durch II erheblich weniger gehemmt. Im ganzen verringerten II, III u. IV der Mykobakterien des bovinen Typs mehr als die des humanen Typs.

K. Rintelen 4610

1270 **Histamin-Befreier. 3. Mitt. Dibasische Säureamide von 4-Phenyl-4-aminomethylpiperidinen.** Joseph I. DeGraw, Vernon H. Brown, Nicholas E. Kontaxis, Samuel A. Ferguson, Gale R. Gordon, John H. Peters und W. A. Skinner. (J. med. Chem. **10** (1967) 2 174—77; Life Sci. Res., Stanford Res. Inst., Menlo Park, Calif.; engl.) — Eine Reihe von dibas. *Säureamiden* von *1-Alkyl-4-phenyl-4-aminomethylpiperidinen* zeigen eine histamin-freisetzende Aktivität bei Hunden. Als wirksamste Verb. wird *N.N'-Dimethyl-N.N'-bis-[4-phenylpiperidyl-(4)-methyl]-terephthalsäureamid* aufgefunden. Die Beziehungen zwischen Struktur u Aktivität werden diskutiert.

Versuche: Terephthalsäurediamide: *N.N'-Bis-[1-methylpiperidyl-(4)-methyl]-*, *Hemihydrat*, $C_{32}H_{34} \cdot N_4O_2 \cdot 0,5H_2O$, F. 243—245° (Isopropanol), durch Zutropfen von Terephthalsäuredichlorid in abs. CH_2Cl_2 zu einer Lsg. aus 1-Methyl-4-aminomethylpiperidin in $CH_2 \cdot Cl_2$ unter Kühlen, 1std. Rühren bei Raumtemp. u. mehrstd. Stehen (Meth. A) — *N.N'-Bis-[4-phenylpiperidyl-(4)-methyl]-*, *Monohydrat*, $C_{32}H_{38}N_4O_2 \cdot H_2O$, F. 258 bis 259,5° (β-Methoxyäthanol), durch Hydrieren von N.N'-Bis-[1-benzyl-4-phenylpiperidyl-(4)-methyl]-terephthalsäurediamid in Eisessig in Ggw. von Pd-Katalysator bei 70°, Zugabe von W., Filtrieren u. Einengen im Vakuum zur Trockene; 65% (Ausb.). — *N.N'-Bis-[1-methyl-4-phenylpiperidyl-(4)-methyl]-*, *Dihydrochlorid*, *Hemihydrat*, $C_{31}H_{42}N_4O_2 \cdot 2HCl \cdot 0,5H_2O$, F. > 300° (A.), analog A. — *N.N'-Dimethyl-N.N'-bis-[4-phenylpiperidyl-(4)-methyl]-*, *Hemihydrat*, F. 190—194° (Isopropanol/Essigester). — *N.N'-Bis-[1-Benzyl-4-phenylpiperidyl-(4)-methyl]-*, *Hemihydrat*, $C_{46}H_{50}N_4O_2 \cdot 0,5H_2O$, F. 236—238° (β-Methoxyäthanol), analog A über das Hydrochlorid [F. 283 bis 290 (abs. Methanol); 67%]. — *N.N'-Dimethyl-N.N'-bis-[1-benzyl-4-phenylpiperidyl-(4)-methyl]-*, $C_{48}H_{54}N_4O_2$, F. 207—211° (Bzl.), analog A. — *N.N'-Dimethyl-N.N'-bis-[1-methyl-4-phenylpiperidyl-(4)-methyl]-*, $C_{36}H_{46}N_4O_2$, F. 234—237° (Bzl./Methanol), analog A. — Octan-1.8-dicarbonsäurediamide: *N.N'-Bis-[4-phenylpiperidyl-(4)-methyl]-*, *Monohydrat*, $C_{31}H_{50}N_4O_2 \cdot H_2O$, F. 187 bis 189° (Isopropanol/Essigester). — *N.N'-Bis-[1-methyl-4-phenylpiperidyl-(4)-methyl]-*, F. 143—144,5° (Essigester), analog A. — *N.N'-Bis-[1-äthyl-4-phenylpiperidyl-(4)-methyl]-*, $C_{38}H_{58}N_4O_2$, F. 129—131° (Essigester), analog A. — *N.N'-Bis-[1-benzyl-4-phenylpiperidyl-(4)-methyl]-*, $C_{48}H_{62}N_4O_2$, F. 92—95° (Bzl./Hexan), analog A. — *N.N'-Bis-[1-(p-methoxyphenyläthyl)-4-phenylpiperidyl-(4)-methyl]-*, $C_{52}H_{70}N_4O_2$, F. 118—121° (Bzl./Hexan), analog A. — *N.N'-Bis-[4-phenylpiperidyl-(4)-methyl]-isophthalsäurediamid*, *Monohydrat*, *Carbonat*, $C_{32}H_{38}N_4O_2 \cdot H_2O \cdot CO_2$, F. 200—205° (Methanol/A.). — *N.N'-Bis-[1-benzyl-4-phenylpiperidyl-(4)-methyl]-isophthalsäurediamid*, *1/4 Hydrat*, *Dihydrochlorid*, $C_{46}H_{50}N_4O_2 \cdot 2HCl \cdot 0,25H_2O$, F. 213—218° (Methanol), analog A. — *N.N'-Bis-[1-methyl-4-phenylpiperidyl-(4)-methyl]-diphenyl-p.p'-dicarbonsäurediamid*, $C_{40}H_{46}N_4O_2$, F. 214—217° (Isopropanol/Methanol), analog A. — *N.N'-Bis-[4-phenylpiperidyl-(4)-methyl]-benzol-1.4-diessigsäurediamid*, $C_{31}H_{42}N_4O_2$, F. 202 bis 204° (Isopropanol/Essigester), aus nachst. Verbindung. — *N.N'-Bis-[1-benzyl-4-phenylpiperidyl-(4)-methyl]-benzol-1.4-diessigsäurediamid*, *Dihydrochlorid*, *0,25-*

Hydrat, $C_{48}H_{54}N_4O_2 \cdot 2HCl \cdot 0{,}25\,H_2O$, F. 266—275 (Methanol/A.), analog A. — 4-Phenylpiperidine: *1-Methoxycarbonyl-4-cyano-* (II), $C_{14}H_{16}N_2O_2$, F. 103 bis 105° (Cyclohexan), durch 2std. Rühren eines Gemisches aus 4-Phenyl-4-cyanopiperidin, Hydrochlorid (I), Ameisensäuremethylester, verd. NaOH u. $CHCl_3$ bei Raumtemp., Ansäuern auf pH 2 mit 6 n HCl u. Einengen der organ. Phase im Vakuum; (Meth. B), 91%. — *1-Acetyl-4-cyano-*, $C_{14}H_{16}N_2O$, F. 96—98° (Cyclohexan), aus I u. Acetanhydrid/Py. bei Raumtemp.; 78%. — *1-[p-Methoxybenzoyl]-4-cyano-*, $C_{21}H_{22}N_2O_2$, F. 135,5—137° (Methanol), aus 4-Cyano-4-phenylpiperidin u. p-Methoxybenzoylchlorid in $CHCl_3$ bei Raumtemp.; 29%. — *1-Methyl-4-aminomethyl-*, *Dipikrat*, $C_{25}H_{31}N_8O_{14}$, F. 245—248° (β-Methoxyäthanol), durch Zugabe von II zu $LiAlH_4$ in abs. THF, 15std. Kochen, Zugabe von abs. A. u. W., Einengen zur Trockene u. Extrahieren mit Butanol-(1) (Meth. C); 80%. — *1-Äthyl-4-aminomethyl-*, *Dipikrat*, $C_{26}H_{26}N_8O_{14}$, F. 226—228° (β-Methoxyäthanol/W.), analog C; 98%. — *1-[p-Methoxyphenyläthyl]-4-aminomethyl-*, *Dihydrochlorid*, $C_{21}H_{28}N_2O \cdot 2HCl$, F. 263 bis 266° (Propanol-(2)/A.), analog C; 56%. — *1-Benzyl-4-[methoxycarbonylaminomethyl]-*, *Hydrochlorid*, ¼ *Hydrat*, $C_{21}H_{26}N_2O_2 \cdot HCl \cdot 0{,}25\,H_2O$, F. 204—207° (Ae./Essigester), analog B; 93%. — *1-Benzyl-4-[methylaminomethyl]-*, $C_{20}H_{26}N_2$, F. 71—73° (PAe.), analog C; 83%. — *1-Methyl-4-[methoxycarbonylaminomethyl]-*, $C_{15}H_{22}N_2O_2$, F. 89—91° (Cyclohexan), analog B; 92%. — *1-Methyl-4-[methylaminomethyl]-*, *Dipikrat*, $C_{26}H_{28}N_8O_{14}$, F. 240 bis 243° (5%ig. Aceton), analog C; 70%. — *Terephthalsäure-[1-methyl-4-hydroxymethyl-4-phenylpiperidyl]-ester*, *Dihydrochlorid*, *Monohydrat*, $C_{34}H_{40}N_2O_4 \cdot 2HCl \cdot H_2O$, F. 276—279° [Propanol-(2)/abs. Methanol], durch Zugabe von Terephthaloylchlorid in CH_2Cl_2 zu einer Lsg. von 1-Methyl-4-hydroxymethyl-4-phenylpiperidin in CH_2Cl_2 unter Kühlen, 18std. Rühren bei Raumtemp. u. Filtrieren; 11%. K.-P. Hilgetag 4625△

1271 **Synthese von Ketoximinoestern als Antihistaminica.** S. L. Lee, B. B. Williams und M. M. Kochhar. (J. pharmac. Sci. **56** (1967) 10, 1354—57; School of Pharm., Auburn Univ., Auburn; engl.) — Einige vom Benzoylpyridin- u. -thiophenoxim abgeleitete Ester werden dargestellt. Alle Verb. zeigen Antihistaminwrkg. mit nur geringer anticholinerg. Wirkung. Die Propionsäureester sind am wirksamsten. Die geometr. Isomeren zeigen wirkungsmäßig keinen Unterschied.

Versuche: *2-Benzoylpyridinoxim*, F. 151—152,5° (A.), durch 12std. Kochen des Ketons mit $NH_2OH \cdot HCl$ u. Py. in A., Einengen u. Gießen in Wasser. *O-[N-Phenylcarbamoyl]-*, $C_{19}H_{15}N_3O_2$, F. 167—168° (Zers.; A.), durch 1std. Kochen des Oxims in Py. mit Phenylisocyanat; 95% (Ausb.). *O-[N-Diphenylcarbamoyl]-*, $C_{25}H_{19}N_3O_2$, F. 165° (Zers.; Bzl.), mit Diphenylcarbamoylchlorid; 74%. *O-Propionyl-*, $C_{15}H_{14}N_2O_2$, F. 67° (Methanol), mit Propionylchlorid; 82%. — *3-Benzoylpyridinoxim*, F. 160,5°. *O-[N-Phenylcarbamoyl]-*, $C_{19}H_{15}N_3O_2$, F. 153—154° (Bzl.); 79%. *O-[N-Diphenylcarbamoyl)]-*, $C_{25}H_{19}N_3O_2$, F. 193° (Zers.; A/Methanol); 52%. *O-Propionyl-*, $C_{15}H_{14}N_2O_2$, F. 82—83,5° (A.); 42%. — *4-Benzoylpyridinoxim*, F. 153°. *O-(N-Phenylcarbamoyl]-*, $C_{19}H_{15}N_3O_2$, F. 198—199° (Zers.; Bzl.); 91%. *O-[N-Diphenylcarbamoyl]-*, $C_{25}H_{19}N_3O_2$, F. 173° (Zers.; A.); 64%. *O-Propionyl-*, $C_{15}H_{14}N_2O_2$, F. 100—101° (Propanol/Methanol); 74%. — *2-Benzoylthiophenoxim*, F. 113°. *O-[N-Phenylcarbamoyl]-*, $C_{18}H_{14}N_2O_2S$, F. 128° (A.); 51%. *O-(N-Diphenylcarbamoyl)-*, $C_{24}H_{18}N_2O_2S$, 211—212° (Zers.; A./Methanol); 48%. *O-Propionyl-*, $C_{14}H_{13}NO_2S$, F. 112—113° (Methanol); 38%. W. Holland 4625

1272 **Anthelminthische Aktivität von 1.2.4-Oxadiazolen.** C. Ainsworth, W. E. Buting, J. Davenport, M. E. Callender und M. C. McCowen. (J. med. Chem. **10** (1967) 2, 208—11; The Lilly Res. Labor., Indianapolis, Ind.; engl.) — Eine Reihe von substituierten *1.2.4-Oxadiazolen* werden bei mit *Nematospiroides dubius* infizierten Mäusen auf ihre anthelminth. Aktivität getestet. Dabei erwiesen sich oral- oder durch subkutane Injektion verabreichte, in 5-Stellung unsubstituierte, 3-Alkyl- bzw. 3-Aryl-1.2.4-oxadiazole als wirksam, während entsprechend 5-substituierte Verb. inaktiv waren. Die Synthese von *3.5-disubstituierten-4.5-Dihydrooxadiazolen* wird beschrieben

Versuche: Amidoxime, durch Zugabe von K_2CO_3 zu einem Gemisch aus Alkyl- oder Arylcyamid u. Hydroxylamin, Hydrochlorid in 80%ig. wss. A., mehrstd. Kochen, Einengen im Vakuum, Extrahieren mit A., Einengen u. Krist. aus Benzol: *Iminoheptansäure-*, $C_7H_{16}N_2O$, F. 58—60°. — *p-Chlorphenyliminoessigsäure-*, $C_8H_9ClN_2O$, F. 110—112°. — *m-Tolyliminoameisensäure*, $C_8H_{10}N_2O$, F. 120—121°. — *m-Chlorphenyliminoameisensäure-*, $C_7H_7ClN_2O$, F. 118—120°. — *m-Chlor-p-tolyliminoameisensäure-*, $C_8H_9ClN_2O$, F. 129—131°. — *m-Trifluormethylphenyliminoameisensäure-*, $C_8H_7F_3N_2O$, F. 83—85°. — 1.2.4-Oxadiazole: *3-Methyl-*, vgl. Moussebois u. Eloy, Helv. Chim. Acta, **47** (1964) 838. — *3-n-Hexyl-*, $C_8H_{14}N_2O$, Kp.$_{10}$ 80°, durch 2std. Kochen des entsprechenden Amidoxims mit Orthoameisensäuretriäthylester u. Dest. im Vakuum; n_D^{25} 1,4370; 20% (Ausb.). — *3-Undecyl-*, $C_{13}H_{21}N_2O$, Kp.$_1$ 101°; 50%. — *3-Benzyl-*, $C_9H_8N_2O$, Kp.$_{10}$ 118°; 10%. — *3-[p-Chlorbenzyl]-*, $C_9H_7ClN_2O$, Kp.$_8$ 140°; n_D^{25} 1,5462; 25%. — *3-[β-Phenyläthyl]-*, $C_{10}H_{10}N_2O$, Kp.$_8$ 135°; n_D^{25} 1,5265; 55%. — *3-Phenyl-*, $C_8H_6N_2O$, Kp.$_{10}$ 100°; n_D^{25} 1,5535; 60%. — *3-[o-Tolyl]-*, $C_9H_8N_2O$, Kp.$_8$ 115°; 60%. — *3-[m-Tolyl]-*, $C_9H_8N_2O$, Kp.$_8$ 115°; 50%. — *3-[p-Tolyl]-*, $C_9H_8N_2O$, Kp.$_{10}$ 115°; 45%. — *3-[p-Bromphenyl]-*, $C_8H_5BrN_2O$, F. 110°; 50%. — *3-[o-Chlorphenyl]-*, $C_8H_5ClN_2O$, Kp.$_8$ 120°; 12%. — *3-[m-Chlorphenyl]-*, $C_8H_5ClN_2O$, F. 42°; 35%. — *3-[p-Chlorphenyl]-*, $C_8H_5ClN_2O$, F. 102°; 60%. — *3-[m-Chlor-p-tolyl]-*, $C_9H_7ClN_2O$, F. 92°; 25%. — *3-[m-Trifluormethylphenyl]-*, $C_9H_5F_3N_2O$, Kp.$_8$ 115°; 25%. — *3-[p-Methoxyphenyl]-*, $C_9H_8N_2O_2$, Kp.$_8$ 145°; 50%. — *3-[p-Nitrophenyl]-*, $C_8H_5N_3O_3$, F. 164°; 16%. — *3-[Pyridyl-(3)]-*, $C_7H_5N_3O$, F. 91°; 90%. — *3-[Furyl-(2)]-*, $C_6H_4N_2O_2$, F. 86°; 5%. — *3-Propionyloxy-*, $C_5H_8N_2O_3$, F. 36°; 60%. — *3-Methyl-5-isopropyl-4.5-dihydro-*, $C_6H_{12}N_2O$, Kp.$_{12}$ 132°, durch Zugabe des entsprechenden Aldehyds zum entsprechenden Amidoxim in 50%ig. wss. A., 2 Tage langes Stehen bei Raumtemp. u. Einengen im Vakuum (Meth. A); 88%. — *3-Methyl-5-[butyl-(2)]-4.5-dihydro-*, $C_7H_{14}N_2O$, Kp.$_{12}$ 138°, analog A; 30%. — *3-[p-Chlorphenyl]-5-methyl-4.5-dihydro-*, $C_9H_9ClN_2O$, F. 155—157° (A./W.), analog A; 95%. — *3-[p-Chlorphenyl]-5-[butyl-(2)]-4.5-dihydro-*, $C_{12}H_{15}ClN_2O$, F. 132 bis 135° (A./W.), analog A; 50%. — *3-[o-Tolyl]-5-methyl-4.5-dihydro-*, $C_{10}H_{12}N_2O$, F. 60—61° (A./W.), analog A; 90%. — *3-[p-Chlorphenyl]-5-benzyl-4.5-dihydro-*, $C_{15}H_{13}ClN_2O$, F. 165—167° (A./W.), analog A; 30%. — *3-[p-Chlorbenzyl]-5.5-pentamethylen-4.5-dihydro-*, $C_{14}H_{17}ClN_2O$, F. 190—191° (Bzl.), durch 2std. Kochen des entsprechenden Amidoxims mit Cyclohexanon u. Einengen im Vakuum; 20%. — *3-[p-Chlorphenyl]-5.5-pentamethylen-4.5-dihydro-*, $C_{13}H_{15}ClN_2O$, F. 208—212° (Bzl.), analog vorst. Meth.; 25%. — *3-Phenyl-5.5-pentamethylen-4.5-dihydro-*, $C_{13}H_{16}N_2O$, F. 160—161° (Bzl.), analog vorvorst. Meth.; 25%. K.-P. Hilgetag 4649△

F. Pharmazeutische Chemie

1273 **Arzneimittelübersichten.** 22. Mitt. **Hormone der Nebennierenrinde.** E. Piechulla. (Pharmazie **23** (1968) 6, Beil.: Pharmaz. Prax. 121—31; Deutsches Inst. f. Arzneimittelwesen, Berlin; dt.) — Übersicht über Synth., Struktur u. Wrkg. der Gluco- u. Mineralokortikosteroide (Aldosteron, Cortison, Hydrocortison, Prednison, Prednisolon sowie Methyl-, Chlor- u. Fluor-Deriv.). — 133 Literaturangaben. R. Danz 4840

1274 **Arzneimittelübersichten.** 23. Mitt. **Antiphlogistika.** M. Wagler. (Pharmazie **23** (1968) 6, Beil.: Pharmaz. Prax. 132—34; dt.) — 22. vgl. vorst. Referat. — Über-

sicht über Indol- u. Indazol-Deriv., Anthranilsäure-Deriv., Anilin-Deriv. u. Dimethylsulfoxid (chem. Struktur u. ausführliche Pharmakologie, vgl. mit Pyrazolon- u. Salicylsäure-Deriv.). — 66 Literaturangaben.
R. Danz 4840

1275 **Arzneimittelübersichten.** 24. Mitt. **Analeptika.** H. Sachweh. (Pharmazie **23** (1968) 6, Beil.: Pharmaz. Prax. 135—37; dt.) — 23. vgl. vorst. Referat. — Übersicht über chem. Struktur u. Wrkg. chem. unterschiedlicher Verbindungen. — 23 Literaturangaben.
R. Danz 4840

1276 **Arzneimittelübersichten.** 25. Mitt. **Anorexika.** H. Sachweh. (Pharmazie **23** (1968) 6, Beil.: Pharmaz. Prax. 138—40; dt.) — 24. vgl. vorst. Referat. — Übersicht über Amphetamin-Deriv. (Substitution an der Aminogruppe oder am Phenylkern bzw. Hydrierung des Phenylkerns), Phenyl-tert.-butylamine, Ephedrin u. verwandte Verb. u. Phenylmorpholine u. Phenyloxazoline. — 30 Literaturangaben. R. Danz 4840

1277 **Arzneimittelübersichten.** 26. Mitt. **Antemetika und Emetika.** H. Sachweh. (Pharmazie **23** (1968) 6, Beil.: Pharmaz. Prax. 140—45; dt.) — 25. vgl. vorst. Referat. — Übersicht über Struktur u. Pharmakologie von Diphenhydramin u. verwandten Verb., Phenothiazinen u. bas. substituierten Butyrophenonen. — 43 Literaturangaben. R. Brummer 4840

1278 **Arzneimittelübersichten.** 27. Mitt. **Laxantia und Antidiarrhoika.** B. Wiegershausen und P. Kretschmer. (Pharmazie **23** (1968) 6, Beil.: Pharmaz. Prax. 145 bis 152; dt.) — 26. vgl. vorst. Referat. — Übersicht über Chemie u. Pharmakologie von anorgan. sowie natürlich vorkommenden u. synthet. organ. Abführmitteln; adsorbierende, adstringierende u. schleimhaltige Stopfmittel. — 34 Literaturangaben.
R. Brummer 4840

1279 **Neue Urethane der Diphenylsulfonreihe mit potentieller geschwulsthemmender Wirkung.** C. Chiriţă, C. Demetrescu, I. Nicoară und Al. Mavrodin. (Pharmazie **23** (1968) 7, 360—61; Labor. Organ. Chem., Pharm. Fak., Bukarest; dt.) — Eine Reihe neuer *4-[Alkoxycarbonylamino]-diphenylsulfone* (**A**) mit unverzweigtem bzw. verzweigtem O-Alkyl- bzw. mit einem O-Cycloalkylrest wurde durch Umsetzung von *4-Azidocarbonyldiphenylsulfon* (**I**) mit entsprechenden Alkoholen dargestellt. Von **A** soll die tumorhemmende Wrkg. festgestellt u. mit der tumorhemmenden Aktivität anderer Verb. dieser Substanzklasse verglichen werden. IR-Spektren sind angegeben.

Versuche: 4-[Alkoxycarbonylamino]-diphenylsulfone (**A**): *Methoxy-*, $C_{14}H_{13}NO_4S$, F. 104° (Methanol), durch Kochen von **I** mit Methanol während 45 Min., Filtrieren u. Einengen; 67% (Ausb.). — *Äthoxy-*, $C_{15}H_{15}NO_4S$, F. 198° (A.), analog mit Äthanol; 68%. — *Propoxy-*, $C_{16}H_{17}NO_4S$, F. 173° (A.), analog mit n-Propanol; 85%. — *n-Butoxy-*, $C_{17}H_{19}NO_4S$, F. 166° (verd. A.), analog mit n-Butanol; 75%. — *Isopropoxy-*, $C_{16}H_{17}NO_4S$, F. 192° (verd. A.), analog mit Isopropanol; 78%. — *Isobutoxy-*, $C_{17}H_{19}NO_4S$, F. 145° (A.), analog mit Isobutanol; 80%. — *Cyclopentoxy-*, $C_{18}H_{19}NO_4S$, F. 200° (A./W.), analog mit Cyclopentanol; 87%. — *Cyclohexoxy-*, $C_{19}H_{21}NO_4S$, F. 159° (Methanol/W.), analog mit Cyclohexanol; 72%. — *trans-2-Methylcyclohexoxy-*, $C_{20}H_{23}NO_4S$, F. 153° (A.), analog mit trans-2-Methylcyclohexanol; 65%.
R. Böhm 4846

1280 **Analytik einiger Spasmolytika.** 3. Mitt. **Argentometrische Methoden zur Bestimmung von Parkopan, Spasman und Dispasmol.** E. Papke. (Pharmazie **23** (1968) 5, 242—44; Pharmaz. Inst., Univ. Greifswald; dt.) — *Parkopan* (**I**) u. *Spasman* (**II**) kommen als Hydrochloride, *Dispasmol* (**III**) als Äthylbromid in den Handel. **I** u. **II** können nach Volhard unter Zusatz von Nitrobenzol, **II** u. **III** unter Verw. von Fluorescein oder Bromphenolblau als Adsorptionsindikatoren titriert werden. Die Best. in Tabletten, Suppositorien u. Ampullen ist möglich. G. Zessin 4846

1281 **Analytik einiger Spasmolytika.** 5. Mitt. **Nichtwässerige Titration von Parkopan, Spasman und Dispasmol.** E. Papke. (Pharmazie **23** (1968) 7, 362—64; dt.) — 3. vgl. vorst. Ref.; 4. vgl. ibid. **23** (1968) 310. — Die nichtwss. Titration von *Parkopan* (**I**), *Spasman* (**II**) u. *Dispasmol* (**III**) wird mit potentiometr. u. visueller Endpunktsbest. durchgeführt. **I** u. **II** sind in Eisessig unter Zusatz von Hg(II)-Acetat potentiometr. u. visuell gegen Krist.-Violett bestimmbar. Bei **III** ist in Essigsäureanhydrid nur die 2. Titrationsstufe erkennbar; als geeigneter Indikator wird experimentell Triphenylcarbinol ermittelt. Die Werte der potentiometr. Best. liegen 1% unter denen der visuellen Titration. Die Meth. ist zur Best. von **I**, **II** u. **III** in Arzneiformen nur in wenigen Fällen geeignet.
F. Scholz 4846

1282 **Dünnschichtchromatographisches Verhalten einiger Appetitzügler.** R. Palitzsch, Th. Beyrich und R. Pohloudek-Fabini. (Pharmazie **23** (1968) 5, 246—52; Pharmaz. Inst., Univ. Greifswald; dt.) — Das dünnschichtchromatograph. Verh. von *Ephedrinhydrochlorid* u. folgender Appetitzügler der Phenylpropanreihe: *Norpseudoephedrin-*, *Propylhexedrin-*, *Phenmetrazin-*, *Methylphenidat-*, *Chlorphentermin-*, *Phenterminhydrochlorid* u. *Phendimetrazinbitartrat* wird diskutiert u. experimentell erfaßt. Als Adsorbentien dienen Kieselgel G u. Kieselgel S. 14 verschiedene Laufmittelsyst. u. selektive Nachw.-Reagenzien (Ninhydrin-, Dragendorff-, Chloranil- u. Chlor-Benzidin-Reagens) erlauben analyt. Differenzierung. — 21 Literaturangaben. R. Keil 4846

1283 **Reinheitsprüfung und quantitative Bestimmung von Anhydro-bis-[β-hydroxyäthyl]-guanylguanidinhydrochlorid (Moroxidinhydrochlorid, Flumidin, Virustat).** S. Arizan, N. Uricaru und R. Simionovici. (Pharmazie **23** (1968) 7, 364—67; Chem.-Pharmaz. Forschungsinst., Bukarest, SR Rumänien; dt.) — Nachw.- u. Best.-Meth. der Ausgangsprod. *Morpholin* u. *Cyanguanidin* zur Herst. von *Moroxidinhydrochlorid* (**I**), die als Verunreinigungen im Rohprodukt **I** vorkommen, sowie Best. der Reinsubstanz **I** u. in Tabletten werden zur Kontrolle der Synth. u. Analytik der Arzneiform beschrieben. *Morpholinhydrochlorid* wird in der Kondens.-Phase mit Cyanguanidin nach Farbrk. mit 1.2-naphthochinonsulfonsaurem Na photometr. bei 470 nm bestimmt. Papierchromatograph. wird *Cyanguanidin* in rohem **I** identifiziert. **I** wird als Reinsubstanz durch wasserfreie Titration mit 0,1 n $HClO_4$ u. Krist.-Violett als Indikator u. in Tabletten UV-spektrophotometr. bei 237 nm bestimmt.
R. Keil 4846

1284 **Kinetische Untersuchungen über Wechselwirkungen und Abbaureaktionen wasserlöslicher Vitamine.** Teil 2. **Ascorbinsäuren.** R. Hüttenrauch. (Pharmazie **32** (1968) 4, 182—86; Jena, Wissenschaftl. Labor., VEB Jenapharm, Jena; dt.) — 1. vgl. ibid. **23** (1968) 150. — Der aerobe Abbau der *Ascorbinsäure* (**I**) wird unter nichtidealisierten Bedingungen kinet. untersucht u. mit dem anaeroben Abbau verglichen. Die Zers.-Geschw. werden bei verschiedenen pH-Werten bestimmt; die Geschw.-Konst. nehmen mit steigendem pH-Werten ab. Aus den pH-k-Profilen gehen die Stabilitätsoptima u. Existenzbereiche der 3 Dissoziationsstufen von **I** hervor. Eine Acetalbldg. zwischen **I** u. ihrem Abbauprod. Furfural läßt sich nicht nachweisen. — 76 Literaturangaben.
U. Zipprich 4847

1285 **Analytik von Arzneigemischen.** 9. Mitt. **Hochspannungselektrophorese einiger Phenyläthylamin-Abkömmlinge.** J. Reisch, H. Alfes und H. Möllmann. (Pharmazie **23** (1968) 5, 245—46; Münster, Wilhelms-Univ., Pharmaz. Inst.; dt.) — 8. vgl. ibid. **22** (1967) 205. — Es wurde die Leistungsfähigkeit der Hochspannungselektrophorese bei der Analytik von Phenyläthylamin-Abkömmlingen untersucht. Hierzu wurden die R_D-Werte von 29 zentralstimulierenden u. kreislaufakt. Substanzen ermittelt u. ihre Anfärbbarkeit mit Echtblausalz B angegeben (Tabelle).
Friedgart Scholz 4850

1286 **Nachweis und Bestimmung von Hexachlorophen, Pentachlorphenol und Trichlorphenol nebeneinander und in Gegenwart anderer Phenole.** H. Wehle. (Pharmazie **23** (1968) 4, 180—82; Bezirkshygiene-Inst. Leipzig; dt.) — *Hexachlorophen* (**I**) u. *Pentachlorphenol* (**II**) lassen sich durch W.-Dampf-Dest. trennen. Mit methanol. ammoniakal. $CuCl_2$-Lsg. gibt **I** eine spezif. Grünfärbung, die kolorimetr. zur quant. Best. von I ausgenutzt wird. **II** kann über die in W. unlösl. Cu-Verb. quant. erfaßt werden. *Trichlorphenol* ist in der $NaHCO_3$-Lsg. des W.-Dampf-Destillates lösl., aus der es nach Ansäuern mit H_3PO_4 u. Ausäthern isoliert wird. J. Schulz 4852

1287 Soc. Nationale des Pétroles d'Aquitaine, Paris (Erfinder: Bernard Pflugfelder, Artix, Basses-Pyrénées), Frankreich, **Herstellung von Thiolcarbaminsäure-2-halogenalkylestern,** dad. gek., daß man eine Lsg. eines 2-Hydroxyalkylthiocyanats in W. oder einem organ. Lsgm. oder die reine Verb. in einer wss. 6 n bis 10 n-Halogenwasserstoffsäure bei 40—130° bzw. bei Rückflußtemp., erhitzt. — Durch Einführung von 2 Hydroxyäthylthiocyanat ($HO-CH_2CH_2-S-CN$) in 8n-HCl u. 3std. Erhitzen bei 113° → *Thiolcarbaminsäure-2-chloräthylester*, $Cl-CH_2CH_2-S-CO-NH_2$, rein aus A./W., 68% (Ausb.); analog *Thiolcarbaminsäure*(**Thc**)*-2-chlorpropylester*, 70%; **Thc**-*2-brompropylester*, 50%; **Thc**-*2-bromäthylester*, 63%. Zwischenprod. zur Herst. von *Pharmazeutika*, bes. *Antidiabetika*. (**Schwz.P. 436254** vom 22/6. 1965, ausg. 15/11. 1967. F. Prior. 25/6. 1964.) — 2 S.
Georg Vogel 4846

1288 Carter-Wallace, Inc., New York, N.Y., USA (Erfinder: François Molnar und Albert Lachavanne, Martigny, Schweiz, **Herstellung von unsymmetrischen Dicarbaminsäureestern** der allg. Formel $R^1-(CH_3)$: $C[CH_2-O-CO-NHR^2]-CH_2-O-CO-NHR^3$ (R^1, R^2 u. R^3 = ggf. verzweigte aliphat. Reste C_{1-6}; R^2 u. R^3 auch = H), dad. gek., daß man aus einem Di-[chlorkohlensäure]-ester u. einem tert. aliphat. oder aliphat.-aromat. Amin ein Addukt herstellt, in dem die Rk.-Fähigkeit der einen COCl-Gruppe durch das tert. Amin red. ist, das Addukt mit NH_3 oder einem ≧ 1 reaktionsfähiges H-Atom enthaltenden aliphat. Amin unter so milden Bedingungen umsetzt, daß nur die durch das tert. Amin nichtblockierte COCl-Gruppe reagiert u. dann mit den gleichen Verb., jedoch unter energ. Bedingungen die andere (blockierte) COCl-Gruppe umsetzt, wobei man beide Rk. ggf. in einem aliphat. oder aromat. Lsgm. bzw. in Ggw. eines Säureakzeptors bzw. ohne Abscheidung des Zwischenprod. ausführt. — Aus 2-Methyl-2-n-propylpropandiol-(1.3) u. $COCl_2$ in $CHCl_3$ in Ggw. von Diäthylanilin → *Di-[chlorkohlensäure]-2-methyl-2-propylpropandiol-(1.3)-ester*, Kp.$_{12}$ 140—145°; daraus mit Triäthylamin in Toluol (I) bei 10—20° → Addukt, gummiartig; daraus mit NH_3-Gas bei < 20° → Monocarbaminsäureester mit blockierter COCl-Gruppe; daraus mit Isopropylamin in I unter Druck bei ≦ 50° *N-Isopropyl-N'-H-dicarbaminsäure-2-methyl-2-n-propylpropandiol-(1.3)-ester*, F. 93°, 90% (Ausb.), als Arzneimittel „*Carisoprodol*" im Handel; analog die entsprechende *N-n-Butyl-Verb.*, F. 51—52°, 93%. (**Schwz.P. 417567** vom 28/2. 1962, ausg. 15/2. 1967.) — 5 S.
Georg Vogel 4846

1289 Soc. de Recherches Scientifiques et d'Exploitation de Marques Resex Soc. An. (Erfinder: Alfred Piguet), Genf, Schweiz, **Herstellung von Tris-[hydroxymethyl]-aminomethan-Salzen** durch Rk. einer organ. oder anorgan. Säure mit Tris-[hydroxymethyl]-aminomethan (I). — Beispiele: **I**-*Hydrochlorid*, F. 157°; *Hydrobromid*, F. 136°; *Sulfat*, F. 167—168°, *monobas. Phosphat*, F. 160—170°; *dibas. Phosphat*, F. 147°; *neutrales Phosphat*, F. 140°; *Tartrat*, F. 164°; *Salicylat*, F. 114°; *Acetylsalicylat*, F. 240°; *Ascorbat*, F. 50°. — *Arzneimittel*. (**Schwz.P. 422004** vom 6/5. 1964, ausg. 15/4. 1967. Brit. Prior. 13/5. 1963.) — 4 S. R. Bauereis 4846

1290 Laboratoires Vifor Soc. An. (Erfinder: Michel R. J. Baldin), Plan-les-Quates, Schweiz, **Bis-α'-[p-chlorphenoxy]-Al-isobutyrat** erhält man durch Rk. des Na-Salzes von α-[p-Chlorphenoxy]-isobuttersäure mit $AlCl_3$ in Wasser. — *Heilmittel*. (**Schwz.P. 423748** vom 11/5. 1965, ausg. 13/5. 1967.) — 2 S.
R. Bollinger 4846

1291 Yoshitomi Pharmaceutical Industries Ltd., Osaka (Erfinder: Michio Nakanishi, Oita), Japan, **α-Arylthioalkansäure-Derivate** der allg. Formel $C_6H_4 \cdot (X)SC(R^1R^2)COOR^3$ (X = H, Halogen, Carboxyl, Alkoxycarbonyl, Carbamoyl, R^1 u. R^2 = Alkyl mit 1—4 C-Atomen, R^3 = H, Alkyl mit 1—4 C-Atomen) erhält man durch Rk. eines Thiophenols der allg. Formel $XC_6H_3(R^2)SH$ mit einem Carbonsäurederiv. der allg. Formel $YC(R^1R^2)COOR^3$ (Y = Halogen, Alkylsulfonyl, Arylsulfonyl) in Ggw. eines alkal. Mittels. — Aus p-Chlorthiophenol mit Äthyl-α-bromisobutyrat in Ggw. von Na-Äthylat → *Äthyl-α-(4-chlorphenylthio)-isobutyrat*, $C_{12}H_{15}ClO_2S$, F. 48—50°, ähnlich: *Äthyl-α-(4-fluorphenylthio)-isobutyrat*, $C_{12}H_{15}FO_2S$, Kp.$_{0,8}$ 104—105°, *Äthyl-α.β-dimethyl-α-(4-chlorphenylthio)-valerianat*, $C_{15}H_{21}ClO_2S$, Kp.$_{0,5}$ 153°, *Äthyl-α-(2-carbamoylphenylthio)-isobutyrat*, F. 80—82°, *Äthyl-α-(2-äthoxycarbonylphenylthio)-isobutyrat*, $C_{15}H_{20}O_4S$, Kp.$_{0,3}$ 140—143°, *Äthyl-α-(2-carboxyphenylthio)-isobutyrat*, $C_{13}H_{16}O_4S$, Kp.$_{0,2}$ 165°. — *Heilmittel bei Hypercholesterinämie*. (**Schwz.P. 430700** vom 4/6. 1964, ausg. 31/8. 1967.) — 3 S.
R. Bollinger 4846

1292 Induchem Akt.-Ges., Zürich (Erfinder: Peter Sack, Muralto), Schweiz, **Herstellung von α-Phenylbuttersäurediäthylaminoäthylester**, Kp.$_{11}$ 167—169°, *Hydrochlorid*, F. 116°, aus α-Phenylbuttersäurechlorid u. Diäthylaminoäthanol. — *Arzneimittel*. (**Schwz.P. 418352** vom 16/5. 1963, ausg. 28/2. 1967.) — 2 S.
R. Bauereis 4846

1293 Yoshitomi Pharmaceutical Industries Ltd., Osaka, Japan, **Polyolester von α-Aryloxycarbonsäuren** der allg. Formel $A(OH)_{m-n}(OCOC(R^1R^2)YC_6H_3R^3R^4)_n$ (R^1 = H oder Alkyl, R^2 = Alkyl oder R^1 u. R^2 zusammen Cycloalkyl, R^3 u. R^4 sind gleich oder verschieden u. bedeuten H, Halogen, NO_2, Alkyl, Alkoxy oder Alkanoyl, Y = O, S, SO_2 oder NH, A = Alkylen mit 2—8 C-Atomen, n = eine Zahl von 1—6 u. m = die Wertigkeit von A) erhält man durch Rk. der Verb. der allg. Formel $(R^3R^4C_6H_3YC(R^1R^2)CO)_aX$ (X = OH, Halogen oder Alkoxy, wenn a = 1 u. O, wenn a = 2) mit einer Verb. der allg. Formel $A(OH)_m$ in einem inerten Lsgm. in Ggw. einer starken Säure oder eines Alkalimetallalkoxids, Al-Isopropoxids bzw. BF_3 als Katalysator bei Temp. zwischen 50° u. der Rückflußtemperatur. — Aus Äthylenglykol erhält man durch Rk. mit α-[p-Chlorphenoxy]-isobutyrylchlorid in Ggw. von Py. *Äthylenglykol-bis-[α-(p-chlorphenoxy)-isobutyrat]*, Kp.$_{0,08}$ 205—210°, F. 25 bis 30°; ähnlich: Die *R-Bis-[α-(p-chlorphenoxy)-isobutyrate]* mit R = *Propylenglykol-*, Kp.$_{0,05}$ 190—195°, F. 35 bis 38°, *1.3-Propandiol-*, Kp.$_{0,15}$ 220—230°, F. 48—50°, *2-Methyl-1.3-propandiol-*, Kp.$_{0,04}$ 205°, *2-Methyl-2-propyl-1.3-propandiol-*, Kp.$_{0,03}$ 200—210°, F. 59—62,5°; *Äthylenglykol-bis-[α-(o-chlorphenoxy)-isobutyrat]*, Kp.$_{0,012}$ 172—180°. Die Äthylenglykol-bis-[α-(R-)-isobutyrate] mit R = *m-tolyloxy-*, Kp.$_{0,015}$ 162—168°, *p-methoxyphenoxy-*, Kp.$_{0,01}$ 195—200°, u. *phenoxy-*, Kp.$_{0,015}$ 172 bis 175°. Die 1.3-Propandiol-bis-[α-(R)-isobutyrate] mit R = *p-tolyloxy-*, Kp.$_{0,04}$ 185—190°, *p-methoxyphenoxy-*, Kp.$_{0,015}$ 210—220°. *1.3-Propandiol-bis-[α-(p-chlorphenoxy)-α-methylbutyrat]*, Kp.$_{0,05}$ 230—240°. Die Methyl-2-[1.2.3.4-tetrakis-(α-(R)-isobutyryloxy)-butyl]-5-methyl-4-furancarboxylate mit R = *p-chlorphenoxy-*, n^{20} 1,548, *p-tolyloxy-*, n^{28} 1,529 u. *m-tolyloxy-*, n^{31} 1,529. *Methyl-2-[1.2.3.4-tetrakis-[α-(p-methoxyphenoxy)-propionyloxy]-butyl)-5-methyl-4-furancarboxylat*, n^{30} 1,536. *2-Butin-1.4-diol-bis-[α-(p-chlorphenoxy)-isobutyrat]*, F. 88—90°, der *1.1.1-Trimethylolpropan-tris-ester*, F. 86—87°. *Meso-inositol-hexakis-[α-(p-chlorphenoxy)-isobutyrat]*, F. 80°, *1.3-Propandiol-bis-[α-(p-chlorphenylthio)-isobutyrat]*, Kp.$_{0,35}$ 211—214°, F. 48—50°, *1.3-Propandiol-mono-[α-(p-chlorphenoxy)-isobutyrat]*, $C_{13}H_{17}ClO_4$, Kp.$_{0,3}$ 160—163°, *2-Methyl-2-propyl-1.3-propandiol-mono-[α-(p-chlorphenylthio)-isobutyrat]*, $C_{17}H_{25}ClO_3S$, Kp.$_{0,3}$ 185—190°, *N.N'-Bis-[2-hydroxyäthyl]-piperazin-bis-[α-(m-tolyloxy)-isobutyrat]-dihydrochlorid*, F. 227—230°, *N.N-Bis-[2-hydroxyäthyl]-methylamin-bis-[α-(p-chlorphenoxy)-isobutyrat]-hydrochlorid*, F. 115—117°, *N.N-Bis-[3-hydroxypropyl]-methylamin-bis-[α-(p-chlorphenylthio)-isobutyrat]-hydrochlorid*, F. 108—110°, *N.N'-Bis-[2-hydroxyäthyl]-piperazin-bis-[α-(p-methoxyphenoxy)-α-methylbutyrat]-dihydrochlorid*, F. 203—205°, *1-Hydroxy-2-[2-hydroxyäthoxy]-äthan-mono-[α-(p-tolyloxy)-isobutyrat]*, $C_{15}H_{22}O_5$, Kp.$_{0,02}$ 145—150°, *1-Hydroxy-2-[2-hydroxyäthoxy]-äthan-bis-[α-(nitrophenoxy)-isobutyrat,]* F. 63—66°, *1-Hydroxy-2-[2-hydroxyäthylthio]-äthan-bis-[α-(p-tolylsulfonyl)-isobuty-*

rat], F. 105—108°, *1-Hydroxy-2-[2-hydroxyäthylsulfonyl]-äthan-bis-[α-(2.4-dichlorphenoxy)-isobutyrat]*, n^{21} 1,5410, *N.N-Bis-[2-hydroxyäthyl]-anilin-bis-[α-(p-chlorphenoxy)-isobutyrat]*, n^{25} 1,5588, *N.N-bis-[2-hydroxyäthyl]-cyclohexylamin-bis-[α-(p-chlorphenoxy)-isobutyrat]*, n^{21} 1,5311, *N.N'-Bis-[2-hydroxyäthyl]-piperazin-bis-[α-(p-chlorphenoxy)-propionat]-dihydrochlorid*, F. 165—170°, *N.N'-Bis-[2-hydroxyäthyl]-piperazin-bis-[α-(p-acetylphenoxy)-isobutyrat]-dihydrochlorid*, F. 93—95°, *N.N'-Bis-[2-hydroxyäthyl]-piperazin-bis-[1-phenoxycyclohexancarboxylat]-dihydrochlorid*, F. 225—230°, *1-Hydroxy-2-[2-(2-hydroxyäthoxy)-äthoxy]-äthan-bis-[α-(p-toluidino)-isobutyrat]*, F. 74—75°, u. *1-Hydroxy-2-[2-hydroxyäthoxy]-äthan-bis-[α-(p-chlorphenoxy)-isobutyrat]*, $Kp._{0,5}$ 215—225°. — *Heilmittel bei Hyperlipämie u. Arteriosklerose.* (**Brit.P. 1087694** vom 5/1. 1966, ausg. 18/10. 1967. Jap. Prior. 5/1. 1965.) — 10 S. R. Bollinger 4846

1294 Malesci s.n.c. Istituto Farmacobiologico (Erfinder: Mario Giannini), Florenz, Italien, **2-Hydroxy-1-methyl-4-isopropyl-3-benzoesäure**, F. 136°, erhält man durch Rk. von Carvacrol mit CO_2 in Xylol in Ggw. von Na. Durch Behandlung mit P_2O_5 in Xylol erhält man daraus das *Dicarvacrotid*, F. 170—172°, u. das *Tricarvacrotid*, F. 345°. — *Analgetika, Antipyretika, Antirheumatika.* (**Schwz.P. 415681** vom 8/2. 1962, ausg. 13/1. 1967. It. Prior. 9/12. 1961.) — 3 S. R. Bauereis 4846

1295 Laboratoire d'Analyses et de Recherches Mauvernay Centre Européen de Recherches Fondamentales et Appliquées (C.E.R.F.A.) (Erfinder: Roland-Yves Mauvernay), Riom, Puy-de-Dôme, Frankreich, **Herstellung von Alkenyloxybenzoesäurederivaten.** Zu Port.P. 40797; C. **1965,** 34-1653, ist nachzutragen: *4-Chlor-2-hydroxybenzoesäure*, F. 205 bis 210°, → *2-Allyloxy-4-chlor-benzoesäure*, F. 88—91°, → *4-Chlor-2-allyloxy-N-[β-diäthylaminoäthyl]-benzamid, Hydrochlorid*, F. 126°; *2-Allyloxy-4-trifluormethyl-N-[β-diäthylaminoäthyl]-benzamid, Hydrochlorid*, F. 108°; *2-Allyloxy-4-chlor-N-[γ-diäthylaminopropyl]-benzamid, Citrat*, F. 80 bis 81°; *2-Allyloxy-4-trifluormethyl-N-[β-dimethylaminoäthyl]-benzamid, Hydrochlorid*, F. 67—68°; *2-Allyloxy-4-chlor-N-[γ-dimethylaminopropyl]-benzamid, Hydrochlorid*, F. 133—135°; *N'-[2-Allyloxy-4-chlor]-benzoyl-N''-äthanolpiperazin, Hydrochlorid*, F. 151—152°; *2-Allyloxy-4-chlor-N-methylcyclohexyl-α-dimethylaminobenzamid, Hydrochlorid*, F. 152—153°; *2-Allyloxy-4-trifluormethyl-N-[β-diäthylamino-n-propyl]-benzamid, Hydrochlorid*, F. 93 bis 94°. — *Antitussiva.* (**Schwz.P. 415682** vom 15/3. 1963, ausg. 13/1. 1967. F. Prior. 5/5. u. 25/6. 1962.) — 5 S. R. Bauereis 4846

1296 Sandoz Ltd., Basel, Schweiz, **Benzolsulfonamidderivate** der Formel I (Z = Cl, Br, OH) werden hergestellt

I 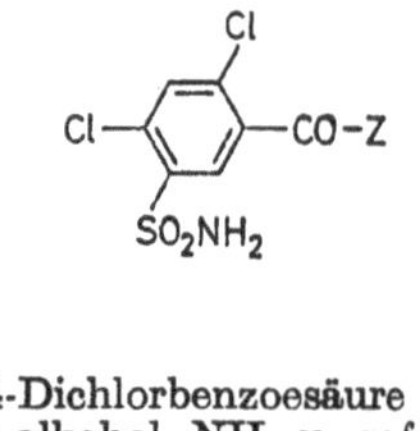

durch Rk. von 2.4-Dichlorbenzoesäure mit $ClSO_3H$ u dann mit wss. oder alkohol. NH_3 u. ggf. anschließender Chlorierung oder Bromierung. — *2.4-Dichlor-5-sulfamoylbenzoesäure*, F. 225—227°; *-chlorid*, F. 172—173°; aus 2.4-Dichlor-5-chlorsulfonyl-benzoesäure, F. 191 bis 192°. — Zwischenprod. für *antihypertensive Arzneimittel.* (**Brit.P. 1087728** vom 11/12. 1964, ausg. 18/10. 1967. Schwz. Prior. 20/12. 1963.) — 2 S. A. Debo 4846

1297 Malesci s.n.c. Istituto Farmacobiologico (Erfinder: Mario Giannini), Florenz, Italien, **Herstellung von 3-Oxy-1-methyl-4-isopropyl-2-benzoesäureamidderivaten** durch Rk. von 3-Oxy-1-methyl-4-isopropyl-2-benzoesäurealkylestern mit einem Amin. — Beispiel: 3-Oxy-1-methyl-4-isopropyl-2-benzoesäureäthylester gibt mit 2-Oxyäthylamin *3-Oxy-1-methyl-4-isopropyl-2-benzoesäure-[2'-oxyäthyl]-amid*, F. 102—104°. — Analog wurden folgende Amide der 3-Oxy-1-methyl-4-isopropyl-2-benzoesäure (I) u. der 1-Methyl-4-isopropyl-2-benzoesäure (II) erhalten: *I-morpholinamid*, F. 186 bis 189°; *I-[2'-Oxy-2'-phenyläthyl]-amid*, F. 90—92°; *I-[2'-Phenyl-äthyl]-amid*, F. 80—84°; *I-benzilamid*, F. 89—92°; *I-äthylamid*, F. 93—95°; *3-Acetyl-II-morpholinamid*, F. 88—90°; *3-Acetyl-II-[2'-phenyl-äthyl]-amid*, F. 129—131°; *3-Acetyl-II-[2'-acetyl-äthyl]-amid*, F. 103—105°; *3-Acetyl-II-[2'-acetyl-2'-phenyl-äthyl]-amid*, F. 114—116°; *3-Oxymethyl-II-[2'-phenyl-äthyl]-amid*, F. 110—112°; *3-Oxymethyl-II-morpholinamid*, F. 69—71°; *3-Oxymethyl-II-[3'-methyl-2'-phenyl-morpholin]-amid*, F. 123—125°. — *Analgetika, Antipyretika, Antirheumatika.* (**Schwz.P. 429761** vom 8/2. 1962, ausg. 15/8. 1967. It. Prior. 9/12. 1961.) — 4 S. R. Bauereis 4846

1298 Spofa, Sdružení podniků pro zdravotnickou výrobu (Erfinder: Miroslav Protiva, Edita Adlerová und Zdeněk Votava), Prag, ČSSR, **Hydrazoniumsalze** der Formel $(C_6H_5-)(C_6H_{11}-)C(-OH)COOCH_2 \cdot CH_2N^+(NH_2)(CH_3)_2A^-$ (A = der Rest einer Halogenwasserstoffsäure, einer aliphat. oder aromat. Sulfonsäure) erhält man durch Rk. eines Hexahydrobenzilsäure-Deriv. der Formel $(C_6H_5-)(C_6H_{11}-)C(-OH)COOM$ (M = Alkalimetall) mit einem asymm. Dimethylhydrazon der allg. Formel $ACH_2CH_2N^+(-NH_2)(CH_3)_2A^-$ in Ggw. eines Alkohols mit 1—4 C-Atomen, bes. A, n-Propanol oder n-Butanol bei Raumtemp. oder der Siedetemp. der Rk.-Mischung. — Aus dem Na-Salz der Hexahydrobenzilsäure erhält man durch Rk. mit 2-Bromäthyldimethylhydrazoniumbromid in Butanol *2-[Phenylcyclohexylhydroxyacetoxy]-äthyldimethylhydrazoniumbromid*, F. 180 bis 181°. Durch Rk. von asymm. Dimethylhydrazin mit Äthylendibromid in Ae. erhält man *2-Bromäthyldimethylhydrazoniumbromid*, F. 138—140°. — *Heilmittel mit anticholinerg. u. spasmolyt. Wirksamkeit.* (**Schwz.P. 484287** vom 6/2. 1963, ausg. 14/10. 1967. Tschech. Prior. 9/2. u. 9/2. 1962.) — 2 S. R. Bollinger 4846

1299 F. Hoffmann-La Roche & Co. Akt.-Ges., Basel, Schweiz, **Herstellung von 2-Carboxymethylaminobenzylaminen** erfolgt durch Red. der entsprechenden Oxime. — Beispiel: Durch Red. des 2-Äthoxycarbonylmethylamino-5-chlorbenzophenon-oxim mit H_2 in Ggw. von Pd/C erhält man das *2-Äthoxycarbonyl-methylamino-5-chlor-α-phenyl-benzylamin*, F. 87—89°, u. das *2-Carboxymethylamino-5-chlor-α-phenylbenzylamin*, F. 183—185°. — Zwischenprod. für das *therapeut.* wertvolle *1.2.4.5-Tetrahydro-3H-benzdiaz[1.4]epinon-[3]*. (**Brit.P. 1081635** vom 29/9. 1965, ausg. 31/8. 1967. U.S. Prior 1/10 1964.) — 3 S. R. Bauereis 4846

1300 T. J. Smith & Nephew Ltd., Kingston-upon-Hull, Yorkshire, Großbritannien (Erfinder: David John Drain und John Gordon Bernard Howes), **Herstellung von Halogenhydroxyphenylalanin** erfolgt durch Rk. eines Halogenacyloxybenzylhalogenids mit einem Alkalimetallsalz eines Dialkylacylaminomalonats, Umsetzung des Rk.-Prod. mit einer Säure u. Abspaltung der Acylgruppe. — Beispiel: Durch Rk. von Diäthylacetamidomalonat mit 3-Benzolsulfonyloxy-**4**-brombenzylbromid erhält man das Diäthylacetamido-[3-benzolsulfonyloxy-4-brombenzyl]-malonat als Öl. Durch Behandlung mit konz. HCl erhält man daraus das 3-Benzolsulfonyloxy-4-bromphenylalanin, F. 221—223° (Zers.). Durch Abspaltung der Acylgruppe mit NaOH erhält man das *4-Brom-3-hydroxyphenylalanin*, F. 271 bis 272° (Zers.). Analog *4-Chlor-3-hydroxyphenylalanin*, F. 272—273° (Zers.). — *Blutdrucksenkende Mittel.* (**Brit.P. 1068937** vom 3/12. 1964, ausg. 17/5. 1967.) — 3 S. R. Bauereis 4846

1301 Ciba Akt.-Ges., Basel (Erfinder: Paul Schmidt, Therwil, Kurt Eichenberger, Max Wilhelm, Basel, und Alberto Rossi, Oberwil, Basel-Land), Schweiz, **Neue 5-Sulfamoylanthranilsäurehydrazide und deren Salze.** Zu D.A.S. 1183094; C. **1966,** 4-1700 ist nachzutragen: Man erhält die Prod. durch Rk. einer 5-Sulfamoylanthranilsäure, deren Sulfamoylgruppe mindestens einen cycloaliphat. oder cycloaliphat.-aliphat. Rest bzw. einen Acylrest bzw. einen ein- oder zweiwertigen aliphat., ggf. durch Heteroatome unterbrochenen u./oder durch OH, SH, NH_2 oder Halogen substituierten KW-Stoff-Rest trägt, oder ein reaktionsfähiges Deriv. davon mit einem Hydrazin bzw. Hydrazon. Man gewinnt bes. Prod. der allg. Formel 5-[R^5–(R^4)N–SO_2]-2-[NH–R^3]–C_6H_3–CONH–N(R^1)–R^2 (R^1 u. R^2 = H, aliphat. Reste bzw. zusammen zweiwertiger aliphat. Rest bzw. einer der Reste H u. der andere aliphat. Acylrest; R^3 = H, aliphat. Acylrest; R^4 = aliphat. KW-Stoff-, Acylrest; R^5 = H, KW-Stoff-Rest; alle aliphat. Reste niedrigmol.). — *Hydrazide*: **Dmsa**-[*1-piperidinobutyliden-(3)*]- (**Dmsa** = *5-Dimethylsulfamoylanthranilsäure-*), A–N=C(CH_3)–CH_2–CH_2–N:[CH_2–CH_2]$_2$:CH_2 {A = 5-[(CH_3)$_2$:N–SO_2]-2-NH_2–C_6H_3–CONH–}, F. 170–172° (CH_3OH), aus **Dmsa**-hydrazid u. 3-Piperidinobutanon-(2). — **Dmsa**-*isopropyliden*-, A–N=C(CH_3)$_2$, F. 204–206° (A.). — **Dmsa**-*N'*-[*1-morpholinopropyliden-(2)*]-, A–N=C(CH_3)–CH_2–N:[CH_2–CH_2]$_2$:O, F. 174–176° (A./PAe., Zers.). — **Dmsa**-*N'*-[*1-piperidinopropyliden-(2)*]-, A–N=C(CH_3)–CH_2–N:[CH_2–CH_2]$_2$:CH_2, F. 183–184° (Zers.). — **Dmsa**-*N'*-[*N-methylpiperidyliden-(4)*]-, A–N=C:[CH_2–CH_2]$_2$:N–CH_3, F. 236–238° (Zers.) → *Hydrochlorid*, F. 212° (Zers.). — **Dmsa**-*N'*-[*N-isopropylpiperidyliden-(4)*]-, F. 203–204°. — **Dmsa**-*N'*-[*N-isobutylpiperidyliden-(4)*]-, F. 196–197°. — **Dmsa**-*N'*-[*N-benzylpiperidyliden-(4)*]-, F. 204–205°. — **Dmsa**-*N'*-[*N-sek.-butylpiperidyliden-(4)*]-, F. 195–196°. — *Chemotherapeutika*, bes. gegen Staphylokokken, Pneumokokken, Mycobakterien, *Futtermittelzusatzstoffe* bzw. Zwischenprod. für andere *Chemotherapeutika*. (**Schwz.P. 433877** vom 28/7. 1961, ausg. 30/9. 1967.) — 7 S. Georg Vogel 4846

1302 Istituto de Angeli S.p.A. (Erfinder: Enrico Adami, Cesare Cardani und Bruna Cavalleri), Mailand, Italien, **Herstellung von Farnesylessigsäureestern.** Zu D.P.[DDR] 34643; C. **1966**, 8-1705 u. Ung.P. 150897; C. **1964**, 19-1512, ist nachzutragen: Farnesylessigsäureester der allg. Formel A–CH_2–COOR, A = (CH_3)$_2$C=CH–CH_2–CH_2–C(CH_3)=CH–CH_2–CH_2–C(CH_3)=CH–CH_2– u. R = organ. Rest, erhält man auch durch Decarboxylieren eines Malonsäuremonoesters A–CH·(COOH)–COOR durch Erhitzen, bes. in einem Lsgm. oder durch Verseifen (Entacetylieren) eines Esters der Farnesylacetessigsäure der allg. Formel CH_3–CO–CH(A)–COOR in Ggw. eines Alkalialkoholats u. eines Alkohols. — Heilmittel gegen *Gastro-Duodenal-Ulcera*. (**Schwz.PP. 416599** u. **416600** vom 16/5. 1962, ausg. 31/1. 1967. Brit. Prior. 24/5. 1961.) — 3 S. — 3 S. H. W. Ebersbach 4846

1303 Whitefin Holding Soc. An., Lugano, Schweiz (Erfinder: Uberto Maria Teotino), **2-Phenylcyclopropyl-1-aminomethane** erhält man durch Red. der Phenylcyclocarbonsäureamide mit $LiAlH_4$ in einem inerten Lsgm. oder durch Rk. eines 2-Phenylcyclopropan-1-halogenmethyl-Deriv. mit einem Amin in Ggw. eines säurebindenden Mittels. — Aus trans-N-Äthyl-2-phenylcyclopropancarbonsäureamid erhält man durch Red. mit $LiAlH_4$ in Tetrahydrofuran das *trans-1-Äthylaminomethyl-2-phenylcyclopropan*, $Kp._{0,9}$ 90–92°, *Hydrochlorid*, $C_{12}H_{17}N \cdot HCl$, F. 145–146°; entsprechend das *cis-Isomere*, $Kp._{0,5}$ 75–80°, dessen *Hydrochlorid*, F. 130°; ähnlich folgende *R-aminomethyl-2-phenylcyclopropane*: *R* = *trans-1-[N-n-Propyl]-*, $Kp._{0,6}$ 92–93°, *Hydrochlorid*, $C_{13}H_{19}N \cdot HCl$; *trans-1-[N-Isopropyl]-*, $Kp._{0,8}$ 89–90°, *Hydrochlorid*, $C_{13}H_{19}N \cdot HCl$, F. 154–155°; *trans-1-[N-n-Butyl]-*, $Kp._{0,4}$ 100–103°, *Hydrochlorid*, $C_{14}H_{21}N \cdot HCl$, F. 183,5–184,5°; *trans-1-[N-Isobutyl]-*, $Kp._{0,3}$ 89–91°, *Hydrochlorid*, $C_{14}H_{21}N \cdot HCl$, F. 163 bis 164°; *trans-1-[N-sek.-Butyl]-*, $Kp._{0,5}$ 95–96°, *Hydrochlorid*, $C_{14}H_{21}N \cdot HCl$, F. 120–122°; die *N-tert.-Butyl-Verb.*, $Kp._{0,7}$ 93–95°, *Hydrochlorid*, $C_{14}H_{21}N \cdot HCl$, F. 187–188°; *1-[N-n-Amyl]-*, $Kp._{0,3-0,4}$ 110–115°, *Hydrochlorid*, $C_{15}H_{23}N \cdot HCl$, F. 176–177°; *trans-1-[N-Cyclohexyl]-*, $Kp._{0,3}$ 130–134°, *Hydrochlorid*, $C_{16}H_{23}N \cdot HCl$, F. 204–206°; *trans-1-[o-Chlorbenzoyl]-*, $C_{17}H_{16}ClNO$, F. 91–93°, das *p-Isomere*, $C_{17}H_{16}ClNO$, F. 84,5–85,5°; *trans-1-[N-Methyl-N-n-butyl]-*, $C_{15}H_{23}N$, $Kp._{0,6}$ 108 bis 110°; *trans-1-[N.N-Diäthyl]-*, $Kp._{0,7}$ 89–90°, *Hydrochlorid*, $C_{14}H_{21}N \cdot HCl$, *Pikrat*, F. 82–83°, das *cis-Isomere*, $Kp._{0,5-0,6}$ 77–79°, *Pikrat*, F. 89–90°; *trans-1-[N-Äthyl-N-benzyl]-*, $C_{19}H_{23}N$, $Kp._{0,3}$ 129–131°; *trans-1-[N.N-di-n-Propyl]-*, $C_{16}H_{25}N$, $Kp._{0,2}$ 94–95°, *Pikronolat*, F. 107–108°; *trans-1-[N.N-Diisopropyl]-*, $Kp._{0,4}$ 95–96°; *trans-1-[N.N-di-n-Butyl]-*, $Kp._{0,7-0,8}$ 120–124°, *Hydrochlorid*, $C_{18}H_{29}N \cdot HCl$, *Pikronolat*, F. 107–108°; *trans-1-[N.N-Diisobutyl]-*, $Kp._{0,4}$ 101–102°; *trans-1-[N.N-di-sek.-Butyl]-*, $Kp._{0,2}$ 102–104°; *trans-1-[N.N-di-n-Amyl]-*, $Kp._{0,4}$ 133–135°; *trans-1-[N.N-Hydroxyäthyl]-*, $C_{14}H_{19}NO_3$, $Kp._{0,6-0,7}$ 170–180°. Ferner: *[N-Äthyl-N-2-trans-phenylcyclopropan-1-carbonyl]-1-aminomethyl-2-trans-phenylcyclopropan*, $C_{22}H_{25}NO$, $Kp._{0,9-1}$ 210–220°, *N.N-Di-[2-trans-phenylcyclopropyl-1-methyl]-äthylamin*, $Kp._{0,2-0,3}$ 158–162°; *trans-1-[N-Methyl-N.N-di-n-propyl]aminomethyl-2-phenylcyclopropanjodid*, $C_{17}H_{28}NJ$, F. 105 bis 107°; *trans-1-[N-Methyl-N.N-di-n-butyl]-aminomethyl-2-phenylcyclopropanjodid*, $C_{19}H_{32}NJ$, F. 99–100°; *trans-1-Morpholinomethyl-2-phenylcyclopropan*, $Kp._{0,4-0,5}$ 111–114°, *Hydrochlorid*, $C_{14}H_{19}NO \cdot HCl$, F. 189–191°, *Methojodid*, $C_{15}H_{22}NOJ$; *trans-1-Pyrrolidinomethyl-2-phenylcyclopropan*, $Kp._{0,5-0,6}$ 100–101°, *Hydrochlorid*, $C_{14}H_{19}N \cdot HCl$, F. 151–152°, *Methobromid*, $C_{15}H_{22}BrN$, F. 99–101°; *trans-1-Piperidinomethyl-2-phenylcyclopropan*, $Kp._{0,6}$ 107–110°, *Hydrochlorid*, $C_{15}H_{21}N \cdot HCl$, F. 166 bis 167°. — *Heilmittel*. (**Brit.P. 1086191** vom 5/11. 1963, ausg. 4/10. 1967.) — **13 S.** R. Bollinger 4846

1304 Whitefin Holding Soc. An., Lugano, Schweiz (Erfinder: Uberto Maria Teotino), **Phenylcyclopropancarbonsäureamid**, das in der NH_2-Gruppe ggf. alkyliert u. im Bzl.-Kern ggf. substituiert sein kann, erhält man durch Rk. von 2-Phenylcyclopropancarbonsäurehalogeniden durch Rk. mit einem Amin bei 0–50° in Ggw. eines säurebindenden Mittel in einem inerten Lsgm. oder durch Rk. mit einem Cyclopropancarbonsäureester in einem polaren Lsgm. bei 130–140°. — Aus trans-2-Phenylcyclopropancarbonsäurechlorid erhält man durch Rk. mit Äthylamin das *trans-N-Äthyl-2-phenylcyclopropancarbonsäureamid*, $C_{12}H_{15}NO$, F. 105–106°, entsprechend das *cis-Isomere*, F. 61–62°, ähnlich folgende *R-2-phenylcyclopropancarbonsäureamide*, *R* = *trans-N-[n-Propyl]-*, $C_{13}H_{17}NO$, F. 123–124°, *trans-N-Isopropyl-*, $C_{13}H_{17}NO$, F. 151–159°, *trans-N-[n-Butyl]-*, $C_{14}H_{19}NO$, F. 108 bis 109°, *trans-N-Isobutyl-*, $C_{14}H_{19}NO$, F. 112–113°, *trans-N-sek.-Butyl-*, $C_{14}H_{19}NO$, F. 133–134°, *trans-N-tert.-Butyl-*, $C_{14}H_{19}NO$, F. 136–138°, *trans-N-[n-Amyl]-*, $C_{15}H_{21}NO$, F. 95–96°, *trans-N-Cyclohexyl*, $C_{16}H_{21}NO$, F. 173–174°, *trans-N.N-Diäthyl-*, $C_{14}H_{19}NO$, $Kp._{0,5}$ 129–131°, entsprechend *cis-N.N-Diäthyl-*, $C_{14}H_{19}NO$, F. 58–59°, *trans-N.N-[di-n-Propyl]-*, $C_{16}H_{23}NO$, $Kp._{0,5}$ 137–139°, *trans-N.N-Diisopropyl-*, $C_{16}H_{23}NO$, $Kp._{0,2-0,3}$ 115–118°, *trans-N.N-[di-n-Butyl]-*, $C_{18}H_{27}NO$, $Kp._{0,4}$ 137–140°, *trans-N.N-Diisobutyl-*, $C_{18}H_{27}NO$, F. 54–55°, *trans-N.N-[Di-sek.-Butyl]-*, $C_{18}H_{27}NO$, $Kp._{0,5}$ 134 bis 136°, *trans-N.N-[Di-n-Amyl]-*, $C_{20}H_{31}NO$, $Kp._{0,5}$ 115–160° u. *trans-[N-Äthyl-N-benzyl]-*, $C_{19}H_{21}NO$, $Kp_{0,2}$ 155–160°. Ferner: *N-[trans-2-Phenylcyclopropancarbonyl]-morpholin*, $C_{14}H_{17}NO_2$, F. 72–73°, *N-[trans-2-Phenylcyclopropancarbonyl]-pyrrolidin*, $C_{17}H_{17}NO$, F 102,5–103° u. *N-[trans-2-Phenylcyclopropancarbonyl]-piperidin*, $C_{15}H_{19}NO$, F 90–91°. — *Heilmittel*. (**Brit.P. 1086192** vom 5/11. 1963, ausg. 4/10. 1967.) — 8 S. R. Bollinger 4846

1305 Farbwerke Hoechst Akt.-Ges vormals Meister Lucius & Brüning, Frankfurt/M. (Erfinder: Walter Aumüller, Kelkheim, Erich Haack, Heidelberg, Gerhard Korger, Frankfurt/M., Karl Muth, Kelkheim, Heinrich Ruschig, Bad Soden, und Rudi Weyer, Frankfurt/M.), **Herstellung von Benzolsulfonylsemicarbaziden** durch Rk. eines Sulfonsäurederiv. mit einem Hydrazinderivat. — Beispiel: Rk. von N-[4-Äthoxy-benzolsulfonyl]-methylurethan mit N.N-Cyclohexamethylen-hydrazin → *4-[4-Äthoxy-benzolsulfonyl]-1.1-cyclohexamethylen-semicarbazid*, F. 170–172°. Analog folgende Semicarbazide (**I**): *4-[4-Äthoxybenzol-sulfonyl]-1.1-cyclopentamethylen-***I**, F. 181–183°; *4-[4-Äthoxy-benzolsulfonyl]-1.1-cyclotetramethylen-***I**, F. 155 — 156°; *4-[4-Methoxy-benzolsulfonyl]-1.1-cyclopentamethylen-***I**, F. 172–174°; *4-[4-Methoxy-benzolsulfonyl]-1.1-cyclo-hexamethylen-***I**, F. 161–163°; *4-[4-Methoxy-benzolsulfonyl]-1.1-cyclotetramethylen-***I**, F. 176–177°; *4-[4-Methoxy-*

benzolsulfonyl]-1.1-[α.α-dimethylcyclotrimethylen]-**I**, F. 168 bis 170°; *4-[3-Methoxy-benzolsulfonyl]-1.1-cyclopentamethylen*-**I**, F. 156—158°; *4-[4-Methoxy-benzolsulfonyl]-1.1-[γ-methyl-cyclopentamethylen]*-**I**, F. 185—187°; *4-[4-Azido-benzolsulfonyl]-1.1-[γ-methyl-cyclopentamethylen]*-**I**, F. 187 bis 189°; *4-[4-Azido-benzolsulfonyl]-1.1-cyclohexamethylen*-**I**, F. 163—164° (Zers.); *4-[4-Azido-benzolsulfonyl]-1.1-cyclopentamethylen*-**I**, F. 170—171° (Zers.); *4-[3-Trifluormethyl-benzolsulfonyl]-1.1-cyclopentamethylen*-**I**, F. 171 bis 173°; *4-[3-Trifluormethyl-benzolsulfonyl]-1.1-cyclohexamethylen*-**I**, F. 159—161°; *4-[3-Trifluormethyl-benzolsulfonyl]-1.1-cyclotetramethylen*-**I**, F. 175—177°; *4-[3-Trifluormethyl-benzolsulfonyl]-1.1-[α.α-dimethylcyclotrimethylen]*-**I**, F. 151—152°; *4-Benzolsulfonyl-1.1-[2'-methyl-cyclopentamethylen]*-**I**, F. 191—193°; *4-Benzolsulfonyl-1.1-cyclohexamethylen*-**I**, F. 159—161°; *4-Benzolsulfonyl-1.1-cycloheptamethylen*-**I**, F. 145°; *4-Benzolsulfonyl-1.1-cyclopentamethylen*-**I**, F. 184—185°; *4-Benzolsulfonyl-1.1-cyclotetramethylen*-**I**, F. 170—172°. — *Antidiabetika.* (**Schwz.P. 427798** vom 20/8. 1962, ausg. 14/7. 1967. D. Prior. 22/8., 31/8. u. 5/10. 1961.) — 5 S. R. Bauereis 4846

1306 J. R. Geigy Akt.-Ges., Basel, Schweiz, **Dibenzocycloheptenhydroxyamine,** die in 5-Stellung den Rest =A–N(R)–OH (R = Alkyl mit 1—4 C-Atomen, A = Alkanylyliden mit 2—5 C-Atomen) oder N-Hydroxy-C-pyrrolidinylalkyliden oder N-Hydroxy-C-piperidylalkyliden enthalten, entstehen durch Hydrolyse der N-Acyloxyverb.; diese wird aus Dibenzocyclohepten mit dem Rest =A–NH–R durch Rk. mit einem Acylperoxid erhalten. Die Doppelbindung in der 10.11-Stellung kann ggf. hydriert sein. — Aus 5-(3'-Methylaminopropyliden)-10.11-dihydro-5H-dibenzo-[a.d]-cyclohepten erhält man durch Rk. mit Benzoylperoxid in $CHCl_3$ u. Ae. *N-{3-(10'.11'-Dihydro-5'H-dibenzo-[a.d]-cyclohepten-5'-yliden)-propyl}-N-methyl-O-benzoylhydroxylamin,* F. 108—110°, daraus durch Rk. mit KOH in A. das freie *Hydroxylamin*, F. 94—95°; *Hydrochlorid,* F. 142—143°. Ähnlich: *N-{3-(10'.11'-Dihydro-5'H-dibenzo-[a.d]-cyclohepten-5'-yliden)-2-methylpropyl}-N-methylhydroxylamin-hydrobromid,* F. 178—185°. — *N-{3-(5'H-Dibenzo-[a.d]-cyclohepten-5'-yliden)-propyl}-N-methylhydroxylamin,* F. 99—100°. — *N-{3-(10'.11'-Dihydro-5'H-dibenzo-[a.d]-cyclohepten-5'-yliden)-2-methylpropyl}-N-methyl-O-benzoylhydroxylamin,* F. 78—80°. — *N-{3-(5'H-Dibenzo-[a.d]-cyclohepten-5'-yliden)-propyl}-N-methyl-O-benzoylhydroxylamin,* F. 137 bis 138°. — *Heilmittel* gegen *Depressionen.* (**Brit.PP. 1068678** u. **1068679** vom 5/5. 1965, ausg. 10/5. 1967. Schwz. Prior. 6/5. 1965.) — 4 S. — 3 S. R. Bollinger 4846

1307 Merck & Co., Inc., Rahway, N.J., USA, **5H-Dibenzo-(a.d)-cyclohepten-Derivate,** die in 5-Stellung durch eine tert.-Aminopropyliden-Gruppe der allg. Formel $=CH(CH_2)_2NRR^1$, in 3-Stellung durch den Sulfamoylrest der allg. Formel $SO_2NR^2R^3$, in 7-Stellung durch Halogen substituiert sein können (R u. R^1 = Alkyl C_{1-4} oder zusammen mit N oder O Piperidyl, Pyrrolidyl, Morpholinyl oder Piperazinyl; R^2 u. R^3 = Alkyl C_{1-6}) u. in 10.11-Stellung ggf. hydriert sind, erhält man durch Dehydratisierung der entsprechenden 5-Hydroxy-Verbindung. — Aus 3-Dimethylsulfamoyl-5-[3-dimethylaminopropyl]-5-hydroxy-5H-dibenzo-(a.d)-cyclohepten erhält man durch Rk. mit Trifluoressigsäure u. Trifluoressigsäureanhydrid u. anschließend mit Oxalsäure das *3-Dimethylsulfamoyl-5-[3-dimethylaminopropyliden]-5H-dibenzo-(a.d)-cyclohepten-Hydrogenoxalat,* $C_{22}H_{26}N_2O_2S \cdot C_2H_2O_4$, F. 222—223° (Zers.), das *β-Isomere*, F. 198 bis 199°; ähnlich: *7-Chlor-5-[3-dimethylaminopropyliden]-3-dimethylsulfamoyl-5H-dibenzo-(a.d)-cyclohepten, Hydrogenmaleat* des *α-Isomeren,* $C_{22}H_{25}ClN_2O_2S \cdot C_4H_4O_4$, F. 166 bis 170° u. das *Pikrat* des *β-Isomeren,* $C_{22}H_{25}ClN_2O_2S \cdot C_6H_3N_3O_7$, F. 240—240,5° (Zers.). — *Tranquillizer u. Antidepressiva.* (**Brit.P. 1063521** vom 20/9. 1963, ausg. 30/3. 1967. U.S. Prior. 24/9. 1962.) — 4 S. R. Bollinger 4846

1308 Merck & Co., Inc., Rahway, N.J., USA, **Sulfamoylsubstituierte Dibenzocycloheptenon-Verbindungen** erhält man durch Rk. von 3-Halogensulfamoyl-7-halogen-10.11-dihydro-5H-dibenzo-(a.d)-cyclohepten-5-on mit einem Amin der allg. Formel $NHRR^1$ (R u. R^1 = Alkyl C_{1-4}). — Aus 3-Fluorsulfonyl-7-brom-10.11-dihydro-5H-dibenzo-(a.d)-cyclohepten-5-on erhält man durch Rk. mit wss. *3-Dimethylsulfamoyl-7-brom-10.11-dihydro*-**I** (**I** = *5H-dibenzo-(a.d)-cyclohepten-5-on*), $C_{17}H_{16}BrNO_3S$, F. 146 bis 148°; ähnlich: *3-Dimethylsulfamoyl-10.11-dihydro*-**I**, $C_{17}H_{17}NO_3S$, F. 122—124°; *3-Dimethylsulfamoyl*-**I**, $C_{17}H_{15} \cdot NO_3S$, F. 138,5—139,5°; *3-Dimethylsulfamoyl-7-chlor-10.11-dihydro*-**I**, $C_{17}H_{16}ClNO_3S$, F. 154,5—155°; *3-Dimethylsulfamoyl-7-chlor*-**I**, $C_{17}H_{14}ClNO_3S$, F. 170—171°. — *Zwischenprod.* für *Therapeutika.* (**Brit.P. 1063528** vom 20/9. 1963, ausg. 30/3. 1967. U.S. Prior. 24/9. 1962.) — 5 S. R. Bollinger 4846

1309 A/B Pharmacia, Uppsala (Erfinder: Nils Sixten Hjelte,, Storvreta, und Ragnvald Erik Lindblom, Uppsala), Schweden, **5-Hydroxy-5-amino-alkyl-10.11-dihydro-5H-dibenzo-(a.d)-cycloheptene,** die in 5-Stellung durch die Gruppe ANR^1R^2 (A = 1.2- oder 1.3-Alkylen mit ≦5 C-Atomen; R^1 u. R^2 = Alkyl, Cycloalkyl oder Benzoyl bzw. mit N zusammen ein heterocycl. Rest) werden durch Rk. von 10.11-Dihydro-5H-dibenzo-(a.d)-cyclohepten-5-on mit einer Verb. der allg. Formel $XANR^1R^2$ (X = Halogen) in fl. NH_3 oder einem anderen inerten Lsgm. u. anschließende Hydrolyse hergestellt. — Durch Rk. von 10.11-Dihydro-5H-dibenzo-(a.d)-cyclohepten-5-on mit 1-N.N-Dimethylamino-3-chlorpropan in fl. NH_3 in Ggw. von Na u. nachfolgender Hydrolyse erhält man *5-Hydroxy-5-[3-N.N-dimethylaminopropyl]-10.11-dihydro-5H-dibenzo-(a.d)-cyclohepten,* F. 116—118°, *Hydrochlorid* (Hy), F. 218—218,5°; ähnlich: *5-Hydroxy-5-[2-methyl-3-N.N-dimethylaminopropyl]-10.11-dihydro-5H-dibenzo-(a.d)-cyclohepten,* F. 148 bis 149,5°, Hy, F. 209,5—211,5°; *5-Hydroxy-5-[2-N.N-diäthylaminoäthyl]-10.11-dihydro-5H-dibenzo-(a.d)-cyclohepten,* F. 90—91,5°, Hy, F. 212—213,5°; *5-Hydroxy-5-[3-pyrrolidinopropyl]-10.11-dihydro-5H-dibenzo-(a.d)-cyclohepten,* F. 149,5—157°, Hy, F. 221—222°; *5-Hydroxy-5-[3-morpholinopropyl]-10.11-dihydro-5H-dibenzo-(a.d)-cyclohepten,* F. 155—156,5°, Hy, F. 212—212,5°; *5-Hydroxy-5-[3-N-methylaminopropyl]-10.11-dihydro-5H-dibenzo-(a.d)-cyclohepten,* F. 91—92°, Hy, F. 200—202°; *5-Hydroxy-5-[3-aminopropyl]-10.11-dihydro-5H-dibenzo-(a.d)-cyclohepten,* Hy, F. 178—180°. — *Heilmittel.* (**Schwz.P. 415610** vom 28/11. 1963, ausg. 13/1. 1967. **D.A.S. 1242608** Kl. 12o vom 28/11. 1963, ausg. 22/6. 1967. Beide Schwed. Prior. 29/11. 1962, 23/7. u. 19/11. 1963.) R. Bollinger 4846

1310 Benger Laboratories Ltd., Holmes Chapel, Großbritannien (Erfinder: William Hubert Hunter, John King und Brian John Millard), **Hydrazide** der allg. Formel $[R^1\text{–}CO]\text{–}C\text{–}C[COR^2]\text{–}X$ erhält man durch Rk. entsprechender Dicarbonsäureanhydride mit substituierten Hydrazinen (X bildet mit den beiden benachbarten, hydrierten oder durch Doppelbindung verbundenen C-Atomen einen ggf. durch NO_2 substituierten Benzolring, einen hydrierten Benzolring oder einen Pyridinring; R^1 = $NHNHR^3$, OH oder Alkoxyrest; R^2 = $N(R^4)NHR^3$; R^3 = Hydroxyalkyl- oder ggf. NO_2- oder NH_2-substituierter Phenylrest; R^4 = H oder Phenylrest). — *Chinolinsäure-bis-[2-hydroxyäthylhydrazid],* $C_{11}H_{17}N_5O_4$, F. 185° (Methanol). — *3-Carboxyisonicotinsäure-4'-nitrophenylhydrazid,* $C_{13}H_{10}N_4O_5$, F. 201 bis 202° (Eisessig). — *cis-Cyclohexan-1.2-dicarbonsäure-mono-4'-aminophenylhydrazid, Hydrochlorid,* $C_{14}H_{19}N_3O_3 \cdot HCl$, F. (Zers.) 210° (A.-Ae.). — *2-Carboxy-3-nitrobenzoesäurephenylhydrazid,* $C_{14}H_{11}N_3O_5$, F. 140—143°. — *Cinchomeronsäure-bis-[2-hydroxyäthylhydrazid],* $C_{11}H_{17} \cdot N_5O_4$, F. 105°. — *Chinolsäure-bis-phenylhydrazid,* $C_{19}H_{17} \cdot N_5O_2$, F. 173—175°. — *Phthalsäure-bis-[2-hydroxyäthylhydrazid],* $C_{12}H_{18}N_4O_4$, F. 164—165°. — *3-Carboxyisonicotinsäurephenylhydrazid,* $C_{13}H_{11}N_3O_3$, F. 159—160°. — *cis-Cyclohexan-1.2-dicarbonsäure-mono-4'-nitrophenylhydrazid,* $C_{14}H_{17}N_3O_5$, F. 186—187°. — *Entzündungshemmende Mittel.* (**Brit.P. 1086636** vom 20/8. 1963, ausg. 11/10. 1967.) — 6 S. A. Jahn 4846

1311 J. R. Geigy Akt.-Ges. (Erfinder: André Gagneux und Franz Häflinger), Basel, Schweiz, **Herstellung von Tricyclo-[4.3.1.1^3.8]-undecan-3-amin (I)** durch Behandlung des Amids der Tricyclo-[4.3.1.1^3.8]-

undecan-3-carbonsäure (**II**) mit einem Alkali- oder Erdalkali-hypobromit oder -hypochlorit in wss. oder wss.-organ. Medium u. Erhitzen des entstandenen Tricyclo-[4.3.1.1^{3,8}]-undec-3-yl-isocyanats (**III**) mit wss. oder wss.-organ. Mineralsäure. — Aus **II** u. sd. $SOCl_2$ → *Säurechlorid*, gibt in THF mit wss. NH_3 → *Amid* von **II**, F. 166 bis 168°; das Amid gibt mit wss. NaOH u. Br_2 bei 80° → **III**, F. 144—146°; aus **III** u. HCl in sd. Dioxan → **I**, F. 191—193°, p_k in Methoxyäthanol 9,55. **I** gibt mit anorgan. oder organ. Säuren Salze. — *Zwischenprod.* für *Arzneimittel.* (**Schwz.P. 429709** vom 26/3. 1964, ausg. 15/8. 1967.) — 2 S. H. Roos 4846

1312 A/B Recip, Stockholm (Erfinder: Sven Carlsson, Vällingby), Schweden, **4.4-Diphenyl-2-tert.-butylaminobutan** (**I**) u. dessen Salze werden hergestellt durch Rk. von β,β-Diphenyläthylmethylketon mit tert.-Butylamin unter reduktiven Bedingungen. — **I**-*Hydrochlorid*, F. 178—180°; **I**-*Hydrobromid*, F. 198 bis 201°; **I**-*Sulfat*, F. 245—250°. — *Arzneimittel* mit *Coronargefäße erweiternder* Wirkung. — Vgl. Brit.P. 923942; C. **1965**, 10-1576. (**Schwz.P. 415662** vom 17/4. 1963, ausg. 13/1. 1967.) — 2 S. A. Debo 4846

1313 Richardson-Merrell, Inc., New York, N.Y. (Erfinder: Frank Patrick Palopoli, Glenside, Pa., und Vernon John Feil, Jamestown, N.Dak.), USA, **Triphenylhalogenäthylen-Verbindungen** der allg. Formel **I**

I

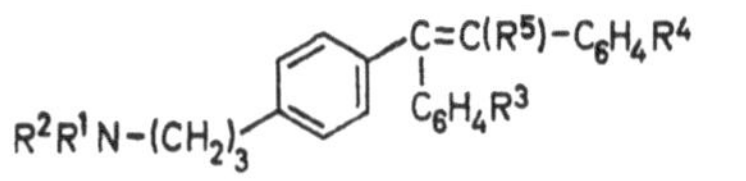

(R^1 u. R^2 = H, Alkyl mit 1—4 C-Atomen oder zusammen mit dem N ein Piperidino- oder Morpholino-Rest, R^3 u. R^4 = H, Halogen, Alkyl, Alkoxy, CF_3, R_5 = Cl) erhält man durch Chlorierung einer Verb. der allg. Formel **I** (R^5 = H) u. HCl-Abspaltung. Die Chlorierung kann mit Cl oder N-Chlorsuccinimid erfolgen. — Aus Benzyl-MgBr mit p-(3-Diäthylaminopropyl)-benzophenon → *1-[p-(3-Diäthylaminopropyl)-phenyl]-1.2-diphenyläthanol*, F. 62 bis 65°, daraus durch Dehydratisierung mit HCl → *1-[p-(3-Diäthylaminopropyl)-phenyl]-1.2-diphenyläthylenhydrochlorid*, daraus durch Chlorierung mit Cl in CCl_4 → *(1-[p-(3-Diäthylaminopropyl)-phenyl]-1.2-diphenyl-1.2-dichloräthanhydrochlorid*, daraus durch Erhitzen auf 140° → *1-[p-(3-Diäthylaminopropyl)-phenyl]-1.2-diphenylchloräthylenhydrochlorid*, dessen *Dihydrogencitratsalz*, F. 120 bis 123°; ähnlich folgende Verb. der allg. Formel *1-[p-(3-Diäthylaminopropyl)-phenyl]-R-chloräthylen* [R = *1-(p-tolyl)-2-(p-chlorphenyl)-*, *1-(p-tolyl)-2-(p-methoxyphenyl)-*, *1-phenyl-2-(p-fluorphenyl)*]. *1-phenyl-2-(m-trifluormethylphenyl)-*, *1.2-di-(p-chlorphenyl)*]. Ferner folgende Verb.: *1-[p-(3-Dimethylaminopropyl)-phenyl]-1-(p-tolyl)-2-(p-chlorphenyl)-chloräthylen*, *1-[p-(3-Morpholinopropyl)-phenyl]-1.2-diphenylchloräthylen*, *1-[p-(3-Piperidinopropyl)-phenyl]-1.2-diphenylchloräthylen*. — *Gonadotropininhibitoren, Mittel gegen Hypercholesterinämie.* (**Schwz.P. 429697** vom 4/2. 1964, ausg. 15/8. 1967.) — 3 S. R. Bollinger 4846

1314 American Home Products Corp., New York, N.Y., USA, **2-[2-Acylamino-2-amino-acetamido]-phenyl-aryl-ketone** erhält man durch Rk. eines 2-[2-(N-Acyloxyacylamino)-acetamido]-phenyl-aryl-ketons mit NH_3. — Beispiel durch Rk. von 2-[2-(N-Acetoxyacetamido)-acetamido]-5-chlorbenzophenon mit NH_3 erhält man das *2-[(2-Acetamido)-2-amino-acetamido]-5-chlor-benzophenon*, F. 140—142°, $C_{17}H_{16}ClN_3O_3$. Durch Erhitzen dieser Verb. erhält man das *3-Acetamido-7-chlor-1.3-dihydro-5-phenyl-2H-1.4-benzodiazepin-2-on*, F. 272—273°. — Zwischenprod. für *Antikonvulsiva*. (**Brit.P. 1082213** vom 25/11. 1964, ausg. 6/9. 1967. U.S. Prior. 3/12. 1963.) — 4 S. R. Bauereis 4846

3115 Upjohn Co., Kalamazoo, Mich., USA, **2-[tert.-Aminoalkoxyphenyl]-3.4-dihydronaphthaline**, die in der 1-Stellung durch Alkyl oder Aryl u. in der 3-Stellung durch Alkyl substituiert sein können, erhält man aus 2-[p-(2-Dialkylaminoalkoxy)-phenyl]-3.4-dihydro-1(2H)-naphthalenon durch Rk. mit einer Grignard-Verb. oder durch Red. mit $LiAlH_4$ u. anschließender W.-Abspaltung durch Erhitzen in einem Lösungsmittel. — Aus 2-[p-(2-Diäthylaminoäthoxy)-phenyl]-3-phenyl-3.4-dihydro-1(2H)-naphthalenon erhält man durch Red. mit $LiAlH_4$ u. anschließend mit HJ *2-[p-(2-Diäthylaminoäthoxy)-phenyl]-3-phenyl-3.4-dihydronaphthalinhydrojodid*, $C_{28}H_{32}J\cdot NO$, F. 168,5—170,5°, durch Rk. mit CH_3MgBr erhält man *1-Methyl-2-[p-(2-diäthylaminoäthoxy)-phenyl]-3-phenyl-3.4-dihydronaphthalinhydrojodid*, $C_{29}H_{34}JNO$, F. 227 bis 230°, *Hydrochlorid*, F. 225—230°. Ferner ist noch beschrieben die Herst. einer Reihe ähnlicher Verb., jedoch ohne Angabe von Kennzahlen. — *Heilmittel.* (**Brit.P. 1087242** vom 15/9. 1964, ausg. 18/10. 1967. U.S. Prior. 16/10. 1963.) — 9 S. R. Bollinger 4846

1316 Upjohn Co. Kalamazoo, Mich., USA, **Substituierte 2.3-Diphenylindene und 1.2-Diphenyl-3.4-dihydronaphthaline** erhält man durch Rk. der entsprechenden Ketone mit einer Grignard-Verb. in einem inerten Lsgm. bei 15—30° u. anschließender W.-Abspaltung durch Erhitzen in Ggw. einer starken Säure, wie HCl, H_2SO_4 oder p-Toluolsulfonsäure in einem Lsgm., das mit dem W. ein azeotrop. Gemisch bildet. Die als Ausgangsmaterial dienende Indanone erhält man durch Rk. eines Benzylhalogenids mit einer Phenylessigsäure u. Ringschluß der dabei erhaltenen α-Phenylhydrozimtsäure. Die ebenfalls als Ausgangsmaterial benötigten, ggf. substituierten Tetralone erhält man durch Rk. eines Acetophenons mit Benzaldehyd zum Chalkon, Rk. mit HCN (KCN u. CH_3COOH), Red. der dabei entstehenden Ketosäure u. anschließendem Ringschluß. — Aus m-Methoxyacetophenon erhält man durch Rk. mit C_6H_5CHO *3'-Methoxychalkon*, $Kp._4$ 180—185°, daraus durch Rk. mit KCN u. CH_3COOH in A. *2-Phenyl-4-[3-methoxyphenyl]-4-ketobutyronitril*, F. 96—101°, daraus durch Verseifung *2-Phenyl-4-[3-methoxyphenyl]-4-ketobuttersäure*, $C_{17}H_{16}O_4$, F. 143—145°, daraus durch Red. *2-Phenyl-4-[3-methoxyphenyl]-buttersäure*, Öl, daraus durch Ringschluß in Ggw. von HF *2-Phenyl-6-methoxy-1.2.3.4-tetrahydro-1-naphthalenon*, $C_{17}H_{16}O_2$, F. 113—116°. Aus p-Fluorphenylessigsäure erhält man durch Rk. mit Benzylchlorid α-Benzyl-p-fluorphenylessigsäure, daraus durch Ringschluß *2-[p-Fluorphenyl]-1-indanon*. Ferner ist noch beschrieben die Herst. von: *1-[Bromhydrocinnamoyl]-pyrrolidin*, $C_{13}H_{16}\cdot BrNO$, F. 59—65°, *p-[3-Pyrrolidinopropyl]-brombenzol*, $C_{13}H_{18}BrN$, $Kp._5$ 135—139,5°, *1-[p-Brombenzoyl]-pyrrolidin*, $C_{11}H_{12}BrNO$, F. 77—79°, *p-[Pyrrolidinomethyl]-brombenzol*, $C_{11}H_{14}BrN$, F. 88—92°, *1.2-Diphenyl-6-methoxy-3.4-dihydronaphthalin*, $C_{23}H_{20}O$, F. 90—92°, *1-[p-Tolyl]-2-phenyl-6-methoxy-3.4-dihydronaphthalin*, $C_{24}\cdot H_{22}O$, F. 100—103°, *1-[p-Fluorphenyl]-2-phenyl-6-methoxy-3.4-dihydronaphthalin*, $C_{23}H_{19}FO$, F. 99—101°, *1-[p-Dimethylaminophenyl]-2-phenyl-6-methoxy-3.4-dihydronaphthalinhydrochlorid*, F. 222—228°, die *freie Base*, $C_{25}H_{25}NO$, F. 130—133°; *1-[p-(3-Pyrrolidinopropyl)-phenyl]-2-phenyl-6-methoxy-3.4-dihydronaphthalinhydrojodid*, $C_{30}H_{34}JNO\cdot C_4H_8O_2$, F. 114—117° (Zers.) (Äthylacetat), u. *1-[p-(Pyrrolidinomethyl)-phenyl]-2-phenyl-6-methoxy-3.4-dihydronaphthalinhydrochlorid*, $C_{28}H_{30}ClNO\cdot$ F. 230—233°. — *Biolog. akt. Verb. mit fertilitätshemmenden, östrogenen, antiöstrogenen, den Cholesterinspiegel* senkenden Eigenschaften. (**Brit.P. 1087582** vom 7/12. 1964, ausg. 18/10. 1967. U.S. Prior. 9/12. 1963.) — 21 S. R. Bollinger 4846

1317 Sandoz Akt.-Ges., Basel (Erfinder: Jürg Rutschmann, Oberwil, und Emil Schreier, Basel), Schweiz, **Herstellung carbocyclischer Verbindungen** durch Kondens. von Benzopiperon mit Bernsteinsäurediäthylester, Verseifung des Halbesters zu einem Gemisch der beiden cis–trans-isomeren [3'.4'-Methylendioxy-benzhydryliden]-bernsteinsäuren, F. 154—164°, Hydrierung des Gemisches in Ggw. von Pd/C als Katalysator zur *[3'.4'-Methylendioxy-benzhydryl]-bernsteinsäure*, F. 210 bis 212°, Herst. des *Anhydrids*, F. 133—134°, intramol. Acetylierung des Anhydrids in Nitrobenzol in Ggw. von $SnCl_4$ zu *1.2-trans-1-Phenyl-4-oxo-6.7-methylendioxy-1.2.3.4-tetra-hydronaphthoesäure-[2]*, F. 219—220°, Veresterung mit A. u. H_2SO_4 zum *Äthylester*, $Kp._{0,005}$ 200—210°, Rk. des Esters mit Ameisensäureäthylester in Ggw. von Na u. Red. des entstandenen *1-Phenyl-3-hydroxymethylen-*

4-oxo-6.7-methylendioxy-1.2.3.4-tetrahydronaphthoesäure-[2]-äthylesters, F. 126–128°, mit $NaBH_4$ u. Verseifung zu *3'.4'.5'-Desmethoxy-isopodophyllinsäure*, F. 170–171° (Zers.). Abspaltung von 2 Mol W. aus dieser Säure mit Essigsäureanhydrid → *3'.4'.5'-Desmethoxy-DL-β-apopikropodophyllin*, F. 220–221°. — *Antimitotika*. (**Schwz.P. 437846** vom 12/12. 1963, ausg. 30/11. 1967.) — 4 S.
R. Bauereis 4846

1318 Sandoz Akt.-Ges., Basel (Erfinder: Ernst Jucker, Ettingen, Anton Ebnöther, Reinach, und André Stoll, Birsfelden), Schweiz, **Herstellung von basisch substituierten 9.10-Dihydroanthracen-Derivaten** durch Rk. eines Anthrons-[9] mit einem 1-Alkyl-4-halogen-magnesium-piperidin u. W.-Abspaltung aus der entstandenen Verbindung. — Beispiel: Durch Rk. von 2-Chlor-10.10-dimethyl-anthron-[9] mit 1-Methyl-4-chlormagnesium-piperidin erhält man das 9.10-Dihydro-2-chlor-9-hydroxy-10.10-dimethyl-9-[1'-methylpiperidyl-(4')]-anthracen, $Kp._{0,05}$ 180–190° u. daraus durch W.-Abspaltung mit Eisessig/HCl das *9.10-Dihydro-2-chlor-10.10-dimethyl-9-[1'-methylpiperidyl-(4')]-anthracen, Hydrochlorid*, F. 145–147°. — *Antihistaminika, Antitussiva, Antiasthmatika, Anticholinergika, Sedativa*. (**Schwz.P. 433801** vom 30/7. 1963, ausg. 30/9. 1967.) — 2 S.
R. Bauereis 4846

1319 Sankyo Co. Ltd., Tokio, Japan, **Aminophenanthrene** der allg. Formel **I**, R = $-N(CH_3)_2$, 1-Pyrroli-

I 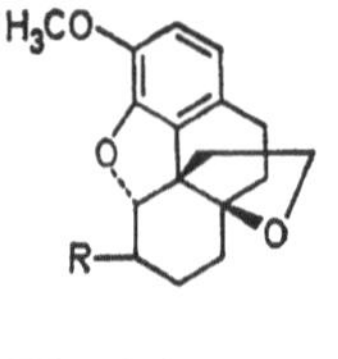 II 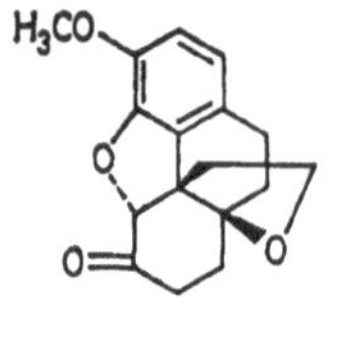

dinyl, Piperidino, Morpholino, erhält man durch Rk. von 4.5α-Epoxy-6-methoxy-3-oxo-1.2.3.4.9.10.12.13-octahydrophenanthro-[4b.8a-b]-furan (= Dihydrocodeon) der Formel **II** mit einem Amin der allg. Formel H–R in Ggw. eines W. abspaltenden Katalysators u. nachfolgende Red. des entstandenen Enamins mit HCOOH oder $NaBH_4$. — Aus **II** u. Pyrrolidin in Bzl. in Ggw. von p-Toluolsulfonsäure unter azeotroper Entfernung des W. → Enamin; daraus mit HCOOH bei 110° → *6β-(1-Pyrrolidinyl)-6-deoxo-dihydrocodeon* (= *4.5α-Epoxy-6-methoxy-3β-(1-pyrrolidinyl)-1.2.3.4.9.10.12.13-octahydrophenanthro-[4b.8a-b]-furan*, $C_{21}H_{27}NO_3$, F. 117–118° (aus Ae.). — Analog: *6α-(1-Pyrrolidinyl)-6-deoxo-II*, $C_{21}H_{27}NO_3$, F. 93°, *Hydrochlorid*, $C_{21}H_{28}ClNO_4$, F. 244–246°. — *6α-Morpholino-6-deoxo-II* (= *4.5α-Epoxy-6-methoxy-3α-morpholinooctahydrophenanthro-[4b.8a-b]-furan*, $C_{21}H_{25}NO_4$, F. 131 bis 133° (aus Methanol). — *6α-Piperidino-6-deoxo-II* (= *4.5α-Epoxy-6-methoxy-3α-piperidinooctahydrophenanthro-[4b.8a-b]-furan, Hydrochlorid*, $C_{22}H_{30}ClNO_3$, F. 265–268°. — *6α-Dimethylamino-6-deoxo-II* (= *4.5α-Epoxy-6-methoxy-3α-dimethylaminooctahydrophenanthro-[4b.8a-b]-furan, Hydrochlorid*, $C_{19}H_{26}ClNO_3$, F. 247,5–249,5° (Zers.). — *Blutdruck senkende Mittel*. (**Brit.P. 1082588** vom 20/1. 1966, ausg. 6/9. 1967. Jap. Prior. 20/1. 1965.) — 4 S.
A. Ullrich 4846

1320 Joh. Kwizda-Chem. Fabrik (Erfinder: Richard Kwizda), Wien, Österreich, **Bis-dialkylaminoalkylester von bicyclischen Dicarbonsäuren** der allg. Formel **I** (A^1 u. A^2 = ein gesätt. oder ungesätt zwei-

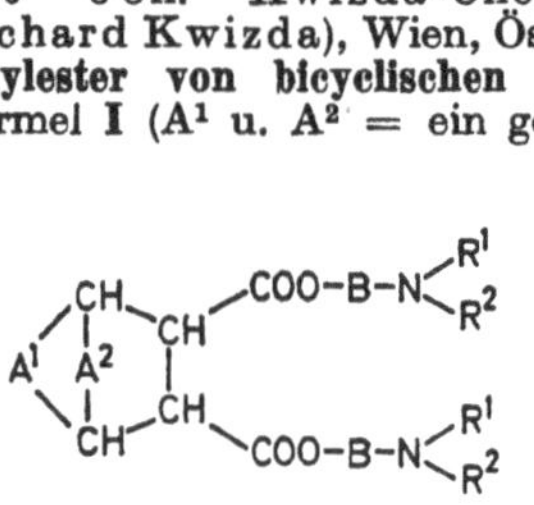

I

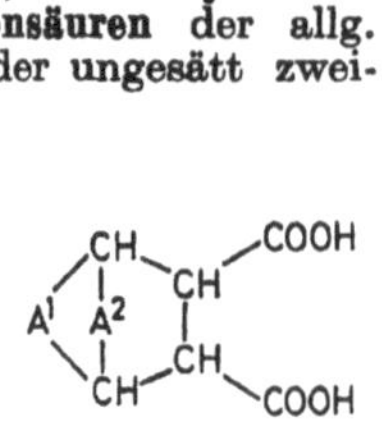

II

wertiger KW-Stoff-Rest, B = ein zweiwertiger geradkettiger oder verzweigter KW-Stoff-Rest; R^1 u. R^2 = KW-Stoff-Rest oder zusammen ein Polymethylenrest) oder deren Ammoniumsalze erhält man durch Rk. von Dicarbonsäuren der allg. Formel **II** mit einer Verb. der allg. Formel Z–B–D (Z = OH oder Halogen, D = NR^1R^2). — Aus 1.4-Endomethylen-Δ^5-cyclohexen-2.3-trans-dicarbonsäuredichlorid erhält man durch Rk. mit Dimethylaminoäthanol den *Bis-[β-dimethylaminoäthyl]-ester*, $Kp._2$ 190°, das *Dihydrochlorid*, F. 203–205°, das *bis-Methojodid*, F. 227–233°, das *bis-Äthojodid*, F. 223–229° u. das *bis-Äthobromid*, F. 191–195°. Durch Hydrierung erhält man den *Bis-[β-dimethylaminoäthyl]-ester* der entsprechenden *Cyclohexansäure*, Kp., 175–180°, dessen *Dihydrochlorid*, F. 188–192°, dessen *bis-Methojodid*, F. 169–173°. Ähnlich: *β-Diäthylaminoäthylester*, $Kp._5$ 205–215°, *Dihydrochlorid*, F. 149–152°, *bis-Äthojodid*, F 247–253°; *Bis-[α-methyl-β-dimethylaminoäthyl]-ester*, $Kp._5$ 190–195°, *Dihydrochlorid*, F. 228–232°; *Bis-[β-piperidinoäthyl]-ester*, $Kp._5$ 205–225°, *Dihydrochlorid*, zerfließende Krist., *Bis-methojodid*, ölig; *Bis-[β-diäthylaminoäthyl]-ester* der *1.4-Endoäthylen-Δ^5-cyclohexen-2.3-trans-dicarbonsäure*, $Kp._2$ 200–210°, *Dihydrochlorid*, F. 170–180°, *bis-Methojodid*, F. 215–230°, u. der *Bis-[β-Dimethylaminoäthyl]-ester* der *5.6.7.8-Dibenzo-bicyclo-(2.2.2)-octan-2.3-trans-dicarbonsäure, bis-Methojodid*, F. 250° (Zers.). — *Heilmittel*. (**Brit.P. 1076829** vom 2/12. 1964, ausg. 26/7. 1967. Oe. Prior. 11/12. 1963.) — 7 S.
R. Bollinger 4846

1321 J. R. Geigy Akt.-Ges., Basel (Erfinder: Peter Baumann, Frenkendorf, Markus Zimmermann, Riehen, Fritz Häfliger und André Gagneux, Basel), Schweiz, **Derivate von α-Hydroxycarbonsäuren** der allg. Formel A–O–C(R^1R^2)COOR^3 (A = Rest von 1-Adamantanol; R^1 = H, Alkyl, Cycloalkyl, Aryl oder Aralkyl; R^2 = H oder Alkyl oder zusammen mit R^1 ein Ring C_{2-9}; R^3 = Alkyl, H, einwertiges Kation oder das Normaläquivalent eines mehrwertigen Kations) erhält man durch Rk. einer Verb. der allg. Formel HOC(R^1R^2)·COOR^3 mit einem reaktionsfähigen Salz von 1-Adamantanol; ggf. wird durch Verseifung die freie Säure erhalten. Die racem. Säure kann in ihre Antipoden zerlegt werden. — Durch Rk. von 1-Hydroxyadamantan mit $NaNH_2$ in Diäthylenglykoldimethyläther u. anschließend mit Bromessigsäureäthylester erhält man *α-(Adamant-1-oxy)-essigsäureäthylester*, daraus durch Verseifung die freie Säure, F. 129–131°; ähnlich folgende *α-(Adamant-1-oxy)-carbonsäuren*: *-valeriansäure*, F. 60–64°; *-isobuttersäure*, F. 110–115°; *-α-methylbuttersäure*, F. 92–94°; *-β-methylbuttersäure*, F. 96–98°; *-cyclopentancarbonsäure*, F. 155 bis 158°. — *Choleretika* u. *Fungistatika*. (**Schwz.P. 424766** vom 6/3. 1963, ausg. 31/5. 1967.) — 3 S.
R. Bollinger 4846

1322 J. R. Geigy Akt.-Ges., Basel (Erfinder: Henri Dietrich, Birsfelden), Schweiz, **N'-Substituierte N-Arylsulfonylharnstoffe** der allg. Formel A–NHCONHSO$_2$C$_6$H$_3$·(R^1)(R^2) (R^1 = Alkanoylamino, Alkoxycarbonylamino, NO_2 oder NH_2; R^2 = H, Halogen, CF_3, Alkyl oder Alkoxy; A = Adamantyl) erhält man durch Rk. von 1-Aminoadamantan mit der entsprechenden N-Arylsulfonylcarbaminsäure. — N-[p-Nitrophenylsulfonyl]-methylurethan gibt mit 1-Aminoadamantan *N-[p-Nitrophenylsulfonyl]-N'-1-adamantylharnstoff*, F. 169–170°; daraus durch Red. das *p-Amino-Deriv.*, F. 179° (Zers.); ähnlich das *m-Nitro-Deriv.*, F. 162° u. das *m-Amino-Deriv.*, F. 170°. — *Orale Antidiabetika*. (**Schwz.P. 421088** vom 16/7. 1963, ausg. 31/3. 1967.) — 3 S.
R. Bollinger 4846

1323 J. R. Geigy Akt.-Ges., Basel (Erfinder: Henri Dietrich, Birsfelden), Schweiz, **N'-Substituierte N-Arylsulfonylharnstoffe** der allg. Formel A–NHCONHSO$_2$C$_6$H$_3$·(R^1)(R^2) (A = Adamantyl; R^1 = Halogen, CF_3, Alkyl, Alkoxy, Alkylthio, Alkanoyl, ggf. substituiertes Phenyl, Benzoyl, Benzyl, Phenoxy oder Phenylthio; R^2 = Halogen, CF_3, Alkoxy oder Alkyl; R^1 u. R^2 zusammen ggf. alkylsubstituiertes Trimethylen oder Pentamethylen) erhält man durch Rk. von 1-Aminoadamantan mit einem Arylsulfonylisocyanat der allg. Formel (R^1)(R^2)C$_6$H$_3$SO$_2$·N=C=O oder mit dem funktionellen Deriv. einer N-Arylsulfonylcarbaminsäure der Formel (R^1)(R^2)C$_6$H$_3$·SO$_2$NHCOOH in Ggw. von Kondens.-Mitteln. — Aus 1-Aminoadamantan erhält man durch Rk. mit 5.6.7.8-Tetrahydronaphthyl-2-sulfonylisocyanat in Toluol *N*-

[5.6.7.8-Tetrahydronaphthyl-2-sulfonyl]-N'-[1'-adamantyl]-harnstoff, F. 158–161°; ähnlich: *N-[2.4-Dichlorphenylsulfonyl]-N'-[1'-adamantyl]-harnstoff*, F. 159–161°. – *Orale Antidiabetika.* (**Schwz.PP. 421089** u. **421091** vom 16/7. 1963, ausg. 31/3. 1967.) – 3 S. – 3 S.
R. Bollinger 4846

1324 J. R. Geigy Akt.-Ges., Basel (Erfinder: Henri Dietrich, Birsfelden), Schweiz, **N'-Substituierte N-Arylsulfonylharnstoffe** der allg. Formel $A–NHCONHSO_2C_6H_3 \cdot (R)_2$ (A = Adamantyl; R = Halogen, Alkyl, Alkoxy oder Alkylthio, wobei 1 R jeweils H bedeutet) erhält man durch Rk. von 1-Aminoadamantan mit einem reaktionsfähigen funktionellen Deriv. einer N-Arylsulfonylcarbaminsäure der allg. Formel $C_6H_3(R)_2SO_2 \cdot NHCOOH$. Ein zunächst erhaltenes Guanidinderiv. wird zum Harnstoffderiv. hydrolysiert. – N-m-Tolylsulfonyläthylurethan gibt mit 1-Aminoadamantan in Dioxan *N-m-Tolylsulfonyl-N'-[1-adamantyl]-harnstoff*; ähnlich folgende *N'-[1-Adamantyl]-harnstoffe*: *N-[m-Chlorphenylsulfonyl]-*, F. 179–182°; *N-[o-Chlorphenylsulfonyl]-*, F. 169–170°; *N-[m-Methoxyphenylsulfonyl]-*; *N-[m-Methylthiophenylsulfonyl]-*. – *Orale Antidiabetika.* (**Schwz.PP. 421087** u. **421090** vom 16/7. 1963, ausg. 31/3. 1967.) – 3 S. – 2 S. R. Bollinger 4846

1325 J. R. Geigy Akt.-Ges., Base (Erfinder: Henri Dietrich, Birsfelden), Schweiz, **N'-Substituierte N-Arylsulfonylharnstoffe** der allg. Formel $A–NHCONHSO_2 \cdot C_6H_4R$ (A = Adamantyl; R = CF_3, Alkenyl, Alkanoyl, ggf. durch Halogen, CF_3, Alkyl, Alkoxy, Alkylthio oder Alkanoyl substituiertes Phenyl, Benzoyl, Benzyl, Phenoxy oder Phenylthio) erhält man durch Rk. von 1-Aminoadamantan mit einem reaktionsfähigen funktionellen Deriv. einer N-Arylsulfonylcarbaminsäure der allg. Formel $C_6H_4(R)SO_2NHCOOH$ oder mit einem Arylsulfonylisocyanat der allg. Formel $C_6H_4(R)SO_2NCO$. – (*N'-1-Adamantylharnstoff* = **I**). – 1-Aminoadamantan gibt mit N-[p-Benzylphenylsulfonyl]-methylurethan in Dioxan oder mit p-Benzylphenylsulfonylisocyanat *N-[p-Benzylphenylsulfonyl]*-**I**, F. 187,5–188,5°; ähnlich: *N-[p-Acetylphenylsulfonyl]*-**I**, F. 168–170°; *N-[p-Trifluormethylsulfonyl]*-**I**; *N-[p-Phenylphenylsulfonyl]*-**I**, F. 177 bis 178°. – *Orale Antidiabetika.* (**Schwz.P. 421092** vom 16/7. 1963, ausg. 31/3. 1967 u. **421948** vom 16/7. 1963, ausg. 15/4. 1967.) – 2 S. – 3 S.
R. Bollinger 4846

1326 J. R. Geigy Akt.-Ges., Basel (Erfinder: Henri Dietrich, Birsfelden), Schweiz, **N'-Substituierte N-Arylsulfonylharnstoffe** der allg. Formel $A–NHCONHSO_2 \cdot C_6H_3(R^1)NH_2$ (A = Adamantyl; R^1 = H, Halogen, CF_3, Alkyl oder Alkoxy) erhält man durch Rk. von 1-Aminoadamantan mit einem Arylsulfonylisocyanat der allg. Formel $C_6H_3(R^1)(NO_2)SO_2NCO$ u. anschließende Reduktion. – 1-Aminoadamantan gibt mit p-Nitrophenylsulfonylisocyanat in Toluol *N-[p-Nitrophenylsulfonyl]-N'-1-adamantylharnstoff*, F. 169–170°; daraus durch Red. das *Aminoderiv.*, F. 179°; ähnlich das entsprechende *m-Nitroderiv.*, F. 162° u. *m-Aminoderiv.*, F. 170°. – *Orale Antidiabetika.* (**Schwz.P. 424767** vom 16/7.1963, ausg. 31/5. 1967.) – 3 S. R. Bollinger 4846

1327 Soc. Belge de l'Azote et des Produits Chimiques du Marly, Lüttich (Erfinder: Fernand Binon und Charles Goldenberg, Brüssel), Belgien, **Herstellung von Benzofuranderivaten** durch Rk. eines 1-[Benzofuryl-2]-1-hydroxy-2-halogen-äthans mit einem prim. Amin. – Beispiel: Durch Red. von 2-[ω-Bromacetyl]-benzofuran mit $NaBH_4$ erhält man das 1-[Benzofuryl-2]-1-hydroxy-2-bromäthan, mit Isopropylamin erhält man das *1-[Benzofuryl-2]-1-hydroxy-2-N-isopropylaminoäthan*, F. 108–109°, *Hydrochlorid*, F. 155° mit 61% Ausbeute. Analog wurden folgende 1-[Benzofuranyl-2]-1-hydroxy(**I**)-Verb. erhalten: **I**-*2-N-äthylamino-äthan*, F. 108°, (Ausb.) 43,3%; **I**-*2-N-cyclohexylamino-äthan*, F. 99–100°, 30,1%; **I**-*2-N-allylamino-äthan*, F. 92°, 25,7%; **I**-*2-N-cyclohexylamino-äthan*, F. 106°; 17,2%; **I**-*2-N-[β-(3.4-methylendioxyphenyl)-äthylamino]-äthan, Hydrochlorid*, F. 184°; **I**-*2-N-[α-methylphenyläthylamino]-äthan, Hydrochlorid*, F. 145°, 23%; **I**-*2-N-[1-methyl-3-phenyl-propylamino]-äthan, Hydrochlorid*, F. 171°; **I**-*2-N-[3-phenyl-propylamino]-äthan, Hydrochlorid*, F. 110°, 24%; **I**-*2-N-[n-butylamino]-äthan, Hydrochlorid*, F. 172–173°, 42%; **I**-*2-N-tert.-butylamino-äthan*, F. 133°, 21,4%; **I**-*2-N-phenoxy-äthylamino-äthan, Hydrochlorid*, F. 202°, 37,9%. – *Herz- u. Kreislaufmittel.* (**Schwz.P. 430748** vom 22/4. 1965, ausg. 31/8. 1967. Brit. Prior. 20/5. 1964. **Brit.P. 1061425** vom 20/5. 1964, ausg. 15/3. 1967.) – 3 S. – 6 S. R. Bauereis 4846

1328 Jean-Louis Falk, Ginevra, Schweiz, **Herstellung von Amiden aus Aminosäuren und 2-Amino-5-chlorbenzophenon (I)**, dad. gek., daß man **I** in einem Lsgm. ($CHCl_3$, CH_2Cl_2, $ClCH_2CH_2Cl$, C_2Cl_4) mit einem Salz eines Aminosäurechlorids umsetzt. – Aus **I** in abs. $CHCl_3$ u. Prolinchloridhydrochlorid → *2-[2-Pyrrolidincarbonsäureamido]-5-chlorbenzophenon, Hydrochlorid* (A. + Isopropyläther); analog Prod. aus Alanin, Prolin, Leucin, α-Aminoisobuttersäure, Valin, Phenylalanin, Phenylglycin, β-Aminopropionsäure, deren Nor- u. Iso-Verb. usw. – *Barbitursäure-* bzw. *antikonvulsive Wirkung.* (**Schwz.P. 417626** vom 17/7. 1963, ausg. 15/2. 1967.) – 1 S.
Georg Vogel 4846

1329 Parke, Davis & Co., Detroit, Mich., USA (Erfinder: John Frederick Cavalla, Isleworth, Großbritannien), **Herstellung von 1-Methyl-3-[m-acyloxyphenyl]-pyrrolidinen** durch Acylierung der entsprechenden Phenole. – Beispiel: Durch Rk. von 1-Methyl-3-[m-hydroxy-phenyl]-3-propyl-pyrrolidin mit Essigsäureanhydrid erhält man das *1-Methyl-3-[m-acetoxy-phenyl]-3-propyl-pyrrolidin*, (**I**), $Kp._{0,7}$ 136–138°, (+)-**I**, $Kp._{1,1}$ 138–139°, $[\alpha]_D^{24}$ +18,4°, (–)-**I**, $Kp._{0,6}$ 129°, $[\alpha]_D^{26}$ –19,2°. Analog wurde das *1.5-Dimethyl-3-[m-acetoxy-phenyl]-3-propyl-pyrrolidin*, $Kp._{0,9}$ 132° erhalten. – *Analgetika.* (**Schwz.P. 435284** vom 19/6. 1962, ausg. 31/10. 1967.) – 3 S. R. Bauereis 4846

1330 Parke, Davis & Co., Detroit, Mich., USA (Erfinder: John Frederick Cavalla, Isleworth, Middx., Großbritannien), **Herstellung von 3-Phenyl-1-methylpyrrolidinen** durch N-Methylierung der entsprechenden Pyrrolidine. – Beispiel: Durch Methylierung von 5-Methyl-[m-methoxy-phenyl]-3-propyl-pyrrolidin, $Kp._{0,4}$ 123–126°, mit Ameisensäure u. CH_2O erhält man das *1.5-Dimethyl-3-[m-methoxyphenyl]-3-propyl-pyrrolidin*, $Kp._{0,4}$ 114–118°. – *Analgetika.* (**Schwz.P. 435285** vom 19/6. 1962, ausg. 31/10. 1967.) – 4 S.
R. Bauereis 4846

1331 Parke, Davis & Co., Detroit, Mich., USA (Erfinder: John Frederick Cavalla, Isleworth, Großbritannien), **Herstellung von 1-Methyl-3-phenyl-pyrrolidinen** durch Red. der entsprechenden 1-Pyrroliniumverbindungen. – Beispiel: Durch Red. von 1.2-Dimethyl-3-[m-methoxy-phenyl]-3-propyl-1-pyrrolinium-jodid, F. 147–148°, mit $LiAlH_4$ erhält man das *1.2-Dimethyl-3-[m-methoxy-phenyl]-3-propyl-pyrrolidin*, $Kp._{1,3}$ 142–144°. – *Analgetika.* (**Schwz.P. 435286** vom 19/6. 1962, ausg. 31/10. 1967.) – 3 S. R. Bauereis 4846

1332 Sandoz Akt.-Ges., Basel (Erfinder: Albert Hofmann und Franz Troxler, Bottmingen), Schweiz, **Herstellung von heterocyclischen Verbindungen** der allg. Formel I (R^1 = Alkenyl, Alkinyl mit ≦4 C-Atomen;

I 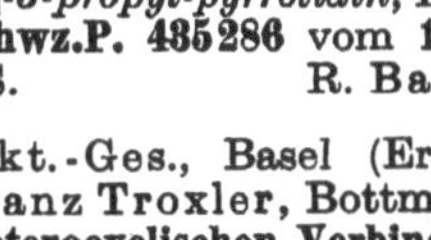

R^2 = R^1, H, CH_3) durch Rk. eines Aminomethylindols mit einem Alken- oder Alkinierungsmittel. – Beispiel: Aus *6-Aminomethylindol*, F. 134–135°, mit 2-Propinylbromid → *6-[N-2-Propinyl-aminomethyl]-indol*, F. 96 bis 98°, u. *6-[N.N-Bis-(2-propinyl)-aminomethyl]-indol*, F. 87 bis 88°. Analog: *6-[N-Äthoxycarbonyl-aminomethyl]-indol*, F. 84–85°, → *6-Methyl-aminomethyl-indol*, F. 120–121°, → *6-[N-Methyl-N-2-propinyl-aminomethyl]-indol*, F. 74 bis 76°; *6-[N-Methyl-N-2-propenyl-aminomethyl]-indol*, F. 78–80°; *4-Aminomethyl-indol*, F. 132–134°, → *4-Methylaminomethyl-indol*, F. 90–92°, → *4-[N-Methyl N-2-propinyl-aminomethyl]-indol*, F. 60–63°. – *Anti-*

depressiva, blutdrucksenkende Mittel. (**Schwz.P. 421107** vom 4/6. 1963, ausg. 31/3. 1967.) — 4 S.

R. Bauereis 4846

1333 W. R. Grace & Co., Cambridge, Mass., USA (Erfinder: Rudolf Gabler, Zollikerberg, und Hans Rudolf Meyer, Kilchberg, Schweiz), **Herstellung von substituierten Pyrazolidinen** der Formel I (R u. R^1 =

I 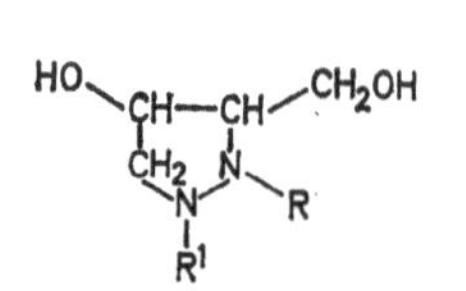

aliphat., cycloaliphat., aromat. oder araliphat. Reste, Carbonamid-, Nitril- oder veresterte Carboxylgruppen) erhält man durch Rk. von Butadiendioxid mit Hydrazinen der Formel R–NH–NH–R^1, bes. bei 80—100°. — Aus Hydrazobenzol u. Butadiendioxid bei 100° → *3-Hydroxymethyl-1.2-diphenyl-pyrazolidin-4-ol*, F. 112°; — analog aus Diäthylhydrazin → *3-Hydroxymethyl-1.2-diäthyl-pyrazolidin-4-ol*, $Kp._{0,05}$ 107°. — Potentielle *biolog.* u. *pharmakolog. Wirkung.* (**Schwz.P. 417606** vom 17/3. 1960, ausg. 15/2. 1967.) — 2 S. H. Roos 4846

1334 J. R. Geigy Akt.-Ges., Basel, Schweiz (Erfinder: Josef Čtvrtnik, Olmütz, Oldřich Něměček, Prag, und Jiři Mayer, Brünn, ČSSR), **Derivate des 3.5-Dioxopyrazolidins** erhält man durch Rk. einer den Rest A–CH·$(CO\text{-})_2$ abgebenden Verb. (A = Halogenalkenyl mit mindestens einem Halogen an einem doppelt gebundenen C-Atom) mit einer Verb. der allg. Formel C_6H_5–NH–N(X)–C_6H_5 (X = ein sich bei der Rk. abspaltender Rest), Eliminierung des Halogens in den dabei erhaltenen 4-(Halogenalkenyl)-1.2-diphenyl-3.5-dioxopyrazolidinen u. Hydrierung der ungesätt. Bindung. — Aus γ-Chlorcrotylmalonsäurediäthylester mit Äthinol u. Hydrazobenzol → *4-γ-Chlorcrotyl-1.2-diphenyl-3.5-dioxopyrazolidin*, daraus durch Hydrierung in Ggw. von Pd → *4-Butenyl-(2)-1.2-diphenyl-3.5-dioxopyrazolidin*, F. 128°, daraus durch Hydrierung in Ggw. von Raney-Ni → *4-n-Butyl-1.2-dioxo-1.2-diphenylpyrazolidin*, F. 105°, ähnlich: *4-n-Butyl-3.5-dioxo-1.2-diphenylpyrazolidin*, F. 105°. — *Heilmittel.* (**Schwz.P. 428745** vom 20/11. 1958, ausg. 31/7. 1967.) — 3 S R. Bollinger 4846

1335 Ajinomoto Co., Inc., Tokio (Erfinder: Akihiro Yamazaki, Kawasaki-shi, Izumi Kumashiro, Yokohama-shi, Kanagawa-ken, und Tadao Takenishi, Tokio), Japan, **4-Carbamoyl-5-[N′-aroyl-S-methylisothiocarbamoyl]-amino-1-[2′.3′-O-isopropyliden-β-D-ribofuranosyl]-imidazol** erhält man durch Methylierung von 4-Carbamoyl-5-[N′-aroylthiocarbamoyl]-amino-1-[2′.3′-O-isopropyliden-β-D-ribofuranosyl]-imidazol. — Aus der N′-Benzoyl-Verb. erhält man die Benzoylverb. $C_{21}H_{25}$·N_5O_6S. — *Heilmittel.* (**Schwz.P. 422804** vom 7/8. 1964, ausg. 29/4. 1967. Jap. Prior. 7/8. 1963.) — 3 S.

A. Jahn 4846

1336 Siegfried Akt.-Ges. (Erfinder: Theodor Wagner-Jauregg und André Demolis), Zofingen, Schweiz, **3.5-Diaminoindazol oder 6-Amino-2-phenylindazol** erhält man durch Red. von 3-Amino-5-nitro- oder 6-Nitro-3-phenylindazol in Ggw. von Raney-Ni. — Aus 3-Amino-5-nitroindazol erhält man durch Red. in Ggw. von Raney-Ni *3.5-Aminoindazol*, $C_7H_8N_4$, F. 178—182°, dessen *Hydrochlorid*, $C_7H_8N_4$·2HCl, F. 220° (Zers.), ähnlich *6-Amino-2-phenylindazol*, $C_{13}H_{11}N_3$, F. 192—193° u. dessen *Hydrochlorid*, $C_{13}H_{11}N_3$·HCl, F. 223—226°. — *Heilmittel mit antiphlogist. Wirkung.* (**Schwz.P. 434271** vom 16/1. 1963, ausg. 14/10. 1967.) — 3 S.

R. Bollinger 4846

1337 Smith, Kline & French Laboratories, Philadelphia (Erfinder: John Joseph Lafferty, Levittown, Pa., David Henry Tedeschi, Pennsauken, N.J., und Charles Leon Zirkle, Berwyn, Pa.), USA, **3-Aminoindazole,** die im Benzolkern durch Halogen oder die Trifluormethylgruppe in der 1-Stellung, ggf. durch Alkyl oder Phenyl u. in der NH_2-Gruppe durch Alkyl mit 1—6 C-Atomen substituiert sind, erhält man durch Rk. von o-Halogenbenzonitril mit einem Hydrazin der allg. Formel H_2NNHR (R = H, Alkyl oder Phenyl), ggf. in einem Alkohol u. in Ggw. einer Mineralsäure, bes. HCl. Die 3-NH_2-Gruppe kann durch Acylierung u. anschließende Red. alkyliert werden. — Aus 2-Brom-5-trifluormethylbenzonitril erhält man durch Rk. mit Hydrazin in A. *3-Amino-5-trifluormethylindazol*, F. 122—123°, daraus durch Rk. mit Methylformiat u. Red. mit $LiAlH_4$ *3-Methylamino-5-trifluormethylindazol*, ähnlich: *3-Amino-6-chlorindazol* u. *1-(oder 2)-Methyl-3-amino-5-trifluormethylindazol*, F. 145°. — *Heilmittel.* (**Schwz.P. 434272** vom 13/3. 1964, ausg. 14/10. 1967.) — 3 S.

R. Bollinger 4846

1338 Établissements Kuhlmann (Erfinder: Jésus Anatol), Paris, Frankreich, **Phosphorkreatin(in)verbindungen** der allg. Formeln $(HO)_2P(O)NHC(NH)$–NH–$CH(R)CO_2H$ u. $(HO)_2P(O)$–N=C–NHCH(R)CO–NH erhält man durch Kondens. von Verb. der allg. Formel $(R''CH_2O)_2P(O)N(Me)CN$ mit dem Salz eines Aminosäureesters der allg. Formel $[H_3N\text{–}CH(R)\text{–}CO_2R']X$, saure oder alkal. Hydrolyse von $(R''CH_2O)_2P(O)NHC(NH)$·$NHCH(R)CO_2R'$ → $(R''CH_2O)_2P(O)NHC(NH)NHCH$·$(R)CO_2H$ u. Abspaltung der Benzylreste durch H_2 in Ggw. von Pd-Schwarz (R = H, Alkyl-, Aryl-, Aralkyl-, Carboxyalkyl-, Alkoxyalkyl-, Alkylmercaptoalkyl- oder heterocycl. Rest; R′ = Alkyl; R″ = ggf. substituierter Arylrest; Me = Alkalimetall; X = Mineralsäurerest). — Dibenzyloxyphosphorylcyanamid-Na-Salz + Äthylaspartat–Hydrochlorid → Di-Na-Salz der Dibenzyloxyphosphorylguanidinobernsteinsäure (**I**), $C_{19}H_{20}N_3O_7Na_2P$ (Ausb. 74%). — **II** + konz. HCl → $(C_6H_5CH_2O)_2P(O)$–N=C–NH–$CH(CH_2CO_2H)CONH$, $C_{19}H_{20}N_3O_6P$, F. 161 bis 163° (A.). — **I** + 2 n NaOH + Pd + H_2 → *$(NaO)_2$·P(O)–N=C–NH–CH(CH_2CO_2H)CO–NH*, $C_5H_6N_3O_6Na_2P$·H_2O (Ausb. 76%). — **I** + H_2 + Pd → *$(NaO)_2P(O)NH$–C(NH)NHCH(CO_2H)CH_2CO_2H*, $C_5H_8N_3O_7Na_2P$. — Als Zwischen- u. Endprod. wurden ferner erhalten: *Di-Na-Salz der Dibenzyloxyphosphoryl-α-guanidinoglutarsäure*, $C_{20}H_{22}N_3O_7Na_2P$. — *2-(Dibenzyloxyphosphorylimino)-4-(β-carboxyäthyl)-imidazolidon*, $C_{20}H_{22}N_3O_6P$, F. 153°. — *$(NaO)_2P(O)N$=C–NH–CH($CH_2CH_2CO_2H$)CO–NH*, C_6H_8·$N_3O_6Na_2P\cdot 3H_2O$. — *$(NaO)_2P(O)$–NH–C(NH)NHCH·(CO_2H)$CH_2CO_2CH_2H\cdot 3H_2O$*, $C_6H_{10}N_3PNa_2O_7\cdot 3H_2O$. — *[Ca<O,O>P(O)NHC(NH)NHCH(CO_2^-)$CH_2CH_2CO_2^-$]Ca·$2H_2O$*, $C_{12}H_{18}N_6O_{14}P_2Ca_2\cdot 2H_2O$. — *[Ca<O,O>P(O)NHC·(NH)NHCH(CO_2^-)$CH_2CO_2^-$]Ca·$2H_2O$*, $C_{10}H_{14}N_6O_{14}P_2$·$Ca_2\cdot 2H_2O$. — *$(NaO)_2P(O)N$=C–NHCH$_2$CONH·$5H_2O$*, $C_3H_4N_3O_4PNa_2\cdot 5H_2O$. — *$(NaO)_2P(O)NHC(NH)NH$·$CH_2CO_2H\cdot 3H_2O$*, $C_3H_6N_3O_5PNa_2\cdot 3H_2O$. — *Herst. von Heilmitteln.* (**Schwz.P. 426803** vom 21/1. 1965, ausg. 30/6. 1967. F. Prior. 13/3. 1964.) — 5 S. A. Jahn 4846

1339 UCB (Union Chimique-Chemische Bedrijven) Soc. An., Saint-Gilles-lez-Bruxelles (Erfinder: Henry Morren, Forrest-Bruxelles), Belgien, **Herstellung von sekundären Aminoalkoholestern** durch Rk. des entsprechenden Säurechlorids mit einem Aminoalkohol. — Beispiel: 4-Phenyl-tetrahydropyran-4-carbonsäurechlorid gibt mit 4-[N-Diäthylamino]-butanol-2 *4-Phenyl-tetrahydropyran-4-carbonsäure-4-[N-diäthylamino]-2-butylester*, $Kp._{0,1}$ 150°, *Hydrochlorid*, F. 136°, *Citrat*, F. 108 bis 110°. — Analog wurden *4-Phenyl-tetrahydropyran-4-carbonsäureester* (**I**) von folgenden Verb. erhalten (*Hydrochlorid* = *Hy*; *Citrat* = *Ci*): **I** von *5-[N-Diäthylamino]-pentanol-2*, *Ci*, F. 100°; **I** von *3-[N-Diäthylamino]-propanol-2*, *Hy*, F. 172—173°; *p-Chlor*-**I** von *3-[N-Diäthylamino]-propanol-2*, $Kp._{0,5}$ 170°; **I** von *4-[N-Dimethylamino]-butanol-2*, $Kp._{0,001}$ 142°; *o-Methyl*-**I** von *4-[N-Dimethylamino]-butanol-2*, *Hy*, F. 154°; *p-Chlor*-**I** *von 4-[N-Diäthylamino]-butanol-2*, *Hy*, F. 146°; *p-Methoxy*-**I** von *4-[N-Diäthylamino]-butanol-2*, *Ci*, 103°; **I** von *4-[N-Diisopropylamino]-butanol-2*, $Kp._{0,001}$ 135—137°; **I** von *4-[N-Diäthylamino]-3-methylbutanol-2*, $Kp._{0,01}$ 152°, *Hy*, F. 126°; **I** von *4-[N-Morpholino]-butanol-2*, *Hy*, F. 148—149°; **I** von *4-[N-Piperidino]-butanol-2*, $Kp._{0,1}$ 160°, *Ci*, F. 86°; *4-Phenyl-tetrahydrothiapyran-4-carbonsäure-*

ester von *4-[N-Diäthylamino]-butanol-2, Hy,* F. 156°; *4-Phenyl-tetrahydrothiapyran-4-carbonsäureester* von *5-[N-Diäthylamino]-pentanol-2, Hy,* F. 154°; *1-Phenyl-1-cyclohexan-1-carbonsäureester* von *4-[N-Diäthylamino]-butanol-2, Hy,* F. 142°; *1-Methyl-4-phenyl-piperidin-4-carbonsäureester* von *4-[N-Diäthylamino]-butanol-2,* $Kp._{0,005}$ 140°, *Ci,* F. 140°; *2-Äthyl-2-phenyl-buttersäureester* von *4-[N-Diäthylamino]-butanol-2, Ci,* F. 121°. — Als Ausgangsstoffe werden genannt: *4-Cyan-4-p-chlorphenyl-tetrahydropyran,* $Kp._{1}$ 137—140°; *4-p-Chlorphenyl-tetrahydropyran-4-carbonsäurechlorid,* $Kp._{0,2}$ 145°; *4-Cyan-4-o-methylphenyl-tetrahydropyran,* $Kp._{0,01}$ 124—125°; *4-o-Methylphenyl-tetrahydropyran-4-carbonsäure,* F. 160 bis 162°; *4-o-Methylphenyl-tetrahydropyran-4-carbonsäurechlorid,* $Kp._{15}$ 178°; *4-Cyan-4-p-methoxyphenyl-tetrahydropyran,* $Kp._{0,15}$ 130°. — *Antitussiva.* **(Schwz.P. 422005** vom 2/10. 1964, ausg. 15/4. 1967. Brit. Prior. 4/10. 1963.) — 3 S. R. Bauereis 4846

1340 Sandoz Akt.-Ges., Basel (Erfinder: Jany Renz, Basel, Jean-Pierre Bourquin, Magden, Conrad Brüschweiler, Birsfelden, Hans Winkler, Basel, und Gustav Schwarb, Allschwil), Schweiz, **Herstellung von Thiaxanthen-Derivaten** durch Ox. von Thiaxanthen-Derivaten. — Beispiel: Durch Ox. von 3-Methylmercapto-9-[N-methylpiperidyliden-4']-thiaxanthen, F. 140—142°, Hydrochlorid, F. 176—178°, mit Na-Perjodat in saurer Lsg. erhält man das *3-Methylsulfinyl-9-[N-methyl-piperidyliden-4']-thiaxanthen-10-oxid,* F. 168—170°. Analog wurde erhalten: m-Äthylmercapto-brombenzol, $Kp._{11}$ 122 bis 123°, →| S-[3-Äthylmercapto-phenyl]-thiosalicylsäure F. 142—144°, → 3-Äthylmercapto-thiaxanthon, F. 138 bis 140°, → 3-Äthylmercapto-9-[N-methyl-piperidyl-4] thioxanthenol-[9], F. 131—133°, → 3-Äthylmercapto-9-[N-methyl-piperidyliden-4]-thioxanthen, F. 138—140°, → *3-Äthylsulfinyl-9-[N-methyl-piperidyliden-4]-thiaxanthen-10-oxid, Fumarat,* Zers. 185—187°. — *Antihistaminika, Antiallergika, Sedativa, Neuroleptika.* **(Schwz.P. 433800** vom 30/7. 1963, ausg. 30/9. 1967.) — 3 S. R. Bauereis 4846

1341 Sandoz Akt.-Ges., Basel (Erfinder: Jany Renz, Jean-Pierre Bourquin, Hans Winkler, Basel, Conrad Brüschweiler, Birsfelden, und Gustav Schwarb, Allschwil), Schweiz, **Herstellung von heterocyclischen Verbindungen.** Zu Ung.P. 151409; C. **1966,** 47-2737, ist nachzutragen: *2-Brom-2'-[2''-(N-methyl-piperidyl-2''')-äthyl-1'']-acetamido-4'-methylsulfonyl-disulfid,* F. 188—190°, → *2-Brom-2'-[2''-(N-methyl-piperidyl-2''')-äthyl-1'']-amino-4'-methylsulfonyl-diphenylsulfid,* F. 123—125°; *2-Chlor-2'-[2''-(N-methyl-piperidyl-2''')-äthyl-1'']-amino-4'-äthylsulfonyl-diphenylsulfid,* F. 110—112°, *Hydrochlorid,* F. 177—179°. — *Spasmolytika.* **(Schwz.P. 415627** vom 19/7. 1962, ausg. 13/1. 1967.) — 3 S. R. Bauereis 4846

1342 Sandoz Akt.-Ges., Basel (Erfinder: Jany Renz, Jean-Pierre Bourquin, Basel, und Gustav Schwarb, Allschwil), Schweiz, **Herstellung von heterocyclischen Verbindungen** durch Rk. eines 2-Amino-diphenylsulfids mit einem 2-[Piperidyl-(2)]-chlor- oder -bromäthan. — Beispiel: Durch Rk. von 2-Brom-2'-acetamino-4'-methoxy-diphenylsulfid, F. 84—86°, mit 2-[1'-Methylpiperidyl-(2')]-1-chloräthan in Ggw. von $NaNH_2$ erhält man das *2-Brom-2'-[2''-(N-methyl-piperidyl-2''')-äthyl-1'']-acetamino-4'-methoxy-diphenylsulfid, Fumarat,* F. 141—143°. Durch Verseifung mit KOH erhält man daraus das *2-Brom-2'-[2''-(N-methyl-piperidyl-2''')-äthyl-1'']-amino-4'-methoxy-diphenylsulfid,* F. 94 bis 96°, *Maleinat,* F. 120—122°. Analog wurde erhalten: *2-Brom-2'-[2''-(N-methyl-piperidyl-2''')-äthyl-1'']-amino-4'-äthoxy-diphenylsulfid,* F. 88—90°; *2-Brom-2'-[2''-(N-methyl-piperidyl-2''')-äthyl-1'']-amino-4'-isopropoxy-diphenylsulfid,* $Kp._{0,02}$ 213—215°, F. 85—87°. — *Spasmolytika,* Zwischenprod. für *Arzneimittel.* **(Schwz.P. 415628** vom 15/8. 1962, ausg. 13/1. 1967.) — 3 S. R. Bauereis 4846

1343 S. p. A. Farmochimica Cutolo-Calosi (Erfinder: Augusto Segre und Rene Viterbo), Neapel, Italien, **Herstellung von tertiären heterocyclischen Aminen** durch Rk. eines Lactams mit einem Carbonsäureester in Ggw. eines Metallhydrids. — Beispiel: Durch Rk. von 2-Piperidon mit Essigsäureäthylester in Ggw. von $LiAlH_4$ erhält man das *N-Äthylpiperidin,* $Kp._{760}$ 128°, *Pikrat,* F. 165—167°. — Analog wurden erhalten: *N-Benzil-piperidin,* $Kp._{15}$ 94—96°, *Pikrat,* F. 176—178°; *δ-Conicein,* $Kp._{15}$ 50°, *Pikrat,* F. 226—227°. — Zwischenprod. für *Arzneimittel.* **(Schwz.P. 426804** vom 10/10. 1958, ausg. 30/6. 1967. It. Prior. 15/10. 1957.) — 4 S. R. Bauereis 4846

1344 Ciba Akt.-Ges., Basel (Erfinder: Paul Schmidt, Therwil, Kurt Eichenberger, Max Wilhelm, Basel, und Alberto Rossi, Oberwil), Schweiz, **Herstellung neuer 5-Sulfamoylanthranilsäurehydrazide.** Zu D.A.S. 1183094; C. **1966,** 4-1700 sind folgende Prod. nachzutragen: *Hydrazide: 5-Dimethylsulfamoylanthranilsäure* **(Dmsa)**-*isopropyliden-,* F. 204—206° (A.). — **Dmsa**-*N'-[1-piperidinobutyliden-(3)]-,* F. 170—172° (Methanol). — **Dmsa**-*N'-[1-morpholinopropyliden-(2)]-,* F. 174—176° (A./PAe.). — **Dmsa**-*N'-[N-methylpiperidylen-(4)]-,* F. 236 bis 238° (Zers.), *Hydrochlorid,* F. 212° (Zers.). — **Dmsa**-*N'-[N-isopropylpiperidyliden-(4)]-,* F. 203—204°. — **Dmsa**-*N'-[N-isobutylpiperidyliden-(4)]-,* F. 196—197°. — **Dmsa**-*N'-[N-benzylpiperidyliden-(4)]-,* F. 204—205°. — **Dmsa**-*N'-[N-sek.-butylpiperidyliden-(4)]-,* F. 195—196°. — *Chemotherapeutika,* bes. gegen *Staphylo-* u. *Pneumokokken* bzw. *Mykobakterien.* **(Schwz.P. 427845** vom 28/7. 1961, ausg. 14/7. 1967.) — 5 S. Georg Vogel 4846

1345 Tanabe Seiyaku Co. Ltd., Osaka, Japan (Erfinder: Norio Sugimoto und Sataro Imada), **Herstellung von** α^5**-O-Nicotinoylpyridoxin** erfolgt durch Veresterung eines α^4.3-O-Alkylidenpyridoxins der allg. Formel **I**, A = Alkyliden mit 3—6 C-Atomen, mit Nico-

I 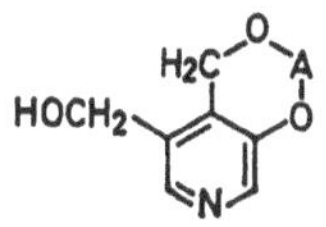

tinsäure-anhydrid (**II**) oder -halogenid, bes. bei erhöhter Temp. in Ggw. eines trockenen Lsgm. u. eines Säurebinders, u. kurzes Erhitzen des entstandenen veresterten Acetals bzw. Ketals in verd. Mineralsäure. — Aus 21 (g) **I**, A = $>C(CH_3)_2$, + 3,42 **II** in 10 ml abs. Bzl. unter Rückfluß auf dem W.-Bad → 2,7 α^4.3-*O-Isopropyliden-*α^5*-O-nicotinoylpyridoxin,* $C_{17}H_{18}N_2O_4$, F. 105—106°, daraus durch Erhitzen mit 10%ig. wss. HBr bei pH 1,0 bis 1,2 → 1,89 α^5*-O-Nicotinoylpyridoxin,* $C_{14}H_{14}N_2O_4$, F. 164—165° (Zers.). — *Heilmittel,* bes. gegen *Lipoidose.* **(Brit.P. 1070120** vom 6/5. 1966, ausg. 24/5. 1967.) — 3 S. O. Schön 4846

1346 Dr. Karl Thomae G. m. b. H., Biberach/Riß, **3.4-Dihydro-1-pyridyl-(3- bzw. 4)-isochinoline** der allg. Formel **I** u. **II** erhält man a) durch Cyclisierung von

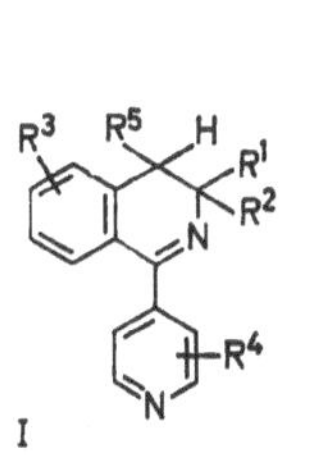

I

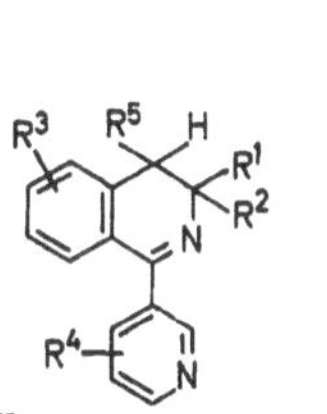

II

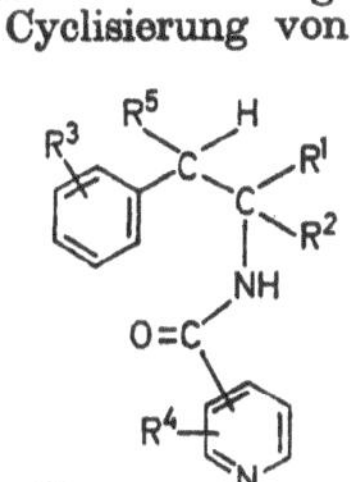

III

Pyridin-3-(bzw. 4)-carbonsäureamiden der allg. Formel **III** mit $POCl_3$, $ZnCl_2$, PCl_5 oder Polyphosphorsäureestern, b) durch Rk. einer Komplexverb. aus einer Lewis-Säure u. einem R^4-substituierten 3-(bzw. 4)-Cyanpyridin mit einer Verb. der allg. Formel R^3–C_6H_4–C(X)(R^5)–C(R^1)(R^2)–Y, c) durch Rk. eines R^4-substituierten 3-(bzw. 4)-Cyanpyridin mit einem Styrolderiv. der allg. Formel R^3–C_6H_4–C(R^5)=C(R^1)–R^2 in Ggw. einer Lewis-Säure oder d) durch Rk. eines R^4-substituierten 3-(bzw. 4)-Cyanpyridins mit einer Verb. der allg. Formel C_6H_5–C(R^5)(A)–C(B)(R^1)–R^2 bei 70—125° in Ggw. eines Cyclisierungskatalysators; R^1 = C_1—C_5-Alkyl, ggf. Halogen- oder Methyl-Benzyl; R^2 = C_1–C_5-Alkyl;

$R^1 + R^2$ kann auch $-(CH_2)_4-$, $-(CH_2)_5-$ sein; R^3 = H, Halogen, C_1-C_3-Alkyl; R^4 u. R^5 = H, C_1-C_3-Alkyl; X u. Y ergeben bei ihrer Abspaltung Halogenwasserstoff oder W., also X = H u. Y = Halogen, OH (auch verestert); A u. B = X u. Y, oder zusammen eine direkte Bindung. — Herst. folgender Verb.: **I**, $R^1 = R^2 = CH_3$; $R^3 = R^4 = R^5 = H$, F. 172°; *Hydrochlorid*, F. 258°. — **I**, $R^1 + R^2 = [CH_2]_5$; $R^3 = R^4 = R^5 = H$; Kp.$_{0,04}$ 150°; *Dihydrochlorid*, F. 248—250°. — **I**, $R^1 = R^2 = CH_3$; R^3 = 7-CH_3; $R^4 = R^5 = H$, F. 110—112°; *Dihydrochlorid*, F. 267°. — **I**, $R^1 = R^2 = CH_3$; R^3 = 7-Cl; $R^4 = R^5 = H$, Kp.$_{0,05}$ 168—170°. — **I**, $R^1 = R^2 = R^5 = CH_3$; $R^3 = R^4 = H$, Kp.$_{0,01}$ 134—136°; F. 63—64°; *Dihydrochlorid*, F. 250°. — **I**, $R^1 = C_6H_5-CH_2$; $R^2 = CH_3$; $R^3 = R^4 = R^5 = H$, Kp.$_{0,08}$ 187—189°; *Dihydrochlorid*, F. 236—238°. — **I**, $R^1 = R^2 = C_2H_5$; $R^3 = R^4 = R^5 = H$, Kp.$_{0,01}$ 135°, F. 60—61°; *Dihydrochlorid*, F. 221—223°. — **I**, $R^1 = C_2H_5$; $R^2 = CH_3$; $R^3 = R^4 = R^5 = H$, F. 95—96°; *Dihydrochlorid*, F. 230—233°. — **I**, R^1 = n-C_5H_{11}; $R^2 = CH_3$; $R^3 = R^4 = R^5 = H$, Kp.$_{0,2}$ 175—176°. — **I**, R^1 = n-C_4H_9; $R^2 = C_2H_5$; $R^3 = R^4 = R^5 = H$, Kp.$_{0,3}$ 166 bis 167°; *Dihydrochlorid*, F. 195°. — **I**, $R^1 = R^2$ = n-C_3H_7; $R^3 = R^4 = R^5 = H$, Kp.$_{0,08}$ 146°, F. 65—67°; *Dihydrochlorid*, F. 230°. — **I**, R^1 = n-C_3H_7; $R^2 = CH_3$; $R^3 = R^4 = R^5 = H$, Kp.$_{0,01}$ 136—137°; *Dihydrobromid*, F. 250 bis 252°. — **I**, $R^1 = R^2 = C_2H_5$; R^3 = 7-Cl; $R^4 = R^5 = H$, Kp.$_{0,08}$ 160—161°; *Dihydrochlorid*, F. 235—240°. — **I**, $R^1 + R^2 = [CH_2]_4$; $R^3 = R^4 = R^5 = H$, Kp.$_{0,04}$ 150°; *Dihydrochlorid*, F. 245°. — **I**, R^1 = *p-Chlorbenzyl*; $R^2 = CH_3$; $R^3 = R^4 = R^5 = H$, Kp.$_{0,01}$ 204—205°; *Dihydrochlorid*, F. 225—228°. — **I**, R^1 = *p-Methylbenzyl*; $R^2 = CH_3$; $R^3 = R^4 = R^5 = H$, Kp.$_{0,4}$ 208°. — **II**, $R^1 = R^2 = CH_3$; $R^3 = R^5 = H$; R^4 = 4-CH_3, Kp.$_{0,02}$ 129—130°; *Dihydrochlorid*, F. 240°. — **II**, $R^1 = C_2H_5$; $R^2 = CH_3$; $R^3 = R^4 = R^5 = H$, Kp.$_{0,04}$ 130—131°; *Dihydrochlorid*, F. 176—178°. — **II**, $R^1 = R^2 = CH_3$; $R^3 = R^4 = R^5 = H$, Kp.$_{0,05}$ 124°, F. 96—97°; *Dihydrochlorid*, F. 220° (Zers.). — **II**, $R^1 = R^2 = C_2H_5$; $R^3 = R^4 = R^5 = H$, Kp.$_{0,01}$ 131—133°; *Dihydrochlorid*, F. 188 bis 190°. — **II**, $R^1 + R^2 = [CH_2]_4$; $R^3 = R^4 = R^5 = H$, Kp.$_{0,05}$ 151°; *Dihydrochlorid*, F. 182—184°. — Ausgangsstoffe sind folgende Pyridin-4-carbonsäureamide: *N-[1.1-Dimethyl-2-phenyläthyl]-*, F. 132—133°. — *N-[1.1-Dimethyl-2-(p-methylphenyl)-äthyl]-*, F. 122°. — *N-(1.1-Dimethyl-2-(p-chlorphenyl)-äthyl]-*, F. 123°. — *N-[1.1-Dimethyl-2-methyl-2-phenyläthyl]-*, Kp.$_{0,3}$ 168 bis 169°. — *N-[1-Benzyl-1-methyl-2-phenyläthyl]-*, F. 148°. — *N-[1-Benzylcyclohexyl]-isonicotinsäureamid*, F. 148 bis 150°. — *N-[1.1-Dimethyl-2-phenyläthyl]-4-methylpyridin-3-carbonsäureamid*, F. 74—75°. — *3-Benzyl-3-pentanol*, Kp.$_{12}$ 121°. — *2-Benzyl-2-butanol*, Kp.$_{12}$ 109—111°. — *2-Benzyl-2-heptanol*, Kp.$_{0,15}$ 89°. — *3-Benzyl-3-heptanol*, Kp.$_{0,6}$ 107°. — *4-Benzyl-4-heptanol*, Kp.$_{12}$ 141°. — *2-Benzyl-2-pentanol*, Kp.$_{12}$ 121°. — *1.3-Diphenyl-2-propanol*, Kp.$_{0,06}$ 113—114°. — *3-Methyl-2-phenyl-2-butanol*, Kp.$_{12}$ 109—110°. — *2-(p-Methylphenyl)-2-propanol*, Kp.$_{12}$ 110—112°; F. 42—43°. — *3-(p-Chlorbenzyl)-3-pentanol*, Kp.$_{12}$ 122°. — *2-Benzyl-2-propanol*, Kp.$_{12}$ 94°. — *1-Benzylcyclopentanol*, Kp.$_{15}$ 134°. — *2-Benzyl-3-[p-chlorphenyl]-2-propanol*, Kp.$_{0,01}$ 123°. — *2-Benzyl-3-[p-methylphenyl]-2-propanol*, Kp.$_{0,06}$ 120°. — *Antiphlogist., antipyret., analget., spasmolyt.* u. *sedativ* wirkende Heilmittel. (**Brit.P. 1070808** vom 23/3. 1966, ausg. 1/6. 1967. D. Prior. 24/5., 10/12. u. 22/12. 1965.) — 14 S.

O. Schön 4846

1347 F. Hoffmann-La Roche & Co. Akt.-Ges., Basel, Schweiz, **Herstellung von Isochinolin-Derivaten** erfolgt durch Ringschluß eines N-Benzylglycinesters in Ggw. eines W. abspaltenden Mittels (Brit.P. 1066917). — Beispiel: Durch Rk. von 3-Methoxybenzaldehyd mit Benzylamin u. Red. des entstandenen Imins mit $NaBH_4$ erhält man das N-Benzyl-N-[3-methoxybenzyl]-amin, Hydrochlorid, F. 128—129°. Durch Rk. der Base dieser Verb. mit Chloressigsäureäthylester erhält man den N-[3-Methoxy-benzyl]-N-benzyl-glycinäthylester, Kp.$_{0,1}$ 153—156°. Durch Erhitzen dieser Verb. mit H_2SO_4 erhält man das *2-Benzyl-7-methoxy-1.2-dihydro-3H-isochinolon-[4]*, F. 144—146°. Analog wurden erhalten: N-[3-Methoxy-α-methyl-benzyl]-N-benzylamin, Hydrochlorid, F. 173 bis 174°, → N-Benzyl-N-[3-methoxy-α-methylbenzyl]-glycinäthylester, Kp.$_{0,05}$ 130—135°, → *2-Benzyl-7-methoxy-1-methyl-1.2-dihydro-3H-isochinolon-[4], Hydrochlorid*, F. 196—197°; N-Methyl-N-[3-methoxy-α-phenyl-benzyl]-amin, Hydrochlorid, F. 222—223°, → N-[3-Methoxy-α-phenyl-benzyl]-N-methyl-glycinäthylester, Hydrochlorid, F. 155—156°, → *7-Methoxy-2-methyl-1-phenyl-1.2-dihydro-3H-isochinolon-[4]*, *Hydrochlorid*, F. 206—207°; N-Benzyl-N-[3.4-dimethoxy-benzyl]-amin, Hydrochlorid, F. 184 bis 186°, → N-[3.4-Dimethoxy-benzyl]-N-benzyl-glycinäthylester, Kp.$_1$ 178—181°, Hydrochlorid, F. 140—141°, → *2-Benzyl-6.7-dimethoxy-1.2-dihydro-3H-isochinolon-[4]*, *Hydrochlorid*, F. 216—217°. — *Gefäßerweiternde Mittel.* (**Brit.PP. 1066917** u. **1066919** vom 2/4. 1965, ausg. 26/4. 1967. U.S. Prior. 3/4. 1964.) — 6 S. — 3 S.

R. Bauereis 4846

1348 Siegfried Akt.-Ges. (Erfinder: Istvan Molnar Theodor Wagner-Jauregg und Ulrich Jahn), Zofingen, Schweiz, **Herstellung basisch substituierter 5.5-Dialkylacridane** durch Veresterung von 5.5-Dialkylacridan-10-carbonsäuren mit einem Aminoalkohol. — Beispiel: Durch Erhitzen von 5.5-Dimethylacridan mit $COCl_2$ unter Druck erhält man das 5.5-Dimethylacridan-10-carbonsäurechlorid, F. 141,5—143°. Durch Rk. dieser Verb. mit 2-Dimethylaminoäthanol erhält man den *5.5-Dimethylacridan-10-carbonsäure-[2-dimethylaminoäthyl]-ester, Hydrochlorid*, F. 206—207°, mit 80—90% Ausbeute. Analog wurden folgende 5.5-Dimethyl-acridan-10-carbonsäureester (**I**) erhalten: *8-Chlor*-**I**-*[2-dimethylaminoäthyl]-ester*; *Hydrochlorid*, F. 191,5—192,5°, aus 8-Chlor-**I**-chlorid, F. 115,5—116,5°; **I**-*[2-diäthylaminoäthyl]-ester, Hydrochlorid*, F. 178—179°; **I**-*[3-dimethylaminopropyl]-ester, Hydrochlorid*, F. 168—168,5°; **I**-*[N-methylpyrrolidino-2-methyl]-ester, Hydrochlorid*, F. 200,5—201°, *Base*, Methanolat, F. 62,5—64°; **I**-*[N-piperidinoäthyl]-ester, Hydrochlorid*, F. 166°; **I**-*[N-pyrrolidinoäthyl]-ester, Hydrochlorid*, F. 185,5—186,5°. — *Lokalanästhetika, Antikonvulsiva.* (**Schwz.P. 426821** vom 19/3. 1964, ausg. 30/6. 1967.) — 2 S. R. Bauereis 4846

1349 Ward Blenkinsop & Co. Ltd., Wembley (Erfinder: Maurice Shapero, Edgware, und Peter Nicholl Green, Pinner), Middx., Großbritannien, **Herstellung von 2-substituierten 1.4-Benzodioxanen** durch Rk. eines 2-mono-substituierten Methyl-1.4-benzodioxan mit einem aliphat. Äther. — Beispiel: Durch Rk. von 2-Aminomethyl-1.4-benzodioxan mit β-Methoxyäthoxyäthylchlorid erhält man das *2-[β-Methoxyäthoxyäthyl]-aminomethyl-1.4-benzodioxan*, Kp.$_{11,5}$ 180—186°, *Hydrochlorid*, F. 104—106°. Analog wurden folgende 1.4-Benzodioxane (**I**) erhalten: *2-[β-(β'-Äthoxy)-äthoxyäthyl]-aminomethyl*-**I**, Kp.$_1$ 202—206°; *2-[γ-(β'-Methoxyäthoxy)-n-propyl]-aminomethyl*-**I**, Kp.$_1$ 180—186°, *Hydrochlorid*, F. 141—143°; *2-[γ-(β'-Methoxyäthoxy)-n-propyl]-aminomethyl*-**I**, Kp.$_2$ 184—190°; *2-[γ-(β'-Methoxyäthoxy)-n-propyl]-aminomethyl-8-methoxy*-**I**, Kp.$_2$ 202—208°. — *Muskelrelaxantien.* (**Schwz.P. 434292** vom 2/9. 1964, ausg. 14/10. 1967. Brit. Prior. 3/9. 1963.) — 3 S.

R. Bauereis 4846

1350 Eprova Akt.-Ges., Schaffhausen (Erfinder: Menasche Litmanowitsch, Schaffhausen, und Hans Suter, Dörflingen), Schweiz, **Herstellung von Pyrazincarbonsäure** durch Kondens. von α.β-Diaminopropionsäure bzw. eines ihrer Salze mit Glyoxal u. Ox. der erhaltenen Dihydropyrazincarbonsäure mit Luft zu Pyrazincarbonsäure, wobei man die Kondens. u. Ox. in alkal. Milieu sowie in einem Lsgm., wie einem Alkohol oder Alkoholderiv., bes. CH_3OH, oder Alkoxy-, bes. Methoxyäthanol, durchführt. Beispiel. — Zwischenprod. für *Pharmazeutika*. (**Schwz.P. 415645** vom 24/12. 1963, ausg. 13/1. 1967.) — 2 S. K. Demmler 4846

1351 Ciba Akt.-Ges., Basel, Schweiz (Erfinder: George de Stevens, Summit, und Robert Paul Mull, Florham Park, N.J., USA), **Herstellung von 1-[3-Alkoxy-3-[4-methylphenyl)-propyl]-4-phenyl-piperazinverbindungen** durch Verätherung der entsprechenden Hydroxyverbindung. — Beispiel: Durch Rk. von 1-[2-Methylphenyl]-piperazin, Dihydrochlorid, mit CH_2O u. 4-Methyl-acetophenon erhält man das 1-[3-(4-Methylphenyl)-3-oxo-propyl]-4-[2-methyl-phenyl]-piperazin, Hydrochlorid, F. 209—211°. Durch Red. dieser Verb. mit

$NaBH_4$ → 1-[3-Hydroxy-3-(4-methylphenyl)-propyl]-4-[2-methylphenyl]-piperazin, F. 80–83°. Durch Chlorierung des Hydrochlorids dieser Verb. mit $SOCl_2$ u. Rk. des entstandenen Chlorids mit A. → *1-[3-Äthoxy-3-(4-methyl-phenyl)-propyl]-4-[2-methyl-phenyl]-piperazin, Dihydrochlorid*, F. 165–168°. Analog wurden erhalten: *4-[2-Chlorphenyl]-1-[3-methoxy-3-(4-methylphenyl)-propyl]-piperazin*, $Kp._{0,05}$ 182–184°, *Hydrochlorid*, F. 153 bis 155°; *4-[2-Chlorphenyl]-1-[3-äthoxy-3-(4-methylphenyl)-propyl]-piperazin, Dihydrochlorid*, F. 150–152°. — *Gefäßerweiternde Mittel.* (**Schwz.P. 434268** vom 30/10. 1963, ausg. 14/10. 1967.) — 3 S.
R. Bauereis 4846

1352 C. F. Boehringer & Soehne G. m. b. H., Mannheim, **6-Hydrazinopyridazin(I)-Derivate**, die in 3-Stellung durch den Rest R^1–$C_6H_4(CH_2)_n$- substituiert sind u. deren Salze erhält man durch Rk. von Hydrazin mit entsprechenden Halogen-, Alkoxy-, Aryloxy-, Mercapto-Alkylmercapto- oder Arylmercaptopyridazinderiv. (R^1 = H, Halogen, ggf. halogenierter Alkyl-, Alkoxy- oder Alkylmercaptorest mit höchstens 3 C-Atomen; n = 1 oder 2). — *3-Benzyl-***I**, F. 119–123° (CH_2Cl_2–PAe.), *Hydrochlorid*, F. 228–232° (Zers.). — *3-(o-Chlorbenzyl)-***I**, F. 82–91°. — *Dihydrochlorid*, F. 230° (Zers.). — *3-(p-Chlorbenzyl)-***I**, F. 155–157°. — *Dihydrochlorid*, F. 225 bis 229°. — *3-(p-Methylbenzyl)-***I**, F. 155–157°. — *Dihydrochlorid*, F. 241° (Zers.). — *3-β-Phenäthyl-***I**, F. 134 bis 136° (CH_2Cl_2–PAe.). — *Dihydrochlorid*, F. 215–218° (Methanol–Ae.). — *Blutdrucksenkende Mittel.* (**Brit.P. 1079868** vom 7/7. 1966, ausg. 16/8. 1967. D. Prior. 9/7. 1965.) — 3 S.
A. Jahn 4846

1353 Ciba Akt.-Ges., Basel (Erfinder: Paul Schmidt, Therwil, Kurt Eichenberger, Basel, Alberto Pietro, Arnoldo Rossi, Oberwil, und Max Wilhelm, Basel), Schweiz, **4.6-Dialkylpyrazolo-[3.4-b]-pyrimidine**, die in 1-Stellung einen eine Aminogruppe enthaltenden aliphat. Rest besitzen u. deren *quatern. Salze* erhält man durch Rk. eines 1-R^5–3R^1–4R^2–5R^4–6-R^3-Pyrazolo-[3.4-b]-pyrimidins mit NH_3 oder einem Amin u. ggf. nachfolgende Quaternisierung [R^1 = H, aliphat., aromat., heterocycl., araliphat. oder heterocycl.-aliphat. Rest.; R^2 u. R^3 = Alkylreste; R^4 = H oder R^2; R^5 = halogenaliphat. Rest]. — 1-[β-Chloräthyl]-3-[pyridyl-(4)]-4.6-dimethyl-**I** (**I** = *Pyrazolo-[3.4-b]-pyrimidin*) + Morpholin → *1-[β-Morpholinoäthyl]-3-[pyridyl-(4)]-4.6-dimethyl-***I**, F. 242–244°. — Analog erhält man: *1-[β-Piperidinoäthyl]-4.6-dimethyl-***I**, $Kp._{0,07}$ 140–144°, *Hydrochlorid*, F. 173–174° (A.–Ae.). — *1-[β-Diäthylaminoäthyl]-4.6-dimethyl-***I**, $Kp._{0,1}$ 111 bis 115°, *Hydrochlorid*, F. 183–184° (Ae.–A.). — *1-[β-Diäthylaminoäthyl]-3-phenyl-4.6-dimethyl-***I***-Hydrochlorid*, F. 183–185°. — *1-[β-Diäthylaminoäthyl]-3-[4′-pyridyl]-4.6-dimethyl-***I**, F. 207–208°. — *Heilmittel.* (**Schwz.P. 416659** vom 8/9. 1961, ausg. 31/1. 1967.) — 3 S.
A. Jahn 4846

1354 Robugen G. m. b. H., Esslingen/Neckar (Erfinder: Herbert Partenheimer und Karlash Kumar Gauri), **Uracilderivate**, die in 1-Stellung durch R^2, in 4-Stellung durch X u. in 5-Stellung durch CH_2–$N(R^1)$-CH_2CH_2OH substituiert sind, erhält man durch Aminomethylierung entsprechender in 5-Stellung unsubstituierter Uracile (R^1 = niederer Alkyl- oder β-Hydroxyäthylrest; R^2 = Alkyl-, Cycloalkyl-, Aralkyl-, Alkenyl-, Arylrest; X = H, Cl). — Es wurden erhalten: *4-Chloruracile: 1-n-Butyl-5-(N-methyl-N-β-hydroxyäthylaminomethyl)-*, F. 134°. — *1-n-Butyl-5-[di-(β-hydroxyäthyl)-aminomethyl]-*, F. 132°. — *1 Äthyl-5-[di-(β-hydroxyäthyl)-aminomethyl]-*, F. 121°. — *1-Methyl-5-[di-(β-hydroxyäthyl)-aminomethyl]*, F. 152°. — *1-Methyl-5-(N-methyl-N-β-hydroxyäthylaminomethyl)-*, F. 130°. — *1-Phenyl-5-[di-(β-hydroxyäthyl)-aminoäthyl]-*, F. 160°. — *1-Benzyl-5-[di-(β-hydroxyäthyl)-aminomethyl]-*, F. 140°. — *1-Cyclohexyl-5-[di-(β-hydroxyäthyl)-aminomethyl]-*. *1-Propyl-5-[di-(β-hydroxyäthyl)-aminomethyl]-*, F. 142°. — Ferner *1-Äthyl-5-[di-(β-hydroxyäthyl)-aminomethyl]-uracil.* — Die 4H-Uracile können auch durch katalyt. Hydrierung entsprechender 4Cl-Uracile hergestellt. werden. — *Heilmittelzwischenprodukte.* (**Brit.P. 1062449** vom 7/8. 1964, ausg. 22/3. 1967.) — 2 S.
A. Jahn 4846

1355 American Cyanamid Co., New York, N.Y. (Erfinder: John Song, Bound Brook, N.J., und Elliott Cohen, Mt. Vernon, N.Y.), USA, **4-Oxo-6-sulfamyl-1.2.3.4-tetrahydrochinazolinderivate**, die in 1-Stellung durch R, in 2-Stellung durch R^1 u. R^2, in 3 Stellung durch R^3 u. in 7-Stellung durch X substituiert sind, erhält man durch Chlorsulfonierung entsprechender Tetrahydrochinazolinone mit $ClSO_3H$ u. nachfolgende Rk. der 6-Chlorsulfonverb. mit NH_3 [R u. R^3 = H, C_{1-6}-Alkyl; R^1 u. R^2 = R, Aralkyl; X = Halogen, Alkyl, Trihalogenmethyl]. — *7-Chlor-2-äthylderiv.*, F. 232–235° (wss. Aceton). — *Heilmittel.* (**Schwz.P. 418343** vom 18/1. 1962, ausg. 28/2. 1967. U.S. Prior. 18/1. 1961.) — 4 S.
A. Jahn 4846

1356 Dr. A. Wander Akt.-Ges., Bern (Erfinder: Othmar Schindler, Gurzelen), Schweiz, **Herstellung von 2.3.5.6-Tetrahydro-imidazo-[1.2-c]-chinazolinen und 2.3.6.7-tetrahydro-4H-pyrimido-[1.2-c]-chinazolinen.** Zu Port.P. 42802; C. **1967**, 3-2682 sind Verb. der allg. Formel I nachzutragen: *R* = $(CH_2)_2$, R^1 = C_6H_5, F. 182–187°.

I 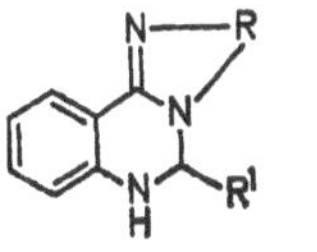

— *R* = $(CH_2)_3$, R^1 = *p-Methoxyphenyl-, Hydrochlorid*, F. 289–291,5°. — *R* = $(CH_2)_2$, R^1 = *p-Chlorphenyl-, Hydrochlorid*, F. 290–295°. — *R* = $(CH_2)_3$, R^1 = *p-Chlorphenyl*, F. 175–180°. — *R* = $(CH_2)_2$, R^1 = *Cyclohexyl*, F. 185–190°. — *R* = $(CH_2)_2$, R^1 = *Benzyl*, F. 160 bis 162°. — *R* = $(CH_2)_2$, R^1 = *p-Methoxyphenyl, Oxalat*, F. 180 bis 184°. — *R* = $(CH_2)_3$, R^1 = *Cyclohexyl*, F. 155–160°. — *R* = $(CH_2)_2$, R^1 = *p-Tolyl*, F. 198–203°. — *R* = $(CH_2)_3$, R^1 = *p-Tolyl*, F. 180–182°. — Ferner: *5-Phenyl-2.3.5.6-tetrahydroimidazo-[1.2-c]-chinazolin*, hexagonale Platten, F. 191–197° (Methanol–Ae.). — *Broncholytika, Psychoanaleptika, Antidepressiva.* (**Schwz.P. 422810** vom 16/8. 1963, ausg. 29/4. 1967.) — 4 S. A. Jahn 4846

1357 Cassella Farbwerke Mainkur Akt.-Ges. (Erfinder: Werner Zerweck und Heinz Günter Greve), Frankfurt/M., **9.11-Dithia-10.12-diazanaphthacen (I)** u. seine Deriv. erhält man durch Rk. von 2.3-Dihydro-2-halogen-3-ketobenz-1.4-thiazinen mit entsprechenden o-Aminothiophenolen. — **I**, F. 308–309° (Dioxan). — *3-Chlor-***I**, F. 303–305°. — *Therapeutika*, bes. *Anthelminthika.* (**Schwz.P. 438326** vom 2/5. 1964, ausg. 30/9. 1967. D. Prior. 4/5. 1963.) — 2 S.
A. Jahn 4846

1358 J. R. Geigy Akt.-Ges., Basel, Schweiz (Erfinder: Niels Clauson-Kaas, Farum, Dänemark, Rolf Deuss, Basel, Franz Ostermayer, Riehen, und Ernst Renk, Basel, Schweiz), **3.4-Dihydro-2.4-dioxo-2H-pyrido-[2.3-e]-[1.3]-oxazin(I)-Derivate**, die in 3-Stellung ggf. durch einen niederen Alkylrest $\leqq C_5$, einen ggf. durch $\leqq 3$ Halogenatome, niedere Alkyl- oder Alkoxygruppen substituierten Phenyl-, Benzyl- oder Phenacylrest, den Thenyl- oder Pyridylmethylrest u. im Pyridinring ggf. durch einen niederen Alkylrest substituiert sind, erhält man durch Rk. von 3-Hydroxypicolinsäureester mit Isocyanaten in Ggw. einer Base u. nachfolgende Cyclisierung des gebildeten Zwischenprod. durch Erhitzen. — 3-Hydroxypicolinsäuremethylester + Phenylisoyanat → *3-Phenyl-***I**, F. 279–281°. — Analog erhält man: *3-[p-Methylphenyl]-***I**, F. 253–254° (Dioxan), 47% (Ausb.). — *3-[p-Chlorphenyl]-***I**, F. 258–260° (Dioxan), 32%. — *3-[3.4-Dichlorphenyl]-***I**, F. 263–264° (Dioxan), 21%. — *3-n-Butyl-***I**, F. 115° (Methanol), 57%. — *Heilmittel.* (**Schwz.P. 419160** vom 24/10. 1962, ausg. 28/2. 1967.) — 2 S.
A. Jahn 4846

1359 J. R. Geigy Akt.-Ges., Basel, Schweiz (Erfinder: Niels Clauson-Kaas, Farum, Dänemark, Rolf Deuss, Basel, Franz Ostermayer, Riehen, und Ernst Renk, Basel, Schweiz), **3.4-Dihydro-2.4-dioxo-2H-pyrido-[2.3-e]-[1.3]-oxazin(I)-Derivate**, die in 3-Stellung durch den Propionitril-, Alkanoyloxyäthyl-, Acetoäthyl-, Pro-

piophenon-, 2-Pyridyläthyl- oder 4-Pyridyläthylrest u. im Pyridinring ggf. durch einen niederen Alkylrest substituiert sind, erhält man durch Addition einer Verb. der allg. Formel $CH_2=CH-R$ an in 3-Stellung unsubstituierte I-Deriv. (R = CN, Alkoxycarbonyl-, Acetyl-, Benzoyl-, 2- oder 4-Pyridylrest), ggf. in Ggw. eines Katalysators. — Es wurden erhalten: *3-[β-(2'-Pyridyläthyl)]*-**I**, F. 176—177° (Methanol), (Ausb.) 79%. — *3-[β-(4'-Pyridyläthyl)]*-**I**, F. 202—203° (Isopropanol–Methanol), 84%. — *3-[2'-Carbäthoxyäthyl]*-**I**, F. 146° (Isopropanol), 40%. — *3-[2'-Cyanäthyl]*-**I**, F. 136—137° (Dioxan), 62%. — *3-(2'-Acetyläthyl)*-**I**, F. 164—165° (Dioxan), 56%. — *3-[2'-Benzoyläthyl]*-**I**, F. 161—162° (Aceton–Dioxan), 67%. — *Heilmittel.* (**Schwz.P. 419161** vom 24/10. 1962, ausg. 28/2. 1967.) — 2 S.
A. Jahn 4846

1360 J. R. Geigy Akt.-Ges., Basel, Schweiz (Erfinder: Niels Clauson-Kaas, Farum, Dänemark, Rolf Deuss, Basel, Franz Osterwayer, Riehen, und Ernst Renk, Basel, Schweiz), **3.4-Dihydro-2.4-dioxo-2H-pyrido-[2.3-e]-[1.3]-oxazin(I)-Derivate**, die in 2-Stellung durch $-CH_2-Am$ u. im Pyridinring durch R^1 substituiert sind, erhält man durch Rk. von I-Verb., die in 3-Stellung unsubstituiert sind, mit CH_2O u. einem Amin der allg. Formel Am–H, bes. in wasserfreiem Medium [Am = Rest eines heterocycl. Amins; R^1 = H oder niederer Alkylrest]. —. Man läßt eine Lsg. von 3—4 g CH_2O u. 5 g N-Methylpiperazin in 100 ml Dioxan 16 Std. bei 25° stehen, gibt 8,2 g I in 200 ml Dioxan zu, läßt nochmals 20 Std. stehen u. arbeitet auf. *3-[N-(N'-Methyl)-piperazinomethyl]*-**I**, F. 150—152°, (Ausb.) 72%. — Analog: *3-[N-Piperidinomethyl]*-**I**, F. 145—147°, 60%. — *Heilmittel.* (**Schwz.P. 419162** vom 24/10. 1962, ausg. 28/2. 1967.) — 2 S. A. Jahn 4846

1361 Fritz Isler, Zürich, Schweiz (Erfinder: Vittorio Molina di Gaudenzio, Novara, Italien), **4-Oxo-2-[β-aminoalkyl]-3.4-dihydro-benz-1.3-oxazine,** die ggf. in 6-Stellung durch Halogen oder eine Aminogruppe substituiert sind, erhält man durch Rk. von Acrolein in äthanol. Lsg. mit einer mol. Menge NH_3 bzw. eines sek. oder tert. Amins, Zusatz von ggf. entsprechend substituiertem Salicylamid u. Behandlung der Mischung mit HCl. — Es wurde erhalten: *4-Oxo-2-[β-aminoäthyl]-3.4-dihydrobenz-1.3-oxazin-Hydrochlorid,* F. 310—312° (Zers.) (A.–Aceton). — *Viriside, analget., antipytre.* u. *antiphlogist. Mittel.* (**Schwz.P. 423780** vom 5/2. 1963, ausg. 13/5. 1967.) — 2 S. A. Jahn 4846

1362 Dr. Heinz Haury Chemische Fabrik, München (Erfinder: Heinz Haury, München, und Ernst Schütz, Flörsheim/M.), **Tertiäre Amine** der Formel $X \cdot C_6H_4 \cdot CH(NR^1R^2)Y$ werden hergestellt durch Rk. von $XC_6H_4CH(NR^1R^2)CN$ mit Hal–Mg–Y u. anschließendes Ansäuern, oder durch Rk. von $YCH(NR^1R^2)CN$ mit XC_6H_4Mg-Hal u. anschließendes Ansäuern (X = H, 1—3 Halogen, Alkyl, Amino. Nitro, Alkoxy, OH, außer 4-Hydroxy-3-methoxy u. 3.4-Dimethoxy; R^1, R^2 = Alkyl, Hydroxyalkyl, Aryl, Aralkyl; Teil eines Heterocyclus; Y = Alkyl, Aryl, Aralkyl, Cycloalkyl; Hal = Halogen). — *1-Pyrrolidino-1-p-tolylbutan,* $Kp._{0,5}$ 114 bis 125°; *Hydrochlorid,* F. 189°; *1-Piperidino-1-phenylbutan,* $Kp._{0,2}$ 95—110°; *-HCl,* F. 227°; *1-Pyrrolidino-1-p-chlorphenylpropan,* $Kp._{0,2}$ 114—115°, 70% (Ausb.); *-HCl,* F. 205°; *1-[3-Hydroxypiperidino]-1-phenylpropan,* $Kp._{0,15}$ 142—145°; *1-[4-Methylpiperazino]-1-phenylbutan,* $Kp._{0,1}$ 106—120°; *1-Diäthylamino-1-phenylpropan,* $Kp._{12}$ 107 bis 119°; *1-Hexamethylenimino-1-phenylpropan,* $Kp._{0,05}$ 98°; *1-Pyrrolidino-1-phenylbutan,* $Kp._{0,02}$ 84—85°; *-HCl,* F. 198—200°; *1-Pyrrolidino-1-phenyläthan,* $Kp._{0,4}$ 80 bis 87°; *-HCl,* F. 158°; *1-Pyrrolidino-1-tolylpropan,* $Kp._{2,5}$ 127—137°; *1-Pyrrolidino-1-p-chlorphenyläthan,* $Kp._{0,3}$ 100 bis 111°; *-HCl,* F. 186,5°; *1-Pyrrolidino-1-p-chlorphenylbutan,* $Kp._{0,1}$ 108—110°; *-HCl,* F. 209°; *1-Pyrrolidino-1-o-chlorphenyläthan,* $Kp._{0,1}$ 90—98°; *1-Pyrrolidino-1-o-chlorphenylpropan,* $Kp._{0,4}$ 102—108°; *1-Pyrrolidino-1-o-chlorphenylbutan,* $Kp._{0,6}$ 110—118°; *1-Pyrrolidino-1-p-chlorphenylpentan,* $Kp._{0,03}$ 121—125°; *-HCl,* F. 236,5°; *1-Pyrrolidino-1-p-chlorphenyl-2-methylpropan,* $Kp._1$ 116 bis 125°; *-HCl,* F. 205°; *1-Piperidino-1-p-tolylpropan,* $Kp._{0,02}$ 105—118°; *-HCl,* F. 234°; *1-Piperidino-1-o-chlorphenylpropan,* $Kp._{0,01}$ 103—108°; *-HCl,* F. 205°; *1-Pyrrolidino-1-anisylpropan,* $Kp._{0,3}$ 111—114°; *-HCl,* F. 149°; *1-Morpholino-1-phenylpropan,* $Kp._{1,4}$ 124—130°; *-HCl,* F. 212°; *1-[2-Methylpiperidino]-1-phenylpropan,* $Kp._{0,6}$ 109—111°; *1-Pyrrolidino-1-phenylpentan,* $Kp._{0,1}$ 106—110°; *-HCl,* F. 178°; *1-Pyrrolidino-1-phenylisobutan,* $Kp._{0,4}$ 91—98°; *-HCl,* F. 196,5°; *1-Pyrrolidino-1-p-chlorphenyl-3-methylbutan,* $Kp._{0,2}$ 118—120°; *-HCl,* F. 246°; *1-Pyrrolidino-1-m-chlorphenylpropan,* $Kp._{0,2}$ 107 bis 110°; *-HCl,* F. 146°; *1-Pyrrolidino-1-phenyl-3-methylbutan,* $Kp._{18}$ 149—151°; *-HCl,* F. 252°; *1-Piperidino-1-p-chlorphenylpropan,* $Kp._{0,1}$ 115—118°; *-HCl,* F. 228°; *1-Piperidino-1-p-chlorphenylbutan,* $Kp._{0,2}$ 112—122°; *-HCl,* F. 245°; *1-Piperidino-1-p-chlorphenyl-3-methylpropan,* $Kp._{0,2}$ 127—130°; *-HCl,* F. 225°; *1-Piperidino-1-o-chlorphenyläthan,* $Kp._{0,1}$ 91—93°; *-HCl,* F. 177°; *1-Piperidino-1-phenylpentan,* $Kp._{0,1}$ 113—117°; *-HCl,* F. 198°; *1-Piperidino-1-p-methoxyphenylpropan,* $Kp._{0,05}$ 114—116°; *1-[2-Methylpiperidino]-1-phenylbutan,* $Kp._{0,04}$ 104—105°; *-HCl,* F. 207°; *1-Morpholino-1-o-chlorphenyläthan,* $Kp._{13}$ 156°; *-HCl,* F. 216,5°; *1-[2-Methylpiperidino]-1-phenylpentan,* $Kp._{0,05}$ 102°; *1-[2-Methylpiperidino]-1-o-chlorphenyläthan,* $Kp._{14}$ 95—105°; *1-Diäthylamino-1-o-chlorphenylpropan,* $Kp._{0,1}$ 88—90°; *1-Hexamethylenimino-1-o-chlorphenyläthan,* $Kp._{0,07}$ 99—101°; *1-Pyrrolidino-1-p-methoxyphenylbutan,* $Kp._{0,2}$ 110°; *-HCl,* F. 209°; *1-Pyrrolidino-1-m-chlorphenylbutan,* $Kp._{0,4}$ 115—116°; *-HCl,* F. 215°; *1-Piperidino-1-p-methoxyphenylpropan,* $Kp._{0,2}$ 120°; *1-Piperidino-m-chlorphenylbutan,* $Kp._2$ 144—147°; *-HCl,* F. 209°; *1-[4-Methylpiperidino]-1-phenylpropan,* $Kp._{0,1-0,2}$ 105—110°; *-HCl,* F. 196°; *1-[4-Methylpiperidino]-1-p-chlorphenylpropan,* $Kp._{0,3}$ 140—149°; *-HCl,* F. 243°; *1-[4-Methylpiperidino]-1-p-chlorphenylbutan,* $Kp._{0,6}$ 165 bis 167°; *-HCl,* F. 248°; *1-[3-Methylpiperidino]-1-p-chlorphenylpropan,* $Kp._{0,1}$ 118—126°; *-HCl,* F. 204°; *1-[3-Methylpiperidino]-1-p-chlorphenylbutan,* $Kp._{0,05}$ 126 bis 127°; *-HCl,* F. 219°; *1-Morpholino-1-phenylbutan,* $Kp._{0,1}$ 107—109°; *-HCl,* F. 228,5°; *1-Morpholino-1-o-chlorphenylpropan,* $Kp._{0,1}$ 122°; *1-Morpholino-1-o-chlorphenylbutan,* $Kp._{0,2}$ 141°; *1-Morpholino-1-p-chlorphenylpropan,* $Kp._{0,2}$ 147—151°; *-HCl,* F. 231°; *1-Diäthylamino-1-p-chlorphenyläthan,* $Kp._{14}$ 131—135°; *1-Diäthylamino-1-p-chlorphenylpropan,* $Kp._{0,2}$ 88°; *-HCl,* F. 150°; *1-Diäthylamino-1-p-tolylpropan,* $Kp._{16}$ 130—135°; *-HCl,* F. 149°. — *Arzneimittel* mit blutdrucksteigernder Wirkung. — Vgl. Oe.PP. 240355 u. 240370; C. **1966,** 29-1698. (**Schwz.P. 432539** vom 17/5. 1962, ausg. 15/9. 1967. D. Prior. 17/5. 1961.) — 3 S. A. Debo 4846

1363 C. H. Boehringer Sohn, Ingelheim/Rh. (Erfinder: Christopher Johannes Tscharner, Warwick, R.I., USA), **trans-2-Phenyl-3-methylmorpholin,** *Hydrochlorid,* F. 176,2—178,8°, erhält man durch Isomerisierung aus der cis-Verb. mit konz. H_2SO_4 (10—20 Std. bei 50—100°). Ausb. ca. 80%. — *Appetitzügler.* (**Schwz.P. 430716** vom 30/4. 1964, ausg. 31/8. 1967. U.S. Prior. 1/5. 1963.) — 3 S. A. Jahn 4846

1364 Lepetit S. p. A., Mailand, Italien (Erfinder: Giorgio Cignarella, Emilio Testa und Giulio Maffii), **Herstellung von 3.8-Diazabicyclo[3.2.1]octan(I)-Derivaten.** Zu Port.P. 43746; C. **1967,** 22-1737 sind nachzutragen: *3-β-Hydroxyäthyl-8-[3-(2-chlorphenthiazinyl-10)-propyl]*-**I**, *Dihydrochlorid,* F. 205—208°. — *3-Methyl-8-[3-(2-chlorphenthiazinyl-10)-propyl]*-**I**, *Dihydrochlorid,* F. 232—234°. — *3-Methyl-8-[3-(2-methoxyphenthiazinyl-10)-propyl]*-**I**, F. 86—88°. — *3-(β-Hydroxyäthyl)-8-[3-(2-trifluormethylphenthiazinyl-10)-propyl]*-**I**, *Dihydrochlorid,* F. 222—224°. — *3-(β-Hydroxyäthyl)-8-[(3-phenthiazinyl-10)-propyl]*-**I**, *Dihydrochlorid,* F. 235—238°. — *3-Methyl-8-[3-(2-trifluormethylphenthiazinyl-10)-propyl]*-**I**, *Dihydrochlorid,* F. 240—243°. — *Tranquilizer.* (**Brit.P. 1084192** vom 18/3. 1964, ausg. 20/9. 1967.) — 4 S.
A. Jahn 4846

1365 Jean Louis Falk, Genf, Schweiz, **1.4-Benzdiazepin-2-one** der allg. Formel I erhält man durch Rk. von 2-Amino-5-chlorbenzophenonen mit einem α-Aminocarbonsäurehalogenid [R^1 u. R^2 = Alkyl, Aralkyl; R^3 = H, R^1; R^2 u. R^3 können zusammen einen alicycl. Ring bilden]. Beispiel: N-Methyl-2-amino-5-chlorbenzophenon + α-Aminoisobuttersäurechloridhydrochlorid. — *Antikonvulsiva, synergist. Mittel für Barbitur-*

I

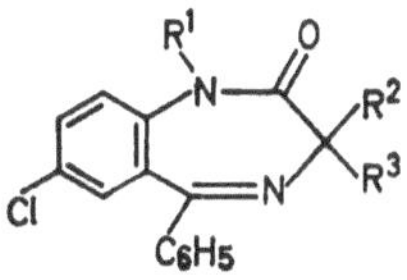

säuren. (**Schwz.P. 417612** vom 17/7. 1963, ausg. 15/2. 1967.) — 1 S. A. Jahn 4846

1366 C. F. Boehringer & Soehne G. m. b. H., Mannheim (Erfinder: Friedrich Bickelhaupt, Neckarhausen, und Kurt Stach, Mannheim), **Herstellung basischer Dibenzooxepin-Derivate.** Zu Brit.P. 1004683; C. **1967,** 38-1774 ist nachzutragen: *11-[3'-Dimethylaminopropyliden]-6.11-dihydro-dibenzo[b.e]oxepin,* $Kp._{0,2}$ 170—175°. — *Arzneimittel.* (**Schwz.P. 436337** vom 29/5. 1964, ausg. 15/11. 1967. D. Prior. 11/6. 1963.) — 3 S. R. Bauereis 4846

1367 Dr. A. Wander Akt.-Ges., Bern (Erfinder: Jean Schmutz, Muri, Fritz Hunziker und Franz Martin Künzle, Bern), Schweiz, **Herstellung von 5.6-Dihydro-6-oxomorphanthridinen.** Zu Port.P. 42584; C. **1966,** 30-2477 sind folgende 5.6-Dihydro-6-oxomorphanthridine nachzutragen: *5-[β-Dimethylaminoäthyl]-11-methyl-, Hydrochlorid* (= *HCl*), F. 239—241°, in 73%ig. Ausb. durch Kochen eines Gemisches aus 6,6 g 11-Methyl- u. 1,5 g $NaNH_2$ in Dioxan mit 7,8 ml 5 n Lsg. von β-Dimethylaminoäthylchlorid in Toluol. — *5-[γ-Dimethylaminopropyl]-11-methyl-, HCl,* F. 172—174°; Ausb. 77%. — *5-[β-Dimethylaminoäthyl]-11-äthyl-,* F. 85—88°. — *Thymoleptika, Antidepressiva.* (**Oe.PP. 247857** vom 11/6. 1964, ausg. 10/6. 1966 u. **248450** vom 11/6. 1964, ausg. 25/7. 1966. Beide Schwz. Prior. 21/6. 1963.) — 4 S. — 3 S. K.-D. Stolp 4846

1368 C. F. Boehringer & Söhne G. m. b. H., Mannheim (Erfinder: Gustav Lettenbauer, Lampertheim/Hessen, Alfred Popelak, Wolfgang Schaumann und Annemarie Ribbentrop, Mannheim), **Herstellung von 18-Desoxy-18-epiazido-reserpsäureestern.** Zu D.A.S. 1186868; C. **1966,** 18-1746 ist nachzutragen: In gleicher Weise erhält man den *Äthylester,* $C_{24}H_{31}N_5O_4$, F. 208 bis 210°; $[\alpha]_D^{20}$ —121 ± 0,6° (c = 1, $CHCl_3$); *n-Butylester,* F. 230—231°; *Methoxyäthylester,* $C_{25}H_{33}N_5O_5$, F. 163°, $[\alpha]_D^{20}$ —36,8 ± 0,6° (c = 1; $CHCl_3$); *Benzylester,* $C_{29}H_{33}N_5O_4$, F. 217°, $[\alpha]_D^{20}$ —47,2 ± 0,5° (c = 2; $CHCl_3$); *Phenylester,* $C_{28}H_{31}N_5O_4$, F. 240°, $[\alpha]_D^{20}$ —129,8 ± 0,3° (c = 1; $CHCl_3$). — *Affekt-dämpfende Wirkung.* (**Schwz.P. 417620** vom 20/11. 1962, ausg. 15/2. 1967. D. Prior. 22/11. 1961 u. 26/9. 1962.) — 4 S. C. Lüttgen 4846

1369 Sandoz Akt.-Ges., Basel (Erfinder: Albert Hofmann, Bottmingen, Jürg Rutschmann, Oberwil, Emil Schreier, Basel, Franz Troxler, Bottmingen, Schweiz, und Albert Frey, Essex Fells, N.J., USA), **(Dihydro)Lysergsäurenitrile** der allg. Formel I erhält man

I

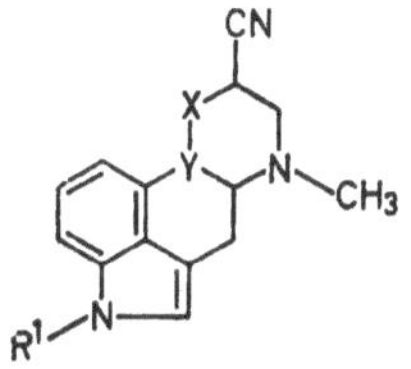

durch Rk. der entsprechenden Carbonsäureamide mit W. abspaltenden Mitteln [R^1 = H, Alkyl, Alkenyl, Aralkyl; X-Y = -CH=C< oder -CH_2-CH<]. Es wurden erhalten: *α-Lysergsäurenitril* (**II**), F. 201—202° (CH_2Cl_2-Bzl.). — *1-Methyl-***II**, *Maleinat,* F. 157—158° (CH_3OH-Ae.). — *9.10-Dihydro-***II**, F. 283—285° (Äthylacetat). — *1-Methyl-9.10-dihydro-***II**, Prismen, F. 185—188°. — *Heilmittel* u. *Zwischenprod. hierfür.* (**Schwz.P. 419157** vom 12/10. 1962, ausg. 28/2. 1967.) — 3 S. A. Jahn 4846

1370 Sandoz Akt.-Ges., Basel (Erfinder: Albert Hofmann, Bottmingen, Paul Stadler, Biel-Benken, und Franz Troxler, Bottmingen), **Urethane der**

I

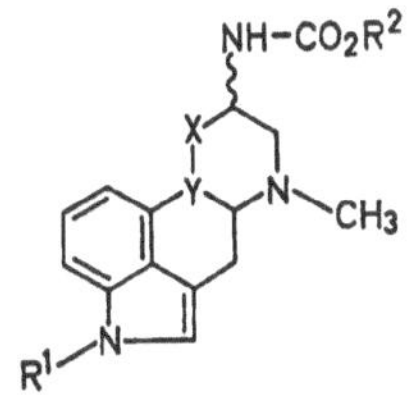

Lysergsäurereihe der allg. Formel **I** erhält man durch Rk. einer Verb. der allg. Formel **I** (R^1 = H) mit Halogeniden der allg. Formel R^1Z [Z = Halogen; R^1 = niedriges Alkyl, Alkenyl, Aralkyl; R^2 = Alkyl, Hydroxyalkyl, Halogenalkyl, Aminoalkyl, Aralkyl; X-Y = -CH=C< oder -CH_2-CH<]. — (1.6-Dimethyl-8-amino-ergolyl)-carbamidsäureester: *Äthylester,* F. 177—178° (Bzl.), $[\alpha]_D$ +314° ($CHCl_3$). *Methylester,* F. 243 bis 246° (Bzl.), $[\alpha]_D^{20}$ —59,7°. *Heilmittel.* (**Schwz.P. 416660** vom 18/6. 1962, ausg. 31/1. 1967.) — 2 S. A. Jahn 4846

1371 American Cyanamid Co., Wayne, N.J. (Erfinder: Jay Donald Albright und Leon Goldman, Nanuet, N.Y.), USA, **Herstellung von 17-Oxo-yohimban- und -alloyohimban-Derivaten** u. ihren pharmazeut. verträglichen Säureadditionssalzen, die in Stellung 16 u. 18 vom Ring E eine Hydroxymethylengruppe aufweisen, wobei das C_{20}-H-Atom α-Konfig. besitzt, wenn die Hydroxymethylengruppe in 16-Stellung steht. Man kondensiert Yohimban-17-on oder Alloyohimban-17-on in Ggw. eines Claisen-Kondens.-Katalysators, bes. Alkalialkylat, NaH oder $NaNH_2$, mit einem niederen Alkylformiat zum entsprechenden 16- u./oder 18-Hydroxymethylenderiv. u. kondensiert ggf. dieses bei 50—100° mit einem prim. oder sek. Amin, mit einem niederen Alkanol oder Alkylmercaptan oder einem Acylierungsmittel. — Folgende *Methylenyohimban-17-one* (**I**) werden hergestellt (alle F. mit Zers.): *18-Hydroxy-***I***-Halbhydrat,* F. 207—210°; *18-Benzoyloxy-***I***-hydrat,* F. 216—219°; *18-Isobutoxy-***I**, F. 176—182°; *18-n-Butylthio-***I**, F. 219 bis 222°; *18-Isobutylamino-***I**, F. 222—226°; *18-Anilino-***I**, F. 303—307°; *18-Pyrrolidino-***I**, F. 308—309°; *18-n-Butylamino-***I**, F. 244—246°; *18-tert.-Butylamino-***I**, F. 240—243°; *18-Diäthylamino-***I**, F. 225—228°; *18-Di-n-propylamino-***I**, F. 236—238°; *18-Cyclohexylamino-***I**, F. 275—278°; *18-Morpholino-***I**, sintert bei 160°, F. 175 bis 180°; *18-[2-Pyridylamino]-***I**, F. 262—264°; *18-[3-Pyridylamino]-***I**, F. 311—314°; *18-[4-Pyridylamino-***I**, F. 306 bis 309°; *18-[2-Pyridylmethylamino]-***I**, sintert bei > 100° zu einer roten glasartigen Masse, die langsam fl. wird; *18-[3-Pyridylmethylamino]-***I**, F. 238—241°; *18-[4-Pyridylmethylamino]-***I**, F. 181—185°; *18-[4-Äthoxycarbonyl-1-piperazinyl]-***I**, F. 222—224°; *18-[4-(3-Dimethylaminopropyl)-1-piperazinyl]-***I**, F. 125—140° (ohne Zers.); *18-4-[3-Dimethylaminopropyl)-piperidino]-***I**, F. 193—196°; *18-[3-Methoxypropylamino]-***I**, F. 228—230°; *18-[3-Dimethylaminopropylamino]-***I**, F. 201—203°; *18-[4-Acetamidomethyl-4-phenyl-piperidino]-***I**, F. 155—165° (ohne Zers.). — *Hypotensive Arzneimittel* u. *Appetitzügler.* (**Schwz.P. 415659** vom 20/7. 1962, ausg. 13/1. 1967. **Brit.P. 1001846** vom 10/7. 1962, ausg. 18/8. 1965. **Aust.P. 260474** vom 11/7. 1962, ausg. 29/7. 1965. Alle U.S. Prior. 5/12. 1961.) C. Lüttgen 4846

1372 Chugai Seiyaku K. K., Tokio (Erfinder: Torizo Takahashi, Hajime Fujimura, Kyoto-shi, und Yoshio Hamashima, Atsumi-gun, Aichi-ken), Japan, **Campher-Derivate,** die in 3-Stellung durch die Gruppe -N(R^1)$CH_2CONR^2R^3$ (R^1, R^2 u. R^3 = H oder Alkyl) substituiert sind, erhält man aus 3-Amino- oder 3-Alkylaminocampher durch Rk. mit Acetonitril, Behandeln des dabei entstandenen 3-Cyanmethylaminocamphers mit einem Alkohol u. Überführung des dabei erhaltenen Esters durch Rk. mit einem Amin in das Säureamid. — Aus 3-Aminocampher erhält man durch Rk. mit Acetonitril *3-Cyanmethylaminocampher*, $C_{12}H_{18}N_{12}O$, $Kp._{5-6}$ 153—155°, *Hydrochlorid*, $C_{12}H_{18}N_2O \cdot HCl$, F. 201—202°, daraus durch Rk. mit A. u. HCl *N-Camphoryl-3-glycinäthylester*, $C_{14}H_{23}NO_3$, $Kp._{0,5}$ 125°, daraus durch Rk. mit Dimethylamin *N-Camphoryl-3-glycindimethylamid*, $C_{14}H_{24}N_2O_2$, F. 126°, *Hydrochlorid*, $C_{14}H_{12}N_2O_2 \cdot HCl \cdot H_2O$, F. 196°, ähnlich: *N-Camphoryl-3-glycindiäthylamid*, $Kp._{0,02}$ 164—165°, *Hydrochlorid*, $C_{16}H_{28}N_2O_2 \cdot HCl$, F. 190°, *3-Methyl-N-cyanmethylaminocampher*, $C_{13}H_{20}N_2O$, F. 84—85°, daraus *N-Methyl-N-camphoryl-3-glycinäthylester*, $C_{15}H_{25}NO_3$, $Kp._{0,3}$ 115—117°, daraus *N-Methyl-N-camphoryl-3-glycindimethylamid*, $Kp._{0,2}$ 143—145°, *Hydrochlorid*, $C_{15}H_{26}N_2O_2 \cdot HCl$, F. 174°. — *Analgetika*. (**Schwz.P. 433261** vom 23/12. 1960, ausg. 30/9. 1967. Jap. Prior. 26/12., 26/12. 1959 u. 7/1. 1960. **Zusatz zu Schwz.P. 411847; C. 1968, 9-1787.**) — 3 S.

R. Bollinger 4846

1373 Sandoz Akt.-Ges., Basel (Erfinder: Stephan Guttmann, Allschwil, und Roger Boissonnas, Bottmingen), Schweiz, **Herstellung von Cystein enthaltenden Polypeptiden,** dad. gek., daß man die Thiolgruppe des Cysteins während der zur Bldg. der Peptidkette erforderlichen Rk.-Stufen durch einen Alkylcarbamoylrest schützt. Nachst. sind der S-Äthylcarbamoylrest mit Säc, der 2.4.5-Trichlorphenylesterrest mit OTcp u. der Carbobenzoxyrest mit Z abgekürzt. — Aus L-Cysteinhydrochlorid in Dimethylform- (I) u. Äthylisocyanat → Säc-L-cystein, F. 219°, $[\alpha]_D^{22}$ −37° (6 n-HCl); daraus mit Chlorameisensäurebenzylester → N-Z-(Säc)L-cystein, F. 122°, $[\alpha]_D^{22}$ −62° (I); daraus durch Rk. mit 25%ig. wss. NH_3 u. Einleiten von Luft → Bis-[N-Z]-L-cystin, F. 119° ($CHCl_3$), $[\alpha]_D^{22}$ −91°, Eisessig (II). — Aus N-Z(Säc)L-cystein u. Trichlorphenol in Ggw. von Dicyclohexylcarbodiimid → N-Z-(Säc)Cys-OTcp, F. 158° (A.), $[\alpha]_D^{22}$ −38° (I); daraus mit H-Pro-Leu-Gly-NH_2 → N-Z-(Säc)·Cys-Pro-Leu-Gly-NH_2 (III), F. 204°, $[\alpha]_D^{22}$ −67° (I). — Aus III [im Orig. irrtümlich N-Z-Asn-(Säc)Cys-Pro-Leu-Gly-NH_2; der Referent] durch Rk. mit HBr in II u. dann mit N-Z-Asn-OTcp → N-Z-Asn(Säc)Cys-Pro-Leu-Gly-NH_2, F. 228°, $[\alpha]_D^{22}$ −60° (I); daraus mit HBr in II u. dann mit N-Z-Gln-OTcp → N-Z-Gln-Asn-(Säc)Cys-Pro-Leu-Gly-NH_2, F. 218°, $[\alpha]_D^{22}$ −56° (I); daraus analog mit N-Z-L-isoleucin-p-nitrophenylester → N-Z-Ile-Gln-Asn-(Säc)Cys-Pro-Leu-Gly-NH_2, F. 240°, $[\alpha]_D^{22}$ −40° (I); daraus mit HBr in II u. dann mit N.O-Bis-Z-Tyr-OTcp → N.O-Bis-Z-Tyr-Ile-Gln-Asn-(Säc)Cys-Pro-Leu-Gly-NH_2, F. 236°, $[\alpha]_D^{22}$ −42° (I); daraus analog mit N-Z-(Säc)Cys-OTcp → N-Z-(Säc)Cys-Tyr-Ile-Gln-Asn-(Säc)Cys-Pro-Leu-Gly-NH_2, F. 237—240°, $[\alpha]_D^{22}$ −64° (I); daraus mit HBr in II → Säc-Cys-Tyr-Ile-Gln-Asn-(Säc)Cys-Pro-Leu-Gly-NH_2 · 3HBr, F. 90—93°, $[\alpha]_D^{22}$ −35° (I), $\xrightarrow{fl.NH_3}$ *H-Cys-Tyr-Ile-Gln-Asn-Cys-Pro-Leu-Gly-NH_2*; daraus durch Einleiten von Luft oder O_2 bei pH 6,5—8 u. 0—40° bzw. durch Rk. mit H_2O_2 bei pH 4—6 u. 0—40° u. Eindampfen in Ggw. von NaCl oder CH_3SO_3H bei pH 4—5 zur Trockne → *Oxytocin*. — *Therapeutika*. Das Verf. schließt die Wanderung von Acylgruppen an eine anwesende freie NH_2-Gruppe aus. (**Schwz.P. 433369** vom 6/9. 1963, ausg. 30/9. 1967.) — 3 S.

Georg Vogel 4846

1374 Sumitomo Chemical Co. Ltd., Osaka (Erfinder: Masanao Matsui, Tokio, Shigeya Saijo, Nishinomiya-shi, Kiyoshi Ohizumi, Ashiya-shi, Teruya Nishida, Nihon-Jutakukodan, und Shigeru Okano, Toyoanaka-shi), Japan, **2-trans-Vitamin-A-Säuren, ihre niederen Alkylester und Amide** erhält man durch Rk. einer entsprechenden 2-cis-Verb. mit KNH_2, einem K-Alkoholat oder einem Gemisch beider in einem inerten Lsgm., wie einem KW-Stoff, einem niederen Äther oder einem niederen aliphat. Alkohol. — 2-cis-Vitamin-A-Säure → *trans-Vitamin-A-Säure*, F. 178 bis 180°; ähnlich *trans-Vitamin-A-Säuremethylester*, F. 72 bis 73°. (**Schwz.P. 423761** vom 2/3. 1962, ausg. 13/5. 1967.) — 3 S. R. Bollinger 4847

1375 Sumitomo Chemical Co. Ltd., Osaka (Erfinder: Masanao Matsui, Tokio, Shigeya Saijo, Nishinomiya-shi, Kiyoshi Ohizumi, Ashiya-shi, Teruya Nishida und Shigeru Okano, Toyonaka-shi), Japan, **Vitamin-A-Ester** erhält man aus Vitamin-A-Säure oder einem ihrer Alkylester durch Rk. mit $LiAlH_4$ in einem inerten Lsgm. u. Rk. der dadurch entstandenen Li–Al-Komplex-Verb. des Vitamins-A mit einem Halogenid oder Anhydrid einer aliphat. Monocarbonsäure. — Vitamin-A-Säure-Methylester → *Vitamin-A-Acetat*, F. 54—55°; ähnlich *Vitamin-A-Palmitat*. — IR-Absorptionsspektrum. (**Schwz.P. 423760** vom 24/2. 1962, ausg. 13/5. 1967.) — 4 S. R. Bollinger 4847

1376 Yamanouchi Pharmaceutical Co. Ltd., Chuo-ku, Tokio, Japan, **Pyridoxalphosphat** erhält man durch alkal. Hydrolyse von Schiffschen Basen des Pyridoxalphosphats der allg. Formel I (hergestellt nach J.

I

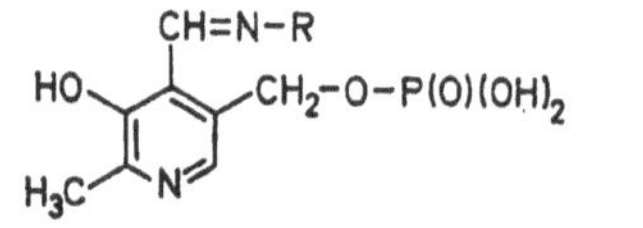

Amer. chem. Soc. **70** [1948] 3669), R = Alkyl mit 1—6 C-Atomen, ggf. durch Halogen, Alkyl, Alkoxy mit höchstens 2 C-Atomen substituiertes Aryl, Aralkyl. — Aus Pyridoxyliden-p-toluidin u. 85%ig. H_3PO_4 u. P_2O_5 im Verhältnis 1,1:1 → *Pyridoxyliden-p-toluidinphosphat*, $C_{15}H_{17}N_2O_5P$; daraus durch Hydrolyse mit wss. 2 n NaOH → Pyridoxalphosphat, Ausb. 74,7%. — Pyridoxylidenphosphate: *p-Phenetidin-*, $C_{16}H_{19}N_2O_6P$. — *o-Anisidin-*, $C_{15}H_{17}N_2O_6P$. — *o-Phenetidin-*, $C_{16}H_{19}N_2O_6P$. — *Anilin-*, $C_{14}H_{15}N_2O_5P$. — *p-Chloranilin-*, $C_{14}H_{14}ClN_2 \cdot O_5P$. — *Benzylamin-*, $C_{15}H_{17}N_2O_5P$, mol. Extinktionskoeff. 388 mμ (in 0,1 n NaOH) 6700; 305 mμ 905. — *n-Hexylamin-*, $C_{14}H_{23}N_2O_5P$. — *Phenäthylamin-*, $C_{16}H_{19} \cdot N_2O_5P$. — *n-Butylamin-*, $C_{12}H_{19}N_2O_5P$. — *Enzymwrkg.* wie Vitamin B_6, bes. gegen *Dermatitis* u. *Pellagra*. (**Brit.P. 1074885** vom 12/8. 1964, ausg. 5/7. 1967. Jap. Prior. 12/8., 12/8. 1963 u. 3/2. 1964.) — 6 S.

A. Ullrich 4847

1377 Tanabe Seiyaku Co. Ltd., Osaka, Japan, **Pyridoxal-5′-orthophosphat** der Formel erhält man

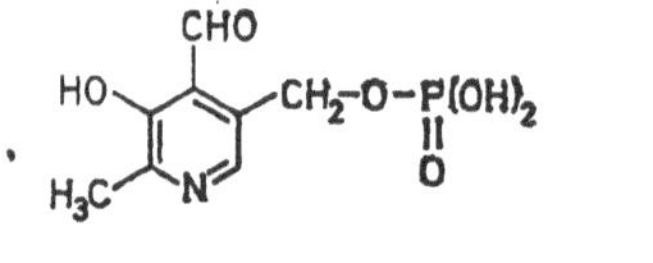

durch Phosphorylierung von N.N′-Di-(2-methyl-3-hydroxy-5-hydroxymethyl-4-pyridylmethyliden)-hydrazin mit Polyphosphorsäure bei 30—60°, Hydrolyse des Polyphosphates mit verd. anorgan. Säuren (n-HCl) zum N.N′-Di-(2-methyl-3-hydroxy-5-phosphonoxymethyl-4-pyridylmethyliden)-hydrazin u. Rk. mit HNO_2 bei 50 bis 80° in saurem Medium. — Aus 3 g Pyridoxalazin (vgl. J. Biol. Chem. **236** [1961] 2087) + Polyphosphorsäure (aus 19,5 g 85%ig. H_3PO_4 u. 15 g P_2O_5) nach 5std. Erwärmen auf 45° → *Pyridoxal-5′-orthophosphatazin-2-hydrochlorid* (I), $C_{16}H_{22}Cl_2N_4O_{10}P_2$, F. 280° (aus W.), Ausb. 54%, ν_{max} (Nujol) 3500—3200, 2060—2700, 1650, 1610, 1460, 1380, 1300, 1220 cm^{-1}, λ_{max} (W., pH 7,0) 290 μ (ε = 12300), 320 μ (ε = 11400); daraus mit HNO_2 (aus $AgNO_2$ + 0,1 n HCl) → *Pyridoxal-5′-orthophosphat*, Ausb. 76%. — *Coenzym*; wirksame Form des *Vitamins B_6*. (**Brit.P. 1081248** vom 28/3. 1966, ausg. 31/8. 1967. Jap. Prior. 3/4. 1965.) — 3 S.

A. Ullrich 4847

1378 Ajinomoto Co., Inc., Tokio (Erfinder: Masaharu Yoshikawa, Tetsuya Kato, Kawasakishi, Kanagawa-ken, und Tadao Takenishi, Tokio), Japan, **Herstellung von 5′-Pyridoxinphosphat,** F. 210—211°, durch Rk. von 3.4′-O-Isopropyliden-pyridoxin mit Tetrachlorpyrophosphat u. Hydrolyse des entstandenen 3.4′-O-Isopropyliden-pyridoxin-5′-phosphats. — *Heilmittel*. (**Schwz.P. 433307** vom 9/11. 1965, ausg. 30/9. 1967. Jap. Prior. 13/11. 1964.) — 3 S.

R. Bauereis 4847

1379 Chemische Fabrik Schweizerhall, Schweizerhalle (Erfinder: Hans Erlenmeyer, Basel), Schweiz, **Herstellung von Pyridoxin-p-aminosalicylat,** F. 69—72°, durch Umsetzung einer Pyridoxin-Kation abgebenden Verb. mit einer p-Aminosalicylsäure-Anion abgebenden Verbindung. — Zusatzmittel für *Tuberkulostatika.* **(Schwz.P. 434255** vom 3/7. **1964,** ausg. 14/10. 1967.) — 2 S. R. Bauereis 4847

1380 Ciba Akt.-Ges., Basel (Erfinder: Charles Meystre, Reinach, Albert Wettstein, Riehen, Oskar Jeger, Zollikerberg, Zürich, Georg Anner, Karl Heusler, Basel, und Peter Wieland, Oberwil), Schweiz, **Herstellung von 20.18-Lactonen von 20-Hydroxysteroid-18-säuren der Pregnane und 19-Norpregnane.** Zu D.A.S. 1163809; C. **1964,** 50-1345 ist nachzutragen: Das *20.18-Lacton der 3β.11α.20β-Trihydroxy-5α-pregnan-18-säure,* F. 218—220° (aus Methylenchlorid–Ae. u. Aceton–Ae.); $[\alpha]_D$ +18° ($CHCl_3$), erhält man aus seinem 3β.11α-Diacetat durch 10std. Erhitzen mit K_2CO_3 in W. unter Rückfluß, Zugabe von Eisessig u. Eindampfen. — *Zwischenprod.* zur Herst. von Steroiden. **(Schwz.P. 482510** vom 18/2. 1960, ausg. 15/9. 1967. **Zusatz zu Schwz.P. 407111; C. 1967, 39-1806.)** — 5 S. W. Gengenbach 4847

1381 Parke, Davis & Co., Detroit, Mich., USA (Erfinder: David Eurof Evans), **6-Spirocyclopropanverbindungen der Pregnanreihe** erhält man z. B. durch Rk. von 20β-Acetoxy-6-methylenpregn-4-en-3-on mit Trimethylsulfoxoniumjodid in Dimethylsulfoxid bei 60 bis 65° → *20β-Acetoxy-pregn-4-en-3-on-6-spirocyclopropan,* F. 212—215°. — Analog: *Pregn-4-en-3.20-dion-6-spirocyclopropan,* F. 125—127°. — *17α-Acetoxypregn-4-en-3.20-dion-6-spirocyclopropan,* F. 217—218°. — *17α.21-Dihydroxypregn-4-en-3.20-dion-6-spirocyclopropan,* F. 179 bis 181°. — *17α.20;20.21-Bismethylendioxy-pregn-4-en-3-on-6-spirocyclopropan,* F. 225—227°. — *17α-Hydroxy-pregn-4-en-3.20-dion-6-spirocyclopropan,* F. 225—227°. — *17α-Hydroxy-21-jodpregn-4-en-3.20-dion-6-spirocyclopropan.* — *Progestatika* sowie Zwischenprod. zur Herst. von *Heilmitteln.* **(Brit.P. 1066729** vom 26/11. 1965, ausg. 26/4. 1967.) — 7 S. U. Sievers 4847

1382 Ortho Pharmaceutical Corp., Raritan, N.J., USA, **Tertiäre Ätherglykole von Steroiden.** Man setzt z. B. Pregnenolon (I) mit Äthylenglykol in Ggw. von p-Toluolsulfonsäure um → I-*20-Äthylenketal,* F. 167,5 bis 169,5°, welches sich durch Rk. mit CH_3MgBr überführen läßt → *20-Methyl-20-[2-hydroxyäthoxy]-pregn-5-en-3β-ol,* $C_{24}H_{40}O_3$, F. 190—192°; *Diacetat,* F. 77—78°. — Analog: I-*20-[1.2-Propylen]-ketal,* F. 148,5—149,5°. — *3ξ-Methyl-3α-[2-hydroxyäthoxy]-cholestan,* $C_{30}H_{54}O_2$, F. 104,5—105°. — Man kann auch 5α.6α-Epoxy-pregnan-3β-ol-20-on-äthylenketal mit CH_3MgBr spalten → *6.20-Dimethyl-20-[2-hydroxyäthoxy]-pregnan-3β.5α-diol,* F. 185,5—186,5°. — Analog: *20-Äthyl-20-[2-hydroxyäthoxy]-pregn-5-en-3β-ol,* $C_{25}H_{42}O_3$, F. 175—178°. — *20-[1-Methyl-2-hydroxy-äthoxy]-20-methyl-pregn-5-en-3β-ol,* $C_{25}H_{42}O_3$, F. 213—216°. — *20-Methyl-20-[1-methyl-3-hydroxy-propoxy]-pregn-5-en-3β-ol,* $C_{26}H_{44}O_3$, F. 217—220°. — *20-Methyl-20-[2-hydroxy-äthoxy]-pregn-5-en-3β.17α-diol,* $C_{24}H_{40}O_4$, F. 252—256°. — *20-Methyl-20-[2-hydroxy-äthoxy]-pregnan-3β-ol,* $C_{24}H_{42}O_3$, F. 197,5—199,5°. — *17α-Methyl-17β-[2-hydroxy-äthoxy]-5-androsten-3β-ol,* $C_{22}H_{36}O_3$, F. 164—166°. — Zwischenprod. zur Herst. von *Heilmitteln.* **(Brit.P. 1066705** vom 26/7. 1965, ausg. 26/4. 1967. U.S. Prior. 17/8. 1964.) — 7 S. U. Sievers 4847

1383 British Drug Houses Ltd., London, Großbritannien (Erfinder: Derek Burn, Robert Victor Coombs und Vladimir Petrow), **6-Halogenmethyl-$\Delta^{4.6}$-3-oxosteroide** erhält man durch Rk. der entsprechenden 6-Methylen-4-en-3-on-verb. mit einer unterhalogenigen Säure. — Man setzt 17α-Acetoxy-6.16-bismethylenpregn-4-en-3.20-dion (I) mit N-Chlorsuccinimid in Ggw. von $HClO_4$ um → *17α-Acetoxy-6-chlormethyl-16-methylenpregn-4.6-dien-3.20-dion,* F. 242°. — Analog: I + N-Bromsuccinimid → *17α-Acetoxy-6-brommethyl-16-methylenpregna-4.6-dien-3.20-dion,* F. 199° (Zers.). — *17α-Acetoxy-6-chlormethylpregna-4.6-dien-3.20-dion,* F. 171°. — *17α-Acetoxy-6-brommethylpregna-4.6-dien-3.20-dion,* F. 141°. — *17β-Acetoxy-6-brommethylandrosta-4.6-dien-3-on,* F. 123°. — *17β-Acetoxy-6-chlormethylandrosta-4.6-dien-3-on,* F. 138—139°. — *17β-Acetoxy-6-jodmethyl-androsta-3.6-dien-3-on,* F. 138—139°. — *17α-Acetoxy-6-jodmethyl-16-methylenpregna-4.6-dien-3.20-dion,* F. 138 bis 139°. — *6-Chlormethyl-16α.17α-isopropylidendioxy-pregna-4.6-dien-3.20-dion,* F. 205°. — *21-Acetoxy-6-brommethyl-17α-hydroxypregna-4.6-dien-3.11.20-trion,* F. 156°. — *Hormonwirksame Heilmittel.* **(Brit.P. 1069668** vom 18/5. 1965, ausg. 24/5. 1967.) — 5 S. U. Sievers 4847

1384 Soc. des Usines Chimiques Rhône-Poulenc, Paris (Erfinder: Jean Robert, Sceaux, und Gilbert Poiget, Thiais), Frankreich, **3.20-Dioxo-9α-fluor-11β-hydroxy-16α.17α-isopropylidendioxy-21-sulfonyloxy-1.4-pregnadien-N.N'-dibenzyläthylendiaminsalz,** F. 230 bis 232°, erhält man durch Rk. von 3.20-Dioxo-9α-fluor-11β.21-dihydroxy-16α.17α-isopropylidendioxy-1.4-pregnadien (I) mit Pyridin–SO_3-Komplexverb. u. dann mit N.N'-Dibenzyläthylendiamin. — Analog: I-*21-Sulfonyloxyverb.* als *Na-Salz,* F. 300—305°. — Wasserlösl. *Heilmittel.* **(Schwz.P. 420141** vom 6/12. 1963, ausg. 15/3. 1967. **Belg.A.S. 641473** vom 18/12. 1963, bekanntgemacht 18/6. 1964. Beide F. Prior. 21/12. 1962. **F.P. 1421289** vom 21/12. 1962, ausg. 9/3. 1966.) — 3 S. — 9 S. — 3 S. U. Sievers 4847

1385 British Drug Houses Ltd., London, Großbritannien (Erfinder: Derek Burn, Robert Victor Coombs und Vladimir Petrow), **Steroid-4.6-dien-3-ketone mit einer substituierten 6ständigen Methylgruppe** erhält man durch Rk. der entsprechenden 6-Halogenmethylverb. mit einem Amin. — Man setzt 17α-Acetoxy-6-brommethyl-16-methylenpregna-4.6-dien-3.20-dion mit Diäthylamin unter Rückfluß um → *17α-Acetoxy-6-dimethylaminomethylpregna-4.6-dien-3.20-dion,* F. 130 bis 132°. — Analog: *17α-Acetoxy-16-methylen-6-piperidinomethylpregna-4.6-dien-3.20-dion.* — *17α-Acetoxy-6-(N-methyl-N-phenylaminomethyl)-16-methylenpregna-4.6-dien-3.20-dion.* — *17α-Acetoxy-6-(N'-benzyl-N-piperazinomethyl)-16-methylenpregna-4.6-dien-3.20-dion.* — *17α-Acetoxy-16-methylen-6-p-anisidinomethylpregna-4.6-dien-3.20-dion,* F. 199°. — *17α-Acetoxy-6.3'-diäthylaminopropylaminomethyl-16-methylenpregna-4.6-dien-3.20-dion.* — *17β-Acetoxy-6-di-β-hydroxyäthylaminomethylandrosta-4.6-dien-3-on.* — *17α-Acetoxy-6-diäthylaminoäthylpregna-4.6-dien-3.20-dion,* F. 178,5°. — *17α-Acetoxy-6-diäthylaminomethylandrosta-4.6-dien-3-on,* F. 126°. — *6-Diäthylaminomethyl-16α.17α-isopropylidendioxypregna-4.6-dien-3.20-dion,* F. 169,5°. — *17α-Acetoxy-6-dipiperidinomethylpregna-4.6-dien-3.20-dion,* F. 182°. — *17α-Acetoxy-6-(N'-benzyl-N-piperazinylmethyl)-pregna-4.6-dien-3.20-dion,* F. 199°. — *17α-Acetoxy-6-p-anisidinomethylpregna-4.6-dien-3.20-dion,* F. 237,5°. — *17α-Acetoxy-6-(1.2.3.6-tetrahydropyridinomethyl)-pregna-4.6-dien-3.20-dion,* F. 171,5°. — *17α-Acetoxy-6-[N'-(phenyl-4-chlorphenylmethyl)-N-piperazinylmethyl]-pregna-4.6-dien-3.20-dion,* amorph. — *17α-Acetoxy-16-methylen-6-[N'-(phenyl-4-chlorphenylmethyl)-N-piperazinylmethyl]-pregna-4.6-dien-3.20-dion,* amorph. — *Hormonwirksame Heilmittel.* **(Brit.P. 1076968** vom 26/2. 1965, ausg. 26/7. 1967.) — 12 S. U. Sievers 4847

1386 Glaxo Laboratories Ltd., Greenford, Großbritannien (Erfinder: Joseph Elks und Esme Joan Bailey), **17-Ester von 17-Hydroxy-21-desoxysteroiden.** Man setzt z. B. 9α-Fluor-11β.17α-dihydroxy-16β-methyl-pregna-1.4-dien-3.20-dion (I) mit Acetanhydrid in Ggw. von Bzl. u. $HClO_4$ bei Raumtemp. um → I-*17-Acetat,* $C_{24}H_{31}FO_5$, F. 255—259°. — Analog: I-*17-Propionat,* $C_{25}H_{33}FO_5$, F. 240—245°. — I-*17-Butyrat,* $C_{26}H_{35}FO_5$, F. 250—255°. — *17α-Acetoxy-9α-fluor-16β-methylpregna-1.4-dien-3.11.20-trion,* $C_{24}H_{29}FO_5$, F. 250—253°. — I-*17-Isobutyrat,* $C_{26}H_{35}FO_5$, F. 253—259°. — *17α-Propionyl-oxy-9α-fluor-16β-methylpregna-1.4-dien-3.11.20-trion,* F. 183—185°. — I-*17-Isovalerianat,* $C_{27}H_{37}FO_5$, F. 231 bis 234°. — *9α-Fluor-11β-hydroxy-16α-methyl-17α-propionyl-oxypregna-1.4-dien-3.20-dion,* $C_{25}H_{33}FO_5$, F. 213—218°. — *Entzündungshemmer.* **(Brit.P. 1070751** vom 28/1. 1964, ausg. 1/6. 1967.) — 8 S. U. Sievers 4847

1387 British Drug Houses Ltd., London, Großbritannien (Erfinder: Bernard Ellis, Peter Feather, Hugh Macbride und Vladimir Petrow), **6-Fluor-$\Delta^{4.6}$- und $\Delta^{1.4.6}$-3-oxosteroide** erhält man durch Rk. der entsprechenden 6-Hydroxymethylverb. mit einem fluorierenden Mittel u. ggf. dann Dehydrierung in der 1(2)-Stellung. — Man setzt 17α-Acetoxy-6-hydroxymethyl-16-methylenpregna-4.6-dien-3.20-dion mit 2-Chlor-1.1.2-trifluortriäthylamin in Chlf. um → *17α-Acetoxy-6-fluormethyl-16-methylenpregna-4.6-dien-3.20-dion*, F. 234° (Zers.). — Analog: *17α-Acetoxy-6-fluormethylpregna-4.6-dien-3.20-dion*, F. 200°. — *17β-Acetoxy-6-fluormethyl-androsta-4.6-dien-3-on* (I), F. 138—140°. — *17β-Acetoxy-6-fluormethyl-19-norandrosta-4.6-dien-3-on*, F. 158°. — *21-Acetoxy-6-fluormethyl-17α-hydroxypregna-4.6-dien-3.11.20-trion*, F. 215,5°. — *21-Acetoxy-11β.17α-dihydroxy-6-fluormethylpregna-4.6-dien-3.20-dion*, F. 170°. — I läßt sich durch Rk. mit 2.3-Dichlor-5.6-dicyanbenzochinon dehydrieren → *17β-Acetoxy-6-fluormethylandrosta-1.4.6-trien-3-on*. — *6-Fluormethyl-16α.17α-isopropylidendioxypregna-4.6-dien-3.20-dion*. — *17α-Acetoxy-6-fluormethyl-16-methylenpregna-1.4.6-trien-3.20-dion*, F. 229,5°. — *Hormonwirksame Heilmittel*. (**Brit.P. 1063921** vom 21/12. 1964, ausg. 5/4. 1967.) — 11 S.

U. Sievers 4847

1388 British Drug Houses Ltd., London, Großbritannien (Erfinder: Bernard Ellis, Peter Feather, Hugh Macbride und Vladimir Petrow), **6-Fluormethyl-$\Delta^{4.6}$-3-oxosteroide der Androstan- und 19-Norandrostanreihe** erhält man z. B. durch Rk. von 17α-Chloräthinyl-3.17β-dimethoxy-östra-2.5(10)-dien mit $COCl_2$ in Dimethylformamid u. CH_2Cl_2 u. alkal. Hydrolyse → *17α-Chloräthinyl-6-formyl-3.17β-dimethoxy-19-norandrosta-3.5-dien*, welches sich durch Red. mit $NaBH_4$ u. Dehydrierung der erhaltenen 6-Hydroxymethylverb. mit 2.3-Dichlor-5.6-dicyanbenzochinon überführen läßt → *17α-Chloräthinyl-6-hydroxymethyl-17β-methoxy-19-norandrosta-4.6-dien-3-on*; daraus durch Rk. mit 2-Chlor-1.1.2-trifluortriäthylamin in Chlf. → *17α-Chloräthinyl-6-fluormethyl-17β-methoxy-19-norandrosta-4.6-dien-3-on*, $[\alpha]_D^{25}$ —165°. — Analog: *17α-Chloräthinyl-6-fluormethyl-19-norandrosta-4.6-dien-3-on*. — *Hormonwirksame Heilmittel*. (**Brit.P. 1070761** vom 17/5. 1965, ausg. 1/6. 1967. **Zusatz zu Brit.P. 1063921; s. vorst. Ref.**) — 3 S.

U. Sievers 4847

1389 Ormonoterapia Richter S.p.A. (Erfinder: Pietro de Ruggieri und Carmelo Gandolfi), Mailand, Italien, **21-Hemisuccinate von Corticosteroiden** erhält man durch Rk. des entsprechenden 21-Jodsteroids mit Bernsteinsäure (I) oder einem ihrer Alkalisalze. — Man setzt z. B. 21-Jodpregn-4-en-3.20-dion (II) mit I/Triäthylamin um → II-*21-Hemisuccinat*, F. 208—210°. — Analog die 21-Hemisuccinate der folgenden 21-Hydroxysteroide: *Pregn-4-en-17α.21-diol-3.20-dion*, F. 195—197°; $[\alpha]_D$ 120°. *Pregn-4-en-21-ol-3.11.20-trion*, F. 196—198°. *Pregn-4-en-17α-21-diol-3.11.20-trion*, F. 206—208°; $[\alpha]_D$ 182°. *Preg-4-en-11α.17α.21-triol-3.20-dion*, F. 185—188°; $[\alpha]_D$ 108°. *Pregn-4-en-11β.21-diol-3.20-dion*, F. 199 bis 201°; $[\alpha]_D$ 156°. *Pregn-4-en-11β.17α.21-triol-3.20-dion*, F. 167—170°; $[\alpha]_D$ 136°. *Pregna-1.4-dien-17α.21-diol-3.11.20-trion*, F. 205—207°; $[\alpha]_D$ 181°. *Pregna-1.4-dien-11β.17α.21-triol-3.20-dion*, F. 209—211°; $[\alpha]_D$ 94°. — Die 21-Hemisuccinate sind nach üblichen Meth. in ihre Alkalisalze überführbar. — *Corticoide*. (**Schwz.P. 415618** vom 23/2. 1962, ausg. 13/1. 1967. It. Prior. 23/11. 1961.) — 4 S.

U. Sievers 4847

1390 Soc. Farmaceutici Italia, Mailand, Italien, **3-Keto-$\Delta^{1.4}$-steroide** erhält man durch Bebrütung der entsprechenden Δ^4-3-Ketone der Androstan- oder Pregnanreihe mit einer Kultur von *Nocardia lucida n.sp.* unter üblichen aeroben Bedingungen. — Es wird die Herst. von *$\Delta^{1.4}$-Pregnadien-17α.21-diol-3.11.20-trion*, *Prednisolon*, *9α-Fluorprednisolon*, *Triamcinolon*, *17α-Methyl-$\Delta^{1.4}$-androstadien-4.17β-diol-3-on*, F. 160—162°, *17α-Methyl-$\Delta^{1.4}$-androstadien-17β-ol-3-on*, F. 163—165°, *6α.9α-Difluorprednisolon*, F. 220—223°, u. *$\Delta^{1.4}$-Pregnadien-3.20-dion* beschrieben. — *Heilmittel mit Hormonwirkung*. (**Brit.P. 1070486** vom 17/9. 1965, ausg. 1/6. 1967. It. Prior. 23/9. 1964.) — 8 S.

U. Sievers 4847

1391 Boots Pure Drug Co. Ltd., Nottingham, Großbritannien (Erfinder: Peter Oxley), **17α-Acyloxy-11β-hydroxysteroide** erhält man durch Acylierung der entsprechenden freien 17α-Hydroxyverb. unter Schutz der 11β-Hydroxygruppe durch Veresterung mit HNO_3 u. dann Abspaltung der 11-ständigen Nitratgruppe. — Man setzt z. B. Prednisolon-21-fluorid (I) mit rauchender HNO_3, Eisessig u. Acetanhydrid um → I-*11-Nitrat* (II), $C_{21}H_{26}FNO_6$, F. 185—187° (Zers.), welches sich durch Rk. mit Acetanhydrid in Ggw. von p-Toluolsulfonsäure überführen läßt → II-*17-Acetat*, $C_{23}H_{28}FNO_7$, F. 205° (Zers.); daraus durch Rk. mit Zn-Staub u. Eisessig → I-*17-Acetat*, $C_{23}H_{29}FO_5$, F. 263—265°. — Analog: II-*17-Propionat*, $C_{24}H_{30}FNO_7$ (! Ref.) F. 197° (Zers.); I-*17-Propionat*, $C_{24}H_3FO_5$ (! Ref.), F. 198—200°. — II-*17-Isobutyrat*, $C_{25}H_{32}FNO_7$, F. 179—180°; I-*17-Isobutyrat*, $C_{25}H_{33}FO_5$, F. 220—221°. — *Hydrocortison-21-fluorid-11β-nitrat* (III), $C_{21}H_{28}FNO_6$, F. 119—120,5° (Zers.); III-*17-Acetat*, $C_{23}H_{30}FNO_7$, F. 201—202°; *Hydrocortison-21-fluorid-17-acetat*, $C_{23}H_{31}FO_5$, F. 260—262° (Zers.). — *16α-Methylhydrocortison-21-fluorid* (IV), $C_{22}H_{31}FO_4$, F. 224—227°; IV-*11β-Nitrat*, $C_{22}H_{30}FNO_6$, F. 186° (Zers.); IV-*17-Acetat-11β-nitrat*, $C_{24}H_{32}FNO_7$, F. 195—197° (Zers.); IV-*17-Acetat*, $C_{24}H_{33}FO_5$, F. 278—281°; welches sich durch Dehydrierung mit 2.3-Dichlor-5.6-dicyanbenzochinon überführen läßt → *16α-Methylprednisolon-17-acetat-21-fluorid*, $C_{24}H_{31}FO_5$, F. 281—282° (Zers.). — *21-Methylprednisolon-21ζ-fluorid* (V), F. 245 bis 248°; V-*11-Nitrat* (VI), $[\alpha]_D^{20}$ 73°; VI-*17-Acetat*; V-*17-Acetat*, $C_{24}H_{31}FO_5$, F. 258—262°. — *6α-Methylprednisolon-21-fluorid-11-nitrat* (VII), $C_{22}H_{28}FNO_6$, F. 174—176°; VII-*17-Acetat*, $C_{24}H_{30}FNO_7$, F. 199—201°; *6α-Methylprednisolon-17-acetat-21-fluorid*, $C_{24}H_{31}FO_5$, F. 234 bis 236°. — *Prednisolon-21-chlorid-11-nitrat* (VIII), $C_{21}H_{26}ClNO_6$, F. 192,5—194,5°; VIII-*17-Acetat*, $C_{23}H_{28}ClNO_7$, F. 199—201°; *Prednisolon-17-acetat-21-chlorid*, $C_{23}H_{29}ClO_5$, F. 254—255°. — *Hydrocortison-17-acetat-21-chlorid*, $C_{23}H_{31}ClO_5$, F. 252—254°. — *Prednisolon-17-butyrat-21-chlorid*, $C_{25}H_{33}ClO_5$, F. 192—194°. — *16α-Methylprednisolon-21-fluorid-17-propionat*, $C_{25}H_{33}FO_5$, F. 246—250°. — *16α-Methylprednisolon-17-butyrat-21-fluorid*, $C_{26}H_{35}FO_5$, F. 210—214°. — *16α-Methylhydrocortison-17-valerianat-21-fluorid*, $C_{27}H_{39}FO_5$, $[\alpha]_D^{24}$ 70°. — *Prednisolon-21-acetat-11-nitrat* (IX), $C_{23}H_{29}NO_8$, F. 198—201°; IX-*17-Acetat*, $C_{25}H_{31}NO_9 \cdot {}^1/_3 CH_3OH$, F. 189—192° (Zers.), neben *1.9(11)-Bisdehydrocortexolon-17.21-diacetat*, $C_{25}H_{30}O_6$, F. 213—216°; *Prednisolon-17.21-diacetat*, $C_{25}H_{32}O_7$, F. 145°. — *Prednisolon-21-methansulfonat-11-nitrat* (X), $C_{22}H_{29}NO_9S$, F. 175—177° (Zers.); X-*17-Acetat*, $C_{24}H_{31}NO_{10}S \cdot C_3H_7OH$, F. 178—180°; *Prednisolon-17-acetat-21-methansulfonat*, $C_{24}H_{32}O_8S$, F. 192—193° (Zers.). — *Prednisolon-17-butyrat-21-methansulfonat*, $C_{26}H_{36}O_8S$, F. 120—123°. — *Entzündungshemmer*. (**Brit.PP. 1082573 u. 1082574** vom 12/2. 1965, ausg. 6/9. 1967.) — 11 S. — 6 S.

U. Sievers 4847

1392 Parke, Davis & Co., Detroit, Mich., USA (Erfinder: Peter John Palmer), **Cyclopropa-[2α.3α]-5α-androstanverbindungen** erhält man durch Rk. einer 5α-Androst-2-en-1α.17β-diol-17-acylatverb. mit Jodmethyl-ZnJ (I) in Ggw. eines inerten organ. Lsöungsmittels. — Man setzt z. B. 5α-Androst-2-en-1α.17β-diol-17-acetat mit I um → *Cyclopropa-[2α.3α]-5α-androstan-1α.17β-diol-17-acetat*, F. 150—152°, welches sich durch Ox. mit Jones-Reagenz überführen läßt → *17β-Hydroxycyclopropa-[2α.3α]-5α-androstan-1-on-acetat* (II), F. 192—194°. — Man kann auch 17β-Hydroxy-5α-androst-2-en-1-on-acetat durch Rk. mit Dimethylsulfoxoniummethylid in Dimethylsulfoxid überführen → II. — *Myotrop u. anabol. wirksame Heilmittel*, sowie Zwischenprod. dazu. (**Brit.P. 1065466** vom 27/10. 1965, ausg. 12/4. 1967.) — 4 S.

U. Sievers 4847

1393 Dainippon Pharmaceutical Co. Ltd., Osaka, Japan, **7α-Äthylthio-17β-hydroxy-17α-methyl-5α-androstano-[3.2-c]-pyrazol (I)**, F. 151°, erhält man durch Red. von 7α-Äthylthio-17β-hydroxy-17α-methyl-androst-4-en-3-on mit Li in fl. NH_3, Dioxan u. Ae. → *7α-Äthylthio-17β-hydroxy-17α-methyl-5α-androstan-3-on*, F. 149—152°, welches sich durch Rk. mit Äthylformiat in Ggw. von NaH überführen läßt → *7α-Äthylthio-17β-hydroxy-2-*

hydroxymethylen-17α-methyl-5α-androstan-3-on, F. 168 bis 171°; daraus durch Rk. mit Hydrazin-hydrat in A. → I. — *Anabolikum*. (**Brit.P. 1070044** vom 3/3. 1966, ausg. 24/5. 1967. Jap. Prior. 3/3. 1965.) — 8 S. U. Sievers 4847

1394 Sandoz Akt.-Ges. (Erfinder: Jany Renz und Albert von Wartburg), Basel, Schweiz, **10β-Hydroxy-19-nor-Δ⁴-androsten-3.17-dion (I)**, F. 198—211°, erhält man z. B. durch Rk. von 10β-Hydroxy-19-nor-testosteron mit O_2 in Ggw. von PtO_2. — I läßt sich durch Rk. mit HCl-Gas in Eisessig überführen → *Östron*, F. 254—259°. — Zwischenprod. zur Herst. von *Heilmitteln*. (**Schwz.P. 484249** vom 16/1. 1963, ausg. 14/10. 1967.) — 1 S. U. Sievers 4847

1395 Parke, Davis & Co., Detroit, Mich., USA, **17β.20-Epoxy-17α-methylandrost-4-en-3-on (I)**, F. 175 bis 178°, erhält man durch Rk. von 3β-Acetoxy-androst-5-en-17-on mit Dimethylsulfoniummethylid bei —10° → *17β.20-Epoxy-17α-methylandrost-5-en-3β-ol*, F. 172 bis 176°, welches sich nach Oppenauer ox. läßt → I. — Zwischenprod. zur Herst. von *Heilmitteln*. (**Brit.P. 1066658** vom 10/11. 1965, ausg. 26/4. 1967. U.S. Prior. 12/11. 1964.) — 3 S. U. Sievers 4847

1396 F. Hoffmann-La Roche & Co. Akt.-Ges., Basel, Schweiz, **9β.10α-Steroide.** Man setzt z. B. 3-Pyrrolidino-9β.10α-androsta-3.5-dien-17-on mit CH_3J in Dimethylformamid um u. arbeitet chromatograph. auf → *4-Methyl-9β.10α-androst-4-en-3.17-dion* (nach Abspaltung der Schutzgruppe), F. 105—106°, welches sich durch Rk. mit Isopropenylacetat in Ggw. von p-Toluolsulfonsäure überführen läßt → *4-Methyl-3-acetoxy-9β.10α-androsta-3.5-dien-17-on*, F. 121—123°. — Man kann auch 9β.10α-Testosteron mit Thiophenol u. para-CH_2O in Triäthanolamin überführen → *17β-Hydroxy-4-phenylthiomethyl-9β.10α-androst-4-en-3-on*, welches sich durch Rk. mit Raney-Ni in Aceton überführen läßt → *4-Methyl-17β-hydroxy-9β.10α-androst-4-en-3-on*, F. 120—122°, welches sich mit 2.3-Dichlor-5.6-dicyanbenzochinon (I) dehydrieren läßt → *4-Methyl-17β-hydroxy-9β.10α-androsta-4.6-dien-3-on* (II), F. 154—156°; dadurch weitere Dehydrierung mit I → *4-Methyl-17β-hydroxy-9β.10α-androsta-1.4.6-trien-3-on*, F. 180—181°. — II + Isopropenylacetat in Ggw. von p-Toluolsulfonsäure u. chromatograph. Aufarbeitung an Al_2O_3 → *3.17β-Diacetoxy-4-methyl-9β.10α-androsta-2.4.6-trien*, F. 138—140°. — Analog: *4-Benzyl-17β-hydroxy-9β.10α-androst-4-en-3-on*, amorph; $[\alpha]_D^{25}$ —130°. — *4-Benzyl-17β-hydroxy-9β.10α-androsta-4.6-dien-3-on*, $[\alpha]_D^{25}$ —470°. — *4.17α-Dimethyl-17β-hydroxy-9β.10α-androst-4-en-3-on*, F. 133 bis 134°. — *4.17α-Dimethyl-17β-hydroxy-9β.10α-androsta-4.6-dien-3-on*, F. 163—164°. — *4.17α-Dimethyl-17β-hydroxy-9β.10α-androsta-1.4.6-trien-3-on*, F. 162—163°. — *4.17α-Dimethyl-3.17β-diacetoxy-9β.10α-androsta-2.4.6-trien*, F. 136—137°. — *4-Äthyl-17α-methyl-17β-hydroxy-9β.10α-androst-4-en-3-on*, F. 161—162°. — *4-Äthyl-17α-methyl-17β-hydroxy-9β.10α-androsta-4.6-dien-3-on*, F. 176—177°. — *4-Äthyl-17α-methyl-17β-hydroxy-9β.10α-androsta-1.4.6-trien-3-on*, F. 196—197°. — *4-Äthyl-17α-methyl-3.17-diacetoxy-9β.10α-androsta-3.5-dien*, F. 85—86°. — *4-Propyl-17α-methyl-17β-hydroxy-9β.10α-androst-4-en-3-on*, F. 112—113°. — *4-Propyl-17α-methyl-17β-hydroxy-9β.10α-androsta-4.6-dien-3-on*, F. 128—129°. — *4α-Methyl-17α-äthyl-17β-hydroxy-9β.10α-androst-4-en-3-on*, F. 132—134°. — *4-Methyl-17α-äthyl-17β-hydroxy-9β.10α-androsta-4.6-dien-3-on*, F. 163—164°. — *4-Methyl-17α-äthyl-17β-hydroxy-9β.10α-androsta-1.4.6-trien*, F. 152—153°. — Man kann auch 9β.10α-Testosteron durch Rk. mit CH_3J in K-tert.-Butylat überführen → *4.4-Dimethyl-17β-hydroxy-9β.10α-androst-5-en-3-on*, F. 143—144°. — Analog: *4.4-Dibenzyl-17β-hydroxy-9β.10α-androst-5-en-3-on*, F. 133—134°. — *4.4.17α-Trimethyl-17β-hydroxy-9β.10α-androst-5-en-3-on*, F. 137—138°. — *4.4-Diäthyl-17α-methyl-17β-hydroxy-9β.10α-androst-5-en-3-on*, F. 115 bis 116°. — *Anabolika* mit geringen Nebenwirkungen. (**Brit.P. 1078426** vom 19/7. 1965, ausg. 9/8. 1967. Schwz. Prior. 28/10. 1964.) — 9 S. U. Sievers 4847

1397 Biorex Laboratories Ltd., London, Großbritannien (Erfinder: Margaret Rees), **18-Norsteroide.** Man erhitzt z. B. 17α-Methyltestosteron mit 85%ig. HCOOH 1 Std. auf dem W.-Bad → *17.17-Dimethyl-18-norandrost-4.13-dien-3-on*, F. 71—72°. — Analog: *9α-Fluor-17.17-dimethyl-18-norandrosta-4.13-dien-3-on*, F. 144°. — *17.17-Dimethyl-18-norandrosta-5.13-dien-3β-olformiat*, F. 106—107°; *freier Alkohol*, F. 134—135°. — *17.17-Dimethyl-18-nor-5α-androst-13-en-3-on*, F. 140 bis 141°. — *17-Äthinyl-17-methyl-18-nor-Δ¹³-dehydro-östra-1.3.5(10)-trien-3-ol-3-methyläther*, F. 118—119°. — *Hormonwirksame Heilmittel*. (**Brit.P. 1073309** vom 5/4. 1965, ausg. 21/6. 1967.) — 3 S. U. Sievers 4847

1398 Abbott Laboratories, North Chicago, Ill., USA, **B-Homoöstrene.** Man behandelt z. B. 3β-Methoxy-6α-hydroxy-5β.19-cycloandrostan-17-on mit aceton.-wss. H_2SO_4 u. arbeitet chromatograph. an Al_2O_3 auf → *3β-Methoxy-7β-hydroxy-B-homoöstr-5(10)-en-17-on*, F. 116 bis 118°; welches sich durch CrO_3-Ox. überführen läßt → *3β-Methoxy-B-homoöstr-5(10)-en-7.17-dion*, F. 150—152°. — *Wachstumsfördernde u. wachstumsregulierende Heilmittel* ohne Sexualhormonwirkung. (**Brit.P. 1081141** vom 13/1. 1965, ausg. 31/8. 1967. U.S. Prior. 2/3. 1964.) — 4 S. U. Sievers 4847

1399 Francesco Vismara S.p.A., Casatenovo, Como, Italien, **17-Äther des Östradiols und deren 3-Acylate** erhält man z. B. durch Rk. von Östradiol-3-propionat (I) mit Cycloheptanon-methylenoläther in tert.-Butanol u. in Ggw. von p-Toluolsulfonsäure → I-*17-[1'-Methoxycyclopentyl]-äther*, F. 81—83°. — Analog: (Östradiol = Ö): *Ö-3-Acetat-17-[1'-methoxycyclopentyl]-äther*, F. 89 bis 91°, welcher sich durch Verseifung mit methanol. NaOH überführen läßt → *Ö-17-[1'-methoxycyclopentyl]-äther*, F. 127—129°. — I-*17-[1'-methoxycyclohexyl]-äther*, niedrigschmelzend, $[\alpha]_D^{22}$ 49°. — *Ö-3-Acetat-17-[1'-methoxycyclohexyl]-äther*, F. 79—82°; daraus durch Verseifung wie vorst. → *Ö-17-[1'-methoxy-cyclohexyl]-äther*, F. 108 bis 110°. — I-*17-[cyclopent-1'-enyl]-äther*, F. 91—93°. — *Ö-3-Acetat-17-cyclopent-1'-enyl]-äther*, F. 126—128°. — *Ö-3-valerianat-17-[cyclopent-1'-enyl]-äther*, Öl, $[\alpha]_D^{22}$ 53,5°. — *Ö-17-[cyclopent-1'-enyl]-äther*, F. 73—76°. — I-*17-[cyclohex-1'-enyl]-äther*, F. 94—96°. — *Ö-3-Acetat-[cyclohex-1'-enyl]-äther*, F. 114—116°. — *Ö-3-valerianat-17-[cyclo-1'-enyl]-äther*, Öl, $[\alpha]_D^{22}$ 62,5°. — *Ö-17-[cyclohex-1'-enyl]-äther*, F. 87—90°. — I-*17-[1'-methoxy-1'-methylpropyl]-äther*, F. 64—68°. — *Ö-3-Acetat-17-[1'-methoxy-1'-methylpropyl]-äther*, F. 53—57°. — *Ö-17-[1'-methoxy-1'-methylpropyl]-äther*, F. 109—113°. — Die Herst. weiterer Verb. dieses Typs wird, jedoch ohne Angabe physikal. Kennzahlen, beschrieben. — *Oral wirksame Östrogene*. (**Brit.P. 1072828** vom 15/4. 1966, ausg. 21/6. 1967. It. Prior. 4/6. 1965.) — 8 S. U. Sievers 4847

1400 Farbenfabriken Bayer Akt.-Ges., Leverkusen (Erfinder: Hans-Bodo König, Wuppertal, Hans-Dieter Engels und Klaus Heinz Risse, Solingen), **Penicilline** erhält man durch Rk. von 6-Aminopenicillansäure (I) mit N-Acylverb. N-haltiger Heteroaromaten. Beispiel für die Rk. von I mit Phenoxyessigsäureimidazolid u. nachfolgende Salzbldg. mit 2-Äthylcapron-saurem K. — *Heilmittel*. (**Schwz.P. 481585** vom 3/2. 1964, ausg. 31/8. 1967. D. Prior. 8/3. 1963.) — 2 S. A. Jahn 4848

1401 American Home Products Corp., N.Y., USA (Erfinder: Alexander Bertus Arnold Jansen, Petersfield, und Trevor John Russell, Bracklesham, Großbritannien), **Acetoxymethylbenzylpenicillinat**, F. 105 bis 106°, erhält man durch Rk. von Acetoxymethylhalogeniden mit Benzylpenicillin. — *Langzeitantibiotikum*. (**Schwz.P. 483323** vom 28/5. 1964, ausg. 30/9. 1967. Brit. Prior. 30/5. 1963.) — 3 S. A. Jahn 4848

1402 Farbenfabriken Bayer Akt.-Ges., Leverkusen (Erfinder: Hans-Bodo König, Wuppertal, Klaus Heinz Risse, Solingen, und Richard Wegler, Leverkusen), **Acylierte Aminosäuren, besonders Penicilline,** erhält man durch Überführen der Aminosäuren in die an der CO_2H-Gruppe oder an der CO_2H- u. Aminogruppe silylierte Deriv. mittels Dialkyldihalogensilanen, Hexaalkylcyclotrisilazan u./oder Oktaalkylcyclotetrasilazan, Acylierung der geschützten Aminosäuren u. Abspaltung der Schutzgruppen. Beispiele für den Schutz von 6-Aminopenicillansäure mit Dimethyldichlorsilan,

Acylierung des Prod. mit α-Phenoxybuttersäurechlorid bzw. 3-Phenyl-5-methylisoxazolcarbonsäure-4-chlorid u. Verseifung der geschützten Acylierungsprod. zu *Phenoxyäthylpenicillin* bzw. *3-Phenyl-5-methylisoxazolylpenicillin*. — *Antibiotika*. (**Schwz.P. 434263** vom 4/2. 1964, ausg. 14/10. 1967. D. Prior. 27/2. 1963.) — 3 S.
A. Jahn 4848

1403 National Research Development Corp., London (Erfinder: Edward Penley Abraham und Guy Geoffrey Frederick Newton, Oxford), Großbritannien, **Cephalosporine** (I). Zu D.A.S. 1166199; C. **1965**, 34-1702 ist nachzutragen: I-C_A (Pyridin) wird mit 0,5 n- oder 1 n-HCl behandelt u. mit Phenylacetylchlorid umgesetzt oder 7-Aminocephalosporansäure wird mit 2 n-Pyridinacetat bei pH 7 umgesetzt → *Phenylcephalosporin-C_A (Pyridin)*. — Analog wird *Phenylcephalosporin-C_c* hergestellt. — *Antibiotika*. (**Schwz.P. 430721** vom 3/8. 1960, ausg. 31/8. 1967. Brit. Prior. 4/8. 1959, 20/1. u. 18/7. 1960.) — 7 S.
F. Hirsch 4848

1404 Eli Lilly & Co. (Erfinder: Edwin Harold Flynn), Indianapolis, Ind., USA, **Cephalosporansäure-Derivate** der allg. Formel R^3–NHC(R^4)(R^5)–CO–NH–A, deren inneren Salze oder Salze mit ungiftigen Kationen oder Anionen, erhält man durch Acylierung von 7-Aminocephalosporansäure in Ggw. von W. oder inerten organ. Lsgm. zwischen dem Gefrierpunkt u. 20° [R^3 = Phenyl-, Naphthylreste, die ggf. durch Halogen, NO_2, CF_3, C_{1-4}-Alkyl-, C_{1-4}-Alkoxyreste substituiert sind; R^4 u. R^5 = H, CH_3; A = an C_7 gebundener Rest der Cephalosporansäure (I)]. — Es wurden erhalten: *7-(p-Nitroanilinoacetamido)-I*, λ_{max} 227 u. 284 mμ, Schulter bei 257 mμ. — *7-Anilinoacetamido-I*. — *7-(α-Anilinopropionamido)-I*. — *7-(α-Anilino-α-methylpropionamido)-I*. — *7-(o-Chloranilinoacetamido)-I*. — *7-(p-Bromanilinoacetamido)-I*. — *7-(o-Fluoranilinoacetamido)-I*. — *7-(α-Naphthylaminoacetamido)-I*. — *7-(β-Naphthylaminoacetamido)-I*. — *7-α-(α'-Naphthylaminopropionamido)-I*. — *7-α-(β'-Naphthylamino)-α-methylpropionamido-I*. — *7-(1'-Chlor-2'-naphthylamino)-acetamido-I*. — *7-(p-CF_3-anilinoacetamido)-I*. — *7-(o-Toluylaminoacetamido)-I*. — *7-(4'-Nitro-1'-naphthylamino)-acetamido-I*. — *7-(p-Isopropylanilinoacetamido)-I*. — *7-(o-Methoxyanilinoacetamido)-I*. — *Antibiotika*. (**Schwz.P. 434261** vom 28/9. 1962, ausg. 14/10. 1967.) — 4 S. A. Jahn 4848

1405 Sandoz Akt.-Ges., Basel (Erfinder: Christoph Tamm, Riehen), Schweiz, **Herstellung neuer Derivate des Antibiotikums Roridin A**, dad. gek., daß man dieses A katalyt. hydriert u. die hydrierten Deriv. durch Rk. mit aromat. oder aliphat. Mono- oder Polycarbonsäuren oder ihren reaktionsfähigen Deriv. acyliert. *Tetrahydro-Roridin A* ($C_{29}H_{44}O_9$), F. 181—182°; *Hexahydro-Roridin A* (C_{29}·$H_{46}O_9$), F. 137—139°; *Di-O-acetyl-tetrahydrororidin A* ($C_{33}H_{48}O_{11}$); *Di-O-acetylhexahydrororidin A* ($C_{33}H_{50}O_{11}$). (**Schwz.P. 421387** vom 7/2. 1963, ausg. 31/3. 1967.) — 2 S.
K.-H. Kähler 4848

1406 Sandoz Akt.-Ges., Basel (Erfinder: Christoph Tamm, Riehen, Hans Peter Sigg, Binningen, und Eugen Härri, Therwil), Schweiz, **Herstellung der Antibiotika Verrucarin H und Verrucarin I.** Man züchtet Stämme der Pilzspecies *Myrothecium verrucaria* (*Albertini et Schweinitz*) *Ditmar ex Fries* NRRL 3003 u. NRRL 3019 in saprophyt. Kultur u. extrahiert die Antibiotika. Verrucarin H hat die Bruttoformel $C_{29}H_{36-38}O_8$, $[\alpha]_D^{22}$ +32 ± 2° ($CHCl_3$). Verrucarin I besteht aus 66,4 bzw. 65,7 (%) C, 6,7 bzw. 6,8 H. $[\alpha]_D^{23}$ +18° (c = 1,23 in $CHCl_3$). UV- u. IR-Spektren. (**Schwz.P. 416948** vom 23/10. 1962, ausg. 31/1. 1967.) — 9 S.
K.-H. Kähler 4848

1407 Merck & Co., Inc., Rahway (Erfinder: Horace Dean Brown, Plainfield, und Lewis Hastings Sarett, Princeton), N.J., USA, **Herstellung neuer 2-[o-Halogenphenyl]-N-acylbenzimidazole**, deren Phenylkern durch niedere Alkyl- oder Alkoxyreste substituiert sein kann, durch Rk. von Alkalisalzen entsprechender Benzimidazole (I) mit Aroyl- oder niederen Alkanoylhalogeniden. — 2-[o-Chlorphenyl]-I wird in das Na-Salz übergeführt u. bei 60° mit Acetylchlorid umgesetzt → *1-Acetyl-2-[o-chlorphenyl]-I*. Analog: *1-Benzoyl-*, *1-Propionyl-2-[o-chlorphenyl-I*, *1-Propionyl-2-[o-chlorphenyl]-5-methoxy-I*, *N-Acetyl-2-[o-fluorphenyl]-I*. Nach U.S.P. 3192108 werden die Verb. als *Beifutter zur Bekämpfung der Helminthiasis* verwendet. (**Schwz.P. 431588** vom 29/8. 1962, ausg. 31/8. 1967. **U.S.P. 3192108** vom 27/7. 1961, ausg. 29/6. 1965.) — 4 S. — 4 S. C. Lüttgen 4851

1408 Millmaster Onyx Corp., New York, N.Y., übert. von: Reginald L. Wakeman, Philadelphia, Pa., und Joseph F. Coates, Washington, D.C., USA, **Mikrobiologisch aktive quaternäre Ammoniumverbindungen** der allg. Formel $[R'(R'')(CH_3)_2N^+]X^-$ (R' = C_8—C_{22}-, bes. C_{12}—C_{18}-Alkyl, Alkylbenzyl mit 8—22, bes. 12—18 C-Atomen u. ggf. CH_3-substituiertes Benzyl; R'' = ggf. substituierte Benzyl, ggf. CH_3, falls R' Alkylbenzyl mit ≧ 8 C-Atomen im Alkyl; X = Cl, Br, J, Sulfat, Methosulfat, Äthosulfat, wobei R' nach U.S.PP. 3361792 u. 3361794 auch ein an der Phenylgruppe CH_3-substituiertes Alkylphenoxyäthoxyäthyl bedeuten kann) erhält man durch Mischen einer wss. Lsg. des quatern. NH_4-Salzes oder Hydroxids mit einer wss. Lsg. einer Säure oder deren wasserlösl. Salzen oder in einem wasserfreien, organ. Lsgm., Trennung der organ. u. wss. Phase, ggf. durch Zugabe eines organ. Lsgm. bzw. in wasserfreiem Milieu durch Zugabe von wenig W., Waschen der organ. Phase, Dest. des Lsgm. u. Trocknung des Prod. zu einer Paste, einem Wachs, Öl oder festem Stoff. — Nach U.S.P. 3361792 erhält man aus einer 10%ig. Lsg. von Na-m-aminobenzoat durch Einrühren einer 10%ig. Lsg. von Alkyldimethyläthylbenzylammonium(**Adäa**)-chlorid aus 50 (%) C_{12}-, 30 C_{14}-, 17 C_{16}- u. 3 C_{18}-Alkylen → **Adäa**-*m-aminobenzoat*, braun, 94% (Ausb.); analog *p*- u. *o-Verb.* bzw. *Alkyldimethylbenzylammonium*(**Adba**)-*p-aminosalicylat*, orange, 99%, bzw. **Adäa**-*p-aminosalicylat*, gelb, 97%. — Nach U.S.P. 3361793 erhält man aus Tri-Na-trimesat u. **Adäa**-chlorid nach Phasentrennung mit Bzl. u. Dest. von Bzl. usw. → *Tris*-[**Adäa**]-*trimesat*, 98%; analog *Tris*-[**Adba**]-*trimesat*, 96%, gelb, bzw. *Tris*-[**Adäa**]-*trimellithat*, 100%, bzw. **Adäa**-*isophthalat*, 100%, gelb, bzw. *Bis*-[**Adäa**]-*isophthalat*, 100%, gelb, bzw. *Bis*-[**Adba**]-*isophthalat*, 100%, gelb, bzw. *Tetrakis*-[**Adäa**]-*pyromellithat*, 100%, gelb. — Nach U.S.P. 3361794 erhält man aus Na-p-Toluylat → **Adäa**-*p-toluylat*, 100%, gelb; analog *o*- u. *m-Verb.* bzw. **Adba**-*p(m, o)-toluylat* bzw. **Adba**-*octylbenzoat*, 100%, gelb (alle Prod. als Paste). — Tabellen für wirksame Konz. gegen *Staphylococcus aureus*, *Salmonella typhosa* u. *Aspergillus niger*. — *Germizide*. (**U.S.PP. 3361792** vom 3/4. 1964, **3361793** vom 10/2. 1964 u. **3361794** vom 3/4. 1964, alle ausg. 2/1. 1968.) — 3 S. — 4 S. — 3 S.
Georg Vogel 4852

1409 Pfizer Ltd., Sandwich, Kent, Großbritannien (Erfinder: David Roy Gildersleve und Michael Shilton Tute), **Substituierte Diphenyläther** der allg. Formeln R^1–CO–$(CH_2)_m$–CH_2–C_6H_4–O–C_6H_4–CH_2–$(CH_2)_n$–CO–R^2 u. R^1–CO–$(CH_2)_m$–CO–C_6H_4–O–C_6H_4–CO–$(CH_2)_n$–CO–R^2 (R^1 u. R^2 = OH, Alkoxy mit 1—4 C-Atomen, Aminogruppe der allg. Formel –N(R^3)–R^4; R^3 u. R^4 = H, Alkyl mit 1—4 C-Atomen; n u. m = 2—8) erhält man durch Rk. eines Diphenyläthers mit dem Halbester oder Halbchlorid einer Dicarbonsäure der allg. Formel $(CH_2)_{m=n}(COOH)_2$ in Ggw. eines Friedel-Crafts-Katalysators, z. B. $AlCl_3$, in einem inerten Lsgm., ggf. mit anschließender Red. des Ketons nach Wolff-Kishner. — Aus Äthylglutarylchlorid erhält man durch Rk. mit Diphenyläther in CS_2 in Ggw. von $AlCl_3$ *4.4'-Bis-(4-carbäthoxybutyryl)-diphenyläther*, $C_{26}H_{30}O_7$, F. 76—77°, daraus durch Verseifung → *4.4'-Bis-(4-carboxybutyryl)-diphenyläther*, $C_{22}H_{22}O_7$, F. 168—170°. — Ähnlich: *4-(3-Carboxypropionyl)-4'-(4-carbomethoxybutyryl)-diphenyläther*, $C_{22}H_{22}O_7$, F. 126°, daraus durch Verseifung das *4-Carboxybutyrylderiv.*, $C_{21}H_{20}O_7$, F. 185—186°. — Aus 4.4'-Bis-(4-carbäthoxybutyryl)-diphenyläther durch Red. mit Hydrazinhydrat u. KOH → *4.4'-Bis-(4-carboxybutyl)-diphenyläther*, $C_{22}H_{26}O_5$, F. 151—152°, daraus durch Rk. mit $SOCl_2$ in Dimethylformamid u. dann mit NH_3 → *4.4'-Bis-(4-carbamoylbutyl)-diphenyläther*, $C_{22}H_{28}N_2O_3$, F. 188—192°. — *Heilmittel* gegen *Grippevirus*. (**Brit.P. 1074991** u. **1074992** vom 11/1. 1965, ausg. 5/7. 1967.) — 3 S. — 3 S. R. Bollinger 4852

1410 Toyama Kagaku Kogyo K. K., Tokio (Erfinder: Akira Takai, Isamu Saikawa, Toyoo Maeda, Yutaka Kodama, Ikuko Takamichi, Yasumasa Matsubara und Shiro Hirai, Toyama City), Japan, **Herstellung von 5-Nitrofurylverbindungen** der allg. Formel I (R = H, ggf. verzweigtes Alkyl C_{1-5}, oder ggf. substituiertes Phenyl; n = 0 oder 1) durch Rk. einer entsprechenden Hydrazin-Verb. mit einem Cyanhalogenid, ggf. in Ggw. eines Säurebinders. — 1,6 (g) CNBr tropft man bei 60° zu einer Suspension von 2 5-Nitrofurylacroylhydrazid (II) in 50 W., hält 3Std. bei 60° u kühlt ab → 1,4 *2-Amino-5-[5-nitrofuryläthenyl]-A* (A =

I 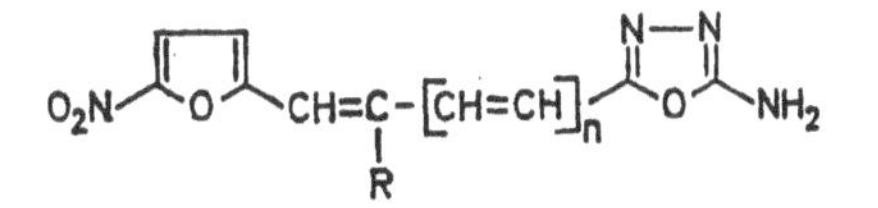

1.3.4-Oxadiazol), F. 272° (Zers.); entsteht auch durch 1std. Kochen von **II** u. CNBr in CH_3OH oder durch Einleiten von HCN in ein Gemisch aus **II** u. Äthylenglykolmonomethyläther u. 1std. Kochen. — Analog: *2-Amino-5-[1-phenyl-2-(5-nitrofuryl)-äthenyl]-A*, F. 192° (Zers.); *2-Amino-5-[1-methyl-2-(5-nitrofuryl)-äthenyl]-A*, F. 280° (Zers.); *2-Amino-5-[1-äthyl-2-(5-nitrofuryl)-äthenyl]-A*, F. 232—233° (Zers.); *2-Amino-5-[5-nitrofurylbutadienyl]-A*, F. 134° (Zers.); *2-Amino-5-[3-methyl-4-(5-nitrofuryl)-butadienyl]-A*, F. 268° (Zers.); *2-Amino-5-[3-äthyl-4-(5-nitrofuryl)-butadienyl]-A*, F. 215—218° (Zers.). — *Bakterizide*. (**Schwz.P. 420178** vom 11/9. 1963, ausg. 15/3. 1967. **U.S.P. 3260716** vom 6/9. 1963, ausg. 12/7. 1966. **Brit.P. 1023381** vom 4/9. 1963, ausg. 23/3. 1966. Alle Jap. Prior. 11/9. u. 4/12. 1962.) — 4 S. — 2 S. — 3 S. C. Lüttgen 4852

1411 Smith, Kline & French Laboratories Ltd., London (Erfinder: David Jack, Harrow, Middx., und Gerald Sutno, Hildenborough, Tonbridge, Kent), Großbritannien, **Herstellung von 1-[5'-Nitro-2'-furfurylidenamino]-hydantoin**, F. 265° (Zers.), durch Kondens. eines Semicarbazons (I), bes. Aceton- bzw. Benzaldehyd-I, mit einem Monohalogenessigsäureester, bes. Chloressigsäureäthylester, in prakt. wasserfreier, bes. methanol. oder äthanol. Lsg., die einen alkal.Kondens.-Katalysator, bes. ein Alkalialkoholat, enthält, u. Umsetzen des Kondens.-Prod. oder des daraus durch Hydrolyse mit Mineralsäure erhaltenen *1-Aminohydantoins* oder dessen Salz mit 5-Nitrofurfurol bzw. dessen Diacetat. — *Bakteriostatikum*. (**Schwz.P. 425806** vom 21/10. 1958, ausg. 15/6. 1967. Brit. Prior. 23/10. 1957. **Zusatz zu Schwz.P. 408936; C. 1967, 29-1907.**) — 3 S. C. Lüttgen 4852

1412 Farbwerke Hoechst Akt.-Ges. vormals Meister Lucius & Brüning (Erfinder: Manfred Schorr und Rudolf Fussgänger), Frankfurt/M., **Herstellung von bisquaternären Salzen von Triaminen** der allg. Formel $R^1R^2R^3C-CHR^4-CH_2-N\ (CH_2-CH_2-NR^5R^6R^7)_2$ (R^1 = halogensubstituierter Phenylrest; R^2 u. R^3 = H, ggf. halogensubstituierter Phenylrest; R^4 = H, halogensubstituierter Phenyl- oder Benzylrest; R^5 = Aminogruppe, ggf. substituierte niedermol. Alkylgruppe; R^6 u. R^7 = niedermol., ggf. substituierte Alkylgruppe, zusammen mit dem N-Atom ein gesätt. heterocycl. Ring; R^{5-7} zusammen mit dem N-Atom ein ungesätt. heterocycl. Ring) durch Rk. reaktionsfähiger Ester von Bis-[hydroxyäthyl]-aminen mit tert. Aminen. — Beispiel: Durch Rk. von N-[γ.γ.γ-Tri-(4-chlorphenyl)-propyl]-N.N-bis-[β-chloräthyl]-amin, F. 109—111° mit Py. erhält man das *N-[γ.γ.γ-Tri-(4-chlorphenyl)-propyl]-N.N-bis-[β-pyridiniumäthyl)-amin-dichlorid*, F. 209—211°. Analog wurden erhalten: *N-[γ.γ.γ-Tri-(4-chlorphenyl)-propyl]-N.N-bis-[β-triäthylammoniumäthyl]-amin-dichlorid*, F. 102—104°; *N-[γ.γ.γ-Tri-(4-chlorphenyl)-propyl]-N.N-bis-[β-tributylammoniumäthyl]-amin-dichlorid*; *N-[γ.γ.γ-Tri-(4-chlorphenyl)-propyl]-N.N-bis-[N'-β-hydroxyäthyl-N'.N'-diäthylammoniumäthyl]-amin-dichlorid*, F. 150—152°; *N-[γ.γ.γ-Tri-(4-chlorphenyl)-propyl]-n-N-bis-[N'-cyanmethyl-N'.N'-dimethylammoniumäthyl]-amin-dichlorid*; *N-[γ.γ.γ-Tri-(4-chlorphenyl)-propyl]-N.N-bis-[β-N'-amino-piperidinium-äthyl]-amindichlorid*, F. 160 bis 162°; *N-[γ.γ.γ-Tri-(4-chlorphenyl)-propyl]-N.N-bis-[N'-carbäthoxymethyl-N'.N'-diäthylammoniumäthyl]-amin-dichlorid*; *N-[γ.γ.γ-Tri-(4-chlorphenyl)-propyl]-N.N-bis-[β-acetylaminoäthyl-N'.N'-diäthylammoniumäthyl]-amin-dichlorid*; *N-[β.β-Bis-(3.4-dichlor-benzyl)-äthyl]-N.N-bis-[β-pyridiniumäthyl]-amin-dichlorid*; *N-[β-(4-chlorphenyl)-γ-(2.4-dichlorphenyl)-propyl]-N.N-bis-[β-pyridiniumäthyl]-amin-dichlorid*. — *Bakteriostatika, Fungistatika, Desinfektionsmittel*. (**Schwz.P. 433367** vom 11/6. 1964, ausg. 30/9. 1967. D. Prior. 15/6. 1963.) — 5 S. R. Bauereis 4852

1413 American Cyanamid Co., Stamford, Conn., übert. von: Andrew Stephen Tomcufcik, Old

I 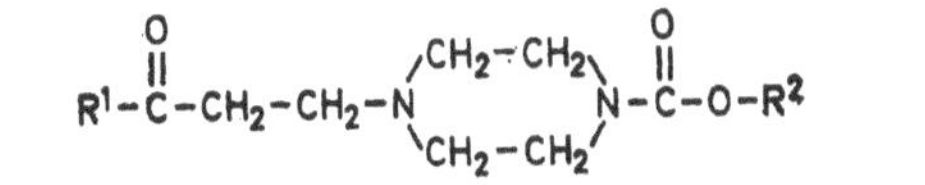

Tappan, N.J., Joyce Margaret Craig, Greenwich, Conn., und Stuart Dwight Willson, Park Ridge, N.J., USA, **4-[2-Aroyläthyl]-1-piperazincarbonsäureester** der allg. Formel I (R^1 = durch Niederalkyl, HO, Niederalkoxy, NO_2, NH_2, Niederalkanoylamino, CF_3 oder Halogen substituierter Phenyl-, Naphthyl-, Phenanthryl-, Biphenylyl-, Thienyl-, Pyridyl- oder Furylrest; R^2 = Niederalkyl- oder Phenylniederalkyl) erhält man durch Rk. eines Piperazin-1-carbonsäureesters entweder mit CH_2O u. einem Keton der allg. Formel $R^1-CO-CH_3$ bei 75—125° oder mit einem Keton der allg. Formel $R^1-CO-CH_2-CH_2-Cl$ bei 75—125° in Ggw. von Alkali(bi)carbonat. — Man kocht z. B. 0,46 (Mol.) 4'-Methylacetophenon, 0,44 wss. CH_2O (37%ig.) u. 0,40 Piperazin-1-carbonsäurebenzylesterhydrochlorid in 200 ml A. 6 Std. → 62% *4-[2-p-Toluoyläthyl]-piperazin-1-carbonsäurebenzylesterhydrochlorid*, F. 180°. — Analog nachst. I-Hydrochloride (Ausb. in % der Theorie): I (R^1 = *p-Chlorphenyl*; R^2 = C_2H_5), F. 178—185° (46). — I (R^1 = *p-Methoxyphenyl*; R^2 = C_2H_5), F. 187—187,5° (69). — I (R^1 = *p-Äthoxyphenyl*; R^2 = C_2H_5), F. 178,5—179° (37). — I (R^1 = *4-Biphenylyl*; R^2 = C_2H_5), F. 199—200° (39). — I (R^1 = *m-Chlorphenyl*; R^2 = C_2H_5), F. 166—167° (38). — I (R^1 = *2-Thienyl*; R^2 = C_2H_5), F. 174—175° (61). — I (R^1 = *p-Bromphenyl*; R^2 = C_2H_5), F. 185—185,5° (41). — I (R^1 = *Mesityl*; R^2 = C_2H_5), F. 159,5—160,5° (29). — I (R^1 = *5-Chlorthienyl-[2]*; R^2 = C_2H_5), F. 174,5° (35). — I (R^1 = *m-Bromphenyl*; R^2 = C_2H_5), F. 179—180,5° (48). — I (R^1 = *2.5-Dimethoxyphenyl*; R^2 = C_2H_5), F. 151 bis 152,5° (66). — I (R^1 = *2.4-Xylyl*; R^2 = C_2H_5), F. 165 bis 166° (40). — I (R^1 = *2.5-Xylyl*; R^2 = C_2H_5), F. 165° (50). — I (R^1 = *3.4-Xylyl*; R^2 = C_2H_5), F. 180—181° (54). — I (R^1 = *9-Phenanthryl*; R^2 = C_2H_5), F. 193—194° (38). — I (R^1 = *p-Fluorphenyl*; R^2 = C_2H_5), F. 177 bis 178° (68). — I (R^1 = *2-Naphthyl*; R^2 = C_2H_5), F. 179 bis 180° (85). — I (R^1 = *m-Nitrophenyl*; R^2 = C_2H_5), F. 197 bis 198° (42). — I (R^1 = *p-Nitrophenyl*; R^2 = C_2H_5), F. 190,5—191° (40). — I (R^1 = *o-Chlorphenyl*; R^2 = C_2H_5), F. 148—149° (56). — I (R^1 = *1-Naphthyl*; R^2 = C_2H_5), F. 186—187° (53). — I (R^1 = *3.4-Dichlorphenyl*; R^2 = C_2H_5), F. 192—193° (25). — I (R^1 = *2.4-Dimethoxyphenyl*; R^2 = C_2H_5), F. 158—159° (92). — I (R^1 = *3.4.5-Trimethoxyphenyl*; R^2 = C_2H_5), F. 182—183° (52). — I (R^1 = *p-Hydroxyphenyl*; R^2 = C_2H_5), F. 193—194° (22). — I (R^1 = *4-n-Propoxyphenyl*; R^2 = C_2H_5), F. 183 bis 184° (53). — I (R^1 = *α.α.α-Trifluor-p-tolyl*; R^2 = C_2H_5), F. 189,5—190,5° (25). — I (R^1 = *α.α.α-Trifluor-m-tolyl*; R^2 = C_2H_5), F. 176,5—178° (25). — I (R^1 = *3-Methoxy-4-hydroxyphenyl*; R^2 = C_2H_5), F. 193,5—194° (15). — I (R^1 = *p-Tolyl*; R^2 = *Benzyl*), F. 180°. — I (R^1 = *p-Äthoxyphenyl*; R^2 = *Benzyl*), F. 176—177°. — *Fungizide, Amöbizide* u. *Trichomonizide*. — 1 Tabelle (minimale Hemmkonz.) (**U.S.P. 3284458** vom 29/9. 1964, ausg. 8/11. 1966.) — 3 S. O. Schön 4852

1414 Farbwerke Hoechst Akt.-Ges. vormals Meister Lucius & Brüning, Frankfurt/M., **Herstellung von Tetrahydro-1.3.5-thiadiazinthion-(2)-Verbindungen** der Formel I (R^1 = ggf. durch Halogen substituierter Phenalkylrest; A = ggf. verzweigte niedermol. Alkylengruppe; R^2, R^3 = Alkylreste, ggf. mit dem N-Atom ein gesätt. heterocycl. Ring mit 5—7 Gliedern) durch Rk. von R^1NH_2 in Ggw. eines bas. Kondens.-Mittels mit CS_2 u. danach mit HCHO u. $H_2N{-}A{-}N(R_2)R_3$ u. ggf. Überführung in *Säureadditionssalze*. — 64 g Benzylamin in 250 (cm^3) Methanol + 36,3

I 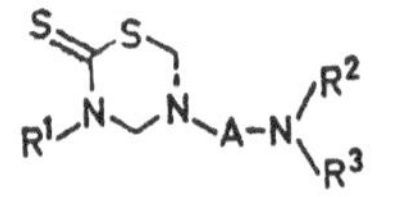

CS_2 + 0,6 Mol 50%ig. NaOH → Na-Benzyldithiocarbamat-Lösung. Daraus mit 90 40%ig. HCHO + 70 g Diäthylaminoäthylamin in 150 5 n-methanol. HCl nach Dest. von ≈ 75% der eingesetzten Alkoholmenge im Vakuum, Extraktion des Rückstands mit Äthylacetat, Zugabe von 300 n NaOH, Trocknen u. Kühlen der vereinigten organ. Phasen *3-Benzyl-5-[2-diäthylaminoäthyl]-tetrahydro-1.3.5-thiadiazinthion-(2)*, F. 58—59°. *Hydrochlorid*, F. 157—158°. — Analog folgende Tetrahydro-1.3.5-thiadiazine: *3-Phenyläthyl-5-[3-dimethylaminopropyl-(2)]-*, F. 114—116°. — *3-[4-Chlorphenyläthyl]-5-[3-dimethylaminopropyl-(2)]-*, F. 106—107°. — *3-[3.4-Dichlorphenyläthyl]-5-diäthylaminoäthyl-*, F. 114°. *Hydrochlorid*, F. 164°. — *3-[4-Chlorphenyläthyl]-5-diäthylaminoäthyl-*, F. 70—72°. — *3-[3.4-Dichlorbenzyl]-5-[3-piperidinopropyl]-*, F. 96—98°. *Hydrochlorid*, F. 164 bis 166°. — *3-[3.4-Dichlorbenzyl]-5-diäthylaminoäthyl-*, F. 86—88°. *Hydrochlorid*, F. 170—171°. — *3-Benzyl-5-[3-diäthylaminopropyl]-*, F. 54—56°. — *3-[2.4-Dichlorphenyläthyl]-5-diäthylaminoäthyl-*, F. 74—76°. *Hydrochlorid*, F. 122—124°. — *3-Benzyl-5-[3-dimethylaminopropyl]-*, *Hydrochlorid*, F. 172—173°. — *Heilmittel* mit *fungistat.*, *bakteriostat.*, *anthelminth. Wirkung*. (**Oe.P. 252932** vom 28/6. 1965, ausg. 10/3. 1967. D. Prior. 30/6. 1964.) — 4 S. W. Schubert 4852

1415 **Dr. Karl Thomae G. m. b. G.**, Biberach/Riß, *Herstellung chloretischer Präparate*. (**Niederl.P. 123 818** vom 14/11. 1962, ausg. 15/3. 1968. Brit. Prior. 14/11. 1961. — C. **1966**, 19-1778 [Can.P. 694 129].)

1416 **F. Hoffmann-La Roche & Co. Akt.-Ges.**, Basel, Schweiz (Erfinder: **Bernard Brust**, Clifton, **Rodney Jan Fryer**, West Orange, und **Leo Henryk Sternbach**, Upper Montclair, N. J., USA), *Isopropanole*. (**Schwz.P. 453 357** vom 6/3. 1964, ausg. 14/6. 1968. U. S. Prior. 18/3. 1963. — C. **1967**, 33-1836 [Brit.P. 1 006 385].)

1417 **Wellcome Foundation Ltd.** (Erfinder: **Arnold Axon, Harold Malcolm Hood** und **Sally Burningham**), London, Großbritannien, *Natriumantimonylgluconat*. (**D.A.S. 1 271 103** Kl. 12o vom 26/3. 1963, ausg. 27/6. 1968. Brit. Prior. 29/3. 1962. — C. **1966**, 38-1698 [Brit.P. 997 824] u. C. **1965**, 2-1816 [Port.P. 40 715].)

1418 **Wellcome Foundation Ltd.**, London, Großbritannien, *Herstellung von Natriumantimonylgluconat*. (**Niederl.P. 123 631** vom 29/3. 1963, ausg. 15/2. 1968. Brit. Prior. 29/3. 1962. — C. **1966**, 38-1698 [Brit.P. 997 824].)

1419 **Krewel-Leuffen G. m. b. H.** Eitorf/Sieg (Erfinder: **Kurt Schmidt**, Zell bei Esslingen/Neckar, und **Ernst Günther**, Eitorf/Sieg), *Herstellung von N-[Carbamoyloxyalkyl]-carbamidsäureestern*. (**Schwz.P. 442 275** vom 16/9. 1964, ausg. 31/1. 1968. D. Prior. 20/9. 1963. — C. **1966**, 17-1792 [D.A.S. 1 199 254].)

1420 **Parke, Davis & Co.**, Detroit (Erfinder: **Robert W. Fleming**, Ann Arbor), Mich., USA, *N-Tert.-Butyl-1.4-butandiamin und Salze davon*. (**D.A.S. 1 271 718** Kl. 12q vom 8/10. 1962, ausg. 4/7. 1968. U.S. Prior. 9/10. 1961. — C. **1967**, 22-1707 [Schwz.P. 402 878].)

1421 **Sankyo Co. Ltd.** (Erfinder: **Issuei Iwai, Tetsuo Hiraoka** und **Yasuo Yura**), Tokio, Japan, *Herstellung von Propargylaminderivaten*. (**Schwz.P. 446 332** vom 13/3. 1964, ausg. 15/3. 1968. Jap. Prior. 15/3. u. 25/4. 1963. — C. **1968**, 15-1824 [Brit.P. 1 017 263].)

1422 **Ciba Akt.-Ges.**, Basel, Schweiz (Erfinder: **Max Wilhelm**, Allschwil, **Karl Schenker**, Binningen, **Paul Schmidt**, Therwil, Schweiz, und **Hans-Ulrich Daeniker**, Clifton, N. J., USA), *1-Isopropylamino-2-hydroxy-3-[o-allyloxyphenoxy]-propan*. (**Schwz.P. 451 915** vom 10/9. 1964, ausg. 15/5. 1968. — C. **1968**, 14-1707 [D.A.S. 1 242 596].)

1423 **Boots Pure Drug Co. Ltd.** (Erfinder: **John Stuart Nicholson** und **Stewart Sanders Adams**), Nottingham, Großbritannien, *Derivate der Phenylessig- und α-Phenylpropionsäure mit entzündungshemmender Wirkung*. (**Schwz.P. 450 382** vom 26/7. 1963, ausg. 30/4. 1968. Brit. Prior. 26/7. 1962. Zusatz zu Schwz.P. 425 755; C. 1968, 30-1727. — C. **1967**, 46-1667 [Brit.P. 1 012 480].)

1424 **Merck & Co., Inc.**, Rahway, N. J. (Erfinder: **Edward Jethro Cragoe jun.**, Lansddale, Pa.), USA, *Herstellung von Phenyloxyalkancarbonsäuren*. (**Schwz.P. 450 392** vom 2/10. 1964, ausg. 30/4. 1968. U. S. Prior. 3/10. 1963. — C. **1967**, 21-1865 [D.P.[DDR] 45 073].)

1425 **Merck & Co., Inc.**, Rahway, N. J. (Erfinder: **Everett Maynard Schultz**, Ambler, Pa.), USA, *Herstellung von Methylenalkanoyl-phenoxyalkancarbonsäuren*. (**Schwz.PP. 453 335** vom 27/10. 1964, ausg. 14/6. 1968. U.S. Prior. 28/10. 1963 u. **453 336** vom 12/11. 1964, ausg. 14/6. 1968. U.S. Prior. 15/11. 1963. — C. **1967**, 21-1866 [D.PP.[DDR] 45 074 u. 45 075].)

1426 **Beecham Group Ltd.**, Bentford (Erfinder: **Frederick Grossmith**, Pinner), Middlesex, Großbritannien, *Wasserlösliche Komplexverbindungen aliphatischer Oxycarbonsäuren*. (**D.A.S. 1 270 540** Kl. 12o vom 8/8. 1960, ausg. 20/6. 1968. Brit. Prior. 10/8. 1959 u. 27/7. 1960. — C. **1966**, 42-1664 [F.P. [Méd] 159].)

1427 **Ciba Akt.-Ges.**, Basel (Erfinder: **Ernst Gäumann, Vladimir Prelog**, Zürich, **Hans Bickel**, Binningen, und **Ernst Vischer, Basel**), Schweiz, *Herstellung langkettiger Trihydroxamsäuren*. (**Schwz.P. 452 543** vom 27/9. 1961, ausg. 31/5. 1968. — C. **1965**, 39-1840 [D.A.S. 1 186 076].)

1428 **Ciba Akt.-Ges.**, Basel (Erfinder: **Paul Schmidt**, Therwil, **Ernst Schweizer**, Basel, **Kurt Eichenberger**, Therwil, und **Max Wilhelm**, Allschwil), Schweiz, *Herstellung neuer Sulfonamide*. (**Schwz.P. 449 028** vom 10/1. 1963, ausg. 11/4. 1968. — C. **1968**, 24-1776 [Brit.P. 1 029 740].)

1429 **Ciba Akt.-Ges.**, Basel, Schweiz (Erfinder: **George de Stevens** und **Willow Knoll**, New Providence, N. J., USA), *Herstellung von Carbaminsäureestern*. (**Schwz.P. 449 003** vom 11/9. 1961, ausg. 11/4. 1968. U.S. Prior. 12/9. 1960 u. 18/5. 1961. Zusatz zu Schwz.P. 424 763; C. 1968, 31-1890. — C. **1966**, 46-1712 [F.P. 1 313 097] u. C. **1965**, 2-1766 [Brit.P. 934 207].)

1430 **F. Hoffmann-La Roche & Co. Akt.-Ges.**, Basel, Schweiz (Erfinder: **Leo Berger**, Montclair, **Alfred John Corraz**, Packanack Lake, und **John Lee**, Montclair, N. J., USA), *Substituierte Säureamide*. (**Schwz.P. 446 330** vom 15/6. 1964, ausg. 15/3. 1968. U.S. Prior. 3/7. 1963. — C. **1968**, 24-1781 [Brit.P. 1 025 044].)

1431 **Ciba Akt.-Ges.**, Basel (Erfinder: **Heinrich Keberle**, Basel, **Johann Werner Faigle**, Riehen, und **Max Wilhelm, Allschwil**), Schweiz, *Herstellung neuer Aminosäuren*. (**Schwz.P. 446 376** vom 9/7. 1963, ausg. 15/3. 1968. — C. **1968**, 4-1369 [Brit.P. 1 017 439].)

1432 **Tanabe Seiyaku Co. Ltd.**, Osaka, Japan, *Herstellung von Ferrochelaten von Aminosäuren*. (**Niederl.P. 123 752** vom 22/12. 1959, ausg. 15/2. 1968. Jap. Prior. 22/12. 1958, 28/2. u. 6/11. 1959. — C. **1961**, 15 484 [D.A.S. 1 103918].)

1433 **C. F. Boehringer & Soehne G. m. b. H.**, Mannheim (Erfinder: **Adolf Hagedorn**, Mannheim, **Franz Braun**, Rimbach, und **Werner Güthlein**, Mannheim), *L-(−)-α-Methyl-β-[3.4-dihydroxyphenyl]-alanin*. (**D.A.S. 1 274 586** Kl. 12q vom 20/7. 1963, ausg. 8/8. 1968. — C. **1968**, 28-1757 [Brit.P. 1 011 650].)

1434 **C. F. Boehringer & Soehne G. m. b. H.**, Mannheim (Erfinder: **Erich Haack**, Heidelberg, **Wilhelm Peschke**, und **Kurt Stach**, Mannheim), *Herstellung von L-(−)-α-Methyl-β-[3.4-dihydroxyphenyl]-alanin*. (**Schwz.P. 451 187** vom 29/7. 1965. ausg, 15/5. 1968. D. Prior. 31/7. 1964. — C. **1968**, 6-1675 [D.A.S. 1 236 524].)

1435 **Ciba Akt.-Ges.**, Basel (Erfinder: **Paul Schmidt, Kurt Eichenberger**, Therwil, **Alberto Rossi**, Oberwil, und **Max Wilhelm**, Allschwil), Schweiz, *Herstelllung neuer Anthranilsäurederivate*. (**Schwz.P. 452 542** vom 30/5. 1962, ausg. 31/5. 1968. Zusatz zu Schwz.P. 433 378; C. 1968, 40-1639. — C. **1967**, 11-1855 [Brit.P. 997 176].)

1436 **Merck & Co., Inc.**, Rahway (Erfinder: **Harry Lovell Slates**, Florham Park, und **Norman Lord Wendler**, Summit), N. J., USA, *Herstellung von Dibenzocyclohepten-Derivaten*. (**Schwz.P. 448 067** vom 21/5. 1963, ausg. 29/3. 1968. U.S. Prior. 21/5., 5/6. u. 18/6. 1962. — C. **1968**, 24-1772 [Brit.P. 1 044 344].)

1437 **Merck & Co., Inc.**, Rahway, N. J. (Erfinder: **Edward Louis Engelhardt**, Gwynedd Valley, Pa.), USA, *Herstellung von 5H-Dibenzo[a.d]cycloheptenen*. (**Schwz.P. 444 850** vom 13/8. 1963, ausg. 29/2. 1968. **D.A.S. 1 247 303** Kl. 12o vom 1/8. 1963, ausg. 17/8. 1967. Beide U.S. Prior. 13/8. 1963. — C. **1968**, 46-1651 [Brit.P. 1 047 227].)

1438 **F. Hoffmann-La Roche & Co. Akt.-Ges.** (Erfinder: **Gérald Rey-Bellet** und **Hans Spiegelberg**), Basel, Schweiz, *Herstellung von antodepressiv wirksamen sekundären Aminderivaten des 5H-Dibenzo[a.d]cycliheptens bzw. 10.11-Dihydro-5H-dibenzo[a.d]cycloheptens*. (**D.A.S. 1 269 614** Kl. 12o vom 15/1. 1962, ausg. 6/6. 1968. Schwz. Prior. 8/2., 22/9. u. 19/10. 1961. — C. **1966**, 48-1753 [Brit.P. 938 201].)

1439 **Farbwerke Hoechst Akt.-Ges. vormals Meister Lucius & Brüning**, Frankfurt/M. (Erfinder: **Ingeborg Henning**, Kelkheim, und **Ernst Lindner**, Frankfurt/M.), *Herstellung von basisch substituierten Diphenylalkanderivaten*. (**Schwz.PP. 447 193** u. **447 194** vom 8/11. 1961, ausg. 29/3. 1968. D. Prior. 10/11. 1960. — C. **1965**, 34-1662 [D.A.S. 1 181 232].)

1440 **Imperial Chemical Industries Ltd.**, London (Erfinder: **Dora Nellie Richardson**, Macclesfield), Großbritannien, *Triarylalkanderivate*. (**Schwz.P. 448 119** vom 13/8. 1964, ausg. 29/3. 1968. Brit. Prior. 2/9. 1963 u. 4/8. 1964. — C. **1968**, 16-1709 [Brit.P. 1 029 221].)

1441 **F. Hoffmann-La Roche & Co. Akt.-Ges.**, Basel, Schweiz (Erfinder: **Aaron L. Nelson**, Mountainside, und **Albert Israel Rachlin**, Hackensack, N. J., USA), *Herstellung von Benzophenon-Derivaten*. (**Schwz.P. 451 199** vom 28/4. 1964, ausg. 15/5. 1968. U.S. Prior. 24/5. 1963. — C. **1967**, 33-1817 [Brit.P. 1 005 740].)

1442 **Imperial Chemical Industries Ltd.**, London (Erfinder: **Marcus Andrew Stevens**, Macclesfield, Ches.), Großbritannien, *Herstellung von Tetrahydronaphthalin- und Indan-Derivaten*. (**Schwz.PP. 448 072, 448 073** u. **447 151** vom 13/12. 1963, ausg. 29/3. 1968. Brit. Prior. 17/12. 1962. u. 27/11. 1963. — C. **1968**, 4-1368 [Brit.P. 1 023 214].)

1443 **Imperial Chemical Industries Ltd.**, London (Erfinder: **Ralph Howe, Leslie Harold Smith**, Macclesfield/Ches., und **John Stuart Stephenson**, Flackwell Heath/High Wycombe), Großbritannien, *Tetrahydronaphthalin- und Indanyl-Derivate*. (**Schwz.P. 450 403** vom 27/3. 1963, ausg. 30/4. 1968. Brit. Prior. 28/3. 1962. u. 19/3. 1963. — C. **1967**, 41-1712 [Brit.P. 1 005 026].)

1444 **Československá akademie věd** (Erfinder: **Jiří Beranek** und **František Šorm**), Prag, ČSSR, *Herstellung von Tri-O-acylderivaten des 6-Azauridins*. (**Schwz.P. 449 637** vom 28/10. 1963, ausg. 11/4. 1968. **F.P. 1 426 090** vom 31/10. 1963, veröff. 20/12. 1965. **Belg.A.S. 639 341** vom 30/10. 1963, bekanntgemacht 17/2. 1964. Alle Tschech. Prior. 1/11. 1962. — C. **1967**, 25-1636 [Brit.P. 999 084].)

1445 **Norwich Pharmacal Co.** (Erfinder: **Harry Raymond Snyder jun.**), Norwich, N. Y., USA, *Herstellung von N-Methyl-carbamyl-5-nitro-2-furamidoxim*. (**Schwz.P. 446 385** vom 15/12. 1964, ausg. 15/3. 1968. U.S. Prior. 15/1. 1964. — C. **1967**, 4-1725 [D.A.S. 1 217 394].)

1446 **Parke, Davis & Co.**, Detroit, Mich., USA (Erfinder: **John Frederick Cavalla**, Isleworth, Middlesex, und **Alan Chapman White**, Windsor, Berkshire, Großbritannien), *Herstellung von 3-Phenylpyrrolidinderivaten*. (**D.A.S. 1 272 296** Kl. 12p vom 30/7. 1964, ausg. 11/7. 1968. Brit. Prior. 1/8. 1963. — C. **1967**, 44-1674 [Brit.P. 1 012 008].)

1447 **Ciba Akt.-Ges.**, Basel (Erfinder: **Paul Schmidt, Kurt Eichenberger**, Therwil, und **Max Wilhelm**, Allschwil), Schweiz, *Herstellung neuer Aminopyrazole*. (**Schwz.P. 443 315** vom 23/1. 1962, ausg. 15/2. 1968. **F.P. 1 352 289** vom 22/1. 1963, veröff. 6/1. 1964. Schwz. Prior. 23/1. 1962. **Belg.A.S. 627 393** vom 22/1. 1963, bekanntgemacht 23/7. 1963. Schwz. Prior. 23/1. 1962. — C. **1968**, 42-1609 [U.S.P. 3 228 947].)

1448 **Chemische Werke Albert**, Wiesbaden (Erfinder: **Rolf Zimmermann**, Wiesbaden, **Alfred Englisch**, Opladen, **Mario Reiser**, Wiesbaden, und **Konrad Koch**, Düsseldorf), *Herstellung von Benzoxazolderivaten*. (**Schwz.P. 445 494** vom 21/6. 1962, ausg. 29/2. 1968. D. Prior. 14/7. 1961. — C. **1967**, 2-1803 [U.S.P. 3 162 644].)

1449 **Parke, Davis & Co.**, Detroit (Erfinder: **Robert Frederick Meyer**, Ann Arbor, und **Betty Lou Commings**, Midland), Mich., USA, *Herstellung von 2.1-Benzisothiazolen*. (**Schwz.P. 448 095** vom 20/7. 1964, ausg. 29/3. 1968, U.S. Prior. 22/7. 1963. – C. **1967**, 33-1832 [U.S.P. 3 187 001].)

1450 **Farbwerke Hoechst Akt.-Ges. vormals Meister Lucius & Brüning**, Frankfurt/M. (Erfinder: **Heinrich Ruschig**, Bad Soden, **Karl Schmitt**, **Leopold Ther** und **Gerhard Vogel**, Frankfurt/M., *Herstellung von basisch substituierten Triazolidinen*. (**Schwz.P. 449 035** vom 24/7. 1962, ausg. 11/4. 1968. D. Prior. 26/7. 1961. – C. **1963**, 15 149 [D.A.S. 1 139 846].)

1451 **Hans Voigt**, Berlin, *Herstellung von Ceri-Chromonamino-Komplex-Verbindungen*. (**Schwz.P. 444 881** vom 18/6. 1962, ausg. 29/2. 1968. D. Prior. 4/7. 1961. – C. **1965**, 10-1588 [U.S.P. 3 079 402].)

1452 **Tanabe Seiyaku Co Ltd.**, Osaka, Japan, *Herstellung von 3-(3'-Hydroxyphenyl)-piperidinderivaten*. (**Niederl.P. 123 743** vom 3/3. 1965, ausg. 15/2. 1968. Jap. Prior. 3/3. u. 18/7. 1964. – C. **1967**, 38-1770 [Brit.P. 1 014 918].)

1453 **Sterling Drug, Inc.**, New York (Erfinder: **Aram Mooradian**, Nassau), N. Y., USA, *1-Cyanalkyl-4-phenylpiperidin-4-carbonsäureester*. (**Schwz.P. 447 166** vom 30/4. 1959, ausg. 29/3. 1968. U.S. Prior. 30/4. 1958. – C. **1966**, 2-1850 [Brit.PP. 880 139 u. 880 140].)

1454 **Biochemie G. m. b. H.**, Kundl (Erfinder: **Alfred Kraushaar** und **Kurt Riedel**, Kufstein), Tirol, Österreich, *Diisopropylaminnicotinat*. (**Schwz. P. 442 297** vom 27/9. 1963, ausg. 31/1. 1968. Oe. Prior. 14/12. 1962. – C. **1967**, 31-1737 [D.A.S. 1 227 459].)

1455 **Kyorin Seiyaku K. K.**, Tokio (Erfinder: **Tsutomu Irikura**, Tokio, **Shimao Sato**, Ichikawa-shi, Chiba-ken, **Yasuo Abe** und **Kazunori Kasuga**, Tokio), Japan, *Cyclohexanol-2.2.6.6-tetrakis-(hydroxymethyl)-tetranicotinsäureester*. (**Schwz.P. 442 300** vom 28/1. 1965, ausg. 31/1. 1968. Jap. Prior. 1/7. 1964. – C. **1968**, 14-1808 [Brit.P. 1 038 734].)

1456 **Imperial Chemical Industries Ltd.**, London (Erfinder: **Madhukar Subraya Chodnekar**, **Albert Frederick Crowther** und **Ralph Howe**, Macclesfield, Ches.), Großbritannien, *Herstellung von 1.4-Benzodioxanderivaten*. (**Schwz.P. 450 450** vom 7/2. 1964, ausg. 30/4. 1968. Brit. Prior. 13/2. 1963 u. 15/1. 1964. – C. **1968**, 14-1809 [Brit.P. 1 038 332].)

1457 **Ciba Akt.-Ges.**, Basel, Schweiz (Erfinder: **William Lassiter Yost**, Long Valley, und **Richard Bennett Margerison**, Florham Park, N. J., USA), *Herstellung von cyclischen Diazacycloalkanverbindungen*. (**Schwz.P. 449 632** vom 2/10. 1963, ausg. 11/3. 1968. U.S. Prior. 5/10. 1962. – C. **1968**, 44-1558 [Brit.P. 1 041 086].)

1458 **Ciba Akt.-Ges.**, Basel, (Erfinder: **Alexander Staehelin**, Reinach), Schweiz, *Herstellung neuer Pyrimidine*. (**Schwz.P. 449 026** vom 10/11. 1961, ausg. 11/4. 1968. – C. **1965**, 9-1740 [Brit.P. 941 638].)

1459 **F. Hoffmann-La Roche & Co. Akt.-Ges.**, Basel, Schweiz (Erfinder: **Hermann Bretschneider** und **Wilhelm Klötzer**, Innsbruck, Österreich), *Herstellung von 2.6-Dimethoxy-4-sulfanilamidopyrimidin*. (**D.A.S. 1 276 040** Kl. 12p vom 13/10. 1960, ausg. 29/8. 1968. Schwz. Prior. 18/11. 1959 u. 14/1. 1960. – C. **1965**, 48-1766 [Brit.P. 927 699 u. U.S.P. 3 091 610].)

1460 **Haco Akt.-Ges.**, Gümlingen (Erfinder: **Max Matter**, Muri, und **Roland Glatthard**, Bern), Schweiz, *Herstellung von neuen 1.3.5-Triazinen*. (**Schwz.P. 448 114** vom 11/1. 1963, ausg. 29/3. 1968. **Oe.P.P. 255 426** vom 18/8. 1964, ausg. 10/7. 1967 u. **257 622** vom 18/8. 1964, ausg. 10/10. 1967. **Belg.A.S. 651 967** vom 18/8. 1964, bekanntgemacht 16/12. 1964. – C. **1968**, 42-1615 [Brit.P. 1 017 862].)

1461 **Norwich Pharmacal Co.** (Erfinder: **Louis Edmond Benjamin**), Norwich, N. Y., USA, *Herstellung von 6.7-Dihydro-3-[5-nitro-2-furyl] imidazo[2.1-b]1.3.4-thiadiazin und dessen Hydrohalogeniden*. (**Schwz.P. 443 326** vom 6/4. 1965, ausg. 15/2. 1968. U.S. Prior. 9/4. 1964. – C. **1968**, 46-1700 [U.S.P. 3 277 082].)

1462 **A/S Grindstedvaerket** (Erfinder: **William Andersen**), Arhus, Dänemark, *Herstellung von 6-substituierten 7-sulfamyl-1.2.4-benzothiadiazin-1.1-dioxiden*. (**D.A.S. 1 263 773** Kl. 12p vom 16/3. 1960, ausg. 21/3. 1968. Dän. Prior. 23/4. 1959. – C. **1967**, 6-1744 [Can.P. 687 534].)

1463 **Dr. Karl Thomae G. m. b. H.** (Erfinder: **Erich Müller**), Biberach/Riss, *Herstellung von 7-Sulfamyl-3.4-dihydro-1.2.4-benzothiazin-1.1-dioxiden*. (**Schwz.P. 446 356** vom 5/8. 1963, ausg. 15/3. 1968. D. Prior. 24/8. 1962. – C. **1968**, 38-1872 [Brit.P. 1 027 025].)

1464 **F. Hoffmann-La Roche & Co. Akt.-Ges.**, Basel, Schweiz (Erfinder: **Leo Berger**, Montclair, **Arthur Stempel**, Teaneck, **Leo Henryk Sternbach**, Upper Montclair, **Edward Wenis**, Leonia, **Rodney Jan Fryer**, North Caldwell, und **Robert August Schmidt**, Wallington, N. J., USA), *Herstellung von Benzodiazepinderivaten*. (**Schwz.P. 450 438** vom 14/6. 1962, ausg. 30/4. 1968. U.S. Prior. 20/6. u. 11/8. 1961. – C. **1965**, 44-1688 [Brit.P. 948 888].)

1465 **F. Hoffmann-La Roche & Co. Akt.-Ges.**, Basel, Schweiz, *Herstellung von 1.4-Benzodiazepinderivaten*. (**Niederl.P. 123 599** vom 9/12. 1960, ausg. 15/1. 1968. U.S. Prior. 10/12. 1959, 15/1., 26/4. u. 27/6. 1960. – C. **1966**, 31-1686 [D.A.S. 1 199 776].)

1466 **F. Hoffmann-La Roche & Co. Akt.-Ges.**, Basel, Schweiz (Erfinder: **Werner Metlesics**, Clifton, und **Leo Henryk Sternbach**, Upper Montclair, N. J., USA), *Herstellung von Benzodiazepinderivaten*. (**Schwz.P. 446 360** vom 30/12. 1964, ausg. 15/3. 1968. U.S. Prior. 24/1. u. 19/11. 1964. – C. **1968**, 38-1873 [Brit.P. 1 043 049].)

1467 **Warner-Lambert Pharmaceutical Co.**, Morris Plains (Erfinder: **Freeman Hager McMillan**, Dover, und **Jan Pattison**, Denville), N. J., USA, *Herstellung von substituierten 1.4-Benzodiazepinen*. (**Schwz.P. 446 357** vom 28/2. 1964, ausg. 15/3. 1968. U.S. Prior. 1/3. 1963. – C. **1967**, 35-1826 [D.A.S. 1 229 098].)

1468 **J. R. Geigy Akt.-Ges.**, Basel, Schweiz, *Herstellung von Benzothiadiazepinderivaten*. (**Niederl.P. 123 600** vom 26/1. 1965, ausg. 15/1. 1968. U.S. Prior. 27/1. 1964. – C. **1968**, 24-1791 [Brit.P. 1 048 869].)

1469 **C. F. Boehringer & Soehne G. m. b. H.**, Mannheim, *Herstellung von Dibenz-(b, e)-thiepinderivaten*. (**Niederl.P. 123 740** vom 5/10. 1962, ausg. 15/2. 1968. D. Prior. 7/10. 1961. – C. **1966**, 21-1807 [Brit.P. 950 717].)

1470 **Soc. Farmaceutici Italia** (Erfinder: **Federico Acramone** und **Aldo Ferretti**), Mailand, Italien, *Herstellung neuer Derivate von Dihydro-D-lysergsäureamid*. (**Schwz.P. 446 369** vom 12/7. 1963, ausg. 15/3. 1968. It. Prior. 13/7. u. 5/12. 1962. – C. **1968**, 18-1700 [Brit.P. 980 016].)

1471 **Soc. Farmaceutici Italia** (Erfinder: **Federico Arcamone** und **Aldo Ferretti**), Mailand, Italien, *Herstellung neuer Derivate von 1-Methyl-dihydro-D-lysergsäureamid*. (**Schwz.P. 451 180** vom 12/7. 1963, ausg. 15/5. 1968. It. Prior. 13/7. u. 5/12. 1962. – C. **1968**, 18-1700 [D.A.SS. 1 233 876 u. 1 239 312].)

1472 **Soc. Farmaceutici Italia** (Erfinder: **Luigi Bernardi**, **Germano Bosisio** und **Onofrio Goffredo**), Mailand, Italien, *Herstellung von neuen Lumilysergolderivaten*. (**Schwz.P. 446 367** vom 10/6. 1963, ausg. 15/3. 1968. **Aust.P. 270 497** vom 7/6. 1963, ausg. 27/10. 1966. Beide It. Prior. 11/6. 1962. – C. **1968**, 34-1750 [Brit.P. 981 827].)

1473 **American Cyanamid Co.**, Wayne, N. J. (Erfinder: **Jay Donald Albright**, Nanuet, N. Y., USA, und **Leon Goldman**, Kloten, Schweiz), *Herstellung von neuen Derivaten von im Ring E durch eine Ketogruppe substituiertem Yohimban*. (**Schwz.P. 449 036** vom 18/3. 1964, ausg. 11/4. 1968. U.S. Prior. 24/5. 1963. – C. **1968**, 29-1853 [U.S.P. 3 202 662].)

1474 **Soc. Farmaceutici Italia** (Erfinder: **Luigi Bernardi**, **Germano Bosisio**, **Bruno Camerino** und **Onofrio Goffredo**), Mailand, Italien, *Herstellung neuer Derivate von 6-Methyl- und 1.6-Dimethyl-8-[α-hydroxyalkyl]-ergolin I*. (**Schwz.P. 446 368** vom 14/6. 1963, ausg. 15/3. 1968. It. Prior. 15/6. 1962. – C. **1968**, 46-1678 [Brit.P. 980 898].)

1475 **Pakistan Council of Scientific and Industrial Research** (Erfinder: **Salimuzzaman Siddiqui**), Karachi, Pakistan, *Isolieren von Harmidin aus Peganum harmala*. (**Schwz.P. 451 181** vom 25/3. 1963, ausg. 15/5. 1968. U.S. Prior. 21/8. 1962. – C. **1965**, 3-1574 [D.A.S. 1 173 483].)

1476 **Ciba Akt.-Ges.**, Basel (Erfinder: **Robert Schwyzer**, Zürich, **Beat Iselin**, Riehen, **Heini Kappeler**, Grand Lancy, **Bernhard Riniker**, Reinach, Basel-Land, und **Werner Rittel**, Basel), Schweiz, *Herstellung des Octadecapeptids β-MSH, dessen Derivaten und Salzen*. (**Schwz.P. 444 178** vom 20/5. 1963, ausg. 15/2. 1968. – C. **1967**, 43-1669 [D.A.S. 1 235 933].)

1477 **Nyegaard & Co. A/S**, Oslo (Erfinder: **Per Jensen Laland**, Hovik, **Soren Gustav Moe Laland**, Blommenholm, **Jens Dedichen**, Voksenlia, und **Nils Thorsdalen**, Arvoll, Oslo), Norwegen, *Herstellung von Polypeptidmaterial mit nichtspezifischer Immunitätswirkung*. (**Schwz.P. 441 361** vom 14/2. 1963, ausg. 15/1. 1968. Brit. Prior. 16/2. u. 4/10. 1962. – C. **1966**, 26-1717 [D.A.S. 1 201 006].)

1478 **Rhône-Poulenc Soc. An.**, Paris (Erfinder: **Léon Ninet**, **Albert Renaut**, Paris, und **Charles François Tissier**, Maison-Alfort), Seine, Frankreich, *Herstellung von β-Carotin*. (**Schwz.P. 447 150** vom 16/8. 1965, ausg. 29/3. 1968. F. Prior. 17/8. 1964 u. 8/7. 1965. – C. **1968**, 21-2976 [D.A.S. 1 249 798].)

1479 **Hefa G. m. b. H.** (Erfinder: **Ludwig Ritter**, **Horst Kraft**, und **Julius Friedrich**), Werne, *Herstellung haltbarer wässriger Lösungen von Teilestern aus mehrbasischen organischen Säuren und Alkoholen*. (**Schwz.P. 449 007** vom 15/3. 1963, ausg. 11/4. 1968. Zusatz zu Schwz.P. 400 139. – C. **1968**, 19-2368 [F.P. 1 378 844].)

1480 **G. D. Searle & Co.**, Skokie, Ill., USA, *Herstellung von Steroiden*. (**Niederl.P. 123 604** vom 10/2. 1964, ausg. 15/1. 1968. U.S. Prior. 4/3. 1963. – C. **1967**, 21-1915 [D.A.S. 1 226 099].)

1481 **Sterling Drug, Inc.**, New York, N. Y., USA, *Herstellung von Steroiden*. (**Niederl.P. 123 750** vom 28/11. 1964, ausg. 15/2. 1968. U.S. Prior. 5/12. 1963. – C. **1968**, 24-1813 [Brit.P. 1 043 047].)

1482 **A/B Leo** (Erfinder: **Knut Bertil Högberg**, **Hans Jakob Fex**, **Imre Könyves** und **Paul Hans Otto Josef Kneip**), Hälsingborg, Schweden, *Herstellung von Mono- und Polyestern von Steroidhormonen*. (**Schwz.P. 452 514** vom 8/4. 1964, ausg. 31/5. 1968. Brit. Prior. 9/4. 1963. – C. **1968**, 21-1913 [Brit.P. 1 016 959].)

1483 **F. Hoffmann-La Roche & Co. Akt.-Ges.** (Erfinder: **Marco Cereghetti**, **Andor Fürst**, Basel, **Gabriel Saucy**, Riehen, Schweiz, und **Milan Radoje Uskokovic**, Upper Montclair, N. J., USA), *Herstellung von 9α.10α- und 9β.10α-Steroiden*. (**Schwz.P. 446 315** vom 6/11. 1963, ausg. 15/3. 1968. – C. **1968**, 13-1693 [D.A.S. 1 236 501].)

1484 **Upjohn Co.** (Erfinder: **Fred Kagan** und **Norman Allan Nelson**), Kalamazoo, Mich., USA, *Herstellung von 3-Amidoäthersteroiden*. (**Schwz.P. 446 319** vom 30/4. 1964, ausg. 15/3. 1968. U.S. Prior. 1/5. 1963. – C. **1967**, 38-7799 [U.S.P. 3 172 894].)

1485 **Shionogi & Co. Ltd.**, Osaka (Erfinder: **Wataru Nagata**, Nishinomiya-shi, **Tetsuo Tomita**, Sakyoku/Kyoto Pref., und **Hiroshi Itazaki**, Nishinomiya-shi), Japan, *Herstellung von 8β-Methyl-11β-oxysteroiden*. (**Schwz.P. 441 298** vom 19/8. 1963, ausg. 15/1. 1968. Jap. Prior. 24/8. 1962. – C. **1968**, 43-1736 [F.P. 1 384 626].)

1486 **Syntex Corp.**, Panama, Panama (Erfinder: **Francisco Alvarez**, Palo Alto, Calif., USA), *Herstellung von Gemischen aus $\Delta^{1.3.5(10)}$-3-Oxysteroiden und $\Delta^{1.3.5(10).9(11)}$-3-Oxysteroiden bzw. von $\Delta^{1.3.5(10)}$-3-Oxysteroiden*. (**D.A.S. 1 263 000** Kl. 12o vom 25/5. 1965, ausg. 14/3. 1968. U.S. Prior. 15/6. 1964. – C. **1968**, 44-1601 [U.S.P. 3 258 471].)

1487 **Laboratorio Farmaceutico „Lofarma" S.a.S.** (Erfinder: **Pietro Blasina** und **Carlo Scolastico**), Mailand, Italien, *Herstellung von 2-Alkyl-1.11α-oxido-$\Delta^{1.4}$-ketosteroiden*. (**Schwz.P. 451 927** vom 2/10. 1964, ausg. 15/5.1968. It. Prior. 5/10. 1963. – C. **1968**, 36-1709 [D.A.S. 1 246 725].)

1488 **Jean Jaques**, Paris, Frankreich, *Herstellung von A-Norsteroiden*. (**Schwz.P. 442 292** vom 15/3. 1963, ausg. 31/1. 1968. U.S. Prior. 15/3. 1962 u. 8/3. 1963. – C. **1968**, 39-1731 [F.P.[Méd.] 2 643].)

1489 **Merck & Co., Inc.**, Rahway (Erfinder: **Arthur Emil Erickson**, Cranford, und **Roger James Tull**, Metuchen), J. N., USA, *Herstellung von $\Delta^{4.6}$-6-Alkyl-3-on-steroiden der Pregnan-Reihe*. (**Schwz.P. 443 287** vom 11/12. 1963, ausg. 15/2. 1968. U.S. Prior. 12/12. 1962. – C. **1968**, 21-1888 [U.S.P. 3 245 987].)

1490 **Upjohn Co.** (Erfinder: **John Edward Pike**), Kalamazoo, Mich., USA, *Herstellung von 16β-Hydroxy-21-carbonsäure-γ-lactonen der Pregnanreihe*. (**Schwz.P. 447 158** vom 9/5. 1963, ausg. 29/3. 1968. U.S. Prior. 16/5. 1962. – C. **1966**, 36-1754 [F.P. 1 367 526].)

1491 **American Cyanamid Co.**, Wayne (Erfinder: **George Rodger Allen jun.**, Old Tappan, und **Martin Joseph Weiss**, Oradell), N. J., USA, *Herstellung von substituierten Pregnenen und Pregnadienen*. (**Schwz.P. 454 136** vom 27/2. 1964, ausg. 14/6. 1968. **F.P.[Méd.] 4 060** vom 9/3. 1964, veröff. 4/4. 1966. Beide U.S. Prior. 20/3. 1963. – C. **1968**, 21-1887 [Brit.P. 1 028 154].)

1492 **Merck & Co., Inc.**, Rahway, N. J., USA, *Herstellung von Derivaten von 1.4-Pregnadien-17α.21-diol-3.11.20-trion*. (**Niederl.P. 123 607** vom 23/6. 1959, ausg. 15/1. 1968. U.S. Prior. 23/6. 1958. – C. **1963**, 17 794 [Brit.P. 888 974].)

1493 **Eli Lilly & Co.** (Erfinder: **Richard Thaddeus Rapala**), Indianapolis, Ind., USA, *Herstellung von 6-Chlor-16α-methylprogesteron*. (**D.A.S. 1 263 763** Kl. 12o vom 12/12. 1962, ausg. 21/3. 1968. U.S. Prior. 26/12. 1961. – C. **1968**, 44-1575 [U.S.P. 3 278 564].)

1494 **Daiichi Seiyaku K. K.** (Erfinder: **Genkichi Ohta**, Tokio, **Toshio Takegoshi**, Ichikawa-shi, **Takeshi Onodera**, Tokio, **Akira Kasahara**, Ichikawa-shi, **Yasua Oshima**, **Masao Shimizu** und **Katsujiro Ueno**, Tokio), Japan, *Herstellung von Androstano-(2.3-C)-furazanen*. (**Schwz.P. 443 285** vom 20/3. 1964, ausg. 15/2. 1968. Jap. Prior 10/4., 15/7., 5/12. 1963 u. 12/2. 1964. – C. **1968**, 12-1668 [Brit.P. 1 018 780].)

1495 **G. D. Searle & Co.**, Chicago (Erfinder: **Raphael Pappo**, Skokie, und **Leonard N. Nysted**, Highland Park), Ill., USA, *Herstellung von 19-*

Hydroxy-androst-4-en-3.17-dion. (**D.A.S. 1 272 289** Kl. 12o vom 18/6. 1964, ausg. 11/7. 1968. — C. **1968,** 3-1768 [Brit.P. 1 000 890].)

1496 **Syntex Corp.**, Panama, Panama (Erfinder: **Arthur J. Birch**, Manchester, Großbritannien), *Herstellung von $\Delta^{1(10),2,4a(57)}$-A-Homoöstratrien-4-on-derivaten.* (**Schwz.P. 444 154** vom 31/1. 1964, ausg. 15/2. 1968. Mexikan. Prior. 14/2. 1963. — C. **1968,** 23-1908 [Brit.P. 1 047 541].)

1497 **Francesco Vismara S.p.A.**, Casatenovo (Erfinder: **Alberto Ercoli**, Mailand, **Rinaldo Gardi**, Carate Brianza, und **Cesare Pedrali**, Bergamo), Italien, *Herstellung von 3-Hydroxy-bzw.-3-Alkoxy-, 3-Aralkoxy- oder 3-Cycloalkoxy-1.3.5(10)-östratrienen.* (**Schwz.P. 441 304** vom 17/12. 1963, ausg. 15/1. 1968. It. Prior. 19/12. 1962. u. 30/9. 1963. — C. **1967,** 21-1916 (D.A.S. 1 223 379].)

1498 **Sandoz Akt.-Ges.** (Erfinder: **Albert von Wartburg**, Basel, **Jakob Binkert**, Oberwil, und **Emil Angliker**, Basel), Schweiz, *Herstellung von 3.14-Dihydroxy-19-norcarda-1.3.5(10).20(22)-tetraenolid.* (**Schwz.P. 442 289** vom 18/7. 1962, ausg. 31/1. 1968. — C. **1966,** 38-1767 [F.P. 1 361 469].)

1499 **C. F. Boehringer & Soehne G. m. b. H.**, Mannheim, *Herstellung von Triformyl-gitoxigeninmono-digitoxosid.* (**Oe.P. 254 397** vom 17/3. 1965, ausg. 26/5. 1967. **Schwz.P. 444 856** vom 17/3. 1965, ausg. 29/2. 1968. Beide D. Prior. 19/3. 1964 u. 22/1. 1965. — C. **1967,** 4-1741 [D.A.S. 1 215 699] u. C. **1967,** 39-1719 [D.A.S. 1 232 137].)

1500 **N. V. Organon** (Erfinder: **Evert de Jager** und **Jan Daniel Herman Homon**), Oss, Niederlande, *Präparate mit ACTH-Wirkung.* (**Niederl.P. 123 817** vom 15/2. 1963, ausg. 15/3. 1968. — C. **1968,** 12-1673 [Ung.P. 152 235].)

1501 **Beecham Research Laboratories Ltd.** (Erfinder: **Edward George Brain**, London, und **John Herbert Charles Nayler**, Dorking, Surrey), Großbritannien, *Herstellung von Penicillinen.* (**Schwz.P. 447 173** vom 23/4. 1964, ausg. 29/3. 1968. Brit. Prior. 23/4. 1963. — C. **1967,** 17-1814 [Brit.P. 1 004 670].)

1502 **Bristol-Myers Co.**, (East Syracuse, N. Y., USA (Erfinder: **Saul Wolfe**, Kingston, Ontario, Canada), *Herstellung von Anhydropenicillinen.* (**Schwz.P. 454 148** vom 6/8. 1962, ausg. 14/6. 1968. U.S. Prior. 16/8. 1961. — C. **1967,** 44-1702 [Brit.P. 1 008 850].)

1503 **Bristol-Myers Co.**, East Syracuse, N. Y., USA, *Herstellung von Penicillinderivaten.* (**Niederl.P. 123 749** vom 14/8. 1962, ausg. 15/2. 1968. U.S. Prior. 16/8. 1961. — C. **1967,** 44-1702 [Brit.P. 1 008 850].)

1504 **American Cyanamid Co.**, Wayne, N. J. (Erfinder: **Michael Joseph Martell jun.**, Pearl River, N. Y., **James Howard Boothe**, Montvale, N. J., und **Joseph Peter Petisi**, Nanuet, N. Y.), USA, *Herstellung von Tetracyclin-Derivaten.* (**Schwz.P. 448 070** vom 22/5. 1962, ausg. 29/3. 1968. U. S. Prior. 24/10., 22/12. 1961 u. 7/2. 1962. — C. **1968,** 18-1714[D.A.S. 1 245 942].)

1505 **Glaxo Laboratories Ltd.**, Greenford, Middx. (Erfinder: **Stephen Eardley**, Ruislip/Middx., **Michael Edgar Hall**, Swansea/Wales, **John Francis Oughton**, Gerrards Cross/Brucks., und **Peter John May**, North Harrow/Middx.), Großbritannien, *Herstellung von 7-Amino-cephalosporansäure.* (**Schwz.P. 451 157** vom 26/3. 1963, ausg. 15/5. 1968. Brit. Prior. 28/3. 1962. — C. **1968,** 8-1706 [Brit.P. 1 017 543].)

1506 **Francesco Vismara S.p.A.**, Casatenovo Brianza, Italien, *Herstellung von Verbindungen mit Antiviruseigenschaften.* (**Niederl.P.123 589** vom 17/8. 1959, ausg. 15/1. 1968. Brit. Prior. 24/9. 1958 u. 21/5. 1959. — C. **1963,** 9815 [D.A.S. 1 124 963].)

1507 **Upjohn Co., Kalamazoo** (Erfinder: **Robert David Birkenmeyer**, Kalamazoo, und **Herman Hoeksema**, Galesburg), Mich., USA, *Herstellung von N.N'-Bis-[Trifluoracetyl]actinospectacin.* (**D.A.S. 1 274 131** Kl. 12q vom 15/2. 1963, ausg. 1/8. 1968. U.S. Prior. 4/4. 1962. — C. **1966, 44-1675** [Brit.P. 961 261].)

1508 **Farbenfabriken Bayer Akt.-Ges.**, Leverkusen (Erfinder: **Herbert Klesper**, Köln, **Fritz Steinfatt**, Opladen, **Walter Lorenz**, Wuppertal, und **Klaus Langheinrich**, Leverkusen), *Antimikrobielle Mittel.* (**Schwz.P. 444 568** vom 19/10. 1965, ausg. 29/2. 1968. D. Prior. 10/11. 1964. — C. **1967, 13-1946** [D.A.S. 1 215 304].)

1509 **Farbenfabriken Bayer Akt.-Ges.**, Leverkusen (Erfinder: **Karl-Julius Schmidt**, Wuppertal, **Fritz Steinfatt**, Opladen, und **Gerhard Schrader**, Wuppertal), *Antimikrobielle Mittel.* (**Schwz.P. 451 411** vom 9/12. 1965, ausg. 15/5. 1968. D. Prior. 2/1. 1965. — C. **1967,** 17-2970 [D.A.S. 1 221 765].)

1510 **Th. Goldschmidt Akt.-Ges.** (Erfinder: **Adolf Schmitz**), Essen, *Isolierung amphoterer oberflächenaktiver Verbindungen.* (**Schwz.P. 449 644** vom 9/9. 1965, ausg. 11/4. 1968. D. Prior. 20/10. 1964. — C. **1968, 36-1729** [D.A.S. 1 250 831].)

1511 **F. Hoffmann-La Roche & Co. Akt.-Ges.**, Basel (Erfinder: **Rudolf Rüegg**, Bottmingen, und **Gottlieb Ryser**, Basel), Schweiz, *Herstellung von quaternären Ammoniumverbindungen.* (**Schwz.P. 441 359** vom 16/10. 1964, ausg. 15/1. 1968. — C. **1968,** 43-1751 [Brit.P. 1 047 608].)

1512 **J. R. Geigy Akt.-Ges.**, Basel, Schweiz (Erfinder: **Jack Raymond Green**, Shadwell, Leeds, und **Wilfred Herbert Hook**, Sale, Ches., Großbritannien), *Herstellung von Semicarbazonen.* (**Schwz.PP. 442 351** vom 29/10. 1964, ausg. 31/1. 1968, **444 184** vom 29/10. 1964, ausg. 15/2. 1968 u. **446 387** vom 29/10. 1964, ausg. 15/3. 1968. Brit. Prior. 28/11. 1963. — C. **1968,** 14-1755 [Brit.P. 1 020 494].)

1513 **J. R. Geigy Akt.-Ges.**, Basel, Schweiz, *Herstellung von Diphenyläthern.* (**Niederl.P. 123 731** vom 21/2. 1964, ausg. 15/2. 1968. Schwz. Prior. 22/2. 1963. — C. **1966,** 46-1769 [D.P.[DDR] 39 732].)

1514 **Norwich Pharmacal Co.** (Erfinder: **Louis Edmond Benjamin**), Norwich, N. Y., USA, *Herstellung von 1-Methyl-3-[2-(5-nitro-2-furyl)-vinyl] Δ^2-1.2.4-triazolin-5-on.* (**Schwz.P. 451 176** vom 15/10. 1965, ausg. 15/5. 1968. **F.P. 1 449 452** vom 11/10. 1965, veröff. 4/7. 1966. Beide U.S. Prior. 23/10. 1964. — C. **1967,** 35-1860 [D.A.S. 1 230 030].)

G. Analytische Chemie, Laboratoriumspraxis

G–1. Allgemeine Verfahren und Apparate

1515 **Gerät zum schnellen Spülen und Trocknen von Photometerküvetten, Meßkolben und dergleichen.** G. F. Domagk und R. Zech. (Z. klin. Chem. klin. Biochem. **5** (1967) 4, 219; Physiol.-chem. Inst., Univ., Göttingen; dt.) — Die Waschlsg. werden mittels einer Düse gegen den Boden der zu reinigenden Gefäße gespritzt u. in einer an eine W.-Strahlpumpe angeschlossene Saugflasche aufgefangen. W. Grimmich 5001

1516 **Schutzschalter für wassergekühlte Diffusionspumpen.** C. James und D. Warman. (Lab. Pract. **16** (1967) 1, 55—57; Welsh Coll. of Advanced Technol., Cathays Park, Cardiff; engl.) — Vf. beschreibt die Konstruktion eines wasserdruckgesteuerten Schutzschalters. J. Pickardt 5010

1517 **Automatisches Kontrollgerät für einen Ofen zum zyklischen Aufheizen und Abkühlen.** G. H. B. Lovell. (Lab. Pract. **16** (1967) 9, 1122; Phys. Metallurgy Div., Atomic Energy Board, Pelidaba, South Africa; engl.) — Vf. beschreibt ein automat. Kontrollgerät für das zykl. Aufheizen u. Abkühlen einer Probe zwischen definierten Temp.-Grenzen. H.-D. Schenke 5012

1518 **Apparatur zur Erzeugung hydrostatischer Gradienten.** Samuel P. Bessman. (Analyt. Biochem. [New York] **18** (1967) 2, 256—63; School of Med., Univ. of Md., Baltimore, Md.; engl.) — Vf. beschreibt eine einfache App. zu Erzeugung hydrostat. Gradienten verschiedener Form in einer Mischkammer u. verbundenen Vorratsgefäße, die nebeneinander angeordnet sind. J. Pickardt 5020

1519 **Gefahren beim Verknoten von Dialysesäcken.** Carel J. van Oss. (Analyt. Biochem. [New York] **20** (1967) 3, 556—58; Dep. of Biol., Marquette Univ., Milwaukee, Wis.; engl.) — Auf die Notwendigkeit sorgfältigen, mehrfachen Verknotens zur Vermeidung von Lsg.-Verlusten wird hingewiesen. J. Pickardt 5020

1520 **Siebbödenkolonnen mit verbesserter Wirksamkeit.** G. M. Cooke. (Analytic. Chem. **39** (1967) 3, 286—89; Imp. Oil Enterprises Ltd., Sarnia, Ontario; engl.) — Vf. beschreibt die Anwendung neuer Siebbödenkolonnen bei der Labor.-Destillation u. vergleicht sie mit anderen Kolonnentypen. J. Pickardt 5022

1521 **Fortschrittliche Co-60-Bestrahlungsanlage für die Strahlenchemie.** S. Rösinger. (Atomwirtschaft **12** (1967) 6, 295—99; Frankfurt/M.-Höchst; dt.) — Der bauliche Teil u. die techn. Einrichtungen für Be- u. Entladung sowie Steuerung u. Betrieb einer ^{60}Co-Bestrahlungsanlage mit 2 spiegelbildlich zusammenliegenden Bestrahlungsvorr. u. die damit verbundenen Strahlenschutzeinrichtungen werden bis ins Detail beschrieben. Die Quellstärken reichen bis 2 · 5000 Ci. Die Quellen bestehen aus einzelnen metall. Co-Blöcken, die zu Stäben zusammengesetzt u. in rostfreien Stahl eingeschweißt sind. Die spezif. Aktivität beträgt ca. 6,5 Ci/g. Die Länge der Strahler ist auf 40 cm festgelegt. Die Dosisleistung des γ-Feldes im Bestrahlungsraum wurde mit Hilfe chem. Meth. u. durch Verw. von Ionisationskammern gemessen. Dabei ergab sich für 2 benachbarte 5000-Ci-Quellen im Abstand von 65 cm ein ausreichend homogenes Strahlenfeld mit einer Dosisleistung zwischen $7 \cdot 10^4$ u. $8 \cdot 10^4$ rad/Stunde. Die Bestrahlungsanlage ermöglicht die Einführung der Strahlenquellen durch die Deckel der Rk.-Gefäße, womit eine gute Strahlenausnutzung gegeben ist. W. Wiechmann 5030

1522 **Untersuchungen über die Restgaszusammensetzung in Bedampfungsanlagen.** G. Rettinghaus und W. K. Huber. (Vakuum-Techn. **16** (1967) 6, 121—25; Balzers, Liechtenstein, Balzers AG für Hochvakuumtechn. und Dünne Schichten; dt.) — Vf. führten Restgasanalysen in serienmäßig hergestellten Bedampfungsanlagen mit einem Quadrupol-Massenspektrometer mit eingetauchter Ionenquelle durch. Durch Verw. eines eingetauchten Syst. konnten im Gegensatz zu einem Gerät mit nicht eingetauchtem Syst. neben W., CO u. CO_2 auch CH_2-Gruppen (bis über Masse 400) nachgewiesen werden. Die CH_2-Gruppen stammen aus Zers.-Prod. des Pumpenöls u. aus Abgasen der Dichtungen der Bedampfungsanlagen (Neopren). Das bei einem anderen

Gerät als Dichtung benutzte Viton gibt hauptsächlich W. u. Luft ab. Der Pumpenölanteil am Restgas schwankt beträchtlich mit den Betriebsbedingungen der Anlage. I. Degen 5032

1523 **Automat zur Erzeugung von Sauerstoffpartialdrücken zwischen 1 und 10^{-12} Atmosphären.** F. Marion. (Chim. analytique **49** (1967) 4, 224–30; Fac. des Sci. de Lille; franz.) – Vf. beschreibt eine App., die in einem unbrennbaren Gas (Ar oder N_2) einen vorgegebenen O_2-Partialdruck automat. konstant hält, gleichgültig, ob dieser O_2-Partialdruck allein durch Beimischen von reinem O_2 oder durch die therm. Dissoziation eines Redox-Gemisches hervorgerufen wird. J. Pickardt 5032

1524 **Empfindliche magnetische Messungen mit Hilfe von supraleitenden Stromkreisen und magnetischen Abschirmungen.** Bascom S. Deaver jun. und William S. Goree. (Rev. sci. Instruments **38** (1967) 3, 311–18; Stanford Res. Inst., Menlo Park, Calif.; engl.) – Vf. beschreiben eine App. zur Messung magnet. Suszeptibilitätsänderungen von 10^{-10} cgs/g in einem Feld von 10^4 Oe u. zur Messung kleiner magnet. Felder bis $5 \cdot 10^{-7}$ Oe unter Verw. eines supraleitenden Nb–25%Zr-Solenoids u. supraleitender magnet. Abschirmung aus Nb–25%Zr-Folie. Die Stabilität des Solenoids wurde über 8 Std. beobachtet, sie betrug < 1 in 10^{10} Sek. J. Pickardt 5041

1525 **Genauigkeit und Reproduzierbarkeit der Zentrifugierscheiben-Photosedimentometermethode zur Korngrößenanalyse.** M. W. G. Burt. (Powder Technol. [Amsterdam] **1** (1967) 2, 103–15; Atomic Weapons Res. Establishment, Aldermaston, Berks.; engl.) – Beschreibung der Meth. u. ihrer Anwendung im Subsieb- u. Submikrometerbereich sowie Vgl. mit anderen analyt. Verfahren. H.-D. Schenke 5044

1526 **Thermoelemente zur Hochtemperaturmessung.** V. P. Wasan und C. L. Gupta. (Engelhard Ind., Inc., techn. Bull. **8** (1967) 3, 77–92; Nat. Phys. Labor., New Delhi; engl.) – Überblick über die zur Verfügung stehenden Materialien u. die ihre Verw. in verschiedenen Atmosphären beeinflussenden Faktoren. – 61 Literaturangaben. H.-D. Schenke 5052

1527 **Polaradiometer – ein neues Instrument zur Temperaturmessung.** Thomas P. Murray. (Rev. sci. Instruments **38** (1967) 6, 791–98; United Steel Corp., Monroeville, Pa.; engl.) – Vf. beschreiben ein automat. Instrument zur Messung von Oberflächentemp., bei dem die Summe der von der zu untersuchenden Fläche emittierten u. der von einem schwarzen Körper emittierten u. von der Oberfläche reflektierten Strahlung auf ihre Polarisierung untersucht wird. Bei Messungen bis zu 450° an metall. Oberflächen mit Abstrahlungen von 0,05 bis 0,47 war die Best. der Übereinstimmung von Proben- u. Referenztemp. auf $\pm 2\%$ genau, wobei Korrekturen nicht angewendet wurden. Die Fehlerursachen werden untersucht. J. Pickardt 5052

1528 **Automatische Methode zur genauen Messung des Seebeck-Koeffizienten.** C. N. Berglund und R. C. Beairsto. (Rev. sci. Instruments **38** (1967) 1, 66–68; Bell Telephone Labor., Inc. Murray Hill, N.J.; engl.) – Es wird eine einfache u. schnelle Meth. zur Messung der Koeff. von Halbleitern mit einer Genauigkeit von 1% beschrieben. J. Pickardt 5052

1529 **Analyse der Fehler bei photoelektrischen Zweifarbenpyrometern.** K. Golebiowski. (Prace Inst. hutniczych **19** (1967) 1, 61–64; Inst. Metalurg. Żelaza; pd.) – Vf. diskutiert die Konstruktionsprinzipien industrieller Zweifarbenpyrometer u. leitet eine Formel für die notwendige Genauigkeit der Best. des Strahlungsintensitätsquotienten für eine vorgegebene Geräteklasse ab. Eine Analyse der Ausgangsfunktion eines Zweifarbenpyrometers zeigt, daß der Hauptfehler durch die Instabilität der beiden effektiven Wellenlängen verursacht wird. Am Beispiel eines bestimmten Filtersyst. u. Detektors wird eine derartige Fehlerberechnung durchgeführt. J. Pickardt 5052

1530 **Eigenschaften von Druckmessern aus einer Gold-Chrom-Legierung.** Lance A. Davis und Robert B. Gordon. (Rev. sci. Instruments **38** (1967) 3, 371–74; Dep. of Engn. and Appl. Sci., Yale Univ., New Haven, Conn.; engl.) – Druck- u. Temp.-Abhängigkeit des elektr. Widerstandes R von Au-Cr-Leg. mit 2,1% Cr wurden gemessen. Nach einer Kalt-heiß-Behandlung geht R als Funktion der Temp. durch ein Minimum. Mit steigendem Druck wird die Temp., bei der R ein Minimum wird, zu höheren Werten verschoben. Metallograph. Unters. zeigen, daß eine notwendige Bedingung für das Auftreten dieses Minimums in der Bldg. einer fein verteilten 2. Phase besteht. Die Leg. zeichnet sich durch geringe Temp.-Empfindlichkeit, keine R-Verschiebungen beim Druck Null u. fast lineares u. genügend großes Ansprechen auf Druck aus, zeigt jedoch Änderung der Eichung u. Hysterese bei cycl. Druckänderungen. J. Pickardt 5054

1531 **Meßeinrichtung „Phogadense".** Bernard Wack. (C. R. hebd. Séances Acad. Sci., Sér. A et B **265** (1967) 15, A 437–40; Labor. de Mécanique des Fluides de l'Univ., Grenoble; franz.) – Eine Appl. zur kombinierten photo- u. gammametr. Dichtemessung wird beschrieben. J. Pickardt 5056

1532 **Beiträge zur Meßtechnik der Rotationsviskosimeter.** 1. Mitt. **Untersuchungen über die exzentrische Stellung der Zylinder und die Theorie von W. Müller.** Gustav Meerlender. (Rheol. Acta (Ergänzungsh. z. Kolloid-Z.) **6** (1967) 1, 83–92; Phys.-Techn. Bundesanstalt, Braunschweig; dt.) – Vf. beschreibt eine Vers.-Anordnung, in der Searle- u. Couette-Typ des Rotationszylinderviskosimeters durch leichten Umbau zu erhalten sind. Für alle Fälle werden die Drehmomente in Abhängigkeit von der exzentr. Stellung der Zylinderachsen für verschiedene Drehzahlen u. Zylinderlängen bestimmt u. die von der Theorie von W. Müller gelieferten Aussagen in weiten Bereichen quant. bestätigt. Möglichkeiten zur Bereitstellung von Beiwerten werden beschrieben. J. Pickardt 5058

1533 **Automatische mikroskopische Schmelzpunktbestimmungsmethode.** A. K. Kolb, C. L. Lee und R. M. Trail. (Analytic. Chem. **39** (1967) 10, 1206–08; Dow Corning Corp., Midland, Mich.; engl.) – Vf. beschreiben ein Gerät zur automat. Schmelzpunktbest. u. geben Anwendungsbeispiele. J. Pickardt 5064

1534 **Apparatur zur Messung der elektrischen Leitfähigkeit während der Polymerisation.** Miroslav Švenstka und Bohumír Matyska. (Chem. Listy **61** (1967) 2, 245–51; Úst. fysik. chem. ČSAV, Praha; tschech.) – Zur Unters. der kation. katalysierten Isoprenpolymerisation wurde eine App. entwickelt, mit der die elektr. Leitfähigkeit (LF) des Rk.-Syst. in unpolarer Lsg. parallel mit der Rk.-Geschw. während der Polymerisation gemessen werden kann. Die App. besteht aus einem thermostatierten Gefäß, in dem die Rk. im Vakuum u. unter Feuchtigkeitsausschluß bei magnet. Rühren durchgeführt wird u. in dessen Unterteile sich eine zerlegbare, in den Stromkreis einer LF-Brücke eingeschaltete LF-Zelle befindet. K. Kámen 5066△

1535 **Methoden, Apparate: Untersuchung eines neuen Produktes, Prozeß-Entwicklung und Entwurf. Einfache Apparatur für Wasserdampfdruck-Feuchtigkeitsuntersuchungen nach einer Taupunktmethode.** D. J. Bogsanyi und D. G. Weeden. (Chem. and Ind. **1968**, 23, 741 bis 742; Arnott's Biscuits Pty Ltd., Homebush, NSW, Australia; engl.) – Eine einfache, vollkommen in ein W.-Bad eintauchbare Zelle zur Best. des Taupunktes wird beschrieben. Der Ventilator zur schnelleren Gleichgew.-Einstellung wird durch einen Magnetrührer angetrieben. H.-D. Schenke 5070

1536 **Automatische chemische Analyse.** Mauri Rastas. (Kem. Teollisuus [Chem. Ind.] **24** (1967) 2, 93–98; Instrumentarium Oy; finn.) – Beschreibung von Aufbau, Arbeitsweise u. Anwendung des Technicon AutoAnalyzers TM. J. J. Pohl 5081

1537 **Transformierung der Daten eines Auto Analyzers mit Hilfe einer kleinen Rechenanlage in numerische Konzentrationswerte.** J.-J. Bernier, N. Vidon und

F. Maison. (Ann. Biol. clin. **25** (1967) 3/4, 493—99; I. N. S. E. R. M., Paris; franz.) J. Pickardt 5082

1538 **Anwendung von 50%igem Wasserstoffperoxid zur Zersetzung organischer Substanzen.** Anonym. (Analyst **92** (1967) 1095, 403—07; engl.) — Es werden 5 Meth. zur Zers. organ. Substanzen mit H_2O_2-/H_2SO_4-Lsg. im Hinblick auf die Best. metall. Verunreinigungen oder Bestandteile beschrieben. Die Meth. sind anwendbar für: 1. Plastomere, 2. leicht oxydierbare Stoffe, 3. Getränke, 4. Sirupe, 5. Pflanzen, Gewürze, Harze. Im Prinzip sind die Meth. einander ähnlich u. unterscheiden sich lediglich in ihrer Durchführung. — 8 Literaturangaben. G. Gawalek 5084

1539 **o-Diacetylbenzol als analytisches Reagenz.** 1. Mitt. **Verbindungen, die eine Farbreaktion mit o-Diacetylbenzol zeigen.** Michiko Kagawa. (Japan Analyst **16** (1967) 7, 669—71; Tokyo, Daito-ku, Coll. of Pharm., Women's Div.; jap., Auszug: engl.) — Die Verb. zeigt mit aliphat. u. aromat. Aminen eine violette Farbe. Die Rk. ist als Tüpfelnachw. auf Filterpapier für *m-Phenylendiamin, p-Aminosalicylsäure, Sulfaguanidin* u. *Sulfamethoxin* empfindlicher als der Nachw. mit Ninhydrin. Die Rk. mit den primären aromat. Aminen (*Anilin, Sulfanilsäure, Sulfanilamid, p-Aminosalicylsäure, p-Aminoacetophenon, p-Aminophenol*) wurde in neutralem Medium, H_2SO_4 u. CH_3-COOH untersucht. Verb. mit den Gruppen $-SO_3H$, $-SO_2NH_2$ oder -COOH am Bzl.-Ring zeigen innerhalb von 5 Min. eine Farbentwicklung. I. Degen 5086

1540 **o-Diacetylbenzol als analytisches Reagenz.** 2. Mitt. **Photometrische Bestimmung von Sulfaminverbindungen.** Michiko Kagawa. (Japan Analyst **16** (1967) 7, 671—74; jap., Auszug: engl.) — 1. vgl. vorst. Referat. — Die 5 bis 60 µg/ml Sulfaminverb. (*Sulfamin, Sulfaisomezol, Homosulfamin*) enthaltenden Lsg. (CH_3COOH) werden mit 1 ml einer 0,25%ig. Lsg. des Reagenzes in CH_3COOH versetzt u. 1 Std. ins sd. W.-Bad gestellt. Die Farbe des Rk.-Prod. wechselt dabei von Violett nach Blau. Nach 30 Min. bei Raumtemp. wird die Extinktion der Lsg. bei 595 nm gemessen. Gute Ergebnisse wurden bes. bei der Best. von Homosulfamin erzielt, das nach dem Verf. von Ehrlich nicht zu bestimmen ist. I. Degen 5086

1541 **Malachitgrün, ein empfindlicher Indikator für jodometrische Mikrotitrationen.** E. Kolos, É. Banyai, K. Eröss und L. Erdey. (Mikrochim. Acta [Wien] **1967**, 2, 333—38; Inst. für allg. u. analyt. Chem., TU, Budapest; dt.) — Malachitgrün (I) zeigt in wss. Lsg. die Ggw. von J_2 durch Bldg. einer grünen J_2-Additionsverb. an. Bei jodometr. Titrationen im pH-Bereich 3—8 erfolgt der Farbumschlag grün ⇌ blau augenblicklich u. reversibel. Die Indikation ist auch für Titrationen in 0,001 n Lsg. geeignet. Zu 100 ml Lsg. sind 1—3 Tropfen 0,2%ig. Indikatorlsg. zuzusetzen, die optimale J-Konz. beträgt 10 g KJ/l. I ist auch in Ggw. organ. Stoffe als jodometr. Indikator einsetzbar. In Ggw. von Aceton u. Glycerin ist die Empfindlichkeit der J_2-I-Rk. größer als die der J_2-Stärke-Reaktion. K. Seyfert 5090

1542 **Konduktometrische Titration von Säuren in nichtwäßrigen Medien.** Tadeusz Jasiński und Zenon Pawlak. (Zeszyty naukowe Wyższej Szkoły pedagog. w Gdańsku, Mat., Fizyka, Chem. 7 (1967) 117—20; pol.) — Der Vf. beschreibt den Verlauf der konduktometr. Titration einiger organ. Säuren u. deren Mischungen mit HNO_3 in Methanol, Isopropanol, DMF u. DMF/Bzl. mit K-Acetat oder Tetraäthylammoniumhydroxid. Die Vers. wurden mit Pikrinsäure (I), Benzolsulfonsäure (II), p-Toluolsulfonsäure (III), β-Naphthalinsulfonsäure (IV), Benzoesäure (V), Oxalsäure (VI) u. Mono- bzw. Trichloressigsäure (VII) (VIII) durchgeführt. Es wurde mit I, II, III u. IV eine V-förmige konduktometr. Kurve erhalten. Bei den anderen Säuren (V—VIII) schneiden sich die Äste der Kurven unter einem Winkel $>180°$. M. Sidillo 5092

1543 **Anwendung des Laborschreibers POLY-RECORDER für direkt-potentiometrische Natrium- und Cyanid-Bestimmungen.** F. Oehme. (G-I-T Fachz. Labor. **11** (1967) 1, 16—21; Bassersdorf, Schweiz; dt.) — Es wird der Kompensationsbandschreiber mit auswechselbarem Meßwertverstärker u. in Verb. mit auswechselbarer Schiebespannungsquelle zur Nullpunktsunterdrückung beschrieben. Mit der Gerätezusammenstellung ist die Best. von Meßkettenpotentialen mit einer Auflösung von weniger als 5 mV bei Meßkettenwiderständen bis zu 2000 Megohm möglich. Es können Potential-Zeit-Kurven aufgezeichnet werden, das Einstellverh. von Indikator-Elektroden kann untersucht werden. Als Beispiele sind angeführt: Na-Best. in Eiweiß u. CN^--Endkontrolle industrieller Abwässer. A. Lützkendorf 5092

1544 **Photometrische Titrationen mit dichromatischem Licht.** Anders Ringbom, Bengt Skrifvars und Ebbe Still. (Analytic. Chem. **39** (1967) 11, 1217—21; Dep. of Chem., Åbo Akad., Åbo, Finnland; engl.) — Vf. beschreiben ein Gerät, in dem zwei Lichtstrahlen verschiedener Wellenlänge durch die Titrationszelle fallen u. die Photozellen gegeneinander geschaltet sind, zur Verw. bei photometr. Titrationen. Bei Titrationen mit einem Indikator entspricht ein Gesamtphotostrom von Null dem Äquivalenzpunkt, wenn man „korrespondierende Wellenlängen" gemäß den theoret. Erfordernissen wählt; der Nullpunkt des Photostroms kann auch von der Konz. der Probelsg. unabhängig gemacht werden, wobei Kenntnisse der Extinktionswerte am Äquivalenzpunkt nicht erforderlich sind. Komplexometr. u. acidimetr. Titrationen sind auch dann möglich, wenn der Farbumschlag am Endpunkt zu visuellen Best. zu gering ist. Das Verf. ist bes. für automat. Titrationen geeignet. J. Pickardt 5094

1545 **Wechselstrompolarograph mit vereinfachtem phasenselektiven Detektor.** Ronald F. Evilia und A. James Diefenderfer. (Analytic. Chem. **39** (1967) 14, 1885—87; Dep. of Chem., Lehigh Univ., Bethlehem, Pa.; engl.) — Durch Verw. eines Lock-in-Verstärkers als phasenempfindlichen Detektor u. eines Wechselstromgenerators in sonst üblichen Schaltungen für Wechselstrompolarographen ist der elektron. Aufwand weit geringer. Für einen Polarographen dieser Art werden Blockschaltbild u. Verstärkerkreise angegeben. $5 \cdot 10^{-8}$ m Cd^{2+} können mit $\pm 6\%$ bestimmt u. der Cd^{2+}- vom In^{3+}-Peak (Δ 40 mV) getrennt werden. E. Bomke 5098

1546 **Verwendung eines frequenzstabilisierten Hochleistungsklystrons in einem Spektrometer zur Messung von Relaxationszeiten.** François Fabre und Jacques Pescia. (C. R. hebd. Séances Acad., Sér. A et B **264** (1967) 9, B 680—83; Labor. de Phys. des Solides, Toulouse; franz.) — Vf. beschreiben die Frequenzstabilisierung eines Klystrons nach der Pound-Methode. J. Pickardt 5100

1547 **Mikrozelle für Analysen durch kernmagnetische Resonanz.** R. A. Flath, N. Henderson, R. E. Lundin und R. Teranishi. (Appl. Spectroscopy **21** (1967) 3, 183—84; Albany, Calif., Western Regional Res. Labor., Agric. Res. Serv., U.S. Dep. of Agric.; engl.) — Die Konstruktion einer NMR-Mikrozelle für Messungen im 0,5-mg-Bereich wird beschrieben. B. I. 5102△

1548 **Hochempfindlicher Nulldurchgangs-Detektor für magnetische Resonanzlinien.** J. T. Hickmott jun., T. Kushida und J. C. Murphy. (Rev. sci. Instruments **38** (1967) 1, 29—32; Ford Motor Co., Dearborn, Mich.; engl.) — Vf. beschreiben ein Syst., bei dem unter Verw. eines über die Zeit mittelnden Computers der Nulldurchgangspunkt der derivativen magnet. Resonanzlinie mit verbesserter Genauigkeit bestimmt werden kann. Als Anwendungsbeispiel werden Meßergebnisse für die ^{27}Al-NMR-Linie in Al angegeben. Es wurde eine Genauigkeit von $\approx 1/_{1000}$ der Linienbreite erzielt, die etwa 30mal besser als die übliche Meth. ist. J. Pickardt 5102

1549 **Mikrowellenplanartrioden für Vorverstärker von kernmagnetischen Resonanzspektrometern.** B. Leskovar. (Nuclear Instruments Methods [Amsterdam] **47** (1967) 1, 29—38; Berkeley, Calif., Univ. of Calif., Lawrence Radiation Labor.; engl.) — Die Verw. von Mikrowellenplanartrioden für NMR-Vorverstärker mit niedrigem Rauschen werden im Frequenzbereich 10—100 MHz untersucht. Das Rauschverh., die Rauschzahl u. ein Vorverstärker werden diskutiert u. mit anderen Anordnungen mit kleiner Rauschzahl verglichen. Ein NMR-Vorverstärker mit Mikrowellenplanartrioden u. einer Rauschzahl von 0,35 db bei 24,3 MHz wird entwickelt u. erklärt. — Schaltbild. B. I. 5102△

1550 **Theorie und Aufbau von Differential-Wärmeleitfähigkeitszellen.** R. K. Joshi und S. C. Saxena. (Indian J. Technol. **5** (1967) 8, 241—45; Ind., Dep. of Phys., Univ. of Rajasthan, Jaipur; engl.) — Die Theorie der Differential-Wärmeleitfähigkeitszelle in Brückenschaltung für die Gasanalyse wird entwickelt u. der Einfl. verschiedener Faktoren auf die Empfindlichkeit u. Arbeitsweise der Anordnung untersucht u. experimentell geprüft. Die Bedingungen für maximale Reproduzierbarkeit werden abgeleitet. Waldemar Köhler 5104

1551 **Halbautomatisches Datenerfassungssystem für Massenspektrometer.** P. E. Moreland jun., C. M. Stevens und D. B. Walling. (Rev. sci. Instruments **38** (1967) 6, 760—64; Argonne Nat. Labor., Argonne, Ill.; engl.) — Vf. beschreiben 2 Syst. zum programmierten Abtasten u. digitalen Erfassen der Daten eines Massenspektrometers mit stat. Feld. Mit Hilfe dieser Syst. kann die Genauigkeit der Isotopenanalyse fester Proben erhöht u. die Zeit zum Erfassen u. Reduzieren der Meßdaten verkürzt werden. — Ein hochempfindliches Spektrometer wurde mit einem „Programmer" u. einem „Multiscaler" ausgerüstet, so daß bis zu 4 Massen nacheinander abgetastet u. die Zählraten eines Ionenpulsdetektors in verschiedenen Gruppen von Magnetkernspeichern gespeichert werden können. Einzelheiten des elektron. Syst. werden beschrieben. J. Pickardt 5106

1552 **Bemerkungen zur Abhandlung „Eine theoretische Einschätzung der Möglichkeit der massenspektrometrischen Analyse in ausgewählten Bereichen bei Verwendung eines fokussierten Ionenstrahls".** L. F. Herzog und J. V. P. Long. (Brit. J. appl. Physics **18** (1967) 6, 863 bis 864; Pa. State Univ., Dep. of Geol. and Geophys.; engl.) — J. V. P. Long will in seiner obengenannten Abhandlung die mögliche Leistung eines Massenspektrometers mit einer Ionenstoßquelle von 1 μm ⌀ abschätzen u. mit der Leistung eines ähnlichen, bereits beschriebenen Gerätes (R. Castaing u. G. Slodzian, J. Microscop. [Paris] **1** [1962] 395) vergleichen. L. F. Herzog bringt in seinen Bemerkungen weitere Beispiele für derartige, bereits konstruierte Massenspektrometer, bei denen das zu untersuchende Metalltarget mit Primärionen beschossen wird. Außerdem wird ein Gerät beschrieben, bei dem die bei Ionenbombardement entstehenden Neutralteilchen durch einen zusätzlichen Elektronenstrahl ionisiert werden, wodurch eine beträchtliche Red. der bei Sekundärionenemission von Element zu Element beobachteten Empfindlichkeitsunterschiede möglich ist. J. Büttner 5106

1553 **Technik hoher Auflösung: Doppelstrahl–Zweistrahl-Interferometrie mit Ferninfrarot-Lamellargitter-interferometer.** J. M. Dowling und R. T. Hall. (J. Physique, Suppl. **1967,** Colloque Nr. 2, 156—64; Suppl. zu Journal de Physique Aerospace Corp., Los Angeles, Calif.; engl.) — Vf. beschreiben den Aufbau eines hochauflösenden FIR-Lamellargitterinterferometers. Am Beispiel von FIR-Interferogrammen u. den zugehörenden hochaufgelösten Spektren von 15—115 cm^{-1} von *CO*, *W.*-Dampf, *DCl* u. *NO* zeigen sie die Vorteile des Zweistrahl-Differenzierens auf. Im reinen Rotationsspektrum von DCl wird die ^{35}Cl–^{37}Cl-Isotopenaufspaltung des Übergangs $J = 2 \rightarrow 3$ ($\Delta\nu \sim 0{,}9\ cm^{-1}$) klar aufgelöst. Einige Schwierigkeiten der Technik werden diskutiert. A. Meixner 5108

1554 **100-kHz-Homodyn-Reflexionshohlraum-Mikrowellenspektrometer mit Phasenblockierung des Referenzsignals und Niederfrequenzfeldmodulation.** H. C. Praddaude. (Rev. sci. Instruments **38** (1967) 3, 339—47; Nat. Magnet Labor., Mass. Inst. of Technol., Cambridge, Mass.; engl.) — Vf. beschreibt ein Spektrometer, das einen 35-GHz-Ferritmodulator im Signalarm verwendet, um ein Trägersignal mit doppelter Seitenbandunterdrückung (±100 kHz) zu erzeugen. Dadurch wird das 1/f-Mikrowellen–Krist.-Rauschen reduziert. Schaltung u. elektron. Einzelheiten des Geräts werden angegeben u. das Verh. der Mikrowellenbrücke u. Einfl. kleiner Änderungen der Probeneig. auf den Reflexionskoeff. untersucht. — Experimentelle Ergebnisse werden angegeben. J. Pickardt 5116

1555 **Spektralphotometer für den XUV-Bereich.** Hiroshi Saito, Teruhiko Mabuchi, Ryumyo Onaka und Bunji Ikeo. (Sci. Light [Tokyo] **16** (1967) 3, 246—57; Inst. for Opt. Res., Kyoiku Univ., Shinzyuku-ku, Tokyo; engl.) — Eine genaue Beschreibung der Konstruktion eines Spektralphotometers zur Unters. physikal. Eig. fester Stoffe im XUV-Bereich wird gegeben. Das Gerät wird jetzt für die Unters. opt. Eig. von *Alkalimetallhalogeniden* im Wellenlängenbereich 450—1200 Å u. bei Temp. bis zu der Temp. des fl. N_2 hinab benutzt. E. Otto 5116

1556 **Vielseitig verwendbare Hohlkathode zur Spektralanalyse im Vakuum-Ultraviolett.** Giulio Milazzo. (Appl. Spectroscopy **21** (1967) 3, 185—87; Ist. Superiore di Sanità, Rom; engl.) — Es werden Grundlagen u. Konstruktion einer Hohlkathode sowie des erforderlichen Gaszirkulations- u. Reinigungssyst. für die Analyse nichtmetall. Elemente im Vakuum-UVbeschrieben. H. Bensch 5116

1557 **Probentemperatur bei der Messung von IR-Spektren.** Petr Adámek und Zbyněk Ksandr. (Chem. Listy **61** (1967) 3, 378—81; Vys. šk. chem.-technol. Praha; tschech.) — Vf. haben die Zeitabhängigkeit der Temp. von CCl_4, $CHCl_3$ u. CS_2 u. von 1 m Phenol-Lsg. in diesen Lsgm. in einer 1-mm-Küvette bei der Messung der IR-Spektren mit dem Gerät UR 10 (C. Zeiss, Jena) abgeleitet. Beispiele für die Anwendung der Temperierung sind angeführt. Vaclav Kratochvil 5116△

1558 **Salzbildung als Hilfe zur Strukturuntersuchung in der Infrarotspektrometrie.** Bruce R. Hofmann und Gordon H. Ellis. (Analytic. Chem. **39** (1967) 3, 406 bis 407; Wyeth Lab. Res. Div., Radmor, Pa.; engl.) — 1 mg Substanz werden mit 300 mg KBr verrieben, auf Glanzpapier ausgebreitet, unter einer Glasglocke von ca. 7 cm ⌀ mit HCl oder NH_3 1 Min. lang begast u. 5 Min. lang in dieser Atmosphäre stehengelassen. Nach Entfernung der Glocke wird nach einigen Min. der Preßling hergestellt. Fl. Substanzen werden auf das KBr aufgetragen, das Gemisch im Mörser begast, danach gemörsert u. gepreßt. Die Spektren der entstandenen Salze dienen zur weiteren Strukturaufklärung der betreffenden Säure bzw. Base. Salze können nach dieser Meth. in die freien Säuren bzw. Basen übergeführt werden. M. Meyer zur Heyde 5116

1559 **Neue Emissionsspektrenquelle durch kontrollierte Elektronenstrahlanregung eines Dampfstrahles.** Marcel Horani. (J. Chim. physique Physico-Chim. biol. **64** (1967) 2, 331—33; Labor. de Chim. Phys., Fac. des Sci., Orsay; franz.) — Vf. beschreibt eine Vorr., bei der ein Dampfstrahl mehrfach durch Elektronenstrahlen angeregt wird. Die Helligkeit wurde gegenüber älteren Vorr. dieser Art um den Faktor 6 erhöht. Die Vorr. diente zur Unters. der Spektren von CO_2^+ u. SH^+ J. Pickardt 5118

1560 **Spektrographische Bestimmung von Metallspuren in wäßrigen Lösungen.** J.-P. Lermusiaux und C. Decock. (Chim. et Techn. **14** (1967) 1, 5—11; Inst. Supérieur de Chim. du Borinage, Hornu; franz.) — Vf. beschreiben eine App. zur funkenspektrograph. Analyse wss. Lsg., die mit einer rotierenden Elektrode arbeitet. Mit Hilfe dieser App. wurden folgende Elemente bestimmt (Nachw.-Grenze in ppm: Fe, Zn (20), Pb, Al (10), Cr, Ti (5), Cu, Mg(2,5) u. Mn (<2,5). J. Pickardt 5118

1561 **Absolute Röntgenfluoreszenzanalyse.** Horst Ebel, Friedrich Firneis, Wing Chuen Ho und Heinz Jakusch. (Mikrochim. Acta [Wien] **1967,** Suppl. II, 63 bis 69; Inst. für angew. Phys., TH, Wien; dt.) — Vf. beschreiben die Möglichkeiten für die Extrapolation der Intensitätsquotienten auf einen schleifenden Fluoreszenzstrahlenaustritt. Mit Hilfe eines Rechenprogramms kann die rasche Best. der Zus. einer Probe durchgeführt werden. H.-D. Schenke 5122

1562 **Anwendung einer neuen Röhre mit Rh-Anode zur Röntgenfluoreszenzanalyse.** Hiroshi Tsukiyama und Isamu Iwamoto. (Japan Analyst **16** (1967) 9, 967 bis 968; Shimadzu Seisakusho Ltd., Sci., Instrum. Div., Nakagyo-ku, Kyoto; jap., Auszug: engl. S. 968.) — Röntgenröhren mit W-, Pt- u. Cr-Anode werden normalerweise zur Röntgenfluoreszenzanalyse verwendet, Röhren mit Mo- u. Cu-Anode werden gelegentlich angewandt. Diese Röhren weisen jedoch folgende Nachteile auf: W läßt sich nur sehr schwer mit einer W-Röhre bestimmen, analog Pt mit Pt-, Cr mit Cr-. Mo mit Mo- u. Cu mit Cu-Röhren. Analysen dieser Elemente sind jedoch häufig erforderlich. Ferner ist die Fluoreszenzstrahlungsausb. bei der Analyse schwerer Elemente mit W- oder Pt-Röhren sehr hoch, während sie bei der Analyse der leichten Elemente sehr gering ist, so daß die Genauigkeit bei der Best. der leichten Elemente sehr klein wird. Verwendet man jedoch eine Cr-Röhre, so ergeben sich umgekehrte Verhältnisse, d. h. die Ausb. bei der Analyse schwerer Elemente ist sehr gering. Diese Schwierigkeiten wurden durch Verw. einer Röhre mit Rh-Anode überwunden: die Fluoreszenzausb. schwerer u. leichter Elemente ist etwa 2- bzw. 1—1,2mal so groß wie bei Verw. einer Cr-Röhre, u. Cr, W, Mo u. Cu können mit sehr guter Genauigkeit bestimmt werden.
J. Pickardt 5122

1563 **Einfaches Zusatzgerät zum Zeiss-Spektralphotometer zur direkten, quantitativen Bestimmung fluoreszierender Substanzen auf Dünnschichtchromatogrammen.** Nikolaus Seiler. (Hoppe-Seyler's Z. physiol. Chem. **348** (1967) 7, 765—67; MPI für Hirnforsch., Frankfurt a. M.; dt.) — Die mit der beschriebenen Vorr. erhaltenen Ergebnisse sind mit einem Fehler von $\pm 0{,}7\%$ reproduzierbar. W. Grimmich 5122

1564 **Abhängigkeit des Röntgenspektrums von chemischer Bindung und Struktur.** R. Theisen. (Mikrochim. Acta [Wien] **1967,** Suppl. II, 211—18; Inst. für Material- und Festkörperforsch., Kernforsch.-Zentrum, Karlsruhe; dt.) — Die Verschiebung der langwelligen Röntgenlinien durch Änderung der Ionenladung, der chem. Bindung u. der strukturellen Veränderung durch äußere Einfl., wie Wärmebehandlung oder Bestrahlung, kann auch in feinkörnigen Aggregaten u. Leg. mit dem Elektronenstrahl-Mikroanalysator bis zu den schwersten Elementen verfolgt werden. Als Beispiele werden Verschiebungen der Al-Kα-Strahlung in dünnen Malschichten griech. Keramik, eine Verschiebung der Si-Kβ-Linie in einem kosm. Strahlung unterworfenen Chondriten sowie die Veränderung der U-Mβ-Strahlung in Abhängigkeit von der Stöchiometrie von U-Oxiden angegeben.
H.-D. Schenke 5126

1565 **Visuelle röntgenographische Orientierung von Einkristallen.** Rudolf Fiedler. (Českoslov. Časopis Fysiku, Sekce A **17** (1967) 5, 527—29; Brno, Úst. vlastností kovů ČSAV; tschech.) — Es wurde über die Resultate der visuellen Orientierung von Einkrist. durch Beobachtung der Laue-Gramme in der Reflexionsanordnung berichtet. Die Fluoreszenzfolien Hektophan, CaWo-Schönander u. Neossal wurden hierbei verwendet.
V. Burjan 5126△

1566 **Elektronenstrahlmikrosondenröntgenanalyse.** P. Mihálik. (South African chem. Processing **2** (1967) 2, CP 37—42; Nat. Inst. of Metallurgy, Johannesburg; engl.) — Vf. gibt zunächst einen Überblick über die röntgenphysikal. Grundlagen der Meth., wie Röntgenemission, Messung von Röntgenwellenlängen usw. u. behandelt dann die Konstruktionsprinzipien einer Mikrosonde, das elektronenopt. u. röntgenopt. System. Die verschiedenen Meßmeth. mit Hilfe der Mikrosonde werden beschrieben: Elektronenrückstreuung zur Herst. eines topograph. Bildes der Probenoberfläche. Abtasten des Röntgenspektrums bei „stat. Sonde" zur Unters. der Zus. der bestrahlten Fläche; Abtasten der Probe bei gleichzeitiger Messung der Intensität einer bestimmten Röntgenwellenlänge zur Ermittlung der Konz.-Verteilung eines Elements über die Probe; die Möglichkeiten zur Best. werden erwähnt. Als Anwendungsbeispiele werden Unters. an Co-Gd-Leg., an Chromit–Magnetit-Einschlüssen in Serpentin u. an einem Cu-Erz beschrieben.
J. Pickardt 5126

1567 **Mikroanalyse mit Hilfe der Elektronensonde.** Robert Sassoulas. (Chim. mod. **12** (1967) 77, 85—88; franz.) — Vf. gibt einen kurzen Überblick über Entw. u. Prinzip der Elektronenmikrosonde, beschreibt die Konstruktion der Mikrosonde nach Castaing u. ihre Anwendung u. gibt einige Anwendungsbeispiele.
J. Pickardt 5126

1568 **Vergleich verschiedener Korrekturverfahren für die quantitative Elektronenstrahl-Mikroanalyse.** Eberhard Peißker. (Mikrochim. Acta [Wien] **1967,** Suppl. II, 156 bis 172; Siemens AG., Erlangen; dt.) — Die Genauigkeit verschiedener Meth. zur Ordnungszahl- u. Absorptionskorrektur, die auf Philibert, Duncumb u. Shields, Poole u. Thomas sowie Theisen zurückgehen, wird an Hand von vom Vf. durchgeführter u. der Literatur entnommener Eichmessungen überprüft. Bei dem Verf. mit der höchsten Korrekturgenauigkeit ist der relative Fehler der Korrektur bei etwas mehr als 80% der Analysen $< \pm 5\%$. Diese Angabe gilt für die Ordnungszahlkorrektur nach Thomas in Verb. mit der Absorptionskorrektur nach Philibert, Duncumb u. Shields. Die Formel von Philibert wird dabei ohne die von Thomas vorgenommenen Modifikationen für χ u. h verwendet. Ferner wird eine empir. Formel zur Berechnung von α_A/α_B angegeben, die an Stelle der nach Thomas ermittelten α-Quotienten benutzt werden kann. Die Anwendung dieser empir. Ordnungszahlkorrektur führt ebenfalls mindestens auf die oben genannte Korrekturgenauigkeit.
H.-D. Schenke 5126

1569 **Prüfung der Genauigkeit der quantitativen Elektronensondenmikroanalyse.** W. J. M. Salter. (J. Physics, D (Brit. J. appl. Physics) [2] **1** (1968) 5, 541—47; United Steel Co. Ltd., Res. and Dev Dep., Rotherham, Yorkshire; engl.) — Vf. untersucht mehr als 900 Vollanalysen von Metall- u. Oxidsyst. statist. zur Überprüfung der Zuverlässigkeit der quant. Elektronensondenmikroanalyse. Bei Verw. der Absorptionskorrektur nach Philibert u. der Fluoreszenzkorrektur nach Castaing werden für Metallanalysen $\sigma_s = \pm 3{,}06\%$ u. für Oxidanalysen $\sigma_s = \pm 3{,}65\%$ gefunden. H.-D. Schenke 5126

1570 **Anwendung der Elektronenstrahlmikrosonden-Röntgenanalyse in der Mineraltechnologie.** M. P. Jones und J. Gavrilovič. (Instn. Mining Metallurgy, Trans., Sect. C **75** (1967) 718, C 211—18; Dep. of Mining and Mineral Technol., Imp. Coll., London; engl.) — Vf. umreißen die Prinzipien der Analyse mit der Elektronenstrahlmikrosonde u. behandeln die verschiedenen Informationsarten, die mit Hilfe von Mikrosonden kommerzieller Art erhalten werden können. Die Präparation technolog. wichtiger Mineralproben wird beschrieben u. die erforderlichen Vorsichtsmaßnahmen bei der Unters. instabiler Mineralien werden geschildert. Als Anwendungsbeispiele für die Mikrosondenanalyse werden Identifizierung von mineral.. Phasen, Teilchengrößen- u. Texturbest. in Rohmaterialien angeführt. Weitere Möglichkeiten werden kurz diskutiert u. Beispiele für die Anwendung der Meth. in der Forschung u. zur Produktionsüberwachung gegeben. J. Pickardt 5126

1571 **Optische und Elektronenmikroskopie von kohligen Stoffen.** R. D. Reiswig, L. S. Levinson und T. D. Baker. (Carbon [Oxford] **5** (1967) 6, 603—06; LASL, Univ. of Calif., Los Alamos, N.Mex.; engl.) — Es wird eine Präparationsmeth. für die opt. u. elektronenmkr. Unters. von kohligen Stoffen beschrieben. Die zwei Neuerungen sind die Verw. von Wasserstoffionenbeschuß zum Ätzen für opt. Mikroskopie u. die Verw. von Masken zur Erleichterung des Ätzens von mit Epoxyharz imprägnierten Proben. G. Malow 5128

1572 **Prinzip und Anwendungsmöglichkeiten von zwei neuen elektronenoptischen Geräten: Raster-Elektronenmikroskop und Röntgenanalysator mit Elektronenstrahlanregung.** S. Kimoto und H. Hantsche. (Mikrochim. Acta [Wien] **1967,** Suppl. II, 188—200; Japan Electron Optics Labor. Co., Tokyo; dt.) — An Hand von Beispielen werden einige der Anwendungsmöglichkeiten des Raster-Elektronenmikroskops erläutert, die sich bei der Unters. der Sekundärelektronenemission ergeben. Das Gerät erscheint bes. geeignet für Halbleitermaterialien u. wegen

seiner hohen Tiefenschärfe u. der einfachen Probenvorbereitung für biolog. Präparate. Der Röntgenanalysator mit Elektronenstrahlanregung dient zur Unters. von Festkörpern u. ist als Ergänzung der Röntgenfluoreszenzgeräte in Richtung leichter Elemente gedacht.
H.-D. Schenke 5128

1573 **Objekthalter für elektronenmikroskopische Beobachtung dünner Objektspitzen und für die Feldionenmikroskopie.** H. Nordén und K. M. Bowkett. (J. sci. Instruments **44** (1967) 3, 238—40; Dep. of Physics, Chalmers Univ. of Technol., Göteborg; engl.) — Eine Konstruktion zur Benutzung in Feldionenmikroskopen, bes. in solchen mit Immersionsobjektiven, u. Elektronenmikroskopen wird beschrieben. Vergleichende Unters. werden dadurch ermöglicht, ohne das Objekt auf Objektträgernetze zu übertragen u. dabei evtl. zu beschädigen. Aufnahmen der gleichen Objektstelle einer W-Probe aus beiden Mikroskopen werden gezeigt.
R. Zimmer 5128

1574 **Cadmiumfluoridphotonenspektrometer.** B. Mann, A. M. Smith und D. T. Stewart. (Nuclear Instruments Methods [Amsterdam] **47** (1967) 1, 183—84; Natural Philos. Dep., Glasgow Univ., Glasgow; engl.) — Vf. beschreiben ein Spektrometer mit CdF_2-Krist.-Szintillator. Pulshöhenspektren werden für Elektronen mit Energien zwischen 40 u. 150 MeV angegeben, die Auflösung des Spektrometers ändert sich von 25% bei 65 MeV auf 18% bei 147 MeV. J. Pickardt 5130

1575 **Germaniumdetektor und Ladungsvorverstärker für die Gammaspektroskopie.** Luc Marcus. (C. R. hebd. Séances Acad. Sci., Sér. A et B **264** (1967) 17, B 1279 bis 1282; Inst. de Phys. nucl., Fac. des Sci., Orsay; franz.) — Vf. beschreibt einen rauscharmen Verstärker mit einer Auflsg. von 0,45 keV u. einer Steilheit von 0,04 keV/pF. In Verb. mit einem Ge-Detektor wurden Auflsg. von 1,08 keV bei 122 keV (^{57}Co) u. 2,2 keV bei 1333 keV (^{60}Co) erzielt. — Schaltschema. J. Pickardt 5130

1576 **Ammoniummolybdat als Dosimeter für γ-Strahlungen.** P. M. Oza und P. S. Rao. (Bull. chem. Soc. Japan **40** (1967) 1, 239; Central Salt and Marine Chem. Res. Inst., Bhavnagar, India; engl.) — Es wird ein neues, einfaches chem. Dosimeter, das im Bereich von 10^4 bis 10^7 r zu verwenden ist, beschrieben. 5 g Ammoniummolybdat werden in etwas W. gelöst, 25 ml konz. HCl-Lsg. hinzugegeben u. auf 1000 ml mit W. aufgefüllt. 100 ml dieser Lsg. werden mit 20 ml A. oder THF versetzt u. 10 ml der Endlsg. der γ-Strahlung einer 1000 Ci ^{60}Co-Quelle ausgesetzt. Nach der Exposition wird die red. blaue Lsg. nach der titrimetr. u. der photometr. Meth. bestimmt. Bei Verw. der A.-Lsg. (THF-Lsg.) erhält man von 10^4—10^6 r (10^5—10^7 r) eine lineare Beziehung zwischen der Molybdänblaubldg. u. der Strahlenintensität. K.-F. Poulheim 5130

1577 **Aktivierungsanalyse mit geladenen Teilchen.** Noelle Chevarier, Jacques Giroux, Tran Minh Duc und Jean Tousset. (Bull. Soc. chim. France **1967**, 8, 2893—98; Inst. de Phys. Nucléaire, Univ., Lyon; franz.) — Detaillierte Zusammenstellung von Aktivierungsanalysenmeth. mit geladenen Teilchen, wobei die Möglichkeiten des Synchrozyklotrons in Lyon bes. berücksichtigt werden u. eine Aktivierungsanalysenmeth. (α, xn) bei 30 u. 55 MeV u. Rückstoßwrkg. beschrieben werden. U. Drehmann 5132

1578 **Verwendung von 2,8 MeV (D, d)-Neutronen für die Aktivierungsanalyse.** K. G. Broadhead und D. E. Shanks. (Int. J. appl. Radiat. Isotopes **18** (1967) 5, 279—83; Reno, Nev., Bureau of Mines, U.S. Dep. of the Interior.; engl.) — Die durch einen Neutronengenerator gemäß der Rk. $^2H(d,n)^3H$ erzeugten Neutronen induzieren noch brauchbare (n, n'γ)-Rk. zur Aktivierung von ^{77}Se, ^{79}Br, ^{85}Rb, ^{107}Ag, ^{109}Ag, ^{111}Cd, ^{115}In, ^{89}Y, ^{137}Ba, ^{160}Gd, ^{167}Er, ^{179}Hf, ^{191}Ir u. ^{199}Hg. Die Querschnitte der (n, n'γ)- bzw. (n, γ)-Rk. werden angegeben. Als Beispiele werden aktivierungsanalyt. Best. von Br, Y u. Ba in Komplex-Verb. erläutert. H. Glaser 5132

1579 **Substöchiometrische Abtrennung in der Isotopenverdünnungsmethode mit radiometrischer Korrektion der Analysenergebnisse.** V. I. Šamaev. (Ž. analitičeskoj Chim. **22** (1967) 9, 1310—19; Moskovsk. chim.-technol. inst. im Mendeleeva; russ., Auszug: engl.) — Die Unters. der genannten Variante der Isotopenverdünnungsmeth. ergab eine höhere Empfindlichkeit u. Selektivität der Best. sowie geringeren Zeitbedarf u. Arbeitsaufwand. Aus theoret. Betrachtungen werden Bedingungen für die substöchiometr. Abtrennungen hergeleitet, Empfindlichkeiten u. maximal zulässige Konz. störender Ionen berechnet. Für Fällungs-, Ionenaustausch- u. Extraktionsverf. werden eine Reihe Beispiele behandelt u. experimentelle u. berechnete Werte verglichen.
C. Herold 5132

1580 **Bestimmung von Spurenelementen durch elektrochromatographische radiometrische Fällung.** Robert S. Morse, George A. Welford und Elias L. Chiotis. (Analytic. Chem. **39** (1967) 11, 1336—37; U.S. Atomic Energy Commiss., New York, N.Y.; engl.) — Vf. beschreiben eine Meth. zur Best. stabiler Elemente in μg-Mengen durch elektrochromatograph. Fällung auf Papierstreifen mit einem radioakt. markierten Fällungsmittel, bei der die Position der Flecken durch Autoradiographie festgestellt u. die Konz. in den Flecken durch Ausschneiden aus dem Papierstreifen u. Auszählen der Ausschnitte mit Hilfe eines Fl.-Szintillationszählers ermittelt wird. — Ba konnte in Mengen $\geqq$ 0,1 μg mit $H_2{}^{35}SO_4$, Sr u. Seltenerdelemente $\geqq$ 0,1 μg mit $(NH_4)_2H^{32}PO_4$-Lsg. bestimmt werden. J. Pickardt 5132

1581 **Bestimmung von Spurenmetallen unter Verwendung von Koordinationskettenreaktionen mit Maskierungsreagenzien und automatischer Geschwindigkeitsmessung.** Rudolph H. Stehl, Dale W. Margerum und Joseph J. Latterell. (Analytic. Chem. **39** (1967) 12, 1346 bis 1350; Dep. of Chem., Purdue Univ., Lafayette, Ind. engl.) — Vf. beschreiben eine Meth. zur Best. von „Ultraspurenmengen“ von Metallionen durch Messen der Austauschgeschw. der Rk. zwischen Ni-trien^{2+} u. Cu-EDTA^{2-}. Die Austauschrk. wird durch Spuren EDTA oder trien katalysiert u. durch alle Metallionen, die mit diesen Liganden Komplexe bilden, gehemmt. Eine Reihe von Ionen können maskiert werden, z. B. Ag^+ u. Hg^{2+} mit $S_2O_3{}^{2-}$, Ni^{2+}, Co^{2+} u. Fe^{3+} mit CN^- u. Chloralhydrat. — Die Rk.-Geschw.-Konst. werden automat. gemessen; es können Konz. von 10^{-6}—10^{-8} Mol/l Metallionen innerhalb 10 Min. mit einer Genauigkeit von $\pm 2 \cdot 10^{-8}$ bestimmt werden. J. Pickardt 5134

1582 **Hochtemperatur-Lösungskalorimetrie.** 1. Mitt. **Kugelförmiges Lösungskalorimeter.** R. Baboian, D. Laing und S. N. Flengas. (Canad. J. Chem. **45** (1967) 4, 383—88; Toronto, Ontario, Univ., Dep. of Metallurgy and Materials Sci.; engl.) — Es wird ein Mischungskalorimeter (A) mit kugelförmigem, konzentr. Aufbau für Temp. bis zu 1200°, einer Meßempfindlichkeit von ≈ 0,1 cal u. einem Meßfehler von ca. ± 4% beschrieben. Die fl. Mischungskomponenten befinden sich getrennt in 2 Kammern eines abgeschmolzenen Quarzgefäßes. Durch Drehen des A um 180° wird der Mischungsvorgang ausgelöst. Mischungsenthalpien der bin. Syst. AgCl/NaCl, KCl, RbCl oder CsCl; NaCl/KCl; $CdCl_2/PbCl_2$ u. des tern. Syst. AgCl/NaCl/KCl bei Temp. von 600—840° werden angegeben. Waldemar Köhler 5136

1583 **Neue Einrichtung zur Mikrothermoanalyse.** J. J. Duruz, P. Tissot und R. Monnier. (Helv. chim. Acta **50** (1967) 3, 822—26; Labor. de Chim. et d'Electrochim. Techn., Univ. de Genève; franz.) — Vf. beschreiben eine App., bei der elektr. beheizte Thermoelemente zur Mikrothermoanalyse benutzt werden. — Anwendungsbeispiele.
J. Pickardt 5136

1584 **Einfache Vorrichtung zum Füllen von Chromatographiesäulen.** Asharam Bhati. (J. Chromatogr. [Amsterdam] **28** (1967) 2, 438—39; Regional Coll. of Technol., Liverpool; engl.) — Eine Vorr. zum gleichmäßigen Füllen von Säulen sowie Filtern u. Umfüllen von Lsg. unter Feuchtigkeitsausschluß wird beschrieben.
J. Pickardt 5138

1585 **Anwendung eines Detektorsystems mit durchlaufendem Draht zur Untersuchung von Chromatographiesäulen.** T. E. Young und R. J. Maggs. (Analytica chim. Acta [Amsterdam] 38 (1967) 1/2, 105–12; W. G. Pye & Co. Ltd., Cambridge; engl.) – Vf. beschreiben einen Detektor, der aus einem Stahldraht besteht, der zunächst durch einen Reinigungsofen gezogen wird, in dem mit Hilfe eines Ar-Stromes Verunreinigungen beseitigt werden. Der Draht wird anschließend durch einen Beschichtungsblock, der sich am Ende der zu untersuchenden Chromatographiesäule befindet, gezogen u. mit einem Film des Eluats überzogen. Nach Abdest. des Lsgm. bei Durchgang durch einen 2. Ofen geeigneter Temp. tritt der Draht in einen Pyrolyseofen ein. Die Pyrolyseprod. des anhaftenden Eluats werden mit Ar in einen Gaschromatographiedetektor gespült. – Die Vorr. wurde zur Unters. der Wirksamkeit von Chromatographiesäulen bei der Fest–fl.-Chromatographie verwendet. Über die Unters.-Ergebnisse bei Methyloleat/Olivenöl-Gemischen an SiO_2-Säulen mit Hexan/Ae. als Lsgm. wird berichtet. J. Pickardt 5138

1586 **Dokumentation in der Dünnschichtchromatographie.** József Walthier und Endre Jeney. (Gyógyszerészet [Pharmazie] 11 (1967) 11, 417–19; Debrecen, Orvostudományi Egyetem Közegészségtani Intézete; ung.) – Die von den Vf. ausgearbeitete Meth. eignet sich zur Fixierung u. Aufbewahrung von Dünnschichtchromatogrammen. Es wird der Klebstoff „Technokol-Rapid" in Aceton gelöst u. mit 2%ig. Plexiglaslsg. in Aceton vermischt. Die Lsg. wird auf die Chromatogramme gesprüht bzw. gegossen, nach mehrstd. Trocknen taucht man die Platte in lauwarmes W. u. zieht den Film vorsichtig ab. Nach dem Trocknen ist der Film unbegrenzt aufbewahrbar. G. Ligeti 5138△

1587 **Anwendung von Lösungen auf präparative Chromatographieplatten unter Verwendung einer Dünnschicht-Grundausrüstung.** G. M. Barton. (Chem. and Ind. 1967, 25, 1079; Dep. of Forestry and Rural Dev., Forest Prod. Labor., N. W. Marine Drive, Vancouver, B.C.; engl.) – Beschreibung einer einfachen Vorr. zum Aufsprühen von Lsg. auf präparative Chromatographierplatten. H.-D. Schenke 5138

1588 **Quantitative Auswertung von Papierchromatogrammen durch Reflexionsmessungen.** Walter Braun und Gustav Kortüm. (Zeiss-Mitt. [Stuttgart] 4 (1968) 8/9, 379–91; Inst. für Phys. Chem., Univ., Tübingen; dt.) – Bei Berücksichtigung der Fleckgröße u. des Eigenreflexionsvermögens des Papiers gelangen Vf. zu einer Gleichung, die eine lineare Beziehung zwischen der Kubelka-Munk-Funktion der Meßprobe u. der aufgebrachten Substanzmenge darstellt. Geringe Inhomogenitäten des Flecks wirken sich bei nicht zu hohem Reflexionsvermögen der Proben nur wenig auf die Meßgenauigkeit aus. Testmessungen an mit Malachitgrün angefärbten Papieren bestätigen die Rechnung. H.-D. Schenke 5138

1589 **Präparative Gaschromatographie.** 9. Mitt. M. Verzele. (Planta med. [Stuttgart] 1967, Suppl., 38–43; Gent, Rijksuniv., Labor. voor org. Chem.; engl.) – 8. vgl. J. Chromatogr. [Amsterdam] 26 (1967) 2, 485; 7. vgl. C. 1967, 17-1986. – Hinweis auf die in der präparativen Gaschromatographie zu berücksichtigenden Säulen- u. Substanz-Parameter u. Diskussion einiger spezieller Probleme. W. Betcke 5138

1590 **Quantitative GLC-Analyse.** A. Seher, R. Kühnast und P. Josephs. (Planta med. [Stuttgart] 1967, Suppl., 16–23; Münster, Bundesanst. für Fettforsch.; dt.) – Es werden allg. Erörterungen über die Technik der Verteilungsgaschromatographie u. über die Möglichkeit der Ausmerzung von Fehlerquellen angestellt. Die Brauchbarkeit der Eichregel bei Anwendung des Wärmeleitfähigkeitsdetektors u. eine Meth. zur Berechnung der Eichfaktoren bei Anwendung des FID für die quart. Auswertung von Fraktogrammen werden untersucht. Durch fortwährende Analyse von Ölsäuremethylester in ein u. derselben App. wird die Frage nach der Ursache von Fehlwerten bei der Analyse ungesätt. Verb. dahingehend geklärt, daß als solche ein Zurückgehaltenwerden des Esters in der Säule im Gemisch mit Artefakten der stationären Phase bis zur Ausbldg. eines Gleichgew. anzusehen ist. W. Betcke 5138

1591 **Kapillar-Verteilungsgaschromatographie.** D. H. Desty. (Planta med. [Stuttgart] 1967, Suppl., 25–37; Sunbury-on-Thames, Mdds., Brit. Petroleum Co. Ltd.; engl.) – Besprechung des Einfl. der Säulenparameter, der Säulenauslegung, des Trägergases u. der Art der Proben-Einführung mit Beispielen von KW-Stoff-analysen aus jüngeren Veröffentlichungen. W. Betcke 5138

1592 **Modifizierung eines Gaschromatographen mit Temperaturkontrolleinrichtung für tiefe Temperaturen.** William Dammeyer. (Analytic Chem. 39 (1967) 11, 1339 bis 1340; Res. Council of Alberta, Edmonton, Alberta; engl.) – Ein geeignetes Syst. zur Kühlung mit fl. N_2 oder CO_2 u. zur Temp.-Kontrolle wird beschrieben. J. Pickardt 5138

1593 **Konzentrierung und Bestimmung von Spurenkomponenten, die durch Schwanzbildung der gaschromatographischen Hauptpeaks überlagert sind.** Louis J. Papa und Albert Varon. (J. Gas Chromatogr. 6 (1968) 3, 185–97; Wilmington, Del., E. I. du Pont de Nemours and Co.; engl.) – Der Abschnitt des Schwanzes der Hauptkomponente, der die Spurenkomponenten überdeckt, wird auskondensiert u. an derselben oder einer anderen Säule analysiert. Die Meth. wurde zur Best. von cis- u. trans-Oktafluorbuten-(2) in Oktafluorcyclobutan (Freon-C 318) im 0,5-ppm-Bereich angewandt, wodurch die Empfindlichkeit auf 0,05 ppm erhöht wurde. C.-E. Döring 5138

1594 **Neigungs-Anzeigevorrichtung für die Betätigung des automatischen Fraktionssammlers eines Gaschromatographen.** J. C. Bartlet. (J. Gas Chromatogr. 6 (1968) 3, 183–85; Ottawa, Food and Drug Directorate; engl.) – Beschreibung einer elektron. Anordnung, die die Nachteile der bisher verwendeten Mikroschalter umgeht. C.-E. Döring 5138

1595 **Einschätzung Gradienten-beladener gaschromatographischer Säulen.** Robert C. Duty. (J. Gas Chromatogr. 6 (1968) 4, 193–98; Normal, Ill., Ill. State Univ.; engl.) – Vf. untersucht die effektive Peakzahl, Auflösung, Asymmetrie der Peaks u. theoret. Bodenzahl an Säulen (10 ft. $\times$ $^5/_8$ in.), deren Packungen hinsichtlich des Geh. an Flüssigphase einen Gradienten von 40–10 Gew.-% bzw. von 30–5 Gew.-% Siliconöl DC 710 aufweisen. Die Säulentemp. beträgt 130°, Probesubstanzen sind Bzl. u. Toluol. Die Säulen mit Gradient weisen Vorteile gegenüber vergleichbaren Säulen mit linearer Beladung auf. C.-E. Döring 5138

1596 **Stromteiler und Testvorrichtung auf funktionelle Gruppen bei Verwendung eines Flammenionisationsdetektors.** R. L. Hoffmann und C. D. Evans. (J. Chromatogr. [Amsterdam] 26 (1967) 2, 491–94; Northern Regional Res. Labor., Peoria, Ill.; engl.) – Durch ein an den Säulenausgang angeschraubtes T-Stück wird ein Teil des Gasstromes zum Detektor u. ein Teil über eine Injektionsnadel in ein kleines Glasgefäß geleitet, das die Nachw.-Lsg. für die gesuchte funktionelle Gruppe enthält. Das Teilungsverhältnis ist von Länge u. ⌀ der Nadel abhängig. G. Bock 5138

1597 **Einfache Vorrichtung zum Überführen von unter Vakuum ausgetriebenen Gasen in einen Gaschromatographen.** F. R. Coe. (Analyst 92 (1967) 1092, 199; Brit. Welding Res. Assoc., Abington Hall, Abington, Cambridge; engl.) – Beschreibung eines Glashalmes mit 4 Anschlußstutzen u. zwei gekrümmten Bohrungen, mit dem beim Vakuumschmelzen von Metallen erhaltene Gasproben quant. in einen Gaschromatographen übergeführt werden können. G. Bock 5138

1598 **„Head-Space-Birne", ein einfaches Gerät zur Anreicherung von flüchtigen Stoffen aus Lösungen für die Gaschromatographie.** W. Piorr. (G–I–T Fachz. Lab. 12 (1968) 3, 175–77; Speyer; dt.) – Vf. beschreibt ein Gerät, mit dem eine reproduzierbare Durchführung der Head-Space-Gaschromatographie möglich ist. An einigen Beispielen aus der analyt. Praxis wird ein Überblick über die Einsatzmöglichkeiten des Geräts gegeben. H.-D. Schenke 5138

1599 **Infrarotanalyse kapillargaschromatographischer Eluate.** S. Behrendt. (J. Gas Chromatogr. 6 (1968) 4, 226–27; Mülheim a. d. Ruhr, Max-Planck-Inst. für

Kohlenforsch.; engl.) — Vf. diskutiert Vorschläge zur Aufnahme der IR-Spektren kapillargaschromatograph. Eluate durch Messung des Einfl. von Strahlung auf die Dämpfe der Stoffe. C.-E. Döring 5138

1600 **Beziehung zwischen dem Retentionsindex und dem Siedepunkt.** Toyozo Uno, Koichiro Miyajima und Hideki Okuda. (J. pharmac. Soc. Japan [Yakugaku-zasshi] 88 (1968) 1, 33–38; Fac. of Pharm. Sci., Kyoto Univ., Yoshida-Shimoadachi-cho, Sakyo-ku; jap., Auszug: engl.) — Die Retentionsindices (I) für n-Paraffine an Apiezon L (I), Squalan (II) u. SE-30 hängen mit den in °K angegebenen Siedepunkten (K) angenähert nach folgender Gleichung zusammen: $I = 0{,}602 \cdot 10^{-2} \cdot K^2 - 0{,}730 \cdot K + 131$. Ähnlich verhalten sich Ketone, Amine, Alkylbromide u. einige andere Verbindungen. Das Verh. von Alkoholen an I u. II u. das von Aminen an SE-30 folgt nicht der angegebenen Gleichung. W. Grimmich 5138

1601 **Retentionszeiten und Molekülstrukturen. Verwendung von Desoxycholsäure als Trennflüssigkeit in der Gaschromatographie.** A. O. S. Maczek und C. S. G. Phillips. (J. Chromatogr. [Amsterdam] 29 (1967) 1, 7–14; Inorg. Chem. Labor., Oxford; engl.) — n-Alkane u. n-Alkene geben an gesätt. Lsg. von Desoxycholsäure (I) in Tritolylphosphat (II) (15% auf Celite, 100°) sehr breite Banden u. wesentlich längere Retentionszeiten als an reinem II, was auf die Bldg. krist. Einschlußverb. mit I zurückgeführt wird. Bei Isoalkanen u. Verb. mit funktionellen Gruppen sowie an ungesätt. Lsg. von I u. II bzw. an gesätt. Lsg. von I in Benzyldiphenyl tritt dieser Effekt nicht auf. G. Bock 5138

1602 **Änderung des Retentionsindex mit der Temperatur an Squalan-Substraten.** R. A. Hively und R. E. Hinton. (J. Gas Chromatogr. 6 (1968) 4, 203–17; Akron, O., Goodyear Tire and Rubber Co. Res. Div.; engl.) — Vf. bestimmen die Retentionsindizes u. R_{x9}-Werte von 250-KW-Stoffen u. Halogenverb. bei 27, 49, 67 u. 86 an Squalansäulen (I: 50 ft. × $^1/_4$ in.-Al-Säule, 28 Gew.-% Squalan auf Chromosorb P, 30/60 mesh; II: 600 ft. × 0,01 in.-Kapillare aus rostfreiem Stahl). C.-E. Döring 5138

1603 **Konservierung von Acrylamidelektrophoresegelen.** Ivor Smith und Jacqueline B. Weiss. (J. Chromatogr. [Amsterdam] 28 (1967) 2, 494; Univ. Tex. Dental Branch, Houston, Tex.; engl.) — Derartige Gele lassen sich aufbewahren, wenn sie in wss. Glycerinlsg. zwischen 2 Dialysemembranen gelegt u. dann getrocknet werden. J. Pickardt 5138

1604 **Fokussierende Elektrophorese.** Harry Svensson. (Svensk kem. Tidskr. 79 (1967) 12, 654–59; Göteborg, Chalmers TH, Inst. for fys. kem.; schwed.) — Beschreibung eines hochauflösenden Verf. zur fokussierenden Elektrophorese von Proteinen mit Hilfe einer sehr einfachen u. billigen Apparatur. W. Betcke 5138

1605 **Niedervolt-Trägerelektrophorese. Eine Übersicht über ihre klinischen Anwendungsmöglichkeiten.** R. Clotten und F. Mitze. (G–I–T Fachz. Lab. 1968, Sonderheft, 418–30; Freiburg/Brsg.; dt.) — Vf. bespricht die techn. u. apparativen Voraussetzungen der Niedervolt-Elektrophorese auf Papier u. Celluloseacetat-Folien sowie Beispiele charakterist. Dysproteinämien. Die Möglichkeiten der qual. u. quant. Auftrennungen pathophysiolog. interessierender Stoffklassen aus biolog. Materialien, wie z. B. Hämoglobine, Haptoglobine, Isoenzyme, Aminosäuren, Porphyrine u. Indolsäuren, werden diskutiert. H.-D. Schenke 5138

1606 **Flüssigkeitsgradienten-Zonenelektrophorese in abnehmbaren Kapseln zur genauen Probennahme.** Russell L. Steere und Robert E. Davis. (Analyt. Biochem. [New York] 22 (1968) 3, 511–17; Virology Labor., Crops Res. Div., Agricult. Res. Serv., U.S. Dep. of Agricult., Beltsville, Md.; engl.) — Es wird eine App. zur Durchführung von Elektrophoresen in Kapseln mit einem Dichte- oder pH-Gradienten beschrieben. Die Kapseln (Rohre mit abnehmbaren Kappen) mit den vorgebildeten Gradienten werden in eine U-förmige Elektrophoresekammer eingebracht, die Kappen werden dann entfernt u. nach Ende der Elektrophorese wieder aufgesetzt. Jürgen Peters 5138

1607 **Einfache Vorrichtung zur Erzeugung von Gradienten.** A. C. Arcus. (Analyt. Biochem. [New York] 18 (1967) 2, 381–84; Princess Margaret Hosp., Christchurch, New Zealand; engl.) — Vf. beschreibt eine einfache App. zur Erzeugung von Konz.-Gradienten in Lsg. z. B. für Dichtegradientelektrophorese u. Ultrazentrifugenanalyse. J. Pickardt 5138

1608 **Einfache Methode zur Erzeugung genauer linearer Gradienten mit Hilfe einer Schlauchpumpe mit konstanter Geschwindigkeit.** S. R. Ayad, R. W. Bonsall und S. Hunt. (Analyt. Biochem. [New York] 22 (1968) 3, 533–35; Dep. of Biol. Chem., Univ. of Manchester, Manchester; engl.) — Mit Hilfe einer dreikanaligen Schlauchpumpe wird über einen Kanal konz. Lsg. aus einem Vorratsbehälter in ein Mischgefäß mit Lsg. niedriger Konz. gepumpt. Bei gleichzeitiger Entnahme der doppelten Lsg.-Menge mit Hilfe der beiden anderen Kanäle ergibt sich ein linearer Konz.-Gradient. Jürgen Peters 5138

1609 **Messung der Dielektrizitätskonstante und des Verlustfaktors von Pulvermaterialien im Mikrowellenbereich.** Norman L. Conger und Shao E. Tung. (Rev. sci. Instruments 38 (1967) 3, 384–86; Continental Oil Co., Ponca City, Okla.; engl.) — Vf. beschreiben eine Meth. zur Messung an pulverförmigen, in Quarzröhrchen eingefüllten kleinen Probenmengen unter Verw. von X-Band-Mikrowellenfrequenzen. J. Pickardt 5144

G–2. Analyse der Elemente und anorganischen Verbindungen

1610 **Mikroanalyse der stabilen Sauerstoffisotope durch Kernreaktionen.** Georges Amsel und David Samuel. (Analytic. Chem. 39 (1967) 14, 1689–98; Ecole Normale Supérieure, Labor. de Phys., Paris; engl.) — Durch Beschuß mit Protonen oder Deuteronen aus einem 2 MeV-van de Graff-Beschleuniger, zum Teil auch mit einem elektrostat. 600 keV-Beschleuniger, wurden in den Proben die sehr spezif. Kernrk. $^{18}O(p, \alpha)^{15}N$, $^{16}O(d, p)^{17}O$, $^{18}O(d, \alpha)^{16}N$, $^{16}O(d, \alpha)^{14}N$ u. $^{18}O(d, p)^{19}O$ ausgelöst u. durch direkte Zählung der bei den Rk. emittierten, geladenen Teilchen das betreffende O-Isotop entweder direkt bestimmt, oder das Verhältnis $^{18}O/^{16}O$. Da es keinen natürlichen Untergrund gibt u. die Ausb. an geladenen Teilchen hoch ist, liegt die Erfassungsgrenze sehr niedrig, bei der ersten Rk. bei ca. $2 \cdot 10^{11}$ Atomen ^{18}O, bei der zweiten Rk. unter bestimmten experimentellen Bedingungen ebenfalls. Die Bestimmung erfolgt durch Vgl. mit Standardpräparaten: Ta hoher Reinheit oder Al, beides in ^{18}O-angereichertem W. anod. oxydiert. Der Einfl. der endlichen Targetdicke wird durch Korrektur berücksichtigt. Das Verf. eignet sich bes. für sehr kleine Mengen organ. Materials in der Größenordnung von 10^{-12} g ^{18}O u. für die Unters. der Oxidfilme der Festkörperoberflächen. Es werden verschiedene Anwendungsbeispiele behandelt. K. R. Fröhner G 239

1611 **Einfluß störender Substanzen und verlängerter Probenahme auf die 1.2-Di-(4-pyridyl)-äthylen-Methode zur Bestimmung von Ozon in Luft.** Thomas R. Hauser und Daniel W. Bradley. (Analytic. Chem. 39 (1967) 10, 1184–86; Cincinnati, O., U.S. Dep. of Health, Educ. and Welfare, Nat. Center for Air Pollution Control; engl.) — Die O_3-Best. in Luft nach der Pyridyläthylen-Meth. wird auf die Störungen durch Luftverunreinigungen wie SO_2, Stickoxide, H_2O_2, Peressigsäure, Acrolein, H_2S, Formaldehyd, Hexen u. auf den Einfl. der Probenahmezeit geprüft. W. Luchsinger G 239

1612 **Gaschromatographische Bestimmung von Wasserspuren in wasserfreiem Ammoniak.** G. O. Guerrant. (Analytic. Chem. 39 (1967) 1, 143–44; Armour Agric. Chem. Co., Decatur, Ga.; engl.) — Das fl. NH_3 wird in einem 2 · 0,25 in. Stahlrohr, gefüllt mit körnigem CaC_2, 10 Min. stehengelassen (Bldg. von C_2H_2) u. dann in einen Plastikbeutel expandieren gelassen. 10 ml Gasprobe werden in einer 6 ft. · 0,16 in. Säule an Silicagel bei 80° u. mit 38 ml N_2/Min. getrennt. Mit einem FID, der auf NH_3 nicht anspricht, können W.-Geh. von einigen ppm noch bestimmt werden. G. Bock G 240

1613 **Aktivierungsmethode zum Nachweis von Stickstoff-15-Tracern in Festkörpern.** Ralph H. Condit, J. Birch Holt und Lawrence Himmel. (J. electrochem. Soc. **114** (1967) 11, 1100–04; Lawrence Radiat. Labor., Univ. of Calif., Liver more, Calif.; engl.) — Vf. beschreiben eine Meth. zur Unters. des N-Transports in Festkörpern unter Anwendung der Rk. ^{15}N (α, n)^{18}F, wobei die Radioaktivität des gebildeten ^{18}F zum autoradiograph. Nachw. des ursprünglichen ^{15}N dient. — Anwendungsbeispiele. J. Pickardt G 243

1614 **Fluorbestimmung in Fluoriden und Oxidfluoriden der Nebengruppenelemente.** J. Portier und J. Roux. (Chim. analytique **50** (1968) 7, 390–92; Serv. de Chim. minérale structurale de la Fac. des Sci. de Bordeaux; franz.) — Fluoride u. Oxidfluoride (F-Geh. ca. 30 mg) wenig elektropositiver Elemente können, mit dem gleichen Vol. Si vermengt, bei 900° in einem Ni-Schiffchen red. werden (Rk.-Rohr aus Cu-Ni-Leg.). Das entstehende SiF_4 wird mit N_2 oder Ar in eine Waschflasche nach Marquenne-Goutal getrieben. Der Aufschluß ist nach 15 Min. beendet. Der Inhalt der Waschflasche wird in einen Kolben übergeführt u. F^- volumetr. mit Th^{4+} oder elektrometr. mit einer Fluoridelektrode bestimmt. Der F-Geh. von reinem FeF_3 konnte durch 10 Best. zu 50,4 ± 0,3% (theoret. 50,5) ermittelt werden. Das Verf. ist nicht auf die Fluoride der Alkali- u. Erdalkalimetalle anwendbar. Die Red. kann auch mit B erfolgen, jedoch kann der Aufschluß von Oxidfluoriden zur Bldg. von festem BOF führen, was einen F-Verlust in der Gasphase bedeutet. D. Gerlatzek G 246

1615 **Polarographische Bestimmung von Schwefeldioxid in wäßriger Lösung.** Heinz Holzapfel und Karl Schöne. (Z. Chem. **7** (1967) 11, 440–41; Inst. für anorg. Chem., Karl-Marx-Univ., Leipzig; dt.) — Als 1. Stufe wird SO_2 zum Monomeren HSO_2 red., das mit dithioniger Säure im Gleichgew. steht, die sich in saurer Lsg. schnell zu Sulfoxylsäure u. SO_2 umsetzt. Die Sulfoxylsäure wird dann an der Tropfelektrode in einem zweielektronigen Prozeß zu S reduziert. Diese Rk., deren Redoxpotential positiver als das der SO_2-Red. ist, überlagert sich der Red.-Stufe des SO_2, dadurch wird der Grenzstrom beträchtlich erhöht. Bei konst. gehaltener Acidität ist der Diffusionsgrenzstrom der 1. Stufe im pH-Bereich 1–4 der SO_2-Konz. direkt proportional. Wegen des stark überhöhten Grenzstroms ist die Best. in stark saurer Lsg. besonders empfindlich u. gestattet, in 0,1 n HCl 10^{-6} Mol SO_2/l einwandfrei zu bestimmen. Bei Konz. > 10^{-4} Mol/l ist es jedoch günstiger, in gepufferter Lsg. mit einem pH von 2–4 zu polarographieren, weil der Dampfdruck des SO_2 in starker saurer Lsg. bereits so hoch ist, daß selbst sehr verd. Lsg. an Depolarisator verarmen. K. Seyfert G 253

1616 **Photometrische Selenbestimmung im Gas bei der Schwefelsäurefabrikation unter Zugabe von Codeinphosphat.** Mihailo Žigić und Nada Gajić. (Tehnika [Beograd] **22** (1967) 12, 2161–63; Sabac, Hem. ind. „Zorka"; serbokroat.) — Bei der Herst. von H_2SO_4 nach dem Kontaktverf. befindet sich im Gas Se in elementarer Form oder als SeO_2. Zur Se-Best. werden 300–500 l Gas mit 1,6–1,8 l/Min. durch ein mit hygroskop. Watte gefülltes Kugelrohr durchgesaugt. Se wird mit 100 ml HNO_3 (1,4) u. 30 ml HCl (1,19) bei 70° gelöst, HNO_3 anschließend mit H_2SO_4 (1:1) entfernt u. schließlich mit 0,01 g Codeinphosphat ein Komplex gebildet, dessen Farbintensität man an einem Photometer (mit Violettfilter) bestimmt. Bestimmt wurden 0,01–0,1 mg Se. Mittlerer relativer Fehler ±5,18%. H. Cnobloch G 254

1617 **Bestimmung von ppm-Mengen Tellur in verschiedenen Legierungen mit Hilfe der Röntgenspektrometrie.** Keith E. Burke, M. M. Yanak und C. H. Albright. (Analytic. Chem. **39** (1967) 1, 14–18; Internat. Nickel Co., Sterling Forest, Suffern, N.Y.; engl.) — Vf. beschreiben eine schnelle u. genaue Best. von 1 bis 200 ppm Te in Leg. mit Ni, Fe, Al u. Cu als Hauptbestandteilen. Nach Auflösen der Probe u. Entfernen von Se u. SiO_2 wird Te durch Red. des Te(IV) mit $SnCl_2$ in 3–5 m HCl-Lsg. von den Matrixelementen abgetrennt, indem die resultierende Suspension durch ein Mikroporen-Glasfaserfilterplättchen filtriert wird. Das Te wird dann direkt auf dem Filterplättchen röntgenograph. analysiert, indem die $L\alpha_1$-Strahlung des Te bei 2 θ = 109,54° gemessen wird. — Die Meth. wurde zur Unters. hochreiner Materialien wie 99,8%ig. Ni u. 99,999%ig. Se angewendet. J. Pickardt G 255

1618 **Zerstörungsfreie Bestimmung von Verunreinigungen in rotem Phosphor durch Neutronenaktivierung und Gammaspektrometrie.** 1. Mitt. P. Patek und H. Sorantin. (Z. analyt. Chem. **226** (1967) 4, 338–46; Inst. für Chem., Reaktorzentrum Seibersdorf, Österreich; dt.) — In 6 im Handel befindlichen Proben von rotem P wurden Spurenelemente, deren Halbwertszeit nach Neutronenaktivierung < 15 Std. ist, qual. u. quant. bestimmt. Zum Nachw. wurden die γ-Spektren nach Halbwertszeit u. Energie ausgewertet. Die Radionuklide ^{28}Al, ^{128}J, ^{56}Mn, ^{64}Cu, ^{66}Cu, ^{24}Na u. ^{122}Sb wurden nachgewiesen. Durch Halbwertszeit-Best. nach dem Multiéchelle-Verf. wurden in einigen Proben die sehr kurzlebigen Isotope ^{110}Ag, ^{108}Ag u. ^{38}Cl identifiziert, dabei wird der Nachw. von ^{108}Ag jedoch durch die Ggw. von ^{28}Al gestört. Als mengenmäßig größte Verunreinigungen wurden Na (0,5–1,9‰) u. Al (0,06–8,1‰) gefunden. E. Schrage G 264

1619 **Bestimmung von Verunreinigungen in rotem Phosphor durch Neutronenaktivierung und Gamma-Spektroskopie.** 2. Mitt. H. Sorantin und P. Patek. (Z. analyt. Chem. **229** (1967) 4, 255–61; Wien, Österreich. Studienges. für Atomenergie GmbH.; dt.) — 1. vgl. vorst. Referat. — Im Handel befindliche P-Sorten wurden zerstörungsfrei auf ihren Reinheitsgrad untersucht. Es wurden nur mittel- u. langlebige Radionuklide zur Best. der Spurenelemente herangezogen. Häufigste Verunreinigungen waren Sb (15–60 ppm), As (0,05–0,15), Co (0,5–6) u. Cr (4–20), während in einer Probe noch Ag u. Zn nachzuweisen waren. H. Glaser G 264

1620 **Aktivierungsbestimmung von Beimengungen in Silicium und Arsen.** P. I. Artjuchin, Ė. N. Gil'bert, V. A. Pronin und Ju. A. Silvanovič. (Zav. Labor. **33** (1967) 6, 676–78; Inst. neorgan. chim. SO AN SSSR; russ.) — Au, Sb, Ga u. Fe wurden nach Aktivierung u. Auflsg. der Substanz durch Extraktion mit β,β'-Dichloräthyläther aus 10 n HCl gemeinsam abgetrennt u. durch γ-Spektrometrie einzeln erfaßt. Zur Umgehung der Störrk. $^{75}As(n, \alpha)^{72}Ga$ wurde in der therm. Säule eines Reaktors bestrahlt. C. Herold G 265

1621 **Amperometrische Antimon-Bestimmung in Zinn-Blei-Loten mit Amyldimercaptothiopyron.** A. M. Surmij, Ju. I. Usatenko und A. M. Ariškevič. (Zav. Labor. **33** (1967) 8, 937–39; Dnepropetrovsk, chim.-technol. Inst. im. F. Ė. Dzeržinskogo; russ.) — Amyldimercaptothiopyron (H_2R) wird anod. ox. u. das Ox.-Prod. bildet mit Sb(III) einen unlösl. Nd. der Zus. $Sb(HR)_3$, dessen Löslichkeitsprod. zu $1,68 \cdot 10^{-32}$ bestimmt wurde. 10 bis 600 μg Sb/40 ml lassen sich bei einem relativen Fehler von < 2% in 3 n HCl durch amperometr. Titration bei +0,7 V (SCE) unter Verw. einer Graphitelektrode mit 0,01 m Reagenzlsg. bestimmen. Beträchtlicher Überschuß von SO_4^{2-}, PO_4^{3-}, NO^{3-}, Pb, Sn(IV), Cd, Fe(III), Zn, Mn, Ni, Co, Mo(VI), W(VI), Al, In, Ga, Ge oder Tl(I) vergrößert nicht den relativen Fehler der Bestimmung. Dagegen wächst er bereits bei 4fachem Bi-Überschuß auf 3%. Cu u. As werden zusammen mit Sb ausgefällt. E. Bomke G 266

1622 **Bestimmung des Kaliums durch Messen seiner natürlichen γ-Radioaktivität.** Giovanni Lanfranco. (Chim. e Ind. [Milano] **49** (1967) 7, 742–45; Torino, Centro Ricerche metallurg.; ital.) — Vf. berichtet über vergleichende Messungen der β- u. γ-Radioaktivität bei der Analyse von ^{40}K enthaltenden Stoffen. Die Meßzeit der β-Radioaktivität war 10000 Sek., die der γ-Radioaktivität 400 Minuten. Es wurden die β- u. γ-Radioaktivitäten von pulverisiertem Bleiglas allein u. mit genau abgemessenen KCl-Zusätzen sowie von Tonen allein u. mit genau abgemessenen Zusätzen von KCl gemessen. Es wurde festgestellt, daß die γ-Aktivität eine lineare Funktion der Vol.-Konz. des K, die der β-Aktivität unter Bedingungen unendl. Dicke eine Funktion der Gew.-Konz. war. Bei gleicher Meßzeit war die

Best. des K besser bei Messungen der β-Radioaktivität. Die Messungen der γ-Radioaktivität sind notwendig, wenn in den untersuchten Stoffen schwere Elemente oder radioakt. Substanzen vorhanden sind.
C. Gottfried G 275△

1623 **Berylliumbestimmung mit Hilfe einer Photoneutronenanlage mit Koronazählern.** Ch. B. Mežiborskaja und N. N. Ryžkov. (Ž. analitičeskoj Chim. **22** (1967) 9, 1328–32; russ., Auszug: engl.) — Es wird der Aufbau einer Anlage zur Ausnutzung von durch γ-Strahlung induzierten (γ, n)-Rk. für analyt. Zwecke beschrieben, die für eine ^{124}Sb-Quellstärke von maximal 200 mVal Ra ausgelegt ist. Dabei wurden zur Neutronenmessung drei parallel geschaltete Koronazähler verwendet, deren geringe γ-Empfindlichkeit die notwendige Abschirmung verringert u. einen geringen Detektor-Probe-Abstand gestattet. Eine elektron. Schaltung zur Versorgung der Zähler wird angegeben. Unters. zur Ermittlung günstiger Betriebsparameter werden beschrieben.
C. Herold G 281

1624 **Calcium-Elektrodenmethode zur Messung der Dissoziation und Löslichkeit von Calciumsulfatdihydrat.** F. S. Nakayama und B. A. Rasnick. (Analytic. Chem. **39** (1967) 8, 1022–23; U.S. Water Conservation Labor., Phoenix, Ariz.; engl.) — Vf. verwenden Ca-Membranelektroden zur Best. der Ca^{2+}-Konz. u. -Aktivitäten in gesätt. $CaSO_4 \cdot 2H_2O$-Lsg. mit steigendem NaCl- bzw. Na_2SO_4-Zusätzen (bis 0,1 m). Auf Grund der sehr guten Übereinstimmung zwischen der Dissoziationskonst. u. dem Löslichkeitsprod. vermuten Vf., daß die Elektrode tatsächlich die Ca-Ionenaktivität mißt.
R. Blank G 283

1625 **Bestimmung von Aluminium und Beryllium durch Atomabsorptionsspektroskopie.** T. V. Ramakrishna, Philip W. West und James W. Robinson. (Analytica chim. Acta [Amsterdam] **39** (1967) 1, 81–87; La. State Univ., Baton Rouge, La.; engl.) — Die flammenabsorptionsspektrometr. Best. von Be u. Al gelingt am besten unter Verw. der N_2O/C_2H_2-Flamme, in der Empfindlichkeiten (1% Absorption) von 1,0 ppm (Al bei 3092 Å) bzw. 0,025 ppm (Be bei 2349 Å) erreicht werden. Von 61 untersuchten Ionen stören lediglich Essigsäure (Al u. Be) sowie Ti (nur Al). 5 ppm Al können mit einer Standardabweichung von 0,1 ppm, 0,5 ppm Be mit einer solchen von 0,01 ppm bestimmt werden. Zusatz von 5% Diäthylenglykoldiäthyläther (I) verbessert die Empfindlichkeit um 30% (Al) bzw. 25% (Be). Bei Geh. von > 1 ppm kann Be auch mit der O_2/C_2H_2-Flamme u. einem Direktzerstäuberbrenner bestimmt werden, wobei Essigsäure u. Al stören; die Al-Störung wird durch F^--Zusatz unterdrückt. Auch hier ist ein Geh. von 10% I im Lsgm. vorteilhaft.
H.-J. Ostmann G 294

1626 **Massenspektrographie als neuere analytische Methode und ihre Anwendung zur Analyse von Aluminium.** M. Menetrier. (Mém. sci. Rev. Métallurgie **64** (1967) 3, 241–48; Co. Péchiney, Voreppe, Isère; franz.) — Die qual. u. quant. massenspektrograph. Analyse von Al, die erforderlichen Geräte sowie Fehlerquellen u. die Reproduzierbarkeit der Ergebnisse werden beschrieben u. diskutiert.
J. Pickardt G 294

1627 **Photometrische Bestimmung von Seltenerdmetallen mit Aluminon.** S. N. Sinha, S. P. Sangal und A. K. Dey. (Chemist-Analyst **56** (1967) 3, 59–60; Allahabad, Indien, Univ., Chem. Labor.; engl.) — Die Probelsg. wird nach Zusatz eines dreifachen Überschusses an Aluminon (I) versetzt u. auf pH 6 eingestellt. Die Lsg. wird mit 5 ml 0,5 m wss. Mannitlsg. versetzt u. mit W. auf 25 ml aufgefüllt. Nach 30 Min. (25°) wird die Extinktion der Lsg. bei 540 nm gemessen. Die Best. kann im Bereich von 1–10 ppm Metall erfolgen. Das Verf. wird durch Th, U(VI), Pd(II), Ti(IV), Be, Cr(III), Fe(III), Cu(II), Al u. In gestört. Unterhalb von 30 ppm stören Mg, Ca, Sr, Ba, Zr(IV), Co, Ni, Zn, Cd, Pb(II), Bi u. Se(IV) nicht. F^- u. CO_3^{2-} stören. Cl^-, Br^-, J^-, NO_3^- u. SO_4^{2-} stören die Best. nicht.
I. Degen G 303

1628 **Radioindikatormethode zur Bestimmung von Praseodymspuren in Cerverbindungen.** A. S. Kostygov und O. F. Saunkin. (Zav. Labor. **33** (1967) 6, 678–79; Gos. naučno-issledovatel'skij i proektnyj inst. redkometall. prom.; russ.) — Es wird ein Verf. zur Kontrolle der Reinigung von Ce-Verb. beschrieben. Die Abreicherung der Seltenen Erden durch Adsorption an einer Kationenaustauschersäule (Kationit KU-2) aus $(NH_4)_2 \cdot [Ce(NO_3)_6]$-Lsg. wurde über die zur Markierung benutzte ^{142}Pr-Aktivität verfolgt. Dabei wurde ein Nachw.-Grenze von 10^{-8}% erreicht.
C. Herold G 304

1629 **Direkte EDTA-Titration von Vanadin(IV) mit Hämatoxylin als Indikator.** G. K. Singhal und K. N. Tandon. (Chemist-Analyst **56** (1967) 3, 60–62; Jaipur, India, Univ. of Rajastan, Dep. of Chem.; engl.) — Die Lsg. wird auf pH 4 eingestellt, mit dem gleichen Vol. an Acetatpufferlsg. vom pH 4 versetzt, mit W. auf 50 ml verd. u. nach Zusatz von Ascorbinsäure erhitzt. Nach Indikatorzugabe wird die Lsg. mit 0,01–0,001 m EDTA-Lsg. bis zum Farbumschlag von Violett über Rosa nach Grün oder Gelbgrün titriert. Fe(III), Al(III), Bi(III), Zr(IV) u. Th(IV) werden mittitriert, Mo(VI), Sn(IV) u. Ti(IV) blockieren den Indikator. Cu, Co, Ni, Mn, Zn, Cd u. Hg können in Spuren anwesend sein, werden in größeren Mengen jedoch mittitriert. Hg(II) wird durch Ascorbinsäure maskiert. PO_4^{3-}, Borat u. Oxalat stören. Acetat, SO_4^{2-}, NO_3^- u. Cl^- stören die Best. nicht.
I. Degen G 330

1630 **Polarographische Bestimmung von Beimengungen in Alkalimetallniobaten und Niobpentoxid.** A. I. Kamenev und E. N. Vinogradova. (Zav. Labor. **33** (1967) 8, 929–31; Moskva, gosudarstvennyj Univ.; russ.) — Durch Amalgampolarographie mit Anreicherung an einer unbewegten Hg-Elektrode mit Ag-Kontakt wurden in K-, Rb- u. Li-Niobat u. in Nb_2O_5 Beimengungen bzw. Zusätze von ≈ 10^{-4}% Pb, Bi u. Sb bestimmt.
E. Bomke G 331

1631 **Radioaktivierungs-Bestimmung von Tantal in Niobpentoxid hoher Reinheit.** I. P. Alimarin, G. N. Bilimovic und Ju. V. Jakovlev. (Zav. Labor. **33** (1967) 6, 672–76; Inst. geochim. i analit. chim. im. Vernadskogo AN SSSR; russ.) — Zur Ta-Best. in hochreinem Nb_2O_5, das bei der Reinigung von Nb für Unters. der Oberflächenleitfähigkeit als Zwischenprod. anfiel, wurde die Neutronenaktivierungsanalyse angewandt, die bis zu Geh. von 10^{-4}% mit direkter γ-spektrometr. Messung kombiniert werden konnte. Zur Herabsetzung der Nachw.-Grenze auf 10^{-6}% wurde extraktive Abtrennung des Ta als F^--Komplex mit Tetraphenylarsoniumchlorid angewandt. Die Unters. des Extraktionsverh. unter den Bedingungen der vorliegenden Analyse mit Hilfe des Tracers ^{182}Ta wird beschrieben.
C. Herold G 332

1632 **Mikrobestimmung von Wismut in Gegenwart von Blei und Cadmium.** 2. Mitt. E. Popper, Eugenia Florean und P. Marcu. (Rev. roum. Chim. **12** (1967) 10, 1229–33; Fac. de Pharm., Cluj; franz.) — 1. vgl. C. **1967**, 41-1950. — Trennung, Identifizierung u. Mikrobest. von Bi in Ggw. von Cd u. Pb mit Hilfe der aufsteigenden Papierchromatographie werden beschrieben. Als Laufmittel dient ein Gemisch von n-Butanol/Essigsäure/W. (4:1:5). Nach der Trennung werden die Ionen mit Hilfe einer 1%ig. alkohol. 2-Mercpato-5-anilino-1.3.4-thiodiazol-Lsg. identifiziert. Die R_F-Werte für die Acetate sind: Bi^{3+} 0,38, Pb^{2+} 0,18, Cd^{2+} 0,23; für die Chloride: Bi^{3+} 0,41, Cd^{2+} 0,11; Nitrate: Pb^{2+} 0,11, Cd^{2+} 0,16. Zur vollständigen Trennung ist daher ein Gemisch aus $BiCl_3$, $Pb(CH_3COO)_2$ u. $Cd(CH_3COO)_2$ am besten geeignet. — Die Mikrobest. des abgetrennten Bi^{3+} erfolgt photometr. bei 400 nm mit Hilfe von N-Phenylaminothioformyl - N' - phenylaminothioformylhydrazin, das mit Bi bei pH 7,5–10 einen grünen, stabilen Farbstoff bildet. — Die Meth. ist zur Best. von 0,522–1,305 μg/ml Bi geeignet.
J. Pickardt G 334

1633 **8-Hydroxy-7-jodochinolin-5-sulfonsäure (Ferron) und 8-Hydroxychinolin-5-sulfonsäure als Reagenzien für die polarographische Molybdänbestimmung.** Carla Bertoglio Riolo, Teresa Fulle Soldi und Carla Occhipinti. (Ann. Chimica **57** (1967) 11, 1344–51; Pavia, Univ., Ist. Chim. Gen. ed Inorg.; ital.) — Die

Tatsache, daß Mo in Ggw. von Ferron u. 8-Hydroxychinolin-5-sulfonsäure in acetatgepuffertem Medium 2 polarograph. Red.-Stufen (Sargent XXI-Polarograph, Lingane-Zelle, Hg-Tropfelektrode, SCE) zeigt, während in Ggw. von Hydrazin bei gleichen Bedingungen nur 1 Stufe beobachtet werden kann, kann zur Best. von red. Mo genutzt werden. Die entstehenden Komplexe werden photometr. (Uvispek-Spektrophotometer) untersucht, wobei der 1:1-Komplex mit Ferron bei pH 3—6 ein Max. bei 380 nm aufweist. Zur Best. von Mo(V) wird der Ferronkomplex mit Hydrazinhydrochlorid in der Wärme zu einer rotbraun-gefärbten Verb. mit einem Absorptionsmax. bei 540 nm reduziert. V stört die Best. bei einem Verhältnis V:Mo < 3 nicht, ebensowenig W bei einem Verhältnis W:Mo ≈ 1. Die 8-Hydroxychinolin-5-sulfonsäure ist dem Ferron als Reagenz vorzuziehen. L. Johannsen G 336

1634 **Bestimmung von Struktur- und Bindungseigenschaften im System Molybdän(VI)–Iminodiacetat mit Hilfe von Infrarot- und Protonen-Kernresonanzuntersuchungen.** Richard J. Kula. (Analytic. Chem. **39** (1967) 10, 1171—75; Dep. of Chem., Univ. of Wis., Madison, Wis.; engl.) — Mit Hilfe von NMR- u. IR-Spektroskopie wird die Komplexbldg. von Iminodiessigsäure (IDA) mit Mo(VI) untersucht u. mit den EDTA- u. Methyl-IDA-Komplexen verglichen. — Vf. nimmt an, daß MoO_3 IDA^{2-} oktaedr. aufgebaut ist u. sich N u. 2 Carboxylgruppen in cis-Stellung befinden. NMR-Spektren in W. u. D_2O werden angegeben u. die Abhängigkeit der chem. Verschiebung vom pH diskutiert. J. Pickardt G 336

1635 **Plutoniumbestimmung in Plutonium–Aluminium-Legierungen durch Röntgenfluoreszenzanalyse.** M. Ganivet und Th. Arnal. (Analytica chim. Acta [Amsterdam] **39** (1967) 1, 73—79; Cadarache, Commissariat à l'Energie Atomique, Centre d'Études Nucléaires; franz.) — Um eine befriedigende Reproduzierbarkeit der Werte zu erreichen, wird die Al-Leg. in einer Mischung aus HNO_3 u. $Hg(NO_3)_2$ gelöst. Die Lα-Linie des Pu wird gemessen u. zur Eliminierung von Matrixeffekten wird ein innerer Standard (z. B. Mo) verwendet, dessen Wellenlänge nahe der des Pu liegt. App. u. Herst. der Proben werden beschrieben u. die Ausdehnung der Meth. auf andere Best. wird diskutiert. G. Gawalek G 343

1636 **Photometrische Bestimmung sehr geringer Eisengehalte in Kondensaten.** Vladimír Talášek und Miroslav Očenášek. (Sbornik Vysoké Školy chem.-technol. v Praze, Technol. Paliv **1967,** D 15, 15—20; Kat. tepelné techn. VŠCHT, Praze; tschech.) — Es wird die Best. mit Bathophenanthrolin untersucht u. vor allem der Einfl. des pH-Wertes u. der Extraktionsmittel studiert. Auf Grund der Unters.-Ergebnisse wird folgende Meth. vorgeschlagen: Zu 100 ml der Probe gibt man 2 ml HCl (1+9) u. kocht 1 Std. auf dem Rückfluß zur Überführung kolloidaler Eisenverb. in die ionogene Form. Nach Zusatz von 2 ml 1%ig. $NH_2OH \cdot HCl$-Lsg., 6 ml 10%ig. CH_3COONa-Lsg. u. 2 ml 0,007 m (für die Best. durch Extraktion) oder 2 ml 0,001 m (für die direkte Best.) der Bathophenanthrolinlsg. in A. wird 3 Min. mit 20 ml Isoamylalkohol oder n-Hexanol extrahiert u. die Phasen nach 15 Min. getrennt. Bei Konz. > 20 g/l wird die Anwendung der direkten Meth. empfohlen. H. Bensch G 354

1637 **Radioaktive Kryptonate in der Maßanalyse.** 3. Mitt. **Bestimmung von Eisen durch radiochelatometrische Titration.** J. Tölgyessy, Š. Varga und V. Jesenák. (Isotopenpraxis **4** (1968) 6, 223—26; Lehrst. für Radiochem. u. Strahlungschem., Slowak. TH, Bratislava; dt.) — Bei der Titration von Fe^{3+} mit ChelatonIII-Lsg. (I) wird zur Erkennung des Äquivalenzpunktes (E.) festes $Y_2(C_2O_4)_3[^{85}Kr]$ verwendet, dessen Aktivität gemessen wird. Nach Überschreiten des E. wird das Kryptonat durch I in Lsg. gebracht, wobei ^{85}Kr als Gas entweicht. W. Grimmich G 354

1638 **Papierchromatographische Trennung von Vanadin, Wolfram, Molybdän, Rhenium und Eisen.** Rudolf Geyer, Walter Herrmann und Bernhard Bogatzki. (Wiss. Z. Techn. Hochschule Chem. „Carl Schorlemmer" Leuna-Merseburg **9** (1967) 1, 1—4; dt.) — Aufgetragen werden 1 μl eines Gemisches aus 0,04 m saurer $FeCl_3$-, 0,04 m KVO_3-, K_2WO_4- u. K_2MoO_4- sowie 0,01 m $KReO_4$- in 1 m $(COOH)_2$-Lösung. Als geeignetes Laufmittel eignet sich ein Gemisch aus Gärungsamylalkohol/konz. HCl-Lsg. 30%ig. H_2O_2-Lsg. (19:6:2) in aufsteigender Meth. auf FN 8- (schnellste) oder FN 6-Papier (beste Trennung). Untersucht wird die Abhängigkeit des R_F-Wertes von der Verw. verschiedener Alkohole (Methanol bis Hexanol) u. von der W.- u. HCl-Konz. des Laufmittels. Mit steigendem W.-Geh. nimmt der R_F-Wert von V zu. Die R_F-Werte von Fe u. Mo sind von der HCl-Konz. unabhängig. K. Henning G 354

1639 **Mikrobestimmung von Kupfer(II) durch Fällung als Kupfer(II)-tetramminpikrat.** N. Gantchev und A. Dimitrova. (Mikrochim. Acta [Wien] **1967,** 3, 507—12; Plovdiv, Bulgarie, École normale Supérieure, Chaire de Chim.-Analyt.; franz.) — Die Meth. beruht auf der Fällung von Cu(II) in Ggw. von überschüssigem Na-Pikrat in NH_3-Lsg. u. photometr. Best. der restlichen Pikrinsäure nach der Extraktion als Methylenblaupikrat. Nach dem Verf. können 1—10 μg Cu(II) mit einem max. Fehler von ±5% bestimmt werden. < 200 μg Zn, < 500 μg Ag, < 50 μg Co, < 100 μg Cd, < 20 μg Ni u. < 50 μg Cr stören die Best. nicht. Nach dem Verf. läßt sich bes. Cu in Pflanzenaschen bestimmen. G. Gawalek G 358

1640 **Komplexometrische Bestimmung von Kationengemischen.** 6. Mitt. **Bestimmung von Kupfer, Zink und Cadmium.** Candin Liteanu, Ioan Al Crişan, Natalia Copreanu und Lia Badinschi. (Studia Univ. Babeş-Bolyai [Cluj], Ser. Chem. **13** (1968) 43—45; rum.) — 5. vgl. C. **1965,** 28-1851. — Vf. schlagen zwei neue Meth. vor. Nach Meth. A wird Cd als bas. Carbonat abgetrennt u. nach Lösen bei pH 7—10 gegen Eriochromschwarz T mit EDTA-Lsg. bestimmt. Zn u. Cu werden im Filtrat durch Zugabe von KCN in die Cyanokomplexe überführt. Der Zn-Komplex wird unter Verw. von HCHO-Lsg. zerstört u. Zn wird bei pH 10 analog zum Cd bestimmt. In einer weiteren Probe wird bei pH 8—9 die Summe Cd + Cu + Zn gegen Murexid bestimmt. Bei Meth. B wird der Cd-Geh. wie oben ermittelt, dann werden im Filtrat Cu + Zn bestimmt. In einer ammoniakal. Lsg. der Probe wird der Cu-Geh. photometr. ermittelt. W. Grimmich G 358

1641 **Bestimmung des Goldgehaltes von Silber durch Aktivierungsanalyse.** A. A. Rimskij-Korsakov, A. A. Smirnov, V. V. Smirnov und M. N. Čubarov. (Radiochimija **9** (1967) 3, 388—89; russ.) — > 0,001% Au in reinem Ag lassen sich nach 10std. Neutronenaktivierung der Probe ($3 \cdot 10^{13}$ n · $cm^{-2}s^{-1}$) γ-spektrometr. (4π-Szintillationszähler, NaJ(Tl)-Krist.) über die 412-keV-Linie des entstehenden ^{198}Au bestimmen. Die abs. Empfindlichkeit des Verf. liegt bei 10^{-11} g Au. W. Herfurt G 359△

1642 **Biamperometrische ascorbimetrische Bestimmung von Hg(II) und von Au(III) und Hg(II) in binären Gemischen.** D. Singh und Uma Bhatnagar. (Indian J. Chem. **5** (1967) 4, 164—65; Varanasi 5, Banaras Hindu Univ., Dep. of Chem.; engl.) — Hg(II) wird bei einer Spannung von 140 mV mit einer Standardascorbinsäurelsg. in 6 m CH_3COOH titriert. Bei Best. von Au(III) u. Hg(II) wird zunächst Au(III) in 0,1 m H_2SO_4 bei einer Spannung von 100 mV titriert. Die Best. von Hg(II) wird anschließend im gleichen Medium durchgeführt. Der mittlere Fehler der Hg-Best. ist bei 49,92—0,80 mg Hg +2,5 bis —1,5%. I. Degen G 360

1643 **Photometrische Untersuchungen der Ruthenium(III)- und Rhodium(III)-Oximidobenzotetronsäurekomplexe und die gleichzeitige Bestimmung der Metalle.** G. S. Manku, A. N. Bhat und B. D. Jain. (Talanta [London] **14** (1967) 11, 1229—36; Univ. of Delhi, Dep. of Chem., Delhi; engl.) — Ru(III) bildet in äthanol. Lsg. mit Oximidobenzotetronsäure bei pH 1,1—3,5 einen purpurvioletten 1:3-Komplex, der bei pH 1,1—11,3 mindestens 48 Std. stabil ist u. ein Absorptionsmax. bei 520 nm besitzt. Das Lambert-Beersche Gesetz gilt für 0,4—20,2 ppm Ru. Rh(III) bildet bei pH 2—8 einen gelbbraunen 1:2-Komplex, der bei pH > 11,5 rötlichbraun ist. Sein Absorptionsmax. bei pH 12,0 liegt bei

475 nm, das Lambert-Beersche gilt für 0,7—15,7 ppm Rh. Die Störungen durch häufig vorkommende Ionen wurden untersucht. Eine Meth. zur gleichzeitigen Best. von Ru u. Rh wird beschrieben. P. Scharner G 364

1644 **Katalytische Bestimmung von Osmiumtetroxid durch die Reaktion von 4-Hydroxy-3-aminobenzosulfonsäure mit Kaliumperoxodisulfat.** Z. Gregorowicz und S. Suwińska. (Mikrochim. Acta [Wien] **1967**, 3, 546—49; Dep. of Sanitary Chem., Silesian TU, Gliwice; engl.) — Vf. beschreibt eine Meth. zur Best. von 6,7—33,5 μg OsO_4/50 ml auf Grund seiner katalyt. Wrkg. auf die Ox. von 4-Hydroxy-3-aminobenzolsulfonsäure mit $K_2S_2O_8$. K. Henning G 366

1645 **Heterometrische Titration von Natrium-Montmorillonit mit Calciumnitrat.** D. Lurie und S. Yariv. (Israel J. Chem. **6** (1968) 3, 203—11; Dep. of Inorg. and Analyt. Chem., Hebrew Univ., Jerusalem; engl.) — Durch heterometr. Titration einer 0,016—0,16%ig. wss. Suspension von Na-Montmorillonit mit 0,01 n $Ca(NO_3)_2$-Lsg. erhält man Aussagen über den Ionenaustauschvorgang (Ca^{2+} hat eine größere Affinität zu Montmorillonit als Na^+) u. die Austauschkapazität. W. Grimmich 5158

1646 **Bestimmung des Al_2O_3-Gehaltes von Bauxiten.** H. Bensch, O. Helmboldt, M. Köster, K. Hübner und H. Protzer. (Z. Erzbergbau Metallhüttenwes. **20** (1967) 11, 522—23; dt.) — Es wird ein Verf. zur komplexometr. Best. von Al neben anderen Elementen beschrieben. Danach wird Al mit EDTA gebunden u. bei pH 5,5 mit Zn-Salz gegen Xylenolorange zurücktitriert. Anschließend wird nach Zusatz von F^- die dem Al äquivalente Menge EDTA bestimmt. Fe u. Ti stören u. müssen vorher mit NaOH unter Zugabe von EDTA abgetrennt werden. Die Genauigkeit beträgt ±0,2% Al_2O_3 bei Al_2O_3-Geh. im Bauxit von 50—60%. Gert Seltmann 5158

1647 **Bestimmung von Rhenium in Molybdänit durch Neutronenaktivierungsanalyse.** Kikuo Terada, Yukio Yoshimura, Susumu Osaki und Toshiyasu Kiba. (Talanta [London] **14** (1967) 1, 53—60; Dep. of Chem., Fac. of Sci., Kanazawa Univ., Kanazawa, Japan; engl.) — Zur Re-Analyse werden die Nuklide ^{186}Re u. ^{188}Re verwendet. Die mit einem Neutronenfluß von $4 \cdot 10^{12} n \cdot cm^{-2} \cdot s^{-1}$ bestrahlte Probe wurde in konz. HNO_3-Lsg. gelöst u. ein Teil der begleitenden Kationen durch Zugabe von NaOH-Lsg. ausgefällt. Nach Abtrennen des Nd. u. Zugabe von Tetrabutylammoniumhydroxidlsg. wurde das Re durch MIBK als ReO_4^- extrahiert. Dabei zeigten sich 21 Schwermetallionen u. einige Anionen ohne Einfluß auf die Extraktion, während ClO_3^-, ClO_4^-, SCN^- u. J^- störten. Durch Schütteln der organ. Phase mit $NaClO_4$-haltiger wss. NaCl-Lsg. wurde das Re wieder in die wss. Phase übergeführt, mit HCl-Lsg. angesäuert u. mit K-Xanthogenatlsg. versetzt. Danach läßt sich die wss. Phase mit CCl_4 vom Tc befreien. In der zurückbleibenden Lsg. wurde die chem. Ausb. an Re-Träger photometr. über den Re/Sn(II)/SCN^--Komplex zu 93% bestimmt u. die chem. Reinheit durch das γ-Spektrum bewiesen. E. Schrage 5158

1648 **Bestimmung von Kupfer, Gallium und Zink in „Standard-Gesteinen" durch Neutronenaktivierung.** A. O. Brunfelt, O. Johansen und E. Steinnes. (Analytica chim. Acta [Amsterdam] **37** (1967) 2, 172—78; Oslo, Univ., Mineral.-Geol. Museum; engl.) — Die Proben wurden 24 Std. lang bei einem Fluß von $2 \cdot 10^{12} n \cdot cm^{-2} \cdot s^{-1}$ bestrahlt, durch eine alkal. Schmelze aufgeschlossen u. in HCl-Lsg. gelöst. Cu, Ga u. Zn werden an Dowex 2-X8 adsorbiert. Cu u. Ga werden mit 0,5 n HCl-Lsg., Zn wird mit 5%ig. NH_3-Lsg. eluiert. Zur Auswertung wurden die γ-Spektren aufgenommen. Die chem. Ausb. wurden durch Reaktivierung bestimmt. Bei Konz. über 10 ppm betrug die Genauigkeit etwa 5%. H. Glaser 5158

1649 **Photometrische Schnellmethode zur Bestimmung von Mikromengen Jod in Böden.** Gančo Dimitrov. (Počvoznanie i Agrochim. 2 (1967) 1, 27—30; Plovdiv, VSI „V. Kolarov"; bulg., Auszug: engl.) — Das Verf. beruht auf der Eig. von $K_2Cr_2O_7$ in schwefelsaurem Medium bei intensivem Erhitzen (auf 200—220°) das J in Böden zu dem beständigen JO_3^- zu oxydieren. Die Extraktion des JO_3^- erfolgt durch Dest. bei gleichzeitiger Red. mit 25%ig. H_3PO_3-Lsg. zu HJ, das in NaOH-Lsg. aufgefangen wird. Nach Ox. mit Br_2/W. erfolgt die Best. des J_2 als Stärkekomplex bei 560—580 mμ. Nach dem Verf. können 2—10 γ J mit einem relativen Fehler von 1—2% bestimmt werden. E. Pfluger 5160

1650 **Anwendung der Gaschromatographie bei der Untersuchung organischer Verbindungen in Wässern.** Lucja Jakubowska. (Gaz, Woda Techn. sanit. **41** (1967) 7, 234—37; Inst. Gospodarki Wodnej; pol.) — Im filtrierten W. konnte die Anwesenheit von mindestens 51 Fettsäuren der Kettenlänge C_2—C_{21} festgestellt werden; 33 von ihnen wurden gaschromatograph. identifiziert. G. Niechoj 5162

1651 **Methode zur Bestimmung der Sauerstoff-Isotopenzusammensetzung in Eisenerzen und in Gewässern.** F. I. Berezovs'kyj, S. G. Demydenko und I. P. Lugova. (Dopovidi Akad. Nauk SSR, Sér. B-Geologija, Geofiz., Chim. Biol. **1967**, 7, 642—45; Inst. geolog. nauk, Akad. nauk Ukrain. RSR; ukrain., Auszug: engl.) — Eisenerzproben werden zur Best. der O-Isotopenzus. 4 Std. lang bei 800° in einer H_2-Atmosphäre erhitzt. W.-Dampf, der bei der Umsetzung von H_2 mit dem O des Erzes entsteht, wird kondensiert. Das darin enthaltene O wird mit Hilfe von Guanidiniumchlorid in CO_2 übergeführt, dessen Isotopenzus. massenspektroskop. mit hoher Genauigkeit bestimmt werden kann. Nach der Meth. kann auch die O-Isotopenzus. von Gewässern bestimmt werden. J. J. Pohl 5162

1652 **Bestimmung der Toxizität von freien und komplexen Cyaniden in Wässern.** Jan Blaha. (Wasser **34** (1967) —, 175—95; Brno, Wasserwirtschaftsverwaltung; dt.) — Da die Cyanide (**I**) als Metallkomplexe mit Ausnahme der Cyanoferrate bei der Dest. in schwach saurer oder neutraler Lsg. teilweise HCN (**II**) abspalten, ist eine Trennung von freien u. komplexen I nicht möglich. Vf. schlägt vor, durch Dest. aus mineralsaurer Lsg. die Totalkonz. an **I** zu bestimmen. In den Dest.-Rückständen ermittelt man die Metallkonz. u. errechnet aus diesen Werten u. dem pH-Wert die Konz. an **I**, **II** u. der Metallkomplexe. Rechenformeln sind angegeben. Außerdem wurden die Bedingungen des Dimedonverf. zur **II**-Best. überprüft. H. Rüssel 5162

G-3. Analyse organischer Verbindungen

1653 **Mikrobestimmung von Kohlenstoff, Wasserstoff und Stickstoff durch Wärmeleitfähigkeitsmessung.** Gerald Kainz und Eugen Wachberger. (Microchem. J. [New York] **12** (1967) 4, 584—92; Analyt. Inst. der Univ. Wien, Wien; engl.) — Die angegebene Meth. umgeht die relativ schwierige Trennung der Verbrennungsprod. durch Gaschromatographie. Nach Verbrennung der Probe in O_2 werden H_2O u. CO_2 unter Verw. von He als Trägergas getrennt an spezif. Beschickung absorbiert ($CaCl_2$/Quarz bzw. Molekularsieb 5 A), während N_2 direkt gemessen wird. Dann werden H_2O u. CO_2 nacheinander therm. desorbiert u. gemessen. Der Detektor besteht aus zwei mit je einem Thermistor bestückten Zellen. Die Auswertung durch einen Integrator mit Digitalablesung ist exakter als die Messung der Peakhöhe. Die Bedingungen für eine genaue Integration werden diskutiert. K. Worm 5176

1654 **Allgemeine Methode zur quantitativen Analyse von organischen monomeren und polymeren Verbindungen, die Stickstoff enthalten.** F. M. Šemjakin und E. N. Zelenina. (Ž. vses. chim. Obšč. im D. I. Mendeleeva **13** (1968) 1, 117—18; russ.) — Wss. Lsg. tert. Amine können quant. durch Titration mit HCl-Lsg. in Ggw. von Kristallviolett in Essigsäureanhydrid als Lsgm. bestimmt werden. Auf Grund der Acetylierungs-Rk. setzt sich das N in den monomeren u. polymeren Aminen in N mit Polypeptidbrücken (–NH–C–O–) u. das Amin-N in Amid-N (>N–CO) um. In den oben erwähnten Formen wird N nicht in Eisessig als Lsgm. titriert. Um die Meth. der nichtwss. Titration für die Analyse wss. Amin-Lsg. verwenden zu können, werden die Amine in tert. Amine mit Hilfe eines Formaldehyd-Überschusses umgesetzt. Bei den prim. Aminen bildet sich Azomethin, bei den sek. Diazomethin. M. Sidillo 5176

1655 **Bestimmung von Stickstoff, Kohlenstoff und Schwefel in flüssigen organischen Substanzen durch Gaschromatographie.** Sam Pennington und Clifton E. Meloan. (Analytic. Chem. **39** (1967) 1, 119–21; Dep. of Chem., State Univ. Manhattan, Kan.; engl.) – Genau 2 µl der leichtflüchtigen Probe werden in einen 840° heißen Verdampfer dosiert. Die Dämpfe werden von einem He-Strom (60 ml/Min.) in ein 40 cm langes Verbrennungsrohr gespült, das eine 18 cm lange Schicht CuO von 850° u. eine 10 cm lange Schicht Cu-Draht von 500° enthält. N_2, CO_2 u. SO_2 werden in einer nachgeschalteten, 12 ft. langen Cu-Säule an 33% Siliconöl 550 auf Chromosorb P bei 40° getrennt. Eine Best. dauert ca. 3,5 Min., die Standardabweichungen betragen 0,27% für C, 0,32% für S u. 0,07% für N. G. Bock 5176

1656 **Weitere Vereinfachung der Mikrobestimmung von Jod in organischen Verbindungen.** D. Pitrè und M. Grandi. (Mikrochim. Acta [Wien] **1967**, 2, 347–50; Bracco Ind. Chim., Mailand; dt.) – Die Mikrometh. zur J-Best. in organ. Substanzen durch Verbrennen nach Schöniger u. nachfolgende Titration mit 0,005 n $Hg(ClO_4)_2$-Lsg. (I) wird dahingehend vereinfacht, daß die J_2-Absorption nach der Verbrennung anstatt mit NaOH-Lsg. direkt mit I erfolgt. K. Seyfert 5176

1657 **Schnellbestimmung von olefinischen Doppelbindungen in organischen Verbindungen im Mikrogrammbereich durch Ozonolyse und Gaschromatographie.** Morton Beroza und Barbara A. Bierl. (Analytic. Chem. **39** (1967) 10, 1131–35; Beltsville, Md., Entymol. Res. Div., Agric. Res. Serv., Dep. of Agric.; engl.) – Zur schnellen u. einfachen Lokalisierung der Doppelbindungen wird ein selbstkonstruierter Mikroozonisator in Kombination mit einem FID-Gaschromatographen (GC) verwendet, wobei die Ozonisierung bei –70° in Amylacetat (I) bzw. CS_2 (II) bei geringster Bldg. von Nebenprod. u. weitgehender Störungsfreiheit des FID vorgenommen wird. Die Entw. dieser Meth. ergibt sich aus der Notwendigkeit der Unters. physiolog. akt. Prod. in kleinsten Mengen (1–5 µg) z. B. auch aus gas- u. dünnschichtchromatograph. Fraktionen. Zur Spaltung der Ozonide dient Triphenylphosphin. Die Meth. wird zur Analyse von Alkyliden-Gruppen in Leinöl u. Tungöl angewendet. R. Tannenberger 5178

1658 **Mikrobestimmung der Azidgruppe in organischen Verbindungen.** W. I. Awad, Y. A. Gawargious und S. S. M. Hassan. (Talanta [London] **14** (1967) 12, 1441–48; Dokki, Cairo, Shams Univ., Fak. of Sci., Chem. Dep.; engl.) – 5 mg Säuremono- bzw. -diazide werden in einer beschriebenen Spezialapp. unter CO_2 mit Eisessig u. 1 Tropfen $Ce(SO_4)_2$-Lsg. zu Isocyanat u. N_2 umgelagert. N_2 wird mikrovolumetr. bestimmt. Aus der Unters. nachstehend genannter Azide folgt, daß bei der Vers.-Führung aus 1 Mol Säuremonoazid 2 N, aus Diaziden 5 N entstehen: Benzyliden-, Isopropyliden-, Anisyliden-, Cyclohexyliden-, Piperonyliden-, Cinnamyliden-, Fufuryliden-, Isopropyliden-p-chlor-, Isopropyliden-p-methoxy- u. Methylbenzfurfurylidenhippursäureazid, Benzylidenacetessigsäureazid, Benzoylazid sowie analoge Diazide. W. Kupfer 5178

1659 **Graphische und numerische Methode zur Vorhersage gaschromatographischer Retentionsvolumina homologer Kohlenwasserstoffe.** Andrew Gröbler. (J. Chromatogr. [Amsterdam] **27** (1967) 1, 63+71; Res. Inst. for Plastics Ind., Budapest; engl.) – An Squalan (70 u. 150°) u. β.β'-Oxydipropionitril (30 u. 70°) werden die Retentionsvol. der n-Alkane C_5–C_{12} u. der n-Alkene-(1) C_2–C_8 bestimmt u. mit einem empir. berechneten, von der C-Zahl abhängigen Korrekturglied korrigiert. Die auf diese Weise für eine homologe Reihe an beiden Säulen erhaltenen Werte ergeben als Logarithmen gegeneinander aufgetragen eine Gerade, auf der die einzelnen Glieder in gleichen Abständen aufeinander folgen. Dadurch können die Retentionen von KW-Stoffen im Voraus ermittelt u. unbekannte Banden identifiziert werden. G. Bock G 550

1660 **Gaschromatographie isotopenmarkierter Äthylene.** J. G. Atkinson, A. A. Russell und R. S. Stuart. (Canad. J. Chem. **45** (1967) 17, 1963–69; Merck Sharp and Dohme of Canada Ltd. Montreal, Quebec; engl.) – In einer 200 ft. langen Nylonkapillare von 0,096 in. ⌀ werden Mono-, Di-, Tri- u. Tetradeuteroäthylen an 20% mit $AgNO_3$ gesätt. Äthylenglykol auf Chromosorb P bei 0° quant. getrennt. Das Verf. ist zur quant. Isotopenanalyse geeignet u. gibt übereinstimmende Werte mit der Massenspektrometrie. Die Trennung der 3 isomeren Dideuteroäthylene, der ^{13}C-markierten Äthylene u. von cis- u. trans-1-Deuterobuten-(1) gelingt dagegen auch bei Verlängerung der Säule auf 900 ft. nicht. G. Bock G 570

1661 **Spezifische Identifizierung von Alkoholen mit dem Piperidinsalz des 8-Hydroxychinolinvanadats.** F. Buscaróns und M. Paraira. (Chim. analytique **49** (1967) 8, 401–05; Barcelona, Univ., Dep. de Chim. Anal.; franz.) – Zum qual. selektiven Nachw. von prim., sek. oder tert. Alkoholen wird das Piperidinsalz des 8-Hydroxychinolinvanadats (I), dessen Darst. beschrieben wird, vorgeschlagen. I bildet ein gelbes krist. Pulver, das der Lsg. der Probe als festes Pulver oder in benzol. Lsg. zugesetzt wird. Zur Prüfung in festen Proben werden ca. 50 mg der Probe u. ca. 3 mg I auf einem Objektträger aufgeschmolzen. Eine Rotfärbung zeigt die Ggw. von Alkoholen an. Lediglich Polyalkohole mit mehreren OH-Gruppen, die in organ. Lsgm. unlösl. u. nur in W. lösl. sind, wie Inosit oder Sorbit, reagieren nicht. Phenole, Enole, Verb. mit anderen O-Funktionen, aliphat., aromat. u. heterocycl. Amine, KW-Stoffe sowie Halogen-KW-Stoffe erzeugen keine Färbung u. stören die Rk. nicht. Red.-Mittel, die den V-Komplex zersetzen, stören die Reaktion. Die Nachw.-Grenze liegt in organ. Lsg. bei $1 \cdot 10^{-3}$ ml, in wss. Lsg. bei $1 \cdot 10^{-2}$ ml Alkohol. W. Kupfer G 600

1662 **Bestimmung von Hydroxylgruppen in Polyätherpolyolen durch Hydrierung mit Lithiumalanat.** D. Falgoux, M. Demeure, J. Engel und C. Granger. (Bull. Soc. chim. France **1967**, 7, 2516–20; Soc. Naphthachim., Lavera, Bouches-du-Rhône; franz.) – Eine Best.-Meth., die auf der Messung des durch Rk. der Hydroxylgruppen mit $LiAlH_4$ freigesetzten H_2 beruht, wird beschrieben. J. Pickardt G 630

1663 **Bestimmung von Dimethylsulfoxid-Spuren in Saccharose–Fettsäure-Estern.** J. Zajíc und M. Bareš. (Fette, Seifen, Anstrichmittel **69** (1967) 6, 393–95; Chem.-technol. Hochsch., Prag; dt.) – Das bei der Veresterung verwendete Lsgm. DMSO kann auf Grund seiner Absorptionsbanden bei 1060 cm^{-1} oder 954 cm^{-1} IR-spektroskop. bestimmt werden. I. Klee G 640

1664 **Analyse kurzkettiger Fettsäuren. Vergleich zwischen zwei gaschromatographischen Methoden.** A. K. Lough, R. S. Reid, Moira Murray und F. M. Black. (J. Sci. Food Agric. **18** (1967) 5, 214–16; Rowett Res. Inst., Bucksburn, Aberdeen; engl.) – Zur Best. der C_2–C_5-Fettsäuren in Kälberpansen werden die durch Extraktion mit Diisopropyläther bzw. durch W.-Dampfdest. isolierten Säuren an 20% Polyäthylenglykoladipat + 2% H_3PO_4 auf Embacel bei 100° bzw. 140° getrennt u. mittels automat. Bürette bzw. FID angezeigt. Mit letzterer Meth. werden die genaueren Resultate erhalten. G. Bock G 810

1665 **Verhältnis der Retentionszeiten bei der gaschromatographischen Bestimmung von Methylestern verzweigter Fettsäuren.** J. K. Haken. (J. Chromatogr. [Amsterdam] **26** (1967) 1, 17–21; Dep. of Polymer Sci., Univ. of N. South Wales, Kensington, Australia; engl.) – Eine neuere Unters. der Retentionsdaten von Methylestern normal-gesätt., einfach-ungesätt. u. konjugiert ungesätt. Fettsäuren gleicher C-Zahl wurde weitergeführt. Die große Ähnlichkeit der Trennfaktoren von Fettsäureestern unterschiedlicher Kettenlängen u. Zahl der Doppelbindungen sowie der iso-, anteiso-, neo- u. cyclopentyl-Fettsäuren gestattet die Berechnung der Retentionszeiten, wenn die Länge der Restketten konst. ist. Wie die Prüfung weiterer Homologer z. B. mit Dreifachbindungen u. a. ergab, lassen sich die gefundenen Gesätzmäßigkeiten auch auf diese Verb. ausdehnen. U. Hädicke H 810

1666 **Analyse wäßriger Lösungen organischer Säuren durch Pyrolyse der Tetramethylammoniumsalze im Gaschromatographen.** D. T. Downing. (Analytic. Chem. **39** (1967) 2, 218—21; CSIRO, Div. of Org. Chem., Melbourne; engl.) — Wss. Lsg. der Monocarbonsäuren C_3—C_9 u. der α.ω-Dicarbonsäure C_4—C_9 werden mit einem Überschuß an Tetramethylammoniumhydroxid versetzt u. einige μl mittels Mikrodipper entnommen. Nach Verdampfen des W. bei 110° werden die Salzproben im auf 300° beheizten Verdampfer des Gaschromatographen in > 90%ig. Ausb. in die Methylester umgewandelt. Diese werden in einer 8 ft. langen Säule an 10% SE-30 auf Chromosorb W, der eine 6 ft. lange Hilfssäule mit 14% Poly-Diäthylenglykoladipat auf Chromosorb W nachgeschaltet ist, durch Temp.-Programmierung von 50 bis 220° quant. getrennt. G. Bock G 820

1667 **Thermische Eigenschaften hochmolekularer Aminacetate bei der Verteilungsgaschromatographie unter Vakuum.** Gaku Izumi. (J. chem. Soc. Japan, ind. Chem. Sect. [Kōgyō Kagaku Zasshi] **70** (1967) 4, 608; Gov. Ind. Res. Inst. Nagoya; jap., Auszug: engl.) — Die Acetate von Hexadecyl- u. Octadecylamin wurden bei der Verteilungsgaschromatographie mit der gleichen Retentionszeit analysiert wie die entsprechenden Amine. Die meisten Acetate konnten unter Vakuum bei 2 Torr ohne Zers. dest. werden. U. Hädicke G 910

1668 **Farb- und Fluoreszenzreaktionen von biologischen Carbaminderivaten mit α-Diketonen.** Gérard Siest und Edwige Panek. (Bull. Soc. Chim. biol. **49** (1967) 12, 1879—83; Nancy, Fac. de Pharm., Labor. de Biochim.; franz.) — Die Farb- u. Fluoreszenzrk. von Citrullin, Allantoin (**I**), Allantoinsäure (**II**), Carbamylasparaginsäure u. Harnstoff (**III**) mit 2.3-Dioxobutanmonoxim (**IV**), 2.3-Dioxophenylpropanmonoxim, 1.2-Cycloheptadiondioxim u. Cyclohexadiondioxim (**V**) wurden untersucht. Die Verb. **I**, **II** u. **III** haben ident. Emissions- u. Fluoreszenzspektren mit **IV** u. **V**. Der Einfl. der Acidität des Milieus u. verschiedener Hilfssubst. [Phenazon (**VI**), Fe-Salze, Thiosemicarbazid (**VII**)] wurden ebenfalls untersucht. Während die Fe-Salze die Spezifität der Diketone nicht ändern, modifizieren sowohl **VI** wie **VII** diese beträchtlich. L. Kramar G 940

1669 **Schnellanalyse von Aminosäuren durch gaschromatographische Trennung ihrer flüchtigen Derivate.** Catherine Landault und Georges Guichon (und unter technischer Mitarbeit von Jacqueline Ganansia). (Bull. Soc. chim. France **1967**, 10, 3985—92; Paris, Labor. Prof. Jaqué, Ecole Polytechn.; franz.) — N-Trifluoracetylaminosäuremethyl- bzw. -butylester werden an verschiedenen Kapillarsäulen temperaturprogrammiert getrennt u. mit einem Flammenionisationsdetektor nachgewiesen. Gemische aus 20 Aminosäuren, einschließlich Diastereoisomerer u. opt. Antipoden können innerhalb 20 Min. empfindlich (0,1 ng) in wenig Probegut (ca. 10 mg) mit einem handelsüblichen Gerät zuverlässig untersucht werden. W. Kupfer G 950

1670 **Einfluß des Verhältnisses stationäre Phase zu Trägermaterial auf die gaschromatographische Trennung von Trifluoracetylaminosäurebutylestern.** M. Stefanovic und B. L. Walker. (Analytic. Chem. **39** (1967) 7, 710 bis 713; Univ. of Guelph, Guelph, Ontario; engl.) — Die Abhängigkeit der gaschromatograph. Retentionswerte einiger Trifluoracetylaminosäurebutylester (**A**) von der Trennfl.-Menge (Äthylenglykoladipat) auf säuregewaschenem Chromosorb W wird zur prakt. vollständigen Trennung der **A** von Ala, Val, Gly, Ile, Leu, Pro, Thr, Ser, CySH, Met, Phe, Asp, Glu, Tyr, Orn, Lys u. Try eingesetzt. Die Trennung erfolgt mit einer Trennfl.-Menge von 0,65% bei Temp.-Programmierung von 80—230° mit 4°/Min. unter Einsatz eines FID. Die Proben werden als Lsg. in $CHCl_3$ injiziert. K. Metzner H 950

1671 **Gaschromatographie von Chlorbenzolen in Gemischen.** Shuji Abe, Akira Hongo und Eiji Shirakawa. (Japan Analyst **16** (1967) 5, 399—405; Tokyo, Koganei-shi, Tokyo Univ. of Agric. and Technol., Fac. of Technol.; jap., Auszug: engl.) — Vf. verglichen verschiedene Säulenfüllungen auf ihre Verwendbarkeit zur Trennung von Chlorbenzolen: Bentone-34, P.E.G.-6000, P.E.G.-6000 + Bentone-34 (**A**) (Seriensäulenmeth.), D.I.D.P. + Bentone 34 (**B**) (Meth. gemischter fl. Phasen), 7.8-Benzochinolin u. T.T.P. Die Füllungen **A** u. **B** erwiesen sich brauchbarer als die übrigen Materialien. Mit den folgenden Meßbedingungen wurden gut aufgelöste Peaks u. kurze Retentionszeiten erzielt: **A** P.E.G.-6000 (25 Gew.-%, 75 cm) + Bentone-34 (10 Gew.-%, 225 cm) in Serie (140°, 40 ml N_2/Min., 0,1 μl), **B** D.I.D.P. (5 Gew.-%) + Bentone-34 (5 Gew.-%, 225 cm, 120°, 30 ml N_2/Min., 0,1 μl). o-Dichlorbenzol wird im Gegensatz zu anderen Angaben nach 1.2.4-Trichlorbenzol aus der Bentone 34-Säule eluiert. I. Degen G 1010

1672 **Schnellanalyse von Phenol, Methyl- und Polymethylphenolen durch Gaschromatographie an Füllkörper-Kapillarsäulen.** Catherine Landault und Georges Guiochon. (Analytic. Chem. **39** (1967) 7, 713—21; Ecole Polytechnique, Paris; engl.) — An silanisiertem Chromosorb P mit einer Mischung aus Tris-(2.4-xylyl)-phosphat u. Bis-(3.3.5-trimethylcyclohexyl)-o-phthalat in einer 5 m langen, 0,5 mm weiten Kapillare bei 115° werden sämtliche Methyl- u. Polymethylphenole getrennt. Die Meth. ist bes. zur Unters. der Pyrolyseprod. industrieller Phenol–Formaldehyd-Harze geeignet. K. Metzner H 1060

1673 **Chromatographisches Verhalten von Pentenylkresolen und Methylpentenylanisolen.** E. A. Vdovcova, T. T. Gorovic und I. V. Ol'gert. (Uzbekskij chim. Ž. **11** (1967) 5, 30—33; Inst. chim. rastitel'nych vešč. AN Uzb. SSR; russ.) — Vf. bestimmen die Retentionsvol. an Polyäthylenglykol 6000 u. Silicon DC 550 von nachst. Verb.: Phenole: *unsubstituiert, 2-Methyl-, 3-Methyl-, 4-Methyl-, 2-Methyl-6-[2-methylbutyl]-, 2-Methyl-6-[penten-(2)-yl-(4)]-, 2-[Penten-(2)-yl-(4)]-, 3-Methyl-2-[penten-(2)-yl-(4)]-, 2-[2-methylbutyl]-, 4-Methyl-2-[2-methylbutyl]-, 4-Methyl-2-[penten-(2)-yl-(4)]-, 3-Methyl-6-[2-methylbutyl]-3-Methyl-6-[penten-(2)-yl-(4)]-, 2-Methyl-4-[2-methylbutyl]-4-[2-Methylbutyl]-, 2-Methyl-4-[penten-(2)-yl-(4)]-, 4-[Penten-(2)-yl-(4)]-, 3-Methyl-4-[2-methylbutyl]-, 4-Methyl-2.6-bis-[2-methylbutyl]-, 3-Methyl-4-[penten-(2)-yl-(4)]-*; Hydroxyindane: *1.3.4-Trimethyl-5-, 1.3.5-Trimethyl-6-, 1.3-Dimethyl-5-, 1.3.4-Trimethyl-6-*; Anisole: *unsubstituiert, 2-Methyl-, 4-Methyl-, 3-Methyl-, 2-Methyl-6-[2-methylbutyl]-, 2-[2-Methylbutyl]-, 4-Methyl-2-[2-methylbutyl]-, 3-Methyl-6-[2-methylbutyl]-, 2-[Penten-(2)-yl-(4)]-, 2-Methyl-6-[penten-(2)-yl-(4)]-, 4-[2-Methylbutyl]-, 2-Methyl-4-[2-methylbutyl]-, 3-Methyl-2-[penten-(2)-yl-(4)]-, 4-Methyl-2-[penten-(2)-yl-(4)]-, 3-Methyl-6-[penten-(2)-yl-(4)]-, 4-[Penten-(2)-yl-(4)]-, 4-Methyl-2.6-bis-[2-methylbutyl]-, 3-Methyl-4-[2-methylbutyl]-, 2-Methyl-4-[penten-(2)-yl-(4)]-, 3-Methyl-4-[penten-(2)-yl-(4)]-, 4-Methyl-2.6-bis-[penten-(2)-yl-(4)]-*; Phenyläther: *[2-Methylbutyl]-, [Penten-(2)-yl-(4)]-, [2-Methylbutyl]-o-methyl-, [Penten-(3)-yl-(2)]-o-methyl-, [2-Methylbutyl]-p-methyl-, [2-Methylbutyl]-m-methyl-, [Penten-(2)-yl-(4)]-p-methyl-, [Penten-(2)-yl-(4)]-m-methyl-*; Cumarane: *3-Methyl-2-äthyl-, 3.7-Dimethyl-2-äthyl-, 3.5-Dimethyl-2-äthyl-, 3.6-Dimethyl-2-äthyl-*; Chromane: *2.4-Dimethyl-, 2.4.8-Trimethyl-, 2.4.6-Trimethyl-* u. *2.4.7-Trimethyl-*. H. Bajor G 1060

1674 **Gaschromatographischer Nachweis von Verunreinigungen in handelsüblichem Divinylbenzol.** Ray E. Hannah, Mary L. Cook und Joseph A. Blanchette. (Analytic. Chem. **39** (1967) 3, 358—60; Foster Grant Co., Inc., Leominster, Mass.; engl.) — Mit einem FID werden in 4 Proben 55—60%ig. Divinylbenzol folgende Verunreinigungen nachgewiesen: Bzl., Toluol, Äthylbenzol, Cumol, Äthyltoluol, Styrol, α-Methylstyrol, m- u. p-Diäthylbenzol, Vinyltoluol, m- u. p-Äthylvinylbenzol, Inden, 1.2-Dihydronaphthalin, Naphthalin u. 16 nicht identifizierte Verbindungen. Für die Trennungen werden 20 ft. lange Säulen mit 20% Diäthylhexylsebacat auf Chromosorb W bei 112° bzw. 20% Carbowax 6000 auf Gas Chrom RA bei 160° verwendet. G. Bock G 1410

1675 **Methoden für die qualitative und quantitative Analyse einiger Hydroxystilbene.** Joseph E. Sinsheimer und Robert Victor Smith. (J. pharmac. Sci. **56** (1967) 10, 1280—84; Coll. of Pharm., Univ. of Mich., Ann Arbor,

Mich.; engl.) — Zur Unters. des Metabolismus einiger Stilbenderiv. wurde die analyt. Best. von 2-Hydroxy-, 4-Hydroxy- (I), 4.4'-Dihydroxy- (II) u. 4-Hydroxy-3-methoxystilbenen untersucht. An Meth. wurden die Papier- u. Dünnschichtechromatographie, die Fluoreszenzspektrometrie auf DC-Platten u. die gaschromatograph. Trennung der Trimethylsilyläther herangezogen. W. Kupfer G 2260

1676 **N^1-Substitution bei 2-Methyl-4(5)-nitroimidazol. 5. Mitt. Infrarotspektroskopie als Methode zur Bestimmung der Stellung der Nitrogruppe.** P. Rems, F. Kajfež und V. Šunjić. (Bull. sci. [Zagreb] Sect. A **12** (1967) 11/12, 308—09; Novo Mesto, Inst. Za antibiotike, farmac. in tehnol., „KRKA" farmac. in Kem. itdelki; engl.) — 4. vgl. ibid. **12** (1967) 3/4, 61. — Die Frequenzen der CH-Knickschwingung (aus der Ebene heraus) des 2-Methyl-4-nitro- u. des 2-Methyl-5-nitroimidazols bei ca. 750 cm^{-1} unterscheiden sich um ca. 11 cm^{-1}, u. zwar ist die des 4-Nitro-Isomeren die höhere. Neben Resonanzeffekten werden hierfür die induktiven Effekte der Ring-N-Atome u. der NO_2-Gruppe verantwortlich gemacht. Der Einfl. einer Substitution am N^1 ($-CH_2-CH_2OH$; $-CH_2-CH_2Br$; $-CH_2-COOH$; $-CH_2-COOC_2H_5$; $-CH_2-CH_2-O-CH_2-CH_2Cl$) wird untersucht. W. Betcke G 3132

1677 **Trennung einiger Pyridincarbonsäuren durch Dünnschichtchromatographie.** E. M. Diamond und P. R. Levy. (Analyt. Biochem. [New York] **21** (1967) 1, 46—49; Dep. of Physiol., Univ. of the Witwatersrand Med. School, Johannesburg; engl.) — *Picolin-* (I), *Nicotin-* (II) u. *Chinolinsäure* (III) werden in abs. A. auf Kieselgel G gegeben u. mit 1 m NH_4CH_3COO/A. (IV) (4:6), (3:7) oder (2:8) oder mit der oberen Phase einer Mischung aus n-Butanol/32%ig. HCl, (10:2), gesätt. mit W., dünnschichtchromatographiert. Es wird 1 Std. an der Luft getrocknet u. mit Molybdatophosphorsäure/$SnCl_2$ in CH_3COOH (V) besprüht. I u. III erscheinen als farblose Flecken auf blauem Untergrund u. II stark blau auf hellem blauem Hintergrund. Mit Benzidin/BrCN (VI) ergibt II einen rosa- u. mit p-Aminobenzoesäurelsg. (VII) einen orangefarbenen Fleck, I u. III zeigen mit VI u. VII keine Reaktion. Als bestes Lsg.-Syst. erwies sich IV. Die R_F-Werte betragen für I, 0,545, II 0,17, III 0,42. V eignet sich zur Best. von 5—10 μg I u. III, II läßt sich mit VI u. VII nachweisen, ohne daß diese Rk. spezif. ist. I. Schlegelmilch G 3231

1678 **Molekülverbindungen, Mischkristallbildung und neue Polymorphiefälle bei Barbituraten.** 4. Mitt. M. Kuhnert-Brandstätter und A. Vlachopoulos. (Mikrochim. Acta [Wien] **1967,** 2, 201—17; Inst. für Pharmakognosie, Univ., Innsbruck; dt.) — 3. vgl. ibid. **1968,** 360. — Vf. untersuchten die bin. Syst. der Barbiturate Cyclopal, Delvinal (I), Noctal (II) u. Numol (III) mit einer Anzahl anderer Barbitursäurederiv. auf Poly- u. Isomorphie. Etwa 25% der untersuchten Syst. zeigten direkte Isomorphiebeziehungen zwischen den beiden Komponenten, die meist über instabile Modifikationen gehen. In 3 Fällen wurden Schmelzpunktmaxima beobachtet. Bei I, II u. III wurden je 2, bei Butisol, Dial u. Dipropylbarbitursäure (IV) je eine neue Modifikation gefunden. Bestimmt u. im Diagramm wiedergegeben wurden die Syst. I–Butisol, Geminol–IV, II–Pentothal, II–Dormin, II–Phanodorm, III–Ipral, III–Nembutal u. III–Baytinal. — Aus den ≈300 Zweistoffsyst., die bisher untersucht sind, wurden die Atomgruppen, die isomorph vertretbar sind, tabellar. zusammengestellt. Bez. des Auftretens von Mol.-Verb. ergab sich der Schluß, daß Deriv. mit einer Phenylgruppe wie Luminal u. Alphenal mit Abstand die meisten Max.-Diagramme stellen, gefolgt von Deriv., die ein Br-Atom im Rest tragen, wie Pernocton u. II. Ferner sind O u. S im Barbitursäuremol. isomorph vertretbar. J. Pickardt G 3272

1679 **Chromatographische Bestimmung von Fucose als tritiiertes Fucit.** Makoto Mukakami und Richard J. Winzler. (J. Chromatogr. [Amsterdam] **28** (1967) 2, 344—50; Buffalo, N.Y., State Univ., Dep. of Biochem.; engl.) — Nach Red. mit ^3H-haltigem $NaBH_4$ wurde der radioakt. Zuckeralkohol dünnschichtchromatograph. auf Kieselgur abgetrennt. Die Auswertung erfolgt mit einem Fl.-Scintillationszähler. I. Liske G 3400

1680 **Gaschromatographie von Derivaten der Methyläther der D-Xylose.** D. G. Lance und J. K. N. Jones. (Canad. J. Chem. **45** (1967) 17, 1995—98; Dep. of Chem.; Queen's Univ., Kingston, Ontario; engl.) — Zur vollständigen Analyse von Gemischen aus 2.3.4-, 2.3.5-Tri-, 2.3-, 2.4-, 2.5-, 3.4-, 3.5-Di-, 2-, 3- u. 4-O-Methyl-D-xylose, die bei der Hydrolyse methylierter, xylosehaltiger Polysaccharide entstehen, werden die isomeren Methyläther a) mit $NaBH_4$ zu den entsprechenden Alkoholen, b) mit C_2H_5SH in die Diäthyldithioacetale u. c) mit NH_2OH u. Acetanhydrid in die Nitrile übergeführt. Die drei Gruppen von Deriv. werden nach Acetylierung der freien OH-Gruppen in 1,15 m langen Säulen an Polyester LAC-4R-886 bzw. Octylphenoxy-polyoxyäthylen-äthanol auf säuregewaschenem Chromosorb W bei 200° bzw. 165° u. mit He als Trägergas chromatographiert. G. Bock G 3400

1681 **Terpenoide. 116. Mitt. Bewertung von Polyestern als Trennflüssigkeiten für die BLC von Terpenoiden.** B. V. Bapat, T. K. Sankpal, B. B. Ghatge und S. C. Bhattacharyya. (J. Chromatogr. [Amsterdam] **29** (1967) 2, 333—40; Nat. Chem. Labor., Poona-8, India; engl.) — 85. vgl. C. **1968, 43-2037.** — Durch Selbstkondens. (200°, bzw. 140—145°) der auf Firebrick aufgebrachten Monomeren werden aus Poly-ω-hydroxystearin(I)-, bzw. Poly-9.10.16-trihydroxypalmitinsäure (II) bestehende Säulenfüllungen erhalten, die infolge ihres Restgeh. an freien Carboxylgruppen teilweise Isomerisierung der Proben u. asymmetr. Banden (Arbeitstemp. 120 u. 163°) ergeben. Nach Waschen mit alkohol. KOH sind die Banden symmetr.; I u. II zeigen ausgesprochene Selektivität für apolare Verb. u. ermöglichen gute Trennungen O-haltiger Monoterpenoide von Sesquiterpen-KW-Stoffen. Ein durch Kondens. von Buten-(2)-diol-(1.4) u. Adipinsäure dargestellter ungesätt. Polyester gibt im Vgl. zum entsprechenden gesätt. Ester kürzere Retentionszeiten für Terpen-KW-Stoffe u. längere für O-haltige Terpenoide. G. Bock G 3600

1682 **Darstellung und Gaschromatographie der Brommethyldimethylsilyläther von Steroiden.** C. Eaborn, D. R. M. Walton und B. S. Thomas. (Chem. and Ind. **1967,** 20, 827; School of Molecular Sci., Univ. of Sussex, Brighton; engl.) — Die Brommethyldimethylsilyläther von *Androsteron, Äthiocholanolon, Dehydroepiandrosteron, Epitestosteron* u. *Testosteron* werden in einer 5 ft. langen Säule an 1% XE-60 auf Gaschrom Q bei 210° getrennt. Die Anzeigeempfindlichkeit ist bei Verw. eines Elektroneneinfangdetektors größer als die der Chlormethyldimethylsylyläther u. der Monochloracetate. Die Darst. erfolgt durch 3std. Einwirken von Brommethyldimethylchlorsilan u. Diäthylamin auf die Steroide. G. Bock G 3700

1683 **Direkte photometrische Bestimmung von Steroidchromatogrammen.** 1. Mitt. **Messung der Corticosteroide.** Bette L. Hamman und Malcolm M. Martin. (Analyt. Biochem. [New York] **20** (1967) 3, 423—31; Washington, D.C., Georgetown School of Med., Dep. of Pediat.; engl.) — Folgende, auf Silicagel-Dünnschicht aufgetrennte Substanzen wurden mit Tetrazoliumblau/NaOH angefärbt u. nach dem Trocknen unter Verw. einer von den Autoren entwickelten App. zum Transport der TL-Platte direkt photometriert: *11-Desoxycortisol, Corticosteron, Cortison, Tetrahydro-11-desoxycortisol, Cortisol, Tetrahydrocortison, Tetrahydrocortisol.* Durch diese Meth., verbunden mit genauer Planimetrie der Flecken, können ohne Elution gut reproduzierbare quant. Ergebnisse erhalten werden. L. Kramar G 3700

1684 **Chromatographie einiger 1-Dimethylaminonaphthalin-5-sulfonyl-Derivate auf Kieselgel G-Schichten.** N. Seiler und M. Wiechmann. (J. Chromatogr. [Amsterdam] **28** (1967) 2, 351—61; Max-Planck-Inst. für Hirnforsch., Frankfurt/M.; engl.) — Vf. beschreiben Lsgm.-Syst. für die ein- u. zweidimensionale Trennung einer großen Anzahl von 1-Dimethylamino-naphthalin-5-sulfonyl-Deriv. biogener Amine auf 250 Kieselgel G-Schichten u. teilen spezielle Lsgm.-Syst. für die Trennung von aliphat. Aminen, Brenzcatechinderiv., N-Acetylaminophenolen u. Dimethylaminophenolen mit. Einige 1-Dimethylamino-naphthalin-5-sulfonyl-amide konnten durch Dünnschichtelektrophorese getrennt werden. I. Klee G 3750

1685 **Neutronenaktivierung zum Nachweis von Phosphorylpeptiden.** D. C. Shaw. (Nature [London] **215** (1967) 5099, 410—11; John Curtin School of Med. Res., Australian Nat. Univ., Canberra; engl.) — Beschreibung eines Verf., bei dem Proteinrk. mit nicht markierten Organophosphorhemmstoffen ausgeführt, das phosphorylierte Protein hydrolysiert, die Peptide elektrophoret. getrennt u. anschließend auf dem Papier mit Neutronen bestrahlt werden. Die Autoradiographien der ^{32}P-markierten Peptide, die nach Abklingen des aus Verunreinigungen des Papiers entstandenen $^{24}Na(t\ ^1/_2 = 15$ Std.) ausgeführt wurden, zeigten die für ^{32}P charakterist. Halbwertszeit von 14,3 Tagen. U. Drehmann G 3800

1686 **Bestimmung von Vitamin B_{12} durch Papierchromatographie.** A. Sauciuc, Ligia Ionescu und Margareta Albu-Budăi. (Rev. Chim. [Bucureşti] **18** (1967) 4, 237—39; rum.) — Es wird eine papierchromatograph. Meth. (aufsteigend, Syst. $CHCl_3$/Phenol/Butanol/W.) zur Abtrennung von Vitamin B_{12} beschrieben. Zur Best. wird entweder die Elution der Chromatogramme u. photometr. Best. oder Berechnung des Relativgeh. der Proben nach Auswertung mit dem Integrator ERI-10 vorgenommen. V. Bigl G 3850△

1687 **Gaschromatographische Bestimmung von Ascorbinsäure als Trimethylsilylätherderivat.** M. Vecchi und K. Kaiser. (J. Chromatogr. [Amsterdam] **26** (1967) 1, 22—29; Res. Dep., F. Hoffmann-La Roche u. Co. Ltd., Basel; engl.) — Ascorbinsäure wurde mit N-Trimethylsilylacetamid zu dem entsprechenden Trimethylsilyläther umgesetzt. Dieses Deriv. der Ascorbinsäure ist ohne Zers. für die gaschromatograph. Best. an Silicone XE 60 auf ABS (100—120 mesh) mit β-Ionisationsdetektor oder FID geeignet. Kinet. Unters. u. gaschromatograph. Analyse zeigen einen quant. Rk.-Verlauf u. reproduzierbare Ergebnisse. U. Hädicke G 3850

1688 **Verteilungschromatographische Identifizierung und Bestimmung von Tocopherolen.** Hal T. Slover, Lydia M. Shelley und Teman L. Burks. (J. Amer. Oil Chemists' Soc. **44** (1967) 3, 161—66; US Dep. of Agric., Beltsville, Md.; engl.) — Die Tocopherole werden nach Überführung in die Trimethylsilyläther mit Hexamethyldisilazan (Trimethylchlorsilan/Py. (2:1:10) an 0,5% Apiezon L oder 2% SE-30 auf Anakrom (110—120 mesh) bei 235° getrennt. Renate Lehmann G 3850

1689 **Verteilungsgaschromatographische Bestimmung von Chloramphenicol.** Magobei Yamamoto, Sadao Iguchi und Toshinobu Aoyama. (Chem. pharmac. Bull. [Tokyo] **15** (1967) 1, 123—27; Fac. of Pharm. Sci., Kyushu Univ., Katakasu, Fukuoka; engl.) — Chloramphenicol wird aus Tabletten mit Aceton u. aus Blut mit Isoamylacetat extrahiert u. nach Zusatz von Dibutylphthalat als Standard in einer 1,5 m langen Glassäule an 2% Diäthylenglykolsuccinat + 1% Polyvinylpyrrolidon auf säuregewaschenem Anakrom bei 195° chromatographiert. Mit dem FID können mg-Mengen, mit dem Elektroneneinfangdetektor noch 0,01 μg erfaßt werden. G. Bock G 3900

1690 **Bestimmung von endständigen OH-Gruppen in Polyäthylenglykolen.** K. W. Han. (Analyst **92** (1967) 1094, 316—18; Unilever Res. Labor., Vlaardingen; engl.) — Die 3.5-Dinitrobenzoylchlorid-Meth. wurde zu einer Halbmikroanalyse für OH-Gruppen in Polyäthylenglykolen u. nichtion. Oberflächenbehandlungsmitteln vom Polyäthylenoxid-Typ entwickelt. Nach Abtrennung des überschüssigen Säurechlorids in einer mit Kieselgel gefüllten Säule werden die 3.5-Dinitrobenzoate nach Zugabe von wasserfreiem Äthylendiamin bei 528 nm photometr. bestimmt. Bei der Acylierung u. photometr. Best. wurde DMF als Lsgm. an Stelle von Py. eingesetzt. Prod. mit < 10 Äthylenoxid-Einheiten/Mol. können nicht mehr mit hinreichender Genauigkeit analysiert werden. J. Gähde G 4020

1691 **Anwendung einer polarographischen Methode auf die quantitative Mikrobestimmung von Proteinen.** Yoshitaka Kawada und Keizo Hayashiya. (J. agric. chem. Soc. Japan [Nippon Nôgei-Kagaku Kaishi] **41** (1967) 3, 79—83; Kyoto, Prefectural Suzaku High School; jap., Auszug: engl.) — Zur Best. der Proteine (**A**) wird nach Durchführung der Biuret-Rk. der Anteil des nicht gebundenen Cu polarograph. bestimmt. Wenn die $CuSO_4$- u. **A**-Konz. unter $2 \cdot 10^{-4}$ m bzw. $8 \cdot 10^{-2}$ mg/ml liegen, wird die Red.-Stufe des Cu nicht durch die **A**- oder **A**-Cu-Komplex-Stufe gestört, eine Erniedrigung der Höhe der Cu-Stufe tritt in Ggw. von hochpolymeren Verb. wie **A** nicht auf. Das Verf. wird dann auch nicht durch Aminosäuren oder Zucker gestört. Bei den untersuchten **A**-Verb. *Milchalbumin, Globulin, Casein, Rinderserumalbumin* u. *Gelatine* wurde nur bei Gelatine ein abweichender, etwas zu hoher Wert gefunden. I. Degen G 4080

1692 **Anwendung der Elektrophorese im nichthomogenen Feld zur Konzentrierung verdünnter Proteinlösungen.** Arnaud Dupuy d'Angeac und Jean-Pierre Sallei. (Bull. Soc. Chim. biol. **49** (1967) 12, 1873—78; Montpellier, Dep. de Biochim. Macromol., C. N. R. S.; franz.) — Eine dem Büchler-Polyprep-App. ähnliche Vorrichtung (thermostatisierte Säule, am unteren Ende durch eine Dialysemembran vom Anodenraum getrennt) wurde zur Konzentrierung verd. Proteinlsg. in fl. Phase durch eine von der Acrylamidgel-Elektrophorese abgeleitete Meth. verwendet. Menschen-, Pferde- u. Mauleselhämoglobin u. Albuminlsg. konnten mit gutem Erfolg u. ohne feststellbare Änderung des Absorptionsspektrums der Proteine oder des pH konzentriert werden. L. Kramar G 4080

1693 **Neue Mikromethode zur Untersuchung der Struktur der glykosidischen Fraktion von Glykoproteiden.** Elemer Moczar und Madeleine Moczar. (Bull. Soc. Chim. biol. **49** (1967) 8—9, 1159—63; Paris, Labor. de Biochim. du Tissu Conjonctif; franz.) — Durch zweidimensionale Dünnschichtchromatographie von Glykoproteidhydrolysaten an Silicagel u. mikrokrist. Cellulose werden für die Kohlenhydratkomplexe der einzelnen Proteide charakterist. Chromatogramme („fingerprints") erhalten, die auch bei nur teilweiser Identifizierung der Flecken Aussagen über Struktur, Verzweigungsgrad u. Vielfalt der glykosid. Bindungen ermöglichen. K. Beyer G 4080

1694 **Bestimmung von Histidin und Tyrosin in Azoproteinen.** J. Salák und Z. Vodražka. (Collect. czechoslov. chem. Commun. **32** (1967) 9, 3451—58; Inst. of Haematol. and Blood Transfusion, Prag; engl.) — Im Gegensatz zu M. Tabachnick u. H. Sobotka (C. **1961**, 3341) stellen die Vf. fest, daß bei der Umsetzung von His-, Tyr- u. ε-Aminocapronsäure-Resten in Proteinen mit diazotierter Sulfanilsäure nicht nur Monoazoderiv. gebildet werden, sondern daß die Zahl der modifizierten Aminosäurereste mit der Menge des Diazoreagenzes zunimmt. Mit Hilfe photometr. Best. der nicht umgesetzten Tyr- u. His-Reste im Totalhydrolysat von Humanserumalbumin wird das Ausmaß der Diazokupplung in diesem Protein bestimmt. P. Roth G 4080

G-4. Analyse biologischer Materialien, forensische Analyse

1695 **Beeinflussung der Nitritbestimmung durch Nitrosomonas-Zellen.** J. H. Anderson und H. Lees. (Chem. and Ind. **1967**, 35, 1491—92; Dep. of Biol. Chem., Univ. of Aberdeen; engl.) — Vf. fanden, daß die photometr. Best. von NO_2^- durch Rk. mit Sulfanilsäure (**I**) u. α-Naphthylamin in Ggw. von Nitrosomonas-Zellmaterial zu niedrig ausfällt, was durch Rk. eines Zellbestandteiles mit diazotiertem **I** erklärt wird. J. Pickardt 5206

1696 **Halbmikrobestimmung von anorganischem Sulfat in Pflanzenmaterial.** J. B. Bingley und A. T. Dick. (J. agric. Food Chem. **15** (1967) 3, 539—42; Victoria, Australia, Div. of Animal Health, C. S. I. R. O.; engl.) — Die Probe wird mit heißem HCl extrahiert u. durch Zentrifugieren von festen Teilchen befreit. Der Extrakt wird auf eine Ionenaustauschersäule (IRA 400, Cl^--Form) gegeben. SO_4^{2-} wird mit NaCl-Lsg. eluiert, in Ggw. von CCl_3COOH mit Benzidin ausgefällt, abzentrifugiert, mit 50%ig. A. gewaschen, getrocknet u. nach dem Auflösen in 1 n HCl durch Extinktionsmessung bei 250 nm bestimmt. I. Degen 5206

1697 **Atomabsorptionsspektrometrische Magnesiumbestimmung in Pflanzenmaterial.** Josef Dvořák. (Chem. Listy **61** (1967) 3, 390—94; Výzk. úst. anorg. chem., Ústí n. L.; tschech.) — 0,5—5 g der trockenen Probe (Heu, Stroh, Tabak, Körner, Mehl) werden mit konz. H_2SO_4 + HNO_3-Lsg. abgeraucht, mit konz. HNO_3-Lsg. tropfenweise bis zur Entfärbung versetzt u. wieder abgeraucht. Der abgekühlten Lsg. werden 20—100 mg La · $(NO_3)_3$ zugegeben, wodurch der Störeinfl. von Ca, Na, Al, P u. H_2SO_4 infolge der Erhöhung der Atomabsorption von Mg zufriedenstellend verringert wird. Die Lsg. wird auf ≦ 0,5 mg/100 ml verd. u. in eine Luft/Propan-Flamme gesprüht. K. Kamen 5206△

1698 **Extraktionspolarographische Bestimmung kleiner Kobaltmengen in Böden und Pflanzen.** A. I. Makarova und T. A. Kozlova. (Agrochimija **1967**, 10, 128—31; VNII udobrenij i agropočvovedenija, Moskva; russ.) — Co wird nach Zusatz von β-Nitroso-α-naphthol mit $CHCl_3$ aus den wss.-sauren Extrakten der aufgeschlossenen Proben reextrahiert u. nach T. A. Krjukova, S. I. Sinjakova, T. V. Aref'eva (Poljarografija, M., 1963) polarograph. bestimmt. Cu, Ni, Cd u. Zn stören nicht. Der relative Fehler bleibt unter ± 1,25%. E. Bomke 5206△

1699 **Polarographische Bestimmung von Kupfer und Zink in Pflanzen.** V. D. Byčkov und A. Ch. Batalin. (Agrochimija **1967**, 9, 146—47; Orenburg. sel'skochoz. Inst.; russ.) — Nach Naßveraschung der zu untersuchenden Substanz wird der feste Rückstand in W. u. NH_3-Lsg. aufgenommen. Die Abscheidung von Cu erfolgt zwischen —0,3 u. —0,7 V, anschließend die von Zn zwischen —1,1 u. —1,6 V. Der Fehler der Best. beträgt für Cu 1,64, für Zn 2,04%. S. Baryschnikow 5206△

1700 **Verwendung organischer Mitfällungsmittel zur Konzentrierung von Co, Cu, Zn und Mo bei der Bestimmung in Pflanzen.** L. P. Orlova. (Agrochimija **1969**, 9, 128—33; Pocvennyj Inst. im. Dokučaeva, Moskva; russ.) — Nach trockener Veraschung u. Auflsg. in verd. HCl werden zur Abtrennung von Fe, Al, Ca, Mg u. den Alkalimetallen bei pH 6—7 Zn, Cu u. Co als Dithizonate mit 7%ig. aceton. Lsg. von 2.4-Dinitroanilin gefällt. Im eingeengten Filtrat (pH 1,0) wird Mo mit Stenhouse-Reagenz gefällt. S. Baryschnikow 5206

1701 **Konzentrierung und Bestimmung von Kobalt, Nickel, Kupfer, Zink, Cadmium, Quecksilber und Uran bei agrochemischen, biogeochemischen und biologischen Untersuchungen.** D. P. Maljuga, A. I. Makarova und N. N. Machova. (Agrochimija **1967**, 9, 139—45; Inst. geochim. i analit. chim. im. Vernandskogo AN SSSR, Moskva; russ.) — Eine auf der Rk. von U(VI) mit Na-Diäthyldithiocarbamat (Anreicherung), nachfolgender Anfertigung (Ausglühen bei 500°) U-haltiger NaF-Perlen u. lumineszenzanalyt. Best. in der Perle beruhende Meth. zur U-Best. in Böden u. Pflanzen wird erörtert. Die Empfindlichkeit beträgt 1,0 · 10^{-8}%, der Fehler 5%. Verbesserte polarograph. Best.-Meth. für Co, Ni, Cu, Zn u. Cd in den genannten Materialien nach Konzentrierung mit Hilfe von Rubeanwasserstoff (I) werden mitgeteilt. Die Best. von Hg nach Anreicherung mit Hilfe von I erfolgt durch extraktiv-photometr. Titration der HNO_3-Lsg. mit Dithizon in CCl_4. Eine chelatometr. Best.-Meth. für Hg wird gleichfalls angegeben. S. Baryschnikow 5206△

1702 **Auftrennung von Chlorophyllen und verwandter Pflanzenpigmente durch zweidimensionale Dünnschichtchromatographie.** Denise Y. C. Lynn Co und S. H. Schanderl. (J. Chromatogr. [Amsterdam] **26** (1967) 2, 442—48; Mich. State Univ., Dep. of Food Sci., East Lansing, Mich.; engl.) — Aus Pflanzen mit Aceton extrahierte Chlorophylle u. Chlorophyllide sowie aus diesen durch Behandeln mit $(COOH)_2$ erhaltene Phäophytine u. Phäophorbide werden an Silicagel G mit verschiedenen Mischungen aus Bzl./PAe./Aceton/CH_3OH oder n-Propanol entwickelt u. durch Fluoreszenz bei UV-Bestrahlung nachgewiesen. Insgesamt konnten 16 verschiedene Tetrapyrrolverb. getrennt u. identifiziert werden. Dieter Junge 5206

1703 **Papierchromatographischer Nachweis von Cumestrol in Pflanzenextrakten.** J. Chury. (J. Chromatogr. [Amsterdam] **27** (1967) 1, 329—30; Biol. Inst., Veter. Med. Fak., Brno; dt.) — Vf. berichtet über den Einfl. der Bearbeitung des Pflanzenmaterials der Extraktion u. der Reinigung der Rohextrakte auf den Erfolg des papierchromatograph. Nachweises. I. Klee 5206

1704 **Atomabsorption als Hilfsmittel in der Biologie. 5. Mitt. Fortschritte bei der Mikrobestimmung von Kupfer und Zink.** Maurice-Louis Girard und François Rousselet. (Ann. pharmac. franç. **25** (1967) 5, 353—60; Chaire de Biochim. appl., Fac. de Pharm., Paris; franz.) — 4. vgl. ibid. **25** (1967) 4, 271; 1. vgl. C. **1967**, 29-1949. — Vf. beschreiben die apparativen Grundlagen der Meth. u. geben anschließend ausführliche Anweisungen zur Durchführung von Cu- u. Zn-Best. in verschiedenen biolog. Fl. u. Extrakten. J. Pickardt 5208

1705 **Verwendung von Zn-Dibenzyldithiocarbamat (Zn-DBDTC) zur Bestimmung von Kupferspuren in biologischem Material.** Aleksandra Klewska und Maria Strycharska. (Chem. analit. [Warszawa] **12** (1967) 6, 1325—28; Kraków, Inst. Ekspertyz Sądow.; pol.) — Das von Martens u. Cithens in die Cu-Analytik eingeführte Zn-Dibenzyldithiocarbamat (I) ist im Vgl. zum Na-Diäthyldithiocarbamat (II) im sauren Medium beständig u. ohne Maskierungsmittel für selektive Cu-Best. im Gewebematerial (A) verwendbar. **A** wird mit konz. H_2SO_4/HNO_3 im Kjeldahl-Kolben mineralisiert. 1 ml des Mineralisates (1 g **A**, 20 μg Cu) werden mit W. bis auf 20 ml verd., 0,5 ml konz. H_2SO_4 zugesetzt u. nach Abkühlung mit 10 ml 0,01%ig. I (in CCl_4) ca. 3 Min. kräftig ausgeschüttelt. Die gelbgefärbte CCl_4-Phase wird über ein in das Ablaufröhrchen des Scheidetrichters eingeführtes Watteröllchen filtriert. Dann wird die Farbintensität gegen CCl_4 bei 440 nm photometr. bestimmt. Im Bereich 0—20 μg Cu in 10 ml Lsg. ist das Lambert-Beersche Gesetz erfüllt. Die Komplex-Lsg. ist mindestens 12 Std. u. die I-Lsg. einige Monate beständig. Die nach der I- u. II-Meth. durchgeführten Best. unter Verw. des gleichen biolog. Material bestätigten die Gleichwertigkeit beider Methoden. Standardbweichung der I-Meth.: 0,12 μg. Mineral. Bestandteile des **A** beeinflussen nicht die Ergebnisse der Cu-Bestimmung. G. Niechoj 5208

1706 **Quantitative selektive Abtrennung kleinster Mengen von Kupfer aus der Asche biologischer Substanzen und ihre spektralphotometrische Bestimmung unter Verwendung von Blei-dibenzyldithiocarbamidat.** Friedrich Dittel. (Z. analyt. Chem. **229** (1967) 3, 188—92; Inst. für Ernährungswiss., Univ. Gießen; dt.) — Zur Best. von μg- u. ng-Mengen Cu wird es aus wss. Lsg. in Ggw. von Na-Citrat u. Ammoniumtartrat (je 0,33 Mol/l) bei pH 3 durch 2malige Extraktion (je 5 Min.) mit je 1,5 ml einer 0,1%ig. Lsg. von Pb-Dibenzyldithiocarbamidat in $CHCl_3$ selektiv abgetrennt. > 10 mg Co u. > 0,1 mg Bi stören, Bi kann mit 8 n HCl-Lsg. aus der organ. Phase rückextrahiert werden. Der gebildete, gelb bis braun gefärbte, sehr stabile Cu-Komplex wird bei 435 nm (ε = 14868) photometr. bestimmt. Die Grenzkonz. beträgt 0,031 μg Cu/ml $CHCl_3$. Das Beersche Gesetz gilt für 0,025—2,5 μg Cu/ml $CHCl_3$. K. Seyfert 5208

1707 **Bestimmung von Strontium in biologischen Flüssigkeiten durch Atomabsorption.** J. Descube, N. Roques, F. Rousselet und M.-L. Girard. (Ann. Biol. clin. **25** (1967) 10—12, 1011—24; Paris, Fac. de Pharm., Chaire de Biochim. appl.; franz.) — Die Atomabsorptionsspektrophotometrie erleichtert die Best. des als Ca-„Tracer" verwendeten Sr bei Unters. des Ca- u. P-Stoffwechsels. Ihre Empfindlichkeit ermöglicht die Best. bisher unbekannter physiol. Sr-Mengen im Blut. Die Best. von 0,1 mg Sr/l in biolog. Medien ist mit einer Genauigkeit > 5% möglich. K. Maier 5212

1708 **Probeneinlaß zur direkten gaschromatographischen Bestimmung von leicht-flüchtigen Bestandteilen im Vollblut.** U. P. Schlunegger. (J. Chromatogr. [Amsterdam] 27 (1967) 1, 237–38; Gerichtl.-Med. Inst., Univ. Bern; dt.) — Es wird ein Verdampferblock beschrieben u. schemat. dargestellt, durch den die bisher aufgetretenen Schwierigkeiten bei der Best. von A. im Blut beseitigt werden. I. Klee 5212

1709 **Gaschromatographische Bestimmung von Kohlenwasserstoff-Anästhetika im Blut.** R. A. Butler, A. B. Kelly und J. Zapp. (Anesthesiology 28 (1967) 4, 760 bis 763; Philadelphia, Pa., Univ., School of Med., Dep. of Anesthesia; engl.) — Vf. beschreiben eine gaschromatograph. Meth. zur Best. flüchtiger u. gasf. Betäubungsmittel in Blutproben. Die Genauigkeit dieser Meth. beträgt ca. 5% u. ist vergleichbar mit der Van Slyke-Methode. Außerdem gelingt mit der beschriebenen Meth. die Best. des Blut/Gas-Verteilungskoeffizienten. A. M. Fretzdorff 5212

1710 **Einfache Sephadex-Trenntechnik zur Bestimmung der ^{131}Jod-Verteilung im Blutserum.** K. Müller. (Clin. chim. Acta [Amsterdam] 17 (1967) 1, 21–29; Inst. für Allg. Chem., TH Graz; dt.) — 5 ml in vivo markiertes Blutserum werden innerhalb von 6–7 Std an Sephadex G-25 fine durch Elution mit 0,015 n NaOH-Lsg. in 4 radioakt. Fraktionen zerlegt: 1. geringe, von den Proteinen nicht ablösbare ^{131}J-Aktivität, 2. J^- zusammen mit 3-Jod-L-tyrosin u. 3.5-Dijodtyrosin, 3. Trijodthyronin u. 4. Thyroxin. I. Klee 5214

1711 **Klinische Bestimmung von Lithium im Serum.** A. Amdisen. (Scand. J. clin. Lab. Invest. 20 (1967) 2, 104–08; Risskov, Aarhus Univ. Psychiatr. Inst.; engl.) — Um die Dosierung von Li-Salzen bei der Therapie von Psychosen zu überwachen, benutzt Vf. die Flammenphotometrie des Serums bei 671 nm. Der Einfl. verschiedener Meßanordnungen auf die Störung der Li-Best. durch andere Alkalimetalle u. der Verlauf der Serumkonz. an Li nach Einnahme von Li_2CO_3 wird untersucht. H. Rüssel 5214

1712 **Titrationseinrichtung und experimentelles Verfahren zur genauen Messung von Hydrolysegeschwindigkeiten von Substraten im Blutplasma bei konstantem pH.** Clifford W. Chong, Lewis W. Dittert, Harry B. Kostenbauder und Joseph V. Swintosky. (J. pharmac. Sci. 56 (1967) 12, 1647–52; Pa., Philadelphia, Temple Univ., School of Pharm.; engl.) — Es werden Unters. durchgeführt, um genaue Messungen der Geschw. der durch Enzyme katalysierten Hydrolyse von Substraten im Blutplasma (A) durchzuführen, wobei A als Enzymlieferant dient. Hydrolysegeschw. werden ermittelt von *Acetyl-* u. *Benzoylcholin* u. von *Phenylbutyrat*. Es sind apparative Vorkehrungen getroffen, um Störungen durch Zers. von A durch bakterielle Luftverunreinigungen u. durch Entweichen von CO_2 auszuschalten. Die Herst. asept. Lsg. von A u. die Durchführung der Titrationen bei bestimmtem pH in geschlossener App. werden beschrieben. E. Boye 5214

1713 **Präzisierung der Kreatininbestimmung.** Klaus Beyermann. (Clin. chim. Acta [Amsterdam] 17 (1967) 1, 47–51; Inst. für anorg. Chemie, Univ. Mainz; dt.) — Kreatinin (I) läßt sich bei pH 2,5 aus einer Lsg., die 100 mg $Na[B(C_6H_5)_4]$/ml enthält, ausschütteln u. durch Behandlung der abgetrennten Ae.-Schicht mit 2 n HCl-Lsg. vollständig rückextrahieren, wobei I vom Tetraphenyloborat-Reagenz weitgehend abgetrennt wird. Nach Neutralisation der HCl wird I mit Pikrinsäure in gepufferter Lsg. bei 530 nm photometr. bestimmt. Bei der Best. von I in Seren im Normalbereich beträgt die Standardabweichung 0,06 mg I/100 ml Serum. I. Klee 5214

1714 **Fluorimetrische Methode zur Bestimmung von 6-Mercaptopurin im Serum.** Joe M. Finkel. (Analyt. Biochem. [New York] 21 (1967) 3, 362–71; Southern Res. Inst., Birmingham, Ala.; engl.) — Die empfindliche u. spezif. Meth. zur Best. von geringen Mengen *6-Mercaptopurin* (I) im Serum oder Plasma beruht auf der Umwandlung von I in Purin-6-sulfonsäure (II) durch Ox. mit $KMnO_4$. Das Max. der Fluoreszenz von II liegt bei 400 nm, die Anregung erfolgt bei 305 nm. Die Grenze der Empfindlichkeit ohne Serum. liegt bei 0,02 μg I entsprechend einer Konz. von 0,01 μg/ml nach der Ox.; mit Serum bei 0,25 μg I, entsprechend einer Konz. von 0,05 μg/ml Endlsg. u. einer Konz. in der Serumprobe von 1,0 μg/ml. Die relative Fluoreszenz ist eine lineare Funktion zur Konz. an I bis zu 100 μg/ml. H. Wolf 5214

1715 **Bestimmung von anorganisch und organisch gebundenem Jod im Liquor cerebrospinalis.** J. Bednář, J. Soumar und V. Smejkal. (Endokrinologie 52 (1967) 1–2, 97–101; Endokrinolog. Forsch.-Inst., Prag; dt.) — Vf. beschreiben ein Verf. zur chem. Mikrobest. des Gesamt-J in der Cerebrospinalfl. (CSF), das aus dem Verf. zur Best. des Gesamt-J u. Protein-J im Blutserum entwickelt wurde. Dieses Verf. überschreitet eine Fehlergrenze von 5% nicht. Bei dem in der CSF nachgewiesenen Protein-J handelt es sich nur um anorgan. J. V. N. Nekrassoff 5216

1716 **Enzymatische, fluoriphotometrische Methode zur Bestimmung von Harnstoff in Nanoliterproben.** Françoise Roch-Ramel. (Analyt. Biochem. [New York] 21 (1967) 3, 372–81; Inst. de Pharmacol. de l'Univ. de Lausanne; engl.) — Die Meth. basiert auf der Umsetzung der aus Harnstoff durch Urease freigesetzten NH_4^+-Ionen mit α-Ketoglutarsäure u. $NaDH_2$ zu Glutarsäure u. NAD unter Mitwrkg. der Glutamatdehydrogenase. Das NAD wird durch Behandlung mit starkem Alkali oder durch Kondens. mit Methyläthylketon in eine bei 340 nm anregbare u. bei 460 nm fluoreszierende Verb. übergeführt. Die Meth. gestattet Best. von 20–100 pMol Harnstoff, entsprechend 40–200 pMol NH_4^+ in Nierenpunktionsproben von 10 nl. H. Wolf 5220

1717 **Automatische Methode für die Analyse von Bromid im Harn.** P. J. Underwood. (Austral. J. exp. Biol. med. Sci. 45 (1967) 5, 577–80; Nedlands, Dep. of Pharmacol., Univ. of Western Australia; engl.) — Für die Best. von Br^- in Harn wird ein Technicon AutoAnalyzer benutzt. Br^- reagiert mit dem aus $NaAuCl_4$ in Ggw. von HCl bei pH 3 entstehenden $AuCl_3^-$ unter Bldg. von $AuBr_3^-$, dessen Extinktion bei 480 nm gemessen wird. Der Automat ist in der Lage, 60 Best./Std. mit einem Vol. von je 1,5 ml durchzuführen. Br^- wird mittels Dialyse aus dem Harn abgetrennt. Die Wiederfindungsquote für zugesetztes Br^- beträgt 96,8–102,5%, die Reproduzierbarkeit der Meth. ist sehr gut. I. Schlegelmilch 5224

1718 **Verteilungsgaschromatographie der Carbonsäureester der im Harn enthaltenen 11-Desoxy-17-oxo-steroide. Bestimmung als n-Butyrate.** Patricia A. Sadler und A. E. Kellie. (Biochem. J. 108 (1967) 3, 768–72; Courtauld Inst. of Biochem., Middlessex Hosp. Med. School, London; engl.) — Die aus Harnproben isolierten Steroidfraktionen werden über Nacht bei 35° mit n-Butyranhydrid in Py. behandelt. Die in quant. Ausb. gebildeten Ester von *Androsteron*, *Ätiocholanolon* u. *Dehydroandrosteron* werden in einer 1 m langen Säule an 1% Neopentylglykolsebacat auf säuregewaschenem Celite bei 220° u. mit 55 ml Ar/Min. in ca. 55 Min. gut getrennt. Die Anzeige erfolgt mit einem Ar-Ionisationsdetektor. Die quant. Resultate stimmen gut mit den durch Gradientenelution erhaltenen überein. Die Trennung der Steroidester wird mit steigender Kettenlänge des Carbonsäurerestes besser. G. Bock 5224

1719 **Quantitative Methode der Verteilungsgaschromatographie für Aldosteron in menschlichem Harn.** Emmanuel L. Bravo und Randall H. Travis. (J. Lab. clin. Med. 70 (1967) 5, 831–40; Cleveland, O., Western Reserve Univ., School of Med.; engl.) — 250 ml 24-Std.-Harn werden durch HCl-Zusatz auf pH 1,0 gebracht u. zur Hydrolyse 12–24 Std. stehengelassen. Nach Zusatz von 50 g Na_2SO_4 wird dann 2mal mit CH_2Cl_2 extrahiert. Der eingeengte u. alkal., sauer u. mit W. gewaschene Extrakt wird bei 37° zur Trockne eingedampft. Der Rückstand wird der absteigenden Papierchromatographie mit Bzl./Octanol/Toluol/W./Methanol (50:1:49:50:50) unterworfen. *Aldosteron* (I) findet sich zwischen den als Markierungssubstanzen zugesetzten Cortisol u. Cortison. Diese werden im UV-Licht sichtbar gemacht u. der Bereich zwischen ihnen, der das I enthält, ausgeschnitten u. mit Methanol eluiert. Das Eluat wird zur Trockne eingedampft u. der Rückstand mit 0,5 ml einer Lsg. (10 mg/ml) von HJO_4 in wss. Dioxan behandelt (Ox. des I zum Lacton). Nach 3 Std. wird mit 1,0 ml W. verd. u. mit CH_2Cl_2 extrahiert (3×). Die Extrakte werden neutral gewaschen u. in einem siliconisierten Mikrozentrifugenröhrchen bei 37° im N_2-Strom getrocknet. Der Rückstand wird in 1 ml 1 µg *Aldadien* (als inneren Standard) enthaltendem $CHCl_3$ gelöst u. die Lsg. in den Gaschromatographen injiziert (6ft. × 3mm-Säule; 3% SE-30 auf Gas-Chrom-Q, 100—120 mesh; 240° Säulentemp.; FID). Der Gesamtprozeß wurde durch Zusatz von ^{14}C-I radiometr. kontrolliert. Von zugesetztem I wurden ca. 95% wiedergefunden. Proben mit I-Geh. bis hinab zu 1 µg können analysiert werden. W. Betcke 5224

1720 **Gaschromatographie der Brenzcatechinamine unter Verwendung von Dimethylsulfoxid als wirksames Lösungsmittel für die Trimethylsilylierung.** Satoshi Kawai und Zenzo Tamura. (Chem. pharmac. Bull. [Tokyo] **15** (1967) 10, 1493—97; Fac. of Pharmaceut. Sci., Univ. of Tokyo, Hongo, Tokyo; engl.) — Vf. behandeln das Amingemisch mit Hexamethyldisilazan in DMSO u. fügen später ein aliphat. Keton zu. Hydroxylgruppen werden dabei in Trimethylsilyläther u. prim. Amine in Schiffsche Basen übergeführt, während sek. Aminogruppen unverändert bleiben. Die gaschromatograph. Trennung wird auf Säulen aus Gas-Chrom P (60/80 mesh), die mit Dimethyldichlorsilan in 7% DC 1107 Siloxan-Polymeren beschichtet sind, ausgeführt. Mit der Meth. wurden die Brenzcatechinamine aus Rinder-Nierenmark aufgetrennt u. Adrenalin u. Noradrenalin gut reproduzierbar bestimmt. K. Hermann 5230

1721 **Ultraviolett- und mit Hilfe der Methode der verminderten Totalreflexion erhaltene Infrarotspektren von Chlorpromazinmetaboliten.** R. J. Warren, W. E. Thompson, J. E. Zarembo und I. B. Eisdorfer. (J. pharmac. Sci. **56** (1967) 11, 1496—500; Philadelphia, Pa., Smith, Kline & French Labor.; engl.) — Die ATR (attenuated total reflectance)-Spektren u. die λ_{max}- u. log ε-Werte der UV-Spektren folgender Verb. sind wiedergegeben: *2-Chlorphenothiazin-5-oxid, 2-Chlor-10-[3'-aminopropyl]-phenothiazin* (bei UV das Hydrochlorid), *2-Chlor-10-[3'-aminopropyl]-phenothiazin-5-oxid (·HCl), 2-Chlor-10-[3'-aminopropyl]-phenothiazin-5.5-dioxid (·HCl), 2-Chlor-10-[3'-methylenaminopropyl]-phenothiazin (·HCl), 2-Chlor-10-[3'-methylaminopropyl]-phenothiazin-5-oxid (·HCl), 2-Chlor-10-[3'-methylaminopropyl]-phenothiazin-5.5-dioxid (·HCl), 2-Chlor-10-[3'-dimethylaminopropyl]-phenothiazin (·HCl; Chloropromazin), 2-Chlor-10-[3'-dimethylaminopropyl]-phenothiazin-5-oxid (·HCl), 2-Chlor-10-[3'-dimethylaminopropyl]-phenothiazin-5.5-dioxid (·HCl), 10-[3'-Dimethylaminopropyl]-phenothiazin (·HCl), 2-Chlor-10-[3'-dimethylaminopropyl]-7-hydroxyphenothiazin, 2-Chlor-10-[3'-dimethylaminopropyl]-8-hydroxyphenothiazin, 2-Chlor-10-[3'-dimethylaminopropyl]-phenothiazin-N-oxid (-maleat), 2-Chlor-10-[3'-dimethylaminopropyl]-phenothiazin-N-oxid-5-oxid (·HCl·H₂O)*. Die Beziehungen zwischen Struktur u. Absorptionsbanden werden diskutiert. Die Verf. werden zur Identifizierung von aus Körperfl. u. Geweben extrahierten u. chromatograph. getrennten Chlorpromazinmetaboliten empfohlen. W. Betcke 5230

1722 **Sofortprobe auf Lysergsäurediäthylamid.** James Look. (J. pharmac. Sci. **56** (1967) 11, 1526—27; San Francisco, Calif., U.S. Dep. of Health, Educ. and Welfare, Food and Drug Adm.; engl.) — Der Test erfaßt außer *LSD* auch andere ähnlich wirkende Drogen auf Indol-Basis u. α- oder β-unsubstituiertes Indol. Zur Ausführung wird ein mit einer 2%ig. Lsg. von p-Dimethylaminobenzaldehyd in 95%ig. A. imprägnierter Filtrierpapierstreifen mit dem alkohol. Extrakt des Unters.-Materials getränkt. Nach dem Verdunsten des A. wird ein Tropfen konz. HCl aufgetragen, worauf sich ein rotvioletter oder blauvioletter Fleck bildet, der bald in einen Ring übergeht. Die Nachw.-Grenze liegt bei 1 µg LSD. — Der Rk.-Mechanismus wird diskutiert. — Der Test ist auf Drogen wie *Dimethyltryptamin, Diäthyltryptamin, Bufotenin, Serotonin* u. *Psilocybin* ebenso anwendbar. W. Betcke 5234

1723 **Nachweis von Skolin in Autopsie-Proben.** Helena Gajdzińska und Jerzy Szczepański. (Acta polon. pharmac. **24** (1967) 6, 637—40; pol.) — Der Vf. beschreibt einen Vergiftungsfall durch irrtümliche Injektion von Skolin (I) (Succinylcholinchlorid). Es wurde eine Gewebsprobe der Stelle, an der das Medikament injiziert worden war, entnommen u. untersucht. Zur quant. u. qual. Best. des I wurde die chromatograph. Meth. mit einem kationartigem Filter angewandt. Es wurde festgestellt, daß I auf Grund der enzymat. Hydrolyse im menschlichen Körper über Succinylmonocholin in Bernsteinsäure u. Cholin zerlegt wird. Die erhöhten R_f-Werte in den Leber- u. Nierenextrakten deuteten auf die Ggw. der Zers.-Prod. hin, speziell auf Cholin, dessen R_f-Wert in sauren Syst. bei 0,23—0,30 liegt. M. Sidillo 5234

1724 **Gaschromatographie von Meprobamat.** R. K. Maddock jun. und H. A. Bloomer. (Clin. Chem. [New York] **13** (1967) 4, 333—38; Salt Lake City, Ut., Veterans Adm. Hosp.; engl.) — Beschreibung einer gaschromatograph. Meth. für den Nachw. von Meprobamat im Ae.-Extrakt von Plasma oder Harn, bei der Unters. von Vergiftungen mit diesem Sedativum. A.-M. Fretzdorff 5234

1725 **Nachweis und Bestimmung des Disulfiram in biologischem Material.** A. Faragó. (Arch. Toxikol. **22** (1967) 5, 396—99; Landesinst. für gerichtl. Chem., Budapest; dt.) — Disulfiram (I) wird aus Blut mit Ae. extrahiert. Dünnschichtchromatograph. erhält man mit den Laufmitteln CH_3OH/Aceton/Triäthanolamin (1 zu 1:0,03) u. Dichloräthan/Bzl./88%ig. HCOOH/W. R_F-Werte von 0,82 bzw. 0,77 nach Besprühen mit 0,5%ig. wss. $PdCl_2$-Lösung. Nach Elution kann bei **272** nm photometriert werden. Mittels Eichkurve lassen sich I-Konz. zwischen 10—200 γ/6 ml bestimmen. R. Giebelmann 5234

1726 **Beitrag zum Nachweis von Cumarin-Derivaten.** Gerhard Kamm. (Arzneimittelforsch. **17** (1967) 9, 1202—04; Inst. für gerichtl. Med., Univ. Marburg; dt.) — Die *Dicumarolderiv. Marcumar, Pival, Warfarin, Cumachlor, Sintrom* u. *Tromexan* werden aus Leichen- oder Ködermaterial sauer mit A. u. Ae. oder Bzl. extrahiert, durch eine Al_2O_3-Säule gegeben u. mit Methanol eluiert. Auf Papier wird mit Dioxan/Xylol/Toluol/Isopropanol/NH_3-Lsg. (1:2:1:4:2) aufsteigend chromatographiert u. mit 2 n NaOH u. UV-Licht oder Diazoniumsalzen nachgewiesen. Fr. Büchele 5234

G-5. Analyse technischer Produkte

1727 **Mikroanalyse von Fluor in Zircaloy mit Hilfe der Reaktion $^{19}F(p, \alpha\gamma)^{16}O$.** E. Möller und N. Starfelt. (Nuclear Instruments Methods [Amsterdam] **50** (1967) 2, 225—28; AB Atomenergi, Studsvik, Nyköping, Sweden; engl.) — Vf. untersuchten die Möglichkeit zur Best. von F-Kontaminierung an u. unter Zircalloy-Oberflächen durch Beschuß mit Protonen aus einem Van de Graaff-Beschleuniger u. Messung der dabei entstehenden γ-Strahlung. Formeln zur Ableitung der Tiefenverteilung der Verunreinigungen aus der gemessenen Zählrate wurden abgeleitet u. Messungen an Proben mit verschiedenartiger Vorbehandlung durchgeführt. Es können F-Mengen $\leq$ 0,01 µg/cm² nachgewiesen werden. J. Pickardt 5241

1728 **Bestimmung einwertiger Phenole in Abwässern.** L. V. Semenčenko und V. T. Kaplin. (Zav. Labor. **33** (1967) 7, 801—04; Gidrochimitscheskij Inst.; russ.) — Die Direktbest. mit Hilfe der Gaschromatographie wird durch die hohen Kp. u. die relativ starke Polarität der Phenole erschwert. Die Schwierigkeiten können dadurch behoben werden, daß die Phenole im alkal. Medium z. B. mit Dimethylsulfat veräthert werden. Die Phenoläther lassen sich an einer Apiezon M/Trikresylphosphatsäule (50%:50%) bei 140° gut trennen. Der relative Analysenfehler schwankt je nach der vorhandenen Menge der

Phenole in Abwasser u. liegt bei < 3,0 m gPhenol/l bei ca. 5%, bei Mengen > 10 mg Phenol/l bei ≦ 1,3%.
E. Termin 5242△

1729 **Direkte polarographische Bestimmung aromatischer Amine.** Ju. I. Bejlis. (Chim. Prom. **43** (1967) 10, 47; VNII monokristallov; russ.) — Zur Best. des Geh. an aromat. Aminen in der Luft, in techn. Lsg. u. Abwässern werden sie in Boratpuffer (pH 7,4) an einer rotierenden Pt-Elektrode oxydiert. Die Halbstufenpotentiale (SCE) betragen: Anilin 0,72 (V), Diphenylamin 0,51, o-Anisidin 0,65, p-Aminophenol 0,35, Dimethylanilin 0,57, Dimethyl-p-toluidin 0,51.
E. Bomke 5242

1730 **Bestimmung von Stickoxiden in Autoauspuffgasen.** Basil Dimitriades. (J. Air Pollut. Control Assoc. **17** (1967) 4, 238—43; Bartlesville, Okla., Bur. of Mines, Petroleum Res. Center; engl.) — Vgl. von 4 Meth. zur Best. von Stickoxiden in Auspuffgasen: 1. Stat. Ox.-Meth., 2. Bur. of Mines-Meth., 3. Chevron-Meth., 4. Phenoldisulfonsäure-Methode. Jede Meth. ist mit Fehlern behaftet, die BM-Meth. ist hinsichtlich Genauigkeit überlegen, da sie nicht durch Rk. KW-Stoffe–NO_2 gestört wird.
W. Luchsinger 5242

1731 **Aus der Praxis der Staubniederschlagsmessungen.** H. Joel. (Zement-Kalk-Gips **56** (1967) 4, 157—61; Forsch.-Inst. der Zementind., Düsseldorf; dt.) — Im Laufe der Jahre gesammelte Erfahrungen zeigen, daß auch scheinbar unwesentliche Einfl., bes. der Umwelt, zu starken Abweichungen der Meßergebnisse führen können. Neben den Schwierigkeiten, die beim Aufstellen der Meßgeräte auftreten, sind es bes. die meteorolog. Bedingungen, wie Regenmenge, Windrichtung u. Windgeschw., sowie die Jahreszeit, die den Immissionswert beeinflussen. An Hand der ausgewerteten Staubnd.-Messungen werden die errechneten Immissionskenngrößen bei Pegelmessungen diskutiert. Mit verschiedenen Gerätetypen durchgeführte Vgl.-Messungen können durch Umrechnungsfaktoren vergleichbar gemacht werden.
K. Seyfert 5242

1732 **Polarographische Simultanbestimmung von Indium und Antimon.** Clyde W. Frank und Clifton E. Meloan (Analytic. Chem. **39** (1967) 3, 379—81; Dep. of Chem., Kans. State Univ., Manhattan, Kans.; engl.) — Zur Analyse von Halbleiterproben werden Sb u. In in stark salzsaurer, gepufferter Lsg. bestimmt. Die Halbstufenpotentiale liegen bei —0,120 V für Sb u. —0,591 V für In. Bei beiden Ionen findet ein Dreielektronenübergang statt. Die Eichkurve verläuft bis zu 1 mg Sb/ml u. bis zu 2,4 mg In/ml linear. Größere In-Überschuß beeinflußt die Sb-Welle nicht, jedoch liegen bei großem Sb-Überschuß die In-Werte zu niedrig. E. Bomke 5243

1733 **Schnellanalyse von Zementen.** I. A. Voinovitch, R. Barbaras, G. Cohort, G. Koelbel, G. Legrand und J. Louvrier. (Chim. analytique **50** (1968) 6, 334 bis 349; Labor. Central des Ponts et Chaussées, Paris; franz.) — Die Probe wird zum Lösen der hydraul. Bestandteile mit HCl (1:50) behandelt, der unlösl. Anteil wird durch Alkalischmelze aufgeschlossen. SiO_4^{4-} wird als Molybdatosilicat photometr. oder gravimetr. mit Chinolin, Al volumetr. mit EDTA-Lsg. oder photometr. mit Chromazurol S, Ca u. Mg werden volumetr. mit EGTA- u. DCTA-Lsg., Fe wird photometr. mit Sulfosalicylsäure u. Alkalimetalle werden flammenphotometr. bestimmt. W. Grimmich 5244

1734 **Thalliumbestimmung in Erzen und Flugstaub.** Desanka Rajčić. (Tehnika [Beograd] **22** (1967) 12, 2164—66; Bor, Rudar.-metalurš. fak.; serbokroat.) — Die Tl-Best. erfolgte im Cu-Erz, Cu- u. Pyrit-Konzentrat sowie im Flugstaub einer Cu-Schmelze. In diesen Materialien sind Cu, Fe, SiO_2, Al_2O_3 u. S Haupt-, As, Sb, Pb, Zn, Se, Te, Ag u. Au die Nebenbestandteile. Zur Tl-Best. wird die Probe im Königswasser gelöst, das Tl bei pH 11—14 mit Dithizon in $CHCl_3$ bei Ggw. von Weinsäure, Ascorbinsäure u. KCN extrahiert, der Komplex mit HCl zerstört, das Tl^+ mit W. reextrahiert, nach Zugabe von 0,1%ig. wss. Brillantgrün-Lsg. mit Amylacetat extrahiert u. schließlich bei 630 nm die Extinktion des grünen Tl-Komplexes bestimmt. Analysendauer 4—5 Std., Fehler ± 10%, Tl-Konz. ca. 10^{-4}%.
H. Cnobloch 5245

1735 **Untersuchung der Anregungsbedingungen bei der Röntgenfluoreszenzanalyse hochlegierter Stähle.** Nobuhisa Matano, Katsumi Ono und Hideo Seno. (Japan Analyst **16** (1967) 3, 175—84; Nat. Res. Inst. for Metals, Meguro-ku, Tokyo; jap., Auszug: engl.) — Die Anregungsbedingungen wurden mit Hilfe statist. Meth. ermittelt: die geeignete Röhrenspannung beträgt ca. 50 kV. Unters. der Regression zwischen den Fluoreszenzintensitäten u. der Elementkonz. zeigen, daß der Regressionskoeff. vom Targetmaterial abhängig sind. Der Matrixeffekt vergrößert sich prinzipiell mit steigender Absorption der Fluoreszenzstrahlung durch die Matrix. Die Beziehungen zwischen Zus. der Proben u. Intensität der Fluoreszenzstrahlung kann annähernd durch eine Gleichung $I_i = K\hat{I}_0 W_i/\Sigma(c + \mu_{ij})W_j$ ausgedrückt werden. J. Pickardt 5245

1736 **Oberflächenschichtmethode zur Bestimmung der Bedeutung von Begleitelementen bei Spektralanalysen.** J. Goryczka und W. Klimecki. (Prace Inst. hutniczych **19** (1967) 2, 109—14; Inst. Metallurg. Żelaza; pol.) — Der Einfl. von Fremdelementen (*Ni, Cr, Cu, Ag, Cd, Al, C, Mo, V, W* u. *Mn*) auf die Spektrallinien (2400 bis 3600 Å) von Stahl 34HMN wurde untersucht. Die Proben wurden durch Aufbringen dünner Überzüge hergestellt. Dieses Verf. eignet sich auch zur Unters. des Einfl. auf Spektrallinien von Nichteisenmetallen sowie von Nichtmetallen. Rolf Heyer 5245

1737 **Verbrennungsgrad von Kohlenstoff in Stählen und Legierungen bei verschiedenen Verbrennungsverfahren.** P. Ja. Jakovlev und A. I. Oržechovskaja. (Zav. Labor. **33** (1967) 8, 942—43; Central'nyj naučno-issledovatel'skij inst. černoj metallurgii im. J. P., Bardina; russ.) — Zur Best. des C-Geh. in Stählen u. Leg. durch Verbrennung im O_2-Strom bei Temp. bis zu 1650° werden ein Hochfrequenzofen u. ein Elektroofen mit einem Hochtemp.-Heizkörper aus $MoSi_2$ verwendet. Nach der Verbrennung mit u. ohne Zusatz eines Schmelzmittels wurde der C-Geh. potentiometr. ermittelt. Als Verbrennungstemp. wurden 1300; 1400; 1500; 1600 u. 1650° gewählt. Für die Stähle Ch18N9T, 1Ch25Ju5 u. Ch13N4G9 wurde bei 1500° im O_2-Strom eine vollständige Verbrennung festgestellt. Eine Verbrennung bei 1300° war unvollständig. Für Ch18N9T u. Ch13N4G9 wurde bei 1400° eine vollständige Verbrennung erzielt, wenn 1 g Fe als Schmelzmittel zugesetzt wurde. Für Ferrochrom u. metall. Cr wird eine Verbrennung bei 1600—1650° im gleichen Schmelzmittel empfohlen.
H. Hochstein 5245

1738 **Röntgenfluoreszenzspektroskopische Untersuchung von Oxideinschlüssen im Stahl als Hilfsmittel der metallkundlichen Analyse.** S. Eckhard und R. Marotz. (Mikrochim. Acta [Wien] **1967**, Suppl. II, 70—81; August-Thyssen-Hütte AG, Duisburg-Ruhrort; dt.) — Die aus dem Stahl isolierten Oxideinschlüsse werden einem Boraxschmelzaufschluß unterworfen, danach wird eine Lsg.-Analyse auf Filterpapier mit Co als innerem Standard durchgeführt. Die relative Standardabweichung ist < 2%; sie kann durch erhöhten analyt. Aufwand weiter gesenkt werden. H.-D. Schenke 5245

1739 **Emissionsspektrographische Analyse von Beryllium in Eisen und Stahl, besonders in hoch-Ni-legiertem Stahl.** Isoshi Kawashima und Isamu Tanaka. (J. spectroscop. Soc. Japan [Bunkô Kenkyû] **16** (1967) 2, 90—95; Tokyo Res. Inst., Yawata Iron and Steel Co., Ltd., Ida, Kawasaki City, Kanagawa Prefect., Japan; jap., Auszug: engl.) — Durch Gleichstrombogen-Spektroskopie nach der Eisenoxidpulver-Meth. können 0,0002 bis 0,14% Be in Eisen, Stahl u. hoch-Ni-leg. Stahl bestimmt werden. Standardproben werden aus Elektrolyt-Fe u. entsprechenden Mengen Be hergestellt. Von 8 Linien zwischen 2300 u. 3400 Å ist Be II bei 3130,416 Å am besten als analyt. Linie geeignet. Die Analyse eines Stahls mit 6% Ni u. Be-Geh. im Bereich von 0,0026 bis 0,14% ergaben Werte von 0,14 ± 0,002%, 0,014 ±

0,0008% u. 0,0026 ± 0,0002% (Standardabweichung). Die Genauigkeit der Meth. entspricht der der chemischen. Bei der Verw. von Stählen, deren Zus. nach dieser Meth. bestimmt worden ist, als Standardelektroden werden Eichkurven von Be II für ein Bogen- oder Funkenverf. erhalten. Die Funkenmeth. ist wegen der Nachw.-Grenze u. des Einsatzbereichs günstiger als der Hochspannungs-Gleichstrombogen. H.-D. Schenke 5245

1740 **Emissionsspektrographische und Röntgenfluoreszenz-Analyse von Yttrium in Eisen und Stahl.** Isoshi Kawashima, Kenzi Tokiwa und Isamu Tanaka. (J. spectroscop. Soc. Japan [Bunkô Kenkyû] **15** (1967) 6, 211–16; Tokyo Res. Inst., Yawata Iron and Steel Co. Ltd., 1618, Ida, Kawasaki City; jap., Auszug: engl.) – Unter Verw. der Gleichstrombogenspektrographie an Fe-Oxidpulvern kann Y in Konz. von 0,001–0,6% in Fe u. Stahl bestimmt werden. Die beste von 16 Spektrallinien zwischen 3000 u. 4000 Å ist die Y-II-Linie bei 3202,323 Å. Mit Hilfe dieser Meth. läßt sich Y im Stahl im Konz.-Bereich 0,0016–0,246% mit einem Fehler von 0,0001–0,02% bestimmen. Unter Verw. dieser Probe als Standard bei der spektrograph. Analyse von Gußstücken wurden Eichkurven für die Y-II-Linie bei 3710,290 Å, die für die Funken- oder Bogenmeth. am besten geeignet ist, aufgestellt. Anregung mit Wechselstrombogen hoher Spannung ist wegen der Nachw.-Grenze u. der Linearität besser geeignet als Funkenanregung. Unter Verw. desselben Standards wurde Y im Bereich 0,002–0,246% mit einem Fehler von 0,006% mit Hilfe der Röntgenfluoreszenz durch Messen der Y-Kα-Linie bestimmt.
J. Pickardt 5245

1741 **Bestimmung von Cer in Gußeisen, Stahl und Ferrosilicium-Magnesium-Legierungen.** H. Green. (Metallurgia [Manchester] **76** (1967) 457, 223–25; engl.) – Ein Verf. zur Best. von Ce in Spurenkonz. in Gußeisen u. Ferroleg. wird beschrieben. Bei der Best. wird von der Tatsache Gebrauch gemacht, daß Ce-Nitrat von Ionenaustauscherharzen adsorbiert wird, wenn es in Lsg. mit hohen Konz. an CH_3OH u. CH_3COOH vorliegt. Es wird dann aus dem Ionenaustauscherharz entfernt. Es reagiert mit 8-Hydroxychinolin u. kann spektrophotometr. bestimmt werden. F. Vier 5245

1742 **Spektrographische Analyse der Platinelemente in Eisen und Stahl, vor allem in rostfreiem Stahl.** Isoshi Kawashima, Takeshi Miyazaki und Isamu Tanaka. (J. spectroscop. Soc. Japan [Bunkô Kenkyû] **16** (1967) 2, 68–77; Tokyo Res. Inst., Yawata Iron and Steel Co. Ltd., 1618 Ida, Kawasaki City, Kanagawa Prefecture, Japan; jap., Auszug: engl.) – Durch Gleichstrombogen-Spektroskopie nach der Eisenoxidpulver-Meth. können 0,004–0,6% *Rh*, 0,0003–0,6% *Pd*, 0,004–0,6% *Ir* u. 0,001–0,4% *Pt* in Eisen u. rostfreiem Stahl bestimmt werden. Standardproben werden aus Elektrolyt-Fe u. entsprechenden Mengen der 4 Spurenelemente hergestellt. Für hochlegierte Stähle muß eine Korrektur für den Fe-Geh. in der Probe durchgeführt werden. Für Stahl mit 6% Ni u. Stahl mit 18% Cr sind die Standardabweichungen < 0,008% bei Rh-, Pd- u. Ir-Konz. von 0,2%, 0,05–0,2% bzw. 0,05–0,25%.
H.-D. Schenke 5245

1743 **Einfluß von Hilfselementen bei der spektrographischen Analyse von Gußeisen.** Jiro Kashima und Masaaki Kubota. (J. spectroscop. Soc. Japan [Bunkô Kenkyû] **16** (1968) 5, 207–18; Castings Res. Labor., Waseda Univ., 500, Tozuka 1-chome, Shinjuku-ku, Tokyo; engl.) – Die Intensität der Linien von Elementen in Weißguß steigt mit der Abfunkzeit; bei Grauguß liegt sie am Anfang der Abfunkzeit am höchsten. Durch Zugabe von 5% Sn, 1% Cr + 0,1% Al oder 1% Cr kann dieser Effekt beseitigt werden. Cu zeigt keine Wrkg., da es die Mikrostruktur der Probe nicht verändert. Die Zugabe von Cr ist bes. bei der Best. von Si, die von Sn bes. für die Mn-Analyse geeignet. W. Grimmich 5245

1744 **Spektrophotometrische Bestimmung von Aluminium im Reinst-Kupfer mit 8-Hydroxychinolin.** Bernd Käßner und Walter Angermann. (Z. Chem. **7** (1967) 11, 438; Forsch.-Inst. für NE-Metalle, Freiberg (Sachs.); dt.) – 1 g der Probe wird in Königswasser gelöst u. der Säureüberschuß in einer Quarzschale abgedampft (Temp. 100°). Der Rückstand wird mit 7 n HCl aufgenommen u. evtl. vorhandenes Ga, In u. Fe durch zweimalige Extraktion mit je 10 ml MIBK abgetrennt. Bei pH 5,6–5,9 wird Cu mit Thiosulfat (Endkonz. 1 m) maskiert u. Al als Oxinkomplex mit viermal je 5 ml CCl_4 extrahiert. Die vereinigten Extrakte werden zweimal mit je 10 ml alkal. CN-haltiger EDTA-Lsg. (pH 10,2 g KCN + 2 g EDTA/100 ml) gewaschen, zentrifugiert u. bei 400 nm gemessen. Die Nachw.-Grenze beträgt $1 \cdot 10^{-5}$%. Der 10fache Überschuß folgender Ionen stört nicht: Acetat, Ag, As(III), As(V), Au, Ba, Be, Br, Borat, Bromat, Ca, CO_3^{2-}, Cd, Cl^-, Co, Cr(VI), Cu, Fe(II), Fe(III), Ga, Hg(I), Hg(II), In, J^-, K, Li, Mg, Mn(II), Mo(VI), Na, Nb, Ni, NO_3^-, Pb, PO_4^{3-}, Sb(III), Sb(V), Sn(IV), Sr, SO_4^{2-}, Ta, Th, Ti, Tl(I), U(VI), V(V), W(VI), Zn, Zr. K. Seyfert 5245

1745 **Bestimmung der Gallium- und Eisen-Verunreinigungen in Reinstaluminium.** Pálné Szücs und Ottó Klug. (Kohászati Lapok [Ung. Z. Hüttenwes.] **100** (1967) 7, 312–15; Budapest, Fémipari Kutató Intézet; ung.) – Es wurde eine photometr. Meth. nach Anreicherung mit MIBK ausgearbeitet. Aus dem Extrakt werden Ga u. Fe mit W. herausgelöst u. die Lsg. bis zum Ausscheiden eines Nd. eingedampft u. zur photometr. Best. verwendet. Ga wird mit Rhodamin B oder PAN, Fe mit KCNS oder o-Dianisidin bestimmt. Empfindlichkeit 0,5 μg Fe^{3+} bzw. Ga^{3+}/ml; Genauigkeit ±10%. L. Zombory 5245△

1746 **Bestimmung von Gold und Silber in Kathodenkupfer.** L. K. Larina, N. S. Belenkova und N. F. Sačkova. (Ž. analitičeskoj Chim. **22** (1967) 5, 808–09; Vses. naucno-issl. gorno-metallurg. inst. zvet. metall., Ust'-Kamenogorsk; russ., Auszug: engl.) – Zur Best. von Au werden 10 g Kathoden-Cu in HCl/HNO_3-Lsg. (3:1) gelöst. Au wird an Aktivkohle adsorbiert. Die Lsg. wird filtriert, das Filter verascht, die Asche mit 0,03% Ge enthaltendem Kohlepulver vermischt u. in einem Gleichstrombogen unter Verw. der Linien Au 2675,95/Ge 2709,6 spektrographiert. Zur Best. von Ag wird eine Probe im Krater einer Kohleelektrode geschmolzen u. dann im Wechselstrombogen unter Verw. der Linien Ag 3280,9/Cu 3329,6 spektrographiert. Die Variationskoeff. betragen 10% für Au u. 9% für Ag. Die Best.-Grenzen betragen 0,01 g Au bzw. 1–100 g Ag/t Cu.
A. v. Wilpert 5245

1747 **Essigsäureanhydrid und Essigsäure in Acetylierungsgemischen.** S. A. Gurova, V. L. Pokrovskaja und R. P. Pjasnaja. (Plastičeskie Massy **1967**, 2, 73; russ.) – Zur Kontrolle des regenerierten Acetylierungsgemisches für Polyformaldehyd wurden zwei Meth. ausgearbeitet. Die Best. des Essigsäureanhydrids (**I**) erfolgt nach einer Abänderung der Meth. von Ellerington et al bzw. Emelin et al. durch potentiometr. Rücktitration des überschüssigen Anilins in einem Methyläthylketon-Gemisch. Die zweite Meth. zur Best. der Essigsäure (**II**) basiert auf der von McClure et al., wobei jedoch wegen der zu geringen Stabilität des Indikators eine andere Eichlsg. verwendet wird. Es können 37 bis 85% **I** mit einer Genauigkeit von ±2% bzw. 2–55% **II** mit ±5% bestimmt werden. A. F. Ledich 5246

1748 **Problematik der quantitativen Interpretation der Ultrarotspektren von Kohle.** V. Večeřiková und M. F. Kessler. (Freiberg. Forsch.-H., Reihe A 1967, **A 388**, 223–38; Prag, Berbauinst.; dt.) – An Kohle/KBr-Tabletten durchgeführte IR-spektroskop. Unters. haben gezeigt, daß sich die Anwendung der IR-Spektroskopie in der Kohlenforschung zur Identifizierung der chem. Individuen u. ihrer Isomeren eignet. Gleicher Charakter des Spektralbilds u. der minimale quant. Unterschied der Spektren von Braun- u. Steinkohlen sprechen für den kontinuierlichen Verlauf der Inkohlung von der Flammkohle zum Anthrazit. W. Morneweg 5247

1749 **Polarographische Naphthalinbestimmung im Kokereigas.** V. D. Bezuglyj, N. D. Chižnjak, L. S. Cerbrij und A. M. Chalaimova. (Koks i Chim. **1967**, 12, 45–46; UChIN; russ.) – Kokereigas wird durch 3 hintereinandergeschaltete Absorptionsgefäße geleitet (0,5 l/Min.), die mit 0,1 m $(C_2H_5)_4NJ$ in DMF gefüllt sind, u. das absorbierte Naphthalin polarograph. bestimmt. Die Meth. ist spezif. (keine Störung durch ungesätt. Verb.) u. dadurch genauer als die Pikratmethode. Unters.-Ergebnisse beider Meth. für Geh. von 0,05—0,13 mg/m³ sind angegeben. E. Bomke 5247

1750 **Bestimmung von Phenolen in Fetten und Raffinaten durch Ultraviolett-Spektralphotometrie.** E. G. Gatilova und T. D. Belova. (Chim. Technol. Topliv Masel **12** (1967) 4, 56—58; russ.) — Zur Ausarbeitung eines automat. Analysenverf. wurde die spektralphotometr. Best.-Meth. für Phenole in wss. Destillaten untersucht u. die Wellenlänge 270 nm als optimal gefunden, wobei Dampfdestillate des MS-20-Öles u. Erdöldestillate geprüft u. die Ergebnisse mit denen coulometr. Best. verglichen wurden. Die Empfindlichkeit der Meth. beträgt 0,002%, der mittlere Fehler ±5% in Bzl. u. Bzn. u. ±3% in Ölen. A. F. Ledich 5247

1751 **Bestimmung der schwereren Kohlenwasserstoffkomponenten (C_6^+) im Naturgas durch Gaschromatographie bei Raumtemperatur mit N_2 als Trägergas.** Kosta Petrović. (Nafta [Zagreb] **18** (1967) 8, 343—45; Novi Sad, Naftagas; serbokroat.) — Zur Analyse der KW-Stoffe wurde eine 1—2 m lange Trennkolonne u. ein FID verwendet; die fl. selektive Phase war Siliconöl, u. die Änderung der Durchflußrichtung des Trägergases erfolgte nach der Elution von n-Hexan oder n-Pentan. CH_4 u. C_2H_6 wurden nicht aufgetrennt u. mußten zusammen mit N_2 u. CO_2 getrennt an Silicagel bestimmt werden. C_3—C_5 wurden schlecht aufgetrennt. Die Änderung der Durchflußrichtung nach n-Hexan-Elution gibt zuverlässigere C_6- u. C_7^+-Werte. Die Zus. des Vgl.-Gases muß in diesem Fall möglichst mit der Zus. des Analysengases übereinstimmen. Bei Änderung der Durchflußrichtung nach n-Pentan-Elution muß das nicht der Fall sein. Die Reproduzierbarkeit lag bei 1—2%. Analysendauer 23 Minuten. H. Cnobloch 5247

1752 **Bestimmung von Sub-ppm-Mengen Nickel und Vanadin in Erdöl mit Hilfe der Röntgenfluoreszenz nach Anreichern durch Ionenaustausch.** J. G. Bergmann, C. H. Ehrhardt, L. Granatelli und J. L. Janik. (Analytic. Chem. **39** (1967) 11, 1258—61; Res. and Dev. Dep., Amer. Oil Co., Whiting, Ind.; engl.) — Vf. beschreiben eine Meth. zur Best. von Ni u. V in Mengen von 0,1 ppm. Die Probe wird mit S verascht, um Verluste an flüchtigen Metallporphyrinen zu vermeiden u. die Metalle auf Kationenaustauschpapier konzentriert u. mit Hilfe der Röntgenfluoreszenz bestimmt. Ein neuer Ionenaustauschapp. wird beschrieben. Es wird gezeigt, daß Ni, V u. Fe sich gegenseitig nicht beeinflussen. — Im Bereich 0,1—1,0 ppm beträgt der Fehler 5—10%. Die Analyse erfordert ≈ 4 Stunden. J. Pickardt 5247

1753 **Bestimmung von Phosphaten in Waschmitteln.** H. Herold. (Abh. dtsch. Akad. Wiss. Berlin, Kl. Chem., Geol. Biol. **1966** (1967) 6a, 188—96; Wiss.-Techn. Zentrum VVB Leichtchem., Karl-Marx-Stadt; dt.) — *Ortho-*, *Pyro-*, *Tripoly-*, *Trimeta-* u. *Tetrametaphosphat* lassen sich nach einer automatisierten Meth. an Dowex 1—X8 (200—400 mesh, [Cl^-]) durch Gradientenelution mit gepufferter (Na-Acetat/CH_3COOH, pH 4,4) KCl-Lsg. trennen. In der Reihenfolge der Elution werden die Spezies mit HNO_3-Lsg. zu PO_4^{3-} hydrolysiert u. in einem Durchflußphotometer registriert, wobei man die Peakflächen durch Integration erhält. I. Ohme 5249

1754 **Analyse grenzflächenaktiver Stoffe.** J. F. Pfrommer. (Abh. dtsch. Akad. Wiss. Berlin, Kl. Chem., Geol. Biol. **1966** (1967) 6a, 155—58; Farbwerke Hoechst AG, vormals Meister Lucius & Brüning, Frankfurt(Main)-Höchst; dt.) — Übersicht über neuere Meth. zur qual. u. quant. Analyse von Tensidgemischen unter bes. Berücksichtigung der Polarographie, UV-, IR- u. NMR-Spektroskopie, Röntgenfluoreszenzanalyse, Gaschromatographie (bes. der Pyrolysegaschromatographie), Ionenaustausch- u. Dünnschichtchromatographie. — 26 Literaturangaben. W. Liebscher 5249△

1755 **Moderne elektrochemische Analysenmethoden für grenzflächenaktive Stoffe.** H. Jehring. (Abh. dtsch. Akad. Wiss. Berlin, Kl. Chem., Geol. Biol. **1966** (1967) 6a, 197—207; DAW zu Berlin, Inst. für Phys. Chem.; dt.) — Übersicht über Methodik u. Einsatzmöglichkeit elektrochem. Verf. zur Best. von Tensiden. — 10 Literaturangaben. W. Liebscher 5249△

1756 **Potentiometrische Bestimmung von Hexamethylentetramin.** V. A. Strupinskij und M. A. Zajdenberg. (Plastičeskie Massy **1967**, **4**, 66—67; russ.) — Zur Best. von Hexamethylentetramin (I) in techn. Urotropin u. pulverisiertem Bakelit wurde eine potentiometr. Titration mit HCl-Lsg. in Aceton ausgearbeitet. Die Probe (0,1 g bzw. 0,8—1 g) wird in 30—35 ml Aceton gelöst u. mit 0,1 n HCl unter Verw. eines pH-Meters titriert. Der Geh. x an I in % ist $x = (K \cdot V \cdot 0{,}0140 \cdot 100)/C$, wobei V der Verbrauch an 0,1 n HCl, K der Faktor der Säure u. C die Einwaage ist. Die Meth. verkürzt die Analysendauer von 5—6 Std. auf 20—30 Minuten. A. F. Ledich 5250

1757 **Bestimmung von Fluor in Schmelz- und Futterphosphaten.** S. I. Kalmykov und K. V. Chon. (Chim. v sel'skom Choz. **5** (1967) 6, 54—57; Inst. chimič. nauk AN Kaz. SSR; russ.) — Es wird gezeigt, daß in 0,19 bis 0,63% F enthaltenden Futterphosphaten aus Phosphoriten von Karatau (UdSSR) die F-Best. nach der volumetr. Meth. von Tananaev (1932) unzulässig ist (bis um 38,5% erniedrigte Vers.-Ergebnisse). Die F-Best. wird demzufolge nach der (modifizierten) Meth. von H. H. Willard u. O. B. Winter (1933) durchgeführt. Die Fehlergrenze der verbesserten Meth. beträgt —2,13%. S. Baryschnikow 5253△

1758 **Spektrophotometrische Bestimmung von Molybdän in Böden und Pflanzen.** M. Panýr. (Rostlinná Výroba **13**(40) (1967) 2, 179—86; Praha, Ústřední a kontrolní úst. zemědělský; tschech.) — Die Bodenprobe wurde 2 Std. lang bei 550° geglüht, dann mit 20%ig. HCl-Lsg. gekocht, das Filtrat abgedampft, mit HCl-Lsg. u. W. extrahiert, mit Citronensäure oder Weinsäure versetzt u. auf eine Ionenaustauschersäule gegeben. Der Ablauf wurde eingeengt, mit 20%ig. KCNS- u. $SnCl_2$-Lsg. versetzt, mit Amylalkohol extrahiert. Die organ. Schicht wurde photometriert. Durch diese Meth. wurden sämtliche störenden Komponenten entfernt. J. Špinka 5253△

1759 **Bestimmung von Linuron im Boden durch Anwendung eines automatischen Diazotierungs- und Kupplungsverfahrens.** Håkon O. Friestad. (Bull. environment. Contaminat. Toxicol. **2** (1967) 4, 236—42; Chem. Res. Labor., Agric. Coll. of Norway, Vollebekk; engl.) — Linuron wird aus dem Boden mittels Soxhlet-App. durch Petroläther extrahiert u. nach Verdampfen des Lsgm. verseift zu 3.4-Dichloranilin, welches diazotiert u. mit N-(1-Naphthyl)-äthylendiamin gekuppelt wird. Die Meth. wurde in gleicher Weise zur Best. von *Parathion*, *Paraoxon*, *Parathionmethyl*, *Azinphos-methyl*, *Propham* u. *Chlorpropham* angewendet. E. Herfurt 5253

1760 **Einfaches vervollkommnetes Ganzglassystem für Mikroanalysen von Pestiziden mit dem Dohrmann-Gaschromatographen-Modell 100.** W. L. Winterlin, J. B. Rivers und G. O. Walker. (Bull. environment. Contaminat. Toxicol. **2** (1967) 1, 47—52; Agric. Toxicol. and Residue Res. Labor., Univ. of Calif., Davis, Calif.; engl.) — Beschrieben wird ein Syst. aus Glas, das den Einspritzblock u. die Säulen umfaßt, u. trotz des Materials erlaubt, die Säulen leicht zu wechseln u. das ganze Syst. zu reinigen. Renate Lehmann 5253

1761 **Einfluß des Feuchtigkeitsgehaltes der Proben auf die Extraktion von TDE aus Wirsingkohl.** Jerry A. Burke und Mildred L. Porter. (J. Assoc. off. analyt. Chemists **50** (1967) 6, 1260—62; Washington, D.C., Food and Drug Adm., Div. of Food Chem.; engl.) — Am Beispiel von Wirsingkohl, der mit TDE (I) behandelt wurde, zeigen Vf., daß die vollständige Erfassung der Rückstände von I vom Feuchtigkeitsgeh. der Proben abhängt. I wurde mit Acetonitril (II) aus Wirsingkohl extrahiert u. gaschromatograph. bestimmt. Mit sinkendem Feuchtigkeitsgeh. nimmt die extrahierte Menge von I ab. So werden bei einem Feuchtigkeitsgeh. von 26% nur ca. 40% des eingesetzten I gefunden. Reproduzierbare

Ergebnisse werden erhalten, wenn zur Extraktion W./II (35:65) verwendet werden. G. Paulig 5253

1762 **Analyse kleiner Mengen Chlorophos durch Oszillopolarographie.** B. N. Rybakov. (Chim. v sel'skom Choz. 5 (1967) 10, 26–28; VNII chim. sredstv zaščity rastenij; russ.) — Mit dem Oszillopolarographen PO-5122 konnten bis zu 0,01 mg Chlorophos/ml bestimmt werden. Der relative Fehler liegt für 0,10–0,05 mg/ml bei ±2% u. unter 0,05 mg/ml bei ±5%. Der Leitelektrolyt (KCl, Na_2SO_4) muß > 0,5 m sein. Die Peakhöhe (E = −0,75 V) ist der Konz. direkt proportional. Für die Best. in Abwässern muß das Chlorophos vorher mit Hilfe der Dünnschichtchromatographie abgetrennt werden. E. Bomke 5253

1763 **Nachweis der Malathion-Rückstände aus Weizen.** Živka Prošić. (Acta pharmac. jugosl. **17** (1967) 4, 217–20; Beograd, Vojno-med. akad., Hig. zav.; serbokroat.) — Zur Malathion(I)-Best. im gemahlenen u. ungemahlenen Weizen wurde die für reine I-Lsg. entwickelte dünnschichtchromatograph. Meth. von J. Bäumler u. S. Ripstein (C. **1962**, 7299) angewendet. I wurde aus dem Weizen mit PAe. (Kp. 30–40°) im Soxhlet extrahiert. Bestimmt wurden 1–10 μg I in einer Konz. von 2–100 ppm. Die Flecken sind bei gemahlenen Weizen intensiver. Die Empfindlichkeit der Meth. liegt bei 1 γ. Im Weizen sind noch 2 ppm I nachweisbar. H. Cnobloch 5253

1764 **Nachweis und Bestimmung von Holzschutzmitteln im Holz.** H. Becker. (Seifen-Öle-Fette-Wachse **93** (1967) 26, 1009; Dortmund; dt.) — Übersicht mit Arbeitsvorschriften für Verf. zur Best. von F-, Cr-, As-, Cu-, B-Verb., Verb. auf Phosphatbasis u. öligen organ. Mitteln. — 75 Literaturangaben. W. Betcke 5254

1765 **Bestimmung der Hydroxylgruppen in Cellulosetriacetaten.** V. V. Žarkov und V. N. Mironova. (Plastičeskie Massy **1967**, 2, 63–64; russ.) — Der Substitutionsgrad der Cellulosetriacetate wurde mit Hilfe der IR-Absorptionsbanden bei 3485 u. 3550 cm^{-1} (Valenzschwingungen der OH-Gruppe) bestimmt. Die opt. D. (D_{3485} u. D_{3550}) wurden ausgedrückt durch $D_{3485} = c_{OH(1)}K_1'l + c_{OH(2)}K_2'l + K_{C=O(1)}l$ u. $D_{3550} = c_{OH(1)}K_1''l + c_{OH(2)}K_2''l$ ($c_{OH(1)}$ u. $c_{OH(2)}$ Konz. der OH-Gruppen, K_1' u. K_1'' Absorptionskoeff. der OH(1)-Gruppen, K_2' u. K_2'' der OH(2)-Gruppen bei den betreffenden Wellenlöngen). Die Filmdicke l wird durch die Meth. des inneren Standards (CH-Bande bei 2950 cm^{-1}) eliminiert. Für die Gesamtkonz. der Hydroxylgruppen gilt $c_{OX} = c_{OH_1} + c_{OH_2} = [aD_{3550} + b(D_{3485} - 0{,}15\ D_{2950})]/D_{2950}$, wobei a u. b Konst. u. im gegebenen Fall 2,4 bzw. 0,6 sind. Die beschriebene Meth. ist präziser als jene von Eberstadt [Analytic. Chem. **24** (1952) 400] (mittlerer quadrat. Fehler 0,11%), dauert jedoch länger (1,5–2 Std.). A. F. Ledich 5254

1766 **Bestimmung von Äthanol und Äthylacetat in Essig.** Secondo Zanin und Carla Fraccaro. (Boll. Lab. chim. provinc. **19** (1968) 2, 222–32; Labor. di Merceol., Ist. Univ. di Econom. e Commercio di Venezia; ital.) — Die Best. erfolgt gaschromatograph. an 20% Carbowax 1500 auf Chromosorb W (60–80 mesh) bei 100° unter Verw. eines Flammenionisationsdetektors. W. Grimmich 5255

1767 **Teststreifen-Farbreaktion zum Schnellnachweis von Nitrit in Fleischerzeugnissen.** G. E. Schmidt. (Fleischwirtschaft **47** (1967) 11, 1214–17; Tierhygien. Inst., Freiburg; dt.) — Überprüfung der für den Nitrit-(Nitrat) Nachw. hergestellter Teststreifen (Nitratesmo- u. Nitur-Test) zur Nitrit-Best. in Fleischwaren hat die Zuverlässigkeit u. Zeitersparnis bei deren Anwendung ergeben. Nitratesmo ist relativ wenig empfindlich u. neben Nitrit kann auch Nitrat nachgewiesen werden. Ein Nachteil für die Praxis ist, daß man mit konz. Mineralsäuren arbeiten muß. Das Papier ist speziell für Wurstwaren geeignet. Das für die Harnunters. hergestellte Nitrit-Testpapier ist ohne weitere Hilfsmittel für den Schnellnachw. geeignet, Geprüft wurden Hackfleisch, Brühwürste, Rohwürste. Mettwürste u. Bratwürste. Die untere Nachw.-Grenze lag bei 1 mg% $NaNO_2$, dies entspricht etwa dem zehnten Teil der gewerbeüblichen unteren Menge in Nitrit-Pökelsalz. W. Rehner 5255

1768 **Bestimmung des Gehalts der Butter an flüchtigen Fettsäuren durch Gaschromatographie.** Simone Kuzdzal-Savoie und W. Kuzdzal. (Lait **47** (1967) 468, 487–94; Jouy-en-Josas (Yvelines), Stat. centr. de recherches laitières et de technol. des prod. animaux; franz.) — Es werden zwei gaschromatograph. Meth. zur Best. der Fettsäuren in der Butter verglichen: nach Francesco et al. (1961; über die Methylester; A) u. nach Roos et al. (1963; direkt; B). Bestimmt werden Butter- (I), Capron-, Capryl- u. Caprinsäure. Meth. A ist einfacher u. schneller, der Prozentsatz der gefundenen I ist nach A höher als nach B. B führt zu besser reproduzierbaren Ergebnissen, weshalb Vf. für ihre Unters. B den Vorzug geben. W. Betcke 5255

1769 **Bestimmung von Pestiziden in Butter.** Cornelia Costache, Elena Junie und Elena Ioani. (Ind. Alimentara **19** (1968) 3, 137–40; Stat al Judeţului, Cluj; rum.) — DDT, Parathion u. HCH werden mit CH_3OH extrahiert u. im Extrakt nach den Meth. von Schechter u. Haller (AOAC-Meth., Washington, 1960), Averell u. Norris [Analytic. Chem. **20** (1948) 753] bzw. der von Hancock u. Laws [vgl. C. Wood: Analyst **85** (1960) 21] modifizierten Meth. von Schechter u. Hornstein [Analytic. Chem. **24** (1952) 544] bestimmt. 89 analysierte Butterproben enthielten keines der genannten Pestizide. W. Grimmich 5255

1770 **Rückstandsanalyse von chlorierten Pestiziden in Fetten und Ölen bei Verwendung von Dimethylsulfoxid: Ringversuch.** Martin Eidelman. (J. Assoc. off. analyt. Chemists **50** (1967) 3, 591–95; Washington, D.C., Div. of Food Standards and Additives, Food and Drug Admin.; engl.) — Butterfett u. Getreideölproben wurden mit *Lindan*, *Heptachlorepoxid*, *p.p'-DDT*, *Dieldrin* u. *Endrin* versetzt (0,02–0,1 ppm) u. die Pestizide gaschromatograph. nach der DMSO-Meth. des Vf. bestimmt. Die Ergebnisse von 5 Labor. fielen äußerst verschieden aus, teils aus mathemat. u. method. Gründen. Die Unters. über die Meth. werden fortgesetzt. L. Kramar 5255

1771 **Analyse von Tensiden in Olivenöl.** J. Ruiz Cruz. (Grasas y Aceites **18** (1967) 2, 43–44; span.) — Die photometr. Best. von Spuren anionenakt. Substanzen beruht auf deren Komplexbldg. mit Methylenblau in der Ölphase. Durch ein Ionenaustauschverf. können die Tenside in die wss. Phase übergeführt u. dort ebenfalls photometr. bestimmt werden. W. Grimmich 5255

1772 **Bestimmung chlorierter Kohlenwasserstoffe, insbesondere von Lindan, in pflanzlichen Lebensmitteln durch Elektronen-Einfang-Gaschromatographie.** R. Knoll und R. Engst. (Z. analyt. Chem. **227** (1967) 6, 424–31; DAW zu Berlin, Inst. für Ernährung, Potsdam-Rehbrücke; dt.) — Die Obst- bzw. Gemüseproben werden mit $CHCl_3$ extrahiert, die nach Abdest. des $CHCl_3$ erhaltenen Rückstände in Hexan aufgenommen u. an SiO_2 bzw. Al_2O_3 säulenchromatograph. gereinigt. *Lindan*, *Heptachlor*, *Dieldrin* u. *DDT* werden in einer 77 cm langen Stahlsäule an 3% Silicongummivorprod. + 1% Hochvakuumfett auf Sterchamol (säuregewaschen u. mit 2% Na-Laurinat imprägniert) bei 201° u. mit 74 ml N_2/Min. getrennt. Zur Best. von o.p- u. p.p'-DDT wird eine 2 m lange Säule mit 10% QF-1 auf Chromosorb W (HMDS) bei 200° verwendet. Mit einem Elektroneneinfangdetektor lassen sich 0,1 ng Lindan nachweisen u. 1 ng ≙ 0,01 ppm sicher bestimmen. G. Bock 5255

1773 **Analyse der Aminosäuren in Lebensmitteln. Einflüsse der Salzsäuremenge bei der Hydrolyse.** Kuniko Kenmochi und Shinpatirô Tamura. (Rep. Food Res. Inst. [Tokyo] **1968**, 23, 171–74; jap., Auszug: engl.) — Im Hinblick auf die Best. von Aminosäuren in Proteinhydrolysaten von Sojabohnen u. Reis mit einem Aminosäureanalysator wird der Einfl. der HCl-Menge bei der Hydrolyse untersucht. Die besten Ergebnisse: Bei Protein/Kohlenhydrat-Verhältnissen von 1:10 erhält man außer bei Tyrosin u. Arginin die besten Ergebnisse, wenn man die Hydrolyse 24 Std. lang bei 110° mit einem > 100fachen Gew.-Überschuß an 6 n HCl-Lsg. durchführt. W. Grimmich 5255

1774 **Tryptophanbestimmung in Lebensmitteln unter besonderer Berücksichtigung von Getreide.** E. L. Miller. (J. Sci. Food Agric. 18 (1967) 9, 381–86; School of Agric., Univ. of Cambridge; engl.) — Die Hydrolyse peptidgebundenen Tryptophans (I) erfolgt nach Greene u. Black [J. biol. Chemistry **142** (1944) 1] mit $Ba(OH)_2 \cdot 8H_2O$. Das abgekühlte Hydrolysat wird nach Zusatz von Phenolphthalein mit 6 n HCl auf Farblosigkeit gebracht, ausgeschiedenes $BaCO_3$ durch weitere 0,2–0,4 ml HCl gelöst, in ein Zentrifugenglas überführt, mit 7 g Na_2SO_4/40 ml W. versetzt, zentrifugiert, das Überstehende in einen Meßkolben überführt u. auf 100 ml aufgefüllt. Davon werden 2 ml in ein verschließbares Reagenzglas pipettiert, 5 ml Dimethylaminobenzaldehyd-Lsg. (0,5 g/100 ml konz. HCl) zugefügt u. nach 20 Min. 0,2 ml wss. $NaNO_2$-Lsg. (0,2% W/V). Nach weiteren 24 Min. wird filtriert u. bei 590 nm die Extinktion gemessen. Der Geh. an I in Weizen, Mais, Hirse, Kabeljau, Erdnüssen, Sojabohnen u. Casein stimmt gut mit den Werten von Harvey (1956) überein. W. Huhn 5255

1775 **Untersuchungen über Methoden zur Aminosäure-Analyse von Weizenprodukten.** G. O. Kohler und Rhoda Palter. (Cereal Chem. 44 (1967) 5, 512–20; Albany, Calif., U.S. Dep. of Agric., Western Region, Res. Labor.; engl.) — Die Hydrolysebedingungen für Weizen u. Weizenkleie wurden erneut untersucht. Die meisten Aminosäuren (AS) werden durch saure Hydrolyse aus den Weizenproteinen in Freiheit gesetzt u. sind unter den üblichen Bedingungen stabil, jedoch werden *Ser* u. *Thr* unter den Hydrolysebedingungen z. T. zersetzt. Für diese AS wurden Korrekturfaktoren ausgearbeitet, so daß sie im selben Hydrolysat wie die anderen bestimmt werden können. Auch die zwar stabilen, aber zu langsam freiwerdenden *Val* u. *Ile* lassen sich bei Anwendung geeigneter Korrekturfaktoren im gemeinsamen Hydrolysat bestimmen. *Cystin* u. *Met* dagegen sind so instabil, daß sie vor der Hydrolyse zu Cysteinsäure bzw. Methioninsulfon ox. werden müssen. Das ebenfalls sehr leicht zersetzliche *Trp* erfordert eine $Ba(OH)_2$-Hydrolyse, doch wird das Ergebnis noch merklich von der Hydrolysedauer beeinflußt. *Tyr* ist gegen Spuren O_2 empfindlich, so daß vorsichtige Entgasung vor der Hydrolyse notwendig ist. Die Ergebnisse der AS-Analyse einiger Weizensorten u. Mühlenprod. sind zusammen mit bereits veröffentlichten Daten tabellar. aufgeführt. W. Betcke 5255

1776 **Identifizierung der Carbonyl-Verbindungen im Bier.** Pentti Ronkainen, Vilho Arkima und Heikki Suomalainen. (J. Inst. Brewing 73 (1967) 6, 567–70; Res. Labor. of the State Alcohol Monopoly, Helsinki; engl.) — Die Carbonyl-Verb. wurden aus Lagerbier mit Ae./Pentan (2:1) extrahiert u. mit 2.4-Dinitrophenylhydrazin gefällt. Der Nachw. von Diacetyl (I) u. Pentandion-(2.3) gelang durch Dünnschichtchromatographie auf Kieselgel HF_{254} mit Bzl./PAe./Äthylacetat (34:5:1). Weiter dürften höhere Homologe beider Verb. vorkommen. Zum Nachw. der Aldehyde wurden die Hydrazone mit Ozon in Ameisensäure-Lsg. in die entsprechenden Carbonsäuren übergeführt u. gaschromatograph. auf einer NEGS-Säule getrennt. In der Reihenfolge ihrer Konz. wurden Acet-, Isobutyr-, Isovaler-, 2-Methylbutyr-, Valer- u. Butyraldehyd gefunden. K. Herrmann 5255

1777 **Analyse chlorhaltiger Pestizide in Futtermitteln.** H. Weik und K. Drepper. (Z. Tierphysiol., Tierernähr., Futtermittelkunde 22 (1967) 6, 379–84; Inst. für Veterinär-Biochem., Freie Univ. Berlin; dt.) — Benzolhexachlorid, Lindan, Heptachlor, Aldrin, Heptachlorepoxid, DDT, Dieldrin u. Endrin werden nach säulenchromatograph. Vorreinigung an Florisil gaschromatograph. unter Verw. von 2 Säulen [10% DC 200 auf Gas Chrom Q (I) (100–120 mesh) u. 3% QF1 auf I (60–80 mesh)], gereinigtem N_2 als Trägergas u. einem Elektroneneinfangdetektor bestimmt. In verschiedenen Futterproben wurden 0,4–0,8 ppm Pestizide gefunden. I. Klee 5255

H. Angewandte Chemie

H-3. Anorganische Industrie

1778 **Herstellung von hexagonalen Ferriten durch gemeinsame Fällung.** K. K. Laroia und K. K. Vadhera. (Indian J. Technol. 6 (1968) 2, 61; Solid State Phys. Labor., Delhi; engl.) — Ag–La-Ferrit wird durch Versetzen eines Lsg.-Gemisches von $Fe(NO_3)_2$, $La(NO_3)_3$ u. $AgNO_3$ mit NaOH-Lsg. bei Raumtemp. u. 1std. Erhitzen des erhaltenen Nd. auf 1200° gewonnen. W. Wesly H 254

1779 **Bestimmende Faktoren bei der Halbleiter-Großflächen-Legierungstechnologie.** F. M. Roberts und E. L. G. Wilkinson. (J. Mater. Sci. 3 (1968) 2, 110–19; Solid State Phys. Group, Nelson Res. Labor., English Electric Co. Ltd., Beaconhill, Stafford, UK; engl.) — Vf. untersuchen die Herst. von ohm. Kontakten sowie p–n-Übergängen durch Leg. in *Si* mit Leg.-Flächen mit ⌀ 19 u. 25 mm. Es kann gezeigt werden, daß für die Ausbldg. einer gleichmäßigen fl. Phase die Temp. der Fl. sowohl beim Aufheizen wie beim Abkühlen höher als die des Festkörpers sein muß. Die Tiefe der Leg.-Front stimmt mit der aus den Phasendiagrammen ber. überein. K. H. Härdtl H 261

1780 **Untersuchungen über Zeolith.** 1. Mitt. **Bildung von Natriumzeolith Typ A aus Kaolinmineralien unter Verwendung von Natriumhydroxid.** Hiroshi Takahashi und Yôichi Nishimura. (J. chem. Soc. Japan, pure Chem. Sect. [Nippon Kagaku Zasshi] 88 (1967) 5, 528 bis 532; Univ. Tokyo; jap.) — Durch Behandlung von *Kaolinmineralien* (A) u. *Allophan* mit NaOH-Lsg. bei normalem Druck entsteht letztlich Hydroxy-Sodalith. Die Bldg. von *Na-Zeolith Typ A* (B) hängt ab von Konz. der NaOH-Lsg., NaOH-Menge, Behandlungsdauer u. -temperatur. Je geringer die Kristallinität der A ist, um so leichter bildet sich **B**. **B** kann direkt aus natürlichen **A** mit geringer Kristallinität u. Allophan ohne Vorbehandlung zum amorphen Zustand hergestellt werden. W. Wesly H 261

1781 **Herstellung und Eigenschaften von Hydrogranaten.** I. Vălkova. (Stroitelni Mater. silikatna Prom. [Sofija] 8 (1967) 2, 5–10; bulg.) — Von verschiedenen synthet. Proben von *Hydrogranat* (I) haben die beste Qualität I der Zus. $C_3AS_2H_2 + C_3AS_{1.58}H_{2.96}$ u. ein Gemisch von I u. Tobermorit. In CO_2-Atmosphäre werden die I nicht carbonisiert u. ihre Eig. unwesentlich verbessert. Die synthet. I sind an der Luft, unabhängig von deren Feuchtigkeitsgeh., völlig beständig. Bei der Herst. von Beton im Autoklaven können die Eig. von I nutzbar gemacht werden, indem man auf ein Gemisch von Hydrosilicat u. I hinarbeitet. R. K. Müller H 261

1782 **Entfernung von Kieselsäure in Natriumaluminatlösungen durch Dolomit.** Hisashi Ito, Tsutomu Yanagase und Otojiro Miyamoto. (J. Mining metallurg. Inst. Japan 84 (1968) 2, 123–28; jap.) — Aus Na-Aluminatlsg., gewonnen durch Auslaugen von mit Na_2CO_3 geröstetem Lateriterz, wird gelöstes SiO_2 mit 99% Wrkg.-Grad durch Wärmebehandlung der Lsg. im Autoklaven bei 170° mit *Dolomit* (I) beseitigt. (Der Restwert: 100 SiO_2/Al_2O_3 beträgt $< 0,03$.) Das durch I-Zusatz entstehende Prod. enthält Ca-Silicat-Hydrat, Ca–Al-Hydroxid, bas. Al-Silicat u. I im Überschuß. W. Wesly H 261

1783 **Bildung von Kaliumtriphosphat.** A. Ch. Bronnikov. (Ž. prikl. Chim. 40 (1967) 7, 1419–23; Ivanovskij chim.-technol. inst.; russ.) — Der Mechanismus der Dehydratation der bei 130° getrockneten chem. reinen Phosphate KH_2PO_4 (I) u. K_2HPO_4 (II) sowie der Mechanismus der Bldg. von Kaliumtriphosphat $K_5P_3O_{10}$ (III) wurden thermograph. (Kurnakov) u. die beim Erhitzen von Phosphatgemischen erhaltenen Polyphosphate nach gravimetr., photokolorimetr. u. chromatograph. (P-Best.) Meth. untersucht. Die Dehydratation von **II** beginnt bei 250° u. ist bei 410° beendet. Sie verläuft in der Anfangsperiode verhältnismäßig schnell, wird dann aber langsamer infolge der Bldg. einer festen Phosphatschicht auf den **II**-Kristallen. Die Bldg. von $K_2H_2P_2O_7$ (therm. unbeständige Verb.) konnte nicht nachgewiesen werden. Bei der Umsetzung zwischen **II** u. **I** bildet sich $K_3HP_2O_7$ als Zwischenprod., welches mit **II** reagiert: $K_3HP_2O_7$ + **II** = **III** + H_2O. Bei Mangel an **II** bildet sich **III** nach der Rk. $2K_3HP_2O_7$ = **III** + KPO_3 + H_2O.

K. Karos H 264

1784 **Herstellung von Doppelsuperphosphat aus Karatau-Phosphorit über das Stadium der Präzipitattrübe.** M. E. Pozin, M. S. Vol'dštejn, D. F. Zil'cova und R. T. Petrova. (Chim. Prom. **43** (1967) 10, 8–10; russ.) – Zur Herst. von Doppelsuperphosphat aus Karatau-Phosphorit mit 25,65(%) P_2O_5, 40,4 CaO, 3,2 MgO, 3,0 R_2O, 2,6 F, 8,45 CO_2 wurde nach bekannten Meth. *Phosphorsäure* (**P**) aus dem Phosphorit gewonnen, aus der **P** mittels Na_2CO_3 u. Na_3PO_4 F entfernt bis auf einen Restgeh. von 0,4–0,45% F, mittels Kalkmilch u. einer Kalksteinaufschlämmung Präzipitat $CaHPO_4 \cdot 2H_2O$ ausgefällt (6std. Präzipitatfällung bei 40–50°, davon 4,5 Std. mittels Kalksteinaufschlämmung mit einem Verhältnis fl./fest = 1/1 u. 1,5 Std. mittels Kalkmilch mit einem CaO-Geh. von 8%; $P_2O_{5\,\text{aufnehmbar}}/P_2O_{5\,\text{gesamt}}$ = 0,9 bei einem CaO-Einsatz von 80–90% gegenüber der stöchiometr. Menge), das Präzipitat nach dem Absetzen bzw. nach der Filtration der Trübe mit **P** bearbeitet u. getrocknet. Tabellar. Zusammenstellung der Vers.-Bedingungen u. der Zus. der erhaltenen Doppelsuperphosphatproben. Bei einem Säureeinsatz von 150–200% im Verhältnis zur stöchiometr. Menge tritt im Endprod. ein Säureüberschuß auf. Bei Einsatz einer Säuremenge von 175–200% bildet sich ein Prod. mit Geh. an 48–53% $P_2O_{5\,\text{wasserlösl.}}$, 55–56,5% $P_2O_{5\,\text{gesamt}}$, 50–54% $P_2 \cdot O_{5\,\text{aufnehmbar}}$. Die für den Phosphataufschluß erforderliche H_2SO_4 kann durch HCl ersetzt werden; Einsatz von H_2SO_4 ist nur zur Gewinnung der für die Präzipitatkonvertierung benötigten **P** erforderlich.

K. Karos H 264

1785 **Entsulfatierung der Sole in der Sodaindustrie mittels Bariumverbindungen.** I. Gh. Constantinescu und B. Melega. (Bul. Inst. politehn. „Gheorghe Gheorghiu-Dej" Bucureşti **29** (1967) 5, 77–82; franz.) – Die Kinetik der Umwandlung von Na_2SO_4 in Na_2CO_3 in der Sodaindustrie durch Rk. der Sole mit $BaCO_3$ wird untersucht. Die Kinetik wird durch Überziehen der Na_2CO_3-Körner mit einer Schicht von $BaSO_4$ stark beeinflußt. Zur Vermeidung eines großen $BaCO_3$-Überschusses kann man entweder CO_2 einleiten, um die Ba^{2+}-Konz. in der Lsg. zu erhöhen, oder stark rühren, um die Hülle von $BaSO_4$ zu zerstören. Die Vers.-Lsg. enthält 306 (g/l) NaCl, 0,48 NaOH, 0,79 Na_2CO_3, 5,76 Na_2SO_4, 0,008 Ca^{2+}, 0,007 Mg^{2+} u. 890 H_2O. Der $BaCO_3$-Überschuß beträgt 100–400%, die Temp. 20°, die Rk.-Dauer 20 Min.; das Rühren erfolgt mechan. u. zugleich mit Luft u. CO_2. Der mechan. Effekt des Gasdurchleitens ist fast so wichtig wie der chem. Effekt. Der Wrkg.-Grad der Umwandlung von SO_4^{2-} in CO_3^{2-} nimmt bei Erhöhung des $BaCO_3$-Überschusses von 100 auf 400% von 70,5 auf 92,4% zu, bei Durchleiten von Luft von 78,5 auf 94,1%. Die optimalen Bedingungen sind: 20 Min. Kontakt bei 20°, CO_3^{2-}/SO_4^{2-} = 3,5:1, starkes Rühren unter Durchleiten von 2–3% CO_2. Für die techn. Durchführung wird ein Fließschema mit Einschluß der Regeneration mitgeteilt.

R. K. Müller H 274

1786 **Reduktion von Calciumphosphaten mit Kohlenstoff.** Ken-ichiro Yamamoto, Akio Kato und Tetsuro Seiyama. (J. chem. Soc. Japan, ind. Chem. Sect. [Kōgyō Kagaku Zasshi] **71** (1968) **3**, 367–72; Nippon Kayaku Co., Ltd., Tokyo; engl.) – Unters. über die Rk. verschiedener Ca-Phosphate mit C bei ≤ 1400° im N_2-Strom zeigen, daß nachst. Rk. stattfinden: $Ca \cdot (PO_3)_2 + {}^5/_2 C \rightarrow {}^1/_2 Ca_2P_2O_7 + {}^1/_2 P_2 + {}^5/_2 CO$ (Rk.-Beginn 730°), ${}^3/_2 Ca_2P_2O_7 + {}^5/_2 C \rightarrow Ca_3(PO_4)_2 + {}^1/_2 P_2 + {}^5/_2 CO$ (900°), ${}^1/_2 Ca_3(PO_4)_2 + {}^5/_2 C \rightarrow {}^3/_2 CaO + {}^1/_2 P_2 + {}^5/_2 CO$ (1150°). Durch Zusatz von SiO_2 u. $SiO_2 \cdot Al_2O_3$ wird die Temp. der letzten Rk. beträchtlich vermindert, die der beiden ersten Rk. dagegen nicht nennenswert beeinflußt.

W. Wesly H 283

1787 **Synthetisches Naßverfahren zur Gewinnung von $BaTiO_3$.** Teruichiro Kubo, Masanori Kato und Tadashi Fujita. (J. chem. Soc. Japan, ind. Chem. Sect. [Kōgyō Kagaku Zasshi] **71** (1968) **1**, 114–18; Tokyo Inst. of Technol., Tokyo; jap.) – Zur Herst. von reinem *$BaTiO_3$* (**I**) wird ein Gemisch von $Ba(OH)_2$ u. gelförmigem $Ti(OH)_4$ (Molverhältnis 2,0–3,0:1,0) in einem beschriebenen Gerät in N_2-Atmosphäre unter mechan. Rühren > 1 Std. lang auf Siedetemp. erhitzt, der gewonnene **I**-Nd. mit 6 n Essigsäurelsg. von 50° u. reinem W. gewaschen u. getrocknet. Das gewonnene, weiße, pulverförmige **I** weist eine genau stöchiometr. Zus., eine Korngröße von < 0,1 μ u. Perowskit-Struktur (kub. Syst.) auf.

W. Wesly H 285

1788 **Gewinnung von Baryt aus dem komplexen Erz von Rudňany.** Vincent Mihalík. (Rudy **16** (1968) 1, 17–23; Železorud. bane n. p., Spišská Nová Ves; tschech.) – Unters. der Gewinnungsmöglichkeiten von Baryt aus dem komplexen Siderit–Baryt-Sulfiderz mit 14–15(%) Fe, 20–23 SiO_2, 35–30 $BaSO_4$, wobei das Flotations- u. das Gravitationsverf. geeignet sind; für weiße Prod. müssen die feinsten Fe-Erzteilchen beseitigt werden. Das Endprod. enthält 85,0% $BaSO_4$ bei 0,045% wasserlöslichen Anteilen u. spezif. Gew. von 4,15.

J. Tůmová H 285△

1789 **Chemische Technologie des Bauxitaufschlusses.** 2. Mitt. **Untersuchungen im System Na_2O–Al_2O_3–Fe_2O_3–H_2O.** K. Wefers. (Metall **22** (1968) 3, 224–28; Vereinigte Aluminium-Werke AG, Bonn; dt.) – 1. vgl. ibid. **21** (1967) 422. – Die Gleichgew.-Temp. der Rk. *2α-FeOOH* (**I**) → Fe_2O_3 + H_2O beträgt 70° beim Dampfdruck der gesätt. Lsg.; jedoch bleibt **I** in Na-Aluminatlsg. bis ≈ 200° unverändert u. wird bei ≧ 205° in *α-Fe_2O_3* (**II**) umgewandelt. In Ggw. von **II** verläuft die Umwandlung schon ab 175°. Die Lsg.-Geschw. von **I** ist < 200° gering. Das **I**-Gitter zerfällt > 200° unter W.-Abspaltung u. Anstieg der Lsg.-Geschwindigkeit. Trotz Ggw. von stabilem **II** tritt vorübergehend Übersättigung auf, die zur Bldg. großer, dünntafeliger **II**-Krist. (10 μm ⌀) führt. Mit Na-Aluminatlauge reagiert **II** schwach; nach 12std. Behandlung nimmt die mittlere Teilchengröße von **II** nur relativ (Abnahme der Anteile < 0,1 μm) zu. Ein aus $(Fe_{1,8}Al_{0,2})O_3$ bestehender Mischkrist. geht in der gleichen Vers.-Zeit bei 300° zu ≈ 50% in Lösung. Auf Grund der Unters. ist es wahrscheinlich, daß beim Aufschluß von **I** enthaltendem Bauxit > 200° die Koagulationsgeschw. der Aufschlußrückstände infolge des raschen Wachstums der neugebildeten **II**-Krist. günstig beeinflußt wird. Ungar. Bauxite zeigen beim Aufschluß > 200° eine deutliche Verbesserung der Klärfähigkeit.

W. Wesly H 294

1790 **Beobachtung von Reaktionen im System AlN–Al mit Hilfe von Hochtemperatur-Röntgenbeugung.** Sigetomo Matsuo, Katsutoshi Komeya, Yoshiaki Matsuki und Satoshi Shikanai. (J. ceram. Assoc., Japan [Yogyo Kyokai Shi] **75** (1967) 8, 241–46; Central Res. Labor., Tokyo Shibaura Electric Co., Ltd., Kawasaki; jap.) – Die Beobachtung des Sinterprozesses des Syst. AlN–Al unter N_2 mit Hilfe von Hochtemp.-Röntgenbeugung zeigen, daß die Nitrierung von Al bei 580 bis 600° beginnt. Die Temp. der AlN–Al-Preßlinge steigt infolge der Nitrierung von Al rasch. Wenn die Temp. der Probe den F. von Al (600°) auf Grund der exothermen Natur der Al-Nitrierung überschreitet, werden die nicht mit N_2 in Rk. getretenen Al-Teilchen viskos u. bilden mit anderen Al-Teilchen Aggregate, so daß ein heterogenes Sinterprod. entsteht. Beim Erhitzen von Proben auf ca. oder > 600° vor dem Nitrieren fließen Al-Teilchen aus der Probenoberfläche aus. Auf Grund der Befunde werden die Sinterbedingungen für AlN–Al bestimmt.

W. Wesly H 294

1791 Badische Anilin- & Soda-Fabrik Akt.-Ges., Ludwigshafen/Rh. (Erfinder: Gustav Schaurer, Assenheim, und Albert Heinzel, Ludwigshafen/Rh.), **Gewinnung von schwerem Wasserstoff** aus den Endgasen der NH_3-Synthese. Durch 150–200maliges Überleiten des

Synth.-Gases über einen NH_3-Katalysator im Kreislauf bei entsprechender Frischgaszufuhr steigt der Geh. an schwerem H auf das 30—40fache (von 0,02 auf 0,8 Vol.-%). (**Schwz.P. 407963** vom 21/10. 1960, ausg. 15/9. 1966. D. Prior. 18/11. 1959.) — 3 S.
H. Dersin H 238

1792 Philips Electronic and Associated Industries Ltd., London, Großbritannien, **Herstellung von Lumineszenzmaterial,** das aus gemischten Boraten von Ca, Ba, Sr u./oder Mg u. Li, Na u./oder K besteht u. als Aktivator Tb oder Tb + Gd enthält, z. B. durch Erhitzen von 3,64 (g) $CaCO_3$, 1,48 Li_2CO_3, 2,5 H_3BO_3, 0,23 Tb_4O_7 u. 0,22 Gd_2O_3 auf 600—700°. (**Brit.P. 1046569** vom 6/8. 1965, ausg. 26/10. 1966. Niederl. Prior. 11/8. 1964.) — 5 S. K. Demmler H 258

1793 A. L. Klimov, B. G. Zotov, B. I. Zenzinov, A. V. Bespalov, F. N. Zajdulina und Z. P. Mazenovskaja, **Gewinnung von H_3PO_4** durch Zers. von Phosphaten mit H_2SO_4, Behandlung mit A. u. Abtrennung des festen $CaSO_4$. Der von der Hauptmenge H_3PO_4 abgetrennte $CaSO_4 \cdot {}^1/_2H_2O$-Nd. wird mit A. behandelt u. anschließend mit A. gewaschen. (**UdSSR.P. 185856** vom 3/4. 1965, ausg. 20/10. 1966.) — 2 S.
J. Plückhan H 264

1794 A. L. Klimov, B. G. Zotov, A. V. Bespalov und F. N. Zajdulina, **Gewinnung von H_3PO_4** durch Hydratation von gasf. P_2O_5 mit W.-Dampf. Zur Herst. von Polymeta- u. Ultraphosphorsäuren führt man die Hydratation des gasf. P_2O_5 unmittelbar mit W.-Dampf bei > 450° durch. (**UdSSR.P. 185857** vom 26/7. 1965, ausg. 20/10. 1966.) — 2 S. J. Plückhan H 264

1795 American Metal Climax, Inc., USA (Erfinder: Charles W. Abernethy und Milton H. Klein), **Herstellen von KCl** aus Sylvinit. Das Ausgangsmaterial (KCl · NaCl) wird zu einem Brei vermahlen u. in einer mit den Bestandteilen des Minerals gesätt. Lsg. suspendiert. Die Suspension wird bei 15—32° einer Schaumflotation mit einem kation. Sammler für KCl unterworfen; verwendet wird eine Mischung aus 60—80 (Gew.-%) eines sauren Salzes eines Amins von hydriertem Talg u. 40—20 eines sauren Salzes eines Amins mit dem Kokosfett entsprechenden Rest oder folgende Mischung: 1,5 Caprilylamin, 1,8 Caprylamin, 13,5 Laurylamin, 6 Myristylamin, 25,1 Palmitylamin, 46,6 Stearylamin, 5,2 Oleylamin u. 0,3 Linoleylamin. (**F.P. 1429888** vom 12/4, 1965, ausg. 20/5. 1966. U.S. Prior. 18/5. 1964.) — 6 S.
J. Bardeleben H 275

1796 E. I. du Pont de Nemours & Co., Wilmington, Del., übert. von: Robert K. Armstrong, Glassboro, N.J., USA, **Herstellung eines Doppelsalzes aus Caesiumdichromat und Caesiumdecahydrodecaborat** der Formel $[Cs_2B_{10}H_{10}]_2 \cdot Cs_2Cr_2O_7$ durch Rk. von a) Decahydrodecaborsäure, einem Hydroniumanalogen oder ionisierbaren Salz derselben, z. B. Triäthylammonium-decahydrodecaborat oder dem entsprechenden Cs-Salz, mit b) einem ionisierbaren Dichromat, z. B. dem K- oder Na-Salz, u. c) einer ionisierbaren Cs-Verb., z. B. CsOH, in einem inerten Lsgm., bes. W., bei 0—250°. — *Stoßfester Sprengstoff.* — Zeichnungen. (**U.S.P. 3256056** vom 12/12. 1961, ausg. 14/6. 1966.) — 5 S. H. Roos H 277

1797 A. S. Mikulinskij und V. A. Kozlov, **Herstellung von Mg** durch Red. von MgO mit Ferrosilicium, dad. gek., daß die Schmelze einer 75%ig. Ferrosiliciumleg. im Vakuum oder in einer Inertgasatmosphäre mit dolomitisiertem Magnesit in einer solchen Menge behandelt wird, wie sie zur Ox. der in der Leg. enthaltenen 5—10% Si erforderlich ist. (**UdSSR.P. 177681** vom 13/7. 1964, ausg. 18/2. 1966.) — 2 S.
H. Hochstein H 282

1798 E. I. du Pont de Nemours & Co., Wilmington, Del., USA, **Herstellung von Einphasen-Lumineszenzstoffen** der Formel $Ln_xNa_zCa_{3-2x}/(VO_4)_2$ (Ln = Seltenerdmetalle der Atom-Nr. 58—71, x = 0,01—0,4) durch 10—14std. Erhitzen eines Gemisches aus O enthaltenden Verb. eines Seltenerdmetalls, Na, Ca u. V auf ca. 700° Mahlen des Prod., 10—14std. Erhitzen auf 1200° u. Kühlen. (**Brit.P. 1033569** vom 10/5. 1965, ausg. 22/6. 1966. U.S. Prior. 14/5. 1964.) — 8 S.
K. Demmler H 293

1799 General Electric Co. Ltd., London, Großbritannien (Erfinder: William Godfrey King und Alfred Hamilton McKeag), **Herstellung von Lumineszenzmaterial** durch Erhitzen eines Gemischs aus Erdalkaliphosphaten u. -verb., die in der Hitze Oxide der Erdalkalimetalle ergeben, aus Halogeniden der Erdalkalimetalle u. aus einer Sb-Verb. sowie ggf. einer Mn-Verb. als Aktivatoren auf 1100—1250° u. weiteres Erhitzen des gekühlten u. pulverisierten Prod. in inerter, bes. N_2-Atmosphäre, auf 650—1050, bes. 900°. (**Brit.P. 1018892** vom 18/5. 1962, ausg. 2/2. 1966.) — 4 S.
K. Demmler H 293

1800 Metallgesellschaft Akt.-Ges., Deutschland (Erfinder: Hermann Clasen, Wolfgang Fennemann und Otmar Krennrich), **Herstellung von Metallaluminiumhydriden,** bes. *$NaAlH_4$*, durch Rk. von Metallhydriden oder einem Hydrid bildenden Metall mit H_2 u. akt. Al bei erhöhter Temp. u. erhöhtem Druck in einem inerten Lösungsmittel. Das Al wird durch Vermahlen in einer Kugelmühle mit Hartstoffen, z. B. Quarzsand, Natursand, Korund, ZrO_2, Si oder den Carbiden des Si, B, Fe, Cr, W, Mo, ggf. in Mischung mit oxidhaltigem Fe, aktiviert. — Zur Herst. von $NaAlH_4$ wird Al in Tetrahydrofuran zusammen mit metall. Na unter Zusatz von FeO-enthaltendem Natursand u. unter einem H_2-Druck von 10—350 at, bes. 50—80 at, bei 50—200°, bes. 80 bis 130°, in einer Schwingmühle umgesetzt; oder das Al wird für sich vermahlen u. mit einer feingemahlenen NaH_4-Dispersion in Toluol mit H_2 bei 10—350 at, bes. 100 bis 350 at u. 50—200°, bes. 130—180°, umgesetzt. — Diagramme. (**F.P. 1448362** vom 21/8. 1965, veröff. 5/8. 1966. D. Prior. 22/8. 1964.) — 5 S.
W. Wittholz H 294

1801 Esso Research and Engineering Co., USA, **Herstellung von künstlichen Zeolithen** der allg. Formel 1,0 ± 0,2 $Na_2O \cdot Al_2O_3 \cdot nSiO_2$ mit einem Verhältnis SiO_2:Al_2O_3 = 4—8, Na_2O:SiO_2 = 0,28—0,55 u. H_2O: Na_2O = 15—40 (*Faujasit*) durch Erwärmen der wss., Na_2O, SiO_2 u. Al_2O_3 enthaltenden Mischung auf 80 bis 120°. Das Prod. krist. nach 5—50 Std. aus. — *Absorptionsmittel.* (**F.P. 1422842** vom 18/2. 1964, ausg. 17/3. 1966.) — 11 S. M. Knaack H 294

1802 Progil, Frankreich (Erfinder: Jean Maurice Vergnaud und Michel Mange), **Herstellung synthetischer Zeolithe** mit Porendurchmesser ca. 4—5 Å. Wss. Na-Al-Silicat-Lsg. mit den Molverhältnissen Na_2O/SiO_2 = 1 bis 4,5, SiO_2/Al_2O_3 = 1—4, H_2O/Na_2O = 20—50 wird ≦ 48 Std. reifen gelassen, dann unter Rühren auf 30 bis 150° erhitzt. Der ausgefallene krist. *Zeolith* wird nach Waschen u. Trocknen bei 200—700°, bes. 400—500°, mehrere Std. aktiviert. Mit $CaCl_2$-Lsg. wird der *Ca-Zeolith* erhalten. — *Adsorptionsmittel.* — Diagramme. (**F.P. 1434419** vom 26/2. 1965, ausg. 20/6. 1966.) — 8 S.
W. Wittholz H 294

1803 W. R. Grace & Co., USA (Erfinder: Carl Vance McDaniel und Philip Kenerick Maher), **Herstellung von kristallinen Zeolithen** vom Faujasit-Typ mit der empir. Formel $Na_2O:Al_2O_3:xSiO_2:nH_2O$ (**x = 3,2—6; n ≦ 9**). Eine wss. Mischung von NaOH, Al_2O_3 u. feinem SiO_2, welche vorher 6 Min. bis 72 Std. zwischen 90 u. 650° erhitzt wurde, läßt man bei 20—60° 3—300 Std. altern u. erhitzt anschließend zur Kristallisation (3—72 Std., auf 75—100° bes. 16 bis 72 Std. auf 90—110°. — Diese Zeolithe können in die H-Form, bes. in die Ca- oder NH_4-Form umgewandelt werden. — Beispiele. (**F.P. 1420212** vom 11/1. 1965, ausg. 24/2. 1966. U.S. Prior. 13/1. 1964.) — 5 S.
W. Wittholz H 294

1804 L. I. Piguzova, V. Ja. Nikolina und A. S. Vituchina, **Gewinnung von Zeolithen (Z),** die bei pH 2,2—2,5 beständig sind nach UdSSR.P. 164249. In das Rk.-Medium wird soviel KOH eingeführt, daß das Verhältnis K_2O:(Na_2O + K_2O) 0,25—0,35 beträgt. — Zu 32 (g) Na-Aluminat, 34 KOH, 70 NaOH u. 100 W. fügt man 1,1 Liter Kieselsäuresol (161 g/l SiO_2, 2,5 g/l NaOH). Die gelförmige Masse wird 30 Min. homogenisiert u. dann 140 Std. bei 95—98° kristallisiert. Der getrocknete **Z** wird 1 Std. bei 95° mit HCl behandelt. (**UdSSR.P. 177854** vom 6/6. 1964, ausg. 11/2. 1966. **Zusatz zu UdSSR.P. 164249; C. 1966, 5-2081.**) — 2 S. J. Plückhan H 294

1805 Otto Deutschbein, Frankreich, **Material zur Erzeugung von Laserstrahlen** besteht aus Einkrist. der allg. Formel $[RLa(WO_4)_2]_{(x)} + [RLn(WO_4)_2]_{(1-x)}$ (Ln = dreiwertige Lanthaniden, wie Nd, Pr, Sm, Ho, Er, Tu oder Yb; R = einwertiges Metall, wie Li, Na, K, Rb, Cs, Cu, Ag oder Tl; x = 0–1, bes. 0,5–0,999), z. B. $[NaLa \cdot (WO_4)_2]_{(x)} + [NaNd(WO_4)_2]_{(1-x)}$. (**F.P. 1456068** vom 8/9. 1965, veröff. 21/10. 1966.) – 2 S.
M. Knaack H 303

1806 E. I. du Pont de Nemours & Co., übert. von: Hans J. Borchardt, Wilmington, Del., USA, **Farbloses kristallines Lumineszenzmaterial** vom F. > 700°, der allg. Formel $(RE_{1-x}Eu_x)_2O_3 \cdot A$ (RE = Sc, Y, La, Sa, Gd, Tb u./oder Lu, wovon 25–100 Mol.-% Sc, Y, La, Gd, Tb oder Lu sind; x = 0,03–0,8; A = anorgan. Anion, bestehend aus O u. W, Mo, B, Si, P), wobei die Eu-Komponente sich in fester Lsg. mit der RE-Komponente befindet. (**U.S.P. 3250722** vom 6/4. 1962, ausg. 10/5. 1966.) – 10 S. K. Demmler H 303

1807 Westinghouse Electric Corp., USA (Erfinder: Philip M. Jaffe), **Bläulichweiß fluoreszierende Substanz** der allg. Formel $xAl_2O_3 \cdot (1\text{-}x)SiO_2 : yEu$ worin (x = 0,05 bis 0,8; y = 0,0015–0,15) wird hergestellt durch ca. ¼std. Glühen der Ausgangssubstanzen bei 900–1480° in einer NH_3-Atmosphäre. (**F.P. 1449508** vom 12/10. 1965, veröff. 12/8. 1966. U.S. Prior. 12/10. 1964.) – 2 S.
T. Oppermann H 309

1808 British Titan Products Co. Ltd., Billingham, Großbritannien (Erfinder: Thomas Jan Kyle und Dennis Richard Brown), **Herstellung von mit Aluminiumphosphat überzogenen Titandioxidpigmenten** durch Rk. einer wasserlösl. Al-Verb. mit H_3PO_4 oder einer wasserlösl. Verb. derselben in wss. Dispersion von TiO_2-Pigmenten bei Einstellung des pH-Werts auf ≧ 6. – *Verw. in wss. Farbemulsionen.* (**Brit.P. 1023590** vom 21/5. 1963, ausg. 23/3. 1966.) – 5 S.
K. Demmler H 321

1809 Thorn Electrical Industries Ltd., London, Großbritannien (Erfinder: Peter Whitten Ranby und Doreen Yvonne Hobbs), **Herstellung von Leuchtstoffen mit verbesserten Überzugseigenschaften** durch Niederschlagen eines Films von TiO_2 auf den Oberflächen der Leuchtstoffe. – Zum Beispiel wird eine wss. Lsg. von $TiCl_4$ zum Überziehen von Zn- oder Zn–Cd-Sulfidleuchtstoffen gebraucht. (**Brit.P. 1034775** vom 6/5. 1965, ausg. 6/7. 1966.) – 2 S.
K. Demmler H 321

1810 Lajos Csonka, Janos Szerecz und Jenö Gönczy, Budapest, Ungarn, **Herstellung von oberflächenbehandelten Pigmenten** mit einer organophilen Oberflächenschicht u. guter Dispergierbarkeit in organ. Fl., Lacken u. synth. Harzen durch Zusetzen (a) einer wss. Lsg. eines Alkalikomplexsalzes, eines Alkaliborates oder von H_3BO_3 zu einer wss. Pigmentdispersion, (b) einer wss. Lsg. eines Salzes eines zwei-, drei- oder vierwertigen Metalles u. (c) einer wss. Lsg. eines Alkali- oder NH_4-Salzes eines sauren anionakt. Stoffes, wenn das Pigment eine positive Oberflächenladung aufweist, oder (d) einer wss. Lsg. eines wasserlösl. Salzes einer organ. kationakt. -onium oder -inium Base, wenn das Pigment eine negative Oberflächenladung aufweist. – Beispiel: Eine wss. TiO_2-Suspension wird nacheinander mit einer n-Lsg. von Na-Tetraborat, einer 1%ig. Lsg. von NH_4-Stearat u. einer n-Lsg. von Ti-Sulfat versetzt. Der filtrierte, zweimal mit W. gewaschene Nd. wird bei 125° bis zur W.-Freiheit getrocknet. (**Brit.P. 1046722** vom 4/4. 1963, ausg. 26/10. 1966. Ung. Prior. 2/1. 1963.) – 7 S.
K. Demmler H 321

1811 Dunlop Rubber Australia Ltd. (Erfinder: Reginald Trevor Wragg und George Vaughan), **Herstellung gemischter Halogenide von 4wertigem Titan.** Man behandelt ein Ti-Halogenid (**II**) mit einer Wertigkeit < 4 in Abwesenheit von Feuchtigkeit mit einem Halogen (**I**), das ein höheres Atomgew. hat als das **I** von **II**. – $TiCl_2$ wird in einem trockenen N_2-Strom bei 160° mit Br_2-Dampf behandelt. Nach 2 Std. wird das gebildete Kondensat dest. → $TiCl_2Br_2$, Kp. 176–178°. – Analog: $TiCl_3Br$, Kp. 148–150°; $TiCl_2J_2$, Kp. 250–260°; $TiCl_3J$, Kp. ~140°; $TiBr_3J$, F. 39°. – *Katalysatoren* z. B. zur Polymerisation von *konjugierten Diolefinen* in Verb. mit Al-Alkyl. (**Aust.P. 269715** vom 24/2. 1961, ausg. 15/9. 1966.) – 9 S. C. Lüttgen H 321

1812 G. P. Kalinin und O. P. Eljutin, **Gewinnung von V durch aluminothermische Reduktion von V_2O_5**, dad. gek., daß zur Verbesserung der V-Verformbarkeit u. zur Verbilligung des Prozesses der Ausgangsgattierung B_2O_3 in einer Menge von 0,1–2% des V_2O_5-Gew. zugesetzt wird. (**UdSSR.P. 180347** vom 11/11. 1964, ausg. 25/4. 1966.) – 1 S. H. Hochstein H 330

1813 M. A. Dalin, R. I. Šenderova und G. G. Akopova, **Herstellung von Bi_2O_3 und MoO_3.** Bei der Ammonolyse von Propylen zu Acrylnitril an Bi_2O_3–MoO_3-Katalysator fallen beträchtliche Mengen Katalysatorstaub an. Der Staub wird mit 10%ig. wss. NaOH behandelt, der gebildete $Bi(OH)_3$-Nd. in $Bi(NO_3)_3$ u. Bi_2O_3 umgewandelt; das Filtrat wird mit H_2S behandelt, das gebildete Na_2MoS_4 mit H_2SO_4 zersetzt u. das MoS_3 zu MoO_3 geröstet. (**UdSSR.P. 176257** vom 11/5. 1962, ausg. 14/1. 1966.) – 2 S. F. Eßer H 336

1814 Commissariat à l'Énergie Atomique, Frankreich (Erfinder: Roger Pascard), **Herstellung von oxidfreien Carbiden der Actiniden,** wie sie bei der Herst. von Carbiden des U u./oder Pu für Brennstoffelemente anfallen, dad. gek., daß man die Rohcarbide mit Hydriden des Ca, Sr, Ba, Mg oder Al, bes. mit CaH_2, bei 700° u. 10^{-4}–10^{-5} mm behandelt. (**F.P. 1413959** vom 25/8. 1964, ausg. 7/1. 1966.) – 3 S. M. Knaack H 343

1815 S. A. Dedov. **Herstellung von Rheniumsäure** mit erhöhtem Reinheitsgrad unter Verw. wss. $Ca(ReO_4)_2$-Lsg. zur Elektrolyse. (**UdSSR.P. 181801** vom 1/3. 1965, ausg. 1/6. 1966.) – 1 S. H. Hochstein H 352

1816 National Research Institute for Metals, Tokio, Japan, **Warmfeste Nickel–Kobalt–Chrom-Legierung,** bestehend aus 19–21 (%) Co, 11–13 Cr, 4–6 *Mo*, 5–6 *Al*, 3–4 *Ti*, 0,1–0,6 *C*, Rest Ni, wobei die Leg. durch Schmelzen im *Vakuum* gereinigt worden ist. Die Leg. kann neben 0,05–0,3 C noch 0,1–0,45 *B* enthalten, wobei C + B 0,15–0,6 sein soll. Bei einer Zugspannung von 23 kg/mm² u. 900° beträgt die Lebensdauer der Leg. 150 Stunden. (**Brit.P. 1034603** vom 15/6. 1964, ausg. 29/6. 1966. Jap. Prior. 31/1. u. 31/1. 1964.) – 8 S.
K. Bayer H 356

1817 International Nickel Co. of Canada Ltd., Copper Cliff, Ontario, Canada (Erfinder: A. Illis, B. J. Brandt und A. Manson), **Gewinnung von Osmium** aus Erzen mit Geh. an bas. Metallen, wie *Cu*, *Ni* u. *Co*. Das Ausgangsmaterial wird unter 260° mittels H_2SO_4 sulfatisiert u. die hierbei gebildeten Sulfate der bas. Metalle ausgelaugt. Aus dem Rückstand wird Os als OsO_4 verdampft, dieses in einer alkal. Lsg. absorbiert, ausgefällt u. Os aus dem getrockneten Fällprod. durch Red. mittels H_2 gewonnen. (**Belg·A·S· 674568** vom 30/12. 1965, bekanntgemacht 30/6. 1966. Can. Prior. 7/1. 1965.) – 17 S. M. Neckermann H 366

1818 Centre Nationale de la Recherche Scientifique, Paris, Frankreich, **Herstellung von gemischten Metalloxiden und festen Lösungen von Metalloxiden durch Pyrolyse** von wasserlösl. Oxalat-Komplexen der allg. Formeln 1. $X_mI_{m-3}[Mx-M'y...(C_2O_4)_3]_{m-2}n\ H_2O$, 2. $Mg \cdot [Cr^{III}(H_2O)_2(C_2H_4)_2]_2\ n\ H_2O$, 3. $(NH_4)_2G[MxM'y...(C_2O_4)_3]\ n\ H_2O$, 4. $G_3[MxM'y...(C_2OH)_3]\ n\ H_2O$, 5. $X_{2p}Mg[VO \cdot (C_2O_4)_2]_{p+1}$ oder 6. $XG[VO(C_2O_4)_2]$ (X = H oder NH_4; J = Mg, Be oder Mn; G = Li oder Na; M, M' = dreiwertiges Al, Ga, In, Cr, V, Fe, Co u. Mn; m = 3 oder 4; n = 1–20; x, y ... Zahlenwerte mit der Summe 1; p = 0 oder 1) bei 200–550° u. Erhitzen des Pyrolyse-Prod. auf 800–1200°. (**Brit.P. 1047932** vom 21/5. 1963, ausg. 9/11. 1966. F. Prior. 23/5. u. 23/5. 1962.) – 7 S.
K. Demmler H 369

1819 **N. V. Philips' Gloeilampenfabrieken**, Eindhoven, Niederlande (Erfinder: **Albrecht Karl Heinrich Theodor Rabenau** und **Werner Kischio**, Aachen), *Herstellung von $A^{III}B^V$-Verbindungen.* (**Schwz.P. 450370** vom 5/1. 1962, ausg. 30/4. 1968. D. Prior. 9/1. 1961. – **C. 1967, 27-2207** [F.P. 1310236].)

1820 **Badische Anilin- & Soda-Fabrik Akt.-Ges.** (Erfinder: **Walter Kölsch, Günther Schulze**), Ludwigshafen/Rh., *Abtrennung von Ammoniak* *aus dem Synthese-Kreislaufgas*. (**Brit.P. 1 114 407** vom 20/8. 1965, ausg. 22/5. 1968. D. Prior. 22/8. 1964. – C. **1967**, 43-1990 [D.A.S. 1 230 407].)

1821 **Badische Anilin- & Soda-Fabrik Akt.-Ges.** (Erfinder: **Kurt Jockers, Hermann Meier, Ernst Eberhardt** und **Ludwig Taglinger**), Ludwigshafen/Rh., *Herstellung von Hydroxylammoniumsalzen*l. (**Niederl.P. 123 476** vom 6/3. 1964, ausg. 15/1. 1968. D. Prior. 8/3. 1963. – C. **1965**, 24-2102 [D.A.S. 1 177 118].)

1822 **Buss Akt.-Ges.**, Basel, Schweiz (Erfinder: **Walter Blöchl**, Karlsruhe), *Gewinnung von Flußsäure*. (**D.A.S. 1 271 086** Kl. 12i vom 7/6. 1962, ausg. 27/6. 1968. – C. **1967**, 11-2318 [Belg.A.S. 633 298].)

1823 **Soc. d'Électro-Chimie d'Électro-Métallurgie et des Aciéries Électriques d'Ugine**, Paris (Erfinder: **Gérard Parisot**, Lyon), Frankreich, *Fluorwasserstoffsäure*. (**D.A.S. 1 269 107** Kl. 12i vom 24/1. 1964, ausg. 30/5. 1968. F. Prior. 30/1. u. 26/12. 1963. – C. **1966**, 46-2105 [F.P. 1 356 982] u. C. **1968**, 9-2176 [F.P. 85 022].)

1824 **Alexander Redniss**, New York, N. Y., USA, *Herstellung von Natriumsulfat und Chlorwasserstoff*. (**U.S.P. 3 363 977** vom 16/10. 1963, ausg. 16/1. 1968. – C. **1968**, 22-2336 [F.P. 1 397 699].)

1825 **Établissements Kuhlmann**, Paris (Erfinder: **Alfred Biet**, Port-de-Bouc), Frankreich, *Gewinnung von Brom*. (**D.A.S. 1 269 106** Kl. 12i vom 8/1. 1964, ausg. 30/5. 1968. F. Prior. 9/1. 1963. – C. **1967**, 49/50-2002 [F.P. 1 359 668].)

1826 **E. I. du Pont de Nemours & Co.** (Erfinder: **Rowland F. Hein**), Wilmington, Del., USA, *Gewinnung von Brom*. (**D.A.S. 1 271 085** Kl. 12i vom 16/8. 1961, ausg. 27/6. 1968. U.S. Prior. 31/8. 1960. – C. **1966**, 50-2109 [Can.P. 688 274].)

1827 **Kali-Chemie Akt.-Ges.**, übert. von: **Joachim Mononne**, Hannover, *Reinigen von Schwefelhexafluorid*. (**U.S.P. 3 361 532** vom 7/7. 1965, ausg. 2/1. 1968. D. Prior. 7/7. u. 10/12. 1964. – C. **1967**, 4-2124 [D.A.S. 1 212 945].

1828 **Consortium für Elektrochemische Industrie G. m. b. H.**, München, *Herstellung von hochreinen Borstäben*. (**Brit.P. 1 106 011** vom 4/6. 1965, ausg. 13/3. 1968. D. Prior. 4/6. 1964. – C. **1968**, 1-2060 [D.A.S. 1 238 450].)

1829 **CSF-Comp. Générale de Télégraphie Sans Fil**, Paris, Frankreich, *Eindiffundieren von Bor in Silicium*. (**Brit.P. 1 102 743** vom 25/5. 1965, ausg. 7/2. 1968. F. Prior. 24/5. 1964. – C. **1967**, 33-2263 [F.P. 1 405 294].)

1830 **Elektroschmelzwerk Kempten G. m. b. H.**, München (Erfinder: **Ludwig Korndörfer**, Grefrath b. Köln, und **Adolf Vogt**, München), *Kontinuierliche Herstellung von Siliciumcarbid*. (**Schwz.P. 441 249** vom 14/3. 1963, ausg. 15/1. 1968. D. Prior. 16/4. 1962. – C. **1966**, 23-2204 [D.A.S. 1 196 169].

1831 **Deutsche Gold- und Silber-Scheideanstalt vormals Roessler**, Frankfurt/M. (Erfinder: **Walter Neugebauer** und **Günter Leineweber**, Konstanz), *Herstellung von Siliciumcarbid*. (**Schwz.P. 442 255** vom 17/7. 1962, ausg. 31/1. 1968. **Belg.A.S. 622 220** vom 6/9. 1962, bekanntgemacht 31/12. 1962. Beide D. Prior. 8/9. 1961. – C. **1965**, 43-3202 [D.A.S. 1 187 591].)

1832 **Deutsche Gold- und Silber-Scheideanstalt vormals Roessler**, Frankfurt/M. (Erfinder: **Helmut Brünner, Jean Diether** und **Dieter Schutte**, Rheinfelden, Baden), *Hydrophobieren von hochdispersen Oxiden*. (**Schwz.P. 450 368** vom 8/2. 1963, ausg. 30/4. 1968. D. Prior. 30/3. 1962. – C. **1965**, 3-2002 [D.A.S. 1 163 784].)

1833 **Deutsche Solvay-Werke G. m. b. H.**, Solingen, *Verhinderung der Kornvergrößerung von Kaliumchlorid*. (**Niederl.P. 123 479** vom 16/10. 1959, ausg. 15/1. 1968. D. Prior. 17/10. 1958. – C. **1967**, 13-2345 [D.A.S. 1 214 656].)

1834 **Aluminium Laboratories Ltd.**, Montreal, Canada, *Grwinnung von reinem Aluminium*. (**Niederl.P. 123 672** vom 12/11. 1960, ausg. 15/2. 1968. U.S. Prior. 12/11. 1959. – C. **1964**, 19-2165 [D.A.S. 1 149 175].)

1835 **Aluminium Laboratories Ltd.**, Montreal (Erfinder: **Bruce Russell Edwards**, Arvida) Quebec, Canada, *Herstellung von Aluminiumtrihydrat*. (**Schwz.P. 441 251** vom 6/5. 1964, ausg. 15/1. 1968. U.S. Prior. 6/5. 1963. – C. **1968**, 9-2200 [F.P. 1 391 596].)

1836 **Esso Research and Engineering Co.**, Elizabeth (Erfinder: **Erik G. Tornquist**, Westfield), N. J., USA, *Herstellung eines Aluminiumchlorid-Titantrichlorid-Gemisches*. (**D.A.S. 1 271 095** Kl. 12n vom 14/2. 1959, ausg. 27/6. 1968. U.S. Prior. 20/3. 1958. – C. **1962**, 9476 [Brit.P. 858 185].)

1837 **Corning Glass Works**, Corning, N. Y., USA, *Herstellung von Einkristallen*. (**Niederl.P. 123 776** vom 30/3. 1962, ausg. 15/3. 1968. U.S. Prior. 17/4. 1961. – C. **1968**, 3-2281 [Can.P. 679 093].)

H–6. Organische Industrie

1838 **Oligomerisierung von niederen Olefinen.** A. Nastasi, T. Filotti und M. Stoica. (Rev. Chim. [Bucureşti] **18** (1967) 10, 581–86; rum.) – In Pilotanlagen werden mit Phosphorsäure als Katalysator u. SiO_2 als Träger Vers.-Reihen durchgeführt, wobei als Ausgangsmaterial KW-Stoff-Gemische mit unterschiedlichem Verhältnis Propen (**I**)/Buten (**II**) verwendet werden. Bei einem Verhältnis **I**:**II** = 1, einer Temp. von 250°, 40 at Druck u. einer Vol.-Geschw. von 2,5/Std. wird im fl. Endprod. ein Gew.-Geh. von 35% *Hepten*-Fraktion erreicht. Der gesamte Geh. an Dimeren u. Mischpolymer von **I** u. **II** beträgt 65–70%, während der Geh. an Oligopolymeren, die über 170° dest., je nach Temp. zwischen 7 u. 13% liegt. Somit gestaltet der verwendete Träger die Rk. bedeutend selektiver als in gleicher Art eingesetztes Kieselgur. Der Einfl. des Verhältnisses **I**:**II**, der Temp., des Druckes u. der Verweilzeit auf die Verteilung der Prod. im Rk.-Gemisch wird untersucht.
P. W. Kittner H 570△

1839 **Einfluß der Lage der Doppelbindung bei der Oxydation von n-Butenen am Wismut-Molybdän-Katalysator.** T. G. Alchazov, M. S. Belen'kij, V. M. Chiteeva und R. I. Alekseeva. (Azerbajdžanskij chim. Ž. **1967**, 2, 82–85; Az-INEFTECHIM im. Azizbekova; russ.) – Unters. zur Rk.-Fähigkeit von *Buten-(1)* (**I**) u. *Buten-(2)* (**II**) über einem Bi–Mo-Katalysator werden bei 475 bis 525° durchgeführt u. die Ox.-Prod. gaschromatograph. identifiziert. Entsprechend einem Mechanismus, der im 1. Schritt eine Adsorption des Olefins am Katalysator unter Bldg. eines positiv geladenen π-Komplexes u. im 2. Schritt eine Rk. der aktivierten H-Atome im Komplex mit adsorbiertem O_2 unter Bldg. von W. u. *Divinyl* (**III**) annimmt, zeigen **I** u. **II** infolge der verschiedenen Stabilität der Bindung des prim. u. sek. H eine unterschiedliche Reaktivität bei der Oxydation. Der 2. Rk.-Schritt kann bei **I** schneller als bei **II** ablaufen, weil die ster. Verhältnisse die oxydative **I**-Umwandlung erleichtern. Neben **III** bilden sich über dem Bi-Mo-Katalysator *Methylvinylketon* (**IV**), ungesätt. Aldehyde u. CO_2. Die **IV**-Ausb. sind bei **II**-Ox. höher als bei der oxydativen Dehydrierung von **I**.
K. Jasche H 570△

1840 **Trennung von Olefingemischen als Methode zur Darstellung von reinen Olefinen.** Ladislav Markovec, Stanislav Landa und Vladimír Dolanský. (Sborník Vysoké Školy chem. technol. Praze, Technol. Paliv. **1967**, D 13, 33–44; Praha, Vys. šk. chem. technol., Kat. synt. paliv a ropy; tschech.) – Es wird eine präparative gaschromatograph. Meth. für die Reindarst. einiger Trimethylpentene beschrieben, welche durch Dehydratisierung nicht reiner u. schwer zugänglicher Alkohole hergestellt wurden. Vf. beschreiben eine neue Meth. der Darst. von *3.3.4-Trimethylpenten-(1)* u. von *3.3-Dimethyl-2-äthylbuten-(1)*. Die Olefine wurden durch Pyrolyse der Palmitinsäureester von 3.3.4-Trimethylpentanol-(2) u. 2.2.3-Trimethylpentanol-(3) u. nachfolgende Reinigung mit Hilfe der präparativen Gaschromatographie dargestellt.
V. Růžička H 570△

1841 **Extraktion höherer Fettalkohole C_5–C_7.** 1. Mitt. M. V. Aleksandrova, T. G. Pavlenko, L. A. Serafimov und S. V. L'vov. (Izvest. vysšich učebnych Zavedenij [Ivanovo], Chim. i chim. Technol. **10** (1967) 6, 678–80; Mosk. inst. tonkoj chim. technol. im. Lomonosova; russ.) – Zur extraktiven Isolierung der höheren Fettalkohole werden die tern. Syst. *n-Heptan*(**I**)-Fettalkohol-*Äthylenglykol* (**II**) untersucht. In der Reihe der C_1–C_{10}-Alkohole ändert sich dabei das heterogene Gebiet im Zustandsdiagramm, wobei beim C_5-Alkohol ein Minimum durchlaufen wird. Die Zus. in den krit. Punkten der isothermen Schichten bei 20° werden bestimmt: *n-Amylalkohol* (36,50%) – **I** (34,00) – **II** (29,50); *n-Hexanol* (40,5) – **I** (25,20) – **II** (34,30); *n-Heptanol* (34,20) – **I** (9,00) – **II** (56,80). – n-Hexanol besitzt im tern. Syst. solutrope Zusammensetzung.
K. Jasche H 610△

1842 **Herstellung von Sorbit unter Verwendung von Ammoniak-Synthesegas.** Ernö Haidegger, István Péter, István Gemes und József Kafolyi. (Ind. Engng. Chem., Process Design Development **7** (1968) 1, 107–10; High Pressure Res. Inst., Budapest; engl.) – Das neue Verf. zur Herst. von *Sorbit* erfolgt durch Hochdruckhydrierung von Dextrose unter Verw. von NH_3-Synth.-Gas, wobei das Reduktionsgas wieder in die Ammoniakanlage zurückkehrt. Die Sorbit-Anlage arbeitet mit einem Raney-Ni-Katalysator u. 2 Reaktoren.
R. Hintsche H 630

1843 **Industrielle Dampfphasenprozesse zur teilweisen Oxydation leichter Paraffine.** Lyle F. Albright. (Chem. Engng. **74** (1967) 17, 165–71; Purdue Univ.; engl.) – Eingehende Diskussion von verschiedenen Anlagen mit isothermen bzw. nicht isothermen Reaktoren, Mischen u. Vorwärmen der Rk.-Partner, Verw. von Luft oder O_2, Reaktorform u. Prozeßführung, Trennung der Ausgangsstoffe von den Endprod. Formaldehyd, Acetaldehyd, Aceton sowie Reinigung derselben. – 18 Literaturangaben.
M. Jatkowski H 650

1844 **Herstellung der Monochloressigsäure durch Chlorierung von Essigsäure.** Imrich Hrabovecký und Štefan Regula. (Chem. Průmysl **17/42** (1967) 7, 357–62; Chem. závody J. Dimitrova, n. p., Bratislava; slowak.) – Es wurde ein kontinuierliches Verf. der *Monochloressigsäure*(**I**)-Herst. durch Chlorierung der Essigsäure ausgearbeitet, wobei der Katalysator in geeigneter Weise ununterbrochen dem Rk.-Gemisch zugesetzt wird. Die katalyt. Wrkg. der in der Literatur empfohlenen Katalysatoren wurde verglichen; die besten Ergebnisse wurden mit Schwefel als Katalysator erreicht. Für die kontinuierliche Kristallisation ist es vorteilhaft, wenn das Chlorierungsprod. der Essigsäure 65–70% I enthält. — 25 Literaturangaben. V. Růžička H 810△

1845 **Problematik der industriellen Synthese niederer aliphatischer Amine. 1. Mitt. Wahl der Katalysatoren und Rohstoffe für die Isopropylaminsynthese durch hydrierende Aminierung.** Pavel Richter und Josef Pašek. (Chem. Průmysl **17/42** (1967) 7, 353–57; Praha, VŠCHT, Kat. organ. technol.; tschech.) — Die hydrierende Aminierung von Aceton (I) zu *Isopropylamin* wurde in Ggw. von Ni u. Cu-Katalysatoren untersucht. Die ermittelten relativen Aktivitäten zeigten, daß Ni-Katalysatoren aktiver als Cu-Katalysatoren sind. Gefundene relative Aktivität des $Ni-Al_2O_3$-Katalysators war 3,7, die des Ni auf Kieselgur 2,0, des Raney-Ni 1,4 u. des Cu-Kieselgur-Katalysators 1,0. Beim Vgl. der relativen Rk.-Geschw. der hydrierenden Aminierung von I u. der Aminierung von Isopropylalkohol in Ggw. von H_2 an $Ni-Al_2O_3$ wurde festgestellt, daß die Rk.-Geschw. bei I um $^1/_3$ höher ist, wobei die Zus. des Prod. u. die Ausb. bei beiden Ausgangsprod. dieselben sind. V. Růžička H 910△

1846 **Ester aus Alkylhalogeniden und Carbonsäuresalzen. Reaktionen von primären Alkylchloriden und Natriumsalzen von Carbonsäuren.** Henry E. Hennis, James P. Easterly jun., L. R. Collins und Leonard R. Thompson. (Ind. Engng. Chem., Product Res. Development **6** (1967) 3, 193–95; The Dow Chemical Co., Midland, Mich.; engl.) — Die Rk. von Methyl-, n-Butyl-, Allyl- u. Benzylchloriden mit Na-Acetat oder -Propionat, -Benzoat oder -Salicylat bei 75–175° wird in allen Kombinationen von $(C_2H_5)_3N$ katalysiert. NaJ als Cokatalysator erhöht die Ausb. von Methyl- u. n-Butylestern, hat aber auf die von Allyl- u. Benzylestern keinen Einfluß. R. Hintsche H 1200

1847 **Ammoxydation von Kohlenwasserstoffen, ein neuer Weg zu organischen Nitrilen.** Odd Å. Rokstad. (Tidskr. Kjemi, Bergves. Metallurgi **27** (1967) 4, 82–84; Trondheim, Norges TH, Inst. for ind. kjemi; norw.) — Unter „Ammox." wird die Kombination von Ox. u. Ammonolyse verstanden, d. h. die Ox. mit Luft-O_2 in Ggw. von NH_3, die, ausgehend von KW-Stoffen, zu Nitrilen führt. Beispiele für die bisher untersuchten Rk. u. die dabei verwendeten Katalysatoren werden für die Ammox. von Alkenen, Cycloalkanen u. -alkenen u. aromat. KW-Stoffen besprochen, für letzteren Fall wird auch der Mechanismus erörtert. — 21 Literatur- u. Patentangaben. R. K. Müller H 1200

1848 **Herstellung von Styrol durch Depolymerisation von Harzen auf Basis der Produkte der Pyrolyse von Erdölkohlenwasserstoffen.** G. M. Mamedaliev, M. I. Garbar, A. A. Prochorova und A. I. Eremenko. (Plastičeskie Massy **1967**, 1, 27–30; russ.) — Durch ein Harz vom Typ Polystyrol SPP mit F. 124–125° u. Molgew. 30000 bis 32000 wird zur Depolymerisation bei 250–420° W.-Dampf geleitet. Die Ausb. an fl. Prod. nimmt bei Erhöhung der Temp. von 360 auf 400° von 80 auf 96% zu, der Rückstand von 18 auf 2% ab. Die Monomerfraktion (Ausb. 46–47%) der Depolymerisationsprod. enthält 83–89% *Styrol* (I) neben C_8-KW-Stoffen, α-Methylstyrol u. ca. 4% Toluol. Die in 9 Fraktionen zerlegten Di- u. Trimeren bestehen hauptsächlich aus 1.4-Diphenylbuten-(2) u. 2.4-Diphenylbuten-(1) bzw. 2.4.6-Trimethylhexen-(1) neben etwas 2.4-Diphenylbutan bzw. 2.4.6-Triphenylhexan. Die Rektifizierung der Depolymerisationsprod. im Vakuum ergibt ca. 90–92% Ausb. an 99,7–99,8%ig. I mit n_D^{20} 1,5460–0,5462 u. ca. 0,25% o-Xylol. R. K. Müller H 1410

1849 **Partielle Hydrierung von Anthracen und Phenanthren.** Jürgen Schlegel und Georg Kölling. (Erdöl Kohle–Erdgas–Petrolchem. **20** (1967) 10, 726–29; Bergbau-Forschung GmbH, Essen-Kray; dt.) — Techn. Anthracen kann mit Wolframoxid- bzw. *Ni-Mo-Sulfid*-Katalysatoren bei 360° u. 300 atü H_2-Druck zu *symm.-Octahydroanthracen* (I) mit guten Ausb. (80–90%) hydriert werden. Hydrierung von Phenanthren zum *symm.-Octahydrophenanthren* (II) gelingt erst bei 400° u. 400 atü. Auch Gasphasenhydrierung über allerdings nicht schwefelfesten Katalysatoren (Cu) ist mit guten Ausb. (82% I bei 200°) möglich. Auf diese Weise kann auch das oft anfallende Gemisch beider Aromaten zu I u. II hydriert werden (72% Ausb.). Weiterhin stellten Vf. fest, daß sich unter katalyt. Wrkg. von $AlCl_3$ II in I umwandelt. Es folgen Hinweise auf die Trennung der Hydrierungsprod. u. auf die techn. Möglichkeiten dieser Reaktionen. M. Jatharski H 2850

1850 **Neue Synthese von 3-Äthylpyridin.** Jean Herzenberg, Romano Covini, Marcello Pieroni und Adriano Nenz. (Ind. Engng. Chem., Product Res. Development **6** (1967) 3, 195–97; Montecatini-Edison S.p.A., Milan, Italy; engl.) — Die oxydative Desmethylierung von 2-Methyl-5-äthylpyridin (MEP) mit W.-Dampf, einem $Ni-Al_2O_3$-Katalysator (41% Ni), einem W.–MEP-Verhältnis von 60–80, einer Kontaktzeit von 90–110 Sek. führt bei 370° zu 34–41% Umwandlung mit einer Selektivität von 93–95% an *3-Äthylpyridin*. Nebenrk. geben 3,9–2,6 (Mol-%) 2-Picolin, bis 0,4 Pyridin u. < 2 Ringspaltung. — 28 Literaturangaben. R. Hintsche H 3231

1851 **Oxydation von Aldosen durch Brom in alkalischem Medium.** Nilotpal Bhattacharya und M. L. Sen Gupta. (Indian J. Chem. **5** (1967) 11, 554–56; Bengal Immunity Res. Inst., Calcutta; engl.) — Die Geschw. der Ox. von *Glucose*, *Galaktose*, *Xylose*, *Arabinose* u. *Lactose* durch alkal. Bromlsg. bei 25° wurde im pH-Bereich von 7,0–13,5 untersucht. Aus der Tatsache, daß sowohl die Rk.-Geschw. als auch die Konz. an HOBr beim pH 7,9 am größten ist, folgern Vf., daß HOBr das eigentliche Ox.-Mittel ist. Pentosen werden schneller als Aldosen u. diese schneller als Disaccharide oxydiert. M. Jatkowski H 3400

1852 M. I. Farberov, **Methylpentadien (I)** erhält man durch Umsetzung von Isobutylen (II) mit Acetaldehyd zu Tetramethyldioxan (III), das mit W.-Dampf bei 225 bis 275° an Ca-Phosphat-Katalysator zu I zersetzt wird. — In eine Rk.-Kolonne werden bei 80–90° Paraldehyd u. 2%ig. H_2SO_4 (75–100% vom Aldehydgew.) u. dann ein 150–250%ig. Überschuß von II (fl. oder gasf.) bei 5,5–10 atm eingeleitet. Die Rk.-Prod. gelangen mit dem II-Überschuß in einen Separator. Verweilzeit der Rk.-Fl. in der Kolonne 3–4 Std.: 85–93% III. Die ölige Phase wird aus dem Separator nach Neutralisation zur Zerlegung benutzt; dazu wird III bei 225–275° mit W.-Dampf am Katalysator zersetzt: 70–85% I. (**UdSSR.P. 182140** vom 31/12. 1949, ausg. 19/7. 1966.) — 2 S. F. Eßer H 570

1853 A. E. Batog, O. M. Mašnenko und M. K. Romancevic, **Peroxyalkane mit 3 Peroxidgruppen** entstehen beim Behandeln von α,β-ungesätt. Carbonylverb. mit tert. Hydroperoxiden in Ggw. saurer Katalysatoren in inerten Lsgm. bei –20 bis +60°. — 5,6 (g) Acrolein u. 37,5 97%ig. tert.-Amylhydroperoxid werden bei –15° mit 0,2 60%ig. $HClO_4$ versetzt; dabei steigt die Temp. auf 0 bis +5°. 2 Std. wird bei 30–40° nachgerührt, dann die Lsg. unter Kühlen mit 10%ig. NaOH u. W. gewaschen u. getrocknet. Nach 3 Std. bei 50° u. 1 Torr erhält man 21,7 *1.1.3-Tri-[tert.-amylperoxy]-propan*, n_D^{20} 1,4280; $D._4^{20}$ 0,9273. — Analog aus Crotonaldehyd + tert.-Butylhydroperoxid *1.1.3-Tri-[tert.-butylperoxy]-butan*, n_D^{20} 1,4300; $D._4^{20}$ 0,9280. (**UdSSR.P. 177882** vom 30/11. 1964, ausg. 23/2. 1966.) — 2 S. F. Eßer H 600

1854 A. A. Samachov und G. G. Nikiforova, **Herstellung von $C_2H_5{}^{18}OH$ (I)** durch Rk. von Äthylen (II) mit $H_2S^{18}O_4$ in Ggw. von $AgNO_3$ u. Behandlung der entstandenen ^{18}O-Äthylschwefelsäure (III) mit $H_2{}^{18}O$. — Je 100 g ≧94%ig. $H_2S^{18}O_4$ werden mit 0,1 g $AgNO_3$ versetzt, dann wird die ber. Menge II bei 60–65° durchgeleitet. Das gebildete III wird mit dem gleichen Vol. $H_2{}^{18}O$ 2–3 Std. gekocht. Aus der Rk.-Masse werden I u. W. abdest., sie werden anschließend rektifiziert: 50–60% 94–95%ig. I. Die rückgebildete $H_2S^{18}O_4$ wird durch Vakuumdest. regeneriert. (**UdSSR.P. 181074** vom 8/8. 1963, ausg. 6/6. 1966.) — 2 S. F. Eßer H 610

1855 Stamicarbon N. V., Niederlande, **Herstellung von HNO_2-Estern** durch Rk. eines Überschusses eines entsprechenden Alkohols mit $NOHSO_4$ in H_2SO_4; nach Abtrennen des Esters u. Konz. des Rückstandes kann dieser durch Einleiten von nitrosen Gasen wieder als Rk.-Mittel verwendet werden. — Zum Beispiel werden aus 528 kg CH_3OH 1000 kg *Methylnitrit* gewonnen. — 2 Verf.-Schemata. (**F.P. 1431178** vom 26/2. 1965, ausg. 25/5. 1966. Niederl. Prior. 28/2. 1964.) — 4 S.
G. Colsmann H 610

1856 Hefti Akt.-Ges., Schweiz, **Herstellung von Mannit** aus Traubenzucker oder den Hydrolyseprod. von Stärke durch Hydrieren in Ggw. von Raney-Ni bei 20—80° u. pH 11—12, am Schluß der Rk. $\geqq 10$. — Beispiel. (**F.P. 1457154** vom 7/12. 1965, ausg. 28/10. 1966. Schwz. Prior. 1/4. 1965.) — 2 S.
G. Colsmann H 630

1857 Soc. Nationale des Pétroles d'Aquitaine, Seine, Frankreich (Erfinder: Bernard Pflugfelder), **Herstellung von α-Dithiolen** aus 2-Oxo-1.3-oxathiolanen, die ggf. in 4- u./oder 5-Stellung durch 1 oder 2 Alkylreste substituiert sein können, durch Rk. mit einer bei 0—10° mit H_2S gesätt. wss. Lsg. von NH_3 oder NaOH u. Ansäuern des Rk.-Gemisches. — *1.2-Dimercaptoäthan*, $Kp._{21}$ 50°, $Kp._{760}$ 146°, aus 2-Oxo-1.3-oxathiolan durch Eintragen in mit H_2S gesätt. wss. NH_3-Lsg. unter Einleiten von H_2S u. Temp.-Anstieg auf 35—40°, Abkühlen auf —5° u. Ansäuern mit 50%ig. H_2SO_4; n_D^{25} 1,5557; Ausb. 62%. (**F.P. 1431717** vom 23/12. 1964, ausg. 1/6. 1966.) — 3 S.
G. Colsmann H 640

1858 Lankro Chemicals Ltd., übert. von Robert Vernon Ainscow und Alan Taylor Pugh, Eccles, Großbritannien, **Dialkylsulfosuccinate** werden hergestellt durch Erhitzen der Lsg. eines Maleinsäuredialkylesters in einem nichtpolaren, mit W. nicht mischbaren organ. Lsgm., eines wasserlösl. Bisulfits u. W. auf 80—150° in Ggw. eines Emulgators oder Lsg.-Vermittlers. — *Na-Diisooctylsulfosuccinat*. (**Brit.P. 1050578** vom 5/6. 1963, ausg. 7/12. 1966.) — 3 S. A. Debo H 640

1859 Procter & Gamble Co., Cincinnati, übert. von: Warren I. Lyness, Mount Healthy, und David E. O'Connor, Cincinnati, O., USA, **Sulfoxide** der allg. Formel $R-SO-[C(R^1)(R^2)]_y[CH(R^3)-CH(R^4)-O-]_QCH_2-R^5$ werden hergestellt durch Rk. von $R-SO-[C(R^1)(R^2)]_y \cdot [CH \cdot (R^3)-CH(R^4)-O-]_Q \ominus M \oplus$ mit R^5-CH_2-X ($R = C_1-C_{30}$-KW-Stoff; R^1, R^2 = H, C_1-C_{30}-KW-Stoff; R, R^1, R^2 können je bis zu 10 Äther-, Thioäther- u. Iminobindungen u. bis zu 5 Aminogruppen enthalten; R^3, R^4 = H, Aryl, Alkyl, cycloaliphat. KW-Stoff mit je bis 30 C-Atomen u. 10 Äther- oder Thioätherbindungen; Q = 1—50; Y = 0,1; M = Alkalimetall; R^5 = H, Alkyl, Aryl, Aralkyl mit 1—30 C-Atomen; X = Cl, Br, J). — *3-Methoxytridecylmethylsulfoxid*, $Kp._{0,7}$ 175°; Ausb. 66%. — *Oberflächenaktive Mittel*. (**U.S.P. 3288858** vom 30/3. 1965, ausg. 29/11. 1966.) — 7 S. A. Debo H 640

1860 I. L. Knunjanc, G. A. Sokolskij und M. A. Belavencev, **Polyfluoralkenylsulfate** entstehen durch Rk. von β-Sultonen mit Dialkylsulfaten u. Abtrennung des Rk.-Prod. durch Destillation. — 18 (Gew.-Teile) Tetrafluoräthan-β-sulton (I) u. 12,6 Dimethylsulfat werden 1 Std. auf 40—50° erwärmt u. dann fraktioniert: 8,1 *Methylfluorsulfat* u. 17,4 *Trifluorvinylmethylsulfat*, Kp. 136°; n_D^{20} 1,3400; $D._4^{20}$ 1,5151. — Analog aus I + Di-n-butylsulfat *n-Butylfluorsulfat* + *Trifluorvinyl-n-butylsulfat*, Kp. 159—160°; n_D^{20} 1,3650; $D._4^{20}$ 1,3000; α-Trifluormethyltrifluoräthan-β-sulton + Di-n-hexylsulfat $\rightarrow$ *n-Hexylfluorsulfat* + *Pentafluorpropenyl-n-hexylsulfat*, $Kp._1$ 74°; n_D^{20} 1,3800; $D._4^{20}$ 1,2474. (**UdSSR.P. 177880** vom 24/12. 1964, ausg. 23/2. 1966.) — 2 S.
F. Eßer H 640

1861 J. P. Stevens & Co., Inc., New York, N.Y., USA, **Polyfunktionelle äthylenisch ungesättigte Verbindungen** der allg. Formel $ROCH_2CH(R^1) A^1 (Z A^2)_n-R^2$ [R = H, Alkyl, Alkanoyl, R^1 = H, Alkyl, A^1 u. A^2 = CS, CO, SO, SO_2, $\overset{|}{S}{}^{\oplus}R^3$, Z = $-N(R^1)$ $YN(R^1)$-, R^3 = (substituiertes) Alkyl, Aralkyl, Y = zweiwertiger organ. Rest, n = 0 oder 1, R^2 = $-C(R^1)=CH(R^1)$] erhält man durch Rk. einer Verb., die die Gruppe R^2 = $-CH(R^1)CH(R^1)OH$ aufweist, mit $SOCl_2$ u. Dehydrochlorierung der entstehenden Chloräthylverbindung. — Aus Bis-[2-hydroxyäthyl]-sulfon mit $SOCl_2$ in Äthylenglykol $\rightarrow$ *2-Chloräthyl-2'-hydroxyäthylsulfon*; ferner beschrieben die Herst. von *2-Methoxyäthyl-2'-hydroxyäthylsulfid*, $Kp._6$ 104—107°, daraus durch Ox. das entsprechende *Sulfon*, *2-Methoxyäthyl-2'-chloräthylsulfon*, $Kp._{10}$ 131—132°, daraus durch HCl-Abspaltung *2-Methoxyäthylvinylsulfon*, $Kp._1$ 96 bis 98°; ähnlich *2-Hydroxyäthylvinylsulfon*, $Kp._{0,3}$ 114—119°, *2-Methoxypropionamidomethylacrylamid*, F. 155—157°. — Verw. zum *Vernetzen von Polymeren, wie Cellulosetextilien*. (**Brit.P. 1043342** vom 7/1. 1963, ausg. 21/9. 1966. U.S. Prior. 8/1. u. 2/10. 1962.) — 11 S.
R. Bollinger H 640

1862 K. I. Matveev, A. M. Osipova und L. N. Stroganova, **Herstellung von Acetaldehyd (I)** durch Ox. von Äthylen (II) in Ggw. wss. Pd- u. Cu-Salzlsg.; die Katalysatorlsg. wird zur Stabilisierung mit Malon- (III) oder Maleinsäure (IV) oder ihren Mischungen oder ihren Alkyl- oder Arylderiv. versetzt. Die so erzeugte Katalysatorlsg. wird auf 90° erwärmt; dann wird durch sie eine Mischung aus **II**: O_2 = 4:1 u. danach noch O_2 bis zum Ende der Fällung geleitet. — Durch eine Katalysatorlsg. [aus 0,02 (Mol/l) Pd^{++}, 0,6 Cu^{++}, 0,3 SO_4^{--}, 1 Cl^-, 0,05 **III**, 0,1 **IV**, 0,001 Salicylsäure, 0,05 Citronensäure, 0,05 Essigsäure u. 0,2 Phthalsäure] wird bei 90° u. pH 1,1 **II** (Verhältnis von **II**:O_2 = 1,7—3,9) geleitet. (**UdSSR.P. 176258** vom 28/9. 1963, ausg. 14/1. 1966.) — 2 S.
F. Eßer H 670

1863 R. I. Agladze und V. I. Gegečkori, **Herstellung von Acetaldehyd (I)** durch Fl.-Phasen-Hydratation von Acetylen (II) an Mn-Salzen. Herst. u. Regenerationder Kontaktlsg. erfolgt elektrolyt. oder durch Lösen der Salze in den entsprechenden Säuren. — Durch eine Lsg. aus 7 (g/l) $Mn_2(SO_4)_3$, 4 $Mn(SO_4)_2$ u. 1 $MnSO_4$ in 50 bis 60%ig. H_2SO_4 werden bei 50—70° 100—120 ml/Min. **II** geleitet: 70—80% **I**. (**UdSSR.P. 177870** vom 13/5. 1963, ausg. 22/2. 1966.) — 2 S. F. Eßer H 670

1864 Eastman Kodak Co., USA, **Herstellung von Aldehyden,** bes. *Butyraldehyd* (I), durch Hydroformylierung, dad. gek., daß (nach F.P. 1429955) die äthylen. Verb., bes. Äthylen oder Propylen, mit einem Gemisch aus 30—40 (Mol) H_2, 5—15 eines inerten Gases, bes. CH_4, u. 25—30 CO in Ggw. von Co enthaltenden Katalysatoren zur Rk. gebracht wird u. daß (F.P. 1430719) das vorst. erhaltene Rk.-Gemisch durch Vakuumdest. in eine niedrig- u. eine hochsd. Fraktion getrennt, die niedrigsd. Fraktion in den Hydroformylierungsprozeß zurückgeführt u. die hochsd. bei 5—10 mm am Kopf u. 25—30 mm u. 210 bis 220° am Boden einer Dest.-Kolonne fraktioniert wird. — Beispiele, Fließschemata. — Vgl. D.A.S. 1235283; C. **1967**, 45-2300. (**F.PP. 1429955** vom 15/4. 1965, ausg. 18/5. 1966 u. **1430719** vom 16/4. 1965, ausg. 23/5. 1966.) — 4 S. — 4 S. G. Colsmann H 670

1865 I. L. Knunjanc, Ju. A. Čeburkov und L. S. Sletkina, **Perfluordimethylketen (I)** entsteht durch Rk. von Hexafluorisobuttersäure (II) mit P_2O_5 bei 120° u. Rektifikation. — 400 (g) P_2O_5 u. 250 **II** werden unter Trockeneis/Aceton-Kühlung gemischt u. dann auf 120° erhitzt; dabei dest. 181 Fl. ab, die nach Rektifikation 147 **I**, Kp. 5—10°, ergeben. (**UdSSR.P. 181097** vom 1/6. 1965, ausg. 1/6. 1966.) — 2 S. F. Eßer H 710

1866 A. V. Novožilov, G. J. Mjagkova und N. A. Preobraženskij, **Dekadien-(4.8)-säure (I)** erhält man durch Verseifen u. anschließende Decarboxylierung des Rk.-Prod. aus 1-Chloroctadien-(2.6) (II) u. Na-Malonester (III). — 10,9 (g) **III** (aus 1,37 Na u. 19 Malonester in 30 ml A.) werden bei 25° mit 7,5 **II** u. 0,5 DMF versetzt. 10 Std. wird bei 75° gemischt, A. abdest., dann werden 15 W. u. 2 ml 10%ig. wss. HCl zugegeben. Die Phasen werden getrennt, die wss. Phase wird mit $CHCl_3$ extrahiert, der Extrakt mit $Na_2S_2O_5$-Lsg. gewaschen u. aufgearbeitet: 11,3 *2-[Octadien-(2'.6')-yl]-propandisäurediäthylester*, $Kp._{0,3}$ 113—115°; n_D^{20} 1,4520; $D._4^{20}$ 0,9750. 9 davon, 4,5 NaOH, 8 W. u. 30 ml CH_3OH werden 8 Std. bei 40° im N_2-Strom gerührt. CH_3OH wird abdest., bei 20° mit 3 n H_2SO_4 auf pH 3 eingestellt u. mit $CHCl_3$ extrahiert; nach

Aufarbeiten des Extraktes 3,9 I, Kp.$_{0,22}$ 84—85°; n_D^{20} 1,4620; D_4^{20} 0,9504. (**UdSSR.P. 182143** vom 17/6. 1965, ausg. 15/7. 1966.) — 2 S. F. Eßer H 810

1867 A. V. Novožilov, V. P. Černova, G. I. Mjagkova, E. N. Zvonkova und N. A. Preobraženskij, **Herstellung von Dodecadien-(7.10)-säure** (I) durch Kondens. von 1-Halogenbuten-(2) mit Octin-(7)-säure (II) u. Hydrieren der entstandenen Säuren am Pd-Katalysator (vergiftet mit Pb-Acetat). — Eine auf 0° gekühlte Grignard-Lsg. aus 3,11 (g) Mg u. 23,1 Äthylbromid in 40 ml Bzl./THF (4:1) wird nach Zugabe von 14,3 II in 75 ml Bzl./THF 2 Std. auf 76—78° erwärmt. Nach Kühlen auf 20° u. Zugabe von 0,05 CuCN wird 15 Min. gerührt, dann werden 9,2 1-Brombuten-(2) in 5 ml Bzl./THF zugegeben, u. es wird 20 Std. gekocht. Nach 6 u. 12 Std. werden je 0,01 CuCN zugesetzt. Nach Rk.-Ende wird bei 0° mit 2 n H_2SO_4 auf pH 2 eingestellt. Die organ. Phase wird abgetrennt u. die wss. mit Bzl. extrahiert. Die Extrakte werden mit wss. $Na_2S_2O_5$-Lsg. gewaschen u. aufgearbeitet: 4,3 *Dodecaen-(10)-in-(7)-säure* (III), Kp.$_{0,22}$ 132—135°; n_D^{20} 1,4765; D_4^{20} 0,9666. 0,63 III werden in 10 ml CH_3OH mit 0,075 Pd-Katalysator (vergiftet) mit 51,6 ml H_2 hydriert: 0,51 I, Kp.$_{0,22}$ 112—113°; n_D^{20} 1,4700; D_4^{20} 0,9472. (**UdSSR.P. 177879** vom 10/4. 1965, ausg. 22/2. 1966.) — 2 S. F. Eßer H 810

1868 Distillers Co. Ltd., Edinburgh, Schottland, Großbritannien (Erfinder: Christopher John Brown und Frank Christopher Newman), **Herstellung von Acrylsäure (I).** Man setzt in der 1. Stufe gasförmiges Propylen mit O_2 bei erhöhter Temp. in Ggw. eines Katalysators aus den Oxiden des Sb u. V, der ggf. noch Ti, Cr, Mn, Fe, Co, Ni, Cu, Zn, Mo, Cd, W, Th, Sn enthält, zu einer Mischung aus I u. Acrolein (II) um u. ox. das restliche II in der 2. Stufe in Ggw. eines Katalysators in einem Gefäß aus rostfreiem Stahl, Fe oder einer Fe-Leg., dessen Oberfläche mit einer Lsg., die H_3PO_4, NH_4-Phosphat, Fe-, Mn-, Zn- oder Cd-Phosphat enthält, bzw. mit einer heißen alkal. Lsg. eines Sb-Salzes behandelt worden ist. (**Brit.P. 1086957** vom 5/9. 1964, ausg. 20/7. 1966.) — 3 S. H.-W. Ebersbach H 810

1869 Distillers Co. Ltd., Edinburgh, Schottland, Großbritannien (Erfinder: Christopher John Brown), **Acrylsäure und Acrolein** erhält man durch Ox. von Propylen mit O_2 im Dampfzustand, bes. in Ggw. von W.-Dampf, bei 250—500° u. in Ggw. einer Mischung aus den Oxiden des Sb u. V sowie des Sn u./oder Fe als Katalysator. Man erhitzt den Katalysator vorher in O_2-freier reduzierender Atmosphäre, bes. unter H_2, Propylen oder Propylen u. W.-Dampf mindestens 1, bes. 2 Stunden. (**Brit.P. 1051568** vom 26/11. 1964, ausg. 14/12. 1966.) — 3 S. H.-W. Ebersbach H 810

1870 V. V. Lepilina und J. P. Grjazina, **Herstellung von Ca-Acrylat** (I) aus CaO u. Acrylsäure (II) in Ggw. von Inhibitoren in organ. Lsgm., wie Bzl. oder Aceton, bei $\leq$ 40°. — 13,7 (kg) Aceton u. 1,7 CaO werden 5 Min. gemischt u. dann so mit 4,23 II, welches Hydrochinon enthält, versetzt, daß die Temp. $\leq$ 30° bleibt. 1 Std. wird auf 25—26° gehalten u. dann aufgearbeitet: 5,5 86,1%ig. I. (**UdSSR.P. 182142** vom 14/7. 1965, ausg. 18/7. 1966.) — 2 S. F. Eßer H 810

1871 Distillers Co. Ltd., Edinburgh, Schottland, Großbritannien (Erfinder: Kenneth Rowland Dobson und Bertram Yeomans), **Acrylsäureester** aliphat., alicycl. oder aromat. Alkohole mit 3—20 C-Atomen erhält man durch Rk. von Acrylsäuremethyl- bzw.-äthylester mit dem entsprechenden Alkohol in Ggw. eines Alkoxyderiv. des Ti als Katalysator u. 1—20, bes. 5 bis 10%, bezogen auf das Endprod., eines Weichmacheröls, dessen Kp. mindestens 50° über dem des Endprod. liegt. — Bei der Umesterung von 1,25 (Mol) Äthylacrylat mit 1 2-Äthylhexanol in Ggw. von 24-Cyclohexan als Schleppmittel, 0,46 Gew.-% Tetra-(2-äthylhexyl)-titanat, 1,8 Gew.-% „Ravolen 22 DA" (Weichmacheröl aus cycl. u. aromat. KW-Stoffen, Kp. 380—550°, D^{60F} 1,038) u. 0,003% Methylenblau beträgt der Ausb.-Verlust durch Polymerisation nur 1,8%, ohne „Ravolen"-Zusatz u. ohne Methylenblau dagegen 8,2%. (**Brit.P. 1016042** vom 7/2. 1963, ausg. 5/1. 1966.) — 3 S. H.-W. Ebersbach H 810

1872 Distillers Co. Ltd., Edinburgh, Schottland, Großbritannien (Erfinder: George Colin William Randall und John Arthur Wickings), **Acryl- oder Methacrylsäure-2-hydroxyalkylester** erhält man durch Rk. von Acryl- oder Methacrylsäure mit einem Alkylenoxid, in den Beispielen mit Äthylen- u. Propylenoxid, bei 90—140° im fl. Zustand, bes. unter ca. 50 psig, in Ggw. eines festen quart. NH_4-Gruppen enthaltenden Anionenaustauscherharzes, bes. aus vernetztem Polystyrol u. als Hydrochlorid, als Katalysator, u. 0,05—1 Gew.-%, bezogen auf die ungesätt. Carbonsäure, NO_2-freiem NO als Polymerisationsverhinderer. (**Brit.P. 1052072** vom 13/10. 1964, ausg. 21/12. 1966. **Zusatz zu Brit.P. 970202; C. 1967, 48-2649.**) — 3 S. H.-W. Ebersbach H 810

1873 Farbenfabriken Bayer Akt.-Ges., Leverkusen (Erfinder: Hans-Helmut Schwarz und Karl Morgenstern, Krefeld), **Ester und Nitrile ungesättigter Säuren** erhält man aus den entsprechenden chlorierten Estern u. Nitrilen durch HCl-Abspaltung beim Erhitzen auf 350—750° in Ggw. von 0,1—10 Gew.-Teilen W.-Dampf u. Verweilzeiten von 0,01—10 Sekunden. Aus α-Chlorisobuttersäuremethylester durch Erhitzen mit W.-Dampf auf 600°, Verweilzeit 0,7 Sek., → *Methacrylsäuremethylester.* (**Brit.P. 1044850** vom 23/3. 1965, ausg. 5/10. 1966. D. Prior. 28/3. 1964.) — 3 S. R. Bollinger H 810

1874 Monsanto Co., übert. von: William A. Heckle, Texas City, Tex., USA, **Herstellung von Acrylsäureamid (I).** Man gibt Acrylsäurenitril (II) u. W. zu I-Sulfat in solchen Mengen, daß das Molverhältnis von II : W. : I-Sulfat = 0,25 : 0,15 : 1—1 : 1 : 1, bes. 0,4 : 0,25 : 1 ist, erhitzt die Mischung 1—4, bes. 2—2,5 Std., auf ca. 75 bis 100, bes. 90—100°, extrahiert I aus dem Rk.-Gemisch mit Acetonitril, n-Hexan, n-Octan, n-Decan, Bzl., Toluol, Xylol, CH_2Cl_2, $CHCl_3$, Trichloräthylen oder Perchloräthylen, bes. mit II, führt das I-Sulfat in die 1. Stufe zurück u. gewinnt das I aus der Lösung. Das W. wird in der 1. Stufe in kleinen Anteilen zugesetzt. Man erhält bei einmaligem Durchgang I-Ausb. bis 75%. (**U.S.P. 3257454** vom 10/5. 1963, ausg. 21/6. 1966.) — 2 S. H.-W. Ebersbach H 810

1875 Eastman Kodak Co., Rochester, N.Y., übert. von: Howard S. Young und Edgar L. McDaniel, Kingsport, Tenn., USA, **Acryl- oder Methacrylsäurenitril** erhält man durch Rk. von 1 (Mol) Propylen oder Isobutylen mit 0,1—5 NH_3 u. 0,1—5 O_2, bes. als Luft, im Dampfzustand bei 300—600, bes. 400—550° in Ggw. eines Katalysators aus 5—60%, bes. 30—50% Dodecamolybdophosphorsäure u. 1—20, bes. 1—10% As-Oxid, als As_2O_5, auf 30—94% eines Trägers, bes. SiO_2. Der Katalysator kann noch 0,1—25% eines Oxids eines oder mehrerer der Metalle Cr, Mn oder Fe enthalten u. wird vorher bei ca. 200—600° calciniert. (**U.S.P. 3287394** vom 4/5. 1964, ausg. 22/11. 1966.) — 4 S. H.-W. Ebersbach H 810

1876 Eastman Kodak Co., Rochester, N.Y., übert. von: Hugh J. Hagemeyer jun., Longview, Tex., USA, **Acryl- oder Methacrylsäurenitril** erhält man beim Leiten von Propionitril- oder Isobutyronitrildampf mit einer Raumgeschw. von 1500—7000 u. einer linearen Geschw. von 75—400 feet/Sek. durch einen erhitzten O_2- u. katalysatorfreien Rk.-Raum bei 550—750°. — Vorr., Zeichnung. — Vgl. Can.P. 691915; C. **1966,** 28-2437. (**U.S.P. 3247237** vom 1/7. 1963, ausg. 19/4. 1966.) — 6 S. H.-W. Ebersbach H 810

1877 Merck & Co., Inc., Rahway, N.J., USA, **Malonsäure-Derivate** der allg. Formel $R^2CH{=}C(R^1)CH{=}C\cdot(COOR)_2$ (R u. R^1 = H, Alkyl, R^2 = Alkoxy, NHR^3, R^3 = H, Alkyl, Aryl, Aralkyl) erhält man durch Rk. von Malonsäure oder deren Estern mit 1.1.3.3-Tetraalkoxypropanen in Ggw. einer Lewis-Säure, dann mit NH_3, einem prim. Amin, einem Arylamin oder Aralkylamin. Die Allylidenmalonsäurederiv. können zu α-Pyron- u. α-Pyridonderiv. cyclisiert werden. — Aus Tetraäthoxypropan mit Malonsäurediäthylester in Acetanhydrid in Ggw. von $ZnCl_2$ unter Rückfluß → *3-Äthoxyallyliden-*

malonsäurediäthylester, Kp.$_{0,2}$ 128°, daraus durch Rk. mit NH_3 in A. *3-Aminoallylidenmalonsäurediäthylester*, F. 126°, durch Rk. mit HCOOH *α-Pyroncarbonsäureäthylester*, Kp.$_{0,25}$ 122—123°, ähnlich: *3-Benzylaminoallylidenmalonsäurediäthylester*, F. 87°, *α-Pyridon-3-carbonsäureäthylester*, F. 139°, die *freie Säure*, F. 262°, *N-Benzyl-α-pyridon-3-carbonsäure*, F. 130° u. *α-Pyron-3-carbonsäure*, F. 127—128°. (**Brit.P. 1049031** vom 20/2. 1964, ausg. 23/11. 1966. U.S. Prior. 6/3. 1963.) — 8 S. R. Bollinger H 820

1878 Kôgyô Gijutsu Inchô (Erfinder: Kiyoshi Katô), Kawachi, Japan, **Di-N-vinylbernsteinsäureamidderivate** erhält man durch Rk. von N-Vinylsuccinamid (I) mit gesätt. aliphat. Diaminen mit prim. oder sek. Amingruppen oder Verb. mit dem Piperazinring bei 10—60° in organ. Lsgm. (A., Bzl., Toluol), wobei Verb. AR^1RR^2A entstehen (A = CH_2:$CHNHCOCH_2CH_2CON$-; R, R^1, R^2 = Alkyl- oder Piperazinrest; R^1 u. R^2 auch = H). — *Vernetzungsmittel* bei der Mischpolymerisation mit anderen Vinylverb. u. a. linearen Hochmol., wie Polyamiden. — 2,5 g I in 10 cm^3 Bzl. u. 1.2-Diaminoäthan geben nach 50 Min. krist. *Di-N-vinylsuccinamid*, F. 222,5—223,5° (A.). — Aus I u. 1.2-Diaminopropan ein Prod. mit F. 183 bis 185° (A.-Bzl.), aus I u. Trimethylendiamin Rk.-Prod. mit F. 217—218° (A.), aus I u. Hexamethylendiamin Rk.-Prod. mit F. 186—187°, aus I u. Piperazin Rk.-Prod. mit F. 240—243° (Zers.; Bzl.-A.) (**Jap.A.S. 12346/1966** vom 4/11. 1963, ausg. 11/7. 1966.) — 2 S. M. Pankow H 820

1879 Borden Co., New York, N.Y., USA (Erfinder: Benjamin David Halpern, Jack Dickstein und Rose-Marie Hoegerle), **Bis-cyanacrylsäureester von Glykolen.** Man erhitzt z. B. eine Mischung aus 190 g Cyanessigsäure, 62 g Äthylenglykol, 5 g p-Toluolsulfonsäure u. 440 g Bzl. 10 Std. unter Rückfluß u. Abdest. des gebildeten W. → *Äthylenglykoldicyanacetat*, $C_8H_8N_2O_4$, F. 41—45°; Kp.$_2$ 210°; Ausb. 170 g; aus 1 (Mol) davon u. 2 CH_2O in Bzl. in Ggw. von 0,2 Zn-Acetatdihydrat als Kondens.-Mittel unter Abdest. des gebildeten W. → *Äthylenglykol-2.2'-dicyanacrylat*. — Ebenso: *Neopentylenglykol-2.2'-dicyanacrylat*, Zers. bei 240—290°. — *Dicyanacrylate* des *Diäthylenglykols* u. *Polyäthylenglykols* („Glycol 400" u. „Glycol 1000"). — *Klebstoffe*. (**Brit.P. 1048906** vom 23/7. 1964, ausg. 23/11. 1966.) — 4 S. H.-W. Ebersbach H 820

1880 A. L. Lific, A. A. Vejcman und L. Ja. Distanova, **Maleinamidsäuren** entstehen durch Rk. von Maleinsäureanhydrid (I) mit Aminen bei ≦ 20° in organ. Lsgm., bes. CH_2Cl_2. — 90 (g) techn. I werden in 532 CH_2Cl_2 in 20—25 Min. bei 15—20° mit 45 m-Phenylendiamin in 532 CH_2Cl_2 versetzt, 10—15 Min. wird auf 20° gehalten u. dann aufgearbeitet: 120 *m-Phenylen-N.N'-dimaleinamidsäure*. — Analog folgende Maleinamidsäuren: *α-* u. *β-Naphthyl-*, *o-* u. *p-Methoxy-*, *o-* u. *p-Äthoxyphenyl-*, *o-* u. *p-Tolyl-*. (**UdSSR.P. 182141** vom 7/6. 1965, ausg. 19/7. 1966.) — 2 S. F. Eßer H 820

1881 F. J. Luknickij und B. A. Vorsi, **3-Hydroxy-4.4.4-trichlorbuttersäure (I)** entsteht durch Verseifen von β-Trichlormethyl-β-propiolacton (II) durch Kochen in saurem Medium. — 7,5 g II werden mit 10 ml 30—85%ig. HCOOH 2 Std. gekocht, dann wird die Säure im Vakuum abdest.: 8 g I, F. 123—124° (Bzl.). (**UdSSR.P. 182135** vom 7/6. 1965, ausg. 19/7. 1966.) — 2 S. F. Eßer H 850

1882 Minnesota Mining and Mfg. Co., St. Paul, übert. von: Horace R. Davis, Roseville, Minn., USA, **Substituierte Tartronsäureester** der allg. Formel W-$C(COOR)_2$-OH (R = C_1—C_6-Alkyl; W = -C(X)(X')-C(Y)=C(Z)Z', -C(X)(X')-C(Y)=C(Z)-(C_nH_{2n-2})Z'', -C(X)=C=C(Z)Z', -C(=CH_2)-C(=CH_2)-Y, -CH_2-C≡CH; Z' = H, Halogen, Alkyl; Z''=H oder Tartronatrest -C(OH)$(COOR)_2$; n = 2—17; X, X', Y, Z = H, Alkyl, Cycloalkyl, Aryl; X' u. Z gemeinsam mit der C_0-Kette, durch die sie verbunden sind, stabiler Ring), erhält man durch Rk. eines Mesoxalsäureesters der allg. Formel $(ROOC)_2C$=O mit einer ungesätt. Verb. der allg. Formel X-C(X')=C(Y)Y', H_2C=C=C(Y)Y', X-C≡C-Y, Y' = H, -CH(Z)Z', -CH(Z)-(C_nH_{2n-2})-Z'', bei 20 bis 220° in einigen Std. unter Druck. — Eine Mischung aus 174 (Teilen) Mesoxalsäurediäthylester (I) u. 56 Isobuten wird im verschlossenen Gefäß 17 Std. auf 140° erhitzt → *Diäthylmethallyltartronat* (II), $C_{11}H_{18}O_5$, Kp.$_{0,06}$ 74—76°; n_D^{21} 1,4423. — Ähnlich aus 11 I u. 2 Isobuten in 20 Std. bei 165° → Mischung aus *1.1.5.5-Tetrakis-(carbäthoxy)-3-methylenpentan-1.5-diol* u. *1.1.5.5-Tetrakis-(carbäthoxy)-3-methylpent-2-en-1.5-diol*, $C_{18}H_{28}O_{10}$, Kp.$_{0,1}$ 160—170°; n_D^{20} 1,4580. — Eine Mischung aus 23 II u. 24 Phenylisocyanat wird 18 Std. auf 215° unter Rückfluß erhitzt → *3-Phenyl-5-methallyl-5-carbäthoxyoxazolidin-2.4-dion* (III), $C_{16}H_{17}NO_5$, Kp.$_{0,4}$ 140—155°; F. 77—78° (aus 80%ig. A.). — Man erhitzt 3 III mit der äquivalenten Menge 0,2 n wss. NaOH 4 Std. unter gelegentlichem Schütteln auf dem Dampfbad, → *2-Hydroxy-2-carboxy-4-methyl-pent-4-ensäureanilid*, CH_2=C(CH_3)—CH_2—C(COOH)—(OH)—CO—NH—C_6H_5, $C_{13}H_{15}NO_4$, F. 110—110,5, unter Gasentw.; daraus durch 3std. Erhitzen auf 140° → *2-Hydroxy-4-methyl-pent-4-ensäureanilid*, $C_{12}H_{15}NO_2$, F. 88 bis 89° (aus Heptan). — Weitere Beispiele ohne Angabe von Kennzahlen. (**U.S.P. 3253019** vom 16/2. 1962, ausg. 24/5. 1966.) — 5 S. H.-W. Ebersbach H 850

1883 Snam S. p. A., Italien, **Kontinuierliche Herstellung von Harnstoff** aus NH_3 u. CO_2 bei erhöhter Temp. u. erhöhtem Druck, dad. gek. daß das Rk.-Prod. bei 120 bis 150 (kg/cm^2) von NH_3 befreit, das entstandene NH_4-Carbamat bei 80—120 in erster Stufe zersetzt u. die Zers. in zweiter Stufe durch NH_3 im Gegenstromverf. vervollständigt, das Gemisch aus NH_3 u. CO_2 bei 140—170° u. 120—80 in wss. NH_3 absorbiert u. die 5—16%ig. Lsg. unter Zusatz von NH_3 in den Prozeß zurückgeleitet wird; Ausb. bis zu 76,8%. — Fließschema. (**F.P. 1423412** vom 2/2. 1965, ausg. 18/3. 1966. It. Prior. 8/9. 1964.) — 6 S. G. Colsmann H 880

1884 G. M. Strongin, Ja. Ju. Rekšinskij und B. I. Kolomazov, **Hydrazodicarbonamid (I)** entsteht durch Kondens. von Harnstoff (II) mit anorgan. Hydrazinsalzen bei pH 4,5—6 in Ggw. von Mineralsäuresalzen. — 260 (kg) Hydrazinsulfat (III) u. 360 II werden in 400 W., das 30—50 g/l KCl enthält, 3 Std. gekocht; dabei vermindert sich die III-Konz. auf 0,1%. Durch Zusatz von H_2SO_4 wird während der ganzen Zeit auf pH 4,5—6 gehalten: Nach Kühlen u. Zentrifugieren 98—99% I. (**UdSSR.P. 177428** vom 1/4. 1965, ausg. 5/2. 1966.) — 2 S. F. Eßer H 880

1885 V. I. Bajrak, **Herstellung von Dimethylolbiuret (I)** durch Rk. von Biuret (II) mit HCHO in wss. Medium bei 40—50° bei einem Mol-Verhältnis von II:HCHO = 1:2. — 5,16 (g) II in dest. W. u. 7,5 ml 40%ig. Formalin werden 48 Std. bei 40—50° gerührt. Nach Abdest. von W. 5,4 I, F. 144—146° (CH_3OH), unlösl. in Bzl. u. Ae., lösl. in W. u. Alkoholen. (**UdSSR.P. 177877** vom 23/2. 1965, ausg. 22/2. 1966.) — 2 S. F. Eßer H 880

1886 E. I. du Pont de Nemours & Co., übert. von: Hilmer E. Winberg, Wilmington, Del., USA, **Komplexe von Tetrakis-(dialkylamino)-äthylenen mit organischen π-Säuren oder Lewis-Säuren** erhält man durch Zusammenbringen von Aminoäthylenen der allg. Formel $(R_2N)_2C$=$C(NR_2)_2$ (R = ggf. durch O oder N unterbrochenes Alkyl) mit einer organ. π-Säure, wie Azodicarbonsäuredimethylester, Methylvinylsulfon, α-Nitro-β-furyläthylen, p-Dinitrosobenzol, Acetylendicarbonsäureäthylester, Fumarnitril, Maleonitril, p-Diacetylbenzol oder α.α.α.α'.α'.α'-Hexachlor-p-xylol oder einer Lewis-Säure, wie $(C_6H_5)_3B$. — Aus Tetrakis-(dimethylamino)-äthylen mit Chloranil → Komplex der Formel $C_{28}H_{24}Cl_{12}N_4O_6$; ähnlich ein Komplex mit Bromanil, $C_{22}H_{24}Br_8N_4O_4$, mit Jodanil, $C_{22}H_{24}J_8N_4O_4$, mit Hexachlorcyclopentadien, $C_{15}H_{24}Cl_6N_4$, mit Indantrion, $C_{28}H_{32}N_4O_6$, mit 2.4.7-Trinitro-9-fluorenon, $C_{49}H_{39}N_{13}O_{21}$. Aus α.α-Dimethoxytrimethylamin mit Pyrrolidin bei 85 bis 106° *Tetrakis-(N-pyrrolidinyl)-äthylen*, $C_{18}H_{32}N_4$, F. 91 bis 93°, ähnlich: *Tetrakis-(piperidino)-äthylen*, $C_{22}H_{40}N_4$, F. 59—61°; *Bis-morpholino-methoxymethan*, $C_{10}H_{20}N_2O_3$, F. 64—67,5°; *Tetrakismorpholinoäthylen*, $C_{18}H_{32}N_4O_4$, F. 170—171°; *Bis-[N-(N'-methyl)-piperazinyl]-methoxymethan*, $C_{12}H_{26}N_4O$, Kp.$_{0,9}$ 106—110°; *Tetrakis-[N-(N'-methyl)-piperazinyl]-äthylen*, $C_{22}H_{44}N_8$, F. 79—80,5°;

1.1'.3.3'-Tetramethyl-Δ2.2'-bis-imidazolidin, $C_{10}H_{20}N_4$, $Kp._8$ 96—97°, das entsprechende *Tetraäthylderiv.*, $C_{14}H_{28}N_4$, $Kp._{0,5}$ 79—82°, das entsprechende *1.3'-Diäthyl-1'.3-dimethylderiv.*, $C_{12}H_{24}N_4$, $Kp._{0,25}$ 80—82°; *1.3-Dimethyl-2-methoxyhexahydropyrimidin*, $C_7H_{16}N_2O$, $Kp._{25}$ 62—66° u. *1.1'.3.3'-Tetramethyl-Δ2.2'-bis-hexahydropyrimidin*, $C_{12}H_{24}N_4$, $Kp._{8,5}$ 104—105°. (**U.S.P. 3239518** vom 27/2. 1961, ausg. 8/3. 1966.) — 8 S. R. Bollinger H 910

1887 I. S. Matveev, **β-Hydroxyäthyl-β-hydroxypropylamin** (I) entsteht durch Kondens. von Äthylenoxid (II) mit 2-Imino-5-methyloxazolidin (III). — 50 (g) III u. 25 II werden in einem Autoklaven unter langsamem Rühren 4 Std. bei 2,5 atm. auf 55—60° erhitzt: 72 zähe Fl., die mit 160 50%ig. wss. KOH 3 Std. auf 95—100° erhitzt wird. Der KOH-Überschuß wird mit CO_2 neutralisiert u. dann das W. abdest.; der Rückstand wird mit abs. A. extrahiert, filtriert u. dest.: 49,22 techn. I, $Kp._{749}$ 234—236°. (**UdSSR.P. 177898** vom 24/5. 1962, ausg. 23/2. 1966.) — 2 S. F. Eßer H 920

1888 Egyesült Gyógyszer és Tapszergyár, Budapest, Ungarn, **Herstellung von α-Carbalkoxy-β-arylaminoacrylsäureestern.** Zu Ung.P. 151995; C. **1967**, 29-2562 ist nachzutragen: 53 (g) Bis-[m-chlorphenyl]-formamidin, 35,5 Orthoameisensäureäthylester u. 64 Malonsäurediäthylester werden 3 Tage bei 126° gerührt: 112,5 roher *α-Carbäthoxy-β-[m-chloranilino]-acrylsäureäthylester*, F. 56—58° (PAe.); Ausb. 84,5%. (**Oe.P. 250884** vom 12/1. 1965, ausg. 10/11. 1966. Ung. Prior. 23/1. 1964.) — 7 S. K.-D. Stolp H 950

1889 Hans-Dieter Jakubke, Halle/S., **Herstellung von N-Acylpeptiden und deren Derivaten** durch Rk. von N-Acylaminosäure- oder N-Acylpeptid-8-hydroxychino-

I 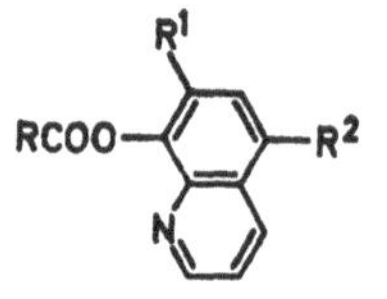

lylestern der allg. Formel I (R^1=R^2 = H oder R^1 = H, R^2 = Cl oder R^1 = R^2 = Cl) mit Aminosäure- oder Peptidderiv. in Lsgm. bei Raum- oder erhöhter Temperatur. — Man kocht 2,13 g N-[Z]-L-Phe-8-hydroxychinolylester mit 0,52 g Glycinäthylester in 30 ml Essigester, wäscht die Lsg. u. erhält 1,68 *N-[Z]-L-Phe-Glycinäthylester*, F. 110—111°; $[\alpha]_D^{23}$ —16,3° (c = 2; A.). — Analog: *NBS-L-Phe-Gly-OC_2H_5*, F. 122—123°; $[\alpha]_D^{22}$ +26,2° (c = 2; Dimethylformamid), 97% (Ausb.). — *N-[Z]-L-Leu-L-Ala*, F. 151—152°; $[\alpha]_D^{20}$ —25,98° (c = 2,608; A.); 83%. — *N-[Z]-Gly-L-Phe-Gly-OC_2H_5*, F. 117—118°; $[\alpha]_D^{24}$ —11,8° (c = 2,01; A.); 81%. (*Z = Benzyloxycarbonyl; NBS = o-Nitrophenylsulfenyl*). (**D.P.[DDR] 50887** Kl. 12q vom 21/6. 1965, ausg. 5/11. 1966 [Wirtschaftspatent].) — 2 S. K.-D. Stolp H 950

1890 Diamond Alkali Co., Cleveland, O., USA (Erfinder: Frank Francesco Roselli), **Allyldihalogenalkylester der Oxysäuren des Antimons, Bors, Siliciums und Titans** der allg. Formel $(R^1O)/M(OR^2)_b$ (M = Sb, Ti, B, Si, R^1 = Alkyl, R^2 = R^1 mit olefin. Doppelbindung, a u. b = 1—4, a + b = 3—5) erhält man durch Rk. des entsprechenden Alkohols mit einem Metallhalogenid in Ggw. von NH_3 oder einem Amin oder durch Rk. der Oxysäure eines dieser Elemente mit dem entsprechenden Alkohol u. Rk. mit Br oder Cl bei —30 bis +25°. — Aus Triallylantimonit durch Rk. mit Br → *Diallyl-(2.3-dibrompropyl)-antimonit*, ähnlich: *Allyl-bis-(2.3-dibrompropyl)-antimonit, Pentaallylantimonit, Diallyl-tris-(2.3-dibrompropyl)-antimonat, Allyl-tetrakis-(2.3-dibrompropyl)-antimonat, Tetraallyltitanat, Allyl-tris-(2.3-dibrompropyl)-titanat, Triallylborat*, $Kp._{12}$ 75—77°, *Allyl-bis-(2.3-dibrompropyl)-borat, Tetraallylsilikat*, $Kp._{17}$ 119°, *Allyl-tris-(2.3-dibrompropyl)-silikat, Diallyl-bis-(2.3-dibrompropyl)-silikat.* Viskositätswerte sind angegeben. — *Flammhemmende Zusätze für Polyesterharze.* (**Brit.P. 1049023** vom 13/4. 1964, ausg. 23/11. 1966. U.S. Prior. 15/4. 1963.) — 6 S. R. Bollinger H 980

1891 Ch. R. Raver, L. M. Zalikina, L. Z. Soborovskij und A. B. Bruker, **Ti-Tetra-[1.1.2.2-tetrafluoräthylphosphin]** (I) entsteht unter Druck aus 1.1.2.2-Tetrafluoräthylphosphin (II) u. $TiCl_4$ bei 95—100°. — 13 (g) II u. 4,6 $TiCl_4$ werden 5 Std. im verschlossenen Reaktor auf 95° erwärmt, dabei bildet sich HCl-Gas: 6 festes, dunkelbraunes I, F. ≦ 200°, schlecht lösl. in Bzl. u. Ae., gut lösl. in A. u. CH_3OH. (**UdSSR.P. 181648** vom 17/4. 1965, ausg. 15/7. 1966.) — 2 S. F. Eßer H 980

1892 N. G. Morosov, G. I. Belik, K. A. Andrianov und S. A. Golubcov, **Herstellung von Methylchlorsilanen** (A) durch Rk. von CH_3Cl (I) mit Si/Cu-Kontaktmasse in Ggw. von Promotoren, bes. Na-Al-Chlorid (II); bei der Rk. entsteht ein bes. hoher Anteil an *Trichlormethylsilan* (II). — In einem Rohrreaktor aus Mo-Glas (⌀ 42—45 mm) werden 100 g Kontaktmasse (erhalten durch Tränken von 95% Si/Cu-Leg. mit 2% NaCl-Lsg., Trocknen u. Vermischen mit 3% Al-Pulver) im N_2-Strom auf 300° erwärmt, dann wird mit 0,1 l/Min. HCl-Gas im Gemisch mit 1,3 l/Min. N_2 3 Std. durchgeleitet. Danach wird mit 1,22 l/Min. I aufgegeben: 60—90 g A mit 9 bis 12% I. (**UdSSR.P. 181105** vom 24/2. 1965, ausg. 1/6. 1966.) — 2 S. F. Eßer H 980

1893 N. V. Egorov und A. S. Atavin, **Herstellung von ε-Silylalkinylalkoholen** durch Rk. von α-Alkylenoxiden mit γ-Trialkylsilylpropargylmagnesiumhalogeniden in THF. — Grignard-Reagenz (aus 14,6 [g] γ-Trimethylsilylpropargylchlorid [I], 2,24 Mg u. 100 THF) wird bei 0° langsam unter Rühren mit 8,7 Propylenoxid in THF versetzt. 1,5—2 Std. wird auf 40—50° erwärmt, bei 0° mit 10%ig. HCl versetzt, mit Ae. extrahiert u. der Extrakt aufgearbeitet: 12 *1.6-Trimethylsilylhexin-(5)-ol-(2)*, $Kp._3$ 83—85°; n_D^{20} 1,4545; $D._4^{20}$ 0,8664. — Analog aus I + Äthylenoxid *2.5-Trimethylsilylpentin-(4)-ol-(1)*, $Kp._4$ 90—92°; n_D^{20} 1,4589; $D._4^{20}$ 0,8723. (**UdSSR.P. 182147** vom 21/4. 1965, ausg. 15/7. 1966.) — 2 S. F. Eßer H 980

1894 N. V. Komarov und O. G. Jaroš, **Silylalkinylketone** entstehen durch Behandlung von Trialkyl- oder Triarylsilyläthinyl-MgBr mit Säureanhydriden in Ae. u. THF. — 9,8 (g) Trimethyläthinylsilan werden mit Grignard-Reagenz aus 2,4 Mg u. 11 Äthylbromid in 115 ml THF 30 Min. auf 50—60° erwärmt. 20,4 Acetanhydrid in 25 ml Ae. werden unter Kühlen u. Rühren mit dem Trimethylsilyl-MgBr versetzt. Bis zum Lösen des Nd. wird bei 0 ± 1° 5%ig. wss. HCl eingetropft. Die wss. Phase wird nach Abtrennen mit Ae. extrahiert. Die Extrakte u. die organ. Phase werden mit Na_2CO_3 behandelt u. aufgearbeitet: 7,4 *Trimethylsilyläthinylketon*, $Kp._4$ 31—32°; n_D^{20} 1,4414; $D._4^{20}$ 0,8515. *2.4-Dinitrophenylhydrazon*, F. 164,5°. — Analog *Dimethyläthylsilyläthinylmethylketon*, $Kp._{15}$ 70—71°; n_D^{20} 1,4488; $D._4^{20}$ 0,8558. *2.4-Dinitrophenylhydrazon*, F. 104—105°. (**UdSSR.P. 177885** vom 29/4. 1963, ausg. 23/2. 1966.) — 2 S. F. Eßer H 980

1895 G. I. Derkač und A. V. Narbut, **Herstellung von phosphoryliertem Dicyandiamid** (I) durch Erwärmen von I mit PCl_5 auf 60—70°. — 0,1 (g-Mol) I wird mit 0,2 PCl_5 u. 50 ml $POCl_3$ bei 400—600 Torr bis zum Ende der HCl-Entw. (40—70 Min.) auf 60—70° erwärmt. Nach Kühlen werden die Krist. aufgearbeitet: 95% *$C_2Cl_5N_4P$*, F. 125—128°. (**UdSSR.P. 181107** vom 7/8. 1963, ausg. 14/6. 1966.) — 2 S. F. Eßer H 980

1896 K. V. Nikonorov und É. A. Gurylev, **Halogenierte Hydroxyäthylphosphonsäuren** entstehen beim Kochen von H_3PO_2 in inerten Lsgm. mit wasserfreien α-Halogenaldehyden. — 6,6 (g) H_3PO_2 in 75 ml abs. Ae. werden unter Kochen u. Rühren mit 14,7 Chloral (I) versetzt u. 1 Std. gekocht: 17 *β.β.β-Trichlor-α-hydroxyäthylphosphonsäure*, F. 147—147,5° (Dioxan). — Analog aus I + H_3PO_2 in Bzl. *Bis-[β.β.β-trichlor-α-hydroxyäthyl]-phosphonsäure*, F. 183—184°. (**UdSSR.P. 182155** vom 13/4. 1965, ausg. 19/7. 1966.) — 2 S. F. Eßer H 980

1897 N. I. Rizpoloženskij und V. D. Akamsin, **Thiophosphonigsäurechloridester** erhält man durch Rk.

von Alkyl- oder Arylphosphonigsäuredichloriden mit Alkyl- oder Aryldithiophosphonigsäurediestern. – 6,8 (g) Äthyldichlorphosphin werden unter CO_2 mit 10,9 Äthyldithiophosphonigsäuredipropylester 1 Std. auf 100° erhitzt: 12,8 *Äthylthiophosphonigsäurepropylesterchlorid*, Kp.$_8$ 70–72°, n_D^{20} 1,5252, $D._4^{20}$ 1,0734. (**UdSSR.P. 181114** vom 3/5. 1965, ausg. 14/6. 1966.) – 2 S.
F. Eßer H 980

1898 V. P. Evdakov und E. K. Šlenkova, **Cyclische Phosphorigsäureester** entstehen durch Umsetzung von Phosphorigsäuretetraalkyldiamiden mit Acetanhydrid (I) u. Glykolen. – Man läßt zu 1 (Mol) Hexylphosphorigsäuretetraäthyldiamid unter Rühren bei ≦ 50° 1 I tropfen u. versetzt dann mit 1 Glykol. 10–12 Std. wird bei Raumtemp. stehen gelassen u. dann aufgearbeitet: 74% *cycl. Hexylphosphorigsäureglykolester*, Kp.$_1$ 52–53°; n_D^{20} 1,4500; $D._4^{20}$ 1,0445. (**UdSSR.P. 182157** vom 6/4. 1965, ausg. 15/7. 1966.) – 2 S. F. Eßer H 980

1899 Ja. A. Mandelbaum, N. N. Melnikov und A. L. Ickova, **Herstellung höherer Dialkylphosphite** durch Rk. von 1 (Mol) PCl_3 mit einer Mischung aus 1 CH_3OH u. 2 höheren Alkoholen bei 0°. – Phosphite: *Diäthyl-*, Kp.$_{33}$ 74–76°; n_D^{20} 1,4101; $D._4^{20}$ 1,1836. – *Dipropyl-*, Kp.$_{90-100}$ 143–145°; n_D^{20} 1,4180; $D._4^{20}$ 1,1234. – *Di-isobutyl-*, Kp.$_{20}$ 104–106°; n_D^{20} 1,4220; $D._4^{20}$ 1,0829. – *Di-n-butyl-*, Kp.$_{27}$ 126–130°; n_D^{20} 1,4240; $D._4^{20}$ 1,0798. – *Di-isopentyl-*, Kp.$_{15}$ 143–144°; n_D^{20} 1,4290; $D._4^{20}$ 1,0515. – *Di-n-pentyl-*, Kp.$_{40}$ 166 bis 168°; n_D^{20} 1,4310; $D._4^{20}$ 1,0436. – *Di-n-hexyl-*, Kp.$_{13}$ 163–164°; n_D^{20} 1,4350; $D._4^{20}$ 1,0338. – *Di-n-heptyl-*, Kp.$_{0,4}$ 126–128°; n_D^{20} 1,4400; $D._4^{20}$ 1,0160. – *Di-n-octyl-*, Kp.$_{0,4}$ 146–148°; n_D^{20} 1,4420; $D._4^{20}$ 1,0106. – *Di-n-nonyl-*, Kp.$_{0,4}$ 184–186°; n_D^{20} 1,4460; $D._4^{20}$ 0,926. – *Di-n-decyl-*, Kp.$_{0,5}$ 195–196°; n_D^{20} 1,4480; $D._4^{20}$ 0,914. (**UdSSR.P. 182151** vom 14/6. 1962, ausg. 15/7. 1966.) – 2 S. F. Eßer H 980

1900 Monsanto Chemical Co. (Erfinder: Carl Hubert Birum James Lawrence Schwendeman und Richard Marion Anderson), **Organische Phosphorverbindungen.** Man versetzt 2-Chlor-1.3.2-dioxaphospholan (I) unter Eiskühlung bei 10–20° mit Br_2, bis die braune Farbe nicht mehr verschwindet, dest. einen Teil ab → *2-Bromäthylbromchlorphosphat*, $BrCH_2CH_2$–O–P(=O)(Br)–Cl, Kp.$_{0,2}$ 80–81°; n_D^{25} 1,5225; während der Rest bei 50° unter Zusatz von $TiCl_4$ als Katalysator mit Äthylenoxid behandelt wird → *Bis-[2-bromäthyl]-2-chloräthylphosphat*, $C_6H_{12}Br_2ClO_4P$, Kp.$_{0,1}$ 180–182°. – Analog: *3-Brom-2.2-dimethylpropylbromchlorphosphat*, Kp.$_{0,05}$ 92–94°. – *3-Brom-2.2-dimethylpropyl-2-chlorpropyl-2-brompropylphosphat*, $C_{11}H_{22}Br_2ClO_4P$, aus 5.5-Dimethyl-I u. Propylenoxid. – Weitere Beispiele ohne Angabe der physikal. Kennzahlen. – *Mittel* zum *Flammfestmachen* von *plast. Massen.* (**Aust.P. 267632** vom 22/9. 1961, ausg. 16/6. 1966. U.S. Prior. 26/1. 1960.) – 53 S.
C. Lüttgen H 980

1901 I. E. Mojsak, G. P. Šarnin und B. I. Buzykin, **5-Chlor-2.4.6-trinitro-m-xylol** (I) entsteht durch Rk. von 2.4.6-Trinitro-symm.-xylenol (II) mit $POCl_3$ in Ggw. von Py. bei 120–125°. – 16,6 (g) $POCl_3$ werden unter Rühren u. Kühlen mit 2,3 Py. u. 4 II versetzt u. 1 Std. auf 120–125° erwärmt. Nach Kühlen auf 30–35° wird auf W. gegossen, mit W. u. A. gewaschen u. bei 80–100° getrocknet: 1,5–1,6 I, F. 217–218° (A.). (**UdSSR.P. 182125** vom 24/5. 1965, ausg. 19/7. 1966.) – 2 S.
F. Eßer H 1010

1902 Ju. I. Temčin, **Herstellung von Benzylbromid** (I) durch Rk. von Benzylalkohol (II) mit HBr unter gleichzeitigem Abdest. von I. – 380 (g) HBr (D. 1,48) u. 150 II werden gekocht, dabei dest. bei Normaldruck I ab. Nach Abtrennung von der HBr-Schicht u. Neutralwaschen erhält man 216 I, D. 1,431. (**UdSSR.P. 177866** vom 17/1. 1964, ausg. 22/2. 1966.) – 2 S.
F. Eßer H 1010

1903 V. I. Burmistrov, L. M. Kozlov und L. E. Rjabova, **β-Phenoxynitroalkane** entstehen durch Rk. von Nitroalkylacetaten mit Na-Phenolat (I) bei 60–70°. – 17,7 (g) 1-Nitropropyl-(2)-acetat (II) wird unter Rühren portionsweise mit 9,3 I versetzt u. auf 60° gehalten. Dann wird 3 Std. bei 70° nachgerührt u. danach mit viel W. bei 45° gewaschen u. mit konz. HCl angesäuert. Der unlösliche Teil wird fraktioniert: 2,5 *Nitropropylen*, Kp.$_{20}$ 35° als Azeotrop mit W., 5 II, Kp.$_3$ 65–70°, u. 7,2 *β-Phenoxy-α-nitropropan*, Kp.$_3$ 100–102°; n_D^{20} 1,5130; $D._4^{20}$ 1,1399. – Analog aus 1-Nitro-2-methylpropyl-(2)-acetat u. II *β-Phenoxy-β-methyl-α-nitropropan*, Kp.$_2$ 84–85°, n_D^{20} 1,5190, $D._4^{20}$ 1,1330, u. *1-Nitro-2-methylpropylen*, Kp.$_{11}$ 46°, n_D^{20} 1,4728. (**UdSSR. P. 181078** vom 27/2. 1964, ausg. 6/6. 1966.) – 2 S.
F. Eßer H 1060

1904 Monsanto Co. (Erfinder: William Standish Knowles und Alfred Eric Lippmann), **Herstellung von o- und p-Nitrophenetolen** erfolgt durch Rk. von Nitrochlorbenzol (I) mit NaOH u. A., dadurch, daß man die Rk. nur bis zu einem 60–90, bes. 85%ig. Umsatz durchführt, das Rk.-Gemisch vom gebildeten NaCl u. A. befreit u. das Verbleibende bei 180–200° im Vakuum, bes. 20–60 mm Hg, dest., wodurch das überschüssige I mit einem kleinen Anteil Nitrophenetol (II) abdest., das erneut zur Rk. verwendet wird. Das gebildete II bleibt als Bodenprod. zurück. (**Aust.P. 267588** vom 16/11. 1961, ausg. 16/6. 1966.) – 9 S. C. Lüttgen H 1060

1905 Remington Arms Co., Inc., übert. von: Joseph F. Kenney, Bridgeport, Conn., USA, **Basische Bleipikrat-Doppelsalze** erhält man durch Rk. von Pikrinsäure mit einem löslichen Pb-Salz in Ggw. von NaOH in Wasser. – Durch Rk. von Pikrinsäure, NaOH u. Pb-Acetat in W. bei 50–55° erhält man $Pb(C_6H_2N_3O_7)_2 \cdot Pb(OH)_2 \cdot Pb(C_2H_3O_2)_2$; ähnlich erhält man die 1-, 2- u. 3bas. Pb-Pikrat-Pb-Salze mit Pb-Fumarat, Pb-Propionat, Pb-Lactat, Pb-Acrylat u. Pb-Methacrylat. – Diagramme. – *Explosivstoffe.* (**U.S.P. 3262956** vom 28/1. 1964, ausg. 26/7. 1966.) – 11 S.
R. Bollinger H 1060

1906 C. P. Hall Co. of Illinois, übert. von: Vincent P. Kuceski, Chicago, Ill., USA, **Herstellung von Amiden aus Dimethylamin oder Piperazin.** Man setzt die Amine bei 20–60° in Ggw. eines Na- oder K-C_{1-4}-Alkoxids mit säurefreien Carbonsäureestern in Abwesenheit von W. um. – Man erhitzt 428 (Teile) techn. Methylcapronat 2 Std. bei 200 Torr auf 120°, wobei 21 Ester zusammen mit flüchtigen Verunreinigungen abdestillieren. Nach Abkühlen auf 35° setzt man 4,28 Na-Methoxid in 15 abs. CH_3OH zu u. leitet in 2 Std. 141 $(CH_3)_2NH$ ein, wobei die Temp. von 35 auf 43° steigt. Nach 8 Std. → 97% *N.N-Dimethylcapronamid*, Kp.$_{25}$ 123°. – Analog nachst. Amide (Ausb. in % der Theorie): *N.N-Dimethylcapryl-*, Kp.$_{60}$ 119–121°, (95). – *N.N-Dimethylmyristin-*, F. 29°, (93). – *N.N-Dimethylölsäure-*, F. –8°, Kp.$_1$ 190–200°. – *N.N-Dimethylbenz-*, F. 42,5–43°, (71). – *N.N.N'.N'-Tetramethylisophthal-*, F. 120–129°, (ca. 100). – *N.N. N'.N'-Tetramethylsuccin-*, F. 83–86°, (90). – *N.N.N'.N'-Tetramethylglutar-*, F. 50°, Kp.$_{0,3}$ 117–133°. – *N.N.N'. N'-Tetramethyladip-*, F. 81–84°. – *N.N.N'.N'-Tetramethylsebac-*, F. 89°. – *N.N.N'.N'-Tetramethylmalon-*, Kp.$_8$ 157–159°. – *N.N.N'.N'-Tetramethyloxal-*, F. 79,5–84°. – *N.N.N'.N'-Tetramethylazelain-*, F. 40 bis 41°. – *N.N.N'.N'-Tetramethyl-o-phthal-*, Kp.$_1$ 146°. – *N.N-Dimethylaleurit-*, F. 64–66°. – *N.N-Dimethyllaevulin-*, Kp.$_{10}$ 90–95°. – Ferner: *N.N-Dimethylglutaramidmethylester*, Kp.$_{0,3}$ 103–117°. – *N.N-Dimethyladipamidmethylester*, F. 8,2°. – *N.N-Dimethylisophthalamidmethylester*, F. 124–129°. – *N.N-Dimethylamide* der *Sojabohnen-*, *Tall-* u. *Erdnußölfettsäuren*. – *Piperazid der Sojabohnenölfettsäure*. – *Lsgm.*, *Weichmacher* für *Kunststoffe* u. *Salbengrundlagen*. (**U.S.P. 3288794** vom 9/9. 1963, ausg. 29/11. 1966.) – 9 S.
O. Schön H 1200

1907 Socony Mobil Oil Co., Inc., USA (Erfinder: Sheldon Chibnik), **Herstellung von Benzolcarbonsäuren**, bes. *Terephthalsäure* (I), durch Ox. von entsprechenden Methylbenzolen mit O_2 bei 7–70 kg/cm² in einem Gemisch aus 25–70 (Vol.-%) Bzl. u. 75–30 einer niederen Fettsäure mit 2–4 C-Atomen als Lsgm. u. in Ggw. eines Methylketons als Aktivierungsmittel u. eines lösl. Co-Salzes als Katalysator; ggf. wird die Ox. nach Absorption der Hälfte des theoret. benötigten O_2 unterbrochen u. nach Zugabe eines Fettsäureanhydrids, bes. Essigsäureanhydrid, vervollständigt. – I wird z. B. durch Rk. von p-Xylol in Ggw. von Co(II)-Acetat bei ca. 130° u. 17,5 kg/cm² in 72,4%ig. Ausb. erhalten. — Weitere Beispiele. (**F.P. 1430809** vom 26/4. 1965, ausg. 23/5. 1966. U.S. Prior. 5/5. 1964.) — 3 S. G. Colsmann H 1220

1908 Soc. Rhodiaceta, Rhône, Frankreich (Erfinder: Maurice Léger), **Herstellung von Terephthalsäure-bis-β-hydroxyäthylester** (I) u. seinen Oligomeren durch Umesterung von Terephthalsäuremethylester mit Äthylenglykol in einer Vielzahl von vertikalen Rohrreaktoren in fl. Phase, dad. gek., daß das Rk.-Gemisch im Reaktor von unten nach oben geführt u. der gebildete Methylalkohol durch fraktionierte Dest. abgetrennt wird. — Durch Rk. bei 170° wird z. B. I in 48—32%ig. Ausb. neben 49—65% I-*Oligomeren* erhalten. — Fließschema. (**F.P. 1423984** vom 20/10. 1964, ausg. 25/3. 1966.) — 6 S. G. Colsmann H 1220

1909 A. A. Kruglikov und É. S. Burašnikova, **Herstellung von Dibutylphthalat** (I) durch Veresterung von Phthalsäureanhydrid (II) mit Butanol (III) in Ggw. von $NaHSO_4$. — Eine Mischung aus 100 (Gew.-Teilen) II, 110 III u. 1 $NaHSO_4$ wird langsam auf 150° erhitzt, dabei dest. überschüssiges III mit W. ab. Das W. wird in einer Florentinerflasche (A) abgetrennt u. III in den Prozeß zurückgeleitet. Bei SZ. = 20 mg KOH/g wird **A** entfernt u. frisches III bis zum Erreichen von SZ = 1,5 mg KOH/g zugesetzt. III wird abdest., der Katalysator abfiltriert u. das Rohprod. mit 0,5 20%ig. Sodalsg. bei 70—80° behandelt: 158 I, $D._4^{20}$ 1,045; SZ. ≦ 0,20 mg KOH/g; VZ. 398 mg KOH/g; ≦ 0,3% flüchtige Stoffe. (**UdSSR.P. 177875** vom 12/9. 1962, ausg. 22/2. 1966.) — 2 S. F. Eßer H 1220

1910 Wellcome Foundation Ltd., Großbritannien, **Herstellung von Benzylguanidinen,** dad. gek., daß man einen entsprechenden O-Alkylisoharnstoff mit NH_3 oder einem Amin bzw. deren Salzen umsetzt. — N-Benzyl-N′-methylharnstoff wird mit Dimethylsulfat zu N-Benzyl-N′.O-dimethylisoharnstoffhydrojodid, F. 98° (Zers.), umgesetzt. 1 g davon wird mit 2 cm³ 33%ig. alkohol. Lsg. von Methylamin 24 Std. stehen gelassen. Nach Eindampfen erhält man *N-Benzyl-N′.N″-dimethylguanidinhydrojodid*, F. 195—197°. *Sulfat*, F. 277—280°. — *N-[2-Chlorbenzyl]-N′.N″-dimethylguanidinsulfat*, F. 279 bis 282°, aus N-[2-Chlorbenzyl]-N′.O-dimethyl-, F. 118 bis 123° (Zers.), oder -O-äthyl-N′-methylisoharnstoffsulfat, F. 132—133° (Zers.). (**F.P. 87378** vom 4/1. 1965, ausg. 3/11. 1966. Brit. Prior. 4/1. u. 5/8. 1964. **Zusatz zu F.P. 1302943; C. 1967, 18-1770.**) — 5 S. S. Böttcher H 1280

1911 Farbenfabriken Bayer Akt.-Ges., Leverkusen, übert. von: Gunter Oertel und Hans Holtschmidt, Köln, **Dimerisation aromatischer Isocyanate,** die ≧ 1 NCO-Gruppe am aromat. Ring tragen, der nur 1 H-Atom am o-C-Atom hat, erfolgt durch Behandeln mit 0,01—10% einer Verb. der allg. Formel $[R]_m$–$[X]_n$–$[R'–N(R'')–COO]_q$–P bei —20 bis +150° (R = Alkyl, Alkenyl, Cycloalkyl, Aralkyl, Aryl, O-Alkyl, O-Alkenyl, O-Cycloalkyl, O-Aralkyl, O-Aryl, S-Alkyl, S-Alkenyl, S-Cycloalkyl, S-Aralkyl oder S-Aryl; R′ u. R″ = Alkyl, Alkenyl, Cycloalkyl; m u. q = 0—2; n = 0—3; m + n + q = 3; X = R′–N(R″)–, Pyridyl, Morpholyl). — 10 (Teile) m-Chlorphenylisocyanat (I) in 30 PAe. werden mit 0,1 Phosphorsäuretris-(dimethylamid) versetzt u. die ausgeschiedenen Krist. des *dimerisierten* **I**, F. 165—166°, Ausb. 99%, abgesaugt. — Analog *dimerisierte Isocyanate*: *Phenyl-*, F. 175°. — *p-Chlorphenyl-*, F. 174°. — *3.4-Dichlorphenyl-*, F. 165°. — *p-Tolyl-*, F. 178°. — *Toluylen-2.4-diisocyanat*, F. 154°. — *Diphenylmethan-4.4′-diisocyanat*, F. 250—251°. — Verw. zur Herst. von *Schaumstoffen*. (**U.S.P. 3290288** vom 5/12. 1963, ausg. 6/12. 1966. D. Prior. 19/12. 1962.) — 6 S. C. Lüttgen H 1290

1912 S. A. Golubcov und M. P. Masterova, **Herstellung von Methylphenyldichlorsilan** (I) durch Phenylierung von Methyldichlorsilan (II) mit Bzl. in Ggw. von Phenylierungskatalysatoren unter Zusatz von Methyltrichlorsilan (III) u. H_2PtCl_4 (IV). — In einem Autoklaven werden 21,2 (g) II, 87,6 III, 131 Bzl., 0,24 Borsäure u. 0,47 ml 0,5%ig. IV-Lsg. in Isopropanol unter 17 atm H_2-Druck 5 Std. auf 270° erwärmt: 234 Rk.-Prod., aus dem nach Rektifikation 17 **I**, Kp. 180—200°, erhalten werden. (**UdSSR.P. 182148** vom 23/2. 1963, ausg. 15/7. 1966.) — 2 S. F. Eßer H 1380

1913 Alfons Rybar, Jan Holcik, Jan Masek, Bratislava, und Frantisek Strnad, Kralupy n/Vlt., ČSSR, **Tris-[trialkylphenyl]-phosphite** der allg. Formel $(R^1R^2R^3C_6H_2O)_3P$ (R^1, R^2, R^3 = α-Phenyläthyl) erhält man durch Rk. des entsprechenden Alkohols mit PCl_3. — Aus Tris-[α-phenyläthyl]-phenol → *Tris-[tri-(α-phenyläthyl)-phenyl]-phosphit*. — *Antioxydantien* u. *Stabilisatoren für synthet. Kautschuk*. (**Brit.P. 1050994** vom 3/6. 1964, ausg. 14/12. 1966.) — 3 S. R. Bollinger H 1380

1914 Eastman Kodak Co., Rochester, N.Y., übert. von: Edward U. Elam, Kingsport, Tenn., USA, **Phosphorsäureester** der allg. Formel $(RO)_{3-n}P–[O–C[=C(R_4)\cdot(R_3)]–C(R_2)(R_1)–COOR]_n$ (R = C_1—C_8-Alkyl, Phenyl; R_1, R_2, R_3, R_4 = C_1—C_8-Alkyl; oder jeweils R_1 u. R_2 bzw. R_3 u. R_4 gemeinsam mit dem C-Atom, an das sie gebunden sind = ein gesätt. carbocycl. Ring mit 5—6 C-Atomen; n = 1—3) erhält man durch Erhitzen eines Cyclobutandions der allg. Formel $R_3–C(R_4)–CO–C(R_2)\cdot(R_1)–CO$ mit einem Phosphit der allg. Formel $(RO)_3P$ auf 25—250, bes. 150—225° in Ggw. von Alkali. — Eine Mischung aus 1 (Mol) Tetramethyl-1.3-cyclobutandion, 1 Triäthylphosphit u. 5 g Triäthylendiamin wird über Nacht erhitzt, wobei die Temp. von 160° auf 190° steigt → *Äthyl-3-[diäthoxyphosphinooxy]-2.2.4-trimethyl-3-pentenoat*; R = C_2H_5-, R_1, R_2, R_3, R_4 = CH_3-, n = 1; $Kp._{0,6}$ 104—105°; n_D^{20} 1,4541—1,4552; als Nebenprodukt die Verb. R = C_2H_5- R_1, R_2, R_3, R_4 = CH_3-, n = 2, $Kp._{1,3}$ 125°, n_D^{20} 1,4520. — Ferner: *Butyl-3-[dibutoxyphosphinooxy]-2.2.4-trimethyl-3-pentenoat*, $Kp._{1,8}$ 165—171°; n_D^{20} 1,4575. — *Methyl-3-[dimethoxyphosphinooxy]-2-butyl-2.4-diäthyl-3-octenoat*, $Kp._{1,8}$ 165—175°. — *Phenyl-3-[diphenoxyphosphinooxy]-2.2.4-trimethyl-3-pentenoat*, viskoses Öl. — *Methyl-3-[dimethoxyphosphinooxy]-2.2.4-trimethyl-3-pentenoat*. — *Octyl-3-[dioctoxyphosphinooxy]-2.2.4-trimethyl-3-pentenoat*. (**U.S.P. 3288891** vom 29/10. 1963, ausg. 29/11. 1966.) — 2 S. H.-W. Ebersbach H 1380

1915 Ju. P. S'obolev und M. A. Rudenko, **2.5-Dimethylphenylvinylessigsäure** (I) erhält man durch Rk. von Malonsäure (II) u. Aldehydderiv., bes. 2.5-Dimethylphenylacetaldehydacetal (III) in Ggw. von Essigsäure (IV). — 222 (g) III, 130 II, 120 ml IV u. 30 ml Py. werden unter Rühren 3 Std. auf 70—80° u. dann 2—6 Std. auf 94—95° erwärmt. Nach Kühlen wird in 300 ml 5%ig. HCl gegossen u. mit Ae. extrahiert. Der Extrakt wird mit K_2CO_3-Lsg. behandelt, die K_2CO_3-Phase wird angesäuert u. aufgearbeitet: 135 I, F. 74—76° (wss. A.). Aus der Ae.-Phase erhält man nach Einengen 21 I-Äthylester, $Kp._1$ 123—125°; n_D^{20} 1,5220. (**UdSSR.P. 181082** vom 15/5. 1965, ausg. 6/6. 1966.) — 2 S. F. Eßer H 1610

1916 B. V. Erofeev und N. P. Emeljanov, **Herstellung von Cyclohexadien-(1.3)** (I), das frei von Cyclohexadien-(1.4) ist, durch kontinuierliche Dehydratisierung von Cyclohexen-(1)-ol-(3) (II) in der Dampfphase an γ-Al_2O_3 bei 270—300° mit einer Vol.-Geschw. von 180—220 h^{-1}. — 3,6 (g) frischbereitetes u. bei 360° aktiviertes γ-Al_2O_3 (Korngröße 3—5 mm) wird in einem Rohrreaktor mit einer Schicht von 8 cm Bimsstein überschichtet. Durch das Syst. werden bei 270° N_2, dann mit 0,22 l/Min. 9,8 II eingeleitet: Nach Trennen der KW-Stoff-Phase vom W. u. Aufarbeitung 6,83 I, Kp. 80,5°; n_D^{20} 1,4746. (**UdSSR.P. 177878** vom 8/10. 1959, ausg. 22/2. 1966.) — 2 S. F. Eßer H 1810

1917 Union Carbide Corp., N.Y., übert. von: Thomas K. Brotherton, John W. Lynn, Charleston, und Robert J. Knopf, St. Albans, W.Va., USA, **Ester–Isocyanatverbindungen** der allg. Formel $B[C(R^2)\cdot(R^1)_nC(=O)OR(NCO)_m]_2$ (B = zweiwertiger organ. Rest, R = Alkylen, Arylen, Cycloalkylen, R^1 = Alkylen, R^2 = H, Alkyl, n = 0 oder 1, m = 1, 2 oder 3) erhält man durch Diels-Alder-Rk. von olefin. ungesätt. Esterisocyanaten mit einem Dien bei 50—250°. — Aus $COCl_2$ mit

Bis-(2-aminoäthyl)-fumarat-dihydrochlorid in o-Dichlorbenzol bei 140—160° → *Bis-(2-isocyanatoäthyl)-fumarat*, $C_{10}H_{10}N_2O_6$, $Kp._{0,05}$ 147°, daraus mit Cyclopentadien in Toluol bei 170° → *Bis-(2-isocyanatoäthyl)-5-norbornen-2.3-dicarboxylat*, $C_{15}H_{16}O_6N_2$, $Kp._{0,08-0,15}$ 146—151°, daraus mit Anilin *Bis-(phenylharnstoff)-deriv.*, $C_{27}H_{30}O_6N_4$, F. 169,5—170°; ähnlich: *4-Cyclohexen-1.2-(2-isocyanatoäthyl)-ester*, $C_{14}H_{16}O_6N_2$, $Kp._{0,12}$ 146—151°, *Bis-(n-butylamin)-deriv.*, $C_{29}H_{38}O_6N_4$, F. 99—101°, *trans-9.10-Dihydroanthracen-9.10-endo-α.β-bernsteinsäure-bis-(2-isocyanatoäthyl)-ester*, $C_{24}H_{29}O_6N_2$, F. 101,5—103°, *Bis-(n-butylamin)-deriv.*, $C_{32}H_{42}O_6N_4$, F. 161—162°, *4-Methylcyclohexen-(4)-1.2-bis-(2-isocyanatoäthyl)-ester*, $C_{15}H_{18}O_6 \cdot N_2$, $Kp._{0,08}$ 150—151°, *(n-Butylamin)-deriv.*, $C_{23}H_{40}O_6N_4$, F. 101—103°, *4.5-Dimethylcyclohexen-(4)-1.2-bis-(2-isocyanatoäthyl)-ester*, $C_{16}H_{20}O_6N_2$, $Kp._{0,07}$ 161°, *(n-Butylamin)-deriv.*, $C_{24}H_{42}O_6N_4$, F. 132°. Rk. mit trocknenden Ölen zu *Harzen*. (**U.S.P. 3275679** vom 25/1. 1963, ausg. 27/9. 1966.) — 8 S. R. Bollinger H 2090

1918 Z. N. Verchovskaja, M. Ja. Klimenko, L. B. Vystavkina und M. I. Fečin, **Diphenylolpropan** (I) erhält man durch Kondens. von Aceton u. Phenol in Ggw. eines stark sauren Kationenaustauschers, wobei unter Zusatz von 0,01—6% S-Verb. gearbeitet wird. — 50 (g) entwässerter Austauscher KU-2, 200 Phenol/Aceton (Molverhältnis 5:1) u. 4 Äthylmercaptan (**II**) werden 2 Std. auf 75° erwärmt, im Vakuum wird eingedampft u. aus Chlorbenzol krist.: 63,3% **I**; ohne **II** Ausb. 40%. (**UdSSR.P. 178825** vom 28/11. 1962, ausg. 21/3. 1966.) — 2 S. U. Jahnke H 2260

1919 FMC Corp., San Jose, Calif., übert. von: Harold T. Smallwood, Media, Pa., und Sager Tryon, Claymont, Del., USA, **Nickel- und Kobalt-Komplexe des 2.2'-Dihydroxy-4-alkoxybenzophenons** erhält man durch Rk. des entsprechenden Benzophenons mit Alkalialkylat, wobei das Alkalisalz entsteht, u. Rk. mit Ni- oder Co-Salz in organ. Lösungsmittel. — 2.2'-Dihydroxy-4-n-octoxybenzophenon mit $NaOCH_3$ in A., Abdest. des A. → das Na-Salz, daraus mit $NiCl_2$ in A. → Ni-Komplex, gelbe Kristalle. — *UV-Stabilisatoren für Polypropylen*. (**U.S.P. 3264335** vom 17/11. 1961, ausg. 2/8. 1966.) — 3 S. R. Bollinger H 2380

1920 V. B. Falkovskij, R. A. Nurmuchamedova und S. V. Lvov, **Benzophenondicarbonsäure** (I) entsteht durch kontinuierliche Ox. von Ditolylmethan (**II**) mit O_2 in Essigsäure (**III**) in Ggw. von Initiatoren, bes. Methyläthylketon (**IV**) oder Diäthylketon, u. Katalysatoren, bes. Co-Acetat (**V**) mit NH_4Br-Zusatz, bei Normaldruck u. 90—100° in einer Stufe. — In einer Quarzkolonne (⌀ 40 mm; Höhe 500 mm) werden 10 (g) **II**, 2 **V** · $4H_2O$, 1,2 NH_4Br, 3 **IV**, 2 dest. W. u. 181,3 **III** 3—5 Std. auf 95° erwärmt u. 15 Normliter/Std. O_2 durchgeleitet: 30% **I**, F. 360°; SZ. 390. (**UdSSR.P. 177876** vom 10/6. 1963, ausg. 22/2. 1966.) — 2 S. F. Eßer H 2470

1921 E. P. Nesynov und P. S. Pelkis, **1-Naphthoyl-5-aryl-3-[o-aryl]-carbohydrazide** erhält man durch Rk. von 3-Naphthoylcarbazinsäure-p-nitrophenylester (**I**) mit Arylhydrazinen, die am Alkylkern keinen elektronenacceptierenden Substituenten tragen. — 0,18 g **I** u. 0,5 ml Phenylhydrazin werden bei 150° 1,5 Std. gemischt. Nach Kühlen wird aufgearbeitet: 0,042 g *1-[Naphthoyl-(1)]-5-phenyl-3-[o-(4-nitrophenyl)]-carbohydrazid*, F. 157—157,5°; lösl. in A., Ae. u. Dioxan, schwer lösl. in Bzl., unlösl. in Wasser. (**UdSSR.P. 179777** vom 9/6. 1962, ausg. 14/4. 1966.) — 2 S. F. Eßer H 2700

1922 Jean Louis Émile Pomot und Soc. des Engrais et Produits Chimiques, Seine, Frankreich, **Herstellung des Bisulfitderivates von 2-Methyl-1.4-naphthochinon** (I) durch Rk. von **I** mit 100—125% SO_2 in der 1—10fachen Menge eines Alkohols, bes. eines prim. oder sek. aliphat. Alkanols mit 3—5 C-Atomen, wie Isopropanol, bei pH 1,5—5 unter Zusatz einer wss. Lsg. von 1 Mol NaOH in 3—12 Mol W. u. Kontrolle des pH-Wertes. — Beispiel. (**F.P. 1430903** vom 27/10. 1964, ausg. 25/5. 1966.) — 3 S. G. Colsmann H 2700

1923 N. S. Dokunichin, N. D. Genkin und L. M. Egorova, **1.5-Dichloranthrachinon** (I) entsteht durch Erwärmen von 1.5-Dinitroanthrachinon (**II**) mit Chlorgas auf > 270° in fester Phase; ggf. kann **II** mit Mineralsalzen, bes. NaCl, gemischt werden. — **37,9** (g) **II** wird 5 Std. bei 270—290° mit Cl_2 behandelt; nach 2,5 Std. ist die Masse durchgeschmolzen. Nach Kühlen wird die Schmelze verrieben, mit heißem W. gekocht, filtriert u. getrocknet: **31,9 I**, F. 244,7—246° (Chlorbenzol). (**UdSSR. P. 178390** vom 31/5. 1963, ausg. 28/2. 1966.) — 2 S. F. Eßer H 2800

1924 Friedrich Nerdel, Berlin, und Joachim Buddrus, Holzheim, **Carben-Additions-Verbindungen.** Zu D.A.S. 1198355; C. **1966,** 18-2333 ist nachzutragen: Aus CHF_2Cl erhält man durch Rk. mit Äthylenoxid u. Butadien in Ggw. von Tetraäthylammoniumtosylat im Autoklav bei 180° *2-Vinyl-1.1-difluorcyclopropan*, Kp. 49—51°; ähnlich: *Bicyclo-[0.1.4]-2.2-difluorheptan*, Kp. 123—124°; *2.2.2'.2'-Tetrachlordicyclopropyl*, $Kp._5$ 66 bis 70°, F. 74—75°; *trans-β-Chloracroleinäthyl-[β-chloräthyl]-acetal*, $Kp._{13}$ 95°, u. *2.3-6.7-Dibenzo-4-chlor-1-[β-chloräthoxy]-cycloheptatrien*, $C_{17}H_{14}Cl_2O$. (**Brit.P. 1052047** vom 7/1. 1964, ausg. 21/12. 1966. D. Prior. 7/1., 7/1. u. 7/1. 1963.) — 8 S. R. Bollinger H 2950

1925 Eastman Kodak Co., Rochester, N.Y., übert. von: John R. Caldwell und Edward H. Hill, Kingsport, Tenn., USA, **7.7-Dialkylbicyclo-(3.2.0)-heptyl-6-ester von α.β-ungesättigten Dicarbonsäuren** erhält man durch Veresterung von gesätt. Carbinolen, die man aus 7.7-Dialkylbicyclo-(3.2.0)-heptanon-(6) durch Hydrierung erhält, mit Malein-, Fumar- oder Itaconsäure in aromat. KW-Stoffen, wie Toluol, Xylol oder Cumol in Ggw. von $Ti[O \cdot CH(CH_3)_2]_4$ (**I**) oder $(C_4H_9)_2SnO$ als Katalysator. — Cyclopentadien gibt mit Dimethylketen *7.7-Dimethylbicyclo-(3.2.0)-hepten-(3)-on-(6)*; daraus erhält man durch Hydrierung *7.7-Dimethylbicyclo-(3.2.0)-heptan-6-ol*; durch Rk. mit Fumarsäure in Toluol in Ggw. von **I** wird daraus das *Fumarat*, $C_{22}H_{32}O_4$, $Kp._{128\mu}$ 97—99° gewonnen. — Die Herst. ähnlicher Ester ohne Angabe von Kennzahlen ist beschrieben. — Zwischenprod. für *Polymere* u. *Mischpolymere*. (**U.S.P. 3247169** vom 7/11. 1963, ausg. 19/4. 1966.) — 4 S. R. Bollinger H 2950

1926 Hooker Chemical Corp., Niagara Falls, N.Y., USA, übert. von: Michael Worsley, Clyde, Alberta, Canada, und Raymond R. Hindersinn, Lewiston, N.Y., USA, **Ätheralkohole enthaltende Ester von Polyhalogenbicycloheptendicarbonsäuren** gewinnt man durch Rk. des Addukts aus Hexahalogencyclopentadien u. einer ungesätt. Dicarbonsäure mit ≦ 4 Mol eines 1.2-Epoxids. Beispiel: Rk. von 1.4.5.6.7.7-Hexachlorbicyclo-(2.2.1)-5-hepten-2.3-dicarbonsäure mit Propylenoxid. Die Verb. können zur Herst. von schwer entflammbaren *Polyurethanschaumstoffen* verwendet werden. (**U.S.P. 3278580** vom 15/8. 1963, ausg. 11/10. 1966.) — 5 S. R. Bollinger H 2950

1927 Soc. des Usines Chimiques Rhône-Poulenc, Seine, Frankreich (Erfinder: René Achard), **Herstellung von Adamantan,** F. 270°, aus Endotetrahydrodicyclopentadien durch Versetzen mit $AlCl_3$ unter Temp.-Anstieg auf 82° u. 1std. Zugabe von W. bei 80—88°; Ausb. **43,2%**. (**F.P. 1431816** vom 2/2. 1965, ausg. 1/6. 1966.) — 2 S. G. Colsmann H 2950

1928 Monsanto Co., Del., übert. von: Stanley L. Reid, St. Louis, Mo., USA, **Olefinoxide** erhält man bei Ox. von olefin. ungesätt. Verb., wie der Äthylen- u. Cycloolefin-Reihe, eingeschlossen die makromol. olefin. Bindungen enthaltenden Verb., wie Kautschuk, bes. von 2—18 C, bei 50—400° u. 0,5—150 at, mit O_2 oder solches enthaltenden Mischungen in fl. Medium, bestehend aus fl., halogenhaltigen Benzolverb. der Formel $C_6H_{6-n}(X)_n$, wobei X = Cl, Br, F u. J, u. n = 1—3, oder deren Mischungen. Man kann Ox.-Katalysatoren (Pt, Se), Initiatoren, Acceleratoren, Promotoren beimischen. — 120 g C_3H_6, 290 g 1.2.4-Trifluorbenzol, 0,3 g $(CH_3COO)_2 \cdot Hg$ u. 3 ml CH_3CHO ergeben im geschlossenem Gefäß mit O_2 behandelt, neben O-haltigen organ. Verb. bes. Propylenoxid. Analog, jedoch ohne Katalysator, wird die Herst. von Äthylen-, Butadien-, Styroloxid, 2-Methyl-2.3-epoxybutan beschrieben. (**U.S.P. 3238229** vom 24/9. 1962, ausg. 1/3. 1966.) — 5 S. G. König H 3030

1929 Eastman Kodak Co., Rochester, N.Y., übert. von: Wayne V. McConnell und William H. Moore, Kingsport, Tenn., USA, **Epoxydierte 4-Methylencyclohexanmethylester** der allg. Formel $R(COOA)_n$ (R = Phenylen, Cyclohexylen, Alkylen, n = 2–4, A = Epoxid des 4-Methylencyclohexanmethylrestes) erhält man durch Rk. von 4-Methylencyclohexanmethanol mit einer mehrbas. Säure in Ggw. eines Ti-Alkoholats, bes. Ti-Butylat u. Rk. mit Peressigsäure. – Aus 4-Methylencyclohexanmethanol mit Phthalsäureanhydrid in Ggw. von Ti-Butylat in Xylol → *4-Methylencyclohexanmethylphthalat.* Aus 4-Methylencyclohexanmethylterephthalat mit Peressigsäure in $CHCl_3$ → *Bis-[1-oxaspiro-(2.5)-octyl-(6)-methyl]-terephthalat.* Die Verb. können zu *Harzen* ausgehärtet werden. (**U.S.P. 3288814** vom 7/11. 1962, ausg. 29/11. 1966.) – 4 S. R. Bollinger H 3030

1930 Union Carbide Corp., New York, N.Y., übert. von: Ralph F. Sellers, Middlebush, N.J., USA, **Tetraglycidyläther von Tris-[hydroxybenzyl]-phenol** erhält man durch Rk. von Tris-(hydroxybenzyl)-phenol mit einem Epihalogenhydrin im alkal. Medium. Tris-[hydroxybenzyl]-phenol erhält man aus Trimethylolphenol mit Phenol. Die erhaltene Epoxy-Verb. kann mit Polyaminen zu *Harzen* ausgehärtet werden. (**U.S.P. 3285988** vom 10/10. 1961, ausg. 15/11. 1966.) – 5 S. R. Bollinger H 3030

1931 Farbwerke Hoechst Akt.-Ges. vormals Meister Lucius & Brüning, Frankfurt/M., übert. von: Hans Biener, Kelkheim/Taunus, und Konrad Albrecht, Frankfurt/M., **Herstellung von β-Lactamen** der allg. Formel **I** R–CH–CH₂ / X–N–C=O (R = C_1–C_{16}-Alkyl; X = H, $-SO_2Cl$) erfolgt durch Rk. eines Olefins der allg. Formel $R-CH=CH_2$ mit der ≧ 1,2fach mol. Menge N-Carbonylsulfamidsäurechlorid (**II**) bei 10–120° in Ggw. von Acetonitril, Nitromethan oder fl. SO_2 als inertem Lsgm. u. ggf. Hydrolyse des Rk.-Prod. mit wss. Alkali. – Man erhitzt 283 (g) **II** mit 252 Propylen im Autoklav auf 45–50°, bis eine Probe mit W. kein CO_2 mehr entwickelt, → 225 *1-Chlorsulfonyl-4-methyl-A* [*A* = Azetidinon-(2)], gelbe viskose Fl., die nur kurze Zeit beständig ist u. als 3-[Amino-N-sulfanilido]-buttersäureanilid, F. 158°, charakterisiert werden kann. Durch Hydrolyse mit 6 n NaOH → *4-Methyl-A*, Kp.$_{0,2}$ 52°. – Analog: *4-Äthyl-A*, Kp.$_{0,1}$ 53°. – *4-Decyl-A*, F. 52–53°. – Zwischenprod. für Polymere. (**U.S.P. 3278528** vom 6/4. 1965, ausg. 11/10. 1966. D. Prior. 8/4. 1964.) – 3 S. C. Lüttgen H 3040

1932 Armstrong Cork Co., Lancaster, übert. von: John E. Herweh, East Hempfield, Township, und Algirdas C. Poshkus, Lancaster, Pa., USA, **Herstellung von 1:1-Keten-Isocyanat-Verbindungen** der allg. Formeln **I** oder **II** (R u. R^1 = C_{1-12}-Alkyl oder durch X

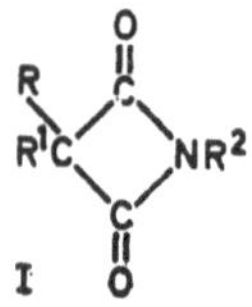

I

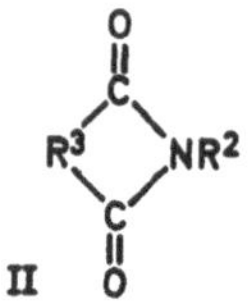

II

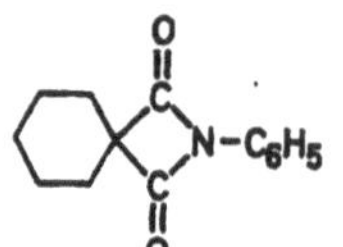

III

substituierter Hexylrest, R^2 = durch X substituierter Phenylrest, X = H, Halogen, $-NO_2$, Alkoxy-, Alkyl-, Arylrest, R^3 = C_{3-6}-Cycloalkylrest) durch Rk. eines Säurechlorids der allg. Formel $RR^1CHCOCl$ oder R^3COCl mit einem Isocyanat der allg. Formel R^2NCO in Ggw. eines tert. Amins. – Man läßt eine Lsg. von 36,6 (g) Cyclohexancarbonylchlorid u. 29,8 Phenylisocyanat in 250 ml Bzl. zu 32,5 $(C_2H_5)_3N$ tropfen, kocht 40 Std. → 31 der Verb. **III**, $C_{14}H_{15}NO_2$, F. 57,5–59°. (**U.S.P. 3265684** vom 12/12. 1963, ausg. 9/8. 1966.) – 2 S. C. Lüttgen H 3040

1933 N. I. Šujkin, I. F. Belskij und R. A. Karachanov, **Herstellung von 2.4-Dialkylfuranen** durch katalyt. Dehydrierung von 2.4-Dialkyl-4.5-dihydrofuranen an Pt-Kohle-Katalysator bei 250–300°. – 50 g 2-n-Propyl-4-methyl-4.5-dihydrofuran (Kp. 150–152°; n_D^{20} 1,4380; D_4^{20} 0,8734) werden in 6 Std. bei 250–300° durch eine Schicht aus 50 ml Pt/C geleitet. Man erhält 46 ml Katalysat, das nach Dest. 30 g *2-n-Propyl-4-methylfuran*, Kp.$_{754}$ 142–144°, n_D^{20} 1,4435, D_4^{20} 0,8832, ergibt. (**UdSSR.P. 181128** vom 8/6. 1962, ausg. 6/6. 1966.) – 2 S. F. Eßer H 3061

1934 M. F. Šostakovskij, G. G. Skvorcova, E. S. Domnina und N. P. Glazkova, **Vinylindol (I)** entsteht durch Rk. von Indol mit Acetylen bei 220° unter 14 atm in Ggw. von W. u. 30 Gew.-% KOH in Dioxan oder Xylol in 0,5 Std. bei nachfolgender Rektifikation: 80% **I**, Kp.$_9$ 107°; n_D^{20} 1,6295; D_4^{20} 1,0722. (**UdSSR.P. 181116** vom 22/4. 1963, ausg. 28/5. 1966.) – 2 S. F. Eßer H 3081

1935 V. M. Belikov, K. K. Babievskij und N. A. Tichonova, **Herstellung von D.L-Tryptophan (I)** durch Rk. von Indol (**II**) mit α-Nitro-β-alkoxyacrylsäureestern, stufenweise Hydrierung mit Pd u. Raney-Ni u. Behandlung des Rk.-Prod. mit NaOH. – 3,34 (g) **II** u. 5 α-Nitro-β-äthoxyacrylsäuremethylester werden auf 62° erhitzt. Das Rk.-Gemisch krist. nach 10 Min. aus: 5,15 *α-Nitro-β-[indolyl-(3)]-acrylsäuremethylester*, F. 170–171° (Bzl.). 3 davon werden in einer Hydrierente in abs. Bzl. mit 0,5 neutralem Pd in ≈ 1,5 Std. red. (die Rk. ist beendet, wenn alles Ausgangsprod. gelöst ist). Nach Abfiltrieren des Pd wird im Autoklaven bei 80 atm u. 50° mit 0,9 Raney-Ni hydriert, danach filtriert, das Bzl. abdest. u. der Rückstand mit 20 ml 10%ig. NaOH 2 Std. hydrolysiert: Nach Ansäuern mit Eisessig 1,35 **I**, F. 278 bis 280° (35%ig. A.). (**UdSSR.P. 181652** vom 13/4. 1965, ausg. 2/7. 1966.) – 2 S. F. Eßer H 3081

1936 Martin-Marietta Corp., New York, N.Y., übert. von: Henry M. Grotta, Delaware, und Myron N. Lugasch, Columbus, O., USA, **Carbazoldisulfonsäuretetrazoniumchloride** erhält man durch Nitrierung von Carbazol in Eisessig mit $NaNO_2$ u. dann mit HNO_3, Trennung des 1.6-Dinitrocarbazols vom 3.6-Dinitrocarbazol durch Abscheidung des schwerlösl. K-Salzes von 1.6-Dinitrocarbazol, Sulfonierung, Red. u. Diazotierung des 3.6-Dinitrocarbazols, F. 386–387° (U.S.P. 3291787), bzw. 1.6-Dinitrocarbazols, F. 344–346° (U.S.P. 3291787). – Überzugsmittel für tiefgeätzte positive *photolithograph. Platten.* (**U.S.PP. 3291786** u. **3291787** vom 11/9. 1963, ausg. 13/12. 1966.) – 2 S. – 2 S. R. Bauereis H 3081

1937 Eberhard Taeger, Halle/S., und Karl-Heinz Bergk, Weißenfels, **Herstellung von 1.3-Dioxolanen** der allg. Formel **I** (X^1, X^2 = H, Halogen, Alkyl- oder Alkoxy-

I

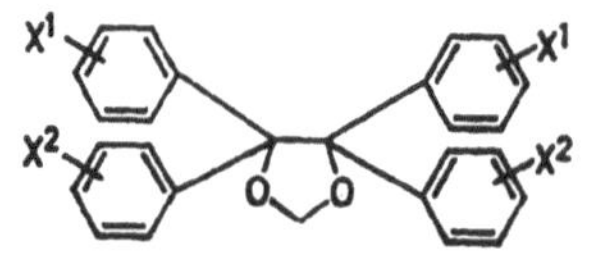

gruppe) durch Rk. von Halogenmethylalkyläthern mit aromat. Ketonen in Ggw. von Zn. – Man setzt 45 g Benzophenon in Ae. in Ggw. von 20 g Zn mit 40 ml Chlormethylmethyläther bei 0–10° in 4 Std. um: *4.4.5.5-Tetraphenyl-1.3-dioxolan*, F. 144°; 66,5% (Ausb.). – Analog *4.5-Diphenyl-4.5-bis-[4′-chlorphenyl]-1.3-dioxolan*, F. 162–163°; 53%. – *Bestandteile für Elektroisolierlacke.* (**D.P.[DDR] 50838** Kl. 12q vom 19/3. 1966, ausg. 5/11. 1966 [Wirtschaftspatent].) – 2 S. K.-D. Stolp H 3102

1938 Hickson and Welch Ltd., Castleford, Yorkshire, Großbritannien (Erfinder: Asim Kumar Sarkar), **Pyrazol-Derivate** der allg. Formel $ACH=CHC_6H_3(Z)B$ (A = Imidazol-, Oxazol- u. Thiazolringe, die mit einem Benzol- oder Naphthalinkern kondensiert u. ggf. substituiert sind, B = ggf. durch Alkyl oder Aryl substituiertes Pyrazol, Z = H, Halogen, Alkyl, Alkoxy) erhält man durch Rk. einer Verb. der allg. Formel $ACH=CHC_6H_3 \cdot (Z)NHNH_2$ mit einem Diketon der allg. Formel $R^1CO \cdot CH_2COR^2$ (R^1 u. R^2 = H, Alkyl, Aryl). – Aus 2-(4′-Aminostyryl)-5-methylbenzimidazol durch Diazotierung u. Rk. mit $SnCl_2$ das Hydrazinderiv., daraus durch Rk. mit Acetylaceton → *2-[4′-(3″.5″-Dimethylpyrazol-1″-yl)-styryl]-5-methylbenzimidazol*, F. 100–110°, ähnlich: *1-*

Acetyl-2-[4'-(3''.5''-dimethylpyrazol-1''-yl)-styryl]-5-methylbenzimidazol; *2-[4'-(3''.5''-Dimethylpyrazol-1''-yl)-styryl]-5-methylbenzoxazol*, F. 135–137°; *2-[4'-(3''-Methyl-5''-phenylpyrazol-1''-yl)-styryl]-5-methylbenzoxazol*, F. 152 bis 154°; *2-[4'-(3''.5''-Dimethylpyrazol-1''-yl)-styryl]-benzimidazol*, F. 168–170°, das entsprechende *Benzthiazolderiv.*, F. 107–108°, das entsprechende *5-Methoxybenzimidazolderiv.*, F. 214–216°, *2-Methoxy-5.6-dimethylbenzimidazolderiv.*, F. 285–295°, *5-Chlorbenzimidazolderiv.*, F. 125–126°, *2'-Chlorstyryl-5-methylbenzimidazolderiv.*, F. 95–105°, *2-(β-Äthyloxy)-5.6-dimethylbenzimidazolderiv.*, F. 207–208°; *2-[4'-(3''-Methyl-5''-phenylpyrazol-1''-yl)-styryl]-benzthiazol*, F. 143–144°; *2-[4'-(3''.5''-Dimethylpyrazol-1''-yl)-styryl]-benzo-(6.7)-benzoxazol*, F. 97–100°; *2-[4'-(3''.5''-Dimethylpyrazol-1''-yl)-styryl]-5-methoxybenzoxazol*, F. 118–119°; *2-[4'-(3''.5''-Dimethylpyrazol-1''-yl)-3'-chlorstyryl]-5-methylbenzimidazol*, F. 134–136°, *2-[4'-(3''.5''-Dimethylpyrazol-1''-yl)-5'-chlorstyryl]-5-methylbenzimidazol-2-propionsäure*, F. 165 bis 170°. – *Opt. Aufheller*. (**Brit.P. 1052179** vom 8/12. 1964, ausg. 21/12. 1966.) – 9 S.

R. Bollinger H 3122

1939 A. N. Kost, A. K. Šejnkman und A. N. Rozenberg, **2-Styrylbenzimidazole** entstehen durch Rk. von 2-Methylbenzimidazol (**I**) mit aromat. Aldehyden in Ggw. von Benzoylchlorid (**II**) in DMF; als Zwischenprod. bilden sich **I-1-Acylsalze**, die leicht mit aromat. Aldehyden reagieren. – 1,32 (g) I in DMF u. 1,49 p-Dimethylaminobenzaldehyd in DMF werden unter Eiskühlung allmählich mit 1,426 **II** versetzt. Die Masse erhitzt sich auf 70–80°; sie wird dann 5 Std. auf 150–160° gehalten. Danach wird mit HCl zersetzt, mit W.-Dampf dest., der Nd. abfiltriert u. getrocknet: 1,74 *2-[p-Dimethylaminostyryl]-benzimidazol*, F. 250°. (**UdSSR.P. 181654** vom 29/4. 1965, ausg. 2/7. 1966.) – 2 S.

F. Eßer H 3122

1940 Firestone Tire & Rubber Co., Akron, übert. von: Wendell S. Cook, Fulton, O., USA, **Nitrosoderivate von 7.14-Diazadispiro-[5.1.5.2]-pentadecan-15-thion (I)**. Man löst 23,8 (g) **I** durch Erhitzen auf 60° in 1 Liter Eisessig, kühlt ab u. gibt in 1 Std. 9,6 $NaNO_2$ zu → 24,3 *7-Nitroso*-**I**, $C_{13}H_{21}N_3OS$, F. 208–211°. – Analog: *3.11-* u. *2.10-Dialkyl-7-nitroso*-**I**. – *Stabilisator* für *Polymere* u. deren Vulkanisate. (**U.S.P. 3275650** vom 11/8. 1964, ausg. 27/9. 1966.) – 2 S.

C. Lüttgen H 3122

1941 E. I. du Pont de Nemours & Co., Wilmington, Del., übert. von: Werner S. Zimmt, Wynnewood, Pa., USA, **Acrylsäure- und Methacrylsäureester** der allg. Formel $CH_2{=}C(R)CO_2R^1{-}N{-}(CH_2)_m{-}O{-}C(R^2)R^3$ erhält man durch Umestern von Acrylsäureestern der allg. Formel $CH_2{=}C(R)CO_2R^4$ mit Verb. der allg. Formel $HO{-}R^1{-}N{-}(CH_2)_m{-}O{-}C(R^2)R^3$ in Ggw. von Woodschem Metall (5–20%) als Polymerisationsinhibitor bei einer Rk.-Zeit von ≦ 150 Min., bes. bei 80–130° (R = H oder CH_3; R^4 = Alkyl C_{1-12}; R^1 = Alkylen C_{1-5}; R^2 = R; R^3 = H oder Alkyl C_{1-4}; m = 2 oder 3; R^2 u. R^3 können zusammen Tetramethylen oder Pentamethylen bedeuten). – Beispiel: Herst. von *3-[β-Methacryloxyäthyl]-2.2-spirocyclohexyloxazolidin*. – Zwischenprod. für *Polymere*. (**U.S.P. 3250781** vom 1/11. 1963, ausg. 10/5. 1966.) – 2 S.

A. Jahn H 3132

1942 Ciba Ltd., Basel, Schweiz, **2-Aroxazolyl-5-arylthiophene** der allg. Formel **I** erhält man durch Einführung von 1–2 Sulfonsäureresten in entsprechende Thiophenverb. (X = H) u. ggf. nachfolgende Umwand-

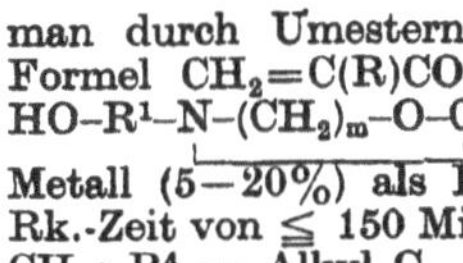

I

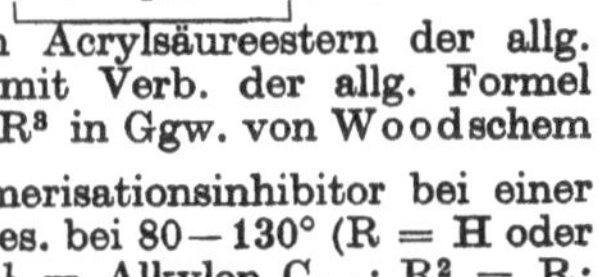

II

lung der SO_2Cl-Gruppen in die Ester, Salze oder Amide [R = Benzol- oder Naphthalinrest; A = Thiophenrest, der in 2-Stellung an den Oxazolrest u. in 5-Stellung an R gebunden ist; R^1 = Benzol- oder Naphthalinrest, wobei 2 benachbarte Ring-C-Atome gleichzeitig dem Oxazolrest angehören; X = SO_2 Halogen, Sulfonsäureesterrest, Sulfonamidrest, SO_3M; M = Metall]. – Es wurden erhalten: Verb. der Formel **II** (R^2 u. R^3 = H): $H_8 \cdot (SO_2Cl)$, F. 180–184°. – $H_8(SO_2NH_2)$, $C_{17}H_{12}O_3N_2S_2$, gelbliche Krist., F. 285–287° (Dioxan). – $H_8[SO_2NH \cdot (CH_2)_7CH_3]$, $C_{25}H_{28}O_3N_2S_2$, gelbliche Krist., F. 162–164° (Perchloräthylen). – $H_8[SO_2NH(CH_2)_{17}CH_3]$, $C_{35}H_{48}O_3 \cdot N_2S_2$, F. 162–163° (Butanol). – $H_8[SO_2NHCH_2CH_2OH]$, $C_{19}H_{16}O_4N_2S_2$, gelbliche Krist., F. 174–176° (Butanol). – $H_8[SO_2N(CH_2CH_2OH)_2]$, $C_{21}H_{20}O_5N_2S_2$, gelbliche Krist., F. 210–212° (A.). – $H_8[SO_2NH(CH_2)_3(OCH_2CH_2)_2OH]$, $C_{24}H_{26}O_6N_2S_2$, gelbliche Krist., F. 108–115° (Perchloräthylen). – $H_8[SO_2NH(CH_2)_3N(CH_2CH_2)_2O]$, $C_{24}H_{25}O_4 \cdot N_3S_2$, gelbliche Krist., F. 171–175° (Perchloräthylen). – $H_8[SO_2NH{-}CH_2{-}CH{=}CH_2]$, $C_{20}H_{16}O_3N_2S_2$, gelbliche Krist., F. 178–180° (Dioxan). – $H_8[SO_2NHCH_2CO_2H]$, $C_{19}H_{14}O_5N_2S$, F. 248–250° (A.). – $H_8[SO_2NH(CH_2)_5 \cdot CO_2H]$, $C_{23}H_{22}H_5N_2S_2$, F. 182–184° (Dioxan). – $H_8[SO_2 \cdot C_6H_5]$, $C_{23}H_{15}O_3NS_2$, gelbe Krist., F. 239–240,5° (Chlorbenzol–PAe.). – $H_8[SO_2NH_2]$, $C_{17}H_{12}O_3S_2N_2$, gelbe Krist., F. 282–283° (Dioxan–W.). – $H_8[SO_2NHC_2H_5]$, $C_{19}H_{16}N_2O_3S_2$, gelbliche Krist., F. 181–182° (CH_2Cl_2–Methanol). – $H_8[SO_2NHCH_2CH_2OH]$, $C_{19}H_{16}O_4N_2S_2$, gelbliche Nadeln, F. 195–196° (Dioxan). – $H_8[SO_2N \cdot (CH_2CH_2OH)_2]$, $C_{21}H_{20}O_5S_2N_2$, gelbliche Verb., F. 162 bis 164° (A.). – Verb. der Formel **II** (R^2 = $C(CH_3)_3$, R^3 = H): $H_8[SO_2Cl]$, F. 169–172°. – $H_8[SO_2F]$, $C_{21} \cdot H_{18}O_3NS_2F$, gelbe Verb., F. 222–223° (Pyridin–W.). – $H_8[SO_2NH_2]$, $C_{21}H_{20}O_3N_2S_2$, gelbliche Krist., F. 209 bis 212° (Butanol). – $H_8[SO_2NH(CH_2)_{17}CH_3]$, $C_{39}H_{56}N_2S_2$, F. 150–152° (Butanol). – $H_8[SO_2NHCH_2CH_2OH]$, $C_{23}H_{23}O_4N_2S_2$, gelbliche Krist., F. 190–193° (Butanol). – $H_8[SO_2N(CH_2CH_2OH)_2]$, $C_{25}H_{28}O_5N_2S_2$, gelbliche Krist., F. 222–224° (Butanol). – $H_8[SO_2NHCH_2CH{=}CH_2]$, $C_{24}H_{24}O_3N_2S_2$, gelbe Krist., F. 194–196° (Methanol). – $H_8[SO_2NHCH_2CH_2NHCO_2C_2H_5]$, $C_{26}H_{29}O_5N_3S_2$, rötliche Krist., F. 170–173° (Butanol–A.). – $H_8[SO_2OC_2H_5]$, $C_{23}H_{23}O_4NS_2$, F. 140–142° (n-Butanol). – $H_8[SO_2O \cdot C_6H_5]$, $C_{27}H_{23}O_4NS_2$, gelbliche Krist., F. 174–176° (n-Butanol). – Verb. der Formel **II** (R^2 = CH_3, R^3 = H): *Gemisch aus* $H_8[SO_2Cl]$ *u.* $H_7[SO_2Cl]_2$, F. 175–182°. – *Gemisch aus* $H_8[SO_2NH_2]$ *u.* $H_7[SO_2NH_2]_2$, gelbliche Krist., F. 229–234° (Dioxan). – $H_8[SO_2NHC_{18}H_{37}]$, $C_{36}H_{50} \cdot O_3N_2S_2 \cdot {}^1/_2H_2O$, gelbliche Krist., F. 144–149° (Butanol). – $H_8[SO_2NHCH_2CH{=}CH_2]$, $C_{21}H_{18}O_3N_2S_2$, gelbliche Krist., F. 202–204° (Dioxan). – $H_7[SO_2NH(CH_2)_7 \cdot CH_3]_2$, $C_{34}H_{47}O_5N_3S_3$, grünliche Krist., F. 210–212° (Dioxan). – $H_7[SO_3Pyridinium]_2$, $C_{28}H_{23}O_7N_3S_3$, gelbliche Krist., F. 268–275° (Methanol). – Verb. der Formel **II** (R^2 u. R^3 = CH_3): $H_8[SO_2Cl]$, F. 233–235°. – $H_8[SO_2N(CH_2CH_2OH)_2]$, $C_{23}H_{24}O_5N_2S_2$, gelbliche Krist., F. 218–222° (Butanol). – $H_8[SO_3\ Pyridinium]$, $C_{24}H_{20} \cdot O_4N_2S_2$, gelbliche Krist., F. 280–282° (W.). – Verb. der Formel **II** (R^2 = C_6H_5 u. R^3 = H): $H_7[SO_2Cl]_2$, F. 237 bis 240°. – $H_7[SO_2NH(CH_2)_7CH_3]_2$, $C_{39}H_{49}O_5N_3S_3$, gelbliche Krist., F. 246–249° (Dioxan). – $H_7[SO_2NH(CH_2)_{17} \cdot CH_3]_2$, $C_{89}H_{89}N_3S_3$, F. 218–222° (Dioxan). – $H_7[SO_2 \cdot NHCH_2CH_2OH]_2$, $C_{27}H_{25}O_7N_3S_3$, gelbliche Krist., F. 263–268° (A.). – $H_7[SO_2N(CH_2CH_2OH)_2]_2$, $C_{31}H_{33}O_9 \cdot N_3S_3$, gelbliche Krist., F. 306–309° (Dimethylsulfoxid–W.). – $H_7[SO_2NHCH_2CH{=}CH_2]_2$, $C_{29}H_{25}O_5N_3S_3$, gelbliche Krist., F. 213–216° (A.). – $H_7[SO_3\ Pyridinium]_2$, $C_{33}H_{25}N_3S_3$, gelbliche Verb., F. 318–324°. – $H_8[SO_3\ Pyridinium]$, F. 264–268° (W.–A.). – *Opt. Aufheller*. (**Brit.P. 1045818** vom 23/11. 1964, ausg. 19/10. 1966. Schwz. Prior. 25/11. 1963.) – 23 S.

A. Jahn H 3132

1943 G. P. Šumeljak und M. A. Alperovič, **Herstellung von 2-Methyl-4.5-[3'-äthylthiazolinon-(2')-5'.4']-thiazol (I)** durch Verseifen quart. 2-Methyl-4.5-[3'-äthylthiazolinthion-(2')-5'.4']-thiazol(**II**)-Salze in Ggw. von Triäthylamin (**III**) in wss.-alkohol. Lösung. – 6,48 (g) **II** in abs. Bzl. u. 5,62 Dimethylsulfat werden 3 Std. auf 80–90° erwärmt. Das quart. Salz wird als Öl abgetrennt, dreimal mit Bzl. u. Ae. gewaschen u. dann in 60 ml 50%ig. A. gelöst u. mit 9 ml **III** versetzt. Nach 3 Min. Stehen bei Raumtemp. wird mit Bzl. extrahiert, das Bzl. wird abdest. u. der Rückstand fraktioniert. Die Fraktion mit $Kp._3$ 160–190° krist. nach mehrtägigem Stehen partiell

aus Hexan aus: 1 I, F. 69–70°. (**UdSSR.P. 177898** vom 12/12. 1964, ausg. 17/3. 1966.) – 2 S.
F. Eßer H 3142

1944 Ciba Ltd., Basel, übert. von: Adolf Emil Siegrist, Leonardo Guglielmetti, Basel, Erwin Maeder, Aesch, und Peter Liechti, Binningen, Schweiz, **2-Azolyl-5-oxdiazolyl-thiophen-Verbindungen** der allg. Formel I (A = Benzolring, von dem 2 benachbarte C-Atome mit dem Azolring verbunden sind u. durch Alkyl- oder Alkoxygruppen oder Halogenatome substituiert sein kann, X = O oder NH, R = Thiophenrest, in 2-Stellung mit dem Azolring u. in 5-Stellung mit dem Oxdiazolring verbunden, W = ggf. durch Halogen, Alkyl- oder Alkoxygruppen substituierter Benzolrest) sind erhältlich durch Rk. einer Oxdiazolthiophen-Verb. (III)

I 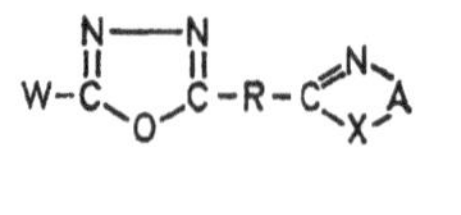 II 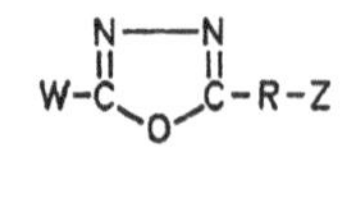

IV 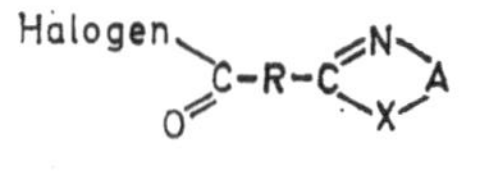

V 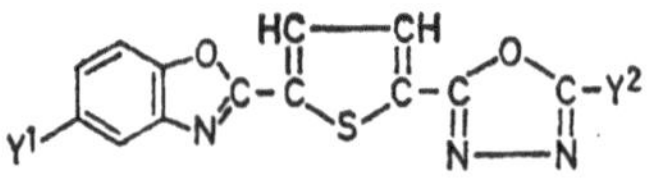

der allg. Formel II (Z = Carboxyl- oder Carbalkoxygruppe mit bis zu 5 C-Atomen) bei 120–250° mit einer Amin-Verb. der allg. Formel H_2N–A–X_1 (X_1 = OH oder NH_2, NH_2 u. X_1 sind in Vicinalstellung) in Ggw. einer oder mehrerer Polyphosphorsäuren, z. B. $H_4P_2O_7$, oder bei 150–300° in Ggw. eines Katalysators, z. B. H_3BO_3, wobei die Rk. in Ggw. eines hochsd. polaren Lsgm., bes. Äthylenglykolmonoäthyläther u. Diäthylenglykoldiäthyläther, durchgeführt wird, oder durch einfaches Zusammenschmelzen von H_2N–A–X_1 mit einer III der allg. Formel II, in der Z eine freie Carboxylgruppe bedeutet, in Ggw. von H_3BO_3. Die Herst. kann auch in 2 Stufen erfolgen, wobei in der 1. Stufe die III, in der Z einen Säurehalogenidrest bedeutet, bei 100–200° in Ggw. eines inerten organ. Lsgm., z. B. Toluol, Xylol u. bes. Chlorbenzol, mit H_2N–A–X_1 kondensiert u. anschließend die erhaltene Acyl-Verb. ggf. isoliert u. durch Erhitzen auf 150–300° in Ggw. eines Katalysators, bes. H_3BO_3, in die gewünschte Verb. übergeführt wird. Weitere Möglichkeiten der Herstellung: Rk. eines Azolylthiophensäurehalogenids der allg. Formel IV mit einem Säurehydrazin der allg. Formel W–CO · NH · NH_2 (W = Phenylrest) in Ggw. eines organ. Lsgm. oder durch Rk. eines entsprechenden Azolylthiophensäurehydrazids mit einem Säurechlorid der allg. Formel W · CO · Y (Y = Halogen) u. Behandeln der gebildeten Diacylhydrazine mit einem W. abspaltenden Mittel. – *5-[Benzoxazolyl-(2')]-2-[5'-phenyl-(1'')-1'.3'.4'-oxdiazolyl-(2')]-thiophen*, $C_{19}H_{11}O_2N_3S$, F. 235–235,5° u. folgende Verb. der allg. Formel V (*Y^1 = H, Y^2 = p-C_6H_4–C[CH_3]$_3$*, F. 227–228°, (*Y^2 = 2.4-C_6H_3[CH_3]$_2$*), F. 204–204,5°, (*Y^2 = m-C_6H_4Cl*), F. 234–234,5°, (*Y^2 = 2-Methoxy-5-chlorphenyl*), F. 255 bis 255,5°, (*Y_2 = p-C_6H_4–OCH_3*), F. 231–231,5°, (*Y^2 = p-C_6H_4-O-[CH_2]$_7$-CH_3*), F. 188,5–190°, (*Y^1 = CH_3, Y^2 = C_6H_5*), F. 252–252,5°, (*Y^2 = p-C_6H_4 · C[CH_3]$_3$*), F. 212°, (*Y^2 = 2.4-C_6H_3[CH_3]$_2$*), F. 210–210,5°, (*Y_2 = p-C_6H_4–OCH_3*), F. 233°, (*Y^2 = p-C_6H_4–O-[CH_2]$_7$–CH_3*), F. 170,5 bis 171°, (*Y^1 = [CH_3]$_3$C-, Y_2 = C_6H_5*), F. 220–220,5°, (*Y^2 = p-C_6H_4–C[CH_3]$_3$*), F. 217,5°, (*Y_2 = p-C_6H_4–OCH_3*), F. 192°, (*Y^2 = p-C_6H_4–O–[CH_2]$_7$$CH_3$*), F. 153°. – Aus 5-[5'-Phenyl-1.'3'.4'-oxdiazolyl-(2')]-thiophen-2-methylester u. o-Phenylendiamin bei 150° in Ggw. von Polyphosphorsäure → *5-[Benzimidazolyl-(2')]-2-[5'-phenyl-1'.3'.4'-oxdiazolyl-(2')]-thiophen*, $C_{19}H_{12}ON_4S$, F. 350 bis 350,5°. – *Opt. Aufheller.* (**U.S.P. 3242188** vom 27/11. 1963, ausg. 22/3. 1966. **Brit.P. 1008456** vom 25/11. 1963, ausg. 27/10. 1965. Beide Schwz. Prior. 30/11. 1962.) – 8 S. – 18 S. C. Lüttgen H 3163

1945 American Cyanamid Co., Wayne, N.J., USA, **Photochrome Verbindungen** der allg. Formel I (R^1 u. R^4 =

I 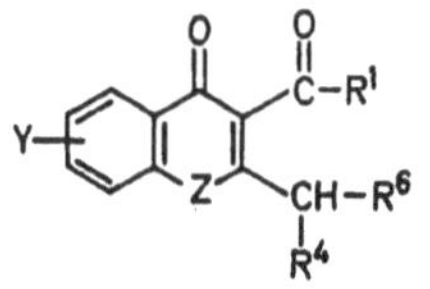

ggf. durch C_{1-4} Hydroxyalkyl, C_{1-6}-Alkyl, C_{1-6}-Alkoxy, C_{1-6}-Alkylthio, Cyano, Nitro, Dialkylamino, Halogen, CF_3 substituiertes Phenyl; Y = H, OH, C_{1-6}-Alkyl, CF_3, C_{1-6}-Alkoxy, C_{1-6}-Alkylthio, Cyano, Nitro, Halogen, Dialkylamino, Phenyl, alkylsubstituiertes Phenyl; R^6 = H, C_{1-6}-Alkyl, phenylsubstituiertes Alkyl; Z = O oder NR^5; R^5 wie bei R^6; wenn Z = O, R^6 auch = ggf. durch OH, C_{1-6}-Alkyl, C_{1-6}-Alkoxy, C_{1-6}-Alkylthio, Cyano, Nitro, Dialkylamino, Halogen, CF_3 substituierte Phenylgruppe) erhält man nach folgenden Beispielen: Durch Rk. von 1-[2'-Hydroxyphenyl]-3-phenyl-1.3-propandion mit Phenylessigsäureanhydrid in Ggw. von Triäthylamin erhält man das *3-Benzoyl-2-benzylchromon*, F. 121–125°. Durch Rk. von 3-Anilino-4-phenylcrotonat mit NaH u. anschließend mit Diphenyläther erhält man das *3-Benzoyl-2-benzyl-4[1H]-chinolon*, F. 260–262°. Analog wurden folgende Chromone (II) u. 3-Benzoyl-4-[1H]chinolone (III) erhalten: *3-Benzoyl-2-diphenylmethyl*-**II**, F. 154,5–157,5°; *3-Benzoyl-2-[p-methoxyphenylmethyl]*-**II**, F. 182–183°; *3-Benzoyl-2-[p-hydroxyphenylmethyl]*-**II**, F. 210,5–211,5°; *3-[p-Cyanobenzoyl]-2-benzyl*-**II**, F. 187–188°; *3-[p-Nitrobenzoyl]-2-benzyl*-**II**, F. 204,5–206,5°; *3-Benzoyl-2-benzyl-7-dimethylamino*-**II**, F. 185–186°; *1-Methyl-2-[1-phenyläthyl]*-**III**, F. 171–172°; *2-Benzyl-1-methyl*-**III**, F. 178 bis 179°. – Weitere Tabellenbeispiele. (**Brit.P. 1049487** vom 5/5. 1965, ausg. 30/11. 1966. U.S. Prior. 23/6., 14/12. u. 14/12. 1964.) – 20 S. R. Bauereis H 3201

1946 Herchel Smith, Wayne, Pa., USA, **4-Vinylchroman-4-ole** erhält man durch Vinylierung eines Chroman-4-ons. – Beispiel: Durch Rk. von 7-Methoxychroman-4-on mit Vinylmagnesiumchlorid erhält man das *7-Methoxy-4-vinylchroman-4-ol* als Öl. Zwischenprod. für *6-Oxasteroide*. (**Brit.P. 1069842** vom 6/3. 1964, ausg. 24/5. 1967. U.S. Prior. 15/1. 1964.) – 2 S.
R. Bauereis H 3211

1947 V. A. Zagorevskij und V. L. Savelev, **8-Chlorcumarine** entstehen durch Chlorieren von Cumarin (I) oder seinen Deriv. mit SO_2Cl_2 (II) unter Erwärmen, ggf. in Ggw. von Benzoylperoxid. Der **II**-Überschuß wird mit inerten Lsgm., wie Bzl. oder W., entfernt. – 73 (g) I u. 101 II bewahrt man 10 Std. bei 20° auf u. erhitzt dann 1 Std. auf dem sd. Wasserbad. Nach Kühlen wird auf Eiswasser gegossen u. der Nd. abfiltriert, mit W., wss. $NaHCO_3$ u. W. gewaschen u. getrocknet: 53 *3-Chlorcumarin*. – Analog *4-Methyl-3-chlorcumarin*. (**UdSSR.P. 181180** vom 22/4. 1965, ausg. 31/5. 1966.) – 2 S. F. Eßer H 3211

1948 G. N. Dorofeenko und G. I. Žungietu, **Herstellung von Pyryliumsalzen** durch Rk. von Hydroxymethylenketonen mit Ketonen in Ggw. von 70%ig. $HClO_4$ in Eisessig (I) bei ≤ 100°. – 2 (g) Hydroxymethylencyclohexanon, 1,96 Cyclohexanon, 1,6 ml 70%ig. $HClO_4$ u. 85 ml I werden 30 Min. auf dem sd. Wasserbad erhitzt. Nach Kühlen wird mit dem 5fachen Vol. Ae. verd. u. 24 Std. gekühlt: 2,5 *symm.-Oktahydroxanthyliumperchlorat* (II), F. 105° (W.). Durchleiten von NH_3-Gas durch eine **II**-Suspension gibt 69% *symm.-Oktahydroacridin*, F. 68°; *Pikrat*, F. 196°. – Analog folgende 5.6.7.8-Tetrahydrobenzpyryliumperchlorate: *2-Methyl-*, F. 141 bis 143°. – *2-[α-Thienyl]-*, F. 188°. – *2-Phenyl-*, F. 163 bis 165°. – *2-[p-Methoxyphenyl]-*, F. 165°. – *2-[p-Äthoxyphenyl]-*, F. 185°. – *2-[3.4-Dimethoxyphenyl]-*, F. 177°. – *2.3-Trimethylen-*, F. 127–128°. – *1.2-Benz-3.4.5.6.7.8-hexahydroxanthyliumperchlorat*, F. 153°. – 5.6-Dihydronaphthopyryliumperchlorate: *2-Methyl-*, F. 149°. – *2-Phenyl-*, F. 202°. – *2-[p-Methoxyphenyl]-*, F. 188 bis 189°. – *2.3-Trimethylen-*, F. 179°. – *1.2.7.7-Dibenz-*

3.4.5.6-tetrahydroxanthyliumperchlorat, F. 236°. — *1.2-Benz-3.4.5.6.7.8-hexahydroxanthyliumperchlorat*, F. 156°. (**UdSSR.P. 181096** vom 12/11. 1964, ausg. 31/5. 1966.) — 2 S. F. Eßer H 3211

1949 L. V. Dulenko, G. N. Dorofeenko und V. J. Dulenko, **Herstellung von Thieno-[2.3-c]-pyryliumsalzen** durch Rk. von β-Thienylketonen mit Säureanhydriden in Ggw. von $HClO_4$ in Essigsäure. — 3,08 (g) 2-Methyl-4-acetonylthiophen werden in 10 ml Essigsäure unter Eiskühlung allmählich mit einer Mischung aus 10 ml Acetanhydrid u. 1,6 ml 70% $HClO_4$ versetzt u. bei Raumtemp. stehengelassen. Der Kristall-Nd. wird aufgearbeitet, aus der Mutterlauge lassen sich mit Ae. noch 0,4 Prod. fällen; Gesamtausb. 4,7 *2.5.7-Trimethylthieno-[2.3-c]-pyryliumperchlorat*, F. 160—161° (A.). — Analog mit Propionsäureanhydrid *2.5-Dimethyl-7-äthylthieno-[2.3-c]-pyryliumperchlorat*, F. 131—132° (A.). (**UdSSR.P. 181129** vom 28/11. 1964, ausg. 6/6. 1966.) — 2 S. F. Eßer H 3211

1950 Ju. I. Čumakov und L. I. Antropov, **Quartäre Salze des 3-Hydroxypyridins** (I) entstehen durch Behandlung von I mit Alkylchloriden bei 130—140°. — 50 (Gew.-Teile) I u. 88,3 n-Decylchlorid (II) werden 16 Std. auf 130—140° erwärmt. Dann wird unumgesetztes II im Vakuum bis 150° abdest. u. danach der Rückstand aus Aceton umkrist.: >70% **I**-*n-Chlordecylat*, F. 60,7 bis 61,2°. — Analog **I**-*n-Chlorhexylat*, F. 41—44,5°. (**UdSSR.P. 178379** vom 4/12. 1964, ausg. 28/2. 1966.) — 2 S. F. Eßer H 3231

1951 N. F. Kazarinova und A. O. Grinberg, **2-[Äthyleniminoäthyl]-pyridin** (I) entsteht durch Rk. von 2-Vinylpyridin (II) mit Äthylenimin (III) in Ggw. von Na. — 9,2 (g) frisch dest. III (Kp. 54—57°), 0,4 Na u. 22,5 II ($Kp._{20}$ 60°) werden 18 Std. gekocht. Nach Abdest. von unumgesetztem III wird der Rückstand dest.: 19,5 I, $Kp._{10}$ 114—115°; n_D^{20} 1,5200; $D._4^{20}$ 1,0041. (**UdSSR.P. 178378** vom 5/11. 1964, ausg. 28/2. 1966.) — 2 S. F. Eßer H 3231

1952 E. T. Lenartovič, **Nitrochlorpyridon** (I) entsteht durch Rk. von Nitropyridon (II) mit PCl_5 oder $POCl_3$ in organ. Lsgm. in Ggw. von DMF als Katalysator. — Lsgm. u. DMF (pro Mol II 6,5—7 Vol. Lsgm. u. ≤ 0,1 Vol. DMF) werden nach Mischen mit II versetzt u. 15 bis 20 Min. gerührt. Dann werden 0,6 Mol PCl_5 oder 1,2 Mol $POCl_3$ pro Mol II zugesetzt, u. 8 Std. wird auf 80 bis 84° erwärmt. Nach Rk.-Ende wird mit W. verd. u. mit 3% wss. NaOH gefällt; nach Aufarbeiten 78—80% I, F. 73 bis 75°. (**UdSSR.P. 181651** vom 29/3. 1965, ausg. 2/7. 1966) — 2 S. F. Eßer H 3231

1953 Agfa Akt.-Ges., Leverkusen, übert. von: Karl Kuffner, München, **Quaternäre Tetrahydro-pyridiniumsalze** erhält man durch Quaternisierung von 2-Methyl-1.4.5.6- oder 2-Methyl-3.4.5.6-tetrahydropyridin u. deren Alkylderivaten. — Beispiel: 2-Methyl-1.4.5.6-tetrahydropyridin gibt mit Äthyljodid *1-Äthyl-2-methyl-3.4.5.6-tetrahydropyridinium-jodid*, F. 240—246°. — Zwischenprod. für Cyaninfarbstoffe, z. B. durch Rk. mit Diphenylformamidin zu *2-[β-Acetanilidovinyl]-1-äthyl-3.4.5.6-tetrahydropyridinium-jodid*, F. 210—211° u. Umsetzung der Anilidoverb. mit N-Äthylrhodanin, die in der *Photographie* als *Sensibilisatoren* dienen. (**U.S.P. 3254090** vom 21/4. 1960, ausg. 31/5. 1966.) — 2 S. R. Bauereis H 3231

1954 B. V. Suvorov, I. B. Čekmareva, E. S. Ždanovič und N. A. Preobraženskij, **Herstellung von Nicotinsäurenitril** (I) durch Einleiten einer Mischung der Dämpfe von Chinolin (II), W. u. NH_3 mit Luft in einen Stahlrohrreaktor, der mit Körnern einer Katalysatorleg. aus 50% SnO_2 u. 50% V_2O_5 beschickt ist; Aufgabemengen in 1 Std. bei 450° Rk.-Temp. 6 g II, 52 15%ig. NH_3 u. 474 l Wasser. Nach 6 Std. wird mit Ae. extrahiert u. aufgearbeitet: 16,48 g I, Kp. 240—242°, F. 48,5 bis 50°, u. 2,3% *Benzoesäurenitril*, Kp. 190—192°. (**UdSSR.P. 178805** vom 2/3. 1965, ausg. 30/3. 1966.) — 2 S. F. Eßer H 3231

1955 Wellcome Foundation Ltd. (Erfinder: Harry Tacon Openshaw und Norman Whittaker), London, Großbritannien, **Herstellung von Benzo-[a]-chinolizinen.** Zu Port.P. 43765; C. **1967**, 20-2653 ist nachzutragen: 2 (g) (+)-2-Äthoxycarbonylmethylen-3-äthyl-1.2.3.4.6.7-hexahydro-9.10-dimethoxy-11b H-benzo-[a]-chinolizin werden unter N_2 in einer Lsg. von 0,8 Na in A. gekocht. Der Rk.-Rückstand wird in Bzl. aufgearbeitet: 1,84(—)-*2-Äthoxycarbonylmethyl-3-äthyl-1.4.6.7-tetrahydro-9.10-dimethoxy-11bH-benzo-[a]-chinolizin*, $[\alpha]_D^{25}$ —218° (c = 2; A.). (**D.P.[DDR] 52369** Kl. 12p vom 15/3. 1965, ausg. 5/12. 1966 [Ausschließungspatent]. Brit. Prior. 20/3. 1964.) — 6 S. K.-D. Stolp H 3231

1956 Imperial Chemical Industries Ltd., London, Großbritannien (Erfinder: Emrys Robert Horseman Jones), **Herstellung von (±)-5.6.6a.7.8.9-Hexahydro-7-hydroxy-2-methoxynaphth-[2.1-c]-indozilin,** F. 126 bis 128°, durch Red. der entsprechenden 9-Oxo-Verb. mit $NaBH_4$ in Diäthylenglykoldimethyläther bei 60° in Ggw. von $AlCl_3$. (**Brit.P. 1017700** vom 15/5. 1963, ausg. 19/1. 1966.) — 4 S. C. Lüttgen H 3231

1957 M. I. Farberov, **1.3-Dioxane** entstehen durch Kondens. von Olefinen mit Aldehyden an sauren Katalysatoren bei ≤ 100 atm u. 150—300°. — Durch einen mit Katalysator beschickten Rohrreaktor (H_3PO_4 auf Kieselgel, getränkt mit $ZnCl_2$-Lsg.) wird eine Mischung von Propylen- u. HCHO-Dämpfen bei 3—10 Min. Kontaktzeit, 175—250° u. 20—50 atm geleitet. Die unumgesetzten Prod. werden von neuem eingeleitet. (**UdSSR.P. 181079** vom 16/9. 1948, ausg. 6/6. 1966.) — 2 S. F. Eßer H 3252

1958 American Cyanamid Co., USA (Erfinder: Thomas Andrew Lies), **Herstellung von 2-Imino-1.3-dithiolanen und -dithianen,** dad. gek., daß man ein Hydroxyalkyldithiocarbamat bei 20—80° in Ggw. von wss. oder alkohol. HCl oder HBr cyclisiert. — 2,1 (Teile) 2-Hydroxyäthylisopropyldithiocarbamat werden in 50 A. unter Eiskühlung mit HCl gesätt., nach 23std. Stehen wird eingedampft, in Ae. 16 Std. stehen gelassen, dekantiert, in W. gelöst, neutralisiert u. *Isopropylimino-1.3-dithiolan* mit Ae. extrahiert. — 1.3-Dithiolane: *2-Imino-, Hydrochlorid*, F. 213—216° (Zers.). — *2-Imino-4-methyl-, Hydrochlorid*, F. 161—169°. — *2-Imino-4-n-decyl-, Hydrochlorid*, F. 114—117°. — *2-Imino-4.5-dimethyl-, Hydrochlorid*, F. 173—175,5° (Zers.). — *2-Imino-1.3-dithian, Hydrochlorid*, F. 167—174° (Zers.). (**F.P. 87227** vom 19/1. 1965, ausg. 30/9. 1966. U.S. Prior. 22/1. 1964. **Zusatz zu F.P. 1327386; C. 1968, 2-2873.**) — 3 S. S. Böttcher H 3262

1959 O. Ju. Magidson und R. G. Gluškov, **4-Chlorindolo-[2.3-d]-pyrimidin** (I) entsteht durch Cyclisierung von 2-Amino-3-carbäthoxyindol (II) mit Formamid (III); das entstandene *4-Hydroxyindolo-[2.3-d]-pyrimidin* (IV) wird mit $POCl_3$ in Ggw. tert. Basen behandelt. — 1,05 (g) II u. 10 ml III werden 3 Std. gekocht. Dann werden bei 90° 30 sd. W. zugegeben, u. langsam wird abgekühlt. Der Nd. wird abfiltriert, mit W. gewaschen u. getrocknet: 0,7 IV, F. > 300° (DMF), schwerlösl. in den meisten organ. Lsgm., in W. u. Säuren, in Laugen unter Erwärmen löslich. 2,7 IV, 3 ml Diäthylanilin u. 60 ml $POCl_3$ werden 7 Std. gekocht, dann wird zur Trockne destilliert. Der Rückstand wird mit gemahlenem Eis versetzt, dann wird filtriert u. der Nd. mit W. gewaschen u. getrocknet: 2,45 I, F. 289—291° (CH_3OH), lösl. in $CHCl_3$ u. Bzl., schwerlösl. in Ae., W., verd. Säuren u. Laugen. (**UdSSR.P. 177892** vom 4/3. 1965, ausg. 23/2. 1966.) — 2 S. F. Eßer H 3272

1960 Ju. I. Bogodist, **5-Nitro-2.4.6-trichlorpyrimidin** (I) erhält man durch Chlorieren von 5-Nitro-4.6-dichlor-2-methylmercaptopyrimidin (II) in abs. Alkoholen. — In eine Lsg. von 0,1 g · Mol II in abs. CH_3OH leitet man unter Kühlen 20 Min. in kräftigem Strom trockenes Cl_2-Gas ein. Dann wird zunächst auf 15—20° u. dann auf 25 bis 50° insgesamt 20 Min. erwärmt. Die Rk.-Masse wird mit kaltem W. versetzt; dabei werden Krist. gefällt, die nach Aufarbeiten quant. I, F. 58—59° (n-Heptan), ergeben. (**UdSSR.P. 178383** vom 9/1. 1965, ausg. 28/2. 1966.) — 2 S. F. Eßer H 3272

1961 B. S. Tanasejčuk, A. B. Užegov und I. Ja. Postovskij, **Herstellung von 4.6-disubstituierten 2-Thio-3.4-dihydropyrimidinen** durch Rk. einer äquimol.

Mischung der entsprechenden Aldehyde u. Ketone mit Thioharnstoff (I) in Ggw. alkohol. Na-Alkoholat(II)-Lösung. — 2 ml Benzaldehyd, 2,4 (g) Acetophenon u. 1,5 I werden 30 Min. in 20 ml 1%ig. II-Lsg. gekocht; Kühlen u. Aufarbeitung liefert 3,1 *2-Thio-3.4-dihydro-4-aceto-phenyl-6-phenylpyrimidin*, F. 178—179° (A.). (**UdSSR.P. 179822** vom 5/4. 1965, ausg. 29/3. 1966.) — 2 S.
F. Eßer H 3272

1962 V. I. Švedov, V. K. Ryžkova und A. N. Grinev, **4-Hydroxythienopyrimidine** entstehen beim Erwärmen von 2-Amino-3-carbalkoxythiophenen mit Formamid (I) auf 200—210°. — 4,5 (g) 2-Amino-3-carbäthoxy-4.5.6.7-tetrahydrothionaphthen werden 1 Std. mit 10 ml I auf 200—210° erwärmt. Nach Kühlen wird der Nd. aufgearbeitet: 3,8 *4-Hydroxy-5.6.7.8-tetrahydrothionaphthenopyrimidin*, F. 255—256°. — Analog aus 2-Amino-3-carbäthoxythiophen *4-Hydroxycyclopentathienopyrimidin*, F. 247—248° (CH_3OH). — 2-Amino-3-carbäthoxy-4-[3'.4'-dimethoxyphenyl]-thiophen → *4-Hydroxy-5-[3'.4'-dimethoxyphenyl]-thienopyrimidin*, F. 232 bis 233° (CH_3OH). (**UdSSR.P. 179823** vom 1/4. 1965, ausg. 29/3. 1966.) — 2 S. F. Eßer H 3272

1963 Nippon Shinyaku Co. Ltd., Japan, **Herstellung von 7-[α-Diisobutylamino-β-hydroxypropyl]theophyllin,** F. 152°, aus 9,25 (g) Epichlorhydrin in 90 ml CH_3OH, 3std. Erhitzen mit 12,92 Diisobutylamin unter Bldg. von N.N-Diisobutyl-2-hydroxy-3-chlorpropylamin ($Kp._2$ 88°), u. Rk. mit 21,8 K-Theophyllin; Ausb. 33,6 g. (**F.P. 1429129** vom 6/4. 1965, ausg. 5/5. 1966. Jap. Prior. 17/11. 1964.) — 3 S. G. Colsmann H 3272

1964 Herbert Goldner, Radebeul, Günther Dietz, Dresden, und Ernst Carstens, Radebeul, **Herstellung von Xanthinen** der allg. Formel I (R^1, R^2 = Alkyl-, R^3 = Alkyl- oder Aralkylreste, R^4 = H oder Alkyl-

I
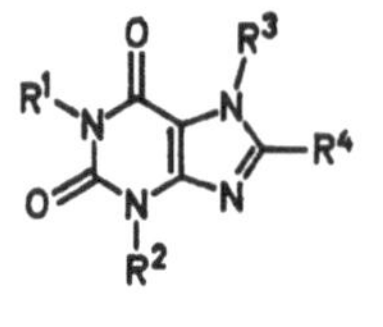

gruppe) durch Rk. entsprechender 5-Nitrosouracil-Deriv. mit Alkylierungsmitteln in inerten Medien in Ggw. von Alkalien. — Unter Schütteln versetzt man 4 g 1.3-Dimethyl-4-methylamino-5-nitrosouracil in CH_3OH mit einer Lsg. von CH_2N_2 in Ae.: 3,5 *Coffein*, F. 235—236° (W.). — Analog: *8-Methylcoffein*, F. 210—212° (A.). — *8-Isopropylcoffein*, F. 142—144°. — *7-Isopropyltheophyllin*, F. 138—140°. — *7-Benzyltheophyllin*, F. 157—159°. (**D.P.[DDR] 50614** Kl. 12p vom 19/2. 1965, ausg. 5/10. 1966 [Wirtschaftspatent].) — 5 S.
K.-D. Stolp H 3272

1965 J. R. Geigy Akt.-Ges., Basel, Schweiz (Erfinder: Niels Clauson-Kaas, Kopenhagen, Dänemark, Rolf Denss, Basel, Franz Ostermayer, Riehen, und Ernst Renk, Basel, Schweiz), **3.4-Dihydro-2.4-dioxo-2H-pyrido-[2.3-e][1.3]-oxazin** erhält man aus 5-(2'-Furyl)-hydantoin durch Ox., bes. mit Halogen (Cl_2). F. 280° (Eisessig), Ausb. 25—30%. (**Schwz.P. 412920** vom 24/10. 1962, ausg. 30/11. 1966.) — 2 S. A. Jahn H 3282

1966 Helmut Wunderlich, Dresden, und Andreas Stark, Radebeul, **Herstellung von Carbaminsäureestern** durch Ox. von Verb. der allg. Formel I (X = H, Halogen,

I
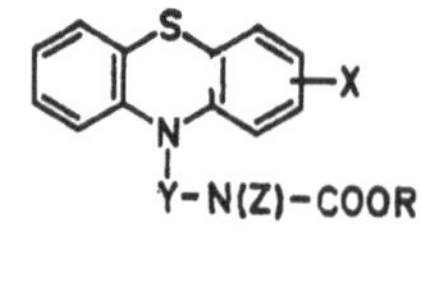

Alkyl-, Alkoxy- oder Acylrest; Y = C_{2-5}-KW-Stoff-Kette; Z = C_{1-5}-Alkylrest; R = CH_3 oder C_2H_5) in 9-Stellung in saurer Lsg. mit H_2O_2, CrO_3 oder $KMnO_4$. — Man ox. 40 g Methyl-[1'-(phenothiazinyl-(10))-2'-methyläthyl]-carbaminsäureäthylester in 400 ml Eisessig mit 40 ml 30%ig. H_2O_2 in 24 Std. bei 45—50°. Nach Zusatz von Aktivkohle, Filtration u. Zugabe von 1 l W. wird das ölige Prod. mit Toluol abgetrennt: 40 g *Methyl-[1'-(9.9-dioxophenothiazinyl-(10)-2'-methyläthyl]-carbaminsäureäthylester*, F. 126,5—127°. — Analog: *Methyl-[1'-(9.9-dioxophenylthiazinyl-(10)-1'-methyläthyl-]-carbaminsäureäthylester*, Ausb. 97,2%. (**D.P.[DDR] 51856** Kl. 12p vom 28/7. 1965, ausg. 20/11. 1966 [Wirtschaftspatent].) — 3 S. K.-D. Stolp H 3292

1967 Geigy Co. Ltd., Manchester, Großbritannien (Erfinder: Donald Richard Randell), **Herstellung von 7.8-Dihydro-dinaphth-[1.2-b:2'.1.'-f]-azepin (I).** Zu einer Suspension von 68 (Teilen) C_2H_5ONa in 500 Bzl. tropft man bei —2 bis 0° 187 2-Methyl-1-nitronaphthalin u. 116 Isoamylformiat in 400 Bzl., rührt bei derselben Temp. 21 Std. u. fällt mit 2 l W. → 78 *1.2-Bis-[1-nitronaphthyl-(2)]-äthan*, F. 256—257°, die in 500 Dioxan gelöst u. in Ggw. von 5 Raney-Ni hydriert werden. Nach dem Abfiltrieren wird das Filtrat mit 48—88%ig. H_3PO_4 versetzt → 104 *Di-phosphat* von *1.2-Bis-[1-amino-naphthyl-(2)]-äthan*. Dieses wird unter N_2 1 Std. auf 290° erhitzt → 32 I, F. 136°. — *Antioxydans*. (**Brit.P. 1036693** vom 3/1. 1964, ausg. 20/7. 1966.) — 5 S.
C. Lüttgen H 3370

1968 Roussel-Uclaf, Seine, Frankreich (Erfinder: Jacques Martel und Chanh Huynh), **Herstellung von Colchicinderivaten.** *2.3.4-Trimethoxy-5'.6-dioxo-5.6.8.9.2'.3'.4'.5'-oktahydro-7H-benzocyclohepten-(5)-spiro-[2']-furan*, $C_{17}H_{20}O_6$, F. 140° (Ae.), aus 3 (g) der 6-Hydroxyverb. in 150 ml Aceton bei 0° durch Versetzen mit 5,2 ml einer auf 100 ml mit W. aufgefüllten Lsg. aus 25 CrO_3 u. 37 konz. H_2SO_4, Zugabe von CH_3OH, Extraktion mit CH_2Cl_2, Chromatographie an Al_2O_3 u. Eluieren mit Bzl.; Ausb. 2,6 g. (**F.P. 86130** vom 8/7. 1964, ausg. 14/3. 1966. **Zusatz zu F.P. 1363961.**) — 2 S.
G. Colsmann H 3500

1969 Merck & Co., Inc. (Erfinder: Donald Warren Krech und Leonard Harold Silver), **Alkalisalze der Isoascorbinsäure.** Eine wss. Lsg. von 2-Keto-D-gluconsäure wird mit einem Alkohol, z. B. Propylenglykol, durch Dest. im Vakuum bis auf $<7\%$ W. entwässert, mit Methanol in Ggw. einer kleinen Menge einer starken Säure verestert, mit einem Alkalihydroxid bis pH 9—10 versetzt, ca. $^1/_4$ Std. gekocht u. das gebildete Salz mit konz. H_2SO_4 bis pH 5,5—6,5 ausgeschieden. (**Aust.P. 271059** vom 13/6. 1963, ausg. 1/12. 1966. U.S. Prior. 22/6. 1962.) — 15 S. C. Lüttgen H 3850

1970 Pure Chemicals Ltd., Liverpool, Großbritannien (Erfinder: Vincent Oakes und Ronald Eric Hutton), **Di- und Trialkylzinnhalogenide** werden hergestellt durch Rk. von Alkylhalogeniden mit Sn in Ggw. von Metallhalogeniden, die in Verb. mit organ. Lewis-Basen als Katalysatoren wirken. — 50 (g) Sn, 170 C_4H_9J, 4 Butanol u. 0,5 Mg → *$(C_4H_9)_2SnJ_2$*, Ausb. 95%. An Stelle von Mg ist auch Hg, Zn, Li, Na, Cd brauchbar. — *Dioctyl-Sn-dijodid*. Die Dijodide werden durch Hydrolyse in die entsprechenden Dialkyl-Sn-oxide übergeführt. (**Brit.P. 1021426** vom 22/8. 1962, ausg. 2/3. 1966.) — 5 S.
A. Debo 6680

1971 R. G. Mirskov und V. M. Vlasov, **4.4.4-Trichlor-1-phenyl-3-[triäthylstannoxy]-butin-(1)** (I) entsteht durch Rk. von Triäthylphenyläthinylstannan (II) u. Chloral (III) bei 100—200° im verschlossenen Gefäß. — 11 (g) II u. 6 III werden 10 Std. auf 100—200° erhitzt: 11,35 I, $Kp._1$ 160—161°; n_D^{20} 1,5623; $D._4^{20}$ 1,4090. (**UdSSR.P. 181649** vom 30/4. 1965, ausg. 15/7. 1966.) — 2 S.
F. Eßer 6680

1972 M. F. Šostakovskij, V. M. Vlasov und R. G. Mirskov, **Unsymmetrische acetylenische Acetale** entstehen beim Erwärmen von α-Halogenäthern mit zinnorgan. Alkoholaten von Acetylenalkoholen auf 40°. — Zu 15,5 (g) 3-[Triäthylstannoxy]-3-methylpropin-(1) fügt man unter Eiskühlung 4,5 $(ClCH_2)_2O$, erwärmt $^1/_2$ Std. auf 40° u. dest. 3,7 *Methyl-3-methylpropin-(1)-formal*, $HC{\equiv}C{-}CH(CH_3){-}OCH_2OCH_3$, $Kp._{41}$ 42°, n_D^{20} 1,4074, $D._4^{20}$ 0,9068, u. 9,6 *Triäthylchlorstannan*, $Kp._4$ 68—70°. — Analog: *Methyl-1-[triäthylstannyl]-butin-(1)-*

formal, $(C_2H_5)_3SnC{\equiv}C{-}CH_2CH_2OCH_2OCH_3$, Kp.$_1$ 45 bis 47°. (**UdSSR.P. 185920** vom 5/4. 1965, ausg. 22/10. 1966.) — 2 S. J. Plückhan 6680

1973 **Esso Research and Engineering Co.**, Elizabeth, N. J. (Erfinder: **Herbert Kress, Julius Philip Bilisoly** und **John Nelson Beard**, Baton Rouge, La.), USA, *Aktivierung von Molekularsiebkatalysatoren*. (**D.A.S. 1 273 511** Kl. 12o vom 20/9. 1962, ausg. 25/7. 1968. U.S. Prior. 27/9. 1961. — C. **1968**, 15-2611 [U.S.P. 3 201 356].)

1974 **Gulf Research & Development Co.**, Pittsburgh (Erfinder: **Richard Graham** und **William Richard**, Penn Township), Pa., USA, *Hydrierende Isomerisierung von n-Pentan*. (**D.A.S. 1 265 728** Kl. 12o vom 10/7. 1957, ausg. 11/4. 1968. U.S. Prior. 11/7. 1956. Zusatz zu D.A.S. 1 171 892; C. 1965, 3-3026. — C. **1960**, 13 844 [Brit.P. 816 591].)

1975 **Farbwerke Hoechst Akt.-Ges. vormals Meister Lucius & Brüning**, (Erfinder: **Otto Scherer, Helmut Hahn** und **Heinrich Kühn**), Frankfurt/M.), *Herstellung von Fluorbrom(halogen)alkanen*. (**Schwz.P. 442 260** vom 13/7. 1962, ausg. 31/1. 1968. D. Prior. 15/7. 1961. — C. **1968**, 12-2510 [Brit.P. 1 012 797].)

1976 **Meir Asscher, David Vofsi**, Rehovoth, und **Aharon Katschalsky**, Tel-Aviv, Israel, *Addukte des Tetrachlorkohlenstoffs an olefinische Verbindungen*. (**D.A.S. 1 269 618** Kl. 12o vom 26/9. 1962, ausg. 6/6. 1968. Israel. Prior. 28/9. 1961. — C. **1964**, 22-2350 [Irsael.A.S. 16 079].)

1977 **British Petroleum Co. Ltd.**, London (Erfinder: **Kenneth Hugh Bourne** und **Peter Desmond Holmes**, Sunbury-on-Thames), Großbritannien, *Isomerisieren von Olefinen*. (**Schwz.P.445 470** vom 6/8. 1962, ausg. 29/2. 1968. Brit. Prior. 8/8. 1961. C. **1967**, 52-2517 [F.P. 1 330 582].)

1978 **Farbwerke Hoechst Akt.-Ges. vormals Meister Lucius & Brüning** (Erfinder: **Wilhelm Lendle** und **Günther Mau**), Frankfurt/M., *Herstellung von Vinylchlorid bzw. eines Vinylchlorid und Äthylchlorid enthaltenden Gemisches*. (**Schwz.P. 448 060** vom 2/4. 1965, ausg. 29/3. 1968. D. Prior. 4/4. 1964. — C. **1967**, 39-2370 [D.A.S. 1 232 132].)

1979 **Halcon International Inc.**, New York, N. Y. (Erfinder: **Joseph L. Russell**, Ridgewood, und **Mitchell Becker**, Teaneck, N. J.), USA, *Oxydation von Kohlenwasserstoffen zu entsprechenden Alkoholen*. (**Schwz.P. 446 285** vom 26/6. 1963, ausg. 15/3. 1968. U.S. Prior. 26/6. 1962. — C. **1968**, 44-2418 [Brit.P. 1 036 206].)

1980 **British Petroleum Co. Ltd.**, London (Erfinder: **Gordon Foster** und **Maurice Barrington Sparke**, Sunbury-on-Thames, Middlesex), Großbritannien, *Herstellung von olefinisch ungesättigten Diolen*. (**Schwz.P. 448 993** vom 18/9. 1964, ausg. 11/4. 1968. Brit. Prior. 11/10. 1963. — C. **1968**, 45-3073 [Brit.P. 1 042 198].)

1981 **Farbwerke Hoechst vormals Meister Lucius & Brüning**, Frankfurt/M. (Erfinder: **Christof Dörfelt**, Burghausen), *1.4-Butylenglykol-μ.1.4-Dibutylenglykoldiacetat*. (**Schwz.P. 454 110** vom 27/12. 1965, ausg. 14/6. 1968. D. Prior. 30/12. 1964. — C. **1967**, 29-2548 [D.A.S. 1 226 560].)

1982 **Stamicarbon N. V.**, Heerlen (Erfinder: **Johannes Wilhelmus Gielkens**, Sittard, und **Johannes Henricus Catharina Marie-Aimée Gregoire**, Beek), Niederlande, *Bis-[2-hydroxy-2-carboxyäthyl]-disulfid*. (**Schwz.P. 447 143** vom 5/8. 1963, ausg. 29/3. 1968. Niederl. Prior. 9/8. 1962. — C. **1966**, 17-2524 [D.A.S. 1 200 808].)

1983 **Hans S. Mannheimer** und **John Joseph McCabe jun.** (Erfinder: **Hans S. Mannheimer**), Irvington, N. J., USA, *2-Hydroxypropansulton*. (**D.A.S. 1 269 122** Kl. 12o vom 16/1. 1962, ausg. 30/5. 1968. U.S. Prior. 30/6. 1961. — C. **1968**, 37-3130 [Brit.P. 989 496].)

1984 **Ajinomoto Co., Inc.**, Tokio (Erfinder: **Jiro Kato**, Tokio, **Takeshi Hayama**, Yokohama City, **Ryoji Iwanaga, Takashi Komatsu**, Tokio, und **Takashi Fujii**, Kawasaki City), Japan, *Aldehydherstellung durch Oxosynthese*. (**D.A.S. 1 259 324** Kl. 12o vom 1/12. 1959, ausg. 25/1. 1968. Jap. Prior. 31/12. 1958. — C. **1964**, 32-2266 [Brit.P. 884 664]).

1985 **Perstorp A/B** (Erfinder: **Per Gustaf Magnus Flodin** und **Carl-Axel Eduard Sjögreen**), Perstorp, Schweden, *Herstellung von wasserfreiem gasförmigem Formaldehyd*. (**Schwz.P. 451 901** vom 30/6. 1965, ausg. 15/5. 1968. Schwed. Prior. 27/8. 1964. — C. **1968**, 37-2762 [D.A.S. 1 253 259].)

1986 **Stamicarbon N. V.**, Heerlen (Erfinder: **Abraham Hermanus de Rooij**, Geleen), Niederlande, *Herstelung stabiler Formaldehydlösungen*. (**Schwz.P. 453 323** vom 19/7. 1963, ausg. 14/6. 1968. Niederl. Prior. 27/7. 1962. — C. **1965**, 43-2623 [D.A.S. 1 189 540 u. Brit.P. 974 074].)

1987 **FMC Corp.**, New York, N. Y., USA (Erfinder: **Hárold Kenneth Latourette**, Soral, Genf, Schweiz, **John Harrijs Blumbergs** und **Sidney Berkotritz**, Highland Park, N. J., USA), *Peroxycarbonsäuren*. (**Schwz.P. 441 265** vom 24/5. 1963, ausg. 15/1. 1968. U.S. Prior. 24/5. 1962 u. 27/3. 1963. — C. **1967**, 5-2535 [D.A.S. 1 219 484].)

1988 **Rohm & Haas Co.**, Philadelphia (Erfinder: **Newman Mayer**, Bortnick, Oreland), Pa., USA, *Katalytische Veresterungen*. (**Schwz.P. 444 156** vom 29/4. 1960, ausg. 15/2. 1968. U.S. Prior. 29/4. 1959. — C. **1964**, 36-2209 [F.P. 1 260 833].)

1989 **Nippon Chemical Industrial Co. Ltd.** (Erfinder: **Toshio Nakaoka, Kozo Sonobe, Sadao Suganuma** und **Eiji Mori**), Tokio, Japan, *Nitrile*. (**Schwz.P. 442 266** vom 3/7. 1964, ausg. 31/1. 1968. Jap. Prior. 5/7. 1963 u. 23/3. 1964. — C. **1967**, 45-2282 [D.A.S. 1 230 026].)

1990 **Halcon International, Inc.**, New York (Erfinder: **John White Colton**, Pelham Manor, und **Joseph E. Jewett jun.**, Larchmont), N. Y., USA, *Kontinuierliche Herstellung von Essigsäure aus Äthylen*. (**D.A.S. 1 263 741** Kl. 12o vom 13/10. 1962, ausg. 21/3. 1968. U.S. Prior. 13/10. 1961. — C. **1967**, 6-2586 [Brit.P. 1 010 068].)

1991 **Uddeholms A/B** (Erfinder: **Sven Helmer Persson, Per Torsten Åkerström, Per Erik Larberg** und **Sven Erik Leonard Nord**), Skoghall, Schweden, *Reinigung von Monochloressigsäure*. (**D.A.S. 1 268 130** Kl. 12o vom 6/12. 1960, ausg. 16/5. 1968. Schwed. Prior. 7/12., 12/12. 1959 u. 22/1. 1960. — C. **1965**, 22-2492 [Brit.P. 949 393].)

1992 **Dynamit Nobel Akt.-Ges.**, Troisdorf (Erfinder: **Karl Hass**, Ranzel-Kolonie, **Arnold Lenz**, Köln, und **Otto Bleh**, Mondorf/Rh.), *Orthoameisensäurealkanolester*. (**Schwz.P. 447 137** vom 14/1. 1965, ausg. 29/3. 1968. D. Prior. 18/1. 1964. — C. **1966**, 35-2634 [D.A.S. 1 205 076].)

1993 **Farbenfabriken Bayer Akt.-Ges.** (Erfinder: **Walter Krönig** und **Bruno Frenz**), Leverkusen, *Essigsäureester*. (**Schwz.P. 448 047** vom 23/6.1965, ausg. 29/3. 1968. D. Prior. 17/7., 5/11. 1964 u. 3/6. 1965. — C. **1968**, 6-2506 [Port.P. 44 341].)

1994 **Imperial Chemical Industries Ltd.**, London (Erfinder: **Duncan Clark, Frederick Brian Deans, Percy-Hayden** und **William Derek Walsh**, Norton-on-Tees, Durham), Großbritan, nien, *Herstellung von Vinylacetat*. (**D.A.S. 1 265 156** Kl. 12o vom 27/10. 1964, ausg. 4/4. 1968. Brit. Prior. 7/11, 1963. — C. **1967**, 33-2588 [Brit.P. 1 008 622].)

1995 **Farbwerke Hoechst Akt.-Ges. vormals Meister Lucius & Brüning**, Frankfurt/M. (Erfinder: **Otto Probst** und **Horst Oehme**, Frankfurt/M.), *Herstellung von lagerfähigem, kristallisiertem Kaliumsorbat*. (**Schwz.P. 451 916** vom 1/2. 1963, ausg. 15/5. 1968. D. Prior. 3/2. 1962. — C. **1966**, 22-2381 [D.A.S. 1 198 349].)

1996 **Farbenfabriken Bayer Akt.-Ges.** (Erfinder: **Erwin Müller**), Leverkusen, *Herstellung von N-heterocyclischen Methacrylsäureamiden*. (**D.A.S. 1 262 279** Kl. 12p vom 23/6. 1961, ausg. 7/3. 1968. — C. **1966**, 19-2530 [Brit.P. 960 742].)

1997 **Knapsack-Griesheim Akt.-Ges.**, Knapsack (Erfinder: **Kurt Sennewald, Wilhelm Vogt**, Knapsack, **Alexander Ohorodnik**, Berrenrath, und **Hermann Vierling**, Hürth), *Herstellung ungesättigter Nitrile aus Olefinen*. (**Schwz.P. 448 061** vom 13/8. 1963, ausg. 29/3. 1968. D. Prior. 1/9. 1962. — C. **1968**, 12-2534 [Oe.P. 242 678].)

1998 **Montecatini Soc. Gen. per l'Industria Mineraria e Chimica** (Erfinder: **Francesco Minisci Giuseppe Belvedere** und **Adolfo Quilico**), Mailand, Italien, *Korksäure durch Oxydation von Cyclooctan*. (**D.A.S. 1 262 991** Kl. 12o vom 14/1. 1964, ausg. 14/3. 1968. It. Prior. 22/1. 1963. — C. **1967**, 15-2649 [Brit.P. 1 026 311].)

1999 **Badische Anilin- & Soda-Fabrik Akt.-Ges.** (Erfinder: **Horst Metzger** und **Ludwig Beer**), Ludwigshafen/Rh., *Ester von Dicarbonsäuremonochloriden*. (**Schwz.P. 451 902** vom 22/5. 1964, ausg. 15/5. 1968. D. Prior. 15/6. 1963. — C. **1966**, 22-2382 [D.A.S. 1 198 363].)

2000 **British Celanese Ltd.**, London (Erfinder: **Stanley Beesly, Darley Albey** und **John Bernard Powner**, Chaddosden, Derby), Großbritannien, *ε-Caprolacton*. (**D.A.S. 1 273 520** Kl. 12o vom 13/12. 1963, ausg. 25/7. 1968. Brit. Prior. 20/12. 1962. — C. **1968**, 21-2757 [F.P. 1 377 853].)

2001 **Farbenfabriken Bayer Akt.-Ges.**, Leverkusen (Erfinder: **Günter Oertel**, Köln, **Hans Holtschmidt**, Leverkusen, und **Karl Friedrich Zenner**, Köln), *Herstellung von monomerer Isocyansäure*. (**Brit.P. 1 101 640** vom 21/12. 1965, ausg. 31/1. 1968. — C. **1967**, 11-2790 [D.A.S. 1 219 912].)

2002 **Farbwerke Hoechst Akt.-Ges. vormals Meister Lucius & Brüning**, Frankfurt/M. (Erfinder: **Rudolf Titzmann** und **Rudolf Zinsmeister**, Bobingen), *Herstellung von umhüllten Isocyanaten*. (**Schwz.P. 448 063** vom 3/9. 1964, ausg. 29/3. 1968. D. Prior. 5/9. 1963. — C. **1968**, 14-2507 [D.A.S. 1 243 177].)

2003 **Sumitomo Chemical Co. Ltd.**, Osaka (Erfinder: **Toru Kawanami**, Nishinomiyashi, und **Gohu Suzukamo**, Toynaka-shi), Japan, *Methylenrhodanid*. (**Schwz.P. 449 608** vom 22/6. 1966, ausg. 11/4. 1968. Jap. Prior. 26/6. 1965. — C. **1967**, 46-2465 [D.A.S. 1 232 574].)

2004 **Armour & Co.**, Chicago, Ill. (Efinder: **Murray C. Cooperman**, Teaneck, N. J.), USA, *Herstellung von N-Alkyltrimethylendiaminen*. (**D.A.S. 1 272 927** Kl. 12q vom 20/3. 1963, ausg. 18/7. 1968. U.S. Prior. 20/3. 1962. — C. **1967**, 2-2662 [Brit.P. 980 128].)

2005 **Monsanto Chemical Co.**, St. Louis, Mo., USA, *Herstellung von Hexamethylendiamin*. (**Schwz.P. 450 444** vom 25/11. 1963, ausg. 30/4. 1968. U.S. Prior. 28/11. 1962. — C. **1968**, 40-2366 [U.S.P. 3 235 600].)

2006 **Stauffer Chemical Co.**, New York (Erfinder: **Walter Stamm**, Tarrytown, und **Carl Cataldo Greco**, Bronx), N. Y., USA, *Herstellung von N-β-chloralkylsubstituierten Carbaminsäureestern*. (**D.A.S. 1 271 704** Kl. 12o vom 3/12. 1964, ausg. 4/7. 1968. U.S. Prior. 5/12. 1963 u. 13/11. 1964. — C. **1968**, 45-2738 [Brit.P. 1 046 180].)

2007 **K. K. Musashino Kagaku Kenkyusho** (Erfinder: **Eiichi Sakao**), Tokio, Japan, *Herstellung von ε-Aminocapronsäure*. (**Schwz.P. 442 341** vom 9/6. 1964, ausg. 31/1. 1968. Jap. Prior. 11/6. 1963. — C. **1968**, 41-2696 [Brit.P. 1 021 329].)

2008 **Farbwerke Hoechst Akt.-Ges. vormals Meister Lucius & Brüning**, Frankfurt/M., *Herstellung von Additionsverbindungen aus Lactamen und Carbonsäuren*. (**Niederl.P. 123 735** vom 11/1. 1960, ausg. 15/2. 1968. D. Prior. 17/1. 1959. — C. **1966**, 12-2459 [Brit.P. 942 196].)

2009 **Sandoz Akt.-Ges.**, Basel, Schweiz, *Herstellung eines Polypeptids*. (**Niederl.P. 123 591** vom 8/7. 1960, ausg. 15/1. 1968. Schwz. Prior. 24/7. 1959. — C. **1965**, 1-2654 [Oe.P. 223 754].)

2010 **British Petroleum Co. Ltd.**, London (Erfinder: **John Norman Haresnape** und **Peter Thomas White**, Sunbury-on-Thames, Middlesex), Großbritannien, *Isomerisierung von Aromaten*. (**D.A.S. 1 266 294** Kl. 12o vom 9/9. 1960, ausg. 18/4. 1968. Brit. Prior. 10/9. 1959. — C. **1964**, 9-2805 [Brit.P. 899 379].)

2011 **Ashland Oil & Refining Co.** (Erfinder: **Thorwell H. Paulsen**), Ashland, Ky., USA, *Gewinnung von hochgereinigtem Benzol*. (**D.A.S. 1 270 017** Kl. 12o vom 13/4. 1959, ausg. 12/6. 1968. U.S. Prior. 15/4. 1958. — C. **1964**, 46-2877 [Brit.P. 916 597] u. C. **1961**, 15 199 [U.S.P. 2 951 886].)

2012 **Imperial Chemical Industries Ltd.**, London (Erfinder: **Harold Crosbie Fielding**, Northwich/Ches.), Großbritannien, *Herstellung von 1.4-Dichlortetrafluorbenzol*. (**Schwz.P. 451 103** vom 15/1. 1965, ausg. 15/5. 1968. Brit. Prior. 17/1. 1964. — C. **1968**, 24-2534 [Brit.P. 1 027 372].)

2013 **Imperial Smelting Corp.** (N.S.C) **Ltd.**, London (Erfinder: **Royston Henryl Bennett** und **George Fuller**, Avonmouth, Glas.), Großbritannien, *Herstellung aromatischer Perhalogenkohlenstoffverbindungen*. (**Schwz.P. 448 986** vom 22/10. 1963, ausg. 11/4. 1968. Brit. Prior. 23/10. 1962 u. 2/1. 1963. — C. **1967**, 15-2668 [Brit.P. 995 927].)

2014 **Oscar Lewis Wright**, Kansas City, Mo., USA, *Herstellung aromatischer Nitroverbindungen*. [**Schwz.P. 448 987** vom 18/6. 1965, ausg. 11/4. 1968. U.S. Prior. 19/6. 1964. — C. **1968**, 9-2486 [U.S.P. 3 221 062].)

2015 **Ciba Akt.-Ges.**, Basel, Schweiz (Erfinder: **Graham Winfield**, Harlton/Cambs, und **Edward Gamish**, Saffron Walden/Essex, Großbritannien), *Herstellung von Glycidyläthern*. (Schwz.P. **441 257** vom 2/4. 1962, ausg. 15/1. 1968. Brit. Prior. 13/4. u. 9/6. 1961. — C. **1967**, 19-2293 [Oe.P. 233 839)

2016 **Coalite & Chemical Products Ltd.**, Chesterfield, Derbyshire (Erfinder: **Herbert Frederick Bondy, Allan David Gregory, Frederick Roland Moore**, Chesterfield, und **Geoffrey Edward Munro**, Rawdon), Großbritannien, *Herstellung von Alkylphenolen*. (**Schwz.P. 449 049** vom 23/6. 1964, ausg. 11/4. 1968. Brit. Prior. 24/6. u. 19/7. 1963. — C. **1968**, 46-2319 [Brit.P. 1 040 945].)

2017 **Commercial Solvents Corp.**, New York, N. Y. (Erfinder: **Herbert L. Wehrmeister**), Terre Haute, Ind., USA, *Herstellung von Arylmercaptoalkylamiden*. (**D.A.S. 1 249 880** Kl. 12q vom 9/4. 1964, ausg. 14/9. 1967. **Schwz.P. 444 138** vom 30/4. 1964, ausg. 15/2. 1968. Beide U.S. Prior. 2/5. 1963. — C. **1968**, 41-2643 [Brit.P. 1 027 752].)

2018 **Syntex Corp.**, Panama, Panama (Erfinder: **Gilbert Stork**, New York, N. Y., USA), *α-Alkylsubstituierte organische Carbonylverbindungen*. (**D.A.S. 1 270 560** Kl. 12o vom 10/3. 1964, ausg. 20/6. 1968. U.S. Prior. 27/3. 1963. — C. **1968**, 23-2740 [U.S.P. 3 230 216].)

2019 **Badische Anilin- & Soda-Fabrik Akt.-Ges.** (Erfinder: **Herwig Freyschlag, Werner Reif, Axel Nuerrenbach** und **Horst Pommer**), Ludwigshafen/Rh., *Herstellung ungesättigter Aldehyde.* (**Schwz.P. 453 327** vom 27/11. 1964, ausg. 14/6. 1968. D. Prior. 30/11. 1963. – C. **1967**, 28-2622 [D.A.S. 1 211 616].)

2020 **Snia Viscosa Soc. Nazionale Industria Applicazioni Viscosa S.p.A.**, Mailand (Erfinder: **Luigi Notarbartolo**, Mailand, **Werner Muench** und **Vincenzo Ruoti**, Cesano Maderno), Italien, *Oxydation alkylaromatischer Verbindungen.* (**Schwz.P. 451 106** vom 15/6. 1962, ausg. 15/5. 1968. It. Prior. 26/6. 1961. Zusatz zu Schwz.P. 430 683; C. 1968, 33-2892. – C. **1967**, 51/52-2559 [F.P. 1 326 869].)

2021 **Chemische Werke Witten G. m. b. H.** (Erfinder: **Gustav Renckhoff**, **Hans-Leo Hülsmann** und **Walter Rudolph**), Witten/Ruhr, *Herstellung von Methylterephthalsäuredimethyl- und Trimellitsäuretrimethylester.* (**Schwz.P. 442 271** vom 1/2. 1963, ausg. 31/1. 1968. D. Prior. 25/5. 1962. – C. **1964**, 19-2279 [D.A.S. 1 153 355].)

2022 **Shell Internationale Research Mij. N. V.**, Den Haag (Erfinder: **Lenze Harstra, Franciscus Johannes Fredericus Van der Plas, Marinus Jacobus Waale** und **Theodoor Anton Weber**, Amsterdam), Niederlande. *Herstellung von im Ring halogenierten aromatischen Nitrilen.* (**Schwz.P. 450 383** vom 20/1. 1964, ausg. 30/4. 1968. Niederl. Prior. 22/1. 1963. – C. **1967**, 16-2602 [Brit.P. 993 205].)

2023 **Mobil Oil Corp.**, New York, N. Y. (Erfinder: **Alan Edric Ardis** und **Alexander Alex Vaitekunas**, New Haven, Conn., USA, *Herstellung von Mono-[β-hydroxyäthyl]-isophthalat.* (**Schwz.P. 446 292** vom 2/5. 1963, ausg. 15/3. 1968. – C. **1966**, 8-2370 [D.A.S. 1 198 343].)

2024 **J. R. Geigy Akt.-Ges.**, Basel, Schweiz, *Herstellung von p-Hydroxyphenylpropionitrilen.* (**Niederl.P. 123 594** vom 4/1. 1963, ausg. 15/1. 1968. U.S. Prior. 5/1. 1962. – C. **1966**, 24-2402 [U.S.P. 3 121 732].)

2025 **Sumitomo Chemical Co., Ltd.**, Osaka (Erfinder: **Shozo Maeda Oidemachi**, Nishinomiyashi, **Katsundo Yamori**, Kaneko-Otsu, Niihama-shi, **Ken Ito**, Toyonska-shi, **Masaji Nakata**, Kaneko-Otsu, und **Hiroshi Kaminaka**, Toyonaka-shi), Japan, *Herstellung aromatischer Amine.* (**D.A.S. 1 266 765** Kl. 12q vom 23/1. 1963, ausg. 25/4. 1968. Jap. Prior. 23/1. 1962. – C. **1967**, 48-2681 [F.P. 1 344 803].)

2026 **Farbwerke Hoechst Akt.-Ges. vormals Meister Lucius & Brüning** (Erfinder: **Rudolf Kühne** und **Fritz Meininger**), Frankfurt/M., *Äthionylaminogruppen enthaltende Verbindungen.* (**Schwz.P. 451 920** vom 3/5. 1962, ausg. 15/5. 1968. D. Prior. 6/5. 1961. – C. **1965**, 31-2632 [D.A.S. 1 181 204].)

2027 **Rhône-Poulenc Soc. An.**, Paris, Frankreich, *Herstellung von Oxidationsprodukten von Cyclohexan.* (**Niederl.P. 123 737** vom 1/4. 1963, ausg. 15/2. 1968. F. Prior. 2/4. 1962. – C. **1966**, 22-2412 [D.A.S. 1 201 340].)

2028 **Baldwin-Montrose Chemical Co.**, Maplewood (Erfinder: **Jacob Rosin**, Maplewood, N. J., und **Oscar G. Birsten**, New York, N. Y.), USA, *Herstellung von Cyclohexylsulfaminsäure.* (**Schwz.P. 447 145** vom 24/5. 1965, ausg. 29/3. 1968. – C. **1967**, 35-2400 [D.A.S. 1 223 369].)

2029 **Olin Mathieson Chemical Corp.**, New York, N. Y. (Erfinder: **Gerhard Friedrich Ottmann**, Hamden, Conn.), USA, *Herstellung von 1.4-Cyclohexadien-1.4-dicarbonsäure.* (**D.A.S. 1 271 110** Kl. 12o vom 2/5. 1963, ausg. 27/6. 1968. U.S. Prior. 3/5. 1962. – C. **1967**, 24-2624 [U.S.P. 3 182 078].)

2030 **Gelsenberg Benzin Akt.-Ges.**, Gelsenkirchen (Erfinder: **Karl Peterlein**, Gladbeck), *Herstellung von Cyclohexyl- oder Isopropylphosphonsäure-bis-[4-hydroxyphenyl]-estern.* (**Schwz.P. 449 008** vom 18/1. 1965, ausg. 11/4. 1968. D. Prior. 28/3. 1964. – C. **1966**, 6-2489 [D.A.S. 1 194 414].)

2031 **Shell Internationale Research Mij. N. V.**, Den Haag, Niederlande (Erfinder: **Albert Louis Rocklin**, Creek, und **John Louis van Winkle**, San Lorenzo, Calif., USA), *Mehrkernige Phenole als Stabilisatoren gegen Einwirkung von Luftsauerstoff.* (**Schwz.P. 451 135** vom 10/7. 1961, ausg. 15/5. 1968. U.S. Prior. 11/7. 1960. – C. **1966**, 39-2758 [F.P. 1 294 590].)

2032 **Imperial Chemical Industries Ltd.**, London (Erfinder: **James Eric McIntyre** und **Isaac Goodman**, Harrogate, Yorks), Großbritannien, *Herstellung von Arylmono- bzw. -polycarbonsäuren.* (**Schwz.P. 453 385** vom 12/3. 1963, ausg. 14/6. 1968. Brit. Prior. 12/3. 1962. – C. **1968**, 24-2561 [Brit.P. 1 019 573].)

2033 **Parke, Davis & Co.**, Detroit (Erfinder: **James Stanley Kaltenbronn**, Ann Arbor), Mich., USA, *Herstellung von Derivaten als Naphthalins.* (**Schwz.P. 443 261** vom 1/5. 1964, ausg. 15/2. 1968. U.S. Prior. 2/5. 1963. – C. **1966**, 13-2447 [Port.P. 42 412].)

2034 **Lummus Co.**, New York (Erfinder: **Morgan Chuan-yuan**, Garden City), N. Y., USA, *Herstellung von Anthrachinon.* (**D.A.S. 1 271 699** Kl. 12o vom 16/6. 1964, ausg. 4/7. 1968. U.S. Prior. 24/6. 1963. – C. **1967**, 19-2708 [Brit.P. 1 077 234].)

2035 **Studiengesellschaft Kohle m. b. H.** (Erfinder: **Günther Wilke** und **Paul Heimbach**), Mülheim/Ruhr, *Herstellung von cis.cis-Cyclododecadien-(1.6).* (**Schwz.P. 446 312** vom 8/4. 1964, ausg. 15/3. 1968. D. Prior. 10/4. 1963. **D.A.S. 1 230 023** Kl. 12o vom 10/4. 1963, ausg. 8/12. 1966. – C. **1968**, 40-2385 [Brit.P. 1 022 875].)

2036 **Chemische Werke Hüls Akt.-Ges.** (Erfinder: **Günther Maaß**), Marl, *Herstellung von 1.4.5.6.7.7-Hexachlorbicyclo[2.2.1]-5-heptenoxyphosphorverbindungen.* (**D.A.S. 1 261 506** Kl. 12o vom 17/7. 1962, ausg. 22/2. 1968. – C. **1968**, 40-2398 [Brit.P. 1 049 870].)

2037 **Ciba Ltd.**, Basel, Schweiz, *Herstellung von Thiophen-2.5-dicarbonsäure.* (**Niederl.P. 123 595** vom 22/12. 1961, ausg. 15/1. 1968. Schwz. Prior. 23/12. 1960. – C. **1966**, 25-2575 [Brit.P. 950 900].)

2038 **Badische Anilin- & Soda-Fabrik Akt.-Ges.**, Ludwigshafen/Rh. (Erfinder: **Franz Reicheneder**, Ludwigshafen/Rh., und **Karl Dury**, Kirchheimbolanden), *Herstellung von 4-Nitropyrazolcarbonsäuren.* (**Schwz.P. 448 105** vom 18/12. 1964, ausg. 29/3. 1968. **Oe.P. 246 132** vom 30/12. 1964, ausg. 12/4. 1966. **F.P. 1 427 235** vom 31/12. 1964, veröff. 27/12. 1965. **Belg.A.S. 657 781** vom 30/12. 1964, bekanntgemacht 30/6. 1965. Alle D. Prior. 2/1. 1964. – C. **1967**, 37-2352 [D.A.S. 1 229 095].)

2039 **État Français, Ministre des Armées (Direction des Poudres)**, Paris (Erfinder: **Jacques Boileau**, Paris, **Michel Faidutti**, Saint-Aubau/Barses-Alpes, **Jean-Paul Konrat**, Sorgues/Vaucluse, und **René Billaz**, Vert-le-Petit, Seine-et-Oise), Frankreich, *Herstellung von Imino-(4)-oxazolidinonen-(2).* (**Schwz.P. 444 161** vom 27/2. 1964, ausg. 15/2. 1968. F. Prior. 8/3. 1963. – C. **1968**, 43-2647 [Brit.P. 1 036 075].)

2040 **Nippon Chemical Works Co. Ltd.**, Wakayama (Erfinder: **Kenro Ohbayasi**, **Masaaki Ohkawa**, Toyonaka, **Yoshio Yamakawa**, Takatsuki, **Tadao Kinosita**, Minoo, und **Toshiki Tanaka**, Wakayama), Japan, *Herstellung von Dibenzazolylstilbenverbindungen.* (**Schwz.P. 451 154** vom 5/6. 1964, ausg. 15/5. 1968. Jap. Prior. 7/6. u. 14/6. 1963. – C. **1967**, 47-2734 [Brit.P. 1 026 368].)

2041 **Shell Internationale Research Mij. N. V.**, Den Haag, Niederlande (Erfinder: **James Douglas McClure**, San Francisco, Calif., USA), *Herstellung von 2.5-Bis-[halogen-methyl]-1.4-dioxanen.* (**D.A.S. 1 279 568** Kl. 12q vom 11/3. 1964, ausg. 20/6. 1968. U.S. Prior. 13/3. 1963. – C. **1968**, 41-2726 [Brit.P. 1 017 865].)

2042 **Dow Chemical Co.** (Erfinder: **David Baker Keellom**), Midland, Mich., USA, *Isolierung von trans-2.5-Dimethylpiperazin aus Gemischen von cis- und trans-2.5-Dimethylpiperazin.* (**D.A.S. 1 267 222** Kl. 12p vom 15/2. 1955, ausg. 2/5. 1968. U.S. Prior. 15/2. 1954. – C. **1959**, 3650 [Brit.P. 777 503].)

2043 **Farbenfabriken Bayer Akt.-Ges.**, Leverkusen (Erfinder: **Hans-Georg Schmelzer**, **Gerhard Dankert**, Köln, **Eberhart Degener**, Opladen, und **Hans Holtschmidt**, Köln), *Herstellung von symmetrischen Triazinen.* (**Schwz.P. 443 322** vom 12/10. 1964, ausg. 15/2. 1968. D. Prior. 26/10. 1963. – C. **1966**, 27-2484 [D.A.S. 1 200 314].)

2044 **Badische Anilin- & Soda-Fabrik Akt.-Ges.**, Ludwigshafen/Rh. (Erfinder: **Guenther Hamprecht**, Limburgerhof/Pf., **Ludwig Vogel**, Frankenthal/Pf., **Matthias Schwarzmann**, Limburgerhof/Pf., und **Rudolf Mohr**, Ludwigshafen/Rh.), *Verdampfen von Harnstoff zur Herstellung von Melamin.* (**Schwz.P. 445 503** vom 15/3. 1965, ausg. 29/2. 1968. **Oe.P. 250 980** vom 26/3. 1965, ausg. 12/12. 1966. **F.P. 1 428 988** vom 29/3. 1965, veröff. 10/1. 1966. Alle D. Prior. 28/3. 1964. – C. **1966**, 39-2784 [D.A.S. 1 208 306.])

2045 **Badische Anilin- & Soda-Fabrik Akt.-Ges.**, Ludwigshafen/Rh. (Erfinder: **Guenther Hamprecht**, Limburgerhof/Pf. **Hermann Dieter Fromm**, Ludwigshafen/Rh., **Matthias Schwarzmann**, Limburgerhof/Pf. und **Eberhard Rother**, Ludwigshafen/Rh.), *Herstellung von Melamin.* (**Schwz.P. 446 363** vom 16/3. 1965, ausg. 15/3. 1968. D. Prior. 28/3. 1964. – C. **1966**, 45-2663 [D.A.S. 1 209 570].)

2046 **Stamicarbon N. V.**, Heerlen (Erfinder: **Adriaan Pieter Oele, Gerardus Johan Jozef Marie Taks, Simon Dingemans**, Geleen, und **Jan Damme**, Beek), Niederlande, *Ausscheiden von Melamin aus heißen melaminhaltigen Gasgemischen.* (**Schwz.P. 451 175** vom 5/3. 1963, ausg. 15/5. 1968. Niederl. Prior. 8/3. u. 28/11. 1962. – C. **1966**, 46-2544 [D.A.S 1 204 236].)

2047 **Allied Chemical Corp.**, New York, N. Y. (Erfinder: **Orvill Edward Snider**, Petersburg, **Reed Holman Belden**, Hopewell, **Donald Roy Beuerman**, Chester, Va., und **Donald William Seebohm**, East Aurora, N. Y.), USA, *Reinigung von ε-Caprolactam.* (**D.A.S. 1 263 008** Kl. 12p vom 28/8. 1959, ausg. 14/3. 1968. U.S. Prior. 8/9. 1958. – C. **1965**, 22-2617 [U.S.P. 3 021 326].)

2048 **Soc. Edison**, Mailand (Erfinder: **Giuseppe Caprara, Marcello Ghirga**, Mailand, und **Guidobaldo Cevidalli**, Seveso), Italien, *Cycloalkanonoxime.* (**Schwz.P. 451 123** vom 7/7. 1964, ausg. 15/5. 1968. It. Prior. 8/7. 1963. – C. **1966**, 31-2542 [D.A.S. 1 206 891].)

2049 **Sankyo Co. Ltd.** (Erfinder: **Tsunesuke Suyama**), Tokio, Japan, *Herstellung von β-Carotin in wasserlöslicher Form.* (**Schwz.P. 441 969** vom 29/3. 1963, ausg. 31/1. 1968. Jap. Prior. 30/3. 1962. – C. **1967**, 31-2564 [Brit.P. 1 008 432].)

2050 **C. H. Boehringer Sohn**, (Erfinder: **Ludwig Schröder, Klaus Thomas** und **Dietrich Jerchel**), Ingelheim/Rh., *Herstellung von Zinnkomplexen.* (**Schwz.P. 454 138** vom 10/12. 1964, ausg. 14/6. 1968. D. Prior. 18/12. 1963. – C. **1967**, 40-2547 [D.A.S. 1 227 905].)

2051 **Karl Ziegler** (Erfinder: **Wilhelm Paul Neumann**), Mülheim/Ruhr, *Halogenhaltige Zinnalkylverbindungen.* (**Schwz.P. 447 161** vom 25/4. 1960, ausg. 29/3. 1968. D. Prior. 30/4. 1959. – C. **1964**, 51-2003 [D.A.S. 1 164 407].)

2052 **M & T Chemicals, Inc.**, New York, N. Y. (Erfinder: **Albert K. Sawyer** und **Henry G. Kuivila**, Durham, N. H.), USA, *Tetraorganodiacyldizinnverbindungen.* (**Schwz.P. 449 611** vom 3/10. 1961, ausg. 11/4. 1968. U.S. Prior. 4/10. 1960. – C. **1966**, 7-2606 [U.S.P. 3 083 217].)

H–8. Farbstoffe

2053 Fuji Shashin Film K. K., Kanagawaken, Japan (Erfinder: Shiro Kimura, Makoto Yoshida und Momotoshi Tsuda), **Benzoylacetanilidderivate** der allg. Formel $HOOCCH_2CH(R)CONH–C_6H_4–COCH_2CO·NH–C_6H_3–(COOH)(OR^1)$ (R = Alkyl mit 10–18 C-Atomen, R^1 = Alkyl mit 1–3 C-Atomen) erhält man durch Rk. eines Acetanilidderiv. der allg. Formel $H_2N–C_6H_4–COCH_2CONH–C_6H_3–(COOH)(OR^1)$ mit einem entsprechend substituierten Bernsteinsäureanhydrid. – Aus 5-Carboxy-2-methoxy-[4-aminobenzoyl]-acetanilid durch Rk. mit Octadecenylbernsteinsäureanhydrid → *5-Carboxy-2-methoxy-[4-octadecenylsuccinmonoamido]-benzoylacetanilid*, F. 156–159° (Zers.), ähnlich das *4-Tetradecenylderiv.*, F. 155–156°, *3-Octadecenylderiv.*, F. 163 bis 165°, *4-Dodecenylderiv.*, F. 191–192° u. *5-Carboxy-2-äthoxy-[4-octadecenylsuccinmonamido]-benzoylacetanilid*, F. 163–165°. – *Gelbkuppler bei der Herst. von Farbfilmen.* (**Brit.P. 1045633** vom 1/4. 1964, ausg. 12/10. 1966.) – 6 S.

R. Bollinger 6830

2054 General Aniline & Film Corp., New York, N.Y., USA (Erfinder: Harlan Benjamin Freyermuth, David Irwin Randall und Dolores Matthews Buc), **Azofarbstoffe.** Zu Schwz.P. 393250, C. **1967**, 29-2699 ist die Herst. durch Kupplung der entsprechenden β-Naphtholsulfonsäuren mit diazotiertem Aminobenzylsulfonyläthanol nachzutragen. Man kuppelt z. B. diazotiertes 2-(2-Methoxy-5-aminobenzylsulfonyl)-äthanol mit 2-Naphthol-8-sulfonsäure u. stellt dann das Na-Salz des Sulfatesters her. (**Brit.P. 1031536** vom 6/12. 1962, ausg. 2/6. 1966. U.S. Prior. 28/12. 1961. **U.S.P. 3193546** vom 28/12. 1961, ausg. 6/7. 1965.) – 4 S. – 3 S.

A. Jahn 6842

2055 Sandoz Soc. An. Erfinder: Roland Entschel, Curt Müller und Walter Wehrli), Schweiz **Basische Farbstoffe** zum Färben u. Bedrucken von Baumwolle,

Wolle, Seide synthet. Fasermaterial u. Cellulose entsprechen der allg. Formel $A[Y-S(NH_2)-R_1]^+Anion^-$ (A = Farbstoffrest, der keine Sulfonsäuregruppen enthält; Y = direkte Bindung oder 2wertiger Rest; R_1 = ggf. substituierter KW-Stoff-Rest oder heterocycl. System). — Das Umsetzungsprod. von N-Äthyl-N-[äthylmercaptoäthyl]-aminobenzol mit Chloramin in äther. Lsg. wird mit diazotiertem 1-Amino-2-chlor-4'-nitrobenzol in wss. Lsg. gekuppelt; mit dem erhaltenen Azofarbstoff werden Polyacrylnitrilfasern licht- u. wasserfest rot gefärbt. (**F.P. 1442088** vom 30/7. 1965, veröff. 10/6. 1966. Schwz. Prior. 31/7. u. 5/8. 1964.) — 4 S.
M. F. Müller 6842

2056 International Polaroid Corp., Cambridge (Erfinder: Elkan Rogers Blout, Belmont, Saul Gerald Cohen, Lexington, Milton Green, Myron Sydney Simon, Newton Centre und Stanley Howard Mervis, Newton Highland), Mass., USA, **Oxalylestergruppen enthaltende Farbstoffentwickler** erhält man durch Veresterung eines Farbstoffs, der eine o- oder p-Dihydroxyphenylgruppe oder ein Deriv. derselben enthält an einer oder an 2 aliphat. oder aromat. OH-Gruppen des Farbstoff- oder Entwickleranteils mit einem Oxalylhalogenid. — 4-[p-(2'.5'-Dihydroxyphenäthyl)-phenylazo] (I)-3-[N-(β-hydroxyäthyl)-carboxamido]-1-phenyl-5-pyrazolon + Lauroxalylchlorid → I-[*N-(β-Lauroxalyloxyäthyl)-carboxamido]-1-phenyl-5-pyrazolon.* — I-3-[*N-(β-hexoxalyloxyäthyl)-carboxamido]-1-phenyl-5-pyrazolon*, gelber Feststoff. — I-[*N-(Butoxyäthoxyäthoxalyloxyäthyl)-carboxamido]-1-phenyl-5-pyrazolon.* — I-4-(*Butoxyäthoxyäthoxalyloxyäthoxy)-1-naphthol.* — *2-[p-(2'.5'-Bisäthoxalyloxyphenäthyl]-phenylazo]-4-methoxy-1-naphthol.* — (**D.A.S. 1215841** Kl. 22a vom 1/7. 1958, ausg. 5/5. 1966. U.S. Prior. 2/7., 21/11. u. 21/11. 1957.) — 6 S.
A. Jahn 6842

2057 Sandoz Akt.-Ges., Basel (Erfinder: Rudolf Altermatt, Tecknau und Curt Müller, Basel, Schweiz), **Herstellung von Dispersionsfarbstoffen der Monoazoreihe** der Formel p-D-N=N-C_6H_4-N(R_1)-CH_2CH_2Z (D = Rest einer Diazokomponente; R^1 = H oder ggf. substituierter KW-Stoff-Rest; Z = ggf. substituierter Pyridyl-(2)- oder -(4)-Rest; der Ring kann weitere Substituenten tragen, alle Substituenten sind nicht wasserlösl. machend), dad. gek., daß man einen Aminoazofarbstoff der Formel I mit einem Vinylpyridin CH_2 = CH-Z oder die Diazoniumverb. eines Amins D-NH_2 mit einer Kupplungskomponente $C_6H_5N(R_1)$-CH_2CH_2Z umsetzt. — Aus 23,4 (Teilen) 4-Vinylpyridin, 24,2 N-Äthylaminobenzol u. 12 100%ig. Essigsäure wird N-Äthyl-N-[2'-(pyridyl-(4''))-äthyl]-aminobenzol (I) hergestellt. Daneben wird 1-

I 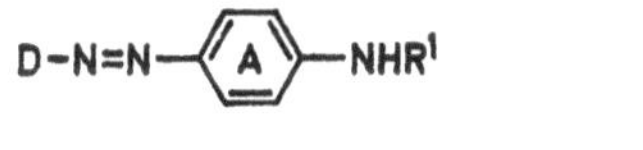

Amino-2-chlor-4-nitrobenzol diazotiert. In die klare Diazoniumlsg. wird eine Lsg. von 22,6 I in 50 Eisessig eingetragen. Die Kupplung wird in saurem Medium durch Zugabe von Na-Acetat bis pH 4 beendet. Der Farbstoff, F. 117°, färbt ein Polyesterfasergewebe rubinrot. — 4 weitere Beispiele. (**D.P.[DDR] 58265** Kl. 22a vom 12/8. 1965, ausg. 5/1. 1967 [Ausschließungspatent]. Schwz. Prior. 28/8. 1964.) — 11 S. M. F. Müller 6842

2058 Cassella Farbwerke Mainkur Akt.-Ges., Frankfurt/M. (Erfinder: Konrad Mix und Hanswilli von Brachel), **Herstellung von wasserunlöslichen, einen Triazinrest enthaltenden Azofarbstoffen** der allg. Formel I (aryl = Phenyl, Naphthyl, der mit Ausnahme wasserlösl.-machender Gruppen noch einwertige Substituenten tragen kann; V = von wasserlösl.-machenden Gruppen freier Azofarbstoff; R = H, niedrigmol. Alkyl, das ggf. OH enthalten kann; X = entweder -O-aryl oder -N(R)-V) erfolgt in üblicher Weise. — Pigmentfarbstoffe, geeignet zum Färben u. Bedrucken von tier., pflanzlichen u. bes. synthet. hydrophoben Stoffen, z. B. aus Polyestern (**P**), Polyamiden (**N**), Polyolefinen (**PO**) oder Acetylcellulose (**E**), zum Färben von Lacken, zum Spinnfärben von Viskose (**D**), **N** u. **P**. — 0,1 (Mol) 4-Amino-2'-hydroxy-5'-methylazobenzol verrührt man 5 Std. in wasserfreiem Nitrobenzol bei 180° mit 0,05 2-Phenoxy-4.6-dichlor-1.3.5-triazin (**II**), gelbe Krist., F. 265—268°, geeignet zum Spinnfärben von **D**. Ferner können Farbstoffe erhalten werden aus je 0,1 Mol 4-Amino-2'-hydroxy-5'-methylazobenzol u. 2.4-Diphenoxy-6-chlortriazin (**III**), F. 238 bis 240°, färbt **P**, **N** u. **PO** gelb; des Monoazofarbstoffs p-Aminoacetophenon → 2-Methyl-5-methoxyanilin u. 4.6-Di-symm. -xylenylhydroxy-2-chlor-1.3.5-triazin, F. 121 bis 122°, färbt **E** orange; dem Azofarbstoff (**IV**) u. **III**, gelbbrauner Farbstoff, Krist. aus wenig Bzl., F. 219 bis 220°, färbt **P** leuchtend orange; dem Azofarbstoff 3.5-Dinitro-6-hydroxy-2'.4'-diamino-5-chlorazobenzol u. **III**,

I 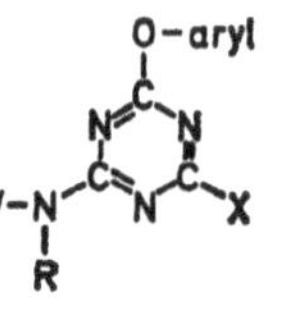

IV 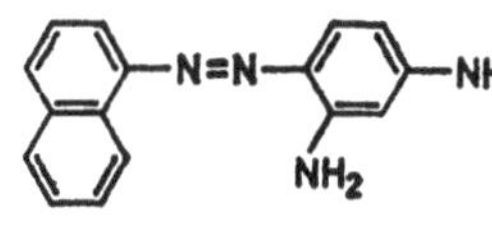

V 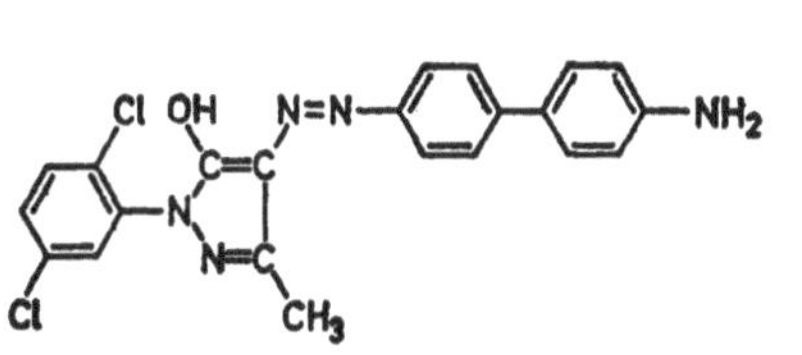

F. 190—192°; färbt **P** orangescharlachrot; dem Azofarbstoff C_6H_4-N=N-C_6H_3(o-NH_2)-p-NH_2 · HCl u. **III**, F. 284—285°, färbt **P** grünstichiggelb; o-Aminoazotoluol u. **III**, gelbe Krist. aus Eisessig, F. 145—147°, Farbstoff für **E**; dem Azofarbstoff 2.4-Dinitro-3'-methoxy-6'-methyl-4'-aminoazobenzol u. **III**, braune Krist., F. 260 bis 261°, geben auf **P** bes. nach dem „Thermosol"-Verf. orangegoldgelbe Färbungen. — 0,1 Mol des Azofarbstoffs 4-Amino-2-chlor-4'-dimethylaminoazobenzol u. 0,05 Mol **II** geben braune Krist., F. 220—221°, färben **P** goldgelb u. sind zum Spinnfärben von **D** geeignet. — Setzt man 0,1 Mol des Azofarbstoffs (**V**) zuerst mit 0,05 Mol Cyanurchlorid u. dann mit 0,05 Mol β-Naphthol um, so wird ein gelber für Anstriche u. Lacke geeigneter Pigmentfarbstoff erhalten. — Weitere durch Formelbilder erläuterte Farbstoffe, die gelb, rot, braun, grün, blau bis violett färben. (**F.P. 1441147** vom 22/7. 1965, ausg. 31/8. 1966. **Brit.P. 1080157** vom 23/7. 1965, ausg. 23/8. 1967. Beide D. Prior. 25/7. 1964.) — 10 S. — 13 S.
O. Roick 6842

2059 Sandoz Akt.-Ges. (Erfinder: Ulrich Blass und Walter Wehrli), **Wasserlösliche Reaktivazofarbstoffe**, mit mindestens einer Gruppe der allg. Formel -O-A-[CH_2-NH-CO-R-X]$_n$ (R = gesätt. oder ungesätt. ggf. halogeniertes C_1—C_3-Alkyl; A = Bzl.- oder Naphthalinrest, der C_1—C_5-Alkyl, Alkoxy oder Cycloalkyl mit zusätzlichen Halogenatomen enthalten kann; X = Cl, Br; n = 1 oder 2) erhält man durch Behandeln von wasserlösl. Mono- oder Disazofarbstoffen, die mindestens eine über ein O-Atom gebundene A-Gruppe oder A-Gruppen aufweisende organ. Verb. (I), die eine zur Azofarbstoffbldg. befähigte Gruppe enthalten, mit den Rk.-Prod. aus HCHO oder diesen abspaltenden Verb. u. Amiden aliphat. gesätt. oder ungesätt. C_2—C_4-Halogencarbonsäuren u. wenn von I ausgegangen wird, Umwandlung durch Diazotieren u. Kuppeln in die gewünschten Farbstoffe. — 27,9 (Teile) 3-Amino-4'-methyl-1.1'-diphenyläther-4-sulfonsäure in 250 96%ig. H_2SO_4 tropft man bei 10—15° zu einem 24 Std. gerührten Gemisch aus 12,2 Chloracetamid u. 7,5 symm. Dichlordimethyläther in 150 100%ig. H_2SO_4, rührt 20 Std. bei 10—15°, gießt auf Eis, trennt das Rk.-Prod. ab, suspendiert es in 500 W., neutralisiert mit NaOH bis pH 5—6, filtriert, trocknet u. diazotiert den Nd. wie üblich u. kuppelt mit 30 1-[2'.5'-Dichlor]-phenylmethyl-5-pyrazolon-4'-sulfonsäure → gelber *Farbstoff* für *Wolle, Seide, Leder, Cellulose-* u. *Polyamidfasern.* (**Aust.P. 268870** vom 12/6. 1962, ausg. 11/8. 1966. Schwz. Prior. 12/6. 1961.) — 17 S.
C. Lüttgen 6842

2060 G. Siegle & Co. G. m. b. H., Stuttgart, **Azopigmentfarbstoffe.** Zu D.A.S. 1227173; C. **1968**, 1-2602 ist nachzutragen: *3-[p-Aminobenzoylamino]-naphthalsäure-N-phenylimid* (**I**, F. 322—323°, erhältlich aus 3-[p-Nitrobenzoylamino]-naphthalsäureanhydrid, F. > 360, durch Red. in die Aminoverb., F. > 360, u. Erhitzen mit überschüssigem Anilin) → *2-[2'.3'-Hydroxynaphthoylamino]-toluol* (**Ia**), rot. — 3-[4'-Methoxy-3'-aminobenzolsulfonyl]-aminonaphthalsäureimid (F. 282—284°, aus Nitrobenzol), erhältlich durch Kondens. von 4-Methoxy-3-acetylaminobenzolsulfonylchlorid mit 3-Aminonaphthalsäureanhydrid zum 3-[4'-Methoxy-3'-acetylaminobenzolsulfonyl]-aminonaphthalsäureanhydrid, F. 280—281° (aus Nitrobenzol), Verseifung der Acetylaminogruppe zu einer Verb., F. 251,5—253°, die durch 3std. Kochen mit 25%ig. NH_4OH in das Imid übergeführt wird, → *1-[Acetoacetylamino]-2.5-dimethoxy-4-chlorbenzol*, grünstichiggelb. — *2.5-Dichloranilin* → *4-[β-Hydroxynaphthoyl]-aminonaphthalsäure-N-phenylimid*, F. 313—315°, aus Nitrobenzol, blaurotes Pulver. — *2.4-Dichloranilin* → *3-[β-Hydroxynaphthoylamino]-naphthalsäure-N-phenylimid*, F. 293 bis 296°, aus Nitrobenzol, rotes Pulver. — *6-Chlor-2-aminotoluol* (**Ib**) → *Di-[3-(2'.3'-hydroxynaphthoylamino)-naphthalyl]-N.N'-diphenyldiimid* braunstichiggelbes Pulver, F. > 300°, erhältlich durch mehrstd. Erhitzen von 3-[β-Hydroxynaphthoylamino]-naphthalsäure, F. 346 bis 348° (aus Dimethylformamid), mit 4.4'-Diaminodiphenyl in Dimethylformamid, ← **Ib**, blaustichigrotes Disazopigment. — *m-Nitro-p-toluidin* (**Ic**) → *3-[p-Acetoacetylaminobenzoyl]-aminonaphthalsäure-N-phenylimid*, F. 260 bis 262° (Zers.); erhältlich z. B. durch Kondens. von **I** mit Acetoacetyläthylester, ← **Ic**, gelbliches Pulver. — *1-[Acetoacetylamino]-2.5-dimethoxy-4-chlorbenzol* (**II**) ← *Di-[4-aminonaphthalyl-]-N.N'-diphenyldiimid* (**III**), braunstichiggelbes Pulver, F. > 360°, erhältlich durch 5std. Kochen von 4.4'-Diaminodiphenyl u. 4-Nitronaphthalinsäureanhydrid in Eisessig u. anschließendes mehrstd. Erhitzen auf 100° in Ggw. von Fe-Pulver, → **II**; das Diazopigment ist ein rotstichigorange gefärbtes Pulver. — **Ia** ← **III** → **Ia**, violettes Pulver. (**Brit.P. 1069749** vom 1/9. 1964, ausg. 24/5. 1967. D. Prior. 3/9. 1963.) — 6 S. O. Roick 6842

2061 S. I. Popov, T. N. Kurdjumova und N. S. Dokunichin, **2.6-Dichloranthrapyridin** (**I**) entsteht durch Rk. von N-Methyl-6-bromanthrapyridon (**II**) mit PCl_5 in organ. Lsgm. bei 160—180°. — 45 (g) **II**, 60 PCl_5 u. 400 abs. Trichlorbenzol werden 6—8 Std. auf 160 bis 180° erwärmt; dabei dest. Phosphorchloride u. Br_2 ab. Nach Kühlen wird der Nd. aufgearbeitet; 28 **I**, F. 260 bis 261° (Xylol). Nach Abdest. des Lsgm. können aus der Mutterlauge durch Chromatographie an Al_2O_3 nach 6 bis 6,5 **I** isoliert werden. — *Farbstoffe.* (**UdSSR.P. 180599** vom 22/4. 1965, ausg. 18/5. 1966.) — 2 S. F. Eßer 6856

2062 L. I. Bogoljubskaja und V. A. Bogoljubskij, **Polymethinfarbstoffe** der allg. Formeln **I**—**III** (R u. R^1 =

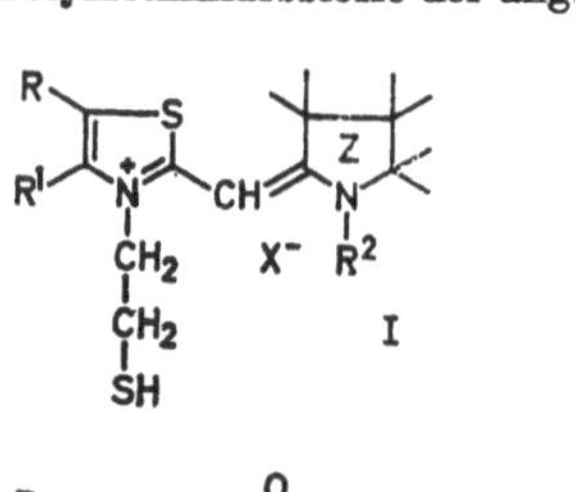

I

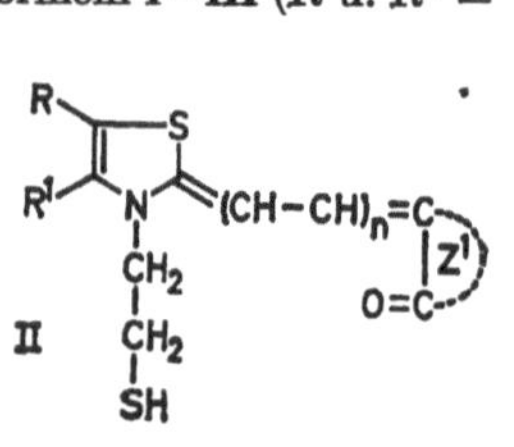

II

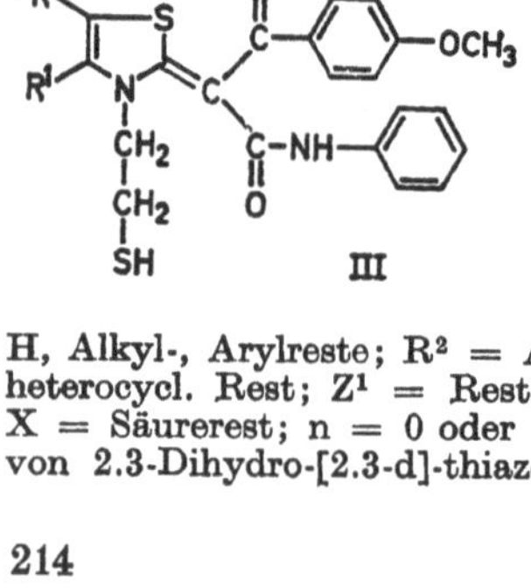

III

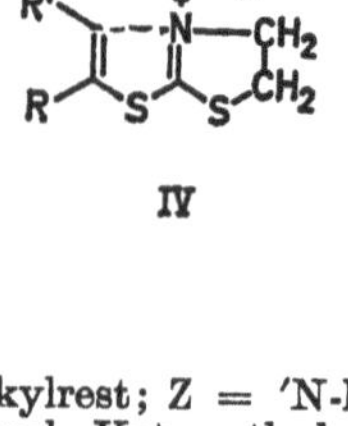

IV

H, Alkyl-, Arylreste; R^2 = Alkylrest; Z = 'N-haltiger heterocycl. Rest; Z^1 = Rest cycl. Ketomethylenverb.; X = Säurerest; n = 0 oder 1) werden durch Kondens. von 2.3-Dihydro-[2.3-d]-thiazoliumsalzen der allg. Formel **IV** mit Salzen heterocycl. Basen, die akt. CH_2-Gruppen enthalten, oder mit Ketomethylenverb. gewonnen. — 0,31 g 5-Phenyl-2.3-dihydrothiazolo-[2.3-d]-thiazoliumbromid u. 0,35 g 2-Methylbenzthiazolium-p-tolusulfonat in 7 (ml) abs. A. u. 0,14 $N(C_2H_5)_3$ kocht man 5 Min., fällt mit 10 Ae. den Farbstoff aus, löst ihn in 60 A. u. fügt zu der heißen Lsg. 0,5 g KBr in 3 50%ig. A.: 0,35 g *3-Mercaptoäthyl-3'-äthyl-4-phenylthiazolothiacyaninbromid*, F. 243—244° (A.; Zers.). — Analog: *3-Mercaptoäthyl-3'-äthyl-4.5-tetramethylenthiazolothiacyaninbromid*, F. 250—253° (Zers.). — *3-[ε-Carbäthoxy-pentyl]-5-[3'-mercaptoäthyl-4'-phenylthiazolinyliden-(5')]-thiazolinthion-(2)-on-(4)*, F. 134—136° (Zers.). — *3-Äthyl-5-[3'-mercaptoäthyl-4'.5'-diphenylthiazolinyliden-(2')-äthyliden]-thiazolinthion-(2)-on-(4)*, F. 210—211°. — *3-Äthyl-5-[3'-acetylmercaptoäthyl-4.5'-diphenylthiazolinyliden-(2)'-äthyliden]-thiazolinthion-(2)-on-(4)*, F. 223—224° (Zers.). — *2-[p-Methoxybenzoyl]'-2-carbanilidomethylen-3-mercaptoäthylbenzthiazol*, F. 116—118°. — *Sensibilisierungsfarbstoffe.* (**UdSSR.P. 177769** vom 14/9. 1964.) — 3 S. J. Plückhan 6858

2063 V. A. Titkov, I. D. Plentnev, L. V. Toročešnikova und T. F. Tutova, **Dispersionsfarbstoffe für Chemiefasern** erhält man durch Kondens. von Aminoverb. mit 1-Halogenanthrachinonen oder deren Methylamino- bzw. Acylaminoderiv. in Ggw. von Cu u. Cu(I)-Katalysatoren, wobei als Aminoverb. 1.9-Diimino-3-aminoisoindolo-[2.3-a]-symm.-triazin (**I**) verwendet wird; Acylaminogruppen-enthaltende Prod. werden mit H_2SO_4 unter Erwärmen verseift. — 12,72 (g) **I**, 14,52 1-Chloranthrachinon, 1,2 CuJ u. 3,6 wasserfreie Soda werden in 108 ml Nitrobenzol 3 Std. auf 200—205° erwärmt; nach Abkühlen wird filtriert, mit Bzl. gewaschen u. aus H_2SO_4 umgefällt. 18,2 *Farbstoff*, färbt Lawsan, Kapron (Polyamidfaser) u. Acetatseide nach dem Dispersionsverf. gelb. — 4 1-Brom-4-methylaminoanthrachinon, 3 **I**, 1,5 Soda, 0,3 Cu u. 25 ml Cyclohexanol werden 10 Std. gekocht u. mit 50 ml Methanol versetzt. Blaufärbender *Farbstoff*. — Ähnlich aus **I** u. 1-Chlor-4-benzoylaminoanthrachinon Prod., $C_{31}H_{18}N_6O_4$, färbt Polyesterfasern rotbraun, Acetatfasern rosa, wird mit H_2SO_4 verseift. — **I** u. 1-Chlor-8-acetylaminoanthrachinon → rosafärbendes Prod., färbt nach Verseifung Polyesterfasern gelbbraun, Kapron rot mit gelber Nuance. (**UdSSR.P. 178922** vom 12/2. 1962, ausg. 30/3. 1966.) — 2 S. U. Jahnke 6864

2064 Badische Anilin- & Soda-Fabrik Akt.-Ges., Ludwigshafen/Rh. (Erfinder: Karl Maier, Julius Eisele, Ludwigshafen/Rh., und Wilhelm Federkiel, Frankenthal), **Herstellung von Anthrachinonfarbstoffen** der allg. Formel **I** (R = Methyl- oder Äthylrest), die

I

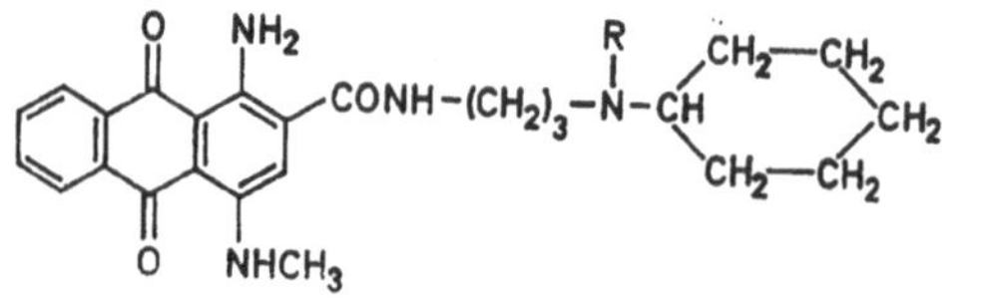

bes. für *Textilien aus Acrylnitrilhomo-* u. *copolymerisaten* geeignet sind. Zum Beispiel läßt man 1-Amino-4-nitroanthrachinon-2-carbonsäurechlorid in Xylol mit 3-Cyclohexylmethylaminopropylamin (**II**) erst 5 Std. bei Raumtemp. u. dann 0,5 Std. bei 80° reagieren. Das Rk.-Prod. (F. 235—236°) läßt man in Dimethylformamid 2,5 Std. mit Methylamin reagieren → blauer Farbstoff, F. 140 bis 141°. Verwendet man statt **II** 3-Cyclohexyläthylaminopropylamin, so erhält man als Endprod. einen Farbstoff mit F. 126,5—128°. (**Niederl.P. 122492** vom 18/6. 1965, ausg. 15/6. 1967. D. Prior. 18/6. 1964.) — 3 S. F. Böhm 6864

2065 Farbenfabriken Bayer Akt.-Ges., Leverkusen (Erfinder: Rütger Neeff, Wilhelm Gohrbandt und Robert Kuth), **Alkylsulfonylanthrachinonfarbstoffe** der allg. Formel **I**, X = SO_2–R; R = ggf. substituiertes Alkyl; R^1 = H, Halogen, CN, ggf. substituiertes –S–R^5 oder SO_2–R^5; R^2 = H, OH, Alkoxy, NH_2, –NH–SO_2-Aryl, das im Aryl substituiert sein kann; R^3 u. R^4 = H, Halogen, NO_2, NH_2, OH; R^5 = ggf. substituiertes Alkyl, Aralkyl oder Aryl, werden durch Ox. von Verb. der allg. Formeln I, (X = -S-R), z. B. mit H_2O_2, hergestellt. – Die Farbstoffe mit großer Farbkraft u. gutem Ziehvermögen eignen sich zum Färben u. Bedrucken

I 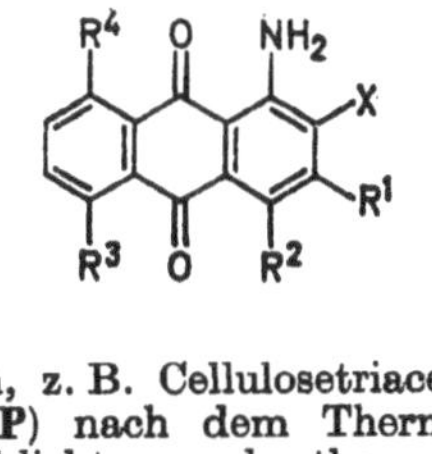

von Celluloseestern, z. B. Cellulosetriacetat (E) u. aromat. Polyestern (P) nach dem Thermosol-Verfahren. Die Färbungen sind licht-, wasch-, thermofixier- u. bügelecht. – 30 (Gew.-Teile) 1.4-Diamino-2-chlormethylthioanthrachinon in 300 Eisessig verrührt man bei 40–45° mit 35 30%ig. H_2O_2, erhitzt in ca. 1 Std. auf 95° u. hält die Temp. 6–8 Std. aufrecht. Das erhaltene *1.4-Diamino-2-chlormethylsulfonylanthrachinon* gibt auf P u. E blaustichig-roteFärbungen u. Drucke. Weitere Farbstoffe in Tabellen, die rotstichiggelb, rot, blaustichigrot, blau u. rotstichigblau färben. – Druck- u. Färbebeispiel. (**Brit.P. 1076988** vom 30/3. 1965, ausg. 26/7. 1967. D. Prior. 3/4. 1964.) – 6 S. O. Roick 6864

2066 Farbenfabriken Bayer Akt.-Ges., Leverkusen (Erfinder: Klaus Leverenz, Alois Gottschlich und Günter Gehrke), **Herstellung von Hydrazoniumgruppen enthaltenden Farbstoffen** der allg. Formel

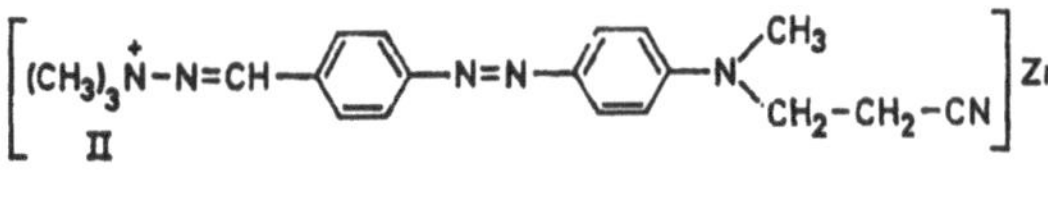
II

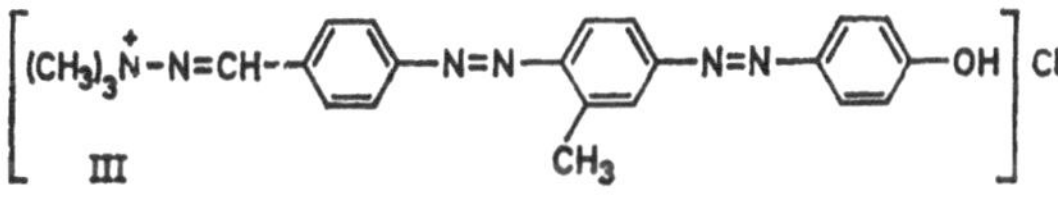
III

VI 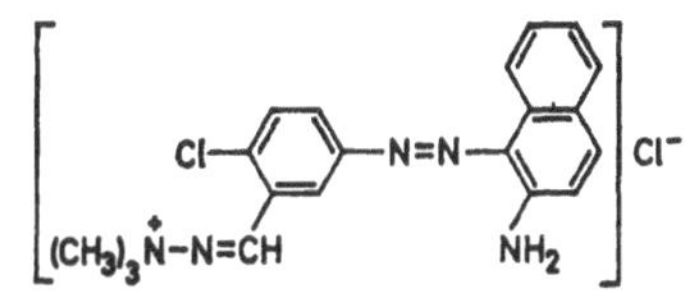

$F-[C(R)=N-N^{\oplus}(R^1)(R^2)R^3]_m X^{\ominus}$ (F = Rest eines Farbstoffs, z. B. der Azo-, Anthrachinon- oder Phthalocyaninreihe; R = H, Alkyl, Aralkyl, Aryl; R^1 u. R^2 = Alkyl, Aralkyl, aryl zusammen mit dem N-Atom Bestandteile von 5- oder 6-gliedrigen heterocycl. Ringen; R^3 = Alkyl, Aralkyl; m = ganze Zahl; X = Anion) erfolgt durch Rk. von Farbstoffen, die mindestens eine Gruppe der allg. Formel $-C(R)=N-N(R^1)R^2$ enthalten, bes. in inerten organ. Lsgm. bei 50–150° mit quaternierenden Mitteln, R^3X oder durch Vervollständigen eines quart. Gruppen enthaltenden Farbstoffprod., z. B. Diazo- oder Azokomponenten, zum fertigen Farbstoff. – Die Farbstoffe färben hydrophobe Fasern, z. B. aus Polyestern (P) Celluloseacetaten, Polyacrylnitril (Pa) u. Polyamiden (N) naß-, sublimier- u. lichtecht. – Eine Lsg. von 6.2 (Gew.-Teilen) 4-Aminobenzaldehyd-N.N.N-trimethylhydrazoniumchlorid (I) in 90 W. wird bei 0–5° mit einer Lsg. von 2 $NaNO_2$ in 20 W. diazotiert u. bei 0–5° zu einer Mischung von 5,1 N-Methyl-N-[β-cyanäthyl]-anilin (Ia), 20 Methanol, 5 30%ig. HCl u. 50 W. gegeben. Bei pH 3–4 wird der Farbstoff durch Zugabe einer Lsg. von 5 $ZnCl_2$ in 20 W. ausgefällt; er färbt Pa orange, P u. N rotstichiggelb. – Wird eine I-Diazoniumchloridlsg. mit m-Toluidin gekuppelt, erneut diazotiert u. mit Phenol gekuppelt, so wird der Farbstoff III erhalten, färbt N u. P rotstichiggelb. Ähnlich erhält man Farbstoffe aus: diazotiertem 3-Aminobenzaldehyd-N.N.N-trimethylhydrazoniumchlorid (IV) u. N.N-Diäthyl-3-chloranilin, der Farbstoff mit $ZnCl_2$ gefällt, färbt Pa, P u. N rotstichiggelb; diazotiertem IV u. 2-Phenylindol, färbt Pa, P u. N gelb; diazotiertem 2-Chlor-5-aminobenzaldehyd-N.N.N-trimethylhydrazoniumchlorid (V) u. N-Methyl-4-hydroxychinolon-(2), mit $ZnCl_2$ gefällter gelber Farbstoff, der Pa, P u. N grünstichiggelb färbt; diazotiertem V u. 2-Naphthylamin-1-sulfonsäure, den Farbstoff VI, rotbraunes Pulver, färbt orange; diazotiertem V u. N-Äthyl-N-[β-cyanäthyl]-m-toluidin, färbt P u. N tief rot; der Diazoverb. von 3-Nitro-4-aminobenzaldehyd-N.N.N trimethylhydrazoniummethylsulfat u. N.N-[β-Hydroxyäthyl]-[β-cyanäthyl]-anilin, der mit $HClO_4$ gefällte Farbstoff färbt Pa, P u. N orange. – 33 des Monoazofarbstoffs 4-Aminoazobenzol → Salicylaldehyd erhitzt man in 100 A. u. 100 Dimethylformamid mit 9 N.N-Dimethylhydrazin (VII) 3 Std. auf dem W.-Bad u. fällt das Hydrazon (VIII) mit 200 Wasser. 18,5 des trockenen VIII erhitzt man in 100 Methanol mit 10 CH_3J 4 Std. unter Rückfluß; der Farbstoff färbt P u. N gelb. – Ähnlich aus 1-Aminoanthrachinon-2-aldehyd (IX), VII u. Dimethylsulfat einen Farbstoff, der P gelbstichigorange u. Pa rotstichigorange färbt. – Verwendet man statt IX den 1-Amino-4-benzoylamino-, -4-anilino- oder -4-p-anisidinoanthrachinon-2-aldehyd, so färben die Farbstoffe P violett, grünstichigblau bzw. grünstichigblau u. Pa blauviolett, blaugrün bzw. blaugrün. – 5-Nitro-2-aminobenzaldehyd-N.N.N-trimethylhydrazoniummethylsulfat in salzsaurer Lsg. diazotiert u. mit Ia gekuppelt gibt einen Farbstoff, der Cellulosetriacetat u. P in Ggw. säurebindender Mittel licht- u. naßecht rot färbt. – Weitere Tabellenbeispiele. – Färbevorschriften. (**Brit.P. 1078319** vom 21/9. 1965, ausg. 9/8. 1967. **F.P. 1459140** vom 28/9. 1965, ausg. 1/2. 1967. Beide D. Prior. 3/10. 1964.) – 13 S. – 11 S. O. Roick 6870

2067 **Farbenfabriken Bayer Akt.-Ges.**, Leverkusen (Erfinder: **Hildegard Schnöring**, Wuppertal, **Matthäus Schönamsgruber**, Köln, **Rudolf Erdmenger**, Bergisch Gladbach, und **Hans-Heinz Möllis**, Köln), *Herstellung feindisperser Farbstoffpräparate*. (**Schwz.P. 448 016** vom 19/7. 1962, ausg. 29/3. 1968. D. Prior. 29/7. 1961. – C. **1968**, 45-2945 [U.S.P. 3 249 453].)

2068 **Farbenfabriken Bayer Akt.-Ges.** (Erfinder: **Edgar Siegel** und **Manfred Söll**), Leverkusen, *Herstellung von Azofarbstoffen*. (**Schwz.P. 444 341** vom 18/1. 1960, ausg. 15/2. 1968. D. Prior. 31/1. 1959. – C. **1963**, 12 608 [D.A.S. 1 126 544].)

2069 **Farbenfabriken Bayer Akt.-Ges.**, Leverkusen (Erfinder: **Hans Raab**, Köln), *Herstellung von Aminoazofarbstoffen*. (**D.A.S. 1 266 422** Kl. 22a vom 28/7. 1962, ausg. 18/4. 1968. – C. **1968**, 7-2758 [F.P. 1 364 547].)

2070 **Farbenfabriken Bayer Akt.-Ges.**, Leverkusen (Erfinder: **Hans Raab**, Köln), *Herstellung von Aminoazofarbstoffen*. (**Schwz.P. 448 318** vom 12/6. 1963, ausg. 29/3. 1968. D. Prior. 28/7. 1962. – C. **1968**, 7-2758 [F.P. 1 364 547].)

2071 **Badische Anilin- & Soda-Fabrik Akt.-Ges.**, Ludwigshafen/Rh. (Erfinder: **Erwin Hahn**, Viernheim, **Hans Guenter Wippel** und **Guenter Lange**, Ludwigshafen/Rh.), *Herstellung wasserunlöslicher Azofarbstoffe*. (**Schwz.P. 441 564** vom 20/10. 1964, ausg. 15/1. 1968. **Brit.P. 1 076 049** vom 20/10. 1964, ausg. 19/7. 1967. Beide D. Prior. 23/10. u. 24/10. 1963. – C. **1968**, 16-2760 [D.A.S. 1 231 364] u. C. **1968**, 44-2570 [Oe.P. 247 993].)

2072 **Sandoz Akt.-Ges.**, Basel (Erfinder: **Piero Maderni**, Binningen, **Reinhard Neier**, Basel, und **Walter Wehrli**, Riehen), Schweiz, *Herstellung von Azofarbstoffen*. (**Schwz.P. 445 684** vom 9/2. 1962, ausg. 29/2. 1968. – C. **1968**, 40-2531 [F.P. 1 345 926].)

2073 **Sandoz Akt.-Ges.**, Basel (Erfinder: **Ulrich Blass**, Reinach, BL.), Schweiz, *Herstellung wasserlöslicher Azofarbstoffe*. (**Schwz.P. 443 519** vom 23/2. 1962, ausg. 15/2. 1968. – C. **1968**, 9-2724 [F.P. 1 347 645].)

2074 **Sandoz Akt.-Ges.** (Erfinder: **Reinhard Neier**, Basel, und **Walter Wehrli**, Riehen), Schweiz, *Herstellung reaktiver metallhaltiger Azofarbstoffe*. (**Schwz.P. 450 585** vom 7/6. 1961, ausg. 30/4. 1968. Zusatz zu Schwz.P. 397 909; C. 1967, 32-2741. – C. **1968**, 5-2773 [F.P. 81 742].)

2075 **Farbwerke Hoechst Akt.-Ges., vormals Meister Lucius & Brüning** Frankfurt/M. (Erfinder: **Reinhard Mohr**, Offenbach/M., und **Rolf Bender**, Obertshausen bei Offenbach), *Herstellung von basischen Farbstoffen*. (**Schwz.P. 450 590** vom 11/12. 1964, ausg. 30/4. 1968. D. Prior. 14/12. 1963 u. 23/10. 1964. – C. **1968**, 25-2954 [F.P. 1 420 692].)

2076 **Farbwerke Hoechst Akt.-Ges. vormals Meister Lucius & Brüning**, Frankfurt/M. (Erfinder: **Otto Scherer**, Bad Soden/Taunus, und **Klaus Uhl**, Hofheim/Taunus), *Herstellung wasserlöslicher Azofarbstoffe*. (**Schwz.P. 449 815** vom 25/11. 1964, ausg. 30/4. 1968. D. Prior. 27/11. 1963. – C. **1968**, 19-2881 [D.A.S. 1 219 155].)

2077 **Farbwerke Hoechst Akt.-Ges. vormals Meister Lucius & Brüning**, (Erfinder: **Fritz Meiniger**, **August Bauer**, Frankfurt/M., und **Klaus Berner**, Hofheim/Taunus), *Herstellung wasserlöslicher Monoazofarbstoffe*. (**Schwz.P. 447 426** vom 4/5. 1965, ausg. 29/3. 1968. D. Prior. 6/5. 1964. – C. **1968**, 36-2723 [Oe.P. 251 726].)

2078 **Farbwerke Hoechst Akt.-Ges. vormals Meister Lucius & Brüning**, Frankfurt/M. (Erfinder: **Joachim Ribka**, Offenbach/M.), *Herstellung von wasserunlöslichen Monoazofarbstoffen*. (**Schwz.P. 442 570** vom 14/10. 1964, ausg. 31/1. 1968. D. Prior. 16/10. 1963. Zusatz zu Schwz.P. 420 421. C. 1968, 14-2732. – C. **1968**, 16-2762 [D.A.S. 1 235 468].)

2079 **Farbwerke Hoechst Akt.-Ges. vormals Meister Lucius & Brüning**, Frankfurt/M. (Erfinder: **Ulrich Dreyer** und **Werner Kirst**, Offenbach/M.), *Herstellung von metallhaltigen wasserunlöslichen Azofarbstoffen*. (**Schwz.P. 450 584** vom 12/1. 1961, ausg. 30/4. 1968. D. Prior. 14/1. 1960. – C. **1966**, 6-2675 [D.A.S. 1 149 839].)

2080 **American Cyanamid Co.**, Wayne (Erfinder: **Charles Edwar Lewis**, Somerville), N. J., USA, *Kationische Azofarbstoffe und deren Herstellung*. (**D.A.S. 1 273 090** Kl. 22a vom 9/11. 1962, ausg. 18/7. 1968. U.S. Prior. 10/11. 1961. – C. **1967**, 37-2476 [Brit.P. 978 287 u. F.P. 1 340 397].)

2081 **Cassella Farbwerke Mainkur Akt.-Ges.**, Frankfurt/M. (Erfinder: **Carl Schultis**, Bergen-Enkheim/ Kr. Hanau), *Herstellung von Tetrakisazofarbstoffen.* (**Schwz.P. 448 333** vom 20/12. 1963, ausg. 29/3. 1968. D. Prior. 22/12. 1962 u. 2/3. 1963. — C. **1967**, 45-2398 [F.P. 1 379 229].)

2082 **Badische Anilin- & Soda-Fabrik Akt.-Ges.**, Ludwigshafen/Rh. (Erfinder: **Hans Baumann**, **Wilhelm Brunkhorst**, Ludwigshafen/Rh., **Hans Ruprecht** Hensel, Heidelberg, **Ottó Kaufmann**, Ludwigshafen/Rh., **Hans Otterbach**, Frankenthal, **Walter Puff**, Bad Dürkheim, **Rudolf Senninger** Ludwigshafen/Rh., und **Arnold Tartter**, Lambsheim), *Herstellung von Ammoniumsalzen sulfonsäuregruppenhaltiger Chromkomplexfarbstoffe.* (**D.A.S. 1 263 947** Kl. 22a vom 13/4. 1962, ausg. 21/3. 1968. — C. **1968**, 25-2958 [Brit.P. 981 050].)

2083 **Farbenfabriken Bayer Akt.-Ges.**, Leverkusen (Erfinder: **Walter Scholl**, Köln, und **Gerhard Dittmar**, Leverkusen), *Herstellung von unsymmetrischen Chrommischkomplex-Azofarbstoffen.* (**D.A.S. 1 270 204 Kl.** 22a vom 22/12. 1961, ausg. 12/6. 1968. — C. **1966**, 23-2822 [F.P. 1 347 310].)

2084 **Badische Anilin- & Soda-Fabrik Akt.-Ges.** (Erfinder: **Johannes Dehnert** und **Günter Hansen**), Ludwigshafen/Rh., *Herstellung von Diazapolymethinfarbstoffen.* (**D.A.S. 1 266 899** Kl. 22a vom 17/4. 1962, ausg. 25/4. 1968. Zusatz zu D. A. S. 1 213 549; C. **1968**, 19-2883. — C. **1968**, 26-2831 [F.P. 83 469].)

2085 **Ugine Kuhlmann**, Paris (Erfinder: **André Albert Paul Simonnet** und **Jean André Paul Kienzle**, Creil, Oise), Frankreich, *Herstellung von Anthrachinon-Farbstoffen.* (**Schwz.P. 447 432** vom 16/9. 1965, ausg. 29/3. 1968. F. Prior. 24/9. 1964. — C. **1968**, 43-2835 [F.P. 1 417 225].)

2086 **Mitsubishi Kasei Kogyo K.K.**, Tokyo (Erfinder: **Akira Tezuka**, **Hisashi Senshu** und **Yosuke Sato**, Yawata-shi, Fukuokaken), Japan, *Herstellung von Anthrachinonfarbstoffen.* (**Schwz.P. 448 338** vom 20/3. 1962, ausg. 29/3. 1968. Jap. Prior. 22/3. 1961. — C. **1966**, 43-2967 [D.A.S. 1 207 528].)

2087 **Aziende Colori Nazionali Affini ACNA S. p. A.** (Erfinder: **Argento Crotti** und **Pietro Albanese**), Mailand, Italien, *Herstellung von Anthrachinonfarbstoffen.* (**Schwz.P. 441 581** vom 23/3. 1964, ausg. 15/1. 1968. It. Prior. 29/3. 1963. — C. **1967**, 15-2887 [Brit.P. 987 559].)

2088 **Sandoz Akt.-Ges.**, Basel (Erfinder: **Jacques Günthard**, Binningen), Schweiz, *Herstellung von Farbstoffen der Anthrachinonreihe.* (**D.A.S. 1 267 359** Kl. 22b vom 15/2. 1964, ausg. 2/5. 1968. Schwz. Prior. 18/2. 1963. — C. **1968**, 13-2741 [F.P. 1 383 855].)

2089 **Farbwerke Hoechst Akt.-Ges. vormals Meister Lucius & Brüning**, Frankfurt/M. (Erfinder: **K. Hermann Remy**, Warwick, R. I., USA), *Herstellung von blauen sauren Anthrachinonfarbstoffen.* (**D.A.S. 1 268 756** Kl. 22b vom 29/10. 1963, ausg. 22/5. 1968. **Schwz.P. 438 539** vom 27/10. 1964, ausg. 15/12. 1967. D. Prior. 29/10. 1963. — C. **1968**, 43-2834 [Oe.P. 249 221].)

2090 **Farbenfabriken Bayer Akt.-Ges.**, Leverkusen (Erfinder: **Volker Hederich**, Köln, **Kurt Klemm**, Konstanz, und **Günter Gehrke**, Köln), *Herstellung von Diaminodihydroxy-anthrachinonen.* (**Schwz.P. 447 211** vom 10/3. 1964, ausg. 29/3. 1968. D. Prior. 26/3. 1963. — C. **1965**, 35-2713 [D.A.S. 1 180 760].)

2091 **Farbenfabriken Bayer Akt.-Ges.** (Erfinder: **Walter Hohmann**), Leverkusen, *Herstellung von Küpenfarbstoffen.* (**Schwz.P. 441 584** vom 13/5. 1965, ausg. 15/1. 1968. D. Prior. 23/5. 1964. — C. **1968**, 2-2567 [D.A.S. 1 232 296].)

2092 **Farbwerke Hoechst Akt.-Ges. vormals Meister Lucius & Brüning**, Frankfurt/M., *Herstellung metallhaltiger Phthalocyaninfarbstoffe.* (**Niederl.P. 123 649** vom 3/3. 1961, ausg. 15/2. 1968. D. Prior. 5/3. 1960. — C. **1967**, 28-2797 [Brit.P. 981 191].)

2093 **Sandoz Akt.-Ges.**, Basel (Erfinder: **Jakob Benz**, Oberwil, **August Schweizer**, Muttenz, und **Walter Wehrli**, Riehen), Schweiz, *Herstellung von Reaktivfarbstoffen.* (**Schwz.P. 442 572** vom 1/12. 1961, ausg. 31/1. 1968. — C. **1967**, 23-2763 [D.A.S 1 215 842].)

2094 **Badische Anilin- & Soda-Fabrik Akt.-Ges.**, Ludwigshafen/Rh. Erfinder: **Arnold Tartter**, Lambsheim, **Hans Baumann**, Ludwigshafen/Rh., und **Hans Ruprecht Hensel**, Heidelberg), *Herstellung von Farbstoffen.* (**Niederl.P. 123 808** vom 2/5. 1961, ausg. 15/3. 1968. D. Prior. 4/5. 1960. — C. **1964**, 6/7-2509 [D.A.S. 1 150 478].)

2095 **Farbenfabriken Bayer Akt.-Ges.**, Leverkusen (Erfinder: **Günter Kolb**, **Reinhold Hörnle**, **Karl-Heinz Wolf** und **Hans Raab**, Köln), *Herstellung organischer Pigmentfarbstoffe.* (**D.A.S. 1 271 856** Kl. 22a vom 21/2. 1963, ausg. 4/7. 1968. — C. **1968**, 40-2416 [Brit.P. 1 017 280].)

2096 **Ciba Akt.-Ges.**, Basel (Erfinder: **Hans Gärtner**, Basel, und **Henri Streiff**, Birsfelden), Schweiz, *Herstellung von Azopigmenten.* (**D.A.S. 1 272 475** Kl. 22a vom 25/3. 1958, ausg. 11/7. 1968. Schwz. Prior. 27/3. 1957. Zusatz zu D.A.S. 1 066 680; C. 1965, 16-2665. — C. **1966**, 31-2719 [F.P. 73 266, Belg.P. 566 122 u. Brit.P. 872 416].)

H–13. Schädlingsbekämpfungsmittel

2097 Farbenfabriken Bayer Akt.-Ges., Leverkusen (Erfinder: Ludwig Eue, Helmuth Hack, Kurt Westphal und Richard Wegler), **Selektive Herbizide,** enthaltend als Wirkstoffe α-Chlor-β-phenyl-propionsäure-Derivate. — Die Wirkstoffe erhält man nach folgendem Beispiel: Durch Diazotierung von m-Chloranilin u. Umsetzung des Diazoniumsalzes mit Methylacrylat in Ggw. von $CuCl_2$ erhält man den *α-Chlor-β-[m-chlorphenyl]-propionsäuremethylester*, Kp.$_{0,03}$ 106°. Durch Verseifung des Esters mit HCl erhält man die *α-Chlor-β-[m-chlorphenyl]-propionsäure*, F. 76°. Durch Rk. mit $SOCl_2$ erhält man aus der Säure das *α-Chlor-β-[m-chlorphenyl]-propionylchlorid*, Kp.$_{8}$ 134°, Ausb. 85%. Aus dem Säurechlorid erhält man den *α-Chlor-β-[m-chlorphenyl]-propionsäureisopropylester*, Kp.$_{1}$ 125° u. das *-äthylamid*, Kp.$_{0,8}$ 142°, Ausb. 60%. — Analog erhält man folgende α-Chlor-propionsäure(I)-Derivate: *β-[m-Chlorphenyl]-I-methylester*, Kp.$_{0,03}$ 106°; *β-[p-Chlorphenyl]-I-methylester*, Kp.$_{0,1}$ 111°; *β-[o-Nitrophenyl]-I-methylester*, Kp.$_{0,1}$ 140°; *β-[2-Methyl-3-chlorphenyl]-I-methylester*, Kp.$_{0,05}$ 130°; *β-[m-Trifluormethylphenyl]-I-methylester*, Kp.$_{8}$ 119°; *β-[p-Chlorphenyl]-I*, F. 103°, *-amid*, F. 90°; *β-[m-Chlorphenyl]-I-octylester*, Kp.$_{0,1}$ 166°, *-dodecylester*, Kp.$_{0,3}$ 190°, *-isopropylester*, Kp.$_{1}$ 125°, *-propargylester*, Kp.$_{0,2}$ 134°, *-β-chloräthylester*, Kp.$_{0,2}$ 150°; *β-[3.5-Dichlorphenyl]-I-allylester*, Kp.$_{0,2}$ 144°; *β-[2.5-Dichlorphenyl]-I-methylester*, Kp.$_{0,1}$ 120°; *β-[4-chlor-2-methylphenyl]-I-methylester*, Kp.$_{0,3}$ 122°; *β-[m-Chlorphenyl]-I-amid*, F. 103°, *-diäthylamid*, Kp.$_{0,1}$ 145°, *-allylester*, Kp.$_{8}$ 157°; *β-[m-Fluorphenyl]-I-methylester*, Kp.$_{10}$ 125°; *β-[p-Bromphenyl]-I-methylester*, Kp.$_{0,1}$ 126°; *β-[m-Chlorphenyl]-I-β.β.β-trichloräthylester*, Kp.$_{0,3}$ 153°. — Mittel zur *Unkrautbekämpfung in Getreide-, Reis- u. Maiskulturen.* (**Brit.P. 1077194** vom 25/3. 1966, ausg. 26/7. 1967. D. Prior. 17/4. 1965.) — 13 S. R. Bauereis 7365

Redaktionsschluß: 28. November 1968

Herausgeber: Prof. Dr. Heinrich Bertsch, Berlin, und Prof. Dr. Dr. h. c. Wilhelm Klemm, Münster
Stellvertretende Herausgeber: Prof. Dr.-Ing. Dr. rer. nat. h. c. Eberhard Leibnitz, 104 Berlin, Schiffbauerdamm 19, Fernsprecher: 425571 und Prof. Dr. Bertold Reuter, 1 Berlin 30, Geisbergstraße 39, Fernsprecher: 2119091
Chefredakteure und verantwortlich für den Inhalt: Dr. Helga Völz, 104 Berlin, Schiffbauerdamm 19, Fernsprecher: 425571 und Dr.-Ing. Christian Weiske, 1 Berlin 30, Geisbergstraße 39, Fernsprecher: 2119091
Stellvertretender Chefredakteur: Dr.-Ing. Günter Pötzscher, 1 Berlin 30, Geisbergstraße 39, Fernsprecher: 2119091

Akademie-Verlag GmbH, 108 Berlin, Leipziger Str. 3—4 (Fernsprecher: 220441, Telex-Nr. 0112020) und Verlag Chemie, GmbH, 6940 Weinheim/Bergstr., Pappelallee 3 (Fernsprecher: (06201) 3635; Fernschreiber: 465516 vchwh d). Bestellnummer: 1007/140.
Das Chemische Zentralblatt erscheint wöchentlich. Preis des Jahrganges einschl. Schnellreferatedienst, Autoren-, Patent-, Sach- u. Formelregister: 3200,—; einseitig bedruckte Ausgabe: 3700,—. Abgabe der Zeitschrift nur mit sämtlichen Registern. Abbestellungen nur bis spätestens 6 Wochen vor Ablauf des Kalenderjahres.

Satz u. Druck: VEB Druckhaus „Maxim Gorki", Altenburg, und VEB Leipziger Druckhaus, Leipzig.
Veröffentlicht unter der Lizenznummer 1273 des Presseamtes beim Vorsitzenden des Ministerrates.
Printed in Germany.

Kolibri 360 GmbH
Ferdinand-Jühlke-Straße 7
99095 Erfurt, Deutschland
produktsicherheit@kolibri360.de